科学出版社普通高等教育案例版医学规划教材

案例版

生物化学与分子生物学

第2版

主　编　何凤田　李　荷

副主编　李冬民　杨　霞　宋高臣　朱蕙霞

编　委（按姓氏汉语拼音排序）

陈园园　南京医科大学　　　　　　崔炳权　广东药科大学

顾取良　广东药科大学　　　　　　何凤田　陆军军医大学

扈瑞平　内蒙古医科大学　　　　　李　荷　广东药科大学

李冬民　西安交通大学基础医学院　梁蓓蓓　上海健康医学院

廖之君　福建医科大学　　　　　　刘　皓　四川大学华西基础医学

卢丽丽　华中科技大学药学院　　　　　　　与法医学院

吕立夏　同济大学医学院　　　　　马　宁　哈尔滨医科大学

宋高臣　牡丹江医科大学　　　　　隋琳琳　大连医科大学

王青松　海南医科大学　　　　　　吴炳礼　汕头大学医学院

许志臻　陆军军医大学　　　　　　鄢　雯　首都医科大学

杨　霞　中山大学中山医学院　　　张　艳　沈阳医学院

张百芳　武汉大学基础医学院　　　张春晶　齐齐哈尔医学院

朱蕙霞　南通大学医学院

科学出版社

北　京

郑 重 声 明

　　为顺应教学改革潮流和改进现有的教学模式，适应目前高等医学院校的教育现状，提高医学教育质量，培养具有创新精神和创新能力的医学人才，科学出版社在充分调研的基础上，首创案例与教学内容相结合的编写形式，组织编写了案例版系列教材。案例教学在医学教育中，是培养高素质、创新型和实用型医学人才的有效途径。

　　案例版教材版权所有，其内容和引用案例的编写模式受法律保护，一切抄袭，模仿和盗版等侵权行为及不正当竞争行为，将被追究法律责任。

图书在版编目（CIP）数据

生物化学与分子生物学 / 何凤田，李荷主编. -- 2 版. -- 北京：科学出版社，2025. 1. -- (科学出版社普通高等教育案例版医学规划教材).
ISBN 978-7-03-080347-4

Ⅰ . Q5；Q7

中国国家版本馆 CIP 数据核字第 2024645XT3 号

责任编辑：王　颖/责任校对：宁辉彩
责任印制：张　伟/封面设计：陈　敬

科 学 出 版 社　出版
北京东黄城根北街 16 号
邮政编码：100717
http://www.sciencep.com
北京华宇信诺印刷有限公司印刷
科学出版社发行　各地新华书店经销
*
2017 年 1 月第 一 版　　开本：787×1092　1/16
2025 年 1 月第 二 版　　印张：31
2025 年 1 月第十次印刷　　字数：854 000
定价：118.00 元
（如有印装质量问题，我社负责调换）

前　言

　　大学教育的主要目的是"传授知识、启迪智慧、培养能力、提升素质"。为了更好地实现这些目标，就需要深化课程体系和教学方法改革，加大教材建设与改革力度。鉴于此，科学出版社在总结过去成功经验的基础上，组织出版了新一轮创新性本科案例版教材。本套教材的特色是在教材中增加案例，但不改变现有教学体制及教学核心内容，其以药学类本科为主要对象，兼顾预防医学、基础医学、口腔医学、检验医学、护理学等本科专业需求。

　　《生物化学与分子生物学》（案例版，第2版）是这套案例版教材的组成部分，其所涵盖的内容可以满足教育部制定的药学类本科生教学要求以及其毕业后执业药师和硕士研究生入学考试的需求。本次再版，除了更新和修订部分原有内容外，所作的主要调整如下：①将"酶和维生素"拆分为两章，即把"维生素"一章单列出来；②增加了"糖复合物的结构与功能"一章；③将"物质代谢的联系与调节"放到了"肝的生物化学"之后；④微调了部分章的名称；⑤增加了配套数字内容。

　　本教材的编写参考了多本国内外相关教材，是在第1版基础上的再版，在此向参加第1版教材编写的所有作者表示最诚挚的谢意。在召开本教材编委会和定稿会过程中，得到了科学出版社和齐齐哈尔医学院的大力支持，在此表示衷心感谢。

　　由于生物化学与分子生物学发展迅猛，内容涉及广泛，加之我们水平有限，书中难免有不足之处，殷切期盼各位老师、同行和同学在使用或阅读过程中给予批评指正，我们将不胜感激。

何凤田　李　荷

2024 年 9 月

目　录

绪　　论

生物化学（biochemistry）是一门研究生命的化学基础的科学，故又称生命的化学（life chemistry）。众所周知，生命系统的基本组成单位是细胞，基于此，生物化学又可定义为研究活细胞的化学组成成分以及由这些化学组分所进行的化学反应及反应过程的科学，其从分子水平探讨生命现象的本质。关于分子生物学（molecular biology）这一术语，生物学界有不同的解释。有的将分子生物学定义为从分子水平揭示各种生物学现象的科学，该解释无异于生物化学。还有一种比较限定的解释，就是将分子生物学定义为主要研究核酸、蛋白质等生物大分子的结构与功能以及遗传信息的传递及其调控规律的科学。分子生物学是在 20 世纪 40 年代中期以后由生物化学与遗传学杂交融合产生的，故早期又称生化遗传学（biochemical genetics）。无论如何定义，分子生物学与生物化学都是密不可分的，故 1991 年国际生物化学学会正式更名为国际生物化学与分子生物学学会。作为自然科学领域中进展最为迅速的前沿学科，生物化学与分子生物学的理论和技术已广泛渗透到生物学各个学科以及基础医学、临床医学、药学等的各个领域，催生了一大群新兴交叉学科或分支学科，如分子药理学、分子遗传学、分子病理学、分子微生物学、分子免疫学、分子创伤学、神经分子生物学、细胞分子生物学、发育分子生物学、衰老分子生物学、分子流行病学、肿瘤分子生物学等。总之，生物化学与分子生物学已成为生物学各学科以及医学和药学等诸多学科之间相互联系的共同语言。

第一节　生物化学与分子生物学发展简史

一、生物化学与分子生物学发展所经历的三个阶段

生物化学的起始研究可追溯到 18 世纪，经过不断发展，直到 1877 年德国科学家霍夫曼（Hoffman）才首次提出 "biochemie" 一词，英文意思是 "biochemistry"，即 "生物化学"。生物化学在 19 世纪成为了一门独立的学科，在 20 世纪初得以蓬勃发展，近 70 年来分子生物学迅速崛起并取得了诸多重大进展与突破。20 世纪 50 年代，苏联生物化学家将生物化学的发展人为地划分为三个阶段，即叙述（或静态）生物化学阶段、动态生物化学阶段和机能生物化学阶段。由于在机能生物化学阶段，正是分子生物学崛起并快速发展为一门既相对独立又与生物化学密切联系的学科的阶段，故该阶段又称分子生物学阶段。

◤（一）叙述（或静态）生物化学阶段

18 世纪中叶至 20 世纪初是生物化学的初期阶段（或萌芽时期）。该阶段的主要工作是研究生物体的化学组成，客观描述组成生物体的物质含量、分布、结构、性质与功能，故又称叙述（或静态）生物化学阶段。该阶段取得了一系列重要成果，例如，人工合成了尿素，标志着生物化学的开始，从此人们开始用化学 "语言" 来解释生命现象；较为系统地阐述了三大营养物质（糖、脂、蛋白质/氨基酸）的性质；揭示了细胞是生命体的基本结构单位，是化学反应的主要场所；证实了血红蛋白赋予血液红色；阐明了肽链中肽键的作用；人工合成了简单多肽化合物；明确了酵母发酵过程中存在 "可溶性催化剂"；发现了淀粉酶和蛋白酶，获得了脲酶、胃蛋白酶和胰蛋白酶的结晶；提出了酶催化作用特异性的 "锁钥" 学说；证实了酶是化学反应的主宰以及酶的化学本质是蛋白质；发现了核酸，并确定了嘌呤环和嘧啶环的结构；发现了维生素、微量元素和激素等。实际上，在这一时期，不少科学家已经在进行物质代谢方面的研究，例如，18 世纪末至 19 世纪 20 年代证实，动物在呼吸过程中消耗氧的同时，呼出 CO_2 并释放出能量，认为这是食物在体内

"燃烧"的结果，这些发现是生物氧化及能量代谢研究的开端；随后，在 19 世纪 40 年代提出了新陈代谢的概念，认为体内的物质处于合成与分解的化学变化过程之中。

（二）动态生物化学阶段

从 20 世纪初开始，生物化学进入了蓬勃发展时期。这一时期重点研究生物体内各种分子的动态代谢过程和途径，故该时期又称动态生物化学阶段。同位素示踪是推动该阶段生物化学发展的核心技术。在这一时期，深入而清晰地阐明了大部分生物分子的来源与去路以及相互转化过程，形成了对中间代谢物、代谢关键酶、代谢途径和代谢调节机制的基本认识；揭示了糖酵解途径、尿素循环和脂肪酸 β 氧化过程；证实了三羧酸循环是各营养物质氧化分解的共同途径；提出了由分解代谢与合成代谢组成的"中间代谢网络"概念，阐明了以各种中间代谢物为节点的糖、脂、蛋白质/氨基酸等主要生物分子的体内代谢网络；证实了物质代谢与能量代谢相偶联等。这些研究成果，极大地推动了生物化学学科的成熟与发展。

（三）机能生物化学（或分子生物学）阶段

20 世纪 50 年代以来，生物化学发展的显著特征是分子生物学的崛起，即迎来了分子生物学时期。其间，物质代谢途径的研究继续深入，并重点探讨物质代谢的调节与合成代谢。分子生物学阶段研究的焦点是核酸与蛋白质等生物大分子的结构与功能、代谢与调控、基因信息传递及其调控规律，并取得了举世瞩目的成果。特别是以 1953 年沃森（Watson）和克里克（Crick）提出的 DNA 双螺旋结构模型作为现代分子生物学诞生的里程碑，开启了分子遗传学基本理论建立和发展的黄金时代。在此基础上建立了遗传信息传递的中心法则并得到补充与完善；破译了遗传密码，揭示了 mRNA 碱基序列与多肽链中氨基酸残基序列之间的关系。此外，1951 年发现了蛋白质分子的二级结构形式 α 螺旋；1961 年阐明了调控原核基因表达开启与关闭的分子机制等。

20 世纪 70 年代，重组 DNA 技术诞生，其作为新的里程碑，标志着人类深入认识生命本质并主动改造生命的新时代的开始。通过基因工程技术，相继获得了许多基因工程产品，大大推动了医药工业和农业的发展，并且产生了巨大的社会效益和经济效益。转基因动植物和基因敲除（gene knockout）动物模型的成功建立以及基因诊断与基因治疗等都是重组 DNA 技术在各个领域中的具体应用。基因工程的迅速发展与应用得益于许多分子生物学新技术的不断涌现，包括核酸的化学合成从手工发展至全自动合成、特异性扩增 DNA 序列的聚合酶链反应（polymerase chain reaction，PCR）技术、全自动和高通量核酸序列测定技术等。核酶（ribozyme）的发现是人们对生物催化剂认识的补充，也丰富了核酸的生物学功能。

1985 年提出、1990 年正式启动的、计划耗资 30 亿美元用 15 年时间完成的人类基因组计划（human genome project，HGP）是生命科学领域有史以来最庞大的研究计划，它与"曼哈顿"原子弹计划、"阿波罗"登月计划并称自然科学史上的"三大计划"。通过包括中国在内的 6 个成员国 16 个实验室 1110 余名生物科学家、计算机专家和有关技术人员的不懈努力，提前 5 年于 2000 年 6 月完成了第一个基因组草图的绘制，并于次年 2 月由国际人类基因组测序联盟（International Human Genome Sequencing Consortium）和塞莱拉基因组学公司（Celera Genomics Corporation）共同公布了人类基因组"工作框架图"。2003 年 4 月 14 日，国际人类基因组测序联盟隆重宣布：人类基因组序列图绘制成功，除 1 号染色体上仍有一些漏洞和不精确之处外，HGP 的所有目标基本全部实现。2006 年 5 月 18 日，英美科学家宣布完成了人类 1 号染色体的基因测序图，这表明人类最大和最后一条染色体的测序工作已经完成，历时 16 年的 HGP 终于画上了比较圆满的句号。基因组序列图首次在分子层面上为人类提供了一份生命"说明书"，它不仅奠定了人类认识自我的基石，推动了生命科学与医学研究的革命性进展，而且为全人类的健康带来了福音。

随着 HGP 和多种模式生物的基因组全序列测定的完成，生命科学随之开启了一个新纪元——后基因组时代。后基因组时代的研究重心已逐渐由结构基因组学转移到功能基因组学、蛋白质组学、转录组学、功能 RNA 组学、代谢组学、糖组学、蛋白质空间结构的分析与预测、基因表达产物的功能分析以及细胞信号转导机制等。后基因组时代的研究试图全面揭示生命活动的全部分子机制，拟对各种疾病的发生机制做出最终的解释，从而在各个层次和水平上为疾病的诊断和防治提供新线索。

二、我国科学家对生物化学与分子生物学发展所做的贡献

公元前 21 世纪，我们的祖先就已经能用曲作"媒"（即酶）催化谷物中淀粉转化为酒；此后，公元前 12 世纪以前，我国人民已能利用麦、谷、豆等原料制作饴（麦芽糖）、醋和酱，这些足以表明我国上古时期已有酶学的萌芽。在营养均衡方面，《素问》的"藏气法时论"篇记载有"五谷为养，五畜为益，五果为助，五菜为充"，将食物分为四大类，并以"养"、"益"、"助"、"充"表明在营养上的价值，这在近代营养学中也是配制完全膳食的一个好原则。在医药方面，我国古代医学对某些营养缺乏病的治疗也有所认识，例如，在公元 4 世纪，我国医书中就有使用海藻酒等治疗"瘿病"（碘缺乏导致的地方性甲状腺肿）的记载；隋唐医药学家孙思邈曾对"雀目"（维生素 A 缺乏所致）和"脚气病"（维生素 B_1 缺乏所致）建立了食疗方法；北宋科学家沈括曾用从男性尿中沉淀出的"秋石"治疗"虚劳冷疾"等病症，这是最早报道的关于类固醇激素提取和应用的实例。明代李时珍撰写的巨著《本草纲目》，不仅集药物之大成，而且对生物化学的发展也有重要贡献。

20 世纪 20 年代以来，我国生物化学家吴宪等在血液分析化学方面，创立了血滤液制备法和血糖测定法；在蛋白质研究中提出了蛋白质变性学说。我国生物化学家刘思职等在免疫化学领域，用定量分析法研究了抗原-抗体反应机制。新中国成立后，我国的生物化学与分子生物学迅速发展。1965 年，我国科学家在世界上首先人工合成有生物活性的结晶牛胰岛素，1971 年用 X 射线衍射法解析了猪胰岛素晶体结构，1981 年用有机合成与酶促相结合的方法成功合成了酵母丙氨酰tRNA。同时，我国科学家在酶学、蛋白质和生物膜的结构与功能等方面的研究成果也举世瞩目。近年来，我国在基因工程、蛋白质工程、新基因的克隆与功能研究、疾病相关基因的定位克隆及其功能研究等方面均取得了重要成就。需要特别指出的是，人类基因组序列草图的完成也有我国科学家的一份贡献。

第二节　当代生物化学与分子生物学研究的主要内容与发展趋势

一、生物化学与分子生物学的主要研究内容

生物化学与分子生物学的研究内容十分广泛，包括生物体内物质的化学组成、化学变化、功能及其调节等，从分子水平揭示生命活动的本质与规律，其核心是酶促化学反应介导的新陈代谢。当代生物化学与分子生物学的研究内容主要集中在以下三个方面：

（一）生物分子的结构与功能

阐明组成生物体的所有化学成分（包括无机物、有机小分子和生物大分子的种类和作用）是生物化学与分子生物学的基本任务。在研究生物大分子方面，除了确定其基本组成单位的种类、排列顺序和方式外，更重要的是探讨其空间结构与功能的关系。分子结构是功能的基础，而功能则是结构的体现。各种细胞活动中的分子识别和分子间的相互作用也是当今生物化学与分子生物学的研究热点之一。同时，无机物和有机小分子在生命活动中的调控作用亦需深入探讨。

（二）物质代谢及其调节

新陈代谢是生命的基本特征，正常新陈代谢是生命活动的必要条件。新陈代谢十分活跃，以60 岁计算，推测人的一生中与外界环境进行交换的水、糖类、蛋白质及脂质分别为 60 000kg、10 000kg、1600kg 和 1000kg。此外，其他小分子物质和无机盐类也在不断交换之中。体内的物质代谢几乎都是由酶促反应所组成的代谢途径完成的。正常情况下，体内千变万化的化学反应及

错综复杂的代谢途径能按照一定规律有条不紊地进行，是因为机体内存在一套精细、完善的调节机制。物质代谢紊乱或调节失控则可引发疾病。目前，对生物体内主要物质的经典代谢途径已基本清楚，但仍有诸多问题亟待探讨。例如，关于物质代谢中酶的结构和酶量如何适应环境变化及其有序调节的分子机制，尚需进一步研究；各种疾病状态下物质与能量代谢如何变化、其与疾病进程的关系以及在诊断和治疗中的价值等，依然是当代生物化学与分子生物学研究的重要课题。

（三）基因信息传递及其调控

基因信息传递涉及遗传、变异、生长、发育与分化等诸多生命过程，也与遗传性疾病、恶性肿瘤、心血管疾病、代谢异常性疾病、免疫缺陷性疾病等的发病机制有关。对多细胞生物来讲，遗传信息的储存、复制、表达及其调控是其分子水平生命活动的重要部分，这些活动决定细胞和整个机体生命活动的形式。目前，尽管已经形成了针对这些分子水平生命活动的基本理论框架，但对所有分子运行细节的认识仍十分有限。细胞微环境如何影响这些遗传信息的传递是认识这些分子水平生命活动的另一重要问题。阐明细胞间通信和细胞内信号转导的分子机制是理解细胞和整体生命活动对外界反应的关键。

二、生物化学与分子生物学研究的发展趋势

生物化学与分子生物学通过主要围绕上述三方面的研究，逐步完善和深化了对生物分子组成、相互作用和调控网络的认识，较系统地揭示了生物分子的结构与功能、物质在体内转化的主要过程和遗传信息传递的基本途径，形成了解释生命现象本质与规律的理论体系。然而，目前对细胞中分子活动的认识仍是局部的、静止的，对于瞬息万变的细胞和个体，依然缺乏全面而准确的理解。规模化、系统化、自动化、信息化、定量化和动态化将是生物化学与分子生物学研究继续发展的必然趋势。

在未来的研究中，生物化学与分子生物学工作者必将以整合、动态和交叉联系的理念，通过创新性的研究技术全面认识关键生物分子在不同生理、病理状态下的功能和实时变化，借助组学等高通量研究方法系统阐明生物分子群体的变化规律及其对生理、病理过程的标识和驱动作用，应用学科融合的研究手段揭示从基因型到表型的、涉及遗传及代谢和信号转导的复杂生理现象和病理机制，从而为生命科学和医学、药学等领域的理论突破和技术进步做出应有的贡献。

第三节　本书的主要内容

从生物化学与分子生物学不断发展与其应用范围日益扩大的实际考虑，并密切结合教学需要，本教材主要讲述以下四部分内容：①生物分子（主要是生物大分子）的结构与功能，包括第一至五章。重点介绍蛋白质、核酸和糖复合物等生物大分子的结构与功能。酶作为具有高效、特异性催化功能的一类特殊蛋白质，当然也属于生物大分子，其几乎参与催化体内所有的化学反应。维生素虽不属于生物大分子，但多种维生素及其衍生物常作为酶的辅因子发挥作用，故将维生素也放在该部分进行介绍，其缺乏可导致相关酶功能的不足或障碍。②物质代谢及其调节，包括第六至十三章。物质代谢包括营养物质糖类、脂质、蛋白质/氨基酸的代谢变化，重点介绍主要代谢途径、生物氧化、能量转换以及相互联系；此外，物质代谢还包括含氮化合物核苷酸的代谢；血红素代谢和非营养物质代谢分别在血液的生物化学和肝的生物化学中介绍。同时，在这部分还简要介绍了非营养物质与营养物质代谢之间的联系。③基因信息传递及其调控，包括第十四至十九章。重点阐述遗传学中心法则所揭示的信息流向，包括 DNA 的生物合成（复制）、RNA 的生物合成（转录）、蛋白质的生物合成（翻译）以及基因表达调控。从本质上讲，复制、转录和翻译其实分别就是酶促化学反应介导的 DNA 代谢、RNA 代谢和蛋白质代谢。同时，在这部分还介绍了细胞信号转导以及癌基因与抑癌基因等内容。④分子生物学技术及应用，包括第二十至二十二章。重点介绍常用分子生物学技术、基因工程以及基因诊断与基因治疗。

　　特别值得一提的是，本书作为案例版教材，在每章中都安排了与教材内容密切相关的案例，利用每章（或综合几章）的生物化学与分子生物学知识对有关案例进行分析，将理论与发病机制、药物作用机制、疾病诊断和治疗策略的制订等具体实际结合起来，旨在真正使学生能够学以致用，激发学生的学习兴趣，从而提高学习效率和分析解决实际问题的能力。

（何凤田　李　荷）

第一章 蛋白质的结构与功能

蛋白质（protein）是生物界普遍存在的生物大分子，无论是简单的低等生物，还是复杂的高等生物，从病毒、细菌、植物、动物到人类，凡是生物体均含有蛋白质。人体内蛋白质含量约占人体固体成分的 45%，在细胞中可以达到细胞干重的 70% 以上；微生物中蛋白质含量也很高，细菌中蛋白质含量为 50%～80%；干酵母中蛋白质含量约为 46.6%；病毒中除少量核酸外，其余成分几乎都是蛋白质；高等植物细胞原生质和种子中也含有较多的蛋白质，如黄豆中蛋白质含量可达 40%。因此，蛋白质不仅是构成组织和细胞的重要成分，也是细胞中含量最丰富的有机化合物。

生物体结构越复杂，其蛋白质种类也越多，功能也越复杂。最简单的单细胞生物如大肠埃希菌含有 3000 余种不同的蛋白质，人体内约含 25 万种不同的蛋白质。每一种蛋白质都具有重要的生理功能，几乎所有的生命现象和生理活动都有蛋白质参与，没有蛋白质就没有生命。

近年来，随着现代生物技术的发展与进步，人们可大规模地从动植物和微生物中提取分离制备多种生化药物，在提取分离时常常遇到蛋白质处理问题。因此，研究蛋白质不仅具有重要的生物学意义，而且对有关药物的生产、制备、分析和贮存也具有重要的应用价值。

第一节 蛋白质的分子组成

尽管蛋白质种类繁多，但元素组成十分相似。组成蛋白质的主要元素有碳（50%～55%）、氢（6%～7%）、氧（19%～24%）、氮（13%～19%）和硫（0～4%）；有些蛋白质还含有少量磷或金属元素铁、铜、锰、锌、钴、钼等，个别蛋白质还含有碘。各种蛋白质的含氮量很接近，平均为 16%，这是蛋白质元素组成的一个重要特点。由于动植物组织中的含氮物以蛋白质为主，因此测定生物样品中的含氮量，可以按下式推算出样品中蛋白质的大致含量。

每克样品中含氮克数×6.25×100=100 克样品中蛋白质的含量（g%）

一、氨 基 酸

蛋白质受酸、碱或蛋白酶的作用水解生成游离氨基酸，所以组成蛋白质的基本单位是氨基酸（amino acid）。

（一）氨基酸的结构

自然界中存在的氨基酸有 300 余种，但是组成人体蛋白质的氨基酸一般只有 20 种。除甘氨酸外，均为 L-α-氨基酸（图 1-1）。其结构通式如下：

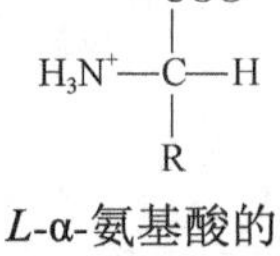

$$H_3N^+ - \overset{\overset{\textstyle COO^-}{|}}{\underset{\underset{\textstyle R}{|}}{C}} - H$$

图 1-1　L-α-氨基酸的结构通式

氨基酸结构中，α-碳原子上连接一个羧基（—COOH）和一个氨基（—NH₂），故称为 α-氨基酸。此外还有一个侧链（R 基团），不同氨基酸其侧链结构各不相同。除甘氨酸外，其他氨基酸中的 α-碳原子所连接的四个原子或基团互不相同，是不对称碳原子，故氨基酸存在 L 型和 D 型两种旋光异构体。除了 20 种基本的氨基酸外，硒代半胱氨酸也可参与蛋白质的合成。自然界中已发现的 D 型氨基酸大多存在于某些细菌产生的肽类抗生素及细菌细胞壁的多肽中，个别植物的生物碱

中也有一些 *D* 型氨基酸。

20 种氨基酸中脯氨酸和半胱氨酸的结构比较特殊。脯氨酸为亚氨基酸，但其亚氨基仍能与另一氨基酸的羧基形成肽键。脯氨酸在蛋白质合成后加工时可被修饰成羟脯氨酸。两个半胱氨酸通过脱氢后以二硫键相连形成胱氨酸，蛋白质分子中有不少半胱氨酸以胱氨酸的形式存在。

（二）氨基酸的分类

根据氨基酸侧链基团的结构和理化性质不同，可将 20 种氨基酸分为五类（表 1-1）：

1. 非极性脂肪族氨基酸　这类氨基酸在水中的溶解度较小，包括甘氨酸和四种带有脂肪烃侧链的氨基酸（丙氨酸、缬氨酸、亮氨酸、异亮氨酸），一种含甲硫基的氨基酸（甲硫氨酸）和一种亚氨基酸（脯氨酸）。

2. 极性中性氨基酸　这类氨基酸侧链基团具有一定的极性，在水中的溶解度较非极性氨基酸大，包括两种含有羟基的氨基酸（丝氨酸和苏氨酸），两种含有酰胺基的氨基酸（谷氨酰胺和天冬酰胺）和一种含硫氨基酸（半胱氨酸）。

3. 含芳香环的氨基酸　这类氨基酸具有芳香族侧链基团，包括苯丙氨酸、酪氨酸和色氨酸。三种芳香族氨基酸都属于非极性、疏水性分子，但是由于酪氨酸和色氨酸分子分别含有羟基和吲哚环氮，因此较苯丙氨酸极性稍大。

4. 酸性氨基酸　这类氨基酸在生理条件下解离带负电荷，包括天冬氨酸和谷氨酸，这两种氨基酸都含有两个羧基。

5. 碱性氨基酸　这类氨基酸在生理条件下解离带正电荷，包括侧链含有 ε-氨基的赖氨酸、含有一个带正电荷胍基的精氨酸和含有弱碱性咪唑基的组氨酸。

表 1-1　氨基酸的分类

种类	结构式	中文名	英文名	三字符号	一字符号	等电点 pI
非极性脂肪族氨基酸	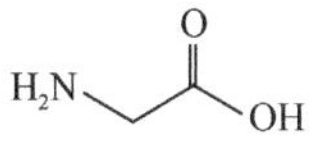	甘氨酸	glycine	Gly	G	5.97
	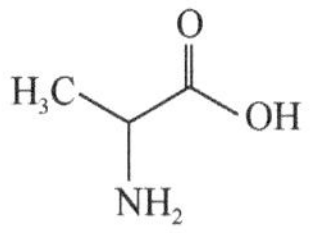	丙氨酸	alanine	Ala	A	6.00
	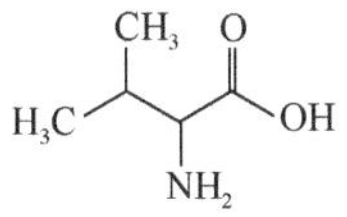	缬氨酸	valine	Val	V	5.96
	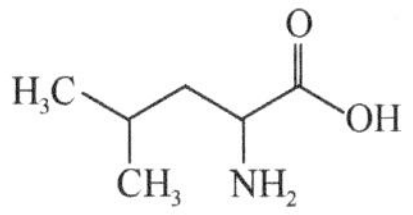	亮氨酸	leucine	Leu	L	5.98
	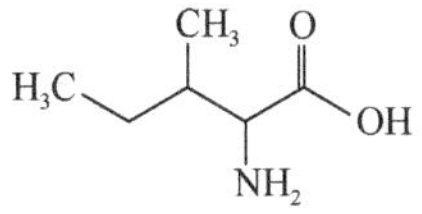	异亮氨酸	isoleucine	Ile	I	6.02
	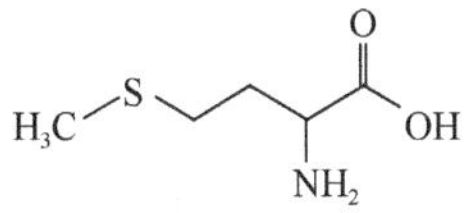	甲硫氨酸	methionine	Met	M	5.74
	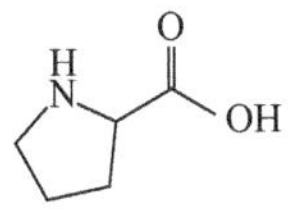	脯氨酸	proline	Pro	P	6.30

续表

种类	结构式	中文名	英文名	三字符号	一字符号	等电点 pI
极性中性氨基酸		丝氨酸	serine	Ser	S	5.68
		半胱氨酸	cysteine	Cys	C	5.07
		天冬酰胺	asparagine	Asn	N	5.41
		谷胺酰胺	glutamine	Gln	Q	5.65
		苏氨酸	threonine	Thr	T	5.60
含芳香环的氨基酸		苯丙氨酸	phenylalanine	Phe	F	5.48
		酪氨酸	tyrosine	Tyr	Y	5.66
		色氨酸	tryptophan	Trp	W	5.89
酸性氨基酸		天冬氨酸	aspartic acid	Asp	D	2.97
		谷氨酸	glutamic acid	Glu	E	3.22
碱性氨基酸		赖氨酸	lysine	Lys	K	9.74
		精氨酸	arginine	Arg	R	10.76
		组氨酸	histidine	His	H	7.59

（三）氨基酸的理化性质

1. 两性解离和等电点　所有氨基酸都含有碱性的 α-氨基和酸性的 α-羧基，可在酸性溶液中与质子（H^+）结合成带正电荷的阳离子（—NH_3^+），也可在碱性溶液中失去质子变成带负电荷的阴离子（—COO^-），因此蛋白质是一种两性电解质，具有两性解离的特性。在某一 pH 的溶液中，氨基酸解离成阳离子和阴离子的趋势和程度相等，成为兼性离子，呈电中性，此时溶液的 pH 称为该氨基酸的等电点（isoelectric point，pI）。

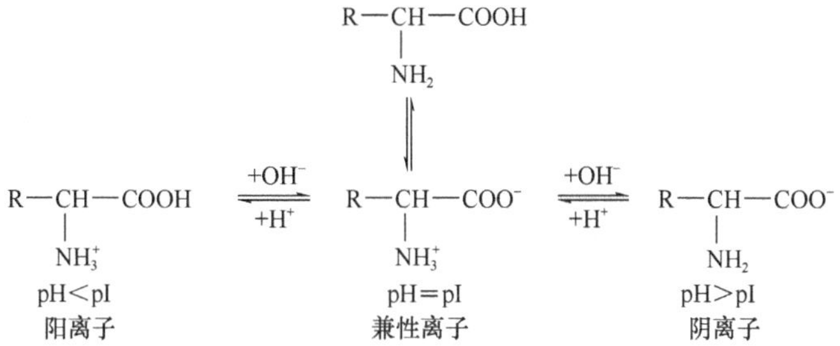

$$R—CH—COOH$$
$$|$$
$$NH_2$$

$$R—CH—COOH \underset{+H^+}{\overset{+OH^-}{\rightleftharpoons}} R—CH—COO^- \underset{+H^+}{\overset{+OH^-}{\rightleftharpoons}} R—CH—COO^-$$

R—CH—COOH	R—CH—COO⁻	R—CH—COO⁻
NH₃⁺	NH₃⁺	NH₂
pH＜pI	pH＝pI	pH＞pI
阳离子	兼性离子	阴离子

氨基酸的 pI 是由 α-羧基和 α-氨基的解离常数的负对数 pK_1 和 pK_2 决定的。计算公式为：pI=$1/2(pK_1+pK_2)$。如甘氨酸的 pK–COOH=2.34，pK–NH_2=9.60，pI=$1/2(2.34+9.60)$=5.97。如果一个氨基酸有三个可解离基团，写出它们的电离式后取兼性离子两边的 pK 值的平均值，即为此氨基酸的 pI 值。

2. 紫外吸收性质　色氨酸（Trp）和酪氨酸（Tyr）等芳香族氨基酸在其侧链中含有共轭双键，在 280nm 附近有最大吸收峰（图 1-2）。由于大多数蛋白质含有色氨酸和酪氨酸残基，所以测定蛋白质在 280nm 的光吸收值，可快速定量分析溶液中蛋白质含量。

3. 茚三酮反应　氨基酸与茚三酮的水合物共同加热，茚三酮水合物被还原，其还原产物可与氨基酸加热分解产生的氨结合，再与另一分子茚三酮缩合成为蓝紫色化合物，此化合物在 570nm 处有最大吸收峰。此吸收峰值的大小与氨基酸分解产生的氨量成正比，据此可进行氨基酸定量分析。脯氨酸、羟脯氨酸与茚三酮试剂反应产物呈黄色，天冬酰胺与茚三酮反应产物呈棕色。

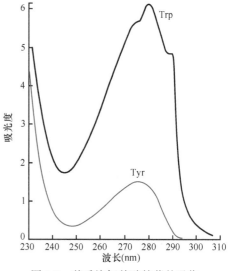

图 1-2　芳香族氨基酸的紫外吸收

二、肽

（一）肽与肽键

早在 1890～1910 年间，德国化学家费歇尔（Fischer）就通过实验证明蛋白质分子是氨基酸之间通过肽键相连而形成的肽（peptide）。肽键（peptide bond）是由一个氨基酸的 α-羧基与另一个氨基酸的 α-氨基脱水缩合形成的化学键（—CO—NH—），又称酰胺键（图 1-3）。

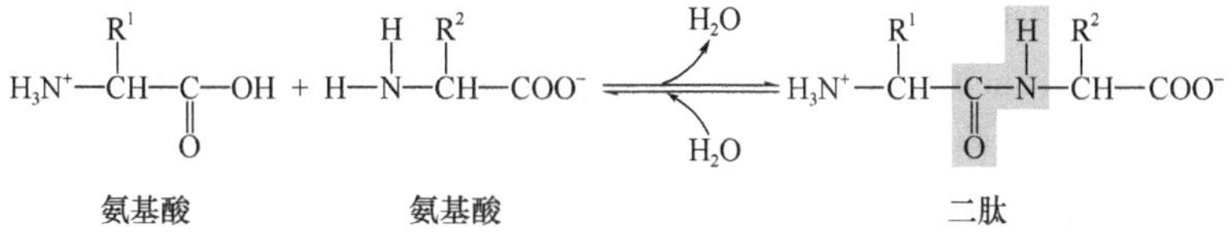

$$H_3N^+—CH—C—OH + H—N—CH—COO^- \xrightarrow[H_2O]{H_2O} H_3N^+—CH—C—N—CH—COO^-$$

氨基酸	氨基酸	二肽

图 1-3　肽与肽键

由两个氨基酸形成的肽称为二肽，三个氨基酸形成的肽称三肽，依此类推。通常将 20 个以下氨基酸相连形成的肽称为寡肽（oligopeptide），20 个以上氨基酸组成的肽称为多肽（polypeptide）。多肽分子中氨基酸相互连接形成长链，称为多肽链（polypeptide chain）。多肽链中的氨基酸由于脱水缩合，已不是完整的氨基酸分子，称为氨基酸残基（amino acid residue）。多肽链中的 α-碳原子和肽键的若干重复结构（N—Cα—C）称为主链骨架（backbone），各氨基酸残基的侧链基团为多肽链的侧链（side chain）。

多肽链两端有自由氨基和自由羧基，含游离 α-氨基的一端称为氨基末端（amino terminal）或 N 端，通常写在多肽链的左端；含游离 α-羧基的一端称为羧基末端（carboxyl terminal）或 C 端，通常写在多肽链的右端。肽的命名从 N 端开始指向 C 端。如从 N 端到 C 端依次由甘氨酸、丙氨酸、酪氨酸、色氨酸组成的四肽，规范化学名称为甘氨酰-丙氨酰-酪氨酰-色氨酸。

蛋白质属于多肽，但多肽不全是蛋白质。蛋白质的氨基酸残基数通常在 50 个以上，50 个氨基酸残基以下的肽仍称为多肽。例如，通常将含有 39 个氨基酸残基的促肾上腺皮质激素称为多肽，而把由 51 个氨基酸残基组成的胰岛素称为蛋白质。

（二）几种重要的生物活性肽

生物体内存在许多具有重要生物功能的肽，称为生物活性肽，有的仅为三肽，有的为寡肽或多肽。生物活性肽在代谢调节、神经传导等方面起着重要作用，如谷胱甘肽、多肽类激素、神经肽及多肽类抗生素等。随着生物技术的发展，许多化学合成和重组 DNA 技术制备的肽类药物和疫苗已在疾病预防和治疗方面取得了成效。

1. 谷胱甘肽（glutathione，GSH） 是由谷氨酸、半胱氨酸和甘氨酸组成的三肽（图 1-4A）。第一个肽键是由谷氨酸的 γ-羧基与半胱氨酸的 α-氨基脱水缩合而成，称为 γ-谷氨酰半胱氨酰甘氨酸。分子中半胱氨酸的巯基（—SH）是谷胱甘肽的主要功能基团。GSH 的巯基具有还原性，是体内重要的还原剂，能保护体内蛋白质或酶分子中的巯基免遭氧化，使蛋白质或酶处在活性状态。H_2O_2 是细胞内产生的重要氧化剂，可氧化蛋白质中的巯基而破坏其功能。在谷胱甘肽过氧化物酶的作用下，GSH 可还原细胞内部产生的 H_2O_2，使其变成 H_2O，失去氧化性，与此同时，GSH 被氧化成氧化型谷胱甘肽（GSSG）；GSSG 在谷胱甘肽还原酶的作用下，再生成 GSH（图 1-4B）。此外，GSH 的巯基还有嗜核特性，能与外源的嗜电子毒物如致癌剂或药物结合，阻断这些化合物与 DNA、RNA 或蛋白质结合，以保护机体免遭毒物损害。

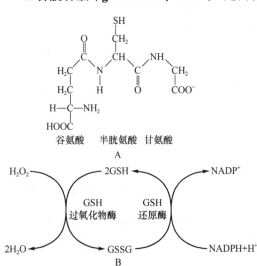

图 1-4　谷胱甘肽的组成及 GSH 与 GSSG 间的转换

2. 多肽类激素及神经肽 体内有许多激素为寡肽或多肽，如催产素（9 肽）、加压素（9 肽）、促肾上腺皮质激素（39 肽）、促甲状腺素释放激素（3 肽）等，它们各有其重要的生理功能。如促甲状腺素释放激素（thyrotropin releasing hormone，TRH）是一个特殊结构的三肽（图 1-5），其 N 端的谷氨酸残基环化成为焦谷氨酸（pyroglutamic acid），C 端的脯氨酸残基酰化成为脯氨酰胺，主要作用是促进腺垂体分泌促甲状腺素。

有一类在神经传导过程中起信号转导作用的肽类被称为神经肽（neuropeptide），如脑啡肽（5 肽）、β-内啡肽（31 肽）、强啡肽（17 肽）、P 物质（10 肽）等，它们是中枢神经

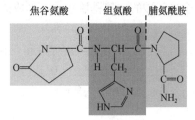

图 1-5　促甲状腺素释放激素

系统调控机体功能的一类重要化学物质，与中枢神经系统产生痛觉抑制有密切关系。

3. 多肽类抗生素　是一类能抑制或杀死细菌的多肽，如短杆菌肽 A、短杆菌素 S、缬氨霉素（valinomycin）和博来霉素（bleomycin）等。

除天然活性多肽外，自 20 世纪 70 年代重组 DNA 技术建立以来，通过重组 DNA 技术获得的多肽类药物、肽类疫苗等越来越多，应用也越来越广泛。

第二节　蛋白质的分子结构

蛋白质是由许多氨基酸通过肽键相连形成的生物大分子。人体内每一种蛋白质都有其特定的氨基酸种类、组成百分比及排列顺序，并进一步折叠成特定的空间结构。由氨基酸排列顺序及肽链的特定空间排布等所构成的蛋白质分子结构，是不同蛋白质表现各自特性和独特生理功能的结构基础。根据蛋白质肽链折叠的方式与复杂程度，一般用一级结构和高级结构描述蛋白质的结构，高级结构又称空间结构或空间构象（conformation），包括蛋白质二、三、四级结构。由一条多肽链形成的蛋白质只有一、二、三级结构，由两条或两条以上多肽链形成的蛋白质才有四级结构。

一、蛋白质一级结构

蛋白质分子中从 N 端到 C 端的氨基酸排列顺序，称为蛋白质一级结构（primary structure of protein）。一级结构是蛋白质的基本结构，决定着蛋白质的空间构象。蛋白质一级结构的主要化学键是肽键，有的蛋白质还含有二硫键（—S—S—）。

牛胰岛素是第一个被测定一级结构的蛋白质分子，由英国化学家桑格（Sanger）于 1953 年测定完成，据此他于 1958 年获得诺贝尔化学奖。牛胰岛素是由 A 和 B 两条多肽链组成，A 链有 21 个氨基酸残基，B 链有 30 个氨基酸残基，分子质量为 5733Da。牛胰岛素分子中有 3 个二硫键，其中 A 链第 6 位半胱氨酸和第 11 位半胱氨酸的巯基脱氢形成 1 个链内二硫键，A 链和 B 链通过两个链间二硫键相连（图 1-6）。

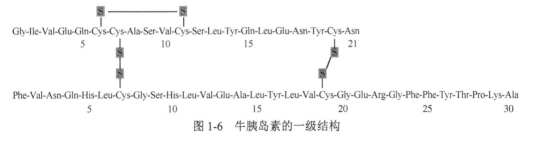

图 1-6　牛胰岛素的一级结构

体内蛋白质种类繁多，不同的蛋白质其一级结构各不相同，一级结构是蛋白质空间构象和生物学功能的基础，但不是决定蛋白质空间结构的唯一因素。

随着蛋白质测序技术和手段的更新，目前已有相当数量的蛋白质一级结构被测定，并且还以更快的速度增加。现有一些重要的蛋白质数据库（updated protein database），如 EMBL（European Molecular Biology Laboratory Data Library）、GenBank（Genetic Sequence Databank）和 PIR（Protein Identification Resource Sequence Database）等，收集了大量的蛋白质一级结构及其他资料，为深入研究蛋白质的结构与功能提供了有利条件。

二、蛋白质二级结构

蛋白质二级结构（secondary structure of protein）是指蛋白质分子中某一段肽链的局部空间结构，即该段肽链主链骨架中各原子的相对空间位置，不涉及氨基酸残基侧链的构象。

（一）肽单元

肽键是构成蛋白质分子的基本化学键，肽键中的四个原子（C、O、N、H）与相邻的两个

α-碳原子（$C_{\alpha 1}$、$C_{\alpha 2}$）处于同一个平面上，此平面称为肽平面或肽单元（peptide unit），$C_{\alpha 1}$ 和 $C_{\alpha 2}$ 在平面中所处的位置为反式（trans）构型（图 1-7）。肽单元是形成蛋白质二级结构的基础。

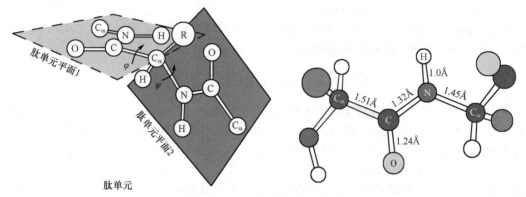

图 1-7　肽单元与肽键中的键长

20 世纪 30 年代末，鲍林（Pauling）和科里（Corey）通过 X 射线衍射分析证明，肽键中的 C—N 键长为 0.132nm，介于 C—N 单键（键长 0.149nm）和 C=N 双键（键长 0.127nm）之间，具有部分双键性能，不能自由旋转。而与肽键相连的 α-碳原子两侧都是单键，可以自由旋转。肽单元上 α-碳原子两侧单键的旋转角度，决定了两个相邻的肽单元平面的相对空间位置，使多肽链形成具有特殊规律的二级结构。蛋白质二级结构主要包括 α 螺旋、β 片层、β 转角和 Ω 环等结构。一个蛋白质分子中可同时含有多种二级结构或多个同种二级结构。

（二）α 螺旋

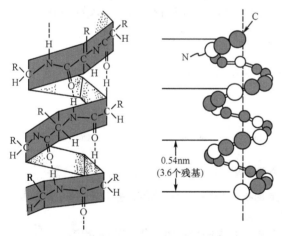

图 1-8　α 螺旋

α 螺旋（α helix）是存在于各种天然蛋白质多肽链中一种特定的螺旋状结构（图 1-8），是蛋白质中最常见、含量最丰富的二级结构形式。

1951 年，鲍林和科里根据阿斯特伯里（Astbury）对 α-角蛋白进行的 X 射线衍射分析结果，首先提出了 α 螺旋结构模型，并通过实验证实了蛋白质 α 螺旋二级结构的存在。基于鲍林对蛋白质与酶研究的杰出贡献，他于 1954 年获得诺贝尔化学奖。

α 螺旋具有下列特征：

（1）多个肽平面通过 α-碳原子旋转，使多肽链的主链围绕中心轴盘曲成稳定的右手螺旋，氨基酸侧链伸向外侧。每 3.6 个氨基酸残基螺旋上升一圈，螺距为 0.54nm。

（2）螺旋圈之间借肽键中的 C=O 与 N—H 形成许多氢键，即一个肽键亚氨基上的氢原子和第四个肽键羧基上的氧原子形成氢键。肽链中所有肽键中的氢和羧基氧都可参与形成氢键，使得 α 螺旋结构十分稳定。

（3）肽链中氨基酸残基的 R 基团均伸向螺旋的外侧，其形状、大小及电荷影响 α 螺旋的形成和稳定。酸性或碱性氨基酸集中的区域，由于同性电荷相斥，不利于 α 螺旋的形成；含较大 R 基团的氨基酸（如苯丙氨酸、异亮氨酸、色氨酸）集中的区域，由于空间位阻较大，也不利于 α 螺旋的形成；脯氨酸是亚氨基酸，不能形成氢键，故不易形成 α 螺旋。

肌红蛋白及血红蛋白分子中有许多肽段是 α 螺旋结构。毛发的角蛋白、肌肉组织的肌球蛋白以及血凝块中的纤维蛋白，它们的多肽链几乎全部卷曲成 α 螺旋。数条 α 螺旋状的多肽链可缠绕起来，形成缆索，从而增强其机械强度和伸缩性。

（三）β片层

β片层（β pleated sheet）也是蛋白质中常见的二级结构，β片层结构多肽链较为伸展，肽单元平面间折叠成锯齿状（图1-9）。

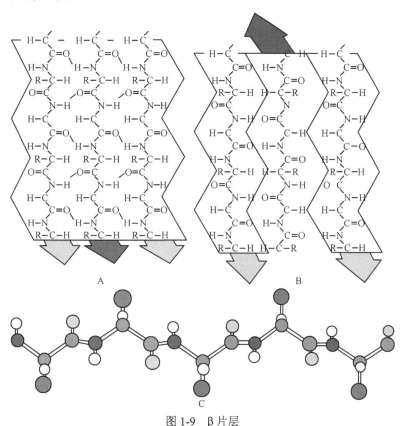

图1-9　β片层
A. 平行折叠；B. 反平行折叠；C. 侧视

β片层的结构特征如下：

（1）多肽链呈伸展状态，相邻肽单元平面之间折叠成锯齿状，氨基酸残基的R侧链伸出在锯齿的上方或下方。

（2）两条肽链或一条肽链内若干肽段的锯齿状结构平行排列，相邻肽链之间的肽键通过C＝O与N—H形成氢键，维持β片层结构的稳定。

（3）分子内相距较远的两个肽段可通过折叠而形成相同走向，也可通过回折而形成相反走向。

（4）氨基酸残基的侧链太大会影响β片层的形成。

蚕丝蛋白几乎都是β片层结构，许多蛋白质既有α螺旋又有β片层结构。

（四）β转角

蛋白质分子中，肽链经常会出现180°的回折，β转角（β turn）常发生于这种回折时的转角上（图1-10）。β转角通常由4个氨基酸残基组成，其第

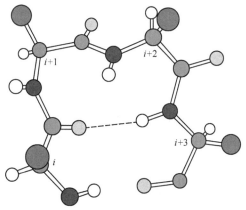

图1-10　β转角

一个氨基酸残基的羧基氧与第四个氨基酸残基的亚氨基氢形成氢键，从而使结构稳定。β 转角结构中第二个氨基酸残基常为脯氨酸，甘氨酸、天冬氨酸、天冬酰胺和色氨酸也在 β 转角中常见。

（五）Ω 环

Ω 环（Ω loop）存在于球状蛋白质分子的表面。这一类二级结构形状类似希腊字母 Ω，因此称为 Ω 环。从形式上 Ω 环可看成是 β 转角的延伸。但是 β 转角只有 4 个残基，单纯构成一个回折。而 Ω 环有两个特征：一是 Ω 环大约 10 个氨基酸残基的长度，最长不超过 16 个氨基酸残基；二是 Ω 环改变了蛋白质肽链的走向，使得形成环的首尾两个残基之间的距离＜1nm。Ω 环在分子识别中可能发挥重要作用。

在许多蛋白质分子中，通常有 2 个或 2 个以上具有二级结构的肽段在空间上相互靠近、互相作用，形成有规则的二级结构聚集体，称为超二级结构（super-secondary structure）。目前发现的二级结构聚集体有三种基本形式：α 螺旋组合（αα）、β 片层组合（βββ）和 α 螺旋 β 片层组合（βαβ），其中以 βαβ 组合最为常见（图 1-11）。

图 1-11　蛋白质的超二级结构

A. α 螺旋组合（αα）；B. β 片层组合（βββ）；C. α 螺旋 β 片层组合（βαβ）

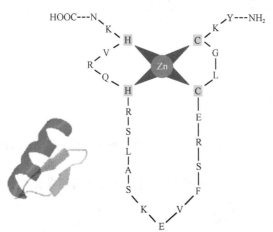

图 1-12　锌指结构

模体（motif）是蛋白质分子中一种具有特定空间构象和功能的超二级结构。一个模体总有其特征性的氨基酸序列，并发挥特殊的功能。如锌指（zinc finger）结构就是一个典型的模体，它由一个 α 螺旋和两个反向平行的 β 片层构成，形似手指，具有结合 Zn^{2+} 的功能。该模体 N 端有一对半胱氨酸残基，C 端有一对组氨酸残基或半胱氨酸残基，四个氨基酸残基在空间上形成一个洞穴，恰好容纳一个 Zn^{2+}（图 1-12）。由于 Zn^{2+} 可稳定模体中的 α 螺旋结构，保证 α 螺旋镶嵌在 DNA 大沟中。一些转录调节因子都含有锌指结构，能与 DNA 或 RNA 结合。

有些蛋白质的模体仅由几个氨基酸残基组成，例如，纤连蛋白、层连蛋白及多数去整合素均含有 Arg-Gly-Asp（RGD）三肽片段，RGD 模体是这些蛋白质与其受体相互作用的位点。

三、蛋白质三级结构

具有二级结构的多肽链再进一步盘曲、折叠，形成具有一定规律的三维空间结构，这种一条多肽链中所有原子在三维空间的整体排布称为蛋白质三级结构（tertiary structure of protein），包括蛋白质分子主链及侧链的构象。蛋白质三级结构的稳定主要依靠氨基酸残基 R 基团间相互作用生成的次级键，如疏水键、离子键、氢键和范德瓦耳斯力（van der Waals force）等（图 1-13）。此外，虽然二硫键属于共价键，但在三级结构的稳定中也起着重要作用。

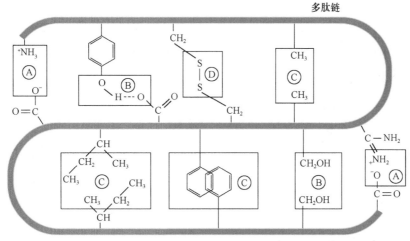

图 1-13　维持蛋白质分子构象的各种化学键

A. 离子键；B. 氢键；C. 疏水键；D. 二硫键

分子量较大的蛋白质常可折叠成多个结构较为紧密且稳定的区域，同时执行其特有的生物学功能，称为结构域（domain）。大多数结构域由 100~200 个连续的氨基酸残基组成。

一个蛋白质分子中的几个结构域有的相同，有的不相同。如免疫球蛋白 IgG 由 12 个结构域组成，两条轻链上各有 2 个，两条重链上各有 4 个。补体结合部位与抗原结合部位位于不同的结构域（图 1-14）。

若用限制性蛋白酶水解，含多个结构域的蛋白质常分解出独立的结构域，各结构域的构象可以基本不改变，并保持其功能，而超二级结构却不具备这一特点。如用木瓜蛋白酶水解 IgG 分子，在铰链区的重链链间二硫键近 N 端侧，可将 IgG 分子裂解为三个片段，即两个完全相同的抗原结合片段（fragment of antigen binding，Fab）和一个可结晶片段（fragment crystallizable，Fc），每一个片段中各结构域的构象和功能保持不变。Fab 段由一条完整的轻链和重链的 V_H 和 C_{H1} 结构域组成，可与抗原结合；Fc 段由 IgG 的 C_{H2} 和 C_{H3} 结构域组成，是 IgG 与效应分子或细胞相互作用的部位（图 1-14）。

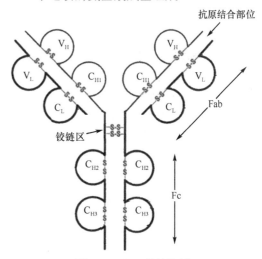

图 1-14　IgG 的结构域

C_{H1}，C_{H2}，C_{H3}：重链恒定区结构域 1，2，3；C_L：轻链恒定区结构域；V_L：轻链可变区结构域；V_H：重链可变区结构域

四、蛋白质四级结构

体内许多蛋白质分子含有两条或两条以上多肽链，每一条多肽链都有其完整的三级结构，称为蛋白质的亚基（subunit），亚基与亚基之间呈特定的三维空间排布，并以非共价键相连。这种蛋白质分子中各个亚基的空间排布及亚基接触部位的布局和相互作用，称为蛋白质四级结构（quaternary structure of protein）。

在蛋白质四级结构中，各亚基之间的结合力主要是氢键和离子键。一种蛋白质中，各亚基可以相同，也可以不同。如谷氨酸脱氢酶由 6 个相同的亚基构成，天冬氨酸甲酰基转移酶由 6 个调节亚基和 6 个催化亚基构成，成人血红蛋白由 2 个 α 亚基和 2 个 β 亚基构成。

含有四级结构的蛋白质，单一的亚基一般没有生物学功能，只有完整的四级结构才能发挥其

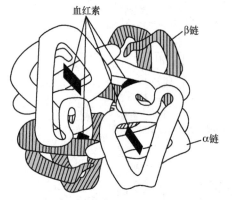

图1-15 蛋白质的四级结构——血红蛋白结构示意图

生物学功能。如血红蛋白的2个α亚基和2个β个亚基都能与氧结合，4个亚基通过8个离子键相连形成四聚体，具有运输氧的功能，亚基中的血红素辅基是结合氧的功能部位（图1-15）。实验证明，血红蛋白的任何一个亚基单独存在时虽可结合氧，但在体内组织中难以释放氧，起不到运输氧的作用。

五、蛋白质的分类

蛋白质的结构复杂，种类繁多，功能各异，分类方法也不统一。通常根据蛋白质的分子组成和形状进行分类。

（一）根据蛋白质的分子组成分类

根据蛋白质分子不同组成，蛋白质可分为单纯蛋白质和结合蛋白质两大类。单纯蛋白质只由氨基酸组成，其水解产物只含氨基酸，不含其他化合物。清蛋白、球蛋白、精蛋白和组蛋白等都属此类。结合蛋白质除蛋白质部分外，还包含非蛋白质部分，称为辅基（prosthetic group）。常见的辅基有色素化合物、寡糖、脂类、磷酸、金属离子及核酸等。大多数辅基通过共价键与蛋白质部分相连。

（二）根据蛋白质的分子形状分类

根据蛋白质分子形状不同，可将蛋白质分为纤维状蛋白质和球状蛋白质两大类。纤维状蛋白质分子长轴与短轴之比大于10，形似纤维；球状蛋白质分子长轴与短轴之比小于10，形状近似球形或椭球形。纤维状蛋白质一般不溶于水，多为结构蛋白，主要功能是作为细胞的支架或连接细胞、组织和器官的细胞外成分，如胶原蛋白、弹性蛋白、角蛋白等。球状蛋白质的水溶性较好，许多具有生理功能的蛋白质都属于球状蛋白质，如酶、血红蛋白、肌红蛋白、蛋白质类激素、各种调节蛋白及免疫球蛋白等。

第三节 蛋白质结构与功能的关系

研究蛋白质结构与功能的关系是从分子水平上认识生命现象的一个重要领域，对医药的研究具有十分重要的意义。从分子水平阐明蛋白质的作用机制，以及蛋白质异常引起的相关疾病发生的原因，将为疾病的防治和药物研究提供重要的理论依据。

生物体内有数以万计的蛋白质，每一种蛋白质都执行着其独特的功能，而这些功能又与蛋白质分子的特异结构密切相关。

一、蛋白质一级结构与功能的关系

（一）蛋白质一级结构是空间构象的基础

20世纪60年代，安芬森（Anfinsen）在研究牛核糖核酸酶A（RNase A）的变性和复性时发现，蛋白质的功能与其三级结构密切相关，而特定的三级结构是以蛋白质的一级结构即氨基酸的排列顺序为基础的。

RNase A是由124个氨基酸残基组成的单一多肽链，分子中8个半胱氨酸的巯基形成4对二硫键，多肽链进一步折叠成为具有特定空间构象的三级结构（图1-16）。

在天然RNase A溶液中加入适量变性剂尿素（或盐酸胍）和还原剂β-巯基乙醇，分别破坏次级键和二硫键，使蛋白质空间构象破坏，酶即变性失去活性。由于肽键未受影响，故蛋白质一级结构仍存在。RNase A 中的二硫键被还原成巯基后，若要再形成 4 对二硫键，从理论上推算有 105 种配对方式，只有与天然酶完全相同的配对方式才能呈现酶活性。将尿素和 β-巯基乙醇经透析除去后，4 对二硫键也正确配对，酶活性及其他一系列性质均可恢复到与天然酶一样。牛 RNase A 的变性、复性及其酶活性变化充分说明，蛋白质一级结构是空间结构形成的基础，而只有具备了特定空间结构的蛋白质才具有生物学活性。

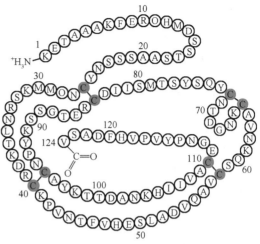

图 1-16 RNase A 的一级结构

（二）蛋白质一级结构是功能的基础

大量研究数据表明，一级结构相似的蛋白质，其功能也相似。例如，不同哺乳动物的胰岛素都是由 A、B 两条多肽链组成，氨基酸序列相差甚微，且二硫键的配对位置和空间构象也极为相似，因而它们具有相同的功能，即都具有调节糖等物质代谢的生理功能（表 1-2）。腺垂体分泌的促肾上腺皮质激素（ACTH）和促黑素（MSH）之间有一段相同的氨基酸序列，因此 ACTH 有较弱的促黑色素生成作用。

表 1-2 哺乳动物胰岛素氨基酸序列的差异

胰岛素	氨基酸残基序号			
	A8	A9	A10	B30
人	Thr	Ser	Ile	Thr
猪	Thr	Ser	Ile	Ala
犬	Thr	Ser	Ile	Ala
马	Thr	Ser	Ile	Ala
兔	Thr	Gly	Ile	Ser
牛	Ala	Gly	Val	Ala
羊	Ala	Ser	Val	Ala

注：A8 表示 A 链第 8 位氨基酸，其余类推

对蛋白质一级结构的比较可以帮助了解物种间的进化关系。如广泛存在于生物界的细胞色素 c（cytochrome c，Cyt c），物种间亲缘关系越近，其一级结构越相似，空间结构和功能也越相似。人类和黑猩猩的 Cyt c 一级结构完全相同；猕猴与人类很接近，两者的 Cyt c 一级结构只相差一个氨基酸残基；面包酵母与人类在物种进化上距离极远，两者 Cyt c 一级结构相差达 51 个氨基酸残基。

（三）蛋白质一级结构改变与疾病

案例 1-1

患者，女性，16 岁，因发热、间歇性四肢关节疼痛 3 个月余就诊。体格检查：体温 38.3℃，贫血面容，轻度黄疸，肝、脾略肿大。实验室检查：血红蛋白 80g/L，血细胞比容 9.5%，红细胞总数 3×10^{14}/L，白细胞总数 6×10^{9}/L，白细胞分类正常。血清铁 21μmol/L，次亚硫酸氢钠试验阳性；Hb 电泳产生一条带，与 HbS 在同一位置。红细胞形态为镰形。诊断：镰状细胞贫血。

蛋白质分子中某些重要氨基酸残基的改变，有时仅仅是一个氨基酸残基的异常，就可严重影响蛋白质空间构象乃至生理功能，甚至导致疾病的发生。由蛋白质分子发生变异所导致的疾病称为分子病（molecular disease）。如镰状细胞贫血就是一种典型的分子病。

镰状细胞贫血是由于血红蛋白β链的第6位谷氨酸被缬氨酸取代，正常血红蛋白A（HbA）变成了异常的血红蛋白S（HbS）。仅一个氨基酸改变，原来水溶性的血红蛋白在低氧状态下溶解性降低，聚集成丝，相互黏着，导致红细胞变形成为镰刀状，极易碎裂，产生贫血。由于蛋白质分子中氨基酸改变的根本原因是编码多肽链的基因碱基序列的改变，因此分子病的病因是基因突变所致。

正常红细胞血红蛋白（HbA）β链：N-val·his·leu·thr·pro·glu·glu···C；镰状红细胞血红蛋白（HbS）β链：N-val·his·leu·thr·pro·val·glu···C。

近年来应用蛋白质工程技术，如采用选择性基因突变或化学修饰定向改造多肽中的一些"关键"氨基酸，可以得到自然界不存在但活性更强的多肽或蛋白质，这对研究多肽类新药具有重要意义。目前已有多种此类多肽类药物应用于临床疾病的治疗。

二、蛋白质空间构象与功能的关系

（一）蛋白质的空间构象决定其功能

蛋白质的功能不仅与一级结构有关，更与其特定的空间构象密切相关。如前述的牛核糖核酸酶变性时，尽管其一级结构没有改变，但其空间构象被破坏，酶活性完全丧失，只有恢复到天然构象状态，其活性才可恢复。酶原的激活及各种蛋白质前体的加工和激活也证明，蛋白质只有具备适当的空间构象形式才能执行其功能。

蛋白质功能的多样性与各种蛋白质特定的空间构象密切相关，其构象发生改变，功能活性也随之改变。以下以肌红蛋白（myoglobin，Mb）和血红蛋白（hemoglobin，Hb）为例阐述蛋白质空间构象与功能的关系。

Mb 和 Hb 都是含有血红素辅基的蛋白质。血红素是铁卟啉化合物，由4个吡咯环通过4个甲炔基相连成为一个环形，Fe^{2+} 居于环中。Fe^{2+} 有6个配位键，其中4个与吡咯环的N配位结合，1个与蛋白质的组氨酸残基结合，另1个与氧结合。

Mb 是一个只有三级结构的单链蛋白质，有8个α螺旋结构肽段，整条多肽链折叠成紧密球状分子，氨基酸残基上的疏水侧链大都在分子内部，富极性及电荷的侧链则在分子表面，使其有较好的水溶性。Mb 只有一条多肽链，只能结合一个血红素，故只携带一分子氧，其主要功能是储存氧。

Hb 是由4个亚基组成的具有四级结构的蛋白质（图1-15），每个亚基的三级结构与 Mb 极为相似，分子内部有一个疏水"口袋"，亚铁血红素居于其中，血红素上的 Fe^{2+} 能够可逆地与氧结合，因此一分子 Hb 可结合4分子氧。成人血红蛋白由2个α亚基和2个β亚基组成，亚基之间通过许多氢键和8对离子键紧密结合形成亲水的球状分子。Hb 的主要功能是运输氧。

氧合 Hb 占总 Hb 的百分数（称百分饱和度）随 O_2 浓度变化而变化。Hb 和 Mb 一样能可逆地与氧结合，但两者的氧解离曲线不同，前者为 S 形曲线，后者为直角双曲线（图1-17）。氧解离曲线显示，Mb 易与 O_2 结合，而 Hb 在氧分压较低时较难与 O_2 结合。根据 Hb 与 O_2 结合的 S 形曲线特征可知，Hb 中第一个亚基与 O_2 结合后，可促进第二、第三个亚基与 O_2 结合，当前三个亚基与 O_2 结合后，又大大促进第四个亚基与 O_2 结合。这种一个亚基与其配体结合后，能影响蛋白质分子中另一个亚基与配体结合能力的效应，称为协同效应（cooperative effect），如果是促进作用，称为正协同效应，反之则为负协同效应。

O$_2$ 与 Hb 之间的结合是正协同效应。之所以有这种效应，是因为 Hb 未与 O$_2$ 结合时，其结构处于某一种空间紧密构象，称为紧张型（tense state，T 型），与 O$_2$ 的亲和力小。随着与 O$_2$ 的结合，Hb 亚基之间的离子键断裂，空间结构变得松弛，称为松弛型（relaxed state，R 型），此时 Hb 与 O$_2$ 的亲和力增大（图 1-18）。这种一个氧分子与 Hb 亚基结合后引起亚基构象变化的效应称为别构效应（allosteric effect）。小分子 O$_2$ 称为别构剂或效应剂，Hb 则被称为别构蛋白。许多调节蛋白、代谢酶都属于别构蛋白，也存在别构效应。有关别构效应将在第四章酶中详细阐述。

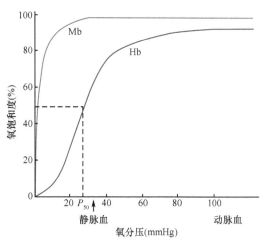

图 1-17　Mb 与 Hb 的氧解离曲线
1mmHg=0.133kPa

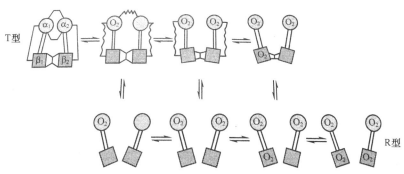

图 1-18　Hb 氧合与脱氧构象转换示意图

（二）蛋白质构象改变与疾病

案例 1-2

患者，男性，42 岁。因进行性痴呆、间歇性肌阵挛发作半年入院。体格检查：反应迟钝，言语较少，理解力差，计算能力下降；腱反射亢进，肌力 3 级，水平眼震，闭目难立征阳性。实验室检查：脑脊液（CSF）蛋白 0.6g/L。脑电图显示弥漫性异常；头颅磁共振（MRI）提示"脑萎缩"。入院后经氯硝西泮（氯硝安定）、巴氯酚治疗，肌阵挛有所减轻，但痴呆症状无明显好转，且言语障碍加剧，1 个月后患者出现昏迷，半年后死亡。经家属同意对死者进行尸检，行脑组织切片后，发现空泡、淀粉样斑块，胶质细胞增生，神经细胞丢失；免疫组织化学染色检查 PrP^{sc} 阳性，确诊为克-雅病。

问题：

1. 克-雅病发病的生化机制是什么？

2. 联系克-雅病发病的生化机制，拟定治疗方案。

生物体内蛋白质的合成、加工、成熟是一个复杂的过程，其中多肽链的正确折叠是蛋白质形成正确的天然构象和发挥功能的重要环节。若蛋白质折叠发生错误，尽管其一级结构不变，但蛋白质的构象发生改变，仍可影响其功能，严重时可导致疾病，此类疾病称为蛋白质构象病（protein conformational disease）。朊病毒病就是蛋白质构象病中的一种。

已发现的人类朊病毒病有库鲁病（Kuru disease）、人纹状体脊髓变性病或克-雅病（Creutzfeldt-

Jakob disease，CJD）、新变异型克-雅病（new variant Creutzfeldt-Jakob disease，nvCJD）或称人类疯牛病和致死性家族型失眠症（fatal familial insomnia，FFI）等。动物朊病毒病有牛海绵状脑病或称疯牛病（bovine spongiform encephalopathy，BSE）、羊瘙痒症（scraple，SC）等。

朊病毒病是由朊病毒蛋白（prion protein，PrP）引起的一组人和动物神经退行性病变，临床主要表现为进行性共济失调、震颤、姿态不稳、痴呆、行为反常等中枢神经系统症状，死亡率为100%。

朊病毒（prion）最早由美国加州大学生物化学家布鲁希纳（Prusiner）等提出，它是一种只含有蛋白质而不含核酸的蛋白质颗粒。PrP是一类高度保守的糖蛋白，正常动物和人的PrP为细胞型，即正常型PrP^c，其二级结构中存在多个α螺旋，水溶性好，对蛋白酶敏感，广泛表达于脊椎动物细胞表面，可能与神经系统功能维持、淋巴细胞信号转导及核酸代谢等相关。正常型PrP^{c}在某种未知蛋白质的作用下，可转变成二级结构中大多数为β片层的PrP蛋白，即致病型蛋白——PrP^{sc}。外源或新生的PrP^{sc}又可作为模板，通过复杂的机制诱导富含α螺旋的PrP^{c}重新折叠成为富含β片层的PrP^{sc}，这种类似多米诺效应造成PrP^{sc}积累。PrP^{sc}对热稳定，对蛋白酶也不敏感，水溶性差，容易相互聚集，最终形成淀粉样纤维沉淀而导致朊病毒病的发生。

尽管PrP^{c}与PrP^{sc}的一级结构完全相同，但由于蛋白质错误折叠使其构象改变，进而功能改变而致病。Prusiner因为发现了朊病毒及一系列工作而获得1997年诺贝尔生理学或医学奖。

第四节　蛋白质的理化性质及其应用

蛋白质由氨基酸组成，因此其理化性质与氨基酸有相同或相似的部分。例如，两性解离和等电点、紫外吸收性质、呈色反应等。同时蛋白质又是生物大分子，因此又表现出氨基酸所没有的一些大分子特性，如胶体性质、沉淀、变性及免疫学特性等。认识蛋白质的理化性质，对于蛋白质的分离、纯化以及结构与功能的研究等都有十分重要的意义。

一、蛋白质的理化性质

（一）蛋白质的两性解离和等电点

蛋白质由氨基酸组成，其分子两端含有游离的α-氨基和α-羧基，氨基酸残基的侧链也含有可解离的基团，如赖氨酸残基的ε-氨基、精氨酸残基的胍基和组氨酸残基的咪唑基、谷氨酸残基的γ-羧基和天冬氨酸残基的β-羧基等，这些基团在一定pH溶液条件下可以结合或释放H$^+$，解离成带正电荷或带负电荷的基团，因此，蛋白质是两性电解质，具有两性解离的特性。在某一pH溶液中，蛋白质解离成阳离子和阴离子的趋势相等，即成为兼性离子，净电荷为零，此时溶液的pH称为该蛋白质的等电点（isoelectric point，pI）。当溶液的pH大于蛋白质的等电点时，蛋白质解离成阴离子，带负电荷，反之则带正电荷（图1-19）。

体内各种蛋白质的等电点不同，但大多数蛋白质的等电点在pH 5.0左右，故在生理情况下（pH 7.4），大多数蛋白质解离成阴离子。少数蛋白质含碱性氨基酸较多，等电点偏碱性，称为碱性蛋白质，如组蛋白、鱼精蛋白等。也有少数蛋白质含酸性氨基酸较多，等电点偏酸性，称为酸性蛋白质，如丝蛋白、胃蛋白酶等。

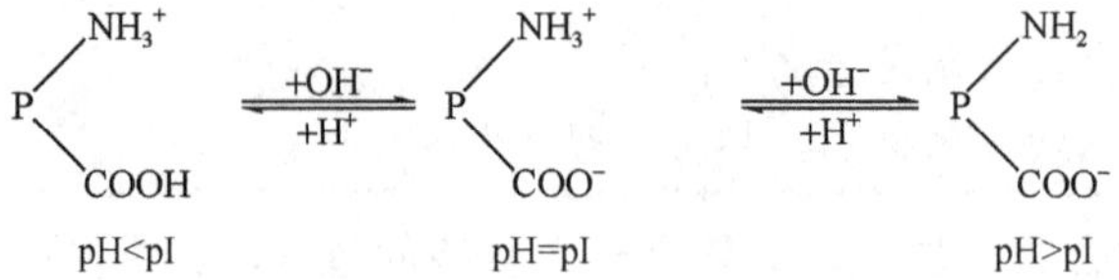

$$
\begin{array}{ccccc}
\underset{\text{COOH}}{\overset{\text{NH}_3^+}{P}} & \underset{+\text{H}^+}{\overset{+\text{OH}^-}{\rightleftharpoons}} & \underset{\text{COO}^-}{\overset{\text{NH}_3^+}{P}} & \underset{+\text{H}^+}{\overset{+\text{OH}^-}{\rightleftharpoons}} & \underset{\text{COO}^-}{\overset{\text{NH}_2}{P}} \\
\text{pH<pI} & & \text{pH=pI} & & \text{pH>pI}
\end{array}
$$

图1-19　蛋白质的两性电离与等电点

（二）蛋白质的胶体性质

蛋白质是生物大分子，分子量在1万到100万之间，其分子直径为1~100nm，属于胶体颗粒的范围，所以蛋白质溶液是胶体溶液，具有胶体性质。

蛋白质溶液是较为稳定的亲水胶体，球状蛋白质分子表面有许多亲水基团，可与水结合形成一层水化膜，使蛋白质颗粒相互隔开而不易聚集沉淀。另外，蛋白质颗粒表面带有电荷，同种电荷相互排斥，也起到了稳定胶体的作用。若去除这两个稳定因素，蛋白质极易从溶液中沉淀析出（图1-20）。

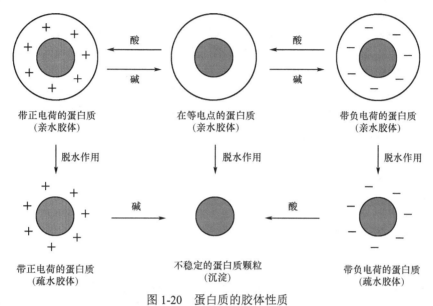

图1-20　蛋白质的胶体性质

■ （三）蛋白质的变性与沉淀

1. 蛋白质的变性　在某些理化因素的作用下，蛋白质特定的空间构象被破坏，从而导致其理化性质改变，生物学活性丧失，称为蛋白质变性（protein denaturation）。蛋白质变性主要是非共价键和二硫键的破坏，不涉及一级结构的改变，即肽键并未断裂。

常见引起蛋白质变性的物理因素有高温（加热）、加压、超声波、紫外线照射、X射线照射和剧烈振荡或搅拌等；化学因素有强酸、强碱、重金属盐、乙醇、丙酮、尿素、去污剂等。

生物学活性丧失是蛋白质变性的主要特征。因此，在提取、制备具有生物活性的蛋白质类化合物时，必须尽量避免蛋白质变性的发生。蛋白质变性后，其理化性质也会发生改变，如一些天然蛋白质变性后失去结晶能力、溶解度降低易发生沉淀、黏度增加、吸收光谱改变等。蛋白质变性后，分子结构松散，肽链由盘曲变为伸展，肽键暴露，易被蛋白酶水解，因此变性蛋白质更有利于消化。

有些蛋白质变性程度较轻，去除变性因素后，仍可恢复其构象和功能，这种现象称为复性（renaturation）。如前述的牛RNaseA在变性剂尿素和还原剂β-巯基乙醇存在时，其分子中的次级键和二硫键断裂，有序的空间结构遭到破坏，酶发生变性并失去活性。如果用透析的方法将尿素和β-巯基乙醇除去，并设法恢复其二硫键，则多肽链又可恢复其特定的天然构象，酶活性及其他一系列性质均可恢复到与天然酶一样。但是许多蛋白质变性后，其空间构象遭到严重破坏而不能复性，称为不可逆变性。

蛋白质的变性作用不仅对蛋白质结构与功能的研究有重要理论意义，而且对医药领域的生产和应用亦有重要的指导作用。临床医学上，变性因素常被应用来消毒及灭菌；低温贮存蛋白质制剂（如疫苗、抗体等）可防止蛋白质变性，从而保证其活性。有时还可加入保护剂、抑制剂来增强蛋白质的抗变性能力。

2. 蛋白质的沉淀　蛋白质从溶液中析出的现象称为蛋白质沉淀。已知蛋白质在水中稳定的两大因素是水化膜和电荷，若除去蛋白质的水化膜并中和其电荷，蛋白质便发生沉淀。使蛋白质沉淀的方法很多，如向蛋白质溶液中加入大量中性盐可夺取蛋白质的水化膜并中和电荷，使蛋白质从溶液中析出。乙醇、丙酮、正丁醇等有机溶剂可降低溶液的介电常数，夺取蛋白质的水化膜，从而使蛋白质沉淀。生物碱试剂、三氯乙酸、磺基水杨酸等可与带正电的蛋白质结合，使蛋白质变性并沉淀，汞、铅、铜、银等重金属离子可与带负电的蛋白质结合，使蛋白质变性、沉淀。变性的蛋白质易于沉淀，但也有蛋白质已变性却并不沉淀，沉淀的蛋白质也不一定变性。

3. 蛋白质的凝固　蛋白质被强酸或强碱变性后，仍能溶于强酸或强碱溶液中。若将 pH 调到该蛋白质的等电点，则变性蛋白质立即结成不溶的絮状物，此时絮状物仍可溶于强酸和强碱中。如再加热，则絮状物变成比较坚固的凝块，此凝块不再溶于强酸和强碱中，这种现象称为蛋白质的凝固作用（coagulation）。鸡蛋煮熟后本来流动的蛋清变成了固体状，豆浆中加入少量石膏就可变成豆腐，都是蛋白质凝固的典型例子。凝固是蛋白质变性后进一步发展的不可逆的结果。

（四）蛋白质的紫外吸收性质

蛋白质分子中含有共轭双键的酪氨酸和色氨酸，使蛋白质在波长 280nm 的紫外光谱区有特征性吸收峰。因此，280nm 的吸光度测定常用于蛋白质的定量分析。

（五）蛋白质的呈色反应

蛋白质分子的肽键和某些侧链基团可与一些特定的化学试剂发生呈色反应，这些呈色反应常用于蛋白质的定性与定量分析。

1. 茚三酮反应　蛋白质经水解后产生的氨基酸也可发生茚三酮反应，详见本章第一节。

2. 双缩脲反应　在碱性溶液中，蛋白质分子中的肽键能与硫酸铜溶液中的 Cu^{2+} 形成紫红色络合物，称为双缩脲反应（biuret reaction）。氨基酸无此反应，当蛋白质溶液中的蛋白质不断水解为游离氨基酸时，其双缩脲反应呈现的紫红色逐渐变浅，因此双缩脲反应可用于检测蛋白质的水解程度。

二、蛋白质理化性质的应用

生物体内存在成千上万种蛋白质，要分析和研究蛋白质的结构和功能，首先必须分离和纯化出单一蛋白质，并保持蛋白质的活性。在生化制药工业中，蛋白质和肽类药物的生产制备也涉及分离和纯化问题。利用蛋白质的各种理化性质可进行蛋白质的分离纯化与含量测定。

（一）蛋白质的分离纯化

1. 透析和超滤法　利用具有半透膜性质的透析袋将大分子的蛋白质和小分子化合物分离的方法称为透析（dialysis）。将蛋白质溶液放入透析袋内置于流动的水或缓冲液中，小分子杂质从袋中透出，大分子蛋白质则留于袋内，使蛋白质得以纯化。如在袋外放置吸水剂，则袋内水分子伴随小分子物质一起透出，还可达到浓缩蛋白质溶液的目的。

超滤法（ultrafiltration）是应用正压或离心力使蛋白质溶液透过超滤膜从而达到浓缩蛋白质溶液目的的方法。可选择不同孔径的超滤膜以截留不同相对分子量的蛋白质。此法简便且回收率高，是常用的浓缩蛋白质的方法。

2. 盐析和有机溶剂沉淀　是通过改变蛋白质的溶解度来沉淀蛋白质的常用方法。

（1）盐析法（salt precipitation）是用高浓度的中性盐将蛋白质从溶液中析出的方法。常用的中性盐有硫酸铵、硫酸钠和氯化钠等。高浓度的中性盐可以中和蛋白质表面的电荷，破坏蛋白质周围的水化膜，导致蛋白质在水溶液中的稳定因素去除而沉淀。对不同的蛋白质进行盐析时，需要选择不同的盐浓度和不同的 pH。例如，在 pH 7.0 左右，血清中的清蛋白溶于半饱和的硫酸铵溶液中，而球蛋白则沉淀下来，当硫酸铵溶液达到饱和时，清蛋白也沉淀出来。

（2）有机溶剂沉淀蛋白质是利用与水互溶的有机溶剂（如丙酮、乙醇、甲醇等）可显著降低溶液的介电常数，破坏蛋白质的水化膜，从而使蛋白质沉淀。有机溶剂沉淀蛋白质应在低温下进行，且沉淀后应立即分离，以防止蛋白质变性。

3. 电泳 带电颗粒在电场中向着与其所带电荷相反的电极移动，称为电泳（electrophoresis）。电泳技术是分离蛋白质的最常用技术之一。蛋白质在低于或高于其等电点的 pH 缓冲溶液中分别带正电荷或负电荷，在电场中向负极或正极移动。带电颗粒在电场中的泳动速度主要取决于其带电性质、数量、颗粒大小和形状等因素。根据支持物的不同，有薄膜电泳、凝胶电泳等，其中凝胶电泳又根据分离目的不同衍生出多种类型。

（1）聚丙烯酰胺凝胶电泳（polyacrylamide gel electrophoresis，PAGE）是一种利用人工合成的凝胶——聚丙烯酰胺凝胶作为支持物的电泳方法。聚丙烯酰胺凝胶电泳可根据被分离物质分子大小、分子电荷多少及构象的差异来分离，既具有分子筛效应，又具有静电效应，分辨力高于普通琼脂糖凝胶电泳，适用于低分子量蛋白质的分离。

（2）若蛋白质样品和聚丙烯酰胺凝胶系统性中加入较多的十二烷基硫酸钠（SDS），使所有的蛋白质颗粒表面覆盖一层 SDS，由于十二烷基硫酸根所带电荷量远远超过蛋白质分子原有的电荷量，掩盖了不同蛋白质分子间的电荷差别，从而使蛋白质在凝胶中的迁移率只取决于蛋白质颗粒的大小，这种电泳方法称为 SDS-聚丙烯酰胺凝胶电泳（SDS-polyacrylamide gel electrophoresis，SDS-PAGE），常用于测定蛋白质的分子量。

（3）等电聚焦电泳（isoelectric focusing electrophoresis，IFE）是一种利用有 pH 梯度的电泳介质来分离等电点不同的蛋白质的电泳技术。在聚丙烯酰胺凝胶中加入两性电解质载体，在电场中可形成一个从正极到负极 pH 逐渐升高的连续而稳定的 pH 梯度。在这种介质中电泳时，处在偏离其等电点位置的蛋白质会带上电荷而发生迁移，当迁移至与该蛋白质 pI 值相等的 pH 区域时，蛋白质表面净电荷为零而不再移动。由于各种蛋白质均有其特定的 pI，在电泳时每一种蛋白质都向着与其等电点相等的 pH 区域迁移，所以可利用这种方法将各种不同的蛋白质分开（图 1-21）。等电聚焦电泳具有较高的分辨率（目前已可分辨等电点相差 0.001pH 单位的生物分子），精确度及重复性好，特别适合于分离分子量相近而所带电荷不同的蛋白质，缺点是在等电点时不溶或易发生变性的蛋白质不能用此方法分离。等电聚焦电泳还可以用于未知蛋白质等电点的测定。

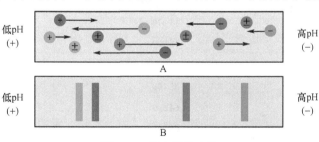

图 1-21 等电聚焦电泳

（4）双向电泳（two-dimensional electrophoresis，2DE）是一种高分辨率电泳技术，最常用的模式是等电聚焦电泳和 SDS-PAGE 的组合，这两项技术组合形成的双向电泳是分离分析蛋白质最有效的一种电泳手段。根据蛋白质的等电点不同，以聚丙烯酰胺凝胶作为支持物，在一个方向上进行等电聚焦电泳，然后利用蛋白质的相对分子量不同，在另一方向上进行 SDS-PAGE，各种蛋白质由于等电点和分子量的不同而被分离，经染色得到的是个二维分布的蛋白质图谱（图 1-22）。双向电泳技术分辨率很高，可一次性分离 1000 种以上的蛋白质。

人类基因组计划完成后迎来了后基因组时代，蛋白质组学研究逐渐成为热点，双向电泳是蛋白质组学研究的重要支撑技术。近年来随着技术的发展和各种蛋白质双向电泳图谱分析软件的不断产生，不仅提高了双向电泳的分辨率，而且使得获取被分离蛋白质的若干参数甚至翻译后修饰等信息更为便捷，大大加速了蛋白质组学的研究进程。

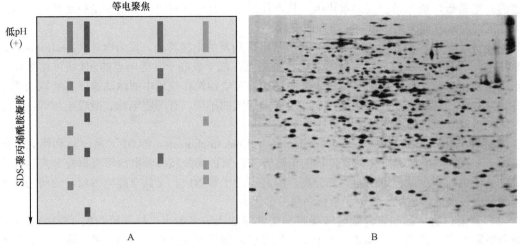

图 1-22　蛋白质双向电泳

A. 双向电泳示意图；B. 双向电泳分离结果

4. 离心（centrifugation）　是利用机械的快速旋转所产生的离心力将不同的物质分离开来的方法。蛋白质在高达 $5\times10^5 g$（g 为 gravity，即地心引力单位）的离心力作用下，在溶液中逐渐沉降，直到其浮力与离心产生的力相等时沉降停止，称为蛋白质的沉降现象。不同蛋白质的相对分子质量、分子形状和密度各不相同，沉降速度也不相同。蛋白质在单位离心力场的沉降速度称为沉降系数（sedimentation coefficient，S），沉降系数使用 Svedberg 单位（$1S=10^{-13}$ 秒）。通常情况下，分子量愈大，沉降愈快，沉降系数愈高。因此，可以用超速离心法（ultra centrifugation）来分离混合蛋白质溶液中的不同蛋白质，超速离心的最大转速可达到 60 000～80 000r/min。沉降系数还与蛋白质的密度和分子形状有关（表 1-3）。

表 1-3　蛋白质的分子量与沉降系数

蛋白质	分子量（Da）	沉降系数 S
细胞色素 c（牛心）	13 370	1.17
肌红蛋白（马心）	16 900	2.04
糜蛋白酶原（牛胰）	23 240	2.54
β-乳球蛋白（羊奶）	37 100	2.90
血红蛋白（人）	64 500	4.50
血清清蛋白（人）	68 500	4.60
过氧化氢酶（马肝）	247 500	11.30
脲酶（刀豆）	482 700	18.60
纤维蛋白原	339 700	7.60

5. 层析（chromatography）　是分离、纯化蛋白质的重要手段之一，其基本原理是利用蛋白质混合溶液中各组分理化性质（如分子形状和大小、电荷量、亲和力等）的差别，使各组分以不同程度分布在两个相中，其中一个是固定的，称为固定相，另一个流过此固定相，称为流动相。待分离蛋白质溶液作为流动相流经固定相时，各组分在两相中反复分配，由于各组分受固定相的阻力和受流动相的推力影响不同，从而使各组分以不同的速度移动而得以分离。层析种类很多，按分离的原理不同，可以分为吸附层析、分配层析、离子交换层析、凝胶过滤层析和亲和层析等，其中离子交换层析和凝胶过滤层析应用最为广泛。

（1）离子交换层析（ion exchange chromatography）是利用蛋白质两性解离特性和等电点作为分离依据的一种方法。根据层析柱内填充物（离子交换剂）的电荷性质不同，离子交换层析可分为阴离子交换层析和阳离子交换层析。离子交换剂是带有正（负）电荷的交联葡聚糖、纤维素或树脂等，阴离子交换剂本身带正电荷，阳离子交换剂本身带负电荷。

以阴离子交换剂弱碱型二乙基氨乙基纤维素（DEAE 纤维素）为例，在 pH 7.0 时带有稳定的正电荷，可与蛋白质的阴离子结合。当被分离的蛋白质溶液流经层析柱时，带负电荷的蛋白质可因离子交换而吸附于柱上，再用不同浓度含阴离子（如 Cl^-）的溶液洗柱，带负电荷的蛋白质又可因离子交换而被洗脱。由于不同蛋白质的 pI 不同，在某一 pH 时所带电荷多少不同，与离子交换剂结合的紧密程度也不同，因此，用一系列 pH 递增或递减的缓冲液洗脱或者提高洗脱液的离子强度，可以降低蛋白质与离子交换剂的亲和力，将不同的蛋白质逐步洗脱下来（图 1-23）。

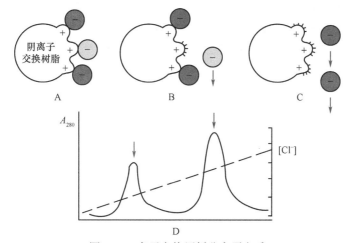

图 1-23　离子交换层析分离蛋白质

A. 样品全部交换并吸附到树脂上；B. 负电荷较少的分子用较稀的 Cl^- 或其他负离子溶液洗脱；C. 电荷多的分子随 Cl^- 浓度增加依次洗脱；D. 洗脱图 A_{280} 表示为 280nm 的吸光度

（2）凝胶过滤层析（gel filtration chromatography）又称分子筛层析或排阻层析，是根据各种蛋白质分子不同大小及形状不同，通过具有网状结构的凝胶颗粒（固定相）时，分子的扩散与移动速率各不相同，而使混合蛋白质溶液中大小不同的分子得到分离和纯化的一种方法。在层析柱内填充惰性的微孔胶粒（如交联葡聚糖），将混合蛋白质溶液加入柱上部后，小分子蛋白质通过胶粒的微孔进入胶粒内，因而在柱中滞留的时间较长，向下移动的速度较慢；大分子蛋白质不能进入胶粒内部，通过胶粒间的空隙直接流出，向下移动的速度较快，因而先流出层析柱，这样分子大小不同的蛋白质就得以分离（图 1-24）。

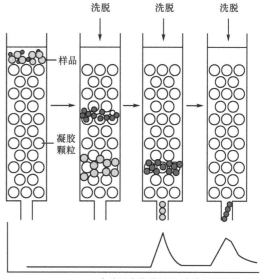

大分子先洗脱下来　小分子后洗脱下来

图 1-24　凝胶过滤层析分离蛋白质

上述方法各有其优缺点，目前尚无单一的方法可将蛋白质完全纯化，每一种蛋白质的纯化过程都是多种方法的综合应用。在实际工作中应根据不同的目的和可能的条件选用不同的方法。

（二）蛋白质的含量测定

利用蛋白质的各种理化性质，还可以进行蛋白质的含量测定。主要方法有：凯氏定氮法（Kjeldahl 法）、紫外吸收法、双缩脲法、Folin-酚试剂法（Lowry 法）、二喹啉甲酸法（BCA 法）、考马斯亮蓝法（Bradford 法）等，每一种测定方法各有其优缺点，在此不再叙述。

（王青松）

思 考 题

1. 试述蛋白质一、二、三、四级结构的概念和主要化学键，蛋白质二级结构的主要形式及 α 螺旋、β 片层的结构特点。

2. 请举例说明蛋白质空间构象与功能的关系。

3. 蛋白质变性后其理化性质会发生哪些变化？有何应用？

4. 常用蛋白质分离和纯化的方法有哪些？其机制是什么？

第二章 核酸的结构与功能

核酸（nucleic acid）是以核苷酸（nucleotide）为基本组成单位的生物大分子，具有复杂的空间结构和重要的生物学功能。

第一节 核酸的化学组成及一级结构

一、核酸的分类

核酸是一类含磷的生物大分子，具有遗传信息的贮存、表达及表达调控等方面的生物学功能。根据化学组成将核酸分为核糖核酸（ribonucleic acid，RNA）和脱氧核糖核酸（deoxyribonucleic acid，DNA）两大类。DNA 主要存在于细胞核和线粒体内，携带遗传信息，除了决定生物体的基因型（genotype）外，也影响生物体的表型（phenotype）。RNA 是 DNA 的转录产物，存在于细胞质、细胞核和线粒体内，参与遗传信息的表达及表达调控等过程。

二、核酸的基本组成

核酸分子的元素组成为 C、H、O、N 和 P。核酸中 P 的含量较为恒定，为 9%～10%。因此核酸定量分析的方法之一就是测定样品中 P 的含量。核酸由多个核苷酸连接而成，所以核酸又称多核苷酸（polynucleotide）。核酸完全水解可释放出等摩尔量的含氮碱基、戊糖和磷酸，三种成分（图 2-1）以共价键依次连接而成。

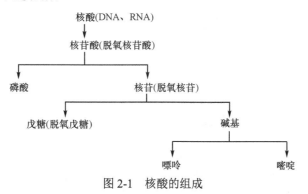

图 2-1　核酸的组成

三、核苷酸的组成

组成 DNA 的基本单位是脱氧腺苷酸（dAMP，脱氧腺苷一磷酸）、脱氧鸟苷酸（dGMP，脱氧鸟苷一磷酸）、脱氧胞苷酸（dCMP，脱氧胞苷一磷酸）和脱氧胸苷酸（dTMP，脱氧胸苷一磷酸）四种脱氧核苷酸（deoxynucleotide），而组成 RNA 的基本单位是腺苷酸（AMP，也称为腺苷一磷酸）、鸟苷酸（GMP，鸟苷一磷酸）、胞苷酸（CMP，胞苷一磷酸）和尿苷酸（UMP，尿苷一磷酸）四种核苷酸（nucleotide）。

核苷酸是由碱基、戊糖和磷酸组成，磷酸即无机磷酸，下边主要介绍碱基和戊糖。

（一）碱基

1. 常见碱基　核酸中的碱基为含氮杂环化合物，分为嘌呤（purine）和嘧啶（pyrimidine）两类（图 2-2）。

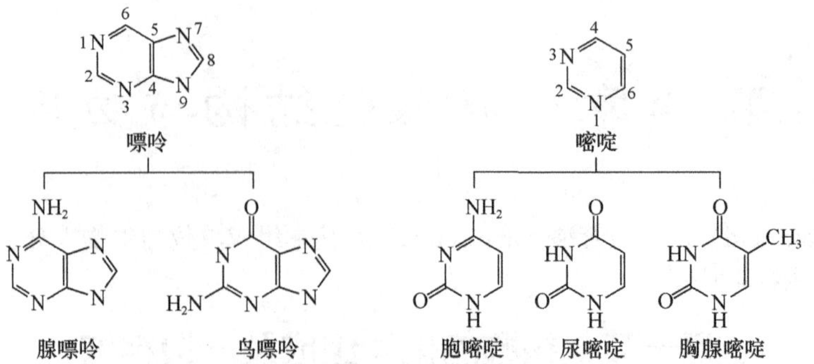

图 2-2　构成核酸的主要碱基的化学结构

核苷酸中的嘌呤碱包括腺嘌呤（adenine，A）和鸟嘌呤（guanine，G），为 DNA 和 RNA 的共有成分。核苷酸中的嘧啶碱包括胞嘧啶（cytosine，C）、尿嘧啶（uracil，U）和胸腺嘧啶（thymine，T），其中胞嘧啶存在于 DNA 和 RNA 分子中，而尿嘧啶仅存在于 RNA 分子中，胸腺嘧啶存在于 DNA 分子中。

嘌呤环和嘧啶环中含有共轭双键，对 260nm 左右波长的紫外光有较强的吸收。碱基的这一特性常常被用来对碱基、核苷、核苷酸和核酸进行定性和定量分析。

2. 稀有碱基　核酸中除了这五种基本的碱基外，RNA 中还有一些含量甚少的碱基，称为稀有碱基（unusual base）。稀有碱基大多数都是碱基甲基化的衍生物，碱基甲基化的过程通常发生在核酸大分子生物合成以后，对核酸在生物体内生物学功能具有极其重要的意义。tRNA 中可含有高达 10% 的稀有碱基。部分稀有碱基的种类见表 2-1。

表 2-1　核酸中部分稀有碱基

	DNA			RNA	
嘌呤	m^7G	7-甲基鸟嘌呤	N^6, N^6-2m^6A	N^6, N^6-二甲基腺嘌呤
	N^6-m^6A	N^6-甲基腺嘌呤	N^6-m^6A	N^6-甲基腺嘌呤
			m^7G	7-甲基鸟嘌呤
嘧啶	m^5C	5-甲基胞嘧啶	DHU	二氢尿嘧啶
	hm^5C	5-羟甲基胞嘧啶	T	胸腺嘧啶

（二）戊糖

参与组成核酸分子骨架的戊糖有两种，即 β-D-核糖与 β-D-2′ 脱氧核糖（图 2-3）。为了有别于碱基分子中的碳原子标号，核糖的碳原子编号都加 "′"，标为 C-1′、C-2′、…、C-5′。RNA 所含的戊糖是 β-D-核糖，DNA 所含的戊糖是 β-D-2′ 脱氧核糖。两者相比，RNA 所含核糖 C-2′ 有 1 个羟基，致使整个分子较 DNA 更易产生自发水解，性质不如 DNA 分子稳定。

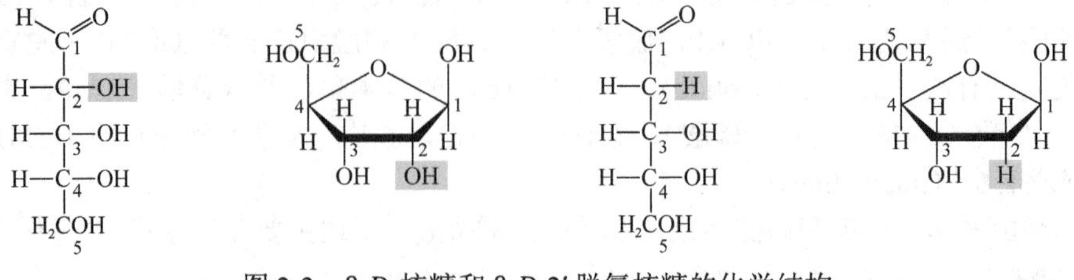

图 2-3　β-D-核糖和 β-D-2′ 脱氧核糖的化学结构

核糖和碱基通过糖苷键（glycosidic bond）连接形成核苷（nucleoside），即嘌呤碱的第 9 位氮原子（N-9）或嘧啶碱的第 1 位氮原子（N-1）与核糖或脱氧核糖的 C-1′ 的脱水缩合相连

（图 2-4），称为 N-糖苷键。由核糖与碱基形成的核苷称为核糖核苷，简称核苷；而脱氧核糖与碱基形成的核苷称为脱氧核糖核苷，简称脱氧核苷（deoxynucleoside）。核苷的命名是在其前面加上相应碱基的名字，如腺嘌呤核苷（简称腺苷）、胸腺嘧啶脱氧核苷（简称脱氧胸苷）等。另外核酸中还含有少数稀有碱基构成的核苷，例如，tRNA 中的假尿嘧啶核苷（Ψ），它的核糖 C-1′ 连接在尿嘧啶的 C-5，而不是通常的 N-1。核苷的结构如图 2-4 所示。

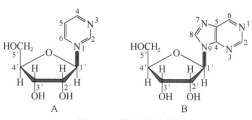

图 2-4　核苷的结构

A. 嘧啶核苷的结构；B. 嘌呤核苷的结构

核苷和磷酸通过磷酸酯键连接形成核苷酸，是核苷的磷酸酯。整个分子的酸性就源自这一磷酸基团。酯化可以发生在核苷的任意游离羟基上，核糖核苷的糖基上有 3 个自由羟基，故能分别形成 2′-核苷酸、3′-核苷酸、5′-核苷酸；脱氧核糖核苷的糖基上只有两个自由羟基，所以只能形成 3′ 脱氧核苷酸或 5′-脱氧核苷酸两种，生物体内游离存在的多是 5′-核苷酸。常见的核苷酸（NMP，N 代表任意一种碱基）有 AMP、GMP、CMP 和 UMP。同样，脱氧核苷酸（dNMP）有 dAMP、dGMP、dCMP 和 dTMP（表 2-2、表 2-3）。

表 2-2　构成 RNA 的碱基、核苷以及核苷一磷酸的名称和符号

碱基（base）	核苷（nucleoside）	核苷一磷酸（nucleoside monophosphate，NMP）
腺嘌呤（adenine，A）	腺苷（adenosine）	腺苷一磷酸（adenosine monophosphate，AMP）
鸟嘌呤（guanine，G）	鸟苷（guanosine）	鸟苷一磷酸（guanosine monophosphate，GMP）
胞嘧啶（cytosine，C）	胞苷（cytidine）	胞苷一磷酸（cytidine monophosphate，CMP）
尿嘧啶（uracil，U）	尿苷（uridine）	尿苷一磷酸（uridine monophosphate，UMP）

表 2-3　构成 DNA 的碱基、脱氧核苷以及脱氧核苷一磷酸的名称和符号

碱基（base）	脱氧核苷（deoxynucleoside）	脱氧核苷一磷酸（deoxynucleoside monophosphate，NMP）
腺嘌呤（adenine，A）	脱氧腺苷（deoxyadenosine）	脱氧腺苷一磷酸（deoxyadenosine monophosphate，dAMP）
鸟嘌呤（guanine，G）	脱氧鸟苷（deoxyguanosine）	脱氧鸟苷一磷酸（deoxyguanosine monophosphate，dGMP）
胞嘧啶（cytosine，C）	脱氧胞苷（deoxycytidine）	脱氧胞苷一磷酸（deoxycytidine monophosphate，dCMP）
胸腺嘧啶（thymine，T）	脱氧胸苷（deoxythymidine 或 thymidine）	脱氧胸苷一磷酸（deoxythymidine monophosphate，dTMP）

在体内，核苷一磷酸（5′-NMP）上的磷酸与另外一分子磷酸以磷酸酯键相连形成游离核苷二磷酸（NDP），后者再和一分子磷酸以磷酸酯键相连则形成核苷三磷酸（NTP），从接近核糖的位置开始，三个磷酸基团分别以 α、β、γ 标记。例如，常见的三磷酸腺苷（ATP），它作为能量的通用载体在生物体的能量转换中起核心作用，UTP、GTP 和 CTP 则在某些专门的生化反应中起传递能量的作用。另外，各种三磷酸核苷及脱氧三磷酸核苷分别是合成 RNA 和 DNA 的原料。

核苷酸还可形成 3′,5′-环腺苷酸（cAMP）或 3′,5′-环鸟苷酸（cGMP）等环化形式。这些分子普遍存在于动植物细胞和微生物中，是生物体重要的第二信使，在细胞信号转导中起重要作用。另外核苷酸亦是某些重要辅酶的组成成分，如辅酶 A 含腺苷-3′,5′-二磷酸，NAD^+ 含有 AMP，$NADP^+$ 含腺苷-2′,5′-二磷酸等。图 2-5 为不同类型核苷酸的化学结构式。

AMP

CMP

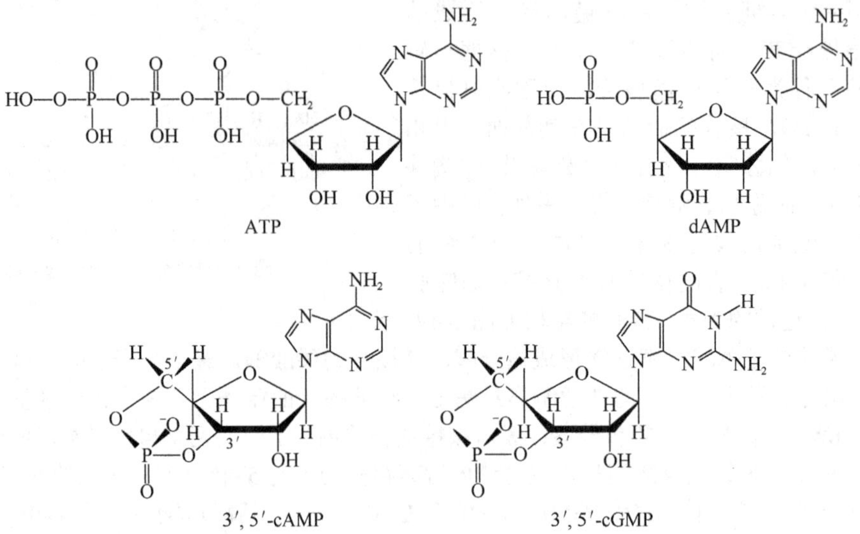

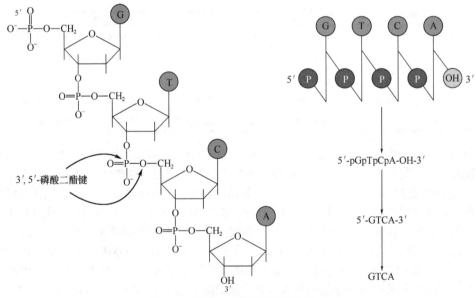

图 2-5 不同类型核苷酸的化学结构式

四、核苷酸的连接

生物体内的核苷酸多为 5'-核苷酸。脱氧核苷酸分子中的 5' 羟基与磷酸基团连接，3' 端羟基为游离羟基。DNA 分子中两个脱氧核苷酸连接时，前一个核苷酸的 3' 羟基与下一个核苷酸的 5' 磷酸基团之间脱水形成 3',5'-磷酸二酯键。核糖核苷酸分子中有 2'、3' 和 5' 三个自由羟基，但核苷酸之间还是以 3',5'-磷酸二酯键连接。因此，DNA 和 RNA 分子都是核苷酸通过 3',5'-磷酸二酯键连接形成的高分子化合物。3',5'-磷酸二酯键的结构见图 2-6。

图 2-6 核酸一级结构及其书写方式

五、核酸的一级结构

核酸的一级结构是指核酸分子中核苷酸的排列顺序。由于四种核苷酸之间的差异主要是碱基不同，因此核酸的一级结构也称为碱基序列。线性多聚核苷酸链有两个游离的末端，分别称为 5' 磷酸末端和 3' 羟基末端。

多聚核苷酸的结构书写采用自左至右按碱基顺序排列的方式，通常左侧端标出 5′ 磷酸末端，右侧为 3′ 羟基末端，或仅写出自左至右的碱基顺序。核苷酸连接的方向性及书写方式从繁到简如图 2-6 所示。

核酸分子的大小常用碱基数目（用于单链 DNA 和 RNA）或碱基对数目（base pair，bp，用于双链 DNA 和 RNA）表示。通常将 50bp 或 50bp 以下的核酸片段称为寡核苷酸，大于 50bp 的核酸片段称为多聚核苷酸。自然界 DNA 和 RNA 的长度在几十至几万个碱基之间，碱基排列顺序的不同表示携带的遗传信息不同。

第二节　DNA 的空间结构与功能

1953 年 4 月，Watson 与 Crick 提出 DNA 的双螺旋结构模型，标志着分子生物学的诞生，使人类对生命的研究进入了分子水平。由于 DNA 高级结构的破译，揭示了 DNA 作为遗传物质的奥秘，生物学各个领域的研究也随之迅猛发展。

在特定的环境条件下（pH、离子特性、离子浓度等），DNA 链可以产生特殊的氢键、离子作用力、疏水作用力以及空间位阻效应等，从而使得 DNA 分子的各个原子在三维空间里具有了确定的相对位置关系，称为 DNA 的空间结构（spatial structure）。DNA 的空间结构可分为二级结构（secondary structure）和高级结构。

一、DNA 的二级结构

（一）DNA 双螺旋结构提出的依据

Watson 与 Crick 提出 DNA 双螺旋结构模型的主要依据是 Chargaff 规则和 DNA 的 X 线衍射结果。

1. Chargaff 规则　20 世纪 40 年代末，美国生物化学家夏格夫（Chargaff）利用层析和紫外吸收光谱等技术研究了 DNA 的化学组分，并在 1950 年提出了有关 DNA 中四种碱基的 Chargaff 规则。①不同生物种属的 DNA 碱基组成不同。②同一个体不同器官、不同组织的 DNA 具有相同的碱基组成。③在某一特定的物种中，DNA 的碱基组成不随其年龄、营养状态以及环境的变化而改变。④不同生物来源的 DNA 分子中，腺嘌呤的摩尔数等于胸腺嘧啶的摩尔数（即 A=T）；鸟嘌呤的摩尔数等于胞嘧啶的摩尔数（即 G=C），由此可推导出嘌呤碱基的摩尔数等于嘧啶碱基的摩尔数（即 A+G=C+T）。一些生物来源的 DNA 碱基组分比例见表 2-4。

表 2-4　不同生物来源的 DNA 碱基组分比例

来源	碱基的相对含量（克分子 %）				$\dfrac{A+T}{G+C}$	$\dfrac{A}{T}$	$\dfrac{G}{C}$
	A	G	T	C			
人	30.9	19.9	19.8	29.4	1.519	1.050	1.005
牛胸腺	28.2	21.5	22.5	27.8	1.247	1.014	0.956
牛脾	27.9	22.7	22.1	27.3	1.23	1.022	1.027
牛精子	28.7	22.2	22.0	27.2	1.268	1.055	1.009
大鼠	28.6	21.4	21.5	28.4	1.325	1.007	0.995
母鸡	28.8	20.5	21.5	29.2	1.381	0.986	0.953
蚕	28.6	22.5	21.9	27.2	1.262	1.051	1.027
酵母	31.3	18.7	17.1	32.9	1.793	0.951	1.093
大肠埃希菌	24.7	26.0	25.7	23.6	0.934	1.047	1.012

2. DNA X 线衍射结果　20 世纪 50 年代初，英国帝国学院的富兰克林（Franklin）和威尔金斯（Wilkins）获得了高质量的 DNA 分子 X 线衍射照片，并从衍射图像得出 DNA 分子呈螺旋状的推

论。当时开展 DNA 分子空间结构研究工作的英国剑桥大学的 Watson 与 Crick，在 1953 年 4 月 25 日将提出的 DNA 双螺旋模型发表在 *Nature* 杂志上。这一发现不仅解释了当时已知的 DNA 的理化性质，而且还将 DNA 的功能与结构联系起来，它诠释了生物界遗传性状得以世代相传的分子机制，奠定了现代生命科学的基础。DNA 双螺旋结构的发现被认为是现代生物学和医学发展史的一个里程碑。

案例 2-1

患者，女性，40 岁，因"右耳红斑丘疱疹伴疼痛，耳鸣 4 天等症状"就诊。

皮肤科检查：右耳红肿，可见少许散在粟粒至绿豆大小丘疱疹，皮疹局限于右耳，皮温高，触之疼痛。实验室检查（括号内为参考区间）：听力检查：中度耳聋；血常规检查：白细胞 $2.8×10^9/L$ [（4～10）×10^9/L]，淋巴细胞 $0.45×10^9/L$ [（0.8～4.0）×10^9/L]，巨细胞病毒抗体 IgG>1000.00AU/mL（0～14AU/mL），单纯疱疹病毒 I 型 IgG 156.6AU/mL（0～19AU/mL）。初步诊断为带状疱疹。

带状疱疹为水痘-带状疱疹病毒（varicella-zoster virus，VZV）引起的病毒性皮肤病。人是 VZV 的唯一宿主。VZV 感染的临床诊断基于水疱在患者身体上的分布来判断，还可通过是否含有 VZV 特异性血清抗体来进行确诊。

问题：水痘-带状疱疹病毒的遗传物质是什么？如何检测患者体内水痘-带状疱疹病毒的核酸？

（二）DNA 双螺旋结构的特点

（1）DNA 分子是由两条反向平行的脱氧多聚核苷酸链围绕同一中心轴盘旋而形成的右手螺旋结构，一条链是 5′→3′，另一条是 3′→5′（图 2-7）。

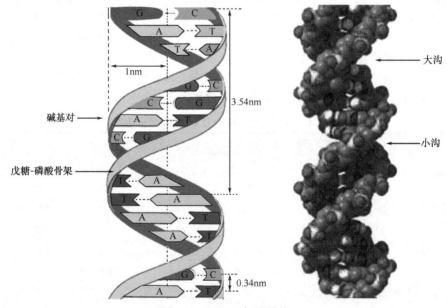

图 2-7　DNA 双螺旋结构

（2）DNA 链的骨架由交替出现的亲水脱氧核糖基和磷酸基构成，位于双螺旋的外侧，疏水碱基位于双螺旋的内侧。

（3）两条脱氧多聚核苷酸链之间的碱基以氢键相连接，即 A 与 T 之间形成两个氢键，G 与 C 之间形成三个氢键（图 2-8）。这种碱基配对关系称为碱基互补（complementary base pair）；DNA 分子中的两条链互称为互补链。

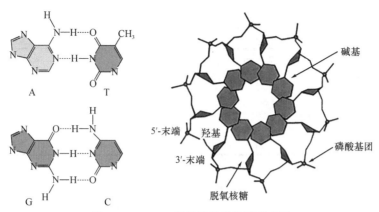

图 2-8　DNA 双螺旋结构的俯视示意图

碱基配对模式；显示双链中的一条，脱氧核糖和磷酸基团构成的亲水性骨架位于双螺旋结构的外侧，而疏水的碱基位于内部

（4）碱基对平面与螺旋轴垂直。双螺旋结构的直径为 2.37nm，相邻两个碱基对平面之间的距离为 0.34nm，每个螺旋结构有 10.5 对碱基，螺距为 3.54nm。DNA 两股链之间的螺旋在表面形成一条小沟（minor groove）和一条大沟（major groove）。

（5）DNA 双螺旋结构的稳定主要由互补碱基对之间的氢键和碱基堆积力来维持。互补碱基间的氢键主要维持双链的稳定性。碱基堆积力是碱基平面在盘旋过程中碱基彼此重叠形成的一种疏水作用力，主要维持螺旋的稳定性。相对而言，碱基堆积力对双螺旋的稳定性更为重要。

（三）DNA 双螺旋结构的多样性

Watson 与 Crick 提出的右手双螺旋结构模型称为 B 型 DNA，是在与细胞内相似生理环境下获得的 DNA 纤维的 X 线衍射分析结果。它是 DNA 分子在生理条件下最稳定和最普遍的构象形式，但这种结构并不是一成不变的，当改变溶液的离子强度或相对湿度时，DNA 结构会呈现不同的螺旋异构体。例如，降低环境的相对湿度，B 型 DNA 将会发生一个可逆性构象改变而成为所谓的 A 型 DNA，尽管两型都为右手螺旋，但 A 型 DNA 较粗，每两个相邻碱基对平面之间的距离为 0.26nm，比 B 型 DNA 短了许多，然而每圈螺旋结构却含有 11 个碱基对，双螺旋结构的直径为 2.55nm，而且比 B 型 DNA 刚性强。1979 年美国科学家里奇（Rich）等在研究人工合成的 CGCGCG 结晶结构后，提出了 Z 型 DNA 结构模型，如图 2-9 所示。Z 型为左手螺旋，每一螺旋含 12 个碱基对，每两个相邻碱基对平面之间的距离为 0.38nm，直径是 1.84nm。且有证据表明在自然界细胞中有短的 Z 型 DNA 片段。Z 型 DNA 可增强某些基因的转录，还有助于负超螺旋结构的打开，在调节一些基因的表达过程中具有重要作用（表 2-5）。

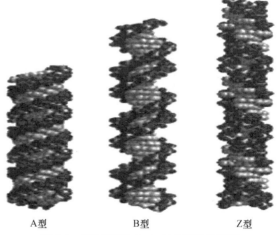

A 型　　　B 型　　　Z 型

图 2-9　不同类型 DNA 双螺旋结构模型

表 2-5　不同类型 DNA 的结构参数

	A 型 DNA	B 型 DNA	Z 型 DNA
螺旋旋向	右手螺旋	右手螺旋	左手螺旋
螺旋直径	2.55nm	2.37nm	1.84nm
每一螺旋的碱基对数目	11 个	10.5 个	12 个

	A 型 DNA	B 型 DNA	Z 型 DNA
螺距	2.53nm	3.54nm	4.56nm
相邻碱基对之间的垂直间距	0.23nm	0.34nm	0.38nm
糖苷键构象	反式	反式	嘧啶为反式，嘌呤为顺式，反式和顺式交替
大沟	窄深	宽深	平坦
小沟	宽浅	窄深	窄深

二、DNA 的高级结构

DNA 是高分子的化合物，其长度十分可观，在细胞内 DNA 形成双螺旋结构基础上形成超螺旋。在生物体内 DNA 的超螺旋结构是在 DNA 拓扑异构酶参与下形成的，DNA 拓扑异构酶可以改变超螺旋结构的数量和类型，自然条件下的 DNA 双链主要是以负超螺旋形式存在，经过一系列的盘绕折叠和压缩后，形成了高度致密的高级结构。

（一）DNA 超螺旋结构

线性 DNA 分子在溶液中没有围绕其轴心进一步盘绕，以能量最低的状态存在，此时为松弛型 DNA（relaxed DNA）。DNA 分子在双螺旋结构基础上通过扭曲、折叠或盘旋形成的结构为超螺旋结构（superhelix，supercoil）。DNA 链扭曲形成的超螺旋结构称为相缠型超螺旋结构，如果 DNA 链扭曲的方向为左手螺旋方向，称为正超螺旋（positive supercoil），反之则为负超螺旋（negative supercoil）（图 2-10）。DNA 链盘旋形成螺线管样的超螺旋结构称为螺线管型超螺旋结构（solenoidal superhelix）（图 2-11B），其左手螺旋为负超螺旋，右手螺旋为正超螺旋。真核生物中，DNA 链以左手螺旋的方式盘绕组蛋白，处于负超螺旋状态。负超螺旋可使 DNA 的二级结构处于松弛状态，有利于复制、转录和基因重组。

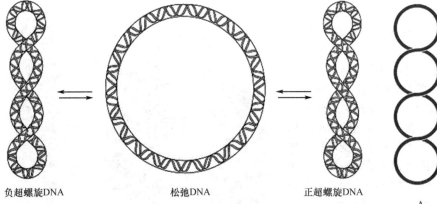

负超螺旋DNA　　　　　松弛DNA　　　　　正超螺旋DNA

图 2-10　松弛型环状 DNA 和超螺旋 DNA 示意图

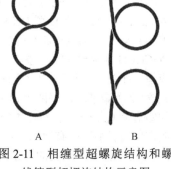

A　　　　　B

图 2-11　相缠型超螺旋结构和螺线管型超螺旋结构示意图

A. 相缠型超螺旋结构；B. 螺线管型超螺旋结构

（二）原核生物 DNA 是环状超螺旋结构

绝大部分原核生物 DNA 都是共价闭环双螺旋分子（图 2-10），如大肠埃希菌的 DNA 是 4639kb，在细胞内紧密缠绕形成致密的小体，称为类核（nucleoid）。类核结构中 DNA 约占 80%，其余是结合的碱性蛋白质和少量 RNA。在细菌基因组中，超螺旋可以相互独立存在，形成超螺旋区。各区域间的 DNA 可以有不同程度的超螺旋结构。负超螺旋的 DNA 双链只能以封闭环状的形式或者在与蛋白质结合的条件下存在，以避免相互纠缠，但负超螺旋可产生 DNA 双链的局部解链效应，有助于复制、转录等生物过程的进行。

■（三）真核生物 DNA 在核内的组装

真核细胞 DNA 通常以螺线管型超螺旋结构形式存在，与蛋白质结合形成松散的染色质（chromatin）形式存在于细胞周期的大部分时间里，在细胞分裂期形成高度致密的染色体（chromosome）。染色质的基本单位是核小体。每个核小体由 5 种组蛋白和 DNA 片段构成（图 2-12）。5 种组蛋白分别为 H_1、H_2A、H_2B、H_3 和 H_4，富含精氨酸和赖氨酸。其中 H_2A、H_2B、H_3 和 H_4 各 2 分子构成一个八聚体的组蛋白核心颗粒。核小体上的 DNA 片段约为 200bp，其中 146bp 的 DNA 以左手螺旋方式在组蛋白核心颗粒上盘绕 1.75 圈形成核小体核心颗粒，其余的片段与 H_1 结合共同构成连接区，使核小体颗粒连接起来形成串珠状染色质细丝。染色质细丝结构是 DNA 在细胞核内的第一层次折叠，使 DNA 的长度压缩了约 7 倍。

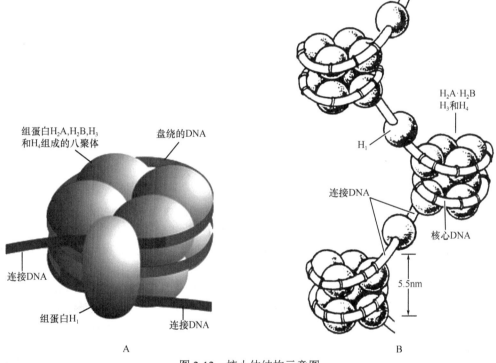

图 2-12 核小体结构示意图
A. 核心颗粒；B. 串珠样结构

染色质细丝可进一步盘绕形成直径 30nm、内径 10nm 的螺线管（solenoid），也称为染色质纤维（chromatin fiber）。每圈螺旋由 6 个核小体组成，组蛋白 H_1 是维系这种高级结构的重要成分。螺线管是 DNA 在细胞核内的第二层次折叠，它使 DNA 的长度压缩大约 100 倍。螺线管进一步盘旋和折叠形成直径为 400nm 的超螺线管，使 DNA 的长度又压缩 40 倍。超螺线管再折叠成染色单体（chromatid），在核内组装成染色体（图 2-13）。人类 24 条染色体上的 DNA 长度的总和约为 1 米，因此体细胞内的 DNA 长度的总和约为 2 米。人类体细胞核内的 DNA 经过多层次盘旋折叠后，使 DNA 的长度压缩至少 10 000 倍，从而使长度约为 2 米的 DNA 分子有效地组装在直径只有数微米的细胞核中。

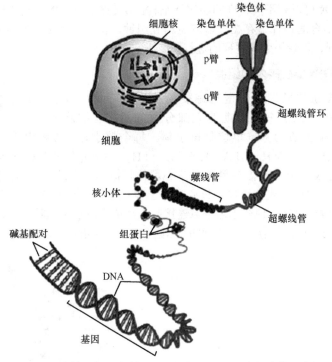

图 2-13　真核生物染色体 DNA 组装成不同层次的结构示意图

三、DNA 的功能

　　DNA 的基本功能是以基因的形式携带遗传信息，并作为复制和转录的模板。它是生命遗传的物质基础，也是个体生命活动的信息基础。

　　尽管人们在 20 世纪 30 年代已经知道 DNA 是染色体的组成部分，也知道染色体是遗传物质。但是直到 1944 年，埃弗里（Avery）等才通过肺炎球菌转化实验首次证明了 DNA 是遗传的物质基础。1952 年赫尔希（Hershey）和蔡斯（Chase）等通过同位素标记噬菌体 DNA 感染细菌实验再次证实 DNA 是生物体内的遗传物质。

　　基因（gene）就是指在染色体或基因组上负载特定遗传信息的 DNA 片段，是编码 RNA 或蛋白质的基本遗传单位。基因的核苷酸序列包括编码序列（外显子）、非编码调节序列和编码序列之间的间隔序列（内含子）。基因的核苷酸序列决定基因的功能，其中部分核苷序列以遗传密码的方式决定蛋白质分子中的氨基酸顺序。

　　基因组（genome）是指一个生物体内所含有的全部遗传信息。绝大部分生物的基因组为 DNA，但有些病毒的基因组为 RNA。不同生物体基因组的大小、所含基因的种类和数量各不相同。一般来讲，进化程度越高的生物体，其 DNA 分子越大越复杂。最简单生物的基因组仅含几千个碱基对，而人的基因组则有 $3.0×10^9$ 个碱基对。

第三节　RNA 的结构与功能

　　RNA 是 DNA 的转录产物。组成 RNA 分子的基本单位是 AMP、GMP、CMP 和 UMP 四种核苷酸。除此之外，在有些 RNA 分子中尚含有少量的稀有碱基和稀有核苷。成熟的 RNA 主要存在于细胞质中，少量位于细胞核中。RNA 分子比 DNA 分子小得多，由数十至数千个核苷酸组成。RNA 通常是单链线型分子，但可自身回折在碱基互补区（A 与 U 配对，C 与 G 配对）形成局部短的双螺旋结构，而非互补区则膨出成环状结构。RNA 与 DNA 的明显差异是核糖环的 C-2′ 位，RNA 的 C-2′ 位含有游离的羟基，使 RNA 的化学性质不如 DNA 稳定。

RNA 的种类、大小、结构都比 DNA 多样化，这是 RNA 能执行多种生物功能的结构基础。RNA 与蛋白质共同负责基因的表达和表达的调控。目前发现真核细胞内存在的 RNA 可以分为编码 RNA（coding RNA）和非编码 RNA（non-coding RNA）。编码 RNA 是从基因组上转录而来可以翻译成蛋白质的 RNA，编码 RNA 仅有信使 RNA（messenger RNA，mRNA）一种。非编码 RNA 不编码蛋白质，可以分为两类。一类是确保蛋白质生成的 RNA，包括转运 RNA（tansfer RNA，tRNA）、核糖体 RNA（ribosomnal RNA，rRNA）、端粒 RNA、信号识别颗粒 RNA 等，它们的丰度基本恒定，故称为组成性非编码 RNA（constitutive non-coding RNA）。另一类是调控性非编码 RNA（regulatory non-coding RNA），它们的丰度随外界环境和细胞性状而发生改变，在基因表达过程中发挥重要的调控作用。

案例 2-2

患者，男性，32 岁，因"发热、乏力、咽痛等症状"就诊。患者近 3 个月来反复出现低热、上呼吸道感染，最近 4 天出现严重的咽痛，而且进行性加重，进食困难。患者既往健康，有静脉吸毒史。体格检查：体温 38.5℃，咽部红肿，喉部见大量白色斑点，颈部及腋窝淋巴结肿大，心肺正常。实验室检查主要阳性发现（括号内为参考区间）：CT4+ T 淋巴细胞计数为 200 个/μl（＞500 个/μl），CT4+/CD8+ T 淋巴细胞比值为 0.9（1.5～2.5）。初步诊断是获得性免疫缺陷综合征。

获得性免疫缺陷综合征（acquired immunodeficiency syndrome，AIDS），也称为艾滋病，是人类免疫缺陷病毒（human immunodeficiency virus，HIV）所致。HIV 感染主要发生在同性恋、不安全性生活史、静脉注射毒品等群体，也可经输血、母婴途径传播。

问题： HIV 的遗传物质是什么？如何检测患者体内 HIV 的核酸？

一、信使 RNA 的结构与功能

信使 RNA（messenger RNA，mRNA）是细胞内含量较少的一类 RNA，仅占细胞总 RNA 的 3%～5%，但其种类最多，半衰期短，分子大小差别很大。mRNA 的功能是作为遗传信息的传递者，将核内 DNA 的碱基顺序（遗传信息）按碱基互补原则拷贝下来，作为模板指导蛋白质的合成。原核生物和真核生物的 mRNA 在合成和结构上仍有很大区别。原核生物中 mRNA 的转录和翻译发生在细胞内的同一个空间，两个过程可以同时进行。真核细胞中，细胞核内 mRNA 的初级产物为核不均一 RNA（heterogeneous nuclear RNA，hnRNA），这种初级的 RNA 产物分子大小不一，经剪接加工后成为成熟 mRNA，再运送到细胞质内，作为蛋白质合成的模板。

真核细胞的成熟 mRNA 在一级结构上还有不同于原核细胞的特点，具体如下所述。

▶（一）5′ 端具有共同的帽结构

在 mRNA 生物合成过程中，在转录产物 5′ 端加上一个 N^7-甲基化鸟苷酸，与起始核苷酸以 5′,5′-焦磷酸键连接，形成 m^7G-5′ppp5′-N-3′ 帽结构，同时原始转录产物的第一、二个核苷酸残基的 C-2′ 通常也被甲基化（图 2-14），由此产生不同的帽结构。

mRNA 的帽结构可以与帽结合蛋白质（cap binding protein，CBP）分子结合，这种复合物在协同 mRNA 从细胞核转运到细胞质，以及促进与核蛋白体的结合、与翻译起始因子的结合等方面均有重要作用，同时可以防止 5′ 核酸外切酶的水解，增强 mRNA 的稳定性。

▶（二）3′ 端具有多腺苷酸尾巴结构

在真核生物 mRNA 的 3′ 端，大多数有一段由数十个至百余个腺苷酸连接而成的多腺苷酸结构，称为多腺苷酸尾巴（poly A）。poly A 结构也是在 mRNA 转录完成后额外添加的，催化这一反应的酶为 mRNA 鸟苷酰转移酶。poly A 在细胞内与 poly A 结合蛋白质（poly A-binding protein，

PABP）相结合。目前认为，这种 3′ 端 poly A 结构和 5′ 帽结构共同参与 mRNA 从核内向胞质的转移以及翻译起始的调控，并维持 mRNA 的稳定性。

图 2-14　真核生物 mRNA 的帽结构

（三）mRNA 有编码区

　　mRNA 含有编码氨基酸的密码子（codon），每个密码子由 3 个核苷酸组成，决定多肽链上的一个氨基酸，称为三联体密码（triplet code），也称为遗传密码（genetic code）。起始密码子为 AUG，终止密码子为 UAA、UAG 或 UGA，从起始密码子到终止密码子之间的核苷酸序列称为可读框（open reading frame，ORF），是多肽链的编码序列。在 mRNA 起始密码子的上游和终止密码子的下游还分别有 5′ 非翻译区（5′ untranslated region，5′-UTR）和 3′ 非翻译区（3′ untranslated region，3′-UTR）（图 2-15）。这些非翻译区通过与调控因子或非编码 RNA 的相互作用调控蛋白质生物合成。一条成熟的真核生物 mRNA 从 5′ 端到 3′ 端的结构依次是 5′ 帽结构、5′ 非编码区、决定多肽氨基酸序列的编码区、3′ 非编码区和多腺苷酸尾巴。

图 2-15　mRNA 基本结构示意图

二、转运 RNA 的结构与功能

　　转运 RNA（transfer RNA，tRNA）的功能是转运氨基酸和识别密码子，在蛋白质合成过程中根据 mRNA 模板上密码子的顺序将氨基酸转运到核糖体上进行蛋白质的生物合成。tRNA 占总 RNA 的 10%～15%。大多数 tRNA 由 74～95 个核苷酸组成。细胞内至少有 40 余种 tRNA，每种 tRNA 均携带其特定的氨基酸。尽管每种 tRNA 的碱基组成和结构不同，但它们均有以下类似的结构特点。

（一）tRNA 分子含有较多的稀有碱基

　　稀有碱基是指除四种常见碱基以外的一些碱基，包括二氢尿嘧啶（DHU）、假尿嘧啶核苷（ψ）和甲基化的嘌呤（^mG、^mA），部分稀有碱基的结构见图 2-16。一般的嘧啶核苷以杂环上 N-1 与糖环的 C-1′ 原子形成糖苷键，而假尿嘧啶核苷则是杂环上的 C-5 原子与糖环的 C-1′ 原子相连。各种稀有碱基均是 tRNA 转录后修饰形成的。tRNA 中的稀有碱基约占所有碱基的 10%。

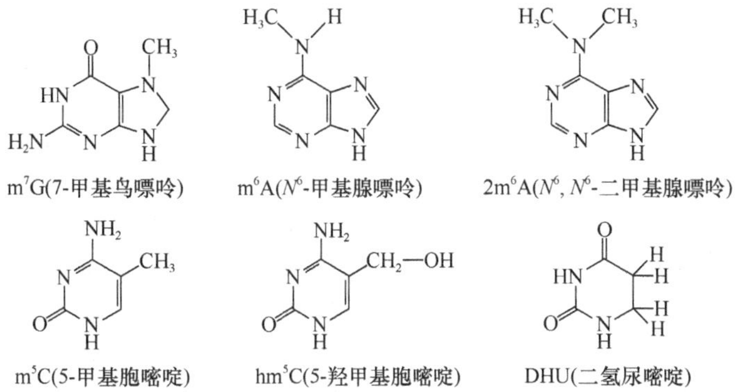

m⁷G(7-甲基鸟嘌呤) m⁶A(N⁶-甲基腺嘌呤) 2m⁶A(N⁶, N⁶-二甲基腺嘌呤)

m⁵C(5-甲基胞嘧啶) hm⁵C(5-羟甲基胞嘧啶) DHU(二氢尿嘧啶)

图 2-16　部分稀有碱基结构

（二）tRNA 二级结构呈三叶草形

tRNA 是单链分子，但其分子中一些能局部互补配对的核苷酸序列可以形成局部的双链，中间不能配对的部分则膨出形成环，形成茎-环结构（stem-loop structure）或发夹（hairpin）结构，使整个 tRNA 分子的形状类似于三叶草形（cloverleaf pattern）。三叶草结构由二氢尿嘧啶环、反密码子环、可变环、TψC 环和氨基酸臂等部分组成（图 2-17）。

1. 二氢尿嘧啶环（dihydrouracil loop，DHU 环） 是 5′ 端起第一个环，由 8～12 个核苷酸组成，因含有二氢尿嘧啶而得名。DHU 环与 tRNA 的折叠相关。

2. 反密码子环（anticodon loop） 由 7 个核苷酸组成。环中间含 3 个核苷酸组成的反密码子，可以识别 mRNA 上的密码子并与之反向互补配对。次黄嘌呤核苷酸（inosine，I）常出现于反密码子的第 1 位，可与密码子的第 3 位核苷酸形成不严格的配对。tRNA 的反密码子决定其携带的氨基酸，密码子与反密码子的结合使 tRNA 能够转运正确的氨基酸参与蛋白质多肽链的合成。

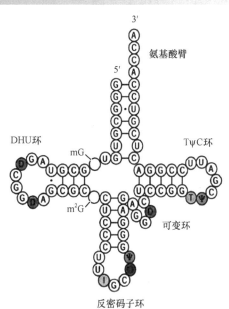

图 2-17　tRNA 的二级结构

3. 可变环（variable loop） 由 3～8 个核苷酸组成，不同 tRNA 的此环大小是高度可变的，是 tRNA 分类的重要标志。

4. TψC 环 是近 3′ 端的环结构，由 7 个核苷酸组成，含有胸嘧啶核苷酸（T）及假尿嘧啶核苷（ψ）酸，故由此而得名。TψC 环在 tRNA 的折叠过程中起重要作用，是 tRNA 与核糖体大亚基相互结合的重要部位。

5. 氨基酸臂（amino acid arm） 由 5′ 端和 3′ 端的 7 对碱基组成，富含鸟嘌呤。氨基酸臂的 3′ 端含有未配对的 CCA，腺苷酸（A）的 3′-羟基是活化氨基酸的结合部位，只有连接在 tRNA 的氨基酸才能参与蛋白质的生物合成。

（三）tRNA 的三级结构是倒 "L" 形

tRNA 的三级结构呈倒 "L" 形（图 2-18）。3′ 端含 CCA-OH 的氨基酸臂位于一端，反密码子环位于另一端，DHU 环和 TψC 环虽在二级结构上各处一方，但在三级结构上却相互邻近。tRNA 三级结构的维系主要是依赖核苷酸之间形成的各种氢键，氨基酸臂与 TψC 臂形成一个连续的双螺旋区，而 DHU 臂和反密码臂也形成一个近似于连续双螺旋的区域，两个区域相互垂直，形成倒

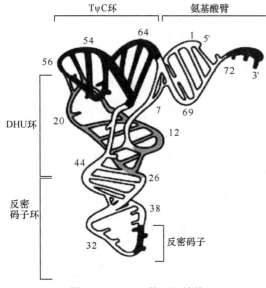

图 2-18 tRNA 的三级结构

"L"形的结构。

三、核糖体 RNA 的结构与功能

核糖体 RNA（ribosomal RNA，rRNA）是细胞内含量最多的 RNA，约占总 RNA 的 80% 以上。rRNA 与核糖体蛋白（ribosomal protein）共同构成核糖体（ribosome）。参与核糖体构成的蛋白质有数十种。原核生物和真核生物的核糖体均由大、小两个亚基组成，是蛋白质合成的场所。

原核生物有 3 种 rRNA，分别为 5S、16S 和 23S（S 是大分子物质在超速离心沉降中的一个物理学单位，可间接反映相对分子量的大小）。其中 16S rRNA 与 20 余种蛋白质结合构成核糖体的小亚基（30S），5SrRNA 和 23S rRNA 与 30 余种蛋白质结合构成核糖体的大亚基（50S）。

真核生物有 4 种 rRNA，分别为 5S、5.8S、18S 和 28S。其中由 18S rRNA 与 30 余种蛋白质结合构成核糖体的小亚基（40S）；5S、5.8S、28S 三种 rRNA 与近 50 种蛋白质结合构成核糖体的大亚基（60S）（表 2-6）。

表 2-6 核糖体的组成

	原核生物（以大肠埃希菌为例）		真核生物（以小鼠肝为例）	
小亚基	30S		40S	
rRNA	16S	1542 个核苷酸	18S	1874 个核苷酸
蛋白质	21 种	占总量的 40%	33 种	占总量的 50%
大亚基	50S		60S	
rRNA	23S	2940 个核苷酸	28S	4718 个核苷酸
	5S	120 个核苷酸	5.8S	160 个核苷酸
			5S	120 个核苷酸
蛋白质	36 种	占总量的 30%	49 种	占总量的 35%

目前已完成了各种 rRNA 的碱基顺序测定，并据此推测出了二级结构和三级结构。数种原核生物的 16S rRNA 的二级结构颇为相似，形似 30S 小亚基。真核生物的 18S rRNA 的二级结构呈花状，形似 40S 小亚基（图 2-19），其中多个茎-环结构为核糖体蛋白的结合和组装提供了结构基础。

rRNA 的主要功能是与多种蛋白构成核糖体，为多肽链合成所需要的 mRNA、tRNA 以及多种蛋白因子提供了相互结合的位点和相互作用的空间环境。在蛋白质生物合成中起着"装配机"的作用。

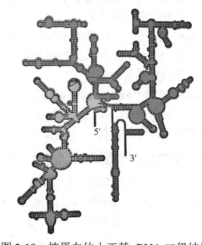

图 2-19 核蛋白体小亚基 rRNA 二级结构

四、其他 RNA 分子

tRNA 在蛋白质合成过程中作为氨基酸的载体，为新生多肽链提供合成底物。mRNA 密码子与 tRNA 的反密码子通过碱基互补关系相互识别。rRNA 与核糖体蛋白体共同构成了核糖体，核糖体是蛋白质合成的场所。除上述三种 mRNA、tRNA、rRNA 外，细胞的不同部位还存在着许多其他种类的非编码 RNA（non-coding RNA，ncRNA）。这类 RNA 分子通常不编码蛋白质，但具有重要的生物学功能。根据 RNA 分子的大小分为长链非编码 RNA（long non-coding RNA，lncRNA）、短链非编码 RNA（small non-coding RNA，sncRNA）和环状 RNA（circular RNA，circRNA）。

lncRNA 是指长度大于 200nt 的非编码 RNA，具有高度异质性。这类 RNA 具有多种重要的生物学功能，主要参与基因转录调控、转录后调控、翻译调控及介导染色质修饰等生物学过程，与一些疾病（如肿瘤、遗传病等）的发生密切相关。

sncRNA 是指长度小于 200nt 的非编码 RNA，主要包括核内小 RNA（small nuclear RNA，snRNA）、核仁小 RNA（small nucleolar RNA，snoRNA）、微 RNA（microRNA，miRNA）、干扰小 RNA（small interference RNA，siRNA）、催化小 RNA（small catalytic RNA）等（图 2-20）。

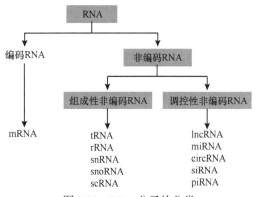

circRNA 是一类特殊的 RNA 分子，主要定位于细胞核中，具有序列的高度保守性，具有一定的组织、时序和疾病特异性。circRNA 很可能就是一类新的调控性内源竞争性 RNA，从而使得环状 RNA 在作为新型临床诊断标记物的开发应用上具有明显优势。

图 2-20　RNA 分子的分类

（一）组成性非编码 RNA 的作用主要是保障遗传信息传递

除了 tRNA 和 rRNA 外，真核细胞中还有其他类型的组成性非编码 RNA。这些 RNA 参与了 RNA 的剪接和修饰、蛋白质的转运以及调控基因表达，从而保障遗传信息的传递。

1. 核内小 RNA（snRNA）　是一类长度为 100～200 个核苷酸的小 RNA，存在于细胞核内。因富含 UMP 残基，故命名为 U-snRNA。目前研究得比较清楚的 snRNA 有 U1、U2、U3、U4、U5、U6 和 U7，这些 snRNA 参与真核生物 mRNA 前体（hnRNA）的剪接过程，识别 hnRNA 上的外显子和内含子的接点，切除内含子。snRNA 的 5′ 端有一个与 mRNA 相类似的 5′-帽结构（详见 RNA 生物合成）。

2. 核仁小 RNA（snoRNA）　存在真核生物细胞核仁内，是一类长度为 60～300 个核苷酸的小 RNA，主要与 2′-O-核糖甲基化及假尿嘧啶化修饰有关，参与 rRNA 加工和 rRNA 中核苷酸残基的修饰。人们发现还有相当数量的 snoRNA 功能不明，被称为孤儿 snoRNA（orphan snoRNA）。

3. 胞质小 RNA（small cytoplasmic RNA，scRNA）　又称为 7S RNA，长约 300 个核苷酸，存在细胞质中，与蛋白质结合形成复合体后发挥生物学功能，是信号识别颗粒（signal recognition particle，SRP）的组成成分，在分泌蛋白质跨膜转运中起重要的作用（详见蛋白质合成）。

4. 催化小 RNA（small catalytic RNA）　是一类具有催化活性的小 RNA，亦被称为核酶，属于生物催化剂。真核生物的基因包括外显子序列和内含子序列，在转录时，所有的序列均被转录，形成的产物被称为前体 mRNA（pre-mRNA）。前体 mRNA 在翻译成蛋白质之前，需要先将内含子序列切除，此过程称为 RNA 剪接（RNA splicing）。催化小 RNA 参与 RNA 的剪接，在 RNA 合成后的剪接修饰中起重要作用。

细胞中的核酶按其相对分子量可简单分为大分子核酶和小分子核酶，常见的小分子核酶主要有锤头状核酶、发夹型核酶、丁型肝炎病毒（HDV）核酶和 Varkud 卫星核酶；大分子核酶主要包括 I 型内含子、II 型内含子和核糖核酸酶 P（RNase P）中的 RNA 组分。按其作用底物不同可分为：催化分子内反应（in cis）（如自我剪接和自我剪切）的核酶和催化分子间反应（in trans）（如原核生物 RNaseP 中的 RNA）的核酶。催化分子内反应的核酶又可分为自我剪接（self-splicing）和自我切割（self-cleavage）核酶两种。

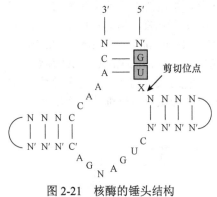

图 2-21　核酶的锤头结构

具有催化活性的 RNA 的发现为生物大分子和生命起源提出了新的概念，对分子生物学乃至整个生命科学领域具有重要贡献，利用核酶的锤头结构就可以设计出自然界不存在的各种核酶。锤头结构由两部分组成，一部分是设计的核酶，另一部分是其底物（图 2-21）。利用具有锤头结构的核酶的 RNA 限制性内切酶活性，设计定点切割 tRNA、mRNA、病毒 RNA 等任何各种靶 RNA 分子，我国已在体外用核酶成功地剪切了乙肝病毒、甲肝病毒及小鼠胸腺病毒（mouse thymic virus，MTV）等核酸片段。

（二）调控性非编码 RNA 的作用主要是参与了基因表达调控

调控性非编码 RNA 这一类 RNA 通常不编码蛋白质，通过参与转录调控、RNA 剪切和修饰、mRNA 的翻译、蛋白质的稳定和转运，染色体的形成和结构稳定等生物学功能，从而介入胚胎发育、组织分化、信号转导、器官形成等基本的生命活动中以及在疾病（如肿瘤、神经性疾病等）的发生和发展进程中。

1. sncRNA 作用　sncRNA 包括微 RNA（microRNA，miRNA）、干扰小 RNA（small interfering RNA，siRNA）和 piRNA。

（1）miRNA 是近年来研究较多的内源性 sncRNA，它在真核生物中大量存在，长度在 20～25nt。在细胞核中，编码 miRNA 的基因由 RNA 聚合酶 II 转录生成长度约为几千个碱基的初级转录本 pri-miRNA。在细胞核内，pri-miRNA 在蛋白质复合体（400～500kDa）的作用下经过了第一次的加工，成为含有 60～70nt 具有发夹结构的 miRNA 前体（pre-miRNA）。pre-miRNA 从核内转运到细胞质中，被 RNase III 酶家族中的成员 Dicer 所识别，并通过对茎-环结构的剪切和修饰，在细胞质内形成大约 20 个碱基对长的 miRNA：miRNA * 双链，与 Argonaute 家族蛋白形成 RNA 诱导的沉默复合物，其中的 miRNA* 被降解，miRNA 则被保留在 miRISC 中，最终形成成熟的单链 miRNA。miRNA 参与了细胞的生长、分化、衰老、凋亡、自噬、迁移、侵袭等多种过程。

（2）siRNA 有内源性和外源性之分，内源性 siRNA 是由细胞自身产生的；外源性 siRNA 是来源于外源入侵的基因表达的双链 RNA 经 Dicer 切割所产生的具有特定长度（21～23bp）和特定序列的小片段 RNA。siRNA 诱导 mRNA 的降解，抑制转录，利用这一机制发展起来的 RNA 干扰（RNA interference，RNAi）技术是用来研究基因功能的有力工具。

（3）piRNA 是一类长度约为 30nt 的小 RNA。存在于哺乳动物生殖细胞和干细胞中，这类小 RNA 与 PIWI 蛋白家族成员结合形成 piwi 复合物来调控基因沉默，故称为 piRNA（piwi interacting RNA）。

2. lncRNA 作用　lncRNA 是一类长度为 200～100 000 个核苷酸的 RNA 分子，它们不编码任何蛋白质，由 RNA 聚合酶 II 转录生成，经剪切加工后，形成具有类似于 mRNA 的结构，有 poly(A) 尾巴和启动子，但不存在可读框。lncRNA 可以来源于蛋白质编码基因、假基因以及蛋白质编码基因之间的 DNA 序列，定位于细胞核内和细胞质内，具有强烈的组织特异性与时空特异性。

lncRNA 的作用机制有以下几种：①结合在编码蛋白质的基因上游启动子区，干扰下游基因的表达；②抑制 RNA 聚合酶 II 或者介导染色质重构以及组蛋白修饰，影响下游基因的表达；

③与编码蛋白质基因的转录本形成互补双链，干扰 mRNA 的剪切，形成不同的剪切形式；④与编码蛋白质基因的转录本形成互补双链，在 Dicer 酶的作用下产生内源性 siRNA；⑤与特定蛋白质结合，lncRNA 转录本可调节相应蛋白质的活性；⑥作为结构组分与蛋白质形成核酸蛋白质复合体；⑦结合到特定蛋白质上，改变该蛋白质的细胞定位；⑧作为小分子 RNA（如 miRNA、piRNA）的前体分子。由此可见，lncRNA 可从染色质重塑、转录调控及转录后加工等多个层面上对基因表达进行调控。一旦 lncRNA 的序列和空间结构异常、表达水平异常、与结合蛋白质相互作用异常会引发各种疾病，包括癌症以及退行性神经疾病在内的多种严重危害人类健康的重大疾病。

3. circRNA 作用 2012 年，美国科学家在研究人体细胞的基因表达时，首次发现了 circRNA 分子。circRNA 作为封闭环状结构，没有 5′ 端和 3′ 端，因此不受 RNA 外切酶的影响，表达更稳定，不易被降解。circRNA 分子富含 miRNA 的结合位点，在细胞中起到 miRNA 海绵（miRNA sponge）的作用，通过结合 miRNA，进而解除 miRNA 对其靶基因的抑制作用，升高靶基因的表达水平，产生相应的生物学效应，这一作用机制被称为竞争性内源 RNA（competing endogenous RNA，ceRNA）机制。通过与疾病关联的 miRNA 相互作用，circRNA 在疾病中发挥着重要的调控作用。

第四节 核酸的理化性质及其应用

核酸的化学结构及成分等赋予其一些特殊的理化性质，这些理化性质已被广泛用作基础研究及疾病诊断的工具。

一、酸性生物大分子

核酸为多元酸，具有较强的酸性。DNA 和 RNA 都是线性高分子化合物，DNA 分子长度远大于 RNA，在机械力的作用下易发生断裂，因此在提取基因组 DNA 时应该格外小心，避免破坏基因组 DNA 的完整性。RNA 分子较小，因此溶液的黏度也小得多。

二、紫外吸收

由于核酸分子所含的嘌呤和嘧啶分子中都有共轭双键，使核酸分子在紫外 260nm 波长处有最大吸收峰（A_{260}），这一特点常被用来对核酸进行定性、定量分析（图 2-22）。在核酸提取过程中，蛋白质是最常见的杂质（蛋白质最大吸收峰 280nm，A_{280}），故常用 A_{260}/A_{280} 比值判断提取的核酸纯度。纯 DNA 的 A_{260}/A_{280} 应大于 1.8，纯 RNA 应达到 2.0。根据 260nm 波长的吸光度可以测定出溶液中 DNA 或 RNA 的浓度。实验中常以 $A_{260}=1.0$ 相当于 50μg/ml 双链 DNA 或

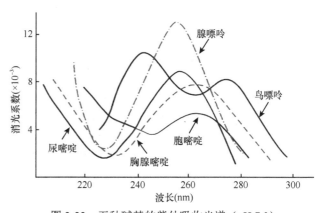

图 2-22 五种碱基的紫外吸收光谱（pH 7.0）

40μg/ml 单链 DNA（或 RNA）或 20μg/ml 寡核苷酸为标准计算。此外，紫外吸收值还可作为核酸变性、复性的指标。

三、DNA 的变性

大多数天然存在的 DNA 都具有规则的双螺旋结构。当 DNA 在某些理化因素（温度、pH、乙醇和丙酮等有机溶剂以及尿素、离子强度等）作用下，DNA 双链的互补碱基之间的氢键断裂，

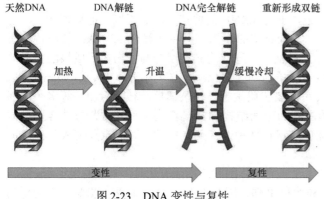

天然DNA　　　DNA解链　　　DNA完全解链　　重新形成双链

加热　　　升温　　　缓慢冷却

变性　　　　　　　　　复性

图 2-23　DNA 变性与复性

使双链 DNA 发生解链，形成两条单链的过程称为 DNA 变性（denaturation）（图 2-23）。变性并不涉及 DNA 分子中核苷酸间共价键（磷酸二酯键）的断裂。

在 DNA 变性过程中，随着 DNA 双链的解链，A_{260} 随之增加，此现象称为增色效应（hyperchromic effect）。这是由于位于双螺旋内侧的碱基共轭双键暴露引起的。若以温度对 DNA 溶液的 A_{260} 作图，可绘制出 DNA 的解链曲线，其呈"S"形（图 2-24）。从曲线可以看出，DNA 变性从开始解链到完全解链，是在一个相当狭窄的范围内完成的。在这一范围内，紫外吸光度达到最大吸光度的 50% 时的温度称为 DNA 解链温度（melting temperature，T_m）。在 T_m 时，50%DNA 双链结构被解开。不同来源 DNA 间的 T_m 存在差别，在溶剂相同的前提下，T_m 值大小与 GC 含量和介质中的离子强度有关。

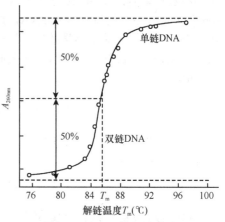

单链DNA

50%

A_{260nm}

50%

双链DNA

76　80　84　T_m　88　92　96　100

解链温度T_m（℃）

图 2-24　DNA 的解链曲线

（1）GC 碱基对含量 T_m 值的高低取决于 DNA 分子中（GC）的含量。（GC）含量越高，T_m 值越高。因为 GC 碱基配对形成 3 个氢键，而 AT 碱基配对只形成 2 个氢键，破坏 GC 间的氢键需要更多的能量。因此，测定 T_m 值，可以推算出 DNA 碱基的百分组成。（G+C）含量与 T_m 之间的关系的经验公式为 (G+C)%=(T_m–69.3)×2.44。也可以利用此公式从 DNA 的 GC 含量来计算出 T_m 值，推算 T_m 值的经验公式为 T_m=69.3+0.41(G+C)%。长度为 20bp 左右的寡核苷酸片段的 T_m 值的经验公式为 T_m=4(G+C)+2(A+T)。

（2）介质中的离子强度：离子强度较低的介质中，DNA 的 T_m 值较低，而且熔解温度的范围较宽。而离子强度较高时，DNA 的 T_m 值较高，且熔解过程发生在一个较小的温度范围之内。在高离子强度介质中，DNA 分子相对稳定，所以 DNA 一般保存在含盐缓冲溶液中。此外，DNA 片段长度也影响 T_m 值，短 DNA 双链的 T_m 值较低，长 DNA 双链的 T_m 值较高。

加热、使用尿素及改变酸碱度是实验室常用的 DNA 变性方法。例如，在聚合酶链反应中，通常将 DNA 加热至 94～95℃，使 DNA 变性，以便进行随后的退火和延伸反应。尿素是聚丙烯酰胺凝胶电泳法测定 DNA 序列或分离 DNA 片段时常用的变性剂，使 DNA 在电泳分离过程中处于单链状态。碱变性也是常用的变性方法。在核酸分子杂交前，通常用 NaOH 处理电泳分离 DNA 的琼脂糖凝胶，使 DNA 变性，然后再转移到硝基纤维素膜上进行杂交。

四、DNA 的复性

变性 DNA 在适当条件下，两条互补链重新配对，恢复天然的双螺旋构象，这一现象称为复性（renaturation）（图 2-23）。热变性的 DNA 经缓慢冷却后即可复性，称为退火（annealing）。热变性 DNA 的复性受温度下降速度的影响。如果将加热变性后的 DNA 迅速冷却至 4℃以下，则 DNA 难以复性，几乎处于变性状态。这一特性被用来保持 DNA 的变性状态。DNA 的复性还受 DNA 片段长度及浓度的影响。DNA 的片段越长，复性越慢；DNA 的浓度越大，复性越快。

五、核酸分子杂交

DNA 的变性和复性的理化性质为分子生物学提供了有价值的作用，如果将不同来源的 DNA 单链分子或 RNA 分子放在同一溶液中，经变性处理后，只要两种单链分子之间存在着一定程度的碱基配对关系，在适宜的条件（温度及离子强度等）下，就可以在不同的分子间形成杂化双链，这种杂化双链可以在不同的 DNA 与 DNA 之间形成，也可以在 DNA 和 RNA 分子间或者 RNA 与 RNA 分子间形成。这种现象称为核酸分子杂交。杂交的本质就是在一定条件下互补核酸链之间的复性（图 2-25）。

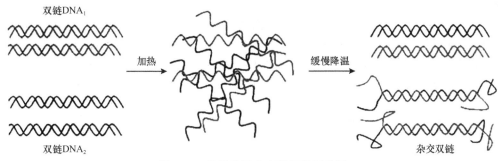

双链DNA₁　加热　缓慢降温　杂交双链

双链DNA₂

图 2-25　核酸分子杂交和复性示意图

核酸分子杂交作为一项基本技术，已应用于核酸结构与功能研究的各个方面。如用 Southern 印迹可检测 DNA，用 Northern 印迹可检测 RNA、基因芯片技术及 PCR 扩增等。在医学上，目前已用于多种遗传病的基因诊断、恶性肿瘤的基因分析、传染病病原体的检测等领域中。

（朱蕙霞）

思 考 题

1. 简述 DNA 分子双螺旋结构的要点，双螺旋结构的大沟和小沟的作用是什么？

2. 简述真核生物的 mRNA 的结构特点。

3. 何谓核酸分子杂交？其基本原理是什么？

4. DNA 和 RNA 都可以形成双链结构，在所形成的 DNA-DNA，RNA-RNA 以及 DNA-RNA 杂交双链中，分析哪种结构比较稳定？

第三章 糖复合物的结构与功能

传统的生物化学往往从细胞能量代谢的角度研究糖类，但糖的功能绝不仅限于能量的储存者和提供者，它们可以形成多种多样的聚合物，并且能够与蛋白质、脂类等结合，广泛分布于细胞表面、细胞间隙，担负着非常重要的生物学功能。20世纪90年代以来，随着相关研究的技术方法日趋成熟，人们逐渐认识到糖的聚合物和核酸、蛋白质一样，都是含有极为丰富生物信息的"信息分子"，糖生物学（glycobiology）也应运而生，成为生物化学一个最新的广袤研究领域。

单糖、寡糖或多糖以共价键与蛋白质或脂类结合形成糖复合物（glycoconjugate），又称糖缀合物，包括糖蛋白、蛋白聚糖和糖脂。大多数真核细胞都能合成相应的糖蛋白（glycoprotein）和蛋白聚糖（proteoglycan，PG）。人体内大多数的胞外蛋白质都是糖蛋白，包括可溶性糖蛋白和膜糖蛋白两类，部分存在于细胞外基质。蛋白聚糖又称蛋白多糖，广泛存在于各种生物体，是构成细胞外基质的主要成分之一。糖蛋白和蛋白聚糖都是由糖与蛋白质两部分通过共价键相连接而成，但糖蛋白分子中的蛋白质质量百分比往往大于糖，而蛋白聚糖则常常相反。此外，两者的糖链结构差异很大，在代谢途径与生理功能等方面也完全不同。糖脂是糖类通过还原末端以糖苷键与脂类连接而成的化合物，是细胞膜的重要组成成分，广泛地分布于生物界。

各种各样的聚糖、蛋白聚糖、糖蛋白与胶原蛋白等共同构成动物细胞的细胞外基质（extracellular matrix，ECM），又称细胞外间质。细胞外基质不仅仅是细胞间的连接者与填充者，也是构成细胞生长的重要外环境，与细胞的生长、分化、运动、迁移等密不可分。

第一节 糖蛋白

糖蛋白是由一种或多种糖通过共价键与多肽链的氨基酸残基连接而形成的结合蛋白质。不同的糖蛋白含糖量差别很大，一般是糖含量小于蛋白质含量。糖蛋白遍布于自然界各种生物，它在细胞内合成后，一部分分泌到细胞外，另一部分作为细胞膜结构成分留在细胞表面或细胞内。人体的很多蛋白质，如血液中的各种血浆蛋白、生长因子与激素，细胞外基质中的各类蛋白质以及细胞质膜、高尔基复合体膜、内质网膜上的蛋白质往往都是糖蛋白（表3-1）。

表 3-1 糖蛋白的种类

部位	种类	类型
膜蛋白	细胞表面抗原	ABO、MN 血型糖蛋白、MHC
	受体	胰岛素受体、NGF 受体、LDL 受体
分泌蛋白	血浆蛋白	免疫球蛋白、运铁蛋白、凝血因子、血浆脂蛋白
	激素	绒毛膜促性腺激素、促甲状腺素、促卵泡激素
	酶	糖基转移酶、核糖核酸酶、淀粉酶
	细胞外基质	胶原蛋白、纤连蛋白、层粘连蛋白

一、糖蛋白的结构

糖蛋白分子中蛋白质部分的结构与一般蛋白质类似，肽链中具有与糖链相连的特殊氨基酸残基序列。糖链则是由几种单糖及其衍生物通过多种方式连接而成的寡聚物。当单糖之间通过糖苷键相互连接时，糖分子中可以参与形成糖苷键的羟基较多，一个糖分子可以与多个糖分子连接，从而形成分支。当糖成环状半缩醛结构时，其 C_1 原子上的羟基可形成 α、β 两种构型，故 C_1 被称为异头碳，所形成的糖苷键也有 α、β 两种构型。因此，糖蛋白的寡糖链虽然不长，其结构却非常复杂多样。

糖蛋白中糖链的结构大小不一，少者仅有一个单糖，复杂的寡糖链可由 12～15 个单糖组成，甚至可多达 20～30 个单糖。组成糖蛋白分子中糖链的单糖有 8 种：葡萄糖（glucose，Glc）、半乳糖（galactose，Gal）、甘露糖（mannose，Man）、N-乙酰半乳糖胺（N-acetylgalactosamine，GalNAc，又名 N-乙酰氨基半乳糖）、N-乙酰葡萄糖胺（N-acetylglucosamine，GlcNAc，又名 N-乙酰氨基葡萄糖）、岩藻糖（fucose，Fuc）、木糖（xylose，Xyl）和 N-乙酰神经氨酸（N-acetylneuraminic acid，NeuAc，NANA）。N-乙酰神经氨酸又被称为唾液酸（sialic acid，SA）。

通过对糖蛋白肽链分解产生的糖肽进行结构分析，可以测出糖与多肽链连接的方式。目前所知的糖肽连接主要有 N-糖苷键、O-糖苷键和 GPI 连接键等连接方式（图 3-1）。

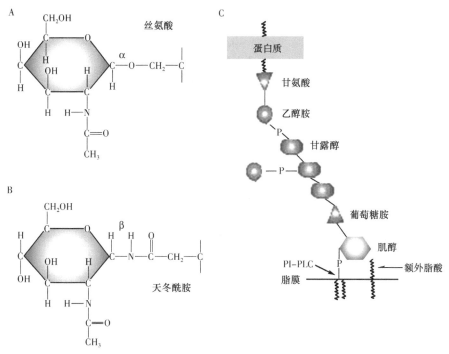

图 3-1　三种糖蛋白连接结构示意图

A. O-连接糖蛋白；B. N-连接糖蛋白；C. GPI-连接糖蛋白

（一）N-连接糖蛋白

1. 糖基化位点　寡糖中的 N-乙酰葡萄糖胺的异头碳以 β 构型与多肽链中天冬酰胺残基的酰胺氮原子共价连接，形成 N-连接糖蛋白。并非蛋白质分子中所有天冬酰胺残基可连接寡糖，只有特定的氨基酸序列，即 Asn-X-Ser/Thr（其中 X 为脯氨酸以外的任何氨基酸）这 3 个氨基酸残基组成的天冬酰胺序列段（sequon）才有可能，这一序列被称为糖基化位点。1 个糖蛋白分子可存在若干个这样的序列子，这些序列子只能视为潜在糖基化位点，能否连接上寡糖还取决于其在蛋白质整体空间中所处的位置。

2. N-连接聚糖的结构　在脊椎动物中，细胞外 N-聚糖有高甘露糖亚型、复杂亚型和杂合亚型（图 3-2）三种形式。三类 N-连接聚糖都有一个由 2 分子 GlcNAc 和 3 分子 Man 组成的五糖核心。①高甘露糖亚型在核心五糖上连接了 2～9 个 Man（图 3-2a）。②复杂亚型是指那些 α3-和 α6-连接的甘露糖残基都被 GlcNAc 部分所取代的 N-聚糖（图 3-2b）。复杂亚型在核心五糖上可连接 2、3、4 或 5 个分支糖链，如天线状，天线末端常连有 N-乙酰神经氨酸。分析来自各种细胞的 N-聚糖时，可以发现脊椎动物细胞外的 N-聚糖大多数是复杂亚型。③杂合亚型则兼有高甘露糖型与复杂型的特点，即一半为高甘露糖型天线，另一半为复杂型天线（图 3-2c）。

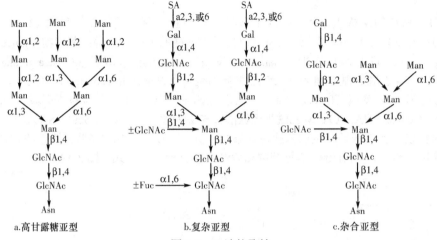

a.高甘露糖亚型　　　　　　　b.复杂亚型　　　　　　　c.杂合亚型

图 3-2　*N*-连接聚糖

Man：甘露糖；GlcNAc：*N*-乙酰葡萄糖胺；SA：唾液酸；Gal：半乳糖；Fuc：岩藻糖；Asn：天冬酰胺；±：为可有可无糖基

3. *N*-连接聚糖的合成　*N*-连接聚糖的合成场所是粗面内质网和高尔基体，可与蛋白质肽链的合成同步进行。在内质网上以长萜醇（dolichol）作为糖链载体，在糖基转移酶的作用下先将UDP-GlcANc 分子中的 GlcANc 转移至长萜醇，再逐个添加糖基，糖基的供体是活化的连接 UDP或 GDP 等的衍生物。每一步反应都必须有特异性的糖基转移酶催化，直至形成含有 14 个糖基的长萜醇焦磷酸寡糖结构。随后，含 14 个糖基的寡糖被整体转移至肽链糖基化位点中的天冬酰胺的酰胺氮上（图 3-3）。寡糖链再依次在内质网和高尔基体进行加工，先由糖苷水解酶除去葡萄糖和部分甘露糖，然后加上不同的单糖，成熟为各型 *N*-连接聚糖。

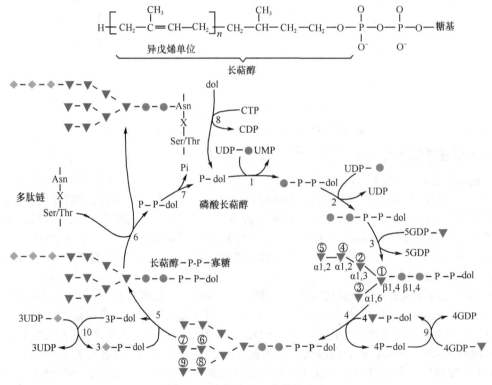

图 3-3　长萜醇-P-P-寡糖的合成

◆：Glc；▼：Man；●：GlcNAc；dol：长萜醇

糖基转移酶（glycosyltransferase，GT）是一系列参加双糖、聚糖和糖复合物中糖链合成或催化糖基和蛋白质或脂类结合的酶类，它们催化转移活化的糖基供体上的糖基到糖类或非糖类受体上，并形成特殊的糖苷键。在生物体内它们显示了明显的多样性，包括供体、受体和产物的特殊性。大部分的糖基转移酶为Ⅱ型膜结合蛋白质，即较短的 N 端在胞质，穿膜部分通过内质网或高尔基体膜，很长的 C 端在内质网或高尔基体的管腔内。但也有少数是Ⅰ型膜结合蛋白质，还有少数的糖基转移酶为多次跨膜蛋白，个别糖基转移酶不是跨膜蛋白。不同的糖基转移酶在各细胞和组织中的分布相差悬殊，呈现很大的组织特异性，导致各组织或细胞中同一种糖蛋白的糖链结构可有很大不同。

（二）O-连接糖蛋白

1. O-连接聚糖的结构　O-糖链的结构比 N-糖链短小，不具有共同的核心结构，种类更为多样。O-糖链可连接于糖蛋白丝氨酸、苏氨酸、酪氨酸或羟脯氨酸的羟基，但目前还没有发现 O-糖基化位点的确切序列子，只注意到该糖基化位点丝氨酸和苏氨酸比较集中，而且在附近常出现脯氨酸残基。GalNAc-α-Ser/Thr 是最常见的连接方式，Gal-GalNAc 是较多见的核心结构，在此结构上还可添加岩藻糖、唾液酸等糖基，但往往不会形成很复杂的分支。一个糖蛋白分子经常可以连接很多的 O-糖链。

2. O-连接聚糖的合成　与 N-连接聚糖合成不同，O-连接聚糖合成在多肽链合成之后进行，而且不需要糖链载体。在 GalNAc 糖基转移酶作用下，UDP-GalNAc 中的 GalNAc 基被转移至多肽链的丝氨酸或苏氨酸的羟基上，形成 O-连接聚糖，再逐个加上糖基（图 3-4）。每一种糖基都有其相应的专一性糖基转移酶。整个过程从内质网开始，到高尔基体内完成。

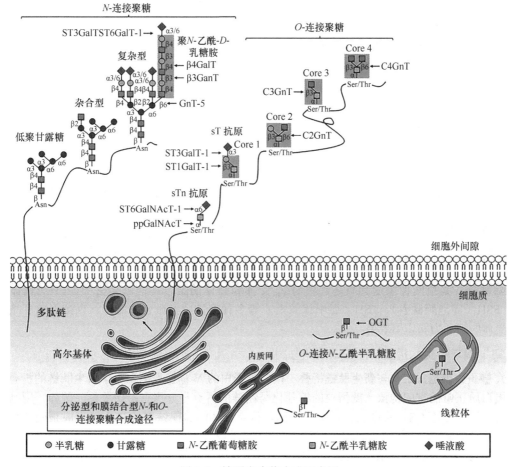

图 3-4　糖蛋白生物合成示意图

（三）GPI-连接糖蛋白

蛋白质与糖基磷脂酰肌醇（glycosylphosphatidylinositol，GPI）的连接是又一类较为广泛存在的连接方式。GPI 是一种复杂的糖脂，作为翻译后修饰与蛋白质的羧基末端共价连接，并将蛋白质栓系在质膜上，因此又称为 GPI 锚定（GPI anchor）（图 3-1）。GPI 锚定蛋白最显著的特征之一是在脂筏中富集。GPI 的生物合成及其与蛋白质的连接发生在内质网中。

（四）其他糖基化方式

此外，糖蛋白中还存在一些较为少见的连接方式，例如，在个别糖蛋白中发现的色氨酸残基的 C_2 原子与甘露糖的连接，在低等生物中发现的糖基通过磷酸基团与蛋白质的丝氨酸羟基的连接等。

二、糖蛋白寡糖链的功能

（一）影响糖蛋白空间结构和理化性质

糖蛋白中的 N-连接的寡糖链参与新生肽链的折叠、亚基聚合及定向转运和投送并维持蛋白质正确的空间构象，如水疱性口炎病毒（VSV）的 G 蛋白基因经过点突变而去除两个糖基化位点后，不能形成正确的二硫键而形成链间的二硫键，空间构象因此发生改变。寡糖链还影响亚基的聚合，如运铁蛋白受体在 Asn251、Asn317 和 Asn727 有 3 条 N-糖链，其中 Asn727 为高甘露糖型，可带磷酸基团，对肽链的折叠和运输起关键作用；Asn251 为 3 天线复杂型，对于形成正确的二聚体具有重要的作用。蛋白质结合糖链后，其分子大小、电荷、溶解度以及稳定性等将发生变化，如含多唾液酸糖链的糖蛋白负电荷增多；IgA 分子去掉部分糖链后出现分子聚集现象，并易被蛋白酶降解。

（二）调节糖蛋白在细胞内的转运

去掉糖蛋白的糖链或改变其结构后影响它们在细胞内的转运及分泌。例如，溶酶体酶在内质网合成后，其寡糖链末端的甘露糖在高尔基体内被磷酸化为甘露糖-6-磷酸，该糖基化结构被存在于溶酶体膜上的甘露糖-6-磷酸受体（mannose-6-phosphate receptor，M6PR）识别并结合，使这些酶定向转运到溶酶体。如果寡糖链末端的甘露糖不被磷酸化，则溶酶体酶将被分泌到细胞外或不能进入溶酶体内，从而导致溶酶体酶缺乏性代谢病产生。

（三）调节糖蛋白的稳定性和活性

去除寡糖链的糖蛋白，往往易受蛋白酶水解。可见寡糖链具有保护多肽链、延长蛋白质半衰期的作用。寡糖链对于肽链中的抗原决定簇还可起到免疫屏蔽作用。另外，有一些酶的活性也依赖于寡糖链，如羟甲戊二酰辅酶 A（HMGCoA）还原酶去糖链后活力可降低 90% 以上。

免疫球蛋白 G（IgG）为 N-连接糖蛋白。其糖链主要存在于 F_C 端，IgG 的寡糖链参与 IgG 同单核细胞或巨噬细胞上 F_C 受体的结合、补体 C1q 的结合和激活以及诱导细胞毒性等过程。若 IgG 被去除糖链，其空间构象遭到破坏，则与 F_C 受体和补体的结合功能就会丢失。LH（黄体生成素）、FSH（卵泡刺激素）、TSH（促甲状腺素）等多种糖蛋白类激素的糖链，直接影响了激素与相应受体的亲和力和作用效果。

（四）参与新生肽折叠、分子识别和黏附

1. 糖蛋白聚糖加工参与新生肽链折叠　很多糖蛋白的 N-糖链聚糖参与了新生肽链的折叠，并维持蛋白质正常的空间构象。糖蛋白的糖基化与糖链的折叠与分拣有密切关系。例如，用基因点突变的方法，去除 VSV 的 G 蛋白的两个糖基化位点，就能够使该 G 蛋白不能形成正确的链内二硫键，并且错配为链间二硫键，其空间结构和功能都将发生变化。

2. 寡糖链在细胞分子识别和黏附的作用　生物识别是重要的生命现象，它包括三个范畴的识

别：分子－分子、细胞－分子、细胞－细胞之间的识别。受体和配体识别和结合需要寡糖链的参与。寡糖链的结构多样性是其分子识别作用的基础。如运铁蛋白-受体运铁蛋白的结合，依赖于对其糖链结构的识别。红细胞 ABO 血型抗原、MN 血型抗原的免疫决定簇就是其糖基，它介导红细胞与相应抗体之间的识别；糖链还参与受精过程，卵细胞表面的透明带糖蛋白（zona pellucida glycoprotein 3，ZP3）是精子的特异性受体，而 ZP3 的糖链在其中扮演关键性的角色；细胞表面的糖蛋白是很多病原体的受体，流感病毒的表面有一种称为血凝素（hemagglutinin）的糖蛋白，它可以特异性识别细胞表面糖链上的唾液酸，启动病毒对细胞的感染过程。

血凝素是一类凝集素（lectin），这类糖蛋白广泛分布于动物、植物和微生物中，因为能够导致红细胞凝聚而得名。不同类型的凝集素往往含有糖识别结构域（carbohydrate recognition domain，CRD），可以特异性识别某种糖基，如 P-型凝集素的配体是甘露糖-6-磷酸，Ⅰ型-凝集素的配体是唾液酸。

很多植物凝集素在植物中确切的生理功能还不清楚，但往往能够作用于动物细胞，例如，伴刀豆球蛋白 A（concanavalin A）能够促进 T 细胞增殖；大豆凝集素（soybean agglutinin）能够结合小肠黏膜上皮细胞，导致炎症发生。

动物中的凝集素则发挥着蛋白质的靶向转运、细胞黏附等多种功能，例如，内质网膜上的钙连蛋白（calnexin）特异性识别糖链末端的葡萄糖残基，阻止未成熟蛋白的转运；高尔基体膜上的甘露糖-6-磷酸受体（M6PR）识别溶酶体酶糖链上特有的甘露糖-6-磷酸，介导其特异性的转运；选凝素（selectin）则是一类细胞黏附分子，包括 L-选凝素、E-选凝素和 P-选凝素，分别分布于白细胞、内皮细胞和血小板上，在炎症发生时，它们都参与了白细胞与血管内皮细胞的黏附。

糖链结构具有种属专一性，例如，从牛血清纯化的纤连蛋白（fibronectin，FN）含有四种不同的 N-糖链，而从人血清分离到的 FN 只有两种复杂型的 N-糖链。种属间的糖链差异是异种器官移植时发生免疫排斥的重要原因。猪是异种器官移植的最适宜供体，但猪血管内皮细胞表面的糖链含有大量的 Gal-α1,3-Gal 结构，而人类细胞因不存在相应的糖基转移酶，不会出现这样的结构，反而会有相应的抗体，从而导致对猪器官的排异反应。

三、研究糖蛋白的技术

用于纯化蛋白质和酶的传统方法也适用于糖蛋白的纯化。一旦糖蛋白得到纯化，使用质谱和高分辨率磁共振波谱通常可以识别其聚糖链的结构。糖蛋白的分析可能因其通常以糖类形式存在而变得复杂；这些蛋白质可能具有相同的氨基酸序列，但寡糖组成有所不同，蛋白质与糖链之间的连接键对于确定糖蛋白的结构和功能至关重要。表 3-2 列出了用于糖蛋白的检测、纯化和结构分析的各种方法。

合成化学也取得了很大进展，可以合成测试生物和药理活性的复杂聚糖。此外，已开发出使用简单生物体（如酵母）将具有治疗价值的人类糖蛋白（如促红细胞生成素）分泌到其周围培养基中的方法。

表 3-2　常用的研究糖蛋白的方法

方法	用途
高碘酸希夫试剂	在电泳分离后将糖蛋白检测为粉红色条带
培养细胞与放射性糖孵育	电泳分离后检测到糖蛋白呈放射性条带
适当的内切或外切糖苷酶或磷脂酶处理	电泳迁移的结果位移有助于区分具有 N-聚糖、O-聚糖或 GPI 键的蛋白质以及高甘露糖和复杂 N-聚糖之间的差异
琼脂糖凝集素柱层析	可用于纯化结合所用特定凝集素的糖蛋白或糖肽
酸水解后的成分分析	确定了糖蛋白所含的糖及其化学计量比

续表

方法	用途
质谱法	提供了有关聚糖链的分子量、组成、序列以及糖链分支的信息
磁共振波谱	确定特定的糖、其序列、连接方式和糖链的异方差性质
甲基化（连锁）分析	确定糖之间的连接键

第二节　蛋白聚糖

　　蛋白聚糖（proteoglycan）旧称黏蛋白，是细胞外基质四大成分之一。它是由蛋白质与糖胺聚糖（glycosaminoglycan，GAG）共价结合形成的一类糖蛋白。但它与一般的糖蛋白又有区别，蛋白聚糖含糖百分率比糖蛋白高，往往为 95% 以上。蛋白聚糖的糖链称糖胺聚糖。糖胺聚糖分子中含有大量的羧基、硫酸基等负电基团，因此是一种负电性较强的生物大分子。在组织中，蛋白聚糖因吸收大量的水而被赋予黏性和弹性，具有稳定和支持细胞的作用，有较强的亲水性。

一、糖胺聚糖的结构

　　糖胺聚糖往往有 100 个以上的糖基，呈不分支的线状，由重复二糖单位组成。二糖重复单位中一个是己糖胺，另一个是己糖醛酸。机体内重要的糖胺聚糖有 6 种：硫酸软骨素（chondroitin sulfate）、硫酸皮肤素（dermatan sulfate）、硫酸角质素（keratan sulfate）、透明质酸（hyaluronic acid，hyaluronan，HA）、肝素（heparin）和硫酸乙酰肝素（heparan sulfate）。除透明质酸外，其他的糖胺聚糖都带有硫酸。它们的二糖单位如表 3-3。

表 3-3　糖胺聚糖的种类、组成与分布

种类	己糖醛酸	己糖胺	硫酸化	分布
硫酸软骨素	GlcA	GalNAc	主要发生在 GalNAc 的 4-OH 或 6-OH	骨骼、软骨、皮肤、角膜、动脉
硫酸皮肤素	IdoA	GalNAc	主要发生在 GalNAc 的 4-OH 或 6-OH	皮肤、血管、心脏瓣膜
硫酸角质素	Gal	GlcNAc	主要发生在 GalNAc 的 6-OH	角膜、软骨
透明质酸	GlcA	GlcNAc	无	结缔组织、皮肤、软骨、滑液
肝素	IdoA 与较少的 GlcA	GluNS 与较少的 GlcNAc	主要发生在 GalNAc 的 6-OH 和 IdoA 的 2-OH	肥大细胞
硫酸乙酰肝素	IdoA 与较少的 GlcA	GlcNAc 与较少的 GluNS	主要发生在 GalNAc 的 6-OH 和 IdoA 的 2-OH	细胞表面、肺、动脉

　　注：GlcA，葡萄糖醛酸；IdoA，艾杜糖醛酸；Gal，半乳糖；GlcNAc，N-乙酰葡萄糖胺；GluNS，N-磺酸葡萄糖胺；GalNAc，N-乙酰半乳糖胺

　　与糖胺聚糖共价结合的蛋白质称为核心蛋白，两者结合形成蛋白聚糖。软骨蛋白聚糖的结构很典型（图 3-5），它由硫酸软骨素、硫酸角质素和透明质酸等许多糖胺聚糖链连接到核心蛋白而形成。核心蛋白含有相应的结合糖胺聚糖的结构域，一些蛋白聚糖还可以通过核心蛋白的特殊结构域锚定在细胞表面或与细胞外基质的大分子相结合。丝甘蛋白聚糖（serglycin）是核心蛋白最小的蛋白聚糖，含有肝素，主要存在于造血细胞和肥大细胞的储存颗粒中，是一种典型的细胞内蛋白聚糖。饰胶蛋白聚糖（decorin）的核心蛋白分子量为 36kDa，富含亮氨酸重复序列的模体，因能够修饰胶原蛋白而得名。黏结蛋白聚糖（syndecan）是细胞膜表面的主要蛋白聚糖之一，其核心蛋白分子量为 32kDa，含有胞质结构域、插入膜质的疏水结构域和胞外结构域，胞外结构域连有硫酸肝素和硫酸软骨素。核心蛋白种类多样，与核心蛋白相连的糖胺聚糖链的种类、长度以

及硫酸化程度等各不相同，使蛋白聚糖的种类更为繁多。

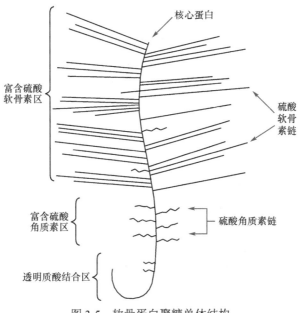

图 3-5 软骨蛋白聚糖单体结构

案例 3-1

患儿，男性，13 岁。因"左眼视物变形、变小 1 周"就诊。

患者 7 岁时因颅面发育异常及身材矮小曾行全面身体检查。有一个 15 岁的姐姐，发育正常，父母非近亲结婚。其母孕 3 产 2，1 次自然流产史。患者母亲及姨妈身体正常，2 个舅舅身高均低于同龄人并有类似临床表现，均于 10 岁左右死亡。患者父亲三代家族史无异常。体格检查：身高 97cm，表情淡漠，头大，鼻梁凹陷，眼距增宽，唇厚，前额和双颞突出，双手指、足趾粗短，掌指关节、肘关节与膝关节伸直稍困难。有轻度肝、脾肿大。其余检查正常。

辅助检查：①血常规正常。②尿甲苯胺蓝试验 (+)。③血浆艾杜糖硫酸酯酶活性 8.7nmol/(h·ml)［参考区间 400.1～666.6nmol/(h·ml)］。④眼科检查：右眼视力 0.8，矫正 1.0；左眼视力 0.08，矫正 0.4。裂隙灯显微镜检查显示双眼眼前节正常。间接检眼镜眼底检查：左眼黄斑区神经上皮浆液性脱离；右眼未见异常。眼压正常。荧光素眼底血管造影检查双眼眼底未见异常。光相干断层扫描（OCT）检查显示：左眼黄斑区视网膜神经上皮内可见多个囊腔及神经上皮浅脱离。⑤心脏超声检查结果显示，二尖瓣反流伴狭窄，三尖瓣反流，左心室收缩功能正常。⑥X 线片检查结果显示，右手和桡骨、颅骨变化，胸腰椎椎体以及双髋臼改变。

患者被诊断为黏多糖贮积症 Ⅱ 型伴左眼视网膜神经上皮浆液性脱离，眼科未给予治疗，建议随访；全身因慢性心功能不全，内科服用地高辛等进行治疗。

问题：

1. 黏多糖贮积症 Ⅱ 型的生化机制是什么？
2. 黏多糖贮积症 Ⅱ 型的治疗有哪些？

二、蛋白聚糖的生物合成

蛋白聚糖核心蛋白的合成与其他蛋白质相同，在粗面内质网进行。新生肽链在翻译的同时，切除 N 端的信号肽，以 O-连接或 N-连接的方式在丝氨酸或天冬酰胺残基上进行糖链加工。糖链的延长和加工修饰主要在高尔基体内进行，以单糖的 UDP 衍生物为供体，在多肽链上逐个加上单糖，不需要先合成二糖单位。每一单糖都有其特异性的糖基转移酶，催化糖链依次延长。糖链的修饰在合成后进行，糖胺的氨基来自谷氨酰胺，硫酸来自"活性硫酸"，即 3'-磷酸腺苷-5'-磷酰硫酸（PAPS）。葡萄糖醛酸在差向异构酶的作用下，转变为艾杜糖醛酸。

三、蛋白聚糖的功能

除少数膜结合的蛋白聚糖，大部分的蛋白聚糖都位于细胞外，与胶原蛋白、弹性蛋白等构成了细胞外基质（ECM）。细胞外基质的各种成分共同组成细胞生存的内环境，影响着细胞的增殖、分化、迁移和黏附等生物学行为。

（一）构成细胞外基质

蛋白聚糖是动物细胞外基质的主要成分，但不同组织的细胞外基质中含有的糖胺聚糖及蛋白聚糖的类型、含量及结构不同，这种不同与其功能相适应。在基质中蛋白聚糖与弹性蛋白、胶原蛋白等以特异的方式彼此交联，而赋予基质特殊的网状结构。蛋白聚糖在细胞外基质中，与这些不同的成分彼此交联形成的孔径不同、电荷密度不同的网状凝胶样结构，使细胞外基质连成一个体系，形成细胞外的微环境，也可以作为控制细胞及其调控的筛网，这在肾小球和血管基质膜尤为重要。硫酸软骨素中由其糖基的多羟基以及阴离子决定可吸收部分水分，保持湿润和润滑，这一特性对于骨骺生长板特别重要。硫酸软骨素蛋白聚糖的缺乏或硫酸软骨素的硫酸化不足，可减少骨骺板的体积，从而导致机体发育不良，导致短小和畸形。角膜中的蛋白聚糖主要含硫酸角质素和硫酸皮肤素。硫酸角质素蛋白聚糖负责角膜基质的胶原纤维的构建及维持，从而保证角膜基质具有透光性。

（二）参与构建基底膜结构

基底膜是由蛋白聚糖参与构成的一种特化的细胞外基质，而蛋白聚糖能够调节这些特殊基底膜的生物学特性。细胞外基质中的蛋白聚糖可结合多种细胞因子，如骨形成蛋白、生长因子、转化生长因子等，保护这些蛋白不被蛋白酶水解。在肾小球基底膜中串珠蛋白聚糖（perlecan）相互聚集，并与基底膜的其他组分，如 FN 和 IV 型胶原分子等相互作用，参与基底膜的网状结构构成。另外，基底膜上的蛋白聚糖分子可作为共同受体与多种酪氨酸激酶型生长因子受体一起构成一个蛋白复合体，并降低信号反应的起始阈值或改变反应的持续程度。这些复合体还可与膜上的整合素分子以及其他细胞黏附分子协同作用，促进细胞间连接及细胞趋化运动。

（三）影响细胞生物学行为及细胞间信息传递

一些蛋白聚糖可与细胞外基质的胶原蛋白、成纤维细胞生长因子等结合，参与细胞间及细胞与细胞外基质间的相互作用，影响细胞增殖、分化、黏附、迁移等。例如，基质中的透明质酸与细胞表面的透明质酸受体结合，从而影响细胞与细胞的黏附、细胞的迁移、增殖、分化等细胞生物学行为。恶性肿瘤细胞可以通过分泌特异性酶，分解基底膜成分，从而发生侵袭和转移。血管基底膜是防止肿瘤细胞扩散的重要屏障。黑色素瘤和淋巴瘤细胞可合成并释放一种特异性内切糖苷酶，此酶能将串珠蛋白聚糖分子的硫酸类肝素链切除，破坏基底膜的结构使肿瘤细胞扩散和转移更容易发生。膜蛋白聚糖或膜结合的蛋白聚糖主要含硫酸乙酰肝素这类蛋白。聚糖的核心蛋白为跨膜蛋白，大多数作为膜受体参与细胞间的通讯。细胞的分泌颗粒中存在高度浓缩的蛋白聚糖，可调节分泌蛋白的活性。

（四）增加组织的水分保有量

蛋白聚糖中的糖胺聚糖是多聚阴离子化合物，能结合钠、钾、钙等阳离子，从而吸收水分，进而影响水分子的流动性、组织的渗透压和离子的运输。如透明质酸，每克透明质酸能结合500ml 水，常作为化妆品和眼药水的基础成分；透明质酸也可作为润滑剂和保护剂，使软骨、肌腱等结缔组织具有抗压和弹性作用。聚糖的羟基也是亲水基团，蛋白聚糖可以吸收和保留水而形成凝胶，允许小分子化合物自由扩散，而阻止细菌通过，从而发挥保护作用。有些毒性强的细菌能产生透明质酸酶，分解透明质酸，从而侵入机体。透明质酸还可与细胞表面透明质酸受体CD44 结合，导致多种细胞生物学行为的改变。

老年人皮肤中糖胺聚糖逐渐解聚，皮肤中水分也随着减少。而雌激素则增加皮肤中糖胺聚糖聚合程度，因此可以促进水的保留，提高皮肤弹性。

（五）具有一些特殊的活性

不同类型的糖胺聚糖或蛋白聚糖往往具有一些特殊的活性。例如，关节腔、胸腔、心包腔中的透明质酸具有润滑作用；硫酸角质素对维持角膜的透明度具有重要作用；肝素能使凝血酶原失活，具有抗凝血作用；肝素还能够结合血管内皮细胞表面的脂蛋白脂肪酶，促进其释放入血。

另外，在细胞表面的蛋白聚糖中含有硫酸乙酰肝素，在神经发育、细胞识别结合和分化等方面起重要的调节作用。丝甘蛋白聚糖的主要功能是与带正电荷的蛋白酶、羧肽酶和组胺等相互作用，参与这些生物活性物质的储存和释放。硫酸软骨素在软骨中特别丰富，维持软骨的机械性能。近几年的研究发现，在肿瘤组织中各种蛋白聚糖的合成发生改变，与肿瘤增殖和转移密切相关。

蛋白聚糖的分子有大量的羧基和硫酸基，使之成为含高密度负电荷的多阴离子物质，赋予蛋白聚糖高黏度和高弹性，在细胞外基质中起着重要的结构作用。例如，软骨中的聚集蛋白聚糖（aggrecan）是一种毛刷状的大型聚集体，给予软骨组织抗压缩的复原力。基底膜中的串珠蛋白聚糖、脑组织中的神经蛋白聚糖（neurocan）等也各有其功能特点，以适应不同组织的结构需求。

部分蛋白聚糖位于细胞表面，其核心蛋白直接嵌入细胞膜，或者通过 GPI 连接锚定于细胞膜。这些蛋白聚糖可以与细胞外基质结合，从而发挥细胞黏附的作用。一些细胞表面的蛋白聚糖还有辅受体的功能。例如，黏结蛋白聚糖（syndecan）能够参与 EGF、FGF、VEGF 等多种生长因子与其受体的结合，稳定配体与受体的复合物，促进信号向胞内传递。

第三节 糖 脂

糖脂是糖类通过还原末端以糖苷键与脂类连接起来的化合物。糖脂是一类两亲化合物，其脂质部分是亲脂（lipophilic）的，而糖链部分是亲水（hydrophilic）的。在细胞中，糖脂主要是作为膜（特别是质膜）的组分而存在，其脂质部分包埋在脂双层内，而亲水的糖链部分则伸在膜外。鉴于脂质部分的不同，糖脂可分为 4 类：分子中含鞘氨醇（sphingosine）的鞘糖脂（glycosphingolipid，GSL）；分子中含甘油脂质（glycerolipid）的甘油糖苷（glycoglycerolipid）；由磷酸长萜醇衍生的糖苷（polyprenol phosphate glycoside）；由类固醇衍生的糖脂（steryl glycoside）。

糖脂广泛地分布于生物界。哺乳动物的组织和器官中所含的糖脂主要是鞘糖脂，鞘糖脂的组成、结构与分布具有种属和组织专一性。鞘糖脂在植物界的分布并不普遍，而甘油糖脂则主要存在于植物界和微生物中，哺乳动物虽然含有甘油糖脂，但分布不普遍，主要存在于睾丸和精子的质膜以及中枢神经系统的髓磷脂（myelin，又称髓鞘脂）中。本章仅讨论医学上较重要的鞘糖脂。

一、鞘 糖 脂

（一）鞘糖脂的分类

鞘糖脂按其所含单糖的性质可分为两大类，即中性鞘糖脂（neutral glycosphingolipid）和酸性鞘糖脂（acidic glycosphingolipid）。前者糖链中只含中性糖类，比如脑苷脂（cerebroside）和红细胞糖苷脂（globoside）；后者糖链中除了中性糖以外，还含有唾液酸或硫酸化的单糖，比如含唾液酸的神经节苷脂（ganglioside，Gg）和含硫酸化单糖的硫苷脂（sulfatide）。

（二）鞘糖脂的结构

鞘糖脂的分子由糖链、脂肪酸和鞘氨醇组成。鞘氨醇分子的氨基被脂肪酰化形成亲脂的神经酰胺（ceramide，Cer），神经酰胺 1-位羟基被糖基化，形成糖苷化合物。整个分子的结构见图 3-6。

1. 疏水部分的结构

（1）鞘氨醇：目前已知天然存在的同系物在 60 种以上。在动物鞘糖脂中最常见的是具有 18 个碳原子的、不饱和的 4-鞘氨醇（4-sphingenine），就是通常所说的鞘氨醇；其次是饱和的二氢鞘氨醇（dihydrosphingosine，或称 sphinganine）和 4-羟双氢鞘氨醇（4-hydroxysphinganine）以及不饱和的二十碳鞘氨醇（eicosasphingenine）（图 3-7）。由于真菌和植物鞘糖脂中主要是 4-羟双氢鞘氨醇，所以又称植物鞘氨醇（phytosphingosine）。

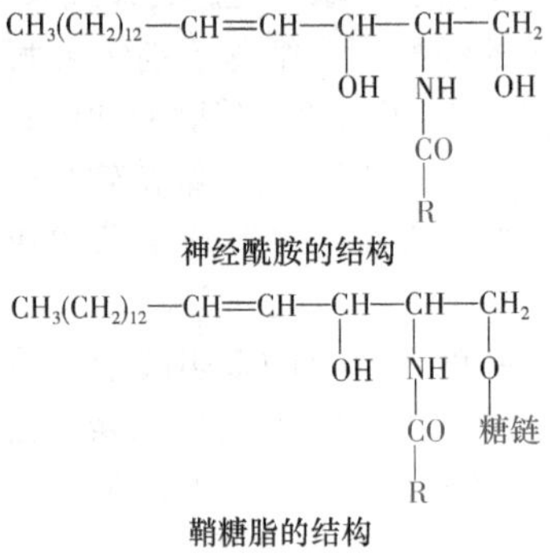

图 3-6　神经酰胺和鞘糖脂的结构 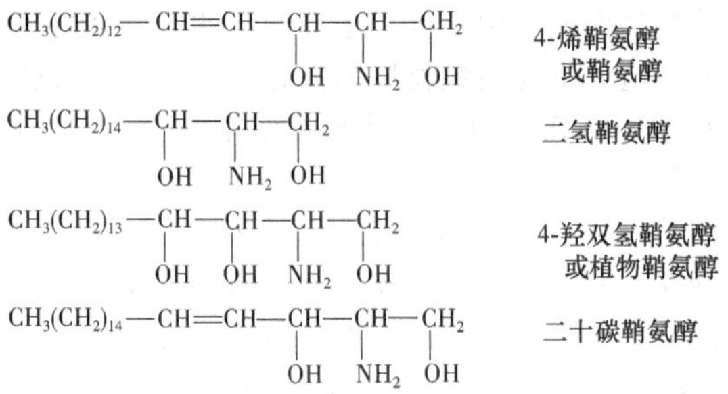　　　　　图 3-7　几种常见的鞘氨醇

（2）脂肪酸：鞘糖脂分子中的脂肪酸一般是碳原子数在 14～26 的长链脂肪酸，可以为饱和，也可以为不饱和。与甘油脂质类相比，鞘糖脂所含的不饱和脂肪酸较少，因此也比较稳定。此外，在脑、肾和小肠等组织中还发现鞘糖脂中含有相当数量的 α-羟基脂肪酸。

不同的鞘氨醇和不同的脂肪酸相互组合，可形成多种神经酰胺，所以鞘糖脂的神经酰胺部分可以呈现出一定的不均一性。

2. 亲水部分糖链的结构　鞘糖脂分子亲水的糖链部分结构复杂多变。糖链的长短、组成和结构可以相差很大。有的糖链很短，只含有 1 个单糖，例如，脑苷脂，其糖链部分仅由 1 个半乳糖或葡萄糖基构成，而有的鞘糖脂含单糖高达 20～30 个，因而被称为巨糖脂（macroglycolipid，megaloglycolipid）。

自然界中已发现的单糖多达 200 种以上，但通常出现在脊椎动物鞘糖脂中的单糖只有 6 种，它们是：D-葡萄糖、D-半乳糖、N-乙酰氨基葡萄糖、N-乙酰氨基半乳糖、L-岩藻糖和唾液酸。近年来发现在无脊椎动物的鞘糖脂中还含有甘露糖、木糖和糖醛酸，但这些糖并不普遍。

（三）鞘糖脂的代谢

鞘糖脂分子是由神经酰胺和糖链两部分组成。除 Cer 的生物合成外，糖链的合成都与糖基转移酶的功能相联系。糖基转移酶可将特异性糖基核苷酸上的糖转移到 Cer 或与 Cer 相连的寡糖上。UDP-Gal、UDP-Glc、UDP-GalNAc、UDP-GlcNAc、CMP-SA 和 GDP-Fuc 等是活化的糖基供体。大多数糖基转移酶存在于高尔基体膜上。

1. 脑苷脂　是神经髓鞘的重要组分，是神经酰胺的衍生物。它的化学结构为一个半乳糖基或葡萄糖基结合于神经酰胺，神经酰胺部分的脂肪酰基由二十四碳烷酸构成。肝、脑和乳腺内的糖基转移酶能催化 UDP-Gal 或 UDP-Glc 的糖基转移到神经酰胺分子上，即可合成半乳糖或葡萄糖脑苷脂。己糖异构酶还能使 UDP-Gal 和 UDP-Glc 相互转变。糖基的 C_3 上结合一分子硫酸即生成硫苷脂，硫酸需由 PAPS 提供。脑组织的髓鞘含脑硫脂（图 3-8）。

2. 神经节苷脂　是含有唾液酸残基的酸性鞘糖脂。在脑组织内，以神经酰胺为基础，逐步由 UDP-Glc 和 UDP-Gal 将葡萄糖和半乳糖基转入，再由 CMP-SA 将唾液酸转入，由 UDP-GalNAc 将乙酰半乳糖胺代入，即生成神经节苷脂（图 3-9）。

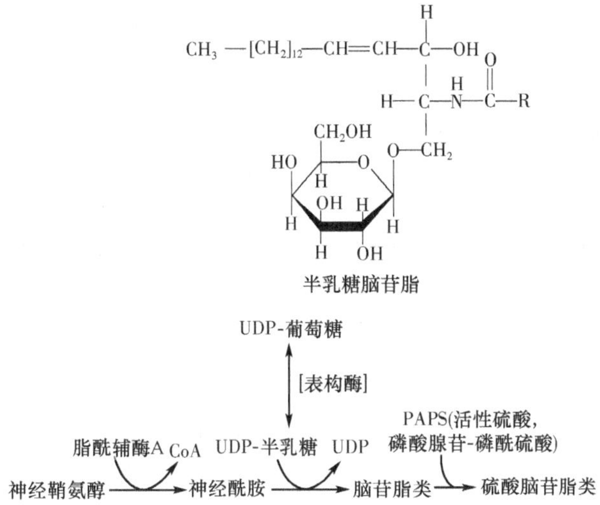

$$CH_3-[CH_2]_{12}-CH=CH-\overset{\overset{\displaystyle H}{|}}{C}-OH$$

半乳糖脑苷脂

UDP-葡萄糖

[表构酶]

PAPS(活性硫酸,
磷酸腺苷-磷酰硫酸)

脂酰辅酶A CoA UDP-半乳糖 UDP

神经鞘氨醇 ——→ 神经酰胺 ——→ 脑苷脂类 ——→ 硫酸脑苷脂类

图 3-8　脑苷脂的生物合成

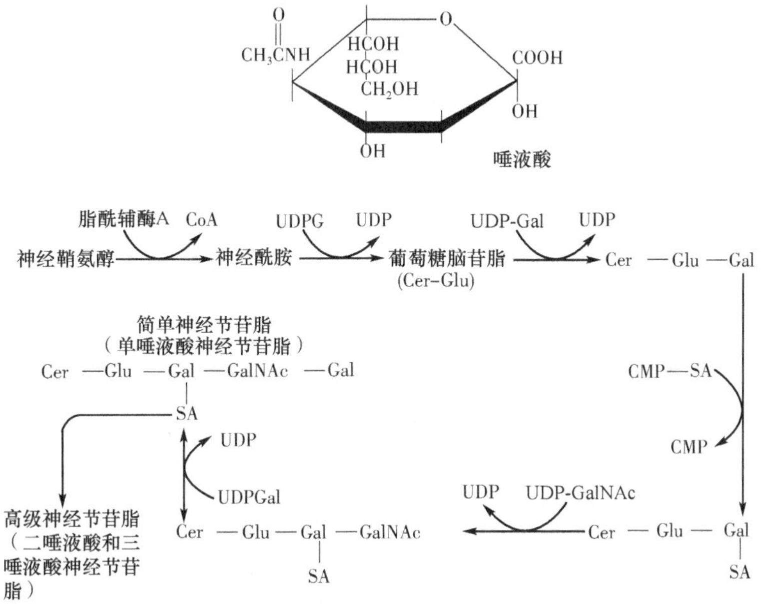

唾液酸

脂酰辅酶A CoA UDPG UDP UDP-Gal UDP

神经鞘氨醇 ——→ 神经酰胺 ——→ 葡萄糖脑苷脂 ——→ Cer — Glu — Gal
(Cer-Glu)

简单神经节苷脂
（单唾液酸神经节苷脂）

Cer — Glu — Gal — GalNAc — Gal

CMP—SA

CMP

SA

UDP

高级神经节苷脂
（二唾液酸和三
唾液酸神经节苷
脂）

UDPGal

Cer — Glu — Gal — GalNAc

SA

UDP UDP-GalNAc

Cer — Glu — Gal

SA

图 3-9　神经节苷脂的生物合成

神经节苷脂中含唾液酸数目不等，结构复杂，种类繁多。已从脑组织中分离出30种以上的神经节苷脂，其在脑灰质中含量最高。神经节苷脂亦是神经原细胞膜突触的重要成分，参与神经传导过程。由于神经节苷脂中糖和唾液酸含有带电荷的亲水基团，向细胞膜表面外侧突出的糖基能形成许多结合位点，可作为激素受体（hormone receptor）影响细胞内的各种生理和代谢活动。

鞘糖脂的降解是逐步进行的，细胞溶酶体中的各种特异糖苷酶（glycosidase）能水解脑苷脂和神经节苷脂中的糖基，神经氨酸酶（neuraminidase）能使神经节苷脂水解除去乙酰氨基糖类。先天性缺乏这些酶者，即可引起神经节苷脂沉积病（gangliosidosis），出现肌肉软弱，脑组织膨胀，视力损伤等症状。

二、鞘糖脂的功能

鞘糖脂是生物膜的重要组分。尽管对各种鞘糖脂的确切功能还缺乏深入的了解，但从现有资料可知它们往往具有某种特别的功能。

鞘糖脂在神经细胞中含量很高。它是髓鞘的重要成分，有保护和隔离神经纤维的作用。神经节苷脂在神经末梢含量非常丰富，现已证明神经节苷脂选择定位于富含乙酰胆碱酯酶的神经末梢膜上，这表明它可能参与神经冲动的传导。

鞘糖脂含有的寡糖链都突出于细胞质膜的外侧面，糖链的这种特殊的分布和细胞的许多功能有关。天线状的糖链可以感知外界的信息，参与细胞识别。神经节苷脂 GM1 能作为霍乱毒素的受体已被证实。除此之外，神经节苷脂也是破伤风毒素、肉毒杆菌毒素、肠炎弧菌毒素等的受体。脑垂体分泌的一些糖蛋白激素的受体，如促甲状腺素受体、促黄体生成素受体、促卵泡激素受体均可与神经节苷脂结合，并且对其功能发挥调控作用。有些鞘糖脂是细胞的表面抗原，如嗜异性抗原（forssman antigen）。在肿瘤细胞中，鞘糖脂也往往像糖蛋白一样会发生异常的糖基化。

三、糖脂与疾病

在各种不同的疾病状态下，细胞中鞘糖脂的含量和组成都会发生明显的改变。有些改变是遗传性的，如各种鞘糖脂贮积症；也有些是获得性的，如恶性肿瘤和神经疾患。糖脂组成的改变会导致细胞功能的失常，出现特征性的病理变化和临床症状，而其机制是糖脂代谢酶系中某个或某些酶的先天性或后天性异常。先天性异常往往是酶或其调节物基因的缺陷引起，而后天性异常则主要是基因表达调控的异常引起。恶性肿瘤发生时，糖脂的代谢异常和糖蛋白的糖链异常具有同样重要的意义，它们和肿瘤的某些恶性行为有密切关系，并可形成借以诊断的肿瘤糖脂标志。又因糖脂和细胞黏附及信号传导有关，某些糖脂或其降解产物还有望用于抑制肿瘤的转移。另外，神经系统糖脂含量最高，很多神经疾病都有糖脂代谢的紊乱或者糖脂代谢失常本身就是某些神经疾患的病因。

第四节　细胞外基质成分

细胞是生物体的基本组成单位，而细胞与细胞之间需要有连接者和填充者。在哺乳动物，这些细胞间的复杂成分称为细胞外基质（ECM）。ECM 的主要成分可分为三类：①结构蛋白，如纤维状的胶原蛋白、弹性蛋白等；②专一蛋白，如纤连蛋白（fibronectin，FN）、层粘连蛋白（laminin，LN）和原纤蛋白（fibrillin）等；③蛋白聚糖。这些组分按不同比例形成生物体内多种类型的 ECM，每一类型执行着特定的功能。随着 ECM 功能研究的日臻深入，其在生理和病理过程中的重要作用不断被发现。ECM 绝不仅仅是细胞间隙的填充者，还是细胞外环境的构成者，细胞的形态、功能、运动和分化均与 ECM 密切相关。胚胎发育过程中，许多胚胎细胞都要迁移并通过 ECM，最终到达适合的部位，并在 ECM 构成的适宜环境中发生增殖和分化。ECM 提供了细胞的黏附环境，也能够结合多种生长因子和激素，调节细胞的功能。本节重点介绍细胞外基质的主要成分：胶原蛋白、纤连蛋白和层粘连蛋白。

一、胶原蛋白

胶原是结缔组织的主要蛋白质成分，约占机体总蛋白质的 25%。不同类型胶原有截然不同的形态和功能。在骨和牙等硬质结构，胶原蛋白和钙、磷形成坚硬的聚合物。更多的胶原蛋白具有柔韧性，所构成的胶原纤维具有很强的抗张力作用。如皮肤胶原蛋白编织成疏松的纤维网状结构，而血管壁胶原排列成螺旋网状结构，执行着各自的特有功能。几乎所有类型的胶原都是由结缔组织的成纤维细胞所分泌，某些上皮细胞也能分泌少量的胶原。

（一）胶原的分子组成和分型

目前已经发现至少 28 种不同类型的胶原，编码胶原蛋白多肽链的基因则超过 50 个。人体中含量最多的是 I 型胶原，占胶原总量的 90%，它是由 $\alpha1(I)$ 和 $\alpha2(I)$ 两种多肽链按照不同比例组成的三聚体，广泛分布在皮肤、肌腱、骨骼等组织。基底膜中的 IV 型胶原和平滑肌等组织中的 V

型胶原组成更为复杂，分别含有 6 种和 3 种多肽链。软骨中的Ⅱ型胶原和动脉壁等组织中的Ⅲ型胶原则是由 1 种多肽链组成。

（二）胶原分子结构特点

　　分析大鼠肌腱组织中提纯获得的Ⅰ型胶原的结构，发现它是由 2 个 α1(Ⅰ) 肽链和 1 个 α2(Ⅰ) 肽链组成，每一股链均含有 1050 个氨基酸残基，相互盘绕形成长 300nm、直径 1.5nm 的三股右手螺旋（图 3-10A），该结构被称为原胶原（tropocollagen）。此后的研究发现，所有不同类型的胶原均以三股螺旋的方式形成，不同之处仅仅在于组成的多肽链有所差异，从而折叠成不同的三维空间结构。

　　胶原蛋白中有大量反复出现的 Gly-Pro-X（X 为任意氨基酸）模体，这是形成三股螺旋所依赖的一级结构基础。原胶原三股螺旋的每一螺距由 3.3 个氨基酸残基所组成，螺旋半径很小，在三股螺旋中心的空间不能容纳氢原子以外的任何氨基酸侧链，所以交替出现的甘氨酸是形成三股螺旋的重要条件。甘氨酸还通过其 α-氨基的氢原子与相邻肽链的 α-羧基的氧原子形成氢键，稳定空间构象（图 3-10B）。胶原中富含的另两种氨基酸残基分别是脯氨酸和羟脯氨酸，其结构中具有刚性的吡咯环，只能存在于三股螺旋的外侧面。值得注意的是，脯氨酸或羟脯氨酸的 N 端所参与形成的肽键的键角大小，虽不利于形成 α 螺旋，却恰好适合形成三股螺旋。

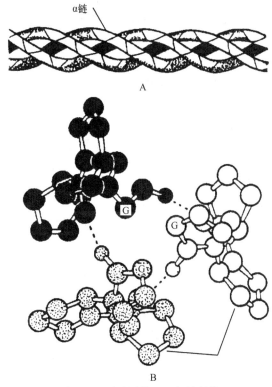

图 3-10　原胶原的三股螺旋结构

A. 原胶原分子的右手三股螺旋；B. 三股螺旋轴顶面观的棒-球模型，G 为甘氨酸的 α-碳原子，点状线代表氢键

　　原胶原纤维相互平行交错排列，原纤维末端间相差 64nm，可形成直径 50～200nm，长达数毫米的胶原原纤维（collagen fibril）。胶原原纤维再进一步平行排列，形成胶原纤维（collagen fiber）。胶原蛋白赖氨酸残基的氨基在氧化酶作用下形成醛基，相邻原纤维的醛基与醛基相互发生醇醛缩合，形成分子间的共价连接，赋予胶原更强的韧性。

（三）胶原的功能

　　胶原是机体最主要的结构蛋白，主要功能是作为组织的支持物和填充物，广泛分布于皮肤、骨和软骨、肌腱等组织。此外，胶原分子及胶原纤维在生物体的发育、生长以及细胞分化、黏附、运动等方面均起重要作用。

　　实验证实，在进行干细胞的体外培养时，如在培养皿表面覆盖胶原，则可促进细胞的黏附和分化。不同类型的胶原可诱导干细胞发生定向分化，例如，Ⅰ型胶原可促进骨髓基质细胞（MSC）向成骨细胞分化，Ⅱ型胶原则可促进 MSC 向软骨细胞分化。

　　胶原在结缔组织损伤后修复过程中起重要作用。皮肤受伤后，主要损坏上皮基膜及邻近结缔组织，内皮形成肉芽肿，此时血管内皮细胞等都可合成胶原，可见Ⅲ型胶原出现。一旦肉芽中毛细血管连通后，即伴有成纤维细胞增生，并出现以Ⅰ型胶原组成为主的粗大纤维，最后在瘢痕表面覆盖一层修复的上皮，既无细胞也无血管，含有大量Ⅰ型胶原，中间夹杂一些Ⅲ型胶原。

二、纤连蛋白

纤连蛋白（FN）是一种糖蛋白，具有重要的生物学功能，包括结合与黏附功能，并能影响细胞生长和分化。FN 在体内分布广泛。各种体液中的 FN 以可溶的形式存在，称为血浆 FN，主要由肝细胞和内皮细胞合成。存在于细胞外基质、基膜、细胞之间以及某些细胞表面的 FN 以不溶的形式存在，总称为细胞 FN。细胞 FN 可由多种类型的细胞合成分泌，成纤维细胞分泌最多，星形胶质细胞、早期间充质细胞、巨噬细胞、肥大细胞等也有合成分泌。

（一）FN 的分子结构

血浆 FN 是由 A 链及 B 链两条肽链形成的二聚体，A 链 230kDa，B 链 225kDa，约各含 1880 个氨基酸残基，二链之间在 C 端借二硫键相连。细胞 FN 也有 A、B 两种肽链，分子量稍大，分别为 245kDa 和 240kDa，常以多聚体形式存在。

无论是 A 链还是 B 链，FN 均可区分为 7 个结构和功能相对独立的结构域，见图 3-11。从 N端起，结构域 1 可与纤维蛋白、肝素、肌动蛋白、凝血因子 XIII（转谷氨酰胺酶）等结合。凝血因子 XIII 可因此而被 FN 激活，其作用是催化纤维蛋白单体形成稳定的交联纤维蛋白，这对凝血和伤口愈合均有重要意义。结构域 1 与肝素结合需 Ca^{2+}，但结合作用较弱。

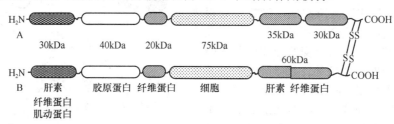

图 3-11　纤连蛋白的分子结构域

30kDa 等表示各结构域的分子量

结构域 2 是与胶原结合的部位，有 12～14 个二硫键。结构域 3 也可与纤维蛋白结合，但较弱。结构域 4 较大，是结合细胞的活性部位。此结构域含有 Arg-Gly-Asp-Ser（RGDS）序列，能与细胞膜上整联蛋白（integrin）的互补部位结合。整联蛋白是一受体家族，与 FN 结合的是其中一个亚家族，在哺乳动物细胞中至少有 4 种这样的整联蛋白，可以与 FN 分子的不同位点结合而传递不同的信息，可能参与基因表达的调控，影响细胞在间质中的行为。

结构域 5 是肝素的强结合位点，且不受 Ca^{2+} 的影响。各种糖胺聚糖及蛋白聚糖都可与此片段结合，此种结合有利于 FN 更稳定地与胶原结合，对连接细胞也有意义。结构域 6 是纤维蛋白结合位点，但结合力弱于结构域 1。结构域 7 位于羧基端，含 2 个二硫键，借此将 A、B 两条肽链共价连接起来，形成二聚体结构。

（二）FN 的糖链结构

FN 的含糖量因组织来源不同而异，通常在 5%～20%，例如，羊膜 FN 的含糖量几乎是其他来源 FN 的 2 倍。FN 主要含 N-糖链，每分子 FN 可有 8～10 条之多，比较集中在肽链的片段 2 的胶原结合结构域。不同组织来源 FN 的 N-糖链结构也有差异，羊膜 FN 寡糖链的末端不发生唾液酸化，核心区发生岩藻糖基化，而血浆 FN 寡糖链的末端发生唾液酸化，且无核心区岩藻糖化。FN 的糖基化与其溶解度和抵抗蛋白酶的作用有关，也影响与胶原结合的亲和力。

（三）FN 的功能

对 FN 功能的早期研究发现，它可以与细胞表面和细胞外基质中的多种生物分子相结合，从而促进细胞与细胞外基质之间的相互黏合。进一步研究则发现，它还在细胞的生长、分化、迁移中发挥作用，并且能够增强巨噬细胞及网状内皮细胞的内吞。

FN 的所有功能都可以认为是通过介导的细胞与细胞、细胞与基质的相互作用来完成的。分析 FN 分子的结构域可以发现，它对肝素、纤维蛋白、胶原、糖胺聚糖、蛋白聚糖、肌动蛋白乃至细胞都有很高的亲和力。FN 作用于细胞膜表面的整联蛋白，可增强细胞间粘连。而 FN 结合细胞后再与胶原结合，又可将细胞和胶原连在一起。事实上，FN 的粘连作用及其与多种物质的结合与胚胎发育、形态发生、细胞的分化及生长的调节等生理过程都有密切的关系。细胞黏着及黏合的异常还与多种病理过程相关，特别是肿瘤的转移。细胞癌变时，FN 明显减少，这是由于合成减少、降解增加所致，由此可使间质中蛋白聚糖及胶原等不能有效地通过 FN 介导交联成网状结构，这可能加速了恶性肿瘤的转移。

巨噬细胞能合成分泌 FN，而 FN 结合在巨噬细胞上可以促进巨噬细胞清除异物的吞噬功能。伤口出血时，FN 在血小板表面与胶原结合，加强胶原对血小板的作用，促进血小板的聚集。血液凝固时，FN 与纤维蛋白凝块结合，并促进成纤维细胞、巨噬细胞、上皮细胞等移向受伤部位，产生胶原纤维，吞噬局部组织碎片，参与肉芽组织形成，从而促进伤口愈合。

三、层粘连蛋白

层粘连蛋白（LN）是一种由多结构域构成的糖蛋白，分子量高达 900kDa，结构复杂，功能多样，除了构成基膜的片层网状结构之外，还与细胞的分化、黏附、迁移和增殖有关。

LN 存在于各种动物胚胎及成年组织的各种基膜中，是基膜中的主要结构糖蛋白和黏附糖蛋白，它主要位于基膜的透明层，紧贴细胞基底的表面，而在恶性转化细胞及恶性肿瘤细胞则不限于基底表面，而且具有高转移潜能的肿瘤细胞表面的 LN 较多，LN 在血液及组织液中的浓度极低，这一点与 FN 不同。

（一）LN 的分子结构

LN 是由三条不同肽链组成的三聚体，包含一条重链（α 链）和两条轻链（β、γ 链）。到目前为止，已鉴定出至少 5 种 α 链、4 种 β 链和 3 种 γ 链，所组成的 LN 至少有 16 种。以其中由 α₁、β₁、γ₁ 构成的 LN-1 为例：α_1 链分子量 400kDa，β_1 链分子量 220kDa，γ_1 链分子量 200kDa，肽链间由二硫键连接，排列成十字架形，包括一条长臂和三条短臂。FN 分子的长臂和短臂上分别有结合Ⅳ型胶原、硫酸肝素等的结构域，十字架中心区域则含有 RGD 序列，可与细胞表面的整联蛋白结合（图 3-12）。

（二）LN 的糖链

LN 是一个含糖达 13%～15% 的糖蛋白，其中中性糖占 4.8%，氨基糖占 4.3%，唾液酸占 3.8%。在小鼠 LN 分子中大约有 68 条 N-寡糖链，大部分分布在 LN 的长臂结构区，绝大部分的糖链为复杂型 N-糖链，结构形式多样，基本特征为末端存在半乳糖，也有唾液酸和多聚乙酰氨基乳糖结构，具有组织和种族特异性。

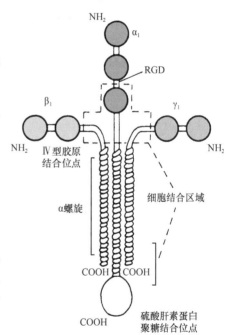

图 3-12 层粘连蛋白的分子结构

（三）LN 的功能

LN 由上皮细胞、内皮细胞、平滑肌细胞等合成，而成纤维细胞、软骨细胞不能合成。LN 的生物学功能首先表现为细胞粘连作用，LN 通过细胞表面的 LN 特异受体（整联蛋白家族）介导，能结合于细胞表面或胶原，特别是对上皮细胞和Ⅳ型胶原的结合，并与基质中的其他非胶原糖蛋白结合，将基膜中的各种大分子连成一个整体，因而 LN 在维持基质的稳定以及将细胞黏着于基膜上起重要作用。LN 可介导上皮细胞、内皮细胞、某些成纤维细胞、神经鞘细胞及肿瘤细胞黏着于胶原并铺展。若无 LN 存在，则某些细胞只能黏着于胶原而不能充分铺展，而铺展对于细胞的正常生理、生化活动都是必要的。

LN 在胚胎发育及组织分化中的作用也受到重视。在胚胎发育过程中最早出现的细胞外基质蛋白质是 LN，卵母细胞和受精卵都表达 LN 的 β_1。在 4～8 个细胞阶段的胚胎表达 β_1 和 γ_1 链，至 16 个细胞的桑葚期则 α_1、β_1、γ_1 链全都表达，在细胞间出现 LN，随后 LN 出现在最原始的基膜、卵黄囊、体壁和内脏内胚层、绒毛膜和羊膜中，进而出现在发育中的神经系统和晶体中。

新近发现，LN 可能与某些疾病，如糖尿病、肾病、类风湿关节炎、感染、抗感染等有关，LN 在肿瘤细胞的浸润、转移等方面也有重要作用。

（吕立夏　徐　磊）

思 考 题

1. 如何理解糖是"第三大类生物信息分子"这一观点？

2. 糖蛋白和蛋白聚糖都是蛋白质的糖复合物，两者在结构上有什么差异？这与它们各自不同的功能之间有什么联系？

3. 各种糖基转移酶基因缺陷的小鼠曾用于寡糖功能的研究。敲除 GlcNAc 转移酶 I 的小鼠在胚胎阶段就会死亡，而敲除 ST6 Gal-唾液酸转移酶（催化唾液酸通过 2,6-糖苷键连接于半乳糖）基因缺陷的小鼠可以存活和繁育，仅出现免疫应答能力的缺陷。为什么这两种基因缺陷所造成影响的严重程度会有如此显著的差异？

4. 一个 3 岁的小孩因语言发育障碍前来求医。医生诊断发现，患儿有听力障碍，皮肤粗糙，面容丑陋，骨骼发育异常。尿液检查发现硫酸皮肤素和肝素显著增高。医生判断这可能是某种糖胺聚糖分解代谢酶缺陷导致的遗传性疾病。请查阅文献，推测与此相关的缺陷基因，探讨疾病发生的机制。

第四章 酶

生物体内新陈代谢的一系列复杂化学反应几乎都有酶的参与，没有酶就没有新陈代谢，也就没有生命活动。人们对酶的认识起源于生产和生活实践。1897年，德国化学家布赫纳（Buchner）发现无细胞的酵母抽提液能将糖发酵为酒精，揭示发酵的本质是酶的催化作用，不依赖于活细胞活动，并因此获得1911年诺贝尔化学奖。1926年，美国化学家萨姆纳（Sumner）从刀豆提取了脲酶并获得结晶，证明酶的化学本质是蛋白质。1965年，英国科学家菲利普斯（Phillips）首次用X射线晶体衍射技术解析了鸡蛋清溶菌酶的三维结构，使得从分子水平阐述酶的催化机制成为可能。1982年，美国科学家切赫（Cech）和奥尔特曼（Altman）分别发现了具有催化功能的RNA分子，即发现了核酶，从而打破了酶是蛋白质的传统观念，为此两位科学家共同获得1989年诺贝尔化学奖。近三十年来，随着分子生物学和结构生物学的飞速发展，新酶不断被发现，不同酶的作用机制也逐渐被阐述清楚，极大地推动了酶的应用。酶具有化学催化剂无法比拟的优点，如高效性、专一性、反应条件温和等，广泛应用于食品、医药、工业、农业、环境保护等领域。

第一节 酶的分子结构与功能

酶（enzyme）是生物体产生的具有催化活性和特定空间构象的生物大分子，包括蛋白质和核酸。几乎所有的生命活动都离不开酶的催化作用。酶具有特定的空间构象，酶的催化作用与其特定的空间构象密切相关。

一、酶的分子组成

绝大多数酶是蛋白质，根据分子组成分为单纯酶（simple enzyme）和结合酶（或缀合酶）（conjugated enzyme）两大类。单纯酶分子结构中仅含蛋白质成分，属于单纯蛋白质，如脲酶、淀粉酶等。结合酶属于结合蛋白质，分子结构中除蛋白质外，还有非蛋白质成分。结合酶中的蛋白质部分，称为酶蛋白（apoenzyme），非蛋白质成分称为辅因子（cofactor）。酶蛋白主要决定酶促反应的专一性；辅因子参与反应，主要决定酶促反应的类型。酶蛋白与辅因子只有结合在一起形成全酶（holoenzyme），才具有催化作用。

常见的酶辅因子按化学本质可以分成无机金属离子和有机化合物两大类。已发现的酶多数需要金属离子，包括K^+、Na^+、Ca^{2+}、Mg^{2+}、Cu^{2+}（Cu^+）、Zn^{2+}、Fe^{2+}（Fe^{3+}）等。在全酶催化作用过程中，金属离子可以直接与酶蛋白结合发挥作用，或通过其他方式间接发挥作用。如果金属离子直接与酶蛋白紧密结合，在酶从组织细胞分离提取出来的过程中通常不会丢失，这类酶称为金属酶，如黄嘌呤氧化酶、超氧化物歧化酶等。如果酶蛋白本身不含金属离子，必须加入金属离子才有活性，这类酶称为金属活化酶，如己糖激酶、肌酸激酶等。金属离子在酶促反应中起到的主要作用有：作为催化基团参与反应，传递电子；在酶与底物间起桥梁作用，维持酶分子的构象；中和阴离子，降低反应的静电斥力，利于酶与底物的结合等。作为辅因子的有机化合物主要是B族维生素的衍生物或卟啉化合物，尤以B族维生素的衍生物为多见，他们在酶促反应中能在不同酶或同一酶分子内的不同部位之间传递电子、质子、基团或起运载体的作用。

辅因子按照与酶蛋白结合的牢固程度不同，可分辅酶（coenzyme）和辅基（prosthetic group）。通常辅酶是指与酶蛋白结合比较松弛的小分子有机物，可通过透析或超滤方法去除。有的辅因子与酶蛋白的结合比较紧密，甚至是共价结合，不能通过透析或超滤方法去除，这些辅因子被称为辅基。常见辅因子的组成和作用见表4-1。

表 4-1　常见辅因子的名称、组成和作用

辅因子	缩写	转移的基团	相关维生素
烟酰胺腺嘌呤二核苷酸，辅酶Ⅰ	NAD^+	氢原子、电子	烟酰胺（维生素 PP）
烟酰胺腺嘌呤二核苷酸磷酸，辅酶Ⅱ	$NADP^+$	氢原子、电子	烟酰胺（维生素 PP）
黄素单核苷酸	FMN	氢原子	维生素 B_2
黄素腺嘌呤二核苷酸	FAD	氢原子	维生素 B_2
焦磷酸硫胺素	TPP	醛基	维生素 B_1
四氢叶酸	FH_4	一碳单位	叶酸
磷酸吡哆醛		氨基	维生素 B_6
辅酶 A	CoA	酰基	泛酸
生物素		二氧化碳	生物素
甲基钴胺素		甲基	维生素 B_{12}

　　根据酶蛋白的组成特点，可以将酶分为单体酶、寡聚酶和多酶复合物。酶分子结构中只有一条多肽链的酶称为单体酶（monomeric enzyme），含有两条或以上多肽链的酶称为寡聚酶（oligomeric enzyme）。有些酶虽只含一条多肽链，却具有多种不同催化功能，这类酶称为串联酶（tandem enzyme）或多功能酶（multifunctional enzyme）。该类酶可能是在进化过程中，因结构相近、功能相关的几种基因融合表达后生成的一条含有多种功能的肽链。此外，催化某一代谢途径的各种酶构成多酶体系（multienzyme system），可分散分布于细胞质中，也可聚集分布于细胞质中或细胞膜上。以聚集形式存在的多酶体系又称为多酶复合物（multienzyme complex），底物可沿着代谢方向，依次被不同的酶作用，转化为最终产物。多功能酶和多酶复合物都有利于提高物质代谢速度和调控效率。

二、酶蛋白的结构

　　酶与普通蛋白质一样，具有一级、二级、三级结构，有的还有四级结构。酶的分子结构是酶功能的物质基础，酶催化作用的专一性是由其分子结构的特殊性决定的。这种特殊性不仅与酶分子的一级结构有关，也与其高级结构和空间构象密切相关。酶的活性中心或活性部位（active center，active site）是酶发挥催化活性的功能部位。

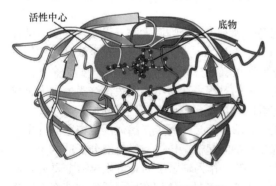

图 4-1　酶的活性中心（阴影区域）

　　酶分子中的各种化学基团并不一定都直接参与酶的催化过程。酶分子整体构象中对于酶发挥活性所必需的基团称为酶的必需基团（essential group）。酶的必需基团在一级结构上可能相距很远，但在空间结构上彼此靠近，组成具有特定动态构象的局部空间结构，形状如口袋或裂穴，开口在酶分子表面或通过特定方式与外部环境相连通，能与外部的底物特异地结合并将底物转化为产物。此区域称为酶的活性中心或活性部位（图 4-1）。结合酶中辅因子常参与构成酶的活性中心。

　　酶活性中心的必需基团可按其作用进行分类。一类可直接参与酶与底物的结合，使得底物与特定构象状态的酶形成酶-底物复合物（E-S complex），这类必需基团称为底物结合基团（substrate binding group）。另一类通过影响底物中某些化学键的稳定性或直接与底物发生化学反应，从而促进底物转变成中间产物或产物，这类必需基团称为催化基团（catalytic group）。活性中心有的必需基团可同时具有这两方面的功能。另外，酶活性中心外有些基团虽然不直接参与对底

物的结合或催化作用，但能维持酶活性中心发挥作用所需要的精确构象，为活性中心外必需基团。组氨酸的咪唑基、丝氨酸的羟基、半胱氨酸的巯基等是构成酶活性中心的常见基团。

酶的活性中心具有精确构象，这种精确构象是酶发挥催化作用所必需的。但是，酶活性中心构象是动态结构，存在一定的可塑性（flexibility）。酶活性中心构象的可塑性也是酶发挥催化作用所必需的。

三、酶活性的表示方法

酶活性（enzyme activity）也称为酶活力，是指酶催化一定化学反应的能力。检测酶的含量及存在，不能直接用重量或体积来表示，常用它催化某一特定反应的能力来表示，即用酶的活力来表示。酶活力的高低是研究酶的特性、生产及应用酶制剂的一项不可缺少的指标。

（一）酶活力与酶反应速度

酶活力的大小可以用在一定条件下它所催化某一化学反应的反应速度来表示，即酶催化的反应速度越快，酶的活力就越高；速度越慢，酶活力就越低。所以测定酶活力就是测定酶促反应的速度。酶促反应速度可用单位时间内、单位体积中底物的减少量或产物的增加量来表示，所以反应速度的单位是：底物浓度/单位时间。

测定产物增加量或底物减少量的方法很多。常用的方法有化学滴定、比色、比旋光度、气体测压、电化学法、荧光测定以及同位素技术等。选择哪一种方法，要根据底物或产物的物理化学性质而定。在简单的酶反应中，底物的减少与产物增加的速度是相等的，但一般以测定产物为首选，因为实验设计规定的底物浓度往往是过量的，反应时底物减少的量只占总量的极小部分，所以不易准确测定；而产物则从无到有，只要方法足够灵敏，就可以准确测定。

（二）酶活力单位

酶的活力大小也就是酶量的多少，用酶活力单位（U，active unit）来度量。1961 年国际酶学会议规定：1 个酶活力单位是指在特定条件下 1min 内能转化 1μmol 底物的酶量，或是转化底物中 1μmol 有关基团的酶量。特定条件是指：温度选定为 25℃，其他条件（如 pH 及底物浓度）均采用最适条件。这是一个统一的标准，但使用起来不方便。

人们普遍采纳的习惯方法较方便，如 α-淀粉酶，可用每小时催化 1g 可溶性淀粉液化所需要的酶量来表示，也可以用每小时催化 1ml 2% 可溶性淀粉液化所需要的酶量作为 1 个酶单位。不过这些表示法都不够严谨，同一种酶有好几种不同的单位，也不便于对酶活力进行比较。

（三）酶的比活性

比活性（specific activity）即每毫克酶蛋白所具有的酶活力，一般用单位/毫克蛋白质（U/mg）来表示。有时也用每克酶制剂或每毫升酶制剂含有多少个活力单位来表示（U/g 或 U/ml）。它是酶学研究及生产中经常使用的数据，可以用来比较每单位重量酶蛋白的催化能力。对同一种酶来说，比活性越高，酶越纯。

（四）酶的转换数

酶的转换数（turnover number）也称催化常数（K_{cat}），是指酶被底物饱和时每秒钟每个酶分子转换底物的微摩尔数（μmol）。K_{cat} 数值越大，表示酶的催化效率越高。

第二节　酶的分类与命名

一、酶　的　分　类

国际酶学委员会根据酶催化反应的性质，将酶分为六大类：

1. 氧化还原酶类　催化底物间氧化还原反应的酶类，如脱氢酶、氧化酶等。

2. 转移酶类 催化不同底物分子间某些基团的交换或转移的酶类，如氨基转移酶、甲基转移酶等。

3. 水解酶类 催化底物水解的酶类，如淀粉酶、蛋白酶等。

4. 裂合酶类 催化底物分子移去一个基团形成双键或其逆反应的酶类，如醛缩酶、水化酶等。

5. 异构酶类 催化分子式相同、结构不同的同分异构体相互转变的酶类，如磷酸己糖异构酶、磷酸丙糖异构酶等。

6. 合成酶类 能催化两个分子形成一个分子、并伴有高能键断裂释能的酶类。如 DNA 连接酶、谷氨酰胺合成酶等。

二、酶的命名

（一）习惯命名法

（1）多以酶的底物或酶催化的反应性质来命名，有时两者兼用。如水解淀粉的酶称为淀粉酶，催化脱氢的酶称为脱氢酶。

（2）对水解酶类，只用底物名称即可，如蔗糖酶、蛋白酶等。

（3）作用相同但来源不同的酶，可加上来源的名称以区别，如唾液分泌的淀粉酶称唾液淀粉酶，胰腺分泌的淀粉酶称胰淀粉酶。

习惯命名比较简单，应用历史较长，但缺乏系统性，有时出现一酶数名或一名数酶的情况。为了适应酶学的发展，避免命名的重复，国际酶学会议于 1961 年提出了一个新的系统命名及系统分类原则，已为国际生化协会所采用。

（二）系统命名法

按照国际系统命名法，每种酶的系统名称应当明确表明酶的底物及催化反应的性质。例如，草酸氧化酶（习惯名称）写成系统名称时，应将它的两个底物，即"草酸"及"氧"同时列出，并用"："将他们隔开，它所催化的反应性质为"氧化"，也需指明，所以它的系统名称为"草酸：氧氧化酶"。若底物之一是水时，可将水略去不写，如乙酰辅酶 A 水解酶（习惯名）可以写成乙酰辅酶 A：水解酶（系统名），而不必写成乙酰辅酶 A：水水解酶。

国际酶学委员会对各种酶进行了系统分类编号，一种酶只有一个编号，由 4 个数字组成，第一个数字指明该酶属于六大类酶中的哪一类，第二个数字表示该酶属于哪一个亚类，第三个数字指出该酶属于哪一个亚亚类，第四个数字表示该酶在亚亚类中的排号。编号之前冠以 EC，即酶学委员会的英文名称 Enzyme Commision 的缩写。例如，乙酰辅酶 A：水解酶的分类编号为 EC3.1.2.1，数字 3 代表水解酶类，第二个数字 1 代表作用于酯键的水解酶类，数字 2 代表作用于硫酯键的水解酶，最后一个数字 1 表示水解含硫酯键的乙酰辅酶 A。

第三节 酶促反应的特点与机制

酶作为生物催化剂，除具有催化剂的共性外，还具有不同于化学催化剂的特殊性，如高度的专一性、高效的催化活性以及酶活力的可调节性。酶在催化过程中通过诱导契合与底物形成酶-底物中间复合物，并使底物处于过渡态，降低反应的活化能而加速化学反应，通过邻近效应、定向排列、酸碱催化及共价催化等机制发挥高效催化作用。

一、酶促反应的特点

（一）高度的专一性

酶的高度专一性是指酶对所作用的底物具有严格的选择性。一种酶只能对一种底物、一类化合物或一定化学键起催化作用，而其他化学催化剂一般对底物要求不严格。例如，H^+可以催化蔗糖、淀粉、脂肪、蛋白质等水解，而蛋白酶只能催化蛋白质水解，对蔗糖、淀粉、脂肪无催化活性。

根据酶对底物的选择程度不同，酶的特异性可大致分为以下3种类型：

1. 绝对专一性 指酶对底物的要求非常严格，只作用于特定结构的底物分子，进行一种专一的反应。例如，脲酶只能催化尿素水解生成氨和二氧化碳，而对尿素的衍生物甲基尿素则不起作用。

2. 相对专一性 指酶对底物的要求相对较低，可作用于一类化合物或一种化学键。例如，磷酸酶不仅对一般的磷酸酯键有水解作用，还可水解甘油或酚与磷酸形成的酯键；脂肪酶不仅水解脂肪，也水解简单的酯；蔗糖酶不仅水解蔗糖，也水解棉子糖中同一种糖苷键。

3. 立体异构专一性 指酶只作用于底物分子的一种立体异构体。例如，D-氨基酸氧化酶只能催化D-氨基酸氧化脱氨，而对L-氨基酸无作用；延胡索酸酶只催化反丁烯二酸（延胡索酸）与苹果酸之间的转变，而对顺丁烯二酸无作用。

（二）极高的催化效率

酶的催化效率通常比非催化反应高$10^8\sim10^{20}$倍，比一般催化剂高$10^7\sim10^{13}$倍。例如，Fe^{2+}与H_2O_2酶均可作为催化剂使H_2O_2分解产生H_2O和O_2，1摩尔H_2O_2酶能催化5×10^5摩尔H_2O_2分解，而1摩尔Fe^{2+}仅催化6×10^{-4}摩尔H_2O_2分解。

（三）酶活力的可调节性

酶活力受到体内多种因素的影响，调控的方式也很多，如抑制剂调节、共价修饰调节、反馈调节、酶原激活及激素控制等。

二、酶促反应的机制

（一）降低反应活化能

在化学反应体系中，底物分子所具有的能量不同，并非全部底物分子都能进行反应，只有那些具有较高能量的活化分子，才能进行有效碰撞而发生化学反应。能引起反应的最低能量水平称反应能阈。分子由常态（基态）变为活化态（激态）所需的最低能量称为活化能（activation energy）。催化剂能使反应沿活化能较低的途径进行。分子所需的活化能越低，越易达到化学反应的能阈。

酶之所以具有高的催化效率，是因为它极大程度地降低了活化能。酶降低活化能的原因是在酶促反应时，酶首先与底物生成了酶-底物复合物，复合物再分解为产物和酶，反应过程如下：

$$E+S \Longleftrightarrow ES \longrightarrow P+E$$

S代表底物，P代表产物，ES代表酶-底物复合物。ES不稳定，可继续分解得到P和E，E又可与其他S结合，继续发挥其催化功能。所以少量酶可以催化大量底物。

酶与底物形成ES中间物，将原来能阈较高的一步反应（S→P）变成能阈较低的两步反应，尽管反应结果相同，但反应过程不同，两步反应使得能阈大幅度降低（图4-2）。

酶与底物形成复合物的过程涉及酶与底物的识别、结合等相互作用，这是酶具有专一性的原因之一。最早曾用酶与底物之间为锁与钥匙的关系来解释酶对底物的识别与结合，即锁钥学说。但是越来越多的事实证明，酶与底物结合过

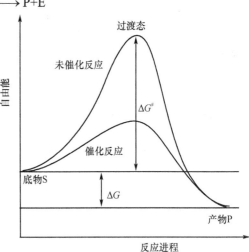

图4-2 酶催化反应的自由能变化

程不是锁与钥匙之间的那种简单机械关系，而是在酶与底物相互接近时，通过相互诱导、相互变形和相互适应，才使酶与底物相互结合形成 ES 复合物，此即诱导契合学说（induced-fit theory，图 4-3）。当底物结合在活性中心区域后，酶蛋白的构象发生了改变，从而使需要断裂的化学键拉伸或者扭曲变形，处于能量较高的过渡态，易与酶活性中心的催化基团发生相互作用。这也是酶发挥作用依赖于活性中心构象可塑性的原因所在。

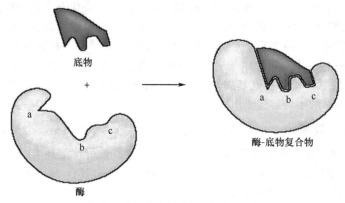

底物

酶

酶-底物复合物

图 4-3　酶与底物结合的诱导契合作用

（二）多元催化

1. 邻近效应与定向效应　在多分子反应中，反应物（底物）之间必须以正确的方向发生碰撞，才有可能形成具有所需要分子取向的过渡态。满足此要求的碰撞称为有效碰撞。酶将反应所需要的底物和辅因子，按特定顺序和特定空间定向结合到酶的活性中心，使他们相互接近而获得有利于反应进行的正确定向，提高底物分子发生碰撞的概率，这种作用称为邻近效应（proximity）。底物分子在酶活性中心的定向排列，使原来分子之间反应类似于分子内反应，而分子内反应所需活化能明显低于分子间反应的活化能。因此，酶可通过邻近效应显著提高反应速度。

酶的活性中心多为内陷性的疏水"口袋"。疏水环境可排除水分子对酶和底物分子可反应基团的干扰性吸引或排斥，防止在底物与酶之间形成水化膜，有利于酶与底物的密切接触，并发生相互作用。

2. 酸碱催化　普通催化剂通常仅有一种解离状态，只能进行酸催化或碱催化。酶是两性电解质，所含的多种功能基团具有不同的解离常数。即使同种基团在同一酶分子中处于不同的微环境，解离度也有差异。因此，同一种酶常常兼有酸、碱双重催化作用。几乎所有的酶促反应都涉及一定程度的酸或碱催化。酸碱催化可分为两类，狭义的酸碱催化和广义的酸碱催化。狭义的酸碱催化是指那些由氢离子和氢氧根离子进行的催化，酶的催化速率常数直接受缓冲溶液 pH 影响，但不受缓冲容量的影响。广义酸碱催化是指那些由酸碱分子（质子供体或质子受体）而不是氢离子和氢氧根离子参与的催化，酶的催化速率常数受缓冲容量影响，如酯的水解反应。

3. 共价催化　一些酶在发生催化作用过程中，首先与底物分子共价结合，形成特殊具共价结构的中间产物，再转变成终产物。共价催化也常发生在双底物反应中，酶活性中心催化基团攻击某一底物，形成共价结合的酶-底物中间物，再和第二种底物分子发生结合反应。共价催化主要有两类基本形式，亲核共价催化与亲电共价催化。亲核共价催化是由酶活性中心亲核基团（如咪唑基、羟基、巯基等）首先攻击底物分子上的亲电基团（如磷酸基、酰基、糖基等），形成共价结合。亲电共价催化常发生在有辅酶参与的反应中，由辅酶作亲电中心，接受底物分子提供的电子，如一系列的脱氢酶催化的反应。

第四节　酶促反应动力学

酶促反应动力学（kinetics of enzyme-catalyzed reaction）研究酶促反应速度以及各种因素对酶促反应速度的影响机制。酶促反应速度受到多种因素的影响。底物浓度、酶浓度、温度、pH、抑制剂和激动剂等因素均可影响酶促反应速度。酶促反应动力学研究可以阐述酶的本质特性，是酶学研究的最基本工作，具有重要的理论和实践意义。

一、底物浓度对酶促反应的影响

在酶促反应体系中的其他条件相同，特别是酶浓度不变的条件下，底物浓度变化对反应速度影响的作图呈现双曲线（图4-4）。

当底物浓度很低时，增加底物浓度反应速度随之迅速增加，反应速度与底物浓度成正比，称为一级反应。当底物浓度较高时，增加底物浓度反应速度也随之增加，但增加的程度不如底物浓度低时显著，并且反应速度与底物浓度不再成正比，称为混合级反应。当底物增加至一定浓度时，反应速度趋于恒定，继续增加底物浓度反应速度也不再增加，称为零级反应。

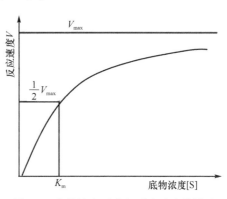

图 4-4　底物浓度对酶促反应速度的影响

反应速度与底物浓度 [S] 之间的这种关系，反映了酶促反应中有酶-底物复合物的存在。若以产物 P 生成的速度表示反应速度，显然 P 生成的速度与酶-底物复合物浓度成正比，底物浓度很低时，酶的活性中心没有全部与底物结合，此时增加底物的浓度，ES 的形成与 P 的生成都成正比的增加。当底物浓度增至一定浓度时，全部酶都已变成 ES，此时再增加底物浓度也不会增加 ES 浓度，反应速度趋于恒定。

（一）米-曼方程

根据化学反应动力学的稳态理论（steady-state theory），在化学反应过程中，中间产物快速生成且快速解离，同时也有一部分较慢地转变成目标产物，当反应进行到一定程度时，中间产物生成速度等于其解离及转变成目标产物的速度，则中间产物的浓度维持恒定。酶促反应过程中酶与底物结合形成 ES 复合物，此复合物也称为反应中间产物，其再分解为产物 P 和游离的酶，游离的酶再进入下一个催化循环，此即中间产物学说，反应方程为：

$$E + S \underset{K_{-1}}{\overset{K_1}{\longrightarrow}} ES \overset{K_2}{\longrightarrow} E + P$$

式中，E 表示酶，S 表示底物，ES 表示酶-底物复合物，P 表示产物，K_1、K_{-1} 和 K_2 为各向反应的速率常数。

在此基础上，为了说明底物浓度与反应速度的关系，1913 年米凯利斯（Michaelis）和门顿（Menten）把图归纳为一个数学式加以表达，这就是酶反应动力学最基本的方程——著名的米-曼方程，简称米氏方程：

$$V = \frac{V_{max}[S]}{[S] + K_m}$$

式中，V 为反应速度；[S] 为底物浓度；V_{max} 为反应的最大速度；K_m 为米氏常数。

米氏方程推导的前提是：①单底物反应；②测定的反应速度为初速度，即反应刚刚开始，产物的生成量极少，逆反应可不予考虑；③底物浓度 [S] 远大于酶浓度 [E]，[S] 的变化在测定初速度的过程中可忽略不计。反应中游离酶的浓度为总酶浓度（[E_t]）减去结合到中间产物中的酶浓度（[ES]）。若形成 ES 的速度为 V_f，则：

$$V_f=K_1([E_t]-[ES])[S]$$

式中，E_t 为酶的总浓度，$[E_t]-[ES]$ 为游离酶的浓度。ES 生成的速度 V_f 与游离酶的浓度及底物浓度成正比。ES 分解的速度 V_d 为：

$$V_d=K_{-1}[ES]+K_2[ES]$$

当反应处于稳态时，ES 的生成速度与分解速度相等，即：

$$V_f=V_d$$

则

$$K_1([E_t]-[ES])[S]=K_{-1}[ES]+K_2[ES]$$

将上式移项：

$$K_1[E_t][S]=K_1[ES][S]+K_2[ES]+K_{-1}[ES]$$

$$K_1[E_t][S]=(K_1[S]+K_2+K_{-1})[ES]$$

$$[ES]=\frac{K_1[E_t][S]}{(K_1[S]+K_2+K_{-1})}=\frac{[E_t][S]}{[S]+\dfrac{K_2+K_{-1}}{K_1}}$$

设 $V=K_2[ES]$，V 为观察所得的初速度，代入上式：

$$V=\frac{K_2[E_t][S]}{[S]+\dfrac{K_2+K_{-1}}{K_1}}$$

设 $\dfrac{K_2+K_{-1}}{K_1}=K_m$，$V_{max}=K_2[E_t]$，则：

$$V=\frac{V_{max}[S]}{[S]+K_m}$$

这就是米氏方程（Michaelis-Menten equation），K_m 称之为米氏常数（Michaelis-constant）。

（二）K_m 与 V_{max} 的意义

当酶促反应处于 $V=1/2V_{max}$ 的特殊情况时，

$$\frac{V_{max}}{2}=\frac{V_{max}\cdot[S]}{K_m+[S]}$$

$$\frac{1}{2}=\frac{[S]}{K_m+[S]}$$

$$K_m=[S]$$

由此可以看出 K_m 值的物理意义，即 K_m 值是当酶促反应速度达到最大反应速度一半时的底物浓度，它的单位是 mol/L，与底物浓度的单位一样。

K_m 值是酶的特征常数之一，一般只与酶的性质有关，而与酶的浓度无关。不同的酶 K_m 值不同。

如果一种酶有几种底物，则该酶对每一种底物都有一个特定的 K_m 值。并且 K_m 值还受 pH 及温度的影响。因此，K_m 值作为常数只是对一定底物、一定 pH、一定温度条件而言。测定酶的 K_m 值可以作为鉴别酶的一种手段，但是必须在指定的实验条件下进行。

K_m 反映了酶对底物亲和力的大小。K_m 越小，表明亲和力越大。显然，最适底物与酶的亲和力最大，不需很高的底物浓度就很容易达到 V_{max}。

最大反应速度 V_{max} 是酶完全被底物饱和时的反应速度。$V_{max}=K_2[E_r]$，V_{max} 与酶浓度成正比，而与底物浓度无关，增加底物浓度不会影响该酶促反应体系的最大反应速度，而直线的斜率为 K_2，为一级反应速率常数，它的单位为 S^{-1}，K_2 表示当酶被底物饱和时每秒钟每个酶分子转换底物的分子数，K_2 值越大，表示酶的催化效率越高。K_2 这个常数又叫作转换数，通常称为催化常数

（catalytic constant，K_{cat}）。

（三）K_m 和 V_{max} 测定

测定 K_m 值有许多种方法，最常用的是 Lineweaver-Burk 的双倒数作图法。求 Michaelis-Menten 方程的倒数，可得下式：

$$\frac{1}{V} = \frac{K_m}{V_{max}} \times \frac{1}{[S]} + \frac{1}{V_{max}}$$

此方程相当于一直线的数学表达：$y=ax+b$，以 $1/V$ 为纵坐标，$1/[S]$ 为横坐标，将数据作图，则得一直线，其斜率为 K_m/V_{max}，将直线延长，在横轴及纵轴上的截距分别为 $-1/K_m$ 和 $1/V_{max}$，这样 K_m 就可以从直线上的截距计算出来（图 4-5）。

另外，Hanes-Woolf 作图法也是从米氏方程式衍化而来的，其方程式为：

$$\frac{[S]}{V} = \frac{K_m}{V_{max}} + \frac{1}{V_{max}}[S]$$

以 $[S]/V$ 对 $[S]$ 作图，横截距为 $-K_m$，直线斜率为 $1/V_{max}$（图 4-6）。

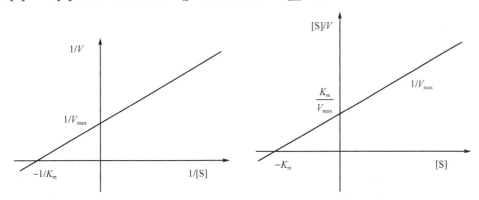

图 4-5　Lineweaver-Burk 作图（双倒数作图）　　图 4-6　Hanes-Woolf 作图法

二、酶浓度对酶促反应的影响

在酶促反应体系中，当底物浓度大大超过酶的浓度而使酶被底物饱和时，反应速度接近于最大反应速度，这时增加酶浓度即可提高反应速度，反应速度与酶的浓度成正比关系（图 4-7）。

三、温度对酶促反应的影响

温度每升高 10℃，一般化学反应速度可增加 1～2 倍。由于酶的化学本质为蛋白质，温度对酶促反应速度具有双重影响。升高温度一方面可加快酶促反应速度，同时

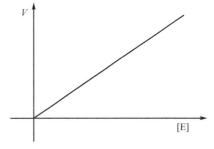

图 4-7　酶浓度对酶促反应速度的影响

也可能造成酶蛋白变性失活而减慢反应速度。当温度达到 60℃ 以上，大多数酶开始发生快速变性失活；温度达到 80℃ 时，酶的变性速度更快且已不可逆。在特定温度下，酶促反应速度达到最大值，此反应体系温度称为酶促反应的最适温度。在反应体系温度低于最适温度时，升温所致的加快反应速度的效应起主导作用，所以酶促反应速度随温度升高而升高；当反应体系温度高于最适温度时，则因酶变性造成的酶活性降低起主要作用，使酶促反应速度随温度升高而降低（图 4-8）。哺乳动物组织来源的酶，最适温度大多在 35～40℃，接近于其体温。

最适温度不是酶的特征常数，它与酶作用时间长短等因素有关。酶作用时间短时最适温度较

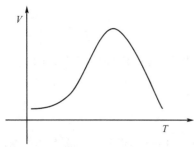

图4-8 温度对酶促反应速度的影响

高，酶作用时间较长时最适温度较低。

四、pH 对酶促反应的影响

酶分子中极性基团的解离状态随反应体系pH变化。酶活性中心的某些必需基团往往需要处在特定的解离状态才最容易与底物结合，并具有最大催化效率。许多底物及辅因子（如 ATP、NAD^+、辅酶 A 等）也可解离，pH 的改变会影响他们的解离状态，从而影响酶与他们的亲和力。因此，pH 的改变既影响酶对底物的结合，也影响酶的催化能力。一般情况下，过酸或过碱条件下酶蛋白容易快速变性失去活性。因此，在过酸或过碱条件下测定酶活性的反应时段内，酶蛋白可能已发生变性失活。

酶达到最大催化活性的反应体系 pH 称为酶的最适 pH。不同酶往往有不同的最适 pH。如图 4-9 所示，胃蛋白酶的最适 pH 接近 2.0，而胰蛋白酶的最适 pH 接近 7.7。

五、激活剂对酶促反应的影响

通过特定机制使酶由无活性变为有活性或使酶活性增加的物质称为酶激活剂（activator）。酶激活剂最常见的是金属离子，如 Mg^{2+}、K^+、Mn^{2+} 等；少数为阴离子，如 Cl^- 等。一些有机化合物也是酶的激活剂，如胆汁酸盐等。还有蛋白质或多肽类的酶激活剂，如钙调蛋白（calmodulin）等。

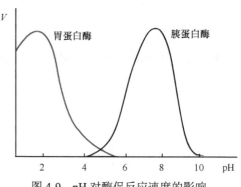

图4-9 pH 对酶促反应速度的影响

有些激活剂是酶发挥催化作用必需的，没有激活剂则酶没有活性，这类激活剂称为必需激活剂。一些金属离子属于这类必需激活剂，他们与酶、底物或酶-底物复合物结合，但在酶完成对底物的转化前后，自身结构性质无变化，相当于酶的辅因子。例如，己糖激酶催化的反应中，Mg^{2+} 与底物 ATP 结合生成 Mg^{2+}-ATP，后者作为酶的真正底物参加反应，加快反应速率；钙调蛋白对于磷酸二酯酶同工酶 I 等也属于必需激活剂。有些激活剂只是增加酶的活性，不存在时酶仍有一定的催化活力，这类激活剂称为非必需激活剂。非必需激活剂通过与酶、底物或酶-底物复合物结合发挥作用，如 Cl^- 对淀粉酶的激活。

六、抑制剂对酶促反应的影响

凡能使酶的催化活性降低或消失，而不引起酶蛋白质变性的物质称为酶抑制剂（inhibitor）。酶抑制剂通常与酶活性中心内、外必需基团结合，从而抑制酶的催化活性。根据抑制剂与酶结合的紧密程度和相互作用的化学本质，分为可逆性抑制与不可逆性抑制两类。

案例 4-1

　　患者，女性，45 岁，已婚，汉族，农民。与家人争吵后于晚上 9 时自服"敌百虫"约 100ml。服毒后自觉头晕、恶心，并伴有呕吐，呕吐物有刺鼻农药味。服药后家属即发现，立即到当地医院就诊，洗胃后，予阿托品 5ml 静脉推注，解磷定 2g 肌内注射后，病情无好转。渐出现神志不清，呼之不应，刺激反应差，于凌晨 2 点（即服药后 5 小时）转入某医学院附属医院。

　　体格检查：体温 37.1℃，脉搏 85 次/分，呼吸 30 次/分，血压 115/65mmHg，发育正常，营养中等，神志模糊，急性病容，瞳孔直径 2mm，光敏，唇无发绀，呼吸急促，口吐白沫，呼出气有刺鼻农药味，双肺湿啰音。心率 85 次/分，律齐，未闻及杂音。腹平软，未见胃肠型及蠕动波，肝脾无触及，移动性浊音（−），肠鸣音 14 次/分，单调不高，双下肢无水肿。

辅助检查（括号内为参考区间）：①血常规：白细胞 $11.5×10^9/L$〔$(4～10)×10^9/L$〕。②尿常规：正常。③血气：pH 7.32，PaO_2 57mmHg，$PaCO_2$ 34mmHg，BE 8mmol/L。④便常规：黄、软，镜检（−），OB(±)。⑤肝功能：ALT 126U/L（0～40U/L），AST 134U/L（0～40U/L），肌酸激酶 4200U/L（40～140U/L）。⑥肾功能：正常。⑦EGG：正常。⑧胆碱酯酶浓度：224U/L（4600～11 000U/L）。

予以催吐洗胃，硫酸镁导泻，阿托品、解磷定静脉注射，反复给药补液、利尿等对症支持治疗，患者腹痛有好转，但又出现口干，心慌，烦躁不安，胡言乱语等症。

问题：

1. 有机磷化合物对酶的抑制作用属于哪种类型？有何特点？
2. 有机磷中毒的生化机制是什么？
3. 解磷定解毒的生化机制是什么？

（一）不可逆性抑制作用

抑制剂与酶的必需基团或活性部位以共价键结合而引起酶活力丧失，不能用透析、超滤等物理方法除去抑制剂而使酶活力恢复的作用，称为不可逆性抑制（irreversible inhibition），其抑制剂称为不可逆抑制剂（irreversible inhibitor）。

1. 专一性的不可逆抑制作用 专一性不可逆抑制剂仅仅与酶活性部位的特殊基团结合，如有机磷化合物二异丙基氟磷酸（简称 DIFP）与酶活性中心丝氨酸残基的羟基特异的不可逆结合，使活性中心含丝氨酸残基的酶由此而丧失活性（图 4-10）。有机磷化合物是这类酶的专一性不可逆抑制剂。

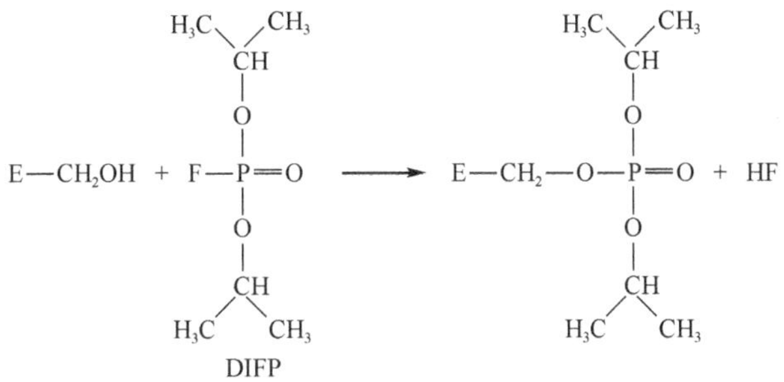

图 4-10 DIFP 作用于酶活性中心丝氨酸羟基

2. 非专一性的不可逆抑制作用 非专一性的不可逆抑制剂可以和酶分子中一类或几类基团结合，使酶丧失活性。属于这类抑制剂的有烷化剂、酰化剂等。碘乙酸、2,4-二硝基氟苯（DNFB）等烷化剂可使酶蛋白的氨基、巯基、羧基、硫醚基、咪唑基等烷基化；磺酰氯、酸酐等酰化剂可使酶蛋白的羟基、巯基、氨基、酚基发生酰化反应。

（二）可逆性抑制作用

抑制剂以非共价键与酶或酶-底物复合物的特定区域可逆结合，使酶活性降低甚至消失；通过透析、超滤等物理方法除去抑制剂后，酶催化活性可恢复，这种抑制称为可逆性抑制作用（reversible inhibition）。在抑制剂存在时酶的米氏常数称为表观米氏常数（apparent K_m），最大反应速度对应为表观最大反应速度（apparent V_{max}）。根据可逆抑制剂与酶结合的形式及对酶表观动力学参数的改变，可逆抑制作用可分为以下三种主要类型。

1. 竞争性抑制作用 抑制剂与底物有相似的化学结构，能与底物竞争结合酶的活性中心，造成酶活性下降，此类抑制作用称为竞争性抑制（competitive inhibition）。如图 4-11 所示，酶结合了该类型抑制剂后不能再结合底物，即不能形成酶-底物-抑制剂的三元复合物，抑制常数为 K_i。此类抑制剂对酶的抑制程度既随抑制剂与酶的亲和力升高而增加，也随抑制剂浓度与底物浓度的比例增加而增加。如果底物浓度足够高，理论上可以消除这类抑制作用。

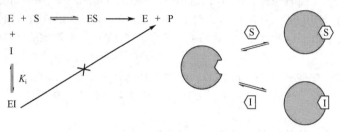

图 4-11　酶的竞争性抑制作用

根据其结合机制，按米氏方程式的推导方法，对于酶的 ES 复合物应用稳态假设，可以确定竞争性抑制剂存在时酶促反应速度与底物浓度变化的动力学关系为：

$$V = \frac{V_{\max}[\text{S}]}{[\text{S}] + K_{\text{m}}(1 + [\text{I}]/K_i)}$$

取上式的倒数并重排，即得：

$$\frac{1}{V} = \frac{K_{\text{m}}}{V_{\max}} \times \left(1 + \frac{[\text{I}]}{K_i}\right) \times \frac{1}{[\text{S}]} + \frac{1}{V_{\max}}$$

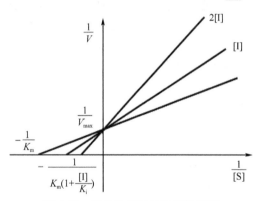

图 4-12　竞争性抑制的双倒数作图

以 $1/V$ 对 $1/[\text{S}]$ 作图，所得直线在纵坐标轴上的截距为 $1/V_{\max}$，与无抑制剂时的反应相同，即 $V_{\max}$ 不变，但其在横坐标轴上的截距变为 $-1/[K_{\text{m}}(1+[\text{I}]/K_i)]$，即 K_{m} 变为 $K_{\text{m}}(1+[\text{I}]/K_i)$，与无抑制剂时的反应相比增大。因而竞争性抑制的动力学特点是酶表观 K_{m} 值增大而表观 $V_{\max}$ 不变（图 4-12）。

2. 非竞争性抑制作用　抑制剂与酶活性中心外的基团结合，不影响酶与底物的结合。抑制剂既可以结合游离酶，也可以结合 ES 复合物，但形成的 ESI 复合物不能生成产物，导致酶活力降低，这种抑制作用称为非竞争性抑制（noncompetitive inhibition）（图 4-13）。

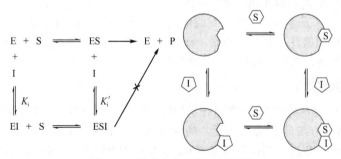

图 4-13　酶的非竞争性抑制作用

非竞争性抑制作用酶促反应速度同底物浓度的关系方程为：

$$V = \frac{V_{\max}[\text{S}]}{(K_{\text{m}} + [\text{S}]) \times (1 + [\text{I}]/K_i)}$$

其双倒数动力学方程为：

$$\frac{1}{V} = \frac{K_m}{V_{max}} \times \left(1 + \frac{[I]}{K_i}\right) \times \frac{1}{[S]} + \frac{1}{V_{max}} \times \left(1 + \frac{[I]}{K_i}\right)$$

用双倒数方程作图，所得直线横坐标截距为$-1/K_m$，即表观K_m不变，但纵轴截距变大，表观V_{max}变小（图4-14）。因而酶的非竞争性抑制程度与底物浓度无关，只取决于抑制剂浓度[I]和抑制剂与酶的亲和力。

3. 反竞争性抑制作用　此类抑制剂只能与酶-底物复合物（ES复合物）的特定空间部位结合，使结合此类抑制剂后的ES复合物不能转变成产物，同时也抑制从复合物中解离出游离酶，这种抑制作用称为反竞争性抑制作用（uncompetitive inhibition）（图4-15）。

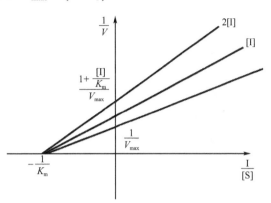

图4-14　非竞争性抑制的双倒数作图

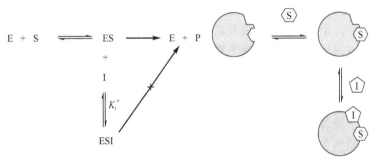

图4-15　酶的反竞争性抑制作用

反竞争性抑制作用依赖于形成酶-底物-抑制剂三元复合物。因此，抑制剂对酶的抑制程度随底物浓度和抑制剂浓度[I]及抑制剂同酶的亲和力增加而增加。酶促反应速度同底物浓度的关系方程为：

$$V = \frac{V_{max}[S]}{K_m + [S] \times (1 + [I] / K_i)}$$

其双倒数动力学方程为：

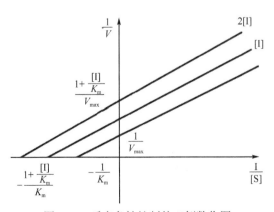

图4-16　反竞争性抑制的双倒数作图

$$\frac{1}{V} = \frac{K_m}{V_{max}} \times \frac{1}{[S]} + \frac{1}{V_{max}} \times \left(1 + \frac{[I]}{K_i}\right)$$

用其双倒数方程作图可得到一簇平行直线（图4-16）。可见，反竞争性抑制作用以相同的比例降低酶的表观V_{max}和表观K_m值。反竞争性抑制剂在自然界很少见，典型代表为L-苯丙氨酸对兔子小肠黏膜碱性磷酸酶的抑制作用。

三种可逆性抑制作用比较见表4-2。

表 4-2　各种可逆性抑制作用特点的比较

作用特征	无抑制剂	竞争性抑制	非竞争性抑制	反竞争性抑制
结合 I 的酶组分		游离 E	游离 E 或 ES 等效	ES
动力学参数变化				
表观 K_m	K_m	增大	不变	降低
表观 V_{max}	V_{max}	不变	降低	降低
双倒数作图变化				
斜率	K_m/V_{max}	增大	增大	不变
纵轴截距	$1/V_{max}$	不变	增大	增大
横轴截距	$-1/K_m$	增大	不变	减小
直线间关系		交于纵轴	交于横轴	平行
与底物浓度关系		负相关	不相关	正相关

第五节　酶的调节

　　生物进化过程中，个体需要精确调节自身代谢速度，以保持整体的平衡和对外界环境变化的快速响应。调节体内各种代谢途径速度主要是调节代谢途径中关键酶活性，改变酶的活性或改变酶含量是体内对酶活性调节的两类基本方式。

> **案例 4-2**
>
> 　　患者，男性，35 岁，体重 110kg，体重指数（BMI）34.0kg/m²，因"突发中上腹痛 19 小时，伴恶心、呕吐 5 次"入院。体检：体温 38.7℃，脉搏 135 次/分，呼吸 27 次/分，血压 143/75mmHg，氧饱和度 99%（双鼻吸氧 10L/min）。辅助检查（括号内为参考区间）：白细胞 14.93×10⁹/L [（4～10）×10⁹/L]，中性粒细胞 87.9%（50%～70%）；血淀粉酶 537U/L（35～135U/L），血脂肪酶 4614U/L（28～280U/L）；C 反应蛋白＞160mg/L（0～10mg/L）；降钙素原 4.88ng/ml（0～0.5ng/ml）；血清肌酐 71μmol/L（53～106μmol/L）。腹部 CT 呈急性胰腺炎表现、脂肪肝。患者既往体健，对替考拉宁过敏。收入急诊重症监护病房，急性生理学和慢性健康状况评价Ⅱ（acute physiology and chronic health evaluation Ⅱ，APACHE Ⅱ）评分 5 分，Ranson 评分 2 分，诊断为"重度急性胰腺炎、脂肪肝"，立即予吸氧、胃肠减压、补液、抑酶、左氧氟沙星联合甲硝唑抗感染等治疗。
>
> 　　**问题：** 急性胰腺炎的发病机制是什么？如何诊断？

一、酶活性的调节

（一）别构调节

　　体内一些代谢物可以与酶分子活性中心以外的特定部位可逆地结合，导致酶构象发生改变，从而影响其催化能力，这种效应称为别构效应。对酶催化活性的这种调节方式称为别构调节（allosteric regulation），也称为变构调节。活性受别构调节物调节的酶称别构酶（allosteric enzyme）。结合在别构酶的调节部位，调节酶催化活性的生物分子称别构效应物（allosteric effector）。别构效应剂可以是代谢途径的终产物或中间产物，也可以是酶的底物。酶分子上结合特定代谢物而产生别构效应的部位称为别构部位（allosteric site），是类似于酶活性中心具有特定动态空间结构的裂穴状区域。

　　别构酶一般为寡聚体。有的别构酶活性中心和别构部位位于相同亚基上，也有的位于不同亚基上。含催化部位的亚基称为催化亚基，含调节部位的亚基称为调节亚基。具有多个催化亚基的别构酶存在协同效应。如果别构效应剂与别构部位的结合使得其他亚基效应剂的结合能力增强，则为正协同效应（positive cooperativity）；若别构效应剂与别构部位的结合使得其他亚基对效应剂结合能力降低，则为负协同效应（negative cooperativity）。当别构效应剂是底物本身时，则在别构效应剂存在时，别构酶活性随底物浓度变化为 S 形曲线（图 4-17），这是区分别构酶和米氏酶的重要特征。

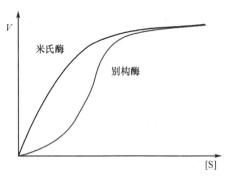

图 4-17 底物浓度对别构酶及米氏酶反应速度的影响

如果某效应剂引起别构酶对底物亲和力增加，从而加快反应速度，此效应称为别构激活效应，效应剂称为别构激活剂（allosteric activator）；反之，降低催化能力者称为别构抑制剂（allosteric inhibitor）。例如，反映细胞内能量供求状态的 ATP 和 ADP、AMP 等是能量代谢途径关键酶的共同别构效应剂，可以同步调节相关代谢途径关键酶而产生不同的效应，从而使代谢途径整体保持一致，并符合生理需要。柠檬酸是三羧酸循环生成的第一个物质，它与 ATP 是糖酵解途径的关键酶 6-磷酸果糖激酶-1 的别构抑制剂。ATP 和柠檬酸增多时，反映能量充足，糖分解代谢途径受到抑制，以免糖过度分解和丙酮酸生成过剩，这样也就降低了三羧酸循环和能量生成的速度。而 ADP 和 AMP 是磷酸果糖激酶-1 的别构激活剂，这两种物质的增多则表明能量供应不足，进而促进葡萄糖的分解，增加 ATP 的供应。

别构调节是快速调节酶活性的方式之一。由于调节效果通常较小，属于精细调节。生物进化过程中，相关代谢途径的代谢物可以相互作为关键酶的别构效应剂，使体内代谢途径构成相互调节的网络，从而使相关的代谢途径协调一致，并尽可能有效地利用能量，避免无效循环或代谢物堆积造成浪费或不利于细胞生存。

（二）共价修饰调节

酶分子中的某些基团可在其他酶催化下，与某种化学基团发生共价结合而被修饰，结合的化学基团又可在另一种酶的催化下从酶分子上去除，这两种变化都能改变酶的活性。这种对酶活性的调节方式称为酶的共价修饰（covalent modification）或化学修饰（chemical modification）。酶发生共价修饰或去修饰后，可由无活性（或低活性）转变成有活性（或高活性），或者由有活性（高活性）转变成无活性（低活性）。特定酶发生化学修饰后产生的结构变化与酶活性变化之间的联系是确定的，但是不同的酶发生相同的修饰变化后活性的改变可以不同。

酶通过化学修饰调节活性时，发生修饰和去修饰需要不同的酶催化。在细胞内所发生的修饰反应一般需要消耗能量，基本不可逆，而去修饰反应通常也不可逆。酶的共价修饰方式主要有磷酸化与去磷酸化、乙酰化与去乙酰化、甲基化与去甲基化、腺苷化与去腺苷化，以及巯基与二硫键之间的氧化还原互变等方式。其中以磷酸化与去磷酸化修饰最为常见，由 ATP 或 GTP 供应活性磷酸基团，由蛋白质激酶（protein kinase）催化酶蛋白磷酸化，磷酸化位点为靶蛋白中丝氨酸、苏氨酸与酪氨酸残基的羟基。去磷酸化由蛋白质磷酸酶（protein phosphatase）催化，两种类型的反应都基本不可逆（图 4-18）。

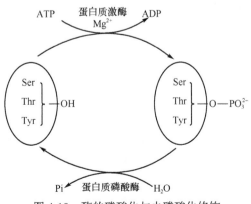

图 4-18 酶的磷酸化与去磷酸化修饰

（三）酶原的激活

有些酶在细胞内刚合成或初分泌时，以无活性前体形式存在，必须在一定环境条件下，被另外的蛋白酶专一性水解，导致酶蛋白构象发生改变才能表现出酶活性。这种无活性的酶前体称作酶原（zymogen）。酶原转变成有活性酶的过程称为酶原激活（zymogen activation），也称为酶解激活。酶原激活过程实际上是酶活性中心形成或暴露的过程。

人体消化道的蛋白酶，如胃蛋白酶、胰蛋白酶、胰凝乳蛋白酶、羧肽酶、弹性蛋白酶在初分泌时都以无活性的酶原形式存在。在特定条件下通过特殊的高度专一的蛋白酶作用，水解特定肽键，使原来的酶原转化成有活性的酶。例如，胰蛋白酶原（trypsinogen）进入小肠后，在肠激酶作用下，第6位赖氨酸残基与第7位异亮氨酸残基之间的肽键被水解，释放一个六肽，其余蛋白部分的构象发生改变，形成酶的活性中心，从而成为有催化活性的胰蛋白酶（trypsin）（图4-19）。

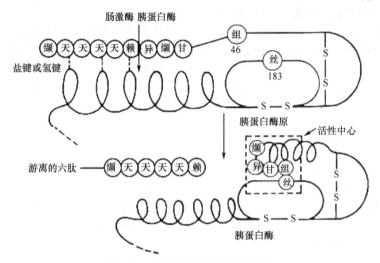

图4-19　胰蛋白酶原激活示意图

酶原的激活具有特殊的生理意义。首先，酶原形式是物种进化过程中出现的一种自我保护现象。如胰腺合成的蛋白酶，大多只有基团或者化学键专一性，可以水解具有相应肽键的蛋白，包括胰腺自身的蛋白。他们正常情况下以酶原形式存在，避免胰腺组织细胞本身受到蛋白酶的水解破坏，在释放入肠道后才会被激活为有活性的蛋白酶，发挥催化蛋白水解的作用。如果胰蛋白酶在胰腺组织中即被异常激活，就会造成对胰腺组织的破坏作用，这也就是急性胰腺炎发生和发展的重要原因。其次，酶原相当于酶的储存形式，可以在需要的时候快速启动使其发挥所需的催化作用，以适应机体的需要。如凝血和纤维蛋白溶解类蛋白酶，都以酶原的形式存在于血液循环中，在机体需要时可快速转化为有活性的酶，发挥其特殊的作用。

二、酶含量的调节

（一）酶蛋白合成的诱导与阻遏

酶活性还可通过增加或减少细胞内的酶含量来调节，增加或阻遏酶蛋白的生物合成是调节酶含量的具体方式。在某些底物、产物、激素、药物作用下，可以启动或加速酶的合成。在转录水平上能促进酶蛋白生物合成的化合物称为诱导剂（inducer），诱导剂诱导酶蛋白生物合成的作用称为诱导作用（induction）；而在转录水平上减少酶生物合成速度的物质则称为阻遏物（repressor）。通常存在辅阻遏物（corepressor），辅阻遏物与无活性的阻遏蛋白结合，从而抑制基因的转录，此过程称为阻遏作用（repression）。诱导剂诱导酶蛋白生物合成涉及转录、翻译和翻译后加工等过程，所以其效应出现较慢，一般需要半小时以上才能使酶活性发生显著改变，酶被诱导合成后在一定时间内都可以发挥作用。因此，酶的诱导与阻遏作用是对代谢的缓慢而长效的调节，对酶活性调节的精确程度和速度通常则比别构效应低得多。

（二）酶蛋白降解的调控

酶是机体的组成部分，需要不断地自我更新，发挥作用的时效通常有限。体内原来存在的酶蛋白被代谢分解一半所需的时间称为半寿期（也称半衰期）。细胞内各种酶的半寿期相差很大。现认为在蛋白质 N 端特定区域的氨基酸序列中包含了决定其半寿期的结构信号。胞内的酶蛋白降解通常在溶酶体内进行，另一条酶蛋白降解途径是胞质中的蛋白酶体（proteosome）作用。有些酶蛋白也可以先在内质网等细胞器上依靠专一性蛋白酶部分降解，再进行彻底降解。机体可通过改变酶分子的降解速度调节细胞内酶的含量，这种调节作用主要由激素等信号启动。

第六节 酶与医学的关系

酶不仅在正常生理过程中发挥着至关重要的作用，也与病理过程密切相关。许多疾病的发生、发展与酶的缺陷或功能异常有关；某些疾病发生导致血清酶发生变化，测定血清酶水平可有助于疾病的诊断；有的酶还是药物的作用靶点；酶自身作为药物也在临床上用于各类疾病的治疗；还有许多工具酶广泛应用于基础研究和生物制药等领域。

一、酶与疾病发生

由于生物细胞内几乎所有反应均由酶催化，因此酶的异常会引起代谢异常，导致疾病发生。有的遗传性疾病就是由酶的缺失导致的，例如，酪氨酸酶缺乏引起白化病，苯丙氨酸羟化酶缺乏引起苯丙酮尿症，溶酶体酶缺陷导致溶酶体贮积症等。

酶活性在特定组织细胞内的异常增高有时会使病情加重。如急性胰腺炎时，胰蛋白酶原在胰腺中被激活，造成胰腺组织被水解破坏。炎症反应可使弹性蛋白酶从浸润的白细胞或巨噬细胞中释放，进一步加重炎症反应，对组织产生破坏作用。在有机磷农药、重金属盐等中毒时，酶活性受到抑制。如敌百虫、敌敌畏等能够与乙酰胆碱酯酶活性中心丝氨酸残基的羟基通过共价键不可逆结合，使酶失去活性。乙酰胆碱酯酶失活会造成神经递质乙酰胆碱的积蓄，使哺乳动物出现迷走神经兴奋等相应的中毒症状。重金属 Hg^{2+} 和 Ag^+ 等与巯基反应活性很高，所形成的化学键可达到共价键的牢固程度，使酶失活，造成机体损伤。

对日常生活可能接触的毒性大的酶的不可逆抑制剂，需要采用特殊药物防护和解毒。有些特殊化合物，可以和已结合在酶蛋白上的抑制剂发生作用，使酶蛋白恢复到原来的结构状态，同时恢复活性，这类化合物常用作解毒药。如解磷定可与有机磷农药修饰的乙酰胆碱酯酶发生反应，直接结合有机磷农药，使酶蛋白与有机磷农药分离而恢复原有结构，从而解除有机磷农药对乙酰胆碱酯酶的抑制作用，消除其毒性。另外一种解毒剂二巯基丙醇与重金属离子反应活性很高，可以和重金属离子与酶蛋白巯基形成的加合物发生反应，螯合重金属离子，释放酶分子中的游离巯基，使酶恢复原来的结构和活性，因而是重金属离子中毒时解毒的常用药。

二、酶与疾病诊断

（一）疾病与血清酶活性异常

许多组织器官疾病表现为血液中主要分布于该器官的酶活性异常。造成这种异常的主要原因包括：①组织器官的细胞受到损伤后，细胞膜通透性增高或者完整性丧失，细胞内的某些酶大量释放入血。如急性胰腺炎时血清和尿中淀粉酶活性升高，急性肝炎或心肌炎时血清转氨酶活性升高等。②细胞的半寿期缩短或细胞的增殖加快，特异性分布在这些细胞内的标志酶释放入血。如前列腺癌患者可有大量酸性磷酸酶释放入血。③肝功能严重障碍时，某些酶合成减少，如血中凝血因子Ⅱ、凝血因子Ⅶ等含量下降。临床上可通过检测血清酶活性辅助疾病的诊断。

（二）酶活性的测定

当前临床上酶的测定占临床化学检验工作总量的 25%，可见酶活性测定在临床诊断上的重要作用。测定酶活性的方法需要有足够高的灵敏度和测定上限，测定结果也应该和酶量成正比。由于酶活性可受许多因素影响，因此，一般需要优化测定反应的条件（如温度、pH、离子强度、激活剂），并保持各种因素的恒定。测定血清样本中的各种酶活性时，还要注意溶血、脂血和黄疸所造成的影响，需要做相应的对照试验。

酶活性的测定，通常有两类方法，即终点法和速率法。终点法是在某一反应体系中，加入样品后让反应进行一段时间（常为数十分钟）再终止反应，测定反应后产物的生成或底物的消耗量来判断样品中该酶的活性。速率法是通过连续监测手段，测定含有某样品的特定反应体系在单位时间（数十秒）内产物的生成或底物的消耗量来判断样品中该酶的活性，这种测定常在反应的初速度时间段内进行。很显然，速率法的效率要比终点法的效率高，酶活性的测定结果可直接用国际单位表示。目前临床中心实验室多采用全自动生物化学分析仪和速率法测定血清中各种酶的活性。

（三）同工酶与疾病诊断

来源于同一种系、机体或细胞的同一种酶具有不同的形式。催化同一化学反应，但酶蛋白的分子结构、理化性质及免疫学特性不同的一组酶，称为同工酶（isoenzyme）。产生同工酶的主要原因是在进化过程中基因发生变异，而其变异程度尚不足以成为一种新酶所致。

同工酶分成单体同工酶（monomeric isozyme）和寡聚体同工酶（oligomeric isozyme）。单体同工酶只有一条肽链，其差异只存在于肽链的氨基酸序列。单体同工酶数目较少，红细胞磷酸酶、葡萄糖磷酸变位酶、碳酸酐酶、腺苷脱氨酶、腺苷酸激酶、甘油磷酸激酶等都是单体同工酶。寡聚体同工酶数量相对较多，具有多个亚基，在亚基的种类或者结构上有差异。由不同亚基组成的寡聚体称为杂化体。寡聚体同工酶主要是偶数亚基同工酶，且亚基一般不多于四个，如乳酸脱氢酶（lactate dehydrogenase，LDH）同工酶为四聚体，由两种亚基即骨骼肌型（M 型）和心肌型（H 型）组成五种同工酶（图 4-20）：LDH_1（H_4）、LDH_2（H_3M）、LDH_3（H_2M_2）、LDH_4（HM_3）、LDH_5（M_4）。这五种同工酶在不同组织器官中的含量与分布有明显差异（表 4-3）。

图 4-20　LDH 同工酶亚基组成

表 4-3　人体各组织器官中 LDH 同工酶的分布

组织器官	LDH 同工酶活性百分比（%）				
	LDH_1	LDH_2	LDH_3	LDH_4	LDH_5
心	67	29	4	<1	<1
肾	52	28	16	4	<1
肝	2	4	11	27	56
肺	10	20	30	25	15
脑	21	26	26	20	8
脾	10	25	40	25	5
胰腺	30	15	50	—	5

续表

组织器官	LDH 同工酶活性百分比（%）				
	LDH$_1$	LDH$_2$	LDH$_3$	LDH$_4$	LDH$_5$
子宫	5	25	44	22	4
骨骼肌	4	7	21	27	41
红细胞	42	36	15	5	2
白细胞	8	12	50	18	12
淋巴结	10	25	60	—	5
血小板	12	18	15	30	25

同工酶在体内分布具有明显的组织特异性或亚细胞结构特异性，其在疾病的鉴别诊断上具有重要作用。当某器官发生病变时，可能有某种特殊的同工酶释放出来，检测同工酶谱的改变有助于疾病的诊断。例如，心肌梗死引起心肌受损患者血清中 LDH$_1$、LDH$_2$ 显著增高，肝病患者血清中 LDH$_5$ 增高（图 4-21）。

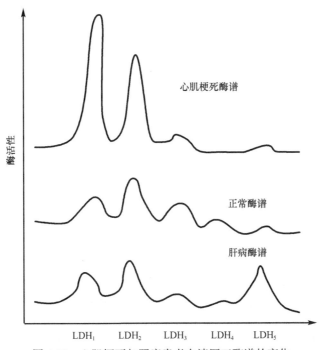

图 4-21 心肌梗死与肝病患者血清同工酶谱的变化

最先应用于临床检测的同工酶主要有两种，即乳酸脱氢酶（lactate dehydrogenase，LDH）和肌酸激酶（creatine kinase，CK）。

三、酶与疾病治疗

（一）酶作为药物用于临床治疗

酶作为药物在消化系统疾病、心脑血管疾病、遗传病、烧伤清创、传染性疾病、癌症等治疗方面均有应用。胃蛋白酶、胰蛋白酶、胰脂肪酶、胰淀粉酶等可用于助消化；胰蛋白酶、糜蛋白酶、木瓜蛋白酶、菠萝蛋白酶、胶原酶、溶菌酶、超氧化物歧化酶等可用于外科伤口清创及抗菌消炎等；链激酶、尿激酶、阿替普酶、瑞替普酶、葡激酶等可用于溶解血栓，治疗心肌梗死、肺栓塞、脑栓塞等疾病；天冬酰胺酶可以用于治疗白血病，精氨酸脱亚胺酶用于治疗恶性黑色素瘤、肝细胞癌；α-半乳糖苷酶 A、葡萄糖脑苷脂酶等一系列糖苷酶可用于治疗法布里病和戈谢病等溶酶体贮积症。

（二）酶作为药物靶点用于临床治疗

一些药物作为酶的竞争性抑制剂发挥作用。例如，磺胺类药物通过竞争性抑制细菌二氢叶酸合成酶发挥抗菌作用。细菌生长繁殖所必需的叶酸，由细菌二氢叶酸合成酶催化对氨基苯甲酸合成二氢叶酸后还原得到。磺胺类药物与二氢叶酸合成酶的底物对氨基苯甲酸结构相似，与其竞争结合二氢叶酸合成酶的活性中心，抑制二氢叶酸合成，造成细菌体内叶酸的量不足，进而造成核苷酸合成障碍，抑制细菌生长繁殖。

许多抗癌药是核酸和蛋白生物合成酶的抑制剂。肿瘤细胞快速分裂增殖需要旺盛的核酸与蛋白质合成能力。抗癌药如氨甲蝶呤、5-氟尿嘧啶、6-巯基嘌呤等，都是核酸和蛋白合成代谢途径中酶的竞争性抑制剂，分别抑制四氢叶酸、脱氧胸苷酸及嘌呤核苷酸的合成，以抑制肿瘤细胞核酸和蛋白的合成速度，从而抑制肿瘤细胞的生长。

四、酶在医学上的其他应用

（一）工具酶

利用酶具有高度特异性和高效性的特点，将酶作为工具，在分子水平上对某些生物大分子进行定向的分割、连接或扩增。最典型的例子是基因工程中应用的各种限制性内切酶、连接酶以及聚合酶链反应中应用的热稳定 Taq DNA 聚合酶等。通过研究酶的构效关系，对酶分子进行改造可产生更稳定、更高效的工具酶。

（二）酶标记测定法

酶可以代替同位素与某些物质相结合，从而使该物质被酶所标记。通过测定酶的活性来判断所标记的酶蛋白量，间接确定与其定量结合的物质的存在和含量。这种方法具有相当高的灵敏性，同时又可避免应用放射性同位素。如在临床检验中应用很广的酶联免疫吸附分析（enzyme-linked immunosorbent assay，ELISA），将酶与某些抗体偶联，利用酶催化的指示反应，放大显示抗原与抗体作用，以提高检测某些抗原或抗体的灵敏度。

（三）固定化酶

固定化酶（immobilized enzyme）是指通过物理化学方法将酶固定在载体上或束缚在一定空间内，产生不溶于水但仍具有催化活性的酶制剂。常用的固定化方法有吸附法、共价结合法、交联法和包埋法等。固定化酶在催化反应中具有许多优点：①容易与反应产物分离；②分离回收的固定化酶可以重复多次使用；③酶固定化后一般稳定性会提高，有利于储存和长期使用；④固定化酶具有一定的机械性强度，可应用于酶反应器进行连续化、自动化、规模化生产。固定化酶在工业、医学、分析及基础研究方面有广泛用途，其中药物生产是固定化酶应用较广泛的领域。治疗用酶类药物的固定化可提高药物的稳定性、延长半衰期，有利于酶类药物的剂型改进。

（四）抗体酶

抗体酶（abzyme）又称催化抗体，是一种新型的人工酶制剂。抗体酶本质上是一类具有催化活性的免疫球蛋白，其可变区赋予了酶的属性，从而将抗体的高度选择性和酶的高效催化能力巧妙结合起来。根据酶与底物结合时底物构象改变形成的过渡态结构，人工设计合成过渡态类似物，作为半抗原免疫动物，通过杂交瘤细胞技术生产针对半抗原的单克隆抗体，即获得抗体酶，它既具有与半抗原特异结合的抗体特性，又具有催化底物反应的酶活性。抗体酶整合了抗体和酶的优点，还能催化天然酶不能催化的反应，因而在前药设计、疾病治疗、有机合成等诸多领域显示出潜在的应用价值。

（卢丽丽）

思 考 题

1. 酶分为哪几大类？试述每一大类酶的催化特点。
2. 为何酶催化具有高效性？酶通过哪些机制发挥高效催化作用？
3. 酶促反应速度受到哪些因素的影响？每一种因素如何影响酶反应速度？
4. 体内快速调节酶活性的方式有哪些？试述这些方式的区别。
5. 试述同工酶的概念及其临床意义。

第五章 维 生 素

维生素（vitamin，Vit）是人体内不能合成或合成量甚微、不能满足机体需要，必须由食物供给以维持正常生命活动的一类低分子量有机化合物，是人体的重要必需营养素之一。尽管维生素既不参与机体组织的构成，也不能氧化供能，且人体每日需要量很少（通常以微克或毫克计算），但它在调节人体物质代谢和生长发育以及维持人体正常生理功能等方面都发挥着极其重要的作用。

第一节 概　　述

1912 年，波兰生物化学家冯克（Funk）发现米糠中能够防治脚气病（beriberi）的物质（维生素 B_1）是一种胺，因此他提议将该化合物称为"vitamine"，意为"vital amine"，其拉丁语的意思是"生命的胺"，以强调其在维持机体健康中的重要性。然而，多种其他维生素并不含有"胺"结构，但因这种叫法已被广泛采用，故将"vitamine"的最后一个"e"去掉，变为"vitamin"，音译为"维他命"，即维生素。

一、维生素的命名

关于维生素的命名系统有如下三种：①根据发现的先后顺序，以拉丁字母命名：如在"维生素"之后加上 A、B、C、D、E 等字母。有些维生素混合存在，便在字母右下角加阿拉伯数字以示区别，如维生素 A_1 和 A_2、维生素 D_2 和 D_3、维生素 K_1 和 K_2 等。目前，有些维生素的名称不连续，是由于当初发现时认为是维生素，但后来被证明不是，或是由于其间有的维生素被重复命名。②根据化学结构特点命名：如视黄醇、吡哆胺、核黄素、钴胺素等。③根据生理功能和治疗作用命名：如抗佝偻病维生素、抗干眼病维生素、抗糙皮病维生素、抗坏血病维生素等。总的来说，目前常用的命名系统是第一种。

二、维生素的分类

维生素种类繁多，自然界存在的常见重要维生素有十余种，根据其溶解特性的不同，可分为脂溶性维生素（lipid-soluble vitamin）和水溶性维生素（water-soluble vitamin）两大类。脂溶性维生素包括维生素 A、D、E、K（K_1 和 K_2），其组成元素仅有 C、H、O；水溶性维生素包括 B 族维生素（维生素 B_1、B_2、B_6、B_{12}、PP 以及泛酸、生物素、叶酸）和维生素 C，其组成除了 C、H、O 外，还有其他化学元素。另外，人工合成维生素 K_3 和 K_4 也是水溶性的，其中维生素 K_3 仅含 C、H、O，而维生素 K_4 则还含有 S 和 Na 元素。

三、维生素缺乏和中毒

（一）维生素缺乏

维生素缺乏通常不是单一缺乏，而是多种维生素缺乏，如 B 族维生素常是几种同时缺乏。一般而言，脂溶性维生素缺乏的相应症状出现较缓慢，而水溶性维生素缺乏的相应症状出现较快。造成维生素缺乏的常见原因如下：

1. 摄入不足　主要见于某些原因导致的食物供给的维生素严重不足。例如，膳食结构不合理或严重偏食或长期食欲不振或吞咽困难；食物运输、加工、储存、烹调方法不当造成维生素大量破坏或丢失。

2. 吸收障碍　因牙齿咀嚼功能降低的老年人或肝、胆、胃肠道等消化系统疾病患者，对维生素的消化、吸收或利用障碍；膳食中脂肪过少、纤维素过多，也会减少脂溶性维生素的吸收。

3. 需要量增加而补充相对不足 例如，孕妇、哺乳期妇女、儿童、重体力劳动者、特殊工种工人及慢性消耗性疾病患者对维生素需要量相对增高，若仍按常规量供给则可能引起维生素不足或缺乏症。

4. 其他原因 例如，长期服用广谱抗生素会抑制肠道菌群的生长，从而可能导致由肠道菌群合成的某些维生素（如维生素 K 和多种 B 族维生素）的缺乏；日光照射不足，可引起维生素 D_3 缺乏。

（二）维生素中毒

脂溶性维生素在体内有一定贮存量，且排泄较慢，若摄入过多，则容易引起中毒；水溶性维生素在体内贮存量很少（维生素 B_{12} 例外），且排泄较快，故一般不易引起中毒。

第二节　脂溶性维生素

脂溶性维生素是指溶于有机溶剂（或脂质）而不溶于水的一类维生素，包括维生素 A、D、E、K（K_1 和 K_2）。每一类因其结构的差异又各自有两种或数种同类物质，如维生素 A 有 A_1 和 A_2 两种；维生素 E 有生育酚和生育三烯酚两类，每类又有 α、β、γ 和 δ 四种。在天然食物中，脂溶性维生素常与脂质共同存在，并随脂质一同吸收入血；在血液中，脂溶性维生素可与脂蛋白或特异性结合蛋白质结合而转运。脂溶性维生素结构不一，生物学功能各异，除了直接参与调节特定代谢过程外，有的还可与细胞内相应的核受体结合而调控特定基因的表达。脂溶性维生素在体内有一定量的储存（主要储存于肝或脂肪组织），其排泄较为缓慢（如可随胆汁少量排出），故无须每天供给。脂溶性维生素缺乏可引起相应的缺乏症，若摄入过多则可能导致蓄积中毒。

一、维生素 A

（一）化学性质

维生素 A（vitamin A，VitA）是一类含有 1 分子 β-白芷酮环和 2 分子异戊二烯的不饱和一元醇，由于侧链含有四个共轭双键，故可形成多种顺反异构体。天然 VitA 有 A_1（视黄醇，retinol）和 A_2（3-脱氢视黄醇）两种类型（图 5-1）。$VitA_1$ 主要存在于哺乳动物和咸水鱼的肝中，$VitA_2$ 则主要存在于淡水鱼的肝中，$VitA_2$ 的生物学活性约为 $VitA_1$ 的 40%。此外，肉类、蛋黄、乳制品等也是 VitA 的丰富来源。

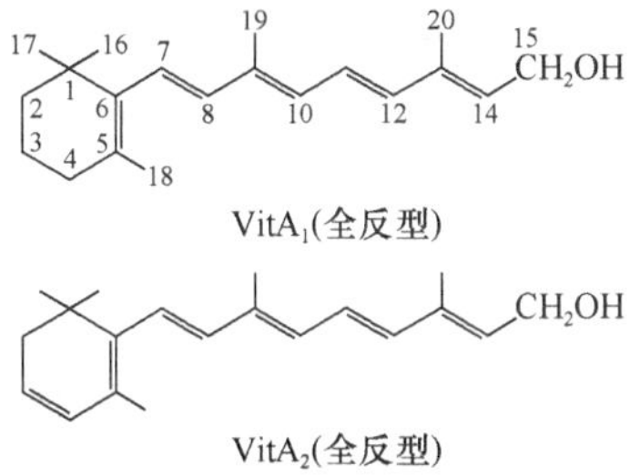

图 5-1　$VitA_1$ 和 $VitA_2$ 的结构

食物中的视黄醇通常与脂肪酸形成酯型，在小肠水解为非酯型视黄醇，吸收入小肠黏膜细胞内重新酯化并参与形成乳糜微粒，通过淋巴转运。乳糜微粒中的视黄醇酯被肝细胞和其他组织摄取。视黄醇酯在肝细胞中又水解为游离视黄醇，其中一部分视黄醇与视黄醇结合蛋白质（retinol binding protein，RBP）结合并分泌入血。在血液中，绝大部分（约 95%）RBP 再与甲状腺素转运蛋白（transthyretin，TTR）相结合，形成视黄醇-RBP-TTR 复合物，继而与靶细胞表面的特异性受体结合并被摄入细胞。在细胞内，视黄醇与细胞视黄醇结合蛋白质（cellular retinol binding protein，CRBP）结合。肝细胞内过多的视黄醇则转移至肝星状细胞内，以视黄醇酯的形式储存。在一些依赖 NADH 的醇脱氢酶催化下，视黄醇可在细胞内氧化为视黄醛（retinal），该反应为可逆反应；部分视黄醛在视黄醛脱氢酶的催化下氧化为视黄酸（retinoic acid），该反应为不可逆反应。视黄酸经肝的生物转化作用生成葡萄糖醛酸的结合物，随胆汁排出。视黄醇、视黄醛和视黄酸均为 VitA 的活性形式。

植物中虽不存在 VitA，但富含胡萝卜素（本身并无生理活性），称为 VitA 原，包括 α、β、γ 等多种，其中以 β-胡萝卜素最为重要。β-胡萝卜素在小肠黏膜细胞或肝中被双加氧酶加氧裂解为 2 分子视黄醛（图 5-2），其中大部分视黄醛经氢化还原为视黄醇，小部分被氧化为视黄酸。β-胡萝卜素的吸收率远低于 VitA，仅为摄入量的 1/3，其吸收后在体内转变为 VitA 的效率为 1/2，因此，β-胡萝卜素转化为 VitA 的转化当量仅为 1/6。

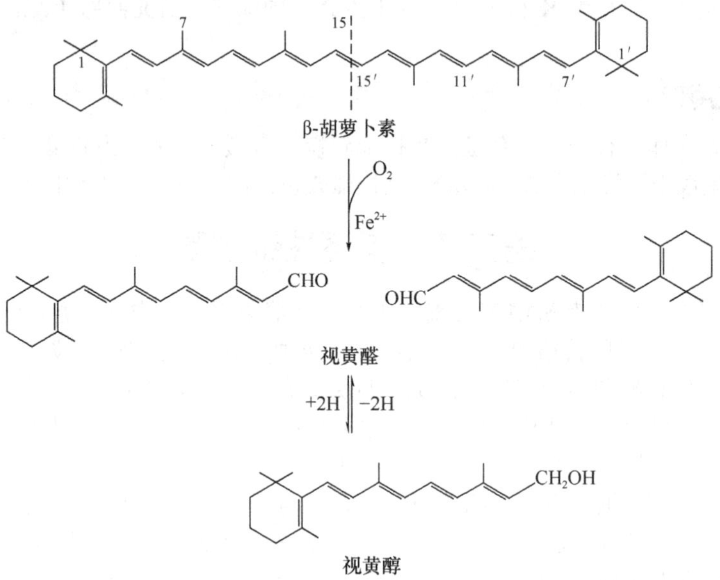

图 5-2　β-胡萝卜素的氧化及视黄醛与视黄醇的互变

　　VitA 为黄色片状结晶，因高度不饱和，极易被空气氧化或被紫外线照射破坏，故需避光保存。VitA 能与三氧化锑反应呈深蓝色化合物，该性质可用于 VitA 的定量测定。

（二）生物学功能

　　1. 参与构成视细胞内的感光物质　人视网膜内的视细胞（又称感光细胞）包括感受弱光或暗光的视杆细胞以及感受强光和产生色觉的视锥细胞。在视杆细胞中，全反视黄醇在异构酶的作用下转变为 11-顺视黄醇，进而氧化为 11-顺视黄醛。11-顺视黄醛与视蛋白结合形成视杆细胞感光的物质基础——视紫红质（rhodopsin）。在暗处受弱光刺激时，视紫红质中的 11-顺视黄醛与视蛋白分别发生构型和构象变化，生成含全反视黄醛的光视紫红质（photorhodopsin），继而再经一系列构象改变，生成变视紫红质 II（metarhodopsin II），后者可引发视杆细胞膜上 Ca^{2+}、Na^+ 通道开放，触发神经冲动，传导至大脑后产生视觉；随着神经冲动的产生，变视紫红质 II 中的全反视黄醛与视蛋白分离。分离后的全反视黄醛有小部分在视网膜内经异构酶催化缓慢地重新转变为 11-顺视黄醛，大部分则被还原为全反视黄醇，随血流转运至肝，经肝异构酶催化转变为 11-顺视黄醇，随后再经血液循环回到视网膜氧化为 11-顺视黄醛，进而参与形成视紫红质。以上视紫红质的光解与再生的循环过程称为视紫红质的视循环（visual cycle）（图 5-3）。此外，11-顺视黄醛还可与其他视蛋白组成视锥细胞内的视红质、视青质和视蓝质，参与感受强光和产生色觉。

　　2. 调节细胞生长与分化和维持生殖功能　视黄醇的不可逆氧化物全反视黄酸和 9-顺视黄酸可与细胞内特异性核受体结合，形成配体-受体复合物，进而使核受体与 DNA 上的特定顺式作用元件结合，调控某些基因的转录与蛋白质表达，从而调节代谢与细胞的生长、发育与分化。VitA 还可增强 3β-羟脱氢酶的活性，加速孕烯醇酮（3β-羟类固醇）转变为孕酮（3β-酮类固醇）。孕酮是合成肾上腺皮质激素和某些性激素的早期前体，通过所合成的相关激素而调控精子生成、胚胎发育等过程。因此，VitA 在生殖功能的维持中也发挥了重要作用。

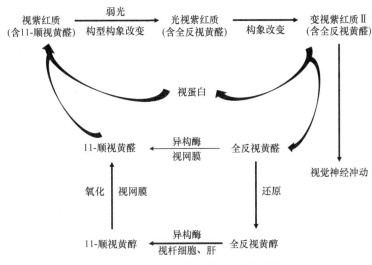

图 5-3　VitA 参与的视紫红质的视循环

3. 抗氧化和抗肿瘤作用　VitA 能有效地捕获活性氧，防止脂质过氧化，从而发挥抗氧化作用。β-胡萝卜素在氧分压较低的条件下，能直接清除自由基，而自由基是引起肿瘤和其他诸多疾病及衰老的重要因素之一。流行病学调查显示，VitA 的摄入与癌症的发生呈负相关；动物实验也证实，VitA 及其衍生物可延缓或阻止癌前病变，减轻化学致癌剂的致癌作用，并可诱导肿瘤细胞分化和凋亡、提高肿瘤细胞对化疗药物的敏感性等。上述抗肿瘤作用可能与 VitA 促进细胞膜表面糖蛋白中糖链的延伸，从而利于细胞正常分化有关，因为膜糖蛋白与膜受体信号转导、细胞黏附及接触抑制等细胞识别和通讯密切相关。临床上 VitA 作为上皮组织肿瘤的辅助治疗剂已取得较好效果。

4. 参与维持上皮细胞的形态和功能完整　在体内，视黄醇与 ATP 反应生成的视黄醇磷酸（retinyl phosphate）是细胞膜上的单糖基载体，在糖基转移酶作用下生成的中间体，参与糖蛋白的糖基化反应，为糖蛋白的合成提供糖基。因此，VitA 可视为参与调节糖蛋白合成的一种辅因子，其可通过调节糖蛋白的合成而发挥稳定上皮细胞膜的作用，从而维持上皮细胞的形态与功能完整。

5. 调节机体免疫功能　VitA 可通过调控基因表达来促进 B 淋巴细胞产生抗体，促进 T 淋巴细胞产生某些细胞因子，从而增强机体免疫功能。

（三）缺乏症和中毒

1. VitA 缺乏症　中国成人（不同年龄段有差异）膳食 VitA 的推荐摄入量（recommended nutrient intake，RNI）在男性为 710～770μg RAE/d（retinol activity equivalent，RAE，视黄醇活性当量），在女性为 600～660μg RAE/d。一般而言，平衡膳食中 VitA 并不缺乏，且肝又能储存一定量，故 VitA 缺乏症并不多见。若长时间摄入不足或吸收利用障碍，则可导致 VitA 缺乏症。

当 VitA 缺乏时，一方面 11-顺视黄醛含量下降，视紫红质合成不足，对弱光敏感性降低，暗适应能力下降；另一方面，视紫红质再生变慢且不完全，暗适应恢复时间延长，严重时会发生"夜盲症"。同时，VitA 缺乏可导致糖蛋白合成的中间体异常，引起上皮基底层增生变厚，严重角化，表现为皮肤粗糙、毛囊丘疹等；在眼部可出现眼结膜黏液分泌细胞的丢失与角化、糖蛋白分泌减少，从而引起干眼病（xerophthalmia），主要表现为角膜干燥、泪液分泌减少、泪腺萎缩等，因此，VitA 又称"抗干眼病维生素"。此外，VitA 缺乏还可因导致眼部上皮组织发育不健全而容易受到病原微生物感染。

VitA 缺乏时，还有如食欲降低、免疫力下降、对感染性疾病的敏感性增加、生殖能力降低、儿童生长发育迟缓等其他危害。孕期 VitA 缺乏可直接影响胎儿发育，甚至发生死胎。

2. VitA 中毒 中国成人 VitA 的可耐受最高摄入量（tolerable upper intake level，UL）为 3000μg RAE/d。当 VitA 的摄入量超过 CRBP 的结合能力时，过多游离的 VitA 则可通过破坏细胞膜、核膜以及线粒体和内质网等细胞器而造成组织损伤。因此，过量摄入 VitA 可致 VitA 中毒，主要表现有：①头痛、恶心呕吐、共济失调等中枢神经系统症状；②长骨增厚、高钙血症、软组织钙化等钙稳态失调表现；③肝损伤、高脂血症以及皮肤干燥、瘙痒、脱屑和脱发等表现。若孕妇摄入过多，则容易引发流产或胎儿畸形。

二、维生素 D

（一）化学性质

维生素 D（vitamin D，VitD）为类固醇衍生物，是含有环戊烷多氢菲结构、并具有钙化醇生物活性的一类物质，主要包括 $VitD_2$（麦角钙化醇，ergocalciferol）和 $VitD_3$（胆钙化醇，cholecalciferol），二者结构相似，只是 $VitD_2$ 在侧链上多一个甲基和一个双键（图 5-4）。植物油和酵母中的麦角固醇不能被人体吸收，但经紫外线照射后，B 环断裂转变为能被吸收的 $VitD_2$（图 5-4），故麦角固醇被称为 $VitD_2$ 原。人体从食物中摄取的（主要是来自动物性食物，如肝、肾、蛋黄、鱼肝油等）或是内源性合成的胆固醇可经生物转化作用生成 7-脱氢胆固醇储存于皮下，继而在紫外线照射下，B 环断裂转变为 $VitD_3$（图 5-4），故 7-脱氢胆固醇被称为 $VitD_3$ 原。

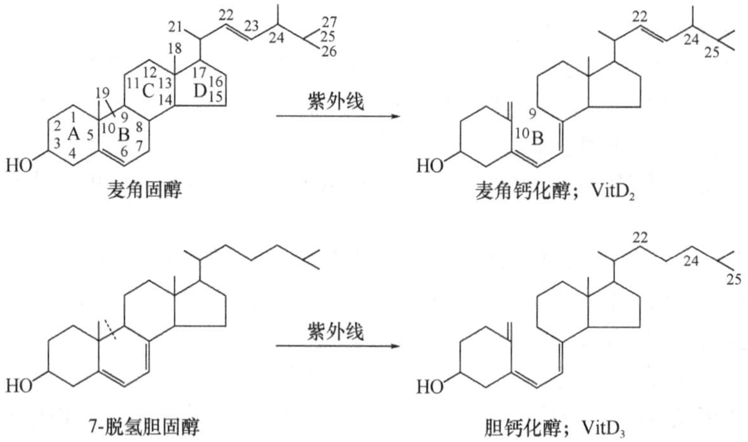

图 5-4 $VitD_2$ 和 $VitD_3$ 的生成及其结构

VitD 在体内的活性形式是 1,25-二羟 $VitD_3$，即 1,25-$(OH)_2$-D_3。从食物中吸收的 $VitD_3$ 或是机体自身合成的 $VitD_3$，入血后主要与 VitD 结合蛋白质（vitamin D binding protein，DBP）结合并转运至肝，在肝细胞微粒体 25-羟化酶的催化下，C-25 位上加氧转变为 25-羟 $VitD_3$（25-OH-D_3）。25-OH-D_3 是 $VitD_3$ 在肝中的主要储存形式，也是血液中 $VitD_3$ 的主要存在形式。25-OH-D_3 随血流到肾，在肾小管上皮细胞线粒体 1α-羟化酶的催化下，生成 1,25-$(OH)_2$-D_3（即活性 $VitD_3$）。活性 $VitD_3$ 在血中也主要通过与 DBP 结合而运输。此外，肾小管上皮细胞中还存在 24-羟化酶，可催化 25-OH-D_3 转变为 24,25-$(OH)_2$-D_3，活性 $VitD_3$ 可通过诱导 24-羟化酶和抑制 1α-羟化酶的合成来调控其自身的生物合成量。

$VitD_2$ 和 $VitD_3$ 为白色晶体，其化学性质比较稳定，耐热、耐氧化、对酸碱不敏感，故不易被破坏，通常的烹饪加工不会导致其损失。

（二）生物学功能

1. 调节钙、磷代谢 活性 $VitD_3$ 的作用方式与类固醇激素类似，经血液循环到达靶组织，进入靶细胞后与特异性核受体结合，形成配体-受体复合物，进而使核受体与 DNA 上的特定顺式作用元件结合，从而调节相关基因（如骨钙蛋白基因、钙结合蛋白基因等）的表达。活性 $VitD_3$ 还可通过信号转导系统使 Ca^{2+} 通道开放，发挥其对钙、磷代谢的快速调节作用。活性 $VitD_3$ 促进小肠黏膜对钙、磷的吸收及肾小管对钙、磷的重吸收，调控骨组织的钙代谢，从而维持血浆中钙、磷的正常水平，加速成骨细胞增殖和破骨细胞分化，促进骨和牙齿的钙化。

2. 调节细胞分化 诸多研究表明，除了小肠黏膜、骨和肾等组织细胞内有活性 $VitD_3$ 的受体外，皮肤、大肠、前列腺、乳腺、心、脑、骨骼肌、胰岛 β 细胞、单核细胞和活化的 T、B 淋巴细胞等也有活性 $VitD_3$ 的受体，活性 $VitD_3$ 具有调节这些组织细胞分化的作用。此外，活性 $VitD_3$ 还能通过促进胰岛 β 细胞合成与分泌胰岛素而发挥抗糖尿病的功能。活性 $VitD_3$ 对单核细胞和巨噬细胞的功能具有促进作用，对某些肿瘤细胞则具有抑制增殖和促进分化的作用。

案例 5-1

患儿，男，11 个月。因"夜惊、哭闹、多汗 3 月余"就诊。

患儿近 3 个多月来一直不明原因入睡后极易惊醒，烦躁、哭闹、多汗，多汗与室温无关。不发热、不呕吐、常患"腹泻"。其系足月顺产，出生体重 3.1kg。出生后母乳喂养，4 个月断奶，改为牛乳、米粉喂养，未添加其他辅食，亦未补充过 VitD，户外活动少，至今尚未出牙，不能独站。父母健康，非近亲结婚，家族中否认有遗传病史。体格检查主要阳性发现（括号内为参考区间）：方颅，前囟 1.8cm×1.8cm（1.0cm×1.0cm），胸部可见明显的肋骨串珠和肋膈沟（郝氏沟）。实验室检查主要阳性发现：血清钙总钙（比色法）1.68mmol/L（2.25～2.58mmol/L），血清无机磷 0.95mmol/L（1.29～1.94mmol/L），血清碱性磷酸酶 260U/L（45～125U/L）。

初步诊断：VitD 缺乏性佝偻病。

问题：

1. VitD 缺乏性佝偻病发生的生物化学机制是怎样的？

2. 诊断患儿患 VitD 缺乏性佝偻病的依据是什么？

（三）缺乏症和中毒

1. VitD 缺乏症 中国成人膳食 VitD 的推荐摄入量为 10～15μg/d（不同年龄段有差异）。当 VitD 缺乏时，可引起全身性钙磷代谢异常，导致钙盐不能正常沉积在有骨髓生长的组织。在儿童生长发育期表现为佝偻病（rickets），故 VitD 又称"抗佝偻病维生素"。佝偻病初期可无典型表现，可能有多汗、烦躁、夜间睡眠不安等神经兴奋性症状。随着病情的加重，除了初期的神经兴奋性症状外，患儿可表现出发育迟缓，抬头、坐、站和行走都较晚，也可表现出囟门晚闭、出牙延迟、牙列不齐等，进而逐渐出现骨质软化变形，如轻度方颅、肋骨串珠等，严重者可出现鸡胸、漏斗胸、X 型腿或 O 型腿等。佝偻病患儿因免疫力下降，还容易并发腹泻或肺炎。在成人，VitD 缺乏可导致骨质疏松症（osteoporosis）或骨软化症（osteomalacia），使成熟的骨骼脱骨盐而易骨折。此外，VitD 缺乏还与自身免疫性疾病的发生有关。

2. VitD 中毒 中国成人 VitD 的可耐受最高摄入量为 50μg/d。若长期过量摄入 VitD 则可引起中毒，特别是对 VitD 较敏感的人更易引起中毒。因此，应慎重食用 VitD 强化食品。VitD 中毒的主要表现有异常口渴、皮肤瘙痒、厌食、嗜睡、腹泻、呕吐、尿频、高钙血症、高钙尿症、高血压、软组织钙化等。因皮肤储存 7-脱氢胆固醇有限，故多晒太阳不会引起 VitD 中毒。同时，经常晒太阳也是获得 $VitD_3$ 最有效、最廉价、最安全的方式。

三、维生素 E

（一）化学性质

维生素 E（vitamin E，VitE）是苯并二氢吡喃的衍生物，属酚类化合物，因与动物生育有关，故又称生育酚（tocopherol）。根据结构的不同可分为生育酚（图 5-5）和生育三烯酚（tocotrienol，

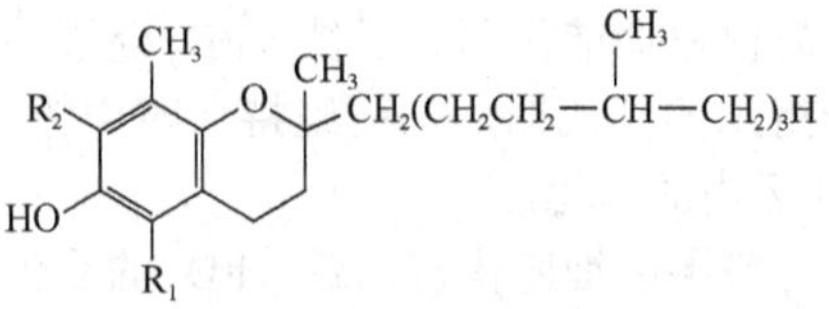

图 5-5　生育酚的结构

侧链的 3′、7′ 和 11′ 位上有双键）两类，每类又可根据甲基数目和位置的不同分为 α、β、γ 和 δ 四种。VitE 广泛存在于动植物食品中，如肉、蛋、奶类和鱼肝油以及植物油、蔬菜、豆类等，其中以 α-生育酚分布最广、含量和活性最高。正常情况下，膳食中的 α-生育酚有 20%～40% 被小肠吸收。在机体内，VitE 主要分布于细胞膜、血浆脂蛋白和脂库中。VitE 为黄色油状液体，在无氧条件下对热和酸都很稳定，对碱不稳定，对氧极为敏感，C-6 位上的羟基极易被氧化。一般烹调时 VitE 损失不大，但在空气中容易被氧化。

（二）生物学功能

1. 抗氧化作用　机体正常代谢过程中经常会产生具有强氧化性的活性氧自由基，如超氧阴离子自由基（$O_2^-\cdot$）、羟自由基（$\cdot OH$）、过氧化物自由基（$ROO\cdot$）等，它们可氧化生物膜磷脂中的多不饱和脂肪酸，引起生物膜脆性增加，功能紊乱。同时，自由基所导致的多不饱和脂肪酸的过氧化反应可形成脂褐素（又称老年色素），沉积于体表、心、肝、脑组织等，随着年龄增长而沉积增多时，会引起智力减退、记忆力下降等衰老表现。VitE 本身极易被氧化，其作为体内最重要的脂溶性抗氧化剂，能捕捉活性氧自由基，形成反应性较低且相对稳定的生育酚自由基（氧化型 VitE），继而在 VitC、谷胱甘肽或 NADPH 的作用下，还原生成非自由基产物生育醌（还原型 VitE），从而消除自由基对生物膜磷脂中多不饱和脂肪酸的过氧化损伤，保护生物膜及其他蛋白质的结构与功能；同时也能减少脂褐素的形成与沉积，延缓衰老。

2. 促进生殖　VitE 可促进雄激素分泌，增加精子数量和活力；促进雌性性激素的分泌，提高生育能力，预防流产。

3. 调节基因表达　VitE 参与调控多种基因的表达，如生育酚摄取和降解等代谢过程相关的基因、脂质摄取和动脉粥样硬化相关的基因、某些细胞外基质蛋白的基因、细胞黏附与抗炎相关的基因、细胞信号转导和细胞周期调节相关的基因等。因此，VitE 具有抗炎、调节免疫、抑制细胞增殖、降低血浆低密度脂蛋白、防治动脉粥样硬化等作用。

4. 促进血红素生成　VitE 可升高血红素合成的关键酶——δ-氨基-γ-酮戊酸（ALA）合酶及 ALA 脱水酶的活性，从而促进血红素的合成。另外，VitE 可通过其抗氧化作用而参与维护红细胞膜的韧性，预防溶血。

（三）缺乏症和中毒

1. VitE 缺乏症　中国成人膳食 VitE 的推荐摄入量为 14mg α-TE/d（α-tocopherol equivalent，α-TE，α-生育酚当量）。VitE 通常不易缺乏，当有严重的脂质吸收障碍或严重肝损伤时，可引起 VitE 缺乏症，表现为红细胞数量减少、脆性增加等溶血性贫血症，偶尔可致神经功能障碍。动物实验表明，VitE 缺乏可引起雄性动物睾丸萎缩和上皮变性，导致生精障碍甚至不育；引起雌性动物胚胎及胎盘萎缩，导致流产。尽管在人类尚未发现因 VitE 缺乏而导致的不孕症，但临床上仍常用 VitE 治疗先兆流产和习惯性流产。VitE 缺乏病是因血中 VitE 含量低所致，主要见于婴儿，特别是早产儿。早产的新生儿由于组织 VitE 的储备较少及小肠吸收能力较差，可因 VitE 缺乏导致轻度溶血性贫血。所以，孕妇、哺乳期妇女和新生儿应注意适当补充 VitE。

2. VitE 中毒　中国成人 VitE 的可耐受最高摄入量为 700mg α-TE/d，但与 VitA 和 VitD 不同，人类尚未发现 VitE 中毒症。

四、维生素 K

（一）化学性质

维生素 K（vitamin K，VitK）是 2-甲基-1,4-萘醌的衍生物，因其与凝血过程有关，故又称凝血维生素（coagulation vitamin）。天然 VitK 有 K_1 和 K_2 两种（图 5-6），$VitK_1$ 主要存在于深绿色蔬菜（如菠菜、甘蓝等）和植物油中，故又称植物甲萘醌或叶绿醌，同时动物肝中也富含 $VitK_1$；$VitK_2$ 由肠道菌群合成，长期服用抗生素可抑制细菌合成 $VitK_2$。临床上应用的 $VitK_3$ 和 $VitK_4$ 为人工合成产品，$VitK_3$ 是 2-甲基-1,4-萘醌（甲萘醌），$VitK_4$ 是亚硫酸氢钠甲萘醌（图 5-6），二者均具有凝血活性所必需的 2-甲基萘醌的基本结构，但无烃链，故溶于水，可口服或注射，性质稳定，其活性高于 $VitK_1$ 和 $VitK_2$。天然 $VitK_1$ 和 $VitK_2$ 因 C-3 位上有一较长的烃链，故为脂溶性，需随脂质一同吸收（主要在小肠吸收），随乳糜微粒代谢，经淋巴吸收入血，在血液中由 β-脂蛋白转运至肝储存。$VitK_1$ 和 $VitK_2$ 对热稳定，但易被光照、强酸、强碱和强氧化剂破坏。

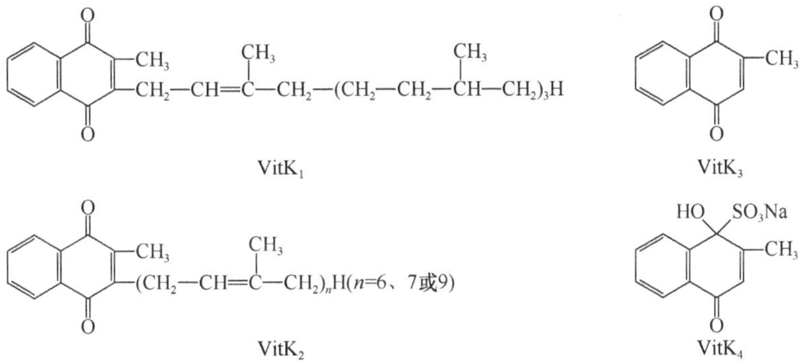

图 5-6　VitK 的结构

（二）生物学功能

1. 促进活性凝血因子的生成　肝细胞以酶原的形式合成凝血因子Ⅱ、Ⅶ、Ⅸ、Ⅹ，这些酶原中的 4～6 个谷氨酸残基需羧化为 γ-羧基谷氨酸残基才能转变成有活性的酶（γ-羧基谷氨酸残基具有很强的 Ca^{2+} 螯合能力，并与膜上磷脂结合，继而由蛋白酶水解掉抑制性片段，从而使酶原转变为有活性的酶）。以上转变反应由 VitK 依赖的 γ-羧化酶催化，即 VitK 是这些 γ-羧化酶必需的辅酶（VitK 以活性氢醌型参与反应，其产物是 2,3-环氧化物，后者再逐步还原为醌型或氢醌型）。可见，VitK 可通过促进活性凝血因子的生成而参与凝血过程。

2. 促进其他具有重要生物学活性的羧化蛋白质的生成　除了促进活性凝血因子的生成外，VitK 还在其他重要组织器官（如肾、脾、肺和乳腺等）内参与某些前体蛋白质中谷氨酸残基的羧化，从而生成有生物学活性的羧化蛋白质。如骨骼中的骨钙蛋白经羧化后才能发挥调节骨基质中钙盐沉积的作用。

此外，VitK 还可增加胃肠蠕动和分泌、减少动脉钙化、延缓糖皮质激素在肝中的分解与灭活等。

（三）缺乏症

中国成人膳食 VitK 的推荐摄入量为 80μg/d。因 VitK 广泛存在于动植物食品中，且人体肠道菌群亦能合成，故一般不易缺乏。脂质吸收障碍性疾病（如胰腺、胆管疾病等）引发的脂溶性维生素缺乏是 VitK 缺乏的首要原因。长期服用抗生素也可能导致 VitK 缺乏。在 VitK 缺乏时，有关的活性凝血因子生成障碍，凝血时间延长，易发生皮下及组织出血，因此 VitK 又称"抗出血维生素"。由于 VitK 不能通过胎盘，出生后肠道内尚未形成正常菌群，所以新生儿有可能出现 VitK 缺乏，引起组织器官出血，必要时可采用给新生儿肌内注射 VitK 的方法来预防 VitK 缺乏所引起的出血。

第三节　水溶性维生素

水溶性维生素包括 B 族维生素（B_1、B_2、B_6、B_{12}、PP 以及泛酸、生物素、叶酸）和维生素 C，其主要由食物供给，体内过剩时可随尿排出体外，故在体内很少储存（维生素 B_{12} 例外），一般不会发生中毒现象，但容易因摄入不足导致相应缺乏症。水溶性维生素的作用比较单一，其主要是通过构成某些酶的辅因子而影响酶的活性，从而在物质代谢过程中发挥重要作用。另外，$VitK_3$ 和 $VitK_4$ 也是水溶性的，二者已在前述 VitK 中介绍，此节不作赘述。

一、维生素 B_1

（一）化学性质

维生素 B_1（vitamin B_1，$VitB_1$）是由含硫的噻唑环与含氨基的嘧啶环通过亚甲基桥相连而成，因分子中含有"硫"和"氨"，故又称硫胺素（thiamine）（图 5-7）。$VitB_1$ 广泛分布于动植物组织，谷类和豆类外皮、胚芽、酵母及瘦肉是主要来源。$VitB_1$ 易被小肠吸收，入血后主要在肝、脑等组织细胞内硫胺素焦磷酸（thiamine pyrophosphate，TPP）激酶的催化下，由 ATP 提供焦磷酸生成 $VitB_1$ 的活性形式 TPP（图 5-7）。此外，肠道菌群也可合成少量 $VitB_1$。$VitB_1$ 为白色粉末状结晶，在酸性环境中较稳定，能耐受 120℃ 高温，故一般烹饪温度下破坏较少；其在中性和碱性环境中易被氧化和受热破坏，故烹饪食物时不宜加碱；其极易溶于水，微溶于乙醇，故淘米时不宜多洗，以减少其损失。$VitB_1$ 易被氧化成脱氢硫胺素，后者在紫外线照射下呈蓝色荧光，该性质可用于 $VitB_1$ 的定性和定量分析。

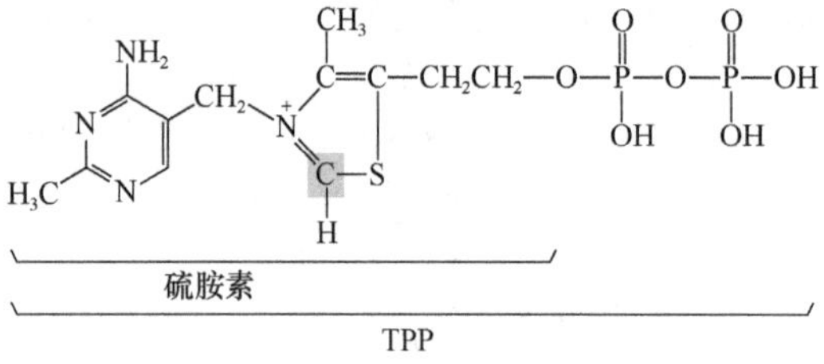

图 5-7　硫胺素和 TPP 的结构

（二）生物学功能

TPP 的功能部位为噻唑环上硫和氮原子之间的 C-2 原子，受与之相邻的 N-3 原子上正电荷的影响，C-2 原子十分活泼，易释放 H^+，形成有催化功能的亲核基团（负碳离子），攻击带羰基的 C—C 键，并与之结合形成活性中间复合物。TPP 的主要作用包括：①作为 α-酮酸氧化脱羧酶多酶复合物的辅酶，参与线粒体内丙酮酸和 α-酮戊二酸以及支链氨基酸的 α-酮酸的氧化脱酸反应。例如，在糖的有氧氧化过程中，TPP 攻击 α-酮酸（丙酮酸）上的羰基，释放出 CO_2 并将酰基（乙酰基）转移至辅酶 A 上，从而使丙酮酸氧化脱羧生成乙酰辅酶 A。②作为转酮醇酶的辅酶，在戊糖磷酸途径中，将酮醇基转移至三碳糖、四碳糖和五碳糖生成相应的五碳糖、六碳糖和七碳糖。③参与神经传导。神经递质乙酰胆碱由乙酰辅酶 A（主要来自丙酮酸氧化脱羧）和胆碱合成，可被胆碱酯酶催化水解。TPP 一方面是丙酮酸氧化脱羧酶的辅酶，有助于乙酰辅酶 A 的生成；另一方面，TPP 作为胆碱酯酶的抑制剂，可减少乙酰胆碱的分解。TPP 促进乙酰辅酶 A 生成和抑制胆碱酯酶活性的综合作用，维持了乙酰胆碱在神经组织中的含量，从而使神经传导得以正常进行，神经传导相关的生物学功能（如骨骼肌收缩、消化腺分泌和胃肠蠕动等）得以正常维持。

（三）缺乏症

中国成人膳食 $VitB_1$ 的推荐摄入量男性为 1.4mg/d，女性为 1.2mg/d。$VitB_1$ 缺乏多见于以精米或精面粉为主食的地区，任何年龄都可发病。膳食中 $VitB_1$ 含量不足是 $VitB_1$ 缺乏的常见原因。此外，消化吸收障碍（如慢性消化系统功能紊乱、长期腹泻等）和需要量增加（如感染、发热、术后、妊娠或哺乳、糖类摄入增加或代谢率增强、酒精中毒等）也可导致 $VitB_1$ 缺乏。咖啡和茶中的成分可破坏 $VitB_1$，但常量饮用通常影响不大。

当 $VitB_1$ 缺乏时，丙酮酸氧化脱酸反应受阻，血中丙酮酸和乳酸增多，导致以糖有氧氧化供能为主的神经组织能量不足以及神经细胞膜髓鞘磷脂合成障碍，从而引发慢性末梢神经炎和神经肌肉病变，即脚气病，因此 $VitB_1$ 又称"抗脚气病维生素"。严重 $VitB_1$ 缺乏者可发生水肿、心力衰竭等。另外，$VitB_1$ 缺乏还可导致乙酰胆碱合成减少、分解增强，从而影响神经传导，主要表现有消化液分泌减少、胃肠蠕动变慢、食欲缺乏、消化不良等。

二、维生素 B₂

（一）化学性质

维生素 B₂（vitamin B₂，Vit B₂）是核醇与 6,7-二甲基异咯嗪的缩合物，呈黄色，有荧光色素，故又称核黄素（riboflavin）。VitB₂ 分布广泛，在肝、奶与奶制品、蛋类、大豆和肉类中含量丰富。从食物中吸收的 VitB₂ 在小肠黏膜黄素激酶的催化下转变为黄素单核苷酸（flavin mononucleotide，FMN），后者在焦磷酸化酶的催化下进一步生成黄素腺嘌呤二核苷酸（flavin dinucleotide，FAD）（图 5-8）。FMN 和 FAD 统称黄素辅酶，是 VitB₂ 的活性形式。含黄素辅酶的酶蛋白称为黄素蛋白，除少数黄素蛋白通过—SH 或咪唑基与辅酶共价结合外，多数黄素蛋白与辅酶紧密相连但非共价结合。VitB₂ 分子中异咯嗪环上 N-1 和 N-10 之间有两个活泼的双键，这两个氮原子能反复接受和释放氢，故具有可逆的氧化还原性（图 5-9）。VitB₂ 除了主要由食物供给外，肠道菌群也可少量合成。VitB₂ 为黄色针状结晶，在酸性和中性溶液中对热稳定，在碱性溶液中易被破坏，对紫外线敏感。VitB₂ 溶于水中呈黄绿色荧光，依此可进行定性定量分析。

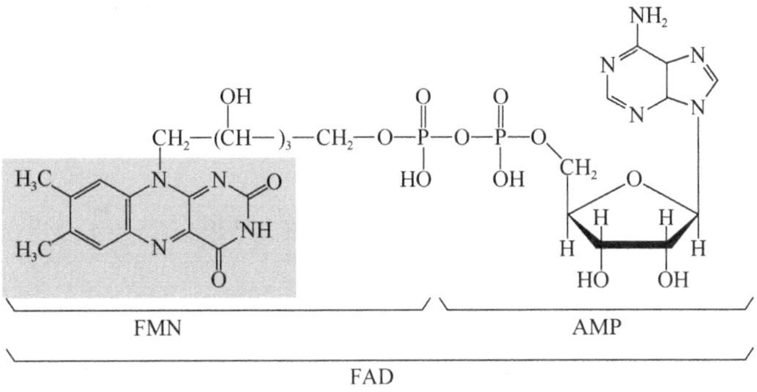

图 5-8　FMN 和 FAD 的结构

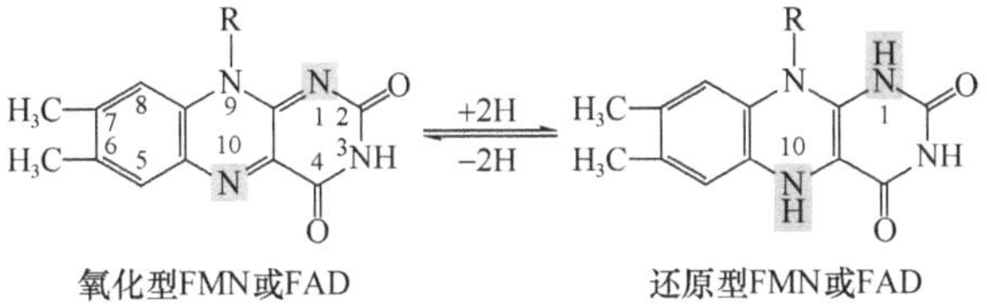

图 5-9　FMN 或 FAD 的氧化型与还原型之间的互变

（二）生物学功能

FMN 和 FAD 通过其可逆的氧化还原反应而发挥递氢体的作用，是重要的氧化还原辅因子，可作为脱氢酶、氧化酶和加氧酶等多种不同类型的氧化还原酶（如琥珀酸脱氢酶、NADH+H⁺ 脱氢酶、脂酰辅酶 A 脱氢酶、氨基酸氧化酶、黄嘌呤氧化酶、谷胱甘肽还原酶、细胞色素 P450 单加氧酶系等）的辅酶（或辅基），从而广泛参与机体的生物氧化和能量代谢（如呼吸链、脂肪酸和氨基酸的氧化、三羧酸循环等）以及抗氧化反应和药物代谢等。基于上述作用，VitB₂ 对维持皮肤、黏膜和视觉的正常功能均有一定的作用。

（三）缺乏症

中国成人膳食 VitB₂ 的推荐摄入量男性为 1.4mg/d，女性为 1.2mg/d。VitB₂ 缺乏的主要原因是膳食供应不足，如食物处理不合理（淘米过度、蔬菜切碎浸泡等）、食用脱水蔬菜或婴儿所食牛奶反复煮沸等均可造成 VitB₂ 缺乏。用光照疗法治疗新生儿黄疸时，在破坏皮肤胆红素的同时，核黄素也同时遭到破坏，从而引起新生儿 VitB₂ 缺乏。轻度 VitB₂ 缺乏症在人群中较常见，主要表现为口角炎、舌炎、唇炎、阴囊炎、睑缘炎、畏光等，严重 VitB₂ 缺乏症较少见。

三、维生素 PP

（一）化学性质

维生素 PP（vitamin PP，VitPP），又称 VitB$_3$，为氮杂环吡啶衍生物，包括烟酸（又称尼克酸，nicotinic acid）和烟酰胺（又称尼克酰胺，nicotinamide）（图 5-10），二者可相互转化。VitPP 广泛存在于自然界，以酵母、花生、谷类、豆类、肉类、动物肝中含量丰富。在体内（主要是肝内），色氨酸代谢也可生成 VitPP，但效率较低（仅为 1/60），并且需要 VitB$_1$、VitB$_2$ 和 VitB$_6$ 的参与；同时色氨酸属于必需氨基酸，因此 VitPP 仍需主要从食物中摄取。此外，肠道菌群也可合成少量 VitPP。VitPP 对热、光、酸、碱不敏感，在空气中也不易分解，是维生素中最稳定的一种。烟酸与溴化氢反应生成黄绿色化合物，该性质可用于其定量测定。

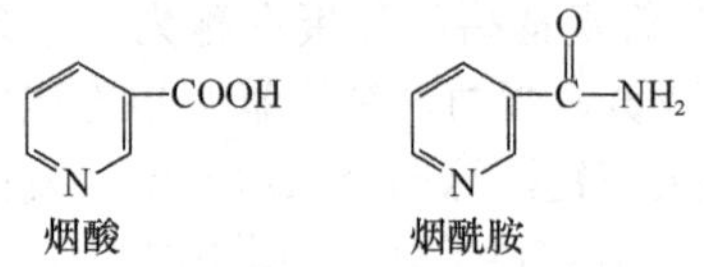

图 5-10　烟酸和烟酰胺的结构

食物中的 VitPP 均以烟酰胺腺嘌呤二核苷酸（nicotinamide adenine dinucleotide，NAD$^+$，辅酶Ⅰ）和烟酰胺腺嘌呤二核苷酸磷酸（nicotinamide adenine dinucleotide phosphate，NADP$^+$，辅酶Ⅱ）的形式存在（图 5-11），两者在小肠内被水解为游离的 VitPP 并被吸收，转运至组织细胞后再合成 NAD$^+$ 或 NADP$^+$。NAD$^+$ 和 NADP$^+$ 是 VitPP 的活性形式。

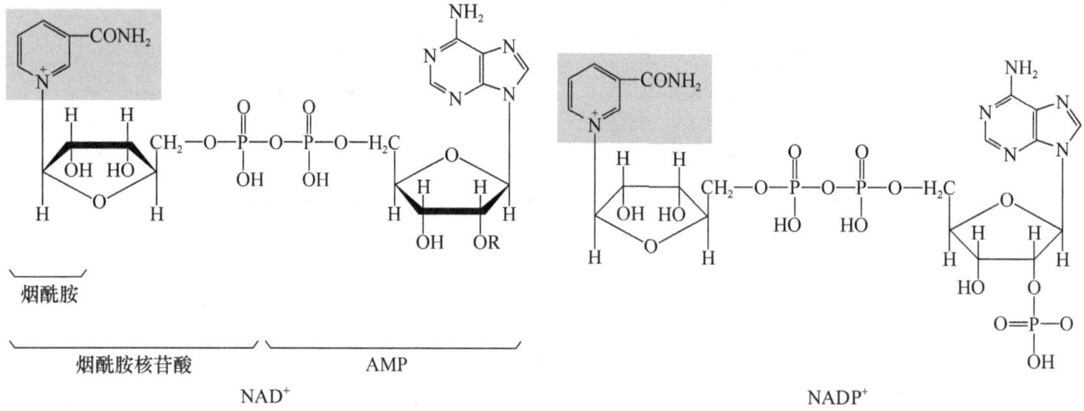

图 5-11　NAD$^+$ 和 NADP$^+$ 的结构

（二）生物学功能

NAD$^+$ 和 NADP$^+$ 是体内多种不需氧脱氢酶的辅酶，分子中的烟酰胺部分具有可逆地氢化和脱氢特性，在酶促反应中起递氢体的作用（图 5-12）。NAD$^+$ 接受氢还原为 NADH 后，将氢和电子交给呼吸链传递，最后与氧结合生成水，并伴随生成 ATP。而 NADP$^+$ 接受氢还原成 NADPH 后，多作为还原反应的供氢体。此外，烟酸可抑制脂肪动员，使肝中极低密度脂蛋白的合成下降，从而降低血浆胆固醇和甘油三酯水平，因此，近年来临床上已将烟酸用于高胆固醇血症的治疗。

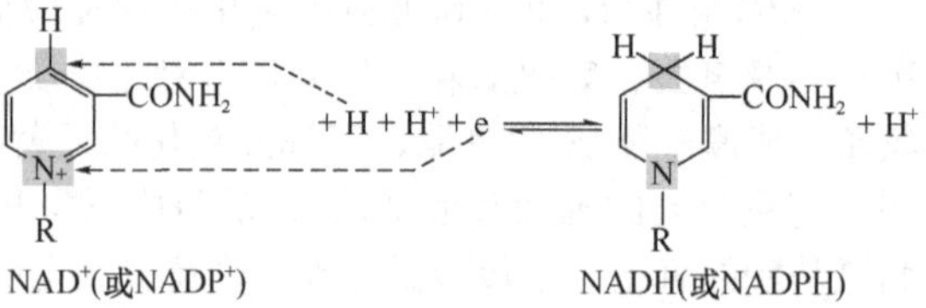

图 5-12　NAD$^+$ 或 NADP$^+$ 的可逆性氢化与脱氢

（三）缺乏症和中毒

1. VitPP 缺乏症　中国成人膳食 VitPP 的推荐摄入量在男性为 15mg NE/d（niacin equivalent，NE，烟酸当量），在女性为 12mg NE/d。VitPP 缺乏的主要原因是食物中供给不足，如玉米中烟酸和色氨酸含量均较少，若长期单食玉米，则易发生 VitPP 缺乏。此外，某些药物也可引起 VitPP

缺乏，例如，抗结核药异烟肼与 VitPP 结构相似，有竞争性拮抗作用，长期服用该药可能导致 VitPP 缺乏，故服用异烟肼时应注意补充 VitPP。VitPP 缺乏症又称糙皮病（或癞皮病）（pellagra），主要表现为皮炎、腹泻和痴呆等。皮炎常呈对称性出现在皮肤暴露部位，痴呆则是神经组织变性的结果。因此，VitPP 又称"抗糙皮病维生素"。

2. VitPP 中毒 中国成人 VitPP 的可耐受最高摄入量为 30～35mg NE/d（不同年龄段有差异）。若长期过量摄入，则可引起 VitPP 中毒，主要表现为血管扩张、颜面潮红、痤疮、胃肠不适等，严重者可导致肝损伤。

四、泛 酸

（一）化学性质

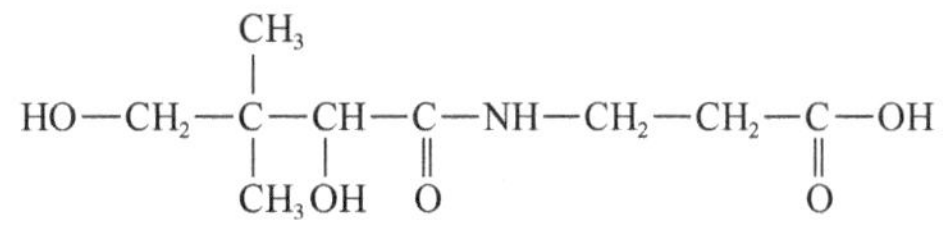

泛酸（pantothenic acid），又称遍多酸或 VitB$_5$，是由二羟基二甲基丁酸（α,γ-二羟基-β,β-二甲基丁酸）与 β-丙氨酸通过酰胺键连接而成的有机酸（图 5-13），因广泛存在于生物界中而得名（尤以动物组织、谷物及豆类中含量最为丰富）。经肠吸收入血后，泛

$$HO-CH_2-\overset{\overset{\displaystyle CH_3}{|}}{\underset{\underset{\displaystyle CH_3}{|}}{\underset{\displaystyle OH}{C}}}-CH-C-NH-CH_2-CH_2-C-OH$$

图 5-13　泛酸的结构

酸被磷酸化，继而与半胱氨酸结合并脱羧基生成 4'-磷酸泛酰巯基乙胺，后者参与组成辅酶 A（coenzyme A，CoA 或 HSCoA）（图 5-14）和酰基载体蛋白质（acyl carrier protein，ACP）。CoA 和 ACP 是泛酸在体内的活性形式。此外，肠道菌群也可合成少量泛酸。泛酸在中性溶液中对热稳定，对氧化剂和还原剂也极为稳定，但易被酸、碱破坏。

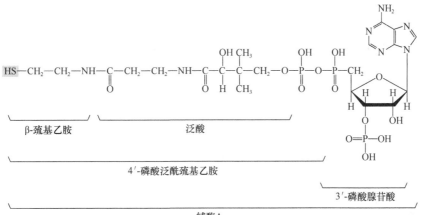

图 5-14　辅酶 A 的结构

（二）生物学功能

CoA 和 ACP 构成酰基转移酶的辅酶，其 4'-磷酸泛酰巯基乙胺分子中的—SH 是功能活性基团，可与脂肪酸上的羧基以硫酯键连接而成为转运酰基的载体，从而广泛参与糖、脂质、蛋白质代谢及生物转化作用（如丙酮酸氧化脱羧生成乙酰辅酶 A 等）。体内有 70 多种酶需要 CoA 或 ACP，可见泛酸的生理意义十分重要。

（三）缺乏症

中国成人膳食泛酸的推荐摄入量为 5.0mg/d。因泛酸广泛存在于动植物组织中，故泛酸缺乏症很少见。在第二次世界大战时期，远东战俘中曾出现"脚灼热综合征"，其为泛酸缺乏所致，主要表现为脚趾麻木、步态摇晃、周身酸痛等。

<h1 style="text-align:center">五、维生素 B₆</h1>

（一）化学性质

维生素 B_6（vitamin B_6，VitB_6）是吡啶衍生物，包括吡哆醇（pyridoxine）、吡哆醛（pyridoxal）和吡哆胺（pyridoxamine）（图 5-15）。VitB_6 吸收后，在肝内经磷酸化作用生成磷酸吡哆醛和磷酸吡哆胺，两者是 VitB_6 的活性形式（图 5-15），且两者间可相互转变。VitB_6 广泛存在于动植物组织，其中肝、鱼类、肉类、蛋类、酵母、谷物、坚果、豆类等含量较丰富。此外，肠道菌群也可合成少量 VitB_6。在血液中，吡哆醛和磷酸吡哆醛是 VitB_6 的主要运输形式。体内约 80% 的 VitB_6 以磷酸吡哆醛的形式储存于肌组织中，并与糖原磷酸化酶结合。VitB_6 为白色结晶，易溶于水和乙醇，微溶于有机溶剂，在酸性环境中较稳定，但对光和碱敏感，高温下迅速被破坏。

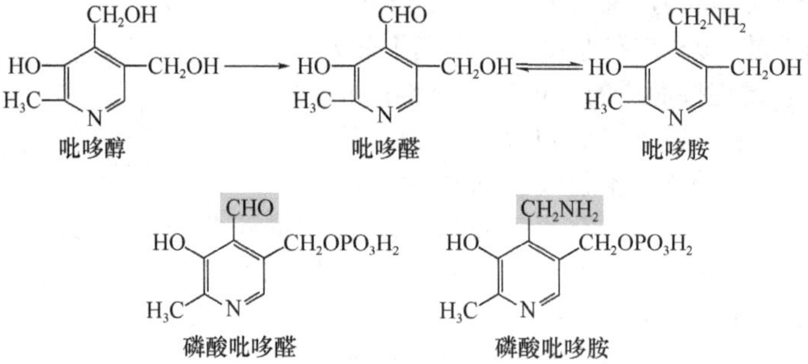

图 5-15　VitB_6 及其活性形式的结构

（二）生物学功能

1. 作为多种酶的辅酶发挥作用　磷酸吡哆醛是体内 100 多种酶的辅酶，参与 α-氨基酸代谢相关的大多数反应，包括转氨基反应、α-脱羧反应、消旋反应、天冬氨酸的 β-脱羧反应、半胱氨酸脱硫反应、苏氨酸醛缩反应、丝氨酸羟甲基转移反应等。

个别氨基酸脱羧生成重要的神经递质，如 γ-氨基丁酸、多巴胺等。VitB_6 可促进这些神经递质的合成，从而有利于调节神经兴奋与抑制。例如，磷酸吡哆醛是谷氨酸脱羧酶的辅酶，可促进谷氨酸脱羧生成 γ-氨基丁酸，后者是大脑抑制性神经递质，因此临床上常用 VitB_6 治疗精神焦虑、妊娠呕吐、小儿惊厥等。

磷酸吡哆醛也是血红素合成关键酶（ALA 合酶）的辅酶，可促进血红素的合成。磷酸吡哆醛还是糖原磷酸化酶的辅酶，参与糖原分解。

近年研究发现，高同型半胱氨酸血症与动脉粥样硬化、高血压和血栓形成等有关。胱硫醚 β 合成酶可催化同型半胱氨酸分解生成半胱氨酸，而 VitB_6 是该酶的辅酶。已知高同型半胱氨酸血症与 VitB_6 的缺乏有关，因此 VitB_6 对治疗上述高同型半胱氨酸血症相关的疾病有一定作用。

2. 终止类固醇激素的作用　磷酸吡哆醛可以将类固醇激素-受体复合物从其结合的 DNA 顺式作用元件上移除，从而终止相应类固醇激素的作用。

（三）缺乏症和中毒

1. VitB_6 缺乏症　中国成人膳食 VitB_6 的推荐摄入量为 1.4mg/d。VitB_6 分布广泛，一般不易缺乏，迄今人类尚未发现典型的 VitB_6 缺乏症病例。然而，抗结核药物异烟肼可与磷酸吡哆醛的醛基结合，使其失去辅酶作用，故长期服用该药时易造成 VitB_6 缺乏，应及时补充 VitB_6。当 VitB_6 缺乏时，血红素合成受阻，可引起小细胞低色素性贫血和血清铁增高。同时，VitB_6 缺乏者还可出现脂溢性皮炎，以眼鼻周围较明显，严重者可扩展到面颊、耳后等部位。此外，VitB_6 缺乏可增加患者对类固醇激素和 VitD 的敏感性，这与乳腺、子宫和前列腺等组织器官的激素相关肿瘤的发生发展有关。

2. VitB$_6$ 中毒 中国成人 VitB$_6$ 的可耐受最高摄入量为 60mg/d。过量服用 VitB$_6$ 可引起中毒，主要表现为周围感觉神经病。

六、生 物 素

（一）化学性质

生物素（biotin），又称 VitB$_7$、VitH 或辅酶 R，是由噻吩与尿素相结合的并环且有戊酸侧链的双环化合物（图 5-16）。最初从蛋黄中分离，因能促进酵母生成而被称为生物素。生物素是天然的活性形式，广泛存在于动植物食品中，如肝、肾、蛋黄、乳类、鱼类、花生、酵母、蔬菜、谷类等中含量丰富，啤酒中含量也较高。同时，肠道菌群也能合成生物素。生物素为无色针状结晶，耐酸不耐碱，氧化剂及高温均可使其失活。

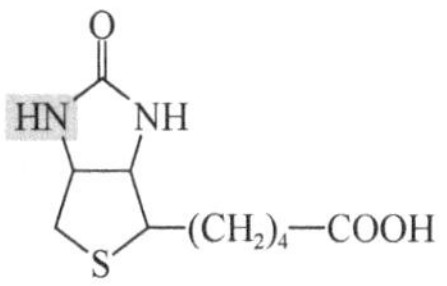

图 5-16 生物素的结构

（二）生物学功能

1. 作为多种羧化酶的辅基发挥作用 生物素是体内多种羧化酶的辅基，参与 CO_2 的固定，又称羧化作用。在全羧化酶合成酶的催化下，生物素戊酸侧链的羧基与羧化酶蛋白质中赖氨酸残基上的 ε-氨基以酰胺键共价结合，形成 N-羧基生物素-酶复合物（即生物素运载羧基的活性形式），复合物中的 N-羧基生物素称为生物胞素（biocytin），其中的羧化酶则转变为有催化活性的酶。继而在 ATP 和 Mg^{2+} 参与下，生物胞素并环上的一个 N 原子结合 CO_2 生成 N-羧基生物胞素，后者作为载体在羧化酶催化下使底物羧化。如生物素作为丙酮酸羧化酶和乙酰辅酶 A 羧化酶等的辅基，参与 CO_2 的固定过程，为糖脂代谢所必需。

2. 其他作用 现已鉴定，人类基因组中有 2000 多个基因编码产物的功能依赖生物素。生物素参与细胞信号转导和基因表达；还可使组蛋白生物素化，从而参与调控细胞周期、基因转录和 DNA 损伤的修复等。

（三）缺乏症

中国成人膳食生物素的推荐摄入量为 40μg/d。因生物素的来源极其广泛，且人体肠道菌群能够合成，故一般不易缺乏。然而，抗生素可抑制肠道菌群生长，长期服用抗生素破坏肠道菌群后，可能引起生物素缺乏。另外，新鲜鸡蛋清中含有抗生物素蛋白（avidin），能与生物素结合而使其失活不被吸收，因而经常吃生蛋清也可能导致生物素缺乏。加热可破坏抗生物素蛋白，从而不再阻碍生物素的吸收。生物素缺乏症主要表现为疲乏、食欲缺乏、恶心、呕吐、皮炎、脱屑性红皮病等，严重者可导致贫血。

七、叶 酸

（一）化学性质

叶酸（folic acid，FA）因绿叶中含量十分丰富而得名，又称 VitB$_9$、VitM 或 VitB$_C$，由 L-谷氨酸、对氨基苯甲酸和 2-氨基-4-羟基-6-甲基蝶呤啶组成（其中后二者组成蝶酸），故又称蝶酰谷氨酸（图 5-17）。食物叶酸中的谷氨酸残基数目视生物种类不同而异，一般含 2～7 个谷氨酸残基（仅牛奶和蛋黄中含蝶酰单谷氨酸），谷氨酸残基之间以 γ-羧基和 α-氨基连接形成 γ-多肽。叶酸在绿叶蔬菜、水果、动物肝和酵母等食物中含量丰富，肠道菌群也可合成。食物中的蝶酰多

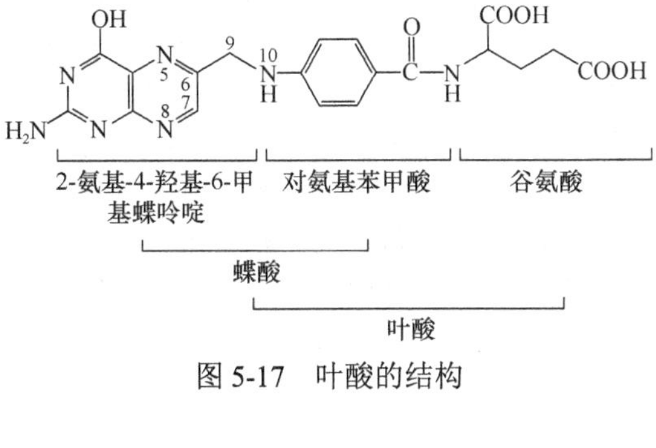

图 5-17 叶酸的结构

谷氨酸经小肠黏膜细胞分泌的蝶酰-*L*-谷氨酸羧基肽酶水解为谷氨酸和蝶酰单谷氨酸而被吸收，进而在小肠、肝、骨髓等富含叶酸还原酶的组织中被逐步还原为5,6,7,8-四氢叶酸（tetrahydrofolic acid，THF 或 FH_4）。FH_4 是体内叶酸的活性形式，含单谷氨酸残基的 N^5-CH_3-FH_4 是叶酸在血液中的主要运输形式，含多谷氨酸残基的 FH_4 是叶酸在体内各组织中的主要存在形式。叶酸为黄色晶体，微溶于水（其钠盐易溶于水），易溶于乙醇，在醇和酸溶液中不稳定，易被光破坏。

（二）生物学功能

FH_4 是体内一碳单位转移酶的辅酶，传递一碳单位，参与嘌呤和嘧啶核苷酸等多种物质的合成以及氨基酸的代谢。FH_4 中的 N-5、N-10 位原子是一碳单位的结合位点，其在传递一碳单位时并非通常的与酶结合成辅酶形式，而是以共同底物的形式为各种一碳单位转移酶服务。一碳单位必须与 FH_4 结合，形成活性一碳单位，才能被传递。抗肿瘤药物氨甲蝶呤和氨基蝶呤的结构与叶酸相似，二者可通过抑制二氢叶酸还原酶的活性而减少 FH_4 的合成，从而抑制胸腺嘧啶核苷酸的合成，发挥抗肿瘤作用。

（三）缺乏症

中国成人膳食叶酸的推荐摄入量为 400μg DFE/d（dietary folate equivalent，DFE，膳食叶酸当量）。叶酸在动植物食品中含量丰富，且肠道菌群亦能合成，故一般不易缺乏。当叶酸需要量增加（如妊娠、哺乳等）或体内合成减少（如长期服用抗生素抑制肠道菌群等）或吸收和代谢受阻（如长期服用避孕药、抗惊厥药等）时，可能引起叶酸缺乏。当叶酸缺乏或活化障碍时，核苷酸合成受阻，进而 DNA 合成受抑，骨髓幼红细胞 DNA 合成减少，细胞分裂速度减慢，细胞体积变大，导致巨幼细胞贫血，因此，叶酸又称"抗贫血因子"。同时，DNA 合成障碍也可累及黏膜上皮细胞，从而影响口腔和胃肠功能。叶酸缺乏还可引起 DNA 甲基化水平降低，增加结直肠癌等肿瘤发生的风险。此外，叶酸缺乏可使同型半胱氨酸向甲硫氨酸转变受阻，从而造成高同型半胱氨酸血症，增加动脉粥样硬化、高血压和血栓形成等的风险。若孕妇缺乏叶酸，可能引起胎儿神经管缺陷和脊柱裂。

八、维生素 B_{12}

（一）化学性质

维生素 B_{12}（vitamin B_{12}，$VitB_{12}$）含有金属元素钴，又称钴胺素（cobalamine），是唯一含金属元素的维生素，其分子中含有一个类似血红素卟啉环的复杂结构——咕啉环（图 5-18）。钴的 6 个配位键中有 4 个与吡咯环相连，一个与咕啉环侧链 3'-磷酸-5,6-二甲基苯并咪唑核苷结合，第 6 个配位键是 $VitB_{12}$ 的反应部位，可与—CN、—OH、—CH_3 或 5'-脱氧腺苷等不同基团结合，形成相应的氰钴胺素、羟钴胺素、甲钴胺素和 5'-脱氧腺苷钴胺素（图 5-18），其中前两者结构比较稳定，是药用 $VitB_{12}$ 的主要形式；后两者既是体内 $VitB_{12}$ 的活性形式，也是 $VitB_{12}$ 在血液中的主要运输形式。

$VitB_{12}$ 广泛存在于动物性食物（如肝、肉类等）和酵母中，肠道菌群也能合成，但植物中缺乏。食物中的 $VitB_{12}$ 常与蛋白质结合存在，在胃酸和胃蛋白酶的作用下，$VitB_{12}$ 得以游离并与来自唾液的亲钴蛋白（cobalophilin）结合。在十二指肠，$VitB_{12}$-亲钴蛋白复合物经胰蛋白酶的水解作用，游离出 $VitB_{12}$。游离的 $VitB_{12}$ 需与胃黏膜细胞分泌的内因

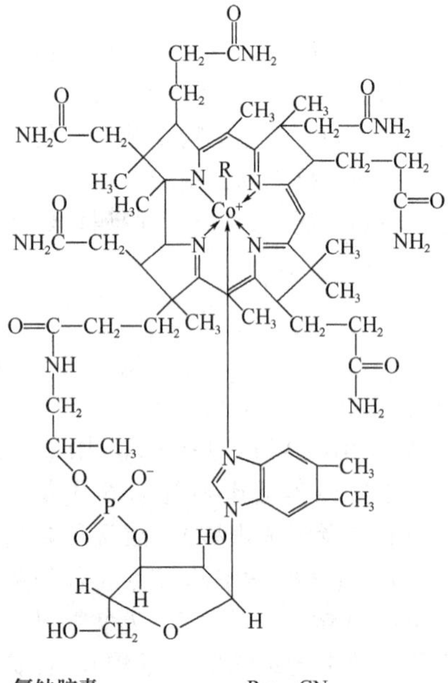

氰钴胺素	R=—CN
羟钴胺素	R=—OH
甲钴胺素	R=—CH_3
5'-脱氧腺苷钴胺素	R=—5'-脱氧腺苷

图 5-18　$VitB_{12}$ 的结构

子（intrinsic factor，IF）结合后才能被回肠吸收。IF 为 50kDa 的糖蛋白，只与活性形式的 VitB$_{12}$ 以 1∶1 结合。在小肠黏膜上皮细胞内，VitB$_{12}$ 与 IF 解离，游离出来的 VitB$_{12}$ 再与钴胺素转运蛋白 Ⅱ（transcobalamin Ⅱ，TC Ⅱ）结合并在血液中运输。VitB$_{12}$-TC Ⅱ 复合物被靶细胞表面受体识别并摄入细胞，进而在细胞内转变为羟钴胺素（或甲钴胺素）或进入线粒体转变为 5′-脱氧腺苷钴胺素。肝内还有 TC Ⅰ，VitB$_{12}$ 与 TC Ⅰ 结合后贮存于肝内。肝中富含 VitB$_{12}$，可供数年之需。VitB$_{12}$ 为粉红色结晶，其水溶液在弱酸（pH 4.5～5.0）环境中稳定，在强酸、强碱条件下极易分解；日光、氧化剂和还原剂均可破坏 VitB$_{12}$。

（二）生物学功能

VitB$_{12}$ 通常以两种不同的辅酶形式分别参与两类反应：①以甲钴胺素的形式作为甲硫氨酸合成酶（N^5-CH$_3$-FH$_4$ 甲基化酶）的辅酶，催化同型半胱氨酸甲基化生成甲硫氨酸（即将 N^5-CH$_3$-FH$_4$ 中的甲基转移至同型半胱氨酸上，从而释放出 FH$_4$ 以便转运其他形式的一碳单位），继而甲硫氨酸在腺苷转移酶的催化下生成 S-腺苷甲硫氨酸。S-腺苷甲硫氨酸是活性甲基供体，可通过提供甲基而参与胆碱和磷脂等的生物合成过程。另外，VitB$_{12}$ 与叶酸相互配合，共同增强红细胞 DNA 及蛋白质的生物合成能力，促进红细胞的发育和成熟。②以 5′-脱氧腺苷钴胺素的形式作为 L-甲基丙二酰辅酶 A 变位酶的辅酶，催化 L-甲基丙二酰辅酶 A 转变为琥珀酰辅酶 A。

（三）缺乏症

中国成人膳食 VitB$_{12}$ 的推荐摄入量为 2.4mg/d。VitB$_{12}$ 广泛存在于动物性食品和酵母中，且肠道菌群也能合成，同时肝中有较丰富的储存，故正常膳食者很少发生 VitB$_{12}$ 缺乏症；其缺乏偶见于有严重吸收障碍疾病患者（如萎缩性胃炎、胃全切患者或 IF 先天缺陷者）以及长期素食者。

当 VitB$_{12}$ 缺乏时，N^5-CH$_3$-FH$_4$ 中的甲基无法转移出去，一方面导致甲硫氨酸合成减少，另一方面使 FH$_4$ 再生受阻。组织中游离的 FH$_4$ 减少，可使一碳单位的代谢受阻，造成核苷酸及 DNA 合成障碍，从而阻止细胞分裂，导致巨幼细胞贫血，即恶性贫血，因此 VitB$_{12}$ 又称"抗恶性贫血维生素"。同时，由于同型半胱氨酸堆积可造成高同型半胱氨酸血症，增加动脉粥样硬化、高血压和血栓形成等的风险。另外，VitB$_{12}$ 缺乏可引起 L-甲基丙二酰辅酶 A 堆积，因后者的结构与脂肪酸合成的中间产物丙二酰辅酶 A 类似，可干扰脂肪酸的正常合成，甚至替代丙二酰辅酶 A 掺入合成支链或奇数碳链的脂肪酸，导致脂肪酸合成异常，严重者可引起髓鞘变性退化，导致进行性脱髓鞘等神经组织病变。

九、维生素 C

（一）化学性质

维生素 C（vitamin C，VitC）又称 L-抗坏血酸（ascorbic acid），是一种 L-己糖酸内酯，具有不饱和的一烯二醇结构（图 5-19），其 C-2 和 C-3 位上的两个相邻烯醇式羟基极易解离出 H$^+$，因而呈酸性。同时，C-2 和 C-3 位上的羟基可氧化脱氢生成 L-脱氢抗坏血酸，后者在有供氢体存在时，又可接受 2 个氢再还原为 L-抗坏血酸，所以 VitC 有氧化型和还原型两种形式（图 5-19），二者间相互转变这一性质可用于 VitC 的定量测定。L-抗坏血酸是天然的生物活性形式。VitC 广泛存在于新鲜蔬菜及水果中，但植物中的抗坏血酸氧化酶能将 VitC 氧化灭活为二酮古洛糖酸，故蔬菜和水果久存后会大量损失 VitC。干种子中虽不含 VitC，但发芽后即可合成，所以豆芽等也是 VitC 的重要来源。VitC 主要通过主动转运由小肠吸收入血，还原型抗坏血酸是血液中和细胞内 VitC 的主要存在形式。血液中氧化型抗坏血酸仅为还原型抗坏血酸的 1/15。VitC 为无色片状结晶，

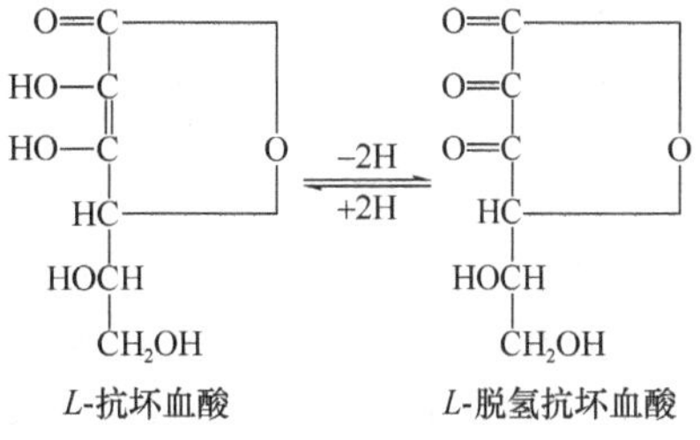

图 5-19 VitC 的结构及其氧化型和还原型的互变

（图中左侧为 L-抗坏血酸，右侧为 L-脱氢抗坏血酸，中间标注 −2H / +2H）

在酸性环境中稳定，在中性和碱性条件下易被破坏，对热不稳定，烹调不当可造成 VitC 大量流失或破坏。

（二）生物学功能

1. 参与体内羟化反应　VitC 是体内多种羟化酶的辅因子，参与多种羟化反应，主要包括：①作为胆固醇 7α-羟化酶的辅酶，促进胆固醇羟化转变为胆汁酸，故 VitC 有降低血中胆固醇的作用。另外，肾上腺皮质类固醇激素合成过程中的羟化反应也需要 VitC 的参与。②作为胶原脯氨酸羟化酶和赖氨酸羟化酶的辅酶，参与前胶原蛋白脯氨酸及赖氨酸残基的羟化，从而促进成熟胶原分子的生成；而胶原是骨、毛细血管、结缔组织的重要构成成分，其合成有利于创伤愈合。同时，脯氨酸羟化酶也是骨钙蛋白和补体 C1q 生物合成所必需的，因此 VitC 参与合成骨钙蛋白和补体 C1q。③作为某些羟化酶的辅酶参与肉碱合成，从而促进脂肪酸 β 氧化。④作为多种羟化酶的辅因子，参与芳香族氨基酸代谢，促进某些神经递质和激素的生物合成，如促进苯丙氨酸羟化为酪氨酸、对-羟苯丙酮酸经羟化转变为尿黑酸、酪氨酸羟化为多巴、多巴胺羟化为去甲肾上腺素、色氨酸经羟化脱羧生成 5-羟色胺等。

2. 参与体内氧化还原反应　主要包括：① VitC 具有保护巯基的作用，维持体内巯基蛋白质和巯基酶的还原状态。VitC 在谷胱甘肽还原酶的催化下，发挥供氢体的作用，促进氧化型谷胱甘肽还原为还原型谷胱甘肽，后者参与清除细胞膜的脂质过氧化物，保护生物膜的结构与功能；同时，还原型谷胱甘肽还可与重金属离子结合，阻断重金属离子对巯基酶或巯基蛋白质的破坏。② VitC 可促进胱氨酸还原为半胱氨酸，参与免疫球蛋白的生物合成。同时，由 VitC 氧化而成的脱氢 VitC 可协助新生免疫球蛋白肽链上的巯基氧化生成二硫键，从而维系免疫球蛋白的空间结构。③ VitC 可将肠道中难以吸收的 Fe^{3+} 还原为 Fe^{2+} 而利于铁的吸收；能将红细胞中的高铁血红蛋白还原为血红蛋白而恢复其运氧功能。④ VitC 可促进叶酸还原为有活性的 FH_4，能保护 VitA、VitE、$VitB_1$、生物素及 $VitB_{12}$ 等免遭氧化。⑤ VitC 作为抗氧化剂，参与清除活性氧自由基，保护 DNA、蛋白质和生物膜结构免遭损伤；可通过影响细胞内活性氧敏感的信号转导通路（如 NF-κB 通路等）而参与调控基因表达，进而影响细胞的生物学功能。

3. 增强机体免疫力　除了上述促进免疫球蛋白和补体 C1q 合成、参与维系免疫球蛋白结构外，VitC 还具有促进体内抗菌活性和 NK 细胞活性、促进淋巴细胞的增殖与趋化、提高吞噬细胞的吞噬能力等作用。以上综合作用的结果，使得机体的免疫力增强。因此，临床上常将 VitC 用于感染性疾病和心血管疾病等的支持性治疗。

4. 抗肿瘤作用　VitC 具有一定的防癌作用。例如，致癌物亚硝胺是由食入的亚硝酸盐在胃酸作用下生成的，VitC 可阻止亚硝胺的合成并促进其分解，从而降低亚硝胺的致癌风险。此外，VitC 还具有促进透明质酸酶抑制物合成、阻止肿瘤细胞转移、减轻抗肿瘤药物的副作用等功能，再加上 VitC 可增强机体免疫力，因此，临床上常将 VitC 用于肿瘤的辅助治疗。

案例 5-2

患儿，女，1 岁 3 个月。因"双下肢疼痛伴活动受限 1 月余，半月前无诱因眼睑及球结膜出血"而就诊。

患儿数月来纳差、拒抱、哭闹，不发热。以米面人工喂养为主，不喜蔬菜水果，未补充过 VitC。体检主要阳性发现：贫血貌，双眼睑青紫，球结膜出血，皮下无出血点，双下肢曲屈似"蛙腿"，触痛明显。辅助检查主要阳性发现：X 线检查显示双下肢骨质疏松、骨小梁变细、骨皮质变薄、髓腔变宽、先期钙化带增厚增密形成侧刺，先期钙化带下可见透亮区，骨骺周围出现致密环，部分骨干有骨膜反应、骨膜下出血。实验室检查主要阳性发现（括号内为参考区间）：血红蛋白 75g/L（110～150g/L），24 小时尿中 VitC 的排出量为 12mg/L（20～40mg/L），毛细血管脆性试验阳性。给予 VitC 1g/d、一次口服，一周后改为 0.6g/d、分 3 次口服。治疗 4

天后，球结膜出血及下肢疼痛减轻，8 天后眼睑青紫消退、可扶站，17 天后好转出院，出院后 2 个月随访痊愈。

初步诊断：VitC 缺乏性坏血病。

问题：

1. VitC 缺乏导致坏血病的生物化学机制是怎样的？
2. 诊断患儿患 VitC 缺乏性坏血病的依据是什么？

（三）缺乏症和中毒

1. VitC 缺乏症 中国成人膳食 VitC 的推荐摄入量为 100mg/d。长期摄入不足（如饮食结构不合理、食物加工方式不当或长期腹泻、消化不良等）或消耗增加（如严重感染或创伤、长期吸烟、酗酒等），都可造成 VitC 缺乏。当 VitC 缺乏时，胶原蛋白和骨钙蛋白等合成不足，引起毛细血管壁通透性和脆性增加、易于破裂，出现皮下出血、牙龈肿胀出血（甚至糜烂）、牙齿松动、骨质疏松、肢体疼痛、骨折及创伤不易愈合等，称为坏血病（scurvy）。补充 VitC 对坏血病有很好的治疗作用，故 VitC 又称"抗坏血病维生素"。因机体在正常状态下能储存一定量的 VitC，故坏血病的症状常在 VitC 缺乏 3～4 个月后才出现。此外，VitC 缺乏可使脂肪酸 β 氧化减弱，患者常出现倦怠乏力。VitC 缺乏还可使胆固醇转化受阻，血中胆固醇水平升高，从而增加患动脉粥样硬化的风险。

2. VitC 中毒 中国成人 VitC 的可耐受最高摄入量为 2000mg/d。若长期过量摄入，则可能引起 VitC 中毒，主要表现有恶性呕吐、腹痛、荨麻疹等。同时，长期过量摄入 VitC 可使尿中草酸盐形成增多，增加尿路结石的风险。

（何凤田　许志臻）

思 考 题

1. 人体内肠道菌群能合成的维生素有哪些？简述这些维生素的主要来源、生物学功能和缺乏症。
2. 哪些维生素缺乏可引起贫血？简述这些维生素缺乏引起贫血的生物化学机制。
3. 为什么维生素缺乏通常都不是单一缺乏？
4. 能作为酶的辅因子（辅酶或辅基）的维生素有哪些？简要说明这些维生素是哪些酶的辅因子。

第六章 糖 代 谢

糖是自然界存在的一大类有机化合物，其化学本质是多羟基醛或多羟基酮以及它们的衍生物或多聚物。糖类主要由碳、氢、氧三种元素组成，单糖的基本结构式是 $(CH_2O)_n$，习惯上被称为碳水化合物（carbohydrate）。本章主要介绍糖的生理功能、分类、糖的消化和吸收、糖的有氧氧化和无氧分解、戊糖磷酸途径、糖原的合成与分解、糖异生、糖醛酸途径和血糖及其调节等内容。

第一节 概 述

糖是人体所需的一类重要营养物质，它是生物体中分布最广，含量较多的一类有机物质，存在于几乎所有的动物、植物、微生物体内。糖在机体中发挥着多种重要的功能。糖是人体能量的主要来源之一，除了作为主要的能源物质，糖还具有重要的生物学活性及功能。

一、糖的生理功能

1. 糖是人体和动物的主要能源物质 人体每天摄入的糖类约占食物总量的 50% 以上。正常生理条件下，机体所需总能量的 50%～70% 由糖代谢提供，1mol 葡萄糖（glucose）在体内完全氧化可释放 2840kJ（679kcal/mol）的能量，其中约 34% 转化生成 ATP，以满足机体生理活动所需的能量。脑是机体耗能较大的器官，在非长期饥饿状态下，脑几乎以葡萄糖为唯一供能物质，每天耗用葡萄糖约 100g。

2. 糖是人体组织和细胞的重要组成 糖是构成人体组织结构和细胞的重要成分，如糖与蛋白质结合形成糖蛋白（glycoprotein）或蛋白聚糖（proteoglycan），与脂类结合形成糖脂（glycolipid）或脂多糖（lipopolysaccharide），糖蛋白和糖脂是构成细胞膜的重要组成成分。蛋白聚糖是构成动物结缔组织大分子的基本物质，也存在于细胞表面，参与细胞与细胞、细胞与基质之间的相互作用等。

3. 糖具有多方面的生物活性与功能 糖是机体重要的碳源。糖代谢的中间产物可以转变为多种非糖含碳化合物，如糖类可提供体内合成非必需氨基酸和脂肪酸的碳骨架；核糖与脱氧核糖是合成核苷酸的原料，参与遗传信息的储存和传递。其次血浆蛋白、抗体、激素、酶、免疫球蛋白等具有特殊生理功能的糖蛋白，可作为信息分子在细胞识别、细胞通讯及信号转导等方面发挥重要作用。促红细胞生成素是促进骨髓细胞成熟和增殖的糖蛋白激素，临床上用作治疗肾性贫血。另外，糖的磷酸衍生物可形成一些重要的生物活性物质，如 NAD^+、FAD、CoA、ATP 等。果糖-1,6-二磷酸可治疗急性心肌缺血性休克，多糖类还广泛用于免疫系统、血液系统和消化系统等疾病的治疗。

二、糖的分类

糖在生物界分布极广、含量较多，几乎所有的生物（动物、植物、微生物）体内都含有糖，其中以植物中含量最为丰富，占 85%～95%。根据糖类物质能否水解以及水解产物情况分为单糖（monosaccharide）、寡糖（oligosaccharide）和多糖（polysaccharide）三大类。糖的主要分类及性质见表 6-1。

三、糖的消化与吸收

糖是除水之外人体从食物中摄取量最多的营养物质。食物中的糖类主要是植物淀粉和动物糖原以及少量蔗糖、麦芽糖、乳糖、葡萄糖、果糖等。除单糖外，寡糖和多糖都必须经消化道内水

表 6-1 糖的主要分类及性质

根据能否水解以及水解产物分类	特性	常见形式
单糖 monosaccharide	溶于水，多有甜味。糖类中最简单的一种，是不能被水解成更小分子的糖，单糖是组成糖类物质的基本结构单位	1. 根据单糖分子中所含功能基团的不同分为醛糖和酮糖 2. 根据单糖分子中所含碳原子数的不同可分为丙糖、丁糖、戊糖、己糖等（戊糖和己糖是自然界中存在最丰富的单糖）
寡糖 oligosaccharide	溶于水，多有甜味。又称低聚糖，水解时能生成 2～10 个单糖分子，各单糖分子之间以糖苷键连接	麦芽糖、蔗糖和乳糖等
多糖 polysaccharide	有的不溶于水，无甜味。水解时能生成许多单糖（一般为 10 个以上）分子，是由许多单糖分子或其衍生物缩合而成的高分子聚合物。多糖按其组成成分可分为同多糖和杂多糖两类	1. 根据组成成分可分为同多糖（淀粉、纤维素、糖原等）和杂多糖（透明质酸、硫酸软骨素、肝素等） 2. 根据糖分子中有无支链，又可分为直链多糖和支链多糖 3. 根据生理功能的不同，可分为结构多糖、贮存多糖、抗原多糖按其分布部位又可分为胞外多糖和胞内多糖 4. 根据多糖来源可分为植物多糖（当归多糖、茶叶多糖、柴胡多糖、枸杞多糖等）、动物多糖、微生物多糖和海洋生物多糖

解酶的作用，分解为相应的单糖后才能被吸收利用。食物中还含有大量纤维素（cellulose），纤维素分子中含有丰富的 β-1,4-糖苷键，由于人和动物体内缺乏水解该键的 β-糖苷酶，故无法对食物中的纤维素进行消化利用。食物中的纤维素虽然不能被人体吸收，但能促进机体胃肠蠕动，具有促进排便、防止便秘等作用，因此，纤维素也是人体维持健康所必需的植物多糖。

1. 食物中糖类的消化过程 食物中的糖类以淀粉为主。食物淀粉的消化从口腔开始，于小肠完成。唾液中含有唾液淀粉酶（α-淀粉酶，α-amylase），可催化水解淀粉分子中的 α-1,4-糖苷键生成葡萄糖、麦芽糖、麦芽三糖和 4～9 个葡萄糖组成的临界糊精等混合物。但由于食物在口腔中停留的时间很短，只有一部分淀粉被消化。食糜混合物与酶一同进入胃内后与胃酸混合，唾液 α-淀粉酶变性失活，胃中又缺乏水解糖类的酶，故淀粉在胃中几乎不被消化。所以，食物淀粉的消化主要在小肠中进行。小肠是消化淀粉的重要器官。在肠液中有来自胰腺分泌的胰 α-淀粉酶可水解淀粉分子内部的 α-1,4-糖苷键，继续将淀粉及糊精水解成麦芽糖、麦芽三糖以及含有分支的异麦芽糖和 α-极限糊精，还有少量葡萄糖。二糖及寡糖的进一步消化在肠黏膜细胞内进行。小肠黏膜细胞刷状缘上含有丰富的麦芽糖酶和 α-极限糊精酶。麦芽糖酶可以将麦芽糖和麦芽寡糖水解成葡萄糖。α-极限糊精酶可以水解 α-极限糊精分子中的 α-1,6-糖苷键和 α-1,4-糖苷键，使 α-极限糊精彻底水解，最后生成葡萄糖。此外，肠黏膜细胞内还含有 β-葡萄糖苷酶类（包括蔗糖酶和乳糖酶），肠黏膜上的蔗糖酶能水解蔗糖为葡萄糖和果糖，乳糖酶能水解乳糖为葡萄糖和半乳糖。婴儿从母乳获得乳糖，但值得指出的是，有些成年人缺乏乳糖酶，饮用牛奶后引发乳糖消化吸收障碍，未消化吸收的乳糖进入大肠，在肠道细菌作用下产生乳酸、CH_4、H_2 等，破坏肠道的碱性环境，因此在食用牛奶后出现腹痛、腹泻和肠痉挛等症状，临床上称其为乳糖不耐受（lactose intolerance）。

2. 葡萄糖的吸收过程 食物中的多糖、寡糖等经小肠黏膜细胞上的酶催化，最终水解成单糖后主要被小肠上段肠黏膜细胞吸收入血。单糖的吸收方式有多种，包括：单纯扩散、易化扩散和主动吸收，但以耗能的、有载体蛋白参与的、逆浓度梯度进行的主动吸收为主，如半乳糖和葡萄糖的主动吸收。主动吸收方式中由于有载体蛋白和依赖 ATP 的钠钾泵（Na^+，K^+-ATP 酶）参与，所以吸收速度特别快且吸收率较高。

葡萄糖的主动吸收过程：在小肠黏膜上皮细胞刷状缘上存在特定的与膜相结合的载体蛋白，可完成 Na^+-单糖协同转运，故称为 Na^+ 依赖型葡萄糖同向转运蛋白（sodium-dependent glucose transporter，SGLT），即葡萄糖与载体结合时，需要 Na^+ 同时结合，一起进入细胞内，导致胞内

Na^+ 浓度升高。为保持细胞内 Na^+、K^+ 浓度梯度的平衡，需要依靠膜上的钠钾泵（Na^+, K^+-ATP 酶）将 Na^+ 泵出细胞，该过程需要 ATP 供能，这种转运是一种主动耗能过程（图6-1）。人体内的葡萄糖被小肠上段肠黏膜细胞吸收后首先进入血液，而后随着血液循环经门静脉转运到肝脏，其中一部分转变成肝糖原，储存在肝脏中；其中大部分经肝静脉汇入下腔静脉，经血液循环输送到全身各组织细胞加以利用。

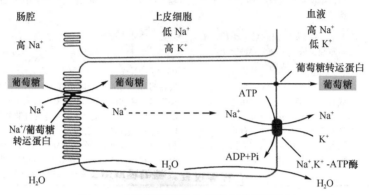

图 6-1　小肠黏膜细胞主动吸收葡萄糖机制

细胞摄取葡萄糖需要转运蛋白：细胞的糖代谢取决于细胞对葡萄糖的摄取。葡萄糖无法自由通过细胞膜脂质双层结构进入细胞，细胞对葡萄糖的摄入需要借助细胞膜上的葡萄糖转运蛋白（glucose transporter，GLUT）来完成。研究发现 GLUT 具有组织特异性，在身体各个组织细胞中起作用，24 小时不间断从高浓度向低浓度转运葡萄糖，以控制人体葡萄糖代谢的平衡，该转运过程不消耗能量。人体中现已发现 14 种 GLUT，其组织分布及作用与糖尿病、肿瘤的发生发展具有极为密切的关系。

四、机体葡萄糖代谢的概况

糖代谢主要是指葡萄糖在体内的一系列复杂的化学反应，它包括糖的分解代谢与糖的合成代谢。体内绝大多数组织细胞都能有效地进行糖的分解代谢，但各组织器官中糖分解代谢的途径不完全相同，糖在体内分解代谢的主要途径有 4 条：①糖的无氧分解（糖酵解）；②糖的有氧氧化；③戊糖磷酸途径；④糖醛酸途径。不同途径能够发挥不同的生理作用。代谢方式在很大程度上还受供氧状况的影响，氧充足时糖进行有氧氧化分解成 CO_2 和 H_2O；在缺氧情况下糖则进行糖酵解生成乳酸。除了食物来源之外，糖的合成代谢途径包括糖原合成和糖异生。葡萄糖经合成代谢聚合成糖原，储存在肝或肌组织。有些非糖物质如乳酸、丙氨酸等经糖异生途径转变成葡萄糖或糖原。图 6-2 为机体葡萄糖代谢内容的概况图。

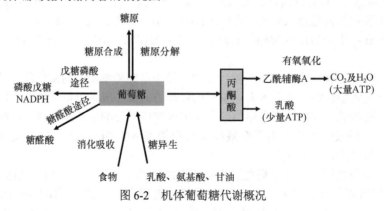

图 6-2　机体葡萄糖代谢概况

第二节 糖的无氧分解

糖的无氧分解（anaerobic degradation）是指在缺氧条件下，葡萄糖或糖原分解生成乳酸和少量 ATP 的过程，也称为糖的无氧氧化（anaerobic oxidation）。这个反应过程与酵母菌使糖生醇发酵的过程基本相似，故又称之为糖酵解（glycolysis）。

一、糖的无氧分解过程及主要特点

糖无氧分解的全部反应过程均在细胞质中进行，反应过程可分为两个阶段：第一阶段是葡萄糖或糖原分解生成丙酮酸的过程，通常将此过程称为糖酵解途径（glycolytic pathway）。第二阶段是丙酮酸还原为乳酸的过程。在某些植物和微生物中，丙酮酸可转变为乙醇和二氧化碳，称为乙醇发酵（ethanol fermentation）。糖的无氧分解的起始物可以是游离的葡萄糖，也可以是糖原分子分解生成的葡萄糖。从游离的葡萄糖开始需经过 11 步连续反应；从糖原开始分解，则需要经过 12 步反应。

（一）第一阶段

1. 葡萄糖磷酸化生成葡萄糖-6-磷酸 葡萄糖在己糖激酶（hexokinase，HK）或肝中葡萄糖激酶（glucokinase，GK）催化下进行磷酸化反应，由 ATP 提供磷酸基团转移到葡萄糖，生成葡萄糖-6-磷酸（glucose-6-phosphate，G-6-P）。这一过程不仅活化了葡萄糖，增加葡萄糖的反应活性，有利于它进一步参与合成与分解代谢；同时还能使进入细胞的葡萄糖留在细胞内，不能自由通过细胞膜而逸出细胞。该反应不可逆，需要 ATP 和 Mg^{2+}，是糖酵解的第一个限速步骤。催化此反应的 HK，是糖酵解的第一个关键酶（rate-limiting enzyme）。哺乳动物体内已发现有 4 种 HK 同工酶（Ⅰ～Ⅳ型）。肝细胞中存在的同工酶是Ⅳ型，称为 GK，它对葡萄糖的亲和力很低，K_m 值为 10mmol/L 左右，而其他 HK 的 K_m 值为 0.1mmol/L 左右；HK 对 G-6-P 的反馈抑制明显；而 GK 对 G-6-P 的反馈抑制不敏感，其还受激素调控，这些特性使 GK 对于肝脏维持血糖稳定至关重要。肝细胞与其他细胞在葡萄糖代谢上显著不同，它担负供应其他细胞葡萄糖及维持血液葡萄糖水平恒定的任务，当血糖浓度显著升高时，肝脏才会加快对葡萄糖的利用；当血糖浓度降低时，GK 活性降低，从而避免肝脏从血液中摄取过多的葡萄糖；因此，GK 对缓冲血糖水平起到调节作用。GK 和 HK 的区别见表 6-2。

表 6-2 己糖激酶（HK）和葡萄糖激酶（GK）的区别

	HK	GK
组织分布	绝大多数组织	肝脏
K_m	约 0.1mmol/L	约 10mmol/L
G-6-P 的反馈抑制	有	无
是否能调节血糖水平	否	是

2. G-6-P 异构化转变为果糖-6-磷酸 G-6-P 在己糖磷酸异构酶（hexosephosphate isomerase）催化下发生己醛糖和己酮糖之间的异构反应，生成果糖-6-磷酸（fructose-6-phosphate，F-6-P），需要 Mg^{2+} 参与，反应可逆。果糖是膳食中重要的能源物质，水果和蔗糖中含有大量果糖，在肌和脂肪组织中，果糖在 HK 的催化下可转变为 F-6-P，进而进入糖酵解途径。

3. F-6-P 再磷酸化生成果糖-1,6-二磷酸 F-6-P 在磷酸果糖激酶 1（6-phosphofructokinase-1，PFK-1）催化下发生第二个磷酸化反应，生成果糖-1,6-二磷酸（fructose-1,6-bisphosphate，F-1,6-BP），该反应不可逆，需 ATP 和 Mg^{2+}，是糖酵解的第二个限速步骤，PFK-1 是糖酵解的第二个关键酶。

通过上述三步酶促反应，从 1 分子葡萄糖生成 1 分子 F-1,6-BP，消耗 2 分子 ATP。但是糖原分子中的葡萄糖基进行糖酵解时，则必须先在糖原磷酸化酶的作用下生成 G-1-P，然后在磷酸葡萄糖变位酶催化下转变为 G-6-P（见糖原分解部分），此过程不消耗 ATP。

4. F-1,6-BP 裂解成两分子磷酸丙糖　F-1,6-BP 在醛缩酶（aldolase）催化下裂解，产生 2 个丙糖：磷酸二羟丙酮（dihydroxyacetone phosphate）和甘油醛-3-磷酸（glyceraldehyde-3-phosphate）。此步反应是可逆的。

在肝中，GK 与果糖的亲和力很低，但肝内存在特异的果糖激酶，可催化果糖 C_1 位磷酸化生成果糖-1-磷酸（fructose-1-phosphate，F-1-P），后者再被醛缩酶分解生成磷酸二羟丙酮及甘油醛。甘油醛在丙糖激酶催化下可磷酸化生成甘油醛-3-磷酸。上述果糖代谢产物恰好是糖酵解的中间代谢产物，可循糖酵解氧化分解。若醛缩酶缺乏，在进食果糖后会引起果糖-1-磷酸堆积，大量消耗肝中磷酸的储备，进而使 ATP 浓度下降，从而加速糖无氧氧化，导致乳酸酸中毒和餐后低血糖。这种病症常表现为自我限制，强烈地厌恶甜食，被称为果糖不耐受症（fructose intolerance），它是一种遗传性疾病。

5. 磷酸二羟丙酮转变为甘油醛-3-磷酸　磷酸二羟丙酮和甘油醛-3-磷酸互为同分异构体，在磷酸丙糖异构酶（triose phosphate isomerase）催化下可互相转变。在代谢途径中，甘油醛-3-磷酸不断地进入后续代谢，使磷酸二羟丙酮迅速转变为甘油醛-3-磷酸，所以糖酵解上述阶段的结果是 1 分子 F-1,6-BP 生成 2 分子甘油醛-3-磷酸。该过程没有 ATP 生成，也没有 ATP 消耗。磷酸二羟丙酮还可转变成 α-磷酸甘油，是联系葡萄糖代谢和脂肪代谢的重要枢纽物质。

上述的 5 步反应为糖酵解的耗能阶段，1 分子葡萄糖经两次磷酸化反应消耗了 2 分子 ATP，产生了 2 分子甘油醛-3-磷酸，而之后的 5 步反应开始产生能量。

6. 甘油醛-3-磷酸氧化为甘油酸-1,3-二磷酸　在 NAD^+ 和无机磷酸（H_3PO_4）存在下，甘油醛-3-磷酸脱氢酶（glyceraldehyde-3-phosphate dehydrogenase）催化甘油醛-3-磷酸的醛基氧化脱氢生成羧基时立即与磷酸形成混合酸酐，称为甘油酸-1,3-二磷酸（1,3-bisphosphoglycerate，1,3-BPG）。脱下的 2H 由 NAD^+ 接受，生成 $NADH+H^+$。

7. 1,3-BPG 转变成甘油酸-3-磷酸　1,3-BPG 中含有一个高能磷酸基团，是一种高能化合物，在 Mg^{2+} 存在下，由磷酸甘油酸激酶（phosphoglycerate kinase）催化将 1,3-BPG 分子内高能磷酸基团转移给 ADP，生成 ATP 和甘油酸-3-磷酸（3-phosphoglycerate）。这步反应可逆，是糖酵解途径中第一次生成 ATP 的反应，逆反应则需消耗 1 分子 ATP。这种底物在氧化过程中产生的能量直接将 ADP（或其他核苷二磷酸）磷酸化生成 ATP 的反应过程，称为底物水平磷酸化（substrate-level phosphorylation）。

8. 甘油酸-3-磷酸转变为甘油酸-2-磷酸　在磷酸甘油酸变位酶（phosphoglyceromutase）催化下，甘油酸-3-磷酸 C-3 位上的磷酸基团转移到 C-2 位上，生成甘油酸-2-磷酸（2-phosphoglycerate）。此反应可逆，同时需要 Mg^{2+} 参与。

9. 甘油酸-2-磷酸脱水生成磷酸烯醇式丙酮酸　在烯醇化酶（enolase）催化下，甘油酸-2-磷酸脱水生成磷酸烯醇式丙酮酸（phosphoenolpyruvate，PEP）。尽管这个反应的标准自由能改变比较小，但反应时可引起分子内部的电子重排和能量重新分布，形成一个高能磷酸键，为下一步反应作准备。此反应可逆，需 Mg^{2+} 或 Mn^{2+} 参加。氟化物可与 Mg^{2+} 形成络合物而抑制烯醇化酶的活性，从而抑制糖酵解。红细胞的糖酵解可导致血浆中葡萄糖的测定结果偏低，因此，氟化钠常用作抗凝剂以抑制红细胞的糖酵解。

10. 磷酸烯醇式丙酮酸转变为丙酮酸　在丙酮酸激酶（pyruvate kinase）催化下，磷酸烯醇式丙酮酸发生底物水平磷酸化反应，将高能磷酸基团转移给 ADP，生成 ATP 和烯醇式丙酮酸，但烯醇式丙酮酸化学性质不稳定，生成后可经分子重排而自动的迅速经非酶促反应转变为酮式的丙酮酸。这是糖酵解过程中的第二次底物水平磷酸化，反应不可逆，是糖酵解的第三个限速步骤。丙酮酸激酶是糖酵解的第三个关键酶，需 K^+ 和 Mg^{2+} 参与。

在糖酵解产能阶段的 5 步反应中进行了两次底物水平磷酸化，1 分子甘油醛-3-磷酸生成 1 分子丙酮酸的同时，可生成 2 分子 ATP。从葡萄糖开始有 2 分子甘油醛-3-磷酸进入到反应中，发生四次底物水平磷酸化，共产生 4 分子 ATP。

（二）第二阶段

在供氧不足时，由乳酸脱氢酶（lactate dehydrogenase，LDH）催化，丙酮酸接收甘油醛-3-磷酸脱氢反应生成的 $NADH+H^+$ 中的 2H，还原生成乳酸。该反应可逆，在供氧充足时，乳酸可以脱氢生成丙酮酸。

LDH 的辅酶是 NAD^+ 或 $NADH+H^+$。糖酵解途径中甘油醛-3-磷酸脱氢时，氢原子由 NAD^+ 接受而生成 $NADH+H^+$。在供氧不足时，2H 主要在糖酵解途径内部消耗，即这对氢原子用于还原丙酮酸生成乳酸，同时 $NADH+H^+$ 则重新转变为 NAD^+，再生的 NAD^+ 可以继续参与甘油醛-3-磷酸脱氢反应，以维持糖酵解反应的运转；在供氧充足时，2H 的最终去向是与 O_2 生成 H_2O（详见生物氧化章节）。

糖无氧分解的最终产物是乳酸和少量能量。从葡萄糖开始的糖无氧分解的全部反应过程见图 6-3。糖无氧分解释放的自由能较少，1 分子葡萄糖通过无氧分解生成 2 分子乳酸的同时可净生成 2 分子 ATP。

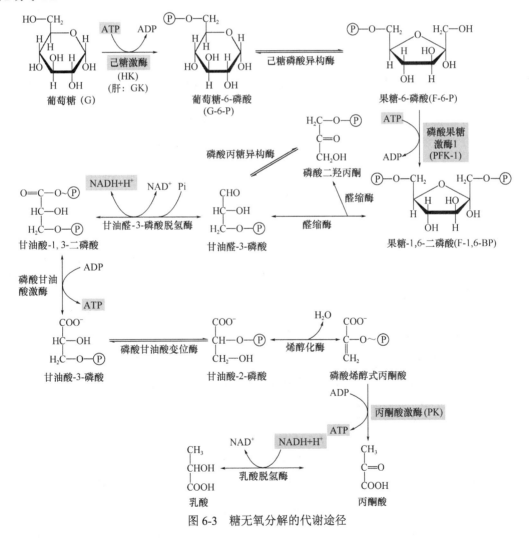

图 6-3 糖无氧分解的代谢途径

二、糖无氧分解的调节

糖的无氧分解（糖酵解）过程中多数反应是可逆的，但是有 3 个反应基本不可逆行，且反应速率最慢，分别由己糖激酶、磷酸果糖激酶 1 和丙酮酸激酶催化，是控制糖酵解流量的关键酶，其活性分别受别构效应剂和激素的调节。

（一）己糖激酶或葡萄糖激酶

己糖激酶（HK）或葡萄糖激酶（GK）是糖酵解途径的第一个关键酶，HK 或 GK 在不同组织催化葡萄糖的磷酸化反应。HK 主要受到其反应产物 G-6-P 的反馈抑制。GK 分子内没有 G-6-P 的别构部位，故不受 G-6-P 的影响。长链脂酰 CoA 对其有别构抑制作用，饥饿时可减少肝和其他组织摄取葡萄糖，对维持血糖的稳定具有一定调节意义。胰岛素可诱导 GK 基因的表达，促进酶的合成。

（二）磷酸果糖激酶 1

磷酸果糖激酶 1（phosphofructokinase-1，PFK-1）是糖酵解途径中第二个关键酶，被认为是控制糖酵解途径流量最重要的调节点。该酶分子为四聚体，受到多种别构效应剂的影响。ATP 和柠檬酸是该酶的别构抑制剂，AMP、ADP 和 F-2,6-BP 是此酶的别构激活剂。

ATP 既是 PFK-1 的底物，也是该酶的别构抑制剂。PFK-1 有 2 个结合 ATP 的位点，一是活性中心内的催化部位，ATP 作为底物与之结合；另一个是活性中心以外的别构部位，ATP 作为别构抑制剂与之结合，别构部位与 ATP 的亲和力较低，因而需要较高浓度的 ATP 才能使酶丧失活性。这就使得糖酵解对细胞的能量需求很敏感。AMP 可与 ATP 竞争结合别构部位，抵消 ATP 的抑制作用。当细胞内 ATP 不足或 AMP 较多时，糖酵解反应加快，以产生大量的 ATP；而当细胞内 ATP 丰富能量充足时糖酵解减弱。

柠檬酸是 PFK-1 的另一个别构抑制剂。柠檬酸是线粒体内三羧酸循环第一步反应的产物，如果细胞质中存在高浓度的柠檬酸意味着三羧酸循环中间产物过剩，即能量过剩。因此，它抑制 PFK-1 的活性，使糖酵解受到抑制。

果糖-2,6-二磷酸（fructose-2,6-biphosphate，F-2,6-BP）是 PFK-1 最强的别构激活剂，与 AMP 一起消除 ATP、柠檬酸的抑制作用，促进糖酵解。F-2,6-BP 由磷酸果糖激酶-2（PFK-2）催化 F-6-P 的 C_2 磷酸化而生成；果糖二磷酸酶-2（fructose biphosphatase-2，FBP-2）则可水解其 C_2 磷酸。PFK-2 和 FBP-2 可在激素作用下，以共价修饰方式调节酶活性。胰高血糖素通过依赖 cAMP 的蛋白质激酶系统使其 32 位丝氨酸发生磷酸化，抑制 PFK-2 活性并激活 FBP-2 活性，降低细胞内 F-2,6-BP 水平，抑制糖酵解。肾上腺素则通过依赖 cAMP 的蛋白质激酶系统的作用，抑制 PFK-1 活性并增强 FBP-1 活性，从而抑制糖酵解。

PFK-1 还被 H^+ 抑制。长时间缺氧时，细胞质 pH 降低，可通过降低糖酵解的反应速度，限制乳酸的过多生成，从而在一定程度上防止酸中毒。

（三）丙酮酸激酶

丙酮酸激酶（pyruvate kinase，PK）是糖酵解途径的另一个重要的关键酶。F-1,6-BP 是该酶的别构激活剂，而 ATP 和丙酮酸则是其别构抑制剂。在肝内丙氨酸对该酶也有别构抑制作用。丙酮酸激酶还可受到共价修饰调节。依赖 cAMP 的蛋白质激酶和依赖 Ca^{2+}-钙调蛋白的蛋白质激酶均可使其磷酸化而失活。胰高血糖素可通过激活依赖 cAMP 的蛋白质激酶而抑制丙酮酸激酶的活性。丙酮酸激酶有 M 型和 L 型两种同工酶，M 型又有 M1 及 M2 亚型。M1 分布于心肌、骨骼肌和脑组织；M2 分布于脑及肝脏等组织。L 型同工酶主要存在于肝、肾及红细胞内。

三、糖无氧分解的生理意义

在正常生理情况下，葡萄糖主要通过有氧氧化供能，糖无氧分解供能虽少，但具有独特的生理意义。

（一）机体相对缺氧时快速提供能量

糖无氧分解最主要的生理意义在于迅速提供能量，这对肌收缩更为重要。生物体在进行剧烈运动时需要大量供能，但 ATP 含量在肌肉细胞内偏低，仅为 $5\sim7\mu mol/g$ 组织，只要肌肉收缩几秒钟即可耗尽。这样，在正常生理情况下，即使不缺氧，但因葡萄糖进行有氧氧化的反应过程比糖酵解长得多，来不及满足生理需要，而通过糖无氧分解可迅速得到能量。人从平原初到高原时，组织细胞也会通过糖无氧分解来适应高原缺氧。

（二）某些组织在生理情况下的供能途径

某些组织细胞即使在有氧时仍通过糖无氧分解供能。成熟红细胞没有线粒体，其生命活动所需的能量完全依赖糖无氧分解。大脑、神经细胞、骨髓、白细胞等代谢极为活跃，即使不缺氧也常由糖无氧分解提供部分能量。少数组织如皮肤、睾丸、视网膜等，即使在氧气供应充足时也主要依靠糖无氧分解供能。

在一些病理情况下（如严重贫血、大量失血、呼吸障碍和循环障碍等），组织细胞处于缺血、缺氧状态，此时也需通过糖无氧分解获取能量，因供氧不足而使糖无氧分解加快甚至过度，致使体内乳酸堆积过多而发生代谢性酸中毒。另外，研究发现增殖异常活跃的组织（如恶性肿瘤）即使在有氧的条件下，葡萄糖也没有被彻底氧化分解，而是被分解生成乳酸，这种现象被称为瓦尔堡效应（Warburg effect）。

第三节 糖的有氧氧化

当氧气供应充足时，将葡萄糖或糖原彻底氧化分解生成 CO_2 和 H_2O，并释放大量能量（ATP）的过程称为糖的有氧氧化（aerobic oxidation）。有氧氧化是糖的主要分解代谢途径，是糖氧化的主要方式，也是机体大多数组织细胞获取能量的主要途径。糖有氧氧化与糖酵解的关系见图6-4。

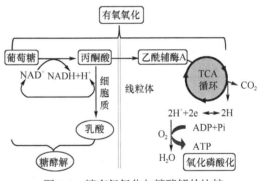

图 6-4 糖有氧氧化与糖酵解的比较

一、糖有氧氧化的过程

糖有氧氧化大致可分为三个阶段。第一阶段：葡萄糖在细胞质中循糖酵解途径分解生成丙酮酸；第二阶段：丙酮酸进入线粒体，氧化脱羧生成乙酰辅酶 A；第三阶段：在线粒体内，乙酰辅酶 A 进入三羧酸循环并偶联进行氧化磷酸化被彻底氧化。第一阶段已经在糖酵解这一节的内容中详细讨论过，第三阶段中的氧化磷酸化在第七章生物氧化章节中重点讨论。在此主要介绍第二阶段丙酮酸的氧化脱羧和第三阶段中三羧酸循环的反应过程。

（一）葡萄糖在细胞质中经糖酵解途径分解生成丙酮酸

糖的有氧氧化与糖的无氧分解具有一段共同的途径，即葡萄糖转变为丙酮酸，因此糖有氧氧化的第一阶段也是糖酵解途径，在细胞质中进行的 10 步反应完全一样，但有所不同的是，由甘油醛-3-磷酸脱下的 2H 产生的还原当量 $NADH+H^+$ 的去向不同。在糖酵解过程中，糖酵解途径产生的丙酮酸被甘油醛-3-磷酸脱下的 2H 还原成乳酸；而在有氧氧化中，丙酮酸则进入线粒体，氧化脱羧转变为乙酰辅酶 A，因此，由甘油醛-3-磷酸脱下的 2H 产生的还原当量 $NADH+H^+$ 不必由丙酮酸接受，而是经穿梭机制从细胞质中被转运到线粒体，并通过呼吸链（respiratory chain）传递，将 2 个氢（2H）氧化生成 H_2O，并偶联 ADP 磷酸化合成 ATP（详见生物氧化章节）。

（二）丙酮酸进入线粒体氧化脱羧生成乙酰 CoA

在有氧状态下，细胞质中的丙酮酸进入线粒体，经与线粒体内膜相连的丙酮酸脱氢酶复合物（pyruvate dehydrogenase complex）催化，进行氧化脱羧，并与 HSCoA（辅酶 A）结合生成乙酰辅酶 A。此反应是将糖酵解途径与三羧酸循环相连的重要反应。催化此反应的丙酮酸脱氢酶复合物是糖有氧氧化过程的关键酶之一，在整个反应过程中，中间产物并不离开酶复合物，因而可以迅速完成 5 步反应，而且没有游离的中间产物，所以不会发生不良反应。丙酮酸氧化脱羧反应的自由能（$\Delta G^{o'}$）=39.5kJ/mol（9.44kcal/mol），反应不可逆。

丙酮酸脱氢酶复合物由三种酶和五种辅因子组成（表 6-3）。丙酮酸脱氢酶（E_1）：辅酶为焦磷酸硫胺素（TPP），需 Mg^{2+} 参与反应；二氢硫辛酰胺转乙酰酶（E_2）：辅酶是硫辛酸和 HSCoA；二氢硫辛酰胺脱氢酶（E_3）：辅基为 FAD，并需线粒体基质中的 NAD^+ 参加反应。多酶复合物中三种酶按一定比例组合，组合比例因生物体物种不同而异。在哺乳动物细胞中，丙酮酸脱氢酶复合物由 60 个二氢硫辛酰胺转乙酰酶组成核心，周围排列着 12 个丙酮酸脱氢酶和 6 个二氢硫辛酰胺脱氢酶，形成一个紧密的连锁反应机构，使得催化效率极高。

表 6-3　丙酮酸脱氢酶复合物的组成

组成酶	辅因子	维生素
丙酮酸脱氢酶	TPP	维生素 B_1
二氢硫辛酰胺转乙酰酶	硫辛酸、HSCoA	硫辛酸、泛酸
二氢硫辛酰胺脱氢酶	FAD、NAD^+	维生素 B_2、维生素 PP

丙酮酸氧化脱羧过程由下列 5 步反应组成（图 6-5）。

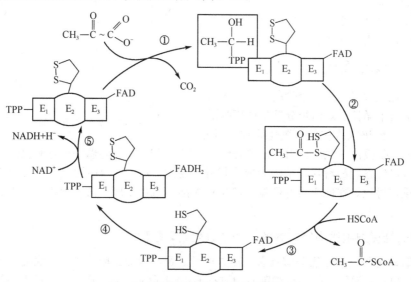

图 6-5　丙酮酸脱氢酶复合物作用机制

（1）丙酮酸脱氢酶（E_1）TPP 噻唑环上活泼 C 原子与丙酮酸的酮基反应，脱去羧基产生 CO_2，同时形成羟乙基-TPP。

（2）由二氢硫辛酰胺转乙酰酶（E_2）催化，使羟乙基-TPP-E_1 上的羟乙基被氧化成乙酰基，同时转移给硫辛酰胺，形成乙酰硫辛酰胺-E_2。

（3）二氢硫辛酰胺转乙酰酶（E₂）继续催化，使乙酰硫辛酰胺上的乙酰基转移给 HSCoA 生成乙酰辅酶 A 后，离开酶复合物，同时氧化过程中的 2 个电子使硫辛酰胺上的二硫键还原为 2 个巯基而转变为还原型硫辛酰胺。

由反应（2）和（3）可见，硫辛酸通过与转乙酰酶的赖氨酸残基的 ε-氨基相连，形成与酶结合的硫辛酰胺，可将乙酰基从酶复合物的一个活性部位转到另一个活性部位，并与 HSCoA 结合生成乙酰辅酶 A 后离开酶复合物。

（4）二氢硫辛酰胺脱氢酶（E₃）使还原型的二氢硫辛酰胺脱氢重新生成硫辛酰胺，同时将氢传递给 FAD，生成 FADH₂。

（5）在二氢硫辛酰胺脱氢酶（E₃）催化下，将 FADH₂ 上的氢（2H）转移给 NAD⁺，生成 NADH+H⁺。

经反应（4）和（5），将丙酮酸脱下的 2H 最终转移给线粒体基质中的 NAD⁺ 生成 NADH+H⁺。

因此，丙酮酸进入线粒体氧化脱羧生成乙酰辅酶 A 的总反应式为：

$$丙酮酸+NAD^++HSCoA \longrightarrow 乙酰辅酶 A+NADH+H^++CO_2$$

（三）乙酰辅酶 A 进入三羧酸循环以及氧化磷酸化被彻底氧化并生成 ATP

三羧酸循环（tricarboxylic acid cycle，TCA cycle）亦称柠檬酸循环（critic acid cycle，CAC），由克雷布斯（Krebs HA）在 1937 年正式提出，该循环是被公认的代谢研究的里程碑，因此又称 Krebs 循环，由 8 步反应组成，是体内产生 CO_2 和还原当量的主要机制。

1. TCA 循环由八步反应组成

（1）乙酰辅酶 A 与草酰乙酸缩合成柠檬酸：乙酰辅酶 A 与草酰乙酸在柠檬酸合酶（citrate synthase）催化下缩合为柠檬酸（citrate）。柠檬酸合酶是 TCA 循环中的第一个关键酶，它催化乙酰辅酶 A 的硫酯键加水分解释放出较多的自由能，$\Delta G^{o'}$ 为 31.4kJ/mol（7.5kcal/mol），使反应成为单向、不可逆反应；同时，柠檬酸合酶对草酰乙酸的 K_m 很低，所以即使线粒体内草酰乙酸的浓度很低（约 10mmol/L），反应也得以迅速进行。

草酰乙酸　　　　　　乙酰辅酶A　　　　　　　　　　　柠檬酸　　　　辅酶 A

（2）柠檬酸经顺乌头酸转变为异柠檬酸：在顺乌头酸酶（aconitase）的催化下，柠檬酸先脱水生成顺乌头酸（cis-aconitate），再加水生成异柠檬酸（isocitrate），原来 C-3 位的羟基转到 C-2 位。反应的中间产物顺乌头酸仅与酶结合在一起以复合物的形式存在。由于异柠檬酸不断参加后续反应，故整个反应仍趋向于异柠檬酸的生成方向。

柠檬酸　　　　　　酶-顺乌头酸复合物　　　　　　　异柠檬酸

（3）异柠檬酸氧化脱羧生成 α-酮戊二酸：在异柠檬酸脱氢酶（isocitrate dehydrogenase）催化下，异柠檬酸氧化脱羧生成 α-酮戊二酸（α-ketoglutaric acid）和 CO_2，脱下的氢由 NAD⁺ 接受，生成 NADH+H⁺。细胞内存在着两种异柠檬酸脱氢酶：

异柠檬酸　　　　异柠檬酸脱氢酶　　　α-酮戊二酸

一种以 NAD^+ 为辅酶（仅存在于线粒体基质中）；另一种以 $NADP^+$ 为辅酶（大多存在于细胞质中，线粒体内也有少量）。该反应是 TCA 循环中的第一次氧化脱羧反应，也是 TCA 循环的第二个限速步骤，反应不可逆，释放的 CO_2 可被视作乙酰辅酶 A 的一个碳原子的氧化产物。

（4）α-酮戊二酸氧化脱羧生成高能硫酯化合物琥珀酰辅酶 A：TCA 循环中的第二次氧化脱羧反应是 α-酮戊二酸氧化脱羧生成琥珀酰辅酶 A（succinyl CoA），反应不可逆，是 TCA 循环中的第三个限速步骤。催化该反应的酶是 α-酮戊二酸脱氢酶复合物（α-ketoglutarate dehydrogenase complex），该酶复合物由 α-酮戊二酸脱氢酶、二氢硫辛酰胺琥珀酰转移酶和二氢硫辛酰胺脱氢酶组成，辅因子由焦磷酸硫胺素（TPP）、硫辛酸、FAD、NAD^+ 和 CoA 组成，其催化反应过程、机制都与丙酮酸脱氢酶复合物一致，由此，α-酮戊二酸可迅速完成脱氢、脱羧、并形成高能硫酯键等反应。该反应脱下的氢由 NAD^+ 接受，生成 $NADH+H^+$；脱羧反应释放的 CO_2 可被视作乙酰辅酶 A 的另一个碳原子的氧化产物；释出的部分自由能以高能硫酯键形式储存在琥珀酰辅酶 A 中。

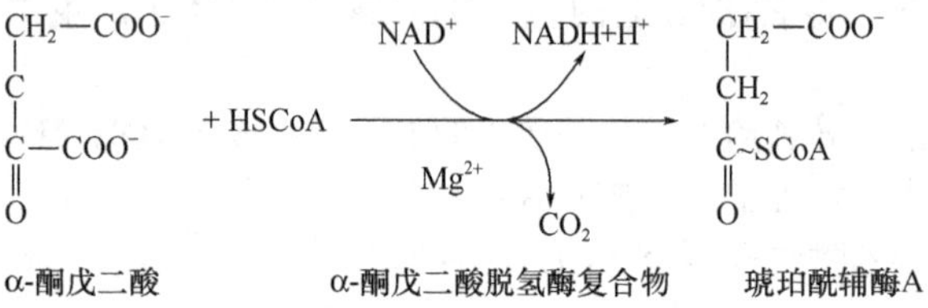

（5）琥珀酰辅酶 A 经底物水平磷酸化反应转变为琥珀酸：该反应在 GDP、无机磷酸和 Mg^{2+} 参与下，琥珀酰辅酶 A 合成酶（succinyl CoA synthetase）催化琥珀酰辅酶 A 转变为琥珀酸（succinate）。当琥珀酰辅酶 A 的高能硫酯键水解时，$\Delta G^{o\prime}$ 约 33.4kJ/mol（7.98kcal/mol），它可与 GDP 的磷酸化偶联生成 GTP，后者在核苷二磷酸激酶催化下，将高能磷酸键转移给 ADP 生成 ATP。这是 TCA 循环中唯一以底物水平磷酸化方式生成 ATP 的反应。

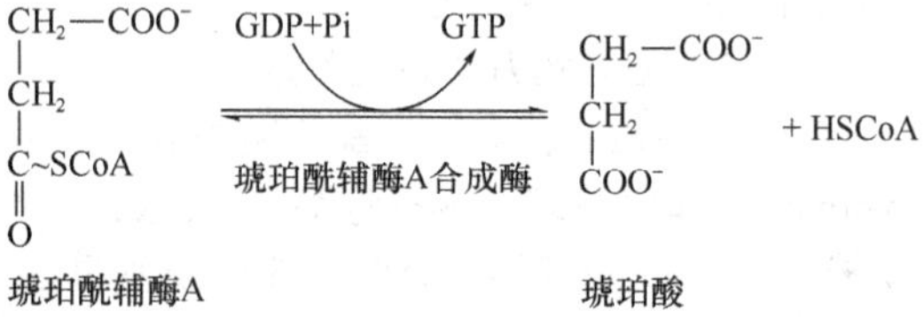

（6）琥珀酸脱氢生成延胡索酸：在琥珀酸脱氢酶（succinate dehydrogenase）催化下，琥珀酸脱氢氧化为延胡索酸（fumarase）。琥珀酸脱氢酶的辅基是 FAD，反应脱下的 2H 由 FAD 接受，生成 $FADH_2$，经过琥珀酸氧化呼吸链被氧化生成 H_2O 和 1.5 分子 ATP。琥珀酸脱氢酶是 TCA 循环中唯一存在于线粒体内膜上的酶，而其他 TCA 循环中的酶则都是存在于线粒体基质中，因此该酶是反映线粒体功能的标志酶之一，其酶活性可作为评价 TCA 循环运行程度的指标，也可以作为检测活细胞数目的指标。该酶具有立体异构特异性，仅催化琥珀酸氧化生成反式丁烯二酸（延胡索酸）而不生成顺式丁烯二酸（马来酸），后者对机体有毒性。

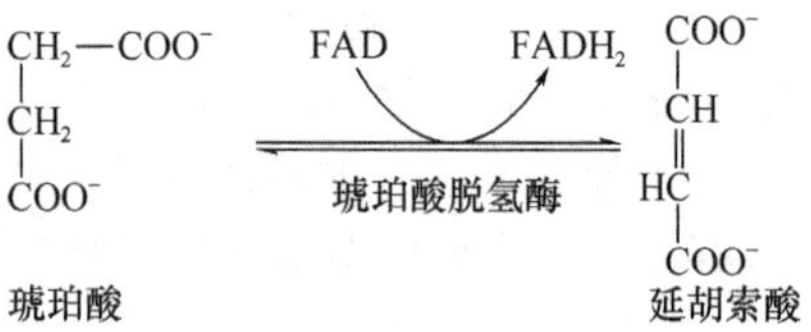

（7）延胡索酸加水生成苹果酸：此反应可逆，延胡索酸在延胡索酸酶（fumarase）催化下，加水生成苹果酸（malate）。该酶也具有立体异构特异性，在催化延胡索酸分子上加水时，H^+ 和 OH^- 以反式加成，因此只形成 L-型苹果酸。

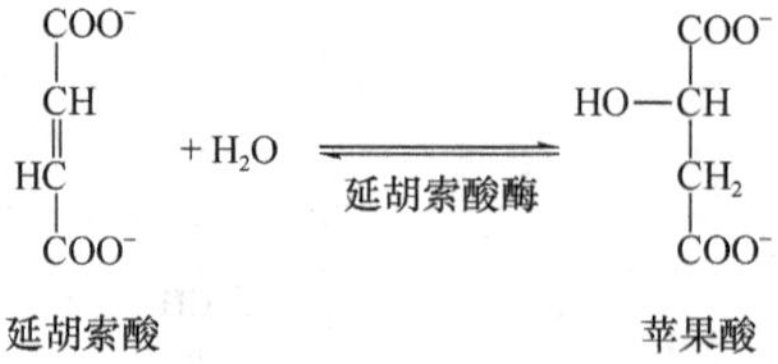

（8）苹果酸脱氢生成草酰乙酸：在苹果酸脱氢酶（L-malate

dehydrogenase）的催化下，苹果酸脱氢生成草酰乙酸和 $NADH+H^+$。在细胞内草酰乙酸不断地被用于柠檬酸合成，故这一可逆反应向生成草酰乙酸的方向进行，草酰乙酸又可进入下一次 TCA 循环。

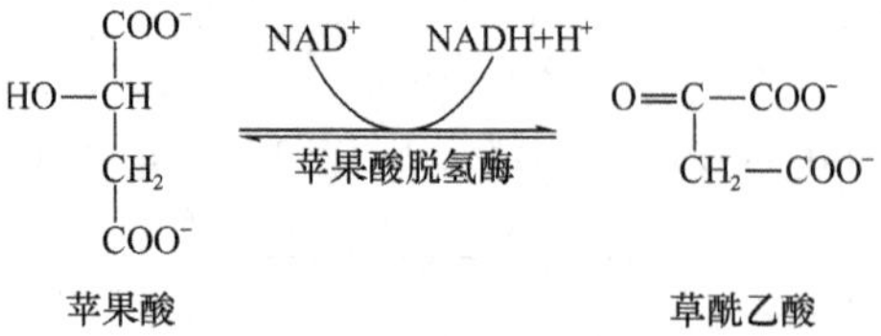

TCA 循环的上述八步反应过程可归纳为如图 6-6，总反应如下：

$$CH_3CO{\sim}SCoA+3NAD^++FAD+GDP+Pi+2H_2O \longrightarrow 2CO_2+3NADH+3H^++FADH_2+HSCoA+GTP$$

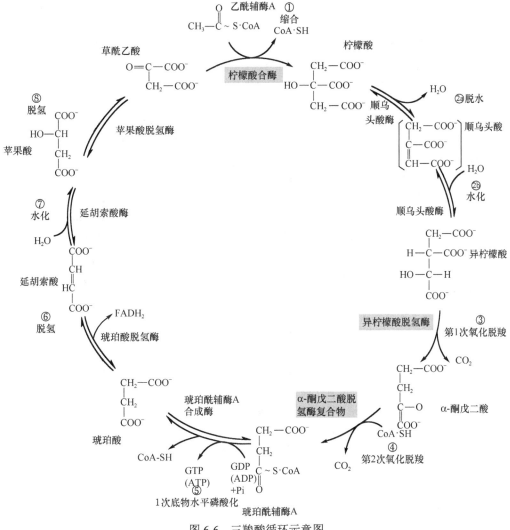

图 6-6 三羧酸循环示意图

2. TCA 循环的反应特点

（1）TCA 循环每循环一轮的净结果是氧化了一个乙酰基：即通过 2 次脱羧反应产生 2 分子 CO_2，这是体内 CO_2 的主要来源。但用 ^{14}C 标记乙酰辅酶 A 的实验表明，脱羧生成的 2 个 CO_2 的碳原子来自草酰乙酸而不是乙酰辅酶 A。这是因为中间反应过程中碳原子置换所致，因此实际上只是部分更新了再生的草酰乙酸的碳架，含量并没有增减。

（2）每轮 TCA 循环共发生 4 次脱氢反应，生成 4 分子还原当量：每轮循环中并没有生成 H_2O 和 ATP 的反应，而是通过 4 次脱氢反应生成 4 对氢（4×2H），其中有 3 次脱氢（3 对氢或 6 个电子）由 NAD^+ 接受，1 次（一对氢或 2 个电子）由 FAD 接受，生成 3 分子 $NADH+H^+$ 和 1 分子 $FADH_2$。$NADH+H^+$ 和 $FADH_2$ 通过线粒体内不同的氧化呼吸链传递，最终与氧结合生成水，同时释放能量使 ADP 磷酸化生成 ATP。1 分子 $FADH_2$ 经琥珀酸氧化呼吸链的氧化磷酸化可生成 1.5 分子 ATP；1 分子 $NADH+H^+$ 经 NADH 氧化呼吸链氧化磷酸化可产生 2.5 分子 ATP（见生物氧化章节）。因此，1 分子乙酰辅酶 A 进入 TCA 循环经脱氢氧化生成的 4 分子还原当量经电子传递链传递彻底氧化分解时，可偶联产生 9 分子 ATP。

（3）有一次底物水平磷酸化：生成 1 分子 GTP。

综上所述，体内凡是能转变为乙酰辅酶 A 的物质，都能进入 TCA 循环和氧化磷酸化而被彻底氧化。1分子乙酰辅酶A经过TCA循环和氧化磷酸化彻底氧化分解时，共可生成10分子ATP。

（4）TCA循环的中间产物需要回补：TCA循环的各中间产物在反应前后的总量不发生改变，即不会消耗中间产物，不可能通过TCA循环从乙酰CoA合成草酰乙酸或TCA循环的其他中间产物；同样，这些中间产物也不可能直接在TCA循环中被氧化成CO_2和H_2O。需要强调的是，TCA循环中的中间代谢物通过本循环代谢，均可生成草酰乙酸，但不能认为后者可通过两轮TCA循环就可彻底氧化成CO_2和H_2O，而应该是草酰乙酸转运出TCA循环生成三碳的磷酸烯醇式丙酮酸，后者生成丙酮酸，丙酮酸再转变成二碳的乙酰辅酶A后再次进入TCA循环方可彻底氧化。

此外，其他代谢也消耗TCA循环的中间产物（如草酰乙酸和α-酮戊二酸分别用于合成天冬氨酸和谷氨酸），因此需要对TCA循环的中间产物进行回补和及时补充，其中以草酰乙酸的补充最重要。TCA循环中的草酰乙酸主要来自丙酮酸的直接羧化，也可通过苹果酸脱氢生成。无论何种途径，其最终来源是葡萄糖的分解代谢。因此糖的供应及代谢情况直接影响着乙酰辅酶A进入TCA循环的速度。通过"回补反应（anaplerotic reaction）"不仅可使TCA循环中的某些中间代谢物不断得到补充和更新，从而保证TCA循环的正常运转；而且也可与多种物质代谢过程彼此联系起来。

（5）TCA循环有三个关键酶：柠檬酸合酶、异柠檬酸脱氢酶和α-酮戊二酸脱氢酶复合物所催化的反应在生理条件下是不可逆的，故TCA循环不可逆。其中异柠檬酸脱氢酶是主要的关键酶及最重要的调节酶。

3. TCA循环在三大营养物质代谢中具有重要的生理意义

（1）TCA循环是糖、脂肪、蛋白质三大营养物质分解代谢及氧化供能的共同途径。糖、脂肪和氨基酸（蛋白质）都是能源物质，它们在体内分解代谢都必须生成乙酰辅酶A，然后进入TCA循环和氧化磷酸化进行彻底氧化并供能。糖分解成丙酮酸，然后氧化成乙酰辅酶A；脂肪动员产生的甘油转化成磷酸二羟丙酮，进一步氧化成乙酰辅酶A；脂肪酸经过β氧化分解乙酰辅酶A；氨基酸经过脱氨基生成α-酮酸，进一步氧化生成乙酰辅酶A。TCA循环中只有一个底物水平磷酸化反应生成高能磷酸键，循环本身并不是生成ATP的主要环节，绝大部分能量主要来自于TCA循环中的4次脱氢反应，它们为电子传递过程和氧化磷酸化反应生成ATP提供了足够的还原当量。因此，TCA循环不仅是糖、脂肪和氨基酸分解代谢的共同途径，也是它们彻底氧化供能的共同通路。

（2）TCA循环是糖、脂肪、氨基酸代谢相互联系和互变的枢纽。糖、脂肪和氨基酸三大营养物质通过TCA循环在一定程度上可以相互转变（图6-7）。糖转变成脂肪是最重要的例子。在能量供应充足的条件下，从食物摄取的糖相当一部分转变成脂肪储存。即葡萄糖在线粒体内分解生成乙酰辅酶A，乙酰辅酶A必须被转移到细胞质中才可作为原料合成脂肪酸。但乙酰辅酶A不能自由通过线粒体膜，需要先经过TCA循环第一步反应合成柠檬酸，然后再通过载体转运到细胞质后在柠檬酸裂合酶（citrate lyase）作用下裂解成乙酰辅酶A及草酰乙酸，然后乙酰辅酶A即可用于合成脂肪酸及脂肪。由葡萄糖提供的丙酮酸转变成的草酰乙酸或TCA循环的其他中间产物可通过接受氨基，合成一些非必需氨基酸如天冬氨酸、谷氨酸等（见氨基酸代谢章节）。绝大部分氨基酸可以转变成糖和脂肪。许多氨基酸的碳架是TCA循环的中间产物，如丙氨酸、天冬氨酸和谷氨酸可分别转变为丙酮酸、草酰乙酸和α-酮戊二酸，经历部分TCA循环后可循糖异生途径转变为葡萄糖。此外，琥珀酰辅酶A可用于与甘氨酸合成血红素，乙酰辅酶A又是合成胆固醇和酮体的原料。因而，TCA循环在提供生物合成的前体中也起重要作用。

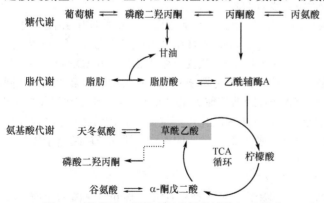

图6-7 葡萄糖、脂肪和氨基酸代谢的相互联系

二、糖有氧氧化的调节

糖有氧氧化是机体获得能量的主要方式。机体对能量的需求变动很大，因此，对有氧氧化的调节是为了适应机体或不同器官对能量的需要。有氧氧化三个阶段中的 7 个关键酶的活性调节了有氧氧化的速度。糖酵解途径的调节前已叙述，这里主要涉及丙酮酸脱氢酶复合物的调节及 TCA 循环的调节。

（一）丙酮酸脱氢酶复合物的调节

丙酮酸脱氢酶复合物可通过别构调节和化学修饰两种方式影响其酶活性。一方面，丙酮酸脱氢酶复合物催化的反应产物乙酰辅酶 A 及 NADH+H$^+$ 对酶有别构抑制作用。当饥饿或大量脂肪动员时，大多数组织器官以脂肪酸作为能量来源，此时，脂肪酸氧化生成的乙酰辅酶 A 抑制这些组织中糖的有氧氧化，不再消耗葡萄糖，因而确保了大脑等重要组织对葡萄糖的需要。糖有氧氧化的产物 ATP 亦对丙酮酸脱氢酶复合物有别构抑制作用，而 AMP 则能激活该酶。另一方面，丙酮酸脱氢酶复合物的活性还受到可逆的化学修饰调节。在丙酮酸脱氢酶激酶催化下，丙酮酸脱氢酶复合物可被磷酸化失去活性；丙酮酸脱氢酶磷酸酶则可使其去磷酸化而恢复活性。乙酰辅酶 A 和 NADH 除直接别构抑制丙酮酸脱氢酶复合物之外，也可间接通过增强丙酮酸脱氢酶激酶的活性而使其失活。

（二）三羧酸循环的调节

TCA 循环的速率和流量受多种因素的调控（图 6-8）。在 TCA 循环中有三个不可逆反应，分别由柠檬酸合酶、异柠檬酸脱氢酶和 α-酮戊二酸脱氢酶复合物催化。其中，柠檬酸合酶的活性可被柠檬酸和 ATP 所抑制，由于该酶的活性可以决定乙酰辅酶 A 进入 TCA 循环的速率，因此曾被认为是 TCA 循环的主要调节点。乙酰辅酶 A 和草酰乙酸作为柠檬酸合酶的底物，其含量随细胞代谢状态而改变，从而影响柠檬酸合成的速率。产物堆积如柠檬酸、琥珀酰辅酶 A 可抑制柠檬酸合酶的活性。柠檬酸是协调糖代谢和脂代谢的枢纽物质之一，当能量供应不足时，柠檬酸留在线粒体中继续进行 TCA 循环产能；当糖氧化供能过于旺盛时，柠檬酸可通过柠檬酸-丙酮酸循环转移至细胞质，分解释放乙酰辅酶 A 用于合成脂肪酸。

由于柠檬酸可向细胞质转运乙酰辅酶 A 用于合成脂肪酸，所以柠檬酸合酶活性升高未必加快 TCA 循环的速率。因此，目前认为异柠檬酸脱氢酶和 α-酮戊二酸脱氢酶复合物才是 TCA 循环的主要调节酶，这两种酶的催化产物有 NADH，其酶活性在 NADH/NAD$^+$、ATP/ADP 比率高时均可被反馈抑制。终产物 ATP 可抑制柠檬酸合酶和异柠檬酸脱氢酶的活性，而 ADP 则是它们的别构激活剂。琥珀酰辅酶 A 和 NADH 可反馈抑制 α-酮戊二酸脱氢酶复合物。

再者，Ca^{2+} 在肌肉中是收缩和增大 ATP 供应的信号，所以当线粒体内 Ca^{2+} 浓度升高时，Ca^{2+} 不仅可直接与异柠檬酸脱氢酶和 α-酮戊二酸脱氢酶复合物相

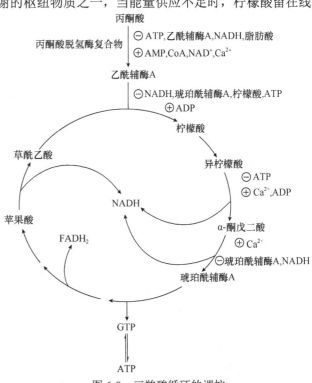

图 6-8　三羧酸循环的调控

结合，降低其对底物的 K_m 值而使酶激活；也可激活丙酮酸脱氢酶复合物，从而促进 TCA 循环和有氧氧化的进行。

此外，氧化磷酸化速率对 TCA 循环也有重要影响。TCA 循环中 4 次脱氢反应生成的 NADH+ H^+ 和 $FADH_2$ 如不能有效进行氧化磷酸化，则 TCA 循环中的脱氢反应也将无法继续进行下去。

三、糖有氧氧化的生理意义

糖有氧氧化是机体产生 CO_2 和获取能量的最主要途径。在氧供应充足时，细胞质中 2 分子甘油醛-3-磷酸脱氢生成的 2 分子 NADH+ H^+，将根据糖代谢发生的部位通过 α-磷酸甘油穿梭或苹果酸-天冬氨酸穿梭转运至线粒体内（见第七章生物氧化），通过电子传递链传递，每分子 NADH+ H^+ 分别产生 2.5 或 1.5 分子 ATP。因此在细胞质阶段最终净生成 5 或 7 分子 ATP。2 分子丙酮酸在线粒体内氧化脱羧生成 2 分子 NADH+ H^+，通过呼吸链偶联将生成 5 分子 ATP。TCA 循环中 4 次脱氢反应分别产生 3 分子 NADH+ H^+ 和 1 分子 $FADH_2$，可通过电子传递链和氧化磷酸化产生 ATP，加上底物水平磷酸化生成的 1 分子 ATP，1 分子乙酰辅酶 A 经 TCA 循环彻底氧化，共生成 10 分子 ATP。若从丙酮酸脱氢开始计算，共产生 12.5 分子 ATP。因此，1 分子葡萄糖的有氧氧化过程将生成 30 或 32 分子 ATP（表 6-4）。如果从糖原的一个葡萄糖单位开始分解代谢，由于在第一阶段少消耗 1 分子 ATP，因此经有氧氧化后可净合成 31 或 33 分子 ATP。

总反应为：葡萄糖+30/32ADP+30/32Pi+6O_2 ——→ 30/32ATP+6CO_2+36H_2O

表 6-4　葡萄糖有氧氧化生成的 ATP

阶段	反应过程	辅因子	生成 ATP 数目
第一阶段	葡萄糖 →G-6-P		−1
	G-6-P→F-1,6-BP		−1
	2×甘油醛-3-磷酸 →2×1,3-BPG	2NADH（细胞质）	2×1.5*（或 2×2.5*）
	2×1,3-BPG→2×甘油酸-3-磷酸		2×1
	2×磷酸烯醇式丙酮酸 →2×丙酮酸		2×1
第二阶段	2×丙酮酸 →2×乙酰辅酶 A	2NADH（线粒体）	2×2.5
第三阶段	2×异柠檬酸 →2×α-酮戊二酸	2NADH（线粒体）	2×2.5
	2×α-酮戊二酸 →2×琥珀酰辅酶 A	2NADH	2×2.5
	2×琥珀酰辅酶 A→2×琥珀酸		2×1
	2×琥珀酸 →2×延胡索酸	2$FADH_2$	2×1.5
	2×苹果酸 →2×草酰乙酸	2NADH	2×2.5
净生成 ATP			30（或 32）

*糖酵解产生的 NADH+ H^+，若经苹果酸-天冬氨酸穿梭机制进入线粒体内氧化，1 分子 NADH+ H^+ 产生 2.5 分子 ATP；若经 α-磷酸甘油穿梭机制进入线粒体内氧化，则产生 1.5 分子 ATP

四、糖有氧氧化和糖酵解之间的相互调节

正常情况下，糖有氧氧化和糖酵解互相协调，如 TCA 循环需要多少乙酰辅酶 A，糖酵解途径就氧化相应数量的葡萄糖生成丙酮酸，进而氧化脱羧为乙酰辅酶 A。正常代谢时，丙酮酸、乳酸和乙酰辅酶 A 保持恒态浓度。TCA 循环速度和糖酵解速度的配合不仅有赖于高 ATP 和 NADH 的抑制作用，而且也受柠檬酸的调控。柠檬酸是糖酵解途径中 PFK-1 的重要别构抑制物。

在无氧条件下酵母菌能使糖生醇发酵，若将其移至有氧环境时，生醇发酵则被抑制。这种糖有氧氧化抑制糖酵解的现象称为巴斯德效应（Pasteur effect）。巴斯德效应是由法国著名的微生物学家、化学家巴斯德提出的。在动物肌肉组织中也存在类似现象，糖酵解途径产生的丙酮酸，面

临着有氧氧化和无氧氧化两种代谢选择，丙酮酸的代谢去向受 NADH+H^+ 的调控。缺氧时，糖代谢生成的丙酮酸不能进入 TCA 循环彻底氧化，而是在细胞质中消耗 NADH+H^+ 还原为乳酸；而当氧供应充足时，NADH+H^+ 进入线粒体内氧化，丙酮酸不被还原而进入有氧氧化途径彻底分解成 CO_2 和 H_2O，此时细胞质中的糖无氧氧化途径受到抑制。一般来说，无氧时通过糖酵解途径所消耗的葡萄糖约为有氧时的 7 倍，这是因为氧缺乏导致氧化磷酸化受阻，ADP 与无机磷酸不能合成 ATP，致使 ADP/ATP 比例增高，从而激活 PFK-1 和丙酮酸激酶，使葡萄糖的糖酵解途径加强。

第四节 戊糖磷酸途径

人体内葡萄糖的分解代谢途径除通过产能的糖酵解和有氧氧化外，还存在不产能的分解代谢途径，如戊糖磷酸途径（pentose phosphate pathway）。在肝脏、脂肪组织、泌乳期乳腺、肾上腺皮质、睾丸、红细胞及中性粒细胞等的细胞质中都有戊糖磷酸途径。戊糖磷酸途径以糖酵解途径的中间产物葡萄糖-6-磷酸（G-6-P）为起始物，经过氧化反应和一系列基团转移反应，生成 F-6-P 和甘油醛-3-磷酸，最终返回到糖酵解途径中，是糖氧化分解代谢中的一条支路，亦称为己糖磷酸支路（hexose monophosphate shunt，HMS）。与糖酵解和有氧氧化不同，该途径主要特点是能为细胞产生 NADPH 和核糖-5-磷酸两种重要的物质，但不能直接产生 ATP。

一、戊糖磷酸途径的反应过程

戊糖磷酸途径以 G-6-P 为起始物，该途径的代谢反应全部在细胞质中进行，分为两个阶段：第一阶段是不可逆的脱氢氧化反应，生成磷酸核糖、NADPH+H^+ 和 CO_2；第二阶段是可逆的基团转移反应，最终生成 F-6-P 和甘油醛-3-磷酸。

（一）不可逆的脱氢氧化反应阶段

1. G-6-P 脱氢氧化生成葡萄糖酸内酯-6-磷酸 六碳的 G-6-P 经 G-6-P 脱氢酶（glucose-6-phosphate dehydrogenase，G6PD）催化氧化脱氢，生成葡萄糖酸内酯-6-磷酸，脱下的 2 个氢由辅酶 $NADP^+$ 接受而生成 NADPH+H^+，此反应需要 Mg^{2+} 参与。G6PD 为戊糖磷酸途径的关键酶，反应不可逆。由于人体肌肉组织中缺乏此酶，故不能进行该反应。

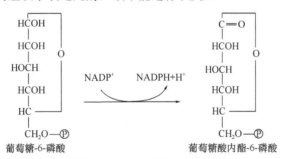

葡萄糖-6-磷酸   葡萄糖酸内酯-6-磷酸

2. 葡萄糖酸内酯-6-磷酸水解生成葡萄糖酸-6-磷酸 反应由内酯酶（lactonase）催化，葡萄糖酸内酯-6-磷酸加水生成葡萄糖酸-6-磷酸。

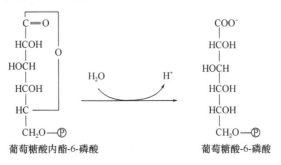

葡萄糖酸内酯-6-磷酸   葡萄糖酸-6-磷酸

3. 葡萄糖酸-6-磷酸氧化脱羧生成核酮糖-5-磷酸　反应由葡萄糖酸-6-磷酸脱氢酶（6-phosphogluconate dehydrogenase）催化，脱下的 2 个氢也由辅酶 $NADP^+$ 接受而生成 $NADPH+H^+$，同时脱羧生成 CO_2 和五碳的核酮糖-5-磷酸。

$$
\begin{array}{l}
COO^- \\
\mid \\
HCOH \\
\mid \\
HOCH \\
\mid \\
HCOH \\
\mid \\
HCOH \\
\mid \\
CH_2O-\text{\textcircled{P}}
\end{array}
\qquad
\xrightarrow[\ NADP^+\quad NADPH+H^+\ ]{\qquad CO_2 \qquad}
\qquad
\begin{array}{l}
CH_2OH \\
\mid \\
C=O \\
\mid \\
HCOH \\
\mid \\
HCOH \\
\mid \\
CH_2O-\text{\textcircled{P}}
\end{array}
$$

葡萄糖酸-6-磷酸　　　　　　　　　　　　　核酮糖-5-磷酸

4. 核酮糖-5-磷酸异构为核糖-5-磷酸或木酮糖-5-磷酸　核酮糖-5-磷酸可参与异构化反应，可以由磷酸戊糖异构酶（phosphopentose isomerase）催化转变成核糖-5-磷酸，或由磷酸戊糖差向异构酶（phosphopentose epimerase）催化转变为木酮糖-5-磷酸。

$$
\begin{array}{l}
CH_2OH \\
\mid \\
C=O \\
\mid \\
HO-C-H \\
\mid \\
H-C-OH \\
\mid \\
CH_2-O-\text{\textcircled{P}}
\end{array}
\ \rightleftharpoons\
\begin{array}{l}
CH_2OH \\
\mid \\
C=O \\
\mid \\
H-C-OH \\
\mid \\
H-C-OH \\
\mid \\
CH_2-O-\text{\textcircled{P}}
\end{array}
\ \rightleftharpoons\
\begin{array}{l}
H-C=O \\
\mid \\
H-C-OH \\
\mid \\
H-C-OH \\
\mid \\
H-C-OH \\
\mid \\
CH_2-O-\text{\textcircled{P}}
\end{array}
$$

木酮糖-5-磷酸　　　　　　　　核酮糖-5-磷酸　　　　　　　　核糖-5-磷酸

此阶段总反应式为：

$$G\text{-}6\text{-}P+2NADP^++H_2O \longrightarrow 核糖\text{-}5\text{-}磷酸+2NADPH+2H^++CO_2$$

在一些组织中，若细胞对核糖-5-磷酸需要量大于对 $NADPH+H^+$ 的需要量时，戊糖磷酸途径将终止于此阶段。但若细胞对 $NADPH+H^+$ 的需要量多于对核糖-5-磷酸的需要量时，则过多的磷酸戊糖可经该途径的基团转移反应阶段转变成 F-6-P 和甘油醛-3-磷酸，重新返回糖酵解途径以供机体之需。

（二）可逆的基团转移反应阶段

反应可概括为 3 分子戊糖-5-磷酸转变成 2 分子磷酸己糖和 1 分子磷酸丙糖。一系列基团转移的接受体都是醛糖，依据催化酶的不同，反应分为两类。一类是转酮醇酶（transketolase）催化的反应，转移含 1 个酮基、1 个醇基的二碳基团，反应需 TPP 作为辅酶并需 Mg^{2+} 参与；另一类是转醛醇酶（transaldolase）催化的反应，转移三碳单位。基团转移反应过程均可逆。

具体反应过程如下：在转酮醇酶催化下，将木酮糖-5-磷酸分子中的酮醇基（二碳单位）转移至核糖-5-磷酸的醛基碳原子上，从而生成七碳的景天庚酮糖-7-磷酸和三碳的甘油醛-3-磷酸。景天庚酮糖-7-磷酸又在转醛醇酶催化下将醛醇基（三碳单位）转移至甘油醛-3-磷酸的醛基碳原子上，生成六碳的 F-6-P 和四碳的赤藓糖-4-磷酸。赤藓糖-4-磷酸进一步与另一分子木酮糖-5-磷酸进行转酮醇基反应，生成 F-6-P 和甘油醛-3-磷酸。

可见，第二阶段的基团转移反应是由 3 分子核酮糖-5-磷酸开始，再经过转醛醇酶和转酮醇酶催化的一系列反应，最终转变为 2 分子 F-6-P 和 1 分子甘油醛-3-磷酸。甘油醛-3-磷酸和 F-6-P 可以进入糖酵解或有氧氧化途径继续进行分解代谢，也可以通过糖异生途径重新生成 G-6-P，因此戊糖磷酸途径也称戊糖磷酸旁路（pentose phosphate shunt）。这一阶段非常重要，因为细胞对 $NADPH+H^+$ 的消耗量远大于磷酸戊糖，过多的磷酸戊糖需要通过该阶段的反应变为磷酸己糖返回糖酵解途径进行代谢。此外，通过戊糖磷酸途径，还能将体内戊糖和己糖的代谢互相联系起来。并且，通过该途径的中间代谢物（如景天庚酮糖-7-磷酸、赤藓糖-4-磷酸和 G-6-P 是磷酸葡萄糖异构酶的抑制剂；而 F-1,6-BP 又是 G6PD 的抑制剂），使戊糖磷酸途径与糖有氧氧化和糖酵解途径之间也存在着互相制约的关系。

总之，上述脱氢氧化、异构反应和基团转移反应，可以看成 3 分子 G-6-P 经过戊糖磷酸途径生成 3 分子 CO_2、6 分子 NADPH+H^+、2 分子 F-6-P 和 1 分子甘油醛-3-磷酸，总反应式为：

$$3×G-6-P+6NADP^+ \longrightarrow 2×F-6-P+甘油醛-3-磷酸+6NADPH+6H^++3CO_2$$

戊糖磷酸途径反应全过程归纳如图 6-9：

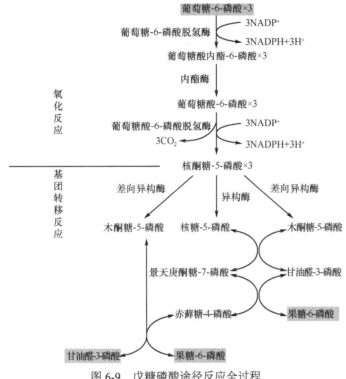

图 6-9　戊糖磷酸途径反应全过程

案例 6-1

　　患儿，男性，2 岁，因面色苍白伴血尿 2 天入院。病史问询得知 2 天前食用过新鲜蚕豆后，次日出现发热、恶心、呕吐，排浓茶色尿。其母曾有类似病史。查体：体温 38℃，脉搏 148 次/分，呼吸 38 次/分，血压 80/60mmHg，呼吸急促，神清，睑结膜及口唇苍白，皮肤及巩膜黄染，腹部触诊发现肝脏较正常增大，脾无触及。肾功能和神经系统检查未见异常。实验室检查：红细胞（RBC）$1.98×10^{12}$/L，血红蛋白（Hb）53g/L，血清总胆红素 85.5μmol/L，结合胆红素 13.7μmol/L，未结合胆红素 71.8μmol/L，肾功能正常。尿蛋白 (++)，尿潜血 (+)，尿胆素原 (+)。

　　问题：
　　1. 该病的初步临床诊断是什么？
　　2. 目前还需要进行哪些检测项目来进一步确诊？
　　3. 该病的发病机制是什么？

（三）戊糖磷酸途径的调节

　　戊糖磷酸途径始于糖代谢的中间产物 G-6-P，G6PD 是戊糖磷酸途径的第一个酶，也是该途径的关键酶，其活性决定 G-6-P 进入此途径的流量，因此戊糖磷酸途径的调节点主要是 G6PD，包括酶含量和酶活性两方面的调节，酶活性调节更为重要。在酶含量调节方面，如高糖、高碳水化合物饮食或饥饿后进食时，肝中的 G6PD 含量明显增加，以提供脂肪酸合成时对 NADPH+H$^+$ 的需要。在酶活性调节方面，该酶的快速调节主要受 NADPH/NADP$^+$ 比值的影响。NADPH+H$^+$ 对该酶有明显的抑制作用，当 NADPH/NADP$^+$ 比例升高（大于 10）时，该途径被抑制（可达 90%）；当 NADPH/NADP$^+$ 比例降低时，该途径被激活。因此，戊糖磷酸途径的流量取决于组织细胞对 NADPH+H$^+$ 的需求。

二、戊糖磷酸途径的生理意义

戊糖磷酸途径最主要的生理意义是生成核糖-5-磷酸和 NADPH+H$^+$。

（一）为核苷酸和核酸的生物合成提供核糖-5-磷酸

体内核糖-5-磷酸主要通过戊糖磷酸途径获得，而并不依赖食物摄入。核糖是核苷酸的组成成分。磷酸核糖的生成方式有两种：一是经 G-6-P 氧化脱羧生成，即戊糖磷酸途径；二是经糖酵解途径的中间产物甘油醛-3-磷酸和 F-6-P 通过基团转移反应生成。因物种、器官等差异性，这两种方式的相对重要性也有所不同，人体主要通过第一种方式生成磷酸核糖，而肌组织内因缺乏 G6PD，故通过第二种方式生成磷酸核糖。

（二）为多种代谢反应提供 NADPH

NADPH+H$^+$ 作为供氢体参与体内多种代谢反应。与 NADH 不同，NADPH 携带的氢不是通过电子传递链氧化释出能量，而是参与许多代谢反应，发挥不同的功能。

1. NADPH+H$^+$ 是许多合成代谢的供氢体 NADPH+H$^+$ 作为供氢体为脂肪酸、非必需氨基酸、胆固醇、胆汁酸、类固醇激素等物质的合成代谢提供氢原子。

2. NADPH+H$^+$ 参与体内的羟化反应 NADPH+H$^+$ 作为供氢体参与体内羟化反应。有些羟化反应与生物合成有关，例如，从鲨烯合成胆固醇，从胆固醇合成胆汁酸、类固醇激素等；有些羟化反应则与生物转化（biotransformation）有关，NADPH+H$^+$ 为肝细胞内质网上的单加氧酶系提供氢，该酶系参与体内多种类固醇的代谢和药物、毒物的生物转化。

3. NADPH+H$^+$ 可维持谷胱甘肽的还原状态，保护生物膜的完整性 谷胱甘肽（glutathione，GSH）是由谷氨酸、半胱氨酸和甘氨酸组成的三肽，2 分子 GSH 可以脱氢生成氧化型谷胱甘肽（GSSG），而后者可在谷胱甘肽还原酶作用下，被 NADPH+H$^+$ 重新还原成为还原型谷胱甘肽。

$$2GSH \xrightleftharpoons[\text{GSH还原酶}]{} GSSG$$
$$A \quad\quad AH_2$$
$$NADP^+ \quad\quad NADPH+H^+$$

谷胱甘肽具有调节细胞氧化还原稳态的作用，其活性基团为半胱氨酸残基上的巯基。谷胱甘肽可由脱氢酶和还原酶这两种酶催化进行氧化型（GSSG）和还原型（GSH）的互变，后者是体内重要的抗氧化剂，可保护一些含有巯基（—SH）的蛋白质或酶免受氧化剂尤其是过氧化物的损害，因此，维持这些蛋白质的还原型巯基，对于保护红细胞的正常功能和寿命具有重要意义。

第五节 糖 异 生

体内糖原的储备有限，正常成人每小时可由肝释出葡萄糖 210mg/kg 体重，若没有补充，10 多小时肝糖原即被耗尽，血糖来源断绝。事实上即使禁食 24 小时，血糖仍保持在正常范围，即使长期饥饿也仅略有下降。这时除了周围组织减少对葡萄糖的利用外，主要还是依赖肝脏将氨基酸、乳酸等转变成葡萄糖，不断补充血糖。这种由非糖化合物（主要有乳酸、甘油、生糖氨基酸、丙酮酸等）转变为葡萄糖或糖原的过程称为糖异生（gluconeogenesis）。在生理条件下，机体内进行糖异生补充血糖的主要器官是肝脏。肾脏的糖异生能力在正常情况下只有肝脏的 1/10，而长期饥饿和酸中毒时，肾脏的糖异生能力则可大为增强。

一、糖异生的过程

糖异生的主要原料是丙酮酸、乳酸、甘油以及生糖氨基酸等。其中，从丙酮酸按照糖酵解途径的逆过程生成葡萄糖的具体反应过程称为糖异生途径（gluconeogenic pathway）。乳酸和生糖氨基酸主要是通过转变为丙酮酸而进入糖异生途径。糖异生途径基本上是糖酵解途径的逆过程，但糖酵解途径中由 HK（包括 GK）、PFK-1 和丙酮酸激酶三个关键酶所催化的三个反应过程都有相当大的能量变化，反应是不可逆的，因此构成"能障"（energy barrier）。在糖异生途径中，克服这种"能障"必须借助于另外的酶促反应，参与催化这三个不可逆反应的酶正是糖异生途径的关键酶，包括四步糖酵解中不曾出现的酶促反应。

■ （一）丙酮酸转变为磷酸烯醇式丙酮酸

糖酵解途径中磷酸烯醇式丙酮酸由丙酮酸激酶催化转变生成丙酮酸。在糖异生途径中其逆过程由两个反应完成。

第一个反应是丙酮酸羧化，由丙酮酸羧化酶（pyruvate carboxylase）催化，辅酶为生物素。反应分两步，CO_2 先与生物素结合，反应由 ATP 供能。然后活化的 CO_2 再转移给丙酮酸生成草酰乙酸，这是体内草酰乙酸的重要来源之一。

第二个反应是草酰乙酸脱羧，由磷酸烯醇式丙酮酸羧化激酶（phosphoenolpyruvate carboxykinase，PEPCK）催化，消耗一个高能磷酸键（由 GTP 提供），若将 GTP 视为 ATP（GTP+ADP $\longleftrightarrow$ GDP+ATP）和 CO_2 等于 HCO_3^-（在碳酸酐酶作用下，$CO_2+H_2O \longleftrightarrow H_2CO_3 \longleftrightarrow H^+ + HCO_3^-$），则上述两个反应总的结果是：

$$丙酮酸 + 2ATP \longrightarrow 磷酸烯醇式丙酮酸 + 2ADP + P_i$$

由丙酮酸羧化酶和磷酸烯醇式丙酮酸羧化激酶催化的两步反应称为丙酮酸羧化支路（pyruvate carboxylation shunt）（图 6-10），是耗能的循环反应，消耗两个高能化合物（ATP 和 GTP），即相当于消耗 2 分子 ATP，而糖酵解途径中由磷酸烯醇式丙酮酸转变为丙酮酸则是生成 1 分子 ATP。丙酮酸羧化支路是许多物质（如乳酸、丙酮酸及 TCA 循环中间产物）在体内进行糖异生的必由之路。

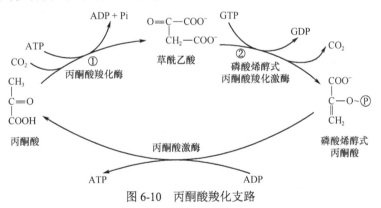

图 6-10 丙酮酸羧化支路

糖异生途径各关键酶的细胞定位不同，使丙酮酸羧化支路的反应步骤更加复杂。其中，丙酮酸羧化酶仅存在于线粒体中，故细胞质中的丙酮酸必须进入线粒体，才能羧化生成草酰乙酸；而磷酸烯醇式丙酮酸羧化激酶的存在部位因物种而异，在人体的线粒体和细胞质中都存在，因此草酰乙酸可以在线粒体中直接转变为磷酸烯醇式丙酮酸再进入细胞质，也可先转运至细胞质再转变为磷酸烯醇式丙酮酸。但是，线粒体内膜对各种物质的透过有严格的选择性，草酰乙酸不能直接透过线粒体内膜，需要借助两种方式将其转运到细胞质。一种方式是由线粒体内苹果酸脱氢酶催化，草酰乙酸还原生成苹果酸，以苹果酸形式通过线粒体内膜进入细胞质，再由细胞质中的苹果酸脱氢酶将苹果酸脱氢，重新氧化为草酰乙酸而进入糖异生途径；另一种方式是由线粒体内谷草转氨酶（天冬氨酸氨基转移酶）催化，苹果酸转变成天冬氨酸后再转出线粒体，再经细胞质中谷草转氨酶催化而恢复生成草酰乙酸。此外还有一种方式是草酰乙酸与乙酰辅酶 A 缩合生成柠檬酸后直接溢出线粒体（图 6-11）。

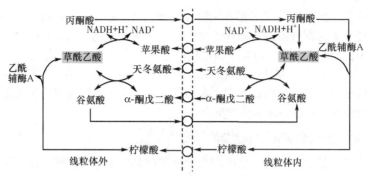

图 6-11　草酸乙酸逸出线粒体的方式

在糖异生途径的随后反应中，1,3-BPG 还原成甘油醛-3-磷酸时，需 NADH+H$^+$ 提供氢原子。当以乳酸为原料进行糖异生时，乳酸氧化成丙酮酸已在细胞质中产生了 NADH+H$^+$，以供利用；此时丙酮酸进入线粒体先生成草酰乙酸，再转变成天冬氨酸，然后透过线粒体内膜进入细胞质。当以丙酮酸或生糖氨基酸（如丙氨酸等）为原料进行糖异生时，NADH+H$^+$ 则必须由线粒体内脂肪酸 β 氧化或 TCA 循环来提供；线粒体内 NADH+H$^+$ 以苹果酸形式运出线粒体，在细胞质中转变成草酰乙酸的同时，可释放出 NADH+H$^+$ 以供利用。然而，细胞质中的草酰乙酸回至线粒体的路径比较复杂，在此不详述。

从磷酸烯醇式丙酮酸至 F-1,6-BP 的反应都是糖酵解途径的逆反应，并且乳酸脱氢酶催化产生的 NADH+H$^+$ 正好为甘油醛-3-磷酸脱氢酶利用。

（二）F-1,6-BP 转变为 F-6-P

糖酵解途径中 PFK-1 催化的反应不可逆，因此在糖异生途径中，需要由果糖二磷酸酶-1 催化 F-1,6-BP 水解，脱去 C$_1$ 上磷酸后转变为 F-6-P，反应不可逆，没有 ATP 参与和生成。

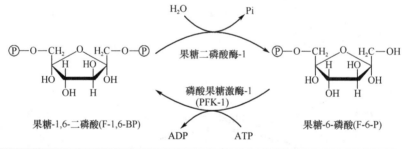

果糖-1,6-二磷酸(F-1,6-BP)　　　　　　　　　果糖-6-磷酸(F-6-P)

（三）G-6-P 水解为葡萄糖

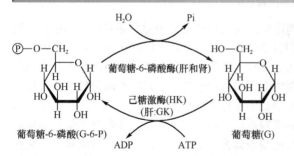

葡萄糖-6-磷酸(G-6-P)　　葡萄糖(G)

此反应由葡萄糖-6-磷酸酶催化。由于不生成 ATP，不是 GK 或 HK 催化反应的逆反应。葡萄糖-6-磷酸酶仅存在于肝脏和肾脏，而肌肉不含此酶。再者，这种酶结合于内质网膜内侧，因而 G-6-P 需一种转位酶（translocase）将其移入内质网中进行水解。

综上，丙酮酸羧化酶、磷酸烯醇式丙酮酸羧化激酶、果糖二磷酸酶-1 以及葡萄糖-6-磷酸酶是糖异生的 4 个关键酶，它们与糖酵解的 3 个关键酶所催化反应的方向正好相反，使得乳酸、丙氨酸等生糖氨基酸可通过丙酮酸异生为葡萄糖。甘油是脂肪代谢产物，肝脏、肾脏等组织含甘油激酶（脂肪组织则无），可利用 ATP 将甘油转变为甘油-3-磷酸，再经甘油-3-磷酸脱氢酶转变为磷酸二羟丙酮，从而可进入前述的糖异生途径。许多生糖氨基酸可通过脱氨作用转变为相应的

α-酮酸后进入糖异生。通过这些转化不仅使机体能够利用非糖物质合成葡萄糖，增加了糖的来源，而且连接和沟通了三大营养物质的代谢。糖异生途径可归纳如图 6-12。

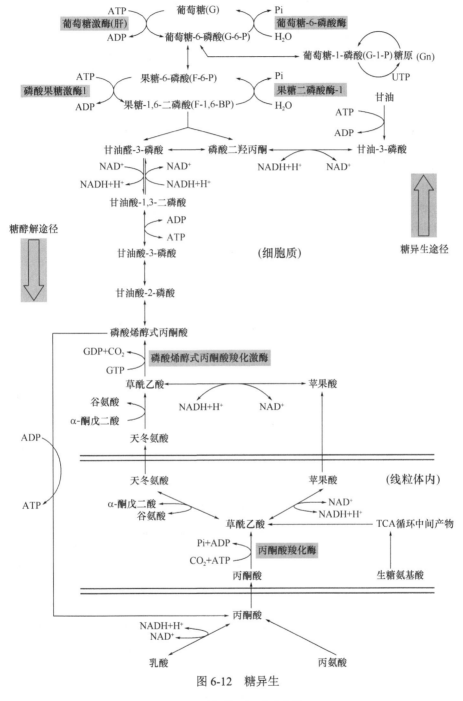

图 6-12 糖异生

二、糖异生的调节

在糖酵解和糖异生反应过程中，作用物的互变反应分别由不同的酶催化其单向反应，这种互变循环称之为底物循环（substrate cycle）。当两种酶活性相等时，则不能将代谢向前推进，结果仅是 ATP 分解释放出能量，因而又称之为无效循环（futile cycle）。而在细胞内两酶活性不完全相等，使代谢反应仅向一个方向进行。肝糖异生的调节与肝糖酵解密切协同。对糖酵解主要调节酶的抑制无疑起了促进糖异生酶的效力，启动糖异生作用就要关闭糖酵解。因此，一般对糖异生途径调节酶起激活作用的别构效应物，对糖酵解途径的调节酶就是抑制性的效应物，反之亦然。这种协调主要依赖于对这两条途径中的 2 个底物循环进行调节。

（一）F-6-P 与 F-1,6-BP 之间的底物循环

糖酵解时 F-6-P 磷酸化生成 F-1,6-BP，糖异生时 F-1,6-BP 去磷酸化生成 F-6-P。如此磷酸化与去磷酸化构成了一个底物循环。如不加调节，净结果是消耗了 ATP 而又不能推进代谢。实际上在细胞内催化此互变反应的两种酶活性常呈相反的变化。F-2,6-BP 和 AMP 激活 PFK-1 的同时，抑制果糖-1-二磷酸酶的活性，使反应向糖酵解方向进行，同时抑制了糖异生。胰高血糖素通过 cAMP 和依赖 cAMP 的蛋白质激酶，使 PFK-2 磷酸化而失活，降低肝细胞内 F-2,6-BP 水平，从而促进糖异生而抑制糖酵解。胰岛素则有相反的作用。

目前认为 F-2,6-BP 的水平是肝内糖酵解与糖异生的主要调节信号。进食后，胰岛素分泌增加，胰高血糖素/胰岛素比例降低，F-2,6-BP 水平升高，糖酵解增强而糖异生被抑制。饥饿时，胰高血糖素分泌增加，F-2,6-BP 水平降低，糖异生增强而糖酵解被抑制。尽管维持底物循环消耗一些 ATP，但却使代谢调节更为灵敏和精细。

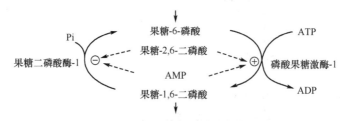

（二）磷酸烯醇式丙酮酸与丙酮酸之间的底物循环

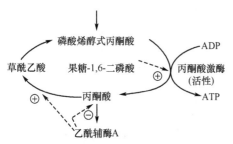

糖酵解时磷酸烯醇式丙酮酸转变为丙酮酸并产生能量，糖异生时丙酮酸消耗能量生成磷酸烯醇式丙酮酸，由此构成了又一个底物循环。F-1,6-BP 不仅能够别构激活 PFK-1，而且能够别构激活丙酮酸激酶，从而将两个底物循环相联系和协调。胰高血糖素通过以下三方面调节机制加强糖异生，抑制糖酵解：抑制 F-2,6-BP 和 F-1,6-BP 的生成，从而抑制丙酮酸激酶；通过 cAMP 使丙酮酸激酶磷酸化而失活；通过 cAMP-PKA 信号通路快速诱导磷酸烯醇式丙酮酸羧化激酶基因的表达，增加酶的合成。胰岛素则作用相反，显著降低磷酸烯醇式丙酮酸羧化激酶的表达，从而抑制糖异生。此外，肝内丙酮酸激酶的活性可被丙氨酸抑制，这种抑制作用有利于在饥饿时丙氨酸异生成糖。

磷酸烯醇式丙酮酸与丙酮酸之间的底物循环调节还可与丙酮酸脱氢酶复合物的活性变化相协调。例如，饥饿时大量脂酰辅酶 A 在线粒体内 β 氧化，生成大量乙酰辅酶 A。乙酰辅酶 A 一方面激活丙酮酸羧化酶，使其转变为草酰乙酸，加速糖异生；另一方面反馈抑制丙酮酸脱氢酶复合物，阻止糖的氧化利用。

三、糖异生的生理意义

（一）维持血糖浓度恒定是糖异生最重要的生理作用

糖异生最主要的生理意义是在空腹或饥饿时保持血糖浓度的相对恒定。正常成人的脑组织不能利用脂肪酸，主要依赖葡萄糖供给能量；成熟红细胞没有线粒体，其获取能量的唯一途径就是糖酵解；骨髓、神经等组织由于代谢活跃，经常进行糖酵解。这样，即使在饥饿状况下，机体也

需要消耗一定量的糖来维持生命活动。在不进食情况下，机体依赖肝糖原的分解维持血糖浓度，但肝糖原储备有限，10多小时即消耗殆尽，此后，机体主要靠糖异生作用获得葡萄糖，以维持血糖浓度的相对恒定。因此，在空腹或饥饿情况下，糖异生作用对保障大脑及红细胞等重要组织器官的能量供应具有重要意义。

空腹或饥饿时机体依赖乳酸、生糖氨基酸和甘油等异生成葡萄糖，以维持血糖水平恒定。乳酸进行糖异生主要与运动强度有关。乳酸来自肌糖原分解，肌内糖异生活性低，因此肌糖原分解生成的乳酸不能在肌内重新合成糖，必须经血液转运至肝后才能异生成糖。而在饥饿时糖异生的原料主要为氨基酸和甘油。在饥饿早期，一方面肌内每天有180~200g蛋白质分解为氨基酸，再以丙氨酸和谷氨酰胺形式运输至肝进行糖异生，可生成90~120g葡萄糖；另一方面随着脂肪组织中脂肪分解增强，运送至肝的甘油增多，每天生成10~15g葡萄糖。而长期饥饿时，每天继续大量消耗蛋白质是无法维持生命的。这时，除减少脑的葡萄糖消耗以外，机体其他组织可依赖酮体供能；甘油仍可经糖异生提供约20g葡萄糖，这样可使每天消耗的蛋白质减少至35g左右。

（二）糖异生是补充或恢复肝糖原储备的重要途径

糖异生是补充或恢复肝糖原储备的重要途径，这在饥饿后进食更为重要。长期以来人们认为，进食后丰富的肝糖原储备是葡萄糖经尿苷二磷酸葡萄糖（uridine diphosphate glucose，UDPG）合成糖原的结果。但近年来发现并非如此。肝灌注和肝细胞培养实验表明：只有当葡萄糖浓度达12mmol/L以上时，才观察到肝细胞摄取葡萄糖。这样高的浓度在体内是很难达到的。即使在消化吸收期，门脉内葡萄糖浓度也仅达8mmol/L。这种摄取或释放主要是由GK的活性所决定的，GK的K_m值高导致肝摄取葡萄糖的能力降低。另一方面，当在灌注液中加入一些可异生成糖的乳酸、甘油、丙酮酸及谷氨酸，则肝糖原迅速增加。以放射性核素标记葡萄糖的不同碳原子进行示踪分析，研究发现摄入的相当一部分葡萄糖先分解成丙酮酸、乳酸等三碳化合物，后者再异生成糖原。合成糖原的这条途径称为三碳途径或间接途径。相应的，葡萄糖经UDPG合成糖原的过程称为直接途径。三碳途径既解释了肝摄取葡萄糖能力虽低，但仍可合成糖原；又可解释为什么进食2~3小时，肝仍要保持较高的糖异生活性。

（三）肾糖异生增强有利于维持酸碱平衡

长期饥饿或禁食后，肾糖异生增强，有利于维持酸碱平衡。长期禁食后，肾的糖异生作用增强，发生这一变化的原因可能是饥饿造成的代谢性酸中毒，此时酮体代谢旺盛，引起体液pH降低，促进肾小管中磷酸烯醇式丙酮酸羧化激酶的合成，从而使肾的糖异生作用增强。另外，当肾脏中α-酮戊二酸因异生成糖而含量减少时，可促进谷氨酰胺脱氨生成谷氨酸和进一步的谷氨酸脱氨反应。肾小管细胞将脱下的NH_3分泌入管腔中，与原尿中H^+结合，降低原尿H^+的浓度，有利于排氢保钠，对于防止酸中毒，调节机体酸碱平衡有重要作用。

（四）利于体内乳酸的再利用，防止乳酸中毒

在安静状态下，机体产生乳酸较少，对糖异生作用的意义不大，但在某些生理和病理等缺氧情况下（如剧烈运动、呼吸或循环功能障碍等），肌糖原通过无氧氧化（糖酵解）产生大量乳酸，部分乳酸由尿排出，大部分乳酸透过细胞膜弥散进入血液并经血液循环进入肝脏，在肝脏中通过糖异生作用合成肝糖原和葡萄糖。肝将葡萄糖再释放入血后，葡萄糖又可被肌肉组织摄取利用，重新合成肌糖原，由此构成了一个循环，称为乳酸循环（lactate cycle），又称Cori循环（图6-13）。乳酸循环的形成取决于肝脏和肌肉组织中酶的特点：肝脏内糖异生活跃，又有葡萄糖-6-磷酸酶，可将G-6-P水解生成葡萄糖；而肌肉组织内糖异生活性低，且没有葡萄糖-6-磷酸酶，因此肌肉组织内生成的乳酸不能经糖异生作用生成葡萄糖。乳酸循环具有重要的生理意义，使不能直接产生葡萄糖的肌糖原间接转变为血糖，同时使糖酵解产生的乳酸得以回收利用，避免营养物质浪费，并防止因乳酸堆积而引起乳酸酸中毒的发生，对乳酸代谢具有重要的意义。乳酸

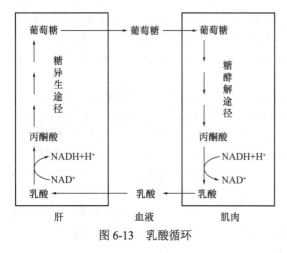

图 6-13 乳酸循环

循环是耗能的过程，2 分子乳酸异生成葡萄糖需消耗 6 分子 ATP。

肝脏具有很强的从丙酮酸异生糖的作用，而肌肉又可将糖酵解产生的丙酮酸氨基化成为丙氨酸，或代谢其他氨基酸成为丙氨酸，然后释放到血液，运到肝脏进行糖异生，形成葡萄糖后运回肌肉，称为葡萄糖-丙氨酸循环，具体反应见氨基酸代谢章节。

第六节　糖原的生成与分解

人体摄入的糖类除经氧化分解供能外，大部分转变成脂肪（甘油三酯）储存于脂肪组织内，还有一小部分合成糖原。与脂肪不同的是，糖原能在机体需要葡萄糖时被迅速动用，而脂肪是禁食、饥饿时机体能量的主要来源。糖原（glycogen）是以葡萄糖为基本组成单位的多聚体，是体内糖的储存形式，包括肝糖原和肌糖原，主要存在于肝和肌肉中。但肝糖原和肌糖原生理功能区别很大。肝糖原是血糖的重要来源，能维持血糖正常浓度，供全身利用，这对依赖葡萄糖供能的组织器官，如大脑、红细胞等尤为重要；肌糖原主要为肌肉收缩提供急需的能量 ATP，满足肌组织本身的需要。

糖原分子呈树枝状，其相对分子量在 100 万～1000 万。每个糖原分子仅有一个还原性末端，即末端葡萄糖残基保留有半缩醛羟基而具有还原性；其余的皆为非还原性末端，即末端葡萄糖残基都没有半缩醛羟基，因而不具还原性，糖原在体内的合成与分解反应均从非还原性末端开始。

一、糖原的生成

糖原生成（glycogenesis）是指在原有糖原引物的基础上由葡萄糖合成糖原的过程，主要在肝脏和骨骼肌中进行。由葡萄糖合成糖原的具体反应过程如下。

（一）葡萄糖活化生成 UDPG

糖原合成时，以糖酵解的中间代谢产物 G-6-P 为起始物。进入肝脏或骨骼肌中的葡萄糖首先在 GK 或 HK（见糖酵解途径）的作用下，磷酸化生成 G-6-P，再由磷酸葡萄糖变位酶催化磷酸基 C_6 移至 C_1 而生成为 G-1-P，反应可逆。G-1-P 与 UTP 经 UDPG 焦磷酸化酶（UDPG pyrophosphorylase）催化生成 UDPG 和焦磷酸，该反应可逆。由于焦磷酸可迅速被焦磷酸酶水解为 2 分子无机磷酸并释放出能量，使反应向糖原合成方向进行。UDPG 可看作"活性葡萄糖"，是体内糖原合成时葡萄糖供体。

葡萄糖-1-磷酸(G-1-P)　　　UTP　　　　　　　　　　　UDPG

（二）UDPG 与糖原引物连接形成直链和支链

UDPG 的葡萄糖基不能直接与游离葡萄糖连接，必须与糖原引物相连。糖原引物（glycogen primer）是指在细胞内本身存在的较小的糖原分子。在糖原合酶（glycogen synthase）催化下，UDPG 与糖原引物反应，将 UDPG 中的葡萄糖基以 α-1,4-糖苷键连接到糖原引物的非还原端，从而生成比原来多一分子葡萄糖的糖原，此反应不可逆。糖原合酶是糖原合成的关键酶，催化上述反应反复进行，使糖原的糖链不断延长，但不能形成分支，不能合成新的糖原分子。

$$UDPG + (葡萄糖)_n \xrightarrow{糖原合酶} (葡萄糖)_{n+1} + UDP$$

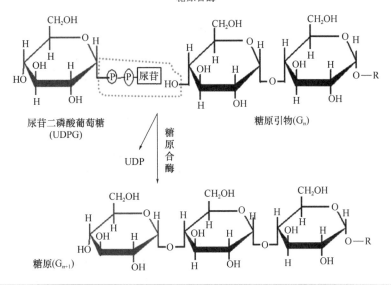

尿苷二磷酸葡萄糖
(UDPG)

糖原引物(G_n)

糖原合酶

UDP

糖原(G_{n+1})

（三）分支酶催化糖原新分支链的形成

糖原合酶只能使糖链不断延长，要合成分支链，尚需要另外的酶。当糖链长度达到 12～18 个葡萄糖基时，将由分支酶（branching enzyme）（图 6-14）发挥作用，后者可将 6～7 个葡萄糖基转移至邻近糖链上以 α-1,6-糖苷键连接，形成新的分支，新的分支点与邻近的分支点的距离至少有 4 个葡萄糖基。多分支可增加糖原的非还原性末端数目，有利于糖原的分解利用；多分支也提高糖原的水溶性，利于贮存。上述反应反复进行，使小分子糖原逐渐成为大分子糖原。

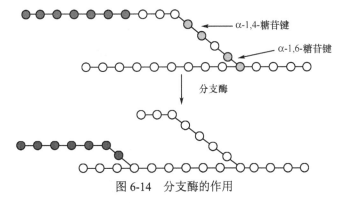

α-1,4-糖苷键

α-1,6-糖苷键

分支酶

图 6-14　分支酶的作用

糖原合成是耗能的过程，每增加一个葡萄糖基共消耗 2 分子 ATP，其中葡萄糖磷酸化消耗 1 分子 ATP；在 G-1-P 合成 UDPG 并进一步合成糖原时消耗 1 分子 UTP（相当于消耗 1 分子 ATP）。

对于在糖原合成过程中作为引物的第一个糖原分子从何而来，过去一直不太清楚。近年来在糖原分子的核心发现一种名为 glycogenin 的蛋白质，即糖原蛋白。glycogenin 可对其自身进行共价修饰，并将 UDPG 分子中的葡萄糖残基 C-1 结合到 glycogenin 分子的酪氨酸残基上，从而使它糖基化。这个结合上去的葡萄糖分子即成为最初糖原合成时的引物，再由糖原合酶和分支酶催化糖链不断延伸，并形成新的分支。

二、糖原的分解

糖原分解（glycogenolysis）是指糖原分解为葡萄糖或葡萄糖-6-磷酸（G-6-P）的过程，它不是糖原合成的逆反应。肝糖原和肌糖原均可分解为G-6-P，在肝内，G-6-P即可水解成游离葡萄糖释放入血，以补充血糖，也可通过糖酵解途径或戊糖磷酸途径等进行代谢；在骨骼肌，G-6-P仅进入糖酵解途径，为肌收缩供能。其反应步骤如下。

（一）糖原磷酸解为葡萄糖-1-磷酸（G-1-P）

糖原分解的第一步是从糖原糖链的非还原性末端开始，由糖原磷酸化酶（glycogen phosphorylase）催化分解1个葡萄糖基，生成G-1-P，反应所需的磷酸基团由无机磷酸提供，反应不消耗ATP。

$$糖原_n + Pi \longrightarrow 糖原_{n-1} + G\text{-}1\text{-}P$$

糖原磷酸化酶是糖原分解过程中的关键酶，它只能作用于α-1,4-糖苷键而非α-1,6-糖苷键，因此只能分解糖原的直链。由于糖原分解成G-1-P的反应是磷酸解，自由能变动较小，再加上细胞内无机磷酸盐的浓度约为G-1-P的100倍，故此反应不可逆，只能向糖原分解方向进行。

（二）糖原的葡萄糖基转移与糖链脱支

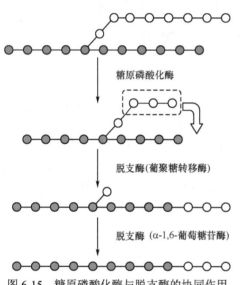

图6-15 糖原磷酸化酶与脱支酶的协同作用

当糖原分支上的糖链被磷酸化分解至距分支点约4个葡萄糖基时，由于空间位阻效应，糖原磷酸化酶不能再发挥作用。这时由葡聚糖转移酶催化，糖原分支上近末端侧的3个葡萄糖基转移到直链的非还原端，形成更长的α-1,4-糖苷链，以便磷酸化酶发挥其催化作用。分支处仅剩下1个葡萄糖基以α-1,6-糖苷键连接，在α-1,6-葡萄糖苷酶作用下水解成游离葡萄糖。

目前认为葡聚糖转移酶和α-1,6-葡萄糖苷酶是同一酶的两种活性，合称脱支酶（debranching enzyme）。在磷酸化酶和脱支酶（图6-15）的协调反复作用下，糖原可迅速地磷酸解和水解。通常所得产物中G-1-P约占85%，游离葡萄糖约占15%。

（三）G-1-P 变位生成 G-6-P

G-1-P再经磷酸葡萄糖变位酶 phosphoglucomutase）催化，转变为G-6-P，该反应可逆。

（四）G-6-P 水解为葡萄糖

肝脏和肾脏中的G-6-P经葡萄糖-6-磷酸酶（glucose-6-phosphatase）水解为葡萄糖，反应不可逆。

糖原合成与糖原分解是维持血糖正常水平的重要途径。人的进食时间是间断的，所以机体必须储存一定量的糖以备不进食时的生理需要。糖原是糖的储存形式，进食时，血糖水平上升，过多的糖可以在肝脏和肌肉组织中合成糖原储存起来，以防血糖浓度过高。当停止进食后，如果血糖降低，肝糖原就会分解成葡萄糖释放入血以补充血糖。因此，在饥饿时，肝糖原可大量分解为葡萄糖，是补充血糖的主要来源。

肌组织中葡萄糖-6-磷酸酶活性极低，所以肌糖原不能直接转变为葡萄糖，也就不能直接补充血糖。生成的G-6-P直接进入糖酵解途径，肌糖原中的1个葡萄糖基进行无氧氧化生成乳酸的过程可净产生3个ATP，为肌肉收缩提供能量。这样可减少肌肉组织对血糖的摄取，同时生成的乳酸还可通过血液循环转运到肝脏合成葡萄糖，间接补充血糖。

三、糖原合成与分解代谢的调节

体内糖原的合成与分解不是简单的可逆反应，是按照不同的代谢途径进行精细的调节，相互制约而有序地进行，这也是生物体内合成与分解代谢的普遍规律。糖原合成和糖原分解途径的关键酶分别是糖原合酶和磷酸化酶，这两种酶的快速调节有别构调节和化学修饰调节两种方式，从而决定糖原代谢的方向。当糖原合酶活化时，糖原磷酸化酶被抑制，糖合成启动；当糖原磷酸化酶活化时，糖原合酶被抑制，糖分解启动。

（一）共价修饰调节

1. 磷酸化的糖原磷酸化酶是活性形式 糖原磷酸化酶有磷酸化（a 型）和去磷酸化（b 型）两种形式。磷酸化酶 a 有活性，而磷酸化酶 b 无活性，当磷酸化酶 b 的第 14 位丝氨酸残基被磷酸化时，原来活性很低的磷酸化酶 b 就转变为活性强的磷酸化酶 a。这种磷酸化过程由磷酸化酶 b 激酶催化，该酶也有两种形式。在蛋白质激酶 A 作用下，去磷酸的磷酸化酶 b 激酶（无活性）转变为磷酸型磷酸化酶 b 激酶（有活性），而蛋白质磷酸酶-1 则催化磷酸型磷酸化酶 b 激酶的去磷酸化过程。蛋白质激酶 A 也有活性、无活性两种形式，受细胞中 cAMP 的调控。当 cAMP 存在时被激活，而肾上腺素等激素可活化腺苷酸环化酶，进而催化 ATP 生成 cAMP。然而 cAMP 在体内很快被磷酸二酯酶水解成 AMP，此时蛋白质激酶 A 即转变为无活性形式。糖原分解在肝内主要受胰高血糖素的调节，而在骨骼肌内主要受肾上腺素调节（图 6-16）。

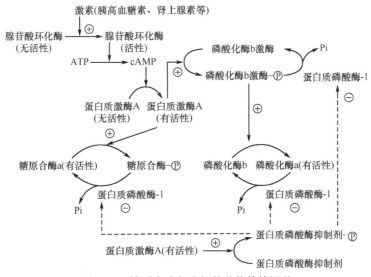

图 6-16 糖原合成与分解的共价修饰调节

2. 去磷酸化的糖原合酶是活性形式 糖原合酶也分为 a 和 b 两种形式，去磷酸化的糖原合酶 a 有活性，磷酸化的糖原合酶 b 无活性。蛋白质激酶 A 可通过磷酸化其多个丝氨酸残基而使之失活（图 6-16）。此外，蛋白质激酶 A 使蛋白质磷酸酶抑制剂磷酸化而活化，抑制蛋白质磷酸酶-1，使无活性的糖原合酶不能脱磷酸。可见，糖原磷酸化酶和糖原合酶的化学修饰方式相似，但糖原磷酸化酶的磷酸化是有活性的，而糖原合酶磷酸化后则失活。这种精细的调控方式，使特定条件下糖原代谢仅向一个方向进行。

（二）别构调节

1. 糖原磷酸化酶 糖原磷酸化酶的别构效应剂主要是葡萄糖、ATP 和 AMP 等小分子。其中，葡萄糖和 ATP 是其别构抑制剂，当血糖升高时，葡萄糖进入肝细胞，与磷酸化酶 a 的别构部位结合，引起酶构象改变而暴露出磷酸化的第 14 位丝氨酸残基，此时蛋白质磷酸酶-1 使之去磷酸化转变成磷酸化酶 b 而失活，导致肝糖原分解减弱。而 AMP 是其别构激活剂，当肌肉收缩时，AMP 浓度升高，可激活无活性的糖原磷酸化酶 b，使之产生有活性的磷酸化酶 a，从而加速糖原分解。该调节方式受细胞内底物和产物供需平衡的影响，属于基本调节机制。

此外，Ca^{2+} 含量的升高也可加速肌糖原分解，因为磷酸化酶 b 激酶中的 δ 亚基与 Ca^{2+} 结合后使酶发生活化，从而催化磷酸化酶 b 磷酸化成磷酸化酶 a，促进糖原分解。神经冲动可以使细胞质内 Ca^{2+} 升高，所以在神经冲动引起肌收缩的同时，肌糖原分解加强以提供能量。

2. 糖原合酶　糖原合酶主要受 AMP、ATP 和 G-6-P 等别构效应剂的调节，别构调节取决于细胞内的能量状态。当细胞处于静息状态时，G-6-P 和 ATP 浓度升高，可别构激活糖原合酶，有利于糖原合成。当血糖浓度降低或肌肉收缩时，ATP 和 G-6-P 水平降低，而此时 AMP 浓度升高，则别构抑制糖原合酶，使糖原合成途径关闭。

（三）糖原代谢酶的缺乏

由于体内先天性糖原代谢的酶类的缺乏，导致某些组织器官不能正常代谢的糖原在体内大量堆积会引起糖原贮积症（glycogen storage disease）。该病属于遗传性代谢病，为常染色体隐性遗传病，但磷酸化酶 b 激酶缺陷型则是 X-连锁遗传。糖原贮积症有很多类型，受累的器官主要是肝，其次是心和肌肉（表 6-5）。糖原贮积症主要临床表现为肝肿大和低血糖，最常见的为 I 型，是由于肝或肾中缺乏葡萄糖-6-磷酸酶，致使不能动用糖原维持血糖浓度，可引起低血糖、乳酸血症、酮症、高脂血症等；最严重的是 II 型，患者全身组织均有糖原沉积，尤其是心肌糖原浸润肥大明显。多于 1 岁前发病，2 岁前死于心肺功能衰竭。

表 6-5　糖原贮积症分型

类型	缺陷的酶	受损组织或器官	糖原结构
I	葡萄糖-6-磷酸酶	肝、肾脏	正常
II	溶酶体 α-葡萄糖苷酶	所有组织	正常
III	脱支酶	肝、肌肉	多分支
IV	分支酶	所有组织	少分支
V	磷酸化酶	肌肉	正常
VI	磷酸化酶	肝	正常
VII	磷酸果糖激酶	肌肉、红细胞	正常
VIII	磷酸化酶 b 激酶	肝、脑	正常

第七节　葡萄糖的其他代谢途径

一、糖醛酸途径

细胞内葡萄糖还可以经过糖醛酸途径（glucuronate pathway）代谢生成重要的代谢产物——葡萄糖醛酸。该途径起始于糖代谢中间产物 G-6-P，G-6-P 首先经 UTP 活化生成 UDPG（见糖原合成途径），UDPG 经脱氢酶催化氧化生成尿苷二磷酸葡萄糖醛酸（uridine diphosphate glucuronic acid，UDPGA），后者进一步转变为木酮糖-5-磷酸，从而参入到戊糖磷酸途径中（图 6-17）。糖醛酸途径在糖代谢中所占的比例很小，但却具有重要的生理意义。这是因为该途径产生了活化的葡萄糖醛酸——UDPGA，葡萄糖醛酸不仅是体内蛋白聚糖的重要组成成分，为合成硫酸软骨素、透明质酸、肝素等物质提供原料；同时还是肝脏生物转化第二相结合反应中重要的结合物，参与许多代谢产物、药物或毒物的生物转化过程。

二、多元醇途径

葡萄糖还可以通过多元醇途径（polyol pathway）代谢生成一些多元醇，如山梨醇（sorbitol）和木糖醇（xylitol）等。该代谢过程在葡萄糖代谢中

G-6-P
↓
G-1-P
↓
UDPG
↓
UDPGA
↓
1-磷酸葡萄糖醛酸
↓
葡萄糖醛酸
↓
L-古洛糖酸
↓
L-木酮糖
↓
木糖醇
↓
D-木酮糖
↓
木酮糖-5-磷酸
↓
戊糖磷酸途径

图 6-17　糖醛酸途径

所占比例极小，仅局限于某些组织。例如，葡萄糖可在醛糖还原酶作用下还原生成山梨醇；在 2 种木糖醇脱氢酶催化下，糖醛酸途径中的 L-木酮糖可生成中间产物木糖醇，后者再转变为 D-木酮糖。

本身无毒的多元醇不易通过细胞膜，但其在机体特定组织具有重要的生理及病理意义。例如，生精细胞中的葡萄糖可以通过多元醇途径先生成山梨醇，后者再转变为果糖，从而使人体精液中果糖浓度超过 10mmol/L，这样就为以果糖作为主要能源的精子活动提供了充足的能源保障。1 型糖尿病患者的血糖水平高，导致透入眼晶状体中的葡萄糖增加而生成较多的山梨醇，局部增多的山梨醇会使渗透压升高而引发白内障。

三、甘油酸-2,3-二磷酸支路

在糖酵解途径中，1,3-BPG 在甘油酸-3-磷酸激酶催化下生成甘油酸-3-磷酸，同时经底物水平磷酸化生成 ATP。但在红细胞内，1,3-BPG 可由二磷酸甘油酸变位酶催化转变成甘油酸-2,3-二磷酸（2,3-BPG），后者再经 2,3-BPG 磷酸酶水解生成甘油酸-3-磷酸返回到糖酵解途径中，构成了红细胞中特有的侧支循环，称为 2,3-BPG 支路（2,3-BPG shunt）（详见血液生物化学章节）。

第八节　血糖的调节及糖代谢障碍

血液中的葡萄糖称为血糖（blood glucose），正常人空腹血糖的浓度相对恒定，维持在 3.9～6.0mmol/L。大脑主要依靠葡萄糖供能以进行神经活动，血糖供应不足，神经功能受损。因此，维持血糖浓度的相对稳定对保证机体各组织器官，特别是大脑功能的正常进行极为重要。正常人 24 小时内血糖浓度有所波动，餐后或大量摄入糖后血糖浓度升高，但多维持在 7.8～8.8mmol/L，并且很快即可恢复正常（一般不超过 2 小时）。饥饿时血糖浓度逐渐降低。正常人短期内不进食，血糖浓度经体内调节也可以维持在正常水平。

一、血糖的来源与去路

血糖之所以能维持恒定，主要是血糖的来源和去路保持平衡的结果。血糖的来源主要有：①食物中经消化吸收入血的葡萄糖和其他单糖，这是血糖的主要来源；②肝糖原分解释放的葡萄糖，这是空腹时血糖的直接来源；③禁食超过 12 小时，主要由非糖物质通过糖异生补充血糖。血糖的去路主要有：①氧化分解供能，这是血糖的主要去路；②合成肝糖原和肌糖原储备；③转变成其他糖及糖衍生物，如核糖、脱氧核糖、氨基酸、唾液酸等；④转变为非糖物质，如脂肪、非必需氨基酸等；⑤血糖浓度高于 8.9mmol/L 超过肾小管的重吸收葡萄糖的能力（肾糖阈，renal threshold for glucose）尿中可出现葡萄糖（称为尿糖）。

不同组织中葡萄糖利用和代谢各异。某些组织用于氧化供能；肝和肌肉用于合成糖原；脂肪组织和肝可将其转变为脂肪等。饱食时，糖的代谢去路均活跃；短期饥饿时，仅有氧氧化通路保持开放；长期饥饿时，所有去路都关闭以节约葡萄糖，此时机体主要依靠脂肪和酮体供能。血糖的来源和去路如图 6-18。

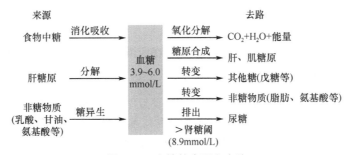

图 6-18　血糖的来源和去路

二、血糖浓度的调节

糖代谢的调节是机体多种代谢及多个器官之间协调的结果。血糖水平保持恒定既是糖、脂肪及氨基酸代谢协调的结果，也是肝、肌肉和脂肪组织等各器官组织代谢协调的结果。

肝脏是调节血糖浓度的主要器官，对血糖浓度的变化极为敏感。肌肉等外周组织摄取和利用葡萄糖的速度对血糖浓度也有一定影响。例如，消化吸收期间，因进食后从肠道吸收了大量葡萄糖，导致血糖浓度升高，此时由肠道吸收入血的葡萄糖，可经门静脉进入肝，促进肝细胞合成糖原，使肝内糖原合成加强（包括 UDPG 途径和三碳途径）而分解减弱；同时，肌糖原合成和糖的氧化亦加强；肝、脂肪组织还加速将糖转变为脂肪；从肌肉蛋白质分解的氨基酸的糖异生则减弱；因而不致有过多的葡萄糖进入体循环，血糖浓度也仅暂时上升并且很快恢复正常。饥饿时血糖浓度偏低，肝脏可通过肝糖原分解和糖异生两个过程将葡萄糖释放入血液，以补充血糖。例如，长跑者经长达 2 小时多的比赛，其肝糖原本应早已耗尽，但血糖水平仍保持在 3.9～6.0mmol/L，此时肌肉能量主要来自脂肪酸，而糖异生来的葡萄糖可保持血糖于较低水平。长期饥饿时，血糖虽低，仍保持 3.6～3.8mmol/L，此时血糖主要来自肌肉蛋白质降解来的氨基酸，其次为甘油，以保证脑对葡萄糖的需要；其他组织则因摄取葡萄糖被抑制而以脂肪酸和酮体为能量来源，这时脑的能量一部分也由酮体供应。

机体的各种代谢以及各器官之间能这样精确协调，以适应能量、燃料供求的变化，主要依靠激素的调节。调节血糖的激素主要有胰岛素、胰高血糖素、肾上腺素和糖皮质激素等。这些激素主要通过调节细胞内关键酶的活性发挥作用。

（一）降低血糖的激素

胰岛素（insulin）是体内主要降低血糖的激素之一，也是唯一同时促进糖原、脂肪和蛋白质合成的激素。胰岛素由胰腺的 β 细胞合成分泌，相对分子量为 5.8kDa。胰岛素的分泌受血糖浓度的控制，血糖浓度升高，胰岛素的分泌增加；血糖浓度降低，胰岛素分泌减少。胰岛素降血糖机制是多方面作用的结果。

（二）升高血糖的激素

1. 胰高血糖素（glucagon） 是由胰岛 α 细胞分泌的一种含 29 个氨基酸残基的多肽，是体内升高血糖的主要激素。

胰岛素和胰高血糖素的分泌主要受血糖浓度调节，但作用相反，二者比例的动态平衡使血糖在正常范围内保持较小幅度的波动。例如，进食后血糖升高，使胰岛素分泌加强而胰高血糖素分泌减少，血糖水平趋于回落；反之血糖降低可刺激胰高血糖素分泌，减少胰岛素分泌。长期糖尿病将削弱胰岛 α 细胞对低血糖的反应，增加低血糖的发生率。应激、运动和氨基酸也可诱导其释放，而胰岛素可抑制胰高血糖素的基因表达，减少其生物合成和释放，若胰岛素不足又继发胰高血糖素浓度升高，将增加高血糖症和酮症酸中毒发生的危险性。

2. 糖皮质激素（glucocorticoid） 又名"肾上腺皮质激素"，是由肾上腺皮质分泌的一类甾体激素，对体内糖、脂肪和蛋白质的生物合成和代谢的作用较强，对水和无机盐代谢的影响很弱。糖皮质激素可引起血糖升高，肝糖原增加。

3. 肾上腺素（adrenaline，epinephrine） 主要在应激状态下发挥升高血糖的作用。

（三）其他一些影响糖代谢的激素

1. 甲状腺激素（thyroid hormone） 并不直接参与糖代谢的调节，但可刺激糖原分解，促进小肠吸收葡萄糖。因此甲状腺功能亢进的患者葡萄糖耐量降低，但空腹血糖水平仍然正常。

2. 生长激素释放抑制激素（growth hormone release inhibiting hormone，GIH） 又称生长抑素，由胃肠道和胰岛 δ 细胞分泌，是一种由 14 个氨基酸残基组成的多肽。生长抑素对糖代谢并没有直接作用，但它可抑制生长激素释放。此外，生长抑素还可调节胰高血糖素和胰岛素的分泌。

各种激素对血糖水平调节情况见表 6-6。

表 6-6　影响血糖的激素一览表

激素	对血糖的影响	主要作用机制
胰岛素	↓	①促进肌肉、脂肪细胞摄取葡萄糖；②激活糖原合酶、抑制磷酸化酶，促进糖原合成，抑制糖原分解；③激活丙酮酸脱氢酶，促进糖有氧氧化；④通过抑制磷酸烯醇式丙酮酸羧激酶活性而抑制糖异生；⑤通过抑制激素敏感性脂肪酶而减少脂肪动员，促进糖转化为脂肪
胰高血糖素	↑	①通过 cAMP-PKA 通路激活磷酸化酶，促进肝糖原分解；②抑制 PFK-2，减少 F-2,6-BP 的生成，抑制糖酵解，促进糖异生；③抑制丙酮酸激酶而促进磷酸烯醇式丙酮酸羧化激酶合成，从而促进糖异生；④通过激活激素敏感性脂肪酶加速脂肪动员，促进脂肪分解供能
糖皮质激素	↑	①抑制肌肉、脂肪组织细胞摄取和利用葡萄糖；②促进肌蛋白质分解，增加糖异生原料，促进糖异生；③通过抑制丙酮酸氧化脱羧而抑制糖有氧氧化；④协同其他激素促进脂肪动员，促进机体利用脂肪酸供能
肾上腺素	↑	①主要在应激状态下发挥调节作用；对经常性血糖波动尤其是进食-饥饿循环无生理意义；②通过 cAMP-PKA 通路激活肝和肌细胞内糖原磷酸化酶，产生级联反应，加速糖原分解。肝糖原分解补充血糖，肌糖原经糖酵解产生乳酸供肝糖异生

三、糖代谢障碍

糖是人体的主要能量来源，也是构成机体结构物质的重要组成成分。即使一次性食入大量葡萄糖，由于正常人体内对于糖代谢有着精密的调节机制，也会保证血糖水平不会持续升高。这种人体对摄入的葡萄糖所具有的耐受能力的现象称为葡萄糖耐量（glucose tolerance）或耐糖现象。正常人体内糖代谢的中心问题之一是维持血糖浓度的相对恒定，一旦糖代谢的调节机制出现异常，如神经系统功能紊乱、内分泌失调、先天性酶缺陷及肝肾功能障碍等均可以导致糖代谢障碍，引起糖代谢紊乱。当肝功能严重受损时，进食糖类或输葡萄糖液都可发生一时性高血糖甚至糖尿，而饥饿时也可出现低血糖症状。血糖水平是反映体内糖代谢状况的重要指标。临床上常见的糖代谢紊乱主要是血糖浓度过高（高血糖症）和过低（低血糖症），一些糖代谢过程中的酶先天性缺陷导致的单糖或糖原在体内的累积，也属于糖代谢紊乱的范畴。引起高血糖症最常见和最主要的原因是糖尿病。

（一）低血糖

空腹血糖浓度低于 2.8mmol/L 时称为低血糖（hypoglycemia），其临床症状因人而异，主要是与交感神经和中枢神经系统的功能异常相关。因血糖过低会影响脑的正常功能，通常表现为出汗、饥饿、心慌、颤抖、面色苍白等，严重者还可出现精神不集中、躁动、易怒甚至昏迷等，但这些症状缺乏特异性。出现低血糖的病因有多种，较常见的原因见表 6-6。

（二）高血糖

空腹血糖浓度高于 7mmol/L 时称为高血糖（hyperglycemia）。当血糖浓度高于肾糖阈 8.9mmol/L，即超过了肾小管的重吸收能力，随尿排出，称为糖尿（glucosuria）。高血糖可以由多种原因引起（表 6-7）。

表 6-7　血糖代谢异常的类型及原因

分类	血糖浓度	主要病因
低血糖	<2.8mmol/L	①胰性（胰岛 β 细胞功能亢进、胰岛 α 细胞功能低下等引起的胰岛素水平相对过高）；②肝性（肝癌、糖原贮积症等引起的肝糖原合成减少、糖异生作用减弱）；③内分泌异常（垂体功能低下、肾上腺皮质功能低下等引起糖皮质激素、生长激素分泌不足）；④肿瘤（如胃癌等）使胰岛素分泌过多；⑤饥饿或不能进食者等；⑥剧烈运动或者高烧患者因代谢率增加，血糖消耗过多；⑦使用胰岛素或降血糖药物过多等

续表

分类	血糖浓度	主要病因
高血糖	＞7mmol/L	①遗传性胰岛素受体缺陷；②某些慢性肾炎、肾病综合征等引起肾对糖的重吸收障碍；③情绪激动引起交感神经兴奋，肾上腺素分泌增加，使肝糖原大量分解导致的生理性高血糖和糖尿；④临床上静脉滴注葡萄糖速度过快，使血糖迅速升高；⑤内分泌功能紊乱导致病理性高血糖和糖尿，以糖尿病最常见

（三）糖尿病

糖尿病（diabetes mellitus，DM）是一组由于胰岛素分泌不足或（和）胰岛素作用低下而引起的代谢性疾病，其特征是高血糖症。糖尿病是临床上最常见的糖代谢紊乱性疾病。糖尿病的长期高血糖将导致多种器官的损害、功能紊乱，甚至衰竭，尤其是眼、肾、神经、心脏和血管系统。

> **案例 6-2**
>
> 患者，男性，50岁，因多尿、口渴、多饮、多食易饥、乏力及消瘦3个月来诊。患者自述2个月前无明显诱因出现口渴，多饮，每天大概要喝6～7大杯水还是感觉不够且老是想跑厕所，食欲好且易饥饿，体重下降明显，自觉明显乏力。家族史：其母亲有糖尿病。
>
> 入院查体：身高175cm，体重80kg，生命体征平稳。双眼球无突出及凹陷，甲状腺（–），双侧足背动脉搏动良好。
>
> 实验室检查（括号内为参考区间）：OGTT提示空腹血糖10.0mmol/L，餐后2小时血糖20.5mmol/L（＜7.8mmol/L），尿糖（++），糖化血红蛋白9.5%（4%～6%），空腹C肽1.03pg/ml，餐后C肽3.23pg/ml（0.56～3.73pg/ml）。其余各项未见异常。
>
> **问题：**
> 1. 该患者的初步诊断及诊断依据是什么？
> 2. 糖尿病的分型及其特点？

1. 糖尿病诊断标准 糖尿病是由胰岛素绝对和相对缺乏或胰岛素抵抗所致的一组糖、脂肪和蛋白质代谢紊乱综合征，其中以高血糖为特征。糖尿病典型的临床症状为"三多一少"，即多饮、多尿、多食、体重减少。目前临床上糖尿病的诊断标准为：①糖化血红蛋白（HbA1c）≥6.5%，需采用美国糖化血红蛋白标准化计划组织（NGSP）认证的方法进行；②空腹血浆葡萄糖浓度（FPG）≥7.0mmol/L；③口服葡萄糖耐量试验（OGTT）中2小时血浆葡萄糖浓度≥11.1mmol/L；④糖尿病的典型"三多一少"症状，同时随机血糖浓度≥11.1mmol/L；⑤未发现有明确的高血糖时，应重复检测以确诊。

2. 糖尿病分类 根据病因糖尿病可分为六大类型，即1型糖尿病、2型糖尿病、妊娠期糖尿病、单基因糖尿病、继发性糖尿病和未分类糖尿病（2021年《糖尿病分型诊断中国专家共识》），其中1型和2型糖尿病较为常见。

（1）1型糖尿病：多见于青少年，起病较急，主要是因为胰岛 β 细胞的破坏引起胰岛素绝对不足。大多数1型糖尿病患者以体内存在自身抗体为特征，说明体内有破坏 β 细胞的自身免疫过程。

（2）2型糖尿病：常见于肥胖的中老年人，往往在40岁以后才发病；血浆中胰岛素含量绝对值并不降低，但在糖刺激后呈延迟释放；胰岛细胞胞浆抗体等自身抗体呈阴性。此型患者病情相对较轻，但发病率很高，占糖尿病发病人数的90%左右。

3. 糖尿病并发症 按起病快慢可分为急性并发症和慢性并发症两大类，其中感染是常见的急性并发症，此外还有糖尿病酮症酸中毒、糖尿病非酮症高渗性昏迷、糖尿病乳酸酸中毒昏迷等。糖尿病的高血糖会使蛋白质发生非酶促的糖基化反应，糖化蛋白质与未糖化分子之间相互结合交联，形成大分子的糖化产物，引起血管基底膜增厚、晶状体混浊及神经病变等病理变化，由此引起的微血管、大血管和神经病变，是导致眼、心、脑、肾、神经等多器官损害的基础。临床数据显示，糖尿病发病 10 年左右，30%～40% 的患者至少会发生一种并发症，药物治疗很难逆转，患者需尽早预防并发症。

对糖尿病的治疗提倡综合治疗方式：饮食治疗、运动治疗、糖尿病教育、药物治疗及自我血糖监测五大基本治疗原则，又称为"五驾马车"。

（1）糖尿病患者的健康教育：教育的目的是加强糖尿病的知识并掌握糖尿病的自我管理方法。

（2）饮食治疗：糖尿病饮食治疗的原则第一是总热量控制，同时要合理配餐。

（3）运动治疗：规律运动可增加胰岛素敏感性，有助于控制血糖，减少心血管危险因素，减轻体重。运动治疗的原则要注意个体化、安全，从小量开始，逐步增加。

（4）血糖监测：通过血糖监测，有助于了解糖尿病患者动态血糖变化，有利于糖尿病患者的治疗和管理。

（5）药物疗法

1）磺脲类药物：降糖机制主要是刺激胰岛素分泌，所以对有一定胰岛功能者疗效较好。

2）双胍类降糖药：降血糖的主要机制是增加外周组织对葡萄糖的利用，增加葡萄糖的无氧酵解，减少胃肠道对葡萄糖的吸收，降低体重。

3）葡萄糖苷酶抑制剂：1 型和 2 型糖尿病均可使用，可与磺脲类、双胍类或胰岛素联用。

4）胰岛素增敏剂：可增强胰岛素作用，改善糖代谢。可以单用，也可与磺脲类、双胍类或胰岛素联用。

5）格列奈类胰岛素促分泌剂。

（梁蓓蓓）

思 考 题

1. 归纳 G-6-P 在糖代谢中的来源和去路，并分析不同生理情况下如何选择不同的代谢途径？

2. 剧烈运动后机体为什么会出现肌肉酸痛现象，请用生化的观点来分析和解释。

3. 解释为什么没有吃糖却可以维持机体的血糖水平？依靠什么途径？试述该途径的主要原料及生理意义。

4. 什么是三羧酸循环？它有何生物学意义？

第七章　生物氧化

一切生命活动都需要能量，生物体所需要的能量主要来自体内的糖、脂肪及蛋白质等营养物质的氧化分解。糖、脂肪、蛋白质等化学物质在生物体内氧化分解生成 CO_2 和 H_2O，并释放能量的过程称为生物氧化（biological oxidation）。生物氧化产生的能量有相当一部分可驱动 ADP 磷酸化生成 ATP，供机体各种生命活动的需要；其余能量主要以热能形式释放，可用于维持体温。由于生物氧化这一过程是在组织细胞内进行的，表现为细胞摄取 O_2 并释放 CO_2，因此生物氧化又称为组织呼吸（tissue respiration）或者细胞呼吸（cellular respiration）。

第一节　生物氧化概述

生物氧化是在活细胞内进行的，反应条件温和，因此糖、脂肪、蛋白质等营养物质的氧化分解过程和伴随的能量变化过程有区别于体外氧化的特点，同时生物体内能量的生成、转移和利用均以 ATP 为中心。

一、生物氧化的特点和意义

生物氧化在细胞线粒体内及线粒体外均可进行，但氧化过程及产物不同。在线粒体内的生物氧化，其产物是 CO_2 和 H_2O，需要消耗 O_2 并伴随能量的产生，能量主要用于生成 ATP 等。而线粒体外，如在微粒体、过氧化物酶体、细胞质等发生的氧化不伴有 ATP 生成。

生物氧化包括氧化和还原两个过程。发生加氧、脱氢或失电子的反应称为氧化；相反，发生脱氧、氢化获得电子的反应称为还原。体内氧化最常见的方式是脱氢和失电子。体内的氧化反应和还原反应是偶联进行的，称氧化还原反应。其中，提供氢原子或电子的物质称为供氢体或供电子体，在反应中被氧化；反之，接受氢原子或电子的物质称为受氢体或受电子体，在反应中被还原。

生物氧化遵循氧化反应的一般规律，其本质与体外氧化相同，例如，1mol 的葡萄糖在体内氧化和在体外燃烧都产生 CO_2 和 H_2O，释放的总能量相同。但生物氧化与有机物在体外燃烧也有许多不同之处：①有机物在细胞中氧化时，经脱羧反应释放 CO_2，代谢物脱下的氢通过氧化呼吸链传递与氧结合生成 H_2O；而有机物在空气中燃烧时，CO_2 和 H_2O 的生成是空气中氧直接与碳、氢原子结合的产物。②生物氧化是在活细胞内，在一系列酶、辅酶和中间传递体的作用下，在较温和的条件下逐步进行的；而有机物在体外燃烧时需要高温及干燥条件。③生物氧化产生的能量是逐步释放的，能量获得有效利用，不会引起体温骤升而损害机体；有机物在体外燃烧时，能量骤然释放并产生大量的光和热。④生物氧化过程中产生的能量通常都储存于高能化合物如 ATP 分子中。

二、生物氧化的一般过程

糖、脂肪、蛋白质等营养物质在体内的中间分解代谢途径各不相同，但有共同的规律性，均可被彻底氧化生成 CO_2 和 H_2O，氧化过程大致可分为四个阶段：①糖原、脂肪和蛋白质分解为基本组成单位，即葡萄糖、脂肪酸、甘油和氨基酸；②上述基本组成单位再经过一系列不同反应，最终在线粒体内生成乙酰 CoA；③乙酰辅酶 A 进入共同的代谢途径，即三羧酸循环，经一系列酶促反应，通过有机酸脱羧生成 CO_2，同时捕获释放的能量储存在还原当量 NADH 和 $FADH_2$ 中；④生成的还原当量进入氧化呼吸链，将释出的 H^+ 和 e 逐步传递，最终与 O_2 结合生成 H_2O，电子传递过程中释放的大部分能量转变为 ATP 的化学能，供机体利用（图7-1）。

三、ATP 在能量代谢中的核心作用

营养物质经生物氧化释放的能量，除用于维持体温和基本生命活动外，主要形成高能磷酸键或高能硫酯键，以化学能的形式储存于 ATP 等高能化合物中。

（一）ATP 与高能磷酸化合物

通常将水解时释放出 25kJ/mol 以上自由能的磷酸化合物称为高能磷酸化合物，其所含的磷酸键称为高能磷酸键，常用"～P"表示。ATP 是机体最重要的高能磷酸化合物，是生命活动中能量的直接利用形式，其分子中含有两个高能磷酸键（即 γ、β～P），水解时各释放出 30.5kJ/mol 能量，磷酸基团 α 水解时释放出 13.8kJ/mol 能量。此外，生物体内还存在其他含高能磷酸键和高能硫酯键的化合物（表 7-1）。

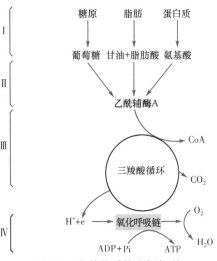

图 7-1 营养物质的分解代谢

ATP

ADP

表 7-1 一些重要高能化合物水解释放的标准自由能

化合物	$\Delta G'$	
	kJ/mol	kcal/mol
磷酸烯醇式丙酮酸	−61.9	（−14.8）
氨基甲酰磷酸	−51.4	（−12.3）
甘油酸-1,3-二磷酸	−49.3	（−11.8）
磷酸肌酸	−43.1	（−10.3）
ATP ⟶ ADP+Pi	−30.5	（−7.3）
乙酰辅酶 A	−31.5	（−7.5）
ADP ⟶ AMP+Pi	−27.6	（−6.6）
焦磷酸	−27.6	（−6.6）
葡萄糖-1-磷酸	−20.9	（−5.0）

（二）ATP 与能量转移

ATP 是细胞内主要的磷酸载体，作为主要的供能物质参与机体多种代谢反应。此外，体内还有其他的核苷多磷酸，如 UTP、GTP 和 CTP 作为供能物质或活化中间代谢物等方式参与一些代谢反应：UTP 参与糖原合成和糖醛酸途径；GTP 参与糖异生和蛋白质合成；CTP 参与磷脂合成。UTP、GTP 和 CTP 一般不能通过物质氧化过程直接生成，大多在核苷二磷酸激酶的催化下，从 ATP 获得～P 来生成和补充。

$$UDP+ATP \longrightarrow UTP+ADP$$
$$GDP+ATP \longrightarrow GTP+ADP$$
$$CDP+ATP \longrightarrow CTP+ADP$$

由 dNDP 生成 dNTP 的过程也需要 ATP 供能：

$$dNDP+ATP \longrightarrow dNTP+ADP$$

另外，当体内 ATP 消耗过多（如肌肉剧烈收缩）时，ADP 累积，在腺苷酸激酶（adenylate kinase）催化下，由 2 分子 ADP 转变成 ATP 被利用。此反应是可逆的，当 ATP 需要量降低时，AMP 从 ATP 中获得 ～P 生成 ADP。

$$ADP+ADP \rightleftharpoons ATP+AMP$$

（三）ATP 的生成、储存和利用

ATP 是能量的直接供应者，其水解时释放的能量可直接供给体内生理活动的需要，如肌肉收缩、神经传导、腺体分泌、物质合成与转运、生物电以及思维活动等。磷酸肌酸（creatine phosphate，CP）也是储存能量的高能磷酸化合物，但其所含能量不能被直接利用。ATP 充足时，在肌酸激酶（creatine kinase，CK）的作用下，通过转移末端的 ～P 给肌酸，生成磷酸肌酸，储存于需能较多的骨骼肌、心肌和脑组织中。机体能量供应不足时，磷酸肌酸可将储存的能量转移给 ADP 生成 ATP，补充 ATP 的不足（图 7-2）。体内能量的生成、储存和利用都以 ATP 为中心（图 7-3）。

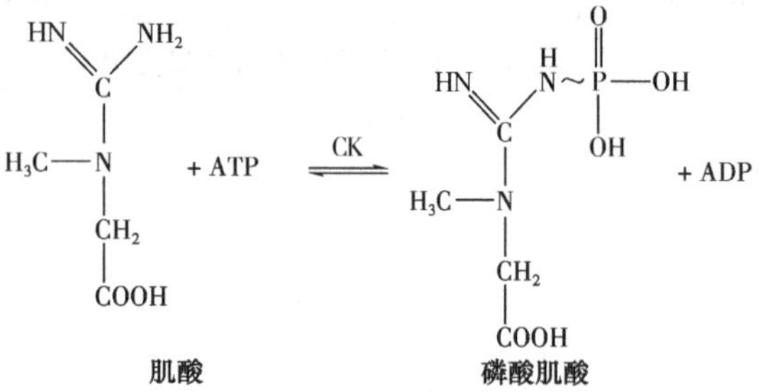

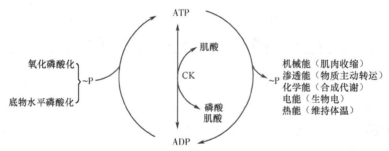

图 7-2 高能磷酸键在 ATP 和磷酸肌酸间的转移

图 7-3 ATP 的生成、储存和利用

第二节 线粒体氧化体系

线粒体氧化体系的主要功能是为机体提供能量，包括 ATP 和热能等。人体 90% 的 ATP 是由线粒体中的氧化磷酸化（oxidative phosphorylation）产生的，其氧化过程由线粒体氧化呼吸链（respiratory chain）完成。多种因素可以影响氧化磷酸化作用，进而影响 ATP 的生成。

一、氧化呼吸链

（一）氧化呼吸链的概念及组成

代谢物脱下的成对氢原子（2H）以还原当量（$NADH+H^+$ 或 $FADH_2$ 等）的形式存在，然后通过多种酶和辅酶所催化的连锁反应逐步传递，最终与氧结合生成水，同时释放出能量。这个过程是在细胞线粒体进行的，与细胞呼吸有关，所以将此传递链称为呼吸链。在呼吸链中，酶和辅酶按一定顺序排列在线粒体内膜上，有些起传递氢的作用，称递氢体；有些起传递电子的作用，称递电子体。不论是递氢体还是递电子体都起传递电子的作用（$2H \rightleftharpoons 2H^+ + 2e$），所以呼吸链又

称电子传递链（electron transfer chain）。原核生物的呼吸链分布于细胞膜上，而真核生物的呼吸链位于线粒体内膜上。

组成呼吸链的传递体主要包括：烟酰胺腺嘌呤核苷酸类、黄素核苷酸衍生物、泛醌、铁硫蛋白、细胞色素类。依据具体功能又可分为递氢体和递电子体。

1. 递氢体 在呼吸链中既能接受氢又能将所接受的氢传递给另一种物质的成分称为递氢体，包括：

（1）烟酰胺腺嘌呤核苷酸：烟酰胺腺嘌呤二核苷酸（nicotinamide adenine dinucleotide，NAD^+）和烟酰胺腺嘌呤二核苷酸磷酸（nicotinamide adenine dinucleotide phosphate，$NADP^+$）是维生素 PP 的活性形式，NAD^+ 和 $NADP^+$ 在体内的生物学功能是作为多种不需氧脱氢酶的辅酶，接受从底物上脱下的两个氢原子。NAD^+ 或 $NADP^+$ 分子中烟酰胺环的五价氮原子能接受 2H 中的双电子成为三价氮，其对侧的碳原子也比较活泼，能进行氢化反应，因此 NAD^+ 和 $NADP^+$ 能可逆地氢化和脱氢（图7-4）。烟酰胺在氢化反应时只能接受一个氢原子和一个电子，将另一个 H^+ 游离出来，因此将还原型的 NAD^+ 和 $NADP^+$ 分别写成 $NADH+H^+$ 和 $NADPH+H^+$。以 NAD^+ 为辅酶的脱氢酶通常催化氧化代谢途径，如催化糖酵解和三羧酸循环中的氧化反应，以及线粒体呼吸链上的氧化反应。而以 $NADP^+$ 为辅酶的脱氢酶参与的反应则不同，它们通常在线粒体之外，如在戊糖磷酸途径中 $NADP^+$ 发挥辅酶作用，生成的 NADPH 参与胆固醇及脂肪酸等的生物合成过程，而非参与能量代谢。

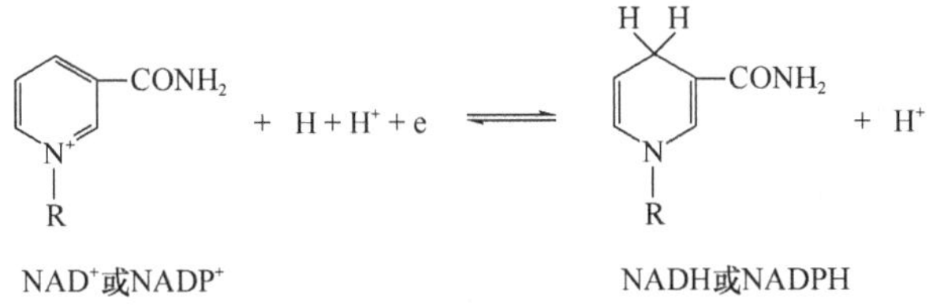

图 7-4 $NAD(P)^+$ 的氢化和 $NAD(P)H$ 的脱氢反应

（2）黄素核苷酸衍生物：黄素单核苷酸（flavin mononucleotide，FMN）和黄素腺嘌呤二核苷酸（flavin adenine dinucleotide，FAD）是维生素 B_2 的活性形式，FMN 含一分子磷酸，而 FAD 则比 FMN 多含一分子腺苷酸（AMP）。两者都是黄素蛋白（flavoprotein，FP）的辅基。

FMN 和 FAD 是体内氧化还原酶（如琥珀酸脱氢酶等）的辅基，发挥功能的结构是异咯嗪环，其异咯嗪环上的 1 位和 10 位氮原子能可逆地进行氢化和脱氢反应，主要起传递氢的作用。氧化型（或醌型）FMN 和 FAD 可接受 1 个氢原子（H^++e）形成半醌型 $FMNH^·$ 和 $FADH^·$，再接受 1 个氢原子转变为还原型（或氢醌型）$FMNH_2$ 和 $FADH_2$（图7-5）。

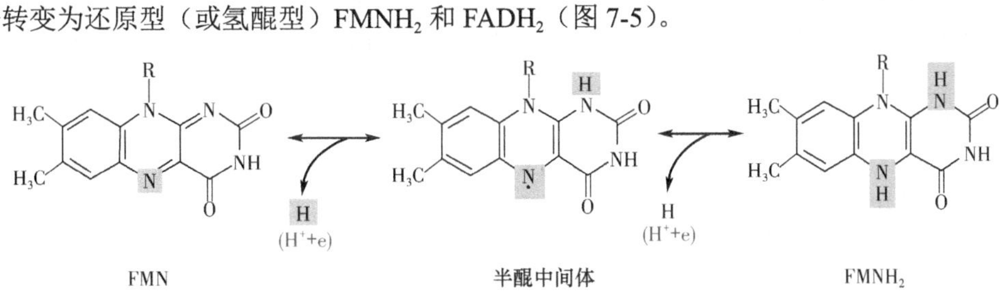

图 7-5 FMN 的氢化和 $FMNH_2$ 的脱氢反应

（3）泛醌（ubiquinone，UQ）：又称辅酶 Q（coenzyme Q，CoQ 或 Q），因广泛分布于生物界并具有醌的结构而得名，是一类脂溶性化合物，其结构中异戊二烯单位的数目因物种而异，哺乳动物细胞内的 CoQ 含有 10 个异戊二烯单位，所以又称为 CoQ_{10} 或 Q_{10}。CoQ 结构中的苯醌部分接受一个 H^+ 和 e 还原为半醌（$CoQH^·$），再接受一个 H^+ 和 e 还原为二氢泛醌（$CoQH_2$）。反之，$CoQH_2$ 可逐步失去 H^+ 和 e 被氧化为 CoQ（图7-6）。

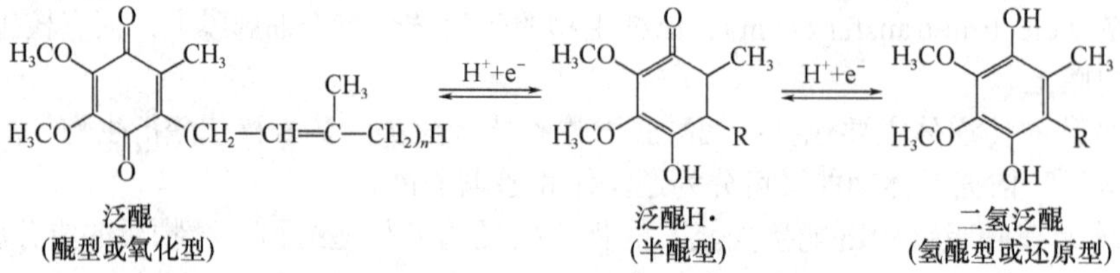

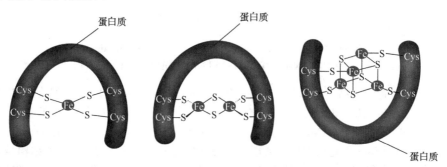

图 7-6　泛醌的氢化和二氢泛醌的脱氢反应

　　CoQ 不仅接受 NADH-泛醌还原酶催化脱下的氢，还接受线粒体其他脱氢酶如琥珀酸脱氢酶、脂酰辅酶 A 脱氢酶以及其他黄素酶类催化脱下的氢，所以 CoQ 在电子传递链中处于中心地位。CoQ 的疏水特性使其能在线粒体内膜中自由扩散。

　　2. 递电子体　既能接受电子又能将电子传递出去的物质称为递电子体。呼吸链中的递电子体包括两类：

　　（1）铁硫蛋白（iron-sulfur protein）：因其含有铁硫中心（iron-sulfur center，Fe-S center）而得名，是存在于线粒体内膜上的一类与电子传递有关的蛋白质。Fe-S 由铁离子与无机硫（S）原子及蛋白质肽链上半胱氨酸残基的 SH 相连接而成。常见的铁硫蛋白有三种组合方式：①单个铁离子与 4 个半胱氨酸残基上的 SH 硫相连。②两个铁离子、两个无机硫（S）原子组成（2Fe-2S），其中每个铁离子还各与两个半胱氨酸残基的 SH 相连。③由 4 个铁离子与 4 个无机硫（S）原子相连（4Fe-4S），铁与硫相间排列在一个正六面体的 8 个顶角端，此外 4 个铁离子还各与一个半胱氨酸残基上的 SH 相连（图 7-7）。Fe-S 通过 $Fe^{2+} \Longleftrightarrow Fe^{3+}+e$ 的可逆反应，每次传递一个电子，因此铁硫蛋白是单电子传递体。

图 7-7　铁硫中心的结构（S 表示无机硫）

　　（2）细胞色素（cytochrome，Cyt）：是一类以铁卟啉为辅基的电子传递蛋白，因具有特殊的吸收光谱而呈现颜色。根据其在不同还原状态下吸收光谱的差异，可将呼吸链中参与电子传递的细胞色素分为 Cyta、Cytb 和 Cytc 三大类，每一类中因其最大吸收波长的微小差别又分为几种亚类，其所含的铁卟啉类辅基分别称血红素 a、b 和 c（图 7-8）。在电子传递链中至少含有 5 种不同的细胞色素，分别为 Cytb、Cytc$_1$、Cytc、Cyta、Cyta$_3$。细胞色素光吸收的差异是由于血红素中卟啉环的侧链基团以及血红素在蛋白质中所处环境不同所致。血红素 a 的卟啉环侧链中，1 个甲基被甲酰基代替，1 个乙烯基连接聚异戊二烯长链；血红素 b 的结构与血红蛋白中的血红素相同。血红素 a 和 b 都通过非共价键与 Cyta 和 Cytb 蛋白相连。根据吸收峰判断，Cytb 以两种形式存在（Cytb$_{562}$ 和 Cytb$_{566}$）。而 Cytc 蛋白，其血红素卟啉环的乙烯基侧链通过共价键与蛋白质中半胱氨酸残基的 SH 相连。细胞色素蛋白通过辅基血红素中的 Fe 离子发挥单电子传递体的作用。细胞色素 a 和 a$_3$ 在呼吸链中通常以复合物形式存在，其中 Fe 离子形成了 5 个配位键，还能与 O$_2$ 再形成一个配位键，从而将上游传递来的电子直接传给 O$_2$。同时，Fe 离子还可以与 CO、氰化物或叠氮化物等含有孤对电子的物质形成配位键，阻断呼吸链的电子传递，引起机体中毒。

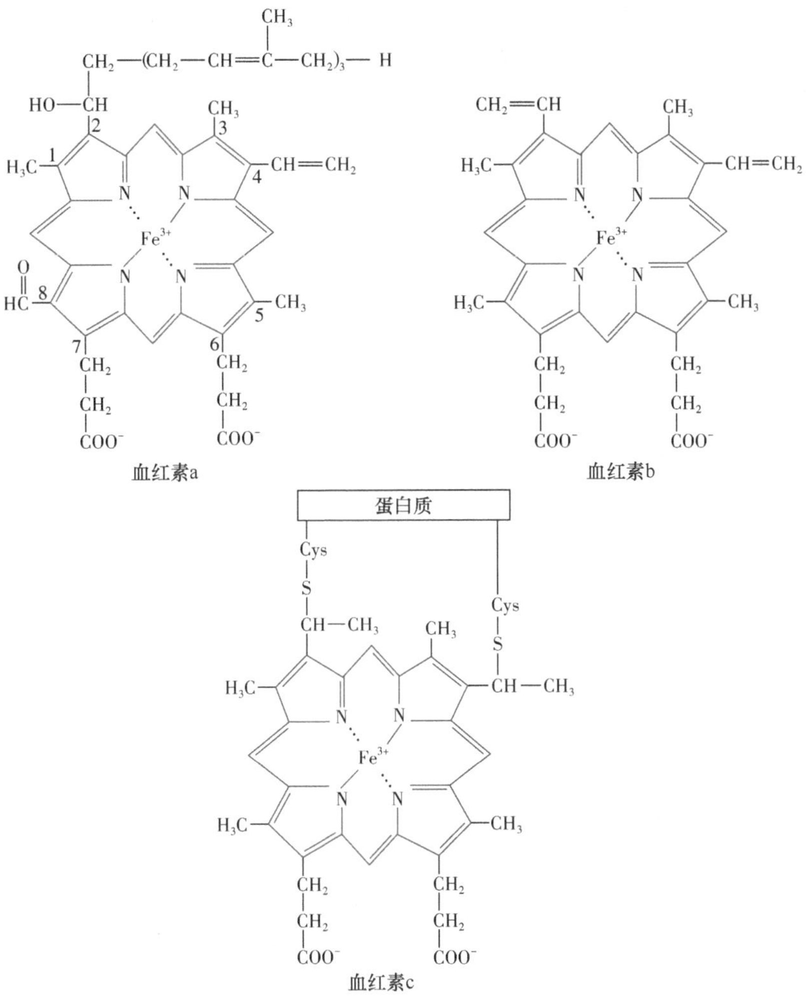

图 7-8　细胞色素中 3 种血红素辅基的结构

3. 呼吸链复合体　用胆酸、脱氧胆酸等去污剂反复处理线粒体内膜后再层析分离，可从线粒体内膜分离得到四种酶复合体以及泛醌和细胞色素 c。其中复合体 I、III、IV 镶嵌在线粒体内膜上，复合体 II 锚定在线粒体内膜的基质侧，每个复合体都由多种酶蛋白、金属离子、辅酶或辅基组成（表 7-2）。泛醌是脂溶性醌类化合物，而细胞色素 c 是一种水溶性球状蛋白质，两者均游离于复合体外。

表 7-2　人线粒体呼吸链复合体

复合体	酶名称	多肽链数	功能辅基
复合体 I	NADH-泛醌还原酶	43	FMN，Fe-S
复合体 II	琥珀酸-泛醌还原酶	4	FAD，Fe-S
复合体 III	泛醌-细胞色素 c 还原酶	11	血红素，Fe-S
复合体 IV	细胞色素 c 氧化酶	13	血红素，Cu_A，Cu_B

（1）复合体 I：又称 NADH-泛醌还原酶，是由黄素蛋白和铁硫蛋白等组成的跨膜蛋白质，呈 "L" 型，其长臂的一端纵贯内膜并突出于线粒体基质中，包括黄素蛋白（含 FMN 辅基）和铁硫蛋白（含 Fe-S 辅基），与基质内经脱氢酶催化产生的 $NADH+H^+$ 相互作用；嵌于内膜的横臂为疏水部分，含 Fe-S 辅基。

复合体 I 传递电子的过程：黄素蛋白辅基 FMN 从基质中接受 NADH+H$^+$ 中的 2H$^+$ 和 2e 生成 FMNH$_2$，经过一系列的 Fe-S 将电子传递给内膜中的 CoQ，形成 CoQH$_2$。由于 CoQ 在线粒体内膜中可自由移动，在各复合体间募集并穿梭传递氢，因此在电子传递和质子的移动中发挥核心作用（图 7-9）。

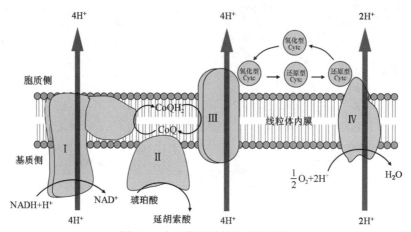

图 7-9 电子传递链的组成示意图

复合体 I、III、IV 具质子泵功能，泛醌和细胞色素 c 是可移动的电子载体

复合体 I 具有质子泵功能，将一对电子从 NADH 传递给 CoQ 的过程中，能将 4H$^+$ 从线粒体基质侧泵到胞质侧。

（2）复合体 II：又称琥珀酸-泛醌还原酶，含有以 FAD 为辅基的黄素蛋白和铁硫蛋白，整个复合体锚定于线粒体内膜中。

复合体 II 传递电子的过程：催化琥珀酸脱氢，使 FAD 还原为 FADH$_2$，经 Fe-S 将电子传递给内膜中的 CoQ，形成 CoQH$_2$（图 7-9）。此过程释放的自由能较小，不足以将 H$^+$ 泵出线粒体内膜，因此复合体 II 没有质子泵功能。此外，代谢途径中一些以 FAD 为辅基的脱氢酶，如脂酰辅酶 A 脱氢酶、甘油-3-磷酸脱氢酶等，也可将相应底物脱下的 2H$^+$ 和 2e 经 FAD 传递给 CoQ，进入呼吸链。

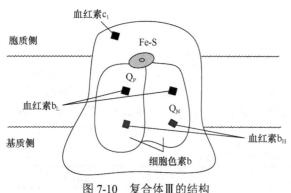

图 7-10 复合体 III 的结构

（3）复合体 III：又称泛醌-细胞色素 c 还原酶，含有细胞色素 b（Cytb$_{562}$，Cytb$_{566}$）、细胞色素 c$_1$ 和铁硫蛋白。Cytb$_{566}$ 还原电位较低，又称 Cytb$_L$；Cytb$_{562}$ 还原电位较高，又称 Cytb$_H$。Cytc$_1$ 和铁硫蛋白的疏水区段将复合体锚定在线粒体内膜。复合体 III 有 2 个 CoQ 结合位点，分别处于胞质侧（Q$_P$）和基质侧（Q$_N$）（图 7-10）。

CoQ 是双电子载体，而 Cytc 是单电子传递体，所以复合体 III 将电子从 CoQH$_2$ 传递给 Cytc 的过程是通过"Q 循环"实现的。在一次"Q 循环"中，2 分子 CoQH$_2$ 将 2 个电子经 Fe-S 传递给膜间隙侧的 Cytc$_1$，后者再传递给 Cytc；另 2 个电子依次传递给 Cytb$_L$ 和 Cytb$_H$，再传递给结合在 Q$_N$ 位点的 CoQ，Q$_N$ 位点的 CoQ 接受 2 个电子和来自基质的 2H$^+$ 被还原为 CoQH$_2$。位于 Q$_P$ 位点的 CoQH$_2$ 失去 2 个电子后转变为 CoQ，回到代谢池，再重复上述过程。因此，一次"Q 循环"的结果是有 2 分子 CoQH$_2$ 被氧化，生成 1 分子 CoQ 和 1 分子 CoQH$_2$，将 2 个电子经 Cytc$_1$ 传递给 2 分子 Cytc。复合体 III 具有质子泵功能，每传递 2e 向膜间隙释放 4H$^+$。

（4）复合体 IV：又称细胞色素 c 氧化酶，作用是将电子从 Cytc 传递给 O$_2$，使 O$_2$ 还原成 O^{2-}，

再与 H^+ 结合生成 H_2O（图 7-9）。复合体Ⅳ也有质子泵功能，每传递 2e 可将基质中 $2H^+$ 泵至膜间隙侧。

人复合体Ⅳ包含 13 个亚基，其中亚基Ⅰ～Ⅲ构成复合体Ⅳ的核心结构，含有 Fe 离子和 Cu 离子的结合位点，发挥电子传递作用；其余亚基则作为复合体Ⅳ中酶的调节基团起作用。

亚基Ⅱ通过两个半胱氨酸 SH 可以结合 2 个 Cu 离子，称 Cu_A^{2+} 中心。Cu_A^{2+} 中心和 Cyta 中血红素的 Fe 极为接近，电子可由 Cu_A^{2+} 中心传递到 Cyta。亚基Ⅰ横跨线粒体内膜，含 Cyta 和 $Cyta_3$（辅基分别为血红素 a 和血红素 a_3），由于 Cyta 和 $Cyta_3$ 结合紧密，很难分离，故称之为 $Cytaa_3$ 复合物。血红素 a_3 邻近处结合 1 个 Cu 离子，称为 Cu_B^{2+}，血红素 a_3 中的 Fe 离子和 Cu_B^{2+} 形成血红素 a_3-Cu_B^{2+}（Fe-Cu）中心，是 O_2 还原为 H_2O 的活性中心。在复合体Ⅳ中形成了 Cyta-Cu_A^{2+} 和 $Cyta_3$-Cu_B^{2+} 两组传递电子的功能单元，称为双核中心（binuclear center），可通过 $Cu^+ \rightleftharpoons Cu^{2+}+e$ 反应传递电子，属单电子传递体。

复合体Ⅳ传递电子的过程是在双核中心上进行的，其顺序为：2 分子 Cytc 先后把 2 个电子经 $2Cu_A^{2+}$ 中心传递到 Cyta，Cyta 再传递电子到 $Cyta_3$-Cu_B^{2+} 中心，进而氧被还原为氧离子，并与从基质摄取的 2 个 H^+ 结合生成 1 分子 H_2O，同时把另外 2 个 H^+ 从基质泵出到胞质侧（图 7-11）。

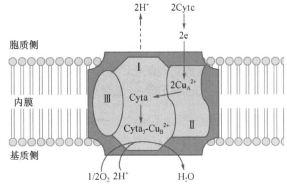

图 7-11　复合体Ⅳ的结构及电子传递过程

（二）氧化呼吸链中传递体的排列顺序

在呼吸链中，各传递体是按一定顺序排列的。呼吸链各组分的排列顺序是由下列实验结果确定的：①根据呼吸链各组分的标准氧化还原电位（E^0）进行排序。电子总是从还原电位低的组分流向还原电位高的组分，也就是从电子亲和力低向电子亲和力高的方向传递（表 7-3）。②利用呼吸链某些特异的抑制剂阻断某一组分的电子传递，在阻断部位以前的组分处于还原状态，后面的组分处于氧化状态。根据各组分的氧化和还原状态吸收光谱的改变分析其排列顺序。③以离体线粒体无氧时处于还原态作为对照，缓慢给氧，观察呼吸链各组分特有的吸收光谱的变化顺序，确定各组分被氧化的顺序。④在体外拆开和重组呼吸链，鉴定四种复合体的组成与排列顺序。

表 7-3　呼吸链中各氧化还原对的标准氧化还原电位

氧化还原对	E^0（V）	氧化还原对	E^0（V）
$NAD^+/NADH+H^+$	−0.32	$Cytc_1Fe^{3+}/Fe^{2+}$	0.22
$FMN/FMNH_2$	−0.22	$CytcFe^{3+}/Fe^{2+}$	0.25
$FAD/FADH_2$	−0.22	$CytaFe^{3+}/Fe^{2+}$	0.29
$CytbFe^{3+}/Fe^{2+}$	0.05（或 0.10）	$Cyta_3Fe^{3+}/Fe^{2+}$	0.35
$Q_{10}/Q_{10}H_2$	0.06	$1/2O_2/H_2O$	0.82

根据上述实验，确定了线粒体内膜上氧化呼吸链的排列顺序（图 7-12）。目前认为，线粒体内膜上主要的氧化呼吸链有两条，即 NADH 氧化呼吸链和 $FADH_2$ 氧化呼吸链。

1. NADH 氧化呼吸链　该呼吸链以 NADH 为电子供体，是人和动物细胞内的主要呼吸链，由复合体Ⅰ、Ⅲ、Ⅳ、CoQ 和 Cytc 组成。机体内大多数代谢物如苹果酸、异柠檬酸等脱下的氢被 NAD^+ 接受生成 $NADH+H^+$，然后通过 NADH 氧化呼吸链逐步传递给 O_2 生成水。电子传递顺序是：

$$NADH+H^+ \rightarrow 复合体Ⅰ \rightarrow CoQ \rightarrow 复合体Ⅲ \rightarrow Cytc \rightarrow 复合体Ⅳ \rightarrow O_2$$

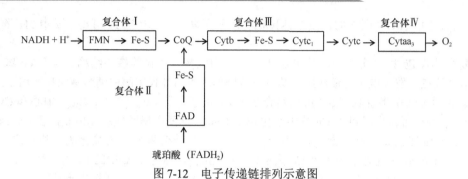

图 7-12　电子传递链排列示意图

2. FADH₂ 氧化呼吸链　也称为琥珀酸氧化呼吸链。该呼吸链由复合体Ⅱ、Ⅲ、Ⅳ、CoQ 和 Cytc 组成，琥珀酸在琥珀酸脱氢酶的催化下，脱下的 2H 经复合体Ⅱ传递给 CoQ 生成 CoQH₂，后面的电子传递与 NADH 氧化呼吸链相同。甘油-3-磷酸脱氢酶及脂酰辅酶 A 脱氢酶催化代谢物脱下的氢通过此呼吸链被氧化。电子传递顺序是：

$$琥珀酸 \rightarrow 复合体Ⅱ \rightarrow CoQ \rightarrow 复合体Ⅲ \rightarrow Cytc \rightarrow 复合体Ⅳ \rightarrow O_2$$

二、氧化磷酸化与 ATP 生成

在机体能量代谢中，ATP 是体内主要供能的高能化合物。细胞内由 ADP 磷酸化生成 ATP 的方式有两种，一种是与高能键水解反应偶联，直接将高能代谢物的能量转移给 ADP（或 GDP）生成 ATP（或 GTP）的过程，称为底物水平磷酸化（substrate-level phosphorylation）（见第六章糖代谢），能够产生少量的 ATP。人体 90% 的 ATP 是由线粒体中的氧化磷酸化产生的。即代谢物脱下的氢（NADH 和 FADH₂），经线粒体内膜氧化呼吸链传递被氧化生成水的过程中伴随着能量的逐步释放，此释能过程驱动 ADP 磷酸化生成 ATP，由于 NADH 和 FADH₂ 的氧化过程与 ADP 的磷酸化过程相偶联，因此称为氧化磷酸化（图 7-13）。

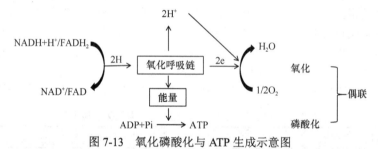

图 7-13　氧化磷酸化与 ATP 生成示意图

（一）氧化磷酸化的偶联部位

理论推测的氧化呼吸链中偶联生成 ATP 的部位称为氧化磷酸化的偶联部位，可根据下述实验方法及数据大致确定。

1. P/O 比值　将底物、ADP、H_3PO_4、Mg^{2+} 和分离得到的较完整的线粒体在模拟细胞内液的环境中于密闭小室内相互作用，发现在消耗氧气的同时消耗磷酸。测定氧和无机磷（或 ADP）的消耗量，即可计算出 P/O 比值（phosphate/oxygen ratio）。P/O 比值是指每消耗 1/2 摩尔 O_2 所消耗无机磷的摩尔数（或消耗 ADP 的摩尔数），即生成 ATP 的摩尔数。

研究发现：β-羟丁酸经氧化脱氢反应生成的 NADH+H⁺，进入 NADH 氧化呼吸链传递时，测得 P/O 比值接近 2.5，说明 NADH 氧化呼吸链存在 3 个 ATP 生成部位。琥珀酸氧化时，测得 P/O 比值接近 1.5，说明琥珀酸氧化呼吸链存在 2 个 ATP 生成部位。比较这两条氧化呼吸链即可推断得出在 NADH 与 CoQ 之间（复合体Ⅰ）存在 1 个偶联部位。此外，测得抗坏血酸氧化时 P/O 比值接近 1，还原型 Cytc 氧化时 P/O 比值也接近 1，两者的不同在于，抗坏血酸通过 Cytc 进入呼吸链被氧化，而还原型 Cytc 则经 $Cytaa_3$ 被氧化，表明在 $Cytaa_3$ 到 O_2 之间（复合体Ⅳ）也存在 1 个偶联部位。比较 β-羟丁酸、琥珀酸和还原型 Cytc 氧化时 P/O 比值，推断在 CoQ 与 Cytc 之间（复合体Ⅲ）存在另一偶联部位（表 7-4）。

所以，复合体Ⅰ、Ⅲ、Ⅳ可能是氧化磷酸化的偶联部位，用于产生 ATP。一对电子经 NADH 氧化呼吸链传递，P/O 比值约为 2.5，生成 2.5 分子 ATP；一对电子经琥珀酸氧化呼吸链传递，P/O 比值约为 1.5，生成 1.5 分子 ATP。

表 7-4 线粒体离体实验测得的 P/O 比值

底物	呼吸链的组成	P/O 比值	生成 ATP 数
β-羟丁酸	$NAD^+ \rightarrow$ 复合体Ⅰ$\rightarrow$CoQ$\rightarrow$ 复合体Ⅲ$\rightarrow$Cytc$\rightarrow$ 复合体Ⅳ$\rightarrow O_2$	2.4～2.83	2.5
琥珀酸	复合体Ⅱ$\rightarrow$CoQ$\rightarrow$ 复合体Ⅲ$\rightarrow$Cytc$\rightarrow$ 复合体Ⅳ$\rightarrow O_2$	1.72	1.5
抗坏血酸	Cytc$\rightarrow$ 复合体Ⅳ$\rightarrow O_2$	0.88	1
还原型 Cytc	复合体Ⅳ$\rightarrow O_2$	0.61～0.68	1

2. 自由能变化 化学反应的自由能变化（$\Delta G^{0'}$）与氧化还原体系的还原电位变化（$\Delta E^{0'}$）之间存在以下关系：

$$\Delta G^{0'} = -n F \Delta E^{0'}$$

$\Delta G^{0'}$ 表示 pH 7.0 时的标准自由能变化；n 为传递电子数；F 为法拉第常数（96.5kJ/mol·V）。利用这个公式对任何一对氧化还原反应都可由 $\Delta E^{0'}$ 计算出 $\Delta G^{0'}$。从 NAD^+ 到 CoQ 之间测得的电位差约 0.36V，从 CoQ 到 Cytc 的电位差为 0.19V，从 $Cytaa_3$ 到分子氧的电位差为 0.58V。计算结果，他们相应释放的 $\Delta G^{0'}$ 分别约为 69.5kJ/mol、36.7kJ/mol、112kJ/mol，而生成每摩尔 ATP 所需的能量约 30.5kJ，可见以上三处（复合体Ⅰ、Ⅲ、Ⅳ）可提供生成 ATP 所需的能量。

可见，NADH 氧化呼吸链存在 3 个偶联部位：NADH 与 CoQ 之间（复合体Ⅰ）、CoQ 与 Cytc 之间（复合体Ⅲ）、$Cytaa_3$ 与 O_2 之间（复合体Ⅳ）；琥珀酸氧化呼吸链存在后 2 个偶联部位（图 7-14）。

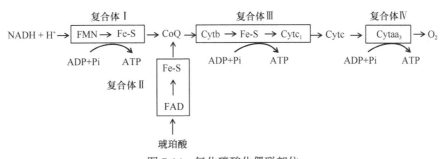

图 7-14 氧化磷酸化偶联部位

（二）氧化磷酸化的偶联机制

1. 化学渗透假说 目前氧化磷酸化的偶联机制还不完全清楚，多数人支持英国科学家米切尔（Mitchell）于 1961 年提出的化学渗透假说（chemiosmotic hypothesis）。由于该假说阐明了氧化磷酸化偶联机制，Mitchell 于 1978 年获诺贝尔化学奖。化学渗透假说基本要点是电子经呼吸链传递时，可将质子（H^+）从线粒体内膜基质侧泵到内膜的胞质侧，由于质子不能自由穿过线粒体内膜返回基质，从而形成跨线粒体内膜的质子电化学梯度（H^+ 浓度梯度和跨膜电位差），以此储存能量。跨线粒体内膜的 H^+ 梯度驱动质子顺浓度梯度回流到基质时，储存的能量被 ATP 合酶（ATP synthase）充分利用，催化 ADP 与 Pi 生成 ATP（图 7-15）。

化学渗透假说得到许多实验结果的支持：①氧化磷酸化作用需要线粒体内膜保持完整状态；②线粒体内膜对 H^+、OH^-、K^+、Cl^- 离子是不通透的；③电子传递链能将 H^+ 泵到内膜外，而 ATP

的形成又伴随着 H^+ 向膜内的转移运动；④降低内膜两侧的 H^+ 浓度梯度会导致 ATP 生成减少等。

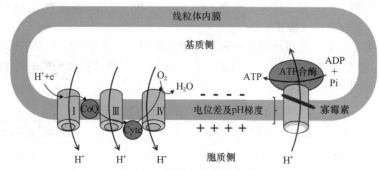

图 7-15　化学渗透假说示意图

2. ATP 合酶　在分离得到四种呼吸链复合体的同时还可得到复合体Ⅴ，即位于线粒体内膜上的 ATP 合酶，该酶是多蛋白组成的蘑菇样结构，含 F_1 和 F_o 两个功能结构域。F_o 由疏水的 $ab_2c_{9\sim12}$ 亚基组成，镶嵌在线粒体内膜中的 9～12 个 c 亚基形成环状结构，a 亚基位于 c 亚基环外侧，与 c 亚基构成 H^+ 回流通道，用于质子回流，b 亚基在外侧连接 F_o 与 F_1。F_1 为亲水寡聚酶复合物，是线粒体内膜基质侧的颗粒状突起，催化 ATP 生成，主要由 $\alpha_3\beta_3\gamma\delta\varepsilon$ 亚基组成，其功能是结合 ADP、Pi，利用质子回流的能量合成 ATP（图 7-16）。

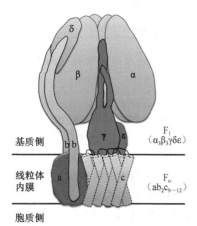

图 7-16　ATP 合酶的结构

F_1 中的 $\alpha_3\beta_3$ 亚基间隔排列形成六聚体，β 亚基为催化部位，但必须与 α 亚基结合才有活性。β 亚基有 3 种构象（图 7-17）：疏松型（L），可疏松结合 ADP 和 Pi，无催化活性；紧密型（T），可利用 H^+ 从 F_o 回流释放的能量，使 ADP 和 Pi 生成 ATP，与 ATP 结合紧密；开放型（O），与 ATP 亲和力低，可释放合成的 ATP。γ 亚基起控制 H^+ 回流的作用，γ 亚基 C 端的 α 螺旋深入到 $\alpha_3\beta_3$ 六聚体的中心孔中，参与六聚体的转动。δ 亚基连接 α、β 亚基，ε 亚基可调节 ATP 合酶活性。在 F_o 与 F_1 之间还有寡霉素敏感蛋白（oligomycin sensitive conferring protein，OSCP，易与寡霉素结合而失去活性），其中心部位由 γε 亚基相连，外侧由 b_2 和 δ 亚基相连。

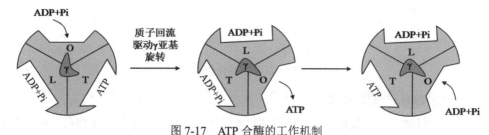

图 7-17　ATP 合酶的工作机制

β 亚基的 3 种构象：L 为疏松型；T 为紧密结合型；O 为开放型

实验数据表明，合成 1 分子 ATP 需要 4 个 H^+，其中 3 个 H^+ 通过 ATP 合酶穿线粒体内膜回流进基质，另一个 H^+ 用于转运 ADP、Pi 和 ATP。一对氢经 NADH 氧化呼吸链传递可泵出 10 个 H^+，生成约 2.5 分子 ATP，一对氢经 $FADH_2$ 氧化呼吸链（琥珀酸氧化呼吸链）传递可泵出 6 个 H^+，生成约 1.5 分子 ATP。

■ （三）氧化磷酸化的影响因素

1. 体内能量状态调节氧化磷酸化速率　氧化磷酸化是机体合成能量载体 ATP 的主要途径，因此机体根据能量需求调节氧化磷酸化速率，从而调节 ATP 的生成量。机体氧化磷酸化的速率主要受 ADP 的浓度以及 ATP/ADP 的比值调节。当机体利用 ATP 增多，ADP 浓度增高时，ADP 转运入线粒体使氧化磷酸化速率加快；反之 ADP 不足，则氧化磷酸化速率减慢。这种调节作用可使 ATP 的生成速率适应机体的生理需要。另外，细胞内 ATP 和 ADP 的相对浓度或 ATP/ADP 比值也同时调节糖的有氧氧化各阶段中关键酶的活性，协调调节产能的相关途径（见第六章糖代谢）。

2. 抑制剂阻断氧化磷酸化过程 抑制剂通过阻断电子传递链的任何环节，或者抑制 ADP 的磷酸化过程，影响 ATP 的合成；同时降低线粒体对氧的需求，细胞的呼吸作用降低，影响细胞的各种生命活动。氧化磷酸化抑制剂可分为三类，即呼吸链抑制剂、解偶联剂和 ATP 合酶抑制剂。

（1）呼吸链抑制剂：能阻断呼吸链中某些部位电子传递，降低线粒体的耗氧量，阻断 ATP 的生成。常见的有：①鱼藤酮（rotenone）、粉蝶霉素 A（piericidin A）及异戊巴比妥（amobarbital）等可阻断复合体 I 中从铁硫中心到 CoQ 的电子传递。②萎锈灵（carboxin）是复合体 II 的抑制剂。③抗霉素 A（antimycin A）、二巯基丙醇（dimercaprol，BAL）等可抑制复合体 III 中 Cytb 与 Cytc$_1$ 间的电子传递。④氰化物（cyanide，CN^-）、叠氮化物（azides，N_3^-）能紧密结合复合体 IV 中氧化型 Cyta$_3$，阻断电子由 Cyta 到 Cyta$_3$ 的传递。CO 与还原型 Cyta$_3$ 结合，使电子不能传给氧。目前发生的城市火灾事故中，由于装饰材料中含有的 N 和 C 在高温条件下可生成 HCN，因此伤员除因燃烧不完全造成 CO 中毒外，同时存在 CN^- 中毒，此类呼吸链抑制剂可使细胞呼吸中断而危及生命（图 7-18）。

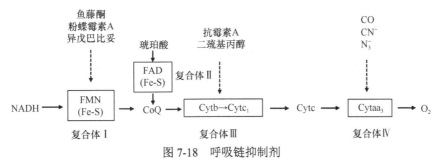

图 7-18 呼吸链抑制剂

案例 7-1

患者，男性，53 岁，因"昏迷 2 小时余"入院。患者于清晨被家人发现平卧于床上，呼之不应，未见呕吐物以及异常药瓶等。室内用煤炉取暖，煤炭气味较浓烈，开窗通风后未见明显好转，急诊入院。

体格检查：T 37.0℃，P 78 次/分，R 18 次/分，BP 117/86mmHg，昏迷状态。口唇黏膜呈樱桃红色，其余皮肤黏膜未见明显异常。双眼睑无水肿，巩膜无黄染，双瞳孔对光反应灵敏，直径约 3mm，耳鼻外形正，无异常分泌物。全身浅表淋巴结未触及肿大，胸廓对称无畸形，未闻及干、湿啰音。颈部无抵抗感，咽无充血，气管居中。心率 78 次/分，律齐，心脏各瓣膜区未闻及病理性杂音。腹平软，无压痛及反跳痛，肝脾肋下未触及，Murphy 征阴性，四肢肌力 V 级，肌张力正常，双下肢未见凹陷性水肿，未引出病理反射。患者自发病以来未进饮食，大小便未见明显异常。

既往无肝、肾、糖尿病等病史及服用安眠药等情况。

辅助检查（括号内为参考区间）：①碳氧血红蛋白（COHb）＞32%。②动脉血气分析：动脉血氧分压（PaO$_2$）37mmHg（83～108mmHg），血氧饱和度（SO$_2$）75%（93%～102%）、动脉血二氧化碳分压（PaCO$_2$）22.5mmHg（35～45mmHg）。③血常规：WBC 10.01×10^9/L（3.5×10^9/L～9.5×10^9/L），RBC 4.72×10^{12}/L（3.8×10^{12}/L～5.1×10^{12}/L），Hb 142g/L（115～150g/L）。④血液蛋白：总蛋白 55.1g/L（61～82g/L），白蛋白 32.2g/L（36～51g/L），球蛋白 20.5g/L（25～35g/L），白/球蛋白比例 1.57（1.5～2.5）。⑤肝功能：AST 222U/L（0～40U/L），ALT 66U/L（0～40U/L）。

⑥心肌酶：CK 4970U/L（24～184U/L），CK-MB 154U/L（0～24U/L），LDH 830U/L（155～300U/L）。⑦肾功能：BUN 7.7mmol/L（1.7～8.3mmol/L）。

临床初步诊断：急性一氧化碳中毒。

问题：该患者发病的生化机制是什么？

（2）解偶联剂（uncoupler）：可使氧化与磷酸化的偶联过程分离，电子可沿呼吸链正常传递，但内膜两侧的质子电化学梯度被破坏，不能驱动 ATP 合酶合成 ATP，质子电化学梯度储存的能量以热能形式释放。如二硝基苯酚（dinitrophenol，DNP）为脂溶性物质，在线粒体内膜中可自由移动，进入膜间腔侧时结合 H^+，返回基质侧时释出 H^+，从而破坏了质子电化学梯度。机体也存在内源性解偶联剂，如人（尤其是新生儿）、哺乳动物体内存在大量棕色脂肪组织，该组织线粒体内膜中存在的解偶联蛋白 1（uncoupling protein 1，UCP1）是由 2 个 32kDa 的亚基组成的二聚体蛋白，在内膜上形成质子通道，H^+ 可经此通道返回线粒体基质并释放热能，因此棕色脂肪组织是产热御寒组织。新生儿硬肿症是因为缺乏棕色脂肪组织，不能维持正常体温而使皮下脂肪凝固所致。

（3）ATP 合酶抑制剂：对电子传递及 ADP 磷酸化均有抑制作用。例如，寡霉素（oligomycin）、二环己基碳二亚胺（dicyclohexyl carbodiimide，DCCD）可结合 ATP 合酶 F_o 部分，阻止质子从 F_o 通道回流，抑制 ATP 合酶活性，进而抑制磷酸化过程。此时由于线粒体内膜两侧电化学梯度增高影响呼吸链质子泵的功能，继而抑制电子传递。

3. 甲状腺激素促进氧化磷酸化和产热　甲状腺激素（T_3、T_4）诱导细胞膜上 Na^+,K^+-ATP 酶的生成，使 ATP 加速分解为 ADP 和 Pi，ADP 浓度增加促进氧化磷酸化。另外，T_3 还可诱导解偶联蛋白基因表达增加，使氧化释能和产热比率均增加，ATP 合成减少，导致机体耗氧量和产热量同时增加，所以甲状腺功能亢进症患者出现发热、消瘦、基础代谢率增高等表现。

4. 线粒体 DNA 突变影响氧化磷酸化功能　线粒体自身携带线粒体 DNA（mitochondrial DNA，mtDNA），mtDNA 呈裸露的环状双螺旋结构，由于缺乏蛋白质保护和 DNA 损伤修复系统，容易受到损伤而发生突变，其突变率远高于核基因组 DNA 突变率。

线粒体是真核细胞生成 ATP 的主要部位，线粒体的功能蛋白质主要由细胞核的基因编码，人类的 mtDNA 含 37 个编码基因，用于表达呼吸链复合体 Ⅰ 中的 7 个亚基、复合体 Ⅲ 中的 Cytb、复合体 Ⅳ 中的 3 个亚基、ATP 合酶的 2 个亚基，以及 22 个 tRNA 和 2 个 rRNA。因此 mtDNA 突变可直接影响电子的传递过程或 ADP 的磷酸化，使 ATP 生成减少而致能量代谢紊乱，进而引发疾病。

mtDNA 的突变与衰老等自然现象有关，随着年龄的增长，mtDNA 突变到一定程度导致氧化磷酸化损伤，对耗能较多的中枢神经系统影响最大，其次为肌肉、心脏、胰、肝和肾脏等，导致帕金森病、阿尔茨海默病、糖尿病等疾病的发生。

遗传性 mtDNA 疾病以母系遗传居多，因每个卵细胞中有几十万个 mtDNA 分子，每个精子中只有几百个 mtDNA 分子，受精卵 mtDNA 主要来自卵细胞，因此卵细胞 mtDNA 突变产生疾病的概率更高。

案例 7-2

患者，女性，24 岁，因"怕热、多汗、心悸 4 个月"入院。患者 4 个月前无明显诱因出现怕热、多汗、心悸，伴易饥、多食，消瘦。大便次数 2～3 次/日，无口干、多尿、多饮，无脾气暴躁，无发热和呼吸困难。发病以来精神和食欲尚好，睡眠较差，小便正常，体重下降 5kg。既往体健，无高血压、肝病和心脏病病史，无烟酒嗜好，月经正常、未婚、未育。

体格检查：T 36.2℃，P 110 次/分，R 18 次/分，BP 120/70mmHg。浅表淋巴结未触及明显肿大，全身皮肤黏膜无黄染，无瘀点、瘀斑，颜面部无水肿，双侧眼球轻度突出，巩膜无黄染，双侧瞳孔等大等圆，直径 3mm，对光反射存在。气管居中，颈静脉无怒张。甲状腺弥漫性肿大，未触及结节，双上极可闻及血管杂音。双肺呼吸音清，未闻及干、湿啰音。心界不大，心率 110 次/分，律齐，各瓣膜听诊区未闻及杂音。腹软，无压痛。肝脾肋下未触及，双下肢无水肿，双手平举有细微震颤。

实验室检查的主要阳性发现（括号内为参考区间）：Hb 125g/L，RBC $4.2×10^{12}$/L，WBC $3.4×10^9$/L [（3.5～9.5）$×10^9$/L]，血小板（PLC）$200×10^9$/L。肝功能正常。甲状腺功能检测：血清 TT_4 302.6nmol/L（58.1～140.6nmol/L），FT_4 65.72pmol/L（11.5～22.7pmol/L），TT_3 8.94nmol/L（0.92～2.79nmol/L），FT_3 30.8pmol/L（3.5～6.5pmol/L），TSH 0.008mIU/L（0.55～4.78mIU/L）。

临床初步诊断：毒性弥漫性甲状腺肿（Graves 病）。

问题： 分析该患者出现"怕热、多汗、易饥、多食"等高代谢综合征的机制。

（四）细胞质中 NADH 的氧化

线粒体基质与细胞质之间有线粒体内外膜相隔，线粒体外膜通透性较高，大多数小分子化合物和离子可以自由通过进入膜间隙。与外膜不同，线粒体内膜对各种物质的通过有严格的选择性，几乎所有离子和不带电荷的小分子化合物都不能自由通过。线粒体内膜依赖不同的转运蛋白质体系对各种物质进行选择性转运，以保证生物氧化和基质内各种物质代谢过程的顺利进行（表 7-5）。

表 7-5 线粒体内膜的某些转运蛋白质对代谢物的转运

转运蛋白	进入线粒体	出线粒体
ATP-ADP 转位酶	ADP^{3-}	ATP^{4-}
磷酸盐转运蛋白	$H_2PO_4^-+H^+$	
二羧酸转运蛋白	HPO_4^{2-}	苹果酸
α-酮戊二酸转运蛋白	苹果酸	α-酮戊二酸
天冬氨酸-谷氨酸转运蛋白	谷氨酸	天冬氨酸
丙酮酸转运蛋白	丙酮酸	OH^-
三羧酸转运蛋白	苹果酸	柠檬酸
碱性氨基酸转运蛋白	鸟氨酸	瓜氨酸
肉碱转运蛋白	脂酰肉碱	肉碱

生物氧化的脱氢反应可发生在线粒体基质或细胞质中，在线粒体内生成的 NADH 可直接通过氧化呼吸链进行氧化磷酸化。由于 NADH 不能自由通过线粒体内膜，在细胞质中经糖酵解等途径生成的 NADH 需通过穿梭机制进入线粒体氧化呼吸链才能进行氧化磷酸化。体内有两种转运机制：甘油-3-磷酸穿梭（glycerol-3-phosphate shuttle）和苹果酸-天冬氨酸穿梭（malate-aspartate shuttle）。

1. 甘油-3-磷酸穿梭 主要存在于脑和骨骼肌中。借助甘油-3-磷酸与磷酸二羟丙酮之间的氧化还原反应转移氢，使线粒体外来自 NADH+H^+ 的 2H 进入线粒体氧化呼吸链进行氧化。

细胞质中的 NADH+H^+ 在甘油-3-磷酸脱氢酶（辅酶为 NAD^+）的催化下，将 2H 传递给磷酸二羟丙酮，使其还原成甘油-3-磷酸，后者通过线粒体外膜，到达线粒体内膜的膜间隙侧。膜间隙侧的甘油-3-磷酸脱氢酶（辅基为 FAD）催化甘油-3-磷酸脱氢，重新生成磷酸二羟丙酮和 $FADH_2$，前者穿出线粒体返回细胞质，后者进入 $FADH_2$ 氧化呼吸链。在此机制中，1 分子 NADH 经此穿梭能产生 1.5 分子 ATP（图 7-19）。

2. 苹果酸-天冬氨酸穿梭 主要存在于肝、肾及心肌细胞中。细胞质中 NADH+H^+ 在苹果酸脱氢酶（辅酶为 NAD^+）催化下，使草酰乙酸还原成苹果酸，苹果酸经过线粒体内膜上的苹果酸-α-酮戊二酸转运蛋白进入线粒体基质后，再经苹果酸脱氢酶（辅酶为 NAD^+）作用重新又生成

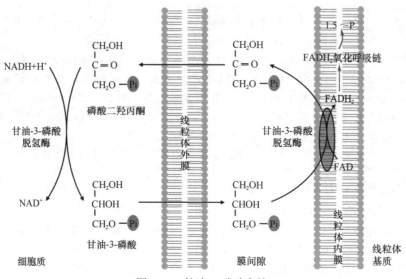

图 7-19　甘油-3-磷酸穿梭

草酰乙酸和 NADH+H⁺。NADH+H⁺进入 NADH 氧化呼吸链进行氧化，生成 2.5 分子 ATP。而草酰乙酸在谷草转氨酶（glutamic-oxaloacetic transaminase，GOT），又称天冬氨酸转氨酶（aspartate transaminase，AST）作用下，接受氨基转变为天冬氨酸，同时谷氨酸转变为 α-酮戊二酸。天冬氨酸经过线粒体内膜上的天冬氨酸-谷氨酸转运蛋白与细胞质中的谷氨酸交换进入细胞质，在细胞质内经转氨基作用重新生成草酰乙酸，继续进行穿梭作用（图 7-20）。

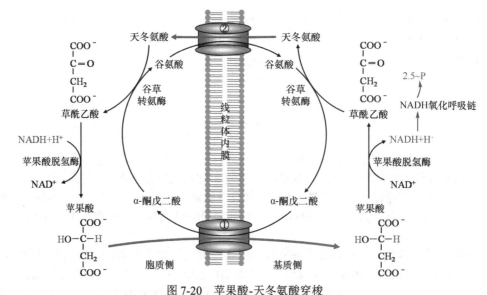

图 7-20　苹果酸-天冬氨酸穿梭

①苹果酸-α-酮戊二酸转运蛋白；②天冬氨酸-谷氨酸转运蛋白

第三节　非线粒体氧化体系

在微粒体、过氧化物酶体以及细胞其他部位存在其他氧化体系，统称为非线粒体氧化体系。其特点是在氧化过程中不偶联磷酸化，不伴有 ATP 的生成，主要与体内代谢物、毒物和药物等的生物转化有关。

一、微粒体氧化体系

微粒体内的单加氧酶（monooxygenase）催化氧分子中的一个氧原子加到底物分子上使其羟化形成羟基类化合物或环氧化物，而另一个氧原子被氢（来自 NADPH+H⁺）还原成水，故又称混合功能氧化酶（mixed functional oxidase，MFO）或羟化酶（hydroxylase），其催化反应如下：

$$RH+NADPH+H^++O_2 \longrightarrow ROH+NADP^++H_2O$$

上述反应需要细胞色素 P450（cytochrome P450，Cyt P450）参与。Cyt P450 属于 Cyt b 类，因与 CO 结合后在波长 450nm 处出现最大吸收峰而被命名。Cyt P450 在生物中广泛分布，哺乳动物 Cyt P450 分属 10 个基因家族。人 Cyt P450 有几百种同工酶，识别各自特异性底物。

单加氧酶催化反应的过程是：NADPH 首先将电子交给黄素蛋白，黄素蛋白再将电子传递给以 Fe-S 为辅基的铁氧还蛋白。与底物结合的氧化型 Cyt P450 接受铁氧还蛋白的 1 个 e 后，转变成还原型 Cyt P450，与 O_2 结合形成 $RH \cdot P450 \cdot Fe^{2+} \cdot O_2$；Cyt P450 铁卟啉中 Fe^{2+} 将电子交给 O_2 形成 $RH \cdot P450 \cdot Fe^{3+} \cdot O_2^-$，再接受铁氧还蛋白的第 2 个 e，使氧活化为 O_2^{2-}。此时 1 个氧原子使底物（RH）羟化为 ROH，另 1 个氧原子与来自 NADPH 的质子结合生成 H_2O（图 7-21）。

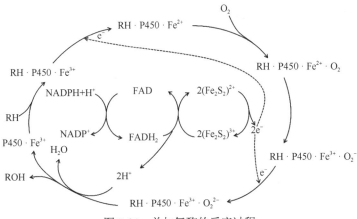

图 7-21 单加氧酶的反应过程

单加氧酶主要分布在肝和肾上腺的微粒体中，少数也存在于线粒体中，主要参与类固醇激素（性激素、肾上腺皮质激素）、胆汁酸盐、胆色素、活性维生素 D 的生成和某些药物、毒物的生物转化过程。

二、活性氧清除体系

反应活性氧类（reactive oxygen species，ROS）的产生过程：O_2 得到 1 个电子时产生超氧阴离子（superoxide anion，O_2^-），再逐步接受电子还原生成过氧化氢（hydrogen peroxide，H_2O_2）和羟自由基（hydroxyl free radical，·OH）。O_2^-、H_2O_2、·OH 统称为 ROS。ROS 包括氧自由基及其衍生物。

氧自由基是指带有未配对电子的氧原子和含氧化学基团，主要有超氧阴离子（O_2^-）和羟自由基（·OH）。线粒体氧化呼吸链传递电子过程中，漏出的电子与 O_2 结合产生，是 O_2^- 的主要来源，O_2^- 在线粒体内进而生成过氧化氢（H_2O_2）和羟自由基（·OH）。细胞过氧化酶体系中，FAD 将从脂肪酸等底物获得的电子交给 O_2 生成 H_2O_2 和·OH。细胞质需氧脱氢酶（如黄嘌呤氧化酶等）也可催化生成 O_2^-。细菌感染、组织缺氧等病理过程，辐射、吸烟及药物等外源性因素也可导致细胞产生 ROS。

ROS 反应性极强，过量的 ROS 可对机体造成损伤，其中羟自由基（·OH）具有极高的反应性，可引起蛋白质、核酸等大分子物质的氧化损伤，进而破坏细胞的正常结构和功能。同时，因线粒体是产生 ROS 的主要部位，因此线粒体 DNA 很容易受到自由基攻击而损伤或突变，引起相应的疾病。自由基也可使磷脂分子中不饱和脂肪酸氧化生成过氧化脂质，损伤生物膜；过氧化脂质与蛋白质结合形成的复合物，积累成棕褐色的色素颗粒，称为脂褐素，与组织老化有关。

体内存在多种抗氧化酶及小分子抗氧化剂等，及时处理和利用 ROS，进行 ROS 的清除。

（一）过氧化物酶体氧化体系

1. 过氧化氢酶（catalase）　主要存在于过氧化酶体、细胞质及微粒体中，含有 4 个血红素辅基，催化 2 分子 H_2O_2 反应生成 H_2O 并释放出 O_2。催化反应如下：

$$2H_2O_2 \xrightarrow{\text{过氧化氢酶}} 2H_2O+O_2$$

2. 过氧化物酶（peroxidase）　辅基是血红素，催化 H_2O_2 还原，释放出的氧原子直接氧化酚类及胺类等有害物质，反应如下：

$$H_2O_2+R \xrightarrow{\text{过氧化物酶}} 2H_2O+RO \text{ 或 } H_2O_2+RH_2 \xrightarrow{\text{过氧化物酶}} 2H_2O+R$$

在红细胞和某些组织内存在含硒的谷胱甘肽过氧化物酶（glutathione peroxidase，GPx），此酶能利用还原型谷胱甘肽（GSH）将代谢产生的过氧化物还原成无毒的醇类和 H_2O，也可将 H_2O_2 还原成 H_2O。因此 GPx 是体内防止活性氧类损伤的主要酶，具有保护生物膜及血红蛋白免遭损伤的作用。

（二）超氧化物歧化酶体系

超氧化物歧化酶（superoxide dismutase，SOD）可催化一分子 O_2^- 氧化生成 O_2，另一分子 O_2^- 还原生成 H_2O_2：

$$2O_2^- +2H^+ \xrightarrow{\text{SOD}} H_2O_2+O_2$$

SOD 是人体防御各种超氧离子损伤的重要酶类，在真核细胞质中，SOD 以 Cu^{2+}、Zn^{2+} 为辅基，称为 Cu/Zn-SOD；在线粒体内以 Mn^{2+} 为辅基，称为 Mn-SOD。

除了酶对自由基的清除外，许多小分子抗氧化剂如维生素 E、维生素 C、谷胱甘肽、β-胡萝卜素、不饱和脂肪酸等都有清除自由基的作用，因此它们的医疗保健作用越来越受到人们的重视。

（张春晶　李淑艳）

思　考　题

1. 常见的氧化呼吸链抑制剂有哪些？ CO 和 CN^- 阻断氧化呼吸链电子传递的机制是什么？
2. 糖酵解产生的 $NADH+H^+$ 如何通过线粒体氧化呼吸链进行氧化？
3. 简述 ATP 的生成方式及其他高能化合物的种类。
4. 如何理解线粒体 DNA 突变对氧化磷酸化功能的影响。
5. 非线粒体氧化体系的特点、主要的酶及其催化作用。

第八章　脂质代谢

脂质（lipid）是种类和功能多样的疏水性化合物，主要包括脂肪酸和醇所形成的酯类及其衍生物。作为机体必需的代谢物，脂质是生物膜、细胞骨架、细胞表面抗原的重要组成成分，参与能量储存和代谢、细胞信号转导、细胞免疫、炎症调节等诸多关键过程，与机体的生命活动和生长发育密切相关。

第一节　脂质概述

脂质是一类不溶于水而易溶于氯仿、乙醚、丙酮等有机溶剂并能被机体利用的有机化合物，包括脂肪、类脂及其衍生物。脂肪（fat）即甘油三酯（triglyceride）或三酰甘油（triacylglycerol），是由一分子甘油和三分子脂肪酸通过脱水酯化生成的化合物，是体内含量最多的脂质。脂肪酸（fatty acid，FA）是脂肪烃的羧酸，分子一端含有一个疏水性的碳氢链基团，另一端含有一个亲水性羧基，其结构通式为 $CH_3(CH_2)_nCOOH$。类脂（lipoid）主要包括磷脂、糖脂、胆固醇和胆固醇酯等。

一、脂质的生理功能

（一）脂肪的生理功能

脂肪的主要生理功能包括：①供能与储能。这是脂肪最主要的生理功能。1g 脂肪在体内完全氧化时可释放出 38.9kJ（9.3kcal）能量，比等量的糖或蛋白质高出一倍多。此外，体内脂库中储存的脂肪，结合水分少，体积小，储存 1g 脂肪仅占 $1.2cm^3$（为储存 1g 糖原所占体积的 1/4），故在单位体积内可储存较多能量。②保护内脏与维持体温。内脏周围的脂肪组织具有软垫作用，可缓冲外界的机械撞击，对内脏具有保护功能。脂肪不易导热，分布于皮下的脂肪可防止热量的过多散失，对维持体温的恒定具有重要作用。③促进脂溶性维生素的吸收。

（二）类脂的生理功能

类脂的主要生理功能包括：①维持生物膜的正常结构与功能。类脂约占生物膜重量的一半，是维持生物膜正常结构与功能必不可少的成分。磷脂分子构成生物膜骨架的主要结构——脂质双层，成为极性物质进出细胞的通透性屏障。胆固醇分子散布于磷脂分子之间，其极性头部与磷脂分子的极性头部紧紧相依，板面状甾环结构则使与之相邻的磷脂烃链的活动性下降，从而增加膜的稳定性。糖脂为亲水性脂质分子，位于细胞膜的非胞质面，糖基暴露在膜外。糖脂的功能因种类不同而异，与细胞跟外部环境的相互作用有关。②参与细胞信息传递。例如，细胞质膜上的磷脂酰肌醇 4,5-双磷酸，可被特异性磷脂酶 C 水解生成肌醇三磷酸（inositol triphosphate，IP_3）和甘油二酯，后两者均为细胞内的第二信使，参与细胞信息传递。③促进脂肪和脂溶性维生素的吸收与转运。④可转变为多种重要的生物活性物质。例如，胆固醇可在体内转变为胆汁酸、维生素 D_3、类固醇激素等生物活性物质；磷脂分子中的花生四烯酸是前列腺素（prostaglandin，PG）、凝血烷（thromboxane，TX）及白三烯（leukotriene）等生物活性物质的前体，具有多种重要生理功能。

二、脂质的消化与吸收

膳食中的脂质以脂肪为主（约占 90%），此外还有少量磷脂及胆固醇等。正常成人每天膳食中含胆固醇 300～500mg，主要来自动物内脏、蛋黄、奶油及肉类。食物中的胆固醇多为游离胆固醇，10%～15% 为胆固醇酯。脂质的消化吸收需要胆汁酸盐的乳化分散以及多种消化酶的协同作用。成人口腔中没有消化脂质的酶；胃中有少量脂肪酶，但胃液 pH 偏酸，脂肪酶活性受到抑制；小肠中含有来自胰液的多种脂酶及来自胆汁的胆汁酸盐，所以小肠是脂质消化吸收的主要部位。婴儿时期胃酸浓度较低，胃液 pH 接近中性，脂肪（特别是乳脂）能在胃被部分消化。

脂质进入小肠后刺激肠促胰液素（secretin）和胆囊收缩素（cholecystokinin）的产生与释放。可促进胰酶原分泌，引起胆囊收缩，促进胆汁分泌。胆汁酸盐是双性分子，可与进入肠腔的脂肪、胆固醇等脂质混合，通过肠蠕动，将不溶于水的脂质分散成细小的水包油的乳化微团（micelle），从而大大增加了脂质与消化酶的接触面积，有利于脂质的消化吸收。胆汁酸盐是维持胆固醇吸收的主要因素，胆汁酸盐缺乏可明显降低胆固醇的吸收。食物中的纤维素、果胶、植物固醇及某些药物如考来烯胺（消胆胺）等可在消化道中与胆汁酸盐结合促使其从粪便排出，从而减少胆固醇吸收、降低血中胆固醇。

经胰腺分泌入十二指肠的脂质消化酶包括胰脂肪酶（pancreatic lipase）、磷脂酶 A_2、胆固醇酯酶及辅脂肪酶（colipase）。胰脂肪酶特异性催化脂肪的 1 位与 3 位酯键水解，生成 1 分子 2-甘油一酯和 2 分子脂肪酸。胰脂肪酶必须吸附在乳化微团的水油界面上，才能水解微团内的脂肪，其发挥作用的必需辅因子是辅脂肪酶。辅脂肪酶以酶原形式随胰液分泌进入十二指肠后，在胰脂肪酶的作用下从 N 端切下一个五肽而被激活。辅脂肪酶本身不具脂肪酶活性，但激活的辅脂肪酶具有与胰脂肪酶及脂肪结合的结构域，分别通过氢键与胰脂肪酶结合、通过疏水键与脂肪结合，在胰脂肪酶与脂肪之间起桥梁作用，使胰脂肪酶充分发挥水解脂肪的作用。在小肠内，胰脂肪酶的作用依赖于胆汁酸盐的存在，但又受胆汁酸盐的抑制，因为脂质乳化后其表面张力升高，反而使胰脂肪酶不能与微团内的脂肪接触；同时在水油界面胰脂肪酶易于变性失活。磷脂酶 A_2 催化磷脂 2 位酯键水解，生成脂肪酸和溶血磷脂。胆固醇酯酶催化胆固醇酯水解，生成游离脂肪酸（free fatty acid，FFA）与胆固醇。

2-甘油一酯、溶血磷脂、胆固醇及脂肪酸等消化产物进一步与胆汁酸盐乳化成体积更小、极性更大的混合微团（mixed micelle），在十二指肠下段及空肠上段，经被动扩散进入小肠黏膜细胞内。甘油、短链（2～4C）及中链（6～10C）脂肪酸易被肠黏膜吸收，经门静脉入血。一部分未被消化的由短链及中链脂肪酸构成的脂肪，被胆汁酸盐乳化后也可被吸收，其吸收后在肠黏膜细胞内脂肪酶的催化下水解为 FFA 和甘油，经门静脉入血。长链脂肪酸（12～26C）、2-甘油一酯及其他脂质消化产物，在脂酰 CoA 合成酶（acyl-CoA synthetase）和脂酰 CoA 转移酶（acyl-CoA transferase）催化下，消耗 ATP 生成新的脂肪、磷脂及胆固醇酯，它们再与小肠黏膜细胞合成的载脂蛋白构成乳糜微粒，经淋巴入血。

三、脂肪酸的分类与命名

按碳原子数目多少，可将脂肪酸分为短链（<6C）、中链（6～12C）及长链（>12C）脂肪酸。高等动植物中的脂肪酸碳链长度一般在 14～26C，且主要为偶数碳。按是否含有双键，可将脂肪酸分为饱和与不饱和脂肪酸。不含双键的脂肪酸为饱和脂肪酸（saturated fatty acid）；而含有双键者为不饱和脂肪酸（unsaturated fatty acid），其中含 1 个双键者为单不饱和脂肪酸（monounsaturated fatty acid），含 ≥2 个双键者为多不饱和脂肪酸（polyunsaturated fatty acid）。各种脂肪酸碳链长度、饱和度以及双键位置的不同导致其某些理化性质及生物学功能各异。例如，随着碳链长度的增加，其熔点逐渐增加；随着不饱和度的增加，其熔点逐渐下降，这对于生物膜脂质在各种环境温度下保持流动态并由此维持生物膜的正常功能具有十分重要的意义。

体内脂肪酸的来源有二：一是自身合成；二是从食物中摄取。某些维持生命活动所必需的多不饱和脂肪酸在人体内不能合成，必须从食物中摄取，称为必需脂肪酸（essential fatty acid），主要包括亚油酸、α-亚麻酸。花生四烯酸需要以亚油酸为原料合成，一般也归为必需脂肪酸。

脂肪酸的系统命名法依据脂肪酸的碳链长度命名（表 8-1），若碳链含双键，则标示双键位置。Δ 编码体系从脂肪酸的羧基碳原子起计双键位置；ω(n) 编码体系则从甲基碳原子起计双键位置，并且根据第一个双键所在碳原子的位置，可将不饱和脂肪酸分为 ω-3、ω-6、ω-7 和 ω-9 四簇（表 8-2）。哺乳动物体内的多不饱和脂肪酸由相应的母体脂肪酸衍生而来（表 8-2），如 γ-亚麻酸和花生四烯酸可由亚油酸转变而来，但 ω-3、ω-6 和 ω-9 三簇多不饱和脂肪酸在体内彼此不能相互转化。动物只能合成 ω-7 和 ω-9 簇多不饱和脂肪酸（如棕榈油酸和油酸），不能合成 ω-3 和 ω-6 簇多不饱和脂肪酸（如 α-亚麻酸和亚油酸），这是因为哺乳动物体内缺乏 ω-3 和 ω-6 脂肪酸脱饱和酶（desaturasc）系，不能在脂肪酸的 ω-3 和 ω-6 碳原子处引入双键。

表 8-1 常见脂肪酸的命名及其 ω 分簇

习惯名	系统名	碳原子数及双键数	双键位置 Δ 系	ω (n) 系	簇
饱和脂肪酸					
月桂酸（lauric acid）	十二烷酸	12:0			
豆蔻酸（myristic acid）	十四烷酸	14:0			
软脂酸（palmitic acid）	十六烷酸	16:0			
硬脂酸（stearic acid）	十八烷酸	18:0			
花生酸（arachidic acid）	二十烷酸	20:0			
山萮酸（behenic acid）	二十二烷酸	22:0			
木蜡酸（lignoceric acid）	二十四烷酸	24:0			
单不饱和脂肪酸					
棕榈油酸（palmitoleic acid）	十六碳一烯酸	16:1	9	7	ω-7
油酸（oleic acid）	十八碳一烯酸	18:1	9	9	ω-9
反式异油酸（vaccenic acid）	反式十八碳一烯酸	18:1	11	7	ω-7
神经酸（nervonic acid）	二十四碳一烯酸	24:1	15	9	ω-9
多不饱和脂肪酸					
亚油酸（linoleic acid）	十八碳二烯酸	18:2	9, 12	6, 9	ω-6
α-亚麻酸（α-linolenic acid）	十八碳三烯酸	18:3	9, 12, 15	3, 6, 9	ω-3
γ-亚麻酸（γ-linolenid acid）	十八碳三烯酸	18:3	6, 9, 12	6, 9, 12	ω-6
花生四烯酸（arachidonic acid）	二十碳四烯酸	20:4	5, 8, 11, 14	6, 9, 12, 15	ω-6
eicosapentaenoic acid（EPA）	二十碳五烯酸	20:5	5, 8, 11, 14, 17	3, 6, 9, 12, 15	ω-3
docosa pentaenoic acid（DPA）	二十二碳五烯酸	22:5	7, 10, 13, 16, 19	3, 6, 9, 12, 15	ω-3
docosa hexaenoic acid（DHA）	二十二碳六烯酸	22:6	4, 7, 10, 13, 16, 19	3, 6, 9, 12, 15, 18	ω-3

表 8-2 不同簇的母体不饱和脂肪酸

簇	母体脂肪酸
ω-7（n-7）	棕榈油酸（16:1, ω-7）
ω-9（n-9）	油酸（18:1, ω-9）
ω-6（n-6）	亚油酸（18:2, ω-6,9）
ω-3（n-3）	α-亚麻酸（18:3, ω-3,6,9）

第二节 脂肪代谢

脂肪代谢包括分解与合成代谢。脂肪分解产生甘油和脂肪酸。甘油主要在肝脏被利用；脂肪酸则在细胞质中活化后进入线粒体进行 β 氧化。肝中脂肪酸经 β 氧化生成的乙酰辅酶 A 可用于合成酮体并运至肝外组织氧化利用。脂肪合成的原料是甘油一酯、脂肪酸（脂酰辅酶 A）和甘油（甘油-3-磷酸），合成途径包括甘油一酯和甘油二酯途径。脂肪酸合成的原料是乙酰辅酶 A，先在胞质中合成软脂酸，再转变为多种不同碳链长度和不同饱和度的脂肪酸。

一、脂肪的分解

（一）脂肪动员

脂肪动员（fat mobilization）是指储存在脂肪细胞中的脂肪（甘油三酯）被一系列脂肪酶逐步水解为甘油和 FFA，并释放入血供其他组织利用的过程。

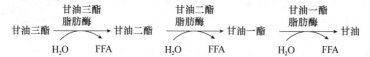

脂肪动员的关键酶包括脂肪组织甘油三酯脂肪酶（adipose triglyceride lipase，ATGL）和激素敏感性脂肪酶（hormone sensitive lipase，HSL）。不同激素对 ATGL 和 HSL 的影响不同，其中能提高 ATGL 和 HSL 活性、促进脂肪动员的激素，称为脂解激素（lipolytic hormone）；能降低 ATGL 和 HSL 活性、抑制脂肪动员的激素，称为抗脂解激素（antipolytic hormone）。脂解激素包括胰高血糖素、肾上腺素、去甲肾上腺素等，它们可与脂肪细胞膜上的受体结合，激活腺苷酸环化酶，促进细胞内 cAMP 的合成，进而激活蛋白质激酶 A，使 ATGL 和 HSL 活化，促进甘油三酯水解生成甘油和 FFA（图 8-1）。胰岛素是主要的抗脂解激素，其能抑制腺苷酸环化酶，增强磷酸二酯酶活性，减少 cAMP 生成，抑制蛋白质激酶 A，从而抑制脂肪动员。当禁食、饥饿或处于兴奋状态时，脂解激素分泌增加，从而促进脂解作用；进食后胰岛素分泌增加，从而抑制脂解作用。

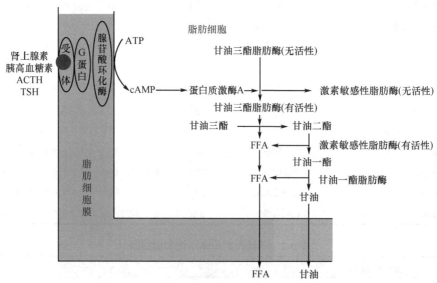

图 8-1　脂解激素对脂肪动员的促进作用

ACTH，促肾上腺皮质激素；TSH，促甲状腺激素

脂肪动员产生的甘油在血液中游离运输，主要被运输到肝脏经甘油激酶催化生成甘油-3-磷酸，后者在甘油-3-磷酸脱氢酶催化下生成磷酸二羟丙酮，继而循糖分解代谢途径继续氧化分解或异生成糖。肾、肠等组织细胞中也含有甘油激酶，可以利用甘油；脂肪和骨骼肌组织缺乏甘油激酶，不能利用甘油。

脂肪动员产生的 FFA 释放入血，与清蛋白结合，随血循环运输至心、肝、骨骼肌等各组织利用，但脑组织和红细胞等不能直接利用脂肪酸。

（二）脂肪酸 β 氧化

在供氧充足的条件下，脂肪酸在体内彻底氧化分解生成 CO_2 和 H_2O，并产生大量能量，因其氧化从羧基端 β-碳原子开始，每次断裂 2 个碳原子，故称 β 氧化（β oxidation）。除脑组织和成熟红细胞外，大多数组织的细胞都能氧化分解脂肪酸，其中以肝和肌肉组织的细胞最为活跃。

脂肪酸的 β 氧化大致可分为活化、转运和氧化三个阶段。

1. 脂肪酸的活化　脂肪酸在细胞质中由脂酰辅酶 A 合成酶催化，活化形成脂酰辅酶 A，这是一个耗能的过程。

$$\underset{\displaystyle RCH_2CH_2\overset{\displaystyle O}{\overset{\|}{C}}\!-\!OH}{} + CoA\!-\!SH \xrightarrow[\substack{ATP \quad AMP \quad PPi}]{\text{脂酰辅酶A合成酶}\atop Mg^{2+}} RCH_2CH_2\overset{\displaystyle O}{\overset{\|}{C}}\!\sim\!SCoA$$

脂酰辅酶 A 极性增强，易溶于水；分子中含高能硫酯键，代谢活性增强；与酶的亲和力提高，反应速度加快。同时，反应生成的焦磷酸在细胞内被焦磷酸酶迅速水解为 2 分子无机磷酸，从而阻止逆向反应的进行。因此，活化 1 分子脂肪酸实际消耗了 1 分子 ATP 中的两个高能磷酸键，相当于消耗了 2 分子 ATP。

2. 脂酰辅酶 A 转运进入线粒体　脂肪酸的活化在胞质中进行，而脂肪酸 β 氧化酶系分布于线粒体基质，因此必须将脂酰辅酶 A 转运到线粒体基质中才能进行 β 氧化。长链脂酰辅酶 A 需载体肉碱（carnitine）的帮助才能进入线粒体基质进行代谢，其转运机制如图 8-2：①长链脂酰辅酶 A 透过线粒体外膜进入内、外膜间的膜间腔，在线粒体内膜外侧的肉碱脂酰转移酶 I（carnitine acyl

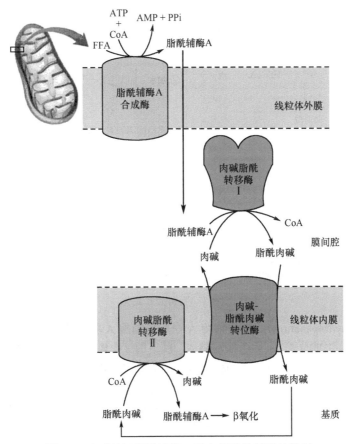

图 8-2　肉碱转运脂酰辅酶 A 进入线粒体基质的机制

transferase-I，CAT-I）催化下，脂酰辅酶 A 脱去 HSCoA，将脂酰基转移至肉碱的 3-羟基上生成脂酰肉碱；②脂酰肉碱经线粒体内膜上肉碱-脂酰肉碱转位酶（carnitine-acylcarnitine translocase）的转运，进入线粒体基质；③进入线粒体基质的脂酰肉碱，在肉碱脂酰转移酶Ⅱ（CAT-Ⅱ）的催化下，与 HSCoA 进行脂酰基交换，释放出肉碱，生成脂酰辅酶 A，随后脂酰辅酶 A 进行 β 氧化。

CAT-Ⅰ和Ⅱ是同工酶，其中 CAT-I 是关键酶，其催化的反应是脂酰辅酶 A 转运进入线粒体的关键反应，也是脂肪酸 β 氧化的主要限速步骤。CAT-I 受丙二酰辅酶 A 抑制，CAT-Ⅱ受胰岛素抑制。胰岛素还可通过诱导乙酰辅酶 A 羧化酶的合成使丙二酰辅酶 A 浓度增加，进而抑制 CAT-I。可见，胰岛素对脂肪酸的 β 氧化具有直接和间接双重抑制作用。饥饿或禁食时，胰岛素分泌减少，CAT 的活性增高，长链脂肪酸进入线粒体氧化加快，从而为机体提供能量供应。

3. 脂酰辅酶 A 的 β 氧化　1904 年，努普（Knoop）设计了一个极富创造性的实验，即用不被机体分解的苯基标记脂肪酸的 ω-甲基后喂犬，按时检测尿中代谢产物，结果发现：不论脂肪酸碳链长短，若喂带标记的奇数碳脂肪酸，尿液代谢物中均含苯甲酸；若喂带标记的偶数碳脂肪酸，尿液代谢物中均含苯乙酸。据此，Knoop 认为：脂肪酸在体内的氧化分解首先从羧基端 β-碳原子开始，碳链依次断裂，每次断下一个 2 碳单位，即乙酰辅酶 A，这就是著名的 β 氧化学说。后来，经酶学和同位素示踪技术证实，脂酰辅酶 A 在线粒体基质中经脂肪酸 β 氧化多酶复合物的催化，首先从羧基端 β-碳原子开始氧化，经过脱氢、加水、再脱氢、硫解四步连续反应，每循环一次生成 1 分子乙酰辅酶 A 和 1 分子少两个碳原子的新的脂酰辅酶 A（图 8-3）。

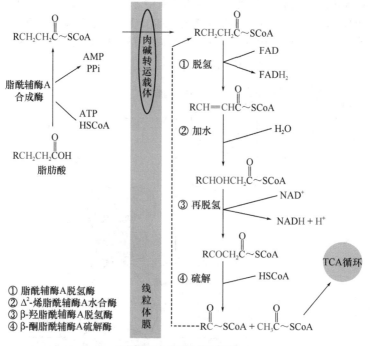

图 8-3　脂肪酸 β 氧化

（1）脱氢（dehydrogenation）：脂酰辅酶 A 在脂酰辅酶 A 脱氢酶催化下，从 α 和 β-碳原子上各脱去 1 个氢原子，生成反式 Δ^2-烯脂酰辅酶 A，脱下的 2 个氢由 FAD 接受生成 $FADH_2$。

（2）加水（hydration）：在 Δ^2-烯脂酰辅酶 A 水合酶（hydratase）催化下，反式 Δ^2-烯脂酰辅酶 A 加上 1 分子 H_2O 生成 L-(+)-β-羟脂酰辅酶 A。

（3）再脱氢：在 β-羟脂酰辅酶 A 脱氢酶催化下，L-(+)-β-羟脂酰辅酶 A 脱氢生成 β-酮脂酰辅酶 A，脱下的 2 个氢由 NAD^+ 接受生成 $NADH+H^+$。

（4）硫解（thiolysis）：在 β-酮脂酰辅酶 A 硫解酶催化下，β-酮脂酰辅酶 A 在 α 和 β-碳原子之间断链，加上 1 分子辅酶 A，生成乙酰辅酶 A 和 1 分子少两个碳原子的脂酰辅酶 A。后者再次经脱氢-加水-再脱氢-硫解四步反应反复进行 β 氧化，最终将脂酰辅酶 A 全部氧化分解成乙酰辅酶 A。生成的 $FADH_2$ 和 NADH 经呼吸链氧化，与 ADP 磷酸化偶联生成 ATP。乙酰辅酶 A 可进入 TCA 循环彻底氧化，也可进一步转化为其他代谢中间产物。

4. 脂肪酸 β 氧化的能量生成及生理意义 脂肪酸 β 氧化是体内脂肪酸分解的主要途径，可为机体提供大量能量。以十八碳的硬脂酸为例，1 分子硬脂酸需进行 8 次 β 氧化，生成 8 分子 $FADH_2$、8 分子 $NADH+H^+$ 及 9 分子乙酰辅酶 A，总反应式如下：

$$CH_3(CH_2)_{16}COSCoA \longrightarrow 9CH_3COSCoA$$
$$8HSCoA + 8FAD + 8NAD^+ + 8H_2O \qquad 8FADH_2 + 8NADH + 8H^+$$

硬脂酸的 β 氧化产物经 TCA 循环及呼吸链彻底氧化，8 分子 $FADH_2$ 生成 8×1.5 ATP=12 ATP，8 分子 $NADH+H^+$ 生成 8×2.5 ATP=20 ATP，9 分子乙酰辅酶 A 生成 9×10 ATP=90 ATP。因此，1 分子硬脂酸彻底氧化为 CO_2 和 H_2O，总计生成 12+20+90=122 ATP。由于活化 1 分子硬脂酸需要消耗 2 个高能磷酸键，所以 1 分子硬脂酸完全氧化可净生成 120 分子 ATP。与葡萄糖相比，1 分子葡萄糖彻底氧化生成 32 分子 ATP，3 分子葡萄糖所含碳原子数与 1 分子硬脂酸相等，前者可产生 96 分子 ATP，后者可产生 120 分子 ATP。可见，在碳原子数相同的情况下，脂肪酸氧化能为机体提供更多的能量。脂肪酸氧化释放的能量约有 40% 被机体用于合成其他化合物，其余 60% 以热能形式释放用于维持体温，可见，机体能有效地利用脂肪酸能源。

脂肪酸 β 氧化生成的乙酰辅酶 A 除了进入 TCA 循环彻底氧化供能外，还可转变为酮体供机体利用，或作为胆固醇和类固醇化合物等的合成原料。此外，脂肪酸 β 氧化也是改造脂肪酸的过程：人体所需脂肪酸碳链的长度不同，通过 β 氧化可将长链脂肪酸改造为中、短链脂肪酸，供机体利用。

（三）脂肪酸的特殊氧化形式

1. 奇数碳脂肪酸的氧化 人体内和膳食中含有少量奇数碳脂肪酸，经过连续多次 β-氧化后，除生成乙酰辅酶 A 外，还生成 1 分子丙酰辅酶 A。胆汁酸生成过程中以及支链氨基酸氧化分解亦可产生丙酰辅酶 A。丙酰辅酶 A 的氧化与乙酰辅酶 A 的氧化不同，首先经丙酰辅酶 A 羧化酶（propionyl-CoA carboxylase）催化生成甲基丙二酰辅酶 A，然后在甲基丙二酰辅酶 A 变位酶（methylmalonyl-CoA mutase）的催化下，经过分子内重排转变为琥珀酰辅酶 A，后者或进入 TCA 循环氧化分解或经草酰乙酸异生成糖（图 8-4）。

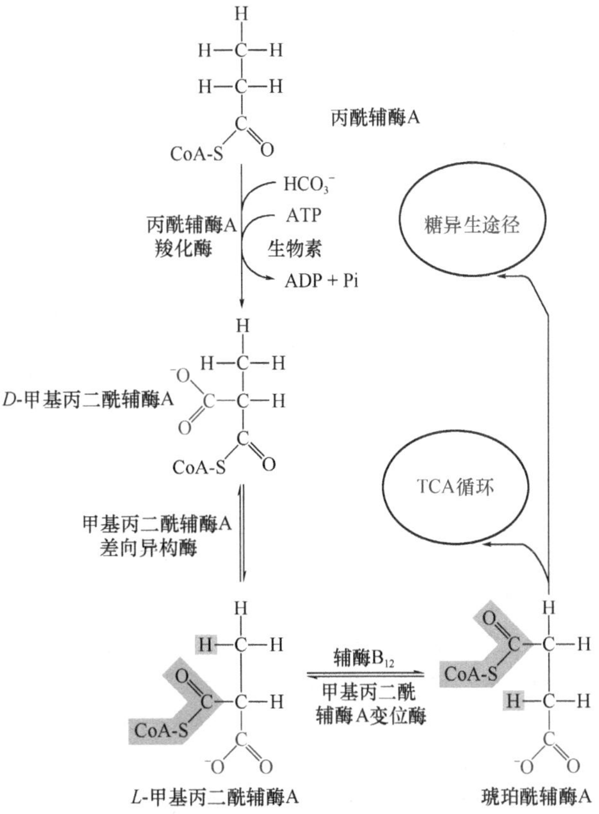

甲基丙二酰辅酶 A 变位酶以 5′-脱氧腺苷 B_{12}（$5'-dAB_{12}$）为辅酶，因此，维生素 B_{12} 缺乏或 $5'-dAB_{12}$ 合成障碍均可使该酶活性下降，造成甲基丙二酰辅酶 A 堆积；后者脱去辅酶 A 生成甲基丙二酸，使血中甲基丙二酸含量增高，引起甲基丙二酸血症（methylmalonic acidemia）；同

图 8-4 丙酰辅酶 A 的氧化

时，随尿排出体外的甲基丙二酸也随之升高，若 24 小时排出量大于 4mg，则称为甲基丙二酸尿症（methylmalonic aciduria）。此外，甲基丙二酸的增多还可引起丙酰辅酶 A 浓度升高，合成较多的异常脂肪酸（15C、17C 和 19C 脂肪酸）掺入神经髓鞘脂质中，引起神经髓鞘脱落、神经变性等亚急性变性症。

2. 不饱和脂肪酸的氧化 人体内约有 1/2 以上的脂肪酸为不饱和脂肪酸，食物中也含有不饱和脂肪酸。天然不饱和脂肪酸的双键均为顺式构型，而脂肪酸 β-氧化酶系只能氧化反式不饱和脂肪酸。因此，不饱和脂肪酸在线粒体中的氧化需要特异性烯脂酰辅酶 A 顺反异构酶（cis-trans isomerase）帮助，将顺式烯脂酰辅酶 A 转变成反式烯脂酰辅酶 A。其余氧化过程与 β 氧化过程相同。

3. 过氧化物酶体脂肪酸的氧化 过氧化物酶体（peroxisome）中存在脂肪酸 β 氧化的同工酶系，能使超长链（>18C）脂肪酸氧化成较短链脂肪酸，再进入线粒体进行 β 氧化。氧化的第一步反应在以 FAD 为辅基的脂肪酸氧化酶催化下脱氢，脱下的氢与 O_2 结合生成 H_2O_2，而不与呼吸链偶联产生 ATP；产生的 H_2O_2 被过氧化氢酶分解。过氧化物酶体脂肪酸氧化途径的意义主要是使不能进入线粒体的长链脂酰辅酶 A 先氧化成较短链脂酰辅酶 A，再进入线粒体氧化。

4. ω 氧化（ω oxidation） 是指在单加氧酶（monooxygenase）或称混合功能氧化酶（mixed functional oxidase）的催化下，一些中长链脂肪酸（特别是 8～12C 脂肪酸）的 ω-碳原子羟化生成 ω-羟脂酸，然后经脱氢酶作用依次生成 ω-醛脂酸和 α,ω-二羧酸，随后进入线粒体，分别从 α- 和 ω-端或同时从两侧进行 β 氧化，最后生成琥珀酰辅酶 A。

5. α 氧化 某些支链脂肪酸由单加氧酶催化 α-碳原子羟化，然后经脱羧酶作用，从脂肪酸的羧基末端失去一个碳原子，α-碳被氧化为羧基，该过程称为 α 氧化（α oxidation）。例如，牛奶和动物脂肪中均含有的植烷酸（phytanic acid）即 3,7,11,15-四甲基十六烷酸，需在过氧化物酶体中进行 α 氧化。若机体过氧化物酶体缺陷，则可导致植烷酰辅酶 A-α-羟化酶（phytanoyl-CoA-α-hydroxylase，PAHX）活性降低，从而不能进行 α 氧化，造成体内植烷酸大量堆积，引起雷夫叙姆（Refsum）病。由于 α 氧化主要发生在脑组织，故 α 氧化障碍多引起神经症状。

（四）酮体的生成与利用

酮体（ketone body）是乙酰乙酸（acetoacetic acid）、β-羟丁酸（β-hydroxybutyric acid）及丙酮（acetone）三种物质的总称，它们是脂肪酸在肝脏进行正常分解代谢所产生的特殊中间产物；其中乙酰乙酸约占 30%，β-羟丁酸约占 70%，丙酮仅少量。在骨骼肌、心肌等肝外组织，脂肪酸 β 氧化产生的乙酰辅酶 A 主要进入 TCA 循环彻底氧化供能；而在肝组织，乙酰辅酶 A 还会转变为酮体。这是因为肝细胞中分布着活性较高的酮体合成酶系，而脂肪酸在肝细胞线粒体进行 β 氧化时又有大量乙酰辅酶 A 产生，因此，一些乙酰辅酶 A 便可在酮体合成酶系的催化下转变为酮体；同时，肝细胞缺乏利用酮体的酶系，故肝中产生的酮体必须运往肝外组织利用。这就形成了"肝内生酮、肝外用酮"的酮体代谢特点。

案例 8-1

患者，42 岁，因"烦渴、多饮、消瘦 12 年，咳嗽 3 天，伴意识模糊 1 天"入院。患者既往曾有糖尿病史 12 年，院外一直用胰岛素治疗，血糖控制情况不详。3 天前受凉后出现咳嗽，未治疗。1 天前出现意识障碍，呼之不应，可简单表示"想饮水"等动作，家属发现其呼吸急促，并有"烂苹果味"。体格检查的主要阳性发现：重度脱水貌，浅昏迷，呼气带有烂苹果味；脉搏 108 次/分，血压 69/43mmHg；双肺呼吸音粗，右肺可闻及湿啰音。

辅助检查的主要阳性发现（括号内为参考区间）：空腹血糖 45.72mmol/L（3.9～6.0mmol/L），β-羟丁酸 11.2mmol/L（<0.25mmol/L），乙酰乙酸 4.6mmol/L（0.01～0.18mmol/L），CO_2 结合力 16.5mmol/L（24～28mmol/L），血肌酐 355.42mmol/L（40～97mmol/L），尿素氮 28.1mmol/L（3.2～7.1mmol/L），K^+ 5.65mmol/L（3.5～5.5mmol/L），Cl^- 91.2mmol/L（96～111mmol/L）。

血白细胞 16.22×10⁹/L（4×10⁹～10×10⁹/L），中性粒细胞 97.21%。动脉血气分析：pH 7.096（7.35～7.45），CO_2 分压 33.1mmHg（40mmHg），O_2 分压 43mmHg（60mmHg），碱剩余–18.7mmol/L（±3mmol/L），HCO_3^- 10.2mmol/L（24mmol/L）。尿酮体（+++），尿糖（++++）。

临床初步诊断：糖尿病酮症酸中毒，糖尿病高渗性昏迷，1 型糖尿病，肺部感染。

问题：

1. 酮症酸中毒发生的生化机制是怎样的？
2. 联系酮症酸中毒的发生机制，拟定治疗方案。

1. 酮体的生成　酮体的生物合成以脂肪酸 β 氧化生成的乙酰辅酶 A 为原料，以 $NADH+H^+$ 为供氢体，经过以下三步反应生成（图 8-5）。

（1）乙酰乙酰辅酶 A 的生成：2 分子乙酰辅酶 A 在硫解酶的催化下，缩合生成 1 分子乙酰乙酰辅酶 A，释放出 1 分子 HSCoA。

（2）β- 羟-β- 甲基戊二酰辅酶 A（β-hydroxy-β-methylglutaryl-CoA，HMG-CoA）的生成：该反应是酮体生成的限速步骤。乙酰乙酰辅酶 A 在关键酶 HMG-CoA 合酶（HMG-CoA synthase）的催化下，再与 1 分子乙酰辅酶 A 缩合生成 HMG-CoA，释放出 1 分子 HSCoA。

（3）酮体的生成：在 HMG-CoA 裂合酶（HMG-CoA lyase）催化下，HMG-CoA 分解成 1 分子乙酰乙酸和 1 分子乙酰辅酶 A。乙酰乙酸在 β-羟丁酸脱氢酶（β-hydroxybutyrate dehydrogenase）催化下，氢化还原生成 β-羟丁酸，该酶的活性取决于线粒体中 $[NADH+H^+]/[NAD^+]$ 的比值；少量乙酰乙酸或自发脱羧或在酶催化下脱羧生成丙酮。乙酰辅酶 A 可再用于酮体生成。

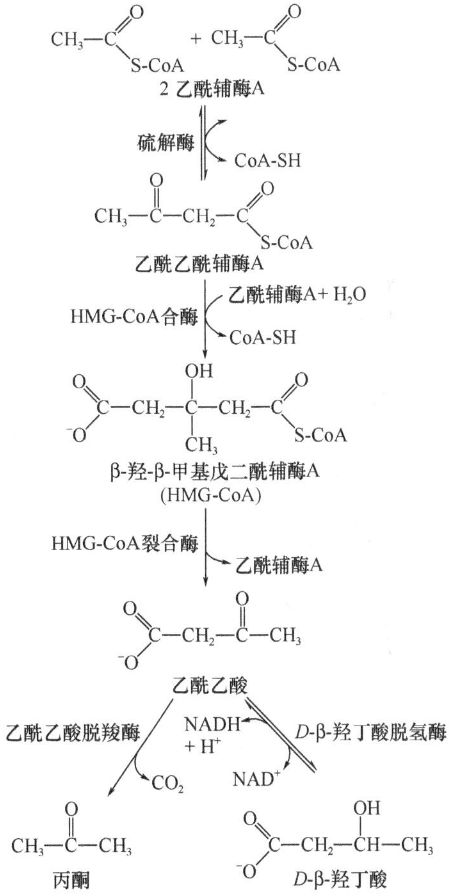

2. 酮体的利用　利用酮体的酶类主要有琥珀酰辅酶 A 转硫酶（succinyl CoA thiophorase）、乙酰乙酸硫激酶（acetoacetate thiokinase）、乙酰乙酰辅酶 A 硫解酶（acetoacetyl CoA thiolase）和 β-羟丁酸脱氢酶等。在脑、心、肾和骨骼肌等肝外组织细胞的线粒体中，分解利用酮体的酶类活性很强，能够将酮体氧化分解为 CO_2 和 H_2O，同时释放大量能量供这些组织利用。而肝细胞中没有琥珀酰 CoA 转硫酶和乙酰乙酸硫激酶，所以肝细胞不能利用酮体。肝外组织利用酮体的主要过程如下。

图 8-5　酮体的生成

（1）乙酰乙酸的活化：乙酰乙酸的活化有两条途径（图 8-6）：①在 ATP 和 HSCoA 参与下，乙酰乙酸经乙酰乙酸硫激酶催化，直接活化生成乙酰乙酰辅酶 A；②在琥珀酰辅酶 A 转硫酶的催化下，乙酰乙酸与琥珀酰辅酶 A 进行高能硫酯键的交换，生成乙酰乙酰辅酶 A 和琥珀酸。

（2）乙酰辅酶 A 的生成：乙酰乙酰辅酶 A 在硫解酶的催化下，生成 2 分子乙酰辅酶 A（图 8-6），然后进入 TCA 循环彻底氧化。

（3）丙酮的呼出：丙酮生成量少、挥发性强，主要通过肺部的呼吸作用排出体外。部分丙酮也可在多种酶催化下转变成丙酮酸或乳酸，进而异生成糖或彻底氧化。

3. 酮体生成的意义　酮体分子小、溶于水，易于运输、便于利用，能够透过血脑屏障、毛细

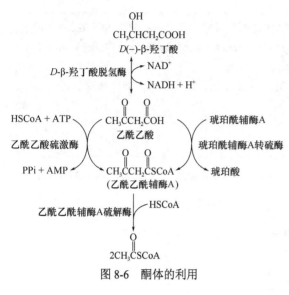

图 8-6 酮体的利用

血管壁及线粒体内膜，是肝脏向肝外组织输出脂肪性优质能源的一种形式。在生理条件下，肝脏的酮体合成能力往往低于肝外组织的用酮能力，血液中的酮体水平很低，常维持在 0.03～0.5mmol/L。

肝外组织利用酮体的量与动脉血中酮体的浓度成正比，当血中酮体浓度达 7mmol/L 时，可使肝外组织的用酮能力达到饱和。血液中酮体含量升高常见于饥饿、妊娠中毒症、糖尿病以及过多摄入高脂低糖膳食等情况下。在饥饿或糖供应不足时，脂肪动员加强，所产生的脂肪酸转变为乙酰辅酶 A 氧化供能，以减少葡萄糖和蛋白质的消耗，维持血糖浓度的恒定。但饱和脂肪酸不能透过血脑屏障，故脑组织不能直接利用脂肪酸。肝脏可将脂肪酸分解转化为酮体，以代替葡萄糖能源为脑组织提供能量保障，确保大脑功能正常。可见，脑组织利用酮体的能力与血糖水平有关，只有血糖水平降低时才利用酮体。

严重糖尿病等糖代谢异常情况下，葡萄糖得不到有效利用，脂肪动员而来的脂肪酸被转化为大量酮体。若肝脏生成酮体的能力超过肝外组织用酮的能力，就会引起血液酮体含量升高、血液 pH 值下降，严重时可导致酮症酸中毒。同时，由于人体肾酮阈为 7mmol/L，故当血中酮体浓度超过此值时，酮体经肾小球的滤过量就会超过肾小管的重吸收能力，出现酮尿症（ketonuria）。

4. 酮体生成的调节 调节酮体生成的主要因素如下（图 8-7）：

（1）饱食和饥饿时激素的调节：①饱食状况下，胰岛素分泌增加。胰岛素是一个增加血糖去路，促进糖原、脂肪和蛋白质合成的激素，可通过对这些代谢途径中关键酶的含量和活性的调节（诸如增加丙酮酸脱氢酶、糖原合酶、软脂酸和脂肪合成酶系的活性，抑制 HSL 等的活性），使机体代谢以糖分解供能、糖原和脂肪合成为主，脂肪动员受抑制，血中 FFA 浓度下降，CAT-I 活性降低，肝内 β 氧化减弱，酮体生成减少。②饥饿状况下，胰岛素分泌下降，胰高血糖素分泌增加，作用恰好与上述过程相反。机体以脂肪酸氧化分解供能为主，脂肪动员增强，血中 FFA 浓度升高，CAT-I 活性增强，肝内 β 氧化增强，酮体生成增多。

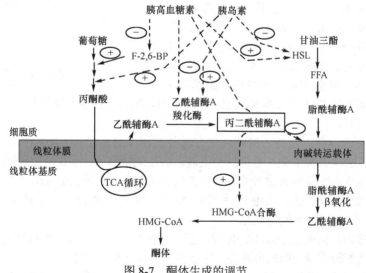

图 8-7 酮体生成的调节

（2）丙二酰辅酶 A 对酮体生成的调节：糖代谢旺盛时，产生的乙酰辅酶 A 和柠檬酸通过别构激活乙酰辅酶 A 羧化酶，促进丙二酰辅酶 A 的合成。丙二酰辅酶 A 可竞争性抑制 CAT-I 的活性，阻止长链脂酰辅酶 A 进入线粒体进行 β 氧化，从而使酮体生成减少。

（3）糖代谢旺盛时，甘油-3-磷酸及 ATP 生成充足，进入肝细胞的脂肪酸主要用于酯化生成脂肪及磷脂，而不是进行 β 氧化，从而减少酮体生成。

二、脂肪的合成

（一）脂肪酸的合成

外源性脂肪酸来源于食物，经机体加工改造后被利用。内源性脂肪酸由机体自身合成，主要利用糖代谢的中间产物乙酰辅酶 A 转变为脂肪酸，进而用于合成脂肪储存能量。多种组织如肝、肾、脑、肺、乳腺、小肠及脂肪组织等均能合成脂肪酸，其中肝脏是最主要的合成场所。脂肪酸的合成体系包括胞质体系、内质网体系和线粒体体系；胞质体系中合成的脂肪酸以 16C 的软脂酸为主，然后将其运至内质网或线粒体中进行碳链的延长。

1. 软脂酸的合成 以乙酰辅酶 A 和由乙酰辅酶 A 生成的丙二酰 CoA 为反应物，在脂肪酸合酶系的催化下，重复循环反应，每循环一次，碳链延长两个碳原子，最终生成 16C 的软脂酸。

（1）脂肪酸合成的原料：乙酰辅酶 A 是主要原料，其主要来自糖的分解代谢；此外，还需要 ATP、NADPH+H^+、HCO_3^- 及 Mn^{2+}。脂肪酸合酶系分布于胞质中，脂肪酸合成的全过程在胞质进行。乙酰辅酶 A 全部在线粒体内生成，其不能自由透过线粒体膜进入细胞质，因此需要一个穿梭系统将线粒体中的乙酰辅酶 A 转运至胞质，这一过程由柠檬酸-丙酮酸循环（citrate-pyruvate cycle）来完成，具体循环穿梭机制如图 8-8：①在柠檬酸合酶的催化下，线粒体内的乙酰辅酶 A 与草酰乙酸缩合生成柠檬酸；②柠檬酸经线粒体内膜上的柠檬酸载体协助进入胞质，进而在柠檬酸裂合酶催化下裂解成乙酰辅酶 A 及草酰乙酸；③乙酰辅酶 A 在胞质中用于脂肪酸的合成，草酰乙酸在苹果酸脱氢酶作用下还原为苹果酸；④在胞质中苹果酸酶的催化下，苹果酸氧化脱羧生成丙酮酸。苹果酸和丙酮酸可分别经相应载体转运返回线粒体，重新转变成草酰乙酸，进而再与乙酰辅酶 A 结合生成柠檬酸参与乙酰 CoA 的转运。柠檬酸-丙酮酸循环每运转一次，消耗 2 分子 ATP，将 1 分子乙酰辅酶 A 从线粒体带入胞质，并为机体提供 1 分子 NADPH+H^+，以补充合成反应的需要。可见，此循环不仅为脂肪酸合成提供原料，还是除戊糖磷酸途径外的又一条提供还原物质 NADPH+H^+ 的途径。

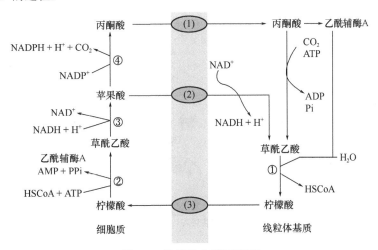

图 8-8 柠檬酸-丙酮酸循环

（1）丙酮酸载体；（2）苹果酸载体；（3）柠檬酸载体

①柠檬酸合酶；②柠檬酸裂合酶；③苹果酸脱氢酶；④苹果酸酶

（2）参与脂肪酸合成的酶：主要包括乙酰辅酶 A 羧化酶（acetyl-CoA carboxylase）和脂肪酸合酶系（fatty acid synthases）。

1）乙酰辅酶 A 羧化酶：在脂肪酸合成过程中，仅有 1 分子乙酰辅酶 A 直接参与合成反应，其他乙酰辅酶 A 均需先羧化为丙二酰辅酶 A 才能进入脂肪酸合成途径。乙酰辅酶 A 羧化酶负责催化丙二酰辅酶 A 的生成，该酶是脂肪酸生物合成的关键酶，其分布于胞质，以生物素为辅基，Mn^{2+} 为激活剂，反应过程如下：①在 ATP、生物素及 Mn^{2+} 存在的情况下，将 CO_2 固定在酶分子的辅基生物素分子上；②酶分子将携带在生物素分子上的羧基转移给乙酰辅酶 A 生成丙二酰辅酶 A。

乙酰辅酶 A 羧化酶受别构调节和化学修饰调节。真核生物中乙酰辅酶 A 羧化酶有两种形式，一种是无活性单体；另一种是有活性的多聚体，通常由 10～20 个单体组成。柠檬酸和异柠檬酸可使该酶由无活性的单体聚合成有活性的多聚体，而长链脂酰辅酶 A 则可使其解聚失活，此为该酶的别构调节。同时，乙酰辅酶 A 羧化酶还受到化学修饰调节：胰高血糖素和肾上腺素可激活 cAMP依赖性蛋白质激酶 A，使乙酰辅酶 A 羧化酶磷酸化而失活；而胰岛素则可通过激活蛋白质磷酸酶使磷酸化的乙酰辅酶 A 羧化酶去磷酸化而恢复活性。此外，长期摄入高糖低脂膳食能诱导乙酰辅酶 A羧化酶的合成，从而促进脂肪酸的合成；长期摄入高脂低糖膳食则可抑制该酶的合成，从而减少脂肪酸的生成。

2）脂肪酸合酶系：负责催化从乙酰辅酶 A 和丙二酰辅酶 A 合成脂肪酸。不同生物脂肪酸合酶系的组成和结构不同。①大肠埃希菌脂肪酸合酶系是一个由 7 种不同功能的酶与酰基载体蛋白质（acyl carrier protein，ACP）聚合形成的多酶复合物，脂肪酸合成的各步反应均在酶的辅基上进行。②酵母脂肪酸合酶系由两条不同功能的肽链构成，一条肽链具有 ACP 功能和两种酶活性，另一条肽链具有四种酶活性，两条肽链聚合成一个异二聚体，6 个异二聚体组合成一个更大的复合物。③哺乳动物脂肪酸合酶是一种多功能酶，由 2 条相同肽链首尾相连形成二聚体，每个亚基含有 7 个不同催化功能的结构域和 1 个相当于 ACP 的结构域；当两个亚基结合形成二聚体时酶才具有活性，当二聚体解聚时酶则失去催化功能（图 8-9A）。

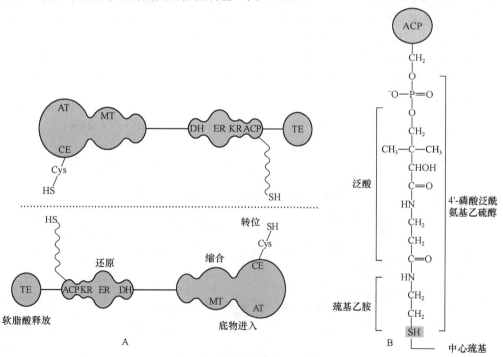

图 8-9　哺乳动物脂肪酸合酶二聚体及 ACP 的结构

A：哺乳动物脂肪酸合酶二聚体；B：ACP

AT，乙酰转移酶；MT，丙二酰基转移酶；CE，β-酮脂酰合酶；KR，β-酮脂酰还原酶；DH，β-羟脂酰脱水酶；ER，烯脂酰还原酶；
TE，硫酯酶

　　无论高等或低等生物，脂肪酸合酶系中的 ACP 均以 4′-磷酸泛酰氨基乙硫醇（4′-phosphopante-theine）为辅基，辅基的 4′-磷酸与 ACP 的丝氨酸残基通过酯键相连；辅基的末端巯基（中心巯基）为脂酰基携带基团，可与脂酰基结合形成硫酯键（图 8-9B）。酶系中的 β-酮脂酰合酶分子中含有半胱氨酸残基，该残基中的巯基（外周巯基）也能携带脂酰基。

　　（3）软脂酸的合成过程：在乙酰辅酶 A 羧化为丙二酰辅酶 A 的基础上，1 分子乙酰辅酶 A 与7 分子丙二酰辅酶 A 经过合成的启动和丙二酰辅酶 A 的装载后，进入"缩合-氢化-脱水-再氢化"的重复循环过程，每循环一次碳链延长两个碳原子，经过 7 次循环，最后硫解生成 1 分子 16C 的软脂酸（图 8-10）。

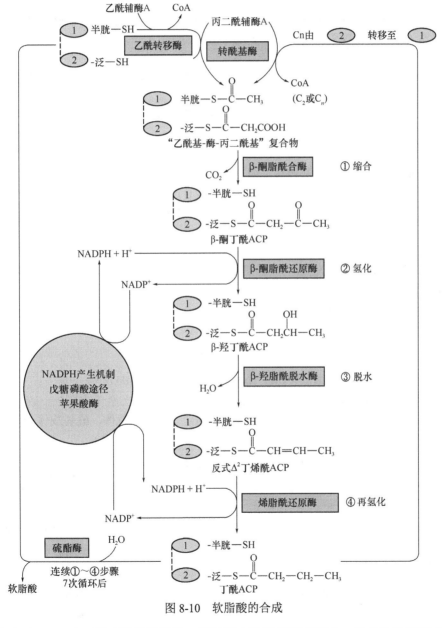

图 8-10　软脂酸的合成

　　1）启动（priming）：即乙酰基的转移。该过程由乙酰转移酶催化，先是乙酰辅酶 A 的乙酰基转移到脂肪酸合酶系的 ACP 中心巯基上，然后再转移到该酶系的外周巯基上。

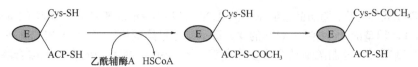

2）装载（loading）：即丙二酰基的转移。在丙二酰基转移酶的催化下，丙二酰基被装载到脂肪酸合酶系的 ACP 中心巯基上，形成"乙酰基-酶-丙二酰基"三元复合物。

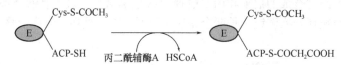

3）缩合（condensation）：在 β-酮脂酰合酶的催化下，外周巯基上的乙酰基转移到丙二酰基的第二个碳原子上并脱去羧基，生成 β-酮丁酰（乙酰乙酰）ACP，β-酮丁酰基连接在 ACP 中心巯基上。

4）氢化（hydrogenation）：在 β-酮脂酰还原酶的催化下，以 NADPH+H$^+$ 为供氢体，β-酮丁酰 ACP 经氢化还原生成 D-(–)-β-羟丁酰 ACP。

5）脱水（dehydration）：在 β-羟脂酰脱水酶的催化下，D-(–)-羟丁酰 ACP 脱水生成反式 Δ^2-丁烯酰 ACP。

6）再氢化（re-hydrogenation）：在烯脂酰还原酶的催化下，反式 Δ^2-丁烯酰 ACP 氢化还原生成丁酰 ACP。如此，经过上述酰基转移、缩合、氢化、脱水、再氢化等步骤，生成丁酰 ACP，脂酰基由 2 个碳原子增加到 4 个碳原子，完成了脂肪酸合成的第一轮循环。丁酰基又在脂酰转移酶催化下，从 ACP 的中心巯基转移到外周巯基上，ACP 的中心巯基再与新的丙二酰基结合，继续第二轮循环，再增加 2 个碳原子。这样经 7 次循环，消耗 1 分子乙酰辅酶 A、7 分子丙二酰辅酶 A、7 分子 ATP 和 14 分子 NADPH+H$^+$，生成 16C 的软脂酰 ACP。

7）硫解（thiolysis）：在长链脂酰硫酯酶的催化下，软脂酰 ACP 的硫酯键水解断裂，将软脂酸从酶复合物中释放出来。

软脂酸合成的总反应式如下：

$$CH_3COSCoA + 7HOOCCH_2COSCoA + 14NADPH + 14H^+$$

$$\downarrow 脂肪酸合成酶系$$

$$CH_3(CH_2)_{14}COOH + 7CO_2 + 6H_2O + 8HSCoA + 14NADP^+$$

虽然软脂酸的合成与脂肪酸 β 氧化都是一个重复循环、每次循环改变 2 个碳原子长度的过程，但前者不是后者的逆过程，两者在组织与亚细胞定位、转移载体、酰基载体、关键酶、供氢体与受氢体、底物与产物以及激活剂与抑制剂等方面均有不同（表 8-3）。

表 8-3　脂肪酸合成与 β 氧化比较

比较类别	脂肪酸合成	脂肪酸 β 氧化
反应最活跃时期	高糖膳食后	饥饿
主要刺激激素	胰岛素/胰高血糖素比值↑	胰岛素/胰高血糖素比值↓
主要组织定位	肝脏为主	肌肉、肝脏
亚细胞定位	胞质	线粒体为主
酰基转运机制	柠檬酸-丙酮酸循环（线粒体到胞质）	肉碱穿梭（胞质到线粒体）
酰基载体	ACP 结构域，HSCoA	HSCoA
氧化还原辅因子	NADPH+H$^+$	NAD$^+$，FAD
底物/产物	乙酰辅酶 A/脂酰辅酶 A	脂酰辅酶 A/乙酰辅酶 A

续表

比较类别	脂肪酸合成	脂肪酸 β 氧化
关键酶	乙酰辅酶 A 羧化酶	CAT-Ⅰ
激活剂	柠檬酸、异柠檬酸、胰岛素、高糖低脂膳食	饥饿、高脂低糖膳食
抑制剂	长链脂酰辅酶 A、胰高血糖素、肾上腺素、高脂低糖膳食	丙二酰辅酶 A、胰岛素、饱食

2. 软脂酸的加工修饰　除必需脂肪酸依赖食物供应外，人体所需的其他脂肪酸均可自身合成；它们均以软脂酸为母体，分别在线粒体、内质网等不同的亚细胞结构中进行碳链长短和饱和度的加工修饰。

（1）内质网碳链延长系统：内质网碳链延长酶系以软脂酸为母体、丙二酰辅酶 A 为二碳单位供体、HSCoA 为酰基载体、NADPH+H^+ 为供氢体，经过脱羧缩合-氢化还原-脱水成烯-再氢化还原等步骤，使软脂酸的碳链延长，其过程与胞质中脂肪酸合成过程基本相同。除脑组织外，内质网碳链延长系统一般以合成 18C 的硬脂酸为主。脑组织因含有其他酶，可将碳链最多延长至 24C，以供脑中脂质代谢需要。

（2）线粒体碳链延长系统：在线粒体中，以乙酰辅酶 A 为二碳单位供体、NADPH+H^+ 为供氢体，软脂酸经过与乙酰辅酶 A 缩合-氢化-脱水-再氢化等步骤，使软脂酸的碳链逐步延长，其过程类似于脂肪酸 β 氧化的逆反应，仅烯脂酰辅酶 A 还原酶的辅酶为 NADPH+H^+ 与 β 氧化过程不同。线粒体碳链延长系统一般可将脂肪酸碳链延长至 24C 或 26C，但仍以 18C 的硬脂酸最多。

（3）脂肪酸碳链的缩短：脂肪酸碳链的缩短在线粒体由 β 氧化酶系催化完成，每经过一次 β 氧化循环就可减少两个碳原子。

（4）饱和度的加工修饰：人和动物组织中的不饱和脂肪酸主要有棕榈油酸、油酸、亚油酸、亚麻酸以及花生四烯酸等。最普通的单不饱和脂肪酸是棕榈油酸和油酸，它们分别由软脂酸和硬脂酸活化后经 Δ^9 脱饱和酶催化脱氢而成。脱饱和酶分布于滑面内质网，属混合功能氧化酶。人和动物细胞质网上镶嵌有 Δ^4、Δ^5、Δ^8 及 Δ^9 脱饱和酶，缺乏 Δ^9 以上的脱饱和酶，故自身不能合成亚油酸、α-亚麻酸及花生四烯酸等多不饱和脂肪酸。植物组织中含有 Δ^{10}、Δ^{12} 和 Δ^{15} 脱饱和酶，能够合成上述多不饱和脂肪酸。

（二）甘油-3-磷酸的生成

人体甘油-3-磷酸的来源有两个：①从糖代谢生成。糖分解代谢产生的磷酸二羟丙酮在胞质中甘油-3-磷酸脱氢酶催化下，还原为甘油-3-磷酸；此反应普遍存在于人体各组织，是甘油-3-磷酸的主要来源。②细胞内甘油再利用。肝、肾、哺乳期乳腺及小肠黏膜细胞富含甘油激酶，在该酶催化下，可将甘油活化形成甘油-3-磷酸。

（三）脂肪的合成

人体大部分组织都能合成脂肪，但主要合成场所是肝、脂肪组织和小肠，其中肝脏的合成能力最强。合成脂肪的原料为甘油一酯、甘油（甘油-3-磷酸）和脂肪酸，其中脂肪酸需先活化为脂酰辅酶 A。脂肪的合成有以下两条途径：

1. 甘油一酯途径　其特点是在脂酰辅酶 A 转移酶的催化下，以甘油一酯为起始物，与 2 分子脂酰辅酶 A 反应生成脂肪（甘油三酯）。该途径是小肠黏膜细胞利用食物脂质的消化降解产物为原料合成脂肪的主要途径。脂肪组织也可利用此途径合成脂肪并就地储存。

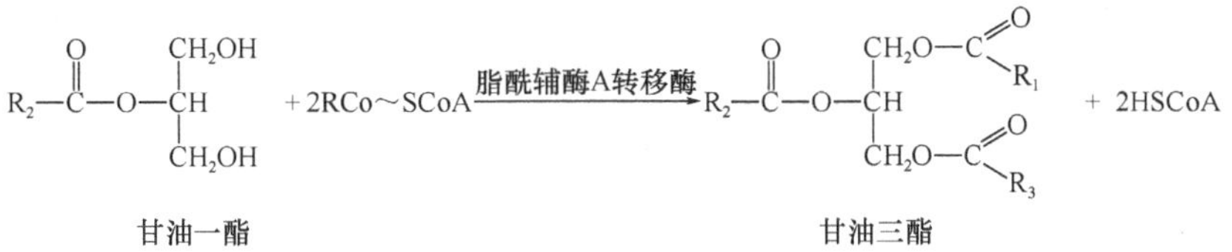

甘油一酯　　　　　　　　　　　　　　　甘油三酯

2. 甘油二酯途径 又称磷脂酸途径（图 8-11）。其特点是利用糖代谢生成的甘油-3-磷酸，在脂酰辅酶 A 转移酶的催化下，与 2 分子脂酰辅酶 A 反应生成磷脂酸。后者在磷脂酸磷酸酶作用下，水解脱去磷酸生成 1,2-甘油二酯，进而在脂酰辅酶 A 转移酶催化下，加上 1 分子脂酰基生成脂肪。脂肪所含的三个脂肪酸可相同或不同，可为饱和或不饱和脂肪酸。肝、脂肪等组织均可利用此途径合成脂肪，且脂肪组织合成的脂肪可就地储存。

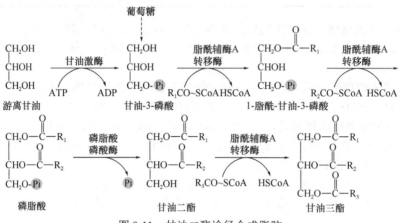

图 8-11 甘油二酯途径合成脂肪

肝、肾等细胞还能利用游离甘油，经甘油激酶催化生成甘油-3-磷酸用于脂肪的合成。脂肪组织缺乏甘油激酶，不能利用游离甘油合成脂肪（图 8-11）。

虽然肝脏合成脂肪的能力最强，但不能储存脂肪，合成的脂肪主要与载脂蛋白以及磷脂、胆固醇等组装成极低密度脂蛋白，由肝细胞分泌入血，经血液循环向肝外组织输出。若磷脂合成不足或载脂蛋白合成障碍，或者脂肪合成量超过了肝脏的外运能力，多余的脂肪就会在肝细胞中聚集，导致脂肪肝（fatty liver）。小肠、肝、脂肪等不同组织合成甘油三酯的特点见表 8-4。

表 8-4 不同组织合成甘油三酯（TG）的特点

组织	小肠黏膜		肝脏	脂肪组织
	餐后	空腹		
合成途径	甘油一酯途径	甘油二酯途径	甘油二酯途径	甘油二酯途径
甘油-3-磷酸来源	无需	糖代谢生成或甘油再利用	糖代谢生成或甘油再利用	糖代谢生成
主要中间产物	甘油二酯	磷脂酸	磷脂酸	磷脂酸
甘油三酯储存	无	无	无	有
分泌形式	CM	VLDL	VLDL	FFA+甘油
生理功能	合成外源性 TG	合成内源性 TG	合成内源性 TG	储存 TG

注：CM，乳糜微粒；VLDL，极低密度脂蛋白；FFA，游离脂肪酸

3. 脂肪合成的调节

（1）代谢物的调节作用：进食高脂食物或脂肪动员加强时，肝细胞内脂酰辅酶 A 增多，可别构抑制脂肪酸合成的关键酶乙酰辅酶 A 羧化酶，使丙二酰辅酶 A 生成减少，从而抑制脂肪酸的合成。进食糖类后糖代谢加强，细胞内 ATP 生成增多，可抑制异柠檬酸脱氢酶，造成柠檬酸和异柠檬酸增多，从而别构激活乙酰辅酶 A 羧化酶，使丙二酰辅酶 A 生成增加，从而促进脂肪酸合成。

（2）激素的调节作用：胰岛素可通过如下几种机制促进脂肪的合成：①促进葡萄糖进入细胞分解，使乙酰辅酶 A 生成增多，从而促进脂肪酸的合成；②诱导乙酰辅酶 A 羧化酶和脂肪酸合酶等的合成，从而使脂肪酸合成增加；③增强磷酸甘油酯酰转移酶的活性，使磷脂酸合成增加，从

而促进脂肪合成。因此，胰岛素是调节脂肪合成的主要激素。胰高血糖素能升高细胞内 cAMP 的水平，使乙酰辅酶 A 羧化酶磷酸化，从而降低其活性，抑制脂肪酸的合成；肾上腺素、生长激素也有类似胰高血糖素的作用。

第三节　磷 脂 代 谢

磷脂（phospholipid，PL）是指含有磷酸的脂质，主要包括甘油磷脂和鞘磷脂两大类。含有甘油的磷脂称为甘油磷脂（glycerophosphatide），是体内主要的磷脂；含有神经鞘氨醇的磷脂称为鞘磷脂（sphingomyelin）。

一、甘油磷脂的合成与分解

（一）甘油磷脂的结构、分类及生理功能

1. 甘油磷脂的结构与分类　甘油磷脂种类繁多，是机体含量最丰富的一类磷脂，由 1 分子甘油、2 分子脂肪酸、1 分子磷酸及 1 分子 X 取代基团组成，都是具有亲水头部和疏水尾部的双亲分子；通常在甘油 C-1 位上多为饱和脂肪酸，C-2 位上多为不饱和脂肪酸，其基本化学结构如下：

$$
\begin{array}{l}
H_2C-O-\overset{\displaystyle O}{\overset{\|}{C}}-(CH_2)_m-CH_3 \\
H_3C-(CH_2)_n-\overset{\displaystyle O}{\overset{\|}{C}}-O-CH \\
H_2C-O-\overset{\displaystyle O}{\underset{\underset{OH}{|}}{\overset{\|}{P}}}-O-X
\end{array}
$$

在甘油磷脂分子中，根据 X 取代基团的不同，可将其分为许多种类；每一类甘油磷脂又因所酯化的脂肪酸不同而分为若干种，重要的甘油磷脂见表 8-5。

表 8-5　机体内几类重要的甘油磷脂

X-OH	X 取代基	甘油磷脂的名称
水	—H	磷脂酸
胆碱	—CH_2CH_2N^+(CH_3)_3	磷脂酰胆碱（卵磷脂）
乙醇胺	—CH_2CH_2NH_3^+	磷脂酰乙醇胺（脑磷脂）
丝氨酸	—CH_2CHNH_2COOH	磷脂酰丝氨酸
甘油	—CH_2CHOHCH_2OH	磷脂酰甘油
磷脂酰甘油	$-CH_2CHOHCH_2O-\overset{O}{\underset{OH}{\overset{\|}{P}}}-OCH_2\ \overset{\displaystyle HCOCOR_2}{\underset{CH_2OCOR_1}{}}$	二磷脂酰甘油（心磷脂）
肌醇	肌醇环结构	磷脂酰肌醇

当 X 取代基团为 H 时，即为最简单的甘油磷脂——磷脂酸（phosphatidic acid，PA）；X 为胆碱（bilineurine；choline）时，即为磷脂酰胆碱（phosphatidyl choline，PC），又名卵磷脂（lecithin）；X 为乙醇胺（ethanolamine）时，即为磷脂酰乙醇胺（phosphatidyl ethanolamine，PE），又名脑磷脂（cephalin）；当甘油 C-1 位或 C-2 位上的脂酰基被水解脱落，即为溶血磷脂（lysophospholipids）。

1 分子甘油的 C^1-OH 和 C^3-OH 分别与 1 分子磷脂酸的磷酸羟基脱水，则生成心磷脂（cardiolipin）。除表 8-5 所列的几种主要甘油磷脂外，在甘油磷脂分子中甘油第 1 位的脂酰基被长链醇取代形成醚，如缩醛磷脂（plasmalogen）及血小板活化因子（platelet activating factor，PAF），它们也属于甘油磷脂。

2. 甘油磷脂的生理功能 甘油磷脂 C-1 和 C-2 位上的长链脂酰基是两个疏水的非极性尾，C-3 位上的磷酸含氮碱或羟基是亲水的极性头部。这样的结构特点使磷脂在水和非极性溶剂中都有很大的溶解度，能同时与极性或非极性物质结合，最适于作为水溶性蛋白质和非极性脂质之间的结构桥梁，因而磷脂是生物膜系统如细胞膜、核膜、线粒体膜及血浆脂蛋白的重要结构成分，对维持细胞和细胞器的正常形态与功能起着重要作用。细胞膜上还分布着许多脂质依赖性酶类，如 NADH-细胞色素还原酶、琥珀酸-细胞色素 c 还原酶、Na^+,K^+-ATP 酶等，这些酶类的活性也与磷脂关系密切。

不同的甘油磷脂还有一些特殊的功能，如神经组织含有大量甘油磷脂，它们与神经兴奋有关。研究表明，神经膜上磷脂酰肌醇三磷酸和磷脂酰肌醇二磷酸的相互转变，能改变膜的通透性，完成离子的能动输送，使神经兴奋。磷脂酰肌醇及其衍生物还参与细胞膜对蛋白质的识别和细胞信号转导，例如，磷脂酰肌醇一磷酸与去甲肾上腺素的受体有很强的结合力，对去甲肾上腺素的激素信息传递具有一定的影响；肌醇三磷酸和甘油二酯是胞内重要的第二信使。心磷脂是线粒体内膜和细菌生物膜的重要成分，而且是唯一具有抗原性的磷脂分子。二软脂酰胆碱（C-1 和 C-2 位上均为饱和的软脂酰基，C-3 位上是磷酸胆碱）是肺表面活性物质的重要成分，能保持肺泡表面张力，防止气体呼出时肺泡塌陷；早产儿因这种磷脂的合成和分泌缺陷可引起肺不张，从而导致呼吸窘迫综合征。血小板活化因子也是一种特殊的磷脂，具有极强的生物活性，能激活血小板，促进血小板聚集及凝血烷 A_2（TXA_2）合成，刺激 5-羟色胺释放，在血栓形成、炎症及过敏反应中起重要作用。甘油磷脂还是血浆脂蛋白的重要组成成分，具有稳定血浆脂蛋白、帮助脂质运输的功能。此外，甘油磷脂分子 C-2 位上的脂酰基多为不饱和必需脂肪酸，因而存在于膜结构中的甘油磷脂还是必需脂肪酸的储备库。

（二）甘油磷脂的合成

1. 合成部位 全身各组织细胞内质网都分布有磷脂合成酶系，均能合成甘油磷脂，但以肝、肾、肠等组织最活跃，其中肝的合成能力最强。甘油磷脂的合成在内质网膜外侧面进行。

2. 合成原料 合成甘油磷脂需甘油、脂肪酸、磷酸盐、丝氨酸、肌醇、胆碱等原料。甘油和脂肪酸主要由糖代谢转化而来；甘油磷脂 C-2 位上多为不饱和脂肪酸，且主要是必需脂肪酸，需由食物提供；肌醇主要由食物提供；胆碱和乙醇胺可从食物摄取，也可由丝氨酸在体内转变生成。丝氨酸脱羧后生成乙醇胺，乙醇胺从 S-腺苷甲硫氨酸（S-adenosylmethionine，SAM）获得 3 个甲基即可合成胆碱。合成甘油磷脂所需的能量主要由 ATP 提供；此外，还需 CTP 参加，CTP 不但供能，而且是合成 CDP-乙醇胺、CDP-胆碱及 CDP-甘油二酯等活化中间物的载体（图 8-12）。

3. 合成过程 合成甘油磷脂的途径有两条，即甘油二酯途径和 CDP-甘油二酯途径，磷脂酸是两条合成途径共同的起始反应物。

（1）甘油二酯合成途径：该途径以甘油二酯为重要中间产物，以 CDP-胆碱和 CDP-乙醇胺分别作为胆碱和乙醇胺的供体，以卵磷脂和脑磷脂为主要产物。这两类甘油磷脂在体内含量最多，占组织及血液中磷脂的 75% 以上。合成过程是：磷脂酸经磷脂酸磷酸酶水解生成 1,2-甘油二酯，作为 CDP-胆碱或 CDP-乙醇胺的受体参与相应磷脂的合成（图 8-13）。

（2）CDP-甘油二酯合成途径：该途径以 CDP-甘油二酯为重要中间产物，以磷脂酰丝氨酸（phosphatidyl serine，PS）、磷脂酰肌醇（phosphatidyl inositol，PI）及心磷脂（二磷脂酰甘油，biphosphatidylglycerol）为主要产物。在合成过程中，磷脂酸不必被磷酸酶水解，本身即为合成该类磷脂的前体；丝氨酸、肌醇及磷脂酰甘油等也不必先与 CDP 结合，而是在相应合酶催化下，直接与 CDP-甘油二酯反应生成 PS、PI 及心磷脂（图 8-14）。

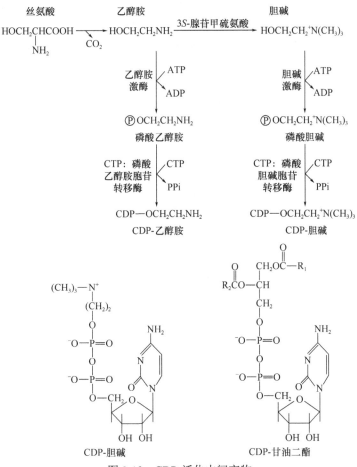

图 8-12　CDP-活化中间产物

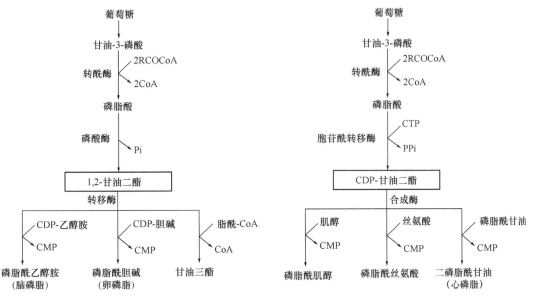

图 8-13　脑磷脂和卵磷脂的生物合成　　　图 8-14　磷脂酰肌醇、磷脂酰丝氨酸及心磷脂的生物合成

此外，在肝脏合成的脑磷脂也可由 *S*-腺苷甲硫氨酸提供甲基，在脑磷脂甲基转移酶催化下生成卵磷脂，通过这种方式合成的卵磷脂约占肝脏合成总量的 10%～15%。PS 可由脑磷脂羧化或乙醇胺与丝氨酸交换生成（哺乳动物缺乏 PS 合成酶系，故哺乳动物体内的 PS 只能由磷脂酰乙醇胺分子中乙醇胺被丝氨酸置换生成）。二软脂酰胆碱 C-1 和 C-2 位上均为软脂酰基，在 Ⅱ 型肺泡上皮细胞合成。

胞质中存在一类能促进甘油磷脂在细胞内生物膜之间进行交换的磷脂交换蛋白（phospholipid exchange protein，PEP），它们催化不同种类的甘油磷脂在膜之间进行交换，从而促进甘油磷脂的更新。例如，内质网合成的心磷脂可通过 PEP 转移至线粒体内膜，构成线粒体内膜的特征性磷脂。

（三）甘油磷脂的分解

生物体内能够水解甘油磷脂的酶类称为磷脂酶（phospholipase），根据其水解酯键的特异部位不同分为磷脂酶 A_1、A_2、B、C 和 D 等几种主要类型（图 8-15）。

1. 磷脂酶 A_1 广泛分布于动物细胞溶酶体中，蛇毒及某些微生物中亦有。该酶能特异性水解甘油磷脂分子中 C-1 位酯键，产物通常为饱和脂肪酸和溶血磷脂 2。

2. 磷脂酶 A_2 广泛分布于动物细胞质膜及线粒体膜上，以 Ca^{2+} 为激活剂，能特异性水解甘油磷脂分子中 C-2 位上的酯键，产物通常为多不饱和脂肪酸及溶血磷脂 1。

3. 磷脂酶 B_1 又称溶血磷脂酶 1，催化溶血磷脂 1 分子中 C-1 位上的酯键水解，产物为脂肪酸、甘油磷酸胆碱或甘油磷酸乙醇胺。

4. 磷脂酶 B_2 又称溶血磷脂酶 2，催化溶血磷脂 2 分子中 C-2 位上的酯键水解，产物与磷脂酶 B_1 的水解产物类似。

5. 磷脂酶 C 存在于细胞质膜及某些细菌中，催化甘油磷脂分子中 C-3 位上的磷酸酯键水解，产物为磷酸胆碱或磷酸乙醇胺及甘油二酯。

6. 磷脂酶 D 主要分布于植物及动物脑组织细胞中，催化磷脂分子中磷酸与取代基团（如胆碱、乙醇胺等）间的酯键断裂，释放出取代基团。

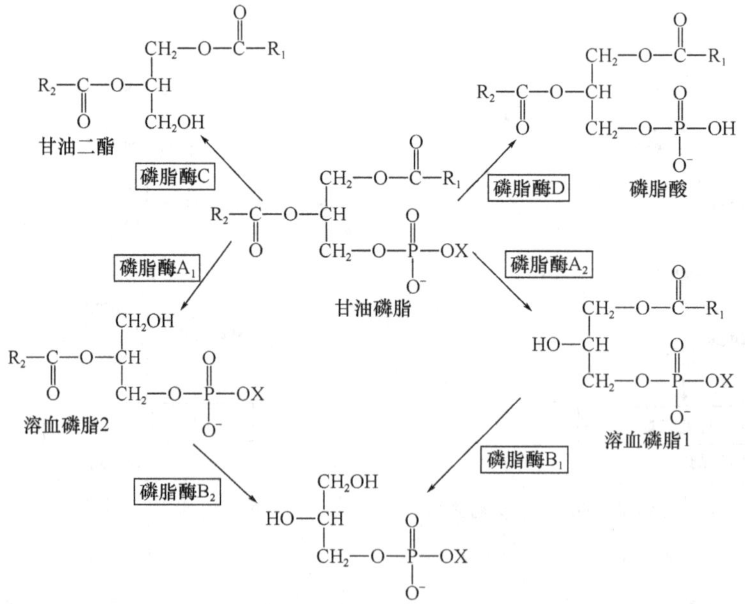

图 8-15　磷脂酶的作用

磷脂酶 A_1 和 A_2 水解产生的溶血磷脂是一类很强的表面活性物质，能使细胞膜破坏，引起溶血或细胞坏死。人胰腺细胞含有大量磷脂酶 A_2 原，急性胰腺炎时，胰腺细胞中的磷脂酶 A_2 原被脱氧胆酸或胰蛋白酶激活，作用于细胞质膜和线粒体膜上的卵磷脂，产生大量的溶血磷脂，引起胰腺细胞膜及线粒体膜结构溶解、破坏，从而导致胰腺出血坏死以及腹腔各脏器损害。磷脂酶 C 能水解溶血磷脂 C-1 或 C-2 位上的酯键，使其失去溶解生物膜的作用。

二、鞘磷脂的合成与分解

（一）鞘脂的化学组成及结构

鞘脂（sphingolipid，SL）是指含有鞘氨醇或二氢鞘氨醇的脂质。鞘氨醇（sphingosine）是脂肪族（16～20C）氨基二元醇，分子中含有一个疏水性碳氢长链尾巴及由 2 个羟基和 1 个氨基构成的极性头部。鞘氨醇分子中有双键存在，故有顺反异构体，但天然结构均为反式构型。二氢鞘氨醇分子中没有双键。自然界中，以 18C 鞘氨醇最多，也有 16C、17C、19C 及 20C 鞘氨醇存在。

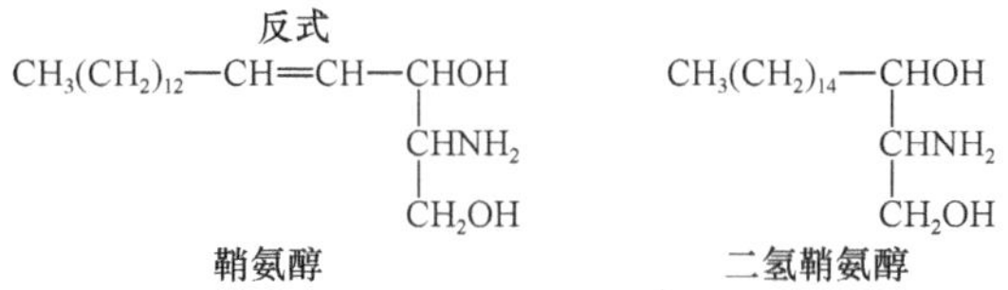

$$反式$$
$$CH_3(CH_2)_{12}-CH=CH-CHOH \qquad CH_3(CH_2)_{14}-CHOH$$
$$\qquad\qquad\qquad\qquad CHNH_2 \qquad\qquad\qquad CHNH_2$$
$$\qquad\qquad\qquad\qquad CH_2OH \qquad\qquad\qquad CH_2OH$$

鞘氨醇　　　　　　　二氢鞘氨醇

鞘脂的组成特点是：不含甘油而含鞘氨醇，一分子脂肪酸以酰胺键与鞘氨醇的氨基相连，鞘脂的末端羟基常被极性基团（X）如磷酸胆碱或糖基所取代。鞘脂分子中的脂肪酸，主要为 16C、18C、22C 或 24C 饱和或单不饱和脂肪酸，有的还含有 α-羟基（图 8-16）。按照取代基团 X 的不同，可分为鞘磷脂和鞘糖脂两类。鞘磷脂含磷酸，末端羟基取代基团 X 为磷酸胆碱或磷酸乙醇胺；鞘糖脂（glycosphingolipid）含糖，末端羟基取代基团 X 为单糖基或寡糖链，通过 β-糖苷键与其末端羟基相连。

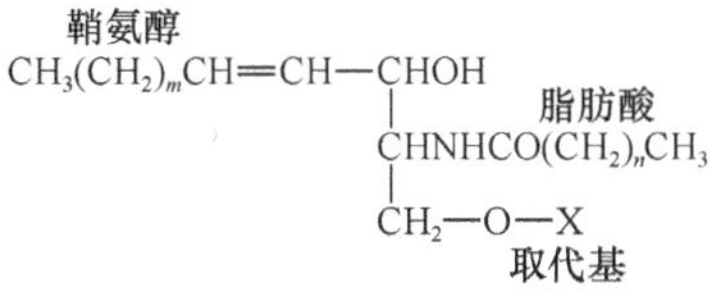

$$鞘氨醇$$
$$CH_3(CH_2)_m CH=CH-CHOH$$
$$\qquad\qquad\qquad\qquad CHNHCO(CH_2)_n CH_3 \quad 脂肪酸$$
$$\qquad\qquad\qquad\qquad CH_2-O-X$$
$$\qquad\qquad\qquad\qquad 取代基$$

图 8-16　鞘脂的化学结构通式

m 多为 12；*n* 多在 12～22

（二）鞘磷脂的合成

人体含量最多的鞘磷脂是神经鞘磷脂（sphingomyelin），由鞘氨醇、脂肪酸及磷酸胆碱构成。神经鞘磷脂是构成生物膜的重要磷脂，常与磷脂酰胆碱并存于细胞膜的外侧。在神经髓鞘中，脂质的 5% 为神经鞘磷脂；在人红细胞膜中，20%～30% 为神经鞘磷脂。

1. 合成部位　全身各组织细胞的内质网都含有鞘磷脂合成酶系，均可合成鞘磷脂，但以脑组织最为活跃。

2. 合成原料　软脂酰辅酶 A 和丝氨酸为合成鞘氨醇的基本原料，长链脂肪酸、CDP-胆碱为合成辅料，磷酸吡哆醛、NADPH+H$^+$ 和 FAD 等为合成所需辅酶。

3. 合成过程　软脂酰辅酶 A 与丝氨酸在 3-酮二氢鞘氨醇合成酶和还原酶的催化下，先脱羧缩合、再氢化还原生成二氢鞘氨醇；后者在脂酰转移酶的催化下，其氨基与脂酰辅酶 A 的脂酰基进行酰胺缩合，生成二氢神经酰胺，进而在脱氢酶的催化下，生成神经酰胺（ceramide）；最后，在鞘磷脂合成酶的催化下，由磷脂酰胆碱提供磷酸胆碱与神经酰胺合成神经鞘磷脂（图 8-17）。

（三）鞘磷脂的分解

在脑、肝、脾、肾等细胞的溶酶体中，含有鞘磷脂酶（属于磷脂酶 C 类），能水解神经酰胺与磷酸胆碱之间的磷酸酯键，生成神经酰胺及磷酸胆碱。鞘磷脂酶先天缺乏者，可使鞘磷脂因不能降解而在细胞内沉积，引起肝、脾肿大及痴呆等症状，称为尼曼-皮克（Niemann-Pick）病。

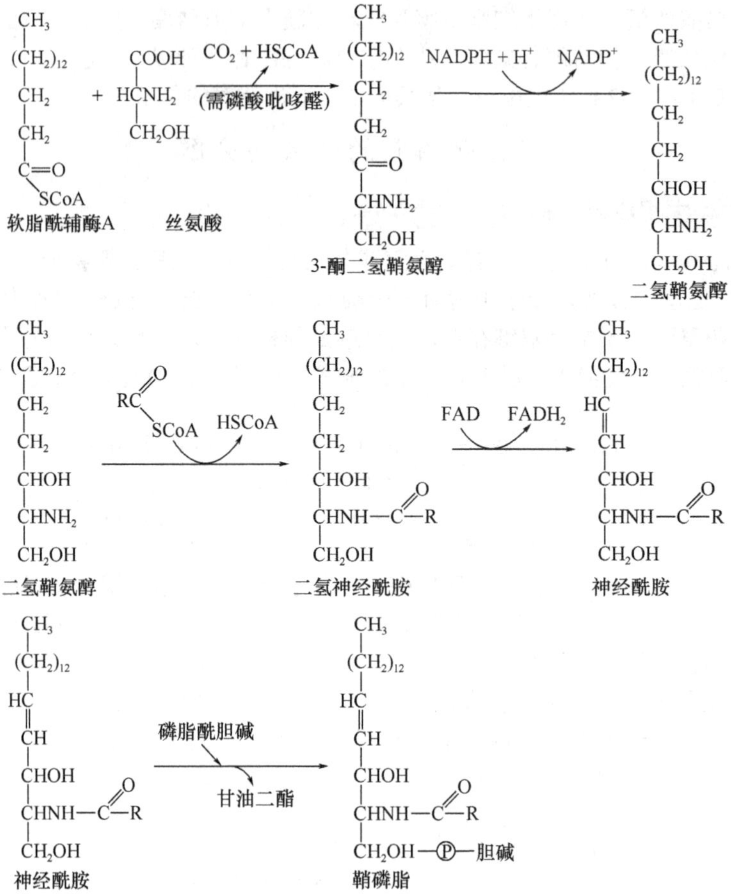

图 8-17　神经鞘磷脂的合成

第四节　胆固醇代谢

胆固醇（cholesterol，Ch）是类固醇家族的重要成员，因最早从动物胆石中分离而得名，其具有环戊烷多氢菲烃核结构，在 C-3 位含有 1 个羟基。胆固醇及其衍生物不溶于水、易溶于有机溶剂，在人体内主要以游离胆固醇（free cholesterol，FC）及胆固醇酯（cholesteryl ester，CE）的形式存在，二者的结构式如下：

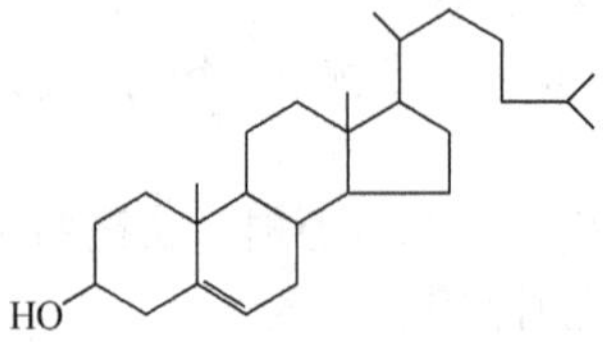

胆固醇广泛存在于全身各组织中，其中约 1/4 分布在脑及神经组织中，占脑组织总重量的 2% 左右。肝、肾、肠等内脏以及皮肤、脂肪组织亦含较多的胆固醇，每 100g 组织中含 200～500mg，以肝为最多，肌肉较少，肾上腺、卵巢等组织胆固醇含量可高达 1%～5%（但总量很少）。

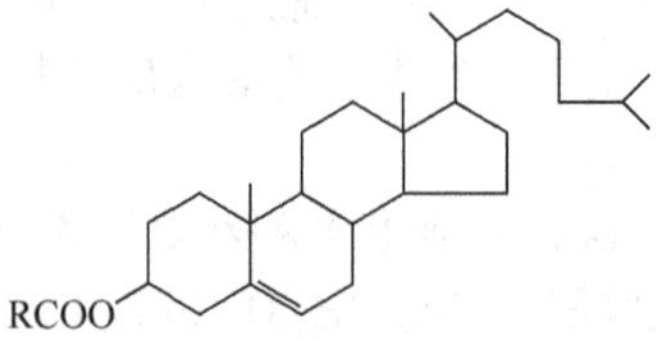

胆固醇具有多种重要生理功能，主要包括：①构成生物膜，并参与维持生物膜的流动性和正常功能；②转变成胆汁酸盐，帮助脂质的乳化、消化与吸收；③合成类固醇激素和维生素 D_3，从而调节物质代谢和维持人体正常生理功能；④参与脂蛋白组成，调节血浆脂蛋白代谢。胆固醇代谢发生障碍，可引起血浆胆固醇增高以及脑血管、冠状动脉和周围血管病变，从而导致动脉粥样硬化。

一、胆固醇的合成

人体内的胆固醇主要由机体自身合成，成人每天合成 1～1.5g，仅少量从食物中摄取。

（一）合成部位

除成年动物脑组织及成熟红细胞外，几乎全身各种组织均能合成胆固醇。肝合成胆固醇的能力最强，合成量占体内胆固醇总量的 70%～80%；小肠次之，合成量占总量的 10%。肝合成的胆固醇一部分在肝内代谢和利用，另一部分参与脂蛋白组成，随血液循环向肝外组织输出。胆固醇合成定位于细胞质及滑面内质网膜，因为胆固醇合成酶系分布在这两个亚细胞部位。

（二）合成原料

胆固醇的生物合成以乙酰辅酶 A 为直接原料，以 $NADPH+H^+$ 供氢、ATP 供能。乙酰辅酶 A 来自葡萄糖、脂肪酸及某些氨基酸在线粒体内的分解代谢，其中以葡萄糖为主。与脂肪酸合成类似，由于乙酰辅酶 A 不能通过线粒体膜，需要经过柠檬酸-丙酮酸循环从线粒体内转运至细胞质，才能作为合成胆固醇的原料。每转运 1 分子乙酰辅酶 A，需消耗 2 分子 ATP。$NADPH+H^+$ 是胆固醇合成所需还原性氢的供体，主要来自戊糖磷酸途径。ATP 是胆固醇合成的能量保证，大多来自线粒体中糖的有氧氧化。每合成 1 分子胆固醇需 18 分子乙酰辅酶 A，36 分子 ATP 及 16 分子 $NADPH+H^+$。由于糖是合成胆固醇原料的主要来源，故高糖饮食者也可出现血浆胆固醇增高的现象。

（三）合成过程

胆固醇合成过程有近 30 步酶促反应，整个过程可分为 3 个阶段（图 8-18）。

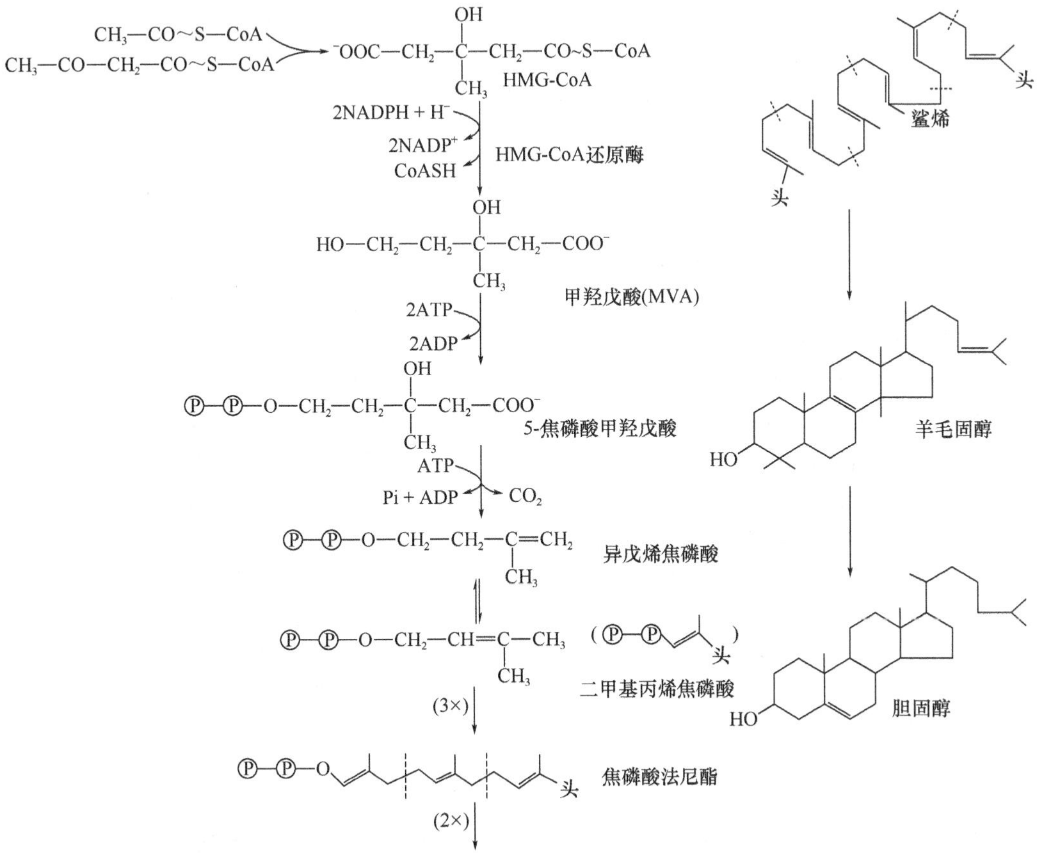

图 8-18　胆固醇的生物合成

1. 甲羟戊酸的生成 该阶段包含 3 步反应。首先，在胞质中，两分子乙酰辅酶 A 在乙酰乙酰辅酶 A 硫解酶催化下，缩合成乙酰乙酰辅酶 A；然后在 β-羟-β-甲基戊二酰辅酶 A 合酶（HMG-CoA 合酶）催化下，再与 1 分子乙酰辅酶 A 缩合生成 HMG-CoA。在线粒体中，HMG-CoA 被裂解生成酮体；而胞质中生成的 HMG-CoA，则在内质网 HMG-CoA 还原酶作用下，消耗 2 分子 NADPH+H$^+$ 生成甲羟戊酸（mevalonic acid，MVA）。HMG-CoA 还原酶是胆固醇合成的关键酶。

2. 鲨烯的生成 从 MVA 转变成鲨烯（squalene）经过 7 步酶促反应，需要大量 ATP 供能、NADPH+H$^+$ 供氢。胞质中的 MVA 在一系列酶的催化下，经过两次磷酸化、一次脱羧及一次异构生成性质活泼的 5C 异戊烯焦磷酸（isopentenyl pyrophosphate，IPP）和二甲基丙烯焦磷酸（3,3-dimethylallyl pyrophosphate，DPP）。然后，1 分子 DPP 与 2 分子 IPP 缩合生成 15C 焦磷酸法尼酯（farnesyl pyrophosphate，FPP）。2 分子 FPP 在内质网鲨烯合酶（squalene synthase）催化下，经再次缩合，最后氢化还原生成 30C 多烯烃——鲨烯。

3. 胆固醇的生成 鲨烯具有与固醇母核相近似的结构。鲨烯与胞质中的固醇载体蛋白质（sterol carrier protein，SCP）结合进入内质网，经鲨烯单加氧酶（squalene monooxygenase）与环化酶（cyclase）的催化，先氧化后再环化生成羊毛固醇（lanosterol）。后者再经氧化、脱羧、还原等约 20 步反应，脱去 3 个羧基生成 27C 的胆固醇。

4. 胆固醇的酯化 血浆中与细胞内的胆固醇均可接受脂酰基生成胆固醇酯，但在不同部位催化胆固醇酯化的酶及反应过程不同。

（1）血浆内胆固醇的酯化：催化血浆中胆固醇酯化的酶是卵磷脂-胆固醇酰基转移酶（lecithin-cholesterol acyltransferase，LCAT），该酶由肝细胞合成，常与高密度脂蛋白结合在一起，在血液中发挥催化作用。其主要功能是催化高密度脂蛋白中的卵磷脂 C-2 位上的不饱和脂肪酸转移到胆固醇的 C-3 位羟基上，生成胆固醇酯和溶血卵磷脂。

（2）细胞内胆固醇的酯化：催化细胞内胆固醇酯化的酶是脂酰辅酶 A-胆固醇酰基转移酶（acylcoenzyme A-cholesterol acyltransferase，ACAT）。在组织细胞内，ACAT 可催化游离胆固醇分子中的 C^3-OH 接受脂酰辅酶 A 的脂酰基，酯化生成胆固醇酯。

（四）胆固醇合成的调节

HMG-CoA 还原酶是胆固醇合成的关键酶，各种因素可通过对该酶活性及表达的影响来调节胆固醇的合成速率。

1. 饥饿与饱食调节 饥饿与禁食可使肝脏 HMG-CoA 还原酶表达减少、酶活性降低，同时可使乙酰辅酶 A、ATP、NADPH+H$^+$ 等合成所需原料不足，从而抑制肝内胆固醇的合成（但肝外组织的合成减少不多）。相反，摄入高糖及高脂等膳食后，肝 HMG-CoA 还原酶活性增加，从而使胆固醇合成增加。此外，食物中的胆固醇及一些衍生物能反馈抑制肝 HMG-CoA 还原酶的表达与活性，从而引起肝内胆固醇的合成量下降，但小肠黏膜细胞中的胆固醇合成不受影响。

2. 激素调节 HMG-CoA 还原酶在细胞质中有两种存在形式，即无活性的磷酸化型与有活性的去磷酸化型。胰高血糖素通过 cAMP 激活蛋白质激酶 A，使 HMG-CoA 还原酶磷酸化而失活，从而抑制胆固醇合成。胰岛素一方面通过激活磷酸酶而促进 HMG-CoA 还原酶脱去磷酸恢复活性，从而促进胆固醇合成；另一方面通过诱导 HMG-CoA 还原酶的表达而促进胆固醇合成。甲状腺素通过促进 HMG-CoA 还原酶的表达及促进胆固醇转变为胆汁酸的双重作用而增加胆固醇的合成（由于促进胆固醇转化的作用强于前者，故当甲状腺功能亢进时，患者血清胆固醇含量反而下降）。

3. 昼夜节律 午夜时 HMG-CoA 还原酶的活性最高，中午时酶活性最低，从而使胆固醇的合成具有昼夜节律性。

二、胆固醇的转化

人体内没有降解胆固醇母核（环戊烷多氢菲）的酶类，使其不能彻底氧化分解为 CO_2 和

H_2O，而是经氧化、还原转变成含环戊烷多氢菲母核的其他化合物，参与体内代谢调节，或直接或经转化后排出体外。

（一）转化为胆汁酸

胆固醇的主要代谢去路是在肝中转化为胆汁酸，经肠道排出体外。正常成人每天合成胆固醇 1.0～1.5g，其中 0.4～0.6g 在肝内转变为胆汁酸，随胆汁排入肠道。

（二）转化为类固醇激素

胆固醇是肾上腺皮质激素、性激素等类固醇激素的前体。①肾上腺皮质球状带细胞可利用胆固醇，在一系列酶的催化下，主要合成以醛固酮（aldosterone）为代表的盐皮质激素，参与水盐代谢的调节。肾上腺皮质束状带细胞可利用胆固醇合成皮质类固醇（corticosteroid）和少量皮质酮（corticosterone），参与糖类、脂质及蛋白质代谢的调节。②在特异酶系催化下，睾丸间质细胞可利用胆固醇合成睾酮（testosterone）。卵巢卵泡在卵子成熟前可利用胆固醇合成雌二醇（estradiol），卵巢黄体及胎盘则可利用胆固醇合成孕酮（progesterone）。这些性激素具有维持副性器官分化、发育及第二性征的作用，同时对全身代谢也有重要影响。

（三）转化为维生素 D_3

维生素 D_3（又称胆钙化醇）是胆固醇的开环化合物，故从本质上也属类固醇激素。其可由食物供给，也可在体内合成。皮肤中的胆固醇经酶促氧化生成 7-脱氢胆固醇，在紫外线照射下，形成维生素 D_3。维生素 D_3 经肝细胞微粒体 25-羟化酶催化生成 25-羟维生素 D_3，后者经血运至肾，再经 1 位羟化形成具有生物活性的 1,25-二羟维生素 D_3。活性维生素 D_3 具有调节钙、磷代谢的作用。

第五节　血浆脂蛋白代谢

由于脂质不溶于水，因此血浆中脂质是与蛋白质结合成血浆脂蛋白（lipoprotein）的形式而运输。不同来源的血浆脂蛋白所含脂质和蛋白质的组成不同，其理化性质、生物学功能和代谢途径均有不同。

一、血脂的组成、来源与去路

血浆中含有的脂质统称为血脂（blood lipid），包括甘油三酯、磷脂、FFA、胆固醇及其酯等。FFA 在血浆中与清蛋白结合为复合物而运输。血脂的主要来源和去路见图 8-19。

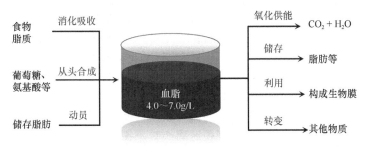

图 8-19　血脂的来源和去路

血脂总量并不多，只占体内总脂的极少部分，但外源性和内源性脂质都需经过血液转运于各组织之间，故血脂的含量常可以反映体内各组织器官的脂质代谢情况，对血脂的检测有助于对某些疾病的诊断。血脂水平受年龄、性别、遗传以及代谢等因素的影响，因职业、生活方式、饮食习惯不同而异，因此，各地区正常人血脂参考值也不尽相同。空腹状态下血脂水平相对稳定，临床上常在禁食 12 小时左右抽取空腹血进行血脂检测，这样才能准确地反映血脂水平。正常成人空腹血脂的组成及含量见表 8-6。

表 8-6　正常成人空腹血脂的组成、含量及主要来源

脂质类型	血浆含量		空腹时主要来源
	mg/dl	mmol/L	
总脂	400～700（500）		
甘油三酯	10～160（100）	0.11～1.81（1.13）	肝
总胆固醇	150～250（199）	3.88～6.47（5.17）	肝
胆固醇酯	90～200（145）	1.35～3.01（2.18）	
游离胆固醇	40～70（55）	1.04～1.82（1.43）	
总磷脂	150～250（200）	1.94～3.23（2.58）	肝
卵磷脂	80～225（110）	1.01～2.86（1.40）	肝
鞘磷脂	10～50（30）	0.13～0.63（0.38）	肝
脑磷脂	0～30（10）	0～0.41（0.14）	肝
脂肪酸总量	110～485（300）	4.30～18.95（11.72）	
FFA	5～20	0.20～0.78	脂肪组织

注：括号内为均值；FFA，游离脂肪酸

二、血浆脂蛋白的分类、组成及结构

血浆脂蛋白是血脂与血浆中的蛋白质结合而形成的颗粒状亲水复合体，是血脂在血浆中的存在及运输形式。脂蛋白中的蛋白质部分称为载脂蛋白（apolipoprotein，apo）。需注意的是，通常不把 FFA 在血浆中与清蛋白结合形成的复合物归为脂蛋白。

（一）血浆脂蛋白的分类

各种脂蛋白因所含脂质及蛋白质种类和数量的不同，其密度、颗粒大小、表面电荷、电泳行为及免疫学特性等均有差异。一般采用电泳法和超速离心法将血浆脂蛋白分为四类（图 8-20）。

1. 电泳法　该方法利用脂蛋白在电场中迁移速率不同而予以分离。电荷量、分子大小、脂质含量等均是影响脂蛋白在电场中迁移速率的重要因素。用电泳法可将血浆脂蛋白分为 α-脂蛋白、前 β-脂蛋白、β-脂蛋白以及在原点不移动的乳糜微粒（chylomicron，CM）（图 8-20）。α-脂蛋白含蛋白质多，分子小，所以迁移最快。CM 中蛋白质含量很低，98% 为不带电荷的脂质，所以在电场中基本不移动。

2. 超速离心法　各种脂蛋白因所含的脂质及蛋白质的质和量不同而导致其密度存在差异。血浆在一定密度的盐溶液中进行超速离心时，各种脂蛋白因其密度不同表现不同的沉浮状态而被分离，据此将血浆脂蛋白分为四类（图 8-20），即 CM、极低密度脂蛋白（very low density lipoprotein，VLDL）、低密度脂蛋白（low density lipoprotein，LDL）和高密度脂蛋白（high density lipoprotein，HDL）；分别相当于电泳分离中的 CM、前 β-脂蛋白、β-脂蛋白和 α-脂蛋白。四种脂蛋白的密度大小依次为：CM ＜ VLDL ＜ LDL ＜ HDL。除上述

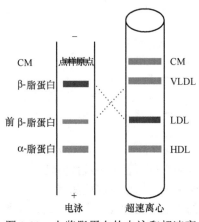

图 8-20　血浆脂蛋白的电泳和超速离心图谱

几类脂蛋白外，还有一种中间密度脂蛋白（intermediate density lipoprotein，IDL），其密度介于VLDL 与 LDL 之间，是 VLDL 代谢的中间产物。针对每一类脂蛋白，还可根据其颗粒大小和密度的不同而分为不同的亚组分，如 VLDL₁、VLDL₂；LDL 可分为 A、B 两个亚型，A 型颗粒较大（＞25.5nm），B 型颗粒较小（＜25.5nm）；HDL 在代谢过程中蛋白质与脂质成分发生变化，据此可将 HDL 再分为 HDL₁、HDL₂ 与 HDL₃。HDL₁ 在高胆固醇膳食时才出现；正常人血浆中主要含HDL₂ 和 HDL₃，前者密度较低，后者密度稍高。

（二）血浆脂蛋白的组成

从表 8-7 中可以看出，血浆脂蛋白的主要组分是载脂蛋白（apo）及脂质（甘油三酯、磷脂、胆固醇及其酯等），但各类脂蛋白所包含的 apo 种类、数量均有不同，所含脂质的比例、数量也不相同。由于蛋白质的密度比脂质大，故脂蛋白中蛋白质含量越高，脂质含量越低，其密度越大；反之，其密度越小。

表 8-7　血浆脂蛋白的分类、性质、组成、合成部位及功能

分类	密度法/电泳法	CM	VLDL前 β-脂蛋白	LDLβ-脂蛋白	HDLα-脂蛋白
性质	密度	＜0.950	0.950～1.006	1.006～1.063	1.063～1.210
	S_f 值	＞400	20～400	0～20	沉降
	电泳位置	原点	α_2-球蛋白	β-球蛋白	α_1-球蛋白
	颗粒直径（nm）	80～500	25～80	20～25	7.5～10
组成（%）	蛋白质	0.5～2	5～10	20～25	50
	脂质	98～99	90～95	75～80	50
	甘油三酯	80～95	50～70	10	5
	磷脂	5～7	15	20	25
	胆固醇	1～4	15	45～50	20
	游离胆固醇	1～2	5～7	8	5
	胆固醇酯	3	10～12	40～42	15～17
apo 组成（%）	apoA I	7	＜1	—	65～70
	apoA II	5	—	—	20～25
	apoA IV	10	—	—	—
	apoB100	—	20～60	95	—
	apoB48	9	—	—	—
	apoC I	11	3	—	6
	apoC II	15	6	微量	1
	apoC III$_{0-2}$	41	40	—	4
	apoE	微量	7～15	＜5	2
	apoD	—	—	—	3
合成部位		小肠黏膜细胞	肝细胞	血浆	肝、肠、血浆
功能		主要转运外源性甘油三酯及胆固醇	主要转运内源性甘油三酯	主要转运内源性胆固醇	主要逆向转运胆固醇

注：S_f 指 Svedberg 漂浮系数，S_f 值越大，密度越小

（三）血浆脂蛋白的结构

各种血浆脂蛋白的基本结构相似（图 8-21），除新生 HDL 为圆盘状外，脂蛋白一般为球状颗粒，具有极性（亲水）的表面和非极性（疏水）的核心。脂蛋白都是以疏水的甘油三酯和胆固醇酯构成核心，由具有双性 α 螺旋结构（amphipathic α helix）的载脂蛋白和双性磷脂分子及胆固醇组成表面极性单层结构（厚 2nm），它们的疏水基团与核心相连，其亲水基团朝向外面，从而使脂蛋白能够稳定地悬浮于水溶性的液相之中，得以在血液中运输。

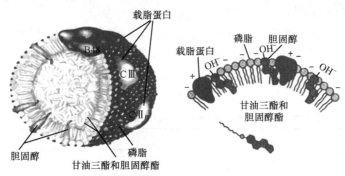

图 8-21　血浆脂蛋白的一般结构

三、载 脂 蛋 白

载脂蛋白（apo）主要在肝脏和小肠黏膜细胞中合成。目前已发现了 20 多种 apo，主要有 apoA、B、C、D 和 E 五大类。每一类 apo 又可分为不同的亚类，如 apoA 又分为 apoAI、AII 和 AIV；apoB 又分为 apoB100 和 B48；apoC 又分为 apoCI、CII 和 CIII。血浆中主要 apo 及其功能见表 8-8。

表 8-8　血浆中主要 apo 的类型及其分布、合成部位和主要功能

apo 类型	相对分子量	氨基酸数	所在脂蛋白	合成部位	主要功能
apoAI	28 300	243	HDL	小肠、肝	激活 LCAT，识别 HDL 受体
apoAII	17 500	154	HDL	小肠、肝	稳定 HDL 结构，激活 HL
apoAIV	46 000	371	CM，HDL	小肠	辅助激活 LPL
apoB100	512 723	4 536	LDL，VLDL	肝	识别 LDL 受体
apoB48	264 000	2 152	CM	小肠	促进 CM 生成
apoCI	6 500	57	VLDL，HDL，CM	小肠	激活 LCAT
apoCII	8 800	79	VLDL，HDL，CM	肝	激活 LPL
apoCIII	8 900	79	VLDL	肝	抑制 LPL，抑制肝 apoE 受体
apoD	22 000	169	HDL	未确定	促进胆固醇酯的转移
apoE	34 000	299	VLDL，CM，HDL	肝	识别 apoE 受体

注：LCAT，卵磷脂-胆固醇酰基转移酶；HL，肝脂肪酶；LPL，脂蛋白脂肪酶

apo 在分子结构上具有一定特点，在 apo 的氨基酸排列顺序中，每间隔 2～3 个氨基酸残基通常出现一个带极性侧链的氨基酸残基。当这种多肽链形成 α 螺旋时，极性氨基酸残基集中在 α 螺旋一侧形成极性（亲水）侧面，非极性氨基酸残基集中在另一侧形成非极性（疏水）侧面，即形成所谓双性 α 螺旋结构，极性较强的一侧可与水溶剂和磷脂或胆固醇极性区结合，构成脂蛋白的亲水面；极性较低的一侧可与非极性的脂质结合，构成脂蛋白的疏水核心区。这种双性 α 螺旋结构在 apo 结合和转运脂质以及构成和稳定脂蛋白结构中起重要作用。

不同的血浆脂蛋白中包含一种或多种 apo，但多以某一种为主，且各种 apo 之间维持一定比例。例如，HDL 中主要含 apoAⅠ和 AⅡ；LDL 中绝大部分 apo 是 apoB100，还有少量 apoE（＜5%）；VLDL 中除含 apoB100 外，还有 apoCⅠ、CⅡ、CⅢ及 apoE；CM 由多种 apo 参与组成，但不含 apoB100 及 apoD（表 8-8）。

apo 的主要功能是稳定血浆脂蛋白的结构，作为脂质的运输载体；除此以外，有些 apo 还可作为酶的激活剂，如 apoAⅠ可激活 LCAT，apoCⅡ可激活脂蛋白脂肪酶；有些 apo 还可作为细胞膜受体的配体，如 apoB48、apoE 参与肝细胞对 CM 的识别，apoB100 可被各种组织细胞表面 LDL 受体所识别等。

四、血浆脂蛋白的代谢

（一）CM 代谢

CM 的主要功能是将食物中外源性甘油三酯转运至心、肌肉和脂肪等肝外组织利用，同时将外源性胆固醇转运至肝进行转化，其代谢过程如图 8-22。

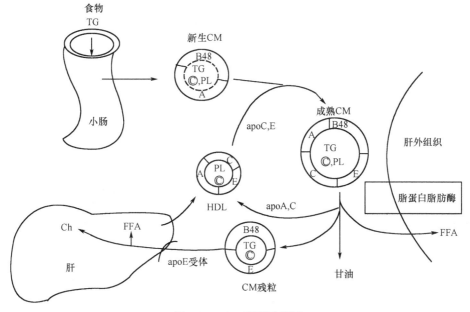

图 8-22　CM 代谢示意图

TG，甘油三酯；PL，磷脂；©，胆固醇和胆固醇酯；Ch，胆固醇；A、C、E 和 B48，apoA、C、E 和 B48；FFA，游离脂肪酸

CM 在小肠黏膜细胞中生成。食物中的脂质在小肠黏膜细胞滑面内质网上经再酯化后与粗面内质网上合成的 apo 构成新生 CM（包括甘油三酯、胆固醇酯、磷脂和 apoB48），经高尔基体分泌到细胞外，经淋巴入血。

新生 CM 入血后，接受来自 HDL 的 apoC 和 E，同时失去部分 apoA，被修饰为成熟的 CM。成熟 CM 上的 apoCⅡ可激活脂蛋白脂肪酶（LPL），催化 CM 中的甘油三酯水解为甘油和 FFA。LPL 存在于心、肌肉和脂肪组织的毛细血管内皮细胞外表面上。FFA 可被上述组织摄取利用，甘油可进入肝脏用于糖异生。通过 LPL 的作用，CM 中的大部分甘油三酯被水解利用，同时 apoA、apoC、胆固醇和磷脂转移到 HDL 上，CM 逐渐变小，成为以含胆固醇酯为主的 CM 残余颗粒。肝细胞膜上的 apoE 受体可识别 CM 残余颗粒，将其吞入肝细胞，与细胞溶酶体融合，apo 被水解为氨基酸、胆固醇酯分解为胆固醇和 FFA，进而被肝细胞利用或分解，完成最终代谢。正常人 CM 在血浆中的半寿期为 5～15 分钟，故空腹血中通常不含 CM。

（二）VLDL 代谢

VLDL 是体内转运内源性甘油三酯的主要方式，其代谢过程如图 8-23。

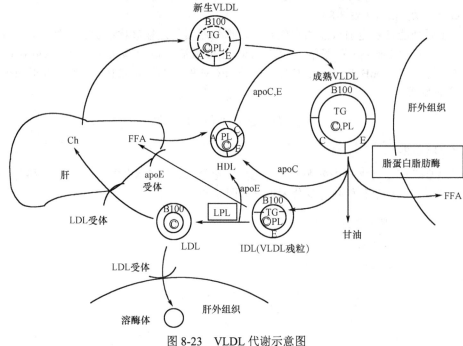

图 8-23　VLDL 代谢示意图

TG，甘油三酯；PL，磷脂；ⓒ，胆固醇和胆固醇酯；Ch，胆固醇；A、C、E 和 B100，apoA、C、E 和 B100；FFA，游离脂肪酸；LPL，脂蛋白脂肪酶

VLDL 在肝内生成，主要成分是肝细胞利用糖和脂肪酸（来自脂肪动员或 CM 残余颗粒）而自身合成的甘油三酯、肝细胞合成的 apoB100、apoAⅠ 和 apoE 等、少量磷脂和胆固醇及胆固醇酯。小肠黏膜细胞也能生成少量 VLDL。VLDL 分泌入血后，接受来自 HDL 的 apoC 和 apoE，由 apoCⅡ 激活 LPL，催化甘油三酯水解，产物被肝外组织利用。同时 VLDL 与 HDL 之间进行物质交换，一方面将 apoC 和 apoE 等在两者之间转移；另一方面在胆固醇酯转运蛋白（cholesterol ester transfer protein，CETP）协助下，将 VLDL 的磷脂、胆固醇等转移至 HDL，将 HDL 的胆固醇酯转移至 VLDL，使 VLDL 逐渐转变为 IDL。

IDL 有两条去路：一是通过肝细胞膜上的 apoE 受体介导而被吞噬利用，二是进一步被水解生成 LDL。VLDL 在血浆中的半寿期为 6～12 小时。

（三）LDL 代谢

LDL 的功能主要是将肝合成的内源性胆固醇运到肝外组织，保证组织细胞对胆固醇的需求，其代谢过程如图 8-24。

LDL 由 VLDL 转变而来，LDL 中的主要脂质是胆固醇及其酯，apo 为 apoB100。在肝及肝外组织细胞表面分布着 apoB100 受体（或称 LDL 受体），能与 LDL 特异性结合，将 LDL 吞入细胞内并与溶酶体融合，其中的 apo 被降解为氨基酸，胆固醇酯水解为游离胆固醇和 FFA，这一代谢过程称为 LDL 受体代谢途径。此途径所产生的游离胆固醇除参与细胞生物膜的构成之外，还对细胞内胆固醇的代谢具有重要调节作用，包括：①通过抑制 HMG-CoA 还原酶活性而减少细胞内胆固醇的合成；②激活 ACAT，使胆固醇生成胆固醇酯而在细胞内储存；③抑制 LDL 受体蛋白基因的转录，减少 LDL 受体蛋白的合成，降低细胞对 LDL 的摄取；④在肾上腺、卵巢等细胞中用以合成类固醇激素（图 8-24）。

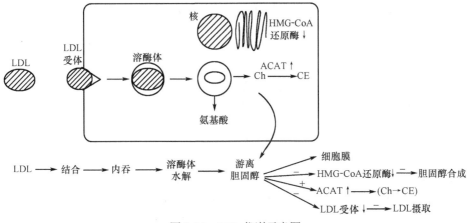

图 8-24 LDL 代谢示意图

除上述受体介导的 LDL 代谢途径外，血浆中被氧化修饰的 LDL 还可被单核吞噬细胞系统清除，经此途径代谢的 LDL 约占每日 LDL 降解总量的 1/3，此途径生成的胆固醇不具有上述调节作用，因此，过量摄取 LDL 可导致吞噬细胞空泡化。LDL 在血浆中的半寿期为 2～4 天。

（四）HDL 代谢

HDL 的主要功能是参与胆固醇逆向转运（reverse cholesterol transport，RCT），即将肝外组织细胞中的胆固醇通过血液循环转运至肝，在肝中转化为胆汁酸后排出或直接以游离胆固醇形式通过胆汁排出体外。HDL 在肝和小肠中生成，其 apo 含量较多，包括 apoA、C、D 和 E 等，脂质以磷脂为主。HDL 的代谢过程如图 8-25 所示。

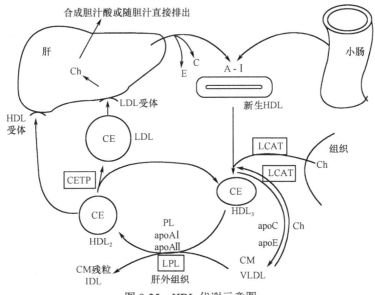

图 8-25 HDL 代谢示意图

Ch，胆固醇；CE，胆固醇酯；PL，磷脂；LPL，脂蛋白脂肪酶；LCAT，卵磷脂-胆固醇酰基转移酶；A-Ⅰ、C 和 E，apoAⅠ、C 和 E

RCT 分为两个步骤：①胆固醇自肝外细胞（包括动脉平滑肌细胞、巨噬细胞等）移出至 HDL。HDL 是胆固醇从肝外细胞移出不可缺少的接受体。在肝细胞内，由磷脂、少量胆固醇及 apoA、C 和 E 组成新生 HDL。小肠黏膜细胞合成的新生 HDL 除脂质外仅含 apoA，入血后再获得 apoC 和 E。新生 HDL 呈盘状双脂层结构，几乎不含胆固醇，是外周细胞游离胆固醇的最好接受体。②HDL 所运载的胆固醇的酯化及胆固醇酯（CE）的转运。新生 HDL 从肝外细胞接受的游离胆固醇分布于 HDL 表面。由肝细胞分泌入血的 LCAT，可催化 HDL 表面的卵磷脂 2 位脂肪酸（通常是亚油酸）转移至游离胆固醇，使之生成 CE，卵磷脂则转变成溶血卵磷脂；生成的 CE 可转入 HDL 内核。随着 HDL 内核中 CE 的不断增多，使 HDL 的脂双层圆盘状结构逐步膨胀为脂单层球状结构，并最终转变为成熟 HDL。apoAI 是 LCAT 的激活剂。由于生成的 CE 可反馈抑制 LCAT 活性，因此 LCAT 催化的反应就成为血浆胆固醇清除的限速步骤。

血浆中 CETP 能迅速将 CE 由 HDL 转移至 VLDL，后者随即转变成 LDL。CE 的转移使 LCAT 恢复活性，从而保证胆固醇的酯化反应得以顺利进行。HDL 中的 apoD 也是一种转脂蛋白，具有将 CE 由 HDL 表面转移到 HDL 内核的作用。此外，血浆中还存在磷脂转运蛋白（phospholipid transfer protein，PLTP），其可促进磷脂的转移。CETP 既可促进 CE 由 HDL 向 VLDL 和 LDL 转移，又可促进脂肪由 VLDL 转移至 HDL；而 PLTP 只能促进磷脂由 HDL 向 VLDL 转移。由于 LCAT、CETP 和 apoD 的共同作用，使 HDL 表面 apoAI 空出较多的胆固醇结合位点，使之不至于处于饱和状态，以便从肝外细胞摄取更多的游离胆固醇。因此，HDL 能否不断地清除肝外细胞流出的胆固醇，主要取决于 apoAI 的数量和 apoAI 上游离胆固醇的有效结合位点的多少。

在血浆 LCAT、apoAI、apoD 以及 CETP 和 PLTP 的共同作用下，HDL 中的游离胆固醇不断被酯化，酯化的胆固醇有 80% 转移至 VLDL 和 LDL，20% 进入 HDL 内核。同时 HDL 表面的 apoE 和 C 也转移到 VLDL 和 CM 上，脂肪则由 VLDL 和 CM 转移至 HDL。随着 HDL 内核 CE 及脂肪的不断增加，HDL 由颗粒较小、密度较大的 HDL_3 逐步转变为颗粒较大、密度较小的 HDL_2。HDL_1 仅在高胆固醇膳食诱导后才在血浆中出现（高胆固醇膳食后，血浆中 HDL_2 大量转变为 HDL_1）。HDL 每发生一次转变，颗粒中 CE 的数目就会增加 40 倍左右。

RCT 的最终步骤发生在肝。肝细胞膜上除分布有 HDL 受体和 LDL 受体外，还存在着特异的 apoE 受体（图 8-25）。HDL 在血浆中的半寿期为 3～5 天。研究表明，血浆中 CE 的 90% 以上来自 HDL，其中约 70% 在 CETP 作用下由 HDL 转移至 VLDL，后者再转变为 LDL，通过 LDL 受体途径在肝被清除；20% 经 HDL 受体在肝被清除；10% 经特异的 apoE 受体在肝被清除。机体通过 HDL 逆向转运胆固醇的机制，避免了胆固醇在外周局部组织细胞中的大量堆积，可以防止动脉粥样硬化的发生。

第六节　脂代谢异常与相关性疾病

一、血浆脂蛋白代谢异常

脂蛋白代谢紊乱可使血浆中某种脂蛋白水平升高或降低，最常见的是高脂血症（hyperlipemia）。由于高脂血症与动脉粥样硬化关系密切，所以临床上受到普遍重视。

案例 8-2

患者，男性，36 岁，发现高血压 6 年，反复胸闷、气短 1 月余入院。

现病史：患者于 6 年前发现"血压高"，并出现胸闷，偶发于晚间睡眠时，坐起后缓解，血压 180/140mmHg，予以"福辛普利"降压治疗。此后患者坚持服用降压药，测血压最高为 140/100mmHg。1 个月前，患者开始出现活动后胸闷、气短，休息后缓解。

既往史：2 年前在当地医院发现"血脂高"。

家族史：父亲已故，生前患有"冠心病"，曾查体发现总胆固醇（TC）为 9.2mmol/L（参考区间 3.3～5.7mmol/L）；母亲患有"高血压病"，查体发现 TC 为 10.0mmol/L。

查体主要阳性发现：血压 155/100mmHg，眼睑米粒状黄色瘤。

辅助检查主要阳性发现（括号内为参考区间）：①生化检查：TC 为 17.19mmol/L，低密度脂蛋白胆固醇（LDL-C）10.07mmol/L（2.1～3.6mmol/L），高密度脂蛋白胆固醇（HDL-C）0.91mmol/L（≥1.0mmol/L），甘油三酯（TG）3.33mmol/L（0.45～1.70mmol/L）。②超声心动图显示左心房增大，二尖瓣、三尖瓣轻度反流，左心室舒张早期弛张功能降低，右心室舒张早期弛张功能降低，室间隔基底部增厚。③冠状动脉CTA显示：右冠优势型，右冠近段及左冠前降支近段钙化，左冠前降支近段软斑，管腔狭窄。④冠脉造影检查显示：前降支近中段中重度狭窄，右冠脉近段轻度狭窄。

临床初步诊断：冠心病，不稳定心绞痛，家族性高胆固醇血症。

问题：

1. 引起家族性高胆固醇血症的因素有哪些？

2. 如何从生化角度解释和诊断家族性高胆固醇血症？

（一）高脂血症的分类

脂质代谢异常可引起血脂水平改变，若血脂浓度高于正常值上限即可称为高脂血症。由于血脂在血浆中以脂蛋白的形式存在和转运，故高脂血症实际上表现为高脂蛋白血症，主要表现为一种或几种血浆脂蛋白升高。世界卫生组织建议将高脂血症分为六型，各型的脂蛋白及血脂的主要改变见表8-9。

表8-9　高脂血症的类型及其脂蛋白和血脂的变化

类型	脂蛋白变化	血脂变化
Ⅰ	CM 升高	甘油三酯 ↑↑↑，胆固醇 ↑
Ⅱa	LDL 升高	胆固醇 ↑↑
Ⅱb	LDL 和 VLDL 同时升高	胆固醇 ↑↑，甘油三酯 ↑↑
Ⅲ	IDL 升高（电泳出现宽 β 带）	胆固醇 ↑↑，甘油三酯 ↑↑
Ⅳ	VLDL 升高	甘油三酯 ↑↑
Ⅴ	VLDL 和 CM 同时升高	甘油三酯 ↑↑↑，胆固醇 ↑

（二）生化机制

高脂血症分为原发性和继发性两大类。原发性高脂血症属遗传性缺陷，常有家族史。造成原发性脂蛋白代谢紊乱的因素包括apo、酶和受体缺陷。最常见的apo缺陷是apoE变异，可导致Ⅲ型高脂血症；酶缺陷主要是指与脂蛋白代谢有密切联系的LCAT和LPL缺陷，后者表现为Ⅰ型高脂血症；受体缺陷最主要的是家族性高胆固醇血症（familial hypercholesterolemia），即Ⅱa型高脂血症。LDL受体缺陷是家族性高胆固醇血症发病的重要原因，该受体缺陷可由常染色体隐性遗传。

继发性高脂血症是指继发于其他疾病的高脂血症，其比原发性高脂血症多见，成人3%～5%有继发性高脂血症，常见于糖尿病、肝胆疾病、肾病等。摄入过量糖、酗酒或长期服用某些药物，也可导致继发性高脂血症。

二、脂代谢异常相关性疾病

（一）胆固醇代谢异常与动脉粥样硬化

动脉粥样硬化主要是由于血浆中胆固醇含量过高，沉积于大、中动脉内膜上，形成粥样斑块，引起局部坏死、结缔组织增生、血管壁纤维化和钙化等病理改变，使血管腔狭窄。冠状动脉若发生这种变化，常引起心肌缺血，称为冠心病，甚至发生心肌梗死。

血浆中LDL及VLDL增高的患者，冠心病的发病率显著升高；而HDL的水平与冠心病的发病率呈负相关，因为 HDL 能将外周细胞过多的胆固醇转变为胆固醇酯，并将其转运到肝脏，进而转变成胆汁酸或直接随胆汁排出。因此，HDL 含量和质量较高者，冠心病发病率较低；缺乏 HDL 的人，即使胆固醇含量不高也易发生动脉粥样硬化。总之，血浆 LDL 和 VLDL 含量的升高和 HDL 含量及质量的降低是导致动脉粥样硬化的关键因素，降低 LDL 和 VLDL 的水平以及提高 HDL 的质量是防治动脉粥样硬化、冠心病的基本原则。

（二）甘油三酯代谢异常与脂肪肝病

脂质代谢紊乱引发的脂肪肝病主要指非酒精性脂肪性肝病（non-alcoholic fatty liver disease，NAFLD），也称为代谢相关脂肪性肝病（metabolic associated fatty liver disease，MAFLD），是以不同程度的肝细胞脂质弥漫性沉积和脂肪变性为特征的临床病理性肝病综合征。其病理变化从单纯性脂肪变性发展到脂肪性肝炎、肝纤维化和肝硬化，最终可能发展为肝细胞癌。NAFLD 是全球最常见的肝脏疾病，成人患病率可达 25%～35%，NAFLD 患者中约有 72% 并发血脂异常。

NAFLD 的发生主要是由于肝脏中甘油三酯代谢异常，并受到遗传倾向、细胞氧化应激、炎症等多种因素的影响。肝脏中甘油三酯的代谢稳态主要通过四个途径进行调节：脂质从头合成、循环中脂质的摄取、脂肪酸氧化和 VLDL 的分泌。甘油三酯稳态失衡的可能机制包括：食物中脂肪摄取过多、血中及肝脏游离脂肪酸过多、肝内脂肪酸氧化减少、肝内甘油三酯合成及 VLDL 合成增加而输出障碍，以及脂蛋白脂肪酶的异常等。

（张百芳）

思 考 题

1. 与糖的消化吸收比较，脂质的消化与吸收有哪些不同点？

2. 脂肪酸 β 氧化与脂肪酸合成是否互为逆过程？请说明原因。

3. 乙酰辅酶 A 参与哪些脂质代谢过程？相关脂质代谢过程受哪些因素调控？

4. 试述单纯性（饥饿性）酮症酸中毒、酒精性酮症酸中毒和糖尿病酮症酸中毒三者发生的生化机制及治疗策略方面有何异同。

5. 治疗血浆甘油三酯或胆固醇异常升高有哪些可能的措施？采取这些措施的依据是什么？

第九章 氨基酸代谢

蛋白质是生命的物质基础，氨基酸是蛋白质的基本组成单位，其重要生理功能之一是作为蛋白质合成的原料。组织蛋白质首先分解为氨基酸而后再进一步代谢，所以氨基酸代谢是蛋白质分解代谢的中心内容。氨基酸代谢包括合成代谢和分解代谢，本章重点论述分解代谢。

氨基酸在体内有多种重要作用：①参与蛋白质的组成：20种编码氨基酸通过肽键相连构成蛋白质分子的多肽链。②转化为体内重要的生理活性物质：氨基酸可在体内转变成一些具有重要生理功能的衍生物，如儿茶酚胺、γ-氨基丁酸、5-羟色胺等神经递质，均为体内生理活性物质，参与物质代谢与调节。体内氨基酸还参与合成嘌呤、嘧啶等含氮化合物。③氧化供能：氨基酸经脱氨作用产生α-酮酸，再进一步分解释放能量。饥饿时，氨基酸还可通过糖异生作用转变成糖。

体内氨基酸的分解和蛋白质的更新都需要食物蛋白质来补充，因此在介绍氨基酸代谢之前，首先介绍蛋白质的生理功能和营养价值。

第一节 蛋白质的生理功能和营养价值

体内蛋白质的合成和分解需由食物补充才能维持正常的生命活动，因此，在讨论蛋白质分解代谢之前，先介绍蛋白质的生理功能、营养作用及蛋白质的消化吸收。

一、蛋白质的生理功能

（一）维持细胞组织的生长、发育、更新和修补

蛋白质是细胞组织的主要成分。因此，参与构成各种细胞组织是蛋白质最重要的功能。蛋白质约占干重的45%以上，食物中必须提供足够量的优质蛋白质，才能维持细胞组织生长、发育、更新和修补的需要，这对于处于生长发育的儿童和康复期的患者尤为重要。

（二）参与体内多种重要生理活动

蛋白质是生命的物质基础。体内具有多种特殊功能的蛋白质，例如，多肽激素、催化（酶）、免疫（抗原及抗体）、运动（肌肉）、物质转运（载体）、凝血（凝血系统）、某些调节蛋白等。肌肉的收缩、血液的凝固、物质的运输等都是由蛋白质实现的。高等动物的学习能力、记忆功能也与蛋白质有关。此外，氨基酸代谢还可产生胺、神经递质、嘌呤和嘧啶等重要含氮化合物。蛋白质和氨基酸的这些功能不能由糖和脂类代替。由此可见，蛋白质是整体生命活动的重要物质基础。

（三）氧化供能

蛋白质分解产生的某些氨基酸可通过糖异生作用转变成糖，为机体提供能量。每克蛋白质在体内氧化分解可释放17.19kJ（4.1kcal）能量。一般来说，成人每日约有18%的能量来自蛋白质，蛋白质的这种功能作用可由糖或脂肪代替，因此氧化功能仅是蛋白质的一种次要功能。

显然，食物蛋白质在维持组织生长、发育、更新、修补和合成重要含氮化合物中是不可少的。那么人体每日摄入多少蛋白质才能满足这种需要呢？一般用氮平衡的方法确定。

二、氮 平 衡

机体内蛋白质代谢概况可根据氮平衡（nitrogen balance）实验来确定。蛋白质的含氮量平均约为16%，食物中的含氮物质绝大部分是蛋白质，因此，测定食物的含氮量可以估算出所含蛋白质的量。蛋白质在体内分解代谢所产生的含氮物质主要由尿、粪排出。测定尿与粪中的含氮量（排出氮）及摄

入食物的含氮量（摄入氮）可以反映人体蛋白质的代谢概况。人体氮平衡有以下三种情况。

（一）总氮平衡

每日摄入氮=排出氮，即每日体内蛋白质合成的量与分解的量大致相当，反映正常成人的蛋白质代谢处于合成与分解的动态平衡状态。

（二）正氮平衡

每日摄入氮＞排出氮，体内蛋白质的合成多于分解，部分摄入的氮用于合成体内蛋白质。见于儿童、孕妇及恢复期患者。

（三）负氮平衡

每日摄入氮＜排出氮，体内蛋白质的分解多于合成，见于蛋白质摄入量不足，如饥饿、消耗性疾病或长期营养不良人群。

由此可见，摄取足量的蛋白质对维持总氮平衡和正氮平衡是必要的。但是，实验证明仅注意蛋白质的数量并不能满足机体对蛋白质的需要，还应重视蛋白质的质量。研究表明，在一定程度上，蛋白质的质量比数量更为重要。

三、蛋白质的需要量和营养价值

（一）蛋白质的需要量

根据氮平衡实验计算，在不进食蛋白质时，体重 60kg 的成人每日蛋白质的最低分解量约为 20g。由于食物蛋白质与人体蛋白质组成的差异，不可能全部被利用，故成人每日蛋白质最低生理需要量为 30~50g。为了长期保持总氮平衡，仍需增量才能满足要求。我国营养学会推荐成人每日蛋白质需要量为 80g。

（二）蛋白质的营养价值

在营养方面，不仅要注意膳食蛋白质的数量，还必须注意蛋白质的质量。由于各种蛋白质所含氨基酸的种类和数量不同，它们的质量不同。有的蛋白质含有体内所需要的各种氨基酸，并且含量充足，则此种蛋白质的营养价值（nutrition value）高；有的蛋白质缺乏体内所需要的某种氨基酸，或含量不足，则其营养价值较低。

1. 营养必需氨基酸　组成蛋白质的编码氨基酸有 20 种。实验证明，人体内有 9 种氨基酸不能合成。这些体内需要而又不能自身合成，必须由食物提供的氨基酸，在营养学上称为必需氨基酸（essential amino acid），包括亮氨酸（Leu）、异亮氨酸（Ile）、苏氨酸（Thr）、缬氨酸（Val）、赖氨酸（Lys）、甲硫氨酸（Met）、苯丙氨酸（Phe）、色氨酸（Trp）和组氨酸（His）。其余 11 种氨基酸体内可以合成，不必由食物供给，在营养学上称为非必需氨基酸（non-essential amino acid）。精氨酸（Arg）虽然能够在人体合成，但合成量不多，若长期供应不足或需要量增加也可造成负氮平衡。因此，有人将精氨酸（Arg）也归为营养必需氨基酸。

2. 食物蛋白质的互补作用　一般来说，含有必需氨基酸种类多和数量足的蛋白质，其营养价值高，反之营养价值低。由于动物性蛋白质所含必需氨基酸的种类和比例与人体需要相近，故营养价值高。营养价值较低的蛋白质混合食用，则必需氨基酸可以互相补充而提高食物的营养价值，称为蛋白质互补作用（protein complementary action）。例如，谷类蛋白质含赖氨酸较少而含色氨酸较多，豆类蛋白质含赖氨酸较多而含色氨酸较少，两者混合食用即可提高营养价值。某些疾病情况下，为保证氨基酸的需要，可进行混合氨基酸输液。

第二节　蛋白质的消化、吸收与腐败

食物蛋白质在胃、小肠及肠黏膜细胞中经过一系列的酶促反应水解生成氨基酸及小分子肽的过程，称为蛋白质的消化。

一、蛋白质的消化

蛋白质是具有高度种属特异性的大分子化合物，不易被吸收，若未经消化而直接进入体内，常会引起（免疫）反应。食物蛋白质的消化可消除种属特异性或抗原性，避免引起过敏、毒性反应。食物蛋白质的消化从胃开始，主要在小肠中进行，由多种蛋白酶的催化，将其水解成以氨基酸为主的消化产物，然后再吸收、利用。

（一）胃部的消化

食物蛋白质进入胃后经胃蛋白酶（pepsin）作用水解生成肽及少量氨基酸。胃蛋白酶由胃黏膜主细胞合成并分泌，开始时是酶原的形式，即胃蛋白酶原（pepsinogen）。胃蛋白酶原的分子量为40kDa，在胃酸作用下，从其分子的N端水解掉部分氨基酸残基，从而激活成胃蛋白酶。已经激活的胃蛋白酶可以激活胃蛋白酶原，称自催化（autocatalysis）。胃蛋白酶的最适pH为1.5～2.5。此酶对肽键的特异性较差，主要水解由芳香族氨基酸及蛋氨酸和亮氨酸等所形成的肽键。胃蛋白酶对乳中的酪蛋白有凝乳作用，这对乳儿较为重要，因为乳液凝成乳块后在胃中停留时间延长，有利于蛋白质的充分消化。

（二）小肠中的消化

食物蛋白质在胃中停留时间较短，因此，消化很不完全。蛋白质的消化主要在小肠进行。胃液中的蛋白质消化产物及未被消化的蛋白质进入肠道后，在胰液及肠黏膜细胞分泌的多种蛋白酶及肽酶的共同作用下，进一步水解成为氨基酸。小肠中蛋白质的消化主要靠胰酶来完成，胰液中的蛋白酶基本上分为内肽酶（endopeptidase）和外肽酶（exopeptidase）两大类。其最适pH为7.0左右。内肽酶可以水解蛋白质肽链内部的一些肽键，如胰蛋白酶（trypsin）、糜蛋白酶（chymotrypsin）及弹性蛋白酶（elastase）等。这些酶对所水解的肽键羧基端的氨基酸组成有一定的选择性，如胰蛋白酶主要水解由赖氨酸和精氨酸等碱性氨基酸组成的羧基末端肽键。

外肽酶有羧基肽酶A（carboxypeptidase A）和羧基肽酶B（carboxypeptidase B）两类，它们自肽链的羧基末端开始，每次水解掉一个氨基酸残基，对不同氨基酸组成的肽键也有一定专一性。蛋白质在胰酶的作用下，最终产物为氨基酸和一些寡肽。

蛋白质经胃液和胰液中各种酶的水解，所得到的产物中仅有1/3为氨基酸，其余2/3为寡肽。小肠黏膜细胞的刷状缘及胞质中存在着一些寡肽酶（oligopeptidase），如氨基肽酶（aminopeptidase）及二肽酶（dipeptidase）等。氨基肽酶从肽链的氨基末端逐个水解出氨基酸，最后生成二肽。二肽再经二肽酶水解，最终生成氨基酸（图9-1）。可见，寡肽水解主要在小肠黏膜细胞内进行。

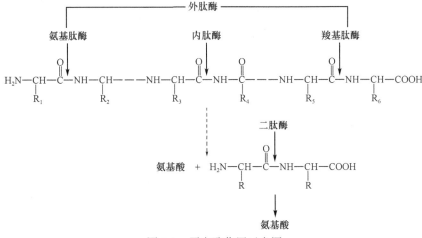

图9-1 蛋白酶作用示意图

由胰腺细胞分泌的各种蛋白酶，最初均以无活性的酶原形式存在，并分泌到十二指肠后通过肠激酶（enterokinase）迅速被激活成为有活性的蛋白酶（图9-2）。且胰蛋白酶的自身激活作用较弱，同时胰液中还存在着胰蛋白酶抑制剂，由于胰液中各种蛋白酶最初均以酶原形式存在，故可保护胰组织免受蛋白酶的自身消化作用。

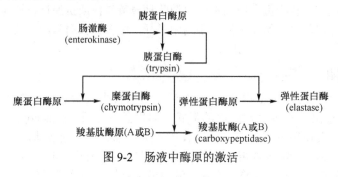

图9-2　肠液中酶原的激活

二、氨基酸的吸收

蛋白质的消化产物主要是氨基酸及一些寡肽。已经证明二肽可以直接被吸收，吸收到小肠上皮细胞内后，再被水解成氨基酸，然后进入门静脉。氨基酸的吸收是一个需要载体的主动转运过程，但吸收的详细机制，目前尚不完全清楚，主要有以下两种方式。

（一）以氨基酸转运载体介导方式吸收氨基酸

肠黏膜细胞上有转运氨基酸的载体蛋白（carrier protein），与氨基酸、Na^+形成三联体，可将氨基酸转运入细胞，Na^+则依靠钠泵排出细胞外，并消耗ATP。不同的氨基酸需要不同的转运载体，现已知人体内至少有7种转运蛋白（transporter），这些转运蛋白包括中性氨基酸转运蛋白、酸性氨基酸转运蛋白、碱性氨基酸转运蛋白、亚氨基酸转运蛋白、β-氨基酸转运蛋白、二肽转运蛋白及三肽转运蛋白。同一种载体蛋白转运的氨基酸在结构上有一定的相似性，当某些氨基酸共用同一种载体时，它们在吸收过程中将彼此竞争。在所有载体中，中性氨基酸转运蛋白是主要的载体。氨基酸通过转运蛋白的吸收过程不仅存在于小肠黏膜细胞，也存在于肾小管细胞和肌细胞等细胞膜上。

（二）以γ-谷氨酰循环方式吸收氨基酸

氨基酸的吸收机制，除了载体转运吸收外，小肠黏膜细胞、肾小管细胞和脑组织吸收氨基酸还可通过γ-谷氨酰循环（γ-glutamyl cycle）机制吸收。此循环可以由谷胱甘肽协助将肠腔氨基酸转移至细胞内，反应可看成两个阶段：一是谷胱甘肽对氨基酸的转运，二是谷胱甘肽的再合成，由此构成一个循环。其反应过程如图9-3。催化上述反应的酶存在于小肠黏膜细胞、肾小管细胞和脑细胞。γ-谷氨酰转移酶（γ-glutamyl transferase）是关键酶，位于细胞膜上，其余的酶均在胞质中。

（三）肽的吸收

肠黏膜细胞上还存在着吸收二肽或三肽的转运体系。肽的吸收也是一个耗能的主动吸收过程，吸收作用在小肠近端较强，故肽吸收入细胞甚至先于游离氨基酸。

三、蛋白质的腐败作用

食物中的蛋白质，大约95%被消化吸收。肠道中未被消化的蛋白质及未被吸收的氨基酸在肠道细菌的作用下发生以无氧分解为主要过程的变化称为蛋白质的腐败作用（putrefaction）。腐败作用的产物大多有害，如胺、氨、苯酚、吲哚及硫化氢等，也可产生少量脂肪酸及维生素被机体利用。

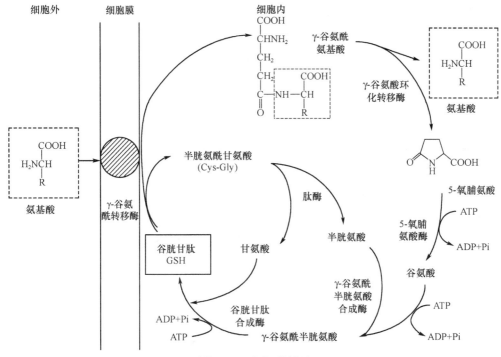

图 9-3　γ-谷氨酰循环

（一）胺类的生成

肠道细菌的蛋白酶将蛋白质水解成氨基酸，再经氨基酸脱羧基作用，产生胺类（amine）。例如，组氨酸脱羧生成组胺，赖氨酸脱羧生成尸胺，色氨酸脱羧生成 5-羟色胺，酪氨酸脱羧基生成酪胺等。这些腐败产物大多有毒性，如组胺和尸胺具有降低血压的作用，酪胺具有升高血压作用。这些有毒物质通常经肝代谢转化为无毒形式排出体外。经酪胺和由苯丙氨酸脱羧基生成的苯乙胺，若不能在肝内分解而进入脑组织，则可分别经 β-羟化而生成 β-羟酪胺和苯乙醇胺，其结构与儿茶酚胺类似，称为假神经递质（false neurotransmitter）（图 9-4）。假神经递质增多，可干扰正常神经递质儿茶酚胺的功能，但它们不能传递神经冲动，可使大脑发生异常抑制，这可能是肝性脑病发生的原因之一。

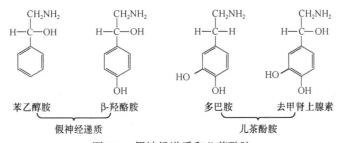

图 9-4　假神经递质和儿茶酚胺

（二）氨的生成

人体肠道中氨（ammonia）的来源主要有两个：

一是未被吸收的氨基酸在肠道细菌作用下脱氨基而生成。

$$R-\overset{\underset{|}{NH_2}}{CH}-COOH \xrightarrow[+2H]{\text{肠菌}} R-CH_2-COOH + NH_3$$

二是血液中的尿素渗入肠道黏膜，受肠道细菌脲酶的水解而生成氨。这些氨均可被吸收入血液，在肝中合成尿素。降低肠道的 pH，可减少氨的吸收。

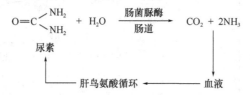

（三）其他有害物质的生成

除了胺类和氨以外，蛋白质的腐败作用还可产生其他有害物质，如酪氨酸形成苯酚、色氨酸转变成吲哚及半胱氨酸形成硫化氢等。正常情况下，上述有害物质大部分随粪便排出，只有小部分被吸收，经肝的代谢转变而解毒，故不会发生中毒现象。

第三节　细胞内蛋白质的降解

所有生命体的蛋白质都处于不断合成与降解的动态平衡中。成人每天有 1%～2% 的机体蛋白质被降解，主要来源于骨骼肌中的蛋白质。蛋白质降解所产生的氨基酸 75%～80% 又被重新利用合成新的蛋白质。

一、蛋白质以不同速率降解

人体各种蛋白质降解速率有很大不同，随生理需要而发生改变，且不同蛋白质的寿命差异很大，短则数秒，长则数月甚至更长。蛋白质降解的速率常用半衰期（half-life，$t_{1/2}$）表示，即蛋白质降低其原浓度一半所需要的时间。如肝中蛋白质的 $t_{1/2}$ 短的低于 30 分钟，长的超过 150 小时，但肝中大部分蛋白质的 $t_{1/2}$ 为 1～8 天。人血浆蛋白质的 $t_{1/2}$ 约为 10 天，结缔组织中一些蛋白质的 $t_{1/2}$ 可达 180 天以上，眼晶体蛋白质的 $t_{1/2}$ 更长。体内许多关键酶的 $t_{1/2}$ 都很短，如胆固醇合成的关键酶 HMG-CoA 还原酶的 $t_{1/2}$ 为 0.5～2 小时。体内蛋白质的更新有着重要的生理意义，通过调节蛋白质的降解速度可直接影响代谢过程与生理功能。此外，某些异常或损伤的蛋白质可通过更新而被清除。

细胞内蛋白质的寿命与其结构有关，即所谓结构信号，这些与降解速率有关的结构信号有以下两个规律。

（一）N 端规则

该规则指出，蛋白质在细胞内的降解速率是由 N 端氨基酸的种类决定的。如果蛋白质 N 端的氨基酸残基是 Ser、Ala、Thr、Val、Gly，那么它们的半衰期会大于 20 小时；如果蛋白质 N 端的氨基酸残基是 Phe、Leu、Asp、Lys、Arg，那么这些蛋白质的半衰期在 3 分钟左右。

（二）PEST 规则

研究者还发现，如果一些蛋白质的结构域中存在 Pro(P)-Glu(E)-Ser(S)-Thr(T) 序列，那么，这些蛋白质比结构域中比较少的含有以上氨基酸残基序列的其他蛋白质能更加快地被降解。因此，这一规则被称为 PEST 规则，这一序列被称为 PEST 序列，如果删除 PEST 序列的片段，可延长蛋白质半衰期。

二、真核细胞内蛋白质降解途径

体内蛋白质降解是在组织细胞内一系列蛋白酶和肽酶协同作用下完成的，蛋白质被水解为肽，肽再降解为氨基酸。真核细胞中蛋白质降解途径有两条。

（一）不依赖 ATP 的溶酶体途径

该途径主要在溶酶体内降解外源性蛋白质、膜蛋白以及半寿期长的蛋白质。此过程不需要 ATP 参加。溶酶体含多种酸性组织蛋白酶，可将胞吞蛋白质或细胞自身受损蛋白质水解为氨基酸，后者由细胞自噬（autophagy）作用介导。溶酶体对所降解的蛋白质选择性相对较差。

（二）依赖 ATP 的泛素-蛋白酶体途径

该途径主要在胞质中降解半寿期较短或异常的蛋白质。泛素（ubiquitin）是一种分子量较小（8.5kDa）的蛋白质，广泛存在于真核细胞内，是许多细胞内蛋白质降解的标志。在蛋白质的降解过程中，首先，泛素通过消耗 ATP 的连续酶促反应与被降解的蛋白质共价结合，称为蛋白质的泛素化。一种蛋白质的降解需多次泛素化，形成泛素链。随后，蛋白酶体（proteasome）特异性地识别被泛素标记的蛋白质并与之结合，在 ATP 存在下，将其降解为氨基酸或短肽。蛋白酶体存在于胞核和胞质中，是一个 26S 的大分子蛋白质复合物，由 20S 的核心颗粒（core particle，CP）和 19S 的调节颗粒（regulatory particle，RP）组成。核心颗粒形成空心圆柱形态，内部具有蛋白酶催化活性，直接水解蛋白质。而调节颗粒则分别位于 CP 的两端，形似盖子，参与识别、结合待降解的泛素化蛋白质，以及蛋白质去折叠、定位等功能，同时具有 ATP 酶活性（图 9-5）。泛素-蛋白酶体系统控制的蛋白质降解不仅是正常情况下细胞内特异蛋白质降解的重要途径，而且对细胞生长周期、DNA 复制、染色体结构都有重要调控作用。

$$UB-\overset{O}{\underset{\|}{C}}-O^- + HS-E_1 \xrightarrow{\text{ATP} \quad \text{AMP+PPi}} UB-\overset{O}{\underset{\|}{C}}-S-E_1$$

$$UB-\overset{O}{\underset{\|}{C}}-S-E_1 \xrightarrow{\text{HS}-E_2 \quad \text{HS}-E_1} UB-\overset{O}{\underset{\|}{C}}-S-E_2$$

$$UB-\overset{O}{\underset{\|}{C}}-S-E_2 \xrightarrow{\text{Pr-Lys-NH}_2 \quad \text{HS}-E_2}_{E_3} UB-\overset{O}{\underset{\|}{C}}-NH-Lys-Pr$$

UB，泛素；E_1，泛素激活酶；E_2，泛素结合酶；E_3，泛素连接酶；$Pr-Lys-NH_2$，被降解的蛋白质

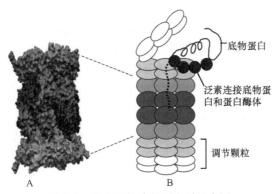

图 9-5 蛋白酶体降解蛋白质示意图

A. 核心颗粒；B. 完整的蛋白酶体

第四节 氨基酸的一般代谢

机体组织蛋白质在体内不断更新，新的蛋白质不断合成，旧的蛋白质也不断受细胞内酶的作用而水解。正常情况下，体内氨基酸的来源和去路处于动态平衡。

一、氨基酸代谢库

食物蛋白质经消化而被吸收的氨基酸（外源性氨基酸）与体内组织蛋白质降解产生的氨基酸（内源性氨基酸）混在一起，分布于体内各处，参与代谢，称为氨基酸代谢库（amino acid metabolic pool）。氨基酸代谢库通常以游离氨基酸总量计算。血浆氨基酸是体内各组织之间氨基酸转运的主要形式。虽然正常人血浆氨基酸浓度并不高，但其更新却很迅速，平均半寿期约为 15 分钟，表明一些组织器官不断向血浆释放和摄取氨基酸。肌肉和肝在维持血浆氨基酸浓度的相对稳定中起着重要作用。体内氨基酸的主要功用是合成蛋白质和多肽。蛋白质降解所产生的氨基酸，70%～80% 又被重新利用合成新的蛋白质。此外，氨基酸也可以转变成其他含氮物质。正常人尿中排出的氨基酸极少。各种氨基酸具有共同的结构特点，故它们有共同的代谢途径，但不同的氨基酸由于侧链结构的差异，也各有其个别的代谢方式。体内氨基酸代谢的概况见图 9-6。

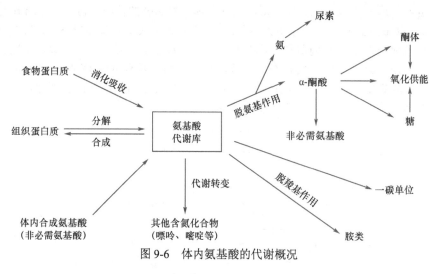

图 9-6 体内氨基酸的代谢概况

二、氨基酸的脱氨作用

氨基酸的一般分解代谢包括脱氨作用和脱羧基作用，但最主要反应是脱氨作用。体内大多数组织都能进行氨基酸的脱氨作用。氨基酸可以通过多种方式脱去氨基，如氧化脱氨基、转氨基、联合脱氨基及非氧化脱氨基等，其中以联合脱氨作用为最重要。

（一）转氨基作用

1. 转氨基作用的概念 转氨基作用（transamination）是在转氨酶（transaminase）的催化下，可逆地把 α-氨基酸的氨基转移给 α-酮酸，结果是氨基酸脱去氨基生成相应的 α-酮酸，而原来的 α-酮酸则转变成另一种氨基酸。

$$
\begin{array}{ccccccc}
\text{R}_1 & & \text{R}_2 & & \text{R}_1 & & \text{R}_2 \\
| & & | & & | & & | \\
\text{H-C-NH}_2 & + & \text{H-C=O} & \xrightleftharpoons{\text{转氨酶}} & \text{H-C-O} & + & \text{H-C-NH}_2 \\
| & & | & & | & & | \\
\text{COOH} & & \text{COOH} & & \text{COOH} & & \text{COOH}
\end{array}
$$

2. 转氨酶 亦称氨基转移酶（aminotransferase），广泛分布于体内各组织中，其中以肝脏及心肌含量最丰富。转氨基作用的平衡常数接近 1.0，所以反应是完全可逆的。不仅可促进氨基酸的脱氨作用，亦可自 α-酮酸合成相应的氨基酸。这是机体合成非必需氨基酸的重要途径。除赖氨酸、苏氨酸、脯氨酸及羟脯氨酸外，大多数氨基酸都能进行转氨基作用。除 α-氨基外，氨基酸侧链末端的氨基也可通过转氨基作用而脱去，如鸟氨酸的 δ-氨基可通过转氨基作用而脱去。在各种转氨酶中，以 L-谷氨酸和 α-酮酸的转氨酶最为重要。例如，谷丙转氨酶（glutamic-pyruvic transaminase，GPT）又称丙氨酸转氨酶（alanine transaminase，ALT），及谷草转氨酶（glutamic-oxaloacetic transaminase，GOT）又称天冬氨酸转氨酶（aspartate transaminase，AST）在体内广泛存在，但各组织中的含量不同（表 9-1），下式说明 ALT 及 AST 催化的反应。

$$
\underset{\text{谷氨酸}}{
\begin{array}{c}
\text{COOH} \\
| \\
\text{CH}_2 \\
| \\
\text{CH}_2 \\
| \\
\text{CHNH}_2 \\
| \\
\text{COOH}
\end{array}}
+
\underset{\text{丙酮酸}}{
\begin{array}{c}
\text{CH}_3 \\
| \\
\text{C=O} \\
| \\
\text{COOH}
\end{array}}
\;\underset{}{\overset{\text{ALT}}{\rightleftharpoons}}\;
\underset{\alpha\text{-酮戊二酸}}{
\begin{array}{c}
\text{COOH} \\
| \\
\text{CH}_2 \\
| \\
\text{CH}_2 \\
| \\
\text{C=O} \\
| \\
\text{COOH}
\end{array}}
+
\underset{\text{丙氨酸}}{
\begin{array}{c}
\text{CH}_3 \\
| \\
\text{CHNH}_2 \\
| \\
\text{COOH}
\end{array}}
$$

$$
\underset{\text{谷氨酸}}{
\begin{array}{c}
\text{COOH} \\
| \\
\text{CH}_2 \\
| \\
\text{CH}_2 \\
| \\
\text{CHNH}_2 \\
| \\
\text{COOH}
\end{array}}
+
\underset{\text{草酰乙酸}}{
\begin{array}{c}
\text{COOH} \\
| \\
\text{CH}_2 \\
| \\
\text{C=O} \\
| \\
\text{COOH}
\end{array}}
\;\underset{}{\overset{\text{AST}}{\rightleftharpoons}}\;
\underset{\alpha\text{-酮戊二酸}}{
\begin{array}{c}
\text{COOH} \\
| \\
\text{CH}_2 \\
| \\
\text{CH}_2 \\
| \\
\text{C=O} \\
| \\
\text{COOH}
\end{array}}
+
\underset{\text{天冬氨酸}}{
\begin{array}{c}
\text{COOH} \\
| \\
\text{CH}_2 \\
| \\
\text{CHNH}_2 \\
| \\
\text{COOH}
\end{array}}
$$

表 9-1　正常人各组织中 ALT 及 AST 活性（单位/克湿组织）

组织	ALT	AST	组织	ALT	AST
肝	44 000	142 000	胰腺	2 000	28 000
肾	19 000	91 000	脾	1 200	14 000
心	7 100	156 000	肺	700	10 000
骨骼肌	4 800	99 000	血清	16	20

　　肝组织中 ALT 活性最高，心肌组织中 AST 活性最高。正常情况下，转氨酶主要存在于细胞内。当组织细胞在缺氧或炎症等情况下，由于细胞膜通透性增加或细胞破坏，转氨酶可大量释放入血，导致血清转氨酶活性明显升高。例如，急性肝炎患者血清中 ALT 活性增高，心肌梗死患者血清中 AST 活性明显上升。因此，临床上血清中转氨酶活性的测定可作为对某些疾病的诊断、观察疗效以及判断预后的参考指标之一。

　　3. 转氨基作用机制　转氨酶的辅酶都是维生素 B_6 的磷酸酯，即磷酸吡哆醛，它结合于转氨酶活性中心赖氨酸的 ε-氨基上。转氨基过程中，磷酸吡哆醛先从氨基酸接受氨基转变成磷酸吡哆胺，同时氨基酸则转变成 α-酮酸。磷酸吡哆胺进一步将氨基转移给另一种 α-酮酸而生成相应氨基酸，同时磷酸吡哆胺又转变回磷酸吡哆醛。在转氨酶催化下，磷酸吡哆醛与磷酸吡哆胺的这种相互转变起着传递氨基的作用，下式说明反应过程。

（二）氧化脱氨作用

催化氨基酸氧化脱氨作用（oxidative deamination）的酶有两类，L-谷氨酸脱氢酶（L-glutamate dehydrogenase）和氨基酸氧化酶。

1. L-谷氨酸脱氢酶　广泛分布于肝、肾、脑等组织中，活性较强，是一种不需氧脱氢酶。但骨骼肌和心肌中活性较弱。转氨基作用使许多氨基酸的氨基被浓集在 α-酮戊二酸上生成 L-谷氨酸，L-谷氨酸脱氢酶催化 L-谷氨酸氧化脱氨生成 α-酮戊二酸，辅酶是 NAD^+ 或 $NADP^+$。L-谷氨酸脱氢酶是唯一既能利用 NAD^+ 又能利用 $NADP^+$ 接受还原当量的酶，其催化的反应可逆，根据机体的状态决定合成谷氨酸还是分解谷氨酸。

L-谷氨酸脱氢酶是一种别构酶，由 6 个相同的亚基聚合而成，每个亚基的相对分子量为 56000。已知 GTP 和 ATP 是此酶的别构抑制剂，而 GDP 和 ADP 是别构激活剂。因此，当体内 GTP 和 ATP 不足时，谷氨酸加速氧化脱氨，这对于氨基酸氧化供能起着重要的调节作用。

$$\begin{array}{ccc}
\text{COOH} & \text{COOH} & \text{COOH} \\
| & | & | \\
\text{CH}_2 & \text{CH}_2 & \text{CH}_2 \\
| & | & | \\
\text{CH}_2 & \text{CH}_2 & \text{CH}_2 \\
| & | & | \\
\text{CHNH}_2 & \text{C}=\text{NH} & \text{C}=\text{O} \\
| & | & | \\
\text{COOH} & \text{COOH} & \text{COOH}
\end{array}$$

L-谷氨酸脱氢酶　$NAD(P)^+$　$NAD(P)H + H^+$　$+H_2O$　$-H_2O$　$+NH_3$

谷氨酸　　　　　　　　　　　　　　　　α-酮戊二酸

2. 氨基酸氧化酶　在体内分布不广，活性不高，对脱氨作用并不重要。但在肝肾组织中还存在一种 L-氨基酸氧化酶，属黄素酶类，其辅基是 FMN 或 FAD。这些能够自动氧化的黄素蛋白将氨基酸氧化成 α-亚氨基酸，接着再加水分解成相应的 α-酮酸，并释放铵离子，分子氧再直接氧化还原型黄素蛋白形成过氧化氢（H_2O_2），H_2O_2 被过氧化氢酶裂解成氧和 H_2O。过氧化氢酶存在于大多数组织中，尤其是肝。

（三）联合脱氨作用

1. 转氨基作用与谷氨酸的氧化脱氨作用偶联　转氨酶与 L-谷氨酸脱氢酶协同作用，即转氨基作用与谷氨酸的氧化脱氨作用偶联进行，就可达到把氨基酸转变成 NH_3 及相应 α-酮酸的目的。转氨基作用与谷氨酸脱氨作用的结合被称为联合脱氨作用（transdeamination），又称转脱氨作用。此类联合脱氨作用主要在肝、肾等组织中进行。

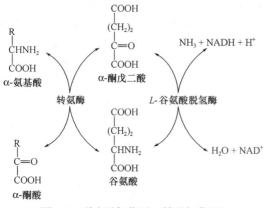

图 9-7　联合脱氨作用（转脱氨作用）

其过程是：氨基酸首先与 α-酮戊二酸在转氨酶作用下生成 α-酮酸和谷氨酸，然后谷氨酸再经 L-谷氨酸脱氢酶作用，脱去氨基而生成 α-酮戊二酸，后者再继续参加转氨基作用（图 9-7）。联合脱氨作用的全过程是可逆的，因此，这一过程也是体内合成非必需氨基酸的主要途径。

2. 嘌呤核苷酸循环　由于骨骼肌和心肌中 L-谷氨酸脱氢酶的活性弱，难于进行以上方式的联合脱氨基过程，肌肉中存在着另一种氨基酸脱氨基反应，即通过嘌呤核苷酸循环（purine nucleotide cycle）脱去氨基（图 9-8）。

在嘌呤核苷酸循环过程中，氨基酸首先通过连续的转氨基作用将氨基转移给草酰乙酸，生成天冬氨酸；天冬氨酸与次黄嘌呤核苷酸（IMP）反应生成腺苷酸代琥珀酸，后者经过裂解，释放出延胡索酸并生成腺嘌呤核苷酸（AMP）。AMP 在腺苷酸脱氨酶（此酶在肌组织中活性较强）催化下脱去氨基，最终完成氨基酸的脱氨作用。IMP 可以再参加循环。由此可见，嘌呤核苷酸循环实际上也可以看成是另一种形式的联合脱氨作用。

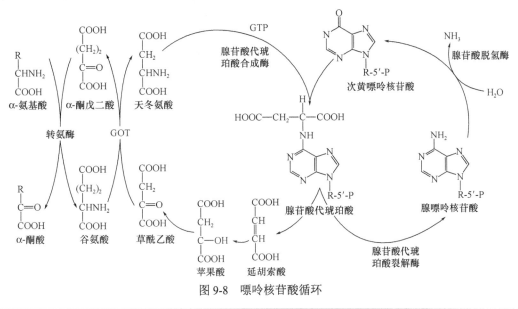

图 9-8　嘌呤核苷酸循环

（四）非氧化脱氨作用

1. 脱水脱氨基　丝氨酸在脱水酶催化下，先脱去水，再水解为丙酮酸和氨。

2. 脱硫化氢脱氨基　半胱氨酸经脱硫化氢酶作用，先脱下 H_2S，然后水解生成丙酮酸和氨。

3. 直接脱氨基　天冬氨酸在天冬氨酸酶催化下，生成延胡索酸和氨。

三、α-酮酸的代谢

氨基酸脱氨基后生成的碳链骨架即 α-酮酸（α-keto acid）可以进一步代谢，主要包括生成非必需氨基酸、转变成糖或脂类以及氧化供能三方面的代谢途径。

（一）经氨基化生成非必需氨基酸

人体内的一些非必需氨基酸一般通过相应的 α-酮酸经氨基化而生成。例如，丙酮酸、草酰乙酸、α-酮戊二酸经氨基化可分别转变成丙氨酸、天冬氨酸、谷氨酸。过程如前，不再赘述。

（二）转变成糖及脂类

在体内 α-酮酸可以转变成糖和脂类化合物。实验发现，用各种不同的氨基酸饲养人工造成糖尿病的犬时，大多数氨基酸可使尿中排出的葡萄糖增加，少数几种则可使葡萄糖及酮体排出同时增加，而亮氨酸和赖氨酸只能使酮体排出量增加。由此，将在体内可以转变成糖的氨基酸称为生糖氨基酸（glucogenic amino acid）；能转变成酮体者称为生酮氨基酸（ketogenic amino acid）；二者兼有者称为生糖兼生酮氨基酸（glucogenic and ketogenic amino acid）（表 9-2）。

表 9-2　氨基酸生糖及生酮性质的分类

氨基酸类别	氨基酸
生糖氨基酸	甘氨酸、丝氨酸、缬氨酸、组氨酸、精氨酸、半胱氨酸、脯氨酸、丙氨酸、谷氨酸、谷氨酰胺、天冬氨酸、天冬酰胺、甲硫氨酸
生酮氨基酸	亮氨酸、赖氨酸
生糖兼生酮氨基酸	异亮氨酸、苯丙氨酸、酪氨酸、苏氨酸、色氨酸

（三）氧化供能

α-酮酸在体内可先转变成丙酮酸、乙酰辅酶 A 或三羧酸循环的中间产物，经过三羧酸循环与生物氧化体系彻底氧化成 CO_2 和 H_2O，同时释放能量，供生理活动的需要。可见，氨基酸也是一类能源物质，但此作用可被糖和脂肪代替。三羧酸循环是物质代谢的总枢纽，通过它可使糖、脂肪及氨基酸完全氧化，也可使其彼此相互转变，构成一个完整的代谢体系（图9-9）。

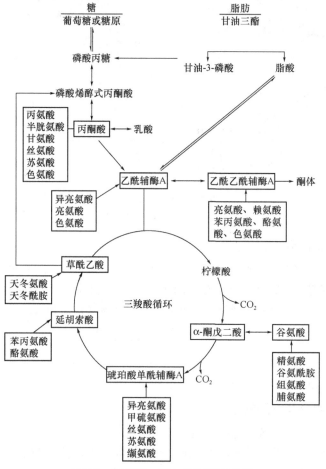

图 9-9　氨基酸、糖与脂肪代谢关系

第五节　氨的代谢

氨是机体正常代谢的产物。氨具有毒性，尤其脑组织对氨的毒性作用特别敏感。家兔血液若每百毫升中含量达到 5mg，即中毒死亡。机体内代谢产生的氨以及消化道吸收来的氨进入血液，形成血氨。哺乳动物体内氨的主要去路是在肝脏合成尿素，再经肾脏排出。尿素是氨基酸的主要最终代谢产物之一。因此，一般来说，除门静脉血液外，体内血液中氨的浓度很低。正常人血浆中氨的浓度一般不超过 $47\sim65\mu mol/L$（1mg/L）。严重肝病患者尿素合成功能降低，血氨增高，引起脑功能紊乱，常与肝性脑病的发病有关。

案例 9-1

患者，男性，62 岁，因"肝硬化 11 年，精神谵妄 1 天"入院。

现病史：患者 11 年前确诊为肝炎后肝硬化，给予相应保肝对症治疗。患者无明显咳嗽咳痰，无明显头痛心悸，饮食睡眠差，大小便正常。2 年前患者因劳累过度出现明显乏力、腹胀、右肋区疼痛未就诊。身体日渐消瘦、厌食呕吐、腹泻。1个月前，呕吐明显加剧，有少量呕血及黑便。昨日自觉食欲稍好，清晨进食鸡蛋后，出现嗜睡表现，清醒后胡言乱语大喊大叫，今日来院就诊。急诊行腹部超声检查，肝功能检查。

既往史：25年前确诊为丙型病毒性肝炎。

查体主要阳性发现：患者精神状态差，巩膜黄染，定向力障碍，计算力减弱，脾肋下2cm，腹部移动性浊音(+)，腹壁静脉曲张。神经系统反射亢进，有扑翼样震颤。

辅助检查主要阳性发现（括号内为参考区间）：①生化检查：血氨165μmol/L（47～65μmol/L），肝功能 AST 78U/L（0～40U/L），ALT 95U/L（0～40U/L），A/G 1.1（1.5～2.5），总胆红素 35.3μmol/L（1.7～20.5μmol/L）。②腹部超声显示肝纤维化，门静脉高压。③头部CT无异常。其他检查未见异常。

临床初步诊断：肝炎后肝硬化；肝性脑病。

问题：
1. 联系本章内容分析患者出现肝性脑病可能的原因。
2. 试从生化角度分析肝性脑病的发病机制。

一、体内氨的来源

人体内氨的来源主要有三个，即各组织器官中氨基酸及胺分解产生的氨、肠道吸收的氨以及肾小管上皮细胞分泌的氨。

（一）氨基酸脱氨作用和胺类分解产生的氨

氨基酸脱氨作用产生的氨是体内氨的主要来源，胺类的分解也可以产生氨。其反应如下：

$$RCH_2NH_2 \xrightarrow{\text{脱氢化酶}} RCHO + NH_3$$

（二）肠道细菌腐败作用产生的氨

凡从肠道吸收入血的氨均称外源氨，主要有两个来源：①蛋白质和氨基酸在肠道细菌腐败作用下产生氨；②血液中的尿素渗入肠道，细菌尿素酶水解而生成氨。肠道产氨量较多，每天约4g，并能吸收入血。在肠道，NH_3 比 NH_4^+ 更易于穿过细胞膜而被吸收；在碱性环境中，NH_4^+ 倾向于转变成 NH_3。当肠道 pH 偏碱时，氨的吸收加强。临床上对高血氨患者采用弱酸性透析液做结肠透析。禁止用碱性肥皂水灌肠，就是为了减少肠道氨的吸收。

（三）肾小管上皮细胞分泌的氨

肾小管上皮细胞中的谷氨酰胺在谷氨酰胺酶的催化下水解成谷氨酸和 NH_3，这部分氨分泌到肾小管腔中主要与尿中的 H^+ 结合成 NH_4^+，以铵盐的形式由尿排出体外，这对调节机体的酸碱平衡起着重要作用。酸性尿有利于肾小管细胞中的氨扩散入尿，但碱性尿则可妨碍肾小管细胞中 NH_3 分泌，此时氨易被重吸收入血，引起血氨升高。因此，临床上对肝硬化而产生腹水的患者，为减少肾小管对氨的重吸收，不宜使用碱性利尿药（如双氢克尿噻），以免血氨升高。

二、氨的转运

氨是有毒物质，各组织中产生的氨如何以无毒的方式经血液运输到肝合成尿素或运输到肾以铵盐的形式排出？现已知，氨在血液中主要是以丙氨酸及谷氨酰胺两种形式转运。

（一）丙氨酸-葡萄糖循环

骨骼肌中的氨基酸经转氨基作用将氨基转给丙酮酸生成丙氨酸，丙氨酸经血液运到肝。在肝中，丙氨酸通过联合脱氨作用，生成丙酮酸，并释放出氨。氨用于合成尿素，丙酮酸经糖异生途径生成葡萄糖。葡萄糖由血液输送到肌肉，沿糖酵解途径转变成丙酮酸，后者再接受氨基而生成丙氨酸。丙氨酸和葡萄糖反复地在肌肉和肝之间进行氨的转运，故将这一途径称为丙氨酸-葡萄糖循环（alanine-glucose cycle）。通过这个循环，既可使骨骼肌中的氨以无毒的丙氨酸形式运输到肝，同时，肝又为骨骼肌提供了生成丙酮酸的葡萄糖（图 9-10）。

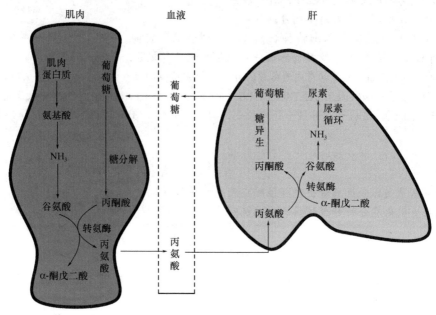

图 9-10　丙氨酸-葡萄糖循环

（二）谷氨酰胺的运氨作用

谷氨酰胺是氨的另一种转运形式，它主要从脑、肌肉等组织向肝或肾转运氨。

在脑和骨骼肌等组织，氨与谷氨酸在谷氨酰胺合成酶（glutamine synthetase）的催化下合成谷氨酰胺，并由血液输送到肝或肾，再经谷氨酰胺酶（glutaminase）水解成谷氨酸及氨。谷氨酰胺的合成与分解是由不同酶催化的不可逆反应，其合成需要 ATP 参与，并消耗能量。临床上对氨中毒患者可服用或输入谷氨酸盐，以降低氨的浓度。

谷氨酰胺既是氨的解毒产物，也是氨的储存及运输形式。谷氨酰胺在肾脏分解生成氨与谷氨酸，氨与原尿中 H^+ 结合形成铵盐随尿排出，这也有利于调节酸碱平衡。

三、氨 的 去 路

氨的去路有尿素的合成、谷氨酰胺的生成、参与合成一些重要的含氮化合物（如嘌呤、嘧啶、非必需氨基酸等），少部分氨可直接经肾脏以铵盐的形式排出体外。

（一）合成尿素

1. 尿素生成的鸟氨酸循环　氨在体内的最主要去路是在肝脏合成尿素，然后由肾排出。正常成人尿素占排氮总量的 80%～90%，可见肝在氨解毒中起着重要作用。肝是合成尿素的最主要器官，肾及脑等其他组织虽然也能合成尿素，但合成量甚微。

早在 1932 年，德国学者克雷布斯（Krebs）和亨泽莱特（Henseleit）首次提出了鸟氨酸循环（ornithine cycle）学说，又称尿素循环（urea cycle）或 Krebs-Henseleit 循环。鸟氨酸循环学说的实验根据是：将大鼠肝的薄切片放在有氧条件下加铵盐保温数小时后，铵盐的含量减少，而同时尿素增多。另外，在切片中，分别加入不同化合物，并观察它们对尿素生成的影响。发现鸟氨酸、瓜氨酸或精氨酸能够大大加速尿素的合成。根据以上三种氨基酸的结构推断，它们彼此相关，即鸟氨酸可能是瓜氨酸的前体，而瓜氨酸又是精氨酸的前体。进一步实验发现，当大量鸟氨酸与肝切片及 NH_4^+ 一起保温时，的确有瓜氨酸的积聚。基于这些事实，Krebs 和 Henseleit 提出了一个循环机制，即：鸟氨酸先与氨及 CO_2 结合生成瓜氨酸；然后瓜氨酸再接受 1 分子氨生成精氨酸；接着精氨酸又被水解产生尿素和新的鸟氨酸。此鸟氨酸又参与第二轮循环（图 9-11）。由此可见，在这个循环过程中，鸟氨酸所起的作用与三羧酸循环中草酰乙酸所起的作用类似。后来有人用放射性核素标记的 $^{15}NH_4Cl$ 或含 ^{15}N 的氨基酸饲养犬，发现随尿排出的尿素含有 ^{15}N，但鸟氨酸中不含 ^{15}N；用含 ^{14}C 标记的 $NaH^{14}CO_3$ 饲养犬，随尿排出的尿素也含有 ^{14}C。由此进一步证实了尿素可由氨及 CO_2 合成。这是第一条被发现的循环代谢途径，比 Krebs 发现三羧酸循环还早 5 年。Krebs 一生两个循环途径的提出为生物化学的发展做出了重要贡献。

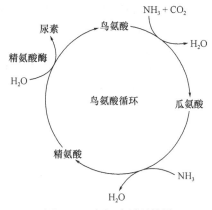

图 9-11 鸟氨酸循环简图

2. 鸟氨酸循环的反应过程 鸟氨酸循环的具体过程较为复杂，其详细反应过程可分为五步：①氨甲酰磷酸的合成；②瓜氨酸的合成；③精氨酸代琥珀酸生成；④精氨酸的合成；⑤精氨酸水解生成尿素。

（1）氨甲酰磷酸的合成：在 ATP、Mg^{2+} 及 N-乙酰谷氨酸（N-acetyl glutamic acid，AGA）存在时，氨与 CO_2 可在氨甲酰磷酸合成酶 I（carbamoyl phosphate synthetase I，CPS-I）的催化下，合成氨甲酰磷酸。

此反应需消耗 2 分子 ATP，属不可逆反应。CPS-I 是一种别构酶，AGA 是此酶的别构激活剂。AGA 的作用可能是使酶的构象改变，暴露了酶分子中的某些巯基，从而增加了酶与 ATP 的亲和力。CPS-I 和 AGA 都存在于肝细胞线粒体中。氨甲酰磷酸是高能化合物，性质活泼。在酶的催化下易与鸟氨酸反应生成瓜氨酸。

$$CO_2 + NH_3 + H_2O + 2ATP \xrightarrow[\text{N-乙酰谷氨酸，} Mg^{2+}]{\text{氨甲酰磷酸合成酶 I}} H_2N-\overset{\overset{O}{\|}}{C}-O \sim PO_3^{2-} + 2ADP + Pi$$

氨甲酰磷酸

$$\underset{\underset{\|}{O}}{CH_3C}-NH-\overset{COOH}{\underset{(CH_2)_2}{\underset{|}{\overset{|}{CH}}}}$$
COOH

N-乙酰谷氨酸（AGA）

（2）瓜氨酸的合成：在鸟氨酸氨甲酰基转移酶（ornithine carbamyl transferase，OCT）催化下，氨甲酰磷酸与鸟氨酸缩合生成瓜氨酸。鸟氨酸氨甲酰基转移酶也存在于肝细胞的线粒体中，并通常与氨甲酰磷酸合成酶 I 结合成酶的复合体。此反应也不可逆。

$$\underset{COOH}{\underset{|}{\overset{|}{CH}-NH_2}}\overset{\overset{NH_2}{|}}{\underset{(CH_2)_3}{|}} + \underset{O \sim PO_3^{2-}}{\overset{NH_2}{\underset{\|}{C=O}}} \xrightarrow{\text{鸟氨酸氨甲酰基转移酶}} \underset{COOH}{\underset{CH-NH_2}{\overset{NH_2}{\underset{C=O}{\underset{NH}{\underset{(CH_2)_3}{}}}}}} + H_3PO_4$$

鸟氨酸　　　　氨甲酰磷酸　　　　　　　　　　　瓜氨酸

（3）精氨酸代琥珀酸的生成：瓜氨酸在线粒体合成后，即被转运到线粒体外，在胞质中经精氨酸代琥珀酸合成酶（argininosuccinate synthetase）催化，与天冬氨酸反应生成精氨酸代琥珀酸，此反应由 ATP 供能。天冬氨酸提供了尿素分子的第二个氮原子。

（4）精氨酸代琥珀酸裂解成精氨酸与延胡索酸：精氨酸代琥珀酸在精氨酸代琥珀酸裂合酶的催化下，裂解成精氨酸与延胡索酸。反应产物精氨酸分子中保留了来自游离 NH_3 和天冬氨酸分子的氮。上述反应裂解生成的延胡索酸可经三羧酸循环的中间步骤转变成草酰乙酸，后者与谷氨酸进行转氨基反应，又可重新生成天冬氨酸，而谷氨酸的氨基可来自体内的多种氨基酸。由此可见，体内多种氨基酸的氨基可通过天冬氨酸的形式参与尿素的合成。

（5）精氨酸水解生成尿素：在精氨酸酶的作用下，精氨酸被水解生成尿素和鸟氨酸，此反应在胞质中进行。鸟氨酸通过线粒体内膜上载体的转运再进入线粒体，并参与瓜氨酸合成。如此反复，尿素不断合成。

尿素作为代谢终产物通过肾脏排出体外。综上所述，尿素合成的总反应为：

$$2NH_3 + CO_2 + 3ATP + 3H_2O \rightleftharpoons H_2N\!-\!CO\!-\!NH_2 + 2ADP + AMP + 4Pi$$

尿素合成的中间步骤及其在细胞中的定位总结为图 9-12。

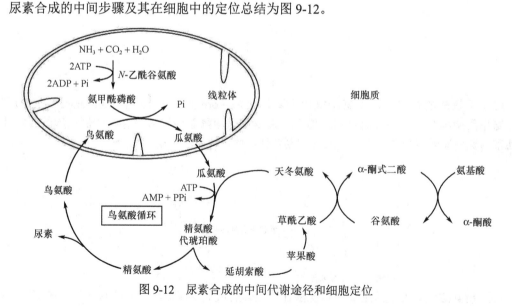

图 9-12　尿素合成的中间代谢途径和细胞定位

3. 尿素合成的调节

（1）膳食蛋白质的影响：高蛋白质膳食时尿素的合成速度加快，排出的含氮物中尿素约占90%；反之，低蛋白质膳食时尿素合成速度减慢，尿素排出量可低于含氮排泄量的60%。

（2）CPS-Ⅰ的调节：氨甲酰磷酸的生成是尿素合成的一个重要步骤。AGA 是 CPS-Ⅰ 的别构激活剂，由乙酰辅酶 A 和谷氨酸通过 AGA 合成酶催化而生成。精氨酸是 AGA 合成酶的激活剂，精氨酸浓度增高时，尿素生成量增加。在临床上常用精氨酸治疗高血氨症的患者，以促进尿素的合成。

（3）尿素合成酶系的调节：在尿素合成的酶系中，以精氨酸代琥珀酸合成酶的活性最低（表 9-3），是尿素合成启动后的关键酶，可调节尿素的合成速度。

表 9-3　正常人肝尿素合成酶的相对活性

酶	相对活性
氨甲酰磷酸合成酶	4.5
鸟氨酸氨甲酰基转移酶	163.0
精氨酸代琥珀酸合成酶	1.0
精氨酸代琥珀酸裂合酶	3.3
精氨酸酶	149.0

4. 尿素合成障碍可引起高氨血症和氨中毒　正常情况下，血氨的来源与去路保持动态平衡，血氨浓度处于较低水平。维持这种平衡的关键是氨在肝中合成尿素。

由于各种原因（如肝功能严重受损或鸟氨酸循环相关酶遗传缺陷时等）所致尿素合成发生障碍时，血氨浓度升高，称为高氨血症（hyperammonemia）。高氨血症严重者可导致肝性脑病，常见的临床症状包括厌食、呕吐、嗜睡甚至昏迷等。

高氨血症的毒性作用机制尚不完全清楚。脑细胞对氨十分敏感，氨中毒学说认为，高氨血症时，血中过多的 NH_3 通过血脑屏障进入脑组织，干扰了脑细胞三羧酸循环，使大脑的能量供应不足，从而出现肝性脑病。

▌（二）合成非必需氨基酸

氨还可以通过还原性加氨的方式固定在 α-酮戊二酸上而生成谷氨酸；谷氨酸的氨基又可以通过转氨基作用，转移给其他 α-酮酸，生成相应的氨基酸，从而合成某些非必需氨基酸。

▌（三）生成谷氨酰胺

氨还可与谷氨酸反应生成谷氨酰胺，在肾小管上皮细胞通过谷氨酰胺酶的作用水解成氨和谷氨酸，谷氨酸被肾小管上皮细胞重吸收而进一步利用。

▌（四）肾脏泌氨

谷氨酰胺酶的作用使谷氨酰胺水解成氨，由肾小管上皮细胞分泌，随尿排出。

氨的来源及去路总结如下（图 9-13）。

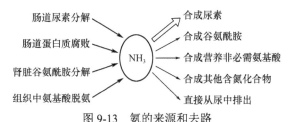

图 9-13　氨的来源和去路

第六节 个别氨基酸的代谢

氨基酸的分解代谢,除了脱氨作用之外,某些氨基酸还有特殊的代谢途径,通过这些代谢途径可以生成具有重要生理意义的生物活性物质。本节首先介绍某些氨基酸的特殊代谢方式,如氨基酸的脱羧作用和一碳单位的代谢,然后分别介绍含硫氨基酸、芳香族氨基酸及支链氨基酸的代谢。

一、氨基酸的脱羧作用

体内部分氨基酸也可进行脱羧作用(decarboxylation)生成相应的胺。催化这些反应是氨基酸脱羧酶(decarboxylase),其辅因子是磷酸吡哆醛。例如,组氨酸脱羧基生成组胺,谷氨酸脱羧基生成 γ-氨基丁酸等,也有的氨基酸先经过羟化等变化后再脱羧基而生成胺。胺类含量虽然不高,但具有重要的生理作用。体内广泛存在着胺氧化酶(amine oxidase),能将其氧化成为相应的醛类,再进一步氧化成羧酸,从而避免胺类在体内蓄积。胺氧化酶属于黄素蛋白酶,在肝中活性最强。下面列举几种氨基酸脱羧基产生的重要胺类物质。

(一)γ-氨基丁酸

谷氨酸脱羧基生成 γ-氨基丁酸(γ-aminobutyric acid,GABA),催化此反应的酶是谷氨酸脱羧酶,此酶在脑、肾组织中活性很高,所以脑中 GABA 的含量较多。GABA 是中枢抑制性神经递质,对中枢神经有抑制作用。临床上对妊娠呕吐和小儿抽搐患者常用维生素 B_6 治疗,加强氨基酸脱羧酶的活性,增加 GABA 生成,以抑制神经过度兴奋。

(二)组胺

组氨酸脱羧基生成组胺(histamine),反应由组氨酸脱羧酶催化。组胺在体内分布广泛,乳腺、肺、肝、肌及胃黏膜中含量较高,主要存在于肥大细胞中。

组胺是一种强烈的血管扩张剂,并能增加毛细血管的通透性。组胺可使平滑肌收缩,引起支气管痉挛导致哮喘。组胺还能促进胃黏膜细胞分泌胃蛋白酶原及胃酸。创伤性休克或炎症病变部位可有组胺的释放。

(三)5-羟色胺

在色氨酸羟化酶的作用下,色氨酸先羟化生成 5-羟色氨酸,然后经脱羧酶作用生成 5-羟色胺(5-hydroxytryptamine,5-HT)。

5-羟色胺广泛分布于体内各组织,除神经组织外,还存在于胃肠、血小板及乳腺细胞中。在脑组织中 5-羟色胺是一种抑制性神经递质,与人的镇静、镇痛和睡眠有关。在外周组织,5-羟色胺有很强的收缩血管作用。5-羟色胺经单胺氧化酶催化生成 5-羟色醛,进一步氧化而成 5-羟吲哚乙酸随尿排出。

$$色氨酸 \xrightarrow{\text{色氨酸羟化酶}} 5\text{-羟色氨酸}$$

$$5\text{-羟色氨酸} \xrightarrow{\text{5-羟色氨酸脱羧酶}} 5\text{-羟色胺}$$

（四）多胺

体内某些氨基酸经脱羧基作用可以产生多胺（polyamine），多胺是指含有多个氨基的化合物。例如，鸟氨酸脱羧基生成腐胺，腐胺再转变成精脒（spermidine）和精胺（spermine）。反应如下：

$$L\text{-鸟氨酸} \xrightarrow[-CO_2]{\text{鸟氨酸脱羧酶}} H_2N\text{-}(CH_2)_4\text{-}NH_2 \text{（腐胺）}$$

$$S\text{-腺苷甲硫氨酸 (SAM)} \xrightarrow[-CO_2]{\text{SAM 脱羧酶}} 腺苷\text{-}S\text{-}(CH_2)_3\text{-}NH_2 \text{（脱羧基 SAM）}$$

$$腐胺+脱羧基 SAM \xrightarrow[-腺苷\text{-}S\text{-}CH_3]{\text{丙胺转移酶}} H_2N\text{-}(CH_2)_4\text{-}NH\text{-}(CH_2)_3\text{-}NH_2 \text{（精脒）}$$

$$精脒+脱羧基 SAM \xrightarrow[-腺苷\text{-}S\text{-}CH_3]{\text{丙胺转移酶}} H_2N\text{-}(CH_2)_3\text{-}NH\text{-}(CH_2)_4\text{-}NH\text{-}(CH_2)_3\text{-}NH_2 \text{（精胺）}$$

腐胺、精脒与精胺三者统称为多胺，是调节细胞生长的重要物质。鸟氨酸脱羧酶（ornithine decarboxylase，ODC）是多胺合成的关键酶。凡生长旺盛的组织，如胚胎、再生肝、生长激素作用的细胞及癌瘤组织等，鸟氨酸脱羧酶的活性和多胺的含量都有所升高。多胺促进细胞增殖的机制可能与稳定核酸和细胞结构，促进核酸和蛋白质的合成有关。目前临床上常把测定肿瘤患者血或尿中多胺的含量作为观察病情的指标之一。

（五）牛磺酸

半胱氨酸首先氧化成磺酸丙氨酸，再脱去羧基生成牛磺酸（taurine）。牛磺酸是结合胆汁酸的结合剂。人体内牛磺酸主要来自食物，主要由肾脏排泄。

近年研究发现，牛磺酸具有广泛的生物学功能，脑组织中有较多的牛磺酸，它是一种中枢神经抑制性神经递质，调节着中枢神经系统的兴奋性；维持正常的视觉和视网膜结构；抗心律失常、降血压和保护心肌；维持血液、免疫和生殖系统正常功能；促进婴幼儿的生长发育，被认为是婴幼儿的必需营养素。其细胞保护作用表现为维持细胞内外渗透压平衡、直接稳膜作用、调节细胞钙稳态、清除自由基及抗脂质过氧化损伤等。

$$L\text{-半胱氨酸} \xrightarrow{3[O]} 磺酸丙氨酸 \xrightarrow[\searrow CO_2]{\text{磺基丙氨酸脱羧酶}} 牛磺酸$$

二、一碳单位的代谢

（一）一碳单位与四氢叶酸

某些氨基酸在分解代谢过程中产生的含有一个碳原子的有机基团称为一碳单位（one carbon unit），主要包括甲基（—CH₃，methyl）、甲烯基（亚甲基，—CH₂—，methylene）、甲炔基（次甲基，═CH—，methenyl）、甲酰基（—CHO，formyl）及亚胺甲基（—CH═NH，formimino）等五种。CO_2 不属于一碳单位。

一碳单位不能游离存在，常与四氢叶酸结合而进行转运并参与代谢。因此，四氢叶酸（FH_4）是一碳单位的运载体和代谢的辅酶。一般来说，一碳单位通常结合在 FH_4 分子的 N-5、N-10 位上。在哺乳动物体内，四氢叶酸可由叶酸经二氢叶酸还原酶（dihydrofolate reductase）催化，分两步还原反应生成。四氢叶酸的化学结构以及其生成反应如下：

$$5,6,7,8\text{-}四氢叶酸(FH_4)$$

叶酸 $\xrightarrow[\text{NADPH(H}^+)\quad\text{NADP}^+]{\text{二氢叶酸还原酶}}$ 二氢叶酸 $\xrightarrow[\text{NADPH(H}^+)\quad\text{NADP}^+]{\text{二氢叶酸还原酶}}$ 四氢叶酸

（二）一碳单位与氨基酸代谢

一碳单位主要来源于丝氨酸、甘氨酸、组氨酸和色氨酸的分解代谢，其中色氨酸分解后产生的甲酸直接提供甲酰基作为一碳单位的供体。

丝氨酸 $+ FH_4 \xrightarrow[-H_2O]{\text{丝氨酸羟甲基转移酶}} N^5,N^{10}\text{-}CH_2\text{-}FH_4 +$ 甘氨酸

甘氨酸 $+ FH_4 \xrightarrow[\text{NAD}^+\quad\text{NADH}^++H^+]{\text{甘氨酸裂解酶}} CO_2 + NH_3 + N^5,N^{10}\text{-}CH_2\text{-}FH_4$

组氨酸 $\longrightarrow$ 亚氨甲基谷氨酸 $\xrightarrow[FH_4\quad N^5\text{-}CH=NH\text{-}FH_4]{\text{亚氨甲基转移酶}}$ 谷氨酸

色氨酸 $\longrightarrow$ HCOOH（甲酸）$+$ 犬尿氨酸

甲酸 $\xrightarrow[\text{合成酶}]{FH_4,\ ATP \quad ADP + Pi} N^{10}\text{-}CHO\text{-}FH_4$

（三）一碳单位的相互转变

各种不同形式一碳单位中碳原子的氧化状态不同。在适当条件下，它们可以通过氧化还原反应而彼此转变（图 9-14）。但在这些反应中，$N^5\text{-}CH_3\text{-}FH_4$ 的生成是不可逆的。

（四）一碳单位的生理作用

一碳单位的生理作用主要是作为合成嘌呤及嘧啶的原料，故在核酸生物合成中占有重要地位。一碳单位是合成核苷酸进而合成 DNA 和 RNA 的原料。例如，$N^{10}\text{-}CHO\text{-}FH_4$ 与 $N^5,N^{10}=CH\text{-}FH_4$ 分别提供嘌呤合成时 C-2 与 C-8 的来源；$N^5,N^{10}\text{-}CH_2\text{-}FH_4$ 提供胸苷酸（dTMP）合成时甲基的

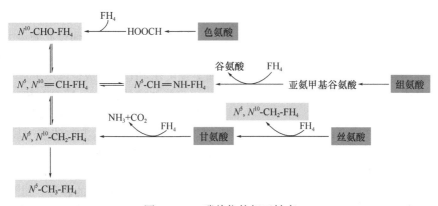

图 9-14 一碳单位的相互转变

来源（见第十章）。一碳单位的生成和转移障碍，使核酸合成受阻，妨碍细胞增殖，造成某些病理情况，如巨幼红细胞贫血等。由此可见，一碳单位将氨基酸与核酸代谢密切联系起来。磺胺药及某些抗恶性肿瘤药（甲氨蝶呤等）也正是分别通过干扰细菌及恶性肿瘤细胞的叶酸、四氢叶酸合成，进一步影响一碳单位代谢与核酸合成而发挥其药理作用。

三、含硫氨基酸的代谢

体内的含硫氨基酸有三种，甲硫氨酸、半胱氨酸和胱氨酸，其中甲硫氨酸是必需氨基酸。这三种氨基酸的代谢是相互联系的，甲硫氨酸又被称为蛋氨酸可以转变为半胱氨酸和胱氨酸，半胱氨酸和胱氨酸也可以互变，但后两者不能转变为甲硫氨酸，所以甲硫氨酸是必需氨基酸。

（一）甲硫氨酸的代谢

1. 甲硫氨酸与转甲基作用 甲硫氨酸分子中含有 S-甲基，通过转甲基作用可以生成多种含甲基的重要生理活性物质，如肌酸、肾上腺素、肉毒碱等。但是，甲硫氨酸在转甲基之前，必须先与 ATP 作用，生成 S-腺苷甲硫氨酸（SAM）。此反应由甲硫氨酸腺苷转移酶催化。SAM 中的甲基称为活性甲基，SAM 称为活性甲硫氨酸。活性甲硫氨酸在甲基转移酶（methyl transferase）的作用下，可将甲基转移至另一种物质，使其甲基化（methylation），而活性甲硫氨酸即变成 S-腺苷同型半胱氨酸，后者进一步脱去腺苷，生成同型半胱氨酸（homocysteine）。

甲基化作用是体内重要的代谢反应之一，具有广泛的生理意义（包括 DNA 与 RNA 的甲基化），而 SAM 则是体内最重要的甲基直接供给体。据统计，体内约有 50 多种物质需要 SAM 提供甲基，生成甲基化合物，这些化合物是体内重要的生理活性物质。如肾上腺素、肌酸、胆碱、核酸中的稀有碱基等（表 9-4）。

表 9-4 SAM 参与的转甲基作用

甲基接受体	甲基化合物	甲基接受体	甲基化合物
去甲肾上腺素	肾上腺素	RNA	甲基化 RNA
胍乙酸	肌酸	DNA	甲基化 DNA
磷脂酰乙醇胺	磷脂酰胆碱	蛋白质	甲基化蛋白质
γ-氨基丁酸	肉毒碱	烟酰胺	N-甲基烟酰胺

2. 甲硫氨酸循环 甲硫氨酸在体内最主要的分解代谢途径是通过上述转甲基作用而提供甲基，与此同时产生的 S-腺苷同型半胱氨酸进一步转变成同型半胱氨酸。同型半胱氨酸可以接受 N^5-CH_3-FH_4 提供的甲基，重新生成甲硫氨酸，形成一个循环过程，即称为甲硫氨酸循环（methionine cycle）（图 9-15）。体内约 50% 的同型半胱氨酸经此途径重新合成甲硫氨酸。

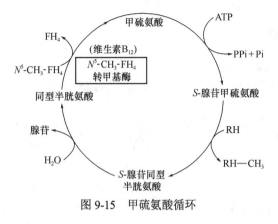

图 9-15 甲硫氨酸循环

这个循环的生理意义是由 N^5-CH_3-FH_4 供给甲基合成甲硫氨酸，再通过此循环中的 SAM 提供甲基，以进行体内广泛存在的甲基化反应。因此，N^5-CH_3-FH_4 可看成是体内甲基的间接供体。

应当注意的是，由 N^5-CH_3-FH_4 提供甲基使同型半胱氨酸转变成甲硫氨酸的反应是目前已知体内能利用 N^5-CH_3-FH_4 的唯一反应。催化此反应的 N^5-甲基四氢叶酸转甲基酶，又称甲硫氨酸合成酶（methionine synthetase），其辅酶是维生素 B_{12}，它参与甲基的转移。维生素 B_{12} 缺乏时，N^5-CH_3-FH_4 上的甲基不能转移，这不仅不利于甲硫氨酸的生成，同时也影响四氢叶酸的再生，使组织中游离的四氢叶酸含量减少，导致核酸合成障碍，影响细胞分裂。可见，维生素 B_{12} 不足时可以引起巨幼红细胞贫血；同时同型半胱氨酸在血中浓度升高，可能是动脉粥样硬化和冠心病的独立危险因子。

3. 肌酸的合成　肌酸（creatine）和磷酸肌酸（creatine phosphate）是能量储存、利用的重要化合物。肌酸以甘氨酸为骨架，由精氨酸提供脒基，S-腺苷甲硫氨酸供给甲基而合成（图 9-16）。肝是合成肌酸的主要器官。在肌酸激酶（creatine kinase 或 creatine phosphokinase，CPK）催化下，肌酸转变成磷酸肌酸，并储存 ATP 的高能磷酸键。磷酸肌酸在心肌、骨骼肌及大脑中含量丰富。

肌酸激酶由两种亚基组成，即 M 亚基（肌型）与 B 亚基（脑型），有三种同工酶：MM 型、MB 型及 BB 型。它们在体内各组织中的分布不同，MM 型主要在骨骼肌，MB 型主要在心肌，BB 型主要在脑。心肌梗死时，血中 MB 型肌酸激酶活性增高，可作为辅助诊断的指标之一。

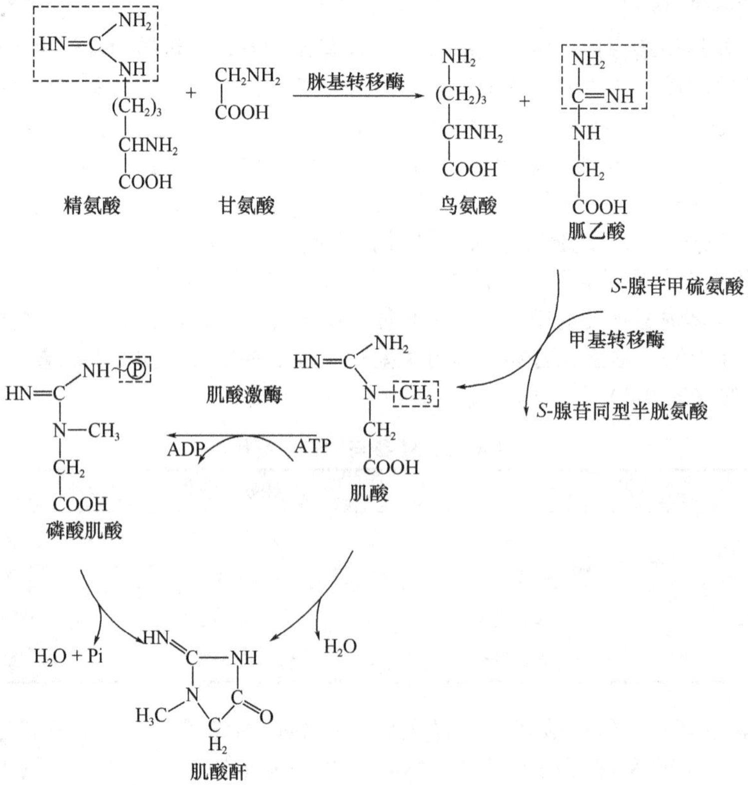

图 9-16　肌酸代谢

肌酸和磷酸肌酸代谢的终产物是肌酐（creatinine）。肌酐主要在肌肉中通过磷酸肌酸的非酶促反应而生成。正常成人，每日尿中肌酐的排出量恒定。肾严重病变时肌酐排泄受阻，血中肌酐浓度升高，血中肌酐的测定有助于肾功能不全的诊断。

（二）半胱氨酸的代谢

1. 半胱氨酸与胱氨酸互变 半胱氨酸含有巯基（—SH），胱氨酸含有二硫键（—S—S—），两者可通过氧化还原反应互变。

半胱氨酸的—SH 是许多蛋白质或酶的活性基团，如琥珀酸脱氢酶、乳酸脱氢酶等均含有—SH，称为巯基酶。一些毒物如重金属盐、芥子气等能与酶分子中巯基结合而抑制酶活性。两个半胱氨酸残基间所形成的二硫键对于维持蛋白质空间构象起着重要作用，如胰岛素 A、B 链之间的二硫键断裂可失去生物活性。谷胱甘肽是由谷氨酸、甘氨酸和半胱氨酸构成的三肽，还原型谷胱甘肽（GSH）与氧化型谷胱甘肽（GSSH）互变在保护细胞膜和细胞内巯基酶与蛋白质生物活性中起重要作用。

$$2 \begin{array}{c} CH_2SH \\ | \\ CHNH_2 \\ | \\ COOH \end{array} \xrightleftharpoons[+2H]{-2H} \begin{array}{ccc} CH_2—S—S—CH_2 \\ | \qquad\qquad | \\ CHNH_2 \qquad CHNH_2 \\ | \qquad\qquad | \\ COOH \qquad\quad COOH \end{array}$$

半胱氨酸 　　　　　　胱氨酸

2. 硫酸根的代谢 含硫氨基酸氧化分解均可以产生硫酸根，半胱氨酸是体内硫酸根的主要来源。半胱氨酸直接脱去巯基和氨基，生成丙酮酸、NH_3 和 H_2S。H_2S 再经氧化而生成 H_2SO_4。体内的硫酸根，一部分以无机盐形式随尿排出，另一部分则经 ATP 活化成活性硫酸根，即 3'-腺苷-5'-磷酸硫酸（3'-phosphoadenosine-5'-phosphosulfate，PAPS）。通过 PAPS 使一些物质形成硫酸酯。

PAPS 化学性质活泼，在肝生物转化中可提供硫酸根使某些物质生成硫酸酯。例如，类固醇激素可形成硫酸酯而被灭活，一些外源性酚类化合物也可以形成硫酸酯而排出体外。此外，PAPS 还可参与硫酸角质素及硫酸软骨素等分子中硫酸化氨基糖的合成。

$$ATP + SO_4^{2-} \xrightarrow{-PPi} AMP—SO_3^- \xrightarrow{+ATP} 3—PO_3H_2—AMP—SO_3^- + ADP$$

腺苷-5'-磷酰硫酸 　　　　　　　　PAPS

$$^-O_3S—O—\overset{\overset{O}{\|}}{\underset{\underset{OH}{}}{P}}—O—CH_2 \quad 腺嘌呤$$

H_2O_3PO　OH

PAPS的结构

案例 9-2　　　　　　　"不食人间烟火的孩子"

有这样一个群体，从出生起就不能喝妈妈的奶，不能吃普通的大米白面，否则将变为智残、脑瘫，甚至死亡。他们得了一种叫苯丙酮尿症（phenylketonuria，PKU）的病，这是世界上近 7000 种遗传病中少数几个可控的病种之一。PKU 患儿出生时与正常孩子一样，但如按普通孩子喂养，患儿头发会逐渐变黄，皮肤变白，出生 3 个月后出现智能和语言发育障碍，并随年龄增大而加重；此外，患儿的尿液和汗液会散发浓浓的鼠臭味，如不及时救治将导致患者智力障碍甚至死亡。

所有含蛋白质的食物里，几乎都含苯丙氨酸。对于 PKU 患儿，必须食用无苯丙氨酸特制奶粉和用各种植物淀粉制成的低苯丙氨酸特殊大米，并定时接受体内苯丙氨酸血浓度测试。患儿一生下来就要食用特制的食品，如"越界"则可能导致智残、脑瘫，甚至死亡。在罕见病群体中，PKU 患儿被称为"不食人间烟火的孩子"。

据不完全统计我国对苯丙酮尿症的筛查覆盖率仅 20%，国内约有 12 万此类患儿，在治群体约 2 万人，近 10 万儿童已经或濒临瘫痪边缘。目前在国内大部分地区，针对 PKU 的救助尚属空白，而这种疾病也鲜为人知。在北京地区，苯丙酮尿症的发病率是 1/9300，目前北京大约有近千名 PKU 患者。

问题：
1. 如何诊断苯丙酮尿症？
2. 苯丙酮尿症发生的生化机制是怎样的？
3. 联系苯丙酮尿症的发病机制，拟定治疗方案。

四、芳香族氨基酸的代谢

（一）苯丙氨酸和酪氨酸的代谢

1. 苯丙氨酸羟化生成酪氨酸　正常情况下，苯丙氨酸的主要代谢是经羟化作用生成酪氨酸。催化此反应的酶是苯丙氨酸羟化酶（phenylalanine ydroxylase，PHA）。苯丙氨酸羟化酶是一种加单氧酶，其辅酶是四氢生物蝶呤，催化的反应不可逆，因而酪氨酸不能转变为苯丙氨酸。

2. 生成苯丙酮酸及苯丙酮酸尿症　正常情况下苯丙氨酸代谢的主要途径是转变成酪氨酸。苯丙氨酸除能转变为酪氨酸外，少量可经转氨基作用生成苯丙酮酸。当苯丙氨酸羟化酶先天性缺乏时，苯丙氨酸不能正常地转变成酪氨酸，体内的苯丙氨酸蓄积，此时苯丙氨酸可经转氨基作用生成苯丙酮酸增加，尿中出现大量苯丙酮酸等代谢产物，称为苯丙酮尿症（phenylketonuria，PKU）。苯丙酮酸的堆积对中枢神经系统有毒性，使脑发育障碍，患儿智力低下。对此种患儿的治疗原则是早期发现，并适当控制膳食中的苯丙氨酸含量。

苯丙酮酸可进一步转变成苯乙酸等衍生物。

3. 儿茶酚胺和黑色素的合成　酪氨酸经酪氨酸羟化酶作用，生成 3,4- 二羟苯丙氨酸（3,4-dihydroxyphenylalanine，DOPA，多巴）。与苯丙氨酸羟化酶相似，此酶也是以四氢生物蝶呤为辅酶的单加氧酶。在多巴脱羧酶的作用，多巴转变成多巴胺（dopamine）。多巴胺是脑中的一种神经递质，帕金森病（Parkinson disease）患者多巴胺生成减少。在肾上腺髓质中，多巴胺侧链的β-碳原子可再被羟化，生成去甲肾上腺素（norepinephrine），后者经 *N*-甲基转移酶催化，由 *S*-腺苷甲硫氨酸提供甲基，转变成肾上腺素（epinephrine）。多巴胺、去甲肾上腺素、肾上腺素统称为儿茶酚胺（catecholamine），即含邻苯二酚的胺类。酪氨酸羟化酶是儿茶酚胺合成的关键酶，受终产物的反馈调节。

酪氨酸代谢的另一条途径是合成黑色素（melanin）。在黑色素细胞中酪氨酸酶（tyrosinase）的催化下，酪氨酸羟化生成多巴，后者经氧化、脱羧等反应转变成吲哚-5,6-醌。黑色素即是吲哚醌的聚合物。人体缺乏酪氨酸酶，黑色素合成障碍，导致皮肤、毛发等发白，称为白化病（albinism）。患者对阳光敏感，易患皮肤癌。

除上述代谢途径外，酪氨酸还可在酪氨酸转氨酶的催化下，生成对羟苯丙酮酸，后者经尿黑酸等中间产物进一步转变成延胡索酸和乙酰乙酸，二者分别参与糖和脂肪酸代谢。因此，苯丙氨酸和酪氨酸是生糖兼生酮氨基酸。先天性尿黑酸氧化酶缺陷患者，尿黑酸氧化障碍，可出现尿黑酸尿症（alkaptonuria）。

苯丙氨酸和酪氨酸代谢途径总结见图9-17。

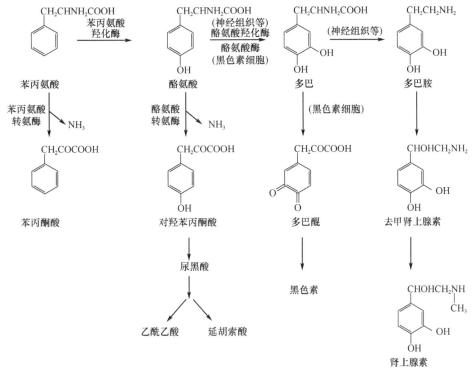

图 9-17　苯丙氨酸和酪氨酸的代谢途径

（二）色氨酸的代谢

色氨酸除生成 5-羟色胺外，本身还可分解代谢。在肝中，色氨酸通过色氨酸加氧酶（又称吡咯酶）的作用，生成一碳单位。色氨酸分解可产生丙酮酸与乙酰乙酰辅酶 A，所以色氨酸是一种生糖兼生酮氨基酸。此外，色氨酸分解还可产生烟酸，这是体内合成维生素的特例，但其合成量甚少，不能满足机体的需要，见图9-18。

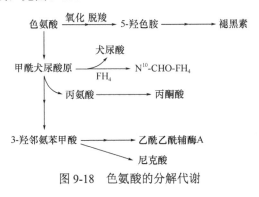

图 9-18　色氨酸的分解代谢

五、支链氨基酸的代谢

支链氨基酸包括亮氨酸、异亮氨酸和缬氨酸三种，它们都是营养必需氨基酸。这三种氨基酸分解代谢的开始阶段基本相同，先经转氨基作用，生成各自相应的 α-酮酸，然后分别进行代谢，经过若干步骤，亮氨酸产生乙酰辅酶 A 及乙酰乙酰辅酶 A；异亮氨酸产生乙酰辅酶 A 及琥珀酸单酰辅酶 A；缬氨酸分解产生琥珀酸单酰辅酶 A。因此，这三种氨基酸分别是生酮氨基酸、生糖兼生酮氨基酸及生糖氨基酸，见图9-19。支链氨基酸的分解代谢主要在骨骼肌中进行。氨基酸作为组成蛋白质的基本原料，是其主要作用，它们还可以转变成其他多种含氮的生理活性物质，见表 9-5。

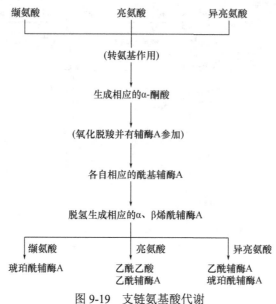

图 9-19 支链氨基酸代谢

表 9-5 氨基酸衍生的重要含氮化合物

氨基酸	衍生的化合物	生理功能
天冬氨酸、谷氨酰胺、甘氨酸	嘌呤碱	含氮碱基、核酸成分
天冬氨酸	嘧啶碱	含氮碱基、核酸成分
甘氨酸	卟啉化合物	血红素、细胞色素
甘氨酸、精氨酸、蛋氨酸	肌酸、磷酸肌酸	能量储存
色氨酸	5-羟色胺、尼克酸	神经递质、维生素
苯丙氨酸、酪氨酸	儿茶酚胺、甲状腺素	神经递质、激素
酪氨酸	黑色素	皮肤色素
谷氨酸	γ-氨基丁酸	神经递质
甲硫氨酸、鸟氨酸	精脒、精胺	细胞增殖促进剂
丝氨酸、甲硫氨酸	胆碱	卵磷脂成分
半胱氨酸	牛磺酸	结合胆汁酸成分
精氨酸	NO	细胞内信号分子

（张 艳）

思 考 题

1. 简述体内氨基酸的来源与去路。
2. 简述 NH_3 在体内最主要的代谢去路及其生理意义。
3. 人体内重要的转氨酶有哪些？举例说明测定血清中转氨酶活性的意义。
4. 请分析精氨酸和谷氨酸治疗肝性脑病的生化机制。
5. 何谓一碳单位？有何生物学意义？

第十章 核苷酸代谢

核苷酸（nucleotide）是构成核酸的基本结构单位。在人体内核苷酸分布广泛，主要以 5′-核苷酸形式存在。一般来说，细胞中核糖核苷酸的浓度远远高于脱氧核糖核苷酸；在细胞分裂周期中，脱氧核糖核苷酸含量变化较大，而核糖核苷酸的浓度则相对稳定。

体内的核苷酸具有多种生物学功能：①作为核酸合成的原料，这是核苷酸的最主要生物学功能。②作为体内能量的载体和利用形式，如 ATP 是细胞主要能量载体和利用形式。③参与体内代谢和生理调节，一些核苷酸及其衍生物是许多代谢过程的调节分子。如糖有氧氧化受 ATP、ADP 或 AMP 浓度变化的调节；cAMP 或 cGMP 是多种细胞膜受体激素调节作用的第二信使。④作为辅酶的组分，如腺苷酸可构成 NAD^+、$NADP^+$、FAD 及 HSCoA 等多种辅酶。⑤作为活性中间代谢物的载体，如尿苷二磷酸葡萄糖（UDPG）是合成糖原、糖蛋白的糖基载体；CDP-甘油二酯是合成磷脂的活性原料；S-腺苷甲硫氨酸是活性甲基的载体等。另外 ATP 还参与蛋白质激酶催化的反应，作为磷酸基团的供体。

人体内的核苷酸主要依靠机体细胞自身合成，因而与氨基酸不同，核苷酸不属于营养必需物质。通常体内的核苷酸处于降解和再利用的动态平衡之中。细胞内核苷酸被酶促降解为碱基或核苷，可进一步分解而排出体外，同时核苷酸降解的中间产物也可以被细胞再利用，用于合成核苷酸。

食物中的核酸多以核蛋白的形式存在，核蛋白在胃中受胃酸作用，分解成核酸和蛋白质。核酸的消化是由来自胰腺和肠液中的多种水解酶催化逐步降解（图 10-1）。核苷酸及其水解产物均可以被小肠黏膜细胞吸收，吸收后绝大部分仍可以进一步代谢，其中戊糖可参与戊糖代谢；嘌呤和嘧啶除小部分可被再利用外，大部分主要被分解而排出体外。因此，食物来源的嘌呤和嘧啶很少被利用。

按照构成核苷酸的碱基不同，核苷酸代谢可分为嘌呤核苷酸代谢和嘧啶核苷酸代谢，这两种核苷酸代谢都包括合成和分解代谢。本章重点介绍嘌呤核苷酸代谢和嘧啶核苷酸代谢，并简要介绍脱氧核苷酸合成过程及核苷酸抗代谢物的生理作用。

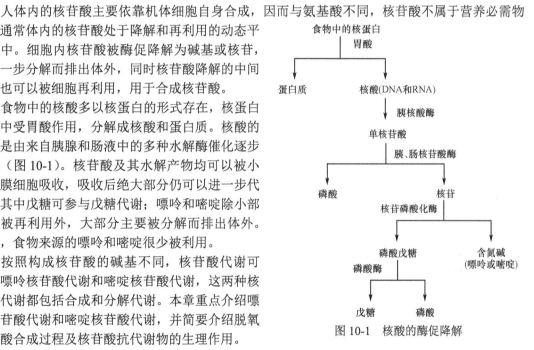

图 10-1 核酸的酶促降解

第一节 嘌呤核苷酸代谢

嘌呤核苷酸的合成代谢是通过从头合成（de novo synthesis）和补救合成途径（salvage pathway）合成核苷酸的过程。嘌呤核苷酸的分解代谢是核苷酸在酶催化下水解，碱基进一步被氧化分解的过程，人体内嘌呤碱基最终氧化的产物是尿酸。

一、嘌呤核苷酸的合成代谢

在体内有两条嘌呤核苷酸合成途径，分别是从头合成途径和补救合成途径。从头合成途径是体内合成嘌呤核苷酸的主要途径。

（一）嘌呤核苷酸的从头合成途径

从头合成途径是机体利用核糖-5′-磷酸、氨基酸、一碳单位和CO_2等简单物质为原料，通过一系列酶促反应合成嘌呤核苷酸的过程。肝是嘌呤核苷酸从头合成的主要器官，此外小肠和胸腺也能从头合成嘌呤核苷酸，合成反应发生在这些组织细胞的胞质中。

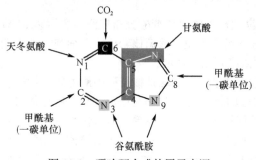

图 10-2　嘌呤环合成的原子来源

几乎所有生物体（除某些细菌外）都能合成嘌呤碱。利用放射性核素标记不同化合物喂养鸽子，并测定排出的尿酸中标记原子的位置，证实合成嘌呤碱的原料为简单物质：氨基酸、一碳单位和CO_2（图 10-2）。从图 10-2 中可见，合成嘌呤环的各原子来源分别是：N-1 由天冬氨酸提供；C-2、C-8 来自一碳单位；N-3 和 N-9 来自谷氨酰胺；C-4、C-5、N-7 由甘氨酸提供；C-6 来自CO_2。

1. 嘌呤核苷酸的从头合成过程　嘌呤核苷酸的合成过程可以分为两个阶段：先合成次黄嘌呤核苷酸（inosine monophosphate，IMP），然后 IMP 再转变为腺苷一磷酸（AMP）和尿苷一磷酸（GMP）。

（1）IMP 的合成

1）核糖-5′-磷酸的活化：嘌呤核苷酸的合成始于核糖-5′-磷酸（来自戊糖磷酸途径）。核糖-5′-磷酸在磷酸核糖焦磷酸激酶（phosphoribosyl pyrophosphokinase），又称为磷酸核糖焦磷酸合成酶（phosphoribosyl pyrophosphate synthetase）催化下，活化生成磷酸核糖焦磷酸（phosphoribosyl pyrophosphate，PRPP），ATP 提供焦磷酸基团并转移至核糖-5′-磷酸的C_1位。PRPP 不但是嘌呤核苷酸合成的重要中间物，也是嘧啶核苷酸、组氨酸、色氨酸合成的前体物质，因此 PRPP 合成酶是催化多种物质合成的重要酶，该酶是一种变构酶，受多种代谢物的变构调节。

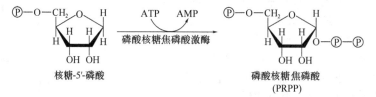

核糖-5′-磷酸　　　　　　　　　　　　　　　磷酸核糖焦磷酸
（PRPP）

2）IMP 的生成：在 PRPP 的基础上，经过约十步反应生成 IMP（图 10-3）。

磷酸核糖酰胺转移酶（amidotransferase）催化谷氨酰胺的酰胺基取代 PRPP 上的焦磷酸，产生 5′-磷酸核糖胺（phosphoribosylamine，PRA），PRA 极不稳定，半衰期为 30 秒。此反应由焦磷酸水解供能，是嘌呤合成的关键步骤，磷酸核糖酰胺转移酶为关键酶，受嘌呤核苷酸的反馈抑制。

由 ATP 供能，甘氨酰胺核苷酸合成酶（glycinamide ribonucleotide synthetase）催化甘氨酸与 PRA 加合生成甘氨酰胺核苷酸（glycinamide ribonucleotide，GAR）。此反应为可逆反应。

GAR 转甲酰基酶（GAR transformylase）催化 N^{10}-甲酰 FH_4 提供甲酰基，使 GAR 甲酰化，生成甲酰甘氨酰胺核苷酸（formylglycinamide ribonucleotide，FGAR）。

谷氨酰胺提供酰胺氮，使 FGAR 转变为甲酰甘氨脒核苷酸（formylglycinamidine ribonucleotide，FGAM），此反应由 FGAR 酰胺转移酶催化，消耗 1 分子 ATP。

FGAM 脱水环化形成 5-氨基咪唑核糖核苷酸（5-aminoimidazole ribonucleotide，AIR）。至此，合成了嘌呤环中的咪唑环部分。

AIR 羧化酶（AIR carboxylase）催化 CO_2 连接在咪唑环上，生成 5-氨基咪唑-4-羧酸核糖核苷酸（carboxyaminoimidazole ribonucleotide，CAIR）。

由 ATP 提供能量，天冬氨酸与 CAIR 缩合，生成 N-琥珀酰-5-氨基咪唑-4-甲酰胺核苷酸

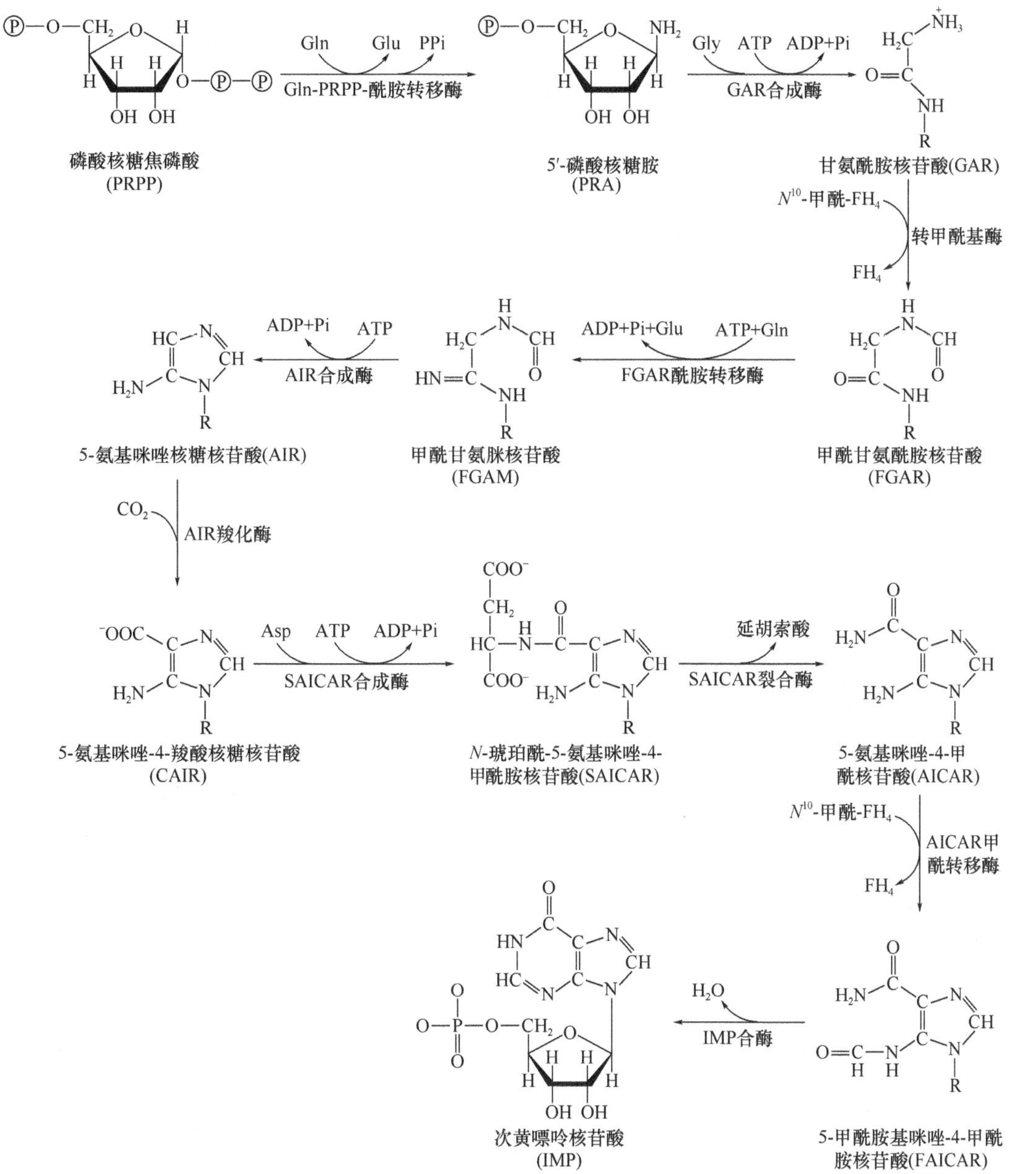

图 10-3 次黄嘌呤核苷酸的从头合成

（N-succinyl-5-aminoimidazole-4-carboxamide ribonucleotide，SAICAR）。

在 SAICAR 裂合酶催化下，SAICAR 脱去延胡索酸，生成 5-氨基咪唑-4-甲酰核苷酸（5-aminoimidazole-4-carboxamide ribonucleotide，AICAR）。

N^{10}-甲酰 FH_4 提供甲酰基，使 AICAR 甲酰化，生成 5-甲酰胺基咪唑-4-甲酰核苷酸（5-formyl aminoimidazole-4-carboxamide ribonucleotide，FAICAR）。

在次黄嘌呤核苷酸合酶（IMP synthase）催化下，FAICAR 脱水环化生成 IMP。

（2）IMP 转变为 AMP 和 GMP：IMP 是嘌呤核苷酸合成中的重要中间产物，可以迅速转变为 AMP 和 GMP（图 10-4）。

IMP 转变为 AMP 的反应分为两步：首先在 GTP 提供能量的条件下，由腺苷酸基琥珀酸合成酶（adenylosuccinate synthetase）催化天冬氨酸与 IMP 合成腺苷酸基琥珀酸（adenylosuccinate），而后在腺苷酸代琥珀酸裂合酶催化下脱去延胡索酸，生成 AMP。

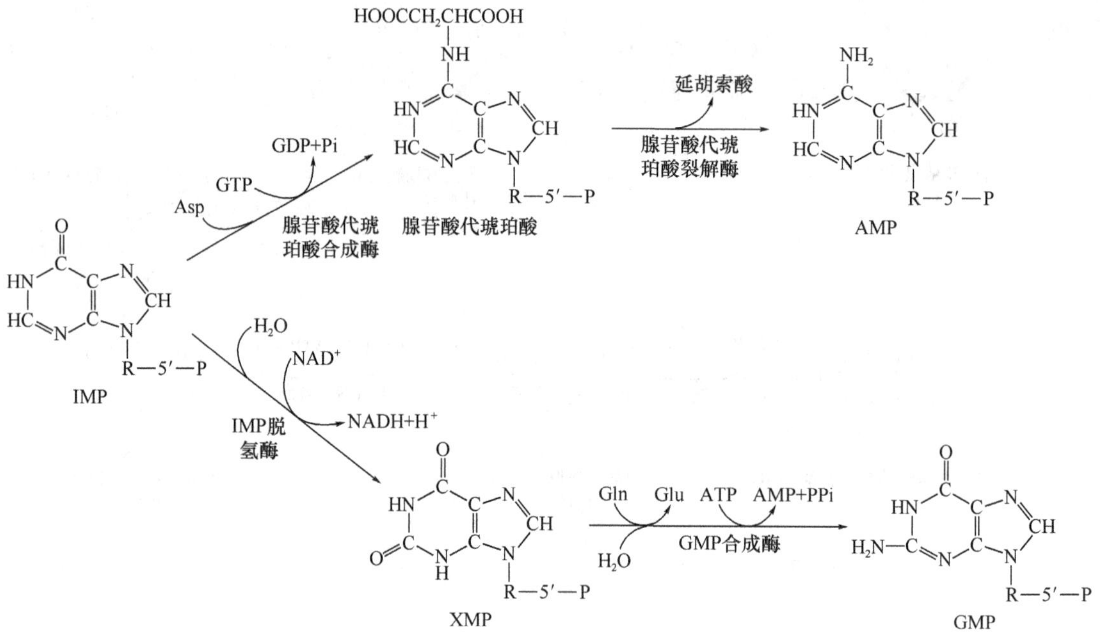

HOOCCH₂CHCOOH

图 10-4 IMP 转变为 AMP 和 GMP

IMP 转变为 GMP 的过程也由两步反应完成：先由 IMP 脱氢酶催化，NAD^+ 为受氢体，IMP 被氧化生成黄苷一磷酸（xanthosine monophosphate，XMP），随后谷氨酰胺提供酰胺基取代 XMP 中 C_2 上的氧生成 GMP，此反应由 GMP 合成酶催化，ATP 水解供能（图 10-4）。

从嘌呤核苷酸从头合成过程可以清楚的看到，其合成过程是在磷酸核糖分子上逐步合成嘌呤环，而不是先合成嘌呤碱基再与磷酸核糖结合，这是与嘧啶核苷酸从头合成的明显差别，也是嘌呤核苷酸从头合成的一个重要特点。

2. 嘌呤核苷酸从头合成途径的调节　从头合成途径是体内嘌呤核苷酸的主要来源。在这个合成过程中需要消耗磷酸核糖和氨基酸等原料以及大量的 ATP。因此，机体通过对其合成速度进行精确的调节，既满足细胞合成核酸对嘌呤核苷酸的需要，又减少了前体分子和能量的多余消耗。

嘌呤核苷酸从头合成途径的调节机制属于反馈调节和交叉调节，主要发生在以下几个部位：

PRPP 合成酶和 PRPP 酰胺转移酶是嘌呤核苷酸合成起始阶段的关键酶，均属变构酶类，可被合成产物 IMP、AMP 及 GMP 等反馈抑制，PRPP 能增加酰胺转移酶活性。在嘌呤核苷酸合成调节中 PRPP 合成酶可能比 PRPP 酰胺转移酶起着更大的作用。

在 IMP 转变为 AMP 与 GMP 的过程中，过量的 AMP 可抑制 IMP 向 AMP 的转变，而不影响 GMP 的合成。同样，过量的 GMP 也独立地反馈抑制 GMP 的生成。另外，IMP 转变为 GMP 时需要 ATP，而 IMP 转变为 AMP 时需要 GTP。因此，GTP 可促进 AMP 的生成，ATP 可促进 GMP 的生成。这种交叉调节作用对维持 ATP 与 GTP 浓度的平衡具有重要意义（图 10-5）。

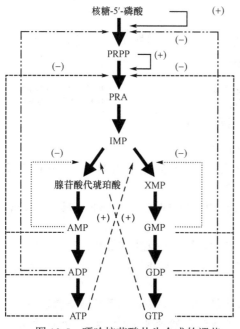

图 10-5 嘌呤核苷酸从头合成的调节

（二）嘌呤核苷酸的补救途径

补救途径是指直接利用体内游离的嘌呤碱或嘌呤核苷，通过简单反应合成嘌呤核苷酸。脑和骨髓仅依靠补救途径合成嘌呤核苷酸。

补救途径比较简单，消耗能量也少。补救合成的方式有两种：

1. 嘌呤碱与 PRPP 直接合成嘌呤核苷酸 在人体内催化嘌呤碱与 PRPP 直接合成嘌呤核苷酸的酶有两种，即腺嘌呤磷酸核糖基转移酶（adenine phosphoribosyl transferase，APRT）和次黄嘌呤-鸟嘌呤磷酸核糖基转移酶（hypoxanthine guanine phosphoribosyl transferase，HGPRT），前者催化腺嘌呤核苷酸的生成，后者催化次黄嘌呤核苷酸或鸟嘌呤核苷酸的生成。HGPRT 的活性较 APRT 活性高。正常情况下，HGPRT 可使 90% 左右的嘌呤碱再利用重新合成核苷酸，而 APRT 催化的再利用反应很弱。

$$腺嘌呤 + PRPP \xrightarrow{腺嘌呤磷酸核糖基转移酶} AMP + PPi$$

$$鸟嘌呤 + PRPP \xrightarrow{次黄嘌呤-鸟嘌呤磷酸核糖基转移酶} GMP + PPi$$

$$次黄嘌呤 + PRPP \xrightarrow{次黄嘌呤-鸟嘌呤磷酸核糖基转移酶} IMP + PPi$$

2. 腺嘌呤或腺苷再利用 腺嘌呤与核糖-1′-磷酸在核苷磷酸化酶催化下生成腺苷，再经腺苷激酶催化生成腺嘌呤核苷酸。

$$腺嘌呤 + 核糖-1′-磷酸 \xrightarrow{核苷磷酸化酶} 腺苷 + Pi$$

$$腺苷 + ATP \xrightarrow{腺苷激酶} 腺苷酸 + ADP$$

嘌呤核苷酸补救途径的生理意义在于：一方面可以节省从头合成途径所消耗的能量和氨基酸等原料；另一方面，体内有些组织器官（如脑和骨髓等组织）缺乏从头合成核苷酸的酶系，只能进行核苷酸的补救合成。因此，对于这些组织器官来说，补救途径具有十分重要的意义。例如，由于次黄嘌呤-鸟嘌呤磷酸核糖基转移酶（HGPRT）基因缺陷，可导致莱施-奈恩综合征（Lesch-Nyhan syndrome，又称自毁性综合征），患儿表现为智力减退、有自残行为，并伴有高尿酸血症等。

案例 10-1

患者，男性，48 岁，2 年来因全身关节疼痛并伴低热反复就诊，均被诊断为"风湿性关节炎"。经抗风湿和激素治疗后，疼痛现象缓解。2 个月前，疼痛加重，经抗风湿治疗未见好转前来就诊。查体：体温 37.5℃，双足第一跖趾关节红肿，压痛，双踝关节肿胀，左侧较明显，局部皮肤有脱屑和瘙痒现象，双侧耳廓触及绿豆大的结节数个，白细胞 $9.7×10^9$/L，血尿酸 0.53mmol/L。

X 线提示：两足第一跖趾关节、双踝关节均符合痛风样改变，故诊断为痛风。

问题： 临床上常用的抗痛风药物的作用机制是什么？

二、嘌呤核苷酸分解代谢

嘌呤核苷酸由核苷酸酶催化水解生成核苷和磷酸，核苷经核苷磷酸化酶催化，磷酸解生成碱基和核糖-1-磷酸，嘌呤碱基既可参与补救合成，也可进一步代谢。人体内，嘌呤碱基最终分解生成尿酸（uric acid），随尿液排出体外。分解反应过程如图 10-6 所示。AMP 降解生成次黄嘌呤，在黄嘌呤氧化酶（xanthine oxidase）作用下氧化生成黄嘌呤，最终生成尿酸。GMP 降解生成鸟嘌呤，再转变为黄嘌呤，在黄嘌呤氧化酶的作用下也生成尿酸。

体内嘌呤核苷酸的分解代谢主要在肝、小肠及肾中进行，这些组织中黄嘌呤氧化酶活性较高。

在正常情况下，嘌呤合成与分解处于相对平衡状态，所以体内尿酸的生成与排泄也较恒定。正常人血浆中尿酸含量为 0.12～0.36mmol/L（2～6mg/dl），男性平均约为 0.27mmol/L（4.5mg/dl），女性平均约为 0.21mmol/L（3.5mg/dl）。主要以尿酸及其钠盐的形式存在，但其水溶性差。当大量摄入高嘌呤食物或体内核酸大量分解（如白血病、恶性肿瘤等）或排泄发生障碍（如肾脏疾病）时，会造成血浆中尿酸积累。如果血浆尿酸浓度超过 0.48mmol/L（8mg/dl）时，就会形成尿酸盐晶体，晶体沉积于关节和软骨组织而导致痛风（gout）；如果沉积于肾脏，就会形成肾结石。痛风多见于成年男性，其原因尚不完全清楚，可能与嘌呤核苷酸代谢酶的缺陷有关。

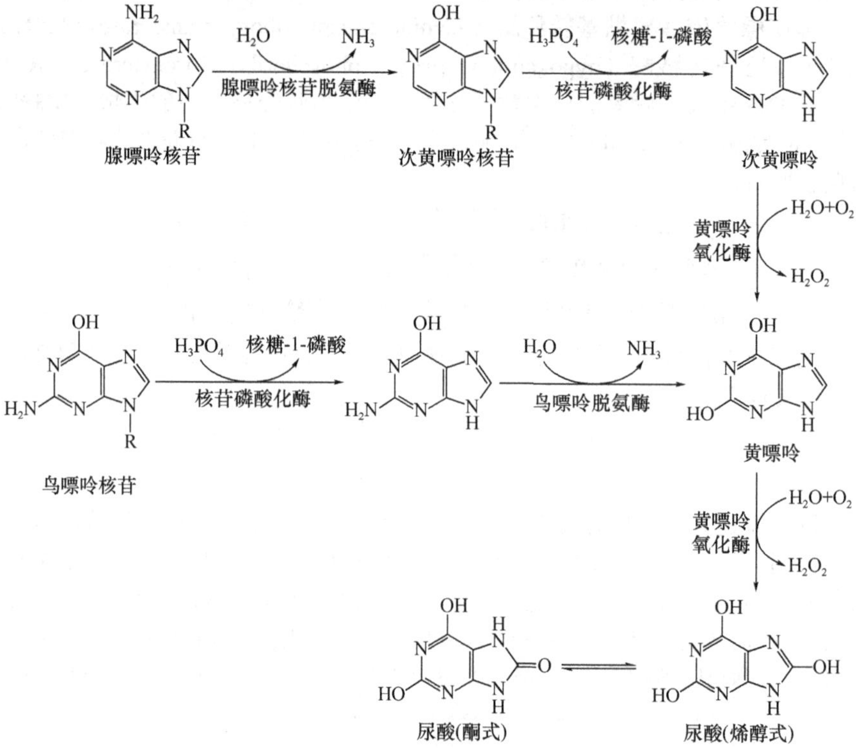

图 10-6 嘌呤核苷酸的分解代谢

　　临床上常用别嘌呤醇（allopurinol）来治疗痛风，其可能的机制包括：别嘌呤醇与次黄嘌呤结构相似，可竞争性抑制黄嘌呤氧化酶（图 10-6），以减少尿酸的生成，同时别嘌呤醇与 PRPP 反应可形成别嘌呤核苷酸，由于消耗了 PRPP 使从头合成减弱，而别嘌呤核苷酸结构类似于 IMP，又可反馈抑制 PRPP 酰胺转移酶活性，阻断嘌呤核苷酸的从头合成，这些作用均可使嘌呤核苷酸合成减少。

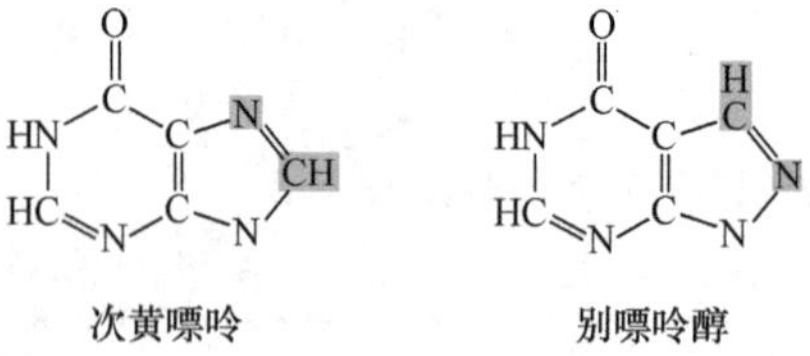

次黄嘌呤　　　　别嘌呤醇

　　另外，注意饮食结构对防止痛风的发生也有重要意义。痛风患者要限制嘌呤的摄入量，动物性食品中嘌呤含量较高，故痛风患者应该少食动物内脏、骨髓、海鲜及发酵食物、豆类等。

第二节　嘧啶核苷酸代谢

　　嘧啶核苷酸的合成代谢也包括从头合成和补救合成途径；其分解代谢主要是嘧啶核苷酸先被水解为磷酸、戊糖和碱基，随后碱基进一步分解的过程，与嘌呤核苷酸分解产生尿酸不同，嘧啶核苷酸分解产物均易溶于水。

一、嘧啶核苷酸的合成代谢

　　与嘌呤核苷酸的合成相似，嘧啶核苷酸的合成过程也有从头合成和补救合成两条途径。从头合成途径主要在肝细胞质中进行，小肠和胸腺等组织细胞也可以合成。补救途径主要发生于脑和骨髓等组织细胞的细胞质中。相比嘌呤核苷酸，嘧啶核苷酸的从头合成途径比较简单。放射性核素示踪实验证实：嘧啶环的合成原料来自谷氨酰胺、CO_2 和天冬氨酸等（图10-7）。

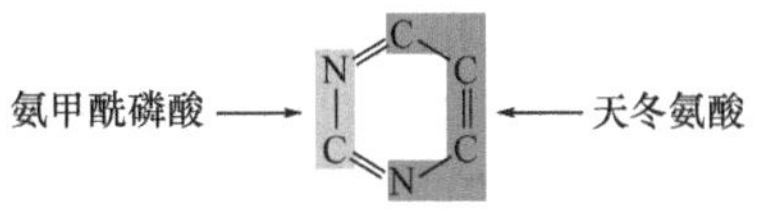

图10-7　嘧啶环合成的原子来源

（一）嘧啶核苷酸的从头合成途径

与嘌呤核苷酸的从头合成途径不同，嘧啶核苷酸的合成是先合成嘧啶环，然后再与磷酸核糖相连形成核苷酸。

1. 嘧啶核苷酸的从头合成过程

（1）尿嘧啶核苷酸的合成：嘧啶环的合成开始于谷氨酰胺与 CO_2 合成氨甲酰磷酸，反应需要消耗 ATP，催化该反应的氨甲酰磷酸合成酶 Ⅱ（carbamoyl phosphate synthetase Ⅱ，CPSⅡ）位于肝细胞的细胞质中。CPSⅡ是嘧啶核苷酸从头合成途径的关键酶之一。而尿素合成过程中，催化氨和 CO_2 合成氨甲酰磷酸的氨甲酰磷酸合成酶 Ⅰ（CPSⅠ），位于肝细胞线粒体中。虽然这两种合成酶催化合成的主要产物相同，但 CPSⅠ 氮源是氨，而 CPSⅡ 的氮源是谷氨酰胺，反应底物不同，因此它们的性质不同。

上步反应产生的氨甲酰磷酸，在胞质天冬氨酸氨甲酰转移酶（aspartate transcarbamoylase，ATCase）催化下，与天冬氨酸生成氨甲酰天冬氨酸。此反应为嘧啶合成中的限速步骤，天冬氨酸氨甲酰转移酶是嘧啶核苷酸从头合成的另一个关键酶。

氨甲酰天冬氨酸在二氢乳清酸酶催化下脱水环化生成具有嘧啶环的二氢乳清酸，再经二氢乳清酸脱氢酶催化二氢乳清酸脱氢，生成乳清酸（orotic acid）。二氢乳清酸脱氢酶是含铁的黄素酶，以氧或 NAD^+ 为电子受体，位于线粒体内膜的外侧面。

乳清酸在乳清酸磷酸核糖基转移酶催化下与 PRPP 结合，生成乳清酸核苷酸（orotidine monophosphate，OMP），再经乳清酸核苷酸脱羧酶作用，脱羧生成尿嘧啶核苷酸（uridine monophosphate，UMP）（图10-8）。

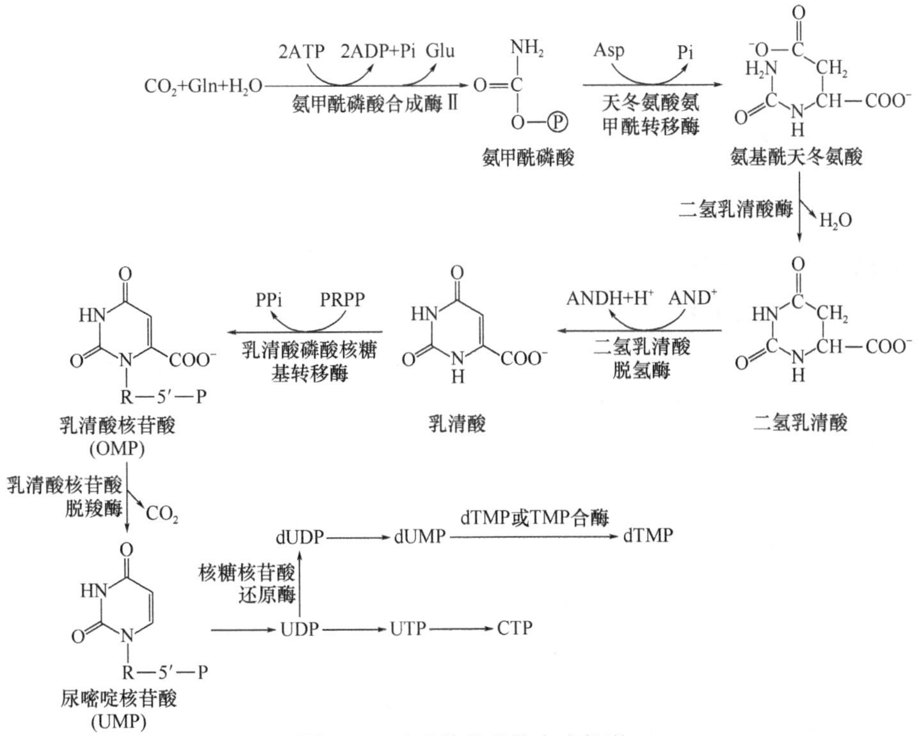

图10-8　嘧啶核苷酸的合成代谢

研究表明：在真核生物细胞内催化嘧啶核苷酸从头合成的前三个酶，即CPSⅡ、天冬氨酸氨甲酰转移酶和二氢乳清酸脱氢酶，是位于分子量约为200kDa的同一条多肽链上，所以它们是一个多功能酶的3个活性中心。合成反应的后两个酶（乳清酸磷酸核糖基转移酶、乳清酸核苷酸脱羧酶），也是位于同一条肽链上的多功能酶。这些多功能酶在催化过程中产生的中间产物不会释放到介质中，而是在这些酶间连续的转移，这非常有利于嘧啶核苷酸的合成和调节。

（2）胞嘧啶核苷酸的生成：UMP在尿苷酸激酶和二磷酸核苷激酶的催化下，形成三磷酸尿苷（UTP），然后UTP在三磷酸胞苷合成酶催化下，由谷氨酰胺提供氨基、消耗一分子ATP而生成三磷酸胞苷（CTP）。

由于胸腺嘧啶核苷酸在体内只以脱氧核苷酸的形式存在，故其生成过程将在第三节脱氧核糖核苷酸及核苷三磷酸的生成中介绍。

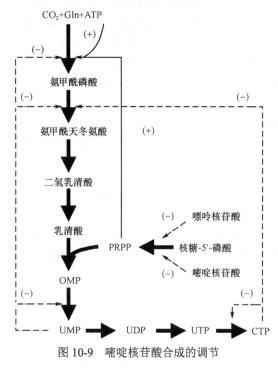

图10-9　嘧啶核苷酸合成的调节

2. 嘧啶核苷酸从头合成的调节　嘧啶核苷酸从头合成的调节总体上是通过反应产物对合成途径中的CPSⅡ、天冬氨酸氨甲酰转移酶及磷酸核糖焦磷酸合成酶等关键酶的反馈抑制来实现。UMP可反馈抑制CPSⅡ；CTP和UMP可反馈抑制天冬氨酸氨甲酰转移酶以及各种嘌呤核苷酸和嘧啶核苷酸对磷酸核糖焦磷酸合成酶的反馈抑制。此外，UMP对乳清酸核苷酸脱羧酶也有反馈抑制；乳清酸核苷酸的生成还受PRPP的影响（图10-9）。

原核生物和真核生物嘧啶核苷酸从头合成调节所依赖的关键酶是有差别的，在细菌中，嘧啶核苷酸从头合成调节主要依靠天冬氨酸氨甲酰转移酶实现，而哺乳动物细胞中嘧啶核苷酸从头合成调节主要依赖CPSⅡ，此外哺乳动物细胞中，嘧啶核苷酸从头合成过程中的起始和终末的两种多功能酶还可受到阻遏和去阻遏调节。

放射性核素掺入实验证实：嘧啶核苷酸和嘌呤核苷酸的合成存在协调控制关系，两者的合成速度往往是平行的。

由于磷酸核糖焦磷酸合成酶是嘌呤和嘧啶两类核苷酸合成共同需要的酶，因此，它可同时受到嘌呤核苷酸和嘧啶核苷酸的反馈抑制。

（二）嘧啶核苷酸的补救合成

外源性或体内核苷酸降解产生的嘧啶碱基，在嘧啶磷酸核糖基转移酶的催化下生成嘧啶核苷酸，该酶是催化嘧啶核苷酸补救合成的主要酶，它能催化尿嘧啶、胸腺嘧啶和乳清酸形成相应的核苷酸，但不能利用胞嘧啶直接合成胞嘧啶核苷酸。

$$嘧啶 + PRPP \xrightarrow{\text{嘧啶磷酸核糖基转移酶}} 嘧啶核苷酸 + PPi$$

嘧啶核苷激酶（pyrimidine nucleoside kinase）也是一种补救合成酶，能催化各种嘧啶核苷形成相应的嘧啶核苷酸，如尿苷激酶可催化尿苷或胞苷生成尿苷酸或胞苷酸。

$$嘧啶核苷 + PRPP \xrightarrow{\text{嘧啶核苷激酶}} 嘧啶核苷酸 + ADP$$

$$尿嘧啶核苷 + PRPP \xrightarrow{\text{尿苷激酶}} 尿苷酸 + ADP$$

$$胞嘧啶核苷 + PRPP \xrightarrow{\text{尿苷激酶}} 胞苷酸 + ADP$$

嘧啶核苷酸合成代谢异常也能导致疾病，如乳清酸尿症（orotic aciduria），是一种嘧啶核苷酸从头合成途径酶缺乏的原发性遗传病。此病有两种类型：一种是缺乏乳清酸磷酸核糖基转移酶和乳清酸核苷酸脱羧酶，导致乳清酸代谢障碍，尿中出现大量乳清酸，患者往往发育不良，出现严重的巨幼红细胞贫血。另一种类型是患者只缺乏乳清酸核苷酸脱羧酶，尿中主要出现乳清酸核苷酸，也有少量乳清酸。两类患者均易发生感染，临床用尿苷治疗。尿苷经磷酸化可生成 UMP、UTP，进而反馈抑制乳清酸的合成以达到治疗的目的。

二、嘧啶核苷酸的分解代谢

嘧啶核苷酸的分解过程与嘌呤核苷酸相似，首先通过核苷酸酶和核苷磷酸化酶的作用，脱去磷酸和核糖，产生的嘧啶碱基再在肝脏中进一步分解。

$$嘧啶核苷酸 \xrightarrow[核苷酸酶]{H_3PO_4} 嘧啶核苷 \xrightarrow[核苷磷酸化酶]{H_3PO_4 \quad 核糖-1'磷酸} 嘧啶(尿嘧啶、胸腺嘧啶)$$

分解过程包括脱氨基、氧化、还原及脱羧等反应。胞嘧啶脱氨基转变为尿嘧啶，尿嘧啶和胸腺嘧啶先在二氢嘧啶脱氢酶的催化下，由 NADPH 供氢，分别还原成二氢尿嘧啶和二氢胸腺嘧啶，二氢嘧啶酶催化嘧啶环水解，分别生成 β-丙氨酸和 β-氨基异丁酸，两者经转氨酶催化脱去氨基后，β-丙氨酸转变成丙二酸半醛，丙二酸半醛活化成丙二酰辅酶 A，再脱去 CO_2 生成乙酰辅酶 A，后者进入三羧酸循环被彻底氧化；而 β-氨基异丁酸可转变为琥珀酰辅酶 A，此产物可参与三羧酸循环而被彻底氧化（图 10-10），部分 β-氨基异丁酸亦可随尿排出体外。

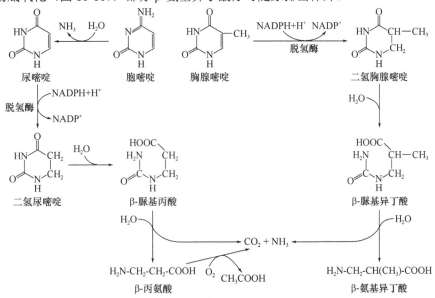

图 10-10 嘧啶核苷酸的分解代谢

嘌呤核苷酸和嘧啶核苷酸的合成与转化过程总结如图 10-11 所示。

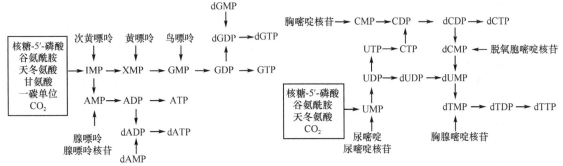

图 10-11 核苷酸的合成与转化过程

第三节 脱氧核糖核苷酸及核苷三磷酸的生成

脱氧核糖核苷酸是合成 DNA 的前体。在细胞分裂旺盛时，体内脱氧核糖核苷酸含量明显增加，以满足合成 DNA 的需要。本节主要介绍脱氧核糖核苷酸的合成方式。

一、脱氧核糖核苷酸的生成

实验证明，脱氧核糖核苷酸的生成主要是由核苷二磷酸（NDP，N 代表 A、G、C、U 等碱基）还原而来。腺苷二磷酸（ADP）、鸟苷二磷酸（GDP）、胞苷二磷酸（CDP）和尿苷二磷酸（UDP）经还原，将其核糖第二位碳原子上的氧脱去，即可形成相应的脱氧核糖核苷酸（dNDP）。

1. 核糖核苷酸还原 在生物体内，腺嘌呤、鸟嘌呤、胞嘧啶和尿嘧啶核糖核苷酸，在其核苷二磷酸（NDP）水平上，都可以被还原产生相应的脱氧核糖核苷酸（dNDP）。反应如图 10-12 所示。

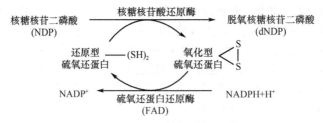

图 10-12 脱氧核苷酸的生成

催化该反应的酶称为核糖核苷酸还原酶（ribonucleotide reductase）。细菌和动物体内都存在核糖核苷酸还原酶，此酶由 R_1 和 R_2 两种亚基组成，只有它们聚合并有镁离子存在时有催化活性，而解聚后无活性。R_1 亚基含有两条相同的肽链，每条肽链上有两个变构调节部位和一对参与还原反应的巯基。第一个调节部位是变构效应剂结合部位，第二个调节部位是底物特异结合位点。通过这两个调节部位可以控制酶的活性。R_2 亚基也含有两条相同的多肽链，各有一个酪氨酰基和一个双核铁（Fe^{3+}）辅因子，后者的功能是产生和稳定酪氨酸自由基，通过酪氨酸自由基促使位于 R_1 和 R_2 界面处的活性中心 R_2 侧产生另一个自由基（-X*）（可能是 R_2 亚基上的半胱氨酸的巯基转变成一个硫的自由基）。当核糖核苷二磷酸（NDP）进入活性中心后，R_2 亚基上的自由基（-X*）发动单电子转移反应，使 R_1 亚基上的一对巯基被氧化，同时核糖核苷酸中核糖的 2'-羟基被还原，由氢取代羟基生成脱氧核糖核苷二磷酸（dNDP）。

核糖核苷酸还原成脱氧核糖核苷酸需要两个氢原子，氢的最终供体是 NADPH，但核糖核苷酸还原酶从 NADPH 获得氢需要硫氧还蛋白（thioredoxin）作为载体。硫氧还蛋白是一种分子量为 12kDa，广泛参与氧化还原反应的小分子蛋白质。它含有一对巯基，给出两个氢后即转变为含有二硫键的氧化型，氧化型硫氧还蛋白在硫氧还蛋白还原酶催化下，从 NADPH 获得氢再生成为还原型硫氧还蛋白。硫氧还蛋白还原酶是一种含 FAD 的黄素酶。

通过核糖核苷酸还原酶的变构调节和反馈抑制等机制，细胞能控制合成 DNA 的四种脱氧核糖核苷酸的合成达到平衡。如果变构调节位点结合了 ATP，则酶被活化；如果结合 dATP 则酶被抑制。当 ATP 或 dATP 与底物特异结合位点结合，有利于 UDP 和 CDP 的还原；当 dTTP 或 dGTP 与之结合时，则分别促进 GDP 或 ADP 的还原。

2. 脱氧胸苷酸（dTMP）的合成 dTMP 是 DNA 的重要组分之一。dTMP 可由脱氧尿嘧啶核苷酸（dUMP）甲基化而形成，反应由胸苷酸合酶（thymidylate synthase，dTMP 合酶）催化，甲基由 N^5,N^{10}-CH$_2$-FH$_4$ 提供。N^5,N^{10}-CH$_2$-FH$_4$ 提供甲基后生成的 FH$_2$ 可以再经二氢叶酸还原酶作用，由 NADPH 提供氢，重新生成 FH$_4$，FH$_4$ 又可再携带一碳单位。胸苷酸合酶和二氢叶酸还原酶常作为肿瘤化疗的靶点。

合成 dTMP 所需的 dUMP 可以来自两条途径：一是 UDP 还原成 dUDP，再水解脱磷酸而成

dUMP；另一途径是 dCMP 脱氨，以后一途径为主（图 10-13）。

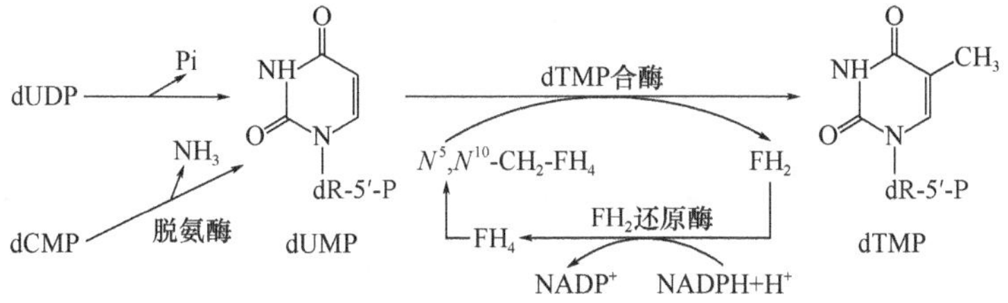

图 10-13　脱氧胸苷酸（dTMP）的合成

除了以上两种合成脱氧核糖核苷酸的方式外，细胞也可以利用现有的碱基和核苷合成脱氧核糖核苷酸，但体内没有磷酸核糖基转移酶对应的脱氧核糖化合物，因此，碱基只能与脱氧核糖-1′-磷酸在核苷磷酸化酶催化下先形成脱氧核苷，然后在特异的脱氧核苷激酶作用下，磷酸化形成相应的脱氧核糖核苷酸。

$$碱基 + 脱氧核糖-1′-磷酸 \xrightarrow{核苷磷酸化酶} 脱氧核糖核苷$$

$$脱氧核糖核苷 + ATP \xrightarrow{脱氧核苷激酶} 脱氧核糖核苷酸 + ADP$$

如胸苷激酶可催化胸苷生成 dTMP。胸苷激酶在正常肝中活性很低，而在再生肝中酶活性升高；在恶性肿瘤中明显升高而且与恶性程度有关。

一些微生物体内还存在一种核苷脱氧核糖基转移酶（nucleosides deoxyribosyl transferase），可以催化碱基与脱氧核苷之间相互转变。如胸腺嘧啶与脱氧腺苷反应可产生脱氧胸苷和腺嘌呤。

$$胸腺嘧啶 + 脱氧腺苷 \xrightarrow{脱氧核糖转移酶} 脱氧胸苷 + 腺嘌呤$$

二、核苷三磷酸的生成

核苷三磷酸是合成核酸（DNA 或 RNA）的原料。合成 DNA 所需的是脱氧核糖核苷三磷酸（dNTP，N 代表 A、C、G、T）；而合成 RNA 需要核糖核苷三磷酸（NTP，N 代表 A、C、G、U），因此，核苷三磷酸是细胞分裂、增殖、生长必不可少的物质。

细胞内的核苷酸有核苷一磷酸、核苷二磷酸和核苷三磷酸三种形式。细胞合成或体内核酸降解产生的核苷（或脱氧核苷）一磷酸可在特异的核苷（或脱氧核苷）一磷酸激酶（nucleoside monophosphate kinase）催化下，由 ATP 提供磷酸基，转变为核苷（或脱氧核苷）二磷酸；而核苷（或脱氧核苷）二磷酸可在核苷二磷酸激酶催化下，形成相应的核苷（或脱氧核苷）三磷酸。反应式如下：

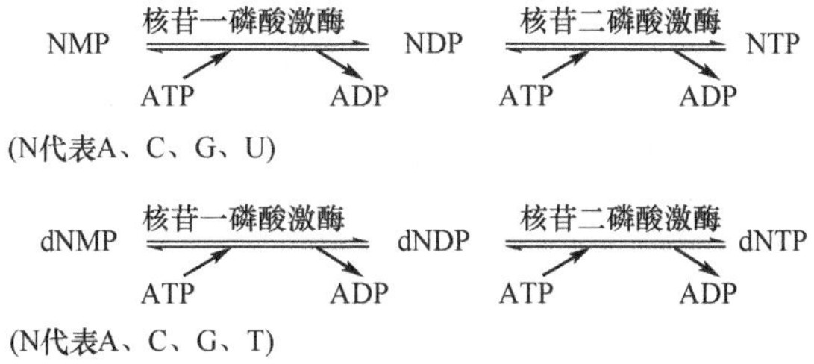

（N代表A、C、G、U）

（N代表A、C、G、T）

案例 10-2

　　患者，女性，36 岁，半年前发现左乳房疼痛就诊，经临床检查乳腺触及肿块（最大径 1.8cm），腺体局灶增厚，乳头溢液，后经乳腺 B 超及数字化钼靶摄影检查，辅助乳腺 MRI 及穿刺活检，第一诊断为乳腺癌 I 期（$T_1N_0M_0$），后住院行单侧乳腺改良根治术并辅助乳腺癌化疗。以下是住院医师提供的化疗方案：

药物	剂量 [mg/(m² · d)]	途径	时间（天）	周期
甲氨蝶呤	40	iv	1,8	q28d×6
5-氟尿嘧啶	600	iv	1,8	q28d×6
环磷酰胺	600	iv	1,8	q28d×6

问题：试分析该方案中主要药物在乳腺癌化疗中的作用机制并评价化疗方案的疗效。

第四节　核苷酸抗代谢物

抗代谢物（antimetabolite）是指在化学结构上与正常代谢物相似，能竞争性拮抗正常代谢的物质。抗代谢物大多数属于竞争性抑制剂，它们与正常代谢物竞争酶的活性中心，抑制酶活性，导致正常代谢不能进行，最终抑制核酸和蛋白质的生物合成。由于肿瘤细胞的核酸和蛋白质合成十分旺盛，因此抗代谢物往往是临床用于抗肿瘤的药物。下面分别介绍嘌呤核苷酸抗代谢物和嘧啶核苷酸抗代谢物。

一、嘌呤核苷酸抗代谢物

次黄嘌呤　　6-巯基嘌呤（6-MP）

嘌呤核苷酸抗代谢物是指嘌呤、氨基酸和叶酸等的结构类似物，它们主要以竞争性抑制的方式干扰或阻断细胞嘌呤核苷酸的合成代谢，从而进一步阻止其核酸以及蛋白质的生物合成。

1. 嘌呤类似物　包括 6-巯基嘌呤（6-MP）、6-巯基鸟嘌呤、8-氮杂鸟嘌呤等，其中 6-MP 在临床上应用较多，其结构与次黄嘌呤相似，在体内经磷酸核糖化生成 6-MP 核苷酸，并以这种形式抑制 IMP 转变为 AMP 及 GMP 的反应，还可以反馈抑制 PRPP 酰胺转移酶而干扰磷酸核糖胺的形成，从而阻断嘌呤核苷酸的从头合成。6-MP 还能直接影响次黄嘌呤-鸟嘌呤磷酸核糖基转移酶，使 PRPP 分子中的磷酸核糖不能向鸟嘌呤及次黄嘌呤转移，阻断补救途径。

2. 氨基酸类似物　包括氮杂丝氨酸及 6-重氮-5-氧正亮氨酸等。它们的结构与谷氨酰胺相似，可干扰谷氨酰胺在嘌呤核苷酸合成中的作用，从而抑制嘌呤核苷酸的合成。

3. 叶酸的类似物　氨基蝶呤（aminopterin）和氨甲蝶呤（methotrexate，MTX）都是叶酸的类似物，能竞争性抑制二氢叶酸还原酶，使叶酸不能还原成二氢叶酸及四氢叶酸，影响一碳单位的供应，从而抑制嘌呤核苷酸的合成。MTX 在临床上用于白血病等癌瘤的治疗。

$$H_2N-\overset{O}{\overset{\|}{C}}-CH_2-CH_2-\overset{\overset{NH_2}{|}}{CH}-COOH$$

谷氨酰胺

$$N^+\equiv N-CH_2-\overset{O}{\overset{\|}{C}}-OCH_2-CH_2-\overset{\overset{NH_2}{|}}{CH}-COOH$$

氮杂丝氨酸

$$N^+\equiv N-CH_2-\overset{O}{\overset{\|}{C}}-CH_2-CH_2-\overset{\overset{NH_2}{|}}{CH}-COOH$$

6-重氮-5-氧正亮氨酸

四氢叶酸

氨基蝶呤

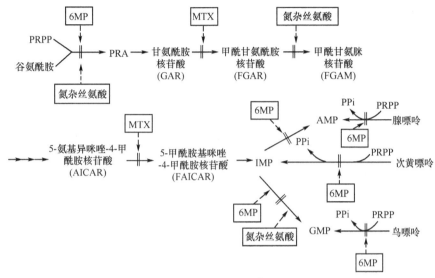

应该指出的是，上述药物缺乏对癌细胞的特异性，故对增殖速度较快的某些正常组织也有杀伤性，从而有较大的毒副作用。

嘌呤核苷酸抗代谢物的作用归纳如图 10-14 所示。

图 10-14　嘌呤核苷酸抗代谢物的作用（ ‖ 表示抑制）

二、嘧啶核苷酸抗代谢物

嘧啶核苷酸抗代谢物是指嘧啶、氨基酸或叶酸等的结构类似物。它们对代谢的影响及抗肿瘤机制与嘌呤核苷酸抗代谢物相似。

1. 嘧啶的类似物　主要有 5-氟尿嘧啶（5-fluorouracil，5-FU），它的结构与胸腺嘧啶相似，在体内转变成一磷酸脱氧核糖氟尿嘧啶核苷（FdUMP）及三磷酸氟尿嘧啶核苷（FUTP）后发挥作用。FdUMP 与 dUMP 的结构相似，是胸苷酸合酶的抑制剂，使 dTMP 合成受到阻断。FUTP 可以 FUMP 的形式掺入 RNA 分子，破坏 RNA 的结构与功能。

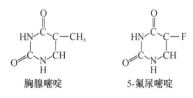

胸腺嘧啶　　　　5-氟尿嘧啶

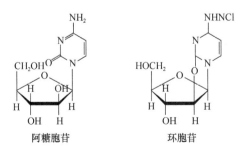

阿糖胞苷　　　　环胞苷

2. 氨基酸类似物　由于氮杂丝氨酸结构类似于谷氨酰胺，在嘧啶核苷酸的合成中能竞争性抑制氨甲酰磷酸合成酶Ⅱ和 CTP 合成酶，从而抑制 CTP 的生成。

3. 叶酸类似物　叶酸类似物的结构特点和作用机制已在嘌呤核苷酸抗代谢物中做过介绍，不再赘述。在嘧啶核苷酸合成中，叶酸类似物（氨基蝶呤和氨甲蝶呤）可干扰叶酸代谢，抑制 FH_2 再生为 FH_4，阻断 dUMP 从 N^5,N^{10}-CH_2-FH_4 获得甲基生成 dTMP，进而影响 DNA 合成。

另外，某些改变了核糖结构的核苷类似物，如阿糖胞苷和环胞苷也是重要的抗癌药物，阿糖胞苷能抑制 CDP 还原成 dCDP，也能影响 DNA 的合成。

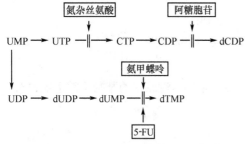

图 10-15 嘧啶核苷酸抗代谢物的作用归纳

嘧啶核苷酸抗代谢物的作用归纳如图 10-15 所示（‖ 表示抑制）。

还有一些抗代谢物可以作为假底物掺入病原体生物大分子中，使其结构及功能异常，从而抑制病原体的生长与繁殖，如抗艾滋病药物 DDI（2′,3′-dideoxyinosine,2′,3′- 双脱氧次黄苷）、DDC（2′,3′-dideoxycytidine,2′,3′- 双脱氧胞苷）、AZT（azidothymidina，3′-叠氮胸苷），它们都是核苷类逆转录酶抑制剂。

DDI   DDC   AZT

抗代谢物的研究对阐明药物的作用机制和新药开发十分有益。以往许多有效的合成药物是经过大量随机筛选才确定的，命中率十分低。现在，抗代谢物理论已经成功地应用于抗肿瘤和抗病毒药物的开发。

（崔炳权）

思 考 题

1. 生物体内合成嘌呤环和嘧啶环的主要原料是什么？嘌呤核苷酸和嘧啶核苷酸的从头合成有什么差别？

2. 嘌呤核苷酸和嘧啶核苷酸的分解产物有何不同？

3. 体内脱氧核糖核苷酸合成有哪些方式？

4. 说明抗代谢物氮杂丝氨酸、羽田杀菌素（天冬氨酸类似物）、氨甲蝶呤、6-巯基嘌呤抑制核苷酸合成的作用机制和主要靶点。

5. 试分析和评价核酸类保健品的营养价值。

第十一章　血液生物化学

血液（blood）是一种流体组织，在心血管系统中循环，主要功能是运输物质。正常人体的血液总量约占体重的 8%。血液是由液态的血浆与混悬在其中的红细胞、白细胞、血小板等有形的血细胞成分组成。将一定量的血液与抗凝剂混匀后离心，可以观察到血液被分为两层，上层浅黄色的液体为血浆（plasma），占全血体积的 55%～60%；下层红色的为红细胞，占全血体积的 40%～45%；红细胞层与血浆交界之间的灰白色薄层是白细胞和血小板，二者仅占血液总量的 1%，故在计算容积时常可忽略不计。血液凝固后析出的淡黄色透明液体，称作血清（serum）。凝血过程中，血浆中的纤维蛋白原转变成纤维蛋白析出，故血清中无纤维蛋白原。

正常人血液的比重为 1.050～1.060，它主要取决于血液内的血细胞数和蛋白质的浓度。血液的 pH 为 7.40±0.05，37℃时血液的渗透压约为 770kPa（7.6 个大气压）。

血浆的固体成分包括无机物和有机物两大类，无机物主要以电解质为主，重要的阳离子有 Na^+、K^+、Ca^{2+}、Mg^{2+} 等，重要的阴离子有 Cl^-、HCO_3^-、HPO_4^{2-} 等，它们在维持血浆晶体渗透压、酸碱平衡以及神经肌肉的兴奋性等方面起重要作用。有机物包括蛋白质、非蛋白质类含氮化合物、糖类、脂质、微量的酶、激素和维生素等。血浆和淋巴液、组织间液以及其他细胞外液共同构成机体的内环境。血液在机体内物质的运输、内环境因素（如 pH、渗透压、体温等）的调节、异物的防御（免疫）以及防止出血（血液凝固）等方面都发挥着重要作用。

第一节　血液的化学成分

在生理情况下，血液的各种化学成分含量相对稳定，仅在有限范围内变动。如果这种变动超出正常范围，则表示机体的某些代谢过程异常。机体内各组织器官与血液之间不断地进行物质交换，所以通过血液成分分析，可以了解体内物质代谢的状况，对临床诊断及预后等有实际意义。血液的化学成分包括水和气体、可溶性成分、有形成分等，其中比较重要的化学成分及其含量参见表 11-1。

表 11-1　正常人血液的主要化学成分

成分	参考区间
血红蛋白	男性，7.4～9.9mmol/L（12～16g/100ml），血液
	女性，6.8～9.3mmol/L（11～15g/100ml），血液
总蛋白	6～7.5g/100ml，血浆
清蛋白	3.5～4.9g/100ml，血浆
球蛋白	2～3g/100ml，血浆
清蛋白与球蛋白的比例	（1.5～2.5）∶1，血浆
纤维蛋白原	5.9～11.8μmol/L（200～400mg/100ml），血浆
非蛋白质氮	14.3～28.6mmol/L（20～40mg/100ml），血液
尿素氮	3.0～7.1mmol/L（8～20mg/100ml），血液
尿酸	0.2～0.3mmol/L（3～5mg/100ml），血液
肌酸	0.19～0.23mmol/L（3～7mg/100ml），血清
肌酐	0.1～0.2mmol/L（1～2mg/100ml），血液

续表

成分	参考区间
血氨	5.9～35.2µmol/L（10～60µg/100ml），血液（Nessler 试剂显色法）
葡萄糖	4.4～6.6mmol/L（80～120mg/100ml），血液（福吴法）
	3.9～6.1mmol/L（70～110mg/100ml），血液（邻甲苯胺法）
总胆固醇	2.59～6.47mmol/L（100～250mg/100ml）
胆固醇酯	1.81～5.17mmol/L（70～200mg/100ml）
磷脂	110～230mg/100ml，血清
甘油三酯	90～130mg/100ml，血清（占总胆固醇量的 60%～75%）
β-脂蛋白定量	110～210mg/100ml，血清
	20～110mg/100ml，血清
	<700mg/100ml，血清
氯化物（以 NaCl 计）	98～106mmol/L（570～620mg/100ml），血清
Na^+	135～145mmol/L（310～330mg/100ml），血清
K^+	4.1～5.6mmol/L（16～22mg/100ml），血清
Ca^{2+}	2.3～2.8mmol/L（9～11mg/100ml），血清
P（无机磷）	1.0～1.6mmol/L（3～5mg/100ml），血清
丙氨酸氨基转移酶	5～25U（连续监测法）
天冬氨酸氨基转移酶	8～28U（赖氏法）
CO_2 结合力	23～31mmol/L（50～70Vol%）

一、血液中的水和电解质

正常人全血含水 77%～81%，余为固体成分和少量 O_2、CO_2 等气体。红细胞含水较少，其固体成分约占 35%，其中主要是血红蛋白。血浆则含水较多，为 93%～95%。血浆的固体成分非常复杂，可分为有机物成分和无机物成分，前者主要包括含氮有机物和不含氮有机物两类，后者为离子状态存在的无机盐类，具体成分见前述。

由于血液的某些成分受食物影响，故常采取餐后 8～12 小时的空腹血液进行分析。血浆各成分的参考值因所用测定方法不同而略异，有些成分还与年龄、性别、身体的活动状况有关，临床工作者在分析化验结果时，应了解各项测定指标所用的方法及参考值范围。

二、血浆蛋白质

血浆蛋白质是血浆中多种蛋白质的总称，是血浆中主要的固体成分，正常人血浆总蛋白含量为 60～80g/L。血浆蛋白质的种类繁多，功能各异。

（一）血浆蛋白质的分类

按分离方法、来源或功能的不同，血浆蛋白质具有不同的成分。

通常用盐析法、电泳法和超速离心法将血浆蛋白质分为不同的类型。用盐析法（如硫酸铵或硫酸钠）可将血浆蛋白质分为清蛋白（又称白蛋白）、球蛋白及纤维蛋白原等 3 类，并可进行定量测定。清蛋白是血浆中含量最多的蛋白质，约占血浆总蛋白的 50%，正常值为 38～48g/L。成熟的清蛋白是一个含有 585 个氨基酸残基的单一多肽链，外观呈椭圆形；球蛋白为 15～30g/L，两者比值（即清球比值，A/G ratio）为 1.5～2.5；当肝功能严重受损时，肝脏合成清蛋白能力下降，A/G 比值下降；免疫疾患时，球蛋白合成减少，A/G 比值可升高。用滤纸或醋酸纤维素薄膜电泳，以 pH 8.6 的巴比妥为缓冲液，从正极到负极可将血清蛋白质分为清蛋白、α_1 球蛋白、α_2 球蛋白、β 球蛋白及 γ 球蛋白等 5 类（图 11-1），用分辨率高的电泳法如聚丙烯酰胺凝胶电泳或免疫电泳能分出更多类别；超速离心法可根据蛋白质的密度将其分离，如血浆脂蛋白被分离为 CM、VLDL、LDL、HDL 等 4 类。

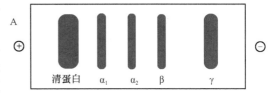

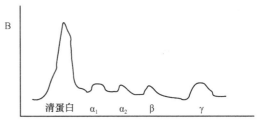

图 11-1 血清蛋白质醋酸纤维素薄膜电泳图（A）及光密度扫描后的电泳峰（B）

血浆蛋白质根据来源不同分为两类：一类是由各种组织细胞合成后分泌入血，在血浆中发挥作用的血浆功能性蛋白质，如凝血酶原、抗体、补体、生长调节因子、清蛋白、纤维蛋白、转运蛋白等，这类蛋白质的质量变化可反映机体组织细胞的代谢状况；另一类是细胞更新或破坏时进入血浆的蛋白质，如淀粉酶、血红蛋白、转氨酶等，这类蛋白质在血浆中出现或含量升高可反映有关组织细胞的更新、破坏或细胞通透性的改变情况。

血浆蛋白质按功能不同可分为 8 类：①凝血和纤溶系统的蛋白质，包括各种凝血因子（除凝血因子Ⅲ外）、凝血酶原、纤溶酶原等；②免疫防疫系统的蛋白质，包括各种抗体和补体；③载体蛋白，包括清蛋白、脂蛋白、运铁蛋白、铜蓝蛋白等；④酶，包括血浆功能酶和非功能酶；⑤蛋白酶抑制剂，包括酶原激活抑制剂、血液凝固抑制剂、纤溶酶抑制剂、激肽释放抑制剂、内源性蛋白酶及其他蛋白酶抑制剂等；⑥激素，包括促红细胞生成素、胰岛素等；⑦参与炎症应答的蛋白质，包括 C 反应蛋白、α_1-酸性糖蛋白等；⑧未知功能的血浆蛋白质。目前已知的血浆蛋白质有 200 多种，有些蛋白质的功能尚未阐明（表 11-2）。

表 11-2 主要血浆蛋白质的含量及功能

	名称	符号	正常血浆中浓度（mg/100ml）	主要功能
清蛋白	前清蛋白	PA/Pre-Al	28～35	结合甲状腺素
	清蛋白	Alb	4200±700	维持血浆胶渗压，运输，营养
	α_1 脂蛋白（HDL）	α_1LP	217～270	运输脂类及脂溶性维生素
	α_1 酸性糖蛋白（乳清类黏蛋白）	α_1AGP	75～100	感染初期活性物质，抑制黄体酮
α_1 球蛋白	α_1 抗胰蛋白酶	α_1AT	210～500	抗胰蛋白酶和糜蛋白酶
	运钴胺素蛋白Ⅰ			结合维生素 B_{12}
	运皮质醇蛋白	TSC	5～7	运输皮质醇
	甲胎蛋白	AFP	$(0.5～2.0)×10^{-3}$	
	α_2 神经氨酸糖蛋白		24±10	抑制补体第一成分 C_1s
	C_1s 酯酶抑制物	C_1sI		酯酶的抑制物
	甲状腺结合球蛋白	TBG	1～2	结合甲状腺素（T_4）
	α_1HS 糖蛋白	α_1HS		炎症时被激活
	铜蓝蛋白	Cp	27～63	有氧化酶活性，与铜结合，参与铜的代谢，急性时相反应物
α_2 球蛋白	凝血酶原		5～10	参加凝血作用
	α_2 巨球蛋白	α_2M	200±60	抑制纤溶酶和胰蛋白酶，活化生长激素和胰岛素，可和其他低分子物质结合，急性时相反应物

续表

名称		符号	正常血浆中浓度（mg/100ml）	主要功能
α₂球蛋白	胆碱酯酶	ChE	1±0.2	水解乙酰胆碱
	结合珠蛋白	Hp	100（30～190）	结合 Hb
	血管紧张素原			收缩血管，升高血压；促进醛固酮分泌，促进 RBC 生成
	红细胞生成素			
	α₂脂蛋白（VLDL）	α₂LP	28～71（随年龄性别而异）	运输脂类（主要是甘油三酯）、脂溶性维生素和激素
β球蛋白	β脂蛋白（LDL）	βLP	219～340（随年龄性别而异）	运输脂类（胆固醇、磷脂等）脂溶性维生素、激素
	运铁蛋白	Tf	250±40	运输铁，抗菌、抗病素
	运血红素蛋白	Hpx	80～100	与血红素结合
	C 反应蛋白	CRP	<1.2	与肺炎球菌的 C 多糖起反应
	运钴铵素蛋白Ⅱ			与维生素 B_{12} 结合
	纤溶酶原	Pm	30±2	有纤溶酶活性
	纤维蛋白原	Fib	350	凝血因子Ⅰ，急性时相反应物
γ球蛋白	免疫球蛋白 A	IgA	247±87	分泌型抗体
	免疫球蛋白 D	IgD	3（0.3～40）	抗体活性
	免疫球蛋白 E	IgE	0.033	反应素活性
	免疫球蛋白 M	IgM	146±56	抗体活性
	免疫球蛋白 G	IgG	1280±260	抗体活性

（二）血浆蛋白质的功能

血浆蛋白质的功能目前尚未完全阐明，仅将已知的功能概括如下：

1. 稳定内环境的作用　血浆胶体渗透压和血液 pH 的稳定对于机体内环境的稳定具有重要意义。血浆蛋白质的含量和分子大小决定血浆胶体渗透压的大小。清蛋白是血浆中含量最多的蛋白质，占血浆总蛋白的 60%。多数血浆蛋白质的分子量在 160～180kDa，而清蛋白分子量仅为 69kDa。由于清蛋白含量多而分子量小（69kDa），在生理 pH 条件下电负性高，能使水分子聚集在其分子表面，因此在维持血浆胶体渗透压方面清蛋白起着主要作用，血浆胶体渗透压的 75%～80% 由清蛋白维持。清蛋白由肝细胞合成，正常成人每日每千克体重合成 120～200mg，占肝脏合成分泌蛋白质总量的 50%。清蛋白含量下降会导致血浆胶体渗透压下降，使水分向组织间隙渗出而产生水肿。临床上血浆清蛋白含量降低的主要原因有：①合成原料不足（如严重营养不良等）；②合成能力降低（如重症肝病等）；③丢失过多（如严重肾脏疾病、大面积烧伤等）；④分解过多（如甲状腺功能亢进、发热等）。

正常人血液 pH 为 7.35～7.45，大多数血浆蛋白质的等电点在 4.0～7.3。血浆蛋白质为弱酸性，其中一部分与 Na^+ 结合成弱酸盐，弱酸与弱酸盐组成缓冲对，发挥维持血浆正常 pH 的作用。

2. 运输作用　血浆蛋白质表面有许多亲脂性和亲水性的结合位点，体内许多物质通过血液运输时，是与血浆蛋白质相结合的。例如，脂溶性维生素 A 在血浆中的运输，首先与视黄醇结合蛋白质结合形成复合物，再与前清蛋白以非共价键缔合成视黄醇-视黄醇结合蛋白质-前清蛋白复合物，这种复合物可防止视黄醇的氧化和小分子量的视黄醇-视黄醇结合蛋白质从肾丢失。血浆中的清蛋白可与脂肪酸、二价金属离子（Ca^{2+} 等）、胆红素以及药物等多种物质结合。许多物质与清蛋白结合常表现竞争作用，如新生儿溶血性黄疸，当应用磺胺类药物时，因药物和胆红素竞争与清蛋白相结合，而使部分胆红素从清蛋白中游离出来，进入脑组织而加重毒性。

球蛋白中有多种特异性载体蛋白，如甲状腺素结合球蛋白、皮质激素传递蛋白、运铁蛋白等。各种物质与血浆蛋白质的结合，除利于运输外，还起到一定的调节作用，且不易从肾小球滤出，故能减少有用物质的丢失。如游离型甲状腺素虽然易被组织摄取，但与血浆蛋白结合后，游离型浓度减少，可防止被组织过多摄取。结合型和游离型之间的平衡对组织细胞的摄取量起调节作用。运铁蛋白与铁结合后，既可防止铁离子浓度过高而引起的中毒，又能阻止铁从尿中丢失。

3. 营养作用 正常成年人 3000ml 左右的血浆中约有 200g 蛋白质，它们起着营养储备的作用。体内某些吞噬细胞，如巨噬细胞，可吞噬完整的血浆蛋白质，然后由细胞内的酶类将其分解为氨基酸，进入氨基酸代谢库用于蛋白质的合成，或转变成其他含氮物质，或氧化分解提供能量。肝每日利用氨基酸合成清蛋白 14～17g。

4. 凝血作用和抗凝血作用 有些血浆蛋白质是凝血因子，在一定条件下起凝血作用；而另一些血浆蛋白质具有抗凝血或溶解纤维蛋白的作用。这两组作用相反的蛋白质的对立统一，既防止血液流失，又保证了血流的通畅。

当血管内皮损伤、血液流出时，血液内发生一系列酶促级联反应，使血液由液态转变为凝胶状态，其过程可分为三个阶段：①血管损伤后加速收缩，以减少血液的流出；②血管受损部位内皮细胞产生一种大分子糖蛋白（vWF），能与血小板糖蛋白Ⅰb和内皮下胶原结合，使其成为血小板黏附在内皮层下的桥梁，血小板受到皮下组织或凝血酶刺激后释放产物，引起血小板与纤维蛋白原凝聚成团，形成白色血栓；③水溶性的纤维蛋白原转变成纤维蛋白，互相连接形成比较牢固的网状结构的交联纤维蛋白多聚体，血细胞黏附其上，形成不溶于水的血纤维，即红色血栓。

5. 参与机体免疫作用 机体对入侵的病原体或异体蛋白质（抗原）能产生特异的抗体，抗体即属于血浆蛋白质。血浆中另有一组称为补体的蛋白质酶系，协助抗体完成免疫作用。

血中具有抗体作用的球蛋白称为免疫球蛋白（immunoglobulin，Ig）。Ig 是淋巴细胞接受抗原（如细菌、病毒或异体蛋白等）刺激后产生的一类具有免疫作用的球状蛋白质，属于糖蛋白类。Ig 能特异地与相应的抗原结合形成抗原-抗体复合物，从而阻断抗原对人体的危害作用。而且抗原-抗体复合物能够激活补体系统，产生溶菌和溶细胞现象，将带有抗原的细菌溶解而消除。

6. 催化功能 血浆中的酶可分为三类：①大多以酶原的形式存在于血浆内，在一定条件下被激活后发挥催化作用，这类酶称为血浆功能酶。血浆功能酶大多数由肝脏合成，如凝血及纤溶系统的蛋白酶。②由外分泌腺分泌的一些酶类，如胃蛋白酶、胰蛋白酶、胰淀粉酶、胰脂肪酶、唾液淀粉酶等，在生理条件下少量逸入血浆，当脏器受损时，逸入血浆量增加，使得血浆内相关酶活性增加，如胰腺炎时血浆中淀粉酶含量明显增多，这类酶称为外分泌酶。③存在于细胞和组织内，参与物质代谢的酶类称作细胞酶。当特定的器官发生病变，这类酶可释放入血，使血浆内相应酶的活性增高，可用于临床酶学检验。

三、血液中的非蛋白质含氮化合物

血液中除蛋白质以外的含氮化合物主要有尿素、尿酸、肌酸、肌酸酐、氨基酸、氨、胺、多肽、胆红素等，这些化合物中所含的氮总称为非蛋白质氮（non-protein nitrogen，NPN）。

非蛋白质含氮化合物主要是蛋白质及核酸代谢的产物，它们由血液运到肾排出体外。正常人血中 NPN 含量为 14.28～24.99mmol/L，其中血尿素氮（blood urea nitrogen，BUN）占 1/3～1/2，故临床上测定血中 BUN 的意义和测定 NPN 的意义大致相同，肾功能严重下降时，可阻碍血中NPN 的排出，以致血中 NPN、BUN 升高。

血中 NPN 和 BUN 的浓度还受体内蛋白质分解及失水情况的影响，当蛋白质分解加强（如高热、糖尿病）或消化道大量出血时，也可引起血中 NPN、BUN 增加；NPN、BUN 的排泄与尿量关系密切，当肾血流量下降时，尿量减少，则 NPN、BUN 排泄量也减少。因此脱水、循环功能不全等引起肾血流量下降的状况，也是促进血中 NPN 及 BUN 升高的因素。肾功能不全时，此种升高更为显著。

尿酸是嘌呤化合物代谢的终产物,正常人血浆中尿酸含量为 0.12～0.36mmol/L。当核酸大量摄入及大量分解(如白血病、恶性肿瘤等),或排泄障碍时(如肾脏疾病),血中尿酸含量升高,当超过 0.48mmol/L 时,尿酸盐结晶即可沉积于关节、软骨组织而导致痛风症。如沉积于肾脏,可导致肾结石。

肌酸是精氨酸、甘氨酸和甲硫氨酸等在体内代谢的产物,出现肌萎缩等广泛性肌病变时,血中肌酸增多,尿中排泄量也增加。肌酸酐是肌酸代谢的终产物,全部由肾排出。因为血中肌酸酐含量不受食物蛋白质的影响,故临床上检测肌酸酐含量较 NPN 更能正确地了解到肾脏的排泄功能。肝功能严重损伤时,血液中氨、胆红素等可升高。胆红素的升高还可见于胆道梗阻等。

四、血液中的气体和其他有机化合物

机体各组织细胞代谢中不断地消耗 O_2、产生 CO_2。血液担负着将肺吸入的 O_2 运给各组织并将组织产生的 CO_2 运到肺的重要任务。血液通过运输 O_2 和 CO_2 将肺呼吸和组织呼吸紧密连接,在整体呼吸中起重要作用。O_2 和 CO_2 可通过毛细血管壁、肺泡壁及细胞膜,它们无论是气体状态或溶解状态,都能由分压高处向低处扩散。因而,促使血液与肺泡或组织之间进行气体交换的基本动力是膜两侧气体的分压差。静脉血流经肺泡壁毛细血管时,因血液 $PaCO_2$ 比肺泡气的高,CO_2 即由血液向肺泡扩散;同时,肺泡气 PaO_2 比血液的高,O_2 即扩散入血。从肺流出的动脉血流经各组织毛细血管时,因血液比组织的 PaO_2 高、$PaCO_2$ 低,则 O_2 由血液扩散入组织细胞,同时组织 CO_2 扩散入血,再经静脉血运回肺而排出。

血液中的 O_2 和 CO_2 都有物理溶解和化学结合的两种存在形式。动静脉血中 O_2 和 CO_2 含量的差值即表示在安静条件下,血液循环一次中,每 100ml 血液通过各种形式由肺运给组织的 O_2 量和从组织运出到肺排出的 CO_2 量。其中,物理溶解的所占比例很小,化学结合的 O_2 和 CO_2 是主要运输形式。然而在气体交换时,进入血液的气体必须先经过物理溶解状态才能成为化学结合状态;气体从血液释放时化学结合状态也需要先行分解成为物理溶解状态,然后才能离开血液。实际上,物理溶解状态与化学结合状态的气体之间,经常维持着动态平衡。

血液中葡萄糖、乳酸、酮体、脂类等含量与糖代谢和脂代谢密切相关。血浆中的脂类全部以脂蛋白的形式存在(表 11-1)。

第二节 血液凝固

血液凝固(blood coagulation)是指血液由流动的液体状态变成不流动的凝胶状态的过程。血液凝固是伤口愈合的一种正常机制,如果血液凝固与伤口愈合无关,就可能产生危险甚至威胁生命。血凝过程是一系列无活性的酶原被激活成具有活性的酶,使溶胶状态的纤维蛋白原转变为凝胶状态的纤维蛋白,凝聚血细胞形成凝血。血凝块堵住血管的破损处,阻止血液继续从血管流出,这一过程称为止血(hemostasis)。偶发的血液凝固会发生在老年群体。让血液接触粗糙面如纱布压迫以及适当加温会促进血液凝固。其他的诱发因素有口服避孕药、手术、分娩、大面积创伤、烧伤、骨折等。在通向心脏的血管内发生过度的凝固会出现深静脉血栓(deep vein thrombosis,DVT)。

案例 11-1

患者,14 岁,学生。曾于 8 年前因手指被割破后流血不止,以后经常鼻出血,关节青紫肿痛,活动受限。近半个月来,左眼球红肿高突,视力减退,肘关节、踝关节肿大,步履困难。

体格检查:患者体质情况良好,精神苦闷,行走不便,迈步困难,面部左侧大片青紫,鼻孔流血以纱布填塞。左眼上下睑淤血呈青紫色,上睑肿胀,左眼球高突约 10mm,左眼视力:手动/眼前,瞳孔极度散大,对光反射迟钝,结膜下出血。上方眶部可触及一块较大的硬结。结膜水肿，角膜中央深层混浊，下方角膜也混浊。眼底：视网膜用+5D 可看清，整个视网膜水肿，有部分网膜浅深层出血，视神经乳头+2D 可看清，乳头边界模糊，水肿。脉沉细，舌质红，苔黄薄。

辅助检查：①血常规：Hb 85g/L；RBC 3.57×10^{12}/L；WBC 1.25×10^{10}/L；PLT 6.2×10^{11}/L；N 56%；L 44%。②试管法凝血时间＞12min。③简易凝血活酶生成及纠正试验：PT 对照 16s，患者 15s；简易凝血活酶生成最短时间 22s，纠正：加吸附血浆 14s，加储存血清 21s（正常人 15s）。

临床初步诊断：血友病。

问题：

1. 该患儿的凝血过程发生了何种异常？
2. 根据血友病的发生机制，拟定治疗方案。

一、凝血因子与抗凝血成分

（一）凝血因子

血浆与组织中直接参与血液凝固的物质统称为凝血因子（coagulation factor）。已知的凝血因子共有 14 种（表 11-3），国际凝血因子命名委员会将其中 12 种按照发现的先后顺序，用罗马数字统一编号，因子Ⅵ是血清中活化的因子Ⅴ，不再视为独立的凝血因子。

表 11-3 凝血因子的编号及名称

编号	中文名称	英文名称
Ⅰ	纤维蛋白原	fibrinogen
Ⅱ	凝血酶原	prothrombin
Ⅲ	组织凝血激酶	tissue thromboplastin
Ⅳ	钙离子	Ca^{2+}
Ⅴ	前加速素	proaccelerin
Ⅶ	前转变素	proconvertin
Ⅷ	抗血友病因子	antihemophilic factor，AHF
Ⅸ	血浆凝血激酶	plasma thromboplastin component，PTC
Ⅹ	斯多特-普劳尔因子	Stuart-Prower factor
Ⅺ	血浆凝血激酶前质	plasma thromboplastin antecedent，PTA
Ⅻ	接触因子	contact factor
ⅩⅢ	纤维蛋白稳定因子	fibrin-stabilizing factor，FSF
	前激肽释放酶	prekallidrein，PK
	高分子量激肽原	high molecular weight kininogen，HMWK

除因子Ⅳ是 Ca^{2+} 外，其余凝血因子均为蛋白质，并以酶原形式存在，通过其他酶的水解而暴露或形成活性中心后，才具有酶的活性，这一过程称为凝血因子的激活。习惯上在凝血因子右下角加 "a"（activated）表示其 "活化型"，如因子Ⅱ被激活为Ⅱa。除因子Ⅲ外，其他凝血因子均存在于新鲜血浆中，且多数在肝内合成。因子Ⅱ、Ⅶ、Ⅸ、Ⅹ的合成需要维生素 K 参与，故它们又称依赖维生素 K 的凝血因子，这些凝血因子含有谷氨酸，与 Ca^{2+} 结合后可发生变构，暴露出与磷脂结合的部位而参与凝血。当肝严重病变时，可出现凝血功能障碍。

（二）抗凝血成分

血浆及血管内皮等处存在多种抗凝成分和纤溶系统，这些能防止血液凝固的物质称为抗凝剂（anticoagulant），与凝血系统处于动态平衡。体内主要的抗凝血成分有三个：抗凝血酶-Ⅲ、蛋白C系统和组织因子途径抑制物。

抗凝血酶-Ⅲ（antithrombin-Ⅲ，AT-Ⅲ）是一种糖蛋白，主要由肝合成，是血浆中最重要的生理性抗凝血成分，占血浆总抗凝血活性的80%左右。它能持久灭活凝血酶，还能抑制凝血因子Ⅸa、Ⅹa、Ⅺa、Ⅻa以及激肽释放酶等。

蛋白C系统包括蛋白C（PC）、蛋白S（PS）和蛋白C抑制物。PC是肝合成的一种酶原，可被凝血酶、胰蛋白酶以及高浓度的因子Ⅴa激活，激活后的PC（APC）又可使因子Ⅴa及Ⅷa水解灭活，从而阻止因子Ⅹa与血小板结合，大大降低其凝血活性，同时，APC还能促进纤维蛋白溶解。

组织因子途径抑制物（tissue factor pathway inhibitor，TFPI）是一种单链糖蛋白，通过抑制因子Ⅹa而抑制凝血。

二、两条凝血途径

血凝过程需要多种凝血因子的参与（图11-2）。凝血过程一旦开始，各个凝血因子依次被激活，形成一个"瀑布"样的反应链直至血液凝固。凝血因子Ⅹ被激活是使凝血酶原活化的关键步骤。激活因子Ⅹ有两条途径，具体如下。

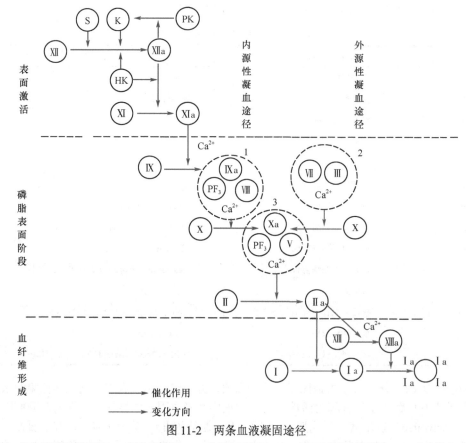

图 11-2　两条血液凝固途径

S，带负电荷的异物表面；K，激肽释放酶；PK，前激肽释放酶；HK，高相对分子量激肽原；PF₃，血小板因子3

（一）内源性途径

来自血液的凝血因子参与的凝血过程称内源性凝血途径（intrinsic coagulation pathway）。通常因血液与带负电荷的异物表面（如玻璃、白陶土、硫酸酯、胶原等）接触而启动凝血。首先是因子Ⅻ结合到异物表面，被激活为Ⅻa。Ⅻa又使因子Ⅺ激活为Ⅺa，从而启动内源性凝血途径。Ⅻa还能使前激肽释放酶激活为激肽释放酶，后者又可激活因子Ⅻ，形成表面激活的正反馈效应。从因子Ⅻ结合于异物表面到Ⅺa形成的过程称为表面激活。表面激活还需要高分子量激肽原参与。高分子量激肽原既能与异物表面结合，又能与因子Ⅺ及前激肽释放酶结合，从而将前激肽释放酶和因子Ⅺ带到异物表面，作为辅因子加速激肽释放酶对因子Ⅻ的激活及Ⅻa对前激肽释放酶和因子Ⅺ的激活。表面激活所生成的Ⅺa在 Ca^{2+} 存在的情况下可激活因子Ⅸ生成Ⅸa。在 Ca^{2+} 的作用下，Ⅸa与Ⅷa在活化的血小板的膜磷脂表面结合成复合物，可进一步激活因子Ⅹ，生成Ⅹa。在此过程中，Ⅷa作为辅因子，使Ⅸa对因子Ⅹ的激活速度提高 20 万倍。正常情况下，血浆中因子Ⅷ与血管内皮细胞产生的血管性血友病（von Wilebrand）因子（vWF）以非共价结合成复合物，因子Ⅷ从该复合物释出后才能活化成Ⅷa。

（二）外源性途径

来自血液之外的组织因子（tissue factor，TF）暴露于血液而启动的凝血过程称外源性凝血途径（extrinsic coagulation pathway），又称组织因子途径。组织因子即因子Ⅲ，是一种跨膜糖蛋白，存在于大多数组织细胞中。在生理情况下，直接与血液接触的血细胞和内皮细胞不表达组织因子。当血管损伤时，暴露出组织因子，后者与因子Ⅶ结合，使其迅速转变为Ⅶa，形成Ⅶa-组织因子复合物，后者在磷脂和 Ca^{2+} 存在的情况下迅速激活因子Ⅹ，生成Ⅹa。在此过程中，组织因子是辅因子，它能使Ⅶa激活因子Ⅹ的效力增加 1000 倍。Ⅹa反过来又激活因子Ⅶ，进而使更多因子Ⅹ被激活，形成外源性凝血途径的正反馈效应。此外，Ⅶa-组织因子复合物在 Ca^{2+} 的参与下还能激活因子Ⅸ，生成Ⅸa。后者除能与Ⅷa结合而激活因子Ⅹ外，也能激活因子Ⅶ。因此，通过Ⅶa-组织因子复合物的形成，使内源性凝血途径和外源性凝血途径相互联系，相互促进，共同完成凝血过程。在病理状态下，细菌内毒素、补体 C_5a、免疫复合物、肿瘤坏死因子等均可刺激血管内皮细胞和单核细胞表达组织因子，引起弥漫性血管内凝血（图 11-2）。

三、血凝块的形成和溶解

血液凝固是一系列复杂的酶促反应过程，血浆中的可溶性纤维蛋白原转变成不溶性的纤维蛋白，纤维蛋白交织成网，把血细胞及血液的其他成分网罗在内，形成血凝块，即血栓。

纤维蛋白原由两条 α 链、两条 β 链、两条 γ 链组成，每三条肽链（α、β、γ 链）绞合成索状，两条索状肽链的 N 端再通过二硫键相连成纤维状。α、β 链的 N 端各有一段 16 和 14 个氨基酸残基组成的短肽，称为纤维肽 A 和纤维肽 B。凝血酶可切除这两个短肽，使纤维蛋白原转变为纤维蛋白。刚形成的血凝块不牢固，在因子Ⅻ$_a$ 催化下 γ 链 C 端的谷氨酰胺残基与邻近 γ 肽链的赖氨酸残基的 ε-氨基共价结合，α 链之间也同样发生共价交联，使纤维蛋白网非常牢固。

纤维蛋白原或纤维蛋白被纤维蛋白溶解系统分解液化的过程称为纤维蛋白溶解，简称纤溶。纤溶过程分为两个阶段：①在纤溶酶原激活物的作用下，纤溶酶原激活成为纤溶酶。②在纤溶酶的作用下，特异水解纤维蛋白原中由精氨酸或赖氨酸的羧基构成的肽链，产生一系列纤维蛋白降解产物，如多肽 A、B、C、X、Y、E 及 D 等片段（图 11-3）。

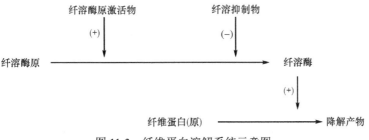

图 11-3　纤维蛋白溶解系统示意图

（一）纤溶酶原激活物

纤溶酶原激活物主要有三类：

1. 血管激活物　是一种丝氨酸蛋白酶，由小血管内皮细胞合成后释放入血，对纤维蛋白具有特异性的结合作用。当血管内出现纤维蛋白沉着、各种应激刺激、血流停滞、肌肉运动、儿茶酚胺等均可刺激血管内皮细胞分泌血管激活物，内皮细胞释放的内皮素可抑制其分泌。

2. 组织激活物　存在于很多组织中，其中子宫、肾上腺、甲状腺、前列腺、淋巴结含量较多。肾合成和分泌的尿激酶就属于组织激活物，它的活性很强，能够防止肾小管中纤维蛋白沉着，临床上用尿激酶治疗脑血栓。

3. Ⅶa、PKa、Ⅻa　这些活化的蛋白酶均可激活纤溶酶原，促进纤维蛋白溶解。

（二）纤维蛋白降解

纤溶酶可将纤维蛋白或纤维蛋白原分割成许多可溶性小肽，称为纤维蛋白降解产物，它们一般不再凝固，其中一部分还有抗凝血作用。

（三）纤溶抑制物

纤溶抑制物广泛分布于组织和体液中，有的能抑制纤溶酶原转变成纤溶酶，有的能抑制纤溶酶对纤维蛋白的分解（后者称为抗纤溶酶）。肝脏合成分泌的 α_2 抗纤溶酶能与纤溶酶高亲和力结合，使纤溶酶失去活性，是主要的纤溶抑制物。α_2 巨球蛋白、α_1 抗胰蛋白酶等也有抑制纤溶酶的作用。人工合成的抗纤溶药物，如 6-氨基己酸、凝血酸、对羧苄胺等则有抑制纤溶酶原激活的作用，已广泛用于临床。

在血液中存在促进和抑制纤维蛋白溶解的相互制约的平衡系统，对于保持血液处于液体状态起重要作用。在正常生理状态下，血液凝固系统和纤维蛋白溶解系统保持动态平衡，使血液既能在血管内流动，也能在血管损伤流出血管时及时发生凝固。但在病理情况下，这两个系统之间的动态平衡发生改变，就会导致纤维蛋白形成不足或过多，从而引起出血性疾病或血栓。

第三节　血细胞代谢

一、红细胞代谢

红细胞是血液中含量最多的细胞，在体内具有运输 O_2 和 CO_2 的作用。红细胞是在骨髓中由造血干细胞定向分化而成的红系细胞，红细胞在成熟过程中要经历一系列形态和代谢的改变（表 11-4）。经历了原始红细胞、早幼红细胞、中幼红细胞、晚幼红细胞、网织红细胞阶段，最后才成为成熟红细胞。原始红细胞、早幼红细胞、中幼红细胞及晚幼红细胞属于有核红细胞，与一般体细胞一样，有细胞核、内质网、线粒体等细胞器，具有合成核酸和蛋白质的能力，可进行有氧氧化获得能量，而且有分裂增殖的能力；网织红细胞无细胞核，含少量线粒体和 RNA，不能合成核酸，但可合成蛋白质；成熟红细胞的结构和一般体细胞不同，直径为 $7\sim8\mu m$，其形态呈双凹圆碟形，周边较厚，中央较薄。成熟红细胞除细胞膜外无细胞核及其他细胞器，不能进行核酸和蛋白质生物合成，没有线粒体氧化途径等代谢过程，糖酵解是其获得能量的唯一途径。

表 11-4　红细胞成熟过程中的代谢变化

代谢能力	有核红细胞	网织红细胞	成熟红细胞
分裂增殖能力	+	-	-
DNA 合成	+*	-	-
RNA 合成	+	-	-
RNA 存在	+	+	-

代谢能力	有核红细胞	网织红细胞	成熟红细胞
蛋白质合成	+	+	−
血红素合成	+	+	−
脂类合成	+	+	−
三羧酸循环	+	+	−
氧化磷酸化	+	+	−
糖酵解	+	+	+
戊糖磷酸途径	+	+	+*

注:"+","−"分别表示该途径有或无; *晚幼红细胞为"−"

（一）血红蛋白的生物合成

血红蛋白是红细胞中的主要成分，是由 4 个亚基组成的四聚体球状结合蛋白质，占红细胞内蛋白质总量的 95%，主要功能是运输氧气和二氧化碳。血红蛋白是在红细胞成熟之前合成的，先合成血红素（heme）和珠蛋白（globin），然后两者再缔合成血红蛋白。

1. 血红素合成 血红素（heme）是含铁卟啉化合物，卟啉由四个吡咯环组成，铁位于其中，血红素具有共轭结构，性质较稳定。血红素不仅是血红蛋白的辅基，也是肌红蛋白（myoglobin）、细胞色素（cytochrome）、过氧化氢酶（catalase）、过氧化物酶（peroxidase）的辅基，具有重要的生理功能。血红素可在体内多种组织细胞内合成。用于组成血红蛋白的血红素则主要在骨髓的幼红细胞和网织红细胞中合成，合成的起始和终末途径在线粒体，而中间过程则在细胞质中进行。

案例 11-2

患者，女性，40 岁，双手背和面部经常出现红斑、肿胀、疼痛和瘙痒 30 余年，日晒后症状加重，避免日晒则皮损消退，皮肤呈光敏感性增加。

体格检查：患者面部皮损呈蜡样光泽，皮肤科检查见前额、鼻部、口周红斑，皮肤纹理增粗，口周和鼻旁见放射状纹，手背部可见密集肤色粟粒大丘疹。患者尿液、粪便和血清 Wood 灯下呈浅粉色；腹部查体无压痛、反跳痛及腹肌紧张，腹部超声检查未见异常。

辅助检查（括号内为参考区间）：血红蛋白 128g/L（115~150g/L），血小板计数 119×10⁹/L [（125~350）×10⁹/L]。血液生化：谷丙转氨酶 300U/L（0~40U/L）、谷草转氨酶 216U/L（0~40U/L）、谷氨酰转肽酶 825U/L（0~58U/L）、总胆红素 33.40μmol/L（0~25μmol/L）、直接胆红素 14.80μmol/L（0~10μmol/L）、间接胆红素 18.6μmol/L（0~14μmol/L），尿酸在正常范围。患者手部皮疹皮肤镜可见黄白色的均质球状结构；将患者外周血、尿置于 Wood 灯下，呈淡粉色；外周血涂片检查电光源下见大量红细胞，荧光相见大量红细胞的红色荧光；组织病理示表皮角化过度，基底层色素增加，真皮内成纤维细胞增生，局部可见粉色团块状物质，弹力纤维变性；特殊染色：真皮内团块状物质 PAS(+)；刚果红(±)。基因检测结果示：亚铁螯合酶（ferrochelatase，FECH）基因 c.181C>T（p.Q61X）杂合变异和 IVS3-48C（T>C）。

临床初步诊断：卟啉病（porphyria）。

问题：

1. 试分析该患者的血红素合成过程具有什么异常？

2. 根据患者的症状体征和检查结果，制定治疗原则。

合成血红素的基本原料是甘氨酸、琥珀酰辅酶 A 和 Fe²⁺。其合成过程可分为四个步骤：

（1）δ-氨基-γ-酮戊酸（δ-aminolevulinic acid，ALA）的生成：在线粒体内，甘氨酸和琥珀酰辅酶 A 在 ALA 合酶的催化下，脱羧生成 δ-氨基-γ-酮戊酸。此酶是血红素生物合成的关键酶，辅酶是磷酸吡哆醛。

琥珀酰辅酶A　　　　　　　甘氨酸　　　　　　　　　　　　δ-氨基-γ-酮戊酸

（2）胆色素原的生成：ALA 生成后，从线粒体扩散到胞质中，在 ALA 脱水酶的催化下，2 分子 ALA 脱水生成 1 分子胆色素原。

ALA　　　　　　　　ALA　　　　　　　　　　胆色素原

（3）尿卟啉原Ⅲ及粪卟啉原Ⅲ的生成：在胞质中，4 分子胆色素原在胆色素原脱氨酶的催化下，脱氨生成线状四吡咯，然后经尿卟啉原Ⅲ同合酶催化生成尿卟啉原Ⅲ，尿卟啉原Ⅲ再经尿卟啉原Ⅲ脱羧酶催化，其 4 个乙酸基脱羧，生成粪卟啉原Ⅲ。线状四吡咯还可自发地环化生成尿卟啉原Ⅰ。

（4）血红素的生成：在胞质中生成的粪卟啉原Ⅲ扩散进入线粒体内，在粪卟啉原氧化脱羧酶的催化下，脱羧脱氢生成原卟啉原Ⅸ，再经原卟啉原Ⅸ氧化酶催化生成原卟啉Ⅸ，原卟啉Ⅸ和 Fe^{2+} 在亚铁螯合酶（ferrochelatase，FECH）的催化下，生成血红素（图 11-4）。

2. 血红蛋白的生成　血红素生成后从线粒体转运到胞质，与珠蛋白结合成为血红蛋白。正常人每天约合成 6g 血红蛋白，相当于 210mg 血红素。成人的血红蛋白由两条 α 链、两条 β 链组成，每条多肽链各结合一分子血红素（图 11-5）。编码人珠蛋白的基因有 α 族和 β 族两组，分别位于 16 和 11 号染色体上。

珠蛋白的合成与一般蛋白质相同，在珠蛋白合成后，一旦容纳血红素的空穴形成，立刻有血红素与之结合，并使珠蛋白折叠成最终的立体结构，再形成稳定的 αβ 二聚体，最后由两个二聚体构成有功能的 $\alpha_2\beta_2$ 四聚体血红蛋白。

■（二）血红素合成的特点及调节

血红素是含铁的卟啉化合物，卟啉由四个吡咯环组成，铁位于其中。由于血红素具有共轭结构，因此性质比较稳定。血红素不仅是血红蛋白的辅基，也是肌红蛋白（myoglobin）、细胞色素（cytochrome）、过氧化氢酶（catalase），过氧化物酶（peroxidase）的辅基，具有重要的生理功能。

1. 血红素合成的特点　血红素合成特点可归纳如下：①血红素合成的原料是琥珀酰辅酶 A、甘氨酸及 Fe^{2+} 等小分子物质，其中间产物主要是进行脱氢脱羧反应；②体内大多数组织细胞均有合成血红素的能力，但主要部位是肝与骨髓细胞，成熟红细胞不含线粒体，不能合成血红素；③血红素合成过程的亚细胞定位主要经过线粒体-细胞质-线粒体，这种定位对终产物血红素的反馈调节具有重要意义。

2. 血红素合成的调节　ALA 合酶是血红素合成的关键酶，血红素对此酶具有反馈抑制作用。血红素生成过多时，可自发地氧化成高铁血红素，高铁血红素一方面阻遏 ALA 合酶的合成，另

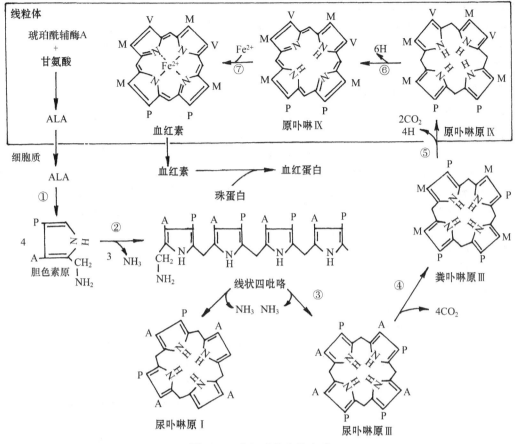

图 11-4　血红素的生物合成

A—CH₂COOH；P—CH₂CH₂COOH；M—CH₃；V—CHCH₂

① ALA 脱水酶；②胆色素原脱氨酶；③尿卟啉原Ⅲ同合酶；④尿卟啉原Ⅲ脱羧酶；⑤粪卟啉原氧化脱羧酶；
⑥原卟啉原氧化酶；⑦亚铁螯合酶

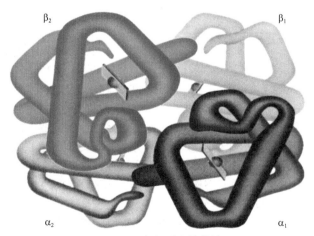

图 11-5　血红蛋白的结构

一方面又能强烈抑制此酶的活性，从而减少血红素的生成。磷酸吡哆醛是 ALA 合酶的辅酶，因此，维生素 B₆ 缺乏时血红素的合成减少。此外，铁对血红素的合成具有促进作用。

某些固醇类激素，如睾酮、雌二醇在体内的 5-β 还原物，能诱导 ALA 合酶的合成，从而促进血红素和血红蛋白的生成。临床可用丙酸睾酮及其衍生物治疗再生障碍性贫血。许多在肝中进行生物转化的物质（如致癌剂、药物、杀虫剂等）均可导致肝 ALA 合酶显著增加，因为这些物质的生物转化作用需要细胞色素 P450，后者的辅基是铁卟啉化合物，通过肝 ALA 合酶的增加，以适应生物转化的需要。细胞色素 P450 的生成要消耗血红素，使红细胞中血红素下降，故它们对 ALA 合酶的合成具有去阻遏作用。

（三）成熟红细胞的代谢特点

1. 能量代谢　成熟红细胞除质膜和胞质外，无其他细胞器，其代谢比一般细胞简单。主要供能物质是葡萄糖，成熟红细胞每天消耗 25～30g 葡萄糖，其中 90%～95% 进入糖酵解途径和甘油酸-2,3-二磷酸支路，5%～10% 进入磷酸戊糖途径。成熟红细胞因为没有线粒体，所以虽携带氧但自身并不消耗氧，糖酵解是其产生 ATP 的唯一途径。红细胞中存在催化糖酵解所需的全部酶，1 分子葡萄糖经酵解产生 2 分子的 ATP 和 2 分子的乳酸，通过糖酵解可使红细胞内 ATP 的浓度维持在 1.85×10^3 mol/L 水平，这些 ATP 对于维持红细胞的正常形态和功能具有重要意义。具体作用是：①维持红细胞膜上脂质与血浆脂蛋白中的脂质进行交换，这是红细胞膜上脂质更新的主要形式。尽管其机制还不清楚，但这种交换是耗能过程，因此缺少 ATP 时，其更新受阻，红细胞膜可塑性降低，硬度增加、易被破坏。②维持细胞膜上钠泵（Na^+,K^+-ATP 酶）的转运，钠泵通过消耗 ATP 将 Na^+ 泵出红细胞外、将 K^+ 泵入红细胞内，保持红细胞膜两侧的离子平衡以及细胞容积和双凹盘状的特定形态；如果红细胞糖酵解中的酶活性下降可引起 ATP 产量减少，从而使红细胞内外离子平衡失调，Na^+ 进入红细胞多于 K^+ 的排出，红细胞膨大成球形甚至破裂而发生溶血。③维持红细胞膜上钙泵（Ca^{2+}-ATP 酶）的运行，缺乏 ATP 时细胞内 Ca^{2+} 聚集并沉积在膜上，使膜失去柔韧性而趋于僵硬，降低变形能力。④少量 ATP 可用于谷胱甘肽、NAD^+ 等的生物合成，这些在红细胞代谢中都有重要意义。⑤用于葡萄糖的活化，启动糖酵解过程。

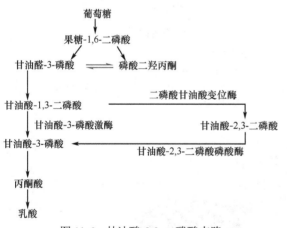

图 11-6　甘油酸-2,3-二磷酸支路

2. 甘油酸-2,3-二磷酸支路　红细胞内糖酵解过程中生成的甘油酸-1,3-二磷酸（1,3-BPG）有 15%～50% 可转变为 2,3-BPG，后者在磷酸酶的催化下脱磷酸变成甘油酸-3-磷酸而返回糖酵解。这一糖酵解的侧支循环称为甘油酸-2,3-二磷酸支路（2,3-BPG shunt）（图 11-6）。由于 2,3-BPG 对 BPG 变位酶的负反馈作用大于对甘油酸-3-磷酸激酶的抑制作用，所以红细胞中葡萄糖主要经糖酵解生成乳酸。又由于 2,3-BPG 磷酸酶活性较低，结果 2,3-BPG 的生成大于分解，在红细胞中 2,3-BPG 的浓度远远高于糖酵解其他中间产物。

　　红细胞内 2,3-BPG 的主要功能是调节血红蛋白的运氧功能。2,3-BPG 是一个负电性很高的分子，可与血红蛋白结合，结合部位在 Hb 分子 4 个亚基的对称中心孔穴内。2,3-BPG 的负电基团与孔穴侧壁的 2 个 β 亚基的正电基团形成盐键（图 11-7），使血红蛋白分子的紧密态构象更趋稳定，降低血红蛋白与 O_2 的亲和力。BPG 变位酶及 2,3-BPG 磷酸酶活性受血液 pH 调节，在肺泡毛细血管中，血液 pH 高，BPG 变位酶受抑制而 2,3-BPG 磷酸酶活性强，结果红细胞内 2,3-BPG 的浓度降低，有利于 Hb 与 O_2 结合；在外周组织毛细血管中，血液 pH 下降，2,3-BPG 的浓度升高，有利于 HbO_2 放氧，借此调节 O_2 的运输和利用。人在短时间内由海平面上升至高海拔处或高空时，可通过红细胞中 2,3-BPG 浓度的改变来调节组织的供 O_2 状况。

　　红细胞中无葡萄糖贮存，但含有较多的 2,3-BPG，它氧化时可生成 ATP，因此 2,3-BPG 也是红细胞中能量的贮存形式。

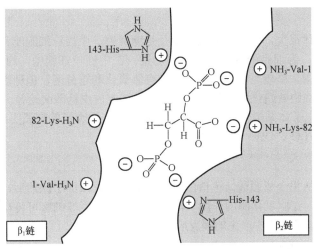

图 11-7　2,3-BPG 与血红蛋白的结合

3. 脂代谢　成熟红细胞缺乏完整的亚细胞结构，所以不能从头合成脂肪酸。成熟红细胞中的脂质几乎都位于细胞膜。红细胞通过主动摄取和被动交换不断与血浆进行脂质交换，以满足其膜脂质不断更新，维持其正常的脂类组成、结构和功能。

4. 氧化还原系统　红细胞中存在着一系列还原机制，它们具有对抗氧化剂，保护细胞膜蛋白、血红蛋白及酶蛋白不被氧化的作用，从而维持细胞的正常功能。

（1）谷胱甘肽-NADPH 还原系统：还原型谷胱甘肽（GSH）是一种强抗氧化剂，它能通过谷胱甘肽过氧化物酶还原体内生成的过氧化氢（H_2O_2），以消除后者对血红蛋白、酶和膜蛋白上的巯基的氧化作用，因而可以维持这些蛋白质处于还原状态，这对保持红细胞的正常功能和寿命有重要意义。GSH 在谷胱甘肽过氧化物酶的作用下，将 H_2O_2 还原成水，而自身被氧化成氧化型谷胱甘肽（GSSG）。后者又在谷胱甘肽还原酶的作用下，从 NADPH 接受氢而重新被还原为 GSH（图 11-8）。

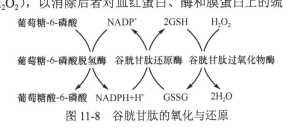

图 11-8　谷胱甘肽的氧化与还原

反应中 NADPH 来源于戊糖磷酸途径，如果此途径功能低下，如葡萄糖-6-磷酸脱氢酶缺陷的患者，其红细胞中 NADPH 生成受阻，GSH 减少，含巯基的膜蛋白和酶等得不到保护，容易发生溶血。

（2）高铁血红蛋白的还原：由于各种氧化作用，细胞内经常有少量高铁血红蛋白（methemoglobin，MHb）产生。但因红细胞中有一系列酶促及非酶促的 MHb 还原系统，故正常红细胞内 MHb 只占 Hb 总量的 1%～2%。MHb 分子中的铁是三价铁，不能带氧。但红细胞内有 NADH-高铁血红蛋白还原酶及 NADPH-高铁血红蛋白还原酶，它们都能催化 MHb 还原成 Hb。另外，GSH、抗坏血酸也能直接还原 MHb。上述高铁血红蛋白的还原反应中，以 NADH-高铁血红蛋白还原酶反应最为重要，约占其总反应的 60%。红细胞中糖酵解过程中生成的 NADH 主要用于丙酮酸的还原，还原 MHb 所需的 NADH 主要来自糖酵解途径，它是红细胞中提供 NADH 的主要途径。

二、白细胞代谢

人体白细胞包括粒细胞（中性粒细胞、嗜酸性粒细胞、嗜碱性粒细胞）、淋巴细胞和单核巨噬细胞三大系统，主要功能是抵抗外来病原微生物的入侵。白细胞代谢与白细胞的功能密切相关，这里只扼要介绍粒细胞和单核巨噬细胞的代谢。

（一）糖代谢

粒细胞中的线粒体很少，主要的糖代谢途径是糖酵解。中性粒细胞能利用外源性的糖和内源性的糖原进行糖酵解，为细胞的吞噬作用提供能量。在中性粒细胞中，约有 10% 的葡萄糖通过戊糖磷酸途径进行代谢。单核巨噬细胞虽能进行有氧氧化和糖酵解，但糖酵解仍占很大比重。中性粒细胞和单核巨噬细胞被趋化因子激活后，可启动细胞内戊糖磷酸途径，产生大量的 NADPH，经 NADPH 氧化酶递电子体系可使 O_2 接受单电子还原，产生大量的超氧阴离子（$O_2 \cdot^-$），超氧阴离子再进一步转变成 H_2O_2、$OH \cdot$ 等，发挥杀菌作用。

（二）脂代谢

中性粒细胞不能从头合成脂酸。单核巨噬细胞受多种刺激因子激活后，可将花生四烯酸转变成血栓素和前列腺素。在脂氧化酶的作用下，粒细胞和单核巨噬细胞可将花生四烯酸转变为白三烯，白三烯是速发型过敏反应中产生的慢反应物质。

（三）蛋白质和氨基酸代谢

粒细胞中的氨基酸浓度较高，特别是组氨酸脱羧后的代谢产物组胺的含量尤其多，组胺释放后参与白细胞激活后的变态反应。成熟粒细胞缺乏内质网，因此蛋白质的合成量极少；单核巨噬细胞具有活跃的蛋白质代谢，能合成各种细胞因子、酶和补体。

（廖之君）

思 考 题

1. 成熟红细胞的代谢有什么特点？简述其生理意义。
2. 成熟红细胞中 ATP 有哪些生理功能？
3. 试述血红素合成的特点。
4. 红细胞中 2,3-BPG 如何调节血红蛋白携氧功能？
5. 血浆蛋白质有几种分类方法？试述血浆蛋白质的生理功能。

第十二章 肝的生物化学

正常成年人肝重量为 1~1.5kg，占体重的 2.5%，是人体最大的实质性器官，也是体内最大的腺体。肝因其畅通的运输通路和独特的形态结构及化学组成，几乎参与了体内各类物质如糖、脂、蛋白质、维生素、激素的代谢，故有"人体最大化工厂"之称。此外，肝还参与非营养物质的生物转化、胆汁酸代谢及胆色素代谢。

第一节 肝的解剖结构特点及其生物化学功能

人体肝约有 $2.5×10^{11}$ 个肝细胞，组成 50 万~100 万个肝小叶，肝小叶是肝结构与功能的基本单位，具有肝的全部功能。肝复杂的生理功能是与其特殊的形态结构和化学组成特点密切相关的。

一、肝的结构组成

（一）肝具有肝动脉和门静脉双重血液供应

肝动脉可为肝细胞提供充足的氧，门静脉则提供由肠道吸收的大量营养物质，从而为肝执行多种生理功能奠定了重要物质基础（图 12-1）。

（二）肝具有丰富的肝血窦

肝动脉和门静脉入肝后经反复分支，最后均进入肝血窦。血窦增大了血液与肝细胞的接触面，且窦中血流速率缓慢，可有利于肝细胞与血液进行充分的物质交换。

（三）肝细胞含有丰富的细胞器

肝细胞比其他组织细胞具有更多的内质网、线粒体、微粒体、溶酶体、过氧化物酶体等亚细胞结构，为肝进行活跃的蛋白质合成、生物氧化、生物转化等代谢提供了结构保证和能量保证。

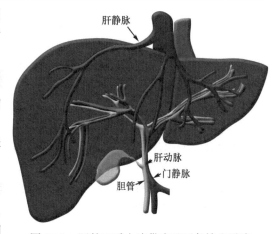

图 12-1 肝的双重血液供应及两条输出通路

（四）肝细胞含有丰富的酶体系

肝细胞内酶的种类有数百种，有些甚至是肝所独有或其他组织含量极少的，如合成尿素和酮体的酶系几乎仅存在于肝。丰富的酶体系是肝进行各类物质代谢的重要基础。

（五）肝具有肝静脉和胆道系统两条输出通路

肝静脉与体循环相连，可将肝内的代谢产物运输到其他组织利用，或经肾排出体外。胆道系统与肠道相通，将肝分泌的胆汁酸排入肠道，帮助脂类消化吸收，同时也排出一些代谢废物。

二、肝在机体物质代谢中的作用

肝在物质代谢中的重要作用主要体现在糖、脂质、蛋白质、维生素、激素等物质的代谢方面。

（一）肝在糖代谢中的作用

1. 肝是维持血糖水平相对恒定的重要器官 肝主要通过肝糖原合成、肝糖原分解及糖异生三方面的调节，维持血糖的相对恒定，以确保全身各组织，尤其是大脑和红细胞的能量供应。肝细胞膜分布有葡萄糖转运蛋白2（glucose transporter 2，GLUT2），可使肝细胞内的葡萄糖浓度与血糖浓度保持一致。饱食状态下血糖浓度升高，肝细胞迅速摄取血中葡萄糖，并将其合成为肝糖原储存起来，肝糖原可达75～100g，占肝重的5%～6%。空腹时血糖浓度降低，此时肝糖原分解增强，在肝所特有的葡萄糖-6-磷酸酶作用下分解为葡萄糖，补充血糖。饥饿12～18小时肝糖原几乎耗尽，此时肝通过加强糖异生作用，将甘油、乳酸、丙酮酸、生糖氨基酸等非糖物质转变为葡萄糖，维持血糖的正常水平。空腹24～48小时后，糖异生的主要原料来自肌肉蛋白质分解的氨基酸，此时肝还通过增加酮体的合成供脑组织利用，以节约葡萄糖。

2. 肝是人体内糖转变为脂类物质的主要场所 因肝储存糖原量有限，当大量葡萄糖进入肝，肝可将过多的糖转化为脂肪或胆固醇，合成的脂肪不贮存在肝内，而主要与磷脂和载脂蛋白合成VLDL，以VLDL形式输送到全身其他组织利用或贮存。

3. 肝细胞内的糖代谢是肝内核酸、脂质、蛋白质代谢及生物转化等正常进行的重要保证 首先，葡萄糖通过戊糖磷酸途径生成磷酸核糖及NADPH，可为核酸合成提供原料，同时还为肝的生物转化、脂肪酸及胆固醇的合成提供足量的NADPH。其次，肝细胞通过加强肝糖原合成，减少饥饿状态下的糖异生，可避免过多消耗氨基酸，保证足够的氨基酸参与蛋白质的合成。最后，肝细胞内的葡萄糖可通过糖醛酸途径生成UDP-葡萄糖醛酸，其作为重要的结合剂参与肝生物转化作用，处理非营养物质。

轻度肝损伤很少出现糖平衡紊乱，而当肝严重损伤时，肝对血糖的调节能力下降，造成肝糖原贮存减少、糖异生作用障碍等，则易出现空腹低血糖及餐后高血糖现象。

（二）肝在脂质代谢中的作用

肝在脂质的消化、吸收、分解、合成和运输中都起着重要的作用，是脂质代谢的中心。

1. 分泌胆汁，促进脂质的消化和吸收 肝分泌的胆汁中含有胆汁酸盐，肝将胆固醇转变为胆汁酸盐是体内胆固醇的主要去路。胆汁酸盐是一种表面活性物质，可乳化食物中的脂类物质，促进脂质（包括脂溶性维生素）的消化吸收。肝损伤时，肝分泌胆汁酸能力下降，胆管阻塞时，胆汁排出障碍，均可导致脂质的消化吸收不良，产生厌油腻和脂肪泻等临床症状。

2. 肝在脂质的合成、运输方面起着重要作用 饱食状态下，肝将大量过剩的葡萄糖分解为乙酰CoA并转化为脂肪酸，进一步合成甘油三酯，这是内源性甘油三酯的主要来源。肝还是人体中合成胆固醇及磷脂的重要器官，是血液中胆固醇及磷脂的主要来源，肝合成的胆固醇占全身合成胆固醇总量的80%以上。此外，肝还可合成分泌卵磷脂-胆固醇酰基转移酶（LCAT），催化血液中游离胆固醇转化为胆固醇酯。肝将合成的甘油三酯、磷脂、胆固醇、胆固醇酯等脂类物质与载脂蛋白形成VLDL和新生的HDL，并分泌入血，它们是血浆甘油三酯和胆固醇等的重要运输形式。

3. 肝在脂质的分解方面也发挥了重要作用 肝是脂肪酸β氧化最为活跃的器官之一，肝生命活动所需的大部分能量由脂肪酸β氧化分解提供。在空腹或饥饿状态下，肝内脂肪酸β氧化产生酮体。酮体是肝向肝外组织输出脂类能源的一种形式，供肝外组织尤其是脑和肌肉等氧化利用。

4. 肝在调节机体胆固醇代谢平衡方面起重要作用 肝是合成胆固醇的主要器官，其合成量占全身合成总量的3/4以上。同时，肝具有很强的处理胆固醇能力，肝是转化及排出胆固醇的主要器官，胆汁酸的生成是肝降解胆固醇最重要的途径。肝能通过apoE受体、LDL受体和HDL受体从血液中摄取外源性胆固醇，内源性胆固醇和肝外组织多余胆固醇，将其转化为胆汁酸，经胆道排出。

肝细胞损伤（如肝炎、肝癌等肝病）时，由于脂类消化吸收障碍，会产生厌油腻和脂肪泻等临床症状。而当人体大量摄入脂质，肝合成甘油三酯的量超过其合成与分泌VLDL的能力时，导致甘油三酯在肝内堆积，出现脂肪肝。

（三）肝在蛋白质代谢中的作用

1. 肝在蛋白质合成尤其是血浆蛋白合成代谢中发挥重要作用　肝不仅合成大量蛋白质以满足自身结构和功能的需要，还合成大量蛋白质分泌入血，以满足机体需要。除 γ 球蛋白外，几乎所有的血浆蛋白均来自于肝，如清蛋白、凝血因子、纤维蛋白原及各种载脂蛋白（apoA、apoB、apoC、apoE）等。血浆清蛋白是血浆中的主要蛋白质成分，肝细胞合成清蛋白的能力很强且极迅速，从合成到分泌的全过程仅需 20～30 分钟。正常成人每天肝大约合成 12g 清蛋白，几乎占肝合成蛋白质总量的 25%。血浆清蛋白除了作为许多脂溶性物质（如游离脂肪酸，胆红素等）的非特异性运输载体外，在维持血浆胶体渗透压方面亦起重要作用。严重肝功能损伤患者，因清蛋白合成减少，血浆胶体渗透压降低，出现水肿或腹水。患者同时还会出现清蛋白与球蛋白比值（A/G）下降，甚至倒置，此种变化临床上可作为严重慢性肝细胞损伤的辅助诊断指标。肝也合成血浆蛋白质中的多种凝血因子（如纤维蛋白原、凝血酶原、凝血因子Ⅷ、凝血因子Ⅸ、凝血因子Ⅹ等），因此肝功能损伤常导致血液凝固功能障碍。另外，胚胎期肝可合成甲胎蛋白（α-fetoprotein，α-AFP），胎儿出生后其合成受到抑制，正常人血浆中很难检出。原发性肝癌细胞中 AFP 基因的表达失去阻遏，血浆中可再次检出此种蛋白质，对肝癌诊断具有一定意义。

2. 肝在蛋白质的分解代谢中也起着重要作用　肝含有丰富的与氨基酸分解代谢有关的酶类，由蛋白质消化吸收和组织蛋白质水解产生的氨基酸，很大部分极迅速地被肝细胞摄取，经转氨基、脱氨基、转甲基、脱硫及脱羧基等作用转变为酮酸或其他化合物，进一步经糖异生作用转变为糖或氧化分解。所以肝也是氨基酸分解代谢的重要器官。除亮氨酸、异亮氨酸及缬氨酸这三种支链氨基酸主要在肝外组织（如肌肉组织）进行分解代谢外，其余氨基酸，特别是酪氨酸、苯丙氨酸和色氨酸等芳香族氨基酸，都主要在肝中进行分解代谢，所以当肝功能障碍时，会引起血中多种氨基酸含量升高，甚至从尿中丢失。肝的丙氨酸氨基转移酶的活性显著高于其他组织，故肝细胞膜通透性增强（如急性肝炎）时，大量细胞内酶类逸出。血浆谷丙转氨酶活性异常增高是肝病的诊断指标之一。

3. 肝是氨和胺类物质解毒的重要器官　肝的一个重要功能是将氨基酸分解产生的有毒氨通过鸟氨酸循环合成尿素以解毒；另外，肠道腐败产生的芳香胺类有毒物质吸收入血后也主要在肝内进行生物转化，减低毒性。肝是处理氨基酸代谢产物的重要器官。无论是肝自身或其他组织氨基酸代谢产生的氨，还是由肠道细菌腐败作用产生并吸收入血的氨，都可由肝通过鸟氨酸循环合成尿素，这是体内处理氨的主要方式。体内与鸟氨酸循环有关的酶主要存在于肝细胞内，而且活性极强，所以肝细胞损伤时，血中与鸟氨酸循环有关的酶，如鸟氨酸氨甲酰基转移酶和精氨酸代琥珀酸合成酶的活性都可增高，测定这些酶在血清中的活性也有助于肝病的诊断。当严重肝功能受损时，肝尿素合成障碍引起血氨过高，可导致肝性脑病的发生。另外，肠道腐败作用产生的芳香胺类有毒物质吸收入血后也主要在肝内进行生物转化，减低毒性。肝功能不全或门-静脉侧支循环形成时，腐败作用产生的芳香胺类物质不能被及时清除，通过血脑屏障进入脑组织，可经羟化生成假神经递质 β-羟酪胺和苯乙醇胺，取代或干扰儿茶酚胺类神经递质的正常作用，使大脑发生异常抑制，是导致肝性脑病的另一可能生化机制。此外，肝功能障碍引起血中芳香族氨基酸堆积，它们通过血脑屏障的量异常增高，致脑内各种神经递质代谢失衡，这也与肝性脑病的发生有一定关系。

（四）肝在维生素代谢中的作用

1. 肝在维生素的吸收方面具有重要作用　肝合成和分泌的胆汁酸盐在促进脂类消化的同时，亦有助于脂溶性维生素的吸收。肝胆疾病将导致脂溶性维生素吸收障碍。严重肝病变影响维生素 K 的吸收利用，易出现出血倾向。

2. 肝在维生素的贮存、运输等方面发挥重要作用　肝是体内贮存维生素 A、K、B_1、B_2、B_6、B_{12}、PP、泛酸、叶酸等的主要场所。肝中维生素 A 的含量占体内总量的 95%，因此用动物肝治疗维生素 A 缺乏症——夜盲症具有较好疗效。肝几乎不储存维生素 D，但具有合成维生素 D 结合蛋白质的能力，血浆中 85% 的维生素 D 及其代谢物主要通过与维生素 D 结合蛋白质结合而在血液中运输。因此当肝严重疾患时，维生素 D 结合蛋白质合成不足，可导致血浆总维生素 D 代谢物水平降低。

3. 肝在维生素的转化方面也具有重要作用　肝可将 β-胡萝卜素（维生素 A 原）转化为维生素 A；将维生素 D_3 转化为 25-OH-D_3，以便于进一步形成有活性的 1,25-$(OH)_2$-D_3；将维生素 B_1 转变为硫胺素焦磷酸（TPP）；将维生素 B_2 转变为 FMN、FAD；将维生素 PP 转变为辅酶 Ⅰ（NAD^+）和辅酶 Ⅱ（$NADP^+$）；将泛酸转变为辅酶 A（CoA）；将维生素 B_6 转变为磷酸吡哆醛等，这些维生素活性形式对机体的物质代谢起着重要作用。另外，肝还可利用维生素 K 合成凝血因子 Ⅱ、Ⅶ、Ⅸ、Ⅹ 等。

（五）肝在激素代谢中的作用

肝主要参与激素的灭活与排泄。激素在发挥调节作用后降解或失去活性的过程称为激素的灭活（inactivation of hormone）。肝是激素灭活的主要器官，许多激素在肝分解转化而失去活性，如雌激素、醛固酮可在肝内与葡萄糖醛酸或硫酸等结合剂结合而灭活；抗利尿激素可在肝内水解灭活。肝功能障碍时，激素灭活能力下降，血中相应激素水平升高，会导致某些临床症状。例如，肝受损时，雌激素水平升高，可出现男性乳房发育、肝掌和蜘蛛痣；肾上腺皮质激素和醛固酮水平升高，引起高血压、水钠潴留；抗利尿激素水平升高，使重症肝病患者出现水肿或腹水。

第二节　肝的生物转化作用

一、生物转化的概念和生理意义

（一）生物转化的概念

1. 生物转化的概念　生物转化（biotransformation）是指进入生物体内的外源物质（包括药物、毒物等）或内源代谢中间物通过肝脏等进行多种化学变化，主要是降低毒性、增加水溶性使其易于排出体外的过程。

2. 生物转化的对象——非营养物质　体内需进行生物转化的非营养物质可按来源分为内源性和外源性两大类。内源性非营养物质包括体内物质的代谢产物或中间物（如胺类、胆红素等）及发挥生理作用后有待灭活的生物活性物质（如激素、神经递质等）；外源性非营养物质是指人在日常生产、生活过程中不可避免接触的异源物（xenobiotics），如药物、环境化学污染物、食品添加剂、毒物及肠道吸收的腐败产物吲哚、硫化氢等。这些物质既不能作为构建组织细胞的成分，又不能作为能源物质，其中一些物质对机体还具有一定生物学效应或潜在毒性作用，长期蓄积对人体有害。除少数水溶性非营养物质可直接以原形经胆汁或尿排出外，绝大部分非营养物质需经过生物转化及时排出体外，以保证机体生理功能的正常进行。

3. 生物转化的主要部位——肝　肝细胞的细胞质（cytoplasm）、微粒体、线粒体等亚细胞结构内分布着丰富的生物转化酶类，肝是生物转化的主要器官，其生物转化能力最强。但肝并不是机体进行生物转化的唯一部位，肾、胃、肠、肺、皮肤、胎盘等组织也具有一定能力的生物转化作用。

（二）生物转化的生理意义

生物转化作用的主要生物学意义在于：机体通过对非营养物质进行生物转化，增加其水溶性或极性，使之易于随尿液或胆汁排出体外。一般而言，大部分非营养物质经过生物转化过程后，其生物学活性（或毒性）会降低或消失，对机体是一种保护作用。但生物转化作用并不都是解毒作用，有的物质经过生物转化后，其毒性或生物活性反而增加。如发霉的谷物、花生常含有黄曲

霉毒素 B_1，黄曲霉毒素 B_1 在体内经过生物转化后转变为环氧黄曲霉毒素 2,3-环氧化物，后者可与 DNA 分子中鸟嘌呤结合引起 DNA 突变，成为导致原发性肝癌发生的重要危险因素。有些药物如百浪多息、水合氯醛、环磷酰胺和中药大黄等则需经过生物转化作用后才能成为具有活性的药物。因此，生物转化作用具有解毒与致毒的双重性。

二、生物转化的两相反应

肝的生物转化反应非常复杂，可分为两相反应：第一相反应包括氧化（oxidation）、还原（reduction）和水解（hydrolysis）反应。非营养物质通过第一相反应，分子中的某些非极性基团转变为极性基团，水溶性增强；第二相反应为结合反应（conjugation），可使极性较弱的物质与葡萄糖醛酸、硫酸等极性更强的物质结合，增强其在水中的溶解度。许多非营养物质经过第一相反应即可排出体外；但有些物质经过第一相反应后极性或水溶性改变不明显，还需要经过第二相反应后才能最终排出体外；还有些非营养物质也可不经过第一相反应而直接进入第二相反应（图 12-2）。实际上，许多物质需要连续进行几种反应类型才能实现生物转化的目的。肝内参与生物转化作用主要的酶类列于表 12-1。

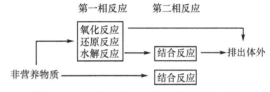

图 12-2 非营养物质生物转化的两相反应

表 12-1 参与生物转化作用的酶类

酶类	反应底物	辅酶或结合物	细胞内定位
第一相反应			
氧化酶类			
单加氧酶系	烷烃（RH）	$NADPH+H^+$、O_2、细胞色素 P450	微粒体
胺氧化酶	胺类	黄素辅酶	线粒体
脱氢酶类	醇或醛	NAD^+	细胞液或线粒体
还原酶类			
硝基还原酶	硝基化合物	$NADH+H^+$ 或 $NADPH+H^+$	微粒体
偶氮还原酶	偶氮化合物	$NADH+H^+$ 或 $NADPH+H^+$	微粒体
水解酶类	酯类、酰胺类或糖苷类		细胞液或微粒体
第二相反应			
葡萄糖醛酸转移酶	含羟基、巯基、氨基、羧基化合物	活性葡萄糖醛酸（UDPGA）	内质网
硫酸基转移酶	苯酚、醇、芳香胺类	活性硫酸（PAPS）	细胞液
谷胱甘肽-S-转移酶	芳香胺、胺、氨基酸	谷胱甘肽（GSH）	细胞液与微粒体
乙酰转移酶	环氧化物、卤化物等	乙酰辅酶 A	细胞液
酰基转移酶	芳胺化合物	甘氨酸	线粒体
甲基转移酶	含羟基、氨基、巯基化合物	S-腺苷蛋氨酸（SAM）	细胞液与微粒体

（一）第一相反应——氧化、还原和水解反应

大多数药物、毒物等非营养物质进入肝细胞后经过第一相反应可增加极性基团，利于排泄。

1. 氧化反应 是第一相反应中最主要的反应类型。肝细胞微粒体、线粒体及细胞液中均分布着参与氧化反应的多种氧化酶系。

（1）单加氧酶系（monooxygenase）：在生物转化的氧化反应中最为重要。它以存在于微粒体中的细胞色素 P450（cytochrome P450 monooxygenase，CYP）为传递体。这类酶催化多种脂溶性物质接受分子氧中的一个氧原子，生成羟基化合物、环氧化合物以及其他含氧的化合物。许多这样的产物很不稳定，可进一步经过分子重排、断链或其他反应而形成多种产物。细胞色素 P450 酶类至少有 14 个酶家族，人体组织含 30～60 种。单加氧酶催化的基本反应可用下式表示：

$$RH+O_2+NADPH+H^+ \longrightarrow ROH+NADP^++H_2O$$

单加氧酶系的生理意义：①单加氧酶系是目前已知底物最广泛的生物转化酶类，是肝中代谢药物和毒物的非常重要的酶系，可催化烷烃、芳香烃和氨基氮等多种非营养物质进行羟化反应，使其溶解度增大而易排出体外。②它还参与体内物质代谢的羟化过程，如维生素 D_3 的活化（羟化）、胆汁酸及类固醇激素合成过程中所需的羟化等。应该指出的是，有些细胞色素 P450（如 CYP1A1）主要参与环氧芳香烃类化合物代谢，在肿瘤发生中起重要作用。如肺癌发生过程中，吸烟吸入的环氧芳香烃类化合物是致癌剂前体，被 CYP1A1 转变为活性致癌物。

苯巴比妥类药物可诱导单加氧酶系的合成，由于该酶系特异性差，多种不同底物可由同一种单加氧酶系催化，因此长期服用巴比妥类药物会造成人体对异戊巴比妥、氨基比林等多种药物的转化及耐受能力亦同时增强。又如口服避孕药的妇女，如果同时服用利福平，由于利福平是细胞色素 P450 的诱导剂，可使其氧化作用增强，加速避孕药的排出，降低避孕药的效果。

（2）单胺氧化酶：单胺氧化酶（monoamine oxidase，MAO）是另一类重要的生物转化氧化酶，定位于肝细胞线粒体，催化胺类物质氧化脱氨生成相应的醛类物质：

$$\underset{\text{胺}}{RCH_2NH_2}+O_2+H_2O \longrightarrow \underset{\text{醛}}{RCHO}+NH_3+H_2O_2$$

生成的醛类物质受细胞质中的醛脱氢酶催化脱氢而氧化成酸。

肠道腐败作用产生的胺类物质（如组胺、酪胺、尸胺、腐胺等）及一些肾上腺素能药物（如 5-羟色胺、儿茶酚胺等）均可经此氧化脱氨方式进行处理，丧失生物活性，最终排出体外。

（3）脱氢酶：醇脱氢酶（alcohol dehydrogenase，ADH）定位于肝细胞的细胞液，醛脱氢酶（aldehyde dehydrogenase，ALDH）定位于肝细胞线粒体或细胞液。它们均以 NAD^+ 为辅酶，醇脱氢酶可催化醇类氧化生成相应的醛，后者在醛脱氢酶催化下进一步氧化生成相应的酸类。

$$\underset{\text{醇}}{RCH_2OH}+NAD^+ \xrightarrow{\text{醇脱氢酶}} \underset{\text{醛}}{RCHO}+NADH+H^+$$

$$\underset{\text{醛}}{RCHO}+NAD^++H_2O \xrightarrow{\text{醛脱氢酶}} \underset{\text{酸}}{RCOOH}+NADH+H^+$$

乙醇（ethanol）在日常生活中广为人类所饮用。饮入人体内的乙醇有 2%～10% 不经转化直接从肺呼出或随尿排出，其余大部分需在肝进行生物转化。肝内存在多种氧化乙醇的酶，主要是醇脱氢酶和醛脱氢酶，它们将乙醇氧化为乙酸，最终分解成 CO_2 和 H_2O。

$$\underset{\text{乙醇}}{CH_3CH_2OH} \xrightarrow{\text{醇脱氢酶}} \underset{\text{乙醛}}{CH_3CHO} \xrightarrow{\text{醛脱氢酶}} \underset{\text{乙酸}}{CH_3COOH} \xrightarrow{\text{氧化脱羧}} CO_2+H_2O$$

人体内参与乙醇代谢的醇脱氢酶主要有 ADH-Ⅰ、ADH-Ⅱ、ADH-Ⅲ三种类型，其中 ADH-Ⅰ 对乙醇具有最高亲和力，ADH-Ⅱ 其次，ADH-Ⅲ 的亲和力最小。长期饮酒可使人肝细胞的内质网增殖，大量饮酒或慢性乙醇中毒可启动肝微粒体乙醇氧化系统（microsomal ethanol oxidizing system，MEOS），使其活性增加 50%～100%。MEOS 只在血中乙醇浓度很高时起作用，此时体内的乙醇约 50% 经 MEOS 代谢，另约 50% 经 ADH 氧化。MEOS 是乙醇-P450 单加氧酶，辅酶为 NADPH，其催化生成的产物是乙醛。值得注意的是，乙醇诱导 MEOS 不但不能使乙醇氧化产生 ATP，同时还增加肝对氧和 NADPH 的消耗，而且还催化脂质过氧化产生羟乙基自由基，羟乙基自由基可进一步促进脂质过氧化，引发肝损伤。ADH 与 MEOS 的细胞定位与特性见表 12-2。

表 12-2　ADH 与 MEOS 之间的比较

	ADH	MEOS
肝细胞内定位	细胞液	微粒体
底物与辅酶	乙醇、NAD^+	乙醇、NADPH、O_2
对乙醇的 K_m 值	2mmol/L	8.6mmol/L
乙醇的诱导作用	无	有
与乙醇氧化相关的能量变化	$NADH+H^+$ 经氧化磷酸化释放能量	耗能

乙醇经上述两种代谢途径氧化均生成乙醛，90% 以上的乙醛在 ALDH 的催化下氧化为乙酸。人群中 ALDH 有三种基因型：正常纯合子型、无活性纯合子型和两者的杂合子型。正常纯合子 ALDH 活性正常，无活性纯合子完全缺乏 ALDH 活性，杂合子部分缺乏 ALDH 活性，东方人这三种基因型的分布比例是 45∶10∶45。当饮入少量乙醇（0.1g/kg 体重）时，无活性纯合子人血中乙醛浓度明显升高（杂合子和正常纯合子不明显）；饮入中等量乙醇（0.8g/kg 体重）时，无活性纯合子和杂合子人血中乙醛浓度均明显升高（正常纯合子不明显）。乙醛对人体具有毒性作用，在体内蓄积引起血管扩张、面部潮红、心动过速、脉搏加快等反应，并增加肝损伤的危险。

2. 还原反应　肝细胞微粒体中含有的还原酶主要是硝基还原酶（nitroreductase）和偶氮还原酶（azoreductase）两类，它们可接受 NADPH 的氢，将硝基化合物和偶氮化合物还原成胺类。

常见的硝基类化合物有食品防腐剂、工业试剂等，偶氮类化合物则常见于食品色素、化妆品、纺织与印刷工业制品等，有些可能是前致癌物。这些物质进入人体内后，主要在肝还原酶催化下还原为相应胺类，再进一步转化，最终排出体外。例如，硝基苯在硝基还原酶催化下，经多次氢化还原为苯胺；偶氮苯经偶氮还原酶催化还原生成苯胺，生成的苯胺再在单胺氧化酶的作用下生成相应的醛，后者又在醛脱氢酶催化下生成相应的酸。

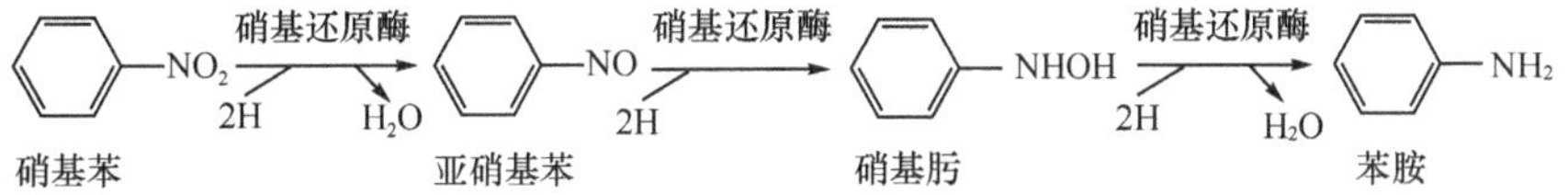

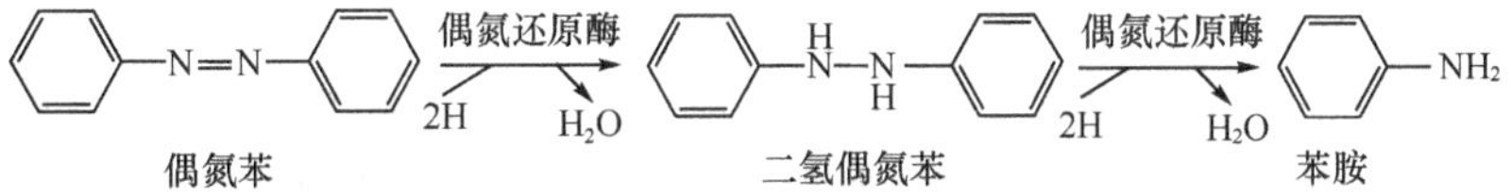

硝基苯　　　亚硝基苯　　　硝基肟　　　苯胺

偶氮苯　　　二氢偶氮苯　　　苯胺

氯霉素、海洛因等少数物质也能进行还原反应。此外，催眠药三氯乙醛也可在肝还原为三氯乙醇，从而失去催眠作用。

3. 水解反应　水解酶定位于肝微粒体与细胞液中，如酯酶、酰胺酶和糖苷酶等，可催化酯类、酰胺类及糖苷类化合物水解。大多数物质通过水解反应后生物学活性减弱或丧失，但也有少数呈现活性。例如，麻醉药普鲁卡因在肝经水解反应失去药理作用，而阿司匹林（乙酰水杨酸）则需经酯酶水解生成水杨酸后才能起镇痛解热作用。另外，这些水解产物通常还需进一步经其他反应（特别是结合反应）才能排出体外。如阿司匹林的水解产物水杨酸，还需与葡萄糖醛酸进行结合反应，增强其水溶性，最终得以排出体外。

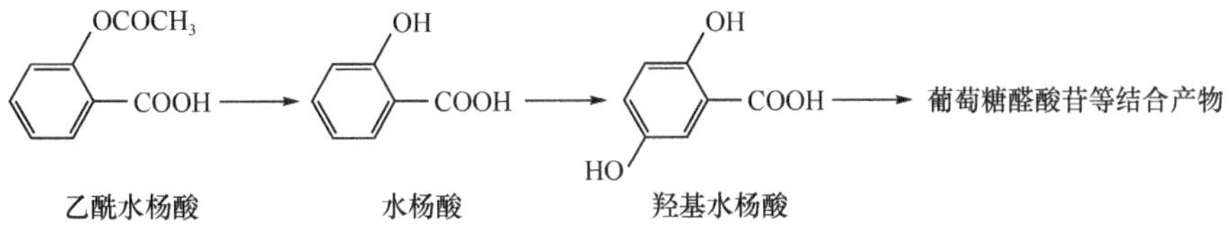

乙酰水杨酸　　　水杨酸　　　羟基水杨酸

（二）第二相反应——结合反应

结合反应是体内最重要的生物转化方式。肝细胞微粒体、细胞质或线粒体内含有许多催化结合反应的酶类。含有羟基、羧基或氨基的非营养物质可在肝细胞内与某种极性较强的物质结合，既增强了水溶性，又掩盖了其原有的功能基团，使之失去生物学活性（或毒性），易于排出体外。参加结合反应的物质有葡萄糖醛酸、硫酸、乙酰基、谷胱甘肽、甲基、甘氨酸、谷氨酰胺、硫代硫酸基等，尤其以葡萄糖醛酸的结合反应最为普遍。

1. 葡萄糖醛酸结合反应　葡萄糖醛酸结合是最普遍存在的结合反应。据研究，有数千种亲脂的内源物和异源物可与葡萄糖醛酸结合。葡萄糖醛酸的活化形式为尿苷二磷酸葡萄糖醛酸（uridine diphosphate glucuronic acid，UDPGA），它由糖代谢过程产生的尿苷二磷酸葡萄糖（UDPG）在肝氧化生成。

$$\text{尿苷二磷酸葡萄糖+NAD}^+ \xrightarrow{\text{UDPG 脱氢酶}} \text{尿苷二磷酸葡萄糖醛酸+NADH+H}^+$$
$$\text{（UDPG）} \qquad\qquad\qquad \text{（UDPGA）}$$

肝细胞微粒体的 UDP-葡萄糖醛酸转移酶（UDP-glucuronyl transferase，UGT），能以尿苷二磷酸葡萄糖醛酸（UDPGA）为供体，将葡萄糖醛酸基转移到多种含极性基团（如—OH、—NH$_2$、—COOH、—SH 等）的化合物分子上，形成相应的葡萄糖醛酸苷，使其极性增加且易排出体外。例如，类固醇激素、胆红素、吗啡和苯巴比妥类药物等均可在肝与葡萄糖醛酸结合进行生物转化，继而排出体外。临床上用肝泰乐（葡萄糖酸内酯）治疗肝病，也是基于其作为葡萄糖醛酸类制剂可增强肝的生物转化作用，促进体内非营养物质的代谢转变。

UDP-葡萄糖醛酸　异源物　　　　　　　　葡萄糖醛酸苷

2. 硫酸结合反应　这也是一种常见的结合反应。肝细胞的细胞液中含有活泼的硫酸基转移酶（sulfotransferase，SULT），它以 3'-磷酸腺苷-5'-磷酰硫酸（3'-phospho-adenosine-5'-phospho-sulfate，PAPS）为活性硫酸供体，催化硫酸基转移到类固醇、酚、醇或芳香胺等物质上，形成硫酸酯类化合物，使其活性或毒性丧失，水溶性增强，易排出体外。如雌酮与硫酸结合生成雌酮硫酸酯而灭活。

+PAPS $\xrightarrow{\text{SULT}}$ +PAP

雌酮　　　　　　　　　　　　　　　雌酮硫酸酯

3. 乙酰基结合反应　乙酰化是胺类化合物重要的转化反应。乙酰辅酶 A 提供活化的乙酰基，肝细胞的细胞液中富含乙酰转移酶（acetyltransferase），可催化各种芳香族和脂肪族胺类或氨基酸的氨基与乙酰基结合，生成相应的乙酰化衍生物。抗结核病药物异烟肼及大部分磺胺类药物通过这种形式灭活，但应指出，磺胺类药物乙酰化后，其溶解度反而降低，在酸性尿中易析出。因此在服用磺胺类药物时应服用适量碳酸氢钠，以提高其溶解度，利于随尿排出。

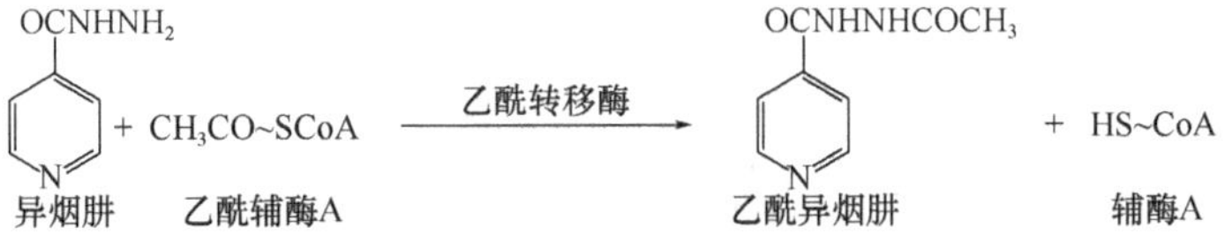

异烟肼　乙酰辅酶A　乙酰异烟肼　辅酶A

4. 谷胱甘肽结合反应　谷胱甘肽结合反应主要参与对致癌物、环境污染物、抗肿瘤药物及内源活性物质的转化，是细胞应对亲电子性异源物的重要防御反应。肝细胞的细胞液中富含谷胱甘肽 *S*-转移酶（glutathione *S*-transferase，GST），其催化谷胱甘肽（GSH）与含有亲电子中心的卤代化合物和环氧化合物等异源物结合，生成含 GSH 的结合物，主要随胆汁排出体外。若亲电子异源物不与 GSH 结合，则可自由与 DNA、RNA 或蛋白质进行共价结合，致细胞严重损伤。因此，谷胱甘肽结合反应是细胞自我保护的重要反应。

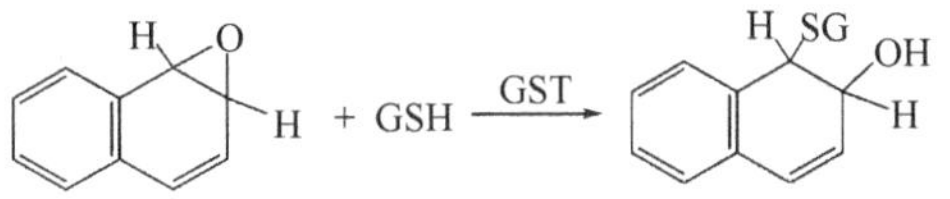

环氧萘　谷胱甘肽　*S*-二氢萘醇谷胱甘肽

5. 甲基化反应　肝细胞的细胞液及微粒体内含多种甲基转移酶，它以 *S*-腺苷甲硫氨酸（*S*-adenosyl-methionine，SAM）为甲基供体，催化含有羟基、氨基或巯基的化合物发生甲基化反应。例如，烟酰胺可甲基化生成 *N*-甲基烟酰胺。大量服用烟酰胺时，由于消耗甲基，引起胆碱和磷脂酰胆碱合成障碍，而成为致脂肪肝因素。

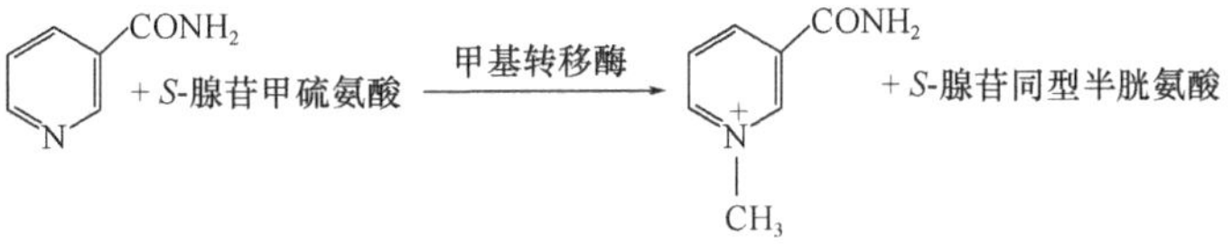

尼克酰胺　*N*-甲基尼克酰胺

6. 甘氨酸结合反应　甘氨酸主要参与含羧基的药物、毒物等异源物的结合转化。这些物质与甘氨酸结合前，羧基必须先活化生成酰基辅酶 A，然后酰基与甘氨酸的氨基连接。如苯甲酰辅酶 A 与甘氨酸生成马尿酸。

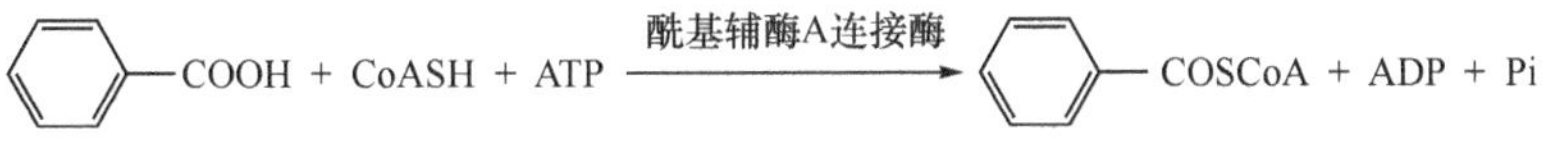

苯甲酸　苯甲酰辅酶A

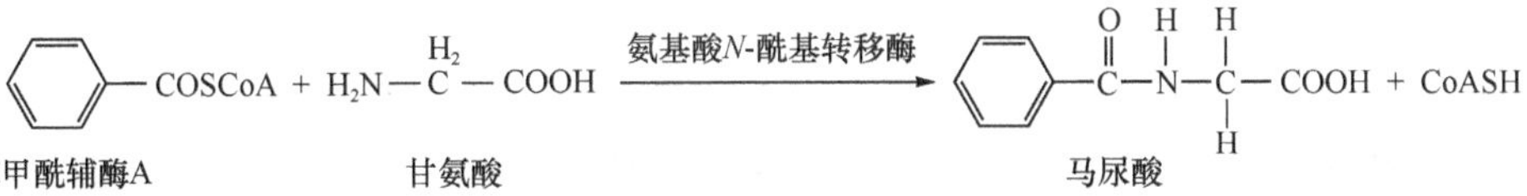

苯甲酰辅酶A　甘氨酸　马尿酸

案例 12-1

患者，男性，37 岁，因“持续腹胀、纳差 3 个月，加重伴浮肿 1 周”入院。

病史：平素健康，无吸烟史，有酗酒史，平均每日饮白酒约 1 斤。

体格检查主要阳性发现：肝病面容、肝掌，颈部蜘蛛痣，腹部显著膨隆，可见腹壁静脉曲张，腹部移动性浊音阳性，双下肢凹陷性浮肿，血压 137/78mmHg。

辅助检查主要阳性发现（括号内为参考区间）：生化检查：血清谷草转氨酶（GOT）129U/L（15～40U/L），血浆清蛋白 29.2g/L（40～55g/L），血浆球蛋白 42.3g/L（20～40g/L），清蛋白/球蛋白=0.69（1.2～2.4），血清总胆红素（TBIL）128μmol/L（3～20μmol/L），直接胆红素（DBIL）63μmol/L（0～7μmol/L），间接胆红素（IBIL）65μmol/L（3～13μmol/L），凝血酶原时间（PT）21s（11～13s），空腹血糖 7.3mmol/L（3.9～6.1mmol/L）；腹部彩超提示肝硬化、大量腹腔积液。

诊断：①腹腔积液；②酒精性肝硬化，功能失代偿期。

> **问题：**
> 1. 患者肝硬化的发生机制是什么？出现肝掌、蜘蛛痣的原因是什么？
> 2. 患者空腹高血糖的发生机制是什么？凝血功能障碍的原因是什么？
> 3. 肝硬化患者腹水生成的生化机制是什么？

三、生物转化的特点

体内生物转化反应具有以下特点：

（一）转化反应的连续性

非营养物质的生物转化过程较为复杂，一种物质往往需要几种类型的生物转化反应连续进行才能达到转化目的，使其水溶性增强，最终排出体外。例如，阿司匹林往往先水解为水杨酸，后再经结合反应才能排出体外。

（二）代谢通路与产物的多样性

图 12-3　黄曲霉毒素 B_1 的生物转化过程

许多非营养物质在体内进行生物转化时，可经多条代谢通路生成多种不同的产物。例如，非那西丁在肝进行生物转化的主要代谢通路是先氧化生成对乙酰氨基酚，再进行结合反应生成不同结合产物排出体外；但有少部分非那西丁在肝内则先水解为对氨苯乙醚，再进行氧化。又如黄曲霉毒素 B_1 在肝内的生物转化主要有两条代谢通路，其中一条通路其可活化为致癌物（2,3-环氧黄曲霉毒素 B_1），另一条通路则可生成解毒产物。

（三）解毒与致毒的双重性

一般情况下，非营养物质经生物转化后，其生物活性或毒性均降低甚至消失，因此曾将此作用称为生理解毒。但有少数物质经生物转化后毒性反而增强，或由无毒转变为有毒有害物质。例如，香烟中的苯丙芘在体外本无致癌作用，其进入人体后经生物转化生成 7,8-二羟-9,10-环氧-7,8,9,10-四氢苯并芘，后者可与 DNA 分子中鸟嘌呤结合，诱发 DNA 突变而致癌。又如黄曲霉毒素 B_1 在肝内经单加氧酶转化后，形成环氧化物而致癌。

四、影响和调节生物转化的因素

生物转化作用受年龄、性别、营养状态、食品、药物、疾病、遗传因素等体内外多种因素的影响和调节。

（一）年龄对生物转化作用的影响

不同年龄人群的生物转化能力有明显差别。由于新生儿的生物转化酶系发育不完善，对内、外源性非营养物质的转化能力弱，因此易发生药物及毒物中毒。例如，新生儿高胆红素血症与葡萄糖醛酸转移酶活性较低密切相关，此酶活性在胎儿出生后 5～6 天才开始升高，8 周左右达到成人水平；另外，由于 90% 的氯霉素是与葡萄糖醛酸结合后解除药理活性的，因此新生儿也易发生氯霉素中毒。而老年人则因肾廓清速率及肝血流量下降，对药物的血浆清除率降低，导致药物在体内半寿期延长，常规剂量用药易发生药物作用蓄积，药效增强，副作用也增大。例如，安替匹林的半寿期青年人为 12 小时，老年人为 17 小时，所以临床上对新生儿及老年人的用药量较成人少，许多药物要求儿童和老年人慎用或禁用。

（二）性别对生物转化作用的影响

例如，氨基比林在男性体内半寿期约 13.4 小时，而在女性则只有 10.3 小时，说明女性对氨基比林的转化能力比男性强；女性体内醇脱氢酶活性高，女性对乙醇的代谢处理能力强于男性；晚期妊娠妇女体内多种生物转化酶活性降低，故生物转化能力普遍下降，但妊娠期妇女肝清除抗癫痫药的能力上升。

（三）营养状态及食品对生物转化作用的影响

营养状态对生物转化作用亦产生影响。摄入蛋白质可增加肝重量和肝细胞整体酶的活性，提高肝生物转化的效率；饥饿 7 天，肝中谷胱甘肽 S-转移酶（GST）参与的生物转化反应水平降低，其催化作用受到明显影响；大量饮酒会减少 UDP-葡萄糖转变为 UDP-葡萄糖醛酸，影响肝内葡萄糖醛酸结合反应。

不同食物对生物转化酶活性的影响不同，有的可以诱导生物转化酶系的合成，有的则可抑制生物转化酶系的活性。例如，烧烤食物、甘蓝、萝卜等食物中含有微粒体单加氧酶系的诱导物，水田芥则含有该酶系的抑制物；食物中黄酮类成分可抑制单加氧酶系活性；葡萄柚汁可抑制细胞色素 P4503A4 活性，避免黄曲霉毒素 B_1 的激活，具有抗肿瘤作用。

（四）药物对生物转化作用的影响

许多药物或毒物可诱导生物转化酶的合成，增强肝的生物转化能力，此现象称为药物代谢酶的诱导。实验发现，此类诱导作用主要有两种类型：巴比妥酸型（巴比妥酸、苯巴比妥、苯妥英等）诱导作用和多环芳香烃型（苯并蒽衍生物、苯并芘等）诱导作用。例如，长期服用苯巴比妥可诱导肝细胞微粒体单加氧酶的合成，使机体对苯巴比妥转化能力增强，是其耐药性产生的重要因素之一。临床上可利用药物的诱导作用，增强人体对某些药物的代谢，以达解毒目的，如服用地高辛的同时可少量服用苯巴比妥，以减低地高辛中毒。临床也有用苯巴比妥防治高胆红素血症，原理是苯巴比妥可诱导肝细胞微粒体 UDP-葡萄糖醛酸转移酶的合成，促进游离胆红素与葡萄糖醛酸结合，使其易于排出体外。

由于多种物质在体内转化常由同一酶系催化，因此同时服用多种药物可出现药物之间竞争同一酶系，使多种药物的生物转化作用相互抑制，导致某些药物药理作用或毒性增强。例如，异烟肼可抑制双香豆素类药物的代谢，当两种药物同时服用时，异烟肼可使双香豆素的抗凝作用增强，易发生出血倾向，因此同时服用多种药物时应尤其注意药物之间的相互影响。

因此，了解异源物的生物转化知识对于理解药物治疗学、药理学、毒理学、肿瘤研究以及药物辅料非常重要。

（五）疾病对生物转化作用的影响

疾病尤其是严重肝病也可明显影响生物转化作用。肝是生物转化的主要器官，肝功能损伤直接影响肝生物转化酶类的合成，肝细胞微粒体单加氧酶系、UDP-葡萄糖醛酸转移酶等酶活性均显著降低，药物代谢受到抑制，使药物在人体内作用延长或加强。如严重肝病时，微粒体单加氧酶系活性可降低 50%，再加上肝血流量减少，使肝对许多药物及毒物的摄取、转化作用均明显减弱，易发生蓄积中毒。因此，对肝病患者用药要特别谨慎，避免使用对肝有损害的药物，以免加重肝的负担。

（六）遗传因素对生物转化作用的影响

遗传因素可影响生物转化酶的活性。遗传变异引起个体之间生物转化酶类分子结构不同或酶合成量存在差异，是导致药物效应个体差异的决定因素。遗传变异产生的高活性酶可缩短药物的作用时间或造成药物代谢产生的毒性产物增多；相反，变异导致的低活性酶则可因抑制药物代谢而导致药物在人体内蓄积。

第三节　胆汁酸的代谢

胆囊是肝的附属器官，对肝分泌的胆汁起储存和浓缩作用。

一、胆汁的分泌与浓缩

胆汁（bile）由肝细胞分泌，经肝胆管进入胆囊储存，再经胆总管排泄至十二指肠，参与食物的消化吸收。正常成年人平均每天分泌胆汁300～700ml。胆汁可分为肝胆汁（hepatic bile）和胆囊胆汁（gallbladder bile）。肝胆汁是由肝细胞初分泌的胆汁，清澈透明，呈橙黄色，固体成分含量较少。肝胆汁流入胆囊后，由于胆囊上皮细胞不断吸收其中的水分和无机盐，并分泌黏蛋白入胆汁，使肝胆汁浓缩为胆囊胆汁，胆囊胆汁密度增大、黏稠、不透明，呈暗褐色或棕绿色。

胆汁中的主要固体成分是胆汁酸盐，简称胆盐（bile salt），约占固体物质总量的50%，主要为胆汁酸钠盐和钾盐；其他固体成分还包括：无机盐、黏蛋白、胆色素、胆固醇、磷脂等（表12-3）；胆汁中还含有脂肪酶、磷脂酶、淀粉酶及磷酸酶等多种酶类；以及药物、毒物、染料、重金属盐等异源物在肝进行生物转化后生成的代谢产物。胆汁组成成分里，除胆盐和某些酶与脂类的消化吸收有关，磷脂与胆固醇的溶解有关，其他成分多属于机体排泄物。

因此，胆汁具有双重性：既是一种消化液，可促进脂类消化吸收；又是排泄液，将体内某些内源性代谢产物（如胆红素）及外源性代谢产物运至肠腔，随粪便排出体外。

表 12-3　两种胆汁性质和主要组成成分

	肝胆汁	胆囊胆汁
性质		
比重	1.009～1.013	1.026～1.032
pH	7.1～8.5	5.5～7.7
百分组成（%）		
水	96～97	80～86
固体成分	3～4	14～20
无机盐	0.2～0.9	0.5～1.1
黏蛋白	0.1～0.9	1～4
胆汁酸盐	0.5～2	1.5～10
胆色素	0.05～0.17	0.2～1.5
总脂质	0.1～0.5	1.8～4.7
胆固醇	0.05～0.17	0.2～0.9
磷脂	0.05～0.08	0.2～0.5

二、胆汁酸的分类

胆烷酸

胆汁酸（bile acid）是存在于胆汁中的一大类胆烷酸总称，它是胆固醇在体内的主要代谢产物，是以胆固醇为原料转变生成的含有24个碳原子的类固醇化合物。胆汁酸种类多，主要有两种分类方式。

■（一）按结构分类

正常人胆汁酸按结构分为游离胆汁酸（free fatty acid）和结合胆汁酸（conjugated fatty acid）。

1. 游离胆汁酸　包括胆酸（cholic acid）、鹅脱氧胆酸（chenodeoxycholic acid）、脱氧胆酸（deoxycholic acid）和少量石胆酸（lithocholic acid）。

2. 结合胆汁酸　由上述四种游离胆汁酸的 24 位羧基分别与甘氨酸或牛磺酸结合生成的产物，主要有甘氨胆酸、牛磺胆酸、甘氨鹅脱氧胆酸和牛磺鹅脱氧胆酸等。结合胆汁酸的水溶性较游离胆汁酸大，在酸性条件下或有 Ca^{2+} 的情况下不容易沉淀，更稳定。

（二）按来源分类

胆汁酸从来源分为初级胆汁酸（primary bile acid）和次级胆汁酸（secondary bile acid）。

1. 初级胆汁酸　在肝细胞中以胆固醇为原料转化生成的胆汁酸为初级胆汁酸。包括胆酸、鹅脱氧胆酸及它们相应的结合胆汁酸——甘氨胆酸、牛磺胆酸、甘氨鹅脱氧胆酸和牛磺鹅脱氧胆酸。初级胆汁酸的 C7 位均连接有 α-羟基。

2. 次级胆汁酸　初级胆汁酸进入肠道后，在肠道细菌作用下 C-7 位 α-羟基脱氧生成次级胆汁酸。包括脱氧胆酸、石胆酸及它们分别与甘氨酸和牛磺酸结合生成的产物。所有次级胆汁酸的 C-7 位均不再有 α-羟基。

人体胆汁内的胆汁酸以结合胆汁酸为主（占总胆汁酸的 90% 以上），其中甘氨胆汁酸与牛磺胆汁酸含量之比大约为 3∶1。胆汁酸的分类及结构见表 12-4 及图 12-4。

表 12-4　胆汁酸的分类

按来源分类	按结构分类	
	游离胆汁酸	结合胆汁酸
初级胆汁酸 （在肝以胆固醇为原料生成）	胆酸	甘氨胆酸
		牛磺胆酸
	鹅脱氧胆酸	甘氨鹅脱氧胆酸
		牛磺鹅脱氧胆酸
次级胆汁酸 （在肠道以初级胆汁酸为原料，由细菌转化形成）	脱氧胆酸	甘氨脱氧胆酸
		牛磺脱氧胆酸
	石胆酸	甘氨石胆酸
		牛磺石胆酸

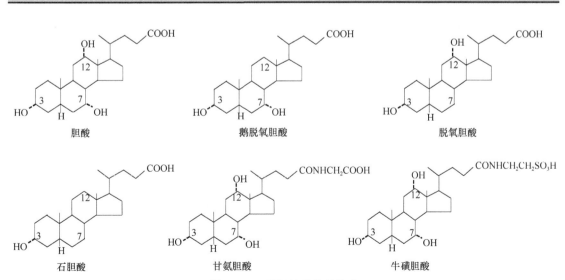

图 12-4　6 种胆汁酸的结构式

三、胆汁酸代谢及其肠肝循环

（一）初级胆汁酸的生成

　　肝细胞以胆固醇为原料合成初级胆汁酸，这是肝清除胆固醇的主要方式。正常人每日合成1～1.5g 胆固醇，其中约 2/5 在肝内转化为胆汁酸。初级胆汁酸的合成部位在肝细胞的微粒体和细胞液，合成过程很复杂，需经羟化、氢化及侧链氧化断裂等许多酶促反应才能完成。催化该反应的酶类主要分布于微粒体及细胞液中。胆固醇在 7α-羟化酶催化下生成 7α-羟胆固醇，以后再进行3α-（3β-羟基→3-酮→3α-羟基）及 12α-羟化、氢化还原，最后经侧链氧化断裂，并与辅酶 A 结合形成胆酰辅酶 A，如未进行 12α-羟化则形成鹅脱氧胆酰辅酶 A。后两者再经加水，其中的辅酶 A被水解，分别形成胆酸与鹅脱氧胆酸，即初级游离胆汁酸（图 12-5）。

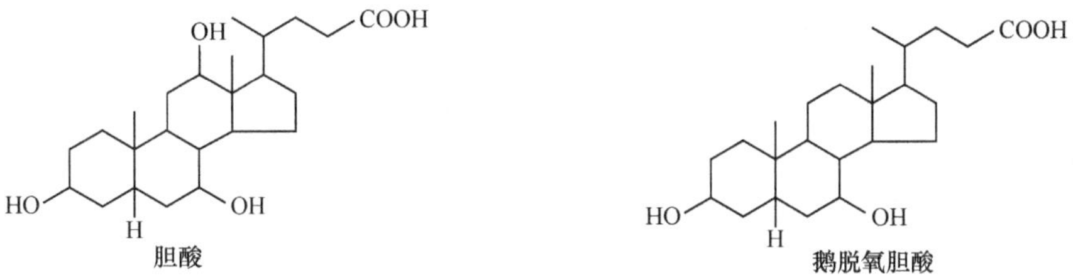

图 12-5 初级游离胆汁酸的生成

胆固醇首先通过以上多步酶促反应生成初级游离胆汁酸——胆酸和鹅脱氧胆酸，肝过氧化物酶体可将这些游离胆汁酸转变为胆酰辅酶 A，后者与甘氨酸或牛磺酸结合，生成相应的初级结合胆汁酸。另外，初级游离胆汁酸生成过程中形成的胆酰辅酶 A 和鹅脱氧胆酰辅酶 A 也可直接与甘氨酸或牛磺酸结合生成结合胆汁酸（图 12-6）。

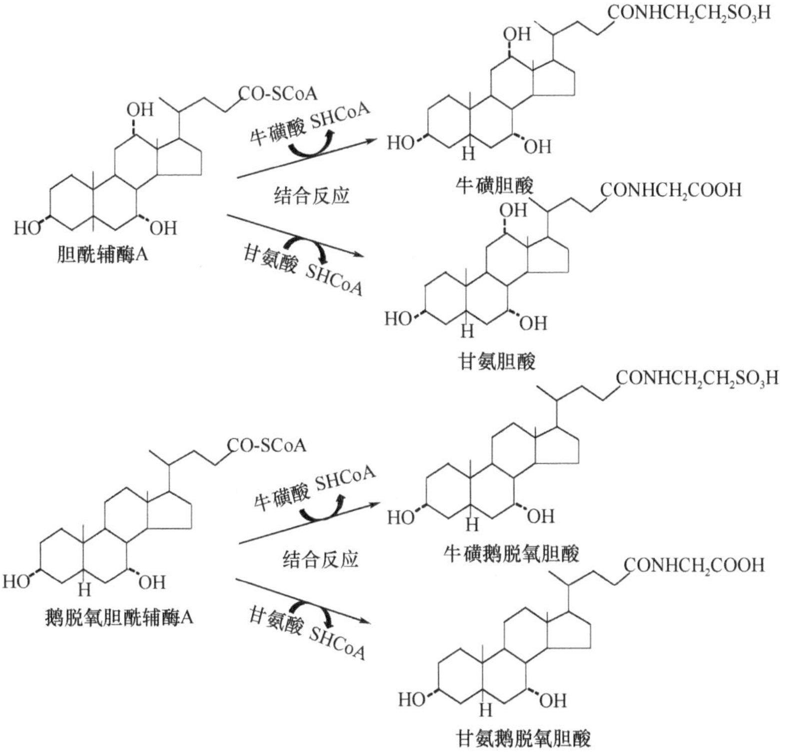

图 12-6 初级结合胆汁酸的生成

胆固醇 7α-羟化酶（cholesterol 7α-hyd-roxylase）是胆汁酸合成途径的限速酶，属微粒体单加氧酶系，仅表达于肝，其活性可被调节。胆固醇 7α-羟化酶与 HMG-CoA 还原酶（胆固醇合成途径限速酶）均属于诱导酶，同时受胆汁酸和胆固醇的调节。当胆汁酸浓度升高时，可同时抑制这两种酶的合成，从而抑制肝细胞胆汁酸、胆固醇的生成；食物胆固醇在抑制 HMG-CoA 还原酶的同时，诱导胆固醇 7α-羟化酶的合成，促进胆汁酸的生成。肝细胞通过这两种酶的协同作用维持细胞内胆固醇的水平。甲状腺素可诱导胆固醇 7α-羟化酶的合成，故甲状腺功能亢进患者血清胆固醇含量降低，而甲状腺功能低下的患者血清胆固醇含量增高。维生素 C、糖皮质激素和生长激素均可增强胆固醇 7α-羟化酶的活性。

（二）次级胆汁酸的生成

随胆汁分泌进入肠道的初级胆汁酸在促进脂类物质消化吸收的同时，在小肠下段和大肠还受到细菌作用，细菌酶可催化初级胆汁酸发生去结合和脱羟化反应：部分结合胆汁酸先在细菌酶作用下水解脱去甘氨酸或牛磺酸，转变为游离胆汁酸；再在细菌酶催化下脱去 7α-羟基转变为次级胆汁酸，即胆酸转变为脱氧胆酸，鹅脱氧胆酸转变为石胆酸（图 12-7）。此外，肠道细菌还可将鹅脱氧胆酸转化为熊脱氧胆酸，即将鹅脱氧胆酸的 7α-羟基转变为 7β-羟基。熊脱氧胆酸也属于次级胆汁酸，其含量很少，对胆汁酸的代谢没有重要意义，但其具有一定的药理意义。

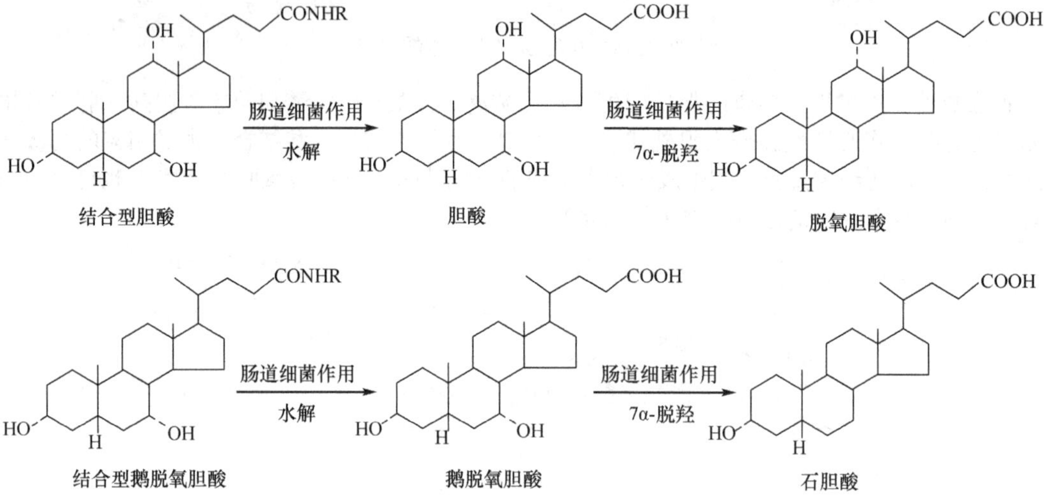

图 12-7　次级胆汁酸的生成

（三）胆汁酸的肠肝循环

1. 胆汁酸肠肝循环的概念　进入肠道的各种胆汁酸（包括初级和次级、游离型和结合型）约 95% 以上被肠壁重吸收入血，经门静脉重新回到肝，肝细胞将游离胆汁酸再合成为结合胆汁酸，并将重吸收的及新合成的结合胆汁酸一同再排入肠道，这一过程称为胆汁酸的肠肝循环。结合胆汁酸主要在回肠以主动转运方式重吸收，少量游离胆汁酸则在肠道各部位以被动重吸收方式入肝。未被肠道吸收的少部分胆汁酸在肠道细菌的作用下，衍生成多种胆烷酸衍生物并随粪便排出，机体每日从粪便排出 0.4～0.6g 胆汁酸盐，与肝细胞每日合成的胆汁酸量相平衡（图 12-8）。

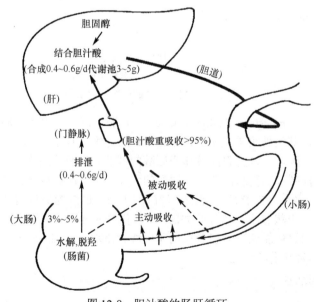

图 12-8　胆汁酸的肠肝循环

2. 胆汁酸肠肝循环的生理意义　使有限的胆汁酸反复利用，满足机体对胆汁酸的需求。正常成年人每日合成胆汁酸 0.4～0.6g，胆汁酸代谢池 3～5g（胆汁酸代谢池指体内胆汁酸储备的总量），但人体正常膳食乳化脂类所需胆汁酸量则为每日 16～32g，即便将胆汁酸代谢池内的胆汁酸全部倾入小肠，也不能满足机体需求，供需矛盾十分突出。人体每天进行 6～12 次胆汁酸肠肝循环，从肠道重吸收的胆汁酸总量可达 12～32g，因此弥补了胆汁酸合成量的不足，使有限的胆汁酸能够最大限度发挥作用，得以维持脂类食物消化吸收的正常进行。若因腹泻或行回肠大部切除术等破坏了胆汁酸肠肝循环，一方面会影响脂类的消化吸收，另一方面胆汁中胆固醇含量相对较高，处于饱和状态，易形成胆固醇结石。

（四）胆汁酸的生理功能

1. 促进脂类物质的消化吸收　胆汁酸分子内部既含有亲水的羟基、羧基或磺酸基，又含有疏水的烃核和甲基，因此具有亲水和疏水两个界面，属于表面活性分子（图 12-9）。这种结构能降低油和水两相之间的表面张力，促进脂质在水中乳化成 3～10μm 的细小微团，增加了脂肪酶的附着面积，有利于脂肪的消化。脂质的消化产物又可与胆汁酸盐结合，并汇入磷脂等形成约 20μm 的混合微团，此微团利于通过小肠黏膜表面水层，以促进脂类物质的吸收。

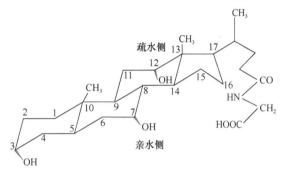

图 12-9　甘氨胆酸的立体构型

2. 是胆固醇的主要排泄形式　人体内的胆固醇除少量用于合成皮质激素、性激素及随皮肤脱落外，绝大部分胆固醇随胆汁经肠道排泄。正常成年人每天随胆汁排出的胆固醇总量为600～1350mg，其中约一半以胆汁酸形式排出。

3. 防止胆固醇结石形成　胆汁中的胆固醇难溶于水，在浓缩后的胆囊胆汁中容易沉淀析出。而胆汁中的胆汁酸盐和卵磷脂协同作用，可使胆固醇分散形成可溶性微团，使其不易结晶沉淀而随胆汁排泄，故胆汁酸有防止胆结石生成的作用。但不同胆汁酸对结石形成的作用不同，鹅脱氧胆酸和熊脱氧胆酸可促使胆固醇结石溶解，而胆酸及脱氧胆酸则无此作用。胆固醇是否从胆汁中析出形成结石主要取决于胆汁酸、卵磷脂与胆固醇之间的比例。肝合成胆汁酸能力下降、排入胆汁中的胆固醇过多、胆汁酸在消化道丢失过多或胆汁酸肠肝循环减少等因素均可造成胆汁中胆汁酸、卵磷脂与胆固醇的比例下降，当比值小于 10∶1 时，胆汁酸和卵磷脂不足以转运胆汁中的胆固醇，此种胆汁为胆固醇过饱和胆汁，又称成石胆汁，易发生胆固醇沉淀析出，形成胆结石。

胆固醇结石的发生在女性中多见，由于雌激素可促进胆汁中胆固醇的过饱和，妊娠、绝经可影响胆囊排空，而怀孕次数增多及口服避孕药等均与胆固醇结石的成石有关；另外，高饱和脂肪酸及高胆固醇膳食也是导致胆囊结石的重要因素之一；老年人因胆囊功能紊乱、胆汁过度浓缩、沉淀，也易患胆囊结石；胆结石的成因与遗传因素也有一定关系。

第四节　胆色素代谢与黄疸

胆色素（bile pigment）是体内铁卟啉化合物分解代谢的产物，包括胆红素（bilirubin）、胆绿素（biliverdin）、胆素原（bilinogen）和胆素（bilin）等。体内的铁卟啉化合物有血红蛋白、肌红蛋白、过氧化物酶、过氧化氢酶及细胞色素类等，它们分解产生的胆色素类化合物主要随胆汁排出体外，肝在胆色素代谢过程中起着重要作用。胆红素是最重要的胆色素，呈橙黄色，是胆汁的主要色素。胆红素居于胆色素代谢的中心，胆红素的生成、运输、转化及排泄异常与临床多种病理生理过程关联。熟悉胆红素的代谢途径对于临床上伴有黄疸体征疾病的诊断和鉴别诊断具有重要意义。

一、胆红素的生成

（一）胆红素的来源

胆红素是体内铁卟啉化合物在肝、脾、骨髓等组织分解代谢产生。成人每天可产生250～350mg 胆红素，其中 80% 以上来自衰老红细胞中血红蛋白的分解，少部分是由造血过程中过早破坏的红细胞血红蛋白降解产生；仅少量是由细胞色素类、过氧化物酶、过氧化氢酶及肌红蛋白等非血红蛋白铁卟啉化合物分解产生。肌红蛋白由于更新效率低，所占比例很小。

（二）胆红素的生成过程

人体内细胞不断更新，正常人红细胞寿命平均为 120 天。衰老红细胞由于细胞膜的变化被肝、脾、骨髓等单核吞噬系统细胞识别并吞噬破坏，释放出血红蛋白。正常成人每天被破坏的红细胞所释放的血红蛋白约为 6g。血红蛋白随后分解为珠蛋白和血红素，每一个血红蛋白分子含 4个血红素分子。珠蛋白被分解为氨基酸，再利用；血红素则生成胆红素释放入血（图 12-10）。

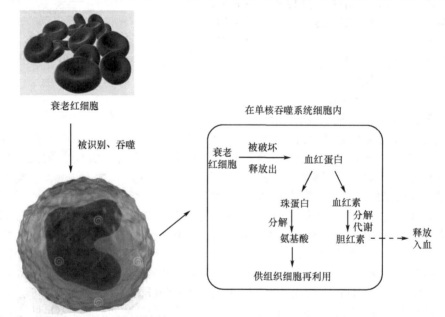

图 12-10　单核吞噬系统细胞分解衰老红细胞中血红蛋白的过程

血红素是 4 个吡咯环连接而成的环形化合物，并螯合 1 个铁离子。血红素在单核吞噬系统细胞内的微粒体血红素加氧酶（heme oxygenase，HO）催化下，在 O_2 和 NADPH 存在的条件下，环上的 α 甲炔基（—CH=）桥碳原子的两侧氧化断裂，释放出一分子 CO 和 Fe^{2+}，形成胆绿素，胆绿素为水溶性的线性四吡咯。Fe^{2+} 氧化为 Fe^{3+} 进入体内铁代谢池，可供机体再利用或以铁蛋白形式储存。CO 是一种重要的信号分子，通过激活鸟苷酸环化酶，增加细胞内 cGMP 的含量，引起血管舒张和血压降低。胆绿素进一步在细胞质胆绿素还原酶（辅酶为 NADPH）催化下，迅速还原为胆红素（图 12-11）。由于体内胆绿素还原酶活性很强，且分布广，利用从 NADPH 获得的氢原子还原胆绿素，因此一般不会发生胆绿素堆积或进入血液。

HO 是胆红素生成的限速酶，人体内存在三种 HO 同工酶：HO-1、HO-2 和 HO-3，其中 HO-1在血红素代谢中居重要地位，主要存在于肝、脾、骨髓等降解衰老红细胞的组织器官，它是一种诱导酶，底物血红素可迅速激活其合成，以及时清除循环系统中的血红素。另外，缺氧、高氧、内毒素、重金属、NO、炎性细胞因子等因素均可诱导此酶的表达；肿瘤、动脉粥样硬化、心肌缺血、阿尔茨海默病等疾病亦表现 HO-1 的表达增加，导致机体内 CO 和胆红素的生成增加。HO-1 作为一种应激蛋白，当机体遭遇多种有害刺激或疾病发生时，可通过催化生成代谢产物来实现对机体的保护作用。其主要产物为胆红素，适量水平的胆红素是人体内强有力的内源性抗氧化剂，是血清中抗氧化的主要成分，它可有效清除氧自由基，以抵御机体的氧化应激状态。研究表明，胆红素清除超氧化物和过氧自由基的能力甚至优于超氧化物歧化酶（superoxide dismutase，SOD）和维生素 E。过量胆红素对机体有害，可导致高胆红素血症，引起黄疸，甚至可造成神经系统的不可逆损伤。

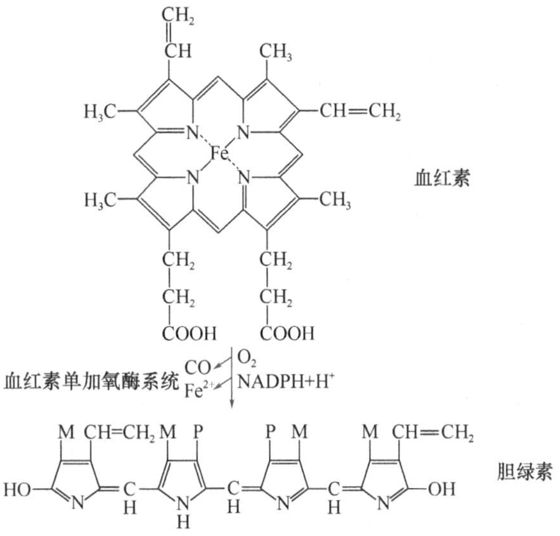

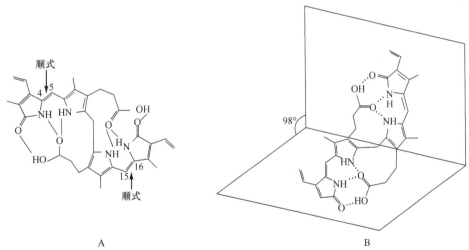

图 12-11　胆红素的生成过程

（三）胆红素的结构特点及性质

胆红素是由 4 个吡咯环通过 2 个甲炔基桥和 1 个甲烯基桥连接而组成，其分子中含有 2 个羟基或酮基、4 个亚氨基和 2 个丙酸基等亲水基团，由于这些亲水基团之间可形成 6 个分子内氢键，使胆红素整个分子卷曲成稳定的刚性折叠构象。由于极性基团封闭在分子内部，因此胆红素呈亲脂疏水的性质，极易自由透过细胞膜进入血液（图 12-12）。

图 12-12　胆红素的空间结构

A.胆红素亲水基团间形成 6 个分子内氢键；B.胆红素分子卷曲成稳定的刚性折叠构象

二、胆红素在血液中的运输

在生理 pH 条件下，胆红素在单核吞噬系统细胞内生成后，透过细胞膜释放进入血液。在血液中胆红素主要与血浆清蛋白结合（少部分与 α_1 球蛋白结合）形成胆红素-清蛋白复合体，以此形式在血液中存在及进行运输。胆红素与血浆清蛋白的结合，一方面增加了胆红素在水中的溶解度，提高了血浆对胆红素的运输能力；另一方面此种形式也限制了胆红素自由透过各种生物膜，避免了其对组织细胞的毒性作用。胆红素-清蛋白复合体是不能透过肾小球基底膜进入尿液的，因此即便血浆中胆红素-清蛋白复合体含量增加，尿液中胆红素的检测也是阴性。

研究表明，每分子清蛋白可结合两分子胆红素。正常人血浆胆红素含量为 3.4～17.1μmol/L（0.2～1mg/dl），而 100ml 血浆中的清蛋白能结合 25mg 胆红素，故血浆清蛋白结合胆红素的潜力很大，足以阻止胆红素进入组织细胞产生毒性作用。但是，胆红素与清蛋白的结合是非特异性的非共价结合，具有可逆性。当清蛋白含量明显降低或结合部位被其他物质占据或胆红素对结合部位的亲和力降低时，均可促使胆红素从血浆向各组织细胞转移。例如，某些有机阴离子（如磺胺类药物、水杨酸、胆汁酸、脂肪酸等）可与胆红素竞争结合血浆清蛋白，使胆红素游离，从而增加了胆红素透入细胞的可能性。游离胆红素极易与富含脂类的脑部基底核神经细胞结合，干扰脑的正常功能，此类疾病称为胆红素脑病（bilirubin encephalopathy）或核黄疸（kernicterus）。新生儿由于血-脑屏障不健全，如果发生高胆红素血症，过多的游离胆红素很容易进入脑组织，导致胆红素脑病发生。因此对新生儿必须慎用上述有机阴离子药物。可见，血浆清蛋白与胆红素的结合仅起到暂时解毒的作用，其真正意义上的解毒还要依赖于它在肝与葡萄糖醛酸结合的生物转化作用。这种未经肝结合转化，在血液中与清蛋白结合运输的胆红素称为非结合胆红素（unconjugated bilirubin），或称游离胆红素、血胆红素或肝前胆红素。由于非结合胆红素分子内存在 6 个氢键，不能与重氮试剂直接反应，只有在加入尿素或乙醇等破坏氢键后才能与重氮试剂反应，生成紫红色偶氮化合物，因此非结合胆红素又称为间接胆红素（indirect bilirubin）。

三、胆红素在肝中的转变与分泌

肝、脾、骨髓等组织单核吞噬系统细胞生成释放的胆红素通过血浆清蛋白转运至肝，在肝中胆红素进行进一步的代谢反应。肝细胞对胆红素的代谢非常全面，包括摄取、转化和排泄三方面的作用。

（一）肝细胞对胆红素的摄取

胆红素-清蛋白复合体随血液循环到肝后，在被肝细胞摄取前胆红素先与清蛋白分离，然后才被肝细胞膜表面的特异性受体所识别，摄取入肝。注射具有放射性的胆红素约 18 分钟后，就有 50% 的胆红素从血浆清除，说明肝细胞摄取胆红素的能力很强。肝细胞内含有两种配体蛋白（ligandin），即 Y 蛋白和 Z 蛋白。配体蛋白是胆红素在肝细胞液中的主要载体，它们能特异地结合包括胆红素在内的有机阴离子，主动将其摄入细胞内。胆红素与配体蛋白 1∶1 结合，以胆红素-Y 蛋白、胆红素-Z 蛋白形式将胆红素携带至肝细胞滑面内质网进一步代谢。肝细胞摄取胆红素是可逆、耗能的过程。由于胆红素可自由双向通透肝血窦及肝细胞膜表面，因此当肝细胞处理胆红素的能力下降，或者胆红素生成量超过肝细胞处理胆红素能力时，已进入肝细胞的胆红素可反流入血，使血胆红素含量增高。

Y 蛋白是一种碱性蛋白，由分子量为 22kDa 和 27kDa 的两个亚基组成，约占肝细胞液蛋白质总量的 5%。由于 Y 蛋白与胆红素的亲和力高于 Z 蛋白，且含量多，因此它是肝细胞摄取胆红素的主要配体蛋白。Y 蛋白是一种诱导蛋白，苯巴比妥可诱导其合成。新生儿出生 7 周后 Y 蛋白水平才接近成人水平，所以新生儿容易发生生理性黄疸，临床可用苯巴比妥诱导 Y 蛋白合成，治疗新生儿生理性黄疸。甲状腺素、溴酚磺酸钠（BSP）和靛青绿（ICG）等物质可竞争结合 Y 蛋白，影响胆红素在肝细胞内的转运。Z 蛋白属于酸性蛋白，分子量 12kDa。胆红素浓度较低时优先与 Y 蛋白结合，当 Y 蛋白结合饱和时 Z 蛋白结合胆红素才增多。

胆红素一旦进入肝细胞，就迅速与配体蛋白（主要是 Y 蛋白）结合有两个重要作用：一方面可帮助胆红素在与葡萄糖醛酸结合前保持溶解状态；另一方面也可阻止胆红素从肝细胞返流入血。

（二）肝细胞对胆红素的转化作用

胆红素-Y 蛋白或胆红素-Z 蛋白复合体运到肝细胞滑面内质网后，在 UDP-葡萄糖醛酸转移酶（UDP-glucuronyl transferase，UGT）的催化下与载体蛋白脱离，转而与葡萄糖醛酸以酯键结合，生成胆红素葡萄糖醛酸酯（bilirubin glucuronide）。胆红素分子中含有 2 个羧基，它们均可与葡萄糖醛酸 C-1 位上的羟基形成酯键而结合，故每分子胆红素可结合 2 分子葡萄糖醛酸，生成胆红素二葡萄糖醛酸酯（图 12-13）。人胆汁中结合胆红素主要是胆红素二葡萄糖醛酸酯（占 70%～80%），仅有少量胆红素一葡萄糖醛酸酯（占 20%～30%）。此外尚有少量胆红素可与硫酸结合生成胆红素硫酸酯，甚至与甲基、乙酰基、甘氨酸等化合物结合形成相应的结合物。肝对胆红素代谢的最重要作用就是将脂溶性、有毒的非结合胆红素通过生物转化的结合反应转变为水溶性、无毒的结合胆红素（主要是胆红素葡萄糖醛酸酯），是对有毒胆红素的一种根本的解毒方式。这些在肝主要与葡萄糖醛酸结合转化的胆红素称为结合胆红素（conjugated bilirubin）或肝胆红素。因为与葡萄糖醛酸结合的胆红素分子内不再有氢键，使分子中间的甲烯基桥暴露于分子表面，其可以迅速、直接与重氮试剂发生反应生成紫红色偶氮化合物，故结合胆红素又称直接胆红素（direct bilirubin）。

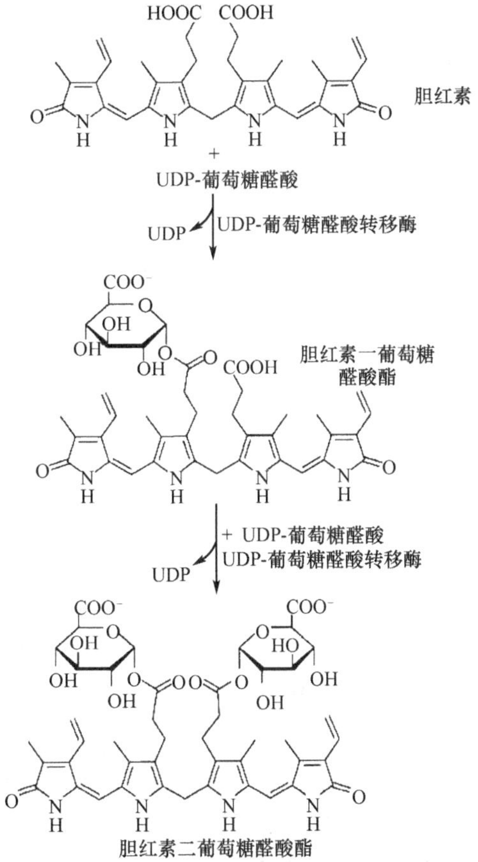

胆红素+UDP-葡萄糖醛酸 —UDP-葡萄糖醛酸转移酶→ 胆红素一葡萄糖醛酸酯+UDP

胆红素一葡萄糖醛酸酯 + UDP-葡萄糖醛酸 —UDP-葡萄糖醛酸转移酶→ 胆红素二葡萄糖醛酸酯+UDP

图 12-13　胆红素葡萄糖醛酸酯的生成

直接胆红素水溶性强，与血浆清蛋白亲和力减小，易随胆汁排入小肠继续代谢，也容易透过肾小球基底膜从尿中排出。直接胆红素不容易通过细胞膜和血-脑屏障，不易造成组织中毒，是胆红素在体内解毒的重要方式。

许多药物（如苯巴比妥、糖皮质激素）可诱导肝细胞中 UGT 的合成或增强其活性，加强胆红素代谢，因此临床上常选用这些药物治疗新生儿生理性黄疸或高胆红素血症。

（三）肝对胆红素的排泄作用

胆红素在肝细胞滑面内质网经转化后水溶性增强，再经高尔基复合体、溶酶体等作用分泌进入毛细胆管，随胆汁排出肝，最终进入肠道。肝毛细胆管内结合胆红素的浓度远高于肝细胞中的浓度，故肝细胞排出胆红素是一个逆浓度梯度、耗能的主动转运过程，可能是肝代谢胆红素的限速步骤。

参与此过程的转运蛋白主要为多耐药相关蛋白 2（multidrug-resistance-like protein 2，MRP2），又称多种特异性有机阴离子转运体（multispecific organic anion transporter，MOAT），它是 ATP 结合转运蛋白家族的一员，定位于肝细胞膜胆小管域，对葡萄糖醛酸具有很高亲和力，可将肝细胞内的结合胆红素等有机阴离子转运分泌至胆小管。胆红素排泄过程是肝处理胆红素的薄弱环节，容易发生障碍。当胆道阻塞引起毛细胆管因压力过高而破裂，会导致结合胆红素逆流入血，使血浆结合胆红素水平增高。

对 UGT 具有诱导作用的苯巴比妥、糖皮质激素等药物对直接胆红素分泌排泄至胆汁也有诱导作用，可见胆红素的结合转化与分泌排泄是一个协调的功能体系。

血浆中的间接胆红素通过肝细胞膜的自由扩散、肝细胞质内配体蛋白的转运、滑面内质网的结合转化及肝细胞的主动分泌等联合作用，不断被肝细胞摄取、转化和排泄，使血浆中间接胆红素不断被清除（图 12-14）。

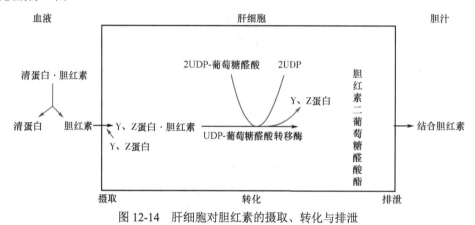

图 12-14　肝细胞对胆红素的摄取、转化与排泄

四、胆红素在肠中的转变及胆素原的肠肝循环

（一）胆红素在肠道细菌作用下生成胆素原

直接胆红素随胆汁排入肠道后到达回肠下段至结肠处，在肠道细菌作用下，大部分结合胆红素先被水解脱去葡萄糖醛酸基，再逐步氢化还原成为无色的四吡咯化合物——胆素原（bilinogen）族化合物，主要包括中胆素原（mesobilirubinogen）、粪胆素原（stercobilinogen）和尿胆素原（urobilinogen），80% 胆素原随粪便排出。粪胆素原无色，可随粪便排出体外，在肠道下段，接触空气后被氧化成粪胆素（stercobilin）。粪胆素呈黄褐色，是粪便颜色的主要来源。正常成人每天从粪便排出的胆素原总量为 40～280mg。当胆道完全梗阻时，由于胆红素不能排入肠道，不能生成胆素原及粪胆素，因此粪便呈灰白色，临床称为白陶土样便。婴儿肠道细菌稀少，未被细菌作用的胆红素可随粪便直接排出，使粪便呈现胆红素的颜色——橙黄色。肠道内胆色素代谢过程概括为图 12-15。

（二）胆素原的肠肝循环

生理情况下，10%～20% 的胆素原被肠黏膜细胞重吸收入血，经门静脉进入肝，除有小部分胆素原进入体循环外，大部分重新回到肝中，肝细胞可将重吸收的胆素原不经任何转变地从胆汁中排入肠道，形成胆素原的肠肝循环（bilinogen enterohepatic cycle）。只有小部分（10%）胆素原可以进入体循环，再经肾小球滤出，随尿液排出，因此称其为尿胆素原。尿胆素原与空气接触后

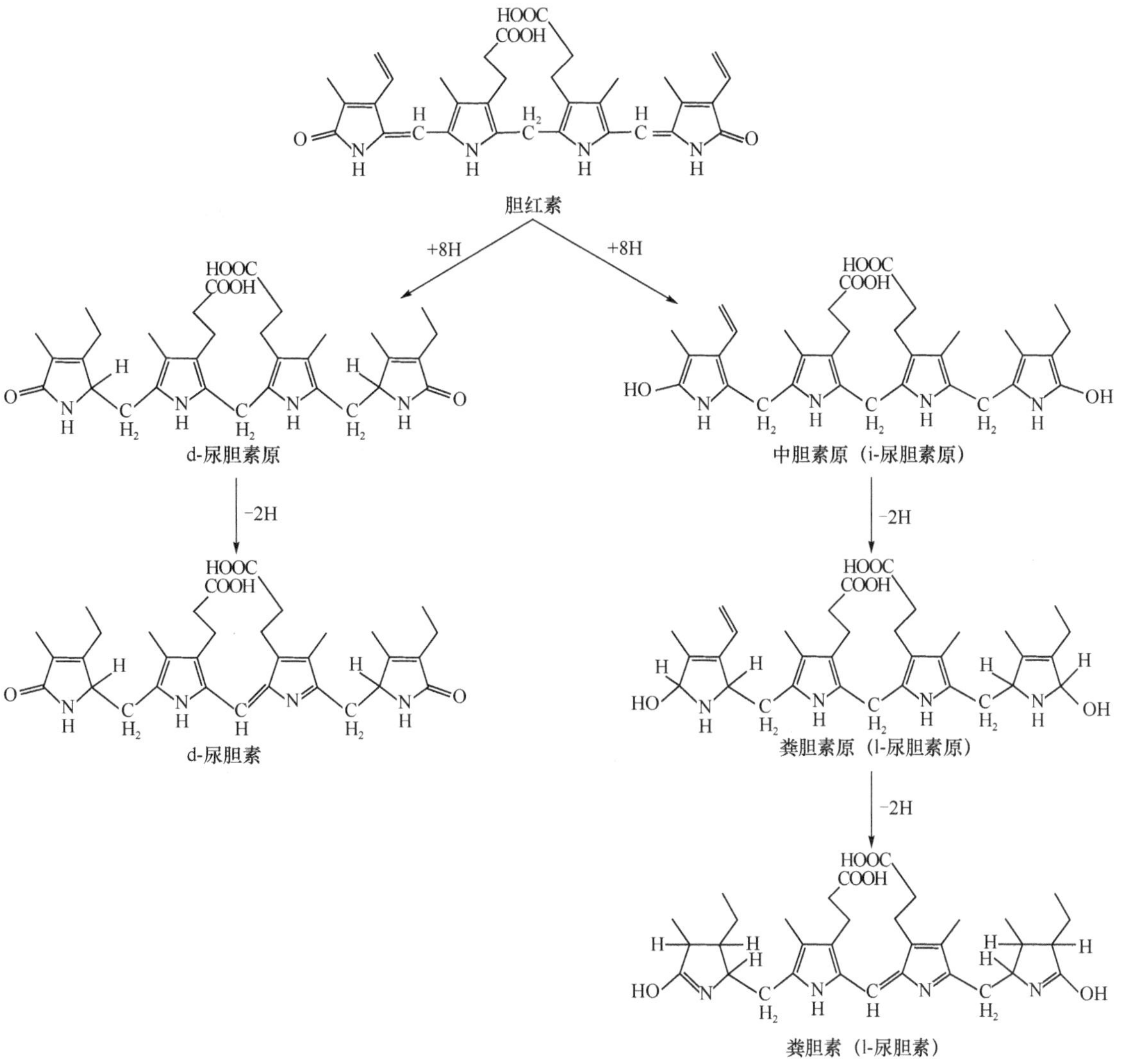

图 12-15 肠道内胆素原及胆素的生成

被氧化成黄褐色的尿胆素（urobilin），是尿液的主要色素。

正常成人每天从尿液排出的尿胆素原为 0.5～4mg。尿中胆素原排出量受多种因素影响，尤其易受肝功能状况的影响。当肝功能不良时，肝吸收、处理胆素原的能力下降，使溢入体循环的胆素原增多，尿中排出的胆素原随之增加。例如，传染性肝炎早期，未出现黄疸前，即可发现尿胆素原排出增多。另外，胆红素来源增多（如溶血性贫血）或减少（如再生障碍性贫血），导致肠道生成的胆素原增加或减少；或胆道梗阻使排入肠腔的胆红素减少，进而减少肠道内胆素原生成。

上述原因均会引起尿胆素原排出量的相应变化。临床将尿液中胆红素、胆素原及胆素称为尿三胆，作为肝功能检查的指标之一，常用于黄疸类型的鉴别诊断。

体内胆色素代谢的全过程总结如图 12-16。

五、高胆红素血症与黄疸

（一）两种类型血清胆红素的比较

正常人血清胆红素按其性质和结构不同分为两大类型：直接胆红素与间接胆红素，两类胆红素的性质有所不同，详见表 12-5。

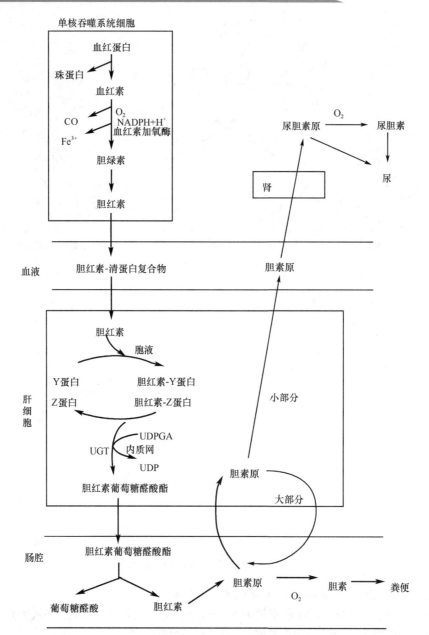

图 12-16　胆色素代谢与胆素原的肠肝循环

表 12-5　间接胆红素与直接胆红素性质的比较

性质	间接胆红素	直接胆红素
其他名称	游离胆红素	肝胆红素
	血胆红素	结合胆红素
	肝前胆红素	
	非结合胆红素	
来源	单核吞噬系统细胞内衰老红细胞释放的血红蛋白分解产生	肝细胞内由间接胆红素经生物转化生成
是否与葡萄糖醛酸结合	未结合	结合
溶解性	脂溶性	水溶性

续表

性质	间接胆红素	直接胆红素
自由透过生物膜的能力及对脑毒性	有	无
能否透过肾小球基底膜随尿排出	不能	能
与重氮试剂反应	间接反应阳性	直接反应阳性

（二）高胆红素血症与黄疸的定义

由于间接胆红素为脂溶性有毒物质，易对富含脂类的神经细胞造成不可逆损伤，因此肝对胆红素的解毒作用具有十分重要的意义。肝对血液中的间接胆红素具有强大的摄取、转化、排泄能力，通过生物转化作用将间接胆红素转变为水溶性强的结合胆红素，经胆汁排泄出体外。

虽然正常人每日从单核吞噬系统细胞产生 200~300mg 胆红素，但正常人肝每天可清除 3000mg 以上的胆红素，远远大于机体产生胆红素的能力，使体内胆红素的生成与排泄保持动态平衡，因此正常人血清中胆红素含量甚微。人体正常血清胆红素总量为 3.4~17.1μmol/L（0.2~1mg/dl），其中约 80% 是间接胆红素，其余为直接胆红素。

凡能引起胆红素生成过多，或使肝细胞对胆红素摄取、结合、排泄过程发生障碍的因素，均可使血中胆红素浓度升高，当血清胆红素含量超过 17.1μmol/L（1mg/dl）称为高胆红素血症（hyperbilirubinemia）。胆红素为橙黄色物质，血清中浓度过高可扩散入组织，造成皮肤、巩膜、黏膜等组织黄染，称为黄疸（jaundice）。巩膜、皮肤容易被黄染，是因为这些组织中含有较多弹性蛋白，后者与胆红素有较强亲和力；而黏膜能被染黄，则是由于黏膜中含有较多能与胆红素结合的血浆清蛋白。黄疸程度与血清胆红素的浓度密切相关，若血清胆红素在 34.2μmol/L（2mg/dl）以下，此时血清胆红素浓度虽然超过正常值，但肉眼观察不到巩膜或皮肤黄染，临床称为隐性黄疸；当血清胆红素浓度超过 34.2μmol/L（2mg/dl），肉眼可见巩膜、皮肤及黏膜等组织明显黄染，称为显性黄疸。

（三）黄疸的形成原因及发病机制

黄疸是一种临床症状，不是病名，许多疾病都可以发生。凡能引起胆红素代谢障碍的各种因素均可引起黄疸，根据黄疸形成的原因、发病机制不同可将其分为三类，临床上分别称为溶血性黄疸（hemolytic jaundice）、肝细胞性黄疸（hepatocellular jaundice）和梗阻性黄疸（obstructive jaundice）。

1. 溶血性黄疸 也称肝前性黄疸，是由于红细胞大量破坏，在肝巨噬细胞内生成胆红素过多，超过肝摄取、结合与排泄的能力，造成血液中非结合胆红素显著增高所致。

发生原因：①溶血因素，包括先天性红细胞膜、酶或血红蛋白的遗传缺陷，及后天性的不当输血、蚕豆病、脾功能亢进、疟疾及各种理化因素或药物、毒物等引起的红细胞破坏增多所致。②非溶血因素，即造血系统功能紊乱，如恶性贫血、珠蛋白生成障碍等引起的无效造血。溶血性黄疸的发生主要由于血液中胆红素来源增多，而此时肝功能并未受到损伤，肝细胞处理胆红素的能力未受影响，且处理胆红素的量较正常时增多。因此主要表现为：血清中间接胆红素含量增加、结合胆红素正常；因间接胆红素不能进入尿液，故尿胆红素阴性；由于肝处理胆红素的量增多，使排入肠腔的结合胆红素增加，最终导致粪胆素原、粪胆素、尿胆素原、尿胆素均相应增多。

溶血性黄疸临床检验特征：①血清总胆红素、间接胆红素增高，直接胆红素正常，重氮试剂反应呈间接阳性。②尿胆红素阴性，尿胆素原、尿胆素增多。③粪胆素原、粪胆素增加，粪便颜色加深。

2. 肝细胞性黄疸 又称为肝源性黄疸，是因为肝细胞功能受损害，肝对胆红素的摄取、转化、排泄能力下降导致的黄疸。一方面肝不能将间接胆红素全部转变为直接胆红素，使血中间接胆红素堆积；另一方面也可能因肝细胞肿胀，使小胆管堵塞或小胆管与肝血窦直接相通，直接胆红素反流入血，血中直接胆红素浓度增加。直接胆红素能通过肾小球滤过，致尿胆红素检测呈阳性反应。由于肝细胞受损程度不同，经肝处理排到肠腔的直接胆红素量可能减少也可能正常，故粪便颜色变化及粪（尿）胆素原、胆素的变化也随之不一定。

发生原因：感染（传染性肝炎、伤寒、回归热等）、中毒（砷、四氯化碳等有毒物质中毒）、肝硬化、原发性或继发性肝癌、充血性心力衰竭引起的肝阻性充血等疾病，引起肝细胞损伤、中毒、纤维化甚至坏死，使肝处理胆红素能力下降所致。

肝细胞性黄疸临床检验特征：①血清总胆红素、间接胆红素、直接胆红素含量均增高，重氮试剂反应呈直接和间接双阳性。②尿胆红素阳性，尿胆素原、尿胆素变化不一定。③粪胆素原、粪胆素正常或减少，粪便颜色正常或变浅。

3. 梗阻性黄疸　又称肝后性黄疸，是各种原因引起胆红素排泄的通道——胆管阻塞，使胆小管或毛细胆管压力增高或破裂，胆汁中结合胆红素逆流入血引起的黄疸。

发生原因：胆管内结石、胆管炎症、狭窄、胆道蛔虫、胆管癌及胆管外压迫（如胰头癌、肝门淋巴结肿大等）等疾病引起胆红素从胆道排泄受阻所致。此类型黄疸由于排入肠道的胆红素减少，生成的粪（尿）胆素原、胆素也随之减少，粪便的颜色变浅，如阻塞严重，大便甚至呈白陶土样色。

梗阻性黄疸临床检验特征：①血清总胆红素、直接胆红素增高，间接胆红素正常，重氮试剂反应呈直接阳性。②尿胆红素阳性，尿胆素原、尿胆素减少。③粪胆素原、粪胆素减少，粪便颜色变浅或白陶土样便。

表 12-6 归纳总结了正常人和三类黄疸患者血、尿、粪便中胆色素改变情况，临床常用于黄疸的诊断与鉴别诊断。

表 12-6　三种类型黄疸血、尿、便的实验室检查变化

指标	正常	溶血性黄疸	肝细胞性黄疸	梗阻性黄疸
原因		红细胞大量破坏	肝实质性病变	胆道阻塞
血清胆红素				
总胆红素浓度	<17.1μmol/L	>17.1μmol/L	>17.1μmol/L	>17.1μmol/L
间接胆红素	3.4～13.6μmol/L	↑↑	↑	正常
直接胆红素	极少	-	↑	↑↑
重氮试剂反应	直接：阴性	直接：阴性	直接：阳性	直接：强阳性
	间接：弱阳性	间接：强阳性	间接：阳性	间接：弱阳性
尿三胆				
尿胆红素	-	-	++	++
尿胆素原	少量	↑	不一定	↓
尿胆素	少量	↑	不一定	↓
粪便				
粪便颜色	正常	变深	变浅或正常	变浅，完全阻塞时呈白陶土色
粪胆素原	40～280mg/24h	↑	↓或正常	↓或-

案例 12-2

患者，男性，15 岁，因"皮疹 1 个月，乏力纳差、皮肤和巩膜黄染 3 周"就诊。

病史：患者 1 个月前无明显诱因下出现四肢皮肤淡红色皮疹，凸起于皮面，不伴瘙痒。于当地医院服中药治疗，皮疹消退，但随后出现剑突下持续性隐痛，与饮食无明显关系。患者出现明显呕吐、乏力、纳差、皮肤和巩膜黄染，颜面和双下肢浮肿，偶有干咳，无痰，无胸闷、胸痛和咯血。尿量减少，尿液呈深茶色，粪便呈淡黄色。

体格检查主要阳性发现：神情疲倦，颜面眼睑浮肿，全身皮肤和巩膜重度黄染，口腔黏膜布满白色斑块。右下肺呼吸音弱，叩诊浊音。腹部稍膨隆，移动性浊音弱阳性。双下肢轻度凹陷性浮肿。

辅助检查主要阳性发现（括号内为参考区间）：谷丙转氨酶（GPT）1329U/L（9~50U/L），AST 1717U/L（15~40U/L），血清 TBIL 341μmol/L（3~20μmol/L），DBIL 125μmol/L（0~7μmol/L），IBIL 216μmol/L（3~13μmol/L），凝血酶原时间（PT）24.2s（11~13s），血浆清蛋白 35.1g/L（40~55g/L），尿胆红素++（正常阴性）。腹部超声提示：肝大，脾大，少量腹水，肝功能 Child 分级 C 级（表明肝功能严重损害）。

临床初步诊断：肝细胞性黄疸。

问题：

1. 导致该患者黄疸的原因是什么？

2. 患者尿液为何呈深茶色？

（鄢 雯）

思 考 题

1. 试述肝在人体各物质代谢中的作用，并分析肝病患者出现餐后高血糖、厌油腻、夜盲症等症状的生物化学机制。

2. 请问生物转化有什么生理意义？有哪些因素影响生物转化？

3. 如何通过血、尿和粪便检测对三种黄疸类型进行鉴别？

4. 根据胆汁酸的代谢过程，分析如何有效降低血胆固醇水平？

第十三章　物质代谢的联系与调节

代谢是生物与外界环境进行物质交换与能量交换的过程，是生命的最基本特征。经消化吸收进入体内的糖、脂质及蛋白质在细胞内分解代谢提供能量，机体自身也可通过合成代谢获得需要的蛋白质、脂质、糖类等，以满足各种生命活动需要，同时代谢过程中产生的机体不能再利用的物质需要排出体外。每条代谢途径都由一系列酶促反应构成，有些不同的代谢途径包含一些相同的酶促反应，因此各种代谢途径相互联系、相互作用、相互协调和相互制约，形成一个代谢网络。把研究对象作为一个整体来观察和分析的代谢组学是目前研究代谢的重要方法。

体内的物质代谢受到中枢神经系统、激素以及细胞三级水平的精细调节。细胞水平调节是最基本的调节方式，神经系统通过调控激素水平及功能整合不同组织/器官的细胞内代谢途径，实现整体调节，维持代谢稳态。

满足机体各组织、器官的基本功能的代谢基本相同，但由于各组织、器官的细胞具有不同的酶系种类及含量，因而还具有各自特色的代谢特点。

第一节　物质代谢的特点

生物体内各种物质代谢同时进行，既相互联系，又相互补充、相互制约，具有整体、统一、有序、可调节等特点，既能满足正常生长发育的需求，又能适应机体内外环境改变的需求。

一、物质代谢的整体性

食物中的糖、脂质、蛋白质、水、无机盐、维生素等成分，经消化吸收进入机体后同时进行代谢，不是彼此孤立各自为政，而是彼此互相联系，或相互转变，或相互依存，构成统一的整体。例如，进食后摄入体内的葡萄糖增加，此时，除糖原合成加强外，糖的分解代谢加强，释放能量增多，以保证糖原、脂质、蛋白质等物质合成代谢所需的能量；同时糖原分解、脂肪动员和蛋白质分解过程受到抑制。此外，内源性代谢物（体内各组织细胞分解来的糖、脂质、氨基酸）也通过各物质的共同代谢池参与机体的整体性物质代谢。例如，无论是由食物消化吸收的氨基酸，还是由机体自身组织蛋白质降解产生的氨基酸，或者机体自身合成的非必需氨基酸，均分布于体内各处，构成氨基酸代谢池，参与各种组织的代谢。因此，细胞内各种物质的共同代谢池是物质代谢形成整体性的基础。

二、物质代谢过程的有序性

生命体内的物质代谢都是按一定的代谢途径进行，而每条途径又是通过一系列代谢反应有序进行来实现的。正是代谢途径的不同决定了代谢物的去向不同、产物的差异，最终促成生命体的多样性和满足生命过程的需要。这些代谢途径有的局限在一个亚细胞结构中，有的跨越多个亚细胞结构，每条代谢途径都按照自己的路线有序进行。代谢途径的模式主要有以下几种：

（一）线性代谢途径

一般指从起始物到终产物的整个反应过程中无代谢支路。如 DNA 的生物合成等。

（二）分支状代谢途径

一般指代谢物可通过某个共同中间产物进行代谢分支途径，产生两种或更多种产物。例如，以葡萄糖-6-磷酸为分支点的糖代谢，葡萄糖-6-磷酸可以进入糖酵解途径，也可进入戊糖磷酸途径，还可以进入糖原合成途径。再如糖酵解途径产生的丙酮酸，在相对缺氧时被还原为乳酸，在有氧条件下则氧化脱羧生成乙酰辅酶 A。

（三）环状代谢途径

环状代谢途径中的中间产物可以反复生成，循环利用，使生物体能经济高效地进行代谢变换，而且环状代谢反应可以从某一中间产物起始或终止，可大大提高代谢变化的灵活性。如三羧酸循环、鸟氨酸循环。

三、代谢反应需要酶催化并受到精细调节

机体活细胞内的代谢反应通常由一系列酶促反应组成。酶的主要作用是加快物质代谢反应的进程，并且对物质代谢起调节作用。

不同组织细胞产生的酶有些是相同的，也有些是不同的，这些异同使得不同的组织细胞具有各自的代谢特点和功能。例如，肝是维持血糖恒定的重要器官，它不仅能进行糖异生作用，还能进行糖原的合成和分解。再如肝只能合成酮体，却不能利用酮体；肝糖原的分解可以作为血糖的补充来源，而肌糖原分解却只能分解供能，而不能作为血糖的补充。

同时，酶的活性具有可调节性。机体通过对代谢途径中调节酶的活性进行调节而实现根据内外环境变化调整体内的各种代谢。对酶活性的调节主要包括酶原激活、酶的别构调节、酶的共价修饰调节以及同工酶等，这些调节方式准确、快速、直接影响到体内物质代谢的速度；同时通过酶的降解或酶的诱导和阻遏也可对酶的含量进行调节。因此，对酶的活性和（或）含量的调节是对体内各种物质代谢能否进行和代谢速度调节的关键。生物体的各种物质代谢错综复杂，以对抗外环境变化，维持内环境恒定，即稳态。从生物化学角度认识稳态，就是机体通过精细的调节机制，不断调节各种物质代谢的强度、方向和速度，以补偿外环境变化而维持的代谢动力学动态稳定状态——代谢稳态（metabolic homeostasis）。而这种通过改变各种物质代谢的强度、方向和速度，以对抗代谢产物浓度变化的机制即为代谢调节。代谢调节普遍存在于生物界，是生命在进化过程中逐步形成的一种适应能力。

四、ATP 是能量储存和消耗的共同形式

ATP 是一切生命活动所需能量的直接利用形式。糖、脂质及蛋白质在体内氧化分解释出的能量，大部分储存在 ATP 的高能磷酸键中。体内其他的高能化合物，如磷酸肌酸、琥珀酰辅酶 A、UTP、CTP、GTP 等均需要转化为 ATP 进行利用。生命活动如生长、发育、繁殖、运动等所涉及的蛋白质、核酸、多糖等生物大分子的合成，肌收缩，神经冲动传导，物质主动转运以及细胞渗透压及形态维持均直接利用 ATP。ATP 犹如一种能量货币，在各种生命活动中完成能量穿梭交换和循环。

五、NADPH 提供合成代谢所需的还原当量

体内许多参与生物合成代谢的还原酶以 $NADP^+$ 为辅酶，NADPH 主要来源于葡萄糖的戊糖磷酸途径。所以，NADPH 将氧化分解和还原性合成联系起来。如葡萄糖经戊糖磷酸途径生成的 NADPH 既可为乙酰辅酶 A 合成脂肪酸、又可为乙酰辅酶 A 合成胆固醇提供还原当量。

第二节 物质代谢的研究方法

生物体内的物质代谢是一个完整统一的过程，各个代谢之间相互联系、彼此协调，构成了错综复杂的反应网络。

研究代谢的方法有多种，常用的几种经典方法包括：

1. 体外试验与体内试验 体外试验是用从生物体分离出来的组织切片、组织匀浆或体外培养的细胞、细胞器及细胞抽提物进行代谢过程的研究，可多个样本同时进行，或进行多次重复试验，

为代谢过程的研究提供重要的线索和依据。糖酵解、三羧酸循环、氧化磷酸化等反应过程均是先从体外试验获得了证据。体内试验结果则代表生物体在正常生理条件下，在神经、体液等调节机制下的整体代谢情况，相比体外试验更接近生物体的试际状况。体内试验为阐明许多物质的中间代谢过程提供了有力的试验依据。如1904年德国化学家克努伯（Knoop）根据体内试验提出了脂肪酸β氧化学说。

2. 同位素示踪法　同位素标记特异性强、灵敏度高，标记的化合物与非标记的化合物的化学性质、生理功能及在体内的代谢途径完全相同，追踪代谢过程中被标记的中间代谢物、产物及标记位置，可获得代谢途径的动态数据，是研究代谢过程的有效方法。例如，用 ^{14}C 标记乙酸的羧基，用于喂饲动物，如检测到动物呼出的 CO_2 中有 " ^{14}C "，则说明乙酸的羧基转变成了 CO_2。类似地，用同位素示踪法阐明了胆固醇分子中的碳原子来源于乙酰辅酶A。

3. 代谢途径阻断法　在研究物质代谢过程中，还可应用抗代谢物或酶的特异性抑制剂来阻抑中间代谢的某一环节，观察这些反应环节被抑制后的代谢产物变化以推测代谢情况。例如，克雷布斯（Krebs）利用丙二酸抑制琥珀酸脱氢酶，发现能造成琥珀酸积累，为三羧酸循环途径的确认提供了重要依据。

4. 突变体研究法　基因突变造成某一种酶的缺失，导致相应产物的缺失和酶作用底物的堆积。对这些突变体的研究有助于鉴别代谢途径的酶及中间代谢物，尤其是对于基因工程修饰的动物及人类遗传性代谢病的研究，为研究代谢过程开辟了新的试验途径。

5. 代谢组学　目前物质代谢研究越来越多应用代谢组学的技术和方法。代谢组（metabolome）是指某一生物或细胞在某一特定生理时期内所有的小分子代谢物，是生物体代谢物质的动态整体。代谢组学（metabolomics）则是对代谢组进行定性和定量分析的一门新学科，主要研究生物整体、系统或器官的内源性代谢物质及其所受内在或外在因素的影响，着眼于把研究对象作为一个整体来观察和分析，也称为"整体的系统生物学"。代谢组学利用高通量、高灵敏度与高精确度的现代分析技术，对细胞、有机体分泌出来的体液中的代谢物的整体组成进行动态跟踪分析，借助多变量统计分析方法来辨识和解析被研究对象的生理、病理状态及其与环境因子、基因组成等的关系。

通过现代超高效液相色谱-高分辨质谱联用仪等技术分析体液中的代谢物组成谱，并利用多变量统计分析技术，把所有代谢物的组成信息都整合到一起，为在系统和整体的层面上比较和分析生物的代谢特性开辟了新的技术路线，具有广阔的发展前景。

第三节　物质代谢的相互联系

生物体内各种物质包括糖类、脂质、蛋白质与核酸等的代谢同时进行，既相互联系，又相互补充、相互制约；在体内进行代谢的物质除了上述营养物质，还有药物、食品添加剂、环境化学污染物等不可避免的异源物，这些非营养异源物的代谢也与营养物质的代谢之间存在一定联系。

一、三大营养物质在能量代谢上相互联系相互制约

糖、脂肪及蛋白质三大营养物质虽然在体内氧化分解的代谢途径各不相同，但它们的共同中间产物是乙酰辅酶A，最终分解途径是三羧酸循环，产生能量的方式主要通过氧化磷酸化，释出的能量均需转化为ATP形式。

从能量供应的角度看，这三大营养物质可以互相代替，并互相制约。一般情况下，人体摄取的食物中糖类含量最多，人体所需能量的50%～70%由糖提供，糖是体内的"燃烧材料"；其次是脂肪，摄入量虽然不多，但因其不溶于水，储存时不含水，占体积小，因而是生物体内的"储存材料"；蛋白质虽然也能氧化分解提供能量，但机体尽可能节约蛋白质的消耗，因为蛋白质是机体的"建筑材料"，是生命活动的执行者，其主要功能是参与完成体内各种生理生化反应。由于糖、脂质、蛋白质分解代谢有共同的通路，所以某一供能物质的分解代谢占优势，常能抑制和节约其他供能物质的降解。例如，脂肪分解增强、生成的ATP增多，ATP/ADP比值增高，可别

构抑制糖分解代谢途径的调节酶磷酸果糖激酶 1 的活性，从而抑制糖分解代谢。相反，若供能物质不足，体内 ATP 浓度降低，ADP 积存增多，则可别构激活磷酸果糖激酶 1，加速体内糖的分解代谢。

二、各种物质代谢通过中间代谢物而相互联系

体内糖、脂质、蛋白质和核酸等物质的代谢不是彼此独立，而是相互关联的。它们各自代谢的中间产物可以相互转变，各种物质代谢通过共同的中间代谢物即两种代谢途径汇合时的中间产物、三羧酸循环和生物氧化等联成整体。当一种物质代谢障碍时，可引起其他物质代谢的紊乱。如糖尿病时糖代谢的障碍，可引起脂质代谢、蛋白质代谢甚至水盐代谢的紊乱。

（一）糖代谢与脂质代谢的相互联系

1. 糖可转变为脂肪　当摄入的糖量超过体内能量消耗时，除合成少量糖原储存外，生成的柠檬酸及 ATP 可别构激活乙酰辅酶 A 羧化酶，使由糖代谢而来的中间产物乙酰辅酶 A 羧化生成丙二酰辅酶 A，进而合成脂肪酸及脂肪。这样，可将葡萄糖转变为脂肪在脂肪组织中储存。所以，摄取不含脂肪的高糖膳食过多，也能使人血浆甘油三酯升高，并导致肥胖。

2. 脂肪中甘油部分可转变为糖　当大量脂肪分解时，在肝、肾、肠等组织中甘油激酶的作用下，将甘油转变成甘油-3-磷酸，甘油-3-磷酸通过糖异生途径转变生成葡萄糖；但脂肪酸不能在体内转变为糖，因为脂肪酸分解生成的乙酰辅酶 A 不能转变为丙酮酸，所以脂肪只有甘油部分可转变为糖。又由于甘油占脂肪组成比例较少，所以脂肪转变为糖较少。

3. 脂肪的分解代谢受糖代谢的影响　糖代谢的正常进行是脂肪分解代谢顺利进行的前提。因为脂肪酸氧化的产物乙酰辅酶 A 必须与草酰乙酸缩合成柠檬酸后进入三羧酸循环，才能彻底氧化，而草酰乙酸主要由糖代谢产生的丙酮酸羧化生成。当饥饿、糖供给不足或糖代谢障碍时，脂肪作为主要的供能物质大量动员，脂肪酸 β 氧化增强，但由于糖代谢产生的草酰乙酸相对缺乏或绝对不足，乙酰辅酶 A 不能有效进入三羧酸循环而合成大量酮体，造成高酮血症，甚至尿中有酮体排出，即酮尿症。

（二）糖代谢与氨基酸代谢的相互联系

组成人体蛋白质的 20 种基本氨基酸，除生酮氨基酸（亮氨酸、赖氨酸）外，都可通过脱氨作用生成相应的 α-酮酸。这些 α-酮酸可转变成某些中间代谢物如丙酮酸、草酰乙酸、α-酮戊二酸等，循糖异生途径转变为糖。如精氨酸、组氨酸及脯氨酸均可通过先转变成谷氨酸后进一步脱氨生成 α-酮戊二酸，再经草酰乙酸转变成磷酸烯醇式丙酮酸，再异生为葡萄糖。

糖也可以转变为非必需氨基酸。糖代谢的一些中间代谢物，如丙酮酸、α-酮戊二酸、草酰乙酸等可经氨基化而生成某些非必需氨基酸。但苏氨酸、甲硫氨酸、赖氨酸、亮氨酸、异亮氨酸、缬氨酸、苯丙氨酸、色氨酸、组氨酸等必需氨基酸不能由糖代谢的中间代谢物转变而来，必须由食物提供。亦即，大部分氨基酸可以转变为糖，而糖代谢中间物仅能转变为非必需氨基酸，这也是为什么食物中的蛋白质不能被糖替代、而蛋白质却能替代糖和脂肪供能的重要原因。

（三）脂质代谢与氨基酸代谢的相互联系

氨基酸可以转变为多种脂质。体内氨基酸，无论是生糖氨基酸、生酮氨基酸（亮氨酸、赖氨酸）或生酮兼生糖氨基酸（异亮氨酸、苯丙氨酸、色氨酸、酪氨酸、苏氨酸），均可分解生成乙酰辅酶 A，乙酰辅酶 A 经还原缩合反应可合成脂肪酸进而合成脂肪。氨基酸还可作为合成磷脂的原料，如丝氨酸脱羧可转变为乙醇胺，乙醇胺经甲基化可转变为胆碱，丝氨酸、乙醇胺及胆碱分别是合成磷脂酰丝氨酸、脑磷脂及卵磷脂的原料。氨基酸分解产生的乙酰辅酶 A 也可合成胆固醇以满足机体的需要。然而胆固醇或脂肪的脂肪酸部分不能转变为氨基酸，仅脂肪中的甘油部分可通过生成甘油醛-3-磷酸，再生成相应的 α-酮酸，进一步转变为非必需氨基酸，但量很少。

（四）核苷酸代谢与氨基酸代谢、糖代谢的相互联系

体内从头合成嘌呤核苷酸、嘧啶核苷酸需要氨基酸作为重要原料，核苷酸再进一步合成核酸（RNA、DNA）。如嘌呤核苷酸的从头合成需甘氨酸、天冬氨酸、谷氨酰胺及一碳单位；嘧啶核苷酸的从头合成需天冬氨酸、谷氨酰胺及一碳单位为原料。一碳单位是某些氨基酸如丝氨酸、甘氨酸、组氨酸、色氨酸及苏氨酸在分解代谢过程中产生的。合成核苷酸所需的磷酸核糖由葡萄糖经戊糖磷酸途径提供。所以，葡萄糖和一些氨基酸可在体内转化为核酸分子的组成成分。

糖、脂质、氨基酸、核苷酸等代谢的相互联系见图 13-1。

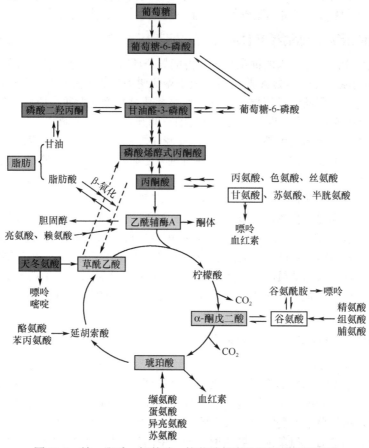

图 13-1　糖、脂质、氨基酸、核苷酸代谢途径间的相互联系

三、营养物质代谢与非营养物质代谢之间的联系

营养物质通常指糖、脂肪、蛋白质等，核苷酸主要由机体细胞自身合成，因此不属于营养必需物质。体内物质代谢还包括激素、维生素、代谢中间物等内源性非营养物质以及药物、食品添加剂、环境化学污染物、毒物等外源性非营养物质的代谢转化。机体内营养物质代谢与非营养物质代谢可以通过共同的代谢组织器官或共同的中间代谢物产生联系。当某种营养物质代谢障碍时，可引起其他非营养物质代谢的异常，各种不同种类的非营养物质代谢转化之间也存在相互影响。

如第十二章所述，生物转化包括氧化、还原、水解等第一相反应和结合为主的第二相反应。其中单加氧酶系、硝基还原酶和偶氮还原酶等催化的生物转化反应所需 H 由 NADPH 提供，而体内 NADPH 的主要来源是肝细胞的戊糖磷酸途径。常见的结合物葡萄糖醛酸（活化形式为UDPGA）来源于葡萄糖的糖醛酸途径。活性硫酸基、活性甲基分别来自半胱氨酸和甲硫氨酸的氧化分解；这些活性基团的合成过程均需 ATP 提供能量。另一些结合物的来源与氨基酸代谢关系密

切，如谷胱甘肽是由谷氨酸、半胱氨酸和甘氨酸构成的重要的生物活性肽，牛磺酸由半胱氨酸代谢转化而来，甘氨酸是侧链最简单的氨基酸。

又如，乙醇作为饮料和调味剂的常见成分之一以及某些药物的辅助成分，对于许多其他营养物质或非营养物质的代谢转化有着直接或间接的影响。参与氧化反应的醇脱氢酶和醛脱氢酶的辅因子为 NAD^+，若乙醇摄入量增加，细胞内 $NAD^+/NADH$ 比值将降低，可促使丙酮酸还原成乳酸，造成乳酸堆积，亦可抑制糖异生途径造成低血糖；还有可能抑制脂肪酸 β 氧化、促进脂肪酸合成；同时减少 UDPG 脱氢转变为 UDPGA，从而影响肝内葡萄糖醛酸结合转化反应。一些类固醇激素通过与肝内葡萄糖醛酸或活性硫酸基结合而灭活，若肝细胞功能严重受损，体内这些激素水平升高，继而可出现水钠潴留等代谢紊乱症状。

由于不同物质的生物转化通常由同一种酶系催化，因此多种非营养物质之间可出现对同一转化酶系的竞争抑制作用。此外，参与生物转化的酶通常是诱导酶，某些异源物在诱导合成一些生物转化酶类加速其自身代谢转化时，其他异源物的生物转化也可被影响。

第四节　物质代谢的调节方式

正常情况下，机体各种物质代谢及代谢途径井然有序、相互协调进行，能适应内外环境的不断变化，保持机体内环境的相对恒定及动态平衡。这是由于机体存在一套完整而精细的调节系统。对于高等生物，该调节系统可分为三个层次：①细胞水平调节：即通过细胞内代谢物浓度的变化，对酶的活性及含量进行调节；②激素水平调节：即通过分泌的激素可对其他细胞发挥代谢调节作用；③整体水平调节：即在中枢神经系统的控制下，或通过神经纤维及神经递质对靶细胞直接发生影响，或通过某些激素的分泌来调节某些细胞的代谢及功能，并通过各种激素的互相协调而对机体代谢进行综合调节。在代谢调节的三级水平中，细胞水平代谢调节是基础，激素及神经对代谢的调节需通过细胞水平代谢调节实现。

一、细胞水平的代谢调节

细胞是组成组织及器官的最基本功能单位。细胞水平调节是代谢调节的最原始调节，其调控点是细胞中催化代谢反应的酶，特别是各代谢途径的调节酶。

（一）细胞内酶的隔离分布

真核细胞中存在细胞核、线粒体、核糖体和高尔基体等细胞器。ADP/ATP 比值、$NAD^+/NADH$ 比值、$NADP^+/NADPH$ 比值、磷酸根离子浓度、Mg^{2+} 浓度、代谢物种类及浓度、酶浓度、氧分压和 CO_2 分压等在各分室中有很大差别，因此，各分室有不同的功能。如果这些分室间相互联系的机制出现紊乱，会引起细胞内代谢的紊乱。在同一时间，细胞内有多种代谢途径在进行。参与同一代谢途径的酶，相对独立地分布于细胞特定区域或亚细胞结构，形成区域隔离分布，其中有些酶结合在一起形成多酶复合物（表 13-1）。例如，糖酵解相关的酶系、糖原分解及合成酶系、脂肪酸合酶系均存在于细胞质，三羧酸循环酶系、脂肪酸 β 氧化酶系则分布于线粒体内，而核酸生物合成酶系大部分集中在细胞核内。

表 13-1　主要代谢途径在细胞内的分布

代谢途径	酶分布	代谢途径	酶分布
糖酵解	细胞质	酮体利用	线粒体
三羧酸循环	线粒体	脂肪酸（软脂酸）合成	细胞质
戊糖磷酸途径	细胞质	胆固醇合成	内质网，细胞质
糖异生	细胞质，线粒体	磷脂合成	内质网
糖原合成	细胞质	尿素合成	线粒体，细胞质

续表

代谢途径	酶分布	代谢途径	酶分布
糖原分解	细胞质	多种水解酶	溶酶体
氧化磷酸化	线粒体	DNA 及 RNA 合成	细胞核
脂肪酸 β 氧化	线粒体	蛋白质合成	内质网，细胞质

酶在细胞内的隔离分布使有关代谢途径分别在细胞不同区域内进行，能避免不同代谢途径之间彼此干扰，使同一代谢途径中的系列酶促反应能够更高效地连续进行，既提高了代谢途径的速度，也有利于调控。例如，脂肪酸的合成是以乙酰辅酶 A 为原料在细胞质内进行，而脂肪酸 β 氧化生成乙酰辅酶 A 则是在线粒体内进行，如此，脂肪酸合成与脂肪酸氧化分解不致互相干扰而导致乙酰辅酶 A 无意义循环。

此外，有些细胞器如线粒体，又可分为外膜、内膜、嵴、基质等部分；线粒体的内膜含有与电子转移及氧化磷酸化有关的酶系，外膜含有脂肪酸氧化、脂肪酸合成等酶系。上述酶系在膜上的定向排列对代谢的协调进行有很大的作用。

（二）关键酶活性的调节

代谢途径实质上是一系列酶促反应，其速度和方向往往由其中一个或几个具有调节作用的关键部位的酶的活性所决定。这些调节代谢的酶称为调节酶（regulatory enzyme）。调节酶所催化的反应具有下述特点：①催化的反应速度最慢，其活性决定整个代谢途径的总速度，因此又称为限速酶（rate-limiting enzyme）或关键酶（key enzyme）；②这类酶催化单向反应或非平衡反应，因此它的活性决定整个代谢途径的方向；③这类酶活性除受底物控制外，还受多种代谢物或效应剂的调节。因此，调节某些关键酶或调节酶的活性是细胞代谢调节的一种重要方式。表 13-2 列出一些重要代谢途径的调节酶。

表 13-2　某些重要代谢途径的调节酶

代谢途径	调节酶	代谢途径	调节酶
糖原合成	糖原合酶	三羧酸循环	柠檬酸合酶
糖原分解	糖原磷酸化酶		异柠檬酸脱氢酶
糖酵解	己糖激酶		α-酮戊二酸脱氢酶复合物
	磷酸果糖激酶 1	糖异生	丙酮酸羧化酶
	丙酮酸激酶		磷酸烯醇式丙酮酸羧激酶
脂肪酸合成	乙酰辅酶 A 羧化酶		果糖-1,6-二磷酸酶
胆固醇合成	HMG-CoA 还原酶	尿素合成	氨甲酰磷酸合成酶 I
酮体生成	HMG-CoA 合酶		精氨酸代琥珀酸合成酶

代谢调节主要是通过对调节酶活性的调节实现的。按调节的快慢可分为快速调节及慢速调节两类。快速调节主要是通过改变酶的分子结构，从而改变其活性来调节酶促反应的速度。快速调节主要有三种机制：①酶原激活；②别构调节；③共价修饰调节（这部分内容已在第四章第五节中讨论）。

一些重要代谢途径中的别构酶及其效应剂见表 13-3。酶的共价修饰调节主要有磷酸化/去磷酸化、乙酰化/去乙酰化、甲基化/去甲基化、腺苷化/去腺苷化、ADP 核糖基化/去 ADP 核糖基化及—SH 与—S—S—互变等，其中磷酸化与去磷酸化修饰在代谢调节中最为多见（图 13-2 与表 13-4）。

表 13-3 一些重要代谢途径中的别构酶及其效应剂

代谢途径	别构酶	别构激活剂	别构抑制剂
糖酵解	磷酸果糖激酶 1	AMP，ADP，F-2,6-2P	ATP，柠檬酸
	己糖激酶		G-6-P
三羧酸循环	柠檬酸合酶	AMP	ATP，长链脂酰辅酶 A
	异柠檬酸脱氢酶	AMP，ADP	ATP
糖异生	丙酮酸羧化酶	乙酰辅酶 A，ATP	AMP
糖原分解	糖原磷酸化酶	AMP，G-l-P	ATP，G-6-P
脂肪酸合成	乙酰辅酶 A 羧化酶	柠檬酸，异柠檬酸	长链脂酰辅酶 A
氨基酸代谢	L-谷氨酸脱氢酶	ADP，GDP	GTP，ATP，NADH
尿素合成	氨甲酰磷酸合成酶 I	N-乙酰谷氨酸	
嘌呤合成	谷氨酰胺 PRPP 酰胺转移酶	PRPP	AMP，GMP
嘧啶合成	天冬氨酸氨甲酰基转移酶		CTP，UMP
核苷酸合成	脱氧胸苷激酶	dCTP，dATP	dTTP

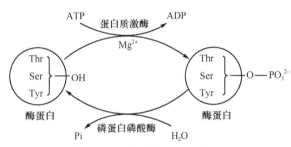

图 13-2 酶的磷酸化与去磷酸化

表 13-4 酶的共价修饰对代谢途径酶活性的调节

酶	化学修饰类型	酶活性改变
糖原磷酸化酶	磷酸化/去磷酸化	激活/抑制
磷酸化酶 b 激酶	磷酸化/去磷酸化	激活/抑制
糖原合酶	磷酸化/去磷酸化	抑制/激活
丙酮酸激酶	磷酸化/去磷酸化	抑制/激活
磷酸果糖激酶 2	磷酸化/去磷酸化	抑制/激活
丙酮酸脱氢酶	磷酸化/去磷酸化	抑制/激活
激素敏感性脂肪酶	磷酸化/去磷酸化	激活/抑制
HMG-CoA 还原酶	磷酸化/去磷酸化	抑制/激活
乙酰辅酶 A 羧化酶	磷酸化/去磷酸化	抑制/激活
黄嘌呤脱氢酶/氧化酶	—SII/—S—S—	脱氢酶/氧化酶

慢速调节则通过改变细胞内酶含量而达到改变代谢的方向和速度，即通过改变酶的合成或降解速度而实现，一般需数小时或几天才能实现。

二、激素水平的代谢调节

激素水平的代谢调节是高等动物体内代谢调节的重要方式，激素作用有较高的组织特异性和效应特异性。不同激素作用于不同组织，产生不同的生物学效应。体内的一种代谢过程常可受多种激素影响，一种激素通常也可影响多种代谢过程。激素与靶细胞特异受体识别结合，进而将激素的信号跨膜传递入细胞内，转化为一系列细胞内的化学反应，最终表现出激素的生物学效应。

按激素受体在细胞内分布位置的不同，可将激素大致分为膜受体激素和胞内受体激素。

（一）膜受体激素

膜受体是存在于细胞膜上的跨膜蛋白质。与膜受体特异结合发挥作用的激素包括胰岛素、生长激素、促性腺激素、促甲状腺激素、甲状旁腺激素等蛋白质类激素，生长因子等肽类及肾上腺素等儿茶酚胺类激素。这些激素是水溶性分子，通常难以越过脂质双分子层构成的细胞质膜，因而作为第一信使分子与相应的靶细胞膜受体结合后，通过跨膜传递将所携带的信息传递到细胞内，然后通过第二信使将信号逐级传递并放大，产生明显的代谢调节效应。

（二）胞内受体激素

胞内受体激素包括类固醇激素、甲状腺素及视黄酸等疏水性激素。这些激素通常可透过脂质双分子层细胞质膜进入细胞内，与相应的胞内受体结合。细胞内受体包括位于细胞质和细胞核内的受体。位于细胞核内的受体在与相应激素特异结合形成激素受体复合物后，作用于 DNA 的特定序列即激素应答元件（hormone response element，HRE），改变相应基因的转录，促进（或阻遏）蛋白质或酶的合成，调节细胞内酶含量，从而调节细胞代谢。位于细胞质中的胞内受体与激素结合后，形成的激素受体复合物进入核内，同样作用于 HRE，调节相应基因表达，发挥代谢调节作用。

对于某一激素还可能同时存在上述两类激素作用机制。如甲状腺素除能进入细胞与核受体结合外，也可与细胞膜受体整合素 $α_vβ_3$ 结合激活促分裂原活化的蛋白质激酶（mitogenactivated protein kinase，MAPK）等信号通路。

三、整体水平的代谢调节

高等动物包括人的各组织器官高度分化，具有各自的功能和代谢特点。维持机体正常功能、适应内外环境不断变化，需要机体在神经系统主导下，调节激素释放并通过激素整合不同组织器官的各种代谢，实现整体调节。

在饱食、空腹、饥饿、应激等状态下，机体主要通过神经系统主导并调节胰高血糖素与胰岛素等激素的分泌量，进而达到对不同组织/器官物质代谢的调节作用。现以饱食、空腹、饥饿、应激状态及代谢综合征等为实例说明物质代谢的整体水平调节。

（一）饱食

1. 混合膳食 通常情况下，人体摄入的膳食为混合膳食，经消化吸收后的主要营养物质以葡萄糖、氨基酸和 CM 形式进入血液，体内胰岛素水平中度升高，机体主要分解葡萄糖，为各组织器官供能。未被分解的葡萄糖，一部分在胰岛素的作用下合成肝糖原和肌糖原贮存；另一部分在肝内转换为丙酮酸、乙酰辅酶 A，进一步合成甘油三酯，以 VLDL 形式运输到脂肪等组织贮存。吸收的甘油三酯大部分被运输到脂肪组织、肌肉组织等进行转换、储存或利用，少部分经肝转换为内源性甘油三酯。

2. 高糖膳食 人体摄入高糖膳食后，体内胰岛素水平明显升高，胰高血糖素降低。在胰岛素作用下，食物消化吸收而来的葡萄糖少部分在骨骼肌合成肌糖原，在肝合成肝糖原和甘油三酯，后者运输到脂肪等组织储存；大部分葡萄糖直接被运输到脂肪组织、骨骼肌等转换成甘油三酯等非糖物质储存或利用。

3. 高脂膳食 进食高脂膳食后，体内胰岛素水平降低，胰高血糖素水平升高。在胰高血糖素作用下，肝糖原分解补充血糖，供给脑组织等。肌组织氨基酸分解、转化，生成丙酮酸运输到肝作为糖异生原料合成葡萄糖，补充血糖供给肝外组织。食物消化吸收而来的甘油三酯主要运输到脂肪和肌组织等储存或利用。脂肪组织一方面在接受消化吸收而来的甘油三酯，另一方面也在部分水解脂肪生成脂肪酸，运送到其他组织。肝利用脂肪酸生成酮体，供应脑等肝外组织利用。

4. 高蛋白膳食 摄入高蛋白膳食后，体内胰岛素水平中度升高，胰高血糖素水平也升高。在两者协同作用下，肝糖原分解补充血糖，供给脑组织等。食物消化吸收而来的氨基酸主要在肝通过糖异生途径生成葡萄糖，供应脑组织及其他肝外组织；少部分氨基酸可以转化为乙酰辅酶 A，合成甘油三酯，供应脂肪组织等；还有少部分氨基酸直接运送到骨骼肌。

（二）空腹

空腹通常指餐后 12 小时以后。此时体内胰岛素水平降低，胰高血糖素水平升高。事实上，在胰高血糖素作用下，餐后 8 小时肝糖原即开始分解补充血糖，主要供应脑，兼顾其他组织需要。餐后 16～24 小时，尽管肝糖原分解仍可持续进行，但由于肝糖原即将耗尽，能用于分解的糖原已经很少，所以肝糖原分解水平较低，主要依靠肝糖异生补充血糖。同时，脂肪动员中度增加，释放脂肪酸供应肝、肌等组织利用。肝内脂肪酸氧化产生酮体，主要供应肌组织。骨骼肌在接受脂肪组织输出的脂肪酸同时，部分氨基酸分解，补充肝糖异生的原料。

（三）饥饿

在病理状态（如昏迷、食管及幽门梗阻等）或特殊情况下不能进食时，若不能及时治疗或补充食物，则机体物质代谢在整体调节下发生一系列的变化。

1. 短期饥饿 通常指 1～3 天未进食。这时肝糖原显著减少，血糖趋于降低，引起胰岛素分泌减少和胰高血糖素分泌增加。这两种激素的增减可引起一系列的代谢改变。

（1）骨骼肌蛋白质分解加强：释放入血的氨基酸量增加，骨骼肌蛋白质分解的氨基酸大部分转变为丙氨酸和谷氨酰胺释放入血液循环。饥饿第 3 天，骨骼肌释出丙氨酸占输出总氨基酸的 30%～40%。

（2）糖异生作用增强：饥饿 2 天后，肝糖异生和酮体生成明显增加，此时肝糖异生速度约为 150g 葡萄糖/天。肝是饥饿初期糖异生的主要场所，约占 80%，其中主要来自氨基酸，部分来自乳酸和甘油。另一小部分则在肾皮质中进行。

（3）脂肪动员加强，酮体生成增多：血浆甘油和游离脂肪酸含量升高，脂肪组织动员产生的脂肪酸约 25% 在肝生成酮体。此时脂肪酸和酮体成为心肌、骨骼肌和肾皮质的重要燃料，部分酮体可被大脑利用。

（4）组织对葡萄糖的利用降低：由于心、骨骼肌及肾皮质摄取和氧化脂肪酸及酮体增加，因而减少这些组织对葡萄糖的摄取及利用。饥饿时脑对葡萄糖的利用亦有所减少，但饥饿初期脑仍以葡萄糖为主要能源。

总之，饥饿时的主要能量来源是储存的蛋白质和脂肪，其中脂肪约占能量来源的 85% 以上。如此时输入葡萄糖，不但可减少酮体的生成，降低酸中毒的发生率，且可防止体内蛋白质的消耗。每输入 100g 葡萄糖约可节省 50g 蛋白质的消耗，这对不能进食的消耗性疾病患者尤为重要。

2. 长期饥饿 通常指未进食 3 天以上，通常在饥饿 4～7 天后，机体就发生与短期饥饿状态不同的代谢改变。

（1）脂肪动员进一步加强，肝生成大量酮体，脑组织利用酮体增加，超过葡萄糖，占总耗氧量的 60%。

（2）肌组织以脂肪酸为主要能源，以保证酮体优先供应脑组织。

（3）肌蛋白质分解减少，肌组织释出氨基酸减少，乳酸和丙酮酸成为肝糖异生的主要来源。

（4）肾糖异生作用明显增强，生成约 40g 葡萄糖/天，占饥饿晚期糖异生总量一半，几乎和肝相等。

（5）因肌蛋白质分解减少，负氮平衡有所改善。

（四）应激

应激（stress）是机体受到创伤、剧痛、冻伤、缺氧、中毒、感染以及剧烈情绪波动等异乎寻常的刺激时所作出一系列反应的"紧张状态"。应激状态时，交感神经兴奋，肾上腺髓质及皮质激素分泌增多，血浆胰高血糖素及生长激素水平增加，而胰岛素分泌减少，引起一系列代谢改变。

1. 血糖升高　交感神经兴奋引起的肾上腺素及胰高血糖素分泌增加，均可激活磷酸化酶而促进肝糖原分解，同时肾上腺皮质激素及胰高血糖素又可使糖异生加强，不断补充血糖，加上肾上腺皮质激素及生长激素使周围组织对糖的利用降低，均可使血糖升高。这对保证大脑、红细胞的供能有重要意义。

2. 脂肪动员增强　血浆游离脂肪酸升高，成为心肌、骨骼肌及肾等组织主要能量来源。

3. 蛋白质分解加强　肌组织释出丙氨酸等氨基酸增加，同时尿素生成及尿氨排出增加，呈负氮平衡。

总之，应激时糖、脂、蛋白质代谢的特点是分解代谢增强，合成代谢受到抑制，血中分解代谢中间产物如葡萄糖、氨基酸、游离脂肪酸、乳酸、酮体、尿素等含量增加。应激时机体代谢改变见表 13-5。

表 13-5　应激时机体的代谢改变

内分泌腺或组织	代谢改变	血中含量
胰岛 α 细胞	胰高血糖素分泌增加	胰高血糖素↑
胰岛 β 细胞	胰岛素分泌抑制	胰岛素↓
肾上腺髓质	去甲肾上腺素及肾上腺素分泌增加	肾上腺素↑
肾上腺皮质	皮质醇分泌增加	皮质醇↑
肝	糖原分解增加	葡萄糖↑
	糖原合成减少	
	糖异生增强	
	脂肪酸 β 氧化增强	酮体↑
骨骼肌	糖原分解增加	乳酸↑
	葡萄糖的摄取利用减少	葡萄糖↑
	蛋白质分解增加	氨基酸↑
	脂肪酸 β 氧化增强	
脂肪组织	脂肪动员加强	游离脂肪酸↑
	葡萄糖摄取及利用减少	甘油↑
	脂肪合成减少	

（五）代谢综合征

代谢综合征（metabolic syndrome，MS）是一组代谢紊乱症候群，包括肥胖、糖耐量减低、高密度脂蛋白胆固醇水平降低、甘油三酯水平升高以及血压升高等，会增加罹患心血管疾病和2 型糖尿病等多种疾病的发病风险。MS 是多基因和多种环境因素相互作用的结果，目前认为其共同的病理基础是肥胖尤其是腹型肥胖造成的胰岛素抵抗，因此 MS 有时又称胰岛素抵抗综合征。2020 年中华医学会糖尿病学会关于代谢综合征的诊断标准为具备以下三项或更多项者：①腹型肥胖：腰围男性≥90cm，女性≥85cm；②高血糖：空腹血糖≥ 6.1mmol/L 或葡萄糖负荷后2 小时血糖≥7.8mmol/L 和（或）已确诊为糖尿病并治疗者；③高血压：血压≥130/85mmHg及（或）已确认为高血压并治疗者；④空腹甘油三酯≥ 1.7mmol/L；⑤空腹高密度脂蛋白胆固醇＜1.04mmol/L。

1. 肥胖　肥胖的基本原因是较长时间的能量摄入大于消耗，源于神经内分泌改变引起的异常摄食行为和运动减少，涉及遗传、环境、膳食、运动等多种因素及复杂的分子机制。正常情况下，当能量摄入大于消耗、机体将过剩的能量以脂肪形式储存于脂肪细胞过多时，脂肪组织就会产生反馈信号作用于摄食中枢，调节摄食行为和能量代谢，不会产生持续性的能量摄入大于消耗。一旦这个神经内分泌调节机制失调，就会引起摄食行为、物质和能量代谢障碍，导致肥胖。

（1）抑制食欲的激素功能障碍引起的肥胖：脂肪组织体积增加刺激瘦蛋白（leptin）分泌，后者作用于下丘脑瘦蛋白受体，抑制神经肽 Y（neuropeptide Y，NPY），抑制食欲和脂肪合成，同时刺激脂肪酸氧化，增加耗能，减少脂肪储存。瘦蛋白还能增加线粒体解偶联蛋白表达，使氧化与磷酸化解偶联，增加产热。进食时小肠上段细胞分泌胆囊收缩素（cholecystokinin，CCK），可引起饱胀感，从而抑制食欲。抑制食欲的激素还有 α-促黑素细胞激素（α-melanocyte-stimulating hormone，α-MSH）、可卡因-苯丙胺调节转录物（cocaine and amphetamine regulated transcript，CART）、NPY 的类似物 PYY_{3-36}（peptide YY_{3-36}）等。抑制食欲的激素如功能障碍都可能引起肥胖。

（2）刺激食欲的激素功能异常增强引起的肥胖：胃黏膜细胞分泌的生长激素释放素（ghrelin），通过血液循环运送至脑垂体，与其受体结合，促进生长激素的分泌。在食欲调节方面，生长激素作用于下丘脑神经元，增强食欲。能增强食欲的激素还有 NPY 以及刺鼠相关肽（agouti related peptide，AgRP）。增强食欲的激素如功能异常增强将导致肥胖。

（3）胰岛素抵抗导致的肥胖：肥胖与高胰岛素血症，即胰岛素抵抗（insulin resistance）密切相关。正常情况下，胰岛素可通过下丘脑受体，抑制 NPY 释放、刺激 α-MSH 产生，从而抑制食欲、减少能量摄入，增加产热、加大能量消耗；并通过一定信号途径促进骨骼肌、肝和脂肪组织分解代谢。瘦蛋白可增加胰岛素的敏感性，因此瘦蛋白等与胰岛素敏感性有关因子的功能异常，都可引起胰岛素抵抗，导致肥胖。

总之，肥胖是多因素引起代谢失衡的结果，是动脉粥样硬化、冠心病、卒中、糖尿病、高血压等疾病发生的主要危险因素之一。肥胖一旦形成，又反过来加重代谢紊乱。如在肥胖形成期，靶细胞对胰岛素敏感，血糖降低，耐糖能力正常。在肥胖稳定期则表现出高胰岛素血症，组织对胰岛素抵抗，耐糖能力降低，血糖正常或升高。肥胖严重程度加剧或产生胰岛素抵抗，血糖浓度越高，糖代谢的紊乱程度越重。同时还引起脂代谢异常，表现为血浆总胆固醇及 LDL-胆固醇升高、HDL-胆固醇降低、甘油三酯升高等。

2. 糖尿病　是一种以血糖升高为特征的疾病症候群，包括糖代谢、脂质代谢与蛋白质代谢的紊乱，严重时可导致酮症酸中毒。目前临床分为 1 型糖尿病、2 型糖尿病、妊娠期糖尿病和其他特殊类型糖尿病等。

案例 13-1

患者，男性，27 岁，糖尿病病史 4 年，诊断为 2 型糖尿病，口服二甲双胍缓释片 0.5g，3 次/日，空腹血糖控制在 9mmol/L 左右，餐后在 11mmol/L 左右，近 4 年体重减轻约 25kg。

查体：肥胖体型，身高 173cm，体重 90kg，BMI 30.1kg/m^2。

实验室检查（括号内为参考区间）：全血糖化血红蛋白（HbA_1c）10.4%（6.5%～7.0%）；空腹及餐后 2 小时血糖分别为 9.92mmol/L（3.9～6.1mmol/L）、17.56mmol/L（3.9～7.8mmol/L）；空腹和餐后 2 小时胰岛素分别为 8.72μIU/ml（5～20μIU/ml）、23.55μIU/ml；空腹及餐后 2 小时 C 肽分别为 2.51μg/L（0.6～9.1μg/L）、4.60μg/L（餐后上升 5～6 倍）。

根据该患者病史特点调整了治疗方案：给予二甲双胍 0.5g，3 次/日联合利拉鲁肽注射液早饭前 1 次皮下注射 0.6mg。治疗 3 天后空腹血糖控制在 6mmol/L。该方案治疗 2 个月后随访，空腹血糖 4mmol/L，餐后 6mmol/L，体重下降 10kg。

> **问题：**
> 1. 该患者除了明确的 2 型糖尿病的诊断外，还患有什么疾病？
> 2. 从生物化学角度解释该患者为什么不首选胰岛素治疗？
> 3. 简要分析二甲双胍联合利拉鲁肽的治疗方案对该患者的优越性。

（1）糖尿病代谢紊乱变化

1）肌肉组织：葡萄糖、氨基酸和脂肪酸进入肌细胞减少，糖原合成酶活性减弱，进而肝糖原合成减少而肌糖原分解加强，肌糖原减少或消失；肌肉蛋白质分解加强，细胞内钾释放增加，均加重肌肉的功能障碍，表现为肌无力，体重下降。同时，胰岛素和生长激素对促进蛋白质合成具有协同作用，生长激素促进合成代谢所需要的能量也依赖于胰岛素促进物质的氧化产生。因而缺乏胰岛素，即使体内生长素水平较高，仍可引起儿童生长迟缓。

2）脂肪组织：由于摄取葡萄糖受限，由葡萄糖代谢生成的乙酰辅酶 A、NADPH 减少，使得乙酰辅酶 A 羧化酶不能被激活，所以脂肪酸和甘油三酯的形成减少；又由于胰岛素/胰高血糖素比值降低，胰岛素的抗脂解作用减弱，使脂肪分解作用加强，体重减轻，大量游离脂肪酸入血。

3）肝组织：由于胰岛素缺乏，葡萄糖激酶和糖原合酶的活化受限，使糖原合成减少，但肝糖原分解和糖异生加强，使肝释放出大量葡萄糖，加重血糖水平增高。同时来自脂肪组织的大量脂肪酸和甘油进入肝，一部分酯化成甘油三酯，并以 VLDL 的形式释放入血，造成高 VLDL 血症；此外脂蛋白脂肪酶的活性依赖胰岛素/胰高血糖素的高比值，而糖尿病时该比值低下，脂蛋白脂肪酶活性降低，VLDL 和 CM 难从血浆清除，因此除 VLDL 进一步升高外，还可以出现高 CM 血症。另一部分脂肪酸氧化分解，使乙酰辅酶 A 增多，因其不能彻底氧化，进而合成胆固醇和酮体增多。上述代谢变化在血液中则表现为高脂血症，包括高甘油三酯、高胆固醇、高 VLDL 的糖尿病性Ⅳ型高脂蛋白血症。

血糖浓度增高至超出肾糖阈时出现糖尿。肾滤液中的葡萄糖作为渗透性利尿剂，抑制水的重吸收，导致多尿。多尿进而导致血容量减少、脱水，脱水又刺激下丘脑口渴中枢，导致口渴多饮。

（2）糖尿病急重症——酮症酸中毒：胰岛素功能障碍时，葡萄糖不能得到有效利用，故而引起体内储存的脂肪分解加快以提供燃料，此时脂肪酸成为除脑组织之外的所有组织的主要能量来源。脂肪分解加快将导致肝中有机酸即酮体生成。肝生成酮体过多，超过肝外组织氧化利用的能力，而使血中酮体升高出现酮血症，血液中酮体升高可使血液 pH 降低，导致酸中毒，即酮症酸中毒。酮体若通过尿液排出，即导致酮尿。机体排出酮体的同时，会导致体内电解质的丢失，电解质紊乱可引起患者腹痛、呕吐，而呕吐又加剧电解质的丢失，细胞脱水，如不及时治疗最终导致患者出现昏迷，甚至死亡。

第五节　组织、器官的代谢特点及相互联系

机体各组织、器官的一般代谢基本相同，但由于细胞分化和结构不同及功能差异，各组织、器官的细胞具有不同的酶系种类及含量，因而还有各具特色的代谢途径，而且这些组织、器官的代谢并非孤立地进行，而是通过血液循环及神经系统联成统一整体。

一、肝在物质代谢中的作用

肝具有特殊的组织结构和化学构成，是机体物质代谢的枢纽，是人体的"中心生化工厂"。它的耗氧量占全身耗氧量的 20%。它不仅在糖、脂质、蛋白质、维生素等代谢中均具有独特而重要的作用，与激素等非营养物质代谢转化也密切相关，而且还有监控和调节血液化学组成的功能。

（一）肝在糖代谢中的作用

1. 肝内生成的葡萄糖-6-磷酸是糖原合成及其他单糖转换的枢纽　肝细胞有葡萄糖转运蛋白 2（glucose transporter 2，GLUT2），与葡萄糖亲和力较低，使肝从餐后血液循环中摄取过量葡萄糖，维持肝细胞与血糖几乎相等的浓度。肝细胞葡萄糖激酶 K_m 值比肝外组织己糖激酶的 K_m 值高，对产物葡萄糖-6-磷酸的反馈抑制不敏感，这些特性使肝仅在葡萄糖高浓度情况才通过合成糖原和分解葡萄糖加快对葡萄糖的利用；血中葡萄糖浓度过低时，肝糖原合成抑制而分解加强，补充血糖，以供脑等肝外重要组织利用。故肝糖原合成分解是血糖调节的重要机制之一，肝受损时，糖原转换能力降低，所以严重肝病患者糖耐量能力下降，易出现餐后高血糖、空腹低血糖等症候。此外，肝内生成的葡萄糖-6-磷酸还是葡萄糖、果糖、半乳糖及甘露糖互变的枢纽物质，小肠吸收的其他单糖均可由此在肝内进一步代谢。

2. 肝是糖异生的主要场所　肝糖原分解虽可补充血糖，但肝糖原储存有限（约 150g，占肝重的 10%），肝糖原的分解仅能持续 16～24 小时。较长时间不进食，肝糖异生则成为血糖的重要来源。肝是糖异生的主要器官，可使氨基酸、乳酸、甘油等非糖物质转变为糖，以保证机体对糖的需要。即使在正常情况下，每日经糖异生途径转变而来的葡萄糖仍可达 80～160g。

（二）肝在脂质代谢中的作用

1. 肝是内源性甘油三酯合成的主要场所　因肝细胞内的葡萄糖激酶 K_m 值很大，故肝细胞内的糖酵解途径主要依赖葡萄糖的浓度，只有葡萄糖浓度较高时才会有部分葡萄糖进入酵解途径被肝利用。通常情况下，肝能量供应以脂肪酸氧化为主。脂肪酸 β 氧化生成的乙酰辅酶 A 除进入三羧酸循环氧化分解供能，还可以作为酮体合成的原料。此外，葡萄糖供应过剩时，除少部分合成糖原，肝还可以将大量葡萄糖分解来源的乙酰辅酶 A 转变成脂肪酸，进而合成甘油三酯，这是内源性甘油三酯的主要来源，并以 VLDL 形式输出肝外。

2. 肝合成酮体供肝外组织利用　饥饿时，脂肪动员增加，脂肪酸成为多数组织的主要能源物质。脂肪酸在肝内经 β 氧化产生大量乙酰辅酶 A，合成酮体增多，向肝外组织输出，其中 60%～70% 供给脑组织，30% 被心肌利用。

3. 血浆胆固醇及磷脂主要来源于肝　胆固醇及磷脂在体内大多数组织都能合成，但肝合成最为活跃。肝可利用糖及某些氨基酸合成胆固醇及磷脂，是血液中胆固醇及磷脂的主要来源。

（三）肝在氨基酸代谢中的作用

1. 肝内氨基酸代谢活跃，合成尿素是肝的特异功能　肝内氨基酸代谢的酶类十分丰富，所以氨基酸在肝内进行的转氨基、脱氨基、脱羧基、转甲基等反应十分活跃。肝通过这些反应可合成营养非必需氨基酸及各种含氮类化合物（如肌酸、胆碱等）。

此外，由于合成尿素所需的氨甲酰磷酸合成酶Ⅰ及鸟氨酸氨甲酰基转移酶仅分布于肝细胞线粒体内，故只有肝细胞才具有合成尿素的功能。尿素合成不仅可以解除"氨毒"，从总平衡来看，从氨基酸代谢池中移除氨还有利于氨基酸转换反应的进行。

2. 多数血浆蛋白质在肝内合成　肝不仅可利用氨基酸合成自身的结构/功能蛋白质，而且还合成大部分血浆蛋白质，如血浆清蛋白、凝血因子、凝血酶原及纤维蛋白原等。严重肝病会导致清蛋白、凝血因子、凝血酶原合成减少，出现因血浆清蛋白球蛋白比值倒置的肝性水肿及凝血机制障碍。

二、脑内物质代谢的特点

脑是机体耗能大的主要器官。正常情况下，由于脑组织己糖激酶活性很高，即便在血糖水平较低时也能有效利用葡萄糖。葡萄糖是脑组织的主要供能物质，每天耗用葡萄糖约 100g。脑组织无糖原储存，也没有脂肪或蛋白质用于分解代谢，其耗用的葡萄糖只能由血糖供应，短期饥饿时血糖来源于肝糖原分解及糖异生补充。长期饥饿血糖供应不足时，脑则利用由肝生成的酮体作为能源。饥饿 3~4 天后每天耗用约 50g 酮体，饥饿 2 周后耗用酮体可达每天 100g。

三、骨骼肌物质代谢的特点

骨骼肌收缩所需能量的直接来源是 ATP。通常情况下，骨骼肌收缩所需的 ATP 主要通过脂肪酸 β 氧化、三羧酸循环及氧化磷酸化获得；但在剧烈运动时，脂肪酸氧化所获得的 ATP 不能够满足骨骼肌的需求，这时则以糖酵解作为补充来源，同时产生乳酸。而乳酸则通过乳酸循环在肝重新异生为葡萄糖，因此乳酸循环是整合肝糖异生和肌肉糖酵解途径的重要机制。由于肌细胞缺乏葡萄糖-6-磷酸酶，因此肌糖原不能直接分解成葡萄糖提供血糖。在禁食和长期饥饿情况下，骨骼肌蛋白质被降解，通过丙氨酸-葡萄糖循环等机制为肝糖异生过程提供原料。

四、肾在物质代谢中的作用

肾也可进行糖异生和生成酮体，它是除肝外唯一可进行上述两种代谢途径的器官。在正常情况下，肾糖异生量仅占肝糖异生的 10%，而饥饿 5~6 周后每天由肾生成葡萄糖约 40g，几乎与肝糖异生的量相等。肾髓质因无线粒体，主要由糖酵解供能，而肾皮质则主要由脂肪酸及酮体的有氧氧化供能。肾生成的谷氨酰胺不仅是储氨、运氨以及解氨毒的重要方式，而且还有调节体液酸碱平衡的作用。

五、心肌物质代谢的特点

心肌有节律、持续舒张收缩运动，通过血液沟通全身的物质代谢，因此对能量供应很敏感。由于心肌细胞富含肌红蛋白、细胞色素及线粒体，故心肌的分解代谢和能量来源以有氧氧化为主，其主要能源物质依次为脂肪酸、酮体及乳酸。心肌富含多种硫激酶的同工型，可催化不同长度碳链脂肪酸进行 β 氧化，这使脂肪酸优先成为心肌氧化分解供能分子，也能彻底氧化脂肪酸分解的中间产物酮体供能。而脂肪酸 β 氧化产物乙酰辅酶 A 是糖酵解途径调节酶磷酸果糖激酶 1 的强抑制剂，故脂肪酸的氧化能抑制葡萄糖酵解途径的进行。同时心肌细胞富含的 LDH1 也利于乳酸氧化。因此，心肌在餐后不排斥利用葡萄糖为能源物质，而餐后数小时或饥饿时利用脂肪酸和酮体，运动中或运动后则利用乳酸。

六、脂肪组织在物质代谢中的作用

脂肪组织是合成及储存脂肪的重要组织。肝虽可大量合成脂肪，但不能储存脂肪，肝细胞内合成的脂肪以 VLDL 的形式释放入血，供其他组织利用或储存到脂肪组织。脂肪细胞还含丰富的激素敏感性脂肪酶，能在激素作用下使储存的脂肪分解成脂肪酸和甘油释入血液循环，以供机体其他组织能源的需要。

七、成熟红细胞物质代谢的特点

成熟红细胞的主要功能是运输氧。由于其没有线粒体，因此不能进行糖的有氧氧化，也不能利用脂肪酸及其他非糖物质。红细胞能量主要来自葡萄糖的酵解途径，每天消耗约 30g 葡萄糖。

不同组织器官的代谢、代谢中间物及代谢终产物，通过血液循环、神经系统及激素调节联成统一整体（表 13-6）。

表 13-6 重要器官及组织氧化供能的特点

器官组织	特有的酶	功能	主要代谢途径	主要代谢物	主要代谢产物
肝	葡萄糖激酶，葡萄糖-6-磷酸酶，甘油激酶，磷酸烯醇式丙酮酸羧激酶	代谢枢纽	糖异生，脂肪酸 β 氧化，糖有氧氧化，酮体生成	葡萄糖，脂肪酸，乳酸，甘油，氨基酸	葡萄糖，VLDL，HDL，酮体
脑		神经中枢	糖有氧氧化，酮体分解	葡萄糖，酮体	CO_2，H_2O

器官组织	特有的酶	功能	主要代谢途径	主要代谢物	主要代谢产物
骨骼肌	脂蛋白脂肪酶，呼吸链丰富	收缩	糖酵解，糖有氧氧化	脂肪酸，葡萄糖，酮体	乳酸，CO_2，H_2O
肾	甘油激酶，磷酸烯醇式丙酮酸羧激酶	排泄尿液	糖异生，糖酵解，酮体生成	脂肪酸，葡萄糖，乳酸，甘油	葡萄糖
心肌	脂蛋白脂肪酶，呼吸链丰富	泵出血液	糖有氧氧化	乳酸，葡萄糖，VLDL	CO_2，H_2O
脂肪组织	脂蛋白脂肪酶，激素敏感性脂肪酶	储存脂肪	酯化脂肪酸，脂肪分解	VLDL，CM	游离脂肪酸，甘油
成熟红细胞	无线粒体	运输氧	糖酵解	葡萄糖	乳酸

（李 荷 顾取良）

思 考 题

1. 不同代谢途径可通过共有的代谢中间产物相互联系，在糖、脂质、氨基酸代谢相互转化中起重要作用的代谢中间产物有哪些，是如何相互联系的？

2. 归纳丙酮酸的来源与去路，并分析不同生理状况下机体如何选择不同的代谢方向。

3. 如果肝细胞中有大量乙酰辅酶 A，试分析其可能的去路及代谢途径的调节因素。

4. 试从物质代谢之间的联系分析"地中海饮食"的合理性。

第十四章　DNA 的生物合成

生物体内 DNA 的生物合成包括 DNA 的复制、逆转录合成 DNA 和 DNA 损伤后修复合成。

以亲代 DNA 为模板、4 种 dNTP 为原料，按碱基配对原则合成子代 DNA 分子的过程称为 DNA 复制（DNA replication）。这是生物体内 DNA 合成的主要方式，其化学本质是酶促脱氧核苷酸聚合反应。通过 DNA 复制将亲代的遗传信息准确地传递给子代。在 DNA 复制过程中可能出现的错误以及各种因素导致的 DNA 损伤，生物体可利用其特殊的修复机制进行 DNA 的修复合成来保持 DNA 结构与功能的稳定。此外，某些 RNA 病毒可利用亲代 RNA 作为模板，通过逆转录的特殊方式合成 DNA。原核生物与真核生物 DNA 复制的规律和过程相似，但具体细节上仍有许多差别，真核生物 DNA 复制参与的分子更多、过程更为复杂和精细。

第一节　DNA 的复制

DNA 作为遗传物质的基本特点就是在细胞分裂前准确地自我复制（self replication），这是细胞分裂的物质基础。1953 年，Watson 和 Crick 提出 DNA 双螺旋结构模型，推测 DNA 是由二条互补的多聚脱氧核苷酸链组成，一条 DNA 链上的核苷酸排列顺序是由双螺旋 DNA 的另一条决定。这就说明 DNA 的复制是以亲代分子为模板合成新链。在复制时，亲代双链 DNA 解开为两股单链，各自作为模板，依据碱基配对规律，合成序列互补的子代双链 DNA。亲代 DNA 模板在子代 DNA 中的存留有 3 种可能性，即全保留式、半保留式或混合式（图 14-1）。DNA 复制的主要特征包括半保留复制（semi-conservative replication）、半不连续复制（semi-discontinuous replication）和双向复制（bidirectional replication）。DNA 的复制具有高保真性。

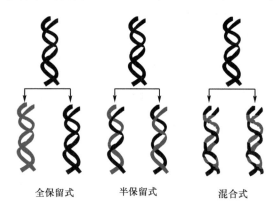

全保留式　　　半保留式　　　混合式

图 14-1　DNA 复制理论上有三种可能形式

一、DNA 复制的基本特征

（一）DNA 的半保留复制

Watson 和 Crick 在提出 DNA 双螺旋结构模型时就推测，DNA 在复制时首先两条链之间的氢键断裂，两条链分开，然后以每一条链分别做模板各自合成新的双链 DNA，这样新合成的子代 DNA 分子中一条链来自亲代 DNA，另一条链是新合成的，这种复制方式为半保留复制。1958 年，Meselson 和 Stahl 用实验证实自然界的 DNA 复制方式是半保留式的。他们利用放射性核素标记技术，将大肠埃希菌放在含有 ^{15}N 标记的 NH_4Cl 培养基中培养若干代（每一代约 20 分钟），使大肠埃希菌 DNA 全部被 ^{15}N 所标记，然后将细菌转移到含有 ^{14}N 的 NH_4Cl 普通培养基中进行培养，新合成的 DNA 则有 ^{14}N 的掺入；提取不同培养代数的细菌 DNA 做密度梯度离心分析，因 ^{15}N-DNA 和 ^{14}N-DNA 的密度不同，DNA 形成不同的致密区带。实验结果表明，在全部由 ^{15}N 标记的培养基中得到的 $^{15}N/^{15}N$-DNA 显示为一条位于离心管管底的重密度区带。在转入 ^{14}N 标记的培养基中培养后第一代，得到了一条中密度区带，这是 ^{15}N-DNA 和 ^{14}N-DNA 的杂交分子（$^{15}N/^{14}N$-DNA）。第二代有中密度区带及低密度区带，这表明它们分别为 $^{15}N/^{14}N$-DNA 和 $^{14}N/^{14}N$-DNA。随着在普通培养基中培养代数的增加，低密度带增强，而中密度带保持不变，离心结束后，从管底到管口，在紫外光下可以看到 DNA 分子形成三种密度区带。这一实验结果证明，亲代 DNA 复制后，是以半保留形式存在于子代 DNA 分子中的（图 14-2）。

半保留复制规律的阐明，对于理解 DNA 的功能和物种的延续有重大意义。依据半保留复制的方式，子代 DNA 保留了亲代的全部遗传信息，亲代与子代 DNA 之间碱基序列高度一致。这种遗传信息的相对稳定是物种稳定的分子基础，但同一物种个体与个体之间仍然存在着普遍的变异现象，所以说遗传的保守性是相对而不是绝对的。例如，自古以来地球上的人，除了单卵双胞胎之外，两个人之间不可能有完全一样的 DNA 分子组成。因此在强调遗传恒定性的同时，不应忽视其变异性。

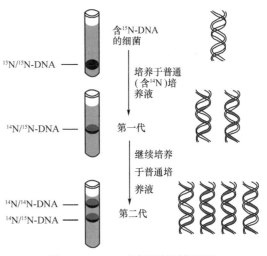

图 14-2　DNA 半保留复制的证明

（二）DNA 复制的半不连续性

DNA 双螺旋结构的特征之一是两条链的反向平行，一条链为 5′ 至 3′ 方向，其互补链是 3′ 至 5′ 方向。DNA 聚合酶只能催化 DNA 链从 5′ 至 3′ 方向的合成，故子链沿模板复制时，只能从 5′ 至 3′ 方向延伸。在同一个复制叉上，解链方向只有一个，此时一条子链的合成方向与解链方向相同，可以边解链边合成新链，但另一条链的复制方向则与解链方向相反，只能等待 DNA 全部解链，方可开始合成，这样的等待在细胞内现实吗？显然是不可能的。1968 年，冈崎（Okazaki）及其同事进行了一系列实验，在研究大肠埃希菌中的噬菌体 DNA 复制时发现了一些较短的新 DNA 片段，回答了这一问题。目前认为 DNA 复制过程中沿着解链方向连续合成的子链 DNA，称为前导链（leading strand）；而另外一条链因为复制方向与解链方向相反，不能连续延长，只能随着模板链的解开，逐段地从 5′ 至 3′ 方向生成引物并复制子链，也就是模板被打开一段，起始合成一段子链；再打开一段，再起始合成另一段子链，这条不连续复制的链称为后随链（lagging strand）。后随链中分段合成中出现的一些较短的新 DNA 片段，被称为冈崎片段（Okazaki fragment）。真核冈崎片段长度为 100～200 个核苷酸残基，而原核为 1000～2000 个核苷酸残基。复制完成后，这些不连续片段经过去除引物，填补引物留下的空隙，连接成完整的 DNA 长链。前导链连续复制而后随链不连续复制的方式称为半不连续复制（图 14-3）。在引物生成和子链延长上，后随链都比前导链迟一些，故两条互补链的合成是不对称的。

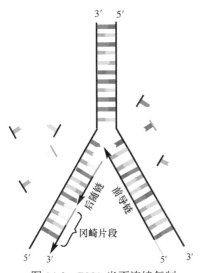

图 14-3　DNA 半不连续复制

（三）DNA 的双向复制

细胞的增殖有赖于基因组复制从而使子代获得完整的遗传信息。许多实验都表明：复制是从 DNA 分子上的特定部位开始的，这一部位叫作复制起点（origin），常用 ori 或 o 表示。从一个复制起点起始的 DNA 复制区域称为复制子（replicon）或复制单元。复制子是含有一个复制起始点的独立完成复制的功能单位。

原核生物基因组是环状 DNA，只有一个复制起点，因而只有一个复制子。复制从起始点开始，向两个方向进行解链的单起点双向复制（图 14-4）。复制中的模板 DNA 形成 2 个延伸方向相反的开链区，称为复制叉（replication fork）。复制叉指的是正在进行复制的双链 DNA 分子所形成的 Y 形区域，此时已解链的两条模板单链以及正在进行合成的新链构成了 Y 形的头部，尚未解链的 DNA 模板双链构成了 Y 形的尾部（图 14-5）。与原核生物不同，真核生物基因组庞大而复杂，由多个染色体组成，全部染色体均须复制，每个染色体又有多个起点，呈多起始点双向复制特征（图 14-6）。每个起点产生两个移动方向相反的复制叉，复制完成时，复制叉相遇并汇合连接。高等生物有数以万计的复制子，复制子间长度差别很大，在 13～900kb。如酵母 *S.cerevisiae* 的 17 号染色体约有 400 个起始点。因此，虽然真核生物 DNA 复制的速度（60bp/秒）比原核生物 DNA 复制的速度（如 *E.coli* 的合成速度为 1700bp/秒）慢得多，但复制完全部基因组 DNA 也只要几分钟的时间。

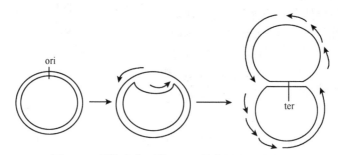

图 14-4　原核生物环状 DNA 的单起点双向复制

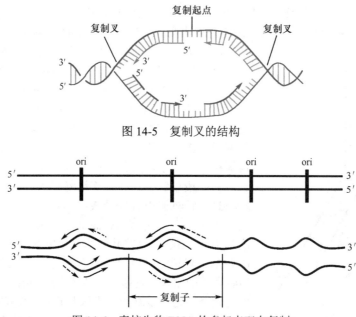

图 14-5　复制叉的结构

图 14-6　真核生物 DNA 的多起点双向复制

（四）DNA 复制具有高保真性

DNA 复制具有高度保真性，以保证遗传信息能准确地传递至子代。复制的高保真性主要取决于以下四个方面：① DNA 复制时严格遵循碱基配对原则；② DNA 聚合酶在复制中对底物碱基的严格选择；③ DNA 聚合酶的核酸外切酶活性和校对功能；④复制后修复系统对错配加以纠正。四个机制协同作用进一步提高了复制的保真性。

二、DNA 的生物合成体系

DNA 复制是以解开成单链的 DNA 为模板，以四种脱氧核苷三磷酸（dATP、dGTP、dCTP、dTTP，简称为 dNTP）为底物，需要多种酶和蛋白质参与的酶促脱氧核苷酸聚合反应。合成方向是 $5'\to3'$，核苷酸间的连接方式为 $3',5'$-磷酸二酯键。在这里主要介绍 DNA 复制过程所需的酶和蛋白质因子。

（一）DNA 聚合酶

DNA 聚合酶又称是依赖于 DNA 的 DNA 聚合酶（DNA-dependent DNA polymerase，DNA pol）。1957 年，Kornberg 首次在大肠埃希菌中发现 DNA 聚合酶，他从细菌沉渣中提取到了纯酶，在试管内加入模板 DNA、dNTP 和引物，该酶可催化新链 DNA 生成。这一结果直接证明了 DNA 是可以复制的，这是继 DNA 双螺旋模型确立后的又一重大发现。Kornberg 发现的 DNA 聚合酶被称为 DNA pol Ⅰ。在后来相继发现 DNA 聚合酶Ⅱ和Ⅲ（DNA pol Ⅱ和 DNA pol Ⅲ）。在 1999 年，DNA 聚合酶Ⅳ和Ⅴ也相继被发现。

DNA 聚合酶的共同特点是：①需要以 DNA 为模板，因此这类酶被称为依赖于 DNA 的 DNA 聚合酶；②需要引物（primer）提供 $3'$-OH 末端，因 DNA 聚合酶不能催化两个游离的 dNTP 聚合；③催化底物 dNTP 聚合到引物的 $3'$ 末端或延长链的 $3'$ 末端，因而 DNA 合成的方向是 $5'\to3'$；④多属于多功能酶，它们在 DNA 复制和修复过程的不同阶段发挥作用。如原核生物 DNA pol Ⅲ主要功能是聚合活性，同时也具有 $3'\to5'$ 核酸外切酶活性；而 DNA pol Ⅰ既有 $3'\to5'$ 核酸外切酶活性、$5'\to3'$ 核酸外切酶活性，还具有聚合活性。

1. 原核生物 DNA 聚合酶　迄今在大肠埃希菌中发现的 DNA pol 至少有 5 种，以下主要介绍 DNA pol Ⅰ～pol Ⅲ（表 14-1）。

表 14-1　原核生物 DNA 聚合酶

	DNA pol Ⅰ	DNA pol Ⅱ	DNA pol Ⅲ
$5'\to3'$ 聚合活性	有	有	有
$3'\to5'$ 核酸外切酶活性	有	有	有
$5'\to3'$ 核酸外切酶活性	有	无	无
基因突变后的致死性	可能	不可能	可能
功能	去除引物、填补空隙、修复合成	DNA 损伤修复	复制（新链延长）

（1）DNA pol Ⅰ：是由一条多肽链构成的多功能酶。酶分子中含有一个 Zn^{2+}，是聚合活性必需的。用枯草杆菌蛋白酶可将此酶水解成两个片段，近 C 端为大片段，分子量为 67kDa，又称为克列诺酶（Klenow enzyme）或克列诺片段；近 N 端为小片段，分子量为 36kDa。大小片段具有不同的活性。

1）DNA 聚合酶的聚合活性：这是克列诺片段的活性，可按照 $5'\to3'$ 的方向延长脱氧核苷酸链。

2）DNA 聚合酶的 $5'\to3'$ 核酸外切酶活性：这是小片段的活性，从 DNA 链的 $5'\to3'$ 方向水解已配对的核苷酸，本质是水解磷酸二酯键，每次能切除 10 个核苷酸。因此，这种酶活性在 DNA 损伤的修复中可能起重要作用，对去除 $5'$ 端的 RNA 引物也是必需的。

3）DNA 聚合酶的 $3'\to5'$ 核酸外切酶活性：这是克列诺片段的活性，从 DNA 链 $3'\to5'$ 方向识别并切除 DNA 延长链末端发生错配的核苷酸，称为校对功能（图 14-7）。

已证实，DNA pol Ⅰ只能催化延伸约 20 个核苷酸后便从模板上脱落，所以不是 DNA 复制过程中主要的酶。但具有校对、切除引物等作用，所以对维护 DNA 的完整和准确复制起着重要的校对作用。

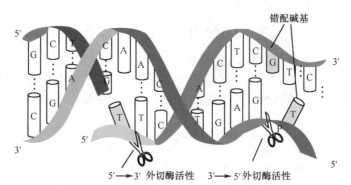

图 14-7　DNA 聚合酶的 5′→3′ 和 3′→5′ 核酸外切酶活性

（2）DNA pol Ⅱ：该酶具有 5′→3′ 聚合酶活性和 3′→ 5′ 核酸外切酶活性。但研究发现 DNA pol Ⅱ 基因突变后，细菌依然可以存活，所以推想它是在 pol Ⅰ 和 pol Ⅲ 缺失情况下起作用的酶。因此认为，它可能与 DNA 损伤修复有关。

（3）DNA pol Ⅲ：其聚合反应远高于 pol Ⅰ，每分钟可催化多至 10^5 次聚合反应，因此 DNA pol Ⅲ 是原核生物复制延长中真正起催化作用的酶。它既有 5′→3′ 方向聚合酶活性，也有 3′→5′ 核酸外切酶活性。

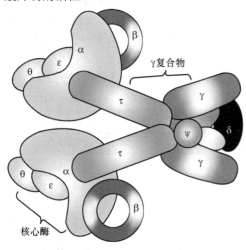

图 14-8　*E.coli* DNA pol Ⅲ 全酶的分子结构

E.coli DNA pol Ⅲ 是由 10 种亚基组成的不对称异聚合体，按功能分为四部分（图 14-8）。①核心酶：由 α、ε、θ 亚基组成。α 亚基具有聚合活性；ε 亚基有 3′→5′ 核酸外切酶活性，复制的保真性所必需的。最近研究表明，ε 亚基对子链延长的核苷酸具有特异的选择功能。②β 亚基二聚体：具有使酶沿模板 DNA 滑动的作用。③γ 复合物：由 γ，δ，δ′，χ，ψ 组成，能通过水解 ATP 获能，介导全酶组装到模板上。④τ 亚基：将 γ 复合物与核心酶连接起来。

2. 真核生物 DNA 聚合酶　真核细胞的 DNA 聚合酶主要有 5 种（表 14-2）。其中 DNA pol α 合成引物；DNA pol δ 负责合成后随链；DNA pol ε 负责合成前导链；DNA pol γ 负责线粒体 DNA 的复制；DNA pol β 复制的保真度低，可以参与应急修复。但高等生物中是否还存在独立的解旋酶和引物酶，目前还不清楚。

表 14-2　真核生物 DNA 聚合酶的功能

DNA 聚合酶	α	β	γ	δ	ε
5′→3′ 聚合酶活性	+	+	+	+	+
3′→ 5′ 核酸外切酶活性	−	+	+	+	+
5′→3′ 核酸外切酶活性	−	−	−	+	+
功能	引物酶活性	低保真性的复制、修复	线粒体 DNA 合成	后随链合成	前导链合成

（二）解旋酶

解旋酶（helicase）利用 ATP 供能，作用于碱基间氢键，使 DNA 双链打开成为两条单链。解旋酶通常是为多聚体的结构，提供多个 DNA 结合位点，使其能在 DNA 上定向移动。*E.coli* DNA 复制起始的解旋酶 DnaB 就是一种典型的环形六聚体蛋白，它可能存在两种构象：一种与双链

DNA 结合；另一种与单链 DNA 结合。两种构象的转化引发 DNA 解链，这同时需要 ATP 提供能量，平均每打开一对碱基消耗 2 个 ATP。

（三）DNA 拓扑异构酶

DNA 拓扑异构酶（DNA topoisomerase）简称拓扑异构酶，是一类调控 DNA 的拓扑状态和催化拓扑异构体相互转换的酶。它们能够催化 DNA 链的断裂和连接，从而控制 DNA 的拓扑构象。在 DNA 复制时，复制叉行进的前方 DNA 会有部分产生正超螺旋，拓扑异构酶可松弛超螺旋，有利于复制叉的前进及 DNA 的合成。DNA 复制完成后，拓扑异构酶又可将 DNA 分子引入超螺旋，使 DNA 缠绕、折叠、压缩以形成染色质。DNA 拓扑异构酶有 I 型和 II 型，它们广泛存在于原核生物及真核生物中。

拓扑异构酶 I（Topo I）的主要作用是切断双链 DNA 中一条链，切口处沿螺旋轴转动，使超螺旋松弛后以磷酸二酯键相连，反应不需要 ATP。这就使 DNA 复制叉移动时所引起的前方 DNA 正超螺旋得到缓解，利于 DNA 复制叉继续向前打开。Topo I 除上述作用外，对环状单链 DNA 还有打结或解结作用。

拓扑异构酶 II（Topo II）则是切开 DNA 的两条链，断裂处经旋转，使超螺旋变得松弛，然后利用 ATP 供能将断端再在该酶催化下连接恢复。此外，Topo II 催化的拓扑异构化反应还有环连或解环连，以及打结或解结作用。

喜树碱等抗肿瘤药物通过抑制 Topo I 或 Topo II 的活性，干扰细胞 DNA 的合成，从而抑制肿瘤细胞增殖。最近还发现了 Topo III，可以消除负超螺旋，而且活性较弱。

（四）单链 DNA 结合蛋白

单链 DNA 结合蛋白（single-stranded DNA binding protein，SSB）具有结合单链 DNA 的能力，一个 SSB 与单链 DNA 的结合会促进另一个 SSB 与其紧邻单链 DNA 的结合，这种协同作用大大提高了 SSB 与单链 DNA 之间的相互作用。一旦被多个 SSB 覆盖，单链 DNA 即处于伸直状态，有利于其作为模板进行 DNA 合成或 RNA 引物的合成。但复制进行时，单链 DNA 上结合的 SSB 必须解离。随着解链的发生，SSB 通过结合、解离不断沿着复制方向移动，在复制中维持模板处于单链状态并使其免受细胞内广泛存在的核酸酶降解，保护单链的完整，起到稳定 DNA 单链模板作用。

（五）引物酶

DNA 聚合酶不能催化游离 dNTP 的聚合，只能催化 dNTP 与核苷酸链的 3'-OH 末端发生聚合反应，形成磷酸二酯键。所有细胞和多数病毒的 DNA 复制会首先利用模板合成一段短链 RNA 序列，即能提供 3'-OH 末端的多核苷酸短片段的 RNA，被称为引物（primer）（图 14-9）。引物的合成由引物酶（primase）催化，是一种特殊的依赖于 DNA 的 RNA 聚合酶，不同于催化转录的 RNA 聚合酶。前导链和后随链冈崎片段合成的起始都需要合成引物。但真核细胞的引物酶是 DNA 聚合酶 α 的两个小亚基；有的噬菌体（如 G4）利用宿主引物酶合成引物；有的噬菌体（如 M13）则利用细菌 RNA 聚合酶合成引物。也存在特殊的引物形式，如逆转录病毒利用宿主细胞 tRNA 的 3'-OH 末端作为逆转录引物。线粒体 DNA 复制利用 RNA 聚合酶的转录产物 3'-OH 末端作为引物。还有 ΦX174 噬菌体利用环形双链 DNA 中一条链的切口处为 DNA 聚合酶提供游离 3'-OH 末端。

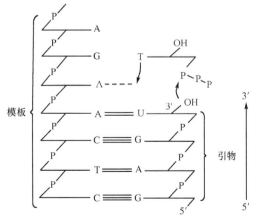

图 14-9　DNA 聚合的基本化学反应

（六）DNA 连接酶

DNA 连接酶（DNA ligase）催化 DNA 链 3′-OH 末端和相邻 DNA 链 5′-P 末端生成磷酸二酯键，从而将两段相邻的 DNA 链连接成一条完整的链。

DNA 复制过程中，在引物切除、空隙填补后的冈崎片段会出现一个 DNA 片段的 3′-OH 和相邻 DNA 片段的 5′-P 的缝隙，此时，连接酶特异催化二者间形成 3′,5′-磷酸二酯键（图 14-10）。在细菌中，DNA 连接酶需要 NAD$^+$ 辅因子作为能量来源，而在真核生物中，DNA 连接酶直接利用 ATP 供能。实验证明：连接酶只能连接碱基互补基础上双链中的单链缺口，而对单独存在的 DNA 单链或 RNA 单链没有连接的作用。

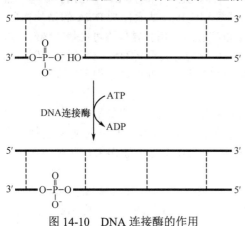

图 14-10　DNA 连接酶的作用

DNA 连接酶不仅在复制中起最后接合缺口的作用，在 DNA 修复、重组、剪接中也起缝合缺口的作用。如果 DNA 两股都有单链缺口，只要缺口前后的碱基互补，连接酶也可连接。它也是基因工程 DNA 体外重组技术的重要工具酶之一。

三、DNA 复制的过程

（一）原核生物 DNA 复制

DNA 复制的研究最初是在原核生物中进行的，有些原核生物的 DNA 复制已经很清楚了。下面以大肠埃希菌 DNA 复制为例，介绍原核生物 DNA 复制的过程和特点。

1. 复制的起始　复制起始是较为复杂的环节，在此过程中，各种酶和蛋白因子在复制起点处装配成引发体，形成复制叉并合成 RNA 引物。

（1）DNA 的解链

1）复制有固定起始点：*E.coli* 上有一个固定的复制起始点，称为 *oriC*，跨度为 245bp，碱基序列分析发现这段 DNA 上有 3 组 13bp 的串联重复序列和 5 组 9bp 的反向重复序列（图 14-11）。上游的串联重复序列称为识别区，碱基组成以 A、T 为主，称为富含 AT（AT rich）区，AT 间的配对只有 2 个氢键维系，故富含 AT 的部位容易解链；下游的反向重复序列形成 DnaA 蛋白结合位点。

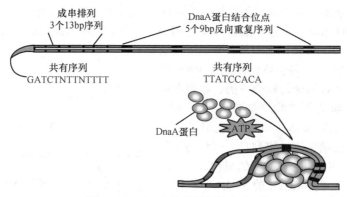

图 14-11　*E.coli* 的复制起始点 *oriC*

2）DNA 解链需要多种蛋白质：DNA 的解链过程由 DnaA、DnaB、DnaC 三种蛋白质共同参与完成。DnaA 蛋白是一同源四聚体，负责辨认并结合 *oriC* 的特异序列。随后几个 DnaA 蛋白互相靠近，形成 DNA-蛋白质复合体结构，促使 AT 区的 DNA 发生解链。在 DnaC 蛋白的协同下，

DnaB 蛋白（解旋酶）结合于解链区并沿解链方向移动，使双链解开足够于复制的长度，随之逐步置换出 DnaA 蛋白。此时，复制叉已初步形成。与此同时，SSB（单链 DNA 结合蛋白）结合到 DNA 单链上，稳定单链 DNA，防止 DNA 复性或降解，在一定时间内使复制叉保持适当的长度，有利于核苷酸依据模板掺入。

　　3）解链过程中需要 DNA 拓扑异构酶：由于解链是一种高速的反向旋转，其下游发生打结现象也是不可避免的。拓扑异构酶Ⅱ通过切断、旋转和再连接的作用，实现 DNA 超螺旋的转型，即把正超螺旋变为负超螺旋。因为扭得不那么紧的超螺旋比过度扭紧的更容易解开成单链，所以负超螺旋 DNA 比正超螺旋有更好的模板作用。

　　（2）引物合成和起始复合物的形成：复制起始过程需要先合成引物。引物是由引物酶催化合成的短链 RNA 分子。母链 DNA 解成单链后，不会立即按照模板序列将 dNTP 聚合为 DNA 子链。这是因为 DNA pol 不具备催化两个游离 dNTP 之间形成磷酸二酯键的能力，只能催化核酸片段的 3′-OH 末端与 dNTP 间的聚合。引物 RNA 为 DNA 的合成提供 3′-OH 末端，在 DNA pol 催化下逐一加入 dNTP 而形成 DNA 子链。

　　在 DNA 双链解链基础上，形成 DnaB、DnaC 蛋白与 DNA 复制起点相结合的复合物，此时引物酶进入。DnaB、DnaC、引物酶和 DNA 复制起始区域共同构成了复制起始复合物。

　　2. 复制的延长　在 DNA pol 催化下，DNA 链不断延长。原核生物催化延长反应的酶是 DNA pol Ⅲ。底物 dNTP 的 α-磷酸基团与引物或延长中的子链上 3′-OH 反应后，dNMP 的 3′-OH 又成为链的末端，使下一个 dNTP 可以掺入。前导链沿着 5′→3′ 方向连续延长，后随链沿着 5′→3′ 方向呈不连续延长。在同一个复制叉上，前导链的复制先于后随链，但两条链在同一个 DNA pol Ⅲ 催化下进行延长。因为后随链的模板 DNA 可以折叠或绕成环状，进而与前导链正在延长的区域对齐（图 14-12）。解链方向就是酶的前进方向，就是复制叉向待解开片段伸展的方向。由于复制叉上解开的模板单链走向相反，所以其中一股出现不连续复制的冈崎片段。

　　3. 复制的终止　复制的终止过程包括切除引物、填补空缺和连接缺口。原核生物基因是环状 DNA，复制是双向进行，从起点开始各进行约 180°，同时在终止点上汇合。

　　由于复制的半不连续性，故在后随链上出现许多冈崎片段。每个冈崎片段上的引物不是 DNA 而是 RNA。完全的复制还包括去除 RNA 引物和换成 DNA，最后把 DNA 片段连接成完整的子链（图 14-13）。以上主要是由 DNA pol Ⅰ 和连接酶催化完成。即 DNA pol Ⅰ 的 5′→3′ 核酸外切酶活性水解 RNA 引物，留下

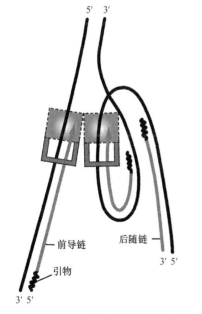

图 14-12　同一复制叉上前导链和后随链由相同的 DNA pol Ⅲ 催化延长

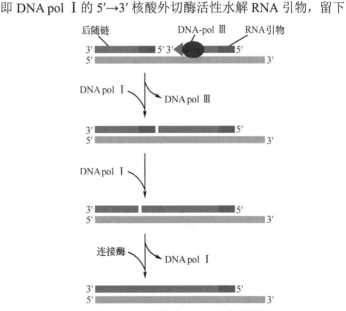

图 14-13　子链中 RNA 引物被取代

的空隙由 DNA pol Ⅰ 从一侧的 3'-OH 端催化延伸，就是由后复制的片段延长以填补先复制片段的引物空隙，直至新生成的 3'-OH 与另一片段 5'-P 相邻，该缺口由连接酶连接。按这种方式，所有的冈崎片段在环状 DNA 上连接成完整的 DNA 子链。实际此过程在子链延长时已陆续进行，不必等到最后的终止才连接。前导链有一段引物水解后的空隙，在环状 DNA 最后复制的 3'-OH 末端继续延长，即可填补该空隙及连接，完成基因组 DNA 的复制过程。

（二）真核生物 DNA 复制

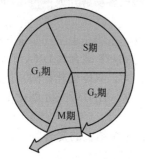

图 14-14　哺乳动物细胞周期

真核生物的基因组复制在细胞分裂周期的 DNA 合成期（S 期）进行，而且每个周期只复制一次（图 14-14）。它的 DNA 合成的基本机制和特征与原核生物相似，但由于基因组庞大及核小体的存在，反应体系、反应过程和调控都更为复杂。染色体的任何一部分的不完全复制，均可能导致子代染色体分离时发生断裂和丢失。不适当的 DNA 复制也可能产生严重后果。

1. 复制的起始

（1）复制有多个起点：染色体上 DNA 均进行各自复制。每个染色体有上千个复制子，复制的起点很多。复制子以分组方式激活而不是同步启动，体现复制的时序性。转录活性高的 DNA 在 S 早期就进行复制；高度重复的序列如端粒（telomere）、中心体（centrosome）和卫星 DNA 等都是 S 期的最后阶段才复制的。

（2）复制起始需要的酶：复制的起始需要 DNA pol α 和 pol δ 参与，DNA pol α 有引物酶活性而 DNA pol δ 有解旋酶活性。此外还需拓扑异构酶和复制因子（replication factor，RF）等。

（3）形成引发体和合成 RNA 引物：真核生物复制起始也是打开双链形成复制叉，形成引发体和合成 RNA 引物。但详细的机制，包括酶及各种辅助蛋白起作用的先后，尚未完全明了。

2. DNA 链的延长　现在认为 DNA pol α 主要催化合成引物，前导链只需合成一次引物，随后被具有连续合成能力的 DNA pol ε 替换负责合成；后随链则需 DNA pol α 多次合成引物，然后由增殖细胞核抗原（proliferating cell nuclear antigen，PCNA）协同，再被具有连续合成能力的 DNA pol δ 替换负责合成。pol α 被 pol ε 或 pol δ 替换的过程称为聚合酶转换，尤其后随链中 pol α 与 pol δ 之间的转换频率较高。

真核生物是以复制子为单位各自进行复制的，引物和后随链的冈崎片段都比原核生物短，每个复制子大概长度与一个核小体（nucleosome）所含 DNA 碱基数（135bp）或其若干倍相等。可见后随链的合成到核小体单位之末时，DNA pol δ 会脱落，DNA pol α 再引发下游引物合成，引物的引发频率相当高。真核生物前导链的连续复制只限于半个复制子的长度，当后随链延长了一个或若干个核小体的长度后，要重新合成引物。

真核生物 DNA 合成，就酶的催化速率而言，远比原核生物慢，但真核生物是多复制子复制，因而总体速度是不慢的。

3. 真核生物 DNA 合成后组装成核小体　复制后的 DNA 需要重新组装成核小体。原有的组蛋白及在 S 期新合成的组蛋白结合到新合成的 DNA 链上，真核 DNA 合成立即组装成核小体。研究表明，核小体的破坏仅局限在紧邻复制叉的一段短的区域内，复制叉的移动使核小体破坏，但是复制叉向前移动时，核小体在子链上迅速形成。

4. 端粒酶与染色体末端复制　真核生物染色体是线性 DNA，两端 DNA 子链上最后复制的 RNA 引物去除留下空隙，形成 3' 端突出的末端。如果不能完成末端的填补，线性染色体 DNA 3' 端突出的末端会被核内 DNase 水解而缩短。但这又是不符合科学的。事实上，染色体在正常生理状况下复制，是可以保持其应有长度的。

真核生物染色体线性 DNA 分子末端的特殊结构称为端粒。形态学上，染色体末端膨大成粒状，这是因为 DNA 和它的结合蛋白紧密结合，像两顶帽子那样盖在染色体两端，故而得名"端粒"。正常染色体不会整体地互相融合，也不会在末端出现遗传信息丢失。可见，端粒在维持染色体的稳定性和 DNA 复制的完整性中有着重要的作用。

端粒的共同结构是富含 (TnGn)$_x$ 的重复序列，重复的次数由几十到数千不等，并能反折成二级结构。水解引物后每个染色体的 3′ 末端比 5′ 末端长，伸出 12～16 个核苷酸，这一特殊结构可募集一种特殊的端粒酶（telomerase），从而解决染色体末端的复制问题（图 14-15）。

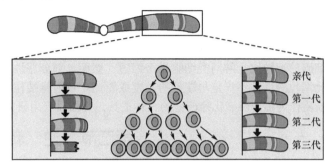

图 14-15　染色体末端复制

1978 年，布莱克本（Blackburn）首先从四膜虫中发现了端粒的结构，两年后与遗传学家绍斯塔克（Szostak）共同确证了四膜虫的端粒具有保护染色体线性 DNA 的作用。直到 1984 年，Blackburn 实验室工作的格雷德（Greider）终于找到了端粒酶，三位科学家因发现端粒和端粒酶保护染色体的机制而获得了 2009 年度诺贝尔生理学或医学奖。现在明确，端粒酶是由 RNA 和蛋白质组成的一种核糖核蛋白复合体（ribonucleoprotein complex，RNP）。1997 年，人类端粒酶被克隆成功，其由三部分组成：端粒酶 RNA（human telomerase RNA，hTR）、端粒酶协同蛋白 1（human telomerase associated protein 1，hTP1）、端粒酶逆转录酶（human telomerase reverse transcriptase，hTRT）。该酶兼有提供 RNA 模板和催化逆转录的功能。

端粒酶依赖 hTR RNA (AnCn)x 辨认结合亲链 DNA (TnGn)x 的重复序列并移至其 3′ 端，并以 3′ 端 DNA 作引物，开始以逆转录的方式复制。待 3′-OH 单链延长到一定长度后，可以反折成发夹结构，提供 3′-OH 端而利于复制延伸。延伸至足够长度后，端粒酶脱离母链，代之以 DNA 聚合酶催化完成末端双链的复制。端粒酶可能通过这种爬行模型（inchworm model）的机制维持染色体的完整（图 14-16）。

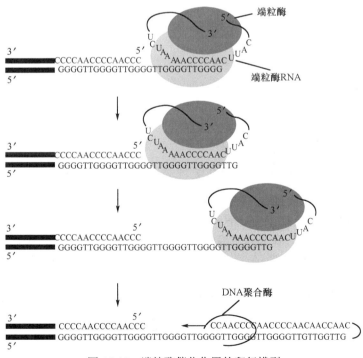

图 14-16　端粒酶催化作用的爬行模型

端粒与端粒酶在细胞的生长及肿瘤发生中有非常重要的意义。缺乏端粒酶时，细胞连续分裂将使端粒不断缩短，短到一定程度即引起细胞生长停止、衰老或凋亡。研究发现培养的人成纤维细胞端粒随着分裂次数的增加，长度变短。生殖细胞端粒长于体细胞，成年细胞的端粒比胚胎细胞的短。如把端粒酶注入衰老细胞中，可弥补端粒的缺损，确实可以延长细胞分裂的寿命。这至少说明细胞水平的老化可能与端粒酶活性的下降有关。

此外，研究也发现，基因突变、肿瘤形成时可产生端粒缺失、融合或缩短等现象。某些肿瘤细胞的端粒比正常同类细胞显著缩短。然而，部分恶性肿瘤细胞中发现具有高活性的端粒酶。因此端粒酶活性不一定与端粒的长度成正比。目前将端粒酶作为诊断某些肿瘤的标志酶之一；将端粒酶作为筛选肿瘤化疗药物的一种工具，并加以应用研究。

第二节 逆 转 录

1970 年 Baltimore 和 Temin 等在致癌 RNA 病毒中发现了一种特殊的 DNA 聚合酶，该酶以 RNA 为模板，根据碱基配对原则，合成双链 DNA。这一过程与一般遗传信息流动转录的方向相反，故称为逆转录，催化该过程的 DNA 聚合酶称为逆转录酶（reverse transcriptase），又称是依赖于 RNA 的 DNA 聚合酶（RNA-dependent DNA polymerase）。

一、逆转录机制和逆转录酶

逆转录酶有三种活性：① RNA 指导的 DNA 聚合酶活性；② RNase H 活性；③ DNA 指导的 DNA 聚合酶活性，聚合酶活性作用需 Zn^{2+} 为辅因子。

从单链 RNA 到双链 DNA 的合成可分为三步：首先是逆转录酶以病毒基因组 RNA 为模板，

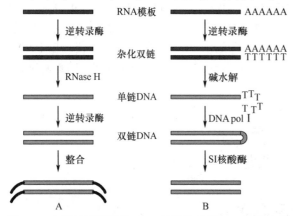

图 14-17　逆转录酶催化 RNA 转变为双链 cDNA 的途径
A. 逆转录病毒合成 cDNA；B. 试管内合成 cDNA

催化 dNTP 聚合生成 DNA 互补链，产物是 RNA/DNA 杂化双链。然后，杂化双链中的 RNA 链被逆转录酶中有 RNase H 活性的组分水解，被感染细胞内的 RNase H 也可水解 RNA 链。RNA 水解后剩下的单链 DNA 再作为模板，由逆转录酶催化合成第二条 DNA 互补链。合成反应也按照 5′→3′ 延长的规律（图 14-17A）。除此之外，有些逆转录酶还有 DNA 内切酶活性，这可能与病毒基因整合到宿主细胞染色体 DNA 中有关。逆转录酶的发现对于重组 DNA 技术的发展起了很大的推动作用，目前它已成为一种重要的工具酶。

二、逆转录的发现发展了中心法则

中心法则是指遗传信息从 DNA 传递给 RNA，再从 RNA 传递给蛋白质的转录和翻译的过程，以及遗传信息从 DNA 传递给 DNA 的 DNA 复制过程。绝大部分生物的遗传物质都是 DNA，只有一些病毒的遗传物质是 RNA。在某些病毒中的 RNA 自我复制（如烟草花叶病毒等）和在某些病毒中能以 RNA 为模板逆转录成 DNA 的过程（某些致癌病毒）是对中心法则的补充。

中心法则认为 DNA 的功能兼有遗传信息的储存、传代和表达，因此 DNA 处于生命活动的中心位置。逆转录现象说明在某些生物中，RNA 同样兼有遗传信息储存、传代与表达功能。

三、逆转录研究的意义

逆转录酶和逆转录现象，是分子生物学领域中的重大发现。逆转录的发现扩展了中心法则，使人们对遗传信息的流向有了新的认识。RNA 病毒在细胞内合成双链 DNA 的前病毒。前病毒保留了 RNA 病毒的全部遗传信息，并可在细胞内独立繁殖。前病毒可通过基因重组插入到宿主基因组中，并随宿主细胞复制表达，这种方式称为整合。如果重组病毒携带了控制细胞生长分裂的原癌基因，使其异常高水平表达，或经突变失去了调节机制，就成为病毒致癌的原因。逆转录病毒中癌基因的发现，有助于深入研究肿瘤的分子机制，并对肿瘤的防治提供重要线索和途径。

1983 年发现的人类免疫缺陷病毒（human immunodeficiency virus，HIV）也是一种逆转录病毒，其作用是杀死被感染的宿主细胞（主要是淋巴细胞），逐渐造成宿主机体免疫系统损伤，引起获得性免疫缺陷综合征（acquired immunodeficiency syndrome，AIDS），即艾滋病。根据 HIV 的作用特点，设计研发抑制逆转录酶的药物已用于临床治疗艾滋病，第一个有应用价值的药物是 AZT（3'-叠氮-2',3'-双脱氧胸腺核苷），AZT 经 T 淋巴细胞吸收后转变为 AZT 三磷酸酯，HIV 逆转录酶对 AZT 三磷酸酯有高亲和力，能把 AZT 加接到合成中的 DNA 链 3' 端，从而竞争性抑制了酶对 dNTP 的结合。由于 AZT 没有 3'-OH，病毒 DNA 链的合成迅速终止。但是，HIV 中编码病毒外膜蛋白的 env 基因和基因组的其他部分以极快速度突变，且 HIV 中逆转录酶在复制中出错率比其他已知逆转录酶大 10 倍以上，因此有效的疫苗研制也是一项艰难复杂、亟待解决的难题。利用逆转录病毒的基因组易于整合到宿主基因组中的机制，转基因技术可采用逆转录病毒作为载体，向真核生物转移基因，用于疾病的治疗。

逆转录酶已经成为基因工程中重要工具酶。在哺乳动物细胞庞大的基因组 DNA（3×10^9 bp）中选取某一目的基因，绝非易事。而在某些情况下，对 RNA 进行提取、纯化较为可行。取得 RNA 后，可以通过逆转录方式在试管内操作（图 14-17B），用逆转录酶催化 dNTPs 在 RNA 模板指引下生成 RNA-DNA 杂化双链，用酶或碱水解除去 RNA，再以 DNA pol Ⅰ 的大片段，即克列诺片段催化合成 cDNA，此 cDNA 就是编码蛋白质的基因，进而用来深入研究。

四、滚环复制和 D 环复制

某些低等生物中存在一种单向复制的特殊方式称为滚环复制（rolling circle replication）。例如，噬菌体 ΦX174 是环状单链 DNA 分子，其入侵细胞后，在胞内的繁殖方式（复制型）为双链 DNA。首先由它自己编码的有核酸内切酶活性的 A 蛋白作用，在双链 DNA 复制起点打开一个缺口，形成开环单链，以产生的游离 3'-OH 作为引物，保持闭环的对应单链为模板，一边滚动一边进行连续的复制合成新链。滚动的同时，外环 5' 端逐渐离环向外伸出。合成一圈后，露出切口序列，A 蛋白即把母链和子链切断，外环母链再重新滚动一次，3' 端沿母链延长，最后合成两个环状子链（图 14-18）。A 蛋白是一种较少见的体内顺式作用蛋白，它还具有第二个活性中心，即单链 DNA 连接酶活性。A 蛋白仅仅结合和作用于表达它的 DNA 序列。

滚环复制是 M13 噬菌体在感染 E.coli 后 DNA 复制的方式。此外，爪蟾卵 rDNA 也利用滚环复制大量扩增，以满足卵发育阶段对 rRNA 的大量需求。线性 rDNA 通过滚环复制产生的多拷贝，既可以保持线性状态，也能够连接成闭合环形。经过若干次滚环复制，能迅速产生数以千计的 rDNA 拷贝。

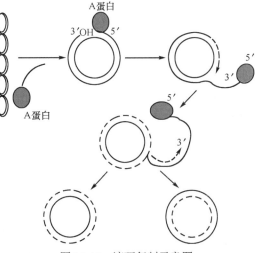

图 14-18　滚环复制示意图

线粒体 DNA（mitochondrial DNA，mtDNA）采用另一种单向复制的特殊方式，称为 D 环或替代环（displacement loop）复制。复制时需合成引物，mtDNA 为双链，在特异的复制起点解开

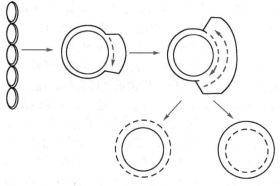

图 14-19　D 环复制示意图

进行复制，但两条链的合成是高度不对称的，第一个引物以内环为模板延伸，待链复制到一定程度，暴露出另一链的第二个复制起点，再合成另一个反向引物，才以外环为模板开始进行反向的延伸，最后完成两个双链环状 DNA 的复制（图 14-19）。在电镜下可以看到呈 D 环形状。叶绿体 DNA 的复制也采取 D 环的方式。

第三节　DNA 损伤与修复

DNA 存储着生物体赖以生存和繁衍的遗传信息，这种遗传保守性是维持物种相对稳定的最主要因素，因此维护 DNA 分子的完整性对细胞至关重要。在长期演进的过程中，外界环境和生物体内部的因素都经常会导致 DNA 分子的损伤或改变，各种体内外因素所导致的 DNA 组成与结构的变化称为 DNA 损伤（DNA damage）。DNA 损伤可以产生两种后果：一种是 DNA 结构发生永久性改变；另一种是 DNA 失去作为复制和（或）转录的模板的功能。

一、DNA 损伤

DNA 损伤的诱发因素众多，一般可分为体外和体内两种因素。体外因素包括化学毒物、病毒感染、药物、微生物的代谢产物以及辐射等；体内因素包括机体代谢过程中产生的代谢物、DNA 复制过程中发生的碱基错配以及 DNA 本身的热不稳定性等因素，可诱发 DNA 的"自发"损伤。但人体是有机整体，体内因素和体外因素之间是相互作用，不能截然分开的。许多体外因素是通过诱发体内因素，引发 DNA 损伤的。然而，不同因素所引发的 DNA 损伤的机制往往是不同的。

（一）DNA 损伤的诱发因素

1. 体内因素

（1）DNA 复制中的错误：在 DNA 复制过程中，碱基的异构互变、4 种 dNTP 之间浓度的不平衡等均可能引起碱基的错配，但绝大多数错配的碱基会被 DNA 聚合酶的校对功能所纠正，也有极少数的错配被保留下来。DNA 复制的错配率约为 $1/10^{10}$。

除上述之外，复制错误还表现为片段的缺失或插入。特别是 DNA 上的短片段重复序列，在真核细胞染色体上广泛分布，导致 DNA 复制系统工作时可能出现"打滑"现象，使得新生成的 DNA 上的重复序列拷贝数发生变化。在遗传性疾病如亨廷顿病、肌强直性营养不良等神经退行性疾病的研究中，DNA 重复序列的高度多态性具有重大意义和价值。

（2）DNA 自身的不稳定性：DNA 结构自身的不稳定性是 DNA 自发性损伤中最重要和最频繁的因素。生物体内 DNA 分子可以由于各种原因发生变化，如当 DNA 受热或所处环境的 pH 发生改变时，DNA 分子上连接碱基和核糖之间的糖苷键可自发发生水解，导致碱基的丢失或脱落，其中以脱嘌呤最为常见；含有氨基的碱基还可能自发脱氨基反应，转变为另一种碱基，即碱基的转变，C 转变为 U，A 转变为 I（次黄嘌呤）等。

（3）活性氧：机体代谢过程中产生的活性氧（ROS）可以直接作用于碱基，如修饰鸟嘌呤，产生 8-羟基脱氧鸟嘌呤等。

2. 体外因素　导致 DNA 损伤的最常见的体外因素主要包括物理因素、化学因素和生物因素等。这些因素导致 DNA 损伤的机制各有特点。

（1）物理因素：最常见的是电磁辐射。根据作用原理的不同，通常将电磁辐射分为电离辐射和非电离辐射。各种射线如 γ 射线、X 射线等，能直接或间接引起被穿透组织发生电离；而紫外线和波长大于紫外线的电磁辐射均属非电离辐射。

1）电离辐射引起的 DNA 损伤：电离辐射损伤 DNA 有直接和间接的效应，直接效应是 DNA 直接吸收射线能量而遭损伤，间接效应是指 DNA 周围其他分子（主要是水分子）吸收射线能量产生具有很高反应活性的自由基进而损伤 DNA。电离辐射可导致 DNA 分子的多种变化：①碱基变化：主要是由羟自由基（·OH）引起，包括 DNA 链上的碱基氧化修饰、碱基环的破坏和脱落。②脱氧核糖变化：脱氧核糖上的每个碳原子和羟基上的氢都能与·OH 反应，导致脱氧核糖分解，最后会引起 DNA 链断裂。射线的直接和间接作用都可能使脱氧核糖破坏或磷酸二酯键断开而致 DNA 链断裂。单链断裂发生频率为双链断裂的 10～20 倍，但容易修复；对单倍体细胞来说（如细菌）一次双链断裂就是致死事件。③交联：包括 DNA-DNA 链交联和 DNA-蛋白质交联。一条 DNA 链内或两条 DNA 链间的碱基可以共价键结合，DNA 与蛋白质之间也会以共价键相连，组蛋白、染色质中的非组蛋白、调控蛋白等与复制和转录有关的酶都会与 DNA 共价键连接。这些交联是细胞受电离辐射后在显微镜下看到的染色体畸变的分子基础，会影响细胞的功能和 DNA 复制。

2）紫外线引起的 DNA 损伤：当 DNA 受到吸收峰（≤260nm）的紫外线照射时，可使同一条链上相邻的嘧啶以共价键连成二聚体，相邻的两个 T 或两个 C 或 C 与 T 间都可以连成二聚体，其中最容易形成的是 TT 二聚体。比如人皮肤因受紫外线照射而形成二聚体的频率可达 $5×10^4$ 细胞/小时，但只局限在皮肤中，因为紫外线不能穿透皮肤。但微生物受紫外线照射后，就会影响其生存。紫外线照射还能引起 DNA 链断裂等损伤。

（2）化学因素：对 DNA 损伤的认识最早来自对化学武器杀伤力的研究，随后对癌症化疗、化学致癌作用的研究使人们更重视突变剂或致癌剂对 DNA 的作用。值得注意的是，许多肿瘤化疗药物是通过诱导 DNA 损伤（包括碱基改变、单链或双链 DNA 断裂等），阻断 DNA 的复制或 RNA 的转录，进而抑制肿瘤细胞增殖。因此，对 DNA 损伤及后继的肿瘤细胞死亡机制的认识，将十分有助于对肿瘤化疗药物的改进。

1）烷化剂对 DNA 的损伤：烷化剂是一类亲电子的化合物，很容易与生物大分子的亲核位点起反应。烷化剂的作用可引起 DNA 发生各种类型的损伤，主要包括：①碱基烷基化：烷化剂很容易将烷基加到 DNA 链中嘌呤或嘧啶的 N 或 O 上，其中鸟嘌呤的 N-7 和腺嘌呤的 N-3 最容易受攻击，烷基化的嘌呤碱基配对发生变化，如鸟嘌呤 N-7 被烷化后就不再与胞嘧啶配对，而改与胸腺嘧啶配对，结果会使 G-C 转变成 A-T；②碱基脱落：烷化鸟嘌呤的糖苷键不稳定，容易脱落碱基形成 DNA 上的无碱基位点，复制时可以插入任何核苷酸，造成序列的改变；③断链：DNA 链的磷酸二酯键上的氧也容易被烷化，结果形成不稳定的磷酸三酯键，易在脱氧核糖与磷酸间发生水解，使 DNA 链断裂；④交联：烷化剂有两类，一类是单功能基烷化剂，如甲基甲烷碘酸，只能使一个位点烷基化，另一类是双功能基烷化剂，化学武器如氮芥，一些抗癌药物如环磷酰胺、丝裂霉素等，某些致癌物均属此类，其两个功能基可同时使 DNA 两处发生烷基化，结果可能引起 DNA 链内、DNA 链间以及 DNA 与蛋白质间的交联。

2）碱基类似物、修饰剂对 DNA 的损伤：人工可以合成一些碱基类似物作为促突变剂或抗癌药物，如 5-溴尿嘧啶（5-BU）、5-氟尿嘧啶（5-FU）、2-氨基腺嘌呤（2-AP）等。由于其结构与正常的碱基相似，进入细胞能替代正常的碱基参与到 DNA 链中而干扰 DNA 复制或 RNA 的转录。此外，有一些人工合成或环境中存在的化学物质能专一修饰 DNA 链上的碱基或通过影响 DNA 复制而改变碱基序列，如黄曲霉毒素 B 能专一攻击 DNA 上的碱基导致序列变化，是诱发突变的致癌剂。

（3）生物因素：主要指病毒和真菌，如麻疹病毒、风疹病毒、疱疹病毒、黄曲霉菌等，它们产生的毒素和代谢产物有诱变作用。

案例 14-1

患者，男性，13 岁，因"头晕、皮肤紫斑 1 个月"入院。

患者近 1 个月无明显原因自觉头昏、乏力，活动后明显，并伴下肢皮肤紫斑，但未引起重视；近1周来上述症状加重，皮肤紫斑增多。既往体健，无外伤史。家族中无类似疾病。体检主要阳性发现：贫血貌，全身浅表淋巴结花生米至枣大，躯干及四肢皮肤可见散在瘀点、瘀斑。心率112次/分，律齐。腹软，肝肋下1cm，脾肋下2cm。

实验室检查主要阳性发现（括号内为参考区间）：血液一般检查：红细胞 $1.96×10^{12}/L$（$4.0×10^{12}$～$5.5×10^{12}/L$），Hb 56g/L（120～160g/L）；白细胞 $2.3×10^{10}/L$（$4×10^{9}$～$10×10^{9}/L$），淋巴细胞占80%（20%～40%），原幼细胞占11%（<5%），中性分叶核粒细胞占8%（50%～70%）；血小板 $1.5×10^{10}/L$（$1×10^{11}$～$3×10^{11}/L$）。骨髓细胞学检查：骨髓增生极度活跃，原始及幼稚淋巴细胞占40%（偶见），红系细胞占13%（约20%），粒系占27%（40%～60%），巨核细胞（7～35个）及血小板少见。

临床初步诊断：急性淋巴细胞白血病。

问题：急性淋巴细胞白血病治疗方案中为什么常选用环磷酰胺，生化机制是什么？

（二）DNA损伤的类型

DNA分子中的脱氧核糖、磷酸二酯键、碱基等都是DNA损伤因素作用的靶点。根据DNA分子结构改变的不同，DNA损伤有碱基脱落、碱基结构破坏、嘧啶二聚体形成、DNA单链或双链断裂和DNA交联等多种类型。

1. 碱基之间发生错配　碱基类似物的掺入、碱基修饰剂的作用可改变碱基的性质，导致DNA序列中的错误配对。在正常的DNA复制过程中，存在着一定比例的自发碱基错配，最常见的是组成RNA的尿嘧啶替代胸腺嘧啶掺入到DNA分子中。

2. 碱基损伤与糖基破坏　化学毒物可通过对碱基的某些基团进行修饰而改变碱基的性质。DNA分子中的脱氧核糖上的碳原子和羟基上的氢可能与自由基反应，由此脱氧核糖的正常结构被破坏。由于碱基损伤或糖基破坏，在DNA链上可能形成一些不稳定点，最终可导致DNA链的断裂，如具有氧化活性的物质可造成DNA中嘌呤和嘧啶碱基的氧化修饰，形成8-羟基脱氧鸟苷或6-甲基尿嘧啶等氧化代谢产物；亚硝酸盐等可导致碱基脱氨；紫外线作用于DNA分子可形成嘧啶二聚体等。

3. DNA链发生断裂　DNA链断裂是电离辐射致DNA损伤的主要形式。某些化学毒剂也可导致DNA链断裂。碱基的损伤和脱落、脱氧核糖的破坏、磷酸二酯键的断裂都是引起DNA断裂的原因。碱基损伤或糖基破坏可引起DNA双螺旋局部变性，形成酶敏感性位点，特异的核酸内切酶能识别并切割这样的部位，造成链断裂。DNA断裂可以发生在单链或双链上，单链断裂能迅速在细胞中以另一链为模板重新合成，完成修复；而双链断裂在原位修复的概率很小，需依赖重组修复，这种修复导致染色体畸变的可能性很大。因此，一般认为双链断裂的DNA损伤与细胞的致死性效应有直接的联系。

4. DNA链的共价交联　损伤的DNA分子可能发生多种DNA交联形式。DNA分子中同一条链内的两个碱基以共价键结合，称为DNA链内交联。紫外线照射后形成的TT二聚体是DNA链内交联的最典型例子。DNA分子一条链上的碱基与另一条链上的碱基以共价键结合，称为链间交联。DNA分子还可与蛋白质以共价键结合，称为DNA-蛋白质交联。

5. DNA分子内较大片段的交换　发生移位的DNA可以在新位点上颠倒方向反置（倒位），也可以在染色体之间发生交换重组。图14-20表示由于血红蛋白β链和δ链两种类型的基因重排而引起的地中海贫血。

在各种类型的DNA损伤中最常见的是碱基损伤、糖基破坏和链断裂，而实际上DNA损伤是相当复杂的，当DNA损伤严重时，在局部范围发生不止一种损伤，是多种类型的损伤复合存在。

DNA损伤导致的DNA模板发生碱基置换、插入、缺失、链的断裂等变化（图14-21），并可能影响到染色体的高级结构。以碱基置换为例，DNA链中一种嘌呤被另一种嘌呤取代，或一种嘧啶被另一种嘧啶取代，称为转换（transition）；嘌呤被嘧啶取代或相反，称为颠换（transversion）。

转换和颠换在 DNA 复制时可引起碱基错配，导致基因突变。此外，DNA 损伤引起的染色体结构变化也可造成转录，甚至是翻译的异常。所有这些变化可造成某种或某些基因信息发生丢失或异常，导致其表达产物的量与质的变化，对细胞的功能造成不同程度的影响。

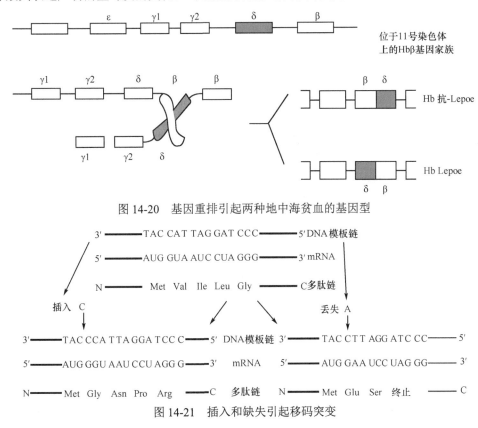

图 14-20 基因重排引起两种地中海贫血的基因型

图 14-21 插入和缺失引起移码突变

二、DNA 损伤的修复

在自然环境中，生物体发生 DNA 损伤是不可避免的。损伤所导致的后果取决于 DNA 损伤的程度，以及细胞对损伤 DNA 的修复能力。DNA 损伤的修复是指纠正 DNA 两条单链间错配的碱基、清除 DNA 链上受损的碱基或糖基、恢复 DNA 的正常结构的过程。因此 DNA 修复（DNA repair）是机体维持 DNA 结构的完整性与稳定性，保证生命延续和物种稳定的重要环节，同时 DNA 修复也是探索生命的重要方面，与肿瘤也密切相关。不同的 DNA 损伤，细胞可以有不同的修复反应，一种 DNA 损伤可通过多种途径来修复，而一种修复途径也可同时参与多种 DNA 损伤的修复过程。常见的 DNA 修复途径如下。

◼ （一）直接修复

1. 光复活修复（light repair） 这是最早发现的 DNA 修复方式。生物体内存在着一种光复活酶（photoreactivating enzyme），能够直接识别和结合于 DNA 链上的嘧啶二聚体部位。在受 $300\sim600$nm 的可见光激发下，光复活酶就被激活，可将嘧啶二聚体解聚为原来的单体核苷酸形式，然后酶从 DNA 链上释放，DNA 恢复正常结构，完成修复。后来发现类似的修复酶广泛存在于动植物中，人体细胞中也有发现，但光复活修复不是高等生物修复嘧啶二聚体的主要方式。

2. 单链断裂的重接 DNA 单链断裂是常见的损伤。以电离辐射造成的切口为例，DNA 连接酶能够催化 DNA 双螺旋结构中一条链上缺口处的 5′-磷酸基团与相邻片段的 3′-羟基之间形成磷酸二酯键，从而直接参与部分 DNA 单链断裂的修复。此酶在各类生物各种细胞中普遍存在，修复反应容易进行。但双链断裂几乎不能修复。

3. 碱基的直接插入 DNA 链上嘌呤碱基受损时，可能被糖基化酶水解而脱落，成为无嘌呤位点，能被 DNA 嘌呤插入酶（insertase）识别结合，在 K$^+$ 存在的条件下，催化游离嘌呤或脱氧嘌呤核苷插入生成糖苷键，且催化插入的碱基具有高度专一性、与另一条链上的碱基严格配对，使 DNA 完全恢复。

4. 烷基的转移 在细胞中发现有一种 O^6-甲基鸟嘌呤-DNA 甲基转移酶，能直接将 DNA 链鸟嘌呤 O-6 位上的甲基移到蛋白质的半胱氨酸残基上而修复损伤的 DNA。这种酶的修复能力并不很强，但在低剂量烷化剂作用下便能诱导出此酶的修复活性。

（二）切除修复

切除修复（excision repair）是 DNA 损伤修复最为普遍的方式，对多种 DNA 损伤包括碱基脱落形成的无碱基位点、嘧啶二聚体、碱基烷基化、单链断裂等都能起修复作用。这种修复方式普遍存在于各种生物细胞中，也是人体细胞主要的 DNA 修复方式。

1. 碱基切除修复（base excision repair，BER） 依赖于生物体内存在的一类特异的 DNA 糖苷酶。整个修复过程包括：①识别水解：DNA 糖苷酶识别 DNA 链中已受损的碱基并将其水解去除，产生一个无碱基位点；②切除：在此位点 5' 端，无碱基位点核酸内切酶将 DNA 链的磷酸二酯键切开，去除剩余的磷酸核糖部分；③合成：在 DNA 聚合酶的催化下，以完整的互补链为模板，按 5'→3' 方向合成 DNA 链，填补已切除的空隙；④连接：由 DNA 连接酶将切口重新连接，使 DNA 恢复正常结构（图 14-22A）。这样完成的修复能使 DNA 恢复原来的结构。

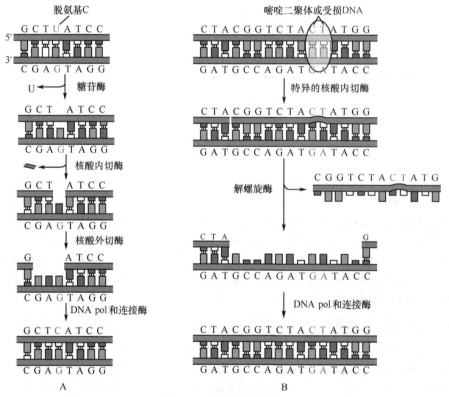

图 14-22 切除修复方式

A. 碱基切除修复；B. 核苷酸切除修复

2. 核苷酸切除修复 与碱基切除修复不同，核苷酸切除修复（nucleotide excision repair，NER）系统并不识别具体的损伤，而是识别损伤对 DNA 双螺旋结构所造成的扭曲，但修复过程与碱基切除修复相似，以 NER 方式进行修复（图 14-22B），包括：①由一个酶系统识别 DNA 损伤部位；②在损伤两侧切开 DNA 链，去除两个切口之间的一段受损的寡核苷酸；③以互补链为模板，在 DNA 聚合酶作用下，合成一段新的 DNA，填补缺损区；④最后由连接酶连接完成损伤修复。

核苷酸切除修复不仅能够修复整个基因组中的损伤，而且能够修复那些正在转录的基因模板链上的损伤，因此，更具有积极意义。在此修复中，所不同的是由 RNA 聚合酶承担起识别损伤部位的任务。

遗传性着色性干皮病（xeroderma pigmentosum，XP）的发病是由于 DNA 损伤核苷酸切除修复系统基因缺陷所致。所以患者皮肤对阳光极度敏感，易受照射损伤，可在幼年时患皮肤癌，同时伴有智力发育迟缓，神经系统功能紊乱等症状。有关人类 XP 相关的核苷酸切除修复系统缺陷基因见表 14-3。

表 14-3 人类 XP 相关的 DNA 损伤核苷酸切除修复系统缺陷基因

基因名称	基因的染色体定位	编码蛋白质的氨基酸数	编码蛋白质细胞定位	编码蛋白质的主要功能
XPA	9q22.3	273	细胞核	可能结合受损的 DNA，为切除修复复合物其他因子到达 DNA 受损部位指示方向
XPB	2q21	782	细胞核	在 DNA 切除修复中，发挥解旋酶的功能
XPC	3p25	940	细胞核	可能是受损 DNA 的识别蛋白质
XPD	19q13.3	760	细胞核	转录因子 TFⅡ 的一个亚单位，与 XPB 一起，在受损 DNA 修复中，发挥解旋酶的功能
XPE	11q12-13 11p11-12	1140 427	细胞核	主要结合受损 DNA 的嘧啶二聚体处
XPF	16p13,12	905	细胞核	结构专一性 DNA 修复核酸内切酶，在 DNA 损伤切除修复中，在受损 DNA 的 5′ 端切口
XPG	13q33	1186	细胞核	镁依赖的单链核酸内切酶，在 DNA 损伤切除修复中，在受损 DNA 的 3′ 端切口

案例 14-2

患者，女性，57 岁。自幼年起面部出现皮疹，逐渐累及躯干、四肢，日晒后症状加重。20 年多前，鼻部首次出现黑色肿物，诊断为"基底细胞癌"，行手术切除肿物。数年来面部多次出现肿物，曾诊断为"基底细胞癌"或"鳞状细胞癌"，均行手术切除肿物。3 个月前右下眼睑再次出现肿物，伴有溃疡、渗出。1 个月前行右下眼睑肿物切除术，术后病理诊断为"鳞状细胞癌"；半月前原部位再次出现皮损，迅速扩大，伴有渗出，故而再次就诊。患者父母为近亲结婚，其兄长有类似病史。

体检主要阳性发现：全身皮肤干燥，面、躯干、四肢对称分布多发针尖至米粒大小褐色或黑色斑疹、丘疹；下唇及鼻部可见线性瘢痕；双下眼睑外翻，结膜充血，右下眼睑有蚕豆大小肿物，表面溃疡、脓性渗出物、结痂；右耳前可触及肿大淋巴结，大小约 1cm×1cm。

皮损组织病理检查发现：真皮内部分浸润细胞核大、深染，部分区域可见角珠形成，个别核丝分裂相，中低分化鳞状细胞癌。

初步诊断：着色性干皮病（XP）继发鳞状细胞癌。

治疗：避免日晒、适当使用防晒剂、润肤。转入眼科就诊，完善相关检查，行手术切除肿物。

问题：

1. XP 的致病原因是什么？

2. 请问患者日晒后病情加重的原因是什么？

3. 碱基错配修复 错配修复也可被看作是碱基切除修复的一种特殊形式，是维持细胞中 DNA 结构完整稳定的重要方式，主要负责纠正：①复制与重组中出现的碱基配对错误；②由碱基损伤导致的碱基配对错误；③碱基插入；④碱基缺失。从低等生物到高等生物，均有保守的碱基错配修复系统。

（三）重组修复

重组修复（recombination repair）是指依靠重组酶系，将一段未受损伤的 DNA 移到损伤部位，提供正确的模板，进行修复的过程。与其他修复方式不同，DNA 分子的双链断裂的严重损伤修复由于不能提供修复断裂的遗传信息，即需要重组修复来完成。根据修复机制的不同，重组修复可分为同源重组修复和非同源末端连接重组修复。

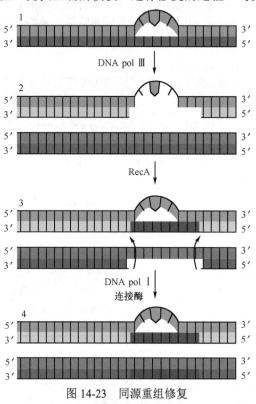

图 14-23　同源重组修复

1. 同源重组修复（homologous recombination repair） 指的是参加重组的两段双链 DNA 在相当长的范围内序列相同（≥200bp），这样就能保证重组后生成的新区序列正确。目前对酵母和大肠埃希菌同源重组的分子机制已比较清楚，发挥关键作用的是 RecA 蛋白，也被称为重组酶，是由 352 个氨基酸残基组成的蛋白质。多个 RecA 单体在 DNA 上聚集，形成右手螺旋的核蛋白细丝，细丝中深的螺旋凹槽，能够识别和容纳 DNA 链。ATP 存在的前提下，RecA 可与损伤的 DNA 单链区结合，使 DNA 伸展，与此同时 RecA 可识别一段与受损 DNA 序列相同的姐妹链，使之与受损 DNA 链并列排列，交叉互补，并分别以结构正常的两条 DNA 链为模板重建损伤链。最后在其他酶的作用下，解开交叉互补，连接新合成的链，完成同源重组（图 14-23）。这种同源重组生成的新片段具有很高的忠实性。

2. 非同源末端连接重组修复（non-homologous end joining recombination repair） 即两个 DNA 分子的末端不需要同源性就能连接起来，是哺乳动物细胞 DNA 双链断裂的一种修复方式。由于非同源末端连接重组修复的 DNA 链的同源性不高，所以修复的 DNA 序列中可能存在一定的差异。非同源末端连接重组修复中起关键作用的蛋白分子是 DNA 依赖的蛋白质激酶（DNA-dependent protein kinase，DNA-PK），是一种核内的丝氨酸/苏氨酸蛋白质激酶，由一个分子量大约为 465kDa 的催化亚基（DNA-PKcs）和一个能结合 DNA 游离端的异二聚体蛋白 Ku 组成。DNA-PKcs 的主要作用是介导 DNA-PK 的催化功能，Ku 蛋白可与双链 DNA 的断端连接，促进双链断裂的重接。另一个参与非同源末端连接重组修复的重要蛋白是 XRCC4（X-ray repair，complementing defective in Chinese hamster），可与 DNA 连接酶形成复合物，并增强连接酶的活力，在 DNA 连接酶与组装在 DNA 末端的 DNA-PK 复合物相结合的过程中起中间体作用。非同源末端连接重组修复既是修复 DNA 损伤的一种方式，也可看作是一种生理性基因重组策略，将原来并未连在一起的基因或片段连接产生新的组合，如 T 淋巴细胞的受体基因、B 淋巴细胞和免疫球蛋白基因的构建与重排等。

对于拥有巨大基因组的哺乳动物细胞来说，发生错误的位置可能并不在必需基因上，依然可以维持受损细胞的存活。

（四）SOS 修复

SOS 修复（SOS repair）是指 DNA 损伤严重，复制难以继续进行，细胞处在危急状态下诱发产生的一种应急修复方式。有些致癌剂能诱发 SOS 修复系统。SOS 修复系统包括诱导切除修复和重组修复中某些关键酶和蛋白质，即 *uvr*、*rec* 基因及产物，调节蛋白 LexA 等。在 *E.coli* 菌中约由 30 个与 DNA 损伤修复相关基因构成的网络式调控系统。此网络的反应特异性低，此外，SOS 修复系统还能诱导产生缺乏校对功能的 DNA 聚合酶，它能在 DNA 损伤部位进行复制而避免了死亡，可是却带来了高的变异率。通过 SOS 修复，复制如能继续，细胞可存活，但 DNA 保留的错误较多，会引起长期广泛的突变，细胞癌变也可能与 SOS 修复有关。

三、DNA 损伤和修复的意义

遗传物质的稳定性是维持物种稳定的主要因素。但是，如果遗传物质是绝对一成不变的话，自然界就失去了进化的基础，没有进化也就没有新的物种出现。因此，生物多样性依赖于 DNA 损伤或突变与损伤修复之间的动态平衡。

（一）DNA 损伤的双重效应

通常认为 DNA 损伤是有害的。但就 DNA 损伤的结果而言有消极的一面也有积极的一面。DNA 损伤通常有两种生物学后果：一是突变，这种损伤给 DNA 带来永久性的改变，可能改变了基因的编码序列或者基因的调控序列；二是 DNA 的损伤使得 DNA 不能用作复制和转录的模板，轻则使细胞的功能出现障碍，重则死亡。

DNA 突变可能只是改变基因型，不影响基本表型，只体现个体差异。如基因的多态性已被广泛用于个体识别、亲子鉴定、器官移植，以及疾病易感性分析等。DNA 突变还是某些遗传性疾病如高血压、糖尿病和肿瘤等的发病基础，是多种基因与环境因素共同作用的结果。若 DNA 损伤发生在与生命活动密切相关的基因上，可能导致细胞甚至是个体的死亡。现代常利用这种特性来杀死某些病原微生物。

从长远来说，进化过程就是遗传物质不断突变的结果，也可以说没有突变就没有现在生物物种的多样性。但从目前来看，我们无法看到一个物种的自然演变，只能见到长期突变累积的结果。所以突变是进化的分子基础。

（二）DNA 损伤修复障碍与疾病的关系

DNA 损伤的生物学后果，主要由 DNA 损伤的程度和细胞的修复能力而决定。如果损伤不能得到及时准确的修复，就有可能导致细胞功能的异常。DNA 碱基的损伤可导致遗传密码的变化，经转录和翻译产生功能异常的 RNA 与蛋白质，导致细胞功能的衰退、凋亡甚至发生恶性转化。双链 DNA 断裂可以通过重组修复途径加以修复，但非同源重组修复的忠实性差，修复过程中可能获得或者丧失核苷酸，造成染色体畸变，导致严重后果。因此，DNA 损伤与衰老、免疫系统疾病和肿瘤等的发生有密切的联系。

1. DNA 损伤修复系统缺陷与肿瘤　肿瘤发生是 DNA 损伤对机体的后期效应之一，先天性 DNA 损伤修复系统缺陷的人群易患恶性肿瘤。DNA 损伤可导致原癌基因激活，也可使肿瘤抑制基因失活，原癌基因与肿瘤抑制基因的表达或活性失衡是细胞恶变的重要机制，直观的表述就是 DNA 损伤 →DNA 修复异常 → 基因突变 → 肿瘤发生，这是贯穿肿瘤发生发展过程的重要环节。能够参与 DNA 修复的多种基因具有肿瘤抑制基因的功能，目前已证实这些基因在多种肿瘤中发生突变而失活。

值得重视的是，DNA 修复功能缺陷可引起肿瘤的发生，但已癌变的细胞本身 DNA 修复功能常常并不低下，反而却显著地升高，这就使得癌细胞能够充分修复化疗药物引起的 DNA 的损伤，这也是大多数抗癌药物不能奏效的原因，因此关于 DNA 修复的研究可为肿瘤联合化疗提供新思路、新靶点。

2. DNA 损伤修复与衰老 从现有研究中发现，寿命长的动物如牛和象等的 DNA 损伤的修复能力较强；寿命短的动物如小鼠、仓鼠等的 DNA 损伤的修复能力较弱。人的 DNA 修复能力也很强，随着年龄的增长，修复能力逐渐减弱，突变细胞数和染色体畸变率也相应增加。

3. DNA 损伤修复缺陷与免疫性疾病 DNA 修复功能先天性缺陷的患者的免疫系统亦常有缺陷，主要是 T 淋巴细胞功能的缺陷。随着年龄增长细胞中的 DNA 修复功能逐渐衰退，如果同时伴有发生免疫监视功能的障碍，便不能及时清除突变细胞，从而导致肿瘤发生。

（扈瑞平　苑　红）

思　考　题

1. DNA 复制的基本特征是什么？哪些因素保证 DNA 复制的高保真性？

2. 试述参与大肠埃希菌 DNA 复制的各因子及其相应功能。

3. 逆转录酶的功能有哪些？逆转录反应机制是什么？

4. 造成 DNA 损伤的原因及类型有哪些？ DNA 损伤修复的方式有哪些？其中最重要的修复方式的机制是什么？

5. 试解释遗传相对保守性及其变异性的生物学意义和分子基础。

第十五章 RNA 的生物合成

RNA 的生物合成，即转录（transcription），是指在依赖于 DNA 的 RNA 聚合酶（DNA-dependent RNA polymerase，RNA pol）催化下，生物体以 DNA 为模板合成 RNA 的过程。通过转录，DNA 中的遗传信息传递到 RNA 分子。细胞中的各类 RNA 分子，主要包括 mRNA、rRNA、tRNA 以及一些具有特殊功能的小 RNA，如核小 RNA（small nuclear RNA，snRNA）、微 RNA（microRNA，miRNA）等，它们都是转录的产物。这些转录产物绝大部分都将直接或间接参与蛋白质的生物合成过程，其中 mRNA 分子作为蛋白质合成的模板，rRNA 是蛋白质合成场所核蛋白体的主要组成成分，tRNA 则在蛋白质合成过程中特异结合和携带氨基酸。

DNA 复制是为了保留物种的全部遗传信息，从而维持物种的相对稳定，所以复制过程会对所有 DNA 分子进行全长的复制，DNA 的复制产物是与亲代 DNA 分子几乎完全相同的子代 DNA 分子；而转录与复制不同，转录具有选择性。转录的选择性即不对称转录（asymmetrical transcription）包含两个方面的含义：其一，在细胞的不同生长发育阶段，并随着细胞内外环境的改变，细胞将转录不同的 DNA 区段，而并不会同时对 DNA 进行全长的转录；其二，对正在进行转录的 DNA 区段来说，DNA 双链中仅有一条单链可作为模板指导转录的进行，对应的链只能进行复制，而无转录的功能；但是模板链并非总在同一条单链上，也就是说，在某些 DNA 区段以这条链为模板进行转录，另一些区段以另一条为模板进行转录。很显然，不以同一单链为模板进行的转录，其直观的转录方向是相反的，但实质上转录产物的延伸方向一致，都是从 $5'\rightarrow3'$。正是由于转录的选择性，转录的产物往往是各种长度不同的 RNA 分子（图 15-1）。

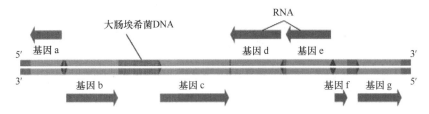

图 15-1　RNA 的不对称转录

第一节　RNA 的生物合成体系

和复制相似，RNA 生物合成即转录实际上也是一个在酶催化下的核苷酸聚合过程。RNA 生物合成体系主要包括以下几个部分：四种不同的核苷三磷酸（ATP、UTP、CTP 和 GTP）底物、DNA 模板、依赖于 DNA 的 RNA 聚合酶及其辅基 Mn^{2+}、Zn^{2+} 等二价金属离子。本节将重点介绍转录体系中的 DNA 模板和 RNA 聚合酶。

一、DNA 模板

通常把 DNA 双链中按碱基配对原则指导 RNA 生成的单股链，称为模板链（template strand）或 Waston 链；而与模板链相对应的那一股链则称为编码链（coding strand）或 Crick 链。比较 RNA 与其相应编码链的碱基序列，可以发现除了 RNA 分子中用 U 来代替 T 以外，其余的序列都是一致的，所以编码链又称为有义链；相应的，与之互补的模板链又称作反义链（图 15-2）。

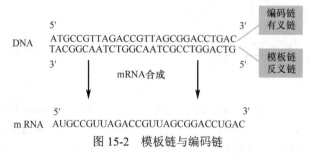

图 15-2 模板链与编码链

二、依赖于 DNA 的 RNA 聚合酶

1961 年，威什（Weiss）和赫尔维茨（Hurwitz）等各自在大肠埃希菌裂解液中发现了依赖于 DNA 的 RNA 聚合酶，这是一种多聚体蛋白质。在生物体内，依赖于 DNA 的 RNA 聚合酶在模板 DNA 链的指导下，按碱基互补配对原则把四种核糖核苷三磷酸聚合成 RNA 链，但原核生物和真核生物的 RNA 聚合酶有所不同。

（一）原核生物的 RNA 聚合酶

大肠埃希菌（E.coli）RNA 聚合酶是目前研究得比较透彻的 RNA 聚合酶，其分子量为 480kDa，由 α、β、β'、ω 和 σ 这 5 种不同的亚基构成（各亚基的功能见表 15-1）。其中 $\alpha_2\beta\beta'\omega$ 亚基合称核心酶（core enzyme），σ 亚基加上核心酶统称为全酶（holoenzyme）。核心酶催化 NTP 按模板的指引合成 RNA，并参与整个转录过程；在转录起始阶段，σ 亚基（又称 σ 因子）与核心酶的瞬时结合（transient binding）既保证了 RNA 聚合酶能准确结合到模板链而非编码链上，同时也保证了其对转录起始点的辨认结合。转录启动后，σ 因子便从全酶上脱落，而核心酶继续参与转录延长过程。现已发现多种分子量不同的 σ 因子，其中最常见的为 σ^{70}（分子量 70kDa），它参与大部分基因的转录过程，而 σ^{32} 和 σ^{28} 则分别促进热激基因（heat shock gene）和鞭毛蛋白基因（flagellin gene）的转录。其他原核生物的 RNA 聚合酶在结构、组成及功能上均与 E.coli 的 RNA 聚合酶相似。

表 15-1　大肠埃希菌 RNA 聚合酶的亚基组成及功能

亚基	分子量（Da）	亚基数目	功能
α	36 512	2	控制转录的速率
β	150 618	1	催化磷酸二酯键的形成
β'	155 613	1	结合 DNA 模板，兼有解链功能
σ	70 263	1	辨认起始位点，决定基因的特异性转录

研究发现，利福平（一种用于抗结核菌治疗的药物）是原核生物 RNA 聚合酶的特异抑制剂，能专一性地结合 RNA 聚合酶的 β 亚基，从而抑制 DNA 的转录。体外试验表明，若在转录开始后才加入利福平，仍能发挥其抑制转录的作用，这说明 β 亚基在转录的整个过程中都是起作用的。

（二）真核生物的 RNA 聚合酶

真核生物的 RNA 聚合酶主要包括三种，即 RNA 聚合酶 Ⅰ、Ⅱ 和 Ⅲ（2000 年又在植物中新发现了 RNA 聚合酶 Ⅳ 和 Ⅴ）。这五种 RNA 聚合酶在催化转录的基因类型、亚基的结构以及相对含量等方面都有很大的差异。本部分主要介绍 RNA 聚合酶 Ⅰ、Ⅱ 和 Ⅲ。RNA 聚合酶 Ⅰ 定位在细胞核的核仁中，负责大 rRNA 前体的转录，转录产物为大分子的 45S rRNA，后者经剪切修饰可生成除 5S rRNA 以外的各种 rRNA 分子，包括 28S、5.8S 和 18S rRNA。RNA 聚合酶 Ⅱ 负责转录生成核内不均一 RNA（heterogeneous nuclear RNA，hnRNA）、miRNA 前体、长链非编码 RNA （long noncoding RNA，lncRNA）和部分 snRNA。绝大部分 hnRNA 是 mRNA 的前体，snRNA 在 hnRNA 前体转变为成熟 mRNA 分子的剪接过程中起重要作用，miRNA 则通过降解 mRNA 或限制 mRNA 的翻译等方式参与许多基因的表达调控。因为 mRNA 是各种 RNA 中半衰期最短、最不稳定的，需经常重新合成，因此 RNA 聚合酶 II 通常被认为是真核生物中最活跃的 RNA 聚合酶。RNA 聚合酶 III 的转录产物主要包括各种 tRNA 前体、5S rRNA 和一些小分子 RNA。

真核生物 RNA 聚合酶的亚基组成和结构比原核生物要复杂得多，所有真核生物 RNA 聚合酶都含有两个分子量超过 100kDa 的大亚基和 6~10 个大小不等的小亚基。两个大亚基均作为催化亚基，与原核生物 RNA 聚合酶的 β 和 β′ 亚基有一定的序列同源性；小亚基的数目在不同的物种中有很大的差异，某些小亚基也可能出现在两种或三种不同的 RNA 聚合酶上，这些小亚基的作用还不清楚，但是每一种亚基对真核生物 RNA 聚合酶发挥正常功能都是必需的。与原核生物 RNA 聚合酶不同，真核生物 RNA 聚合酶不能单独启动转录，它需要与多种不同的转录因子结合才能结合到转录起始位点。真核生物 RNA 聚合酶的另一个特点是受 α-鹅膏蕈碱（α-amanitin）的特异性抑制，鹅膏蕈碱是一种高等菌类（毒伞蕈）毒素，但真核生物的各类 RNA 聚合酶对鹅膏蕈碱的敏感性不同（表 15-2）。

表 15-2　真核生物 RNA 聚合酶的种类与性质

种类	细胞内定位	转录产物	对鹅膏蕈碱的敏感性
RNA pol I	核仁	45S rRNA	耐受
RNA pol II	核质	hnRNA，某些 snRNA	极敏感
RNA pol III	核质	5S rRNA，tRNA，U6 snRNA 等	中度敏感
RNA pol IV	核质	siRNA	不详
RNA pol mt	线粒体	线粒体 RNA	敏感

真核生物 RNA 聚合酶 II 由 12 个亚基组成，两个大亚基的分子量分别为 215kDa 和 149kDa，其最大的亚基称为 Rpb1（RNA polymerase B/II，Rpb），在其羧基末端有一段共有序列（consensus sequence）为 Tyr-Ser-Pro-Thr-Ser-Pro-Ser 的七氨基酸残基重复序列片段，称为羧基末端结构域（carboxyl-terminal domain，CTD）。RNA 聚合酶 I 和 RNA 聚合酶 III 的羧基末端并没有类似的 CTD，但真核生物的 RNA 聚合酶 II 都具有 CTD，只是 7 个氨基酸残基共有序列的重复程度不同，如酵母 RNA 聚合酶 II 的 CTD 有 27 个重复共有序列，其中 18 个与上述 7 氨基酸残基共有序列完全一致；哺乳动物 RNA 聚合酶 II 的 CTD 有 52 个重复共有序列，其中 21 个与 7 氨基酸残基重复序列完全一致。CTD 上的 Tyr、Ser 和 Thr 残基可在不同蛋白质激酶作用下发生磷酸化。CTD 对于维持 RNA 聚合酶 II 的活性是必需的。CTD 上不同位点的磷酸化修饰在转录过程中是一个动态变化的过程，Ser2（指七氨基酸残基重复序列中的第二个 Ser 残基）在转录起始发生磷酸化，在转录过程中逐步增强，在转录终止时，Ser2 的磷酸化水平达到最高，与此磷酸化修饰模式类似的有 Thr4。相反，Ser5 的磷酸化水平在转录起始时候最高，在转录终止时降到最低，与此磷酸化修饰模式类似的有 Tyr1 和 Ser7。

第二节　转录过程

由于原核生物和真核生物基因组结构不同，二者的转录机制有明显差异，本节将分别阐述原核生物和真核生物的转录过程。

一、原核生物的转录过程

原核生物的转录过程分为转录起始、转录延长和转录终止三个阶段。

（一）转录起始

转录的起始阶段需要解决两个问题：①RNA 聚合酶必须准确地结合在转录模板的启动序列区域；②DNA 双链解开，其中的一条单链作为转录的模板。

首先来看转录模板的启动序列。如前所述，转录具有选择性，DNA 的转录是不连续、分区段进行的。每一个转录区段可视为一个转录单位，原核生物的转录单位称为操纵子（operon）。一个操纵子往往包括若干个结构基因及其上游的调控序列，而调控序列中的启动序列是 RNA 聚合酶结合并启动转录的区域（操纵子的具体结构详见基因表达调控章节）。

图 15-3 显示了原核生物 RNA 聚合酶与模板的结合。黑色的直线表示双链 DNA 分子，虚线部分显示 RNA 聚合酶与 DNA 结合的区域，即转录起始区。很显然，RNA 聚合酶以全酶的形式结合在转录起始区域。

图 15-3　原核生物 RNA 聚合酶与模板的结合

图 15-3 中数字表示碱基在 DNA 中的相对位置，下方链为模板链，通常以模板链转录生成 RNA 5′端第一个核苷酸的位置为 1，即转录起始点为 +1，以转录起始点为参照，往模板链 3′端的方向为上游，上游的走向与转录方向相反；往模板链 5′端的方向为下游，下游的走向与转录方向一致。通常以负数表示上游的碱基序数，以正数表示其下游的碱基序数。对大肠埃希菌乳糖操纵子、色氨酸操纵子等数百个原核生物操纵子的启动序列进行碱基序列分析后发现，该区域富含 A-T 配对，并有两个高度保守的序列：第一个保守序列为 TATAAT，位于转录起始点的上游 -10 区，它由普里布诺（Pribnow）首先发现，因此也称为 Pribnow 框（Pribnow box）；第二个保守序列为 TTGACA，位于转录起始点上游 -35 区。这些保守的碱基序列也称为共有序列。比较 RNA 聚合酶与不同 DNA 区段结合的平衡常数，发现 RNA 聚合酶与 -10 区的结合比 -35 区相对牢固。从大量的实验结果推断，原核生物 RNA 聚合酶全酶靠 σ 亚基辨认启动序列 -35 区的 TTGACA，并与其疏松的结合，因此 -35 区被认为是 RNA 聚合酶启动转录的识别位点（recognition site）。然后全酶沿模板 DNA 向下游滑动，直到启动子的 -10 区即 Pribnow 框，并与之紧密结合形成稳定的酶-DNA 复合物。这时 RNA 聚合酶已经跨入了转录起始点，DNA 启动转录。

在启动子的研究中，常采用一种非常巧妙的方法即 RNA 聚合酶保护法：先把一段 DNA 分离出来，然后与提纯的 RNA 聚合酶混合，再往体系中加入一定量的核酸外切酶。DNA 链在核酸外切酶的作用下水解，生成游离的核苷酸，但总会有一段由 40～60 个碱基对组成的 DNA 片段由于与 RNA 聚合酶结合在一起而免于被降解。然后对这段受保护的 DNA 序列进行分析，这一段被保护的 DNA 区段被最终确认为是 RNA 聚合酶在转录起始阶段辨认和结合的区域，即启动序列。

那么在转录起始阶段，到底通过什么机制来解决如前所述的两个问题呢？研究表明，原核生物 DNA 转录的起始分三步进行（图 15-4）：①形成闭合转录复合物（closed transcription complex）：全酶靠 σ 亚基识别启动子序列的 -35 区并与之疏松结合，此时 DNA 双链尚未打开，因而形成闭合的全酶-DNA 复合物。②DNA 双链打开，形成开放转录复合物（open transcription complex）：全酶随即沿模板滑至 -10 区，在 β′亚基的作用下，启动序列区域的 DNA 双链迅速打开，形成开放转录复合物，此时 RNA 聚合酶已经跨入了转录起始点。转录时，无论是起始或延长阶段，DNA 双链的解链范围通常约为 17±1 碱基对，这比复制中的解链范围要小得多。③在 RNA 聚合酶催化下发生第一次聚合反应，形成转录起始复合物：在转录起始点，两个与模板链配对的相邻核苷酸，按 5′→3′方向，在 RNA 聚合酶的催化下，生成磷酸二酯键直接相连。RNA 聚合酶与 DNA 聚合酶最大的区别在于前者能催化两个游离的 NTP 发生聚合而无需引物。研究发现，RNA 5′ 端的起始核苷酸多为 GTP 或 ATP，又以 GTP 更为常见。当其与第二位 NTP 聚合生成磷酸二酯键，仍然保留其 5′ 端三个磷酸基团，生成四磷酸二核苷酸结构，即 5′-pppGpN-OH-3′，该结构与全酶-DNA 复合物一起，构成转录起始复合物（RNA-pol (α₂ββ′σ)-DNA-5′-pppGpN-OH-3′）。

转录起始复合物一旦形成，即 RNA 链上第一个 3′,5′- 磷酸二酯键生成后，NusA 蛋白（分子量 54 430Da）与 σ 亚基竞争结合 RNA 聚合酶，导致 σ 亚基从转录起始复合物上脱落，复合物的构象亦随之发生改变。随着核心酶继续沿模板向下游滑动，RNA 链的延伸随之进行。实验证明，若 σ 亚基不脱落，RNA 聚合酶则继续停留在起始位置，转录不能继续进行。脱落后的 σ 亚基可与其他的核心酶形成另一全酶而被重复利用。

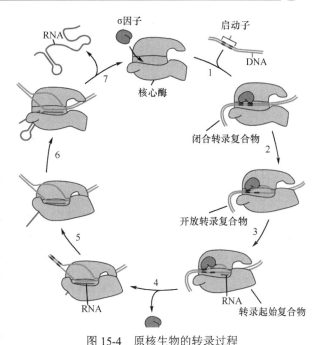

图 15-4　原核生物的转录过程

1-3：转录起始；4-5：转录延长；6-7：转录终止，图中所示为非依赖 ρ 因子的转录终止模式

（二）转录延长

1. 转录延长的化学反应　转录延长的化学反应和复制延长的化学反应基本相似，但转录延长的化学反应是以 NTP 为底物。按模板链的指引（也就是说，参入 RNA 链中的 NTP 分子应与模板链相应位置的碱基遵循互补配对的原则），在 RNA 聚合酶的催化下，正在延伸的 RNA 链的 3′-OH 与游离的 NTP 的 α-磷酸基团之间形成 3′,5′-磷酸二酯键，而 β、γ-磷酸基团以焦磷酸形式被释放。通过上述方式，NTP 分子逐个聚合到正在延长的 RNA 链上，直至遇到 DNA 模板上的转录终止信号（图 15-5）。总的反应可以表示为：$(NMP)_n + NTP \longrightarrow (NMP)_{n+1} + PPi$。很显然，RNA 链的延伸是有方向性的，只能从 5′ 端向 3′ 端延长。

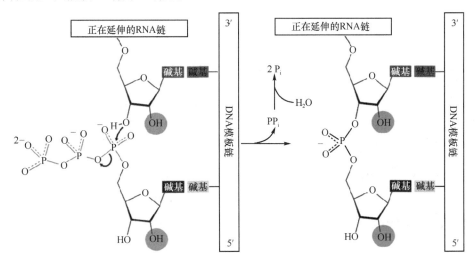

图 15-5　依赖于 DNA 的 RNA 聚合酶催化 RNA 的合成

与 DNA 聚合酶不同，RNA 聚合酶缺乏具有校对功能的 3′→5′ 核酸外切酶活性，所以转录发生错误的概率比复制高，大约是十万分之一到万分之一。但同一种 RNA 分子的众多拷贝都来源于同一个基因模板，而且 RNA 最终是要被降解和替代的，所以转录产生错误 RNA 对细胞的影响比复制要小得多。另外，多种 RNA 聚合酶，包括细菌 RNA 聚合酶和真核生物 RNA 聚合酶 II，在转录过程中如遇错配的碱基被加入到正在延伸的 RNA 链中时，往往会暂停，并通过直接逆转聚合作用而将错配的碱基从 RNA 链的 3′ 末端移除。但目前仍不清楚 RNA 聚合酶的这种活性是否有真正的校对作用，以及它在多大程度上有助于转录过程的保真性。

2. 转录复合物　随着 σ 亚基从转录起始复合物脱落，RNA 聚合酶核心酶的构象也随之发生变化，这种构象的改变导致其与模板的结合变得较为松弛；同时，由于在滑行通过转录起始区域后，模板 DNA 上没有特异的碱基序列与 RNA 聚合酶结合，两者之间非特异的结合也并不稳定。但上述改变有利于 RNA 聚合酶沿着模板链迅速向下游移动，DNA 双链则随 RNA 聚合酶的移动不断小规模地打开，同时 RNA 链不断延长。核心酶可以覆盖 DNA 链上 40～60 个碱基，但转录解链的范围一般为 18±1 碱基对，从而在 DNA 链上形成一种空泡样的结构，称为转录泡（transcription bubble），也称为转录复合物（图 15-6）。所谓转录复合物，就是由 RNA 聚合酶的核心酶、DNA 模板和转录产物 RNA 三者结合在一起的复合物。

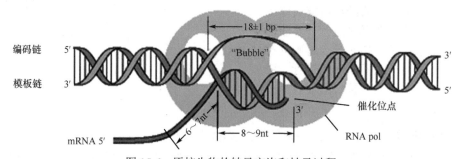

图 15-6　原核生物的转录空泡和转录过程

在转录延长的过程中，转录产物 RNA 只有 3′ 端的一小段 8～9 个碱基依靠与模板链的相应碱基互补配对而结合在模板链上，随着 RNA 链的不断延长，其 5′ 端长长的一段 RNA 链脱离模板链伸展在转录空泡之外。已知碱基配对的稳定性是 G≡C＞A=T＞A=U，因而 DNA 双链结构比 DNA-RNA 杂化双链更稳定，所以转录时打开的局部 DNA 双链，在转录完毕后会迅速回复为原来的双链结构，同时结合在其上的 RNA 链脱离 DNA 链向外伸展。

大肠埃希菌 RNA 聚合酶合成 RNA 的速度是每秒 50～90 个核苷酸。因为 DNA 为螺旋结构，在转录延长过程中转录空泡的移动会要求 DNA 链有一定程度的旋转；而对于大部分 DNA 来说，DNA 链的旋转受到 DNA 结合蛋白及其他结构屏障的限制。所以当 RNA 聚合酶往下游移动时，转录空泡前方的 DNA 双链会形成正超螺旋（positive supercoil），而后方的 DNA 则形成负超螺旋（negative supercoil）。在体外试验和细菌体内试验中都观察到了上述现象，不过这种因转录引起的拓扑结构问题在细胞内可通过拓扑异构酶的作用解决。

在电子显微镜下观察原核生物的转录现象，可以看到一种羽毛状的图形。因为在同一 DNA 模板上，有多个转录同时在进行；RNA 链上的小黑点是结合的核蛋白体，说明 mRNA 链尚未转录完全，翻译已在进行（图 15-7）。

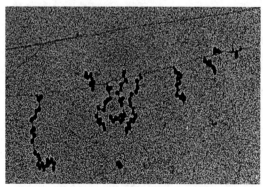

图 15-7　电子显微镜下观察原核生物的转录和翻译同步现象

（三）转录终止

当 RNA 聚合酶核心酶滑行到 DNA 模板的转录终止信号区域时，聚合反应停止，RNA 链和 RNA 聚合酶随之从 DNA 上脱落，转录过程即告结束。

依据是否需要蛋白质因子的参与，原核生物的转录终止分为依赖 ρ 因子的转录终止与非依赖 ρ 因子的转录终止两大类。

1. 依赖 ρ 因子的转录终止 1969 年，罗伯特（Roberts）在研究 T4 噬菌体感染的大肠埃希菌 *E.coli* 中发现了能控制转录终止的 ρ 因子。他们通过体外转录实验发现，体外转录产物比细胞内的转录产物要长。这个结果提示：转录终止点可以被跨越而继续转录；细胞内可能还存在某些执行转录终止功能的因子。他们随后的研究确定 ρ 因子是这种具备转录终止功能的蛋白质。ρ 因子是一种由 6 个相同的亚基组成的六聚体蛋白质，并具备 ATP 酶（ATPase）活性和 RNA 解螺旋酶（helicase）活性；其亚基分子量为 46kDa，每个亚基上都各含一个 RNA 结合结构域（RNA binding domain）和一个 ATP 酶结构域（ATPase domain）。

大肠埃希菌中有很少一部分操纵子依赖 ρ 因子的转录终止，那么 ρ 因子到底通过什么机制来控制转录终止的过程呢？现有的实验证据支持以下的模式：首先，依赖 ρ 因子终止转录的 RNA 分子中含 ρ 因子识别位点，这个识别位点离新生 RNA 链的 3′ 端相对较近，ρ 因子通过辨认结合这个识别位点结合在新生 RNA 链上，并可借助水解 ATP 获得的能量推动其沿着 RNA 链由 5′→3′ 端移动；另一方面这种 RNA 链可在 3′ 端形成一个短的发夹结构，后者由模板 DNA 中含一个反向重复序列（inverted repeat）的转录终止信号转录而来，这个发夹结构可阻止 RNA 聚合酶继续往下游移动，使后方的 ρ 因子得以追上 RNA 聚合酶，同时利用其解螺旋酶活性在 ATP 供能的情况下，使 DNA:RNA 杂化双链解离，从而使 RNA 链和 RNA 聚合酶从转录复合物上脱落下来，转录过程随即终止（图 15-8）。

2. 非依赖 ρ 因子的转录终止 这种类型的转录终止信号上有两个相隔较近的富含 G-C 配对区，其后有多个连续的碱基 A，其转录产物中由富含 G-C 配对区转录而来的两段 RNA 序列能相互碱基配对形成局部双链，中间隔有一些不配对的碱基，即形成了茎-环结构（stem loop）或发夹（hairpin）结构，茎-环结构之后还有若干个连续的碱基 U（约有 8 个）。

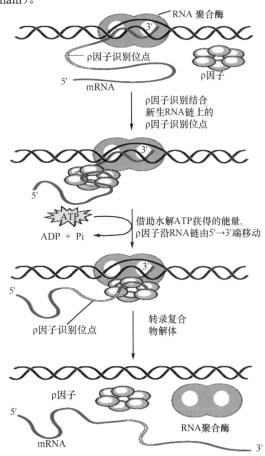

图 15-8 原核生物依赖 ρ 因子的转录终止模式

当 RNA 链延长至转录终止信号时，转录终止信号的转录产物随即形成茎-环结构，其富含 G-C 的片段保证了这种二级结构的稳定性。这种结构能阻止 RNA 聚合酶继续向前移动，并能促进转录复合物的解体，其机制是：① RNA 分子要形成自己的局部双链，DNA 模板也要回复其原有的双链结构，也就是说，DNA 和 RNA 要各自形成双链，使本来不稳定的杂化链更不稳定；②茎-环结构末端的一段寡聚 U 与 DNA 链之间形成的 U-A 配对极不稳定，亦有助于 RNA 链从转录复合物上脱落下来（图 15-9）。

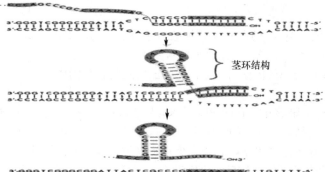

图 15-9 原核生物非依赖 ρ 因子的转录终止模式

案例 15-1

患者，女性，30 岁，因"咳嗽、咳痰、午后潮热伴夜间盗汗 1 月余"就医。体格检查：未见明显异常。实验室检查：红细胞沉降速度 14mm/h（参考区间 0～12mm/h），痰涂片查找结核菌阳性，肝肾功能正常，乙肝表面抗原阴性。胸片：左上肺可见斑片状阴影，边缘不清，密度不均。

诊断：原发性肺结核。

治疗方案：利福平+异烟肼+乙胺丁醇三联治疗（6RHE）。

疗效：疗效良好，病情逐步好转，第 140 天胸片检查结果显示左上肺阴影明显缩小，胸水吸收。继续按原方案治疗半年，病灶稳定。

问题：

1. 利福平的抗菌机制是什么？为什么利福平被用作抗痨首选联合用药之一？

2. 结核病的化学治疗原则是什么？

3. 干扰 DNA 转录的常用药物还有哪些？

二、真核生物的转录过程

真核生物 DNA 的转录一般以基因为单位进行（基因是为生物活性产物编码的 DNA 功能片段，这些生物活性产物主要是蛋白质或各种 RNA）。与原核生物相比，真核生物 DNA 的转录过程要复杂得多：其一，真核生物的各类 RNA 分子的合成分别受不同类型 RNA 聚合酶的催化，其转录过程又各有区别；其二，真核生物的 RNA 聚合酶不能单独辨认结合 DNA 模板启动子，该过程需要多种转录因子（transcription factor，TF）的协助。转录因子是指能直接或间接结合基因表达调控序列的蛋白质因子，其中 RNA 聚合酶结合启动子所必需的一组转录因子又称为通用转录因子（general transcription factor）或基础转录因子（basal transcription factor），这些基础转录因子在真核生物的进化过程中是高度保守的。在真核生物转录过程中，不同种类的 RNA 聚合酶需要不同的转录因子协助，除个别的基础转录因子如 TFⅡD（transcription factor D for RNA polymeraseⅡ）是通用的外，大多数 TF 都是不同的 RNA 聚合酶所特有的；另外，三种不同种类的 RNA 聚合酶识别的启动子类型也各不相同，分别为Ⅰ、Ⅱ和Ⅲ类启动子，其中真核生物 RNA 聚合酶Ⅱ识别的启动子为Ⅱ类启动子（classⅡ promoter）。

因为真核生物 RNA 聚合酶Ⅱ在整个真核基因表达中处于中心地位，所以下面先介绍 hnRNA 的合成。

▌（一）hnRNA 的合成

hnRNA 是 mRNA 的前体，由真核生物 RNA 聚合酶Ⅱ催化生成，这种初级转录物需一系列转录后加工过程才能转变成为成熟的 mRNA 分子。真核生物的转录过程也分为转录起始、转录延长和转录终止三个阶段。

1. 转录起始 真核生物转录起始需要 RNA 聚合酶对基因转录起始点上游的 DNA 序列作辨认结合，形成转录起始复合物。与原核生物的启动序列相似，我们把这些真核生物基因正确转录起始所需的 DNA 序列称为启动子（promoter）。RNA 聚合酶 II 识别的启动子属于 II 类启动子。 II 类启动子的结构最为复杂，也是目前研究得最清楚的一类启动子，通常包含两个部分：核心启动子（core promoter）和近侧启动子（proximal promoter），后者又称为上游启动子元件（upstream promoter element）。在转录起始阶段，核心启动子吸引基础转录因子和 RNA 聚合酶 II 以基础水平结合在转录起始点附近，并决定转录的方向。

核心启动子的顺式作用元件有 4 种：位于转录起始点下游的下游元件（downstream element）、位于转录起始点的起始子（initiator，Inr）、TATA 框（TATA box）和位于 TATA 框上游并与其紧邻的 TFIIB 识别元件（TFIIB-recognition element，BRE）。自然界的核心启动子可以是上述四种顺式作用元件的任意组合，其中 TATA 框是目前在众多 II 类启动子中研究得最清楚的一种顺式作用元件。TATA 框也称为 Hogness 框，共有序列是 TATAAAA（指编码链上的碱基序列），其中第 5 和第 7 位碱基常被碱基 T 所替代，TATA 框的命名则来源于其共有序列的前 4 个碱基。在高等生物中 TATA 框共有序列的最后一个碱基 A 通常位于转录起始点上游$-30\sim-25$bp。TATA 框实际上与原核生物启动序列的-10区非常类似，主要区别在于两者与转录起始点的相隔距离有远近的差异。目前的研究表明，高度特异化表达的基因启动子往往含有 TATA 框，而管家基因的启动子则往往缺失 TATA 框。

适用于 RNA 聚合酶 II 的基础转录因子是 TFII，主要包括 TFIID 以及 TFIIA、B、E、F、H，其中 TFIID 为三类 RNA 聚合酶所共有（表 15-3），这些基础转录因子在进化的过程中也是高度保守的。TFIID 是一种由 1 分子 TATA 框结合蛋白（TATA-binding protein，TBP）和 8~10 分子 TBP 结合因子（TBP-associated factor，TAF）组成的蛋白复合体。TFIID 是所有基础转录因子中唯一具有特异结合 DNA 能力的基础转录因子，在 TAF 的协助下，TFIID 中的 TBP 可特异识别结合启动子区域的 TATA 框。研究发现，TBP 结合的 DNA 区域长 10bp，刚好覆盖 TATA 框，而含有 TAF 的 TFIID 则可覆盖一个 35bp 或者更长的区域；此外，TAF 的分布具有组织特异性。不同物种的 TFIIA 的亚基组成有所不同，酵母的 TFIIA 包含 2 个亚基，而果蝇和人类的 TFIIA 由 3 个亚基组成。如果 TFIIA 被认为是一种 TAF 可能更为合适，因为该转录因子能结合 TBP 并能稳定 TFIID 与启动子的结合。TFIIB 是把 TFIID 与 TFIIF/RNA 聚合酶 II 结合在一起的桥梁，分子中包含两个结构域，其中一个是 TFIID 结合域，另一个则有助于 PIC 的组装。TFIIF 由两个亚基组成，大亚基有解螺旋酶活性，小亚基与原核生物的 σ 因子具有高度同源性。

表 15-3 真核生物基础转录因子 TFII 的种类及功能

基础转录因子	功能
TBP	特异识别结合 TATA 框
TFIIA	稳定 TFIIB 和 TBP 与启动子的结合
TFIIB	结合 TBP，募集 polII-TFIIF
TFIIF	紧密结合 polII，结合 TFIIB 并防止 polII 与非特异 DNA 序列的结合
TFIIE	募集 TFIIH，有 ATP 酶和解螺旋酶活性
TFIIH	解螺旋酶和蛋白质激酶，后者可使 polII 大亚基 CTD 磷酸化

注：polII 代表 RNA 聚合酶 II

在 TFII 的协助下，真核生物 RNA 聚合酶 II 首先与相应基因的启动子区域结合形成 II 型转录前起始复合物（class II pre-initiation complex，PIC）。PIC 的组装是按照严格的顺序精确进行

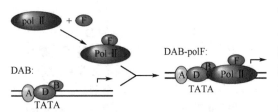

D→DA→DAB→DAB-PolF→DAB-POlF-EH

图 15-10 真核生物转录前起始复合物的形成过程

的（图 15-10）：①在 TAF 的协助下，TFⅡD 中的 TBP 特异识别结合启动子中的 TATA 框。②TFⅡA 与 TFⅡB 相继与 TBP 上结合，在 TATA 框形成 DAB 复合物（注：DAB 分别代表 TFⅡD、TFⅡA 和 TFⅡB）。③RNA 聚合酶Ⅱ与 TFⅡF 先行结合在一起，然后以复合物的形式与 DAB 复合物相结合，形成 DAB-polⅡ-TFⅡF 复合物。在这个过程中 TFⅡB 作为桥梁并提供结合表面，促使已与 TFⅡF 结合的 RNA 聚合酶Ⅱ靶向结合启动子；TFⅡF 由两个亚基组成，大亚基有解螺旋酶活性，小亚基与原核生物的 σ 因子具有高度同源性。④TFⅡE 和 TFⅡH 相继加入，最终形成 DAB-polⅡ-FEH（注：FEH 分别代表 TFⅡF、TFⅡE 和 TFⅡH），完成 PIC 的装配过程。随着具有 ATP 酶活性的 TFⅡE 的加入，TFⅡF 在 TFⅡE 的协同下利用解螺旋酶活性解开局部的 DNA 双链，最后 TFⅡH 加入进来，PIC 的装配完成。

TFⅡH 具有解螺旋酶活性，能使转录起始点附近的 DNA 双螺旋进一步解开，促使 PIC 转变为活性转录复合物（active transcription complex），启动转录；TFⅡH 还能利用其蛋白质激酶活性使 RNA 聚合酶Ⅱ的 CTD 磷酸化，使转录复合物的构象发生改变，促进转录。CTD 磷酸化在转录延长期也很重要，而且影响转录后加工过程中转录复合物和参与加工的酶之间的相互作用。当新生 RNA 链合成至含 60～70 个核苷酸时，TFⅡE 和 TFⅡH 从转录复合物上释放，RNA 聚合酶Ⅱ进入转录延长期。此后，大多数的 TF 就会脱离转录前起始复合物。

通过上述过程精密装配而成的 PIC 还不能有效启动转录，它必须进一步通过 TAF 与结合在增强子（另一种基因表达调控元件，详见基因表达调控章节）上的特异转录因子结合后，才能有效地启动转录。前面已经提及，TAF 的分布具有组织特异性，功能多样，但主要表现在两个方面：一是能够通过与特异转录因子相互作用，参与基因的特异性表达；二是对于一些缺乏 TATA 框的Ⅱ型启动子来说，它还能帮助 TBP 结合到这些启动子的起始子和上游元件上。基础转录因子 TFⅡ的种类及功能见表 15-3。

不同基因与不同的转录因子相互作用保证了基因的特异性表达。以人为例，人类基因虽数以万计，但转录因子可能只有几百个。这些转录因子如何满足不同基因的转录需要呢？现在公认的拼板理论（piecing theory）很好地解释了这一难题：一个真核生物基因的转录需要 3～5 个转录因子，这些因子之间相互组合，生成专一性的复合物再与 RNA 聚合酶搭配而有针对性地结合并转录相应的基因。转录因子的相互辨认结合，就像儿童玩具七巧板，搭配得当就能拼出多种不同的图形。目前有不少实验都支持这一理论。

2. 转录延长 在整个延长期，TFⅡF 始终与 RNA 聚合酶Ⅱ相连。延伸因子增强了 RNA 聚合酶Ⅱ的活性，也能抑制转录中发生的转录暂停现象，并协调参与 mRNA 转录后加工的蛋白复合物之间的相互作用。一旦 RNA 合成结束，转录即终止，RNA 聚合酶Ⅱ去磷酸化，进入再循环，启动另一次转录。

真核生物的转录延长的化学过程和原核生物大致相似，不同的是，真核生物有核膜把转录和翻译过程分割在不同的细胞内区间进行（图 15-11）。因此在电子显微镜下，观察不到像原核生物转录时所形成的羽毛状图形。

真核生物基因组 DNA 在双螺旋结构的基础上，与多种组蛋白组成核小体（nucleosome）高级结构，在 RNA 聚合酶往下游移动的过程中处处都遇上核小体。通过体外转录实验可以观察到转录延长中核小体的移位和解聚现象：用含核小体结构的 DNA 片段作模板进行体外转录分析发现，在 DNA 电泳图谱中，DNA 能保持约 200bp 及其倍数的阶梯形电泳条带。据此认为，核小体在转录过程中发生了移位。但在体外培养的细胞中进行转录实验时进一步发现，组蛋白中含量丰富的精氨酸发生了乙酰化，降低了正电荷数目；DNA 分子上则出现了 AMP 生成 ADP 后聚合成多聚

ADP 的现象，使负电荷减少；而核小体组蛋白-DNA 结构的稳定是靠碱性氨基酸残基提供正电荷和核苷酸磷酸根上的负电荷之间形成离子键来维系的。据此推论：核小体在转录过程中可能发生了解聚和重新装配（图 15-12）。

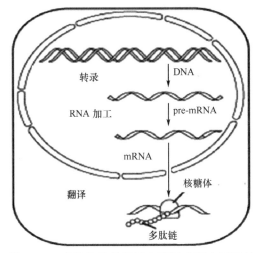

图 15-11　真核生物的转录和翻译分隔在不同的细胞内区间进行

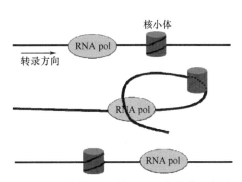

图 15-12　真核生物转录延长中的核小体移位现象

3. 转录终止　真核生物的转录终止，和转录后的修饰密切相关。研究发现，在大多数真核生物基因的编码链近 3′-端常有一个保守序列 AATAAA，其下游还有相当多的 GT 序列，这些序列称为转录终止的修饰点。AATAAA 是 mRNA 3′-端附加 poly(A) 的信号，当转录到这一序列的下游区时，核酸酶识别这一序列，并在这一序列下游 10～15 碱基处切断 mRNA 链的磷酸二酯键，随即在 poly(A) 聚合酶催化下加入 3′-端 poly(A) 尾，余下的 RNA 要继续转录数百个甚至上千个核苷酸后才停顿，但很快被 RNA 酶降解。因此，poly(A) 尾结构可以保护 RNA 免受降解（图 15-13）。

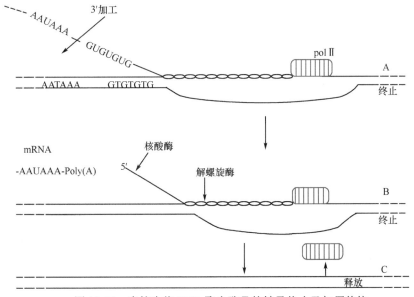

图 15-13　真核生物 RNA 聚合酶 Ⅱ 的转录终止及加尾修饰

通过上述一系列的转录过程，生成 mRNA 的初级转录物 hnRNA 分子，后者还需要经过一系列的转录后修饰加工过程，才能转变成为成熟的 mRNA 分子。

（二）45S rRNA 的合成

45S rRNA 的合成是在真核生物 RNA 聚合酶 Ⅰ 的催化下进行的，这种大分子的 rRNA 前体经过转录后的剪切修饰可分别生成 28S、5.8S 和 18S rRNA。

真核生物 RNA 聚合酶 Ⅰ 能且只能识别 rRNA 前体基因的启动子，即 Ⅰ 类启动子（class Ⅰ promoter）。rRNA 前体基因在每个细胞中都有数百个拷贝，它们的碱基序列几乎完全一致并含有相同的启动子序列，但在不同物种中 Ⅰ 类启动子的序列差别非常大，这一点与 RNA 聚合酶 Ⅱ 识别的 Ⅱ 类启动子有很大的区别，后者具有高度保守的功能元件如 TATA 框等。rRNA 前体基因的启动子包括两个关键区域，这两个关键区域的基因突变往往会导致其启动转录的活性严重受损：一个是核心元件（core element），该元件定位在转录起始区域–45 和+20 之间；另一个关键区域是上游控制元件（upstream control element，UCE），位于–156 和–107 之间。

RNA 聚合酶 Ⅰ 识别结合上述启动子的过程需要两种转录因子的协助，分别是选择性因子（selective factor 1，SL1）和上游结合因子（upstream binding factor，UBF）。SL1 于 1985 年在 HeLa 细胞中被发现，具有种特异性（species specificity），在体外试验中人 SL1 能区分人和小鼠的 rRNA 启动子。SL1 含 4 个亚基，一个是 TBP，另三个是 TAF。研究发现，SL1 并不具备单独结合启动子的能力，但能与 RNA 聚合酶 Ⅰ 相互作用。

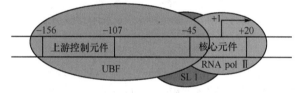

图 15-14　rRNA 前体基因 Ⅰ 型转录前起始复合物的形成

Ⅰ 型转录前起始复合物的形成过程相对比较简单，但需要 SL1 和 UBF 这两种转录因子的协同作用（图 15-14）：首先是 UBF 结合在 UCE 和核心元件的上游部分，导致模板 DNA 发生弯曲，使本来相距上百个核苷酸的 UCE 和核心元件靠拢，接着 SL1 募集 RNA 聚合酶 Ⅰ 并相继结合到 UBF-DNA 复合物上，完成 Ⅰ 型转录前起始复合物的装配而启动转录。rRNA 的合成过程与 mRNA 相似。

（三）tRNA 和 5S rRNA 的合成

真核生物 RNA 聚合酶 Ⅲ 主要催化 tRNA 和 5S rRNA 基因的转录，另外一些非经典的第 Ⅲ 类基因如 U6 snRNA、7SL RNA 基因等的转录也是依靠 RNA 聚合酶 Ⅲ 的催化来完成的，这些非经典的第 Ⅲ 类基因的启动子序列与 Ⅱ 类启动子类似。

tRNA 和 5S rRNA 基因的启动子属于 Ⅲ 类启动子（class Ⅲ promoter），这种类型的启动子位于被转录的序列中，所以又被称为基因内启动子（internal promoter）。5S rRNA 基因的基因内启动子包括 3 个部分，即一个 A 盒（box A）、一个较短的中间元件（intermediate element）和一个 C 盒（box C），这 3 个部分被分隔在 3 个不同的区域；tRNA 基因的基因内启动子包括被分隔开的 A 盒和 B 盒两个元件。

1980 年，罗德（Roeder）和他的同事们发现了一个能与 5S rRNA 基因的基因内启动子结合并能促进其转录的蛋白质因子，他们将这个蛋白质因子命名为 TFⅢA，意即适用于 RNA 聚合酶 Ⅲ 的转录因子。随后又发现了另两个转录因子 TFⅢB 和 TFⅢC，但 TFⅢB 和 TFⅢC 不限于参与 5S rRNA 基因的转录，而是参与了所有 RNA 聚合酶 Ⅲ 催化的基因转录过程。在本章的前面部分已经提及，真核生物 RNA 聚合酶 Ⅱ 的一整套转录因子也遵循这样的命名原则，所以被命名为 TFⅡA，TFⅡB 等，但要提醒大家注意的是，RNA 聚合酶 Ⅰ 的转录因子并没有遵循这样的命名原则，其转录因子分别被命名为 SL1 和 UBF，而没有被称作 TFⅠA 和 TFⅠB。

5S rRNA 基因的转录需要 TFⅢA、B、C 三种转录因子的共同参与。启动时，TFⅢA 先与 C 盒结合，接着是 TFⅢC 与 TFⅢA 结合，然后是 TFⅢB 与 TFⅢC 结合，并促进 RNA 聚合酶 Ⅲ 结合在转录起始点处而启动转录。

tRNA 基因的转录只需要 TFⅢB 与 TFⅢC 两种转录因子。转录起始时，TFⅢC 首先与 A 盒和

B 盒结合，并促进 TFⅢB 结合于转录起始点上游约 30bp 处，后者再促进 RNA 聚合酶Ⅲ结合在转录起始点处，形成转录前起始复合物而启动转录。

第三节　RNA 的转录后加工

转录生成的 RNA 是初级转录物（primary transcript），又称为 RNA 前体，它们大都需要经过一定程度的转录后加工修饰才能转变为成熟的具备相应功能的 RNA 分子。原核生物的转录和翻译过程几乎是同时进行的，其 mRNA 初级转录物不经过加工就能作为翻译的模板，但 rRNA 和 tRNA 的初级转录物也要经过一定的加工过程；真核生物的转录后修饰过程比原核生物要复杂得多，导致这种复杂性的因素主要有二：一是真核生物基因组结构比原核生物要复杂得多；二是由于核膜的存在，转录和翻译两个过程被分隔在不同的细胞内区间进行，即转录在细胞核内，而翻译在胞质中。所以当转录过程完成之后，转录产物需要在翻译开始之前被运送到胞质中去，这样在转录和翻译过程之间就出现了一个间隔（interval），这个间隔即通常所说的转录后时期（post-transcriptional phase），许多真核生物独有的转录后加工修饰过程都是在这个时期内完成的。在对转录后修饰的研究过程中，发现不少与生命活动有重大关系的现象，比如真核生物的断裂基因、内含子的功能、核酶等；对转录后修饰的研究也是基因表达调控研究中的一个重要内容。本节将重点介绍真核生物转录后修饰，也会简单介绍一下原核生物的 RNA 加工。

一、真核生物 mRNA 前体的转录后加工

真核生物 mRNA 前体为 hnRNA，它需要经过 5′ 端和 3′ 端的首、尾修饰及剪接过程，才能转变为成熟的 mRNA。

（一）5′ 端的帽结构

大多数真核生物成熟 mRNA 的 5′ 端都有 7-甲基鸟嘌呤帽结构。目前普遍认为，当真核生物 mRNA 前体合成至其长度达 30 个核苷酸之前，其 5′ 端的第 1 个核苷酸就与一分子游离的 7-甲基三磷酸鸟苷通过特殊的 5′,5′-三磷酸二酯键相连（图 15-15）。

帽结构是在加帽酶（capping enzyme）和甲基转移酶（methyltransferase）共同作用下完成的。加帽酶含两个亚基，两个亚基分别具有磷酸水解酶（phosphohydrolase）和鸟苷酸转移酶（guanylate transferase）的功能，在加帽的过程中，加帽酶与 RNA 聚合酶Ⅱ的 CTD 结合在一起。具体过程如下：首先新生 RNA 链 5′ 端的第一个核苷酸在磷酸酶的作用下，水解 1 分子 γ-磷酸；然后在鸟苷酸转移酶的作用下，一分子游离的 GTP 水解 1 分子焦磷酸后，与其通过特殊的 5′,5′-三磷酸二酯键相连，这样新加入的鸟苷酸成为了 RNA 链 5′ 端的第 1 位核苷酸；最后，在甲基转移酶的作用下，利用 S-腺苷甲硫氨酸提供的甲基，先后使新加上去鸟嘌呤的 N-7 和（或）原新生 mRNA 前体 5′ 端的第一位和（或）第二位核苷酸的核糖 2′-O 甲基化。mRNA 的帽结构有 3 种类型：0 型、Ⅰ 型和Ⅱ型帽结构。如果只有新加入的鸟嘌呤 N-7 发生甲基化，即为 0 型；在 0 型帽的基础上，如果原新生 mRNA 前体 5′ 端的第一位核苷酸的核糖 2′-O 也发生甲基化，即为 Ⅰ 型；如果原新生 mRNA 前体 5′ 端的第一位和第二位核苷酸的核糖 2′-O 都发生甲基化，即为Ⅱ型。真核生物帽结构的复杂程度与生物进化

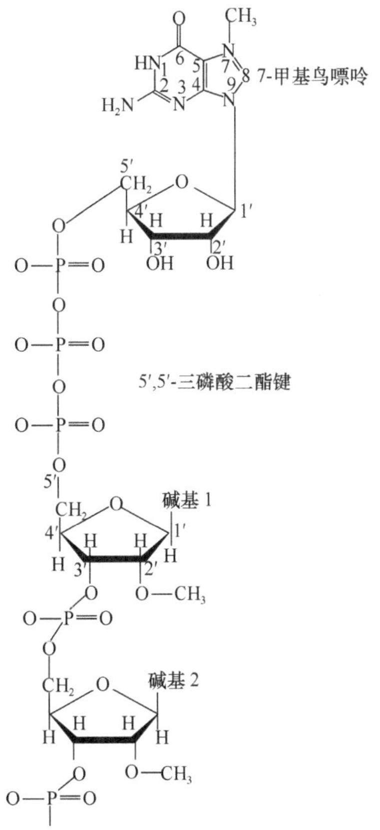

图 15-15　真核 mRNA 5′ 端的帽结构
（图中所示为Ⅱ型帽结构）

程度密切相关。

　　5′ 端帽结构可以使 mRNA 免遭核酸酶的攻击，也能与帽结合蛋白质复合体（cap-binding complex of proteins）结合，并参与 mRNA 和核糖体的结合，启动蛋白质的生物合成。

（二）3′ 端 polyA 尾巴

　　绝大多数真核生物成熟 mRNA 及其前体分子的 3′ 端都有一段含 80～250 个腺苷酸的 poly(A) 尾巴结构，但也有例外，比如组蛋白 mRNA 没有 poly(A) 尾巴。现在大家都已经知道 hnRNA 是 mRNA 的前体，最初之所以会把这两种不同的 RNA 分子联系在一起，就是由于它们的 3′ 端都有特殊的 poly(A) 尾部结构，而 rRNA 和 tRNA 分子没有。科学家们也据此推测多腺苷酸化（polyadenylation）的加尾过程应该是在细胞核内完成的，而且先于 mRNA 的剪接过程。

　　poly(A) 尾巴并非由 DNA 模板编码，而且加尾过程属于转录后的修饰。之所以有这样的结论，一是由于基因组 DNA 中并没有足够长的成串多聚 T 来为其编码，特别是在已测序的基因中没有发现相应的 3′ 端多聚 T 序列；更重要的证据是，放线菌素 D 可以抑制以 DNA 为模板的转录过程，但它不能抑制多腺苷酸化过程。

　　那么接下来的问题是，几乎所有的 mRNA 分子都加上 poly(A) 尾巴，是为了什么目的呢？有研究证实 poly(A) 尾巴可以增加 mRNA 本身的稳定性：Revel 分别将带或不带 poly(A) 尾的球蛋白 mRNA 注入到青蛙卵中，然后在两天的观察期内检测球蛋白在不同时间间隔内的合成速率。结果发现，在最初的阶段，两者并无明显差异；但 6 小时过后，不带 poly(A) 尾的球蛋白 mRNA 已经不再支持蛋白质的合成，而带 poly(A) 尾的球蛋白 mRNA 分子，翻译活性仍然很高。对上述结果最简单的解释，就是带 poly(A) 尾的 mRNA 分子比不带 poly(A) 尾的 mRNA 分子具有更长的寿命，而 poly(A) 就是保护结构。

　　poly(A) 尾巴结构除了可以增加 mRNA 本身的稳定性以外，它在维持和增强 mRNA 作为翻译模板的活性方面具有更重要的作用。多方面的证据证实了这一点：在翻译过程中结合到真核 mRNA 上的蛋白质中有一种就是 poly(A) 结合蛋白质 I（poly(A) binding protein I，PABI），与这种蛋白结合后，mRNA 的转录活性显著增强；而往体外反应体系中加入过量的 poly(A) 则抑制含完整的 5′ 端帽结构和 3′ 端 poly(A) 尾巴结构的 mRNA 的翻译。

　　如本章第二节所述，前体 mRNA 上的裂解位点也是多腺苷酸化的起始点，断裂点的上游 10～30nt 有 AAUAAA 信号序列，断裂点的下游 20～40nt 有富含 G 和 U 的序列。前体 mRNA 分子的断裂和 poly(A) 尾的形成过程十分复杂，需要多种蛋白质参与其中。其主要步骤和重要分子有：①由 4 个亚基组成的、360kDa 的断裂和多腺苷酸化特异因子（cleavage and polyadenylation specificity factor，CPSF）与 AAUAAA 信号序列形成不稳定的复合物；②至少有 3 种蛋白质，即断裂激动因子（cleavage stimulatory factor，CStF）、断裂因子 I（cleavage factor I，CF I）和断裂因子 II（CF II）与 CPSF-RNA 复合物结合；③ CStF 与断裂点下游富含 G 和 U 的序列相互作用形成稳定的多蛋白复合体；④多腺苷酸聚合酶（poly(A) polymerase，PAP）加入到多蛋白复合体，前体 mRNA 在断裂点断裂，随机在断裂产生的游离 3′-OH 进行多腺苷酸化。在加入大约前 12 个腺苷酸时，速度较慢，随后快速加入腺苷酸，完成多腺苷酸化。多腺苷酸化的快速期有一种多腺苷酸结合蛋白质 II（poly(A) binding protein II，PABPII）参与。PABPII 和慢速期已合成的多腺苷酸结合，加速多腺苷酸聚合酶的反应速度。当 poly(A) 尾足够长时，PABPII 还可使多腺苷酸聚合酶停止作用。

（三）hnRNA 的剪接

　　研究发现，大多数真核基因都是断裂基因（split gene），它由若干个编码区和非编码区互相间隔但又连续镶嵌而成，其中编码区称为外显子（exon），这些序列将最终保留在成熟 RNA 分子中；非编码区称为内含子（intron）。大多数外显子的长度少于 1000 个核苷酸，最多见的是 100 至 200 个核苷酸；内含子的长度范围变化较大，可以从 50 个核苷酸到 20 000 个核苷酸。有一些基因，特别是低等真核生物的基因，并不含内含子序列；但有些基因含丰富的内含子序列，比如肌营养不良蛋白（dystrophin）基因至少含 60 个内含子，它是至今为止发现的内含子数目最多的基因，该基因的功能异常将导致杜兴氏肌营养不良（Duchenne muscular dystrophy）。在真核生物基因的转录过程中，RNA 聚合酶并不能区分内含子序列和编码序列，整个基因都会被转录，所以转录后修饰的一个重要任务就是将这些转录自内含子的序列从初级转录物中移除。

hnRNA 是 mRNA 基因的初级转录物，绝大多数真核生物 hnRNA 的相对分子量往往比在胞质内出现的成熟 mRNA 分子大几倍甚至数十倍。研究发现，hnRNA 和 DNA 模板链可以完全配对，而对比成熟 mRNA 分子的碱基序列和其相应的基因序列发现，并不是全部的基因序列都保留在成熟的 mRNA 分子中，有一些区段被去除了。这些被剪接去除的核酸序列即内含子的序列；而最终出现在成熟 mRNA 分子中、作为模板指导蛋白质翻译的序列即外显子序列。这种去除初级转录物上的内含子，把外显子连接为成熟 mRNA 的过程称为 mRNA 剪接（mRNA splicing）。20 世纪 70 年代，罗伯特（Roberts）和夏普（Sharp）等在研究腺病毒 Ad2 时首次发现了内含子的存在。他们将分离的单链腺病毒 DNA 与成熟的 mRNA 分子杂交后，在电子显微镜下观察到配对的 DNA-RNA 杂交双链部分间隔有一些不配对的单链环形结构（不能配对的单链实际上就是内含子序列），并据此提出了"断裂基因"的概念。两人也因此而共同获得 1993 年度的诺贝尔生理学或医学奖。

卵清蛋白基因是第一个被详细研究的断裂基因，全长为 7.7kb，有 8 个外显子和 7 个内含子（图 15-16）。图中灰色并用数字表示的部分是外显子，其中 L 是前导序列；用字母表示的白色部分是内含子。初级转录物即 hnRNA 和相应的基因是等长的，说明内含子也存在于初级转录物中，成熟的 mRNA 分子因为剪接去除了大量的内含子序列，长度明显短于 hnRNA，仅为 1.2kb，为 386 个氨基酸残基编码。

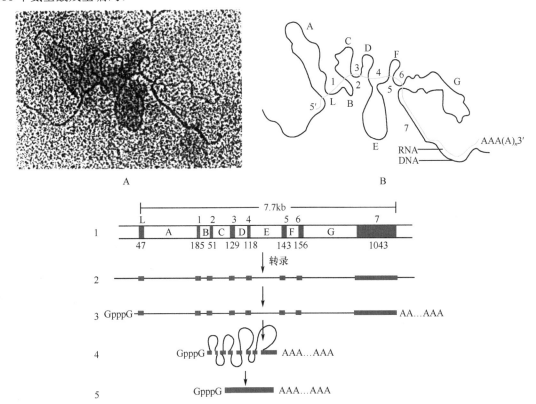

图 15-16 核酸分子杂交研究卵清蛋白基因及其转录产物的加工

A 和 B：成熟 mRNA 与基因模板 DNA 杂交的电镜图（A）和模式图（B）

1. 卵清蛋白基因；2. 初级转录物 hnRNA；3. hnRNA 的首、尾修饰；4. 剪接过程中套索 RNA 的形成；5. 胞质中出现的 mRNA，套索已去除

在 mRNA 剪接过程中，如何保证剪接的精确性是非常重要的。如果切除过少，内含子序列没有被切除完全，那么成熟 mRNA 分子中的编码序列就会被残留的"内含子"隔断；如果切除过多，带走了部分外显子序列，那么就会导致部分编码信息的丧失。既然精确剪接这么重要，那么在 mRNA 前体中应该存在某种信号，保证精确地剪切和再连接。那么这种剪接信号（spicing signal）是什么呢？寻找剪接信号的最直接办法就是大量分析基因的碱基序列组成，定位内含子的边界（intron boundary），然后观察它们的序列中是否存在共同的序列。理论上来讲，这些共同的序列可能就是剪接信号的一部分。尚博（Chambon）采用上述策略最先观察到一个有趣的现象：几乎所有细胞核内的 mRNA 前体内含子序列的 5′ 端为 GU 序列，而 3′ 端为 AG 序列（exon/GU-intron-AG/exon），换句话说，就是内含子序列相应的转录产物最开始两个碱基是 GU，最后两个碱基是 AG。既然 GU-AG 模体（motif）并不是偶然出现的，所以可以确定 GU-AG 应该是剪接信号的一部分。

一个典型的内含子中往往含有多个 GU-AG 序列，但为什么并不是所有的 GU-AG 都被当作剪接的位点呢？答案就是 GU-AG 模体只是剪接信号的一部分。研究发现，在外显子/内含子边界处总有一些保守序列。哺乳动物 mRNA 前体的边界序列为：5′-AG/GUAAGU—内含子-YNCURAC—Y_NNAG/-3′，其中"/"表示外显子与内含子的边界；Y 代表任一嘧啶碱基 U 或 C，N 代表任一碱基；R 代表任意嘌呤碱基 A 或 G；A 代表一个特别的碱基 A，它参与了一个分支剪接中间体（branched splicing intermediate）的形成，分支剪接中间体又称为套索（lariat）；Y_N 表示一串嘧啶（9 个左右）。酵母 mRNA 前体的边界序列也研究得非常清楚，与哺乳动物的非常相似，只有很小的差异。

找到了外显子/内含子边界处的保守序列当然是个很重要的发现，但更重要的是揭示这些保守序列的重要性。多个研究小组已经发现了大量的证据来支持这些剪接接头（splice junction）保守序列的重要性。这些研究可分为两种基本类型，一种是在克隆的基因中突变某些剪接接头的保守序列，然后观察它们是否还能保证正确的剪接；另一种是从一些推测可能有剪接问题的患者中收集缺陷基因，然后分析这些基因剪接接头处的突变情况。两种不同的研究都得出了相同的结论：剪接接头处保守序列的突变通常会抑制正常的剪接过程。

细胞核内有多种 snRNA，它们的大小为 100～300 个核苷酸，其中有一类 snRNA 的尿嘧啶含量较高，因此把它们分别命名为 U_1-snRNA，U_2-snRNA 等。U-snRNA 在细胞核内完成转录后，转运到胞液中与蛋白质组成核小核糖核蛋白颗粒（small nuclear ribonucleoprotein particle，snRNP）后再转运回细胞核。mRNA 前体的剪接发生在剪接体（spliceosome）。剪接体是一种超大分子复合物，由 U_1、U_2、U_4、U_5 和 U_6-snRNP 这 5 种 snRNP 与核内其他蛋白质相结合装配而成，这个过程需要 ATP 提供能量。真核生物从酵母到人类，snRNP 中的 RNA 和蛋白质都高度保守。各种 snRNP 在内含子剪接过程中先后结合到 hnRNA 上，使内含子形成套索并拉近上、下游外显子之间的距离。它们在 mRNA 的剪接过程中有非常重要的作用。

剪接体的装配过程如图 15-17 所示：① U_1-snRNP 和 U_2-snRNP 中的 snRNA 分子各有 4～6 个碱基分别与内含子的 5′ 端和 3′ 端边界序列互补结合，这样 U_1-snRNP 和 U_2-snRNP 分别结合到内含子的两端。② U_4 和 U_6-snRNP 中的 snRNA 能碱基互补形成 U_4/U_6-snRNP 复合物，U_5-snRNP 随即加入，形成 U_4/U_5/U_6-snRNP 复合物。该复合物加入到第①步形成的复合物中形成一个更大的复合物，该复合物不具备催化活性，称为无活性的剪接体。但该复合物的形成拉近了外显子 1（E_1）和外显子 2（E_2）之间的距离，内含子弯曲成套索状。③通过内部重排的结构调整，释放出 U_1 和 U_4-snRNP，U_2 和 U_6-snRNP 形成催化中心，活性剪接体形成，催化发生二次转酯反应，从而完成切除内含子和连接外显子的剪接过程。

剪接过程需两次转酯反应（图 15-18）。外显子 E_1 和 E_2 之间的内含子 I 因与剪接体结合而弯曲，5′ 端与 3′ 端互相靠近。内含子可因小部分碱基与外显子互补而互相依附。第一次转酯反应需要细胞核内的含鸟苷酸 pG、ppG 或 pppG 的辅酶，以 3′-OH 基对 E_1/I 之间的磷酸二酯键进行亲电子攻击，使 E_1/I 之间的共价键断开。pG 则取代 E_1 成为 5′ 端，E_1 的 3′-OH 游离出来，所以称为转酯反应。第二次转酯反应由 E_1 的 3′-OH 对 I/E_2 之间的磷酸二酯键进行亲电子攻击，使 I 与 E_2 断开，由 E_1 取代了 I。这样，两个外显子被连接起来而内含子则被切除掉。在这两步反应中磷酸酯键的数目并没有改变，因此也没有能量的消耗。

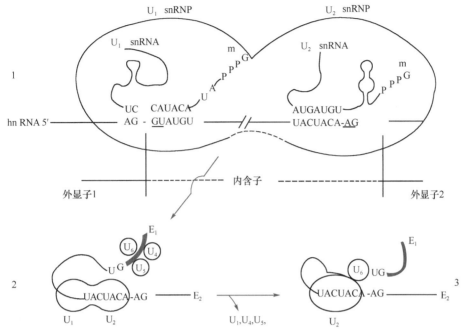

图 15-17　剪接体的装配和剪接过程

1. snRNP 与内含子边界序列结合；2. 完整的无活性剪接体形成；3. 活性剪接体形成

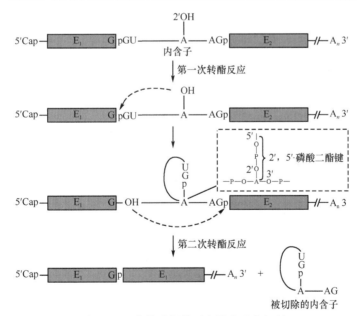

图 15-18　剪接过程的两次转酯反应机制

　　前体 mRNA 分子的加工除上述剪接外，还有一种剪切（cleavage）模式。剪切指的是剪去某些内含子后，在上游的 3′ 端直接进行多腺苷酸化，不进行相邻外显子之间的连接反应。

（四）可变剪接

　　许多前体 mRNA 分子经过加工只产生一种成熟的 mRNA，翻译成相应的一种多肽；但有些前体 mRNA 分子可剪切或（和）剪接加工成结构有所不同的 mRNA，这一现象称为可变剪接（alternative splicing）。这些真核生物前体 mRNA 分子可能具有 2 个以上的断裂和多腺苷酸化的位点，因而可采取剪切或（和）可变剪接形成不同的 mRNA。可变剪接现象的存在提高了有限的基因数目的利用，是增加生物蛋白质多样性的机制之一。例如，免疫球蛋白重链基因的前体 mRNA 分子中有几个断裂和多腺苷酸化的位点，通过多腺苷酸位点选择机制，经过剪切产生免疫球蛋白重链的多样性；果蝇发育过程中的不同阶段会产生 3 种不同形式的肌球蛋白重链，这是由于同一肌球蛋白重链的前体 mRNA 分子通过可变剪接机制，可产生 3 种不同形式的 mRNA。

（五）RNA 编辑

有些基因的蛋白质产物的氨基酸残基序列与基因的初级转录物序列并不完全对应。研究发现，某些 mRNA 前体的核苷酸序列经过编辑过程发生了改变。所谓 RNA 编辑（RNA editing）是指在 mRNA 水平上，通过核苷酸的缺失、插入或替换而改变遗传信息的过程。例如，人类基因组上只有 1 个载脂蛋白 B（apoB）的基因，转录后发生 RNA 编辑，编码产生的 apoB 蛋白却有 2 种，一种是 apoB100，由 4536 个氨基酸残基构成，在肝细胞合成；另一种是 apoB48，含 2152 个氨基酸残基，由小肠黏膜细胞合成。这两种 apoB 都是由 *APOB* 基因产生的 mRNA 编码的，然而小肠黏膜细胞存在一种胞嘧啶核苷脱氨酶，能将 *APOB* 基因转录生成的 mRNA 的第 2153 位氨基酸残基的密码子 CAA（编码 Gln）中的 C 转变为 U，使其变成终止密码子 UAA，因此 apoB48 的 mRNA 翻译在第 2153 个密码子处终止（图 15-19）。

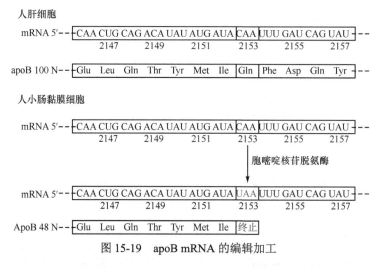

图 15-19　apoB mRNA 的编辑加工

类似的 RNA 编辑的例子还有脑细胞谷氨酸受体（GluR），该受体是一种离子通道，编码该受体的 mRNA 在转录后发生脱氨基使 A 转变为 G，导致一个关键位点上的谷氨酰胺密码子 CAG 变为精氨酸密码子 CGG，含精氨酸的 GluR 不能使钙离子通过。这样，不同功能的脑细胞就可以选择性地产生不同的受体。通过 RNA 编辑，使得一个基因可以产生多种氨基酸序列不同、功能不同的蛋白质，说明基因的编码序列经过转录后加工，是可以有多用途分化的，因此 RNA 编辑也称为分化加工（differential RNA processing）。RNA 编辑的结果不仅扩大了遗传信息，而且使生物能更好地适应环境。

二、tRNA 的转录后加工

tRNA 分子的初级转录本往往以过长的前体（over-long precursor）形式被合成，在转录后加工过程中，前体 tRNA 分子的两端都需要切除部分 RNA 序列。在真核细胞中，一个前体分子只含一个单一的 tRNA；而在原核细胞中，一个前体分子中往往包含一个或多个 tRNA 分子，有时候甚至是 rRNA 和 tRNA 的混合物。真核生物和原核生物 tRNA 的转录后加工过程非常类似，所以下面把它们放在一起讲述。

原核生物的 tRNA 前体是一个多顺反子前体（polycistronic precursor），往往包含一个以上的 tRNA 分子。所以对原核生物而言，tRNA 前体加工的第一步是在 RNase Ⅲ 的作用下，将其切割成多个不同的部分，每个部分只含一种 tRNA 分子。如果这个前体包含 rRNA 和 tRNA 的混合物，切割之后每个部分只含一种 tRNA 或 rRNA。

原核生物 tRNA 前体经过上述切割后，接下来的剪接、加工过程和真核生物非常类似，主要步骤如下：① tRNA 前体的剪接：tRNA 前体的剪接分两步进行，首先由 tRNA 核酸内切酶（tRNA endonuclease）切去内含子序列，反应不需要 ATP，tRNA 核酸内切酶是一种膜结合酶；然后由 RNA 连接酶（RNA ligase）催化使切开的 tRNA 两部分共价连接，这步反应需要 ATP。②形成成熟的 5′ 端：原核和真核 tRNA 分子前体的两端都各有一些多余的 RNA 序列。在 RNase P 的作用下，5′ 端的多余序列经过一次切割被切除掉。RNase P 是一种核蛋白，由两个亚基构成，一个蛋白质亚基，一个 RNA 亚基，其中的 RNA 亚基具备核酸内切酶的活性，而蛋白质亚基只是起稳定构象的作用，所以 RNase P 实际上是一种核酶。③形成成熟的 3′ 端：tRNA 3′ 端的成熟过程比 5′ 端的成熟要复杂，共有 6 种不同的 RNase 参与了 3′ 端多余 RNA 的切除过程，这 6 种酶分别是 RNase D、RNase BN、RNase T、RNase PH、RNase Ⅱ 和多核苷酸磷酸化酶（polynucleotide phosphorylase，PNPase）。已证实这 6 种酶对保证 3′ 端的有效加工都是必需的，其中的任意一种失活，tRNA 的加工过程都会严重受阻。在 3′ 端的成熟过程中，首先由 RNase Ⅱ 和 PNPase 协同作用去除绝大部分多余的核苷酸，只剩下多余的最后两个；在切除最后两个核苷酸的过程中，RNase PH 和 RNase T 表现出最强的切除活性。④各种稀有碱基的生成：成熟 tRNA 分子中在多个位点含稀有碱基，这些稀有碱基也是转录后经各种化学修饰生成的，包括某些嘌呤甲基化生成甲基嘌呤、某些尿嘧啶还原为二氢尿嘧啶、尿嘧啶核苷经过核苷内的转位反应转变为假尿嘧啶核苷、某些腺苷酸脱氨成为次黄嘌呤核苷酸等。⑤加上 CCA-OH 的 3′ 端：在核苷酸转移酶的作用下，在 3′ 端除去个别碱基后，换上 tRNA 分子统一的 CCA-OH 末端，完成柄部结构。

三、rRNA 的转录后加工

（一）原核生物 rRNA 的转录后加工

大肠埃希菌的基因组中有 7 个含 rRNA 基因的 *rrn* 操纵子。以 *rrn* D 操纵子为例，该操纵子中包含 3 个 tRNA 基因和 3 个 rRNA 基因，其转录产物为一个 30S 前体，包含了 16S、23S、5S rRNA 以及 tRNA 序列，tRNA 序列位于 16S rRNA 和 23S rRNA 之间。研究表明，不同的 rRNA 前体分子所含的 tRNA 种类不同，有些 rRNA 前体分子的 5S rRNA 的 3′ 端也有 tRNA 的序列。30S rRNA 前体分子的加工可分为 3 个阶段：首先是一些特异核苷酸的甲基化（核糖的 2′-OH 甲基化最常见）；然后分别通过 RNase Ⅲ 和 RNase E 的作用，使 30S rRNA 前体分子断裂，产生 16S、23S 和 5S rRNA 以及 tRNA 的前体；最后通过各种特异核酸酶的作用，产生成熟的 RNA。

（二）真核生物 rRNA 的转录后加工

真核生物的 45S rRNA 基因和 5S rRNA 基因的转录分别受真核生物 RNA 聚合酶 Ⅰ 和 RNA 聚合酶 Ⅲ 的催化。45S rRNA 基因和 5S rRNA 基因都属于冗余基因（redundant gene）族的 DNA 序列，即染色体上一些相似或完全一样的纵列串联基因（tandem gene）单位的重复。rRNA 基因位于核仁内，每个基因各自为一个转录单位。不同物种基因组可有数百或上千个 rRNA 基因，每个基因又被非转录基因间隔区（nontranscribed gene spacer，NTS）分段隔开。NTS 不同于可转录的基因间隔（transcribed gene spacer），后者是 rRNA 基因成分，能够被转录为 rRNA 前体的一部分，其相应的序列在 rRNA 前体的成熟过程中会被移除。

45S rRNA 基因的初级转录物为大分子的 45S rRNA 前体，通过如下一系列剪切过程，最终形成 5.8S、18S 和 28S 三种成熟的 rRNA 分子（图 15-20）：① 45S rRNA 前体 5′ 端的多余 RNA 被切除，45S rRNA 前体转变为 41S rRNA 前体；② 41S rRNA 前体被剪切成两个部分，即 18S rRNA 的 20S rRNA 前体以及 5.8S rRNA 和 28S rRNA 的 32S rRNA 前体；③ 20S rRNA 前体 3′ 端的多余 RNA 被切除，生成成熟的 18S rRNA；④ 32S rRNA 前体剪切生成成熟的 5.8S rRNA 和 28S rRNA，这两种成熟的 rRNA 又通过碱基配对结合在一起。

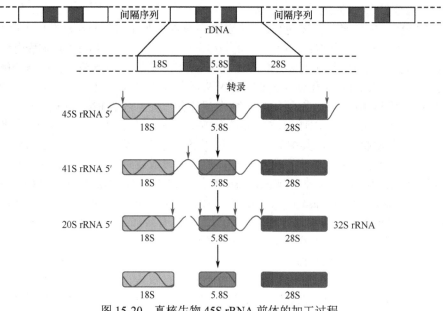

图 15-20　真核生物 45S rRNA 前体的加工过程

（三）核酶

1983 年美国科学家切赫（Cech）和他的同事发现四膜虫（*Tetrahymena thermophilia*）编码 rRNA 前体的 DNA 序列含有间隔内含子序列。他们在体外用从细菌纯化得到的 RNA 聚合酶转录从四膜虫纯化的编码 rRNA 前体的 DNA，发现在没有任何来自四膜虫的蛋白质情况下，rRNA 前体能准确地剪接去除含 413 个核苷酸的内含子。这种由 RNA 分子催化自内含子剪接的反应称为自我剪接（self-splicing）。随后，在其他原核生物及真核生物的线粒体、叶绿体的 rRNA 前体加工中，亦证实了这种自我剪接方式的存在。科学家据此首次提出了核酶（ribozyme）这一概念，用以指代有酶促活性的 RNA。近年来已陆续发现不少 RNA 具有催化功能。

核酶的发现，对研究生命的起源和进化有重要意义，同时在抗感染和抗肿瘤的研究中也有广泛的应用前景。

第四节　RNA 复制

自然界的绝大部分生物都是以 DNA 作为基因组携带遗传信息，但某些大肠埃希菌噬菌体和真核病毒（如流感病毒和 Sindbis 病毒）以 RNA 作为基因组。这些 RNA 病毒在宿主细胞中以病毒单链 RNA 为模板合成 RNA，这种依赖于 RNA 的 RNA 合成称为 RNA 复制（RNA replication）。

催化 RNA 复制的酶为依赖于 RNA 的 RNA 聚合酶（RNA-dependent RNA polymerase，RdRP），又称 RNA 复制酶（RNA replicase）。所有 RNA 病毒，除逆转录病毒外，都必须自身编码具 RdRP 活性的蛋白或亚基，因为宿主细胞里通常没有这种酶。RNA 复制酶只能催化病毒本身的 RNA 复制，不会作用于宿主细胞的 RNA 分子。

下面以噬菌体 Qβ 的 RNA 复制酶为例，简单介绍一下 RNA 复制酶的组成及功能：噬菌体 QβRNA 复制酶的全酶由 4 个亚基组成，只有 α 亚基由噬菌体 RNA 编码，是复制酶的活性部位；另外 3 个亚基都由宿主细胞基因编码，其中 β 亚基为核糖体蛋白 S1（核糖体 30S 小亚基的一种蛋白质）；γ 和 δ 亚基分别是参与蛋白质翻译过程的延伸因子 Tu 和延伸因子 Ts（帮助转运氨基酰-tRNA 到核糖体）。这 3 种宿主蛋白质可能在协助 RNA 复制酶定位、结合到病毒 RNA 3′ 端的过程中起作用，同时它们也要参与宿主细胞蛋白质的翻译。

进行 RNA 复制的 RNA 病毒，可按基因组分为三类：正链、负链和双链 RNA 病毒。正链 RNA 病毒自身不带复制酶，其 RNA 基因组不仅可作为模板复制子代病毒 RNA，还同时具有 mRNA 的功能。正链 RNA 病毒感染宿主细胞后可直接附着于胞质的核糖体，先翻译出复制酶，然后以正链为模板合成负链，再根据负链合成子代的正链。复制完成后再合成病毒外壳蛋白等进行装配。噬菌体 Qβ 和脊髓灰质炎病毒等属于此类。

负链 RNA 病毒（如流感病毒）和双链 RNA 病毒自身均带有复制酶，感染宿主细胞后先合成正链（mRNA），以正链为模板翻译出病毒蛋白后，再以正链为模板复制负链 RNA。

无论正链或负链 RNA 病毒在复制子代病毒 RNA 前都需合成另一互补链，成为复制中间型后，再分别解链进行复制。在 RNA 复制过程中，RNA 病毒形成的复制中间型可高效地大量复制，因此 RNA 病毒增殖一个周期所需时间远远少于 DNA 病毒。多数 RNA 病毒的合成不会进入细胞核内，因此不会出现 RNA 病毒的整合（逆转录病毒例外）。RNA 复制的化学反应过程及机制与依赖于 DNA 的 RNA 合成相似，合成方向也是从 5′→3′，但 RNA 复制酶不具有校正功能，因此 RNA 复制时错误率较高，平均每轮复制产生一个突变，比如流感病毒每年都会产生新的突变株。这种高突变率帮助病毒获得快速适应新生存环境的能力，如更换宿主、逃避宿主免疫系统、产生抗药性等。

2010 年，卡帕诺夫（Kapranov）等利用单分子高通量测序方法在人类细胞中发现了一类新的小 RNA（small RNA，sRNA），这类 sRNA 均小于 200 个核苷酸，5′ 端带有非基因组编码的 "poly(U)" 尾巴，往往存在于 mRNA 分子的 3′ 远末端（the very 3′ end）poly(A) 尾巴附近。他们的研究结果强烈提示人类细胞中可能存在一种全新的 RNA 复制机制，能以 mRNA 为模板，并从 mRNA 的 3′ 端 poly(A) 尾巴开始复制上述 sRNA 分子。现已发现，RNA 复制酶并非仅存在于病毒中，在植物和线虫中都发现有 RdRP 的存在。梅达（Maida）等发现人类端粒酶逆转录酶（telomerase reverse trancriptase，TERT）的催化亚基能够与线粒体核糖核酸内切酶的 RNA 组分形成一种独特的核糖核蛋白复合体，该复合体具有 RdRP 的活性，可产生双链 RNA 分子，后者经 Dicer 依赖途径被进一步加工为 siRNA。以上研究表明，RdRP 在真核生物中可能有重要作用，如调控非编码 RNA 等，目前比较确定的是 RdRP 可以参与 siRNA 介导的转录后基因沉默。

案例 15-2

患者，男性，42 岁，因 "咳嗽、咳痰、乏力、发热 5 天" 入院。

体格检查：体温 37.7℃，心率 92 次/分，呼吸 19 次/分，血压 126/79mmHg，肺部听诊闻及双肺呼吸音粗，双肺湿啰音。实验室检查：血常规检查示白细胞计数正常，淋巴细胞计数正常，C-反应蛋白正常，降钙素原升高不明显。血沉、凝血功能、肾功能、血脂均无异常。影像学检查：胸部 CT 平扫见双肺野多发磨玻璃状、片絮状影，密度不均匀，大部分病灶分布于胸膜下区及叶间裂旁，考虑病毒性肺炎可能性大。入院第 4 天流感病毒检测结果 B 型、BV 型阳性，明确诊断为流感病毒性肺炎。

治疗过程：入院立即予以口服奥司他韦胶囊，75mg/d，分 2 次口服，静脉输注头孢美唑、谷胱甘肽以及补液、营养液支持治疗。第 4 天因患者主诉头昏、恶心且逐渐加重，夜间出现幻觉情况，考虑为口服奥司他韦导致，故停用奥司他韦并改为静脉滴注帕拉米韦 0.3g/d，每日 1 次，用药 5 天；同时已明确诊断为病毒性感染，患者乏力、胸闷、咳嗽病情较前缓解，降钙素原与 C-反应蛋白无异常，无指征继续使用头孢美唑，停用。第 9 天肺部 CT 显示双肺野仍见多发磨玻璃状、片絮状影，但较前好转。第 10 天患者咳嗽、咳痰、乏力较前明显改善，肺部未闻及啰音，无发热、胸闷、头昏、恶心等不适。予以出院。

问题：

1. 流感病毒属于哪一类 RNA 病毒？其扩增方式与逆转录病毒有何不同？
2. 抗流感病毒药物有哪些？其作用机制是什么？

（刘　皓）

思 考 题

1. 试比较复制与转录的异同点。
2. 真核生物 DNA 转录过程远比原核生物复杂，主要表现在哪些方面？
3. 请问如何解释转录错误对细胞的影响往往比复制出错造成的影响小很多？

第十六章　蛋白质的生物合成

蛋白质是遗传信息表现的功能形式，是生命活动的重要物质基础，需不断地代谢和更新。蛋白质的生物合成（protein biosynthesis）是将 mRNA 分子中 A、G、C、U 四种核苷酸序列编码的遗传信息（核酸语言）转换成蛋白质一级结构中 20 种氨基酸的排列顺序（蛋白质语言）的过程，故又称翻译（translation）。

蛋白质的生物合成过程包括 3 个阶段：氨基酸活化、肽链的生物合成和肽链合成后的加工。其中肽链的合成过程又分为起始、延长与终止。延长包括进位、成肽和转位。蛋白质生物合成后，还需要折叠形成有活性的三维空间结构，只有形成正确特定空间结构的蛋白质才具有生物学活性。分子伴侣等在蛋白质折叠中发挥重要的辅助作用。有的蛋白质合成后还要被进一步修饰，并输送到正确的亚细胞部位才能发挥作用。

原核生物与真核生物的蛋白质生物合成过程有共性，也有差异。人们利用这种差异性，分析干扰蛋白质生物合成的物质，研发了临床应用的抗病毒与抗细菌感染类药物。

第一节　蛋白质的生物合成体系

蛋白质的生物合成体系较复杂：合成原料是 20 种氨基酸；mRNA 是指导多肽链合成的模板；tRNA 是运载氨基酸的工具和适配器；rRNA 和多种蛋白质构成的核糖体是合成多肽链的场所。此外，还包括参与氨基酸活化及肽链合成起始、延长和终止阶段的多种蛋白质因子、酶类以及其他蛋白质，还需 ATP、GTP 等供能物质与必要的无机离子等。

一、蛋白质合成的模板——mRNA

mRNA 的概念是在 1965 年由 François 和 Jacques 首先提出来的。当时已经知道编码蛋白质的遗传信息载体 DNA 在细胞核中，而蛋白质的合成是在细胞质中，于是推测应该有一种中间信使在细胞核中合成后，携带遗传信息进入细胞质中指导蛋白质的合成。后来经过许多科学家的试验，发现除 rRNA 和 tRNA 之外的第三种 RNA，它起着这种遗传信息传递的功能，因此被称为信使 RNA（mRNA），即遗传信息由 DNA 经转录传递给 mRNA，然后由 mRNA 翻译成特异的蛋白质。不同 mRNA 的分子大小差别很大，这和以它为模板所合成的蛋白质的分子大小不均有关。原核生物的 mRNA 大部分为多顺反子，往往携带着一种以上蛋白质分子的信息，但大多数真核细胞的 mRNA 则只编码一条多肽链。

mRNA 从 5′ 端到起始密码子 AUG 间的序列称 5′ 非翻译区（5′ untranslated region，5′-UTR），其中含有调控翻译的序列；从起始密码子到终止密码子间的区域称为编码区，也称可读框（open reading frame，ORF），此区域的密码子编码肽链的氨基酸残基序列，也就是肽链的合成是从起始密码子开始，到终止密码子结束；从终止密码子到 3′ 端区域称 3′ 非翻译区（3′ untranslated region，3′-UTR）。mRNA 在所有细胞内执行着相同的功能，在核糖体上指导肽链的生物合成（图 16-1）。

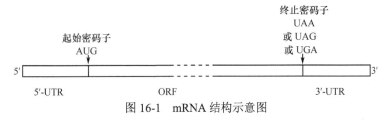

图 16-1　mRNA 结构示意图

原核生物 mRNA 的转录和翻译过程几乎是同时进行的，蛋白质合成往往在 mRNA 一开始转录就被引发（图 16-2）。

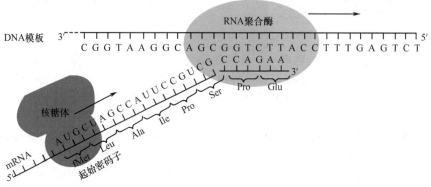

图 16-2　原核生物中的转录与翻译过程

真核细胞 mRNA 的前体 RNA，被称为核内不均一 RNA（hnRNA）在细胞核内被合成，经转录后修饰为成熟 mRNA，转运至细胞质，参与蛋白质合成，而且只编码一种肽链。所以，真核细胞的蛋白质合成与 mRNA 的转录过程在时间和空间上是分开的。

生物体对 mRNA 分子中核苷酸序列的翻译方式以 3 个相邻核苷酸为单位进行。在 mRNA 的可读框区，以每 3 个相邻的核苷酸为一组，编码一种氨基酸。如 AUG 被识别为甲硫氨酸和肽链合成起始信号、UCU 允许丝氨酸进入新生肽链、UGA 被识别为终止信号。这样串联排列的 3 个核苷酸被称为一个密码子（codon），又称编码三联体（coding triplet）或三联体密码（triplet code）。构成 mRNA 的 4 种核苷酸经排列组合可构成 64 个遗传密码（表 16-1），在 64 个密码子中，有 3 个密码子（UAA、UAG、UGA）不编码任何氨基酸，只作为肽链合成的终止信号，为终止密码子（termination codon）；其余 61 个密码子编码蛋白质的 20 种氨基酸。另外，AUG 既编码甲硫氨酸，又可作为肽链合成的起始信号，称为起始密码子（initiation codon）。

表 16-1　遗传密码表

第一个核苷酸（5'）	第二个核苷酸				第三个核苷酸（3'）
	U	C	A	G	
U	苯丙氨酸 UUU	丝氨酸 UCU	酪氨酸 UAU	半胱氨酸 UGU	U
	苯丙氨酸 UUC	丝氨酸 UCC	酪氨酸 UAC	半胱氨酸 UGC	C
	亮氨酸 UUA	丝氨酸 UCA	终止密码 UAA	终止密码 UGA	A
	亮氨酸 UUG	丝氨酸 UCG	终止密码 UAG	色氨酸 UGG	G
C	亮氨酸 CUU	脯氨酸 CCU	组氨酸 CAU	精氨酸 CGU	U
	亮氨酸 CUC	脯氨酸 CCC	组氨酸 CAC	精氨酸 CGC	C
	亮氨酸 CUA	脯氨酸 CCA	谷氨酰胺 CAA	精氨酸 CGA	A
	亮氨酸 CUG	脯氨酸 CCG	谷氨酰胺 CAG	精氨酸 CGG	G
A	异亮氨酸 AUU	苏氨酸 ACU	天冬酰胺 AAU	丝氨酸 AGU	U
	异亮氨酸 AUC	苏氨酸 ACC	天冬酰胺 AAC	丝氨酸 AGC	C
	异亮氨酸 AUA	苏氨酸 ACA	赖氨酸 AAA	精氨酸 AGA	A
	*甲硫氨酸 AUG	苏氨酸 ACG	赖氨酸 AAG	精氨酸 AGG	G
G	缬氨酸 GUU	丙氨酸 GCU	天冬氨酸 GAU	甘氨酸 GGU	U
	缬氨酸 GUC	丙氨酸 GCC	天冬氨酸 GAC	甘氨酸 GGC	C
	缬氨酸 GUA	丙氨酸 GCA	谷氨酸 GAA	甘氨酸 GGA	A
	缬氨酸 GUG	丙氨酸 GCG	谷氨酸 GAG	甘氨酸 GGG	G

* AUG 为起始密码子

遗传密码具有以下几个重要特点：

1. 方向性 组成密码子的各碱基在 mRNA 序列中的排列具有方向性。翻译时的阅读方向只能从 5′ 至 3′，即从 mRNA 的起始密码子 AUG 开始，按 5′→3′ 的方向逐一阅读，直至终止密码子。mRNA 可读框中从 5′ 端到 3′ 端排列的核苷酸顺序决定了肽链中从 N 端到 C 端的氨基酸排列顺序（图 16-3）。

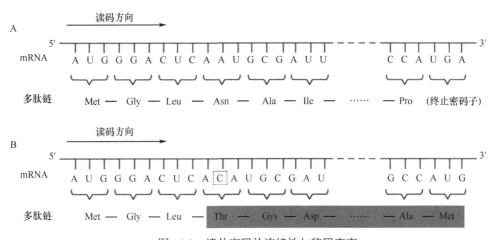

图 16-3 遗传密码的连续性与移码突变

A. 氨基酸的排列顺序对应于 mRNA 序列中密码子的排列顺序；B. 核苷酸插入导致移码突变

2. 连续性 mRNA 的密码子之间没有间隔核苷酸。从起始密码子开始，密码子被连续阅读，直至终止密码子出现。由于密码子的连续性，在可读框中发生插入或缺失 1 个或 2 个（或不是 3 的倍数）碱基的基因突变，都会引起 mRNA 可读框发生移动，称之为移码（frame shift），使后续的氨基酸序列发生改变（图 16-3），其编码的蛋白质彻底丧失功能，称之为移码突变（frameshift mutation），如同时连续插入或缺失 3 个（或 3 的倍数个）碱基，则只会在蛋白产物中增加或缺失 1 个（或几个）氨基酸，但不会导致可读框移位，对蛋白质的功能影响较小。

3. 简并性 64 个密码子中有 61 个编码氨基酸，而被编码的氨基酸只有 20 种，因此有的氨基酸可由多个密码子编码，这种现象被称为密码子简并性（degeneracy）。例如，UUU 和 UUC 都是苯丙氨酸的密码子，UCU、UCC、UCA、UCG、AGU 和 AGC 都是丝氨酸的密码子。密码子 AUG 具有特殊性，不仅代表甲硫氨酸，如果位于 mRNA 起始部位，它还代表肽链合成的起始密码子。

为同一种氨基酸编码的各密码子称为简并密码子，也称同义密码子。多数情况下，同义密码子的前两位碱基相同，仅第三位碱基有差异，即密码子的特异性主要由前两位核苷酸决定，如苏氨酸的密码子是 ACU、ACC、ACA、ACG。这意味着第三位碱基的改变往往不改变其密码子编码的氨基酸，合成的蛋白质具有相同的一级结构。因此，遗传密码的简并性可降低基因突变的生物学效应。

4. 摆动性 密码子的翻译通过与 tRNA 的反密码子配对而实现。这种配对有时并不严格遵循 Watson-Crick 碱基配对原则，出现摆动（wobble）。此时 mRNA 密码子的第 1 位和第 2 位碱基（5′→3′）与 tRNA 反密码子的第 3 位和第 2 位碱基（5′→3′）之间仍为 Watson-Crick 配对，而反密码子的第 1 位与密码子的第 3 位碱基配对有时存在摆动现象。如某种 tRNA 上的反密码子第 1 位为次黄嘌呤核苷（inosine，I），则可分别与 mRNA 分子中的密码子第 3 位的 A、C 或 U 配对；反密码子第 1 位的 U 可分别与密码子第 3 位的 A 或 G 配对；反密码子第 1 位的 G 可分别与密码子第 3 位的 C 或 U 配对（表 16-2）。由此可见，摆动配对能使一种 tRNA 识别 mRNA 序列中的多种简并密码子。

```
         3 2 1   3 2 1   3 2 1
反密码子 (3') G—C—I  G—C—I  G—C—I (5')
             ‖ ‖ ┊  ‖ ‖ ┊  ‖ ‖ ┊
密码子   (5') C—G—A  C—G—U  C—G—C (3')
             1 2 3   1 2 3   1 2 3
```

表 16-2　密码子与反密码子配对的摆动现象

tRNA 反密码子第 1 位碱基	A	C	G	U	I
mRNA 密码子第 3 位碱基	U	G	C、U	A、G	A、C、U

5. 通用性　从细菌到人类都使用着同一套遗传密码，这一方面为地球上的生物来自同一起源的进化论提供了有力依据，另外使我们有可能利用细菌等生物来制造人类蛋白质。遗传密码的通用性中仍有个别例外，在哺乳动物线粒体内有些密码子编码方式不同于通用遗传密码，如 UGA 不代表终止信号而代表色氨酸；AUA 不再编码异亮氨酸、而是编码甲硫氨酸；此外，编码精氨酸的 AGA、AGG 通用遗传密码，在哺乳动物线粒体内为终止密码子。

二、氨基酸的运输工具和适配器——tRNA

在蛋白质生物合成过程中，tRNA 具有运输氨基酸至蛋白质合成场所的作用。tRNA 3′ 端的 -CCA-OH 能与氨基酸共价结合，起转运氨基酸的作用。一种氨基酸通常可与 2~6 种对应的 tRNA 特异性结合（已发现细菌细胞中有 30~40 种 tRNA、真核细胞中有 40~50 种 tRNA），但一种 tRNA 只能转运一种特定的氨基酸。氨酰-tRNA 合成酶（aminoacyl-tRNA synthetase）通过分子中相分隔的活性部位分别识别并结合 ATP、特异氨基酸和 tRNA。同时，tRNA 的反密码子能识别 mRNA 的密码子，并且与它反向配对结合，在 mRNA 密码子与对应氨基酸之间起桥梁作用，可形象地称之为"适配器"（adapter）作用，使氨基酸按 mRNA 的序列排列合成蛋白质。

（一）氨酰-tRNA 的合成

肽链合成中，氨基酸本身不能进入核糖体，必须结合到特定 tRNA 上，才能被带到 mRNA-核糖体复合物上。氨酰-tRNA 合成酶催化氨基酸活化后，再连接到 tRNA 分子上，这一过程称氨基酸活化。反应过程分两步：

第一步：在 Mg^{2+} 或 Mn^{2+} 参与下，由 ATP 供能，氨酰-tRNA 合成酶（E）接纳活化的氨基酸并形成中间复合物：

$$R—\underset{\underset{NH_2}{|}}{CH}—COOH + ATP + E \xrightarrow{Mg^{2+}或Mn^{2+}} R—\underset{\underset{NH_2}{|}}{CH}—\underset{\underset{O}{\|}}{C}—O—AMP·E + PPi$$

第二步：中间复合物与特异的 tRNA 作用，将氨酰基从 AMP 转移到 tRNA 的氨基酸臂（即 3′ 端的 CCA-OH）上：

$$R—\underset{\underset{NH_2}{|}}{CH}—\underset{\underset{O}{\|}}{C}—O—AMP·E + tRNA—CCA \longrightarrow tRNA—CCA—O—\underset{\underset{O}{\|}}{C}—\underset{\underset{NH_2}{|}}{HC}—R + AMP + E$$

总反应：氨基酸+ATP+RNA $\xrightarrow{Mg^{2+} 或 Mn^{2+}}$ 氨酰-tRNA+AMP+PPi

反应过程如下（图 16-4）。

真核生物中与甲硫氨酸结合的 tRNA 至少有两种：一种是具有起始功能的 $Met\text{-}tRNA_i^{Met}$（initiator-tRNA），它与甲硫氨酸结合后，可以在 mRNA 的起始密码子 AUG 处就位，参与形成翻译的起始复合物；另一种是参与肽链延长的 $tRNA^{Met}$，它和甲硫氨酸结合后生成 $Met\text{-}tRNA^{Met}$，必要时进入核糖体，为延长中的肽链添加甲硫氨酸。$Met\text{-}tRNA_i^{Met}$ 和 $Met\text{-}tRNA^{Met}$ 可分别被起始或延长过程起催化作用的酶和蛋白质因子所辨认。

原核生物中参与肽链延长的 $tRNA^{Met}$ 和甲硫氨酸结合后生成 $Met\text{-}tRNA^{Met}$，而具有起始功能的 $tRNA_i^{Met}$ 与甲硫氨酸结合后，甲硫氨酸很快被甲酰化为 N-甲酰甲硫氨酸（N-formyl methionine，fMet），于是形成 N-甲酰甲硫氨酰-tRNA（$fMet\text{-}tRNA_i^{fMet}$）。原核生物的起始密码子只辨认 fMet-

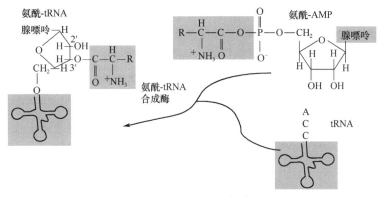

图 16-4 氨酰-tRNA 的合成

tRNA$_i^{fMet}$。fMet-tRNA$_i^{fMet}$ 的生成反应由转甲酰基酶催化，将甲酰基从 N^{10}-甲酰四氢叶酸（THFA）转移到甲硫氨酸的 α-氨基上，反应如下：

$$\text{H}_2\text{N}—\text{CHCOO}—\text{tRNA}^{\text{Met}} + \text{THFA}—\text{CHO} \xrightarrow{\text{转甲酰基酶}} \text{HC}—\text{NH}—\text{CHCOO}—\text{tRNA}^{\text{Met}}$$

Met—tRNA^{Met} fMet—tRNA^{Met}

（二）氨酰-tRNA 与 mRNA 结合

氨酰-tRNA 分子中的 tRNA 反密码子通过碱基互补去识别和结合 mRNA 分子上的密码子，使其按照规定的顺序排列，保证了从核酸到蛋白质的遗传信息精确传递。

三、蛋白质合成的场所——核糖体

核糖体（ribosome）是由 rRNA 和蛋白质组成的复合体。参与蛋白质生物合成的各种成分最终都要在核糖体上将氨基酸合成多肽链。所以，核糖体是蛋白质生物合成的场所。核糖体由大、小两个亚基组成，每种亚基包含一种或几种 rRNA 以及许多功能不同的核糖体蛋白（ribosomal protein，rp）。这些蛋白质与 rRNA 存在于核糖体中，对蛋白质的生物合成发挥重要作用。rRNA 分子含较多局部螺旋结构区，可折叠形成复杂的三维构象作为亚基的结构骨架，使各种核糖体蛋白附着结合，装配成完整亚基（图 16-5）。

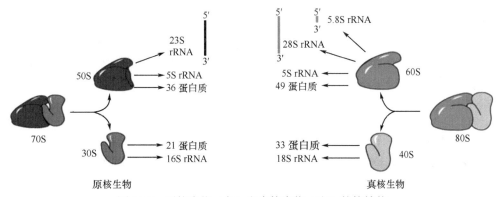

图 16-5 原核生物（左）和真核生物（右）的核糖体

原核生物的大亚基（50S）由 23S rRNA、5S rRNA 和 36 种蛋白质组成；小亚基（30S）由

16S rRNA 和 21 种蛋白质组成，大、小亚基结合形成 70S 的核糖体。真核细胞的大亚基（60S）由 28S rRNA、5.8S rRNA、5S rRNA 和 49 种蛋白质组成；小亚基（40S）由 18S rRNA 和 33 种蛋白质组成，大、小亚基结合形成 80S 的核糖体，如表 16-3 所示。

表 16-3 原核、真核生物核糖体的组成

	原核生物核糖体（70S）		真核生物核糖体（80S）	
	小亚基（30S）	大亚基（50S）	小亚基（40S）	大亚基（60S）
rRNA	16S rRNA	23S rRNA 5S rRNA	18S rRNA	28S rRNA 5.8S RNA 5S rRNA
核糖体蛋白	21 种 rpS	36 种 rpL	33 种 rpS	49 种 rpL

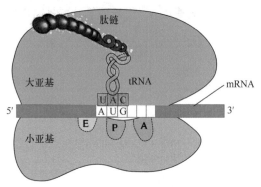

图 16-6　翻译过程中核糖体结构图

核糖体大小亚基间存在裂隙，是 mRNA 的结合部位。原核生物和真核生物的核糖体上均存在 A 位、P 位和 E 位这 3 个重要的功能部位。A 位结合氨酰-tRNA，称氨酰位（aminoacyl site）；P 位结合肽酰-tRNA，称肽酰位（peptidyl site）；E 位释放已经卸载了氨基酸的 tRNA，称排出位（exit site）（图 16-6）。

四、蛋白质合成需要的酶和蛋白质因子

蛋白质生物合成除需要 mRNA、tRNA、rRNA 外，还需要很多参与氨基酸活化及肽链合成起始、延长和终止阶段的多种酶类和蛋白质因子，以及 ATP、GTP 等供能物质与必要的无机离子等。

（一）参与蛋白质合成需要的酶

1. 氨酰-tRNA 合成酶　催化氨基酸的活化，即催化生成氨酰-tRNA，每个氨基酸活化需消耗 2 个高能磷酸键。氨酰-tRNA 合成酶分布在细胞质中，对底物氨基酸和 tRNA 都具有高度特异性。此外，氨酰-tRNA 合成酶还具有校对活性（proofreading activity），即可将任何错误的氨酰-AMP-E 或氨酰-tRNA 的酯键水解后加载与密码子相对应的氨基酸。目前发现氨酰-tRNA 合成酶至少有 23 种，与 20 种氨基酸相对应，其中赖氨酸有 2 种氨酰-tRNA 合成酶，此外还包括识别磷酸化丝氨酸和吡咯赖氨酸的氨酰-tRNA 合成酶。

2. 肽酰转移酶（peptidyl transferase）　催化核糖体 P 位上的肽酰基转移至 A 位上氨酰-tRNA 的氨酰基的氨基上形成肽键。此酶还具有酯酶的水解活性，使 P 位上的肽链与 tRNA 分离终止多肽链的合成过程。需要注意的是肽酰转移酶的化学本质不是蛋白质而是 RNA，属于一种核酶。原核生物核糖体大亚基中的 23S rRNA 具有肽酰转移酶的活性；真核生物中，该酶的活性位于大亚基的 28S rRNA 中。

3. 转位酶（translocase）　催化核糖体向 mRNA 的 3′ 端移动一个密码子的距离，使下一个密码子定位在 A 位。原核生物起转位酶作用的是延伸因子 G，真核生物是延伸因子 2。

（二）参与蛋白质合成需要的蛋白质因子

除了多种酶类，很多非核糖体蛋白质因子参与了蛋白质生物合成的各阶段。翻译时它们仅临时性地与核糖体发生作用，之后会从核糖体复合物中解离出来。主要有：①起始因子（initiation factor，IF），原核生物和真核生物的起始因子分别用 IF 和 eIF 表示；②延伸因子（elongation factor，EF），原核生物与真核生物的延伸因子分别用 EF 和 eEF 表示；③释放因子（release factor，RF），又称终止因子（termination factor），原核生物与真核生物的释放因子分别用 RF 和 eRF 表示。参与蛋白质生物合成的各种已知蛋白质因子及其功能见表 16-4 和表 16-5。

表 16-4　参与原核生物翻译的各种蛋白质因子及生物学功能

种类		生物学功能
起始因子	IF-1	占据 A 位防止 tRNA 过早结合于 A 位
	IF-2	促进 fMet-tRNA^{fMet} 与小亚基结合
	IF-3	防止大、小亚基过早结合，提高 P 位对结合 fMet-tRNA^{fMet} 的敏感性
延伸因子	EF-Tu	促进氨酰-tRNA 进入 A 位，结合并分解 GTP
	EF-Ts	EF-Tu 的调节亚基
	EF-G	有转位酶活性，促进 mRNA-肽酰-tRNA 由 A 位移至 P 位，促进 tRNA 的卸载与释放
释放因子	RF-1	特异识别 UAA、UAG，诱导肽酰转移酶转变为酯酶
	RF-2	特异识别 UAA、UGA，诱导肽酰转移酶转变为酯酶
	RF-3	有 GTP 酶活性，当新合成肽链从核糖体释放后，促进 RF-1 或 RF-2 与核糖体分离

表 16-5　参与真核生物翻译的各种蛋白质因子及其生物学功能

种类		生物学功能
起始因子	eIF-1	结合于小亚基的 E 位，促进 eIF-2-tRNA-GTP 复合物与小亚基相互作用
	eIF-2	有 GTP 酶活性，促进起始 Met-tRNA$_i^{Met}$ 与小亚基结合
	eIF-2B	最先与小亚基结合的起始因子，促进后续步骤的进行
	eIF-3	
	eIF-4A	eIF-4F 复合物成分，有 RNA 解旋酶活性，解除 mRNA 的二级结构，使其与小亚基结合
	eIF-4B	结合 mRNA，促进 mRNA 扫描定位起始 AUG
	eIF-4E	eIF-4F 复合物成分，结合 mRNA 的 5′ 端帽结构
	eIF-4G	eIF-4F 复合物成分，结合 eIF-4E 和 polyA 结合蛋白质（PABP）
	eIF-4F	包含 eIF-4A、eIF-4E 和 eIF-4G 的复合物成分
	eIF-5	促进各种起始因子从小亚基解离，使大、小亚基结合
	eIF-5B	有 GTP 酶活性，促进各种起始因子从小亚基解离，从而使大、小亚基结合
延伸因子	eEF-1α	与原核 EF-Tu 功能相似
	eEF-1βγ	与原核 EF-Ts 功能相似
	eEF-2	与原核 EF-G 功能相似
释放因子	eRF	识别所有终止密码子

第二节　肽链合成的过程

　　蛋白质生物合成分为起始（initiation）、延长（elongation）和终止（termination）3 个阶段。真核生物的肽链合成过程与原核生物的肽链合成过程基本相似，只是反应更复杂、涉及的蛋白质因子更多。这三个阶段都是在核糖体上完成的，且是一个循环过程。因此，多肽链的合成过程也称核糖体循环（ribosome cycle）。肽链合成中，氨基酸本身不能进入核糖体，必须结合到特定 tRNA 上，才能被带到 mRNA-核糖体复合物上。氨酰-tRNA 合成酶催化氨基酸活化后，再连接到 tRNA 分子上，这一过程称氨基酸活化。参与蛋白质合成的氨基酸必须是活化的氨基酸（见本章 tRNA 部分）。

一、原核生物的肽链合成过程

（一）肽链合成的起始

翻译的起始阶段是指 mRNA、起始 fMet-tRNA$_i^{fMet}$ 分别与核糖体结合而形成翻译起始复合物（translational initiation complex）的过程。原核生物翻译起始需起始因子 IF 参与，目前发现原核生物有 3 种 IF，即 IF-1、IF-2 和 IF-3。另外还需要 GTP 和 Mg^{2+} 的参与。

1. 核糖体大、小亚基的分离　IF-3、IF-1 与小亚基结合，促进大、小亚基分离。翻译起始时 IF-1 占据了 A 位。蛋白质肽链合成连续进行，在肽链延长过程中，核糖体的大小亚基是聚合的，一条肽链合成终止实际上是下一轮翻译的起始。

2. mRNA 与核糖体小亚基定位结合　原核生物 mRNA 是多顺反子（polycistron），即一条 mRNA 可以有多个 AUG 翻译起始位点，可以编码多个蛋白质。那么，如此众多的 AUG 位点如何识别第一个翻译起始的 AUG 位点呢？在 mRNA 起始密码子 AUG 上游 10 个碱基左右的位置，通常含有一段富含嘌呤碱基的六聚体序列（-AGGAGG-），称为 Shine-Dalgarno 序列（SD 序列）；它与原核生物核糖体小亚基 16S-rRNA 3′ 端富含嘧啶的短序列（-UCCUCC-）互补，从而使 mRNA 与小亚基。因此，mRNA 的 SD 序列又称为核糖体结合位点（ribosome binding site，RBS）。

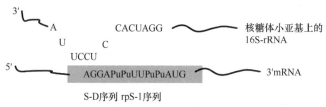

图 16-7　原核生物 mRNA 与核糖体小亚基的辨认结合

此外，mRNA 上紧接 SD 序列之后的一小段核苷酸序列，又可被核糖体小亚基蛋白辨认结合（图 16-7）。原核生物就是通过上述核酸-核酸、核酸-蛋白质的相互作用把 mRNA 结合到核糖体的小亚基上，并在 AUG 处精确定位，形成复合物。此过程需要 IF-3 的帮助。

3. 起始 fMet-tRNAi^{fMet} 与核糖体小亚基的 P 位结合　fMet-tRNAi^{fMet} 在结合了 GTP 的 IF-2 的帮助下识别核糖体 P 位的 mRNA 起始密码子 AUG，并与之结合，使得 mRNA 的准确就位。起始时 IF-1 结合在 A 位，阻止氨酰-tRNA 的进入。

4. 70S 起始复合物的形成　随后 IF-2 结合的 GTP 被水解释能，促使 3 种 IF 释放，形成由完整核糖体、mRNA、起始氨酰-tRNA 组成的 70S 翻译起始复合物。此时，结合起始密码子 AUG 的 fMet-tRNAi^{fMet} 占据 P 位，而 A 位留空，并对应 mRNA 上 AUG 后的第 2 个三联体密码子，为肽链延长做好了准备（图 16-8）。

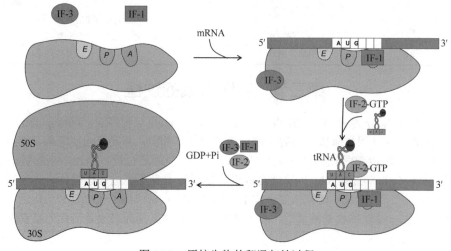

图 16-8　原核生物的翻译起始过程

（二）肽链合成的延长

原核生物翻译延长需延伸因子 EF 参与，目前发现原核生物有 2 种 EF，即 EF-T 和 EF-G，其中 EF-T 有 Tu 和 Ts 两个亚基，其生物学功能见表 16-4。

原核生物翻译延长可分为 3 步，即进位、成肽和转位。

1. 进位（entrance） 又称注册（registration），在 mRNA 密码子的指引下，氨酰-tRNA 在延伸因子 EF-T 的参与下进入核糖体 A 位，与 mRNA 结合。在进位过程中有延伸因子 EF-T 的再循环，即当 EF-T 中的 Tu 与 GTP 结合时，Ts 就解离出来，Tu-GTP 与进位的氨酰-tRNA 结合，以氨酰-tRNA-Tu-GTP 活性复合体形式进入，并结合于核糖体 A 位。Tu 有 GTP 酶活性，可以在氨酰-tRNA 进位的同时将 GTP 水解，Tu-GDP 脱离核糖体后释放 GDP，同时与 Ts 结合生成 Tu-Ts 二聚体，即 EF-T。EF-T 又能参加新一轮进位（图 16-9）。

2. 成肽 是指肽酰转移酶催化肽键形成的过程。进位后，核糖体的 A 位和 P 位各结合了一个氨酰-tRNA，在肽酰转移酶的催化下，P 位上起始 tRNA 所携带的甲酰甲硫氨酸的 α-羧基与 A 位上氨基酸的 α-氨基形成肽键，此过程在 A 位上进行。

3. 转位 是指在转位酶作用下，核糖体向 mRNA 的 3′ 端方向移动一个密码子的过程。原来 P 位上 tRNA 移入 E 位并离开核糖体，原来 A 位上二肽酰-tRNA 进入 P 位，A 位又可接受相应的新的氨酰-tRNA 的进位。参与此过程的是延伸因子 EF-G，它具有转位酶活性，在 GTP 供能情况下可将核糖体向 mRNA 的 3′ 端相对位移一个密码子。

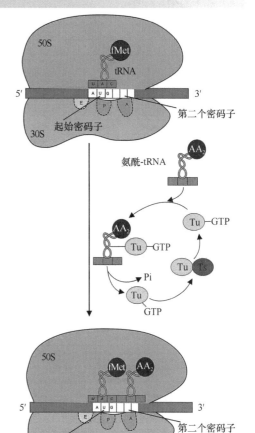

图 16-9 原核生物的翻译延长中的进位过程

经过进位、成肽和转位，肽链延长了一个氨基酸残基，又可进入新一轮延长，如此周而复始直至翻译终止（图 16-10）。

（三）肽链合成的终止

当核糖体的 A 位上出现终止密码子的时候，肽链的合成即停止，合成的新的多肽链从肽酰-tRNA 上释放出来，作为模板的 mRNA 也与核糖体的大小亚基分离。原核生物的释放因子 RF-1、RF-2 和 RF-3 参与了肽链合成终止的过程。RF-1 能特异识别终止密码子 UAA、UAG；RF-2 可识别 UAA、UGA；RF-3 具有 GTP 酶活性，可结合并水解 1 分子 GTP，促进 RF-1 和 RF-2 与核糖体结合。

当翻译延长到核糖体 A 位上出现终止密码子时，RF-1 或 RF-2 在 RF-3 的辅助下与相应的终止密码子结合，并诱导肽酰转移酶转变成酯酶，后者将 P 位上肽酰-tRNA 中的酯键水解，使新生肽链从 P 位肽酰-tRNA 上释放出来。RF-3 是 GTP 结合蛋白质，在此过程中能水解 GTP 使 tRNA、RF 及 mRNA 离开核糖体，紧接着核糖体大小亚基解离而进入下一个翻译起始过程（图 16-11）。以 mRNA 为模板在核糖体上连续地、循环式地合成蛋白质的过程，即翻译的全过程循环，称为广义的核糖体循环。

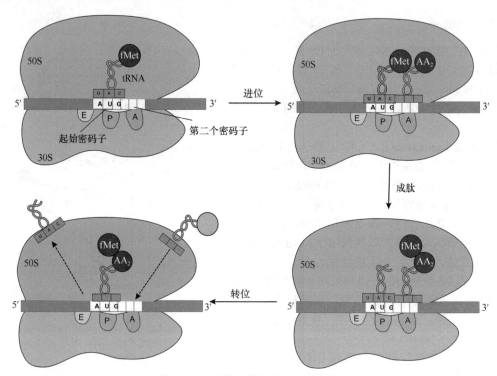

图 16-10 原核生物肽链延长的过程

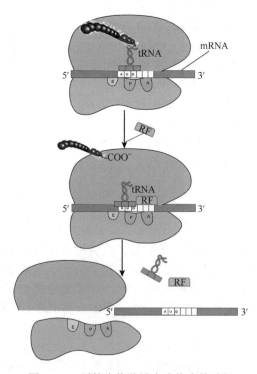

图 16-11 原核生物肽链合成终止的过程

二、真核生物的肽链合成过程

真核生物的翻译过程和原核生物类似，也包括起始、延长和终止三个过程。但是又有区别，其过程要复杂的多，特别是反应体系和参与因素。

（一）肽链合成的起始

真核生物的翻译起始过程所需要的起始因子的种类更多，其装配更为复杂。

1. 核糖体大小亚基的分离 真核起始因子 eIF-2B、eIF-3 与核糖体小亚基结合，并在 eIF-6 的参与下，促进无活性的 80S 核糖体解聚生成 40S 小亚基和 60S 大亚基。

2. 43S 前起始复合物的形成 起始因子 eIF-1 和 eIF-3 与核糖体小亚基结合，其功能与原核起始因子 IF-1 和 IF-3 功能相似，可阻止 tRNA 结合 A 位，并防止大亚基和小亚基过早结合。eIF-1 结合于 E 位，GTP-eIF-2 与起始氨酰-tRNA 结合，随后 eIF-5 和 eIF-5B 加入，形成 43S 的前起始复合物。

首先 Met-tRNAi^Met 与 eIF-2、1 分子 GTP 结合成为三元复合物，然后与游离状态的核糖体小亚基 P 位结合，形成 43S 的前起始复合物。此过程需要 eIF-3、eIF-4C 的帮助，其中 eIF-3 是一个很大的因子，由 8～10 个亚基组成，它是使 40S 小亚基保持游离状态所必需的。

3. mRNA 与核糖体小亚基的结合 真核生物的 mRNA 没有 SD 序列，上述 43S 的前起始复合物在帽子结合复合物（eIF-4F 复合物）的帮助下，与 mRNA 的 5′ 端帽子结合。eIF-4F 复合物包括 eIF-4E、eIF-4A 和 eIF-4G 等组分。其中 eIF-4E 结合 mRNA 5′ 端帽子，故称帽结合蛋白质（cap binding protein，CBP）；eIF-4A 具有解旋酶活性；eIF-4G 为"脚手架"亚基，其作用是将复合物上的所有组分连接在一起。同时 mRNA 的 3′ 端 polyA 尾与 polyA 结合蛋白质（polyA binding protein，PABP）结合，PABP 也结合于 eIF-4G 上。这样连接 mRNA 首尾的 eIF-4E 和 PABP 再通过 eIF-4G 和 eIF-3 与核糖体小亚基结合成复合物（图 16-12）。

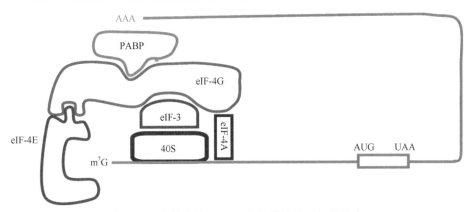

图 16-12 真核生物 mRNA 与核糖体小亚基的结合

4. 小亚基沿 mRNA 扫描查找起始点 在大多数真核 mRNA 中，5′ 端帽子与起始 AUG 距离较远，可达 1000 个碱基左右。因此小亚基需从 mRNA 的 5′ 端向 3′ 端移动，直到找到启动信号 AUG。但仅凭三联体密码子 AUG 本身并不足以使核糖体移动停止，只有当其上下游具有合适的序列时，AUG 才能作为起始密码子被正确识别。最适序列为 GCC(A/G)CCAUGG，该序列 AUG 上游的第 3 个嘌呤核苷酸（A 或 G）和紧跟其后的 G 是最为重要的，这段序列由科扎克（Kozak）阐明其功能，故称为 Kozak 序列。当小亚基扫描遇到起始 AUG 时，Met-tRNAi^Met 的反密码子与之互补结合，最终小亚基与 mRNA 准确定位结合形成 48S 复合物（图 16-13）。此过程需要水解 ATP 提供能量，eIF-4F 复合物组分也与该过程有关，如具有解旋酶活性的 eIF-4A 能打开引导区的双链区以利于 mRNA 的扫描，eIF-4B 也促进扫描过程。

5. 核糖体大亚基结合 已经结合 Met-tRNAi^Met 及 mRNA 的小亚基快速与大亚基结合，形成翻译起始复合物（图 16-13）。此过程需要 eIF-5 和 eIF-5B 参与，eIF-5 促使 eIF-2 发挥 GTPase 活性，水解与之结合的 GTP 生成 eIF-2-GDP，使得 eIF-2-GDP 与起始 tRNA 的亲和力减弱。eIF-5B 是原核 IF-2 的同源物，通过水解与之结合的 GTP，促进 eIF-2-GDP 与其他起始因子解离。

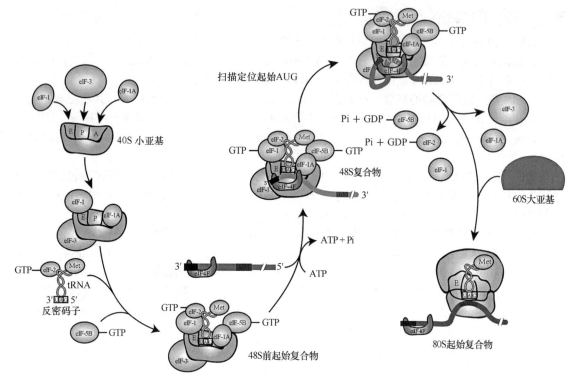

图 16-13　真核生物翻译起始复合物的形成

（二）肽链合成的延长

真核生物的肽链延长过程和原核生物基本相似，只是反应体系和延伸因子组成不同。真核生物的延伸因子包括 eEF-1α、eEF-1βγ 和 eEF-2 三种。其中 eEF-1α 可结合 GTP，携带氨酰-tRNA 进入 A 位；eEF-1βγ 是 GTP 交换蛋白；eEF-2 具有 GTPase 活性，可水解 GTP，发挥转位酶作用。在真核生物，一个新的氨酰-tRNA 进入 A 位后会产生别构效应，致使空载 tRNA 从 E 位排出。

（三）肽链合成的终止

真核生物的翻译终止过程与原核生物相似，但释放因子 eRF 只有 1 种，可识别所有终止密码子，完成原核生物各类 RF 的功能。

三、真核细胞与原核细胞蛋白质生物合成的异同

真核生物的肽链合成过程与原核生物的肽链合成过程类似，只是反应更复杂、涉及的蛋白质因子更多。

（一）肽链合成的起始

真核生物的翻译起始过程与原核生物相似，但顺序不同，所需的成分也有区别。如核糖体为80S，起始因子数目更多，起始甲硫氨酸不需甲酰化。真核生物 mRNA 为单顺反子，起始 AUG 上游没有 SD 序列，但有 5'-帽子和 3'-poly(A) 尾结构。小亚基首先识别结合 mRNA 的 5'-帽结构，再移向起始密码子 AUG，并在那里与大亚基结合。

（二）肽链的延长

真核生物肽链延长过程和原核生物基本相似，只是反应体系和延伸因子不同。

（三）肽链合成的终止

真核生物肽链合成的终止过程尚不清楚，目前仅发现一种释放因子 eRF，可以识别全部三种

终止密码子。

真核生物与原核生物肽链合成的主要步骤相同，但其过程有许多差别（表 16-6）。

表 16-6　原核生物与真核生物肽链合成过程的比较

	原核生物	真核生物
mRNA	一条 mRNA 编码几种蛋白质	一条 mRNA 编码一种蛋白质
	转录后很少加工	转录后进行首、尾修饰及剪接
	转录、翻译和 mRNA 降解可同时发生	mRNA 在细胞核内合成，加工后进入细胞质，再作为模板指导蛋白质合成
核糖体	30S 小亚基+50S 大亚基=70S 核糖体	40S 小亚基+60S 大亚基=80S 核糖体
起始阶段	起始氨酰-tRNA 为 fMet-tRNA^{fMet}	起始氨酰-tRNA 为 Met-tRNA^{iMet}
	核糖体小亚基先与 mRNA 结合，再与 fMet-tRNA^{fMet} 结合	核糖体小亚基先与 Met- tRNA^{iMet} 结合，再与 mRNA 结合
	mRNA 的 SD 序列与 16S rRNA 3′ 端的一段互补序列结合	mRNA 的帽结构与帽子结合蛋白质复合物结合
	有 3 种 IF 参与起始复合物的形成	有至少 10 种 eIF 参与起始复合物的形成
延长阶段	延伸因子为 EF-Tu、EF-Ts 和 EF-G	延伸因子为 eEF-1α、eEF-1βγ 和 eEF-2
终止阶段	释放因子为 RF-1、RF-2 和 RF-3	释放因子为 eRF

无论原核细胞还是真核细胞，1 条 mRNA 模板链上可附着 10～100 个核糖体。这种多个核糖体与 mRNA 的聚合物称为多聚核糖体（polyribosome 或 polysome）。当一个核糖体与 mRNA 结合并开始翻译，沿 mRNA 向 3′ 端移动一定距离（约 80 个核苷酸）后，第二个核糖体又在 mRNA 的翻译起始部位结合，以后第三个、第四个核糖体相继结合到 mRNA 的翻译起始位点，这样在一条 mRNA 上常结合有多个核糖体，呈串珠状排列，同时进行多条肽链的合成，大大增加了细胞内蛋白质的合成速率。原核生物 mRNA 转录后不需加工即可作为模板，转录和翻译偶联进行。因此在电子显微镜下看到，原核生物 DNA 分子上连接着长短不一正在转录的 mRNA 分子，每条 mRNA 再附着多个核糖体进行翻译，显示为羽毛状结构（图 16-14）。

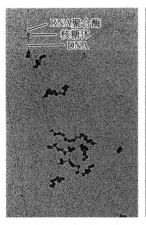
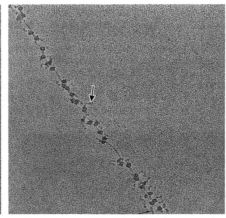

图 16-14　原核生物（左）和真核生物（右）的多聚核糖体

蛋白质生物合成是耗能过程。首先，每分子氨基酸活化生成氨酰-tRNA 消耗 2 个高能磷酸键；其次，在肽链延长阶段，进位和转位各消耗 1 个高能磷酸键。但为保持蛋白质合成的高度保真性，任何步骤出现不正确连接都需消耗能量而水解清除，因此肽链每增加 1 个肽键实际消耗可能多于 4 个高能磷酸键，这使多肽链合成的错误率低于 10^{-4}。除 GTP 外，蛋白质的合成还需要

ATP，包括氨基酸的活化及 mRNA 的解旋等，所以蛋白质的合成是一个昂贵的过程。据估计，在快速成长的细菌中，多至 90% 的 ATP 是用来合成蛋白质的。

第三节　新生肽链的翻译后加工和靶向运输

新生多肽链不具备蛋白质生物学活性，必须经过复杂的加工修饰过程才转变为具有天然构象的功能蛋白质，该过程称为翻译后修饰（post-translational modification）。主要包括多肽链折叠为天然的三维构象、肽链一级结构的修饰、肽链空间结构的修饰等。另外，在细胞质的核糖体上合成的蛋白质还需要靶向输送到特定细胞部位，如线粒体、溶酶体、细胞核，有的分泌到细胞外，并在靶位点发挥各自的生物学功能。

一、新生肽链的翻译后加工

（一）蛋白质一级结构的加工

由于不同蛋白质的一级结构与功能不同，修饰作用也有差异，新生多肽链通过肽链水解、化学修饰等作用后成熟。

1. 氨基末端的修饰　在蛋白质合成过程中，N 端氨基酸总是甲酰甲硫氨酸或甲硫氨酸，但天然蛋白质大多数不以甲硫氨酸为 N 端第一位氨基酸。细胞内的氨肽酶可去除 N 端甲硫氨酸或 N 端的部分肽段，从而形成以不同氨基酸为 N 端的肽链。在大肠埃希菌中还发现了脱甲酰酶，它可水解甲酰甲硫氨酸的甲酰基；在真核生物中，常常在多肽链合成到一定长度时（15～30 个氨基酸），其 N 端的甲硫氨酸就已被氨肽酶切除。

2. 共价修饰　蛋白质分子的氨基酸残基的共价修饰，包括羟基化（如胶原蛋白）、糖基化（各种糖蛋白）、磷酸化（糖原磷酸化酶等）、乙酰化（如组蛋白）、羧基化和甲基化（细胞色素 c、肌肉蛋白等）等。这些共价修饰作用通常在细胞的内质网中进行。由于这些共价修饰，组成蛋白质的氨基酸种类显著增多，已发现 100 多种，这些修饰对蛋白质生物学功能的发挥起着重要作用。

（1）羟基化：在结缔组织的蛋白质内常出现羟脯氨酸、羟赖氨酸，这两种氨基酸并无遗传密码，是在肽链合成后脯氨酸、赖氨酸残基经过羟化产生的，羟化作用有助于胶原蛋白螺旋的稳定。

（2）糖基化：许多膜蛋白和分泌蛋白均是糖蛋白，在多肽链合成中或在合成之后常以共价键与单糖或寡糖链连接而生成，这是在内质网或高尔基体中加入的。糖可连接在天冬酰胺的酰胺上（N-连接寡糖）或连接在丝氨酸、苏氨酸或羟赖氨酸的羟基上（O-连接寡糖）。糖基化是多种多样的，可以在同一条肽链上的同一位点连接上不同的寡糖，也可在不同位点上连接上寡糖。糖基化过程是在酶催化反应下进行的。

（3）磷酸化：蛋白质的可逆磷酸化在细胞生长和代谢调节中有重要作用。磷酸化发生在翻译后，由多种蛋白质激酶催化，将磷酸基团连接于丝氨酸、苏氨酸和酪氨酸的羟基上。而磷酸酶则催化脱磷酸作用。

（4）乙酰化：蛋白质的乙酰化普遍存在于原核生物和真核生物中。乙酰化有两个类型：一类是由结合于核糖体的乙酰转移酶将乙酰辅酶 A 的乙酰基转移至正在合成的多肽链上，当将 N 端的甲硫氨酸除去后，便乙酰化，如卵清蛋白的乙酰化；另一类型是在翻译后由胞质的酶催化发生乙酰化，如肌动蛋白。此外，细胞核内的组蛋白的内部赖氨酸也可乙酰化。

（5）羧基化：一些蛋白质的谷氨酸和天冬氨酸可发生羧化作用，由羧化酶催化。如参与血液凝固过程的凝血酶原（prothrombin）的谷氨酸在翻译后羧化成 γ-羧基谷氨酸，后者可以与 Ca^{2+} 螯合。

（6）甲基化：有些蛋白质多肽链中赖氨酸可被甲基化，如细胞色素 c 中含有一甲基赖氨酸、二甲基赖氨酸。大多数生物的钙调蛋白含有三甲基赖氨酸。有些蛋白质中的一些谷氨酸羧基也发生甲基化。

3. 多肽链的水解修饰 某些无活性的蛋白前体可经蛋白酶水解，生成具有活性的蛋白质或多肽，如胰岛素原酶解生成胰岛素，多种蛋白酶原经裂解激活成蛋白酶。另外，真核细胞某些大分子多肽前体，经翻译后加工，水解生成小分子活性肽类。例如，腺垂体分泌的促黑激素与ACTH 的共同前体——阿黑皮素原（proopiomelanocortin，POMC）是由 265 个氨基酸残基构成的多肽，经不同的水解加工，可生成至少 10 种不同的肽类激素，包括：ACTH（39 肽）、α-促黑激素（α-MSH）、β-促黑激素（β-MSH）、γ-促黑激素（γ-MSH）、α-内啡肽（α-endorphin）、β-内啡肽（β-endorphin）、γ-内啡肽（γ-endorphin）、β-脂酸释放激素（β-lipotropin，β-LT）、γ-脂酸释放激素（γ-lipotropin，γ-LT）、甲硫氨酸脑啡肽等活性物质（图 16-15）。

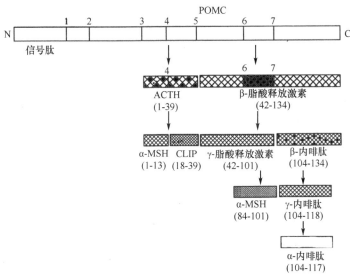

图 16-15　POMC 的水解加工

POMC 的水解位点由 Arg-Lys、Lys-Arg、Lys-Lys 序列构成，用数字 1～7 表示。各活性物质下方括号内的数字为其在 POMC 中对应的氨基酸编号（将 ACTH 的 N 端第一位氨基酸残基编为 1 号）。

4. 二硫键形成 mRNA 上没有胱氨酸的密码子。肽链内或两条肽链间的二硫键是在肽链形成后，通过 2 个半胱氨酸的巯基氧化而形成的，二硫键的正确形成主要由内质网的蛋白二硫键异构酶催化。二硫键在维系与稳定蛋白质的空间结构中起着重要作用，链间形成二硫键也可使蛋白质分子的亚单位聚合（图 16-16）。

（二）蛋白质空间结构的加工

新生肽链的正确折叠：蛋白质在合成时，尚未折叠的肽段有许多疏水基团暴露在外，具有分子内或分子间聚集的倾向，使蛋白质不能形成正确空间构象。这种结构混乱的肽链聚集体产生过多会对细胞有致命的影响。这也就是说核糖体上新合成的多肽链需经历一个折叠过

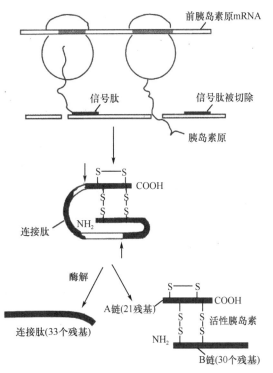

图 16-16　胰岛素的合成过程

程才能成为具有天然空间构象的蛋白质。实际上，细胞中大多数天然蛋白质折叠并不是自发完成的，其折叠过程需要其他酶或蛋白质的辅助，这些辅助性蛋白质可以指导新生肽链按特定方式正确折叠，主要包括如下几种大分子：

1. 分子伴侣（molecular chaperone） 是细胞中一类保守蛋白质，可识别肽链的非天然构象，促进各种功能域和整体蛋白质的正确折叠。刚合成的蛋白质尚未折叠，其中的疏水性片段很容易相互作用而自发折叠，分子伴侣能有效地封闭蛋白质的疏水表面，防止错误折叠的发生。对已经发生错误折叠的蛋白质，分子伴侣可以识别并帮助其恢复正确的折叠。分子伴侣的这一作用还表现在它能识别变性的蛋白质，避免或消除蛋白质变性后因疏水基团暴露而发生的不可逆聚集，并且帮助其复性，或介导其降解。

原核生物和真核生物都存在着多种类型的分子伴侣，如核糖体结合性分子伴侣、触发因子（trigger factor，TF）和新生链相关复合物（nascent chain-associate complex，NAC）；还有非核糖体结合性分子伴侣，如热激蛋白 70（heat shock protein 70，Hsp70）家族和伴侣蛋白。

（1）热激蛋白 70 家族：是通过热激作用诱导而发现的，因其分子量接近 70kDa，故被称为热激蛋白 70。高温的条件下可被诱导表达增加，其高表达的目的是减少热变性对蛋白质的损害。Hsp70 家族包括 Hsp70、Hsp40 和 GrpE 三种成员，广泛存在于各种生物中。在大肠埃希菌中，Hsp70 是由基因 *danK* 编码的，故称 DnaK；Hsp40 是由基因 *danJ* 编码的，故称 DnaJ。人的 Hsp70家族可存在于细胞质、内质网、线粒体、细胞核等部位，涉及多种细胞保护功能。

典型的 Hsp70 具有两个结构域：N 端的结构域具有 ATP 酶活性，C 端结构域可与底物多肽结合。热激蛋白的作用是结合保护待折叠多肽片段，再释放该片段进行折叠，形成 Hsp70 和多肽片段依次结合、解离的循环。Hsp70 等协同作用可与待折叠多肽片段的 7～8 个疏水残基结合，保持肽链成伸展状态，避免肽链内、肽链间疏水基团相互作用引起的错误折叠和聚集，再通过水解 ATP 释放此肽段，以利于肽链进行正确折叠。在大肠埃希菌中，Hsp70（DnaK）的这种作用与另外两种蛋白质（DnaJ 和 GrpE）的调节有关。具体机制如下：DnaJ 结合待折叠多肽片段，并将多肽导向 DnaK-ATP 复合物，产生 DnaJ-DnaK-ATP-多肽复合物。DnaK 与 DnaJ 的相互作用立即激活了 DnaK 的 ATP 酶活性，使 ATP 水解释放能量，产生稳定的 DnaJ-DnaK-ADP-多肽复合物。GrpE 是核苷酸交换因子，与 DnaJ 作用后将 ADP 取代，使复合物变得不稳定而迅速解离，释出DnaJ、DnaK 和被完全折叠或部分折叠的蛋白质。接着 ATP 与 DnaK 再结合，继续进行下一轮循环，所以蛋白质的折叠是经过多次结合与解离的循环过程完成的（图 16-17）。

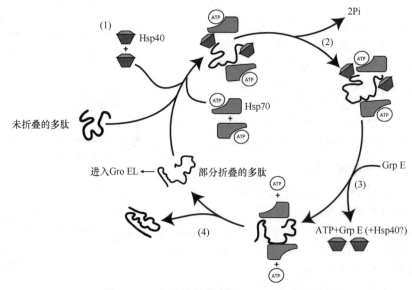

图 16-17　大肠埃希菌中的 Hsp70 反应循环

（2）伴侣蛋白：有些肽链的正确折叠还需要伴侣蛋白发挥辅助作用。伴侣蛋白的主要作用是为非自发性折叠肽链提供正确折叠的微环境。例如，在大肠埃希菌，有 10%～15% 的细胞内蛋白质的正确折叠依赖伴侣系统 GroEL/GroES，热激条件下依赖该系统的蛋白质则高达 30%。在真核细胞，与 GroEL/GroES 功能类似的伴侣蛋白是 Hsp60。

GroEL 是由 14 个相同亚基组成的多聚体，可形成一桶状空腔，顶部是空腔的出口。GroES 是由 7 个相同亚基组成的圆顶状复合物，可作为 GroEL 桶的盖子。需要折叠的肽链进入 GroEL 的桶状空腔后，GroES 可作为盖子瞬时封闭 GroEL 出口。封闭后的桶状空腔为肽链折叠提供微环境，折叠过程需要消耗大量 ATP。折叠完成后，形成天然构象的多肽链被释放，尚未完全折叠的肽链可进入下一轮循环，重复以上过程，直至天然构象形成（图 16-18）。

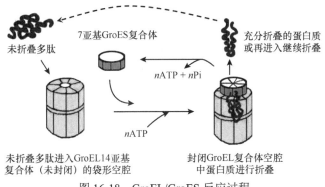

图 16-18　GroEL/GroES 反应过程

必需注意，分子伴侣并未加快折叠反应速度，与其说是促进蛋白质正确折叠，还不如说是防止蛋白质错误折叠或是消除不正确折叠，增加功能性蛋白质折叠产率。

（3）异构酶（isomerase）：除了需要分子伴侣协助肽链折叠外，一些蛋白质形成正确空间构象还需要异构酶的参与。已发现两种异构酶可以帮助细胞内新生肽链折叠为功能蛋白质，一种是蛋白质二硫键异构酶（protein disulfide isomerase，PDI），另一种是肽基脯氨酰基顺反异构酶（peptidyl-prolyl cis-trans isomerase，PPI）。

1）蛋白质二硫键异构酶：在内质网腔活性很高，可在较大区段肽链中催化错配二硫键断裂并形成正确二硫键连接，最终使蛋白质形成热力学最稳定的天然构象。

2）肽-脯氨酰顺-反异构酶：多肽链中肽酰-脯氨酸间形成的肽键有顺反异构体，空间构象明显不同。天然蛋白质多肽链中肽酰-脯氨酸间肽键绝大部分是反式构型。肽-脯氨酰顺-反异构酶可促进上述顺反两种异构体之间的转换，在肽链合成需形成顺式构型时，可使多肽在各脯氨酸弯折处形成准确折叠。此酶也是蛋白质三维空间构象形成的限速酶（图 16-19）。

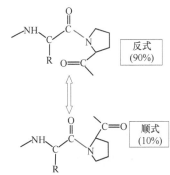

图 16-19　肽键顺反异构体之间的转换

2. 亚基聚合　具有四级结构的蛋白质是由 2 个及 2 个以上亚基构成的，这就需要这些多肽链通过非共价键聚合成多聚体才能表现生物活性。例如，Hb 由两条 α 链、两条 β 链聚合后形成四级结构才能发挥其生理功能。

3. 辅基连接　结合蛋白质在肽链合成后必须与相应的辅基结合才具有生物活性。例如，糖蛋白、脂蛋白、核蛋白、色蛋白及各种带有辅基的酶。

4. 亲脂性修饰　某些蛋白质，如 Ras 蛋白、G 蛋白等，翻译后需要在肽链特定位点共价连接一个或多个疏水性强的脂链、多异戊二烯链等。目的是增加他们与膜的结合能力，或增进蛋白质-蛋白质间的相互作用。这些蛋白质通过脂链嵌入膜脂双层，定位成为特殊质膜内在蛋白，才成为具有生物学功能的蛋白质。

二、蛋白质的靶向运输

在生物体内，蛋白质的合成位点与功能位点常常被一层或多层生物膜所隔开，这样就产生了蛋白质转运的问题。蛋白质合成后经过复杂机制，定向输送到最终发挥生物功能的目标地点，称为蛋白质的靶向输送（protein targeting）。真核生物蛋白质在胞质核糖体上合成后，不外有三种去向：保留在胞质；进入细胞核、线粒体或其他细胞器；分泌到体液。上述后两种情况，蛋白质都必须先通过膜性结构才能到达。那么蛋白质是怎样从合成部位运送到功能部位的？它们是如何跨膜运输的？跨膜之后又是依靠什么信息到达各自"岗位"的？这些有趣的问题正是生物膜研究中非常活跃的领域。

研究表明，细胞内蛋白质的合成有两个不同的位点：游离核糖体与膜结合核糖体，因而也就决定了蛋白质的去向和转运机制不同。①翻译运转同步机制：指在内质网膜结合核糖体上合成的蛋白质，其合成与运转同时发生，包括细胞分泌蛋白、膜整合蛋白、滞留在内膜系统（内质网、高尔基复合体、内体、溶酶体和小泡等）的可溶性蛋白；②翻译后运转机制：指在细胞质游离核糖体上合成的蛋白质，其蛋白质从核糖体释放后才发生运转，包括预定滞留在细胞质基质中的蛋白质、质膜内表面的外周蛋白、核蛋白以及参与到其他细胞器（线粒体、过氧化物酶体、叶绿体）的蛋白质等。上述所有靶向输送的蛋白质结构中均存在分选信号，主要为 N 端特异氨基酸序列，可引导蛋白质转移到细胞的适当靶部位，这类序列称为信号序列（signal sequence），是决定蛋白靶向输送特性的最重要元件。20 世纪 70 年代，美国科学家 Günter 发现当很多分泌性蛋白跨过有关细胞膜性结构时，需切除 N 端的短肽，由此提出著名的"信号假说"——蛋白质分子被运送到细胞不同部位的"信号"存在于它的一级结构中，因此 Günter 荣获了 1999 年度的诺贝尔生理学或医学奖。靶向不同的蛋白质各有特异的信号序列或成分（表 16-7）。下面重点讨论分泌蛋白、线粒体蛋白及核蛋白的靶向输送过程。

表 16-7　靶向输送蛋白的信号序列或成分

靶向输送蛋白	信号序列或成分
分泌蛋白	N 端信号肽，13～36 个氨基酸残基
内质网腔驻留蛋白	N 端信号肽，C 端-Lys-Asp-Glu-Leu-COO-（KDEL 序列）
内质网膜蛋白	N 端信号肽，C 端 KKXX 序列（X 为任意氨基酸）
线粒体蛋白	N 端信号序列，两性螺旋，12～30 个残基，富含 Arg、Lys
核蛋白	核定位序列（-Pro-Pro-Lys-Lys-Arg-Lys-Val-，SV40T 抗原）
过氧化物酶体蛋白	C 端-Ser-Lys-Leu-（SKL 序列）
溶酶体蛋白	Man-6-P（甘露糖-6-磷酸）

（一）分泌蛋白的靶向输送

如前所述细胞分泌蛋白，膜整合蛋白，滞留在内质网、高尔基体、溶酶体的可溶性蛋白均在内质网膜结合核糖体上合成，并且边翻译边进入内质网，使翻译与运转同步进行。这些蛋白质首先被其 N 端的特异信号序列引导进入内质网，然后再由内质网包装转移到高尔基体，并在此分选投送，或分泌出细胞，或被送到其他细胞器。

1. 信号肽（signal peptide）　各种新生分泌蛋白的 N 端都有保守的氨基酸序列称为信号肽，长度一般在 13～36 个氨基酸残基之间。有如下三个特点：①N 端常常有 1 个或几个带正电荷的碱性氨基酸残基，如赖氨酸、精氨酸；②中间为 10～15 个残基构成的疏水核心区，主要含疏水中性氨基酸，如亮氨酸、异亮氨酸等；③C 端多以侧链较短的甘氨酸、丙氨酸结尾，紧接着是被信号肽酶（signal peptidase）裂解的位点。

2. 分泌蛋白的运输机制 为翻译运转同步进行。分泌蛋白靶向进入内质网，需要多种蛋白成分的协同作用。

（1）信号识别颗粒（signal recognition particle，SRP）：是 6 个多肽亚基和 1 个 7S RNA 组成的 11S 复合物。SRP 至少有三个结构域：信号肽结合域、SRP 受体结合域和翻译停止域。当核糖体上刚露出肽链 N 端信号肽段时，SRP 便与之结合并暂时终止翻译，从而保证翻译起始复合物有足够的时间找到内质网膜。SRP 还可结合 GTP，有 GTP 酶活性。

（2）SRP 受体：内质网膜上存在着一种能识别 SRP 的受体蛋白，称 SRP 受体，又称 SRP 锚定蛋白（docking protein，DP）。DP 由 α（69kDa）和 β（30kDa）两个亚基构成，其中 α 亚基可结合 GTP，有 GTP 酶活性。当 SRP 受体与 SRP 结合后，即可解除 SRP 对翻译的抑制作用，使翻译同步分泌得以继续进行。

（3）核糖体受体：也为内质网膜蛋白，可结合核糖体大亚基使其与内质网膜稳定结合。

（4）肽转位复合物（peptide translocation complex）：为多亚基跨内质网膜蛋白，可形成新生肽链跨内质网膜的蛋白通道。

分泌蛋白翻译同步运转的主要过程：①胞质游离核糖体组装，翻译起始，合成出 N 端包括信号肽在内的约 70 个氨基酸残基。②SRP 与信号肽、GTP 及核糖体结合，暂时终止肽延伸。③SRP 引导核糖体-多肽-SRP 复合物，识别结合内质网膜上的 SRP 受体，并通过水解 GTP 使 SRP 解离再循环利用，多肽链开始继续延长。④与此同时，核糖体大亚基与核糖体受体结合，锚定在内质网膜上，水解 GTP 供能，诱导肽转位复合物开放形成跨内质网膜通道，新生肽链 N 端信号肽即插入此孔道，肽链边合成边进入内质网腔。⑤内质网膜的内侧面存在信号肽酶，通常在多肽链合成约 80% 以上时，将信号肽段切下，肽链本身继续增长，直至合成终止。⑥多肽链合成完毕，全部进入内质网腔中。内质网腔 Hsp70 消耗 ATP，促进肽链折叠成功能构象，然后输送到高尔基体，并在此继续加工后储于分泌小泡，最后将分泌蛋白排出胞外。⑦蛋白质合成结束，核糖体等各种成分解聚并恢复到翻译起始前的状态，再循环利用（图 16-20）。

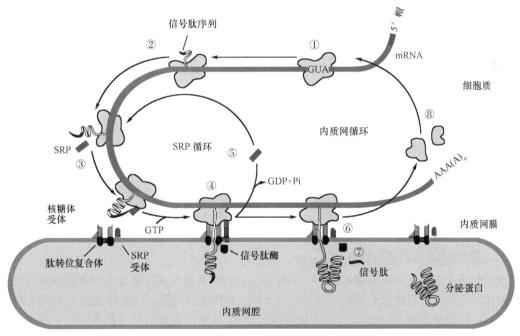

图 16-20　信号肽引导分泌蛋白进入内质网的过程

（二）细胞膜蛋白的靶向运输

定位于细胞质膜的蛋白质，其靶向跨膜机制与分泌蛋白相似。但是，跨膜蛋白质的肽链并不完全进入内质网腔，而是锚定在内质网膜上，通过内质网膜"出芽"方式形成囊泡。随后，跨膜蛋白质随囊泡转移至高尔基复合体进行加工，再随囊泡转运至细胞膜，最终与细胞膜融合而构成新的质膜。

不同类型的跨膜蛋白质均以不同形式锚定于膜上。例如，单次跨膜蛋白质的肽链中除 N 端含信号序列外，还有一段由疏水性氨基酸残基构成的跨膜序列，即停止转移序列（stop transfer sequence），是跨膜蛋白质在膜上的嵌入区域。当合成中的多肽链向内质网腔导入时，疏水的停止转移序列可与内质网膜的脂双层结合，从而使导入中的肽链不再向内质网腔内转移，形成一次性跨膜的锚定蛋白质。多次跨膜蛋白质的肽链中因有多个信号序列和多个停止转移序列，可在内质网膜上形成多次跨膜。

（三）细胞核蛋白的靶向运输

细胞核蛋白的输送也属于翻译后运转。所有细胞核中的蛋白质，包括组蛋白及复制、转录、基因表达调控相关的酶和蛋白质因子等都是在胞质游离核糖体上合成之后转运到细胞核的，而且都是通过体积巨大的核孔复合体进入细胞核的。

研究表明，所有被输送到细胞核的蛋白质多肽链都含有一个核定位序列（nuclear localization sequence，NLS）。与其他信号序列不同，NLS 可位于核蛋白的任何部位，不一定在 N 端，而且 NLS 在蛋白质进核后不被切除。因此，在真核细胞有丝分裂结束核膜重建时，细胞质中具有 NLS 的细胞核蛋白可被重新导入核内。最初的 NLS 是在猿病毒 40（SV40）的 T 抗原上发现的，为 4～8 个氨基酸残基的短序列，富含带正电荷的赖氨酸、精氨酸及脯氨酸。不同 NLS 间未发现共有序列。

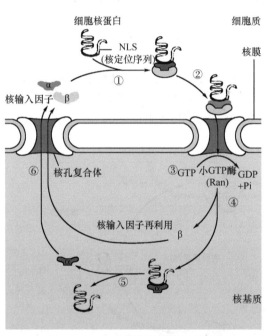

图 16-21　细胞核蛋白的靶向输送

蛋白质向核内输送过程需要几种循环于核质和胞质的蛋白质因子，包括 α、β 核输入因子（nuclear importin）和一种相对分子量较小的 GTP 酶（Ran 蛋白）。三种蛋白质组成的复合体停靠在核孔处，α、β 核输入因子组成的异二聚体可作为胞核蛋白受体，与 NLS 结合的是 α 亚基。核蛋白转运过程如下：①细胞核蛋白在胞质游离核糖体上合成，并释放到细胞质中；②蛋白质通过 NLS 识别结合 α、β 输入因子二聚体形成复合体，并被导向核孔复合体；③依靠 Ran GTP 酶水解 GTP 释能，将核蛋白-输入因子复合体跨核孔转运入核基质；④转位中，β 和 α 输入因子先后从复合体中解离，核蛋白定位于细胞核内。α、β 输入因子移出核孔再循环利用（图 16-21）。

（四）线粒体蛋白的靶向运输

线粒体蛋白的输送属于翻译后运转。90% 以上的线粒体蛋白前体在胞质游离核糖体合成后输入线粒体，其中大部分定位于基质，其他定位于内、外膜或膜间隙。线粒体蛋白 N 端都有相应信号序列，如线粒体基质蛋白前体的 N 端含有保守的 12～30 个氨基酸残基构成的信号序列，称为前导肽。前导肽一般具有如下特性：富含带正电荷的碱性氨基酸（主要是 Arg 和 Lys）；经常含有丝氨酸和苏氨酸；不含酸性氨基酸；有形成两性（亲水和疏水）α 螺旋的能力。

线粒体基质蛋白翻译后运转过程：①前体蛋白在胞质游离核糖体上合成，并释放到细胞质中；②细胞质中的分子伴侣 Hsp70 或线粒体输入刺激因子（mitochondrial import stimulating factor,

MSF）与前体蛋白结合，以维持这种非天然构象，并阻止它们之间的聚集；③前体蛋白通过信号序列识别、结合线粒体外膜的受体复合物；④再转运、穿过由线粒体外膜转运体（translocator of the outer mitochondrial membrane，Tom）和线粒体内膜转运体（translocator of the inner mitochondrial membrane，Tim）共同组成的跨内、外膜蛋白通道，以未折叠形式进入线粒体基质；⑤前体蛋白的信号序列被线粒体基质中的特异蛋白酶切除，然后蛋白质分子自发地或在上述分子伴侣帮助下折叠形成有天然构象的功能蛋白（图 16-22）。

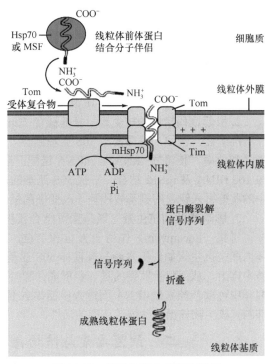

图 16-22　线粒体蛋白的靶向输送

第四节　影响蛋白质合成的因素及与医学的关系

　　蛋白质生物合成是许多药物和毒素的作用靶点。这些药物或毒素可以通过阻断真核或原核生物蛋白质生物合成体系中某组分的功能，从而干扰和抑制蛋白质生物合成过程。真核生物与原核生物的翻译过程既相似又有差别，这些差别在临床医学中有重要应用价值。如抗生素能杀灭细菌但对真核细胞无明显影响，可以蛋白质生物合成所必需的关键组分作为研究新的抗菌药物的靶点。某些毒素也作用于基因信息传递过程，对毒素作用原理的了解，不仅能研究其致病机制，还可从中发现寻找新药的途径。

一、某些抗生素的作用机制

　　某些抗生素（antibiotics）可抑制细胞的蛋白质合成，仅仅作用于原核细胞蛋白质合成的抗生素可作为抗菌药，抑制细菌生长和繁殖，预防和治疗感染性疾病。作用于真核细胞的蛋白质合成的抗生素可以作为抗肿瘤药（表 16-8）。

表 16-8　常用抗生素抑制肽链生物合成的原理与应用

抗生素	作用位点	作用原理	应用
伊短菌素	原核、真核核糖体小亚基	阻碍翻译起始复合体的形成	抗病毒药
四环素、土霉素	原核核糖体小亚基	抑制氨酰-tRNA 与小亚基结合	抗菌药
链霉素、新霉素、巴龙霉素	原核核糖体小亚基	改变构象引起读码错误、抑制起始	抗菌药
氯霉素、林可霉素、红霉素	原核核糖体大亚基	抑制肽酰转移酶、阻断肽链延长	抗菌药
嘌呤霉素	原核、真核核糖体	使肽酰基转移到它的氨基上后脱落	抗肿瘤药
放线酮	真核核糖体大亚基	抑制肽酰转移酶、阻断肽链延长	医学研究
夫西地酸、细球菌素	EF-G	抑制 EF-G、阻止转位	抗菌药
大观霉素	原核核糖体小亚基	阻止转位	抗菌药

▌（一）抑制肽链合成起始的抗生素

　　伊短菌素（edeine）和密旋霉素（pactamycin）引起 mRNA 在核糖体上错位而阻碍翻译起始复合物的形成，对所有生物的蛋白质合成均有抑制作用。伊短菌素还可以影响起始氨酰-tRNA 的就位和 IF-3 的功能。

（二）抑制肽链延长的抗生素

1. 干扰进位的抗生素 四环素和土霉素特异性结合 30S 亚基的 A 位，抑制氨酰-tRNA 的进位。粉霉素（pulvomycin）可降低 EF-Tu 的 GTP 酶活性，从而抑制 EF-Tu 与氨酰-tRNA 结合；黄色霉素（kirromycin）阻止 EF-Tu 从核糖体释出。

2. 引起读码错误的抗生素 氨基糖苷（aminoglycoside）类抗生素能与 30S 亚基结合，影响翻译的准确性。例如，链霉素与 30S 亚基结合，改变 A 位上氨酰-tRNA 与其对应的密码子配对的精确性和效率，使氨酰-tRNA 与 mRNA 错配；潮霉素 B（hygromycin B）和新霉素（neomycin）能与 16S rRNA 及 rpS12 结合，干扰 30S 亚基的解码部位，引起读码错误。这些抗生素均能使延长中的肽链引入错误的氨基酸残基，改变细菌蛋白质合成的忠实性。

3. 影响成肽的抗生素 氯霉素可结合核糖体 50S 亚基，阻止由肽酰转移酶催化的肽键形成；林可霉素（lincomycin）作用于 A 位和 P 位，阻止 tRNA 在这两个位置就位而抑制肽键形成；大环内酯类抗生素如红霉素能与核糖体 50S 亚基中肽链排出通道结合，阻止新生肽链从核糖体大亚基中排出，从而阻止肽键的进一步形成；嘌呤霉素（puromycin）的结构与酪氨酰-tRNA 相似，在翻译中可取代酪氨酰-tRNA 而进入核糖体 A 位，中断肽链合成；放线酮（cycloheximide）特异性抑制真核生物核糖体肽酰转移酶的活性。

二、细菌毒素与植物毒素对蛋白质生物合成的抑制

案例 16-1

患者，男性，30 岁。因"发热、咽痛、咳嗽 3 天，加重伴心悸 1 天"入院。病史：3 天前无原因出现发热，咽喉疼痛、咳嗽，伴头痛及全身肌肉疼痛。最高体温 38.9℃，曾采取青霉素治疗，效果欠佳。1 天前症状加重，全身乏力，厌食，阵发性呛咳，伴心悸及呼吸困难。既往无"百白破"疫苗接种史。双侧咽腭弓各有一处白色假膜附着，右侧假膜与悬垂粘连，且周围有黏液样分泌物，组织充血明显。假膜不易剥脱，触之易出血，咽反射存在。颈部肿胀严重，可触及黄豆大小数个淋巴结。

辅助检查主要阳性发现（括号内为参考区间）：外周血白细胞（WBC）$1.87×10^{10}$/L〔$(4\sim10)×10^9$/L〕，中性粒细胞的百分数 90.5%（50%～70%），红细胞沉降率 68mm/h（<15mm/h）。血清丙氨酸转氨酶（ALT）248U/L（0～40U/L）、天冬氨酸转氨酶（AST）172U/L（0～40U/L）、碱性磷酸酶（ALP）168U/L（40～110U/L）、γ-谷氨酰转移酶（GGT）59U/L（<40U/L）、乳酸脱氢酶（LDH）392U/L（109～245U/L）、肌酸激酶同工酶（CK-MB）112U/L（0～25U/L）。心电图提示窦性心律，QRS 波均为室上性心动过速。

患者入院后给予头孢哌酮/舒巴坦钠 3.0g，静脉滴注 2 次/天，连用 6 天；用白喉抗毒素 24 000U，静脉滴注 2 次/天，连用 3 天。治疗后患者体温、外周血象、心肌酶及转氨酶逐渐恢复正常，咳嗽、咽痛和心悸消失，咽部分泌物渐减少，假膜脱落。8 天后痊愈出院。

初步诊断：白喉、中毒性心肌炎、中毒性肝炎。

问题：

1. 请从生物化学角度分析白喉的发病机制。

2. 白喉毒素为什么会导致心肌炎和肝炎？

（一）白喉毒素

白喉毒素（diphtheria toxin）是白喉杆菌产生的外毒素蛋白，对人体和其他哺乳动物的毒性极强，其主要作用就是抑制蛋白质的生物合成。白喉毒素由 A、B 两个亚基组成，A 亚基能催化辅酶 I（NAD^+）与真核 eEF-2 共价结合，从而使 eEF-2 失活（图 16-23）。它的催化活性很高，只需

微量就能有效地抑制细胞蛋白质合成，给予烟酰胺可拮抗其作用。B 亚基可与细胞表面特异受体结合，帮助 A 链进入细胞。

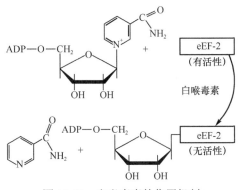

图 16-23　白喉毒素的作用机制

> **案例 16-2**
>
> 　　患儿，男性，9 岁。因"8 小时前野外误食蓖麻子，腹痛、腹泻、呕吐"入院。辅助检查主要阳性发现（括号内为参考区间）：CK 675U/L（18～198U/L）、ALT 69U/L（5～40U/L）、AST 53U/L（0～40U/L）、血尿素氮（BUN）7.7mmol/L（1.8～6.5mmol/L）、$[Na^+]$ 104mmol/L（130～150mmol/L）、$[K^+]$ 2.9mmol/L（3.5～5.5mmol/L）；心电图显示窦性心动过速、ST-T 段改变。洗胃导泻后给予西咪替丁、保护胃黏膜、调整水电解质和酸碱平衡治疗。最终患者痊愈出院。
>
> 　　*初步诊断：蓖麻子中毒。*
>
> 　　**问题：**请从生物化学角度分析蓖麻子中毒的机制。

（二）蓖麻毒蛋白

　　蓖麻毒蛋白（ricin）可与真核生物核糖体 60S 大亚基结合，抑制肽链延长。该蛋白质由 A、B 两条链通过一对二硫键连接而组成。B 链是凝集素，通过与细胞膜上含有半乳糖的糖蛋白（或糖脂）结合而附着于动物细胞的表面。附着后，二硫键被还原，A 链释放进入细胞内，与 60S 大亚基结合。A 链具有蛋白酶活性，催化 60S 大亚基中 28S rRNA 第 4324 位脱嘌呤反应，使 28S rRNA 降解，使核糖体大亚基失活，抑制蛋白质的生物合成。蓖麻蛋白毒力很强，为同等重量氰化钾毒力的 6 000 倍，可用于生化武器。

三、其他蛋白质合成阻断剂

（一）干扰素

　　干扰素（interferon，IFN）是真核细胞感染病毒后分泌的一类具有抗病毒作用的蛋白质，它可抑制病毒繁殖，保护宿主细胞。干扰素分为 α-（白细胞）型、β-（成纤维细胞）型和 γ-（淋巴细胞）型三大族类，每族类各有亚型，分别有各自的特异作用。干扰素抗病毒的作用机制主要有如下两点：

　　1. 激活一种蛋白质激酶　干扰素在某些病毒等双链 RNA 存在时，能诱导 eIF-2 蛋白质激酶活化。该活化的激酶使真核生物 eIF-2 磷酸化失活，从而抑制病毒蛋白质合成。

　　2. 间接活化核酸内切酶使 mRNA 降解　干扰素先与双链 RNA 共同作用活化 2′,5′-寡聚腺苷酸（2′-5′A）合成酶，使 ATP 以 2′,5′-磷酸二酯键连接，聚合为 2′-5′A。2′-5′A 再活化一种核酸内切酶 RNaseL，后者使病毒 mRNA 发生降解，阻断病毒蛋白质合成（图 16-24）。

　　干扰素除了抑制病毒蛋白质的合成外，几乎对病毒感染的所有过程均有抑制作用，如吸

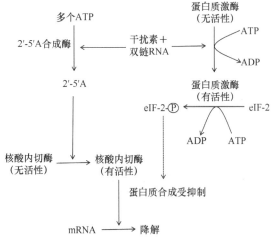

图 16-24　干扰素抗病毒作用的主要分子机制

附、穿入、脱壳、复制、表达、颗粒包装和释放等。此外，干扰素还有调节细胞生长分化、激活免疫系统等作用，因此有十分广泛的临床应用。现在我国已能用基因工程技术生产人类干扰素，是继基因工程生产的胰岛素之后，较早获准在临床使用的基因工程药物。

案例 16-3

患者，女性，12 岁。因"双侧耳周肿痛 4 天"入院。患儿于入院前 4 天无明显诱因出现双侧耳周肿胀，局部疼痛，咀嚼食物时疼痛加重，无头痛、发热、恶心、呕吐、腹痛、腹泻等症，曾给"双黄连、利巴韦林"等药静脉滴注，"板蓝根颗粒"等药口服，效果欠佳，双侧耳周仍肿痛，故今日来院就诊。给予干扰素 $\alpha_1 b$ 肌内注射，100 万 U/次，1 次/天，治疗 5 天后病情明显缓解，最后痊愈出院。

初步诊断：流行性腮腺炎。

问题：

1. 请从生物化学角度分析干扰素治疗流行性腮腺炎的作用机制。

2. 干扰素临床治疗的其他应用与不良反应主要有哪些？

（二）eIF-2 蛋白质激酶

eIF-2 是真核细胞翻译起始的重要因子，其活性形式为 eIF-2-GTP。翻译起始复合物形成后，eIF-2 以无活性的 eIF-2-GDP 形式解离，然后再与鸟苷酸交换因子（guanine nucleotide exchange factor，GEF，又称 eIF-2B）作用，以 GTP 取代 GDP，重新生成 eIF-2-GTP，循环利用。

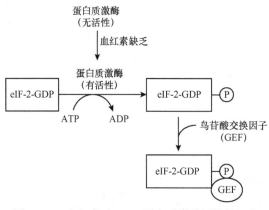

图 16-25 血红素对 eIF-2 蛋白质激酶活性的调节

哺乳动物细胞有两种 eIF-2 蛋白质激酶，一种依赖于双链 RNA 的激活（如上述干扰素的作用）；另一种受血红素的调控。后者平时无活性，缺铁时，血红素合成减少，使 eIF-2 蛋白质激酶活化，进而磷酸化 eIF-2-GDP。磷酸化的 eIF-2-GDP 与 GEF 的亲和力大为增强，两者黏着，互不分离，妨碍 GEF 作用，使 eIF-2-GDP 难以转变成 eIF-2-GTP，eIF-2 处于 eIF-2-GDP-P-GEF 无活性状态，GEF 也不能再生，肽链翻译停止（图 16-25）。网织红细胞所含 GEF 很少，eIF-2-GDP 只要 30% 被磷酸化，GEF 就全部失活，使包括血红蛋白在内的所有蛋白质合成完全停止。

（隋琳琳 王 超）

思 考 题

1. 参与蛋白质生物合成体系的组分有哪些？它们具有什么功能？

2. 遗传密码有什么特点？基因发生插入突变时，插入 1 个核苷酸或连续插入 3 个核苷酸，哪种产生的后果更严重？

3. 原核与真核细胞蛋白质生物合成的差别有哪些，这些差别在临床医学中有何应用？

4. 举例说明常用抗生素抑制细菌生长繁殖的作用机制。

第十七章 基因表达调控

基因表达是指携带遗传信息的 DNA 经过一系列步骤，生成具有生物学功能产物的整个过程。这些功能产物包括由 RNA 翻译成的蛋白质，也包括不翻译的功能性非编码 RNA。基因表达过程的调节与控制就是基因表达调控。许多基因的表达模式呈现为严格的时间特异性和空间特异性。基因表达调控是在多级水平上进行的复杂而精细的分子事件。目前对调控机制的认识还是冰山一角，但其中的奥妙引人入胜，也是生命过程精妙本质所在。

第一节 基因表达调控的基本原理及其生物学意义

从 DNA 到 RNA，遗传信息由储存状态到功能行使状态是受到严格调控的。尽管对个体而言，不同组织细胞所含的基因组 DNA 都是一样的，但基因表达的种类不相同；而且同一基因在不同组织细胞中表达的数量也各不相同，甚至在同一组织内不同生理或病理情况下，表达量也可能不一样。机体的正常运转需要不同的基因在恰当的部位、恰当的时机进行表达。某些重要功能基因的表达调控模式发生显著变化，导致细胞的功能状态及形态也会随之改变。在正常组织细胞恶变为肿瘤细胞过程中，许多相关基因的表达水平会发生明显改变。不同组织细胞中哪些基因表达开启，哪些基因表达关闭，以及它们表达的强度，是在严格的调节机制控制下进行的，即基因表达调控。基因表达调控是生物体适应环境，维持正常生长、发育、增殖和分化的重要保证。

一、基因表达调控的基本规律

（一）基因表达的时空特异性

生物体内，基因的表达具有严格的时间特异性和空间特异性，简称时空特异性。物种愈高级，基因表达的时空特异性愈明显，而且基因表达时空特异性的异常往往与异常生理病理的发生发展密切相联。

为了适应生存，在漫长的进化演变中，生物体基因表达时空特异性调控的分子机制已发展得十分精密完善，以此实现对自身诸多基因协调表达的控制。伴随着个体发育与细胞周期的不同，基因表达的时空特异性十分严格，而绝非全部基因同步表达，而且表达量也不一样。这从一个基因组通常表达有限的基因的数量或比例就可以清晰看出，例如：①大肠埃希菌基因组含有约 3500 个基因，但通常只有 5%～10% 的基因处于较高水平表达状态，而其他基因或表达水平较低，或暂时不表达；②人类基因组约含有 2.5 万个基因，在不同的人体组织细胞中，通常只是部分基因表达，部分基因处在沉默状态；③尽管病毒基因组十分简单，但其基因表达也表现出非常明显的时空特异性。

1. 基因表达的时间特异性 在生物个体的生命过程中，根据功能的需要，某些特定基因的表达严格按一定的时间顺序开启或关闭，这就是基因表达的时间特异性（temporal specificity）。多细胞生物从受精卵开始，经历细胞增殖和分化，乃至组织、器官形成，最终发育为个体的不同阶段，不同的基因严格按特定的时间顺序开启或关闭；而且每个基因转录的持续时间和表达强度都不一样，导致后续发挥功能的蛋白质的数量也不一样，决定着细胞向特定的方向分化，表现为与发育阶段一致的时间性。因此，多细胞生物基因表达的时间特异性又称为阶段特异性（stage specificity）。以人血红蛋白（Hb）中珠蛋白基因为例，其表达表现为典型的阶段特异性。珠蛋白基因包括 α、β、γ、δ、ε 和 ζ 等 6 种编码基因。在人类胚胎早期，多肽链 ζ 和 ε 编码基因表达。在人类 1～3 个月的胎儿期，Hb 的组成型逐渐变为 $\alpha_2\varepsilon_2$。在人类 4～6 个月的胎儿期，α 编码基因依然表达，ε编码基因逐渐关闭，γ编码基因开启表达，Hb 的组成型为 $\alpha_2\gamma_2$。从人类胎儿后期到出生，β编码基因的表达急剧上升，δ编码基因也开始表达，Hb 的主要组成型为 $\alpha_2\beta_2$，次要组成型为 $\alpha_2\gamma_2$ 和 $\alpha_2\delta_2$。在人类婴儿出生后约 12 周，γ编码基因关闭，而 α、β 和 δ 编码基因依然表达，因此在婴儿出生后 12 周到成人期，Hb 的主要类型为 $\alpha_2\beta_2$，次要类型为 $\alpha_2\delta_2$。

2. 基因表达的空间特异性　对多细胞生物而言，在个体生长发育的某一阶段，同一基因在不同的组织细胞中的表达水平是不一致的，如葡萄糖-6-磷酸酶，通常在肝细胞中表达，在肌细胞中不表达。又如血红蛋白在骨髓红系细胞中表达，在肌细胞则不表达；肌细胞相应表达的是肌红蛋白。基因在多细胞个体中按不同类型组织细胞的空间顺序表达的特性称为基因表达的空间特异性（spatial specificity），也称为组织特异性（tissue specificity）或细胞特异性（cell specificity）。

（二）基因表达的方式

生物个体为了更好地维持生存，各种组织细胞接受细胞内外的信号刺激，相同基因组内的各个基因表达方式各不相同，主要包括组成型表达、诱导型表达、阻遏型表达和协同表达等。

1. 基因的组成型表达　基因组中的某些基因，在生物体一生几乎所有的细胞中，以相对恒定的速率表达，其 mRNA 丰度及蛋白质含量不易受外环境因素的影响，这种基因表达的方式被称为基因的组成型表达（constitutive expression）。采取组成性方式表达的基因，通常被称为看家基因或管家基因（house-keeping gene），例如，rRNA、tRNA、微管蛋白（tubulin）、甘油醛-3-磷酸脱氢酶（glyceraldehyde-3-phosphate dehydrogenase，GAPDH）等。这些管家基因的蛋白表达产物对生命全过程都是必不可少的，几乎在不同组织细胞中都持续表达，没有明显的时间和空间表达变化，例如，微管蛋白是构成真核细胞骨架的重要部分。看家基因的组成型表达强度通常只与该基因的启动子活性有关，基本不受其他机制调节，常在 mRNA 或蛋白定量检测中被当作内参。不过后来发现管家基因的表达水平在某些特定情况下也会有所变化，只能说在正常生理条件下基本不变。

2. 基因的诱导型表达和阻遏型表达　与管家基因不同，另有一些基因的表达很容易受外界环境因素的影响，可发生明显的升高或下降。在特定外环境刺激信号下，如果相应基因的表达被激活，基因的表达产物明显增加，则这种基因表达方式被称为基因的诱导表达（induced expression）。采取诱导方式表达的基因，通常被称为可诱导基因。例如，长期生长在只含有葡萄糖的培养基中的大肠埃希菌，不合成利用乳糖进行代谢的酶系；当把这些大肠埃希菌转移到只含有乳糖的培养基中，在乳糖的刺激下，大肠埃希菌基因组中能够利用乳糖进行代谢的酶系蛋白编码基因被诱导表达，使之可以利用乳糖作为能源物质，维持生长增殖。

与上述情况相反，如果某基因对外环境信号的应答效应为抑制性，即该基因表达的状态变为显著降低或不表达，这种表达方式被称为基因的阻遏型表达。采取阻遏型表达的基因，通常被称为可阻遏基因。例如，当培养基中色氨酸供应充足时，细菌体内色氨酸合成酶系蛋白编码基因的表达就会被阻遏。诱导和阻遏是基因表达调控的普遍方式，也是生物体适应环境的最基本机制。

3. 基因的协同表达　在多种机制调控下，在细胞活动功能关联的一组基因，即使调控方式不一样，均需协调一致，使细胞内蛋白质的种类与数量达到最佳状态，即协同表达（coordinate expression），这种调节称为协同调节（coordinate regulation）。如生物体内，一个代谢途径通常是由一系列化学反应组成，需要多种酶参与，此外还需要其他蛋白质，诸如负责底物或代谢产物的转运等。这些酶及蛋白质等编码基因被协同调节，使参与同一代谢途径的所有蛋白质含量比例适当，以确保代谢途径有条不紊地进行。

二、基因表达调控的生物学意义

（一）适应环境、维持生长和增殖的需要

生物体通过调控自身基因的表达水平，以适应内外环境变化是一种普遍存在的机制。原核生

物中，环境营养因素对基因表达的影响最为显著。原核生物基因表达调控的生物学意义主要在于满足适应环境变化、维持个体生长与分裂增殖的需要。对高等真核生物亦是如此，例如，经常饮酒者体内的醇脱氢酶活性较高，这与相应基因的表达水平被调节升高有密切关系。总之，生物体所处的内、外环境处于动态变化中，个体内的活细胞都必须对内、外环境的变化做出适当反应，以使生物体能更好地适应变化的环境。而生物体这种适应环境的能力总是与某种或某些蛋白质分子的功能有关。细胞内这些功能蛋白质分子的有或无、多或少的变化则由编码这些蛋白质的基因是否表达，以及表达水平的高低所决定。因此，通过基因表达调控，使生物体表达种类与数量都合适的蛋白质，以更好地适应环境，维持其生长与增殖。

（二）维持个体发育与分化的需要

多细胞生物体由各种不同组织类型的细胞组成，这些细胞来源于同一受精卵，具有共同的基因组序列。细胞分化是多细胞生物体生长发育的基础，关键在于特异蛋白编码基因的选择性表达。在多细胞生物体不同的发育生长阶段，细胞中蛋白质分子的种类与含量往往是不一致的；即使在同一生长发育阶段，不同器官组织细胞内蛋白质的含量也存在很大差异，成为这些分化细胞在形态结构与功能的分子基础。例如，甲状腺细胞合成甲状腺激素，胰岛细胞合成胰岛素等，而这些细胞都是在个体发育过程中逐渐产生的。人的各种器官、组织的发育与分化均由某些特定基因所调控，当其中某些基因发生缺陷或异常表达时，则会导致相应组织或器官的异常发育与分化，乃至疾病的发生发展。

第二节　原核生物基因表达调控

原核生物作为单细胞生物，在发育生长过程中对外界环境具有高度适应性，可根据环境条件的变化，迅速通过诱导或阻遏不同基因的表达，增加或减少相应的蛋白质，使原核生物个体快速适应外环境的变化。

原核生物的基因表达以操纵子（operon）为基本单位，指一个多顺反子（polycistron）转录单位（一个 mRNA 分子编码多个多肽链）与其调控序列，即多个功能相关蛋白质的编码基因串联在一起，利用共同的启动子及终止信号，受其上游调控序列的共同调节，生成含多个结构基因的一个 mRNA 分子，从而达到整体调控的目的。原核生物没有完整的细胞核结构，其转录与翻译是偶联的，同时大多数原核生物的 mRNA 在几分钟内就受到酶的降解调控，避免了环境巨变后不必要的蛋白质的合成。因此，原核生物基因的表达调控主要发生在转录水平，并具有快速调节的特点。

一、原核生物的操纵子表达调控模式

原核生物中，多个功能相关的基因序列总是串联排列在一起，受到上游的共同转录调控区对这些基因的转录进行统一调节，生成一条 mRNA 转录本，以确保功能相关基因之间表达的协同性，这就是操纵子学说。大量实验证明，操纵子学说在原核基因的表达调控中具有普遍意义。通常操纵子由调控区和编码区两部分构成。编码区一般含有 2～6 个结构基因，有的最多可包含 20 个以上的结构基因。这些结构串联排列，彼此之间有短小的间隔序列，每个结构基因均能编码一个蛋白序列，因此一个操纵子能够编码多个不同的蛋白质。操纵子调控区往往位于转录起始点上游，包括与 RNA 聚合酶结合的启动子序列、与阻遏蛋白结合的操纵序列，有些还包含与某些激活蛋白结合的特异性位点等。

在原核操纵子系统中，特异的阻遏蛋白对操纵子基因转录起始的阻遏机制是十分普遍的。当阻遏蛋白与操纵序列结合时，转录起始复合物不能形成，基因的转录被阻遏；相反，当某种特异的信号分子与阻遏蛋白结合，使阻遏蛋白变构失活，从操纵序列上解离下来，则操纵子基因的阻遏被解除，转录又被重新开启。下面分别以大肠埃希菌（*E. coli*）的乳糖操纵子和色氨酸操纵子为例，介绍原核生物基因的转录调控机制。

（一）乳糖操纵子的转录调控

在 1960 年，法国科学家 Jacob 和 Monod 等发现乳糖降解代谢具有典型"开关"特性，提出了操纵子学说。他们发现当大肠埃希菌生长在含有乳糖的培养基上时，乳糖代谢酶浓度从每个细胞几个分子急剧增加到几千个分子。而当培养基中没有乳糖时，乳糖代谢活动停止，则乳糖代谢酶基因不表达，避免能量与物质的损耗。该模型用来说明乳糖代谢中基因表达的调控机制，成为基因表达调控研究的典例。

1. 乳糖操纵子的结构　大肠埃希菌的乳糖操纵子（lac operon）含有 Z、Y、A 三个结构基因。Z 基因编码 β-半乳糖苷酶（β-galactosidase），催化乳糖转变为别乳糖（allolactose），再分解为半乳糖和葡萄糖；Y 基因编码半乳糖苷通透酶（permease），转运环境中的乳糖进入细菌；A 基因编码转乙酰基酶（transacetylase），以二聚体活性形式催化半乳糖的乙酰化。此外，在结构基因紧邻上游为 lac 操纵子的调控区，含有一个操纵序列（operator，O）、一个启动子（promoter，P）序列 P、一个分解代谢物基因激活蛋白质（catabolite gene activator protein，CAP）结合位点，分别能与 lac 阻遏蛋白、RNA 聚合酶及 CAP 相结合。在结构基因远处上游存在一个调节基因（inhibitor gene I）以及 I 基因的独立启动子 Pi 等。调节基因 I 编码一种阻遏蛋白，该阻遏蛋白与操纵序列 O 结合之后使 lac 操纵子处于关闭状态，不能启动这三种酶的转录（图 17-1）。

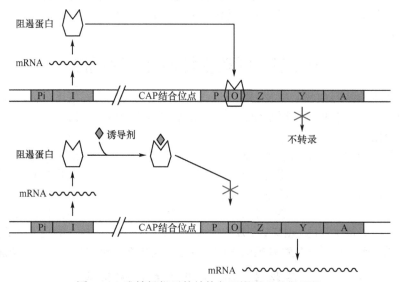

图 17-1　乳糖操纵子的结构与阻遏蛋白的负调控

2. 乳糖操纵子的转录调控机制　大肠埃希菌乳糖操纵子的转录调控机制中，既有阻遏蛋白的负调控，又有 CAP 的正调控（图 17-2）。

（1）阻遏蛋白的负调控：大肠埃希菌体内平时都具有分解葡萄糖的相关酶，而分解乳糖的β-半乳糖苷酶是条件性表达，因此大肠埃希菌具有优先利用葡萄糖作为能源的特点。当大肠埃希菌的生存环境中只有葡萄糖、不存在乳糖时，lac 操纵子处于阻遏状态。此时，I 调节基因在 Pi 启动序列作用下表达阻遏蛋白，与 lac 操纵子的 O 序列结合，阻碍 RNA 聚合酶与操纵子的 P 序列结合，抑制了操纵子转录启动。但是阻遏蛋白的阻碍作用不是绝对的，偶有阻遏蛋白与 O 序列解聚，其概率在每个细胞周期发生 1～2 次。因此，在没有诱导剂存在的情况下，大肠埃希菌内也会有少量的 β-半乳糖苷酶、通透酶和乙酰转移酶表达，称为本底水平的组成型表达。当生存环境有乳糖存在时，大肠埃希菌要将乳糖水解为半乳糖和葡萄糖，催化此水解反应的是 β-半乳糖苷酶。lac 操纵子被诱导开放，但真正的诱导剂并非乳糖本身。此时，乳糖经通透酶作用进入细胞，再经原先存在于细胞中少量的 β-半乳糖苷酶催化，转变为别乳糖。别乳糖作为一种诱导剂（inducer）与阻遏蛋白结合，使阻遏蛋白的构象发生变化，导致阻遏蛋白与 O 序列解离，继而

RNA 聚合酶与 P 序列结合，引起结构基因 Z、Y 和 A 一起转录表达，使 β-半乳糖苷酶的量增加 1000 倍左右。由于 Z、Y、A 以多顺反子形式存在，即三个基因被转录到同一条 mRNA 上，因此乳糖能同时等量地诱导三种酶的合成，这种调控机制为可诱导的负调控。

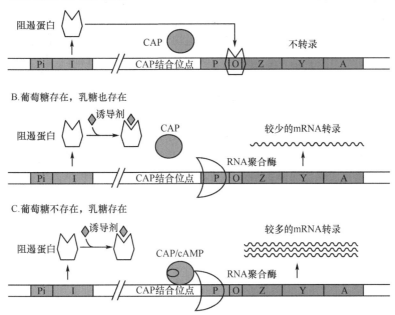

图 17-2 阻遏蛋白、cAMP、诱导剂和 CAP 对乳糖操纵子的调节

A. 当葡萄糖存在，乳糖不存在时，阻遏蛋白封闭转录，CAP 不能发挥作用，目的基因不转录；B. 乳糖存在，诱导阻遏蛋白变构，不能发挥抑制作用，转录去阻遏。然而，因葡萄糖存在，CAP 依然不能发挥作用；C. 当葡萄糖不存在，乳糖存在时，阻遏蛋白被诱导变构，不能发挥作用，转录去阻遏，与此同时，CAP 发挥作用，目的基因大量转录

（2）CAP 的正调控：当大肠埃希菌在含有葡萄糖的环境中生长时，葡萄糖对一些分解代谢酶，如 β-半乳糖苷酶、半乳糖激酶、阿拉伯糖异构酶、色氨酸酶等具有明显的抑制效应，称之为分解代谢物阻遏（catabolite repression）作用。这种现象与 cAMP 有关。在大肠埃希菌中，cAMP 的浓度受葡萄糖代谢的调节。当环境没有葡萄糖时，细胞内 cAMP 浓度增高，cAMP 结合 CAP，该复合物能够辨认并结合位于 lac 操纵子 P 序列上游的 CAP 位点，增强 RNA 聚合酶的活性，使操纵子的转录效率提高约 50 倍。当有葡萄糖存在时，cAMP 的浓度降低，cAMP 与 CAP 的结合数量下降，未结合 cAMP 的 CAP 不能与 DNA 上的 CAP 位点结合发挥正调控作用，RNA 聚合酶与启动子并不形成具有高效转录活性的开放复合物，因此 lac 操纵子的转录效率下降。由此可见，乳糖操纵子结构基因的高表达既需要诱导剂乳糖的存在，又要求无葡萄糖的条件（图 17-2）。

（3）协同调节：lac 操纵子的启动子作为一个弱启动子，CAP 的正调控与阻遏蛋白的负调控是相互协调的。当阻遏蛋白结合 O 序列时，CAP 对 lac 操纵子系统是不能发挥作用的；但是，当阻遏蛋白从 O 序列上脱落下来，lac 操纵子依然转录活性很低，此时必须有 CAP 的正调控，才能启动高水平的转录。可见，CAP 的正调控与阻遏蛋白的负调控，两种机制是相辅相成、互相协调的关系。两种机制的协调作用可因葡萄糖和乳糖的存在与否分为如下四种情况：①葡萄糖存在，乳糖不存在：阻遏蛋白与 O 序列结合，并且没有 CAP 的正调控作用，基因处于关闭状态。②葡萄糖和乳糖均存在：阻遏蛋白与半乳糖结合，空间构象改变，不再与操纵基因结合，lac 操纵子开放；但由于葡萄糖存在导致 cAMP 浓度低下，cAMP 不能与 CAP 有效结合，CAP 不能发挥正调控作用，因此，总体而言 lac 操纵子转录水平很低。此时，细菌优先利用葡萄糖。③乳糖存在，葡萄糖不存在：阻遏蛋白与 O 序列解聚，且有 CAP 的正调控作用，lac 操纵子被快速开启，lac

操纵子的转录活性最强。④葡萄糖和乳糖均不存在：阻遏蛋白封闭 O 序列，CAP 的正调控也难以发挥作用，*lac* 操纵子处于关闭状态，而此时的大肠埃希菌则可能通过表达另外的操纵子，寻求利用环境中存在的其他能源物质。

（二）色氨酸操纵子的转录调控

色氨酸作为构成蛋白质的组分之一，是生命个体的一种必需氨基酸。一般的环境难以提供足够的色氨酸，原核生物需要自己合成色氨酸来满足快速繁殖。原核生物内色氨酸的合成分五步完成，每个环节需要一种酶的催化。这五种酶的编码基因不间断地排列在一起，表达在一条多顺反子 mRNA 上，称为色氨酸操纵子（tryptophane operon）。

1. 色氨酸操纵子的结构 按顺序，*trp* 操纵子包含 *trp*E、*trp*D、*trp*C、*trp*B 和 *trp*A 五个结构基因，分别编码色氨酸合成通路中所需要的 5 个酶蛋白。其中，*trp*E 基因编码邻氨基苯甲酸合酶，*trp*D 基因编码邻氨基苯甲酸磷酸核糖基转移酶，*trp*C 基因编码吲哚甘油磷酸合酶，*trp*A 和 *trp*B 基因分别编码色氨酸合酶的 α 和 β 亚基。结构基因上游依次是前导基因（*trp*L）、操纵序列（O）和启动序列（P），三者构成了操纵子基因的转录调控区。而转录调控区上游还有调节基因（R），编码阻遏蛋白（图 17-3）。

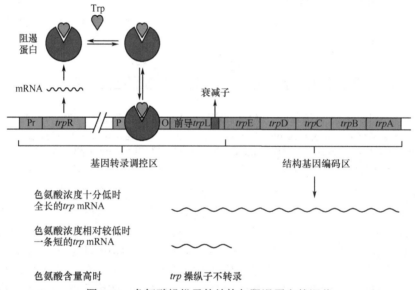

图 17-3 色氨酸操纵子的结构与阻遏蛋白的调节

2. 色氨酸操纵子的转录调控机制 色氨酸操纵子是一种阻遏型操纵子，其表达调控有两种机制：一种是阻遏蛋白的负调控，另一种是衰减作用。

（1）阻遏蛋白的负调控：色氨酸阻遏蛋白是一种同源二聚体蛋白质，每个亚基有 107 个氨基酸残基。色氨酸阻遏蛋白本身不能和操纵基因 *O* 结合，必须和色氨酸结合后才能与操纵基因 *O* 结合，从而阻遏结构基因表达，因此色氨酸是一种阻遏物。当色氨酸浓度高时，色氨酸与阻遏蛋白结合，引起阻遏蛋白构象变化，并使其与操纵子的 O 序列结合，阻遏转录。而当色氨酸浓度较低时，没有足够的色氨酸与阻遏蛋白结合，阻遏蛋白便不能与操纵子的 O 序列结合，转录进行。因此，胞内色氨酸的浓度是一种重要的表达调控平衡点。

（2）衰减调节：色氨酸操纵子转录的衰减调节与前导基因 *trp*L 有关。前导基因 *trp*L 位于结构基因 *trp*E 与 O 序列之间，长度为 162bp，其中第 27～79 位碱基编码由 14 个氨基酸组成的前导肽，并且第 10、11 位的两个密码子均编码色氨酸。前导基因 *trp*L 的 mRNA 根据序列特点可分成 4 段，14 个氨基酸的编码区位于序列 1，序列 1 可与序列 2 碱基配对，而序列 3 既可与序列 2 碱基配对、也可与序列 4 碱基配对，形成茎环结构，但只有序列 3 与序列 4 形成茎环结构时，才能终止转录，是弱化子的核心部分（图 17-4）。大肠埃希菌在色氨酸缺乏的环境下，前导肽编码基因和 5 个结构基因能转录产生长度为 6700 个核苷酸的多顺反子 mRNA。当细胞内色氨酸增多时，*trp*E、*trp*D、*trp*C、*trp*B 和 *trp*A 基因转录受到抑制，但前导基因 *trp*L 转录出 140 个核苷酸 mRNA 引导序列并没有减少，这部分转录产物称为弱化子转录物。

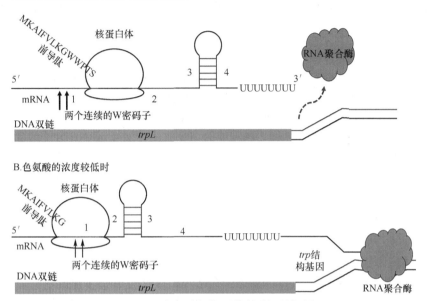

图 17-4　色氨酸操纵子的衰减调节机制

序列 1 和 2 之间、序列 2 和 3 之间、序列 3 和 4 之间存在一些互补序列，均可分别形成发夹结构，形成发卡结构的能力依次是 1/2 发夹＞2/3 发夹＞3/4 发夹。两条 DNA 链中，深色线条所示的是模板链

由于原核生物具有基因转录与蛋白翻译同步进行的特点，色氨酸操纵子的衰减调节与前导基因的转录过程及前导肽的翻译过程相互耦联。当色氨酸的浓度还处于临界状态以上时，色氨酸的供应尚及时，在前导肽的翻译过程中，参与翻译的核糖体会很快覆盖序列 1 与序列 2，前导肽翻译能够顺利完成。则序列 3 与序列 4 有机会互补，形成弱化子（attenuator），形成的发夹结构及随后出现的 8 个 U 碱基即构成典型的不依赖 ρ 因子的转录终止子，对前方的转录复合物的稳定性造成不利影响，一条短的不成熟的色氨酸操纵子 mRNA 链会从转录复合物中被拖扯下来，转录终止。而当胞内色氨酸十分缺乏时，核糖体因蛋白合成的原料缺乏终止在 1 区色氨酸 Trp 密码子部位，导致翻译提前终止，核糖体停留占据了 1 区序列。2 区序列无法与 1 区序列配对，且在 4 区序列被转录出来之前就与 3 区序列互补，不能形成有效的转录终止发夹，即弱化子不能形成，RNA 聚合酶通过弱化子而继续转录，最终转录出一条完整的色氨酸操纵子 mRNA 链，促进五个色氨酸合成酶蛋白表达，用于色氨酸合成，满足细菌代谢的需要。

二、原核生物翻译水平的基因表达调控

尽管原核 mRNA 的转录与翻译可以同步进行，原核基因表达的调控同样可以发生在翻译水平上。虽然通常把转录水平上的调控看成是基因表达调控的最主要、最经济、也是最有效的方式，而把包括翻译水平在内在其他层面上的调控看成是基因转录表达调控的补充方式，但有时翻译水平上的基因表达调控同样也是十分关键的。

（一）mRNA 翻译能力的差异调控

原核生物 mRNA 翻译能力受到其 5′ 端的 SD 序列（Shine-Dalgarno sequence）的影响。SD 序列是位于翻译起始密码子上游 4～10 个核苷酸之前一段富含嘌呤的短序列 5′-AGGAGG-3′，可以

与核糖体小亚基中的 16S rRNA 分子 3′ 端的序列 5′-CCUCCU-3 反向互补结合，促使核糖体结构中的 P 位准确结合到 mRNA 分子起始密码子 AUG 上，有利于翻译的起始。适宜的 SD 序列使蛋白翻译的起始频率高，反之则蛋白翻译的起始频率低。此外，mRNA 所采用密码子比例的不同也会影响蛋白翻译速度。大多数氨基酸由于密码子的简并性，一种氨基酸可以由多种 tRNA 携带，它们对应 tRNA 的丰度也差别很大。采用常用密码子的 mRNA 翻译速度快，而含稀有密码子比例高的 mRNA 的翻译速度慢。多顺反子 mRNA 在进行翻译时，各个编码区翻译频率和速度不同时，所合成的蛋白质的量也就不同了。

（二）翻译起始的调控

mRNA 分子上的核糖体结合位点（ribosome binding site，RBS）是起始密码子 AUG 上游的一段非翻译区序列（包含了 SD 序列）。RBS 的结合强度取决于 SD 序列的结构及其与起始密码 AUG 之间的距离。SD 序列与 AUG 之间相距一般以 4～10 个核苷酸为佳。此外，mRNA 分子的二级结构也是翻译起始的重要因素。因为核糖体的 30S 亚基必须与 mRNA 分子结合，才能开始翻译，所以要求 mRNA 5′ 端要有合适的空间结构。SD 序列的变化能够改变 mRNA 分子 5′ 端二级结构的最低自由能，影响了核蛋白体 30S 亚基与 mRNA 分子的结合，从而造成了蛋白质合成效率上的差异。

（三）核糖体蛋白翻译的阻遏

除了 rRNA 外，组装成核糖体的蛋白质共有 50 多种，它们的数量保持与 rRNA 相适应的比例。rRNA 与核糖体蛋白是边合成边相互识别，进行准确无误的装配。若 rRNA 的合成变慢或停止，游离核糖体蛋白质开始积累并成为阻遏蛋白结合在自己的 mRNA 模板分子上，引起它自身 mRNA 的翻译阻遏。对核糖体蛋白发挥翻译阻遏作用的蛋白均为能直接和 rRNA 分子相结合的核糖体蛋白。由于它们能和自身 mRNA 的翻译起始部位相结合，因此可以影响翻译的起始，避免更多的核糖体蛋白继续生成，这就是翻译水平的负调控，既保证了合成其他蛋白的基本需求，也避免了物质的浪费。

（四）释放因子 2 合成的自我调控

释放因子 2（release factor 2，RF2）是原核生物中的一种特殊蛋白因子，能够识别终止密码子 UGA 和 UAA，使刚翻译的多肽链及核糖体从 mRNA 上脱落，发挥翻译终止功能。有趣的是，*RF2* 基因的密码子不是连续排列的，在第 25 位密码子和 26 位密码子之间多了一个 U，这个 U 可以同第 26 位密码子头两个核苷酸组成终止密码子 UGA，而为 RF2 蛋白所识别。在 RF2 蛋白充足的条件下，参与翻译的核糖体 A 位进入到第 25 位密码子后的 UGA 处，便因为 RF2 识别终止密码子而终止 RF2 多肽链的合成，释放出只有 25 个氨基酸的短肽，不具有 RF2 的终止翻译的活性。如果细胞内 RF2 不足，核糖体就会以 +1 的移码机制将第 26 位密码子译成天冬氨酸，完成整个 RF2 的翻译，最后由 RF1 终止翻译，合成具有活性的 RF2 多肽链。可见，RF2 可根据自身在细胞内的丰程的反馈，决定其自身的翻译是连续还是及时终止。

（五）原核生物反义 RNA 的作用

以往认为，基因表达调控只能由蛋白质与 DNA 之间的相互作用介导来完成。然而，近年来有研究发现小分子非编码 RNA 也能调节基因表达。原核生物细胞内存在一类长度介于 40～500nt 的非编码 RNA，称为非编码小 RNA（small non-coding RNA，sncRNA）。sncRNA 为独立基因编码的 RNA 产物，它们可以通过碱基互补方式与靶 mRNA 结合，形成局部 RNA-RNA 双链，影响 mRNA 的翻译。因此，此类小非编码 RNA 称为反义 RNA，其在翻译水平上的调控机制包括：①反义 RNA 与 mRNA 5′ 非翻译区（5′ untranslated region，5′-UTR）的 SD 序列相结合，阻止 mRNA 与核糖体小亚基结合，直接抑制翻译；②反义 RNA 与 mRNA 5′ 端编码区起始密码子 AUG 结合，抑制 mRNA 翻译起始；③反义 RNA 与 mRNA 的其他非编码区互补结合，使 mRNA 构象改变，影响其与核糖体结合，间接抑制了 mRNA 的翻译；④促进核糖核酸酶介导的 mRNA 降解作用，影响靶标基因的表达。

案例 17-1

患者，男性，71 岁，因"无明显诱因右上腹不适、间断性胀痛约 1 个月"就诊。平时好饮白酒，但量不大；乙型病毒性肝炎病史 20 年。

体格检查主要阳性发现：巩膜略黄染，右上腹压痛，肝区叩击痛。实验室检查主要阳性发现（括号内为参考区间）：总胆红素 29.6μmol/L（2～21μmol/L），谷丙转氨酶 60U/L（＜40U/L），谷草转氨酶 70U/L（＜40U/L）；肿瘤标志物：甲胎蛋白（α-fetoprotein，AFP）65.3μg/L（＜10μg/L），癌胚抗原（CEA）1.3μg/L（＜10μg/L），糖类抗原 199（CA199）4.5μg/L（＜37μg/L）。腹部 B 超显示：肝右叶占位性病变，肝硬化，脾大。腹部 CT 显示：肝右后叶下段可见不规则低密度灶，边界欠清。

初步诊断：肝癌。

术后病理诊断：肝细胞癌（hepatocellular carcinoma，HCC）。

术后复查期间，未观察到局部复发或其他异常病灶，AFP 水平明显降低，后期恢复至正常水平。

问题：

1. AFP 的表达模式有什么特点？用于临床诊断的实用性是否显著？

2. *AFP* 基因的启动子结构和表达调控是怎样的？

3. 乙肝肝炎病毒是如何影响肝细胞基因表达调控的？

第三节　真核生物基因表达调控

真核生物和原核生物在细胞结构、遗传信息数量及结构方面存在显著的差异。在基因组结构上，原核生物结构简单，一般为环状双链 DNA，基因数量不多，调控序列短小；真核生物结构复杂，为线性双链 DNA，蕴藏基因数量大，调控序列可长达数千乃至上百万 bp，真核基因表达调控的环节更多，可以在复制、扩增、基因激活、转录、转录后、翻译和翻译后等多级水平上进行（图 17-5），但以转录水平的调控是主要的。此外，绝大部分真核基因转录发生在细胞核内（线粒体基因的转录在线粒体内），而翻译都发生在胞质，两个过程在空间方面是分开的，因此其调控增加了更多的环节和复杂性，转录后调控也发挥重要的作用。此外，真核生物的 RNA 聚合酶对启动子序列的结合能力低，基本上不能独自起始转录，需要多种转录因子的协同作用。真核基因表达以正调控为主。

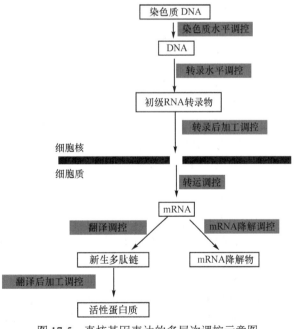

图 17-5　真核基因表达的多层次调控示意图

真核生物基因表达调控具有以下几个特点：

1. 基因组较大　真核基因组一般比原核基因组大得多，如人类基因组大约含 30 亿个碱基对。

但是哺乳基因组中只有约 10% 的序列用于编码蛋白质、rRNA、tRNA 等，其余 90% 的序列，许多功能包括对转录的调控等，有待进一步的研究分析。

2. 基因表达的时空性 包括时间性和空间性，所谓时间性是指高等生物的各种不同细胞具有相同的基因组，但在个体发育及疾病的不同阶段，基因表达的种类和数量是不同的，导致细胞中各种蛋白质的组成也不一样。所谓空间性指在不同组织和器官中，基因表达的种类和数量不同，甚至有很大的差异。真核生物的基因表达时空性比原核生物的更为显著。

3. 转录和翻译分区域进行 真核生物基因组 DNA 与组蛋白结合组装并形成染色体，位于由核膜包绕形成的细胞核内。mRNA 在核中转录生成后，穿过核孔至胞质作为模板指导蛋白质合成。真核生物的转录和翻译在不同区域内非同步进行。

4. 初级转录物的加工修饰 真核生物基因组 DNA 转录生成的初级转录物为 mRNA 前体分子，即核不均一 RNA（heterogeneous nuclear RNA，hnRNA），hnRNA 要经过加帽（m^7GpppN）、加 poly(A) 尾、切除内含子和拼接外显子等过程，才能形成成熟的 mRNA 分子。

5. 单顺反子的编码基因结构 真核生物基因组 DNA 不存在含多个基因的操纵子转录单位，真核生物编码基因转录产物为单顺反子（monocistron），即一个编码基因一般只转录生成一条 mRNA。此外，功能相关的基因大多数分散在不同的染色体上，即使空间位置很近，也是分别进行转录。

6. 转录调控区远近与大小 真核生物的基因组较大，基因转录的调节区序列也大，某些调控元件可能远离启动子达几百个甚至上千个碱基对。这些调节区一般通过改变整个所调控基因的 5′上游 DNA 的空间构型，来影响它与 RNA 聚合酶的结合能力。相反，在原核生物中，转录的调节区都很小，大都位于启动子上游不远处，调控蛋白结合到调节位点上可直接促进或抑制 RNA 聚合酶与它的结合。

一、真核生物基因组 DNA 水平的表达调控

真核基因组 DNA 绝大部分都在细胞核内与组蛋白等结合形成染色质，染色质中 DNA 和组蛋白的结构状态、化学修饰等因素都能显著影响基因的表达水平。

1. DNA 拓扑结构变化 天然双链 DNA 的构象大多是负性超螺旋。当基因活跃转录时，在 RNA 聚合酶转录方向前方的 DNA 因双链的解螺旋而形成正性超螺旋，其后面的 DNA 为负性超螺旋。正性超螺旋会拆散核小体，有利于 RNA 聚合酶向前移动转录；而负性超螺旋则有利于核小体的再形成。

2. 染色质结构影响基因转录 真核生物基因组 DNA 在细胞周期的大部分时间里都是以染色质的形式存在。将处于分裂间期的细胞核用苏木精-伊红染色法染色后，在显微镜下观察大部分染色体松开分散在核内，称为常染色质，但仍有部分保持紧凑折叠的结构，形成浓集的斑块，称为异染色质（通常位于着丝粒区及端粒）。位于常染色质内的基因具有较强的转录活性。真核生物基因在转录发生之前，常染色质往往在被解旋或松弛，形成自由 DNA，这种变化可能包括核小体结构的消除或改变，DNA 本身局部结构的变化，如双螺旋的局部去超螺旋或松弛、DNA 从右旋变为左旋，这些变化可导致结构基因的暴露，促进了某些转录因子及 RNA 聚合酶与启动区 DNA 的结合，启动基因转录。异染色质结构紧密，不利于转录因子及 RNA 聚合酶的结合，异染色质内基因的转录活跃程度很低。

3. 组蛋白的作用 组蛋白是染色体基本结构——核小体中的重要组成部分，组蛋白属于碱性蛋白质，带正电荷，可与 DNA 链上带负电荷的磷酸基相结合，使 DNA 双链不易打开，妨碍了转录因子和 RNA 聚合酶与之结合，可能扮演了非特异性阻遏蛋白的作用。组蛋白的 N 端从核小体伸展出来，不同的氨基酸残基可发生乙酰化、甲基化、磷酸化、泛素化、多聚 ADP 糖基化等多种共价修饰作用。组蛋白的修饰可通过影响组蛋白与 DNA 双链的亲和性，从而改变染色质的疏松或凝集状态，或通过影响其他转录因子与顺式作用元件的亲和性来发挥基因调控作用。

组蛋白的甲基化、乙酰化、磷酸化等蛋白修饰属于表观遗传学（epigenetics）的研究范畴。组蛋白的甲基化修饰由不同的特异性组蛋白甲基转移酶（histone methyl transferases，HMT）催化形成，主要发生在组蛋白 H₃ 和 H₄ 的赖氨酸和精氨酸的残基上。不同位点氨基酸的甲基化及甲基的数量对转录的调节功能也不尽相同，某些可以激活基因的转录，而某些则会抑制基因的转录。例如，H3K4me2/3、H3K36me1/3、H3K79me1/2 和 H4K20me1 与转录激活相关，而 H3K9me2/3、H3K27me2/3、H3K79me3 和 H4K20me3 与转录抑制相关（H3K4me3：表示 H₃ 组蛋白的第 4 位赖氨酸的三甲基化，其他以此类推）。乙酰化修饰大多在组蛋白 H₃ 第 9、14、18、23 位赖氨酸和 H₄ 第 5、8、12、16 位赖氨酸位点。乙酰化由组蛋白乙酰转移酶（histone acetyl transferase，HAT）催化，去乙酰化由组蛋白脱乙酰酶（histone deacetyltransferase，HDAC）催化。在加入乙酰基后，组蛋白的电荷被中和了，减弱了组蛋白与DNA的结合，因此组蛋白乙酰化主要与基因激活有关（图 17-6）。

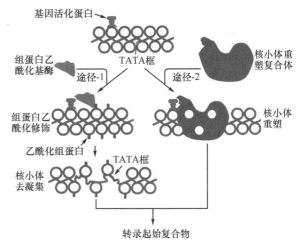

图 17-6　组蛋白的乙酰化修饰与核小体重塑

组蛋白的磷酸化修饰主要发生在组蛋白 H₃ 的第 10 位丝氨酸和第 28 位丝氨酸上，这两个位点都存在于一个相同的保守序列（-ARKS-）中。它们的磷酸化与基因转录的起始和有丝分裂期染色质凝集有关。通过磷酸化修饰中和了组蛋白的电荷，进而降低了组蛋白与DNA结合的紧密度，从而上调了基因的转录活性。

不同的组蛋白修饰都是可逆性修饰，影响了组蛋白和DNA的聚集和分离，同时作为信号，募集与基因转录调控密切相关的转录因子，通过这些作用它们可以调节基因转录的"开"和"关"状态，在表观遗传学层面上对基因表达进行调控。组蛋白多个位点的不同修饰组合形成了一个"组蛋白密码"。

4. 转录活跃区域对核酸酶作用敏感度增加　受到核小体的空间位阻作用，用核酸酶 DNase Ⅰ 消化染色质 DNA，出现 100bp、400bp 等长度较规律的降解片段，反映了完整的 DNA 与核小体规则结合的重复结构。但转录活跃的染色质区域受 DNase Ⅰ 消化常出现 100～200bp 长短不一的 DNA 片段，提示 DNA 与组蛋白结合的结构有变化，对 DNase Ⅰ 敏感性显著增加。该位点称 DNase Ⅰ 超敏感部位（DNase Ⅰ hypersensitivity site），为无核小体区，常出现在被转录基因的上游调控区内，有利于调控蛋白的结合而启动转录。

5. DNA 甲基化修饰　是指在 DNA 甲基转移酶的催化下，以硫代甲硫氨酸为甲基供体，在 CpG 二核苷酸的胞嘧啶分子的 5′碳原子上添加一个甲基基团（-CH3）的化学修饰。CpG 二核苷酸在基因组中的分布有成簇存在的倾向，CpG 岛（CpG island）是指基因组中 GC 碱基含量大于 55%，CpG 出现频率高于 0.6，长度大于 200bp 的 DNA 区域。60%～70% 的人类基因启动子区甚至转录起始位点下游都含 CpG 岛。甲基基团本身以及甲基化 DNA 募集的甲基化结合蛋白质如 MeCP2 所造成的空间位阻能够抑制转录因子的结合，因此启动子 DNA 的甲基化修饰越多，对基因的表达越有明显的抑制作用。反之，经常转录、表达量高的基因，其启动子的甲基化程度较低。

6. 基因拷贝数变异　真核细胞中还存在基因扩增（gene amplification）现象，即基因组中的特定段落在某些情况下会复制产生许多拷贝。在某些肿瘤中，常出现原癌基因的 DNA 拷贝数明显增加，而抑癌基因的 DNA 拷贝数减少的现象。DNA 拷贝数变异（copy number variant，CNV）是一种介于 1kb 至 3Mb 的 DNA 片段的变异，包括缺失、重复、倒位和易位。CNV 通过改变基因剂量、调节基因活性影响基因表达，如导致癌基因（如 *MYC* 基因）的激活与抑癌基因（如 *RB1* 基因）的失活，从而引起肿瘤。

二、真核生物转录水平的表达调控

转录起始是真核生物基因表达调控的最基本环节，主要是通过顺式作用元件、转录因子和 RNA 聚合酶的相互作用来完成的。该调控作用主要体现在转录因子结合顺式作用元件后影响转录起始复合物的形成。本章节以 RNA 聚合酶Ⅱ为例来说明真核生物基因转录水平的表达调控。

（一）转录起始复合物的形成

不论是原核生物还是真核生物，在转录起始复合物形成过程中，RNA 聚合酶与启动子的结合都是关键的一步。差别在于原核生物的 RNA 聚合酶能直接识别并结合启动子 DNA 序列，而真核细胞的 RNA 聚合酶不能直接结合启动子 DNA，其识别的是一个由通用转录因子与 DNA 形成的蛋白质-DNA 复合物。只有当一个或多个通用转录因子（transcription factor，TF）与启动子 DNA 结合，形成功能性的启动复合物后，才可被 RNA 聚合酶识别与结合。通用转录因子是真核 RNA 合成起始所必需的因子。通用转录因子与原核细胞中的 σ 因子不同，σ 因子是先与 RNA 聚合酶结合形成全酶后，方可识别启动子；σ 因子在启动转录后与 RNA 聚合酶解离，并且不再结合 RNA。而通用转录因子是不依赖于 RNA 聚合酶而独立地结合 DNA，并且在转录过程中，促使 RNA 聚合酶与启动子的结合。

真核生物的 TATA 框（TATA box）为共有序列，是由 TATAAAA 碱基组成的顺式元件，对于许多编码蛋白质基因的启动子活性起关键作用。真核生物 RNA 聚合酶Ⅱ分子结合启动子的最低程度是必须在此之前，由一个 TATA 框结合蛋白，即通用转录因子 TFⅡD 的 TBP 亚基（TATA binding protein）识别 TATA 框形成稳定的转录复合物。TBP-DNA 复合物提供了一个起始组合，把其他通用转录因子和 RNA 聚合酶Ⅱ募集到启动子上。一般认为通用转录因子作为 RNA 聚合酶Ⅱ介导基因转录时所必需的一类辅助蛋白质，对所有的基因是必需的。而特异转录因子的结合位点一般位于其靶基因的上游调控区，是该靶基因转录必需的，决定了该靶基因的时间空间特异性，也体现了细胞对内外环境变化的反应。

（二）顺式作用元件

顺式作用元件（cis-acting element）指基因组 DNA 分子里对自身基因表达有调节作用，影响转录速率的特异 DNA 序列，按照功能分为启动子（promoter）、增强子（enhancer）、沉默子（silencer）和绝缘子（insulator）等（图 17-7）。

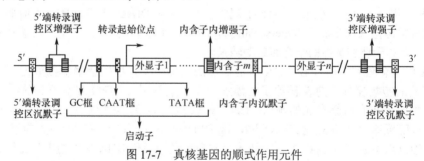

图 17-7 真核基因的顺式作用元件

1. 启动子 是在基因转录起始位点（+1）及其 5′ 上游近端 100～2000bp 的一段具有独立功能的 DNA 序列，含有转录因子和 RNA 聚合酶的结合位点，对内外环境应激进行应答，决定转录频率的关键元件。

（1）核心启动子（core promoter）：指足以使 RNA 聚合酶Ⅱ正常转录起始所必需的、最少的 DNA 序列。其中包括转录起始位点，及其上游–30～–25bp 处的富含 TA 的典型元件 TATA 框（即 Hogness 框，其核心序列为 TATAAAA，与原核生物启动子 Pribnow 框相似）。核心启动子单独起作用时，其功能为确定转录起始位点并产生基础水平的转录。

（2）上游启动子元件（upstream promoter element）：包括通常位于–70bp 附近的 CAAT 框（GGCCAATCT）和 GC 框（GGGCGG）等，其功能是调节转录起始的频率，提高转录效率。

（3）应答元件：是一类能被特定转录因子识别和结合，调控基因表达的强度，从而对内外环境应激进行回应的 DNA 序列，如热激应答元件、激素应答元件、缺氧应答元件、金属应答元件等。这些应答元件长度一般为 6～8 个碱基，不同元件其碱基组成不会完全相同，数量从一个到多个不等。应答元件的存在使基因的表达在一种或多种特异转录因子的调控下，具有明显的时空特异性。

2. 增强子　指位于基因的转录起始位点上下游 1～30kb 内（有的甚至更远），能够显著增强启动子转录活性的 DNA 序列，但增强子本身不具备启动子活性。增强子首先发现于 SV40 病毒中，位于早期启动子 5′ 上游约 200bp，内含 2 个 72bp 的重复序列，其核心序列为 GGTGTGGAAAG，增强子可促使该病毒基因转录效率提高 100 倍。增强子有以下特点：①增强子增强基因转录的效应十分明显，一般能使基因转录效率增加 10～200 倍，有的可以增加上千倍。②增强子发挥作用的方式通常与其作用方向、所在部位及与转录起始点的距离无关，即增强子在远距离，从 5′→3′ 或是由 3′→5′ 均可对启动子发挥作用。③增强子的组成大多数为重复序列。增强子的跨度一般为 100～200bp，但其基本的核心组件常由 8～12bp 组成，可以有完整的或部分的回文结构。④增强子增强基因的转录效应有明显的组织细胞特异性。⑤增强子没有基因专一性，可以在不同基因的转录中发挥作用，但有组织特异性。⑥增强子要有启动子才能发挥作用，没有启动子存在，增强子不能表现活性。⑦一般认为增强子发挥功能时，需要增强子被多种蛋白质（如 Mediator 复合物、Cohesin 等）结合和牵拉盘旋，与启动子 DNA 在空间上接近，从而影响启动子活性。

3. 超级增强子（super-enhancer）　是一类具有超强转录激活特性的顺式调控元件，是一个包含多个普通增强子的大簇（可达数 kb），富集了高密度的转录因子和辅因子的结合位点，以及组蛋白表观修饰位点。与普通增强子相比，超级增强子具有更大的序列范围，更强的转录激活能力，在细胞类型特异性发育、分化以及肿瘤的发展进程中发挥关键作用。超级增强子的作用机制与普通增强子的相似，在空间上与启动子接近发挥调控作用。

4. 沉默子　是一类负性转录调控元件。与增强子的作用恰恰相反，当沉默子结合特异转录因子时，会阻碍 RNA 聚合酶启动转录，发挥抑制作用。需要指出的是，同一 DNA 元件，有时表现增强子的活性，有时又表现沉默子的活性，这取决于与该元件结合蛋白质的性质。这些负调控元件不受距离和方向的限制，并可对异源基因的表达起作用。

5. 绝缘子　通常位于启动子与正调控元件（增强子）或负调控因子（沉默子）之间，能够阻止邻近的增强子或沉默子对其界定的基因的启动子发挥调控作用。绝缘子本身对基因的表达既没有正效应，也没有负效应，其作用只是不让其他调控元件对基因的激活效应或沉默效应发生作用。绝缘子的抑制作用具有方向性，它只抑制处于绝缘子所在边界另一侧的增强子或沉默子，而对处于同一染色质结构域内的增强子或沉默子没有作用。

（三）转录因子是转录起始调控的关键分子

不论是启动了还是增强子序列，他们的转录调节功能都必须通过与特定的 DNA 结合蛋白的相互作用而实现。反式作用因子（trans-acting factor）指能直接或间接地识别或结合各类顺式作用元件的 8～12bp 核心 DNA 序列，参与调控基因转录效率的蛋白质，通常也称为转录因子。根据转录因子所调节基因与自身编码基因之间关系，某些调节自身编码基因的转录因子又称为顺式作用蛋白。有关反式作用因子和顺式作用蛋白调节基因转录的作用方式，详见图 17-8。

1. 转录因子的分类　按功能特性可将转录因子分为：①通用转录因子（general transcription factor）：是 RNA 聚合酶结合启动子所必需的一组因子，为大部分 mRNA 转录启动所共有，故

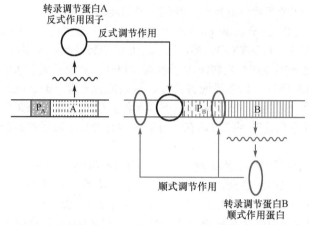

图 17-8　反式作用因子和顺式作用蛋白调节基因转录的作用方式

称通用转录因子，如结合 RNA 聚合酶 Ⅱ 的通用转录因子包括 TFⅡD、TFⅡA、TFⅡB、TFⅡE 及 TFⅡF 等，这些因子对 TATA 框的识别及转录起始是必需的；②转录激活因子（transcription activator）：通过蛋白质-DNA、蛋白质-蛋白质相互作用起正性转录调节作用的因子均属于此范畴，增强子结合蛋白就是典型的转录激活因子；③转录抑制因子（transcription inhibitor）：通过蛋白质-DNA、蛋白质-蛋白质相互作用产生负调控效应的因子，多数为沉默子结合蛋白。在很大程度上，基因表达的组织特异性取决于组织特异性转录因子的存在。

此外，转录因子根据结合对象不同，可以分为以下三类：具有识别启动子元件功能的基本转录因子；能识别增强子或沉默子的转录调节因子以及不需要通过 DNA-蛋白质相互作用就参与转录调控的辅因子。

反式作用因子，即转录调节蛋白 A 表达后，通过与 B 基因转录调控区的特异性顺式作用元件结合，调节 B 基因的转录，即反式调节作用方式。而顺式作用蛋白，即转录调节蛋白 B 表达后，通过与自身基因转录调控区的特异性顺式作用元件结合，调节自身基因的转录，即顺式调节作用方式。

2. 转录因子的结构特点　大多数转录因子是 DNA 结合蛋白，至少包括两个不同的结构域：DNA 结合域（DNA binding domain）和转录激活域（activation domain）。此外，很多转录因子还包含一个介导蛋白质-蛋白质相互作用的结构域，最常见的是二聚化结构域。

（1）转录因子的 DNA 结合域：转录因子识别并结合启动子内特定的位点，首先依赖于转录因子蛋白序列中的 DNA 结合域；其次取决于启动子内该转录因子的结合位点，其碱基组成和长度也是独一无二的。两种因素保证了转录因子与该位点的专一性结合，不同的转录因子结合不同的 DNA 位点，从而调节特定基因的转录。常见转录因子的 DNA 结合域有以下几种。

1）锌指（zinc finger）结构：是一段约 30 个保守氨基酸顺序，形成 1 个 α 螺旋和 2 个反向平行的 β 片层的二级结构，与一个辅基锌离子螯合而形成的手指状结构。由于这类 DNA 结合域含有锌离子，而且二维结构形如手指，因此被形象地命名为锌指结构。锌指结构的组成有不同类型，较常见的是 Cys2/His2 与 Cys2/Cys2。在手指状根部，两个半胱氨酸残基和两个组氨酸残基，或四个半胱氨酸残基与位于中心的锌离子以配位键结合，借此把两个 β 片层和一个 α 螺旋连接在一起。一个转录因子可含有多个这样的锌指结构。例如，人类细胞中与 GC 框结合的转录因子 SP1 中就有连续的 3 个锌指结构。它们的共同特点是以锌作为活性结构的一部分，在指状突出区表面暴露的碱性氨基酸及其他极性氨基酸与 DNA 结合，每一个锌指结构可将其指部伸入 DNA 双螺旋的大沟内，接触 5 个核苷酸（图 17-9）。

2）亮氨酸拉链（leucine zipper）：是指由两条走向平行的肽链单体中的 α 螺旋通过规则位点上的亮氨酸残基相互作用，所形成的对称二聚体结构。每条肽链单体中靠近 C 端的 α 螺旋有一段

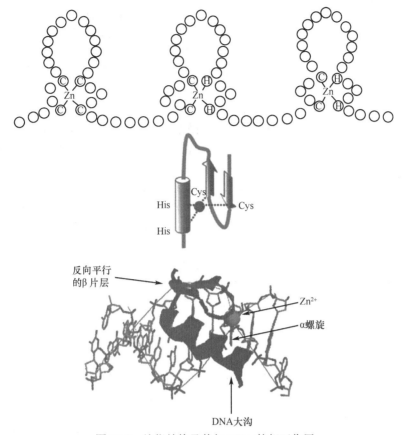

图 17-9 锌指结构及其与 DNA 的相互作用

约 30 个氨基酸残基组成的序列，螺旋每旋转两周（约 7 个氨基酸残基），就在同一侧面有规律地出现一个疏水性的亮氨酸残基（每隔 6 个氨基酸为一个疏水性的亮氨酸残基）。而在 α 螺旋的 N 端，有一段富含碱性氨基酸的亲水区，是 DNA 结合域所在。

　　两个具有上述亮氨酸 α 螺旋的转录因子蛋白肽链单体平行排列，通过侧面多个规则位点上的亮氨酸残基分子间的疏水性交错对插，在 C 端形成一个短的卷曲螺旋结构，形似拉链，即亮氨酸拉链（图 17-10）。N 端未结合部分相互分开，形成一个倒"Y"形结构。"Y"形结构分开的两臂亲水区，骑跨在 DNA 双螺旋的大沟上。亮氨酸侧链像两手手指那样交叉锁住，提供了可将两个 α 螺旋结合在一起的疏水堆积相互作用。

　　3）碱性螺旋-环-螺旋（basic helix-loop-helix，bHLH）：由大约 60 个氨基酸的保守序列组成，每一个 bHLH 单体由 3 部分构成（图 17-11）：前后两个 α 螺旋，中间由一个非螺旋的环连接；其中 N 端一个 α 螺旋的上游为一段富含碱性氨基酸残基，与 DNA 结合，为 DNA 结合域。两个螺旋通过侧链间的相互作用，维持固定的角度。非螺旋环有不同的长度，使单体分子易于弯曲折叠。bHLH 模体通常以二聚体形式发挥作用，两个 α 螺旋的碱性区之间的距离大约与 DNA 双螺旋的一个螺距相近（3.4nm），使两个 α 螺旋的碱性区刚好分别嵌入 DNA 双螺旋的大沟内。

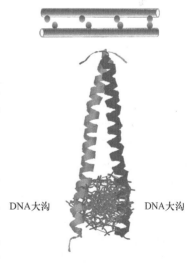

图 17-10 亮氨酸拉链结构域及其与 DNA 的相互作用

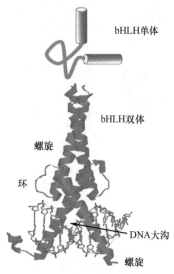

bHLH单体

bHLH双体

螺旋

环

DNA大沟

螺旋

图 17-11　bHLH 结构域及其与
DNA 的相互作用

（2）转录激活域：在真核生物中，转录因子的转录调控功能并非都需要其直接与 DNA 结合。具有转录活化域就成为转录因子中唯一必须具备的结构基础。常见的转录激活域一般由 30～100 个氨基酸残基组成。根据氨基酸组成特点，转录激活域分 3 种类型：

1）富含谷氨酰胺结构域（glutamine-rich domain）：转录因子 SP1 的 N 端含有两个转录激活区，氨基酸组成中有 25% 的谷氨酰胺，很少有带电荷的氨基酸残基，通过与 GC 框结合发挥转录激活作用。

2）富含脯氨酸结构域（proline-rich domain）：转录因子 CTF 家族的 C 端与其转录激活功能有关，含有 20%～30% 的脯氨酸残基，通过与 CAAT 框结合来激活转录。

3）酸性激活域（acidic activation domain）：酵母转录因子 GAL4 的转录激活域含有较多的负电荷，形成亲脂性 α 螺旋，与起始复合物（如 TATA 框结合蛋白）相互作用发挥转录活化功能。

（3）二聚化是常见的转录因子相互作用方式：绝大多数转录因子结合 DNA 前须通过蛋白质-蛋白质相互作用形成二聚体或多聚体。所谓二聚体化就是指两个蛋白质单体通过一定的结构域结合成二聚体，它是转录因子结合 DNA 时最常见的形式。由同种蛋白质形成的二聚体称同源二聚体，异种蛋白质间形成的二聚体称异源二聚体。如上述的亮氨酸拉链、碱性螺旋-环-螺旋结构均是转录因子形成二聚体的重要结构。

除二聚化或多聚化反应外，还有一些转录调节蛋白不能直接结合 DNA，而是通过与转录因子的蛋白质相互作用间接影响 DNA，调节基因转录，形成了一个表达调控的蛋白复合体。转录因子之间与转录调节蛋白之间结合并形成一定的空间构象，通过蛋白质的化学修饰或突变导致空间构象的变化，从而导致了转录机制的多样性。

（四）转录起始复合物的动态构成是真核生物转录调控的主要方式

真核细胞中，RNA 聚合酶Ⅱ没有单独识别结合 DNA 的能力，不能独自启动基因的转录。基因转录的启动需要一整套通用转录因子，在转录开始前在启动子部位按顺序组装，再与 RNA 聚合酶Ⅱ形成复合物。这个组装的每一个步骤都有可能受到外部环境信号的调节，使不同基因转录的启动快慢有别，许多转录调节蛋白主要就是针对这一环节发挥作用的。在真核蛋白编码基因的转录起始中，首先识别、结合启动子 TATA 框或起始子序列的是基本转录因子 TFⅡD 的核心成分 TATA 框结合蛋白 TBP，同时还须有 TBP 结合因子（TAF）参与，形成 TFⅡD 启动子复合物。继而，在其他基本转录因子 TFⅡA、TFⅡB、TFⅡF 和 TFⅡH 等依次帮助下，最终围绕 RNA 聚合酶Ⅱ形成转录前起始复合物（preinitiation complex，PIC）。在几种基本转录因子中，TFⅡD 是唯一具有位点特异性 DNA 结合能力的因子，在 PIC 的组装中发挥关键性指导作用。而 TAF 是有细胞特异性的，与转录激活蛋白一起决定基因的组织特异性转录。然而，PIC 尚不稳定，也尚不能有效启动基因的转录。在迂回折叠的 DNA 构象中，结合了增强子的基因活化蛋白通过中介子（一种含有多达 20 个亚单位的蛋白复合体）的作用，与 PIC 结合在一起，最终形成稳定的转录起始复合物（图 17-12）。此时的 RNA 聚合酶Ⅱ才能够真正启动基因的转录。

另外，尽管少见，真核细胞中也存在着抑制基因转录的阻遏蛋白。从结构上来讲，有些阻遏蛋白既含有 DNA 结合域，同时也含有与其他转录相关蛋白相互作用的转录抑制结构域。但有些阻遏蛋白缺乏 DNA 结合域，只能通过蛋白质-蛋白质间相互作用，发挥抑制其他转录激活蛋白的功能。由此可见，DNA 结合蛋白及顺式调控元件有多种，正是不同的 DNA 序列和不同的 DNA 结合蛋白之间在空间结构上的相互作用，以及蛋白质-蛋白质之间的相互作用，构成了复杂的基因转录调控机制。

总体上，真核生物的 RNA 聚合酶Ⅱ不能依靠自身启动转录，需要其他多种转录激活因子的协同作用。虽然，一些真核基因的调控区中也发现负调控元件（如沉默子），但并不普遍存在；某些真核转录调控因子对不同的靶基因或有阻遏作用或有激活作用或兼而有之。但多数真核基因在表达时需要转录激活因子结合 RNA 聚合酶Ⅱ来启动转录，没有转录激活蛋白作用是不会转录的。因此，真核基因表达以正调控为主导。

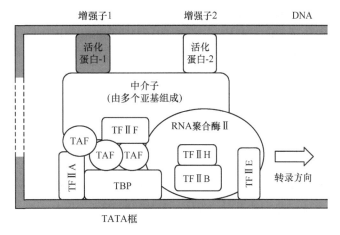

图 17-12　真核基因转录起始复合物的形成

（五）真核生物的反义 RNA

随着真核生物的高通量转录组学的快速发展，发现约 70% 的基因存在反义 RNA（antisense RNA）。反义 RNA 通常与其正义链的蛋白编码基因的表达水平存在负相关，提示反义 RNA 可能广泛地参与了基因的表达调控。反义 RNA 影响正义链蛋白编码基因表达的作用机制，可能有三种方式：①反义 RNA 的转录过程中，其转录复合物在空间上阻止了另一个转录复合物对正义链基因的转录；②反义 RNA 通过碱基序列互补，竞争性结合蛋白编码基因上游的顺式作用元件，实现转录抑制；③组蛋白修饰酶缺少特异性的 DNA 结合功能域，反义 RNA 协助组蛋白修饰酶结合 DNA，调控所在基因座的表观遗传学，从而影响正义链基因的转录活性；④反义 RNA 与正义链 mRNA 通过碱基互补配对结合，影响 mRNA 的可变剪接等。

三、真核生物基因转录后水平的表达调控

转录后生成的初级转录物须经过一系列的加工，才能转变为成熟 mRNA，从而作为蛋白质翻译的模板。在 mRNA 的加工成熟过程中，可通过各种不同的机制来调节控制基因表达种类和数量，可根据自身生长发育的需要实现遗传信息的选择性表达。需要指出的是，近年来发现许多的长链非编码 RNA（long non-coding RNA）虽不编码蛋白质，其转录后的加工与 mRNA 的加工也有很多共同之处。

1. 5′ 端加帽和 3′ 端多腺苷酸化对基因表达的调控　①5′ 端加帽：真核生物转录生成的 mRNA 在转录后，在 5′ 端加上 7-甲基鸟苷（m⁷GpppN），保护 mRNA 不受 5′ 外切酶降解，增强 mRNA 的稳定性，同时有利于 mRNA 从细胞核向胞质的转运，促进 mRNA 与核糖体的结合。mRNA 的帽子部分为核糖体识别所必需，由此通过核糖体小亚基的滑动以寻找 mRNA 的翻译起始密码子。因此，帽子的形成是 mRNA 翻译能否进行、表达能否实现的先决条件。②3′ 端加尾：转录后的 mRNA 在 3′ 端加上 50～200 个腺苷酸，即 poly(A) 尾。mRNA 中 poly(A) 形成位点（即多腺苷酸化信号）选择不仅决定多腺苷酸化的位置和效率，还可能通过 3′-UTR 的变化而影响 mRNA 的稳定性，从而影响表达效率。

2. 选择性剪接对基因表达的调控　绝大多数真核生物的基因是断裂基因，其初始转录产物中既有外显子又有内含子，必须经剪接才能产生成熟 mRNA。一个外显子或内含子是否出现在成熟的 mRNA 中是可以选择的，这种剪接方式称为选择性剪接。mRNA 的选择性剪接在高等生物细胞的高度异质性中起重要作用。由于剪接的多样化，一个基因在转录后通过 mRNA 前体的剪接加工而产生两种或更多的蛋白质，选择性剪接也可体现在时间和空间上调节基因的表达。

3. mRNA 5′-UTR 对基因表达的调控　从真核基因 mRNA 5′ 端帽结构到起始密码子 AUG 之间

的核酸序列称为 5′-UTR。5′-UTR 的二级结构对翻译起始有重要影响。5′-UTR 复杂的二级结构阻止核糖体 40S 亚基的滑动，对翻译起始有抑制作用，而作用的强弱则取决于发夹结构的稳定性及其在 5′-UTR 中的位置。二级结构较多的 5′-UTR 明显不利于翻译起始。5′-UTR 具有内部核糖体进入位点（internal ribosome entry site，IRES），通过富集核糖体和起始因子促进 mRNA 的翻译。许多具有 IRES 结构的真核 mRNA 5′-UTR 具有一些共同的特征，如序列长度都比不含 IRES 的 5′-UTR 要长、GC 含量相对较高、通常有多个 AUG 位点、都有折叠成高度稳定的高级结构的趋势等。此外，5′-UTR 可形成一些特殊的元件影响真核基因的翻译，如铁反应元件（iron responsive element，IRE）是一个具有保守核酸序列 CAGUGN 的茎环结构，能与铁调节蛋白（iron regulatory protein，IRP）结合。当细胞内的游离铁离子浓度降低时，IRP 作为翻译抑制子与铁蛋白（ferritin，包括重链 FTH 和轻链 FTL）的 mRNA 的 5′ 端 IRE 紧密结合，阻止了核糖体小亚基结合在 mRNA 上，从而抑制铁蛋白的表达，释放出铁离子。反之，当细胞内游离铁离子水平较高时，IRP 与铁离子形成复合物，IRP 无法结合 IRE（即不能发挥抑制作用），从而增强铁蛋白的表达，结合过多的游离铁离子（图 17-13）。

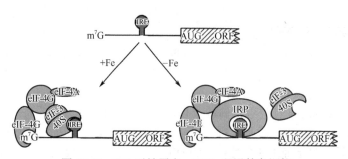

图 17-13   IRP 对铁蛋白 mRNA 翻译的负调控

4. 3′-UTR 在转录后调控中的作用   一些基因 3′-UTR 中富含腺嘌呤和尿嘧啶元件（adenosine and uridine rich element，ARE），通常都含有一个或多个 AUUUA 五聚体。ARE 调节 mRNA 稳定性功能的实现需要 ARE 结合蛋白（ARE-BP）的参与，已有多种 ARE-BP 被鉴定，某些可加速 mRNA 降解；某些可提高相应 mRNA 的稳定性。哺乳动物基因能够编码产生一种 mRNA 结合蛋白 HuR，HuR 与 ARE 相结合能提高相应 mRNA 的稳定性。

5. miRNA 在转录后调控的作用   有一类长约 22nt 的非编码单链小 RNA 分子 microRNA（miRNA），广泛存在于动物、植物、病毒等生物中。miRNA 基因以单拷贝、多拷贝或基因簇等多种形式存在于基因组中，而且绝大部分位于基因间隔区，说明它们的转录独立于其他的基因，具有自身的转录调控机制。与蛋白编码基因相似，miRNA 基因也是由 RNA 聚合酶Ⅱ及相关转录因子启动转录，产生具有帽结构、多腺苷酸尾巴的 pri-miRNA。pri-miRNA 在核酸酶 Drosha 和其辅因子 Pasha 的作用下被处理成由 70 个核苷酸组成的 pre-miRNA，经 exportin 5 等蛋白转运到细胞质中。另一个核酸酶 Dicer 将其剪切成约 22 个核苷酸长度的 miRNA 双链，其中一条为成熟的 miRNA 分子在细胞内与 Argonaute 蛋白等形成 RNA 诱导的沉默复合物（RNA-induced silencing complex，RISC），结合到靶基因的 3′-UTR。其中 miRNA 与靶 mRNA 的 3′-UTR 碱基互补配对，如果 mRNA 与 miRNA 的序列完全互补，将导致靶 mRNA 被切割和降解；如果 miRNA 与靶 mRNA 不完全碱基互补配对，则导致靶 mRNA 翻译抑制，最终也被降解。miRNA 通过作用于具有重要功能的靶 mRNA，参与细胞增殖、凋亡、发育、分化、代谢、肿瘤发生发展等多种生理和病理过程。常常出现几个 miRNA 共同调控一个靶基因或一个 miRNA 调控多个靶基因的现象，这表明 miRNA 发挥着巨大的转录后调节功能，同时其调节机制也是非常复杂的（图 17-14）。

6. siRNA 干扰在转录后调控的作用   RNA 干扰（RNA interference，RNAi）最早是在线虫中发现的一种由双链 RNA 引发的基因沉默现象。不论是长的双链 RNA（double strand RNA， dsRNA）或小发夹 RNA（small hairpin RNA，shRNA），最后都要被 Dicer 酶加工成 21 个碱基长度的双链干扰小 RNA（small interfering RNA，siRNA），其中的单链小 RNA 分子在细胞质内结合到 RNA 诱导沉默复合物 RISC，通过碱基配对将 RISC 识别并结合到靶 mRNA 上，随后 RISC 中的 AGO 蛋白利用其核酸内切酶活性切割与之完全互补配对的靶 mRNA，产生具有 5′-磷酸基和 3′-羟基末端的片段，使之更易受到 5′- 或 3′ 核酸外切酶的攻击而快速降解（图 17-14）。

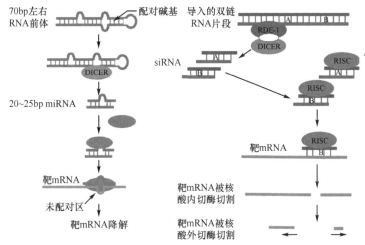

图 17-14　miRNA 和 siRNA 使靶基因 mRNA 沉默的机制

7. mRNA 稳定性调节　mRNA 的稳定性，即 mRNA 的半衰期。不同种类的 mRNA，半衰期亦不一致。即使同一种 mRNA，在不同条件下，其半衰期也不一样。mRNA 半衰期越长，翻译效率越高。由于 mRNA 半衰期的变化可能在短时间内使 mRNA 的丰度发生显著变化，因此 mRNA 稳定性的调节是一种重要因素。

首先，真核生物 mRNA 的序列元件与 mRNA 稳定性密切相关。

（1）5′ 帽结构与 mRNA 稳定性：真核生物 mRNA 5′ 端帽结构有两种功能：①保护 5′ 端序列免受核酸酶的破坏；②提高真核 mRNA 的翻译活性。研究表明：如果细胞内的清道夫脱帽酶（scavenger mRNA-decapping enzyme）被激活后去除帽结构，随后细胞内的 5′→3′ 核酸外切酶，对失去帽结构的 mRNA 进行降解。

（2）5′-UTR 与 mRNA 稳定性：原癌基因 *c-myc* 的 mRNA 通常不稳定，半衰期仅为 15～30 分钟。*c-myc* 突变型基因的 5′-UTR 被截短后，半衰期却比其正常的延长了 3～5 倍，产生过量的 c-myc 蛋白，从而促进细胞异常增殖而容易导致癌变。

（3）编码区与 mRNA 稳定性：某些基因编码区突变后的 mRNA 的半衰期至少比一般 mRNA 的半衰期增加 2 倍以上，其原因可能是：①与终止信号的位置发生变化有关；如果终止密码子发生突变，使核糖体得以继续前行进入 3′-UTR，将激发 mRNA 降解；② RNA 二级结构或调控稳定性的蛋白-RNA 之间的互作发生明显改变。编码区序列对 mRNA 稳定性的调控，多与翻译过程直接相关。

（4）3′-UTR 与 mRNA 稳定性：3′-UTR 对 mRNA 稳定性起着重要作用。3′-UTR 中最具普遍意义的是 ARE 元件（AU-rich element）。ARE 元件的核心序列通常是 AUUUA。ARE 常被认为是 mRNA 不稳定因素，使 mRNA 变得对 3′→5′ 核酸外切酶敏感。这方面典型例子是转铁蛋白受体（transferrin receptor，TFRC）mRNA 3′-UTR 上的铁反应元件（IRE）。如前所述，IRE 通过结合 IRP 来发挥作用。与铁蛋白的 IRE 在 5′-UTR 上不一样，转铁蛋白受体的 IRE 在 3′-UTR 上。当细胞内游离铁离子过剩时，转铁蛋白受体的 IRE 不与 IRP 结合形成 IRE-IRP 复合物，IRE 发挥去稳定功能，转铁蛋白受体 mRNA 的稳定性大大降低。反之，当细胞内铁浓度下降时，IRP 的构象发生改变，转铁蛋白受体的 IRE 与 IRP 结合形成 IRE-IRP 复合物，mRNA 稳定性大大增加。因此，转铁蛋白受体合成增加，从胞外向胞内转运更多的铁离子，从而满足细胞对铁离子的需求。

（5）poly(A) 尾与 mRNA 稳定性：一般认为 poly(A) 尾保护了核酸外切酶对 mRNA 3′→5′ 方向的降解。另一方面，mRNA 3′ 末端 poly(A) 尾与多聚腺苷结合蛋白质（poly(A)binding protein，PABP）作用形成的 poly(A)-PABP 复合物可以保护 mRNA 不被迅速降解，提高了 mRNA 的稳定性。此外，真核翻译起始因子 eIF4E 识别 5′ 端帽子，同时也可结合另一个起始因子 eIF4G，后者可以结合 PABP，形成一个首尾相接的"帽子-eIF4E-eIF4G-PABP-poly(A)"复合物，被认为可以促进 mRNA 的翻译。

（6）m6A 修饰与 mRNA 稳定性：RNA 的碱基存在多种化学修饰，包括 N6-腺苷酸甲基化（m6A）、N1-腺苷酸甲基化（m1A）、胞嘧啶羟基化（m5C）等。m6A 是 RNA 序列的腺嘌呤第 6 位氮原子上的甲基化修饰，是最常见的内部修饰之一，属于一种表观遗传学修饰方式。参与 m6A 修饰有三种调控蛋白：甲基转移酶（writer）、脱甲基酶（eraser）和 m6A 结合蛋白（reader）。其中比较关键的甲基化酶有 METTL3，催化 m6A 甲基化修饰的发生。脱甲基酶包括两种，分别是 FTO 和 ALKBH5。甲基结合蛋白中的 IGF2BP 家族有增强 mRNA 稳定性的作用。如果参与 m6A 修饰的几种酶出现异常将会引起一系列疾病，包括肿瘤的发生、增殖、分化、侵袭和转移。一般认为，mRNA 5′-UTR 的 m6A 修饰可以影响 mRNA 剪接、稳定性、降解和多腺苷酸化，发生在 3′-UTR 的 m6A 修饰有助于核输出、翻译效率和维持 mRNA 的结构稳定性。

其次，多种 mRNA 特异性结合蛋白在 mRNA 稳定性发挥重要作用。

（1）5′ 帽结合蛋白质（cap-binding protein，CBP）与 mRNA 稳定性：至今已发现两种 CBP：一种存在于胞质中，即 eIF-4E，促进核糖体与 mRNA 的结合，并识别起始密码子；另一种是存在于细胞核内称为帽结合蛋白质复合体（cap-binding complex，CBC），与 mRNA 前体在体外剪接有关。

（2）编码区结合蛋白与 mRNA 稳定性：原癌基因 *c-fos* 基因 mRNA 编码区有两个 mRNA 不稳定信号序列，其中一个位于 mRNA 近中心处，长约 320bp，编码对 c-Fos 蛋白发挥正常功能至关重要的亮氨酸拉链区。若将这 320 个核苷酸序列插入到其他 mRNA 编码区，则该 mRNA 的稳定性大大降低。因此，有编码区结合蛋白识别该不稳定信号序列，增强 c-Fos mRNA 稳定性，保证 c-Fos 蛋白的产量。

（3）3′-UTR 结合蛋白与 mRNA 稳定性：某些 mRNA 3′-UTR 存在的富含腺嘌呤/尿嘧啶元件（AU-rich element，ARE），包含一个或几个的 AUUUA 或者 UUAUUUA(U/A)(U/A) 序列。ARE 结合蛋白如 HuR/ELAVL1 类蛋白和 AUF1 蛋白与之结合，增加 mRNA 的半衰期。一般认为 HuR 蛋白可以与 miRNA 竞争 3′-UTR 的结合位点，拮抗 miRNA 介导的 mRNA 降解。

四、真核生物基因翻译水平调控

翻译水平的调控一般是指对 mRNA 品种的选择和对 mRNA 翻译效率的调控。翻译效率是指每个 mRNA 分子在单位时间内合成多肽的数量。事实上对 mRNA 品种的选择，亦可看作是翻译效率的调控。不被翻译的 mRNA，其翻译效率等于零。mRNA 翻译过程可大致分为起始、延伸和终止三个阶段，翻译水平的调控主要发生在起始阶段。

1. 翻译起始因子磷酸化修饰的调控功能 eIF-2 是蛋白质合成过程中重要的起始因子。eIF-2 含 α、β、γ 3 个亚基，能与 GTP、Met-tRNAi 结合形成 Met-tRNA^Met-eIF-2-GTP 三元复合物。该复合物与游离的核糖体 40S 小亚基结合后再与其他 eIFs 结合，形成 43S 前起始复合物，结合到 mRNA 的 5′-UTR，并逐步向 3′ 端移动扫描。当识别起始密码 AUG 时，GTP 被 eIF-2 水解成 GDP，而 eIF-2 自身发生构象变化，连同 GDP 一起从小亚基上被释放出来（图 17-15）。随后大亚基结合上去形成完整的核糖体，肽链翻译开始。营养物质可以影响 eIF-2 的活性，调节蛋白质合成的速度。培养的真核细胞处于营养不足的条件下，如氨基酸饥饿、嘌呤核苷酸饥饿、葡萄糖饥饿等，eIF-2 的 α 亚基因磷酸化而失活，最终导致肽链起始效率降低。细胞在缺氧、病原体刺激、紫外线照射等应激的情况下，能发生蛋白质激酶介导的 eIF-2α 的磷酸化，而这种 eIF-2α 的磷酸化使蛋白质合成下降，并能导致细胞凋亡。

蛋白质合成速率在很大程度上取决于起始水平。翻译起始因子（eIF）的活性对翻译起始阶段有重要的控制作用。帽结合蛋白质 eIF-4E 与 mRNA 5′ 帽结构的结合是翻译起始的限速步骤。eIF-4E 被磷酸化修饰后，与帽结构的结合能力能够增加四倍，显著提高了翻译的效率。胰岛素及其他的生长因子可增加 eIF-4E 的磷酸化水平从而加快翻译，促进细胞生长。

2. RNA 结合蛋白质参与对翻译起始的调控 RNA 结合蛋白（RNA binding protein，RBP）是一类能够与 RNA 分子（包括 mRNA）特异序列结合的蛋白质。目前认

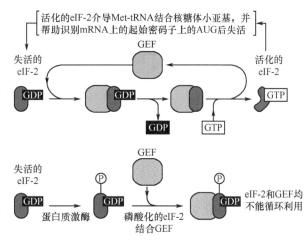

图 17-15 eIF-2 启动蛋白翻译的循环利用及其磷酸化调节

为 RBP 在转录终止、RNA 剪接、RNA 的转运、RNA 的稳定性和 mRNA 翻译等多种生物过程中，扮演重要角色。如前所述，许多与铁代谢有关的基因在 5′-UTR 或 3′-UTR 都存在铁反应元件 IRE，如在铁蛋白 mRNA 的 5′-UTR 有一个 IRE，运铁蛋白受体 mRNA 的 3′-UTR 存在五个 IRE。IRE 在 5′-UTR 能调节着翻译的起始，位于 3′-UTR 的 IRE 与 IRP 的结合可以稳定 mRNA 并预防其被降解。

3. 翻译抑制蛋白的调节作用 并不是所有进入胞质的 mRNA 分子都能翻译成蛋白质，由于存在一些特定的翻译抑制蛋白可以与一些 mRNA 的 5′ 端结合，从而抑制了蛋白质翻译。如上所提及的翻译起始因子 eIF-4E 容易被抑制物蛋白结合后，失去起始作用。但随着抑制物蛋白被磷酸化，其与 eIF-4E 解聚，eIF-4E 重新被激活。

4. 5′-AUG 对翻译的调节作用 绝大部分真核 mRNA 遵从第一 AUG 规律，即真核 mRNA 的翻译利用最靠近其 5′ 端的第一个 AUG。但某些 mRNA 中，在起始密码子 AUG 的上游有一个或数个 AUG，称为 5′-AUG。5′-AUG 的阅读框通常与正常编码区的阅读框不一致，不是正常的开放阅读框，如果从 5′-AUG 开始翻译，很快就会遇到终止密码子，得到的是无活性的短肽。5′-AUG 多存在原癌基因中，是控制原癌基因表达重要调控因素。5′-AUG 的缺失是某些原癌基因翻译激活的部分原因。

（吴炳礼）

思 考 题

1. 试述基因表达调控对生物体的重要性。
2. 为什么转录起始的调控是基因表达调控的中心环节？
3. 为什么真核生物的基因表达比原核生物的基因表达更为复杂而多层次？
4. 试比较真核和原核生物基因表达调控的相似和不同之处。
5. 试述启动子、增强子和转录因子的概念、结构、功能及其相互关系。

第十八章 细胞信号转导

生物体正常的新陈代谢活动，除存在物质与能量交换外，还需要有信息交换以调控物质与能量交换的有序进行。单细胞生物可以直接与环境交换信息，而高等生物细胞则需要通过多种方式感受内/外环境信号，并对其进行识别、转换、放大、整合等，使细胞生物学功能发生改变，以保持细胞间、个体与环境间的协调统一。生物体内细胞（包括自分泌细胞）识别内、外环境信号，并将其转变为自身功能变化的过程，称为细胞通信（cell communication）。细胞针对外源信号所发生的细胞内生物化学反应以及生物学效应的全过程，称为信号转导（signal transduction）。

第一节 信号分子

参与细胞信号转导的各种分子统称为信号分子（signaling molecule）。根据其来源或分布，分为细胞外和细胞内信号分子两大类。

一、细胞外信号分子

细胞外信号分子（extracellular signaling molecule）又称第一信使（first messenger），细胞所感受的外源信号可以是物理的（如光、电、磁、声、射线、热、冷和压力等）、生物的和化学的，但主要是化学信号。细胞通过分泌各种物质来调节自身和其他细胞的代谢、分裂、增殖、分化等生物学功能是高等生物体内普遍的信号转导方式。根据细胞外化学信号溶解性、分布等特点，可将其分为膜结合性信号分子（membrane-bound signaling molecule）和可溶性信号分子（soluble signaling molecule）。

（一）膜结合性信号分子

多细胞生物中，相邻细胞可通过细胞膜表面分子（如蛋白质、糖蛋白、蛋白聚糖或糖脂分子等）的特异识别和相互作用而传递信号。当细胞通过细胞膜表面分子发出信号时，这些分子就被称为膜结合性信号分子或接触依赖性信号分子（contact-dependent signaling molecule），识别并结合其靶细胞表面的特异性受体，将信号传入靶细胞内。这种通过相邻细胞膜表面分子间相互作用，接收并传递信号的细胞通信方式称为近分泌信号传递（juxtacrine signaling），又称近分泌信号传递、依赖接触的信号传递（contact-dependent signaling）。相邻细胞黏附分子间的、T淋巴与B淋巴细胞表面分子间的相互作用等均属此类通讯。

（二）可溶性信号分子

多细胞生物中，信号细胞（signaling cell）可通过分泌蛋白质、小分子有机化合物等可溶性化学信号分子，作用于靶细胞（target cell）表面或细胞内的特异性受体来调节靶细胞的功能，从而实现细胞之间的信息交流。

1. 根据溶解特性分为水溶性和脂溶性信号分子两大类 水溶性信号分子（water-soluble signaling molecule）不能穿过细胞质膜的脂质双分子层，只能与细胞表面的受体结合，进而将信号传递至细胞内引起细胞对外界的反应，如生长因子、细胞因子、水溶性激素分子等。脂溶性信号分子（lipid-soluble signaling molecule）能穿过靶细胞的质膜进入细胞，与细胞质或细胞核中的受体结合形成配体-受体复合物，进而调节细胞的生物学功能，如类固醇激素、甲状腺激素、维甲酸等。

2. 根据分子特点和作用机制分为五大类 激素（hormone）是由内分泌腺和器官组织的内分泌细胞合成和分泌，通过血液运输或组织液扩散到达靶细胞并发挥作用的高效能生物活性物质。根据化学性质激素又分为：①类固醇激素，如性激素（如睾酮和雌二醇）、糖皮质激素（如皮质醇）和盐皮质激素（如醛固酮）、维生素 D_3 等；②肽与蛋白质激素，如下丘脑激素、垂体激素、胰岛素、胰高血糖素、调节肽、胃肠激素、降钙素等；③胺类/氨基酸衍生物激素，如甲状腺素、肾上腺髓质激素（肾上腺素、去甲肾上腺素）、褪黑素等；④脂肪酸衍生物激素，如前列腺素。其中肽与蛋白质激素以及胺类/氨基酸衍生物激素属于含氮激素。

生长因子（growth factor）是一类调节细胞生长代谢所必需的蛋白质分子，大多存在于神经内分泌组织、腺体组织和胚胎组织中，其通过与特异的、高亲和力的细胞膜受体结合，发挥调节细胞生长、分化等多种功能。生长因子主要有血小板衍生生长因子、表皮生长因子、转化生长因子、神经生长因子、血管内皮细胞生长因子、胰岛素样生长因子、成纤维细胞生长因子和促红细胞生成素等。

细胞因子（cytokine）是一类具有广泛生物学活性的小分子蛋白质，参与调节细胞免疫、生长和分化等；主要由免疫细胞合成和分泌，内皮细胞、表皮细胞和纤维母细胞等非免疫细胞也能合成和分泌细胞因子。

血管活性物质（vasoactive agent）是由机体脏器或组织产生的、能使血管发生收缩或舒张作用的化学物质，如肥大细胞和嗜碱性粒细胞释放的组胺、血小板释放的 5-羟色胺等。二十碳物质（如前列腺素、白三烯和凝血噁烷）是由花生四烯酸衍生而成的另一类重要血管活性物质，以旁分泌或自分泌方式短距离发挥作用。

神经递质（neurotransmitter）由神经元产生，通过前后神经元的过程非常快（约≤0.1ms），保证其在神经元之间以及神经-肌肉接头处的快速聚集。神经递质包括胆碱类（如乙酰胆碱）、氨基酸类（如 γ-氨基丁酸和甘氨酸等）、单胺类（如去甲肾上腺素、多巴胺和 5-羟色胺）、神经肽类（如类啡肽）。神经肽是神经系统内具有活性的、由氨基酸组成的短肽链，在神经细胞之间传递信号，有时也作为内分泌激素在体内起作用。

3. 根据分子在体内作用的距为四大类 内分泌信号分子（endocrine signaling molecule），如激素，是由内分泌细胞分泌，经血液运输至远距离的靶组织器官发挥作用。旁分泌信号分子（paracrine signaling molecule），是由细胞所分泌的生长因子和细胞因子，仅作用于周围细胞。自分泌信号分子（autocrine signaling molecule）由细胞分泌至胞外，再反过来作用于自身或同种细胞的受体。神经递质，在神经元之间及神经细胞与效应细胞之间传递信息。

二、细胞内信号分子

细胞内信号分子（intracellular signaling molecule）又称信号转导分子（signal transduction molecule）是指细胞内能传递经受体转换进入细胞内的信号、进而引起细胞应答的一些蛋白质分子和小分子活性物质，他们构成了细胞内信号转导途径的分子基础。根据作用特点，将信号转导分子主要分为小分子第二信使、酶和信号转导蛋白三大类。

（一）小分子第二信使

配体与受体结合后并不进入细胞内，但能间接激活细胞内其他可扩散、并调节酶及信号转导蛋白活性的小分子或离子，这些在细胞内传递信号的小分子活性物质常被称为第二信使（second messenger）。常见的第二信使有：环腺苷酸又称环磷酸腺苷（cyclic adenylic acid，cyclic adenosine monophosphate，cAMP）、环鸟苷酸又称环磷酸鸟苷（cyclic guanylic acid，cyclic guanosine monophosphate，cGMP）、肌醇-三磷酸（inositol-triphosphate，IP_3）、Ca^{2+}、甘油二酯又称二酰甘油（diglyceride，diacylglycerol，DAG）、磷脂酰肌醇-3,4,5-三磷酸（phosphatidylinositol-3,4,5-triphosphate，PIP_3）、神经酰胺（ceramide）、NO 等。

第二信使具有以下几个特点：①在完整细胞中，其浓度（如 cAMP、cGMP、IP_3、DAG 等）或分布（如 Ca^{2+}）可在细胞外信号的作用下发生迅速改变；②该分子类似物可模拟细胞外信号的作用；③阻断该分子的变化可阻断细胞对外源信号的反应；④在细胞内有特定的靶分子；⑤可作为别构效应剂作用于靶分子；⑥不位于能量代谢途径的中心。

1. cAMP 是最早发现的第二信使，参与调节细胞代谢、分裂、增殖和分化等。细胞外兴奋或抑制信号经其受体传递并激活或钝化腺苷酸环化酶（adenylate cyclase，AC）。激活的 AC 催化 ATP 脱去一个焦磷酸环化生成 cAMP，其浓度可在短时间内迅速增加到数倍或数十倍，从而激发一系列的生物化学反应，并产生一定的生理效应；如 cAMP 激活蛋白质激酶 A（protein kinase A，PKA），PKA 通过调节靶蛋白的磷酸化调节细胞反应。cAMP 发挥作用后，被 cAMP 特异的磷酸二酯酶（cAMP specific phosphodiesterase，cAMP-PDE）水解生成 AMP，从而使其信号灭活，终止信号转导（图 18-1）。

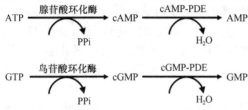

图 18-1 cAMP 和 cGMP 的生成及降解

2. cGMP 是另一种广泛分布于细胞内的、由鸟苷酸环化酶（guanylate cyclase，GC）催化 GTP 环化生成的第二信使；可被 cGMP 特异的磷酸二酯酶（cGMP specific phosphodiesterase，cGMP-PDE）水解灭活（图 18-1）。GC 具有受体功能，主要存在于胞质中、少量存在于细胞膜。cGMP 通过 cGMP 依赖性蛋白质激酶 G（cGMP-dependent protein kinase，PKG）调节许多酶和靶蛋白的活性，引起相应的生理功能变化。在哺乳动物中，PKG 有可溶性 PKG I 和膜结合 PKG II，后者可调节细胞膜上 Cl$^-$ 通道。PKG 与 cGMP 结合后构象改变而活化，进而磷酸化不同底物，产生不同的生理效应。

3. IP$_3$ 和 DAG 体内磷脂代谢生成的很多脂类衍生物（如 IP$_3$、DAG、磷脂酸、神经酰胺等）也是第二信使，参与细胞内信号转导。多种细胞外刺激都可引起质膜磷脂酰肌醇（phosphatidylinositol，PI）代谢的变化。磷脂酰肌醇激酶（phosphatidylinositol kinase，PI kinase）催化 PI 的磷酸化，根据肌醇环磷酸化的羟基位置分为磷脂酰肌醇 3-激酶（phosphatidylinositol 3-kinase，PI3K）、PI4K 及 PI5K，分别特异地催化 1-磷脂酰-1D-肌醇环上 3、4、5 位羟基磷酸化的酶。磷脂酰肌醇特异性的磷脂酶 C（phospholipase C，PLC）分解磷脂酰肌醇-4,5-二磷酸（phosphatidylinositol-4,5-bisphosphate，PIP$_2$）生成 IP$_3$ 和 DAG 两个胞内信使（图 18-2）。

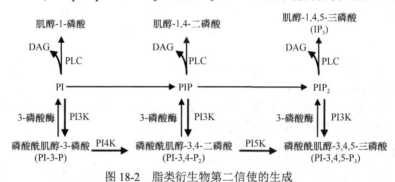

图 18-2 脂类衍生物第二信使的生成

4. 钙离子（Ca^{2+}） 是细胞内重要的第二信使，可激活与信号转导有关的多种酶类，参与卵细胞受精、胚胎发育、体细胞分化、细胞分裂、凋亡、基因转录、蛋白质和酶功能调控、神经细胞调节等多种生理功能。Ca^{2+} 在细胞中的分布具有明显的区域特征：细胞外 Ca^{2+} 浓度远高于细胞内，而细胞内 90% 以上的 Ca^{2+} 又储存于细胞内钙库，细胞质内的 Ca^{2+} 浓度则很低。当细胞质膜或细胞内钙库的 Ca^{2+} 通道开启，引起细胞外钙内流或细胞内钙库的钙释放，使胞质内 Ca^{2+} 浓度急剧升高，并与胞内钙结合蛋白质（calbindin）如钙调蛋白（calmodulin，CaM）结合，进而发挥其生理功能。细胞质膜及钙库膜上的钙泵（Ca^{2+}-ATP 酶）又可使细胞质内的 Ca^{2+} 返回到细胞外或钙库，维持细胞质内的低钙状态。

5. NO 等气体分子 细胞内 NOS 可催化精氨酸分解产生瓜氨酸和 NO。NO 可通过激活 GC、

ADP-核糖转移酶和环氧化酶等而传递信号。除了 NO 以外，近年证实 CO 和 H_2S 也具有第二信使作用。当然，NO、CO 等也可作为第一信使发挥作用，如 NO 从血管内皮细胞释放后，可作用于血管平滑肌细胞，使后者舒张。

■（二）酶

细胞内的许多信号转导分子都是酶，主要有两大类：一是催化小分子信使生成和转化的酶，如 AC、GC、PLC、磷脂酶 D（phospholipase D，PLD）等；二是蛋白质激酶（protein kinase，PK），作为信号转导分子的蛋白质激酶主要是蛋白质酪氨酸激酶（protein tyrosine kinase，PTK）和蛋白质丝氨酸/苏氨酸激酶（protein serine/threonine kinase，PSTK）。蛋白质激酶是催化 ATP 的 γ-磷酸基转移至靶蛋白的特定氨基酸（酪氨酸或丝氨酸/苏氨酸）残基上的一类酶，使靶蛋白发生磷酸化（phosphorylation）；而蛋白质磷酸酶（protein phosphatase，PP）催化蛋白质的可逆磷酸化修饰，对下游分子的活性进行调节。特异性使蛋白质磷酸化的酪氨酸残基去磷酸化（dephosphorylation）的 PP 称为蛋白质酪氨酸磷酸酶（protein tyrosine phosphatase，PTP）。

蛋白质的磷酸化修饰可能提高其活性，也可能降低其活性，取决于构象变化是否有利于反应的进行。其催化底物的特异性，及其细胞内分布的特异性决定了信号转导途径的精确性。

■（三）信号转导蛋白

除了第二信使和作为信号转导分子的酶，信号转导途径中还有许多没有酶活性的蛋白质，它们通过分子间的相互作用被激活、或激活下游分子而传导信号，这些无酶活性的蛋白质被称为信号转导蛋白（signal transduction protein），主要包括 G 蛋白、衔接蛋白和支架蛋白。

1. 鸟苷酸结合蛋白 G 蛋白（G protein）是鸟嘌呤核苷酸结合蛋白（guanine nucleotide binding protein）又称 GTP 结合蛋白质（GTP-binding protein）的简称。根据其组成和分子量不同分为异三聚体 G 蛋白（heterotrimeric G protein）、低分子量的单体小 G 蛋白（small G protein）和高分子量的其他 G 蛋白三类。

（1）异三聚体 G 蛋白：由 α（G_α）、β（G_β）、γ（G_γ）三个不同亚基组成，分子量分别为 39～46kDa、36kDa、7～8kDa。不同 G 蛋白的 αβγ 亚基组合不同，但 α 亚基有共同的结构特点：G_α 上都有 GTP 结合位点、GTP 酶的活性位点、ADP 核糖基化位点及受体和效应器结合位点等。当 G_α 与 GDP 结合时处于非激活状态，而与 GTP 结合时被激活、并与 $G_{\beta\gamma}$ 亚基复合物解离。G_α 亚基种类最多，差别最大，依据其结构和功能分为不同种类（表 18-1）。

表 18-1 常见的异三聚体 G 蛋白

异三聚体 G 蛋白类型	α 亚基	功能
G_s	α_s	激活 AC
G_i	α_i	抑制 AC
G_q	α_q	激活 PLC
G_o	α_o	大脑中主要的 G 蛋白，可调节离子通道
G_T	α_T	激活视觉

异三聚体 G 蛋白一般通过与 G 蛋白偶联受体（G-protein coupled receptor，GPCR）胞内段结合，在细胞信号转导中发挥重要作用；其可调节质膜上的效应酶（如 AC、PLC 和 PDE 等）或离子通道，也可调节近质膜和胞质中的效应分子。例如，G_α 亚基（主要）、$G_{\beta\gamma}$ 亚基或者两者共同调节质膜上的 AC。G 蛋白也可调节 PLC（如 PLCβ）和 PLA2，但 PLCβ 的 4 种亚型被激活的程度不同；也可通过直接或间接作用调节质膜上离子通道（如 Ca^{2+}、K^+ 通道）的活性。$G_{\beta\gamma}$ 亚基调节近质膜或胞质中的效应酶，如 $G_{\beta\gamma}$ 亚基可激活 PI3K 并且可影响胞外信号调节激酶的活性来调节 MAPK 途径。

（2）小 G 蛋白：是单体蛋白，与 G_α 亚基同源，分子量只有 $20\sim30$kDa，故又称为低分子量的单体小 G 蛋白；包含 4 个结构域：其中 1、2 结构域内有 GTP 酶活性作用部位，$2\sim4$ 结构域为 GDP/GTP 结合部位。Ras 蛋白是第一个被发现的小 G 蛋白，又称为 Ras 超家族（有 Ras、Rab、Rho、Arf、Sar 和 Ran 6 个亚家族）（表 18-2）；具有 GTP 酶活性（因每个小 G 蛋白均有一个 GTP 酶结构域，故又称 Ras 样 GTP 酶）、结合 GDP/GTP 的能力以及结合 GTP 活化、结合 GDP 失活的特征。在细胞中有专门控制小 G 蛋白活性的调节因子，如鸟苷酸交换因子（guanine nucleotide exchange factor，GEF）、鸟苷酸解离抑制因子（guanine nucleotide dissociation inhibitory factor，GDIF）等。

表 18-2　常见的小 G 蛋白

小 G 蛋白亚家族	动物中存在的种类数/种	效应
Ras	7	信号转导
Rab	60	囊泡运输
Rho	14	信号转导
Arf	45	囊泡吐出
Ran	1	核质运输

小 G 蛋白具有以下特点：①分子量较小；②结构相对简单；③位于细胞膜内侧，主要受 PTK 受体的调节；④不能单独完成信号转导，小 G 蛋白接受 PTK 受体激活后，需要生长因子受体结合蛋白 2（growth factor receptor bound protein 2，Grb2）和鸟苷酸释放因子（guanine-nucleotide releasing factor，GRF；如 SOS）的辅助才能实现信号转导。衔接蛋白作为中介蛋白，将 PTK 受体连接于 GRF 上，后者再作用于小 G 蛋白，实现信号转导；⑤小 G 蛋白的 GTP 酶活性很低，生理条件下不能水解 GTP 使其失活；因此，须在 GTP 酶激活蛋白（GTPase-activating protein，GAP）的催化下水解 GTP，从而终止信号转导。GAP 具有 SH2 结构域，可直接与活化的受体结合。

2. 衔接蛋白和支架蛋白　针对不同外源信号，细胞在接收、转导信号的过程中，细胞内多种信号转导分子常常相互作用、聚集、动态形成不同成分的复合体，传递不同信号；这些复合体就称为信号转导复合体（signalling complex）。其存在保证了信号转导的特异性和精确性，同时也增加了调控的层次，维持了机体的稳态平衡。

信号转导复合体是信号转导途径和网络的结构基础；其形成基础是蛋白质相互作用。蛋白质相互作用结构域（protein interaction domain）则是蛋白质相互作用的结构基础，大部分由 $50\sim100$ 个氨基酸构成，负责信号转导分子之间的特异性识别和结合，形成不同的信号转导途径（表 18-3）；其特点如下：①具有很高的同源性；②没有催化活性；③一个信号转导分子中可含有两种以上的蛋白质相互作用结构域，故可同时结合两种以上的信号转导分子；④同一种蛋白质相互作用结构域可存在于不同的分子中。因其一级结构不同，故可选择性结合下游信号分子。

表 18-3　几种常见的蛋白质相互作用结构域及其识别结合的模体

蛋白质相互作用结构域	氨基酸残基数	识别及结合的模体	存在分子种类
SH2（Src homology 2）	约含 100 个氨基酸残基	含磷酸化酪氨酸的模体	蛋白质激酶、磷酸酶、衔接蛋白等
SH3（Src homology 3）	含 $50\sim100$ 个氨基酸残基	由 $9\sim10$ 个氨基酸残基构成的富含脯氨酸的模体	衔接蛋白、磷脂酶、蛋白质激酶等
PH（Pleckstrin homology）	含 $100\sim120$ 个氨基酸残基	主要与磷脂衍生物结合，使分子定位于细胞膜	蛋白质激酶、细胞骨架调节分子等
PTB（Protein tyrosine binding）		含磷酸化酪氨酸的模体	衔接蛋白、磷酸酶

衔接蛋白（adaptin）是信号转导途径中通过蛋白质相互作用结构域连接上、下游信号转导分

子的接头分子，募集并组织形成相应的信号转导复合体。多数衔接蛋白只由 2 个或以上的蛋白质相互作用结构域构成，如 Grb2 仅含 1 个 SH2 和 2 个 SH3 结构域，借此连接上、下游分子。

支架蛋白（scaffolding protein）的分子量一般较大，可同时结合位于同一信号转导途径中的多个信号转导分子，使其避免与其他途径发生交叉反应，维持信号转导途径的特异性，增加调控的复杂性和多样性。细胞内有多种支架蛋白，分别参与不同信号转导复合体的组织。

第二节 受 体

受体（receptor）是细胞表面或细胞内的一种大分子物质（大多数是蛋白质且多为糖蛋白，少数是糖脂），能特异性地识别并结合相应信号分子，激活并启动细胞内一系列生化反应，并产生相应生物学效应。能与受体特异结合并导致细胞反应的信号分子统称为配体（ligand）；膜结合和可溶性信号分子都是常见的配体。

一、受体的分类、特点及功能

根据受体在细胞中的分布，可分为细胞膜和细胞内受体两大类，前者占多数。

（一）膜受体

膜受体（membrane receptor）又称细胞表面受体（cell surface receptor），位于细胞质膜上，多为糖蛋白，个别为糖脂（如霍乱毒素和破伤风毒素的受体）或糖蛋白与糖脂组成的复合物。膜受体通常由与配体相互作用的胞外结构域、将受体固定在细胞膜上的跨膜结构域，以及起传递信号作用的胞内结构域三部分组成。绝大多数的细胞外信号分子只能被膜受体识别结合后经细胞膜的信号转换机制转换为胞内信号，进而对细胞的生命活动发挥调节作用。根据膜受体结构和功能不同，又可将其分为离子通道型受体（ionotropic receptor）、酶偶联受体（enzyme linked receptor）、GPCR 三大类。

1. 离子通道型受体 这类受体通过将化学信号转变成为电信号而引起细胞生物学效应。其自身为离子通道，是一类贯穿细胞膜的具有离子通道功能的亲水性蛋白质，多由若干相同或不同的亚基组成，每个亚基经 4 次跨膜形成 4 个疏水的跨膜区段，其氨基末端和羧基末端均游离在细胞外，这些亚基围绕细胞膜形成孔道排布，其中某些亚基具有配体结合部位。当其与相应的配体结合后，构象变化、孔道开放，阳/阴离子快速通过孔道进入细胞，离子的跨膜流动诱发细胞膜电位变化；离子通道受体的开放或关闭直接受化学配体的控制，其跨膜信号转导无需中间步骤，故也被称为促离子型受体或配体门控受体（ligand-gated receptor）。

此类受体主要存在于神经细胞或其他可兴奋细胞上，负责突触信号传递，其配体主要是神经递质。典型的就是神经肌肉接头处的 N 型乙酰胆碱受体（N-acetylcholine receptor，N-AChR）（图 18-3），它由 α、β、γ 和 δ 四种亚基组成 $\alpha_2\beta\gamma\delta$ 五聚体，五个亚基共同围成一个离子通道；乙

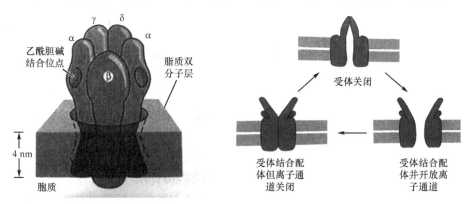

图 18-3　N 型乙酰胆碱受体的结构

酰胆碱的结合位点在 α 亚基的细胞膜外侧。另外，甘氨酸受体、γ-氨基丁酸 A 型受体、谷氨酸受体、温度和触觉受体等都是此类受体。此外，在细胞内的各种膜结构上也有离子通道型受体（一般为 6 次跨膜蛋白），如 cAMP、cGMP 和 IP_3 等信使的受体。该类受体激活常可改变细胞内的离子浓度，如 IP_3 受体活化导致内质网中 Ca^{2+} 外流，从而提高胞质中游离 Ca^{2+} 浓度。

2. 酶偶联受体 该类受体或其每个亚基通常为单次跨膜蛋白，其胞内结构域自身具有酶活性、或虽无酶活性但可与胞内某个酶结合。该类受体介导的信号转导途径主要调节细胞的蛋白质功能、基因表达、细胞增殖和细胞分化等；其配体多为生长因子和细胞因子。目前发现的酶偶联受体有六类：GC 受体、PTK 受体、PTK 相关受体、PSTK 受体、PTP 受体和组氨酸蛋白质激酶相关受体（仅见于细菌、酵母和植物，在此不介绍）。

（1）GC 受体：该类受体具有 GC 活性，能催化 GTP 生成 cGMP；分为膜结合型 GC 受体

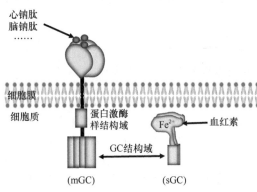

（membrane-bound GC，mGC）和可溶型 GC 受体（soluble GC，sGC）（图 18-4）。mGC 位于胞膜，由同源三或四聚体组成，每个亚基包括 N 端的胞外结构域、跨膜区域、胞内蛋白质激酶样结构域和 C 端 GC 结构域；按 mGC 与配体结合的特点又分为 A、B 和 C 三种亚型，目前已知 mGC-A 结合心钠肽，mGC-B 结合脑钠肽，mGC-C 结合细菌热稳定肠毒素。sGC 位于胞质中，由含有血红素的 α、β 两个亚基组成的异二聚体，每个亚基有一个 GC 结构域；其配体为 NO、CO 等。当 sGC 与配体结合后引起两个亚基聚合，并表现出 GC 活性，促进 cGMP 生成；当两亚基解聚时 GC 活性丧失。

图 18-4 鸟苷酸环化酶（GC）受体的结构

mGC：膜结合型 GC 受体；sGC：可溶型 GC 受体

（2）PTK 受体：该类受体本身就具有 PTK 活性，因此又称受体型 PTK（图 18-5）。其胞外结构域识别并结合配体，一般有 500～850 个氨基酸残基，富含半胱氨酸残基（如 EGF 受体）或呈免疫球蛋白（Ig）样结构（如 PDGF、FGF、VEGF 等的受体）；中段跨膜结构域由 22～26 个氨基酸残基组成，含一个 α 螺旋；胞内结构域即 C 端近膜区和功能区，含有酪氨酸激酶活性结构域和 ATP 结合位点等。

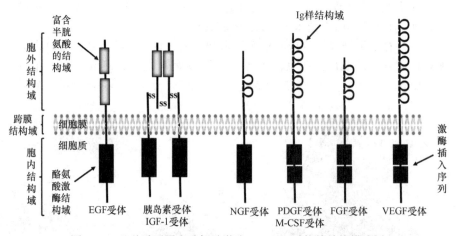

图 18-5 几种重要蛋白酪氨酸激酶（PTK）受体的结构模式图

EGF，表皮生长因子（epidermal growth factor）；FGF，成纤维细胞生长因子（fibroblast growth factor）；IGF，胰岛素样生长因子（insulin-like growth factor）；M-CSF，巨噬细胞集落刺激因子（macrophage-colony stimulating factor）；NGF，神经生长因子（nerve growth factor）；PDGF，血小板衍生生长因子（platelet derived growth factor）；VEGF，血管内皮细胞生长因子（vascular endothelial growth factor）

PTK 受体可催化受体彼此间的酪氨酸残基磷酸化，该过程称为自磷酸化（autophosphorylation）。同时，PTK 受体还可催化其他多种底物蛋白质的酪氨酸残基磷酸化。PTK 受体的底物蛋白分子常含有 SH2、SH3 和 PH 结构域，可分别识别并结合含磷酸化酪氨酸残基的模体、富含脯氨酸的模体以及膜磷脂衍生物；通过不同分子间的蛋白质相互作用传递信号。PTK 受体与细胞增殖、分化、分裂及癌变有关。

（3）PTK 相关受体：本身不具有酶活性，与配体结合后发生二聚化而激活，可以与胞内的蛋白质激酶（如为胞内 PTK 的 JAK 和某些原癌基因编码的 PTK）偶联而发挥作用，如生长激素受体和干扰素受体等。

（4）PSTK 受体：具有 PSTK 活性，可催化自身或其他底物蛋白质的丝氨酸/苏氨酸残基磷酸化。如转化生长因子 β 受体（transforming growth factor β receptor，TGF-β receptor，TβR），TβR 主要有 TβRⅠ 和 TβRⅡ 两个亚型，均为胞膜蛋白，结构相似：包括富含半胱氨酸残基的胞外区、跨膜区和具有 PSTK 结构域的胞内区。不同的是：TβRⅠ 不具有自身磷酸化功能，需靠 TβRⅡ 使其胞内段特征性 GS 区（TTSGSGSG）的丝/苏氨酸残基发生磷酸化；TβRⅡ 虽无 GS 区，但其胞内区有一个丝/苏氨酸短尾（由 22 个氨基酸残基组成），胞外区 N 端为含有 5 个半胱氨酸残基的保守序列介导 TGF-β 和受体结合，使胞内丝/苏氨酸激酶充分活化，使 TβRⅡ 自身磷酸化以及 TβRⅠ 和胞内其他蛋白质的磷酸化（图 18-6）。活化素（activin）和骨形态发生蛋白（bone morphogenetic protein，BMP）的受体也属于 TβR 家族。该类受体参与调节细胞增殖、分化、迁移和凋亡等多种反应。

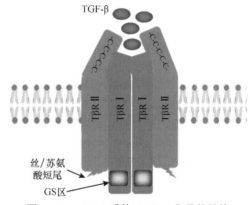

图 18-6 TGF-β 受体（TβR）Ⅰ/Ⅱ 的结构

（5）PTP 受体：该类受体位于胞内靠近胞膜处，含有两个酪氨酸磷酸酶结构域，可使磷酸化的酪氨酸残基去磷酸化，如 CD45、PTPζ/β 等均属此类受体；此类受体众多但大多数功能尚不清楚。

图 18-7 GPCR 的结构

3. GPCR 是跨膜受体中最大的家族，已发现脊椎动物中有 1000 多种，常见的有胰高血糖素受体、前列腺素受体、肾上腺素受体和促甲状腺素受体等。GPCR 在结构上为单体蛋白，氨基端位于细胞膜外表面，羧基端在细胞膜内侧；其结构特征是具有七个跨膜螺旋，以 α 螺旋方式跨膜两侧，其肽链反复跨膜七次，因此又称七跨膜受体（图 18-7）。由于肽链反复跨膜，在膜外侧和膜内侧各形成了 3 个环状结构，分别负责接受外源信号的刺激并启动细胞内的信号传递。

能结合并激活 GPCR 的细胞外信号分子包括生物胺类（如肾上腺素、去甲肾上腺素、组胺、5-羟色胺等）、多肽类（如缓激肽）、大分子糖蛋白（如黄体激素和甲状旁腺激素）等。此类受体识别细胞外信号，并通过与其胞内段结合的 G 蛋白向下游传递信号，因此称为 GPCR。

神经细胞与某些肌细胞往往需要对信号做出快速反应，一般是通过 G 蛋白直接或间接地偶联相应受体与离子通道实现的。哺乳动物类的视觉、嗅觉、甜味觉和鲜味觉受体也是通过 GPCR 介导信号转导。GPCR 也参与调节 T 细胞、B 细胞、肝细胞及肾细胞等多种哺乳动物类细胞的生理反应。

（二）细胞内受体

有些细胞外信号分子能够直接跨过细胞膜进入细胞并与细胞内相应的受体结合引起相应的生

物学效应。这些细胞内受体（intracellular receptor）包括位于细胞质和细胞核中的受体，通常为序列特异性的 DNA 结合蛋白（约由 800 个氨基酸残基组成），但有些细胞内受体例外（如 sGC 等）。这类受体与其配体结合后能与 DNA 顺式作用元件结合，调节基因转录。由于该类受体最终都要到胞核中发挥作用，故统称为核受体（nuclear receptor，NR）。目前已知的人核受体有 48 个，在细胞的生长、发育和分化过程中起重要作用。

1. NR 的分类　根据配体类型可将 NR 超家族分为三类：①类固醇激素受体（steroid hormone receptor），如糖皮质激素受体（glucocorticoid receptor，GR）、盐皮质激素受体（mineralocorticoid receptor，MR）、雌激素受体（estrogen receptor，ER）、孕激素受体（progestogen receptor，PR）、雄激素受体（androgen receptor，AR）和维生素 D3 受体（vitamin D_3 receptor，VDR）等；②非类固醇激素受体，如甲状腺激素受体（thyroid hormone receptor，TR）、维甲酸受体（retinoic acid receptor）、类视黄醇 X 受体（retinoid X receptor，RXR）等；③孤儿受体（orphan receptor），指目前尚未发现配体的一类核受体，如核受体 SHP（short heterodimer partner，NR0B2）和 DAX1（NR0B1）等。

2. NR 的结构与功能　典型的 NR 基本结构从 N 端到 C 端依次分为 A/B、C、D、E 和 F 五个结构域（图 18-8）。① A/B 结构域：位于 N 端，为调节结构域，其序列在不同 NR 之间高度可变（长度从 50～500 个氨基酸残基不等），包含一个配体非依赖性转录激活功能域（ligand-independent transcriptional activation function domain），简称激活功能域 1（activation function 1，AF-1），其转录激活功能较弱，通过与位于 E 结构域中的 AF-2 结构域协同作用而对靶基因的表达进行调节。② C 结构域：为 DNA 结合域（DNA binding domain，DBD），其序列高度保守，包含两个锌指结构，负责与特定的 DNA 顺式作用元件结合。③ D 结构域：为铰链区（hinge region，HR），连接 DBD 和配体结合域（ligand binding domain，LBD），可能与 NR 的细胞内转运和亚细胞定位有关；核定位信号（nuclear localization signal，NLS）位于 C 和 D 结构域之间。④ E 结构域：即 LBD，是最大的结构域，其在序列上中度保守，但在空间结构上高度保守；该结构域含有一个配体依赖性转录激活功能域（ligand-dependent transcriptional activation function domain），简称 AF-2；除与配体结合外，LBD 还可结合辅激活物（coactivator）和辅阻遏物（corepressor），并含二聚化结构域。⑤ F 结构域：位于 C 末端，不同 NR 该结构域的序列是可变的。

图 18-8　核受体的结构

AF，激活功能域；DBD，DNA 结合域；LBD，配体结合域

核受体是后生动物中含量最丰富的转录调节因子之一，它们在新陈代谢、性别决定与分化、生殖发育和稳态维持等方面发挥着重要的功能。

二、受体与配体的结合特点

受体与配体的结合基于分子的热运动、静电引力和大分子的诱导契合机制。二者的结合具有以下特点。

（一）高度特异性

受体与配体的结合具有高度特异性，是受体识别配体的最基本特点，保证信号传导的准确性。特异性表现为：①一种受体只能与特定配体结合；②在同一或不同类型的细胞中，同一配体可能有两种或两种以上的不同受体，二者结合会产生不同的细胞反应。例如，肾上腺素作用于皮肤黏膜血管上的 α 受体使血管平滑肌收缩，而作用于支气管平滑肌 β 受体则使其舒张。然而，这种特异性不是绝对的，如刀豆蛋白 A 可与胰岛素竞争结合胰岛素受体（IR），而且与 IR 结合后表现出部分胰岛素的活性。

受体激动剂能够与特异性受体结合并激活该受体，达到在没有信号分子刺激时活化受体的作用，从而活化相应信号转导途径。

案例 18-1

患者，女性，56 岁。2 个月前开始感到左眼疼痛，视物模糊，视灯周围有红晕，偶伴有轻度同侧头痛，但症状轻微，常自行缓解。3 天前突然感觉左侧头部剧烈头痛，眼球胀痛，视力极度下降。体格检查：左眼视力 0.2，右眼视力 1.0。左眼睫状充血 (++)。瞳孔直径约 6mm（参考区间 2～4mm），对光反射较弱。左眼眼压 55mmHg，右眼眼压 21mmHg（参考值 10～21mmHg）。前房角镜检左眼窄Ⅲ，右眼基本正常。

初步诊断：左眼急性闭角型青光眼。

治疗方案：用 2% 毛果芸香碱滴眼对症治疗等。

问题：使用毛果芸香碱滴眼治疗的分子机制是什么？

（二）高度亲和力

受体与配体的结合能力称为受体的亲和力。二者的结合具有高度亲和力：体内化学信号的浓度非常低，受体能识别微量的配体，即周围环境中只有很低浓度（$\leq 10^{-8}$mol/L）的配体时，就能使受体与配体结合达到饱和进而产生显著的生物学效应。例如，5×10^{-19}mol/L 的乙酰胆碱溶液就能对蛙心产生明显的抑制作用；正常人血浆甲状旁腺激素浓度（1～10pmol/L）已足以与其受体结合发挥正常的生理作用。

受体与配体的结合通常用配体-受体复合物的解离常数（K_d）表示，该常数通常为 10^{-12}～10^{-8}mol/L。亲和力与解离常数成反比，即 K_d 值越小，配体与受体的亲和力越大。

（三）可饱和性

配体与受体的结合在剂量-效应曲线上反映出具有饱和性（图 18-9）。由于细胞受体的数量有限，因而其能结合的配体也是有限的，因此受体和配体的结合具有饱和性。剂量-效应曲线为矩形双曲线，在药物的作用上反映为最大效应，当药物达到一定浓度后，其效应不会随药物浓度的增加而继续增加。

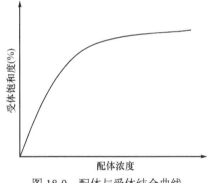

图 18-9 配体与受体结合曲线

（四）可逆性

受体与配体可通过离子键、氢键和范德华力等非共价键结合形成复合物，此复合物在一定条件下可以解离，也可以被其他特异性配体或配体类似物置换，解离的难易程度可以用解离常数表示。当配体与受体结合发生生物学效应后，配体受体复合物发生解离，受体恢复原有状态并可再次被利用，而配体则被灭活。

（五）失敏现象

当长期暴露于配体的环境中时，大多数受体会降低或甚至失去反应性，即产生受体失敏现象。发生失敏时，大多数受体的反应性下降，不同的受体失敏的快慢不同。失敏现象包括同源失敏和异源失敏。同源失敏是指受体与其特异配体结合后仅对其配体失去反应性，而仍保持对其他配体的反应性。异源失敏是指受体因与其特异配体结合后，对该配体和其他配体均失去了反应性。长期应用激动药可使相应受体失敏，这是产生药物耐受的原因之一。

（六）特定的作用模式

受体的分布和含量具有组织和细胞特异性，并呈现特定的作用模式，受体与配体结合后可引起某种特定的生理效应。

三、受体活性的调节

受体不是固定不变的，而是经常处于代谢转换和活性变化的动态平衡中。配体、某些生理、病理和药物因素均可影响受体的数目或影响受体对配体的亲和力，此现象称为受体调节（receptor regulation）。

（一）受体调节的分类

1. 上调和下调　根据受体调节的效果，可以分为上调（up regulation）和下调（down regulation）。长期使用拮抗剂，例如，用普萘洛尔突然停药，可以出现肾上腺素能受体上调，从而引起反跳现象，表现为敏感性增高。长期使用激动剂异丙肾上腺素治疗哮喘，可导致受体下调，从而引起疗效普遍下降。

2. 同种特异调节和异种特异调节　同种特异调节是指配体与特异性受体作用，使自身的受体发生数量或亲和力的变化，如生长激素受体和 β 肾上腺素受体等存在同种调节。异种特异调节是指配体作用于其特异性受体，会对另一种配体的受体产生调节作用，如 β 肾上腺素受体可被甲状腺素和糖皮质激素等调节。

（二）受体活性调节的机制

受体数目和受体对配体的亲和力受多种因素的调节。

1. 磷酸化和去磷酸化作用　磷酸化和去磷酸化可调节受体的功能、活性及其在细胞中的分布等。如 EGF 受体的酪氨酸残基被磷酸化修饰后能促进受体与其配体的结合，而磷酸化修饰对类固醇激素受体与其配体的结合则起抑制作用。

2. 膜磷脂代谢的影响　膜磷脂是构成细胞膜的重要组成部分，对维持细胞膜的流动性和受体活性调节起着重要的作用。受体长期受激动剂的作用，膜磷脂酶 A_2 活性增强，使其分解增加，受体的内化作用（internalization）更加容易，用磷脂酶 A_2 的抑制剂可以防止某些受体的下调。质膜的磷脂酰乙醇胺经甲基化修饰转变为磷脂酰胆碱，后者能显著增强肾上腺素 β 受体对 AC 的激活能力。

3. 酶促水解作用　有些膜受体对蛋白酶敏感，可通过内化作用被溶酶体降解。

4. G 蛋白的调节　G 蛋白在多种活化 GPCR 与 AC 之间起偶联作用，当一个受体系统被激活而使 cAMP 水平升高时，就会使同一细胞受体对配体的亲和力下降。

5. 受体分子中巯基和二硫键的修饰　巯基和二硫键在维持蛋白质分子构象与功能中起着重要作用。诸多受体是蛋白质，可通过对受体蛋白分子中巯基和二硫键的修饰，改变受体的结构和功能，从而实现对受体活性的调节。如可通过还原剂二硫苏糖醇及烷化剂 N-乙基马来亚胺修饰松散蛋白质构象而影响受体活性。

（三）受体调节的意义

受体调节在细胞信号转导中起着重要作用，具有重要的生理或病理生理意义。①脱敏现象，是指连续使用激动剂后，在较短的时间内组织的反应性降低或消失。这在临床中用于超敏反应疾病的治疗。②产生耐受性，是指某些药物连续使用后，必须逐渐的增加药物的剂量，才能维持其疗效的现象。③产生依赖性，是指长期使用某些神经系统的药物时，人体对药物产生的生理上和心理上的依赖。④反跳现象，是指在长期使用一些药物后，突然停药使其疾病加重的现象，如应用糖皮质激素时需要避免反跳现象的发生。

第三节　信号转导途径

细胞信号转导就是细胞将外源信号经特异性的受体转变为细胞内多种分子活性、浓度或含量、细胞内定位等的变化，从而改变细胞的某些代谢过程或生物学效应的过程。由信号分子、受体、信号转导分子和效应分子等相互作用所构成的一系列有序的级联酶促生化反应，称为信号转导途径（signal transduction pathway，signal pathway）。

信号转导就是通过：①改变下游信号转导分子的构象；②改变下游信号转导分子的细胞内定位；③信号转导分子复合体的形成或解聚；④改变小分子信使的细胞内浓度或分布等分子机制来实现的。信号转导途径具有信号传递和终止、信号逐级放大效应、信号转导途径的复杂性和多样性、信号转导途径的通用性及专一性等基本特征。信号转导途径分为膜受体和核受体介导的信号转导途径。

一、膜受体介导的信号转导途径

膜受体介导的信号转导途径主要有离子通道型受体、酶偶联受体、GPCR 介导的信号转导途径，以及多种受体都可介导的 Ca^{2+}/CaM-PK、NF-κB 信号转导途径等。

（一）离子通道型受体介导的信号转导途径

该途径的基本过程如下：当离子通道受体与相应配体（如神经递质）结合后，离子通道蛋白构象改变，导致其开/关状态发生改变，进而引发离子跨膜流动状态和膜电位的变化，最终将化学信号转换为电信号，调节细胞的功能活动。例如，N 型乙酰胆碱受体以三种构象存在（图 18-3），两分子乙酰胆碱（actylcholine，ACh）的结合可使之处于通道开放构象，但即使有 ACh 的结合，该受体处于通道开放构象状态的时限仍十分短暂，在几十毫微秒内又回到关闭状态；离子通道关闭后 ACh 与受体解离，受体恢复到初始状态，做好重新接受配体的准备。

（二）酶偶联受体介导的信号转导途径

酶偶联受体介导的信号转导途径复杂多样，此处主要介绍 GC 受体、PTK 受体、PTK 相关受体、PSTK 受体等介导的信号转导途径。

1. GC 受体介导的 cGMP-PKG 信号转导途径　其基本过程如下（图 18-10）：当 mGC 或 sGC 受体与其配体结合后，可催化 GTP 生成 cGMP。cGMP 结合 cGMP 依赖性 PKG 的抑制模体（无 cGMP 时抑制模体与催化亚基结合并抑制其活性），使催化亚基与其解离而被激活，后者可催化底物蛋白质的丝氨酸/苏氨酸残基磷酸化，从而调节细胞的生物学功能。其主要底物有：组蛋白（H1、H2A、H4）、磷酸化酶激酶、糖原合酶、丙酮酸激酶、激素敏感性脂肪酶和胆固醇酯水解

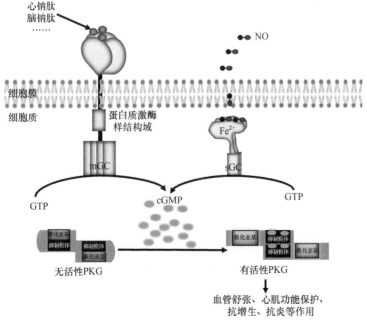

图 18-10　GC 受体介导的 cGMP-PKG 信号转导途径

酶等。与 mGC 结合的配体（心钠肽、脑钠肽等）及与 sGC 结合的配体（NO、CO 等）均可通过 cGMP-PKG 途径发挥作用。

2. PTK 受体介导的信号转导途径　PTK 受体所介导的信号转导途径复杂多样，可通过依次激活 RAS、促分裂原活化的蛋白质激酶（mitogen-activated protein kinase，MAPK；属于 PSTK）而发挥调节细胞代谢、增殖、分化、促进细胞存活等的作用。EGF 受体（EGF receptor，EGFR）和胰岛素受体（insulin receptor，IR）是典型的 PTK 受体，本处主要介绍经它们介导的 Ras-MAPK 和 PI3K-PKB 信号转导途径。

（1）EGFR 介导的 Ras-MAPK 信号转导途径：其基本过程如下（图 18-11）：①当配体与 EGFR 结合后，受体二聚化并发生自身磷酸化；②Grb2 的 SH2 结构域直接与受体的磷酸化的酪氨酸残基模体（Y-p）结合；③Grb2 再通过其 SH3 结构域与 SOS（son of sevenless）结合；SOS 是一种鸟苷酸释放因子，具有核苷酸转移酶活性，因无 SH2 结构域不能直接和受体结合；④结合到 Grb2 的 SOS 与膜上的 Ras 接触，促进 Ras 释放 GDP 并结合 GTP 而被激活；⑤活化的 Ras 与 Raf 即 MAP 激酶激酶激酶（mitogen-activated protein kinase kinase kinase，MAPKKK；属于 PSTK）的 N 端结构域结合并使其激活；活化的 Raf 依次使 MAP 激酶激酶（mitogen-activated protein kinase kinase，MAPKK）、MAPK 的丝氨酸/苏氨酸残基磷酸化而激活，引发 MAPK 级联激活（cascade activation of MAPK）；⑥活化的 MAPK 进入细胞核，可使核内转录因子等多种蛋白质磷酸化（如激活 Elk-1，促进 *c-fos* 和 *c-jun* 表达）而活化，从而调节细胞的功能活性。Ras 在 GAP 的协助下使 GTP 水解失活，终止信号传递。除了 EGFR，IR、IGF-1R 也可介导其配体通过 Ras-MAPK 信号转导途径发挥作用。

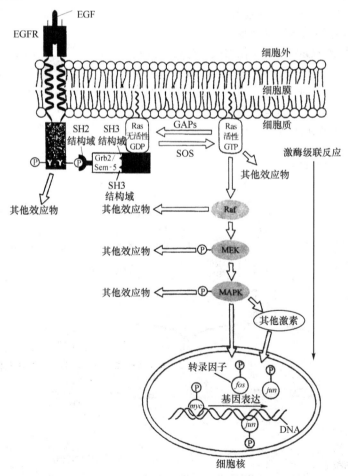

图 18-11　EGFR 介导的 Ras-MAPK 信号转导途径

（2）IR 介导的 PI3K-PKB 信号转导途径：IR 是由 α 和 β 两种亚基组成的四聚体型受体，其中 β 亚基具有激酶活性，当胰岛素与 IR 结合后使受体二聚体化及自身磷酸化，并进一步使胰岛素受体底物 1（insulin receptor substrate1，IRS1）的酪氨酸残基磷酸化而活化，IRS1 作为多种蛋白的停泊点，其 Y-p 可被具有 SH2 结构域的蛋白（如 Grb2、PI3K 等）识别结合或激活，进一步将信号经 Ras-ERK（MAPK 家族的一种；如前所述）或 PI3K-PKB 信号转导途径向下游传递（图 18-12）。

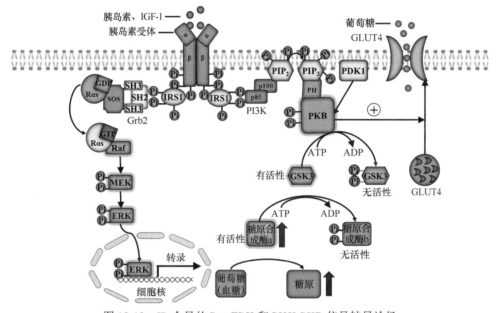

图 18-12　IR 介导的 Ras-ERK 和 PI3K-PKB 信号转导途径

PI3K 是催化 PI 的 3 位羟基磷酸化的激酶家族，由 p85 亚单位（含 SH2 结构域）和 p110 亚单位（含催化结构域）组成。PKB 是 PI3K 的下游靶分子，属于 PSTK，因是原癌基因 *c-akt* 的产物，故又称 AKT，其与 PKA 及 PKC 高度同源。PI3K 还可激活下游多种分子，介导多种效应，因都与 PKB/AKT 有关，故此途径又称为 PI3K-AKT 途径。

该信号转导途径的基本过程如下（图 18-12）：①胰岛素与 IR 结合并使其二聚体化及自身磷酸化，进而催化 IRS1 的数个酪氨酸残基发生磷酸化；② IRS1 的 Y-p 被 PI3K 的 p85 亚单位的 SH2 结构域识别并结合，进而激活 p110 催化亚单位；③活化的 p110 亚单位催化细胞质膜的 PI-4,5-P_2（PIP_2）生成 PI-3,4,5-P_3（PIP_3）；④ PIP_3 结合到 PKB 的 PH 结构域上，使 PKB 转位到质膜内侧，之后被磷酸肌醇依赖性蛋白质激酶（3-phosphoinositide-dependent protein kinase，PDK）磷酸化而活化；⑤活化的 PKB 可磷酸化多种蛋白质，介导代谢调节、细胞存活等效应。

该信号转导途径与胰岛素对细胞代谢及存活发挥的重要调节作用密切相关，其在细胞内引起的生物学效应取决于 PKB 的作用底物。例如，PKB 可以使糖原合成酶激酶 3（glycogen synthase kinase 3，GSK3）发生磷酸化而失去活性。GSK3 具有使糖原合成酶磷酸化而失活的作用，因此 PKB 减弱了糖原合成酶的失活，最终效应是细胞内糖原合成增加。另外，激活的 PKB 可促进肌细胞的葡萄糖运载蛋白 4（glucose transporter 4，GLUT4）从细胞质向细胞膜移位，导致细胞膜上 GLUT4 增加，进而引起细胞的葡萄糖摄入增加（图 18-12）。除胰岛素外，PDGF、IGF、EGF、FGF 等生长因子也可利用 PI3K-PKB 信号转导途径传递信号。

3. PTK 相关受体介导的 JAK-STAT 信号转导途径　PTK 相关受体（自身无激酶结构域）介导的信号转导途径有多条，此处主要介绍偶联胞内激酶 JAK 的信号转导途径。JAK 为非受体型 PTK，已发现有 JAK1～3 和 Tyk2 四个家族成员；JAK 无 SH2、SH3 或 PH 结构域，但有 JH1（激酶催化区）和 JH2（激酶相关区）共有结构域；其底物是含有 SH2 和 SH3 结构域的信号转导及转录激活蛋白（signal transducer and activator of transcription，具有信号转导分子及转录因子的作用）。许多信号分子通过二者组成的 JAK-STAT 途径传递信号；但不同信号分子激活的 PTK 相关受体不同，其相应的 JAK-STAT 信号转导途径也有差异（表 18-4）。

表 18-4 不同信号分子相关的 JAK-STAT 信号转导途径

配体	受体相关的 JAK	被活化的 STAT	某些生物学功能
IFN-α/β	Tyk2、JAK 2	STAT1、STAT2	增加细胞的抗病毒能力
IFN-γ	JAK1、JAK 2	STAT1	激活巨噬细胞；增加 MHC 分子的表达
生长激素	JAK 2	STAT1、STAT5	通过诱导 IGF-1 的产生而促进生长
催乳素	JAK 1、JAK 2	STAT5	促进产乳
EPO	JAK 2	STAT5	促进红细胞的生成
GM-CSF	JAK 2	STAT5	刺激粒细胞和巨噬细胞的生成
IL-3	JAK 2	STAT5	刺激血细胞生成

JAK-STAT 信号转导途径最早在干扰素信号传递研究中发现，其基本过程如下（图 18-13）：①当配体与 PTK 相关受体结合后，使受体二聚化；②二聚化受体结合 JAK，使 JAK 发生自身磷酸化和（或）转磷酸化作用而激活；③活化的 JAK 使受体胞内段酪氨酸残基磷酸化（Y-p），并通过受体的 Y-p 结合 STAT 的 SH2 结构域而招募 STAT；继而 JAK 使 STAT 单体的酪氨酸残基磷酸化，经磷酸化的 STAT 与受体的亲和力降低而离开受体；④一个磷酸化 STAT 的 Y-p 和 SH2 结构域分别与另一磷酸化 STAT 的 SH2 结构域和 Y-p 相互识别并结合，形成同源或异源二聚体；⑤ STAT 二聚体进入细胞核，通过与 DNA 顺式作用元件结合而调节相关基因转录，进而影响细胞的生物学功能。

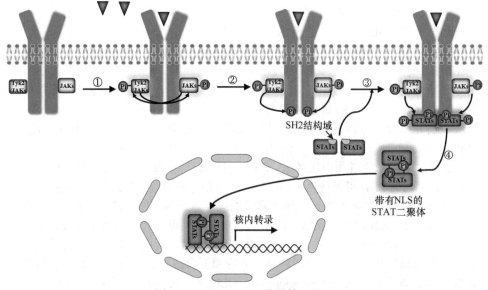

图 18-13 JAK-STAT 信号转导途径

4. PSTK 受体介导的 Smad 信号转导途径　此处以 TβR-Smad 信号转导途径为代表进行介绍。Smad 是线虫的 *Sma* 和果蝇的 *Mad*（Mother against decapentaplegic protein）两个基因名字的融合，也是最早被证实的 TβR 激酶的底物。目前发现细胞内至少有 9 种 Smad，各自负责 TGF-β 家族不同成员的信号转导，根据其功能可分为三类：①受体调节的 Smad，如 smad 2 和 3 能被 TGF-β 激活，而 Smad 1、5、8 和 9 则可被 BMP 等激活；②共作用 Smad，如 Smad4 是 TGF-β 家族各类信号转导过程中共同作用的分子；③抑制性 Smad，如 Smad6 和 7 抑制 TGF-β 家族的信号转导，具有负调控作用。不同的 Smad 最终所介导的生物学功能不同。

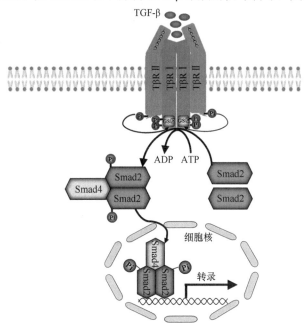

TβR-Smad 信号转导途径的基本过程如下（图 18-14）：TGF-β 识别结合 TβRⅡ并使其自身磷酸化，TβRⅠ以二聚体形式加入形成 TβRⅡ-TGFβ-TβRⅠ复合体。TβRⅡ通过转磷酸化作用将 TβRⅠ的 GS 区内的丝氨酸/苏氨酸残基磷酸化，从而使 TβRⅠ被激活。活化的 TβRⅠ与胞质中游离的 Smad2、3 结合并使其磷酸化，随后形成同源或异源二聚体，进而与 Smad4 形成三聚体后进入细胞核，结合于 DNA 顺式作用元件，参与调节靶基因的转录。由于不同的 TβR-Smad 信号转导途径最终可活化不同类型的 Smad，故其最终生物学效应也有差别。目前已经发现 TβR-Smad 信号转导途径可参与调节细胞增殖、分化、迁移及凋亡等多种生理和病理过程。

图 18-14 TβR-Smad 信号转导途径

（三）GPCR 介导的信号转导途径

GPCR 通过调节 G 蛋白活性进而改变下游效应分子的活性、含量或分布而发挥作用。GPCR 和 G 蛋白种类繁多，其介导的信号转导途径复杂多样，故此处主要介绍 GPCR 经 AC 和 PLC 介导的 AC-cAMP-PKA 和 PLC-IP$_3$/DAG-PKC 信号转导途径。

1. GPCR 介导的 AC-cAMP-PKA 信号转导途径 该途径的基本过程为：① cAMP 的生成：当配体与其相应 GPCR 结合后，受体构象改变并激活 G$_s$ 蛋白（即 G$_s$ 蛋白的 α$_s$ 亚基释放 GDP、结合 GTP 后与 βγ 亚基解离），进而激活 AC，AC 催化 ATP 生成 cAMP。② cAMP 活化 PKA：cAMP 依赖性的 PKA 由两个调节亚基（R）和两个催化亚基（C）组成无活性的四聚体；当每个 R 亚基各结合 2 分子 cAMP（且有 Mg^{2+} 存在时），PKA 构象改变并将 C 亚基从全酶中解离而活化。③ PKA 活化效应分子：PKA 可催化多种底物蛋白的丝/苏氨酸残基磷酸化，从而调节细胞的物质代谢和基因表达等多种生物学效应。

胰高血糖素促进糖原分解主要就是通过其受体介导的 AC-cAMP-PKA 信号转导途径实现的（图 18-15）。PKA 进入细胞核调节基因表达表现在多个层次：如 PKA 通过磷酸化组蛋白，可使其与 DNA 结合松弛或解离、解除对基因的抑制；PKA 通过磷酸化转录因子 cAMP 应答元件结合蛋白质（cAMP response element binding protein，CREB），磷酸化的 CREB 以同源二聚体形式与 DNA 上的 cAMP 应答元件（cAMP response element，CRE）结合，进而调节基因的转录。

2. GPCR 介导 PLC-IP$_3$/DAG-PKC 信号转导途径 PKC 广泛存在于机体各组织，目前发现至少有 12 种同工酶。PKC 为单一多肽链蛋白，其 N 端为调节结构域，含有与磷脂、Ca^{2+}、DAG 及佛波酯结合的位点；C 端为催化结构域，含有与 ATP 和底物结合的序列。胞质中升高的 Ca^{2+} 可促进 PKC 从细胞质转位至细胞膜上，随后在细胞膜 DAG 和磷脂酰丝氨酸的共同作用下彻底激活 PKC，活化的 PKC 通过使底物磷酸化而广泛参与调节细胞的生物学功能。

血管紧张素Ⅱ、促甲状腺素释放激素、去甲肾上腺素和抗利尿激素等通过该信号转导途径发挥作用。其基本过程为（图 18-16）：① IP$_3$ 和 DAG 的生成：当 GPCR 与其配体结合后变构，并

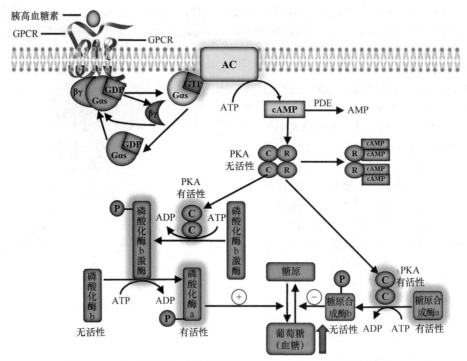

图 18-15　胰高血糖素受体介导的 AC-cAMP-PKA 信号转导途径

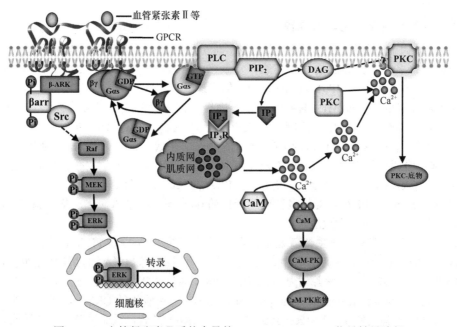

图 18-16　血管紧张素 Ⅱ 受体介导的 PLC-IP₃/DAG-PKC 信号转导途径

与 G_q 蛋白结合，其 α_q 亚基与 GTP 结合并与 βγ 亚基解离而激活。活化的 $G\alpha_q$ 激活 PLC，PLC 催化 PIP_2 水解生成 IP_3 和 DAG。②PKC 的转位与激活：IP_3 生成后从胞膜上迅速扩散到胞质中，并与肌浆网或内质网膜上特异性的 IP_3 受体（即钙通道）结合进而使其开放，Ca^{2+} 从储存库迅速进入胞质中结合并促进 PKC 转位至细胞膜上，随后在细胞膜 DAG 和磷脂酰丝氨酸的共同作用下彻底激活 PKC。③PKC 活化效应分子：激活的 PKC 可催化多种底物蛋白质（如 DNA 甲基转移酶、c-Fos 和 c-Jun 等）的丝氨酸/苏氨酸残基磷酸化，进而调节 DNA、蛋白质的合成，细胞的代谢、生长、增殖、分化与分泌，以及肌肉收缩等生物学功能。

（四）Ca^{2+}-CaM 信号转导途径

该途径通常不是一条独立的信号转导途径，而是多种膜受体介导的信号转导的后续效应。例如，PKA 可使 Ca^{2+} 通道蛋白质磷酸化而调节 Ca^{2+} 的通透性；IP$_3$ 可促进胞质 Ca^{2+} 升高；某些 G 蛋白可直接调节 Ca^{2+}；某些配体与受体直接结合后可调节 Ca^{2+} 通道开放等。乙酰胆碱、儿茶酚胺、加压素、血管紧张素和胰高血糖素等均可通过多种膜受体介导的信号途径导致胞质 Ca^{2+} 浓度升高，从而活化 Ca^{2+}-CaM 信号转导途径。

CaM 是胞内一种重要的 Ca^{2+} 结合蛋白，由一条含 148 个氨基酸残基的多肽链组成，分子量约 17kDa，其水平在胞质中高，而在胞核、线粒体和微粒体中较低。在细胞处于静息状态时，胞内 [Ca^{2+}] 低，CaM 不与 Ca^{2+} 结合；当胞内 [Ca^{2+}] $\geqslant 10^{-2}$mmol/L 时，一分子 CaM 可结合 4 个 Ca^{2+}（通过酸性氨基酸残基中的羧基与 Ca^{2+} 结合）形成 Ca^{2+}/CaM 复合体而被变构激活。活化的 CaM 可直接调节某些酶或蛋白质的活性，也可通过激活 Ca^{2+}/钙调蛋白依赖的蛋白质激酶（Ca^{2+}/calmodulin-dependent protein kinases，CaM-PK）而发挥生理功能（图 18-16）。

1. 活化的 CaM 可直接调节某些酶或蛋白质的活性　例如，活化的 CaM 可同时激活 AC、cAMP-PDE，加速 cAMP 的迅速生成与降解，使信号迅速传至细胞内，又迅速消失。活化的 CaM 可激活肌球蛋白质激酶，使肌球蛋白质磷酸化，引起肌肉收缩；还可激活胰岛素受体的 PTK 活性；还可激活 PKC 和一氧化氮合酶等多种分子，广泛调节细胞的生理功能。

2. 激活 CaM-PK　CaM-PK 属于 PSTK，Ca^{2+}/CaM 复合体可活化 CaM-PK（如肌球蛋白轻链激酶、磷酸化酶激酶、CaM-PK Ⅰ、Ⅱ、Ⅲ 等），进而使底物磷酸化，激活多种效应蛋白，产生相应的生物学效应。CaM-PK 的底物非常广泛，包括酶（如丙酮酸激酶、骨骼肌糖原合酶、磷酸化酶激酶等）、细胞骨架蛋白、突触蛋白 Ⅰ、离子通道、受体、转录因子等；在肌肉收缩和运动、糖代谢、神经递质合成与释放、细胞分泌和分裂等生理过程中起作用，参与调节细胞的多种功能。

（五）NF-κB 信号转导途径

NF-κB（nuclear factor-κB）是 1986 年从 B 淋巴细胞中找到的，能与免疫球蛋白 κ 轻链基因的增强子 B 序列（GGGACTTTCC）特异性结合的核内转录因子，故而得名。后来发现，NF-κB 是一类几乎存在于所有细胞中的转录因子，目前共发现 5 种家族成员，包括 RelA（即 p65）、RelB、C-Rel、p50/p105 和 p52/p100 等成员，他们均有一个约 300 个氨基酸的 Rel 同源结构域（Rel homology domain，RHD），包含结合特异性 DNA 序列的模体、二聚化模体以及核定位信号（NLS）。

NF-κB 信号转导途径也是多种膜受体介导的信号转导的后续效应。其基本过程为（图 18-17）：在静息状态下，NF-κB 成员以同源或异源二聚体的形式与抑制蛋白 IκB 结合形成复合体，以无活性状态存在于胞质中。当 TNF-α（tumor necrosis factor α）或 IL-1 等与相应受体结合后，通过 TNFR 相关因子（TNFR-associated factor，TRAF）等激活 IκB 激酶（IKKs），IKKs 使 IκB 磷酸化并与 NF-κB 分离，后者核定位信号暴露并转位入细胞核，通过与靶基因的顺式作用元件结合而调节基因的转录。

NF-κB 信号途径广泛参与调节机体防御反应、组织损伤和应激、细胞分化和凋亡及抑制肿瘤生长等过程。例如，临床上因创伤、感染、休克等多种因素导致的炎症反应均与此途径的过度活化有关。

二、核受体介导的信号转导途径

类固醇激素通过其受体在两种不同的水平上影响基因的表达，即转录水平和转录后水平。转录水平调节的核受体与激素结合后，核受体通过同源或异源二聚体形式穿过核孔进入细胞核内，在核内与特定 DNA 序列结合，从而调节基因转录（图 18-8）。与核受体结合的 DNA 序列称为激

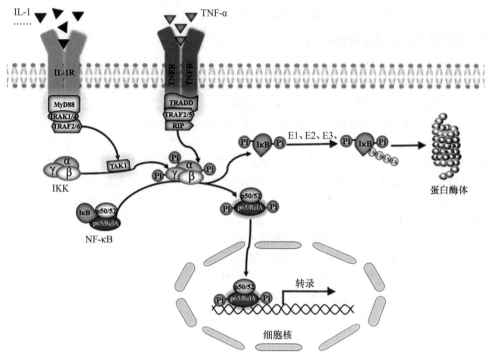

图 18-17　NF-κB 信号转导途径

素应答元件（hormone response element，HRE）。有些类固醇激素受体在未与受体结合之前在胞核内与热激蛋白质（也称热休克蛋白质，heat shock protein，HSP）结合，处于静止状态。HSP 有助于受体与激素的结合，并遮蔽受体与 DNA 的结合部位使受体只能与 DNA 疏松结合。当激素与受体结合后，受体即释放出 HSP，暴露出 DNA 结合部位，与 DNA 紧密结合并调节基因表达（图 18-18）。

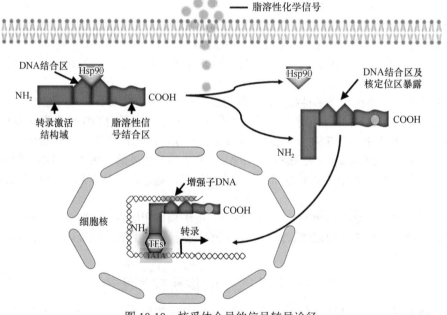

图 18-18　核受体介导的信号转导途径

本节以雌激素受体（estrogen receptor，ER）为例介绍核受体介导的信号转导。没有雌激素结合时，ER 位于胞质无法调控基因表达。当雌激素通过扩散进入细胞并与 ER 结合后，ER 发生二聚化并入核，二聚化的 ER 与雌激素应答元件结合，ER-雌激素应答元件复合物募集其他转录调控蛋白分子形成转录起始复合体，诱导基因转录（图 18-18）。

第四节　细胞信号转导途径的交叉联系

细胞信号转导实质上是众多信号分子间相互作用、相互调控的复杂网络，各条信号转导途径并非独立存在，而是相互间存在着广泛、密切的交互串流（cross-talk，又称信号互传、信号互调）和交叉联系，形成了复杂而精细的信号转导网络（图 18-19），共同协调机体的生命活动。

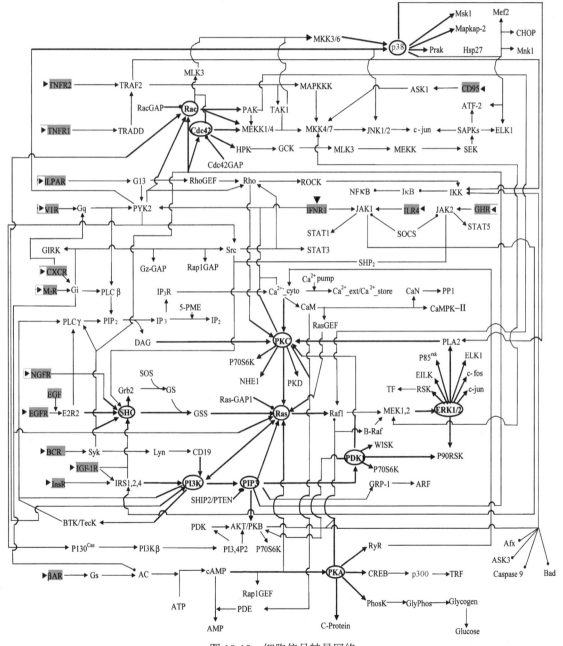

图 18-19　细胞信号转导网络

→ 兴奋性信号；— 抑制性信号；○重要节点分子；▶信号转导受体

一、一种信号分子可活化几条信号转导途径

细胞信号转导中，一种信号分子并非只引发一条信号转导途径并产生一种生理反应；而是可活化多条信号转导途径，实现复杂的功能调控。

例如，肝细胞生长因子（hepatocyte growth factor，HGF）能广泛调节细胞的分裂、增殖、分化和迁移等（图 18-20）。HGF 受体（酪氨酸激酶 c-Met）与 HGF 结合后二聚化并活化，活化的 c-Met 募集并活化 PI3K，PI3K 磷酸化细胞膜上的 PIP_2 生成 PIP_3，PIP_3 募集并将 PKB 锚定于细胞膜，继而在 PDK 的作用下，使 PKB 的 T^{308} 和 S^{473} 残基发生磷酸化而活化，最终激活 PI3K-PKB 途径。此外，HGF 还可通过 c-Met 活化 Ras，而 Ras 则可通过 Raf 和小 G 蛋白 Rac1 活化 MAPK 途径，如 ERK、JNK 和 p38 途径。另外，STAT3 信号转导途径也可以被 HGF 活化。

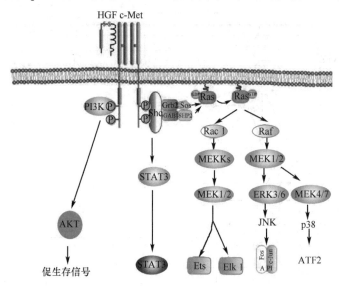

图 18-20　HGF 活化多条信号转导途径

二、一条信号转导途径的成员可调节另一条信号转导途径的活性

（一）一条信号转导途径中的成员可参与激活另外一条转导途径

例如，当某些配体（如血管紧张素Ⅱ、促甲状腺素释放激素等）与靶细胞膜上相应 GPCR 结合后，可促使胞内 $[Ca^{2+}]$ 升高，可通过 $PLC-IP_3/DAG-PKC$ 途径而激活 PKC；也可通过 Ca^{2+}-CaM 通路激活 AC，使 cAMP 生成增加，并变构激活 PKA，从而使 cAMP-PKA通路活化。

（二）一条信号转导途径中的成员可参与抑制另外一条转导途径

例如，EGFR 是一种具有 PTK 活性的酶偶联受体。DAG 和佛波酯等可激活 PKC，而活化的 PKC 可催化 EGFR 的 Thr^{654} 磷酸化，导致磷酸化的 EGFR 与 EGF 的亲和力降低，从而使 EGFR 的 PTK 活性受抑。

三、不同的信号转导途径可共同作用于同一效应蛋白或靶基因

不同的信号转导途径通过共同调控同一效应分子达到同种生物学效应，这充分体现了信号转导途径的协同效应。

（一）不同的信号转导途径可协同调控同一效应蛋白

例如，PKC 作为细胞代谢和基因表达的重要调控分子受到了多条信号转导途径的调控。PKC

除了通过 GPCR 介导的 PLC-IP$_3$/DAG-PKC 途径可被激活外，还受到其他途径的调控。如 PI3K 途径可通过 PKDA1 活化 PKC，胞外信号调节蛋白质激酶途径通过 PLA2 促进 PKC 激活。

（二）不同的信号转导途径可协同调控同一靶基因

内质网应激反应信号系统对葡萄糖调节蛋白 78（glucose regulated protein 78kDa，GRP78）的诱导很好地表明了同一基因的表达可以受控于不同的信号转导途径。内质网应激主要启动双链RNA 激活蛋白质激酶 R 样内质网激酶/真核生物起始因子 2α（protein kinase R-like endoplasmic reticulum kinase/eukaryotic initiation factor 2α，PERK/eIF2α）、转录激活因子 6（activating transcription factor 6，ATF6）以及需肌醇激酶 1/X 盒结合蛋白 1（inositol-requiring enzyme 1/X-box binding protein 1，IRE1/XBP1）三条信号转导途径，作为内质网应激信号系统活化的经典标志分子，GRP78 是内质网应激启动与否的分子开关，也是促进未折叠蛋白加工成熟和维持内质网稳态的核心分子。如双链 RNA 激活 PERK/eIF2α、ATF6 及 IRE1/XBP1 三条信号转导途径均可诱导 GRP78 转录表达（图 18-21）。

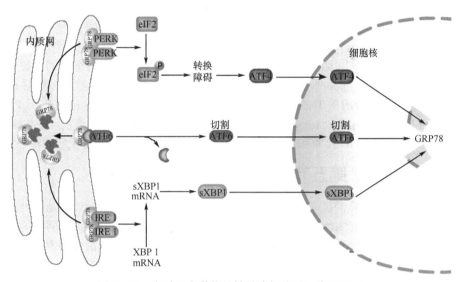

图 18-21　内质网应激信号转导途径共同调节 GRP78

四、多种信号分子可活化相同的信号转导途径

虽然不同的信号分子通过不同的受体传递信息，但是多种功能上类似的信号分子可以通过不同的机制活化相同的信号转导途径，从而实现功能上的协同效应。例如，TLR2/4/5/7-9 与各自配体结合后，各受体所转换的信号均可经 MyD88 依赖的信号途径进行传递。又如，调节细胞代谢和增殖的信号分子胰岛素和 EGF 可通过不同机制活化 PI3K 信号转导途径：IR 与胰岛素结合活化后，激活 IRS1，进而活化 PI3K 信号转导途径；EGFR 被 EGF 结合活化后就能活化 PI3K 信号转导途径。

五、同一种配体（或受体）可结合不同的受体（或配体）

受体与配体的特异性结合是细胞信号转导的基本特点。受体对配体的识别具有高度的特异性，但在一定程度具有相对性。

（一）同一种配体可结合不同的受体，产生不同的生物学效应

例如，乙酰胆碱能与 N 型和 M 型两种胆碱能受体结合。M 型受体广泛存在于副交感神经节后纤维支配的效应器细胞上，当乙酰胆碱与这类受体结合后，可产生一系列副交感神经末梢兴奋效应。N 型受体存在于交感和副交感神经节神经元的突触后膜和神经肌肉接头处的终板膜上，当乙酰

胆碱与这类受体结合后，则产生兴奋性突触后电位和终板电位，导致节后神经元和骨骼肌的兴奋。

又如，肾上腺素有 α 和 β 两种受体：肾上腺素与 α 型受体结合可抑制 AC，降低胞内 cAMP，引起血管收缩、瞳孔扩散等；而其与 β 受体结合后则可激活 AC，升高胞内 cAMP，引起血管扩张、支气管扩张等。再如，胰岛素能以高亲和力与 IR 结合，也能以低亲和力与 IGF 受体结合；胰岛素与 IR 结合后可产生短时但强烈的代谢调节效应，而与 IGF 受体结合后产生的则是较长时间但微弱的代谢调节效应。

（二）同一受体可结合不同配体，产生不同的生物学效应

B 细胞成熟抗原（B cell maturation antigen，BCMA）就是肿瘤坏死因子受体超家族成员 17（tumor necrosis factor receptor superfamily，member 17，TNFRSF17），表达于 B 淋巴细胞及浆细胞表面，是 B 淋巴细胞成熟的一种标志蛋白。BCMA 与其主要配体 BAFF（又名 BLyS）和 APRIL（A proliferation-inducing ligand）结合，产生不同的生物学效应。APRIL 以高亲和力与 BCMA 结合后可提升骨髓血细胞和浆母细胞的存活能力，同时可上调关键的免疫检查点分子；而 BAFF 与 BCMA 结合后激活 NF-κB 途径，最终增加 B 细胞的增殖、存活率。

六、细胞外信号分子之间可相互调节

不同的细胞外信号分子（如激素或细胞因子）可受到其他细胞外信号分子的调控（促进或抑制）。例如，细菌脂多糖（lipopolysaccharide，LPS）是调节免疫和炎症反应信号转导途径的细胞外信号，参与免疫和炎症反应的 TNF-α 和白细胞介素等细胞因子均受到 LPS 的调节。LPS 通过与细胞膜表面的 Toll 样受体（Toll-like receptor，TLR）结合活化 NF-κB 信号转导途径，参与调节 TNF-α、IL-1β、IL-2、IL-6、IL-8 和 IL-12 等细胞因子的表达，最终实现对免疫和炎症反应的精细调控。

第五节 细胞信号转导与疾病

细胞信号转导途径的异常是许多疾病的分子基础。细胞内的信号转导途径是多种多样的，信号转导途径相互联系、相互制约和相互协同，形成信号转导网络，并通过信号网络的调控模式对细胞的功能起调控作用。信号转导系统的协调是维持细胞正常代谢和存活的基本条件，因此，信号转导系统的紊乱无疑会引起细胞功能的异常，进而导致组织器官功能的异常，最终导致疾病的发生。

一、细胞信号转导异常与疾病发生

细胞信号转导异常主要是由于信号分子、受体或信号转导蛋白表达量或结构的改变导致信号转导过强或过弱，并由此导致细胞代谢、增殖、分化和凋亡等生物学行为发生改变。引起细胞信号转导异常的原因是多种多样的，基因突变、病原体感染、自身免疫系统异常和应激环境等，都能导致细胞信号转导异常。各种疾病的发生和发展都直接或间接的与信号转导异常相关。

虽然细胞信号转导异常的原因和机制很复杂，但主要有细胞外信号分子分泌异常、受体功能异常及细胞信号转导分子功能的异常。

（一）细胞外信号分子分泌异常

生长激素水平过高可导致巨人症或肢端肥大症，而该激素水平过低则可导致侏儒症。甲状腺素水平过高可引起甲状腺功能亢进症，其水平过低则可在婴幼儿导致呆小症、在成人导致甲状腺功能减退症。胰岛素水平不足和 1 型糖尿病紧密相关。

（二）受体功能异常

受体异常包括受体异常激活和异常失能。

1. 受体异常激活 正常情况下，受体只有在结合配体后才能被激活并触发靶细胞的应答，但

是基因突变可以导致受体功能异常，异常的受体可以不依赖于外源信号分子的存在而发生活化，并激活细胞内信号转导途径。EGFR 广泛分布于哺乳动物上皮细胞、成纤维细胞、胶质细胞和角质细胞等细胞表面，对细胞的生长、增殖和分化等生理过程发挥重要调控作用。正常情况下，EGFR 只有通过其胞外配体结合区与 EGF 结合后才能通过胞内激酶区激活 MAPK 途径。*erb-B* 癌基因表达的蛋白为截短的 EGFR，其缺乏与配体结合的胞外区，而其胞内激酶区则处于活性状态，可不依赖外源信号的存在持续激活 MAPK 途径。在体内，正常细胞的增殖受到严格控制，而当 *erb-B* 癌基因异常表达时，细胞获得不依赖 EGF 而持续活化 MAPK 途径的能力，从而导致细胞的异常增殖，并参与多种肿瘤的发生和发展。

　　某些因素可以引起受体基因的过表达，受体过表达时外源信号所诱导的细胞内信号转导途径的活化程度远远高于正常细胞，从而导致靶细胞对外源刺激信号发生过度反应。此外，某些过表达的受体可以不依赖于配体的结合而发生二聚化和自身活化，进而诱导细胞内信号转导途径的异常活化。在肝癌细胞和胆管癌细胞中已经发现了 HGF 受体 c-Met 由于过表达而不依赖于 HGF 自身活化的现象。EGFR 在胸腺瘤、肺癌、乳腺癌、胰腺癌、前列腺癌、胶质细胞等组织中过表达，EGFR 的异常高表达导致了相关信号转导途径的持续性活化，促进了多种肿瘤细胞的生长。

> **案例 18-2**
>
> 　　患者，女性，48 岁。10 个多月前因"发现左乳肿块 5 年"而于局麻下行左乳肿块及左腋窝淋巴结穿刺活检术；左乳穿刺组织镜下示炎性病变合并上皮性肿瘤，不除外恶性肿瘤，建议免疫组化；左腋窝淋巴结穿刺组织，镜下示淋巴组织增生，未见癌组织；患者未进一步住院治疗，自行给予中药及艾灸治疗。4 个月前肿物逐渐增大至 10cm×10cm，伴局部皮肤破溃、坏死、渗出；胸部 CT 平扫显示两肺多发结节，考虑转移；病理诊断：左乳穿刺组织镜下示鳞状细胞癌伴大量淋巴细胞浸润；免疫组化示：ER(-)、PR(-)、Her 2(+++)、Ki67(+) 70%、CK5/6(+)、P40(+)、TS(+)、p53(+)80%、p16(+)、EGFR(+++)。
>
> 　　初步诊断：乳腺恶性肿瘤。
>
> 　　治疗方案：给予 T（T-白蛋白紫杉醇，单周）×6 周期+HP（H-曲妥珠单抗、P-帕妥珠单抗，3 周）×2 周期方案治疗，后改为 THP（3 周）方案治疗 3 周期。
>
> 　　**问题：**白蛋白紫杉醇、曲妥珠单抗、帕妥珠单抗治疗乳腺癌的分子机制是什么？

　　2. 受体异常失能　在某些情况下，受体可能发生异常失能而不能正常传递信号，比如 IR 异常失能。IR 的 α 亚基与胰岛素结合后，引起 β 亚基的酪氨酸磷酸化，并在 IRS1/2 的参与下，与含 SH2 结构域的 Grb2 和 PI3K 结合，从而活化与代谢和生长相关的信号转导途径。根据发生的原因，IR 异常失能分为三类：①基因突变所致的遗传性 IR 异常。此类异常引起受体数量减少（受体合成减少或结构异常的受体在细胞内分解破坏增多导致）、受体与配体的亲和力降低（受体 735 位精氨酸残基突变为丝氨酸残基，合成的受体不能正确折叠导致与胰岛素的亲和力下降）、PTK 活性降低（第 1008 位甘氨酸残基突变为缬氨酸残基，胞内区蛋白质酪氨酸激酶结构域异常导致其磷酸化酪氨酸的能力减弱）。②自身免疫性 IR 异常。此类异常是因血液中存在抗 IR 的抗体所致。③继发性 IR 异常。高胰岛素血症可使 IR 继发性下调，引起 IR 失能。在上述情况下 IR 均不能正常传递胰岛素信息。

（三）细胞信号转导分子功能异常

　　基因突变和异常表达等原因可导致细胞内信号转导分子功能发生改变，包括异常激活和失活两种情况。信号转导分子异常激活或失活时可致下游途径持续活化或异常中断，导致信号转导途径的持续性异常激活或中断，使细胞对外源信号刺激的反应性异常激活和失活。

　　1. 信号转导分子异常激活　Ras 蛋白对细胞的生长和分化等起重要调控作用，其活性受到与其结合的 GTP 或 GDP 的调节。当 *ras* 基因发生突变时，其 GTP 酶活性降低，且不受控于 GAP，从而使 Ras 蛋白处于持续激活状态，导致 Ras 下游途径持续激活。Ras 的异常激活是肿瘤细胞持续增殖的重要机制之一。

另外，信号转导分子因受某些因素影响而致其过度表达，其虽未发生基因突变，但过度表达也可致异常活化，最终导致相关信号转导途径的异常激活。癌基因 *gankyrin* 编码的蛋白质是人 26S 蛋白酶体（26S proteasome）调节亚单位 19S/PA700 复合体的一种非 ATP 酶亚基，其核酸序列中含有 5 个串联排列的锚蛋白（ankyrin）重复单位，这些保守的序列在介导蛋白之间的相互作用中起重要作用。在肝癌、胆管癌和肺癌等肿瘤中 *gankyrin* 基因过度表达，进而导致其调控的下游途径功能异常，其中包括 p53 及 Rb 信号转导途径异常失活，PI3K-AKT 信号转导途径异常活化。

2. 信号转导分子异常失活　在多种肿瘤中常有 *p53* 基因编码产物的异常失活。肿瘤抑制基因 *p53* 编码的蛋白质是一种转录因子，其不仅控制着细胞周期的启动，也在细胞凋亡中起重要作用，p53 的功能失活在肿瘤发生中具有重要作用。*p53* 基因突变以及 p53 与其他蛋白质的相互作用均能导致其正常生物学功能的丧失。*p53* 基因的大部分突变是位于突变热点区域 129～146 位、171～179 位、234～260 位和 270～287 位。DNA 肿瘤病毒如 HPV16、HPV18 和 SV40 以及腺病毒编码癌蛋白与 p53 蛋白相互作用也能导致其正常生物学功能丧失。

二、细胞信号转导与疾病治疗

随着对信号转导异常及其机制研究的不断深入，针对信号转导的药物研发在疾病治疗中具有广阔的应用前景；而其能否用于疾病治疗主要取决于药物是否具备特异性和高效性。特异性是指药物能够特异性地抑制或激活细胞信号转导途径中某一个或某一类分子，药物对细胞信号转导靶分子的特异性越高，其副作用也就越小。高效性是指药物发挥作用所需要的有效浓度较低，这有助于避免药物对正常细胞的生理功能造成明显影响。信号转导途径中的激酶、受体是目前筛选和开发分子靶向药的热点，下面以针对信号转导激酶的抑制剂类药物及抗体药物为例进行简要介绍。

▌（一）靶向信号转导途径激酶的抑制剂类药物

1. 抗 PI3K 的药物　在正常人体内，PI3K 介导的信号通路在细胞生长、存活和代谢方面都有很重要的作用；该途径失控，容易引发非霍奇金淋巴瘤。库潘尼西（Copanlisib，BAY80-6946）是 PI3K 抑制剂，主要对恶性 B 细胞中表达的 PI3K-α 和 PI3K-δ 两种亚型有很好的抑制活性；用于治疗罹患复发性滤泡性淋巴瘤、非霍奇金淋巴瘤等。

2. 抗 PTK 的药物　PTK 也是重要的肿瘤治疗靶点，目前已有多种针对 PTK 的药物：①甲磺酸伊马替尼（imatinib mesylate），是人工合成的 2-苯基氨基嘧啶类化合物，可以特异性地抑制酪氨酸激酶活性。它可作为 ATP 竞争性抑制剂，阻滞酪氨酸激酶的磷酸化，抑制 *bcr-abl* 表达，从而抑制肿瘤细胞的增殖；②达沙替尼（dasatinib），是一种人工合成的 2-(氨基吡啶)-2-(氨基嘧啶酮) 噻唑-5-甲酰胺的类似物，能抑制 Src 激酶活性，抑制细胞增殖并诱导细胞凋亡；③易瑞沙（iressa），是一种苯胺喹唑啉类化合物，可选择性抑制 EGFR 的酪氨酸激酶活性，进而抑制 Ras、PI3K-AKT 和 PLC-PKC 信号转导途径，从而抑制多种上皮来源的实体瘤的增殖并促进肿瘤细胞凋亡；④埃罗替尼（erlotinib），为喹唑啉衍生物，是人 I 型 EGFR 酪氨酸激酶的可逆抑制剂，通过抑制 EGFR 自身磷酸化阻断 EGFR 信号转导，实现对细胞增殖和分化等过程的干预。

▌（二）靶向信号转导分子的抗体药物

信号转导途径中多种关键分子多是抗体药物的作用靶点。例如，1986 年美国 FDA 批准了世界上第一个单抗治疗性药物——抗 CD3 单抗 OKT3 进入市场，OKT3 单克隆抗体是抗人成熟 T 细胞共同分化抗原 CD3 的单克隆抗体，主要用于防治急性移植排斥反应。抗 HER2 单抗可选择性地作用于人 HER2 的细胞外部位，主要用于 HER2 过表达的转移性乳腺癌的治疗。抗 Tac 单抗达利珠单抗（daclizumab）是与白介素-2 受体上的链式又称 Tac 亚单位特异性地结合，从而抑制后者与白介素-2 的结合，是用于预防肾移植后急性排斥反应发生的免疫抑制剂。西妥昔单抗

（cetuximab）是靶向 EGFR 的嵌合型单克隆抗体，可与 EGFR 高亲和力特异结合，通过阻碍内源性 EGFR 配体的结合而抑制 EGFR 的功能，并可通过诱导 EGFR 内吞而导致受体数量下调；同时，该抗体还可以靶向诱导细胞毒免疫效应细胞作用于表达 EGFR 的肿瘤细胞，用于经伊立替康联合细胞毒治疗失败后的转移结直肠癌。

（李冬民）

思　考　题

1. 人体是如何感知冷暖和压力的？
2. 细胞内的第二信使是如何传递信号的？
3. 常采用何种思路和策略研究信号转导途径？
4. 为什么 GPCR 是重要的药物靶点？

第十九章 癌基因与抑癌基因

参与细胞生长、增殖和分化调控的基因及其表达出现异常时，往往导致细胞的恶性增殖，进而形成肿瘤。本章主要介绍与肿瘤发生发展相关的两类基因：原癌基因（proto-oncogene）和抑癌基因（tumor suppressor gene）。前者促进细胞增殖分化，并可在一定条件下转变为癌基因（oncogene）；后者则抑制细胞增殖分化。两类基因的表达受到精确的调控，彼此相互制约，保持功能上的相对平衡，在不同的发育时期或条件刺激下有序地调节细胞的生长状态。当这种平衡被打破时，细胞生长紊乱，则极易导致肿瘤的发生。基于对（原）癌基因与抑癌基因的深入研究，现已有多个相关基因和（或）其表达产物成为肿瘤标志物或治疗靶点，针对某些靶点的抗肿瘤药物也已在临床上得以应用。

第一节 癌 基 因

人们通常将能够诱导细胞恶性转化，产生肿瘤的基因称为癌基因。最初，这类基因发现于某些病毒（主要是逆转录病毒）的基因组中，称为病毒癌基因（viral oncogene，v-onc），这些基因能够使敏感宿主产生肿瘤或体外导致细胞转化；后来证实，这些癌基因实际上来源于动物细胞核基因组内正常存在的基因，即细胞癌基因（cellular oncogene，c-onc），也被称为原癌基因，其编码产物通常作为正调控信号，促进细胞的增殖和生长。当原癌基因通过某种机制活化，其结构和（或）表达异常将导致其功能异常放大，即转变为癌基因。原癌基因标准名称一般用三个斜体字母表示，如 *SRC*、*RAS*、*MYC* 等（有时为了区分不同物种，人类基因全部大写，如 *MYC*；大、小鼠原癌基因首字母大写，如 *Ras*；病毒癌基因则全部小写，如 *src*）。

一、病毒癌基因来源于细胞癌基因

▶（一）病毒癌基因诱发宿主肿瘤

1910 年，劳斯（Rous）等在实验研究中发现，将鸡肉瘤组织无细胞滤液，注入健康活鸡体内可诱发新的肉瘤。Rous 提出无细胞滤液中的某种病毒是导致肿瘤发生的物质基础。由于 20 世纪初，病毒的概念刚刚提出，相关研究仍处于起步阶段，Rous 等的实验尚无法在哺乳动物上重现。直到后来病毒能够影响细胞遗传物质现象的发现，使得 Rous 的理论被重新认识，他也因此获得了 1966 年诺贝尔生理学或医学奖。

后来的研究证实，诱发鸡肉瘤发生的是一种逆转录病毒，被命名为劳斯肉瘤病毒（Rous sarcoma virus，RSV）。RSV 核酸中有一个特殊的片段 *src*，可使正常细胞转化为肿瘤细胞，*src* 即成为第一个被发现的病毒癌基因。目前已发现的病毒癌基因多存在于 RNA 病毒中，大多数是逆转录病毒。除 RSV 外，还包括人类嗜 T 淋巴细胞病毒（human T-cell lymphotropic virus，HTLV）、人类免疫缺陷病毒（human immunodeficiency virus，HIV）等。病毒癌基因也可以来自 DNA 病毒，如乙型肝炎病毒（hepatitis B virus，HBV）、人乳头状瘤病毒（human papilloma virus，HPV）等。

逆转录病毒的遗传物质是 RNA，其基因组中的 3 个主要的结构基因保证病毒在宿主细胞中的繁殖，它们的排列顺序为 5'-*gag-pol-env*-3'。*gag* 基因编码核心蛋白，*pol* 基因编码逆转录酶，*env* 基因则编码病毒的衣壳蛋白。病毒进入宿主细胞后，以病毒 RNA 为模板，在 *pol* 基因编码的逆转录酶的催化下合成双链 DNA，即前病毒（provirus）。随后，前病毒 DNA 随机整合于宿主细胞基因组内，通过重排或重组，前病毒可将宿主细胞的原癌基因转导整合到自己的基因组内，使原来的野生型病毒变成携带恶性转化基因的病毒（图 19-1）。这些病毒进入健康组织细胞，通过其基因组中的病毒癌基因促进细胞生长，诱发肿瘤生成。这些涉及肿瘤病毒与细胞遗传物质、病毒癌基因的细胞起源等的研究分别成就了巴尔的摩（Baltimore）和瓦默斯（Varmus）等在 1975 年和 1989 年获得诺贝尔生理学或医学奖。

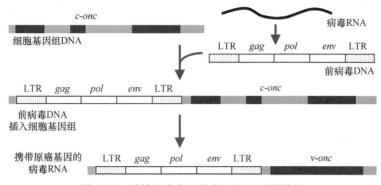

图 19-1　逆转录病毒"捕获"细胞原癌基因

LTR：long terminal repeat，长末端重复序列

需要注意的是，虽然病毒癌基因来源于宿主细胞的原癌基因，但并不是简单地从宿主细胞中转移过来的，而是经过拼接、截短和复杂重排之后形成的融合基因。因此，病毒癌基因对细胞的恶性转化能力明显强于细胞中的原癌基因。为了区分病毒癌基因和原癌基因，通常在病毒癌基因的名称前冠以前缀"v-"，如 v-src，而原癌基因则冠以前缀"c-"，如 c-SRC。

（二）细胞癌基因（原癌基因）家族庞大

1976 年，瓦默斯（Varmus）和毕晓普（Bishop）等的研究表明 RSV 中的 src 基因序列来源于宿主基因组。不仅为病毒致癌学说提供了有力的证据，更拓展了癌基因研究的范围，从此揭开了肿瘤分子生物学研究的大幕。

细胞癌基因具有如下特点：①广泛存在于生物界中，从酵母到人的细胞普遍存在，基因序列高度保守；②细胞癌基因存在于正常细胞的基因组中，在正常情况下这些基因处于静止或低水平（限制性）表达状态，其表达产物对于细胞不仅无害，而且对于维持细胞的正常功能具有重要作用，在细胞的生长与分化、组织再生、创伤愈合等过程中是必需的；③在某些诱导因素（如放射线、某些化学致癌物等）的作用下，细胞癌基因发生结构变异或过表达，导致细胞生长、增殖与分化异常，部分细胞甚至发生恶性变，形成肿瘤。

按照功能相关性，细胞癌基因可分为如下几个不同家族。

1. SRC 家族　包括 SRC、YES1、FYN、FGR、HCK、LYN、LCK、BLK、ABL 等成员。该类原癌基因编码的蛋白质多具有蛋白质酪氨酸激酶活性，定位于细胞膜内侧或跨膜分布，其中以 SRC 发现最早和最为典型。人 c-SRC 定位于第 20 号染色体，含有 17 个外显子，其编码产物是分子量为 60kDa 的蛋白质酪氨酸激酶，是一个重要的细胞信号转导分子，SRC 蛋白被其激酶磷酸化后可使之活性受到抑制。该基因的突变可能与结肠癌的恶性进展有关，目前发现其编码多个转录变体。

2. RAS 家族　包括 HRAS、KRAS 和 NRAS 等成员。其中前两个最初分别从 Harvey 大鼠肉瘤病毒和 Kirsten 大鼠肉瘤病毒中克隆获得。原癌基因 KRAS 突变是恶性肿瘤中最为常见的基因突变，在 81% 的胰腺癌患者的肿瘤组织中可被检测到。Ras 基因编码低分子量 G 蛋白（小 G 蛋白），在肿瘤中发生突变后，可造成其 GTP 酶活性丧失，RAS 始终与 GTP 结合，处于持续激活状态，进而导致细胞增殖信号通路的持续活化。

3. MYC 家族　主要包括 MYCN 和 MYCL 等。MYC 基因编码 49kDa 蛋白质，位于细胞核内，是一种转录因子。它的羧基端有亮氨酸拉链、螺旋-环-螺旋和碱性区三种模体，作为 DNA 结合区；氨基端有转录激活区。该蛋白与 MAX 蛋白形成异源二聚体后，再与特异的 DNA 序列

（CACGTG）结合，从而活化细胞增殖相关靶基因的转录。

4. SIS 家族 该家族只有 *SIS*（*PDGFB*）基因一个成员。*c-SIS* 的编码产物为血小板源性生长因子（platelet-derived growth factor，PDGF）的 B 链，其形成二聚体后可与靶细胞膜上的 PDGF 受体特异结合，通过信号转导促进靶细胞的生长与增殖。*v-sis* 编码的 p28sis 蛋白也是以二聚体的形式发挥作用，它能使具有 PDGF 受体的细胞转化成癌细胞。

5. MYB 家族 *c-MYB* 的编码产物为定位于细胞核内的转录因子。这类基因在细胞受到外源信号刺激时能迅速表达，其产物进一步调控其他基因的转录，属于即早基因（immediate early gene）成员。

6. JUN 和 FOS 家族 *c-jun* 和 *c-fos* 的产物均为转录因子，二者形成的同源或异源二聚体称为 AP-1。一些生长因子如 PDGF 与靶细胞膜上的特异受体结合后，通过相应的细胞信号转导通路激活 AP-1，活化的 AP-1 可通过调节相应靶基因的转录进而促进细胞增殖。随着研究的不断深入，一些以往不认为是原癌基因的基因，由于被证实其产物可参与细胞增殖、凋亡等过程的调控，也不断被研究者视为原癌基因。如神经胶质瘤中活化的 *IDH1*，肝癌、皮肤癌及黑色素细胞瘤中的 *ASK1* 及肌肉相关蛋白基因 *MEF2* 等，这些都将为肿瘤治疗提供更为丰富的潜在靶点。

二、原癌基因的表达产物与功能

原癌基因编码的蛋白质都是细胞信号转导途径和调控基因转录的重要分子，参与细胞生长、增殖、分化及凋亡过程中各个环节的调节（表 19-1）。按照其在细胞信号传递系统中的作用，原癌基因表达产物可分为以下五类。

表 19-1 原癌基因产物的分类及功能

原癌基因产物类别	癌基因	产物功能
生长因子		
	SIS	编码 PDGF-B 蛋白
	INT2	FGF 类似物
生长因子受体		
蛋白质酪氨酸激酶受体	ERB	EGF 受体
	NEU (ERBB2, HER2)	EGF 受体类似物
	CSF1R, KIT	M-CSF 受体、SCF 受体
细胞内信号转导分子		
GTP 结合蛋白	RAS	小 G 蛋白 RAS
蛋白质酪氨酸激酶	SRC 家族	与非蛋白质酪氨酸激酶受体结合转导信号
蛋白质丝/苏氨酸激酶	RAF, MOS	RAF 蛋白（MAPK 通路分子）
转录因子		
	MYC 家族	转录因子
	FOS, JUN	转录因子 AP-1
有致癌潜能的 ncRNA		
onco-miRNA	miR-21, miR-483……	通过调控靶基因促进细胞增殖
onco-lncRNA	MALAT-1, HOTAIR……	多种机制促进细胞增殖

（一）生长因子

原癌基因 *SIS*、*INT2*、*KS3* 和 *HST* 的编码产物为生长因子。这类原癌基因的持续性激活可以加速细胞生长并导致恶性转化，它们的编码产物通过作用于靶细胞的受体，激活相应的细胞内信号转导途径，从而发挥其促进细胞生长增殖的效应。

1. PDGF 包括 PDGFI 和 PDGFII，二者均由两条高度同源的 A 链和 B 链组成，从而使 PDGF 具有了 PDGF-AA、PDGF-BB 和 PDGF-AB 三种形式的二聚体结构。PDGF 是一种重要的促有丝分裂因子，通过与其受体结合而刺激细胞分裂增殖、促进肌纤维母细胞产生胶原；同时 PDGF 可通过上调组织金属蛋白酶抑制剂的表达而抑制胶原酶的作用，从而减少细胞外基质的降解。

2. 成纤维细胞生长因子（fibroblast growth factor，FGF） *INT2*、*KS3* 和 *HST* 等多个原癌基因都可编码 FGF，因此 FGF 家族有多个成员，按等电点的不同可分为碱性和酸性 FGF，它们由不同的细胞合成与分泌，通过与相应受体结合而发挥促进血管生成、促进创伤愈合与修复、促进组织和神经再生等多种功能。

3. 胰岛素样生长因子（insulin-like growth factor，IGF） 因其与胰岛素的氨基酸序列有同源性而得名。IGF 包括 IGF1 和 IGF2，二者在氨基酸水平的同源性为 75%。IGF 及其受体和结合蛋白等共同组成了 IGF 系统，其成员包括：① IGF1 和 IGF2；② IGF1 受体（IGF1 receptor，IGF1R）和 IGF2R；③ IGF 结合蛋白（IGF-binding protein，IGFBP）。IGF 主要参与调节糖、脂质和蛋白质的代谢，促进细胞增殖和分化。

4. 转化生长因子-β（transforming growth factor-β，TGF-β） 其分子组成、结构和受体都与 TGF-α 不同。TGF-β 的分子量为 25kDa，是由两个结构相同的亚单位通过二硫键形成的同源二聚体，其受体为 TGF-βR。几乎所有细胞表面都有 TGF-βR。TGF-β 具有广泛的生物学功能，主要包括：①抑制上皮细胞生长，促进上皮细胞分化；②诱导上皮-间充质细胞转化和肌成纤维母细胞形成；③促进细胞外基质的形成；④抑制免疫功能，抑制淋巴细胞的增殖和分化，抑制单核细胞产生 IFN-γ 等。

5. 血管内皮生长因子（vascular endothelial growth factor，VEGF） 现已发现的 VEGF 家族成员包括 VEGF-A、VEGF-B、VEGF-C、VEGF-D 和胎盘生长因子（placental growth factor，PGF）。VEGF 是重要的血管生成正调控因子，通过其受体结合选择性地增强血管和（或）淋巴管内皮细胞的有丝分裂，刺激内皮细胞增殖并促进血管生成，提高血管特别是微小血管的通透性，使血浆大分子外渗沉积在血管外的基质中，促进新生毛细血管网的建立等。

（二）生长因子受体

原癌基因编码的生长因子由不同的细胞合成并分泌后，作用于靶细胞上的相应受体，这些受体有的位于细胞膜上，有的位于细胞内部。生长因子与受体结合后，激活细胞内信号传递体系，产生相应的生物学作用。这些生长因子受体的编码基因也属于原癌基因，如 *HER1*（*EGFR* 或 *ERBB1*）、*HER2*（*NEU* 或 *ERBB2*）、*HER3*（*ERBB3*）、*HER4*（*ERBB4*）、*KIT*、*MET* 和 *RET* 等。

有些生长因子受体为跨膜受体，其胞内结构域多具有蛋白质酪氨酸激酶活性。当生长因子与这类受体结合后，受体所包含的酪氨酸激酶被活化，从而直接磷酸化胞内的相关蛋白质。

另一些膜上的生长因子受体则通过胞内信号传递体系，产生相应的第二信使，后者使蛋白质激酶活化，活化的蛋白质激酶同样可使胞内相关蛋白质磷酸化。这些被磷酸化的蛋白质再活化核内的转录因子，引发基因转录，达到调节细胞生长和分化的作用。

还有一些生长因子受体定位于胞质，当生长因子与胞内相应受体结合后，形成生长因子-受体复合物，后者亦可进入核内活化相关基因促进细胞生长。

（三）细胞内信号转导分子

有些原癌基因的编码产物为细胞内（有的可锚定于细胞膜内）信号转导分子，这些信号转导分子可以将生长信号从生长因子受体传至核内。该类原癌基因可以分为以下几类：①编码产物为非受体型蛋白质酪氨酸激酶的 *ABL*、*LCK* 和 *SRC*；②编码产物为非受体型蛋白质丝/苏氨酸激酶的 *AKT*、*RAF*、*MOS* 和 *PIM*；③编码产物为 G 蛋白的 *RAS*、*GSP* 和 *GIP*；④编码产物为其他胞质蛋白的 *CRK*、*DBL*、*VAV* 等。

（四）核内转录因子

该类原癌基因的编码产物为定位于细胞核内的转录因子，它们通过与特定靶基因上的顺式作用元件结合而调节相关靶基因的表达，进而导致细胞的生长失控和癌变。该类原癌基因包括FOS、JUN、MYC、MYB和ETS等。这些原癌基因通常在细胞受到生长因子刺激时迅速表达，促进细胞的生长与分裂过程。

（五）有致癌潜能的非编码RNA

调节性非编码RNA（non-coding RNA，ncRNA）相关研究是近年发展迅速的领域。研究证实，某些微RNA（microRNA，miRNA）通过转录后水平调控靶基因表达；某些长链非编码RNA（lncRNA）通过在转录等多个水平调控基因表达，进而调节细胞的生长与凋亡。其中，某些ncRNAs的编码基因也被认为具有原癌基因的性质，其产物也被学者称为onco-miRNA及onco-lncRNA。例如，由IGF2基因内含子编码的miR-483，通过抑制多种靶基因的表达，参与肿瘤的发生与进展，并与其宿主基因 *IGF2* 共同交互调节细胞的增殖。这类miRNA的作用复杂多样，其作用机制已经构成一个庞大的调控网络，既可参与基因转录水平调控，又可参与转录后水平调节，以"多对一"或"一对多"的方式参与调节细胞的生物学行为。

三、原癌基因的活化机制

从正常的原癌基因转变为具有使细胞发生恶性转化功能的癌基因的过程称为原癌基因的活化（proto-oncogene activation），是功能获得的过程。原癌基因的活化机制及与各种肿瘤之间的关系简述如下（表 19-2）。

表 19-2　原癌基因的活化与恶性肿瘤

原癌基因	活化机制	肿瘤
ABL	易位	慢性髓细胞性白血病、急性淋巴细胞白血病
Bcl2	易位	滤泡性淋巴瘤
ETS	扩增	淋巴瘤、乳腺癌
Her2	扩增	乳腺癌、唾液腺癌、卵巢癌
HST	扩增、重排	乳腺癌、膀胱癌和胃癌
INT2	扩增	乳腺癌、膀胱癌、胃癌和鳞状细胞癌
KIT	点突变	胃肠间质瘤
mdm2	扩增	肉瘤
MET	扩增、点突变	各种恶性肿瘤
MYB	扩增	结肠癌、白血病
MYCL	扩增	肺癌
MYCN	扩增、易位	神经母细胞瘤、视网膜母细胞瘤、横纹肌肉瘤
HRAS	点突变	膀胱癌、结肠癌、肺癌、黑色素瘤
KRAS	点突变	肺癌、结肠癌、膀胱癌、胰腺癌、卵巢癌
NRAS	扩增	急性髓样和淋巴样白血病
RET	点突变	甲状腺癌、多发性内分泌肿瘤
SIS	扩增	骨肉瘤、星形细胞瘤
IGF2	印记丢失	肾母细胞瘤

（一）点突变

在放射线或化学致癌物等因素的作用下可发生单个碱基的改变，称为基因的点突变。点突变是原癌基因激活的一种主要方式。原癌基因发生点突变后，可能造成基因编码蛋白中氨基酸残基的改变，进而引起编码蛋白的结构和功能的异常，最终导致癌变。例如，*HRAS* 原癌基因的活化就是该基因中编码 RAS 蛋白第 12 位氨基酸残基的密码子 GGC 突变为 GTC，造成 RAS 蛋白的第 12 位氨基酸由甘氨酸突变为缬氨酸（G12V），导致 RAS 蛋白的 GTP 酶活性降低或丧失，不能把 RAS 蛋白结合的 GTP 水解为 GDP，使 RAS 一直处于结合 GTP 的活化状态，下游信号通路持续激活，引起细胞的无限制生长（图 19-2）。大量临床样本检测表明，30% 左右的肿瘤组织都带有 *RAS* 基因的点突变。

（二）基因扩增

通常情况下，人体细胞核基因组中的基因具有两个拷贝（rRNA 编码基因多拷贝），且两个拷贝均能够表达，其拷贝数与表达情况影响了其功能。基因扩增（gene amplification）是指基因拷贝数的增加。原癌基因可以通过基因扩增，使原癌基因表达的蛋白质量也随之升高，功能增强，极易使细胞发生癌变。例如，常见的原癌基因 *MYC* 主要就是通过基因扩增而被激活的，

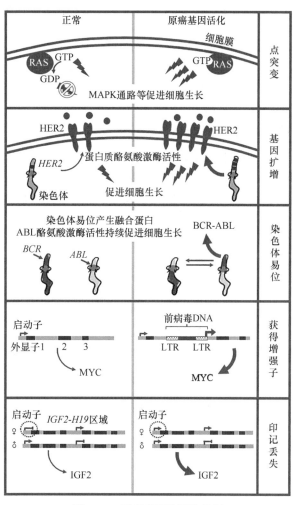

图 19-2　原癌基因的活化机制

该基因在神经母细胞瘤、膀胱癌和前列腺癌等多种肿瘤中都存在扩增现象。另外，*HER2* 原癌基因的激活方式也是基因扩增（图 19-2），在乳腺癌、肺癌等多种肿瘤中都检测到该基因的扩增。临床上，可对 *HER2* 基因进行荧光原位杂交，以确定其基因扩增情况，进而决定是否应用靶向药物。

（三）染色体易位

染色体易位（chromosome translocation）是指部分染色体的位置发生转移，连接到另一染色体上。染色体易位主要包括两种类型：①位于易位断裂部位的基因部分相互融合，形成一个嵌合基因，表达新的功能异常的融合蛋白（图 19-2），促进细胞转化；②易位导致一个基因移至另一个基因附近，前者接受后者的转录调节（通常是具有活性较强启动子或持续表达），并使前者过表达，促进细胞的转化。

案例 19-1

在伯基特淋巴瘤（Burkitt lymphoma）中，有一种融合蛋白表达上调。该蛋白质拥有与免疫球蛋白重链相似的 N 端和未知的 C 端。如何解释这种现象？

（四）获得启动子和（或）增强子

有些逆转录病毒没有使体外培养的细胞进行恶性转化的能力，只有当感染机体宿主细胞后，经过一个较长的潜伏期才能诱发肿瘤。在所有发生恶性转化的细胞中都发现了LTR序列，其含有较强的启动子和增强子，插入到宿主细胞原癌基因附近或内部，可启动或影响下游邻近基因的转录，使原癌基因过度表达，从而导致细胞癌变。如鸡白细胞增生病毒引起的淋巴瘤，就因为该病毒DNA序列整合到宿主正常细胞的 *c-myc* 基因附近，其LTR也同时被整合（图19-2），使c-myc的表达比正常高30～100倍。

（五）印记丢失

基因印记（genetic imprinting）指两个等位基因中，只有一个能够表达，另一个基因的表达则被表观遗传学（如CpG岛甲基化、共用启动子及组蛋白修饰等）所抑制。实际上是细胞通过"限制"基因拷贝数进行的基因功能的抑制。当上述印记状态丢失时，原癌基因的表达上调，可参与促进细胞的恶性增殖。可见，印记丢失导致的原癌基因活化既不依赖DNA序列的改变，也不依赖获得额外的转录调控序列。

IGF2-H19 这对基因是研究最早的印记调控区域（图19-2）。正常情况下，两个基因总是有一个拷贝表达，并且彼此的转录相互制约。当表观遗传学调控机制被破坏后，*IGF2* 基因的两个拷贝均能够表达，可参与肾母细胞瘤等疾病的发生。

此外，有研究表明染色质构象改变也能够影响原癌基因的活化，参与肿瘤的发生。

上述活化机制有的是原癌基因突变导致蛋白质功能异常，有的是原癌基因表达异常上调，其结果都是使促细胞生长的信号增强放大，为肿瘤发生发展提供基础。

四、癌基因及其编码产物是疾病诊断与治疗的靶点

人类多种肿瘤中都能够发现某些原癌基因的过度活化，在明确癌基因与肿瘤之间关系的基础上，一方面，检测癌基因的表达有助于肿瘤的分型诊断；另一方面，通过药物（小分子抑制剂或抗体药物）抑制癌基因产物的活性或抑制相关基因的表达，都有助于控制肿瘤细胞的生长，达到抑制肿瘤的作用，这即是肿瘤的靶向治疗（targeted therapy）。

> **案例 19-2**
>
> 患者，男性，42岁，因"无明显诱因出现刺激性咳嗽、痰中带血1月余"入院。患者吸烟史20年。CT检查示右肺门右肺动脉干处大块肿物，未见远处转移；病理诊断为右肺非小细胞肺癌（non-small cell lung carcinoma，NSCLC）ⅢA期；基因检测发现 *EGFR* 基因第19和第21外显子有突变。行右全肺切除术后，给予吉非替尼（gefitinib）进行靶向治疗。
>
> **问题：**
>
> 1. 简述 *EGFR* 基因突变与 NSCLC 的关系。
>
> 2. 吉非替尼靶向治疗的机制是什么？

以下举三个例子简要说明癌基因的编码产物作为肿瘤治疗的靶点：

（1）BRAF：是黑色素瘤治疗的靶点。原癌基因 *BRAF* 编码一种蛋白质丝/苏氨酸激酶，该激酶是MAPK信号通路的重要组成分子，其在调控细胞增殖、分化等方面发挥重要作用。人类肿瘤中，*BRAF* 基因存在不同比例的基因突变，其中约60%的黑色素瘤中 *BRAF* 发生突变，以第600位氨基酸残基从缬氨酸突变为谷氨酸（V600E）最为常见，导致BRAF的持续激活。已有针对V600E突变的分子靶向药物威罗非尼（vemurafenib）、达拉非尼（dabrafenib）等用于临床，该类药物可阻断突变BRAF的活性，从而抑制肿瘤生长。

（2）HER2：是乳腺癌治疗的靶点。HER2是表皮生长因子受体家族成员，具有蛋白质酪氨酸激酶活性，通过激活下游信号通路促进细胞增殖与抑制细胞凋亡。部分乳腺癌中 *HER2* 发生基因

扩增而过度表达，其表达水平与治疗后复发率及不良预后显著相关。临床上，通常采用 *HER2* 基因的荧光原位杂交确定其扩增情况，以进行临床分型与预后判断。针对其过度表达的单克隆抗体药物帕妥珠单抗（pertuzumab）、曲妥珠单抗（trastuzumab）以及抗体药物偶联剂（antibody-drug conjugate，ADC）也已逐步在临床上广泛使用。

（3）BCR-ABL：是慢性髓性白血病治疗的重要靶点。B 细胞抗原受体（B-cell receptor，BCR）是 B 细胞表面受体分子，其基因表达是持续性的。慢性髓细胞性白血病患者的 9 号染色体与 22 号染色体之间发生易位，将 *BCR* 上游调控序列与原癌基因 *ABL* 融合，从而产生了癌基因 *BCR-ABL*（图 19-2），编码的融合蛋白质 BCR-ABL 具有持续活化的蛋白质酪氨酸激酶活性，能促进细胞增殖，并增加基因组的不稳定性。靶向药物伊马替尼（imatinib）针对 BCR-ABL 融合蛋白发挥作用。

第二节　抑癌基因

抑癌基因（tumor suppressor gene）又称肿瘤抑制基因，是存在于正常细胞内、负调控细胞生长和增殖的基因，其与原癌基因功能上相互制约，共同维持细胞增殖调节信号的相对稳定。当细胞生长到一定程度时，会自动产生反馈性抑制，这时抑制性基因表达增加，促进生长的基因则不表达或低表达。抑癌基因的丢失或失活可导致肿瘤发生。

一、抑癌基因的发现

（一）细胞融合实验推动抑癌基因的发现

1914 年，德国学者鲍罗宾（Boveri）提出正常细胞中存在特异的抑制细胞增殖的因素，并提出肿瘤细胞无限增殖的原因是失去某种抑制性染色体。随后，细胞融合现象不断被人们所观察到。20 世纪 60 年代初期，巴尔斯基（Barski）等观察到体外培养的不同小鼠成纤维细胞亚克隆能够发生融合，这些经杂合的细胞能够稳定生长并维持多代。细胞融合为深入认识一些疾病的分子生物学基础提供了重要的工具。

基于杂合细胞维持生长的现象，20 世纪 60 年代，哈里斯（Harris）重提融合细胞与致癌表型，并开创了融合细胞的致癌性研究。1969 年，Harris 报道将小鼠肿瘤细胞株与正常细胞融合得到的杂合细胞（或是导入了正常细胞染色体的肿瘤细胞）接种于动物，通常并不产生肿瘤，提示正常细胞中有抑制肿瘤发生的基因，即后来证实的抑癌基因。用化学物质或致癌病毒等诱发或自然发生的肿瘤细胞与正常细胞制备杂合细胞也可重复上述结果，并且与肿瘤的组织起源无关，表明上述结果有普遍意义。将不具致癌性的杂合细胞体外培养传代，可从中分离出具有致癌性的子代细胞。比较两种杂合细胞，发现致癌性的子代杂合细胞丢失了来自正常细胞的一条或几条染色体。1976 年，斯坦布里奇（Stanbridge）通过实验将上述结果在人类细胞中重现，将正常的人类细胞的单条染色体逐一融合在肿瘤细胞中，也可分离到无致癌性的杂合细胞。

以上结果说明细胞中含有不同的抑癌基因，它们是隐性基因，分布在不同的染色体上，可以分别抑制不同组织起源的癌细胞。根据这些结果，将不同的肿瘤细胞株融合也可获得不具有致癌作用的杂合细胞，从而提示肿瘤细胞中存在着由于突变而失去功能的抑癌基因，不同的肿瘤细胞中失活的抑癌基因可能不同，因而不同的肿瘤细胞可能存在基因互补，产生无致癌性的杂合细胞。

（二）二次打击假说（two-hit hypothesis）与 *RB1* 基因的发现

RB1 基因是最早被克隆鉴定的抑癌基因。视网膜母细胞瘤（retinoblastoma，RB）是一种于 1809 年被首次描述的眼部恶性肿瘤。4 岁的婴幼儿发病率约 1/85 000。1971 年，克努森（Knudson）在研究 RB 流行病学的分析中发现，家族性 RB 患者中，肿瘤常常早发于婴幼儿期，且呈双侧多发性；而散发患者往往发病较晚，并且是单侧肿瘤。他提出了遗传性和散发性的肿瘤都与一个基因（即后来证实的 *RB1* 基因）的失活有关。早发性患者从父母获得的一对等位 *RB1* 基

因，其中一个是正常的（野生型）基因，另一个是失活的。如野生型 *RB1* 基因再发生突变失活，*RB1* 基因功能就会全部丧失，导致早期就发生 RB。而散发患者从父母获得的一对等位 *RB1* 基因都是正常的，只有它们各自都突变失活，才能使 *RB1* 基因的功能丧失，所以肿瘤发生较晚。据此，他提出了 RB 发病的"二次打击假说"，即肿瘤的发生需要该基因位点发生两次突变。

随后的细胞遗传学研究发现，部分 RB 患者可观察到可见的染色体片段缺失，主要集中在第 13 号染色体长臂（13q14）。这一发现极大促进了 *RB1* 基因的发现，1975 年至 1986 年的十余年间，多个研究团队前赴后继，通过多种研究手段终于克隆确定了 RB 患者基因组中突变（提前出现终止密码子、框移突变及异常剪接等）的 *RB1* 基因。随着高通量测序技术的发展与应用，目前认为至少有 70 个抑癌基因参与到致死性人类肿瘤的发生。

二、抑癌基因的表达产物与功能

抑癌基因的编码产物主要包括细胞周期调节蛋白、转录因子与转录调节蛋白、胞质调节因子、DNA 损伤修复相关蛋白或结构蛋白等，主要在细胞周期的调控中发挥作用。总体上讲，抑癌基因对生长起着负调控作用，能抑制细胞的恶性生长。若抑癌基因发生突变，则不能表达正常产物，或者其编码蛋白产物的活性受到抑制，使细胞增殖调控失衡，导致肿瘤发生。目前已鉴定的一些抑癌基因产物及其功能见表 19-3。

表 19-3　常见的抑癌基因及其作用

分类	染色体定位	基因产物作用	主要相关肿瘤
细胞周期蛋白			
P16	9p21	p16 蛋白（CDK4 抑制蛋白）	多种肿瘤
P15	9p21	p15 蛋白（CDK4/6 抑制蛋白）	胶质母细胞瘤
P21	6p21	p21 蛋白（CDK2/4/6 抑制蛋白）	前列腺癌
RB1	13q14	p105 蛋白，与 E2F 结合控制细胞周期	视网膜母细胞瘤、骨肉瘤
转录因子和转录调节蛋白			
TP53	17p13	p53 蛋白，细胞周期负调节和 DNA 损伤后凋亡	多种肿瘤
WT1	11p13	锌指蛋白	肾母细胞瘤
VHL	3p25	转录调节蛋白	肾癌、小细胞肺癌
BRCA1	17q21	锌指蛋白	乳腺癌、卵巢癌
BRCA2	13q12.3	锌指蛋白	乳腺癌
胞质调节因子或结构蛋白			
APC	5q21	G 蛋白	结肠癌、胃癌
PTEN	10q23.3	PTEN 磷酸酶，抑制 PI3K-AKT 通路	胶质瘤、前列腺癌、子宫内膜癌等
NF1	17q11	GTP 酶激活蛋白	神经纤维瘤
NF2	22q12	细胞膜与细胞骨架连接蛋白	神经鞘膜瘤、脑膜瘤

以下主要对常见的重要抑癌基因 *RB1*、*TP53*、*PTEN* 和 *BRCA* 等进行简要介绍。

（一）*RB1* 基因

RB1 基因是最早被克隆鉴定的抑癌基因，因首先在 RB 细胞中发现而得名。正常情况下，视网膜细胞含活性 *RB1* 基因，控制着视网膜细胞的生长发育以及视觉细胞的分化；当 *RB1* 基因丧失功能或先天性缺失，视网膜细胞则出现异常增殖，形成 RB。*RB1* 基因失活还见于骨肉瘤、小细胞肺癌、乳腺癌等多种肿瘤。

RB1 基因位于人染色体 13q14 上，含有 27 个外显子，转录生成 4.7kb 的 mRNA，编码产物为分子量 105kDa 的 RB 蛋白（又称 p105）。RB 蛋白 C 端含有由 A、B 两个结构域组成的"口袋结构域（pocket domain）"（图 19-3）。RB 蛋白通过口袋结构域与含有"LxCxE"模体的多种细胞蛋白（如 E2F 及 cyclin）和某些病毒蛋白（如 SV40 大 T 抗原、腺病毒 E1A 蛋白）相互作用，从而发挥其生物学功能。

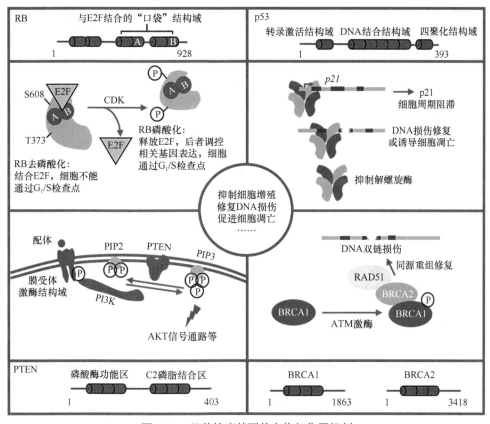

图 19-3　几种抑癌基因的产物与作用机制

RB 蛋白位于细胞核内，有磷酸化（无活性型）和去磷酸化（活性型）两种形式。RB 蛋白对细胞周期的负调控是通过与转录因子 E2F 的结合或释放来实现的。去磷酸化的 RB 蛋白与 E2F 结合使其失活，阻遏了 E2F 的转录激活活性。细胞进入 S 期所必需的基因产物（如二氢叶酸还原酶、胸苷激酶及 DNA 聚合酶等）不能合成，细胞周期被抑制。而在细胞周期蛋白依赖性激酶（cyclin-dependent kinase，CDK）作用下，RB 蛋白高磷酸化（如 S^{608} 和 T^{373} 磷酸化），不能与 E2F 结合，E2F 发挥转录因子活性，启动细胞周期相关基因的转录，细胞可顺利通过 G_1/S 期检查点（checkpoint）。*RB1* 基因缺失使细胞丧失了该检查点的限制，细胞周期进程失控，细胞异常增生。

（二）*TP53* 基因

TP53 基因是迄今发现与人类肿瘤相关性最高的抑癌基因。50%～60% 的人类各系统肿瘤中都发现有 *TP53* 基因突变。正是因为 *TP53* 的突变如此广泛，以至于 1979 年研究者发现它（突变型 *TP53*）时，曾一度被认为是某种癌基因。后来克隆了野生型 *TP53* 基因，才确定其为抑癌基因。

人的 *TP53* 基因定位于 17p13，全长约 19kb，有 11 个外显子，转录约 2.5kb 的 mRNA，编码产物是 393 个氨基酸残基的蛋白质，分子量为 53kDa，故称为 p53 蛋白。按照氨基酸序列将 p53 蛋白分为三个区（图 19-3）：① N 端酸性区，具有转录激活功能，可与 MDM2 结合；由第 1～80 位氨基酸残基组成，含有一些特殊的磷酸化位点，易被蛋白酶水解，蛋白的半寿期短与此有关；

②蛋白核心区，由第 102～290 位氨基酸残基组成，高度保守区，含有与 DNA 结合的特定结构域，为重要功能区；③ C 端碱性区，由第 319～393 位氨基酸残基组成，有多个磷酸化位点，为多种蛋白质激酶识别区域。p53 蛋白通过这一区段聚合形成四聚体。C 端可以独立发挥活性而起到癌基因作用。

p53 蛋白位于细胞核内，正常情况下 p53 含量很低，在生长增殖的细胞中，其浓度可升高 5～100 倍。p53 蛋白具有转录因子活性，在维持细胞生长、抑制恶性增殖中发挥重要作用。其作用机制是多方面的：①在细胞 DNA 受到损伤时，p53 蛋白与特定基因的序列结合，作为转录因子激活 *P21* 基因的转录，导致细胞周期停滞在 G_1 期；②与复制因子 A 作用，参与 DNA 的损伤修复；③如果修复失败，p53 蛋白可促进相关基因（如 *BAX* 基因）的表达，启动细胞凋亡的过程，诱导细胞自杀，以阻止有癌变倾向的突变细胞生成，从而防止细胞癌变；④ p53 也可发挥抑制解旋酶的作用。基于以上作用，*TP53* 又被称作"基因卫士"。需要说明的是，野生型 *TP53* 基因一旦突变，可以进一步诱导野生型蛋白的功能异常，发挥癌基因的作用。

（三）*PTEN* 基因

PTEN 基因，即人第 10 号染色体缺失的磷酸酶及张力蛋白同源的基因（phosphatase and tensin homolog deleted on chromosome ten，*PTEN*），是继 *TP53* 基因后发现的另一个与肿瘤发生关系密切的抑癌基因。人的 *PTEN* 基因定位于染色体 10q23.3，含有 9 个外显子和 8 个内含子，长度为 108kb，编码 5.15kb 的 mRNA，PTEN 蛋白由 403 个氨基酸残基组成（图 19-3），分子量约为 56kDa。

PTEN 蛋白由 4 个功能结构域组成：① N 端的第 1～14 位氨基酸残基为磷脂酰肌醇-4,5-二磷酸结合结构域（phosphatidylinositol-4,5-bisphosphate binding domain，PDB）；② N 端的第 15～185 位氨基酸残基为磷酸酶结构域，与蛋白质酪氨酸磷酸酶及蛋白质丝氨酸/苏氨酸磷酸酶催化区的核心模体（HCXXGXGRXG）同源，是 PTEN 发挥肿瘤抑制活性的主要功能区；③ C2 结构域，由第 186～350 位氨基酸残基组成，PTEN 通过 C2 结构域与细胞膜磷脂结合，参与 PTEN 在细胞膜上的有效定位和胞内细胞信号转导；④ C 端尾部，由第 351～403 位氨基酸残基组成，含有 2 个 PEST 序列和 PDZ 结合结构域（PDZ-binding domain，PDZ-BD）。PEST 序列与蛋白降解有关，对于调节自身的稳定性具有重要作用；PDZ-BD 与细胞生长调控有关。

PTEN 蛋白具有磷脂酰肌醇-3,4,5-三磷酸（phosphatidylinositol-3,4,5-triphosphate，PIP3）磷酸酶活性，催化水解 PIP3 的 3-磷酸成为磷脂酰肌醇-4,5-二磷酸（phosphatidylinositol-4,5-bisphosphate，PIP2）。正常情况下，PIP3 在细胞内的浓度很低。当一些生长因子如 EGF、PDGF 和 IGF 等与细胞膜上相应受体结合后，可激活 PI3K，后者催化 PIP2 生成 PIP3，PIP3 聚集在细胞膜上，通过结合蛋白质丝氨酸/苏氨酸激酶 AKT 的 PH 结构域而使 AKT 转位到质膜内侧，继而被 PDK 磷酸化而活化，抑制细胞凋亡。而 PTEN 蛋白催化 PIP3 的 3-磷酸去磷酸，进而阻断 PI3K/AKT 信号通路，使 PI3K 活性维持在正常水平，从而调节细胞生长和凋亡（图 19-3）。除了 PI3K/AKT 信号通路外，PTEN 蛋白还可以负调控 FAK 和 MAPK 信号通路，这些信号通路均与人类恶性肿瘤的发生、发展密切相关。

（四）*BRCA1* 与 *BRCA2* 基因

BRCA（breast cancer susceptibility genes）基因包括 *BRCA1* 和 *BRCA2*，它们的遗传突变增加了患乳腺癌或卵巢癌的风险。二者都参与维持基因组稳定性，特别是 DNA 双链断裂的同源重组修复途径。这两个基因中最大的外显子是外显子 11，它在乳腺癌患者中具有最重要和最频繁的突变。

BRCA1 基因包含 22 个外显子，跨越约 110kb 的 DNA，编码一个 190kDa 的蛋白质，在维持基因组稳定性方面发挥作用。该蛋白质与其他肿瘤抑制因子、DNA 损伤传感器和信号传感器结合形成一个复杂的多亚基蛋白复合体，称为 *BRCA1* 相关基因组监测复合体（*BRCA1*-associated genome surveillance complex，BASC）。BRCA1 与 RNA 聚合酶Ⅱ相关，并通过 C 末端结构域与组蛋白去乙酰化酶复合体相互作用。因此，该蛋白在转录、双链断裂的 DNA 修复和重组中发挥作用（图 19-3）。选择性剪接在调节 BRCA1 的亚细胞定位和生理功能中起作用，目前已经描述了 *BRCA1* 基因的许多选择性剪接转录变体。

BRCA2 基因位于人类染色体 13q12.3 上。BRCA2 蛋白包含一个具有 70 个氨基酸残基的模体，称为 BRC 模体，该模体介导其与 RAD51 重组酶的结合，该重组酶在 DNA 修复中发挥作用。作为抑癌基因，*BRCA2* 突变的肿瘤通常表现为野生型等位基因杂合性缺失。

三、抑癌基因失活的分子机制

按照失活机制不同，抑癌基因通常可以分为两大类：Ⅰ类抑癌基因，如 *RB*、*TP53* 和 *WT1* 等，它们的功能丢失通常是由于 DNA 序列点突变或片段缺失突变造成的；Ⅱ类抑癌基因，如 *VCL*、*MASPIN* 和 *HREV107* 等，它们的功能丢失往往是由于表达调控受阻造成的。Ⅱ类抑癌基因的表达调控受阻，有时与Ⅰ类抑癌基因的突变有关，即Ⅰ类抑癌基因的功能丢失能够抑制某些Ⅱ类抑癌基因的表达。抑癌基因失活的分子机制主要包括以下几个方面。

（一）杂合性丢失

基因的杂合性丢失（loss of heterozygosity，LOH）是指两个等位基因中的一个已经缺失或因突变已经丧失功能的情况下，发生的另一个等位基因的缺失或突变失活。LOH 的结果导致原来为杂合子的等位基因变成了纯合子。LOH 导致抑癌基因失活的经典实例就是 *RB* 基因的研究。RB 易感人群中，因胚系突变或体细胞突变等原因，*RB1* 的一个等位基因已经失活或缺失，因此在这些人的视网膜母细胞中，两条同源染色体中的一条含有野生型 *RB1*，而另一条则含有突变或缺失型 *RB1*。当视网膜母细胞分裂，产生的子细胞如果发生 LOH，可能会出现 3 种情况：① *RB1* 的两个等位基因均缺失；② *RB1* 的两个等位基因均失活；③ *RB1* 的两个等位基因一个失活，另一个缺失。其结果是细胞丧失了 *RB1* 基因的杂合性，称为缺失 *RB1* 基因功能的纯合子。

（二）基因突变

抑癌基因发生突变后，会造成其编码蛋白质的功能或活性的丧失或降低，进而导致细胞癌变。最典型的例子就是 *TP53* 的突变，目前已经发现 *TP53* 基因在超过一半以上的肿瘤中发生了突变，以点突变为主。在点突变中，约 90% 为单碱基置换的错义突变，另外 10% 为无义突变或移码突变。点突变主要发生在 *TP53* 基因中段（该段编码 p53 蛋白的 DNA 结合区），直接影响 DNA 结合活性。

（三）启动子高甲基化修饰

近年来表观遗传学的研究表明，DNA 的甲基化修饰在真核基因的转录调控方面起着重要作用。抑癌基因启动子区 CpG 岛的高甲基化修饰是导致抑癌基因转录受抑制而失活的重要分子机制之一。在许多肿瘤患者中，经常可以检测到 *P16*、*TP53*、*BRCA1* 等抑癌基因启动子区 CpG 岛高甲基化修饰，而且是在肿瘤发生的早期。

四、癌基因和抑癌基因共同参与肿瘤的发生发展

目前，普遍认为肿瘤的发生发展源于多个原癌基因活化和抑癌基因失活的累积，经过起始、启动、促进和癌变等几个连续的阶段逐步演变而产生。在 DNA 水平上，环境致癌物因素或体内环境的异常会导致突变基因数量的增多，基因组不稳定，基因组变异逐渐累积。在细胞水平上，经过永生化、分化逆转和转化等多个步骤多个阶段，细胞周期和细胞凋亡失控，细胞生长信号逐步增强，从而使细胞进入失控性生长状态，进而导致癌变性生长。在组织水平上，相关组织从增生、异型变、良性肿瘤、原位癌不断发展进而形成浸润癌和转移癌。例如，在结直肠腺癌的发生

发展过程中，涉及了多个原癌基因和抑癌基因的改变：①上皮细胞过度增生阶段：该阶段家族性腺瘤性息肉基因（familial adenomatous polyposis，*FAP*）和结肠癌突变基因（mutanted in colorectal carcinoma，*MCC*）等的突变或缺失；②早期腺瘤阶段：基因调控区低甲基化的表观遗传学调控使得原癌基因表达上调；③中期腺瘤阶段：*KRAS*、*BRAF* 等基因突变；④晚期腺瘤阶段：结肠癌缺失基因（delete in colorectal carcinoma，*DCC*）的丢失；⑤腺癌阶段：*TP53* 等基因突变导致的功能异常；⑥转移癌阶段：其他基因进一步突变、失活或功能异常，血管生成因子相关基因表达上调，等等。

鉴于癌基因和抑癌基因与肿瘤发生发展的密切关系，临床上已将其中的一些基因或其表达产物作为相关肿瘤诊断或预后判断的标志物，有的已经作为治疗靶标开发出了有效延长肿瘤患者生存时间的靶向药物。相信，随着对（原）癌基因和抑癌基因研究的不断深入，其在肿瘤预防、诊断和治疗中所发挥的作用将越来越大、越来越广。

（马　宁　乔　瑜）

思　考　题

1. 简述原癌基因与癌基因的关系以及原癌基因活化的机制。
2. 简述原癌基因的表达产物及分类。
3. 简述 RB、TP53 和 PTEN 蛋白的作用机制。
4. 癌基因及其认知过程对探索基因与疾病的关系有何指导意义？
5. 针对癌基因及其产物在临床上有哪些应用？

第二十章　常用分子生物学技术

分子生物学技术是 20 世纪 70 年代出现的新兴技术。掌握和了解一些常用分子生物学技术的基本原理及其应用，有助于在分子水平上深入认识疾病的发生发展机制。随着分子生物学技术的不断突破，带来了分子生物学概念、理论的创新，不仅使人们从分子水平了解疾病发生的机制，而且也为开发新的诊断、治疗方法以及新药研究提供了技术平台。本章主要介绍一些常用的分子生物学技术。

第一节　分子杂交与印迹法

分子杂交技术利用核酸的变性与复性、抗原与抗体特异性结合的特点，结合印迹法和探针技术，对 DNA、RNA 或蛋白质进行定性、定量分析。

一、分子杂交与印迹法的原理

分子杂交技术是利用单链核酸碱基可以互补配对，抗原与抗体、受体与配体、蛋白质与其他分子可以相互作用的特点对目的核酸及蛋白质进行检测的方法。由于其具有高特异性、高灵敏度、高通量等特点，因此在基因重组、生物印迹示踪及生物芯片等领域得到广泛应用。分子杂交可在液相或固相中进行，如在印迹法中通常应用硝酸纤维素膜（nitrocellulose membrane，NC 膜）或尼龙膜，而生物芯片则应用玻片、硅片等作固相支持物进行杂交。

核酸分子杂交（nucleic acid hybridization）是指具有一定互补序列的不同来源的核酸分子单链在一定条件下按照碱基互补配对的原则形成双链的过程。核酸分子杂交可以在 DNA-DNA 之间，也可在 DNA-RNA 或 RNA-RNA 之间进行，只要它们之间存在同源序列，就可以通过碱基互补配对形成杂交双链分子。在杂交之前，通常用琼脂糖凝胶先分离待测的核酸分子（DNA 或 RNA），再将分离的核酸片段转移到特定的支持物上。由于转移后各个核酸片段在膜上的相对位置与在凝胶中的相对位置一样，故称为印迹（blotting）。核酸分子杂交多采用 NC 膜、尼龙膜作固相支持物，利用标记的探针，从分子文库或分子群（分子集合体系）中，筛选出能够与探针特异性结合的核酸分子。DNA 印迹法是应用核酸探针检测 DNA 的方法，RNA 印迹法是应用核酸探针检测 RNA 的方法。

核酸分子杂交的探针（probe）是指能够与靶分子核酸按碱基互补配对原则特异性相互作用的一段已知序列的寡核苷酸或核酸。探针以共价键形式结合能够产生强烈信号的基团、原子，或能够与一些产生强烈信号的配体特异性结合，作为标记。利用标记物的特定性质，来跟踪检测探针的位置，从而确定核酸靶分子所在的位置。用于标记探针的标记物主要有：同位素（如 ^{32}P、^{35}S）、荧光基团、生物素、地高辛等。

蛋白质印迹法，是根据蛋白质分子之间存在相互作用的特点，将经凝胶电泳分离的蛋白质转移并固定于固相膜［如 NC 膜、聚偏二氟乙烯（polyvinylidenefluoride，PVDF）膜、尼龙膜等］上，再用其特异性抗体对其进行检测，因此也被称为免疫印迹（immunoblotting）法。蛋白质印迹法的原理与 DNA 印迹法和 RNA 印迹法类似，首先用聚丙烯酰胺凝胶电泳将蛋白质按分子量大小分开，再将蛋白质转移到固相膜上。蛋白质的检测主要靠抗体来进行。通常要用两种抗体，第一种抗体是特异性抗体（称为第一抗体），与膜上相应的蛋白质结合，第二种抗体是能与第一种抗体结合的抗体，用碱性磷酸酶、辣根过氧化物酶或放射性核素标记。反应之后用底物显色、化学发光剂或放射性自显影检测蛋白质区带的信号。蛋白质印迹法主要用于检测样品中特异蛋白质的存在和表达情况。

在组织或细胞水平，使用标记探针与细胞内 DNA 或 RNA 杂交的方法称为原位杂交。生物芯片是生命科学领域中迅速发展起来的一项高新技术，该方法通过微加工技术和微电子技术，在固体芯片表面构建微型生物化学分析系统，以实现对细胞、蛋白质、DNA 以及其他生物组分的准确、快速、大信息量的检测。从本质上讲，生物芯片与 DNA 印迹法、RNA 印迹法和蛋白质印迹法等分子杂交原理相同，只是将许多探针同时固定在同一芯片上，因此在平行的实验条件下，可同时完成多种不同分子的检测。

案例 20-1

一个人类疾病基因被定位在 7 号染色体一段 140kb 的区域内，并已分离到该染色体区域段的克隆，但是并不知道该基因定位在区域的哪一个位置。

问题：

1. 可用什么方法找到该基因？
2. 什么是分子杂交技术？

二、常用的分子杂交与印迹法

（一）DNA 印迹法

DNA 印迹法（Southern blotting）是 1975 年由萨瑟恩（Southern）创建的，现已成为进行基因组 DNA 特异序列定位、检测目标 DNA 的通用方法。该方法通过限制性内切酶降解样品中 DNA，再经凝胶电泳分离，将分离后的 DNA 片段从凝胶转移到吸附薄膜上并固定，随后用标记的探针进行杂交，以检测目的 DNA。

DNA 印迹法包括下列基本步骤：①将 DNA 样品经限制性内切酶降解后，进行琼脂糖凝胶或聚丙烯酰胺凝胶电泳分离，电泳后的凝胶浸泡在碱性液体（NaOH）中使 DNA 变性；②将变性 DNA 转移到 NC 膜或尼龙膜上，80℃烘烤 4～6 小时，使 DNA 牢固地吸附在固相膜上；③预杂交固相膜，封闭固相膜对 DNA 探针的非特异性吸附；④与放射性同位素或生物素标记的 DNA 探针进行杂交，杂交需在较高的盐浓度及适当的温度（一般 68℃）下进行几小时或几十小时；⑤通过洗涤，除去未杂交的 DNA 探针，将固相膜烘干后进行放射自显影或酶促反应显色，从而检测或定位特定的 DNA 分子（图 20-1）。

DNA 印迹法能否检出杂交信号取决于很多因素，包括目的 DNA 在总 DNA 中所占的比例、探针的大小和比活性、转移到固相膜上的 DNA 量以及探针与目的 DNA 间的碱基互补配对情况等。在最佳条件下，放射自显影曝光数天后，DNA 印迹法能很灵敏地检测出低于 0.1pg 用 ^{32}P 标记的高比活性探针的互补 DNA。如果将 10μg 基因组 DNA 转移到固相膜上，并与长度为几百个核苷酸的探针杂交，曝光过夜，可检测出哺乳动物基因组中 1kb 大小的单拷贝序列。

（二）RNA 印迹法

RNA 印迹法（Northern blotting）是应用核酸探针检测特异性 RNA 的一种杂交技术，主要用于分析基因的转录本或 RNA 分子的大小。其方法类似于 DNA 印迹法，为了与 Southern 印迹对应，故称为 Northern 印迹。RNA 印迹法中的 RNA 膜转移与 DNA 印迹法中的 DNA 膜转移方法类似，只是在处理样品时甲基氢氧化银、乙二醛或甲醛使 RNA 变性，而不是用 NaOH，因为 NaOH 会水解 RNA 的 2′-羟基。RNA 变性后有利于其在膜转移过程中与 NC 膜结合，它同样可在高盐浓度下进行膜转移，但在烘烤前与膜结合得并不牢固，所以在转印后用低盐缓冲液洗脱。为了不影响 RNA 与 NC 膜的结合，通常在凝胶中不加入溴乙锭。通过在同一块胶上加载分子量标记物后进行电泳，可以测定目标片段大小。通常电泳后将加载标记物泳道的凝胶切下、上色、照相。标记物胶上色的方法是在暗室中将其浸在含 5μg/ml 溴乙锭的 0.1mol/L 醋酸铵溶液中 10 分钟，然后在紫外光下成像。RNA 印迹法过程所有操作均应严格避免 RNase 的污染（图 20-2）。

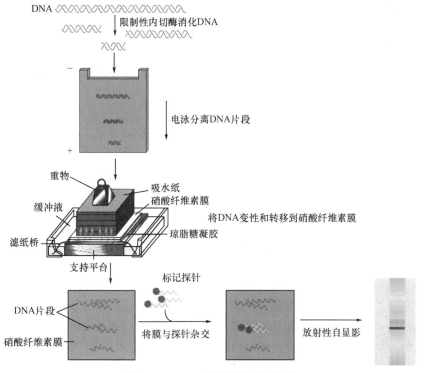

图 20-1 DNA 印迹法的基本步骤

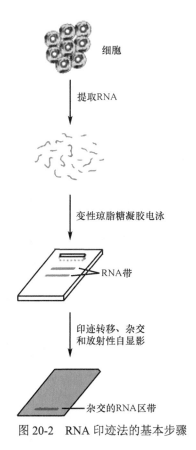

图 20-2 RNA 印迹法的基本步骤

（三）蛋白质印迹法

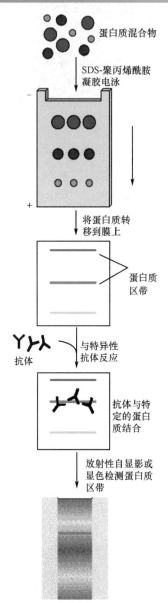

蛋白质混合物

SDS-聚丙烯酰胺
凝胶电泳

将蛋白质转
移到膜上

蛋白质
区带

抗体

与特异性
抗体反应

抗体与特
定的蛋白
质结合

放射性自显影或
显色检测蛋白质
区带

图 20-3　蛋白质印迹法的基本步骤

蛋白质印迹法（Western blotting）是将聚丙烯酰胺凝胶电泳分离的蛋白区带转移到固相膜上，以免疫反应或亲和反应检测经电泳分离的样品中能与标记配基（抗体或配体）特异性结合的蛋白区带。

蛋白质印迹法是一种将蛋白质电泳、印迹、免疫测定融为一体的特异性蛋白质的检测方法。蛋白质印迹法的基本步骤（图 20-3）：先从生物细胞中提取总蛋白或目的蛋白，将蛋白质样品溶解于含有去污剂和还原剂的溶液中，经 SDS-PAGE 电泳将蛋白质按分子量大小分离，再把分离的各蛋白质条带原位转移到固相膜上，接着将膜浸泡在高浓度的蛋白质溶液中温育，以封闭其非特异性位点。然后加入特异抗体（一抗），膜上的目的蛋白（抗原）与一抗结合后，再加入能与一抗专一性结合的带标记的二抗（通常一抗用兔源的抗体时，二抗常用羊抗兔免疫球蛋白抗体），最后通过二抗上标记物（一般为辣根过氧化物酶或碱性磷酸酶）的特异性反应进行检测。根据检测结果可得知被检生物细胞内目的蛋白的表达与否、表达量及分子量等情况。蛋白质印迹法灵敏度高，可检测 1ng 抗原蛋白。

（四）原位杂交

原位杂交（in situ hybridization）是以特异性标记探针与细菌、细胞或组织内的 DNA 或 RNA 杂交的方法。在杂交过程中不需要改变核酸所在的位置。

1. 菌落原位杂交　该方法将平板培养基上菌落或噬菌斑转移到 NC 膜或尼龙膜上，将转移后的膜用 NaOH 处理，这样不仅可以使微生物裂解，同时可使核酸变性而吸附在膜上，然后用无关的其他核酸处理膜，该过程称为预杂交，这样可以封闭膜对标记探针的非特异性吸附，降低背景噪音。封闭后的膜与标记探针在缓冲溶液中杂交，洗涤除去未结合的探针，干燥后经放射自显影确定阳性菌落或噬菌体，再从主平板回收阳性菌落或噬菌体。这种方法快速准确，适用于大量重组体筛选，常用来从基因组文库或互补 DNA 文库中筛选目的基因。

2. 细胞或组织原位杂交　该方法利用标记探针在细胞或组织切片内，检测 DNA 或 RNA，基本步骤包括细胞或组织切片固定、经适当方法增加通透性以便于探针进入、预杂交、杂交和洗涤等一系列步骤以及放射自显影或免疫酶法显色，以显示杂交结果。该技术常用于检测基因在细胞或组织内的表达与定位以及基因在染色体上的定位。

第二节　聚合酶链反应技术

1985 年，美国化学家穆利斯（Mullis）发明了具有划时代意义的聚合酶链反应（polymerase chain reaction，PCR）技术，并因此获得了 1993 年度诺贝尔化学奖。PCR 技术的原理是通过提供合适的反应条件，在试管内实现类似于体内的 DNA 复制从而对特定的 DNA 片段快速大量地扩增。该技术的建立使很多以往难以解决的分子生物学问题得到解决，极大地推动了生命科学研究的发展，是生命科学领域中的一项革命性创举。

一、PCR技术的工作原理

PCR是体外酶促合成特异DNA片段的一种方法，由高温变性、低温退火（复性）及适温延伸等几步反应组成一个周期，循环进行，使目的DNA得以迅速扩增。PCR反应体系相对简单，包括拟扩增的DNA模板、特异性引物、dNTP以及合适的缓冲液。PCR的基本工作原理就是以拟扩增的DNA分子为模板，以一对分别与两条模板链互补的寡聚脱氧核苷酸片段为引物，在DNA聚合酶的作用下，以dNTP为底物，按照半保留复制的原则，通过变性、退火、延伸三个步骤完成新DNA的合成，且新合成的DNA片段也可以作为模板，重复这一过程就可以使DNA的数量呈指数增长（图20-4）。

（一）PCR体系的基本成分

完整的PCR体系包括模板、特异性引物、耐热DNA聚合酶、脱氧核苷三磷酸（dNTP）、适宜缓冲液、金属离子等。

1. 模板 几乎所有形式的DNA都能作为PCR的模板，包括生物体基因组DNA、质粒DNA、噬菌体DNA和cDNA分子等。除此之外，PCR还可以直接以细胞为模板。

2. 特异性引物 是一段与模板DNA链互补的寡聚脱氧核苷酸片段，对DNA的扩增起到引发的作用。

3. 耐热DNA聚合酶 是PCR技术实现自动化的关键，目前已经发现了多种耐热DNA聚合酶。其中最先被分离、研究最多和最常用的是 *Taq* DNA聚合酶，它是从嗜热古细菌 *T.aquaticus* 中分离得到的。

4. 脱氧核苷三磷酸（dNTP） 是DNA合成的原料，包括dATP、dGTP、dTTP、dCTP。

5. 适宜缓冲液 通常使用10mmol/L、pH 8.3～8.8的Tris-HCl缓冲液。

6. 金属离子 通常使用Mg^{2+}，其可作为DNA聚合酶的辅因子，降低反应的活化能，使PCR得以顺利进行。有时反应体系中还含有K^+，其有利于提高扩增产物的质量。

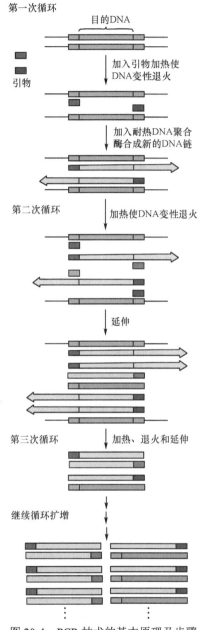

图20-4 PCR技术的基本原理及步骤

案例20-2

某一种哺乳动物有A和B两种细胞，其中A细胞只比B细胞多表达一种蛋白质X。

问题：

1. 如果想快速得到蛋白质X的互补DNA，需要选择什么样的实验方法？

2. 该实验方法中可能用到哪些常用的分子生物学技术？

3. 你能举例说明PCR技术在医学研究中还有哪些应用吗？

（二）PCR 技术的基本反应步骤

PCR 由变性（denaturation）、退火（annealing）和延伸（extension）三个基本反应步骤构成。

1. 模板 DNA 变性　在 95℃ 左右加热一定时间后，模板 DNA 的双链或经 PCR 扩增形成的双链 DNA 解离，变为单链，以便与引物结合。

2. 模板 DNA 与引物退火（复性）　模板 DNA 经加热变性成单链后，降温至适合温度，引物与模板 DNA 单链的互补序列配对结合。退火温度的选择常由引物中的 GC 含量决定，并可影响 PCR 产物合成的特异性。

3. 引物延伸　将反应体系温度提高到 DNA 聚合酶作用的最适反应温度 72℃，DNA 聚合酶在合适的缓冲溶液中，以 dNTP 为底物，严格按照模板链碱基序列合成互补链，即从引物的 3′端-OH 进行延伸，合成方向为 5′→3′。

以上三步骤为一次循环，而新合成的 DNA 分子又可作为下一轮反应的模板，因此每循环一次，DNA 分子会按指数增加，经多次循环后即可达到大量扩增 DNA 片段的目的。

二、PCR 衍生技术

PCR 技术建立以来，在生命科学的各个领域得到了广泛应用。PCR 技术的发展以及与其他分子生物学技术的结合形成了适用于不同目的的 PCR 衍生技术。下面主要介绍几种与医学研究、临床应用密切相关的 PCR 衍生技术。

（一）逆转录 PCR 技术

逆转录 PCR（reverse transcription PCR，RT-PCR）是将逆转录反应与 PCR 反应联合应用的一种技术。其原理是以 RNA 为模板，以一个与 RNA 3′端互补的寡核苷酸为引物，在逆转录酶的催化下合成 cDNA，再以 cDNA 为模板进行 PCR 扩增，从而获得大量的双链 DNA。RT-PCR 具有灵敏度高、特异性强和省时等优点，是目前获得目的基因 cDNA 和构建互补 DNA 文库的有效方法之一，可以用少量的 RNA 构建互补 DNA 文库。RT-PCR 也可用于对已知序列基因进行定性定量分析，只要在反应体系中同时加入内参照基因的引物，使已知基因和内参照基因在同一反应体系中扩增，以内参照基因的 PCR 产物为对照，可以估算已知基因的表达水平。

（二）原位 PCR 技术

原位 PCR（in situ PCR）是以细胞内的 DNA 或 RNA 为靶序列，在细胞内进行的 PCR 反应。实验用的样品可以是新鲜组织、石蜡包埋组织、脱落细胞、血细胞等。其原理是将 PCR 与原位杂交相结合，先在细胞内进行 PCR 反应，然后用特定的探针与细胞内的 PCR 产物进行原位杂交，检测细胞或组织内是否存在待测的 DNA 或 RNA。原位 PCR 结合了高度特异敏感的 PCR 技术和具有细胞定位能力的原位杂交的优点，既能分辨鉴定带有靶序列的细胞，又能标出靶序列在细胞内的位置，已成为靶基因序列的细胞定位、组织分布和基因表达检测的重要手段，在肿瘤学、组织胚胎学等方面得到广泛应用。

（三）实时 PCR 技术

常规 PCR 多采用终点法检测，即在 PCR 扩增反应结束之后，通过凝胶电泳的方法对扩增产物进行半定量分析。实时 PCR（real-time PCR）技术通过动态监测反应过程中的产物量，消除了产物堆积对定量分析的干扰，亦被称为定量 PCR（quantitative PCR）。其原理是在 PCR 反应中引入荧光标记分子，PCR 反应中产生的荧光信号与产物的生成量成正比，利用荧光信号积累实时监测整个 PCR 进程。根据动态变化的数据，通过标准曲线对未知模板进行定量分析，可以精确计算样品中原有模板的含量。目前，实时 PCR 所使用的荧光化学方法主要有四种，分别是 DNA 结合染料法、水解探针（Taq Man 探针）法、杂交探针法、荧光引物法。它们又可分为扩增序列非特异和扩增序列特异两种类型。

下面以 Taq Man 探针法为例介绍实时 PCR（图 20-5）。Taq Man 探针法反应系统中除了两条 PCR 引物外，还增加了与上游和下游引物之间的序列特异性杂交的探针。探针的 5′ 端标记荧光报告基团，3′ 端标记荧光淬灭基团。没有 PCR 扩增反应时，探针保持完整，由于淬灭基团的作用，报告基团不能产生荧光；PCR 扩增时，Taq DNA 聚合酶随着引物的延伸而沿着 DNA 模板移动，当到达探针结合的位置时，其 5′→3′ 外切酶活性将探针 5′ 端报告基团切下，使荧光基团和淬灭荧光基团分离，从而发出荧光，切下的荧光分子数与 PCR 产物的数量成正比，可以通过荧光光谱仪检测荧光强度。

实时 PCR 技术自建立以来，发展迅速、应用广泛，表明其具有强大的功能和作用。由于该技术具有定量、特异、灵敏和快速等特点，因此作为目前检测目的核酸拷贝数的可靠方法，在各领域得到广泛的应用。近些年来，许多科研工作者基于实时 PCR 的基本原理对实时 PCR 技术进行不断深入的研究和改进，使实时 PCR 技术得到了进一步的完善，并在此基础上开发出了许多新的荧光实时 PCR 技术。随着科技的发展，功能更强大、操作更方便的实时 PCR 仪不断推出，更特异、更灵敏的荧光标记材料的不断出现，数据分析软件的不断改进更新，使得实时 PCR 技术的应用前景更加广阔。

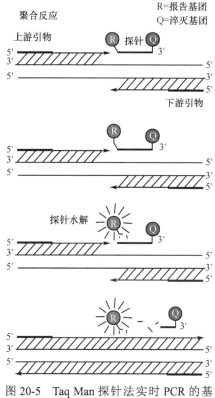

图 20-5 Taq Man 探针法实时 PCR 的基本原理及步骤

三、PCR 技术的应用

PCR 技术建立后得到了广泛的应用，并且不断地被研究人员加以改进和完善，产生了许多 PCR 衍生技术，进一步扩大了其应用范围。

（一）PCR 在生物医学研究方面的应用

1. 目的基因的获得 研究者利用 PCR 技术对基因组 DNA 特定区域进行选择性的扩增并加以分离，也可以利用 PCR 或 RT-PCR 技术从包含各种各样 DNA 或 RNA 分子的混合核酸样本中将目的 DNA 或 RNA 片段进行选择性扩增并加以分离。

2. 核酸的定量分析 即 DNA 和 RNA 的定量分析，包括人类以及各种微生物的基因组中基因的拷贝数以及基因的 mRNA 表达水平分析等。一般来讲，分析基因组 DNA 中基因的拷贝数时主要采用常规定量 PCR 技术，而分析基因的 mRNA 表达水平时，主要采用半定量 RT-PCR 或定量 RT-PCR 技术。

3. 其他 除上述应用外，PCR 技术还可以用于基因定点突变操作、探针的标记与制备等。

（二）PCR 在体外诊断方面的应用

目前，PCR 技术已在医学临床诊断、法医刑侦、检验检疫等各个领域被广泛应用。

在临床诊断方面，主要用于临床疾病早期诊断。PCR 技术不仅可以用于先天性单基因遗传病的检测，也可以用于肿瘤等多基因疾病的检测，还可以用于感染性疾病病原体的检测。不仅可以实现对靶标基因进行突变等定性分析，还可以利用定量 PCR 技术进行精确的定量分析。

在法医刑侦方面，通过对犯罪嫌疑人遗留的痕量的精斑、血迹和毛发等样品中的核酸进行选择性的 PCR 扩增，结合 DNA 指纹图谱分析，即可快速锁定案件真凶。PCR 技术还可以用于亲子鉴定。

在动植物检验检疫方面，对于目前出入境要求检疫的各种动植物传染病及寄生虫病病原体的检测，几乎都有商业化的荧光定量 PCR 试剂盒可供使用。在食品、饲料和化妆品等的相关检测中，荧光定量 PCR 也发挥了重要作用。

第三节　DNA 测序技术

核酸测序的历史至少可追溯到 20 世纪 60 年代。最初，人们用部分酶解等方法仅能测定 RNA 的序列，但相当费时费力。1975 年之后，DNA 测序的速度很快超过了 RNA 和蛋白质。1977 年，英国科学家 Sanger 创建了双脱氧测序法，又称 Sanger 法。同年，美国科学家马克萨姆（Maxam）和吉尔伯特（Gilbert）合作创立了化学降解法，又称 Maxam-Gilbert 测序法。这两种 DNA 测序方法的建立，使 DNA 测序技术实现了第一次飞跃，Sanger 和 Gilbert 也因此在 1980 年共获诺贝尔化学奖。之后，DNA 测序技术得到了进一步改进和发展。

一、常规 DNA 测序法

所谓常规 DNA 测序法，主要是指双脱氧测序法和化学降解法。

（一）双脱氧测序法

双脱氧测序法（dideoxy sequencing method）（又称 Sanger 法）的基本原理如图 20-6 所示。利用 DNA 聚合酶来延伸结合在待测序列模板上的引物，直到在新合成 DNA 链的 3′ 端掺入一种 2′,3′-双脱氧核苷三磷酸（ddNTP）。由于 ddNTP 脱氧核糖的 3′-位碳原子上缺少羟基而不能与下一位核苷酸的 5′-位磷酸基之间形成 3′,5′-磷酸二酯键，从而使得正在延伸的 DNA 链在此 ddNTP 处终止。因此，通过在 4 种反应体系中分别加入 4 种不同的 ddNTP 底物，就可得到终止于特定碱基的一系列寡核苷酸片段。这些片段具有共同的起点（即引物的 5′ 端），而有不同的终点（即 ddNTP 掺入的位置），其长度取决于 ddNTP 掺入的位置与引物 5′ 端之间的距离。经可分辨 1 个核苷酸差别的变性聚丙烯酰胺凝胶电泳分离这些片段，进而借助片段中的所带标记（如核素标记）

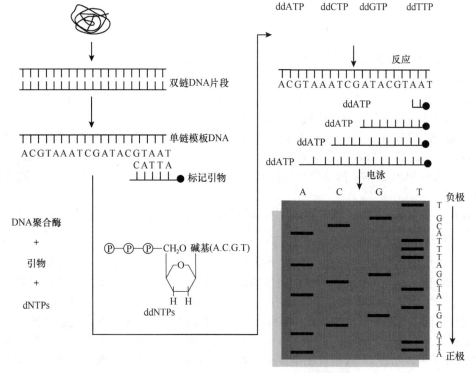

图 20-6　Sanger 法测定 DNA 序列的原理示意图

即可读出一段 DNA 序列。

（二）化学降解法

化学降解法（chemical degradation method）测序的基本原理：第一步是在 DNA 片段的末端进行标记，然后用专一性化学试剂将 DNA 进行特异性降解。化学试剂作用的第一步是将某种核苷酸的特定碱基（或特定类型的碱基）进行化学修饰；第二步是经过修饰的碱基从糖环上脱落，进而使无碱基糖环两端的磷酸二酯键断裂，从而产生 4 套含有长短不一 DNA 分子的混合物，其长度取决于该组反应所针对的碱基在待测 DNA 全长片段中的位置。随后，将各组反应产物进行电泳分离，再通过所带标记（如核素）显示序列结果。

二、自动激光荧光 DNA 测序——第一代测序技术

目前，自动激光荧光 DNA 测序（又称第一代测序）技术的应用已十分普遍。自动激光荧光 DNA 测序的基本原理均基于 Sanger 双脱氧法，但不同的自动激光荧光 DNA 测序系统的具体工作原理却不尽相同，概括起来，可将工作原理分为四色荧光法和单色荧光法两类。目前，以四色荧光法为主，单色荧光法已很少应用。

在四色荧光法分析中，采用 4 种不同的荧光染料标记同一引物或 4 种不同的终止底物 ddNTP，最终结果均相当于赋予 DNA 片段 4 种不同的颜色，因此，一个样品的 4 个反应产物可在同一个泳道内电泳，从而减少了不同测序泳道间电泳迁移率的差异对测序结果精确性所带来的影响。在单色荧光法分析中，采用单一荧光染料标记引物 $5'$ 端或 dNTP，经 Sanger 法反应后，所有产物的 $5'$ 端均带上了同一种荧光标记（即相当于赋予所有 DNA 片段同一种颜色），因此，一个样品的 4 个反应必须分别进行，相应产物也必须在 4 个不同的泳道内电泳。

三、高通量 DNA 测序技术

为了实现 DNA 测序技术的微量、快速和低成本化，新的高通量 DNA 测序技术及其分析仪器在实际工作中得到研发和应用。这类高通量 DNA 测序技术主要有第二代和第三代测序技术等，其共同特点都是实现了微量化、高通量和低成本。

第二代测序技术，又称循环芯片测序技术（cyclic-array sequencing），是对布满 DNA 样品的芯片重复进行基于 DNA 聚合酶或连接酶以及引物对模板进行的一系列延伸反应和荧光序列读取反应，通过显微设备观察并记录连续测序循环中的光学信号。该类测序方法采用了大规模矩阵结构的微阵列分析技术，阵列上的 DNA 样本可以被同时并行分析。目前主要的第二代测序技术包括 454 测序、Solexa 测序（又称 Illumina 测序）、SOLiD 测序（sequencing by oligonucleotide ligation and detection）等。

第三代测序技术都是针对单分子进行序列分析，无须扩增。目前，第三代测序技术主要有 3 种策略：①通过掺入并检测荧光标记的核苷酸来实现单分子测序，包括 HeliScope 测序技术、单分子实时技术（single molecule real time technology，SMRT）以及基于荧光共振能量转移（fluorescence resonance energy transfer，FRET）的测序技术；②利用 DNA 聚合酶在 DNA 合成时的天然化学方式来实现单分子测序；③直接读取单分子 DNA 序列信息。

高通量 DNA 测序技术的快速发展促进了人类全基因组测序、转录组测序、全外显子测序、DNA-蛋白质相互作用和病原微生物全基因组测序等在医学研究和实践中的应用，助推医学进入大数据时代。

第四节　生物大分子相互作用研究技术

蛋白质和核酸是构成生命体最为重要的两类生物大分子。蛋白质与核酸的相互作用是分子生物学研究的中心问题之一，它是许多生命活动的重要环节。随着人类基因组计划的完成，大量基

因被发现和定位，基因的功能问题已成为当今研究的热点。大多数基因的最终表达产物是蛋白质，因此要认识基因的功能，必然要研究基因所表达的蛋白质。蛋白质的功能往往体现在与其他蛋白质及（或）核酸的相互作用之中。细胞各种重要的生理过程，包括信号的转导、细胞对外界环境及内环境变化的反应等，都是以蛋白质与其他物质的相互作用为纽带。所以，近年来，蛋白质与蛋白质、蛋白质与核酸之间的相互作用的研究逐渐得到重视。

一、蛋白质相互作用研究技术

蛋白质是各种生物学功能执行者，蛋白质与蛋白质之间的相互作用是细胞生命活动的基础和特征。几乎所有的生命活动都离不开蛋白质分子之间的相互作用。研究细胞内蛋白质分子之间相互作用的机制及蛋白质相互作用网络，将有助于理解生命活动的分子机制。目前常用的研究蛋白质相互作用的技术包括酵母双杂交系统、各种亲和分析（亲和色谱、免疫共沉淀等）、噬菌体展示、生物传感芯片质谱、定点诱变等。

（一）酵母双杂交系统

酵母双杂交系统（yeast two-hybrid system）是在酿酒酵母（*Saccharomyces cerevisiae*）中研究蛋白质间相互作用的一种非常有效的手段。其作用原理与酵母转录因子 GAL4 分子的结构和功能特点密切相关。GAL4 包括两个彼此分离但功能互补的结构域，一个是位于 N 端 1～174 位氨基酸残基区段的 DNA 结合域（DNA binding domain，BD），另一个是位于 C 端 768～881 位氨基酸残基区段的转录激活域（activation domain，AD）。BD 能够识别 GAL4 效应基因的上游激活序列（upstream activating sequence，UAS）并与之结合。而 AD 则是通过与转录机器（transcription machinery）中的其他成分之间的结合作用，从而启动 UAS 下游基因的转录。如果 BD 基因和 AD 基因分开，二者均不能激活下游基因的转录反应，但是当二者在空间上充分接近时，就可以呈现完整的 GAL4 转录因子活性并可激活 UAS 下游启动子，使启动子下游基因得到转录。因此，将 BD 与已知的诱饵蛋白质 X（Bait）基因融合，构建 BD-X 质粒载体；将 AD 基因与互补 DNA 文库、基因片段或基因突变体（以 Y 表示）融合，形成猎物（prey）或靶蛋白（target protein）基因，构建 AD-Y 质粒载体。在 GAL4 上游启动激活序列的下游融合有特定的报告基因，报告基因的产物可以是一些特殊的酶（如 β-半乳糖苷酶，*LacZ*）或报告基因的产物（如 His、Leu、Trp 等）。当两种融合基因的质粒载体同时转化酵母细胞时，如果表达的蛋白质 X 和蛋白质 Y 发生相互作用，则导致了 BD 与 AD 在空间上的接近，从而激活 UAS 下游报告基因的表达。通过观察报告基因的表达可以筛选出与诱饵蛋白质 X 相互作用的阳性菌落，从而判断蛋白质 X 与蛋白质 Y 之间是否存在相互作用（图 20-7）。

酵母双杂交系统建立以来，已广泛应用于蛋白质之间的相互作用、筛选和发现新的蛋白质、筛选药物的作用位点以及绘制蛋白质相互作用网络图谱等方面的研究。

（二）噬菌体展示技术

噬菌体展示（phage display）技术是将外源蛋白或多肽与噬菌体外壳蛋白融合并呈现于噬菌体表面的技术。将编码外源肽或蛋白质的 DNA 片段与噬菌体表面蛋白质的编码基因融合后，以融合蛋白的形式出现在噬菌体的表面，被展示的多肽或蛋白质可保持相对的空间结构和生物活性，而不影响重组噬菌体对宿主菌的感染能力。通过与特定的靶标反应（如抗体、受体、配基、核酸，以及某些碳水化合物等），可以使展示特定蛋白质的噬菌体从表达有各种外源性蛋白质的噬菌体肽库中筛选出来，再通过感染大肠埃希菌进行噬菌体扩增，然后进行序列测定，可获得相应外源肽或蛋白质的结构和功能信息。该技术的特点是实现了表型与基因型的统一，是一种高通量筛选功能性多肽或蛋白质的分子生物学技术。因此，噬菌体展示技术在抗原表位分析、分子间相互识别、新型疫苗及药物的开发研究等方面有广泛的应用前景。

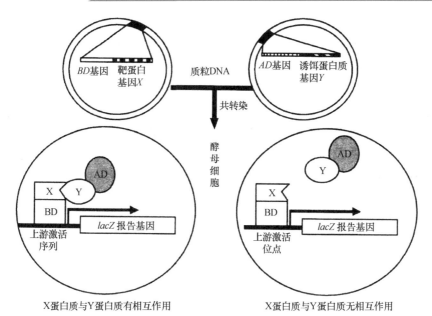

图 20-7 利用酵母双杂交技术分析蛋白质相互作用

（三）蛋白质工程中的定点诱变技术

基因定点诱变是一种蛋白质工程技术。其基本原理是在编码蛋白质基因的特定位置引入碱基替代、产生小的碱基缺失或插入，使其编码的蛋白质的一级结构发生改变。目前常用的定点诱变的方法是 PCR 诱变。其基本过程是：在合成 PCR 引物时，除了在定点诱变的位置引入相应的突变（点突变、小片段插入或缺失）外，其余序列与模板完全配对，PCR 扩增后，在 PCR 产物中引入特定的突变，将 PCR 产物克隆并表达，可获得定点突变的蛋白质。通过定点诱变，可以比较正常蛋白质和突变蛋白质的功能，鉴定蛋白质分子中特定位置的氨基酸残基在维持蛋白质结构与功能中的作用，也可以筛查能够改善蛋白质功能的突变。因此，定点诱变技术可用于蛋白质的相互作用研究、蛋白质药物及疫苗的筛选等。

（四）等离子共振技术

表面等离子体共振技术（surface plasmon resonance，SPR）已成为蛋白质相互作用研究中的新手段。它的原理是利用一种纳米级的薄膜吸附上"诱饵蛋白质"，当待测蛋白质与诱饵蛋白质结合后，薄膜的共振性质会发生改变，通过检测便可知这两种蛋白的结合情况。SPR 技术的优点是不需标记物或染料，反应过程可实时监控，测定快速且安全，还可用于检测蛋白与核酸之间及其他生物大分子之间的相互作用。

（五）荧光能量转移技术

荧光共振能量转移（fluorescence resonance energy transfer，FRET）是较早发展起来的一门技术，现已广泛用于分子间的距离及其相互作用研究。该技术与荧光显微镜结合，可定量获取有关生物活体内蛋白质、脂类、DNA 和 RNA 的时空信息。FRET 是距离很近的两个荧光分子间产生的一种能量转移，当供体荧光分子的发射光谱与受体荧光分子的吸收光谱重叠，并且两个分子的距离在 10nm 范围以内时，就会发生一种非放射性的能量转移，即 FRET 现象，使得供体的荧光强度比它单独存在时要低得多（荧光猝灭），而受体发射的荧光却大大增强（敏化荧光）。FRET 荧光显微镜可以实时测量活体细胞内分子的动态性质，它是一种定量测量 FRET 效率以及供体与受体间距离的简单方法，仅需使用一组滤光片和测量一个比值，利用供体和受体的发射谱消除光谱间的干扰，即可简单快速测量 FRET 的效率和供体与受体间的距离，尤其适用于基于绿色荧光蛋白（GFP）的供体受体对。目前 FRET 已经成为检测活体中生物大分子间纳米级距离变化的有力工具，在生物大分子相互作用分析、细胞生理研究、免疫分析等方面有着广泛的应用。

（六）抗体与蛋白质阵列技术

蛋白质芯片技术的出现给蛋白质组学研究带来了新的思路。蛋白质组学研究中的一个主要内容就是研究在不同生理状态下蛋白质的变化，因而，微型化、集成化、高通量化的抗体芯片就是一个非常好的研究工具，抗体芯片技术发展迅速并且日益成熟，有些抗体芯片已经应用于临床，如肿瘤标志物抗体芯片等。

（七）免疫共沉淀技术

免疫共沉淀（co-immunoprecipitation，Co-IP）是以抗体和抗原之间的专一性作用为基础，研究蛋白质相互作用的经典方法，也是确定两种蛋白质在完整细胞内生理性相互作用的有效方法。其原理为：当细胞在非变性条件下被裂解时，完整细胞内存在的许多蛋白质-蛋白质间的相互作用被保留了下来。当用预先固化在琼脂糖微球上的蛋白质 A 的抗体免疫沉淀 A 蛋白质，那么与 A 蛋白质在体内结合的蛋白质 B 也能一起沉淀下来。再通过蛋白质变性分离，对 B 蛋白质进行检测，进而证明两者间的相互作用。这种方法得到的目的蛋白是在细胞内与靶蛋白天然结合的，符合体内实际情况，得到的结果可信度高。Co-IP 常用于测定两种目标蛋白质是否在体内结合，也可用于确定一种特定蛋白质的新的作用搭档。该方法的优点是可以避免人为的影响并可分离得到天然状态的相互作用蛋白质复合体；缺点是灵敏度低于亲和色谱，可能检测不到低亲和力及瞬间的蛋白质-蛋白质相互作用，并需要在实验前准确预测目的蛋白质以选择最后检测的抗体，一旦预测不正确就无法得到实验结果，因此具有一定的风险性。

（八）Pull-down 技术

Pull-down 技术即拉下实验，又称为蛋白质体外结合实验（binding assay *in vitro*），是一种在试管中检测蛋白质之间相互作用的方法。其基本原理如下（以 GST pull-down 为例）：将 GST 融合蛋白质（即"诱饵蛋白质"）亲和固定在谷胱甘肽亲和树脂上，然后将含"捕获蛋白质"（目的蛋白质）的溶液过柱，即可捕获与之相互作用的目的蛋白质，洗脱结合物后通过 SDS-PAGE 电泳分析，从而证实两种蛋白质间的相互作用或筛选相应的目的蛋白质。除 GST 可作为"诱饵蛋白质"的标签外，也可使用其他标签（如 His 标签等）。

二、蛋白质与核酸相互作用研究技术

基因表达的调控是细胞对外部或内部的刺激发生应答的方式，其涉及基因组 DNA 和一系列结合蛋白质的相互作用。不同生理条件下特异性的基因转录调控常常依赖于不同的反式作用因子与顺式作用元件的特异性结合。研究蛋白质与 DNA 的相互作用将有助于阐明基因表达调控的机制。研究蛋白质与 DNA 之间相互作用的主要方法包括电泳迁移率变动分析、酵母单杂交技术、染色质免疫沉淀技术、ChIP-on-chip 足迹试验等。

（一）电泳迁移率变动分析

电泳迁移率变动分析（electrophoretic mobility shift assay，EMSA），也称为凝胶迁移率变动分析（gel retardation assay），是一种在体外研究核酸序列和蛋白质相互作用的技术。这一技术最初用于研究 DNA 序列与蛋白质之间的相互作用，目前也可用于研究 RNA 序列和蛋白质的相互作用。其原理是将纯化的蛋白质或细胞粗提液与放射性核素（或非放射性物质）标记的 DNA 或 RNA 探针一起保温，然后在非变性的聚丙烯酰胺凝胶上电泳分离，如果探针与目的蛋白质结合，则 DNA-蛋白质复合体或 RNA-蛋白质复合体的移动比非结合的探针移动慢。探针与目的蛋白质结合反应的特异性可以通过过量的冷探针竞争性结合实验或突变探针实验来确定，从而在体外证实靶核酸能与相应的目的蛋白质结合。EMSA 通常用于研究和寻找具有调控作用的顺式作用元件以及与顺式作用元件相结合的蛋白质氨基酸序列或结构域。

（二）酵母单杂交技术

酵母单杂交（yeast one hybrid）技术是 1993 年创立的，是由酵母双杂交技术发展而来的体外分析 DNA 与细胞内蛋白质相互作用的一种方法。真核生物基因的转录起始需转录因子参与，转录因子通常含有一个 BD 以及一个或多个与其他调控蛋白相互作用的 AD。酵母转录因子 GAL4 蛋白含有一个 BD 和一个 AD。前者可结合酵母半乳糖苷酶的上游激活位点（UAS），后者可与 RNA 聚合酶或转录因子相互作用，提高 RNA 聚合酶的活性。在这一过程中，GAL4 蛋白的 BD 和 AD 可完全独立地发挥作用。因此，可将 GAL4 的 BD 置换为转录因子编码基因，构建互补 DNA 文库与酵母 GAL4AD 融合表达的互补 DNA 文库。同时构建含有目的基因和下游报告基因的报告质粒。在实验中，首先将报告质粒整合入酵母基因组，产生带有目的基因的酵母报告株，再将文库质粒转化入酵母报告株中。如果表达的文库蛋白质与目的基因具有相互作用，可使报告基因表达，从而将文库蛋白质的基因筛选出来。酵母单杂交技术主要用于筛选与 DNA 结合的蛋白质，分析 DNA 结合结构域，鉴别 DNA 结合位点以及发现潜在的结合蛋白质基因。

（三）染色质免疫沉淀技术

染色质免疫沉淀（chromatin immunoprecipitation，ChIP）技术是一种研究体内 DNA 和蛋白质相互作用的方法。其原理是在活细胞状态下把细胞内的 DNA 与蛋白质交联在一起，并将其随机切断为一定长度范围内的染色质小片段，然后利用目的蛋白质的特异抗体通过抗原抗体反应形成 DNA-蛋白质-抗体复合物，使与目的蛋白质结合的 DNA 片段被沉淀下来，特异性地富集目的蛋白质结合的 DNA 片段，最后将蛋白质与 DNA 解交联，通过对目的 DNA 片段的纯化与检测，获得蛋白质与 DNA 相互作用的信息。ChIP 能准确、完整地反映结合在 DNA 序列上的转录调控蛋白质，主要用于鉴定与体内转录因子结合的特异性核苷酸序列或鉴定与特异性核苷酸序列结合的蛋白质，已成为研究染色质水平基因表达调控的一种有效方法。

（四）ChIP-on-chip

ChIP-on-chip（chromatin immunoprecipitation based on microarray）是一种全基因组范围内的定位分析技术，建立于 ChIP 和芯片技术的联合运用之上。用于分析细胞中 DNA 结合蛋白质的特异结合位点，包括启动子、增强子、抑制子、沉默子、绝缘子、边界元件，以及 DNA 复制的调控序列的鉴定，整体研究生物体发育和病变过程中的复杂信息网络，是一个绘制基因组功能元件作用网络的技术平台。

第五节 生物芯片技术

生物芯片（biochip）是将核酸、多肽或蛋白质分子、组织切片和细胞等制成探针，以预先设计的方式有序地、高密度地排列在玻片或硅片等载体上，构成二维分子阵列，然后与待测生物样品靶分子杂交，通过检测杂交信号实现快速、高效、高通量样品检测。因该技术常用玻片或硅片等材料作为固相支持物，且在制备过程中模拟计算机芯片的制备技术，所以称之为生物芯片。生物芯片集微电子、微机械、化学、物理、计算机等技术于一体，是分子生物学技术与其他学科相互交叉和渗透的产物，具有高信息量、快速、微型化、自动化、成本低、污染少、用途广等特点，能够在很短的时间内分析大量的生物分子，使人们能够快速准确地获取样品中的生物信息。因此，生物芯片技术将引起继大规模集成电路之后的又一次具有深远意义的科学技术革命。

生物芯片技术已广泛应用于分子生物学、疾病预防、诊断和治疗、新药开发等诸多领域，并促进现代医学从系统、组织和细胞层次向 DNA、RNA、蛋白质及其相互作用层次过渡。生物芯片技术在药物研究与开发领域也有广泛应用，可用于药物作用靶点发现、药物作用机制研究、高通量药物筛选、毒理学研究、药物基因组学研究以及药物分析等药物研发的各个环节。

目前常见的生物芯片分为三类：第一类为微阵列芯片（microarray chip），包括基因芯片（gene chip）、蛋白质芯片（protein chip）、细胞芯片（cell chip）和组织芯片（tissue chip）；第二类为微流控芯片（microfluidic chip），包括各类样品制备芯片、毛细管电泳芯片和色谱芯片等；第三类为以生物芯片为基础的集成化分析系统或称芯片实验室（lab-on-chip）。本节主要介绍基因芯片与蛋白质芯片。

一、基因芯片

（一）基因芯片的定义及原理

基因芯片（gene chip）又称为 DNA 芯片（DNA chip）、DNA 微阵列（DNA microarray），是在多聚赖氨酸包被的硅胶上，将 DNA 以大规模阵列的形式排列，可与目的分子相互作用，构成反应的固相表面，在激发光的顺序激发下，标记的荧光基团根据其实际反应情况，分别显示出不同的荧光发射谱征，利用相机或激光共聚焦显微镜，根据收集的波长及波幅的特征信号，由计算机分析相互作用的结果。目前成熟的基因芯片是把无数已知的 cDNA 或预先设计好的寡核苷酸在芯片上做点阵，形成高密度的探针点阵，再与待分析样品中的同源核苷酸分子杂交。

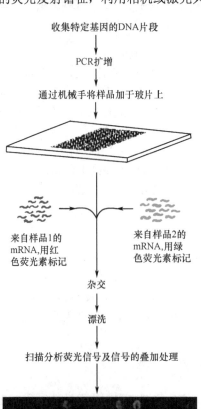

收集特定基因的DNA片段

↓

PCR扩增

↓

通过机械手将样品加于玻片上

来自样品1的mRNA,用红色荧光素标记　　来自样品2的mRNA,用绿色荧光素标记

杂交

↓

漂洗

↓

扫描分析荧光信号及信号的叠加处理

↓

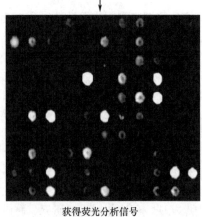

获得荧光分析信号

图20-8　基因芯片检测基因表达的过程

（二）基因芯片技术的制备环节

1. 芯片的制备　主要是原位合成法和直接点样法。原位合成法适用于寡核苷酸；直接点样法多用于大片段，有时也用于寡核苷酸。原位合成法包括光导合成法和压电合成法，其优点是反应量大、探针的密度高并且可以和其他芯片制备方法结合使用；缺点是探针的长度较短，一般为 20～50bp。直接点样法包括接触式点样和非接触式点样（又称喷墨式打印）。因点样法成本高，故适用于芯片上需要同一探针或是探针是长链 DNA 的情况。

2. 样品制备与标记　从待检细胞或组织中分离出 DNA 或 RNA 后进行逆转录、PCR 扩增、末端标记等操作。标记的方法主要有荧光标记、生物素或同位素标记，现在常用荧光素标记，以提高检测的灵敏度和使用者的安全性。

3. 杂交反应　属于固-液相反相杂交，探针分子固定于芯片表面，与液相的靶分子进行反应。但杂交条件的选择需考虑多方面的因素，如杂交反应体系中盐浓度、探针 GC 含量和所带电荷、探针与芯片之间连接臂的长度及种类、检测基因二级结构的影响。由于基因芯片影响因素很多，所以要合理设置异种核酸平行实验、核酸质量、检测对照、封闭对照、归整化对照，以保证结果的准确性和重复性。

4. 信号检测和分析　常用的荧光标记法使用激光共聚集荧光扫描仪进行信号检测。激光共聚焦扫描仪的激光光源可产生激发不同荧光染料的光，探针与待测核酸完全正常配对时的荧光信号强度是具有单个或 2 个错配碱基探针的 5～35 倍，而且荧光信号的强度还与样品中靶分子的含量呈一定的线性关系。新发展的纳米银标记，通过银放大后可直接用肉眼观察，具有非常好的灵敏度（超过荧光标记法 100 倍）和特异性（图 20-8）。

基因芯片技术的出现使综合、系统分析某些生命现象成为可能。它可以同时进行许多基因的检测，彻底改变了传统的分子生物学方法只能对某一个或某几个基因进行研究的局限。

二、蛋白质芯片

（一）蛋白质芯片的定义及原理

蛋白质芯片（protein chip）也称蛋白质微阵列（protein microarray），是将已知多肽、蛋白质固定于硅片、玻片等支持介质上，制成高密度的多肽分子或蛋白质分子的微阵列，利用抗原与抗体、受体与配体、酶与底物、蛋白质与其他小分子之间的相互作用，检测分析多肽、蛋白质的一项技术。

蛋白质芯片的检测对象包括蛋白质、酶的底物或其他小分子，因而需要对被测物质进行同位素、荧光或酶标记，然后与蛋白质芯片上的生物分子进行相互作用，由荧光标记的芯片用激光共聚焦显微镜进行扫描，由酶标记的芯片显色后用电荷耦合器件（charge coupled device，CCD）对芯片扫描。另外还有质谱法、化学发光法、同位素标记法等检测技术。

（二）蛋白质芯片的特点

传统的酵母双杂交方法、蛋白质印迹法、酶联免疫吸附试验（ELISA）等常用蛋白质检测技术存在着操作烦琐、费时费力、不能大规模并行处理样品的缺点。二维蛋白质电泳虽然能够一次性大批量处理和检测蛋白质样品，但其操作复杂，不能精确确定蛋白质的分子量，电泳分离后的蛋白质条带还需进一步的质谱测定。蛋白质芯片技术的优点主要体现在：①由于抗原与抗体微阵列芯片探针结合的特异性高、亲和力强，受其他杂质的影响较低，因此对生物样品的要求较低，可简化样品的前处理，只需对少量样本进行沉降分离和标记后，即可加于芯片上进行分析和检测。甚至可以直接利用生物材料（血样、尿液、细胞及组织等）进行分析，便于诊断，实用性强。②能够快速高通量定量分析大量的蛋白样品。③蛋白芯片使用相对简单，结果正确率较高。④相对传统的酶标 ELISA 分析，蛋白质芯片采用光敏染料标记，灵敏度高、准确性好。⑤蛋白芯片检测所需的试剂和样品少，价格低廉。

第六节　基因沉默技术

人类基因组计划的完成为研究者提供了大量的序列信息，如何利用这些序列信息阐明未知基因的功能成为后基因组时代的研究热点。基因沉默技术利用 DNA 或 RNA 分子通过互补碱基配对原则与目的基因的 mRNA 互补结合，通过各种机制使其降解或抑制其编码蛋白质的翻译，从而抑制特定目的基因的表达，为阐明基因的功能提供了一种有效的方法。目前，可用于抑制基因表达的基因沉默技术包括三类：反义寡核苷酸（antisense oligonucleotide，AS-ON），包括反义寡脱氧核苷酸（AS-ODN）和反义 RNA；具有催化活性的核酶（ribozyme）及脱氧核酶（deoxyribozyme）；小干扰 RNA（small interfering RNA，siRNA）。

一、反义寡核苷酸、核酶与脱氧核酶

（一）反义寡核苷酸

反义寡核苷酸是人工合成的，与靶基因或 mRNA 某一区段互补的核酸片段，可以通过碱基互补原则结合于靶基因或 mRNA 上，从而封闭基因的表达。AS-ON 的作用机制与其骨架结构有关，带有负电荷的反义寡脱氧核苷酸与互补 mRNA 结合后可以激活 RNase H，后者切割 RNA-DNA 杂化双链中 mRNA 链，抑制其表达；而其他不带负电荷的 AS-ON 通过空间位阻效应发挥作用。由于寡核苷酸在生物学介质中很容易被广泛存在的核酸酶降解，为解决这一问题，许多化学修饰的核苷酸被引入到 AS-ON 中，包括磷酸骨架的改变、戊糖的修饰等。

硫代磷酸寡脱氧核苷酸（phosphorothioate oligodeoxynucleotide，PS-ODN）是第一代 DNA 类似物的主要代表，是迄今为止人们了解最多和应用最广泛的反义寡聚核苷酸。硫代修饰的寡核苷酸主要用于反义实验中防止被核酸酶降解。近年来，许多与 DNA 或 RNA 结构类似但由完全不同的化学成分构成的 DNA、RNA 类似物也应用于反义研究中。例如，肽核酸（peptide nucleic acid，PNA），将 DNA 的磷酸脱氧核糖骨架用聚酰胺键取代；锁核酸（locked nucleic acid，LNA）等。这些第三代 AS-ON 使寡核苷酸在生理条件下更加稳定，与互补 mRNA 的亲和力更高，但它们大多不能激活 RNase H。因此目前应用最广泛的 AS-ON 仍然是 PS-ODN。

（二）核酶

核酶又称催化 RNA，是具有生物催化活性的 RNA。核酶的底物是 RNA 分子，可催化 RNA 切割和剪接。利用核酶剪接作用的高度专一性治疗相应疾病具有应用前景。例如，针对艾滋病病毒（HIV）的 RNA 序列和结构，设计出专门裂解 HIV 病毒 RNA 的核酶，而这种核酶对正常细胞 RNA 没有影响。核酶是催化剂，可以反复作用，因此与反义 RNA 相比，核酶药物使用剂量较少，毒性也较小，而且核酶对病毒作用的靶向序列是专一的，因此病毒较难产生耐受性。

在实际应用中，核酶同样面临着稳定性和有效位点的选择等问题。对于核酶，提高其稳定性较 AS-ON 更困难，因为对核酶进行的修饰可能引起其构象的改变，造成酶活性的降低甚至失活。通过尝试，研究者设计了几种几乎不影响核酶活性的修饰，例如，化学修饰及通过改造启动子进行诱导表达或组织特异性表达，这是 AS-OD 所无法比拟的。对于核酶有效位点的选择，除了可以利用 AS-ON 的筛选方法外，研究者还通过各种方法，例如，互补 DNA 文库部分降解法等，构建了底物结合结构域为随机序列的核酶文库来鉴定有效的靶位点或进行新基因功能的筛查。

（三）脱氧核酶

脱氧核酶是指具有催化功能的 DNA 分子，一般通过体外筛选获得。近年来对脱氧核酶进行的大量研究，发现了许多新的底物和化学反应类型，如具有 RNA 和 DNA 水解活性、DNA 连接酶活性、激酶活性、糖基化酶活性等。

尽管到目前为止，还未发现自然界中存在天然的脱氧核酶，但脱氧核酶的发现仍然使人类对于酶的认识又产生了一次重大飞跃，是继核酶发现后又一次对生物催化剂知识的补充。脱氧核酶作为一种强有力的 RNA 特异性切割工具，无论是在体外作为 RNA 限制性内切酶用于 RNA 转录，还是在生物系统内作为 RNA 水平上的基因失活剂，均有很好的应用前景及应用潜力。

二、RNA 干扰

RNA 干扰（RNA interference，RNAi）已成为常用的分子生物学技术，是外源和内源性双链 RNA（double stranded RNA，dsRNA）在生物体内诱导同源靶基因的 mRNA 特异性降解，导致转录后基因沉默的技术。

（一）RNAi 的发现

RNAi 最初是在对植物和线虫的研究中发现的。20 世纪 90 年代初，乔根森·里奇（Rich Jorgensen）等将紫色素合成基因导入牵牛花中，发现不但导入的基因没有表达，植物本身的色素合成基因也受到某种程度的抑制，这种现象被其称为共抑制。1995 年，Su Guo 等在利用反义 RNA 阻断线虫 *par21* 基因表达时，发现反义和正义 RNA 均能抑制该基因的表达。1998 年，安德鲁斯·罗（Andrew Fire）和克雷格·梅略（Craig Mello）等首次在秀丽线虫的研究中发现，一些小的 dsRNA 分子能够高效、特异性地诱导同源 mRNA 的降解，从而关闭基因表达或使其沉默，因此将该现象称为 RNA 干扰，因其主要发生在转录后水平，故也称为序列特异性转录后基因沉默（post-transcriptional gene silencing，PTGS）。该发现发表在 *Nature* 杂志上，因在 RNA 干扰机制方面的突出贡献，他俩共同获得了 2006 年度诺贝尔生理学或医学奖。

关于 RNA 干扰的研究一直在不断地进行和完善中。目前认为，主要有两类小分子 RNA，即 siRNA 和 miRNA，均可有效引发 RNA 干扰现象。一般认为，siRNA 主要参与抵御外来病毒性核酸的侵染以及抑制转座子基因的表达，在低等和高等真核生物均有存在；miRNA 主要参与内源性基因的表达调节，目前主要发现存在于高等真核生物中。

（二）RNAi 的作用机制

经典的 RNAi 可分为两个阶段，即起始阶段和效应阶段（图 20-9）。

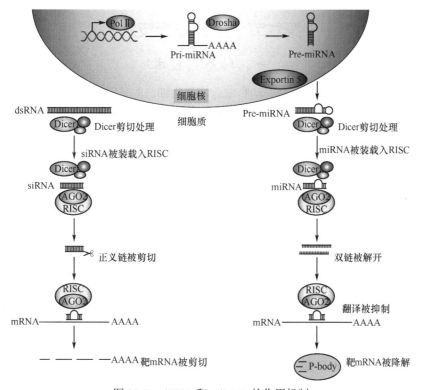

图 20-9　siRNA 和 miRNA 的作用机制

现以 siRNA 为例介绍如下。

1. 起始阶段　病毒基因、人工转入基因、转座子等外源性基因随机整合到宿主细胞基因组内，并利用宿主细胞进行转录时，常产生一些 dsRNA。宿主细胞对这些 dsRNA 迅即产生反应，其胞质中的核酸内切酶 Dicer 将 dsRNA 切割成多个具有特定长度和结构的小片段 RNA（21～23bp），即 siRNA。

2. 效应阶段　siRNA 在细胞内 RNA 解旋酶的作用下解链成正义链和反义链，继之由反义 siRNA 再与体内一些酶（包括内切酶、外切酶、解旋酶等）结合形成 RNA 诱导的沉默复合体（RNA-induced silencing complex，RISC）。RISC 与外源性基因表达的 mRNA 的同源区进行特异性结合，RISC 具有核酸酶的功能，在结合部位切割 mRNA，切割位点即是与 siRNA 中反义链互补结合的两端。被切割后的断裂 mRNA 随即降解，从而诱发宿主细胞针对这些 mRNA 的降解反应。siRNA 不仅能引导 RISC 切割同源单链 mRNA，而且可作为引物与靶 RNA 结合并在依赖于 RNA 的 RNA 聚合酶（RNA-dependent RNA polymerase，RdRP）作用下合成更多新的 dsRNA，新合成的 dsRNA 再由 Dicer 切割产生大量的次级 siRNA，从而使 RNAi 的作用进一步放大，最终将靶 mRNA 完全降解，从而引起目的基因的表达沉默。

RNAi 成功的关键是 siRNA 的设计。在哺乳动物细胞 RNAi 研究中，目前常采用 Elbashir 等报道的 siRNA 设计规则，在 siRNA 的设计中，靶基因位点的选择是至关重要的。要求所设计的

siRNA 只能与靶基因具有高度同源性，而尽可能减少与其他基因的同源性。RNA 干扰技术用于细胞基因沉默成功的几个关键因素为：①目的基因序列的选择和 siRNA 的设计；②细胞系种类及细胞培养系统；③转染条件；④目的 mRNA 的量及周转率；⑤蛋白质的半衰期；⑥ mRNA 蛋白质水平或表型分析的难易与准确。

目前较为常用的 siRNA 制备方法有：①化学合成；②体外转录；③ RNase Ⅲ 消化长片段 dsRNA 制备 siRNA；④通过 siRNA 表达载体如病毒载体或者 PCR 制备 siRNA 表达框，在细胞中表达产生 siRNA。

第七节　遗传修饰技术

一、转基因技术

转基因技术是指将外源基因整合到动物细胞或植物细胞的基因组中并使外源基因在动物细胞或植物细胞中稳定遗传和表达的技术，是在细胞水平和整体水平研究目的基因的生物技术。自 20 世纪 80 年代初发展以来，转基因技术在生命科学的各个领域得到了广泛的应用，先后培育出多种转基因动物及植物。人们可以通过分析转基因动植物表型与基因之间的关系，揭示外源基因的功能，也可以通过转入外源基因培育优良的动植物品种。在此主要介绍动物转基因技术。

（一）转基因技术的基本原理

转基因的基本原理是将目的基因（或基因组片段）用显微注射等方法转移到实验动物的受精卵或着床前的胚胎细胞再植入受体动物的输卵管（或子宫）中，使其发育成携带有外源基因的转基因动物。目的基因是由顺式作用元件和结构基因组成，构成一个完整的转录单位。目的基因中的结构基因可来自基因组片段或 cDNA 序列。顺式作用元件的作用主要是启动结构基因的转录，构建目的基因时应选用有较高表达活性的强启动子，或者直接选用目的基因的天然启动子序列，也可选择组织特异性启动子，使结构基因在动物体内特定的组织或器官中表达。

（二）转基因技术的操作方法

基因的导入方式主要有显微注射法（microinjection）、胚胎干细胞法、逆转录病毒感染法，三种方法均可产生转基因动物。其中最常用的方法是显微注射法，其基本原理是用显微注射针将外源基因直接注入实验动物受精卵的细胞核内。此法的优点是导入基因的速度快且操作简单，不需要载体，对 DNA 大小无限制。线性 DNA 片段注入受精卵后，整合到染色体的一个随机位点中。经显微注射后，将存活的受精卵移入假孕的母体子宫中，由此发育成带有外源基因的胚胎，从而得到转基因动物。

二、基因敲除技术

基因敲除（gene knockout）是基因打靶技术的一种，类似于基因的同源重组。即外源 DNA 与受体细胞基因组中序列相同或相近的基因发生同源重组，从而代替受体细胞基因组中的相同或相似的基因序列，整合入受体细胞的基因组中。此法可产生精确的基因突变，也可正确纠正机体的基因突变。

（一）基因敲除技术的原理

为了利用胚胎干细胞（embryonicstem cell，ES）进行基因敲除，首先在体外通过常规的分子生物学技术构建基因敲除载体，载体中的外源基因与相应的目标基因具有高度的同源性，而且已对其进行了修饰和改造。将此基因敲除载体通过电穿孔、显微注射等方法导入 ES 细胞中，有的外源基因随机整合到 ES 细胞的基因组中，而有的则与 ES 细胞基因组中序列相同或相似的目标基因发生同源重组。从中筛选出发生了同源重组的 ES 细胞，经鉴定和扩增后，通过显微注射等方法将 ES 细胞导入胚胎，再将胚胎植入假孕雌鼠的子宫内发育，产生的小鼠经过交配传代，就可以获得特定的纯合基因型子代小鼠。通过 ES 细胞基因的同源重组来产生基因敲除小鼠的基本原理和操作程序如图 20-10 所示。

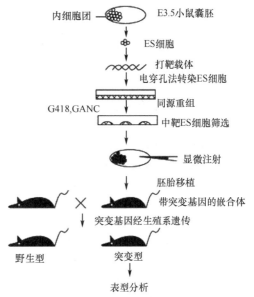

图 20-10　基因敲除技术的原理

（二）基因敲除技术的步骤

1. 构建基因敲除载体　为了对 ES 细胞进行基因敲除，首先应在体外构建一个基因敲除载体，用来和 ES 细胞基因组中的同源序列进行重组而使其失活。载体上除含有与 ES 细胞中的目标基因同源的 DNA 序列以外，通常还会带有选择性标记基因，一方面是为了将其插入或置换同源序列中的外显子而导致目标基因的失活，另一方面便于后续筛选和富集发生了同源重组的 ES 细胞。

根据与 ES 细胞基因重组结果的不同，基因敲除载体可分为置换型载体（replacement vector）和插入型载体（insertion vector）两类。置换型载体又称为 Ω 型载体，载体上同源序列的一侧或两侧存在线性化位点（DNA 分子的线性化有利于重组的发生），正选择性标记基因一般位于同源序列的内部。线性化后，这类载体与目标基因发生同源重组需要载体上的同源序列与 ES 细胞中的相应目标基因发生两次交换，这样目标基因可被载体上的同源序列及插入同源序列中的正选择性标记所取代。插入型载体又称 O 型载体，线性化位点位于载体同源序列的内部，而其选择性标记基因可位于同源序列内部，也可位于同源序列外侧。线性化的载体与目标基因的同源重组过程只发生一次基因交换，同源重组后整个载体整合到 ES 细胞基因组的相应位点上，由此在该位点产生了两个同源序列串联排列的重复序列，并导致目标基因发生插入突变。

为了提高同源重组的效率，方便后续操作并保证修饰改造后的目标基因在 ES 细胞导入动物体后真正丧失其功能，在设计和构建基因敲除载体时，应尽可能考虑以下方面：①在设计载体时，应尽量保证同源序列有足够的长度，一般基因敲除载体的同源序列长度在 5~8kb；②重组位点在 ES 细胞基因组中的位置；③正选择性标记基因的插入方式对重组后基因的转录、剪接及翻译结果影响很大。

2. 基因敲除载体导入 ES 细胞　基因敲除载体在体外构建完成之后，就需要使其线性化并将线性化的载体通过一定的途径导入 ES 细胞，使载体与细胞内目标基因中的相应位点发生同源重组而定点整合到内源基因组中，从而得到基因敲除的 ES 细胞。

在将载体导入 ES 细胞之前，应预先通过体外培养，使 ES 细胞增殖，以获得足够量的细胞用于基因敲除。因而一般选用雄性的 ES 细胞。目前，用于基因敲除的小鼠 ES 细胞主要来源于 129、C57BL/6 和 BALB/c 等近交系（inbred strain，采用兄妹交配或亲子交配连续繁殖 20 代以上而培育出来的纯品系动物）。

基因敲除载体导入 ES 细胞的方法有很多，如显微注射法、电穿孔法、DNA-磷酸钙共沉淀法、DEAE 葡聚糖介导法、脂质体法、病毒感染法、精子载体法等。由于各方法都有各自的优缺点，在进行基因敲除时，应根据实验的具体情况，选择合适的方法。

3. 重组细胞的筛选与鉴定　将基因敲除载体转染 ES 细胞后，大部分的细胞中并没有整合入外源基因，即使在整合了外源基因的 ES 细胞中，随机插入的发生概率也远远高于同源重组的概率。因此，在基因转染后通过合理、有效的手段，从众多的 ES 细胞中筛选和鉴定出发生了同源重组的 ES 细胞，是基因敲除中的重要步骤。

对少数的选择性标记基因进行基因敲除时，可以采用表型的改变对 ES 细胞进行筛选。但对于大多数目标基因，基因敲除的 ES 细胞无法通过表型的差异直接富集和筛选，因而必须采用其他筛选策略，诸如正负筛选法、正向筛选法等。

转染后的 ES 细胞在经过上述方法的筛选和富集之后，在选择性培养基中存活下来的有一部分仍然是发生随机重组的细胞，因此必须采用 PCR 或 DNA 杂交等方法对筛选得到的 ES 细胞克隆进行鉴定，以确认外源基因是否真正定向整合到 ES 细胞基因组的相应位点。一般，先要挑取选择性培养基中的阳性 ES 细胞克隆，并置于 96 孔板中−70℃暂存。之后，就开始分批提取 ES 细胞克隆的基因组 DNA，用于 PCR 或 DNA 杂交鉴定。

4. 基因敲除动物的产生 ES 细胞经体外遗传修饰之后重新引入动物胚胎，可以发育产生嵌合体或完全 ES 细胞来源的动物。由于同源重组一般只发生于两个等位基因中的一个，获得的动物需要经过进一步交配以建立纯合型的基因敲除动物模型，进而对其形态、生物学特性等方面进行研究。

基因敲除的 ES 细胞引入动物体胚胎的方式有多种，包括显微注射法、胚胎聚合法和核移植法等。获得了带有基因敲除 ES 细胞的胚胎后，就可以将其移植到假孕母鼠的子宫内，并发育成嵌合体或完全 ES 细胞来源的动物。对于嵌合体动物，在进行交配育种之前，需要通过检测嵌合体组织中某种天然遗传学标志的嵌合情况以及对其进行繁殖检测，以确定 ES 细胞是否真正整合入生殖系，也就是让嵌合体与胚胎供体品系回交（backcross）。确定的生殖嵌合体再与正常的近交动物交配，得到的杂合型突变个体进行互交（intercross），可以产生野生型（25%）、杂合型（50%）和纯合型（25%）的子代，再经过基因型鉴定就可以筛选得到纯合型的基因敲除动物。通过比较正常动物和基因敲除动物在表型上的差异，可以推测被敲除基因的功能。

三、基因组编辑技术

基因组编辑技术（genome-editing technique）是一种在基因组水平上，对某个或某些基因的碱基序列、进行定向改造的遗传操作技术。该技术是利用一种天然的或人工构建的核酸内切酶，在特定的基因组位置切开 DNA 双链，切断的 DNA 在被细胞内的 DNA 修复系统修复过程中会产生序列的变化，从而达到定向改造基因组的目的。利用该技术可以精确地在基因组的某一位点上剪断靶标 DNA 片段并插入新的基因片段。此过程既模拟了基因的自然突变，又修改并编辑了原有的基因组，真正达到"编辑基因"。

在 DNA 双链断裂（double strand break，DSB）发生后，细胞自身会启动自我修复机制。当细胞内不含同源序列的供体载体时，细胞会启用非同源末端连接（non-homologous end-joining，NHEJ）方式进行修复，该过程不需任何模板，修复蛋白质直接与裂口结合并把裂口拉在一起，再经一些核酸酶的修剪和 DNA 聚合酶的延伸对裂口进行加工、改造，然后在 DNA 连接酶作用下将断裂的 DNA 连接成完整的 DNA；连接前的加工和改造会引起裂口处的碱基发生插入、缺失等变化，因此通过这种修复途径一般会导致被编辑的基因失活。当细胞内含有大量人为提供的同源序列的供体载体时，细胞则会启动同源重组（homologous recombination，HR）进行修复，经过同源重组修复，可以将一个外源基因插入到基因组上，从而实现定向转基因的目的。总之，基因组编辑技术可以实现基因敲除、定点突变、定点转基因以及纠正缺陷基因等基因组改造目的（图 20-11）。

基因组编辑技术原理并不复杂，其关键在于能否找到那种可高度定向切断 DNA 的核酸内切酶，即可在基因组确定位点上高度定向切断 DNA 双链，来实现基因组编辑过程。目前，用来进行基因组编辑的核酸内切酶有兆核酸酶（meganuclease，MGN）、锌指核酸酶（zinc finger nuclease，ZFN）、转录激活因子样效应子核酸酶（transcription activator-like effector nuclease，TALEN；也称为 TAL 效应核酸酶）和 Cas9 。其中前三种核酸内切酶是酶自己去识别特定的碱基序列，但要让它们识别不同的序列，必须使用基因工程等手段对其进行改造。而 Cas9 只管切割，不参与识别，识别的任务由与它结合的引导 RNA 通过与目标 DNA 序列的互补配对来完成。

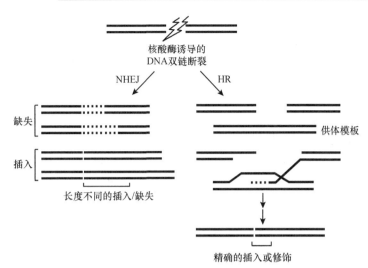

图 20-11 基因组编辑的基本原理

无论使用何种核酸酶，由于基因组编辑的对象是整个基因组，若设计得不好，有可能在基因组的非靶向位置产生裂口，从而导致不需要的 DNA 突变，也就是脱靶效应（off-target recognition），这可能对细胞产生毒性。

（宋高臣）

思 考 题

1. 请简述 PCR 技术的基本原理及步骤。
2. 何为分子杂交技术？常用的分子杂交技术有哪些，请简要说明。
3. 什么是基因芯片技术？什么是蛋白质芯片技术？
4. 什么是 RNA 干扰技术？简述其原理。
5. 请简要说明转基因技术的基本原理及方法。

第二十一章 基因工程

基因工程（genetic engineering）又称基因克隆（gene cloning）或重组 DNA 技术（recombinant DNA technology）。1973 年，科恩（Cohen）和博耶（Boyer）成功进行了基因工程史上第一个基因克隆实验，开创了这项具有革命性的研究技术。基因工程实验中所使用的各类材料，如酶和质粒等，来源于自然界，在经过人为改造后广泛应用于生物学和医学研究，为基因的结构和功能的研究提供了有力的手段，同时基因工程又是生物工程的一个重要分支。

第一节 自然界的 DNA 重组和基因转移

DNA 重组（DNA recombination）和基因转移（gene transfer）的现象在自然界中广泛存在。DNA 重组是指原始的 DNA 分子断裂，重新共价组合为新 DNA 序列的过程。自然界的基因转移泛指基因或 DNA 片段在不同生物个体之间的传递过程，包括垂直和水平两个方向。垂直基因转移是指通过繁殖进行的亲代和子代之间的遗传物质的交流；而水平基因转移则是指在差异生物个体之间，或单个细胞内部不同细胞器之间的遗传物质的交流。自然界的 DNA 重组和基因转移是基因变异和物种进化的重要基础，也是繁殖、病毒感染、基因表达调控以及原癌基因激活等事件的关键步骤。人们正是基于对自然界的 DNA 重组和基因转移的认识，发展了基因工程技术。

DNA 重组和基因转移存在多种方式，包括同源重组、位点特异性重组、转座重组、接合、转化和转导等。其中前三种方式在原核细胞与真核细胞中均可发生，后三种方式主要发生在原核细胞中。

一、同源重组

在自然条件下，DNA 分子间或分子内的同源序列以一定的频率发生交换的过程，称为同源重组（homologous recombination，HR）。同源重组广泛存在于各种生物体的 DNA 代谢过程中，是 DNA 损伤修复的主要途径。由于同源重组是高保真修复方式，严格依赖 DNA 分子的同源性，因此原核生物的同源重组通常发生在 DNA 复制期，而真核生物的同源重组则常见于细胞周期的 S 期和 G_2 期。同源重组在基因组完整性的保护、遗传多样性的产生、染色体的正确分离以及端粒维持等方面起着至关重要的作用。同源重组缺陷与人类癌症密切相关，例如，BRCA2 蛋白是启动同源重组的关键因子，其编码基因 brca2 的突变或缺失导致基因组不稳定性，将极大提高个体的乳腺癌和卵巢癌的发生风险。在减数分裂过程中，性母细胞主动产生大量 DNA 双链断裂，以启动同源重组，形成交叉结，确保同源染色体均等分离，同时使配子呈现遗传多样性。不同种属的细菌也在水平基因转移过程中，利用同源重组进行遗传信息的互换。

同源重组是一把双刃剑：一方面，它修复 DNA 损伤，如 DNA 双链断裂、DNA 链间交联和 DNA 单链间隙等；另一方面，其失调可能导致大规模的染色体重排、遗传信息丢失等。因此，细胞对同源重组有着精准的调控机制，大量的蛋白因子参与其中。同源重组的核心反应及其催化蛋白，原则上具有进化保守性。然而，同源重组的复杂性随着机体的复杂性而增加，这使得在大肠埃希菌（E. coli）、酿酒酵母（S. cerevisiae）等一类简单系统中的研究显现出模式化的意义，有助于揭示人类 DNA 同源重组的机制。

（一）同源重组的关键蛋白

同源重组需要一系列的酶催化，如原核生物细胞内的 RecBCD 复合体、RecA、RecF、RecO、RecR、RuvC 等；以及真核生物细胞内的 Mre11-Rad50-Nbs1 复合体（MRN 复合体）、Rad51、

Rad52、Rad54 等。

1. 参与细菌同源重组的酶　在对大肠埃希菌的研究中，发现参与同源重组的酶有数十种，其中最关键的是 RecBCD 复合体、RecA、RuvC。

（1）RecBCD 复合体：具有三种酶活性，包括依赖 ATP 的核酸外切酶活性、可被 ATP 增强的核酸内切酶活性和需要 ATP 的解旋酶活性。RecBCD 复合体利用 ATP 水解提供能量，沿着 DNA 链运动，并以较快的速度将前方 DNA 解旋；当遇到 Chi 位点（5′-GCTGGTGG-3′）时，可在其下游切出 3′ 端的游离单链，从而使 DNA 重组成为可能。

（2）RecA 蛋白：可结合单链 DNA（single stranded DNA，ssDNA），形成 RecA-ssDNA 复合体，该复合体可与含同源序列的供体双链 DNA（double stranded DNA，dsDNA）相互作用，并将结合的 ssDNA 侵入 dsDNA 的同源区，介导 DNA 链侵入。

（3）RuvC 蛋白：有核酸内切酶活性，能专一性识别 Holliday 连接点，并有选择性地切开同源重组反应的 Holliday 中间体。

2. 参与真核生物同源重组的酶　RecA 蛋白的真核同源体 Rad51 蛋白的开创性发现，是真核生物同源重组研究的一个突破。在对酿酒酵母突变菌株的基因筛选鉴定中，陆续发现 Rad50、Rad51、Rad52、Rad54 和 Mre11 等，它们被统称为 Rad52 上位基因群。这组蛋白质催化的 DNA 损伤修复通常是无错误的，其突变缺失细胞都表现出对离子射线的敏感性和有丝分裂缺陷。从酵母到脊椎动物，Rad52 上位基因群的序列高度保守，表明它们在同源重组中有着类似的功能，其中最重要的是 Rad51、Rad52 和 Rad54。

（1）Rad51 蛋白：当 DNA 发生损伤时，Rad51 蛋白可以在 Rad52 蛋白的介导下在 ssDNA 上聚集，形成 Rad51-ssDNA 复合体，进而启动同源重组。此外，Rad51 蛋白具有 DNA 依赖性 ATP 酶活性，但明显低于 RecA 蛋白的 ATP 酶活性。酵母细胞中鉴定出的 Rad51 蛋白家族成员有 Rad55 和 Rad57，脊椎动物的 Rad51 蛋白家族成员包括 Xrcc2、Xrcc3、Rad51B、Rad51C、Rad51D 等，它们辅助 Rad51 与 ssDNA 结合。

（2）Rad52 蛋白：具有一个氨基端 DNA 结合结构域和一个羧基端 Rad51 结合结构域。Rad52 蛋白先与受损的 DNA 残端结合，并使复制蛋白 A（ssDNA binding replication protein A，RPA）从 ssDNA 中解离，进而介导 RAD51-ssDNA 复合体形成。

（3）Rad54 蛋白：是一种 dsDNA 马达蛋白质，属于染色质重塑酶 Snf2 蛋白家族。Rad54 蛋白通常与 Rad51 蛋白结合，激活 Rad51 介导的 DNA 链配对、交换反应。Rad54 蛋白具有 DNA 依赖性 ATP 酶活性，这可能是对 Rad51 蛋白较低的 ATP 酶活性的补充。

（二）同源重组的基本过程

Holliday 模型是同源重组反应的经典模型。根据双 Holliday 连结（double Holliday junction，dHJ）中间体的形成和拆分，同源重组反应可分为三个阶段，即联会前期、联会期和联会后期（图 21-1）。

1. 联会前期　dsDNA 解旋，形成 Rad51-ssDNA 联会前核蛋白纤维。MRN 复合体与 DNA 残端结合，从 5′→3′ 方向切除 DNA，起始同源重组。核酸外切酶 1 和 STR-Dna2 复合体（具有解旋酶-核酸内切酶功能）共同作用，持续产生 ssDNA。RPA 蛋白覆盖切除的 DNA 残端，限制二级结构形成。随后，Rad52 蛋白介导 Rad51-ssDNA 结合，形成联会前核蛋白纤维。

2. 联会期　寻找同源序列配对，DNA 链侵入形成 D 环（D-loop）；DNA 复制，形成 dHJ 中间体。Rad51-ssDNA 联会前核蛋白纤维介导同源序列的配对，联会前核蛋白纤维 ssDNA 链侵入供体 dsDNA，形成 D 环。随后，以侵入链为引物、供体链为模板，进行 DNA 合成，形成 dHJ 中间体。Rad54 协助 Rad51 寻找同源序列及 D 环迁移等过程。

3. 联会后期　在核酸内切酶等的催化下，dHJ 中间体分解，产生非交换或交换型产物。在有丝分裂中，通常产生非交换型产物；而在减数分裂中，更倾向于产生交换型产物。

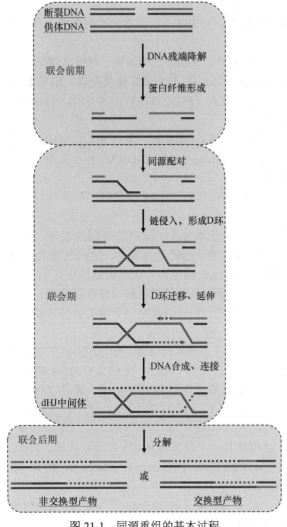

图 21-1 同源重组的基本过程

图中标注：
断裂DNA
供体DNA
联会前期
DNA残端降解
蛋白纤维形成
同源配对
链侵入，形成D环
联会期
D环迁移、延伸
DNA合成、连接
dHJ中间体
联会后期
分解
或
非交换型产物
交换型产物

（三）同源重组的影响因素

同源重组的效率与 DNA 序列的同源程度、同源配对区域大小以及生物个体的遗传特性密切相关。一般而言，同源程度越高、同源配对区域越大，重组的效率越高。同源重组反应受到染色质状态和受损 DNA 定位的影响，染色质的重塑和组蛋白修饰（如乙酰化、甲基化、磷酸化等修饰）能够克服其对同源重组的固有抑制特性。参与同源重组的蛋白因子通过翻译后修饰（包括磷酸化、泛素化和 SUMO 化等），改变定位、生化特性或创建新的相互作用位点等进行调控。此外，同源重组的调控可能涉及抑制性调控途径，如 MMR 通路。为了响应 DNA 损伤修复，DNA 损伤检查点对同源重组起着关键作用。根据特定类型的 DNA 损伤，这些检查点延缓细胞周期进程，以便在进入另一个细胞周期阶段之前获得有效修复的时间。适当的修复途径选择也通过细胞周期依赖的同源重组蛋白因子的表达调控来实现，以确保同源重组修复进行。

二、位点特异性重组

位点特异性重组（site-specific recombination）是指在一对特异性 DNA 序列位点之间，由重组酶介导的 DNA 断裂和连接的过程，也称保守的位点特异性重组（conservative site-specific recombination，CSSR）。位点特异性重组不依赖 DNA 序列的同源性，而依赖可被位点特异性重组酶（site-specific recombinase）识别的保守性 DNA 序列，其重组的 DNA 片段常位于两个特异性位点之间。而在同源重组中，DNA 链的断裂是随机的，并且发生重组的 DNA 片段通常较大。根据酶活性位点的氨基酸残基不同，位点特异性重组酶可分为酪氨酸重组酶家族和丝氨酸重组酶家族。位点特异性重组具有广泛的生物学效应，包括宿主染色体中病毒基因组的整合和切除、病原体的抗原变异以及发育过程中的程序性基因组重排等。

最近 20 年，基于位点特异性重组的基因编辑技术快速发展，已成为一项重要的基因工程技术。利用位点特异性重组酶，在细胞内对基因组进行外源 DNA 操作，可以实现基因的置换、倒置和删除等。FLP/*FRT* 和 Cre/*LoxP* 系统就属于位点特异性重组系统，该技术系统不需要辅因子即可进行 DNA 整合和删除，十分简单高效，广泛应用于真核生物的转基因技术中。FLP/*FRT* 系统的原理是：FLP 识别的特异性位点称为 *FRT* 位点，将 *FRT* 位点插入目的基因两侧，在 FLP 重组酶的作用下编辑目的基因。Cre/*LoxP* 系统的工作原理与 FLP/*FRT* 系统类似，Cre 可以特异性识别 *LoxP* 位点进行 DNA 重组。外源性的 *FRT*、*LoxP* 序列可以插入在小鼠基因组中的 *Rosa26* 或 *H11* 位点，近几年通过 CRISPR/Cas9 系统介导 *FRT*、*LoxP* 序列在基因组中的特异性插入也被广泛应用。随着技术的改良，已经允许进行动物组织特异性的基因编辑操作，这可以降低突变体在发育早期的致死率。通过将 *Cre* 或 *FLP* 基因置于组织特异性启动子的调控下，使重组酶只能在特定的细胞中表达，以组织特异的方式调控目的基因。FLP/*FRT* 系统也应用于细菌的基因编辑中，常用于大肠埃希菌等工程菌的基因文库构建。此外，利用位点特异性重组系统的特性，还可在体内测定两个 DNA 片段间的距离，如使用 γ-δ 重组酶绘制大肠埃希菌染色体结构域。下面介绍位点特异性重组的典型例子。

（一）噬菌体溶原性整合

噬菌体 DNA 的溶原性整合是整合酶（integrase，Int）催化的 λ 噬菌体 DNA 与宿主染色体 DNA 特异性位点之间的选择性整合。噬菌体 DNA 重组位点 *attP* 与大肠埃希菌基因组 DNA 重组位点 *attB* 都含有 15bp 特异性核心序列，整合酶和整合宿主因子（integration host factor，IHF）可识别核心序列并发生整合，Xis 参与切除过程（图 21-2）。

此外，病毒基因组整合还存在于逆转录病毒的复制过程中，逆转录病毒的整合酶可特异性识别长末端重复序列（long terminal repeat，LTR），进而整合逆转录病毒 cDNA。

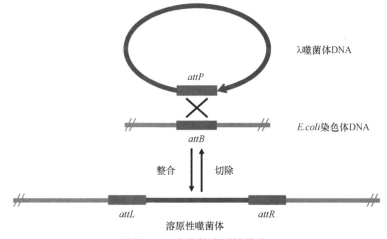

图 21-2　噬菌体溶原性整合

（二）细菌抗原基因片段倒位

以鼠伤寒沙门菌 H 抗原编码基因的 H 片段重组为例。鼠伤寒沙门菌的 H 抗原有两种，分别是鞭毛蛋白 H1 和 H2，两种 H 抗原经常同时出现在沙门菌的单菌落中，这种现象称为鞭毛相转变。遗传分析表明，这种抗原相位的改变是由基因组中一段 995bp 的 H 片段发生倒位所致。如图 21-3 所示，H 片段两端是 14bp 的特异性重组位点 *hix*，H 片段上有两个启动子（P），一个驱动 *hin* 基因表达，另一个驱动 *H2* 和 *rH1* 基因表达。*hin* 基因编码特异的重组酶，即转化酶（invertase）Hin，结合在两个 *hix* 位点上，使 H 片段发生倒位，倒位后 *H2* 和 *rH1* 基因不表达。*rH1* 表达产物为 H1 阻遏蛋白，当 *H2* 基因表达时，*rH1* 也表达，从而使 *H1* 基因被阻遏；反之，*H2* 基因不表达时，*rH1* 也不表达，*H1* 基因阻遏被解除。

（三）免疫球蛋白基因重排

脊椎动物的免疫球蛋白（Ig）由两条轻链（L 链）和两条重链（H 链）组成，它们分别由 3 个独立的基因簇编码，2 个编码轻链，1 个编码重链。编码轻链的基因簇上分别有 L、V、J、C 四类基因片段，L 代表前导区（leader segment），V 代表可变区（variable segment），J 代表连接区（joining segment），C 代表恒定区（constant segment）。编码重链的基因簇上共有 L、V、D、J、C 五类基因片段，其中 D 代表多样性区（diversity segment）。

重组酶基因 *Rag*（recombination activating gene）产生两个蛋白质 RAG1 和 RAG2，参与轻链（IgL）基因 V-J 重排和重链（IgH）基因 V-D-J 重排。在 V 区下游、J 区上游以及 D 区两侧，均存在保守的重组信号序列（recombination signal sequence，RSS）。RAG1 识别重组信号序列，与 RAG2 形成复合体，完成重排。这种 V(D)J 重排可以产生多种组合结果，从而使脊椎动物可产生针对不同抗原的 Ig。

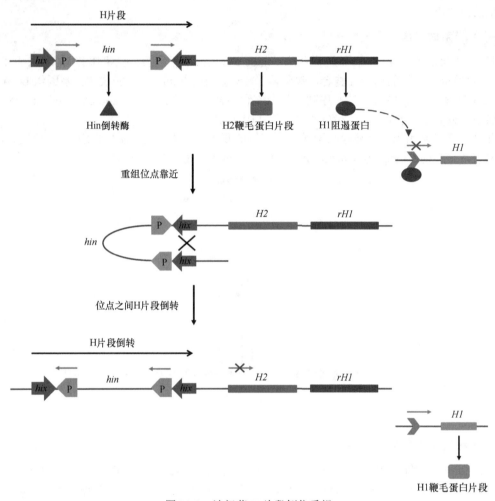

图 21-3　沙门菌 H 片段倒位重组

三、转座重组

转座（transposition）是指转座元件在基因组中移位的过程。转座元件是一段具有自主复制和移位特性的 DNA 序列，可以通过切割、整合等一系列过程从基因组的一个位置"跳跃"到另一个位置。根据复杂程度的不同，转座元件可分为插入序列（insertion sequence，IS）和转座子（transposon，Tn）。

（一）IS

IS 是细菌中最简单的转座元件（图 21-4），是细菌染色体、质粒和某些噬菌体基因组的正常组分。其长度为数百至 2000bp，不携带任何与转座功能无关的基因。IS 的共同特征为：两端有反向重复序列（inverted repeat sequence），长度不等（9～41bp），是转座酶的识别位点；中心序列编码转座酶及与转录有关的调节蛋白。IS 编码的转座酶催化转座元件的整合或解离。

图 21-4　IS 的结构

IS 可以正向或反向整合到基因组而导致细菌基因突变。IS 可独立存在，也可成为转座子的一部分。在细菌染色体和质粒中可存在多种 IS 或多个拷贝的 IS。

（二）Tn

Tn 的结构较复杂，典型结构为"IS-功能基因-IS"（图 21-5），即两端携带 IS（部分转座子不含 IS），中间区域为其他功能基因（耐药性基因、抗重金属基因、毒力基因和糖发酵基因等），长度为 2000~25 000bp。Tn 携带的基因可随 Tn 的转移而发生转座重组，导致插入突变、基因重排或插入点附近基因表达的改变。

图 21-5　Tn 的结构

根据结构特征的不同，Tn 可分为复合型 Tn、Tn3 家族 Tn 和接合性 Tn 三类：①复合型 Tn 的中间为抗生素抗性基因，两端各有 1 个相同的 IS。复合型 Tn 将所携带的抗性基因在细菌染色体、质粒和噬菌体基因组之间移位。②Tn3 家族 Tn 的两端无 IS，但含有 20~40 个末端正向或反向重复序列，中间部分是 Tn 转移功能的相关基因和耐药相关基因。③接合性 Tn 是在革兰氏阳性球菌（肠球菌）染色体上发现的一类可在细菌间通过接合作用进行转移的 Tn。典型代表是 Tn916，既无末端反向重复序列，也无同向重复序列。

四、原核细胞通过接合、转化和转导作用进行基因转移

1928 年，格里菲斯（Griffith）描述了肺炎链球菌致病性状的转化现象；1946 年，莱德伯格（Lederberg）和塔特姆（Tatum）描述了大肠埃希菌的接合现象；这是人们对原核细胞的水平基因转移（horizontal gene transfer，HGT）的早期观察。原核细胞（如细菌）可通过细胞间直接接触（接合作用）、细胞主动摄取（转化作用）或噬菌体传递（转导作用）等方式进行水平基因转移。水平基因转移是一种强大的遗传信息交流机制，可为 DNA 修复提供模板、增加细菌种群的适应性以及导致抗生素耐药性的快速传播等。

（一）接合作用

接合作用（conjugation）是指细菌的遗传物质通过细胞-细胞直接接触或细胞间桥样连接的方式在细菌之间转移的过程。当细菌通过性菌毛（sex pilus/fertility pilus）相互接触时，质粒 DNA 可以从一个细菌转移至另一细菌，但并非任何质粒 DNA 都有这种转移能力，只有某些较大的质粒才具有该转移能力，如决定细菌性菌毛形成的 F 因子（F factor）。当含有 F 因子的细菌（F^+ 细菌）与没有 F 因子的细菌（F^- 细菌）相遇时，在两个细胞间形成性菌毛连接桥，通过切割质粒 dsDNA 的一条链产生单链切口，有切口的 ssDNA 通过性菌毛连接桥向 F^- 细菌转移，随后两个细胞各自以 ssDNA 为模板合成互补链，形成新的质粒。

（二）转化作用

转化作用（transformation）是指受体菌经由细胞膜间隙直接从周围环境中摄取外源遗传物质引起自身遗传性状改变的过程。受体菌必须处于感受态（competence），这种感受态可以通过自然饥饿、生长密度或实验室诱导而达到。例如，细菌裂解产生的 DNA 片段作为外源 DNA 被另一个细菌（受体菌）摄取，受体菌通过重组机制将外源 DNA 整合至基因组，从而获得新的遗传性状，这就是自然界发生的转化作用。然而，由于较大的外源 DNA 不易透过细胞膜，因此自然界发生转化作用的效率并不高，基因组整合的概率则更低。

（三）转导作用

转导作用（transduction）是指由病毒或病毒载体介导外源 DNA 进入受体细胞的过程。自然界

中常见噬菌体介导的转导，包括普遍性转导（generalized transduction）和特异性转导（specialized transduction），后者又称为局限性转导（restricted transduction）。

1. 普遍性转导的基本过程　噬菌体在供体菌内进行病毒颗粒包装时，供体菌自身的 DNA 片段被包装入噬菌体颗粒，释放出来的噬菌体感染受体菌，并将携带的供体菌 DNA 片段转移至受体菌中，进而重组于受体菌基因组。

2. 特异性转导的基本过程　噬菌体 DNA 以位点特异性重组机制整合于供体菌染色体 DNA，当溶原性噬菌体 DNA 切除时，可携带位于整合位点侧翼的供体菌染色体 DNA 片段。供体菌裂解释放出来的噬菌体感染受体菌，并将供体菌 DNA 片段通过位点特异性重组整合于受体菌染色体 DNA 的特异性位点。

第二节　重组 DNA 技术

为了实现人为有目的地构建具有新功能的 DNA 分子，人们通过借鉴和改造天然存在的各类酶分子和核酸载体，系统开发了一系列分子工具，通过体外对不同来源的 DNA 分子进行操作组合形成新 DNA 分子，从而达到相应的实验目的。本节将主要介绍重组 DNA 技术中常用的工具酶、载体和一般操作流程。

一、重组 DNA 技术中常用的工具酶

基因的分离与重组包含一系列相互关联的酶促反应。已知有多种重要的酶，例如，对外源 DNA 和载体分子进行特异性识别和切割的限制性核酸内切酶、将 DNA 片段与载体分子连接形成重组 DNA 分子的 DNA 连接酶、以 mRNA 为模板合成 cDNA 的逆转录酶等，都在重组 DNA 技术中有着广泛的用途。

（一）限制性核酸内切酶

限制性核酸内切酶（restriction endonuclease，RE），简称限制性内切酶或限制酶，是一类能识别双链 DNA 分子中的某些特定核苷酸序列，并由此切割 DNA 双链的核酸内切酶，主要存在于原核生物中。限制酶和甲基化酶共同构成细菌的限制修饰系统，限制外源 DNA、保护自身 DNA，对细菌遗传性状的稳定性具有重要意义。

阿尔伯（Arber）、内森斯（Nathans）和史密斯（Smith）的研究工作奠定了限制酶作为重组 DNA 技术关键酶的基础，三人在 1978 年分享了诺贝尔生理学或医学奖。

1. 限制酶的命名　限制酶的命名是根据其来源的微生物种属而确定，通常用缩略字母表示，其中第一个字母来自产生该酶的细菌"属"名，用斜体大写；第二、三个字母是该细菌的"种"名，用斜体小写；第四个字母（有时无）代表该细菌的"菌株"，用正体；如果同一微生物中有几种限制酶，则根据其发现和分离的先后顺序用罗马数字表示。例如，从流感嗜血杆菌（*Haemophilus influenzae*）Rd 株中分离的第三种酶用 *Hind*Ⅲ 表示。

2. 限制酶的类型　目前已鉴定出三种不同类型的限制酶，即Ⅰ型酶、Ⅱ型酶与Ⅲ型酶，它们各自具有不同的特性。

Ⅰ型酶和Ⅲ型酶通常是相对分子量较大、多亚基的蛋白质复合体，同时具有内切酶和甲基化酶活性。Ⅰ型限制酶从距离识别序列数千碱基处随机切割 DNA，Ⅲ型限制酶在距离识别序列约 25bp 处切割 DNA，二者在反应过程中沿着 DNA 移动，并需 Mg^{2+}、ATP 参与。与Ⅰ型、Ⅲ型限制酶不同，Ⅱ型限制酶只有一种多肽，通常以同源二聚体形式存在，其核酸内切酶活性和甲基化作用是分开的。Ⅱ型限制酶作用的发挥不需 ATP，仅需 Mg^{2+} 参与。由于Ⅱ型酶只具有核酸内切酶活性，而且内切核酸作用又具有序列特异性，可对靶 DNA 进行精确切割，故在重组 DNA 技术中有着特别广泛的用途，被誉为基因工程的"手术刀"。目前已在不同种属的细菌中发现数千种限制酶，在重组 DNA 技术中所说的限制酶，通常指Ⅱ型限制酶。

3. Ⅱ型限制酶的作用特点

（1）基本特性：大部分Ⅱ型限制酶能够识别由4～8个核苷酸组成的特定序列，表21-1列出了部分限制酶的识别序列。Ⅱ型酶识别的核苷酸序列具有回文序列（palindrome），又称反向重复序列（是指在两条核苷酸链中，从 5′→3′ 方向的核苷酸序列是完全一致的）（图21-6）。

表21-1 部分限制酶的特性

名称	识别序列及切割位点	名称	识别序列及切割位点
*Bam*H Ⅰ	↓　　＊ (5′) GGATCC (3′) CCTAGG ＊　　↑	*Hind* Ⅲ	↓ (5′) AAGCTT (3′) TTCGAA ↑
Cla Ⅰ	↓　　＊ (5′) ATCGAT (3′) TAGCTA ＊　　↑	*Not* Ⅰ	↓ (5′) GCGGCCGC (3′) CGCCGGCG ↑
*Eco*R Ⅰ	↓＊ (5′) GAATTC (3′) CTTAAG ＊↑	*Pst* Ⅰ	＊↓ (5′) CTGCAG (3′) GACGTC ↑ ＊
*Eco*R Ⅴ	↓ (5′) GATATC (3′) CTATAG ↑	*Pvu* Ⅱ	↓ (5′) CAGCTG (3′) GTCGAC ↑
Hae Ⅲ	＊↓ (5′) GGCC (3′) CCGG ＊↑	*Tth*111 Ⅰ	↓ (5′) GACNNNGTC (3′) CTGNNNCAG ↑

注：↓所指为限制酶的切割位点，＊表示能被相应的甲基化酶所修饰的碱基，N代表任意一种碱基

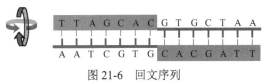

图21-6 回文序列

Ⅱ型限制酶从其识别序列内切割 DNA 分子中的磷酸二酯键，产生 5′-P 和 3′-OH 的 DNA 片段。识别序列又称为限制酶的靶序列，不同的限制酶切割 DNA 后产生的片段末端不同。限制酶可以在两条 DNA 链上交错切割，形成带有 2～4 个未配对核苷酸的单链突出末端，称为黏性末端（sticky end）。两个不同的 DNA 分子，经同一限制酶切割所形成的黏端是相同的，互补的碱基配对在 DNA 连接酶的作用下即形成新的重组 DNA 分子（图21-7）。有些限制酶，如 *Pst* Ⅰ，切割 DNA 分子后产生具有 3′-OH 单链突出的黏性末端（图21-8A）；而有些限制酶，如 *Eco*R Ⅰ，切割 DNA 分子后则形成具有 5′-P 单链突出的黏性末端（图21-8B）。另外还有一些酶，如 *Eco*RV，切割 DNA 分子形成的是

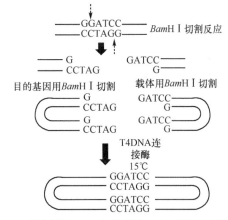

图21-7 限制酶 *Bam*H Ⅰ 对双链 DNA 分子的切割作用

没有单链突出的末端，称为平末端或钝末端（blunt end）（图 21-8C）。

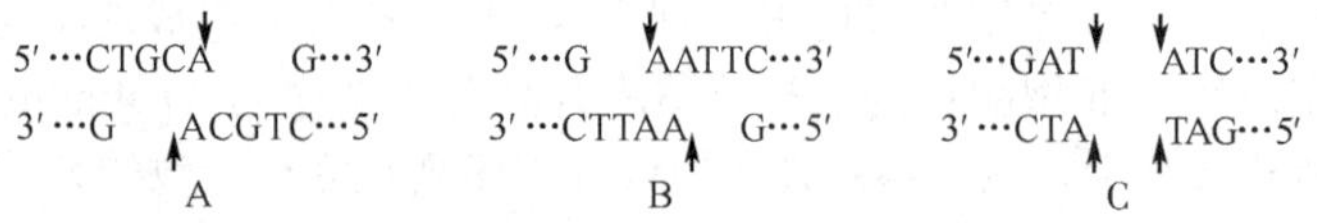

$$5'\cdots CTGCA \quad \downarrow \quad G\cdots 3' \qquad 5'\cdots G \quad \downarrow \quad AATTC\cdots 3' \qquad 5'\cdots GAT \quad \downarrow \quad ATC\cdots 3'$$
$$3'\cdots G \quad \uparrow \quad ACGTC\cdots 5' \qquad 3'\cdots CTTAA \quad \uparrow \quad G\cdots 5' \qquad 3'\cdots CTA \quad \uparrow \quad TAG\cdots 5'$$
$$\qquad\qquad A \qquad\qquad\qquad\qquad B \qquad\qquad\qquad\qquad C$$

图 21-8　不同限制酶切割 DNA 分子产生的末端结构

限制酶切割 DNA 链后所产生的 DNA 片段大小，取决于限制酶特异性切割位点在 DNA 链中出现的频率，即依赖于限制酶所识别的靶序列大小。如果 DNA 的碱基组成是均一的，限制酶位点在 DNA 链上的分布是随机的，那么限制酶（如 BamHⅠ、HindⅢ等）识别的六核苷酸序列将每隔 4^6（4096）bp 出现一次，切割后产生较大的 DNA 片段；而限制酶（如 HaeⅢ、MboⅠ等）所识别的四核苷酸序列将每隔 4^4（256）bp 出现一次，切割后将产生较小的 DNA 片段。

（2）同切点酶（isoschizomer）：又称同切点限制性核酸内切酶，指来源不同但识别序列相同的酶。该类酶切割 DNA 的位点或方式可以相同，也可以不同。例如，Sau3AⅠ（▼GATC）与 MboⅠ（▼GATC），二者的识别序列和切割位点均相同；而 SamⅠ（CCC▼GGG）与 XmaⅠ（C▼CCGGG），二者的识别序列相同，但切割位点不同。

（3）同尾酶（isocaudarner）：指来源及识别序列各不相同，但切割后可以产生出相同黏性末端的酶。常用的限制酶 BamHⅠ、BclⅠ、BglⅡ、MboⅠ就是一组同尾酶，它们切割 DNA 后均形成由 GATC 组成的黏性末端。

BamHⅠ	G▼GATCC	BclⅠ	T▼GATCA
BglⅡ	A▼GATCT	MboⅠ	▼GATC

由同尾酶所产生的 DNA 片段，由于具有相同的黏性末端，即可通过其黏性末端之间的互补作用而彼此连接起来，因此在 DNA 重组实验中很有用处。有时同尾酶产生的末端，重组后形成的序列不能再被原来的同尾酶所识别。例如，上面的一组同尾酶中，只有 MboⅠ能识别并切割黏性末端重新连接后所形成的 DNA 片段，而其他三个酶却不能再识别重组后的 DNA 片段。

（4）可变酶：是Ⅱ型限制酶的特例，其识别序列中的一个或几个碱基是可变的，并且识别序列往往超过 6 个核苷酸。例如，BstpⅠ 识别序列为 G▼GTNACC，有 1 个可变碱基；BglⅠ 识别序列为 GCC(N)₄N▼GGC，有 5 个可变碱基。

4. 限制酶的应用及影响其作用的因素

（1）限制酶的应用：限制酶除作为重组 DNA 技术的关键工具酶外，还广泛应用于分子生物学研究的各个领域，包括绘制基因组 DNA 物理图谱、研究基因组 DNA 同源性、切割基因组 DNA（或 cDNA）构建基因组文库（或 cDNA 文库）、筛选鉴定重组质粒、测定基因的核苷酸序列以及研究基因突变与诊断遗传性疾病等。

（2）影响限制酶作用的因素：不同的限制酶需要不同的反应条件以获得最佳切割靶 DNA 分子的效率。影响限制酶反应的主要因素包括 DNA 的纯度、DNA 的甲基化程度、DNA 分子的结构、酶切反应的温度、酶切反应的时间以及酶切反应的缓冲体系等。

▎（二）其他工具酶

1. DNA 连接酶（DNA ligase） 是一类能够催化不同的 DNA 分子通过 5′端磷酸基与 3′端羟基之间形成 3′,5′-磷酸二酯键的连接反应的酶，催化过程需要消耗能量。DNA 连接酶只能封闭 DNA 链上的切口（nick），而不能封闭缺口（gap）。前者指 DNA 某一条链上两个相邻核苷酸之间的磷酸二酯键破坏所形成的单链断裂（图 21-9A）；后者指 DNA 某一条链失去一个或数个核苷酸所形成的单链断裂（图 21-9B）。原则上不同来源的 DNA 都能进行连接形成新的重组 DNA 分子，这是 DNA 重组的基础，因此，DNA 连接酶是 DNA 重组技术中不可缺少的工具酶之一，被誉为基因工程的"缝纫针"。

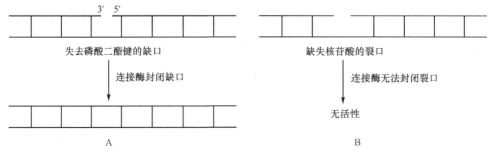

图 21-9　DNA 连接酶的作用

（1）DNA 连接酶的类型：DNA 连接酶有大肠埃希菌 DNA 连接酶和 T4 噬菌体 DNA 连接酶两种，分别由 NAD^+ 和 ATP 供能。大肠埃希菌 DNA 连接酶由大肠埃希菌基因 ligA 编码，分子量为 74kDa，不能催化平末端 DNA 分子的连接，其底物只能是带缺口的双链 DNA 分子或具有互补黏性末端的 DNA 分子。T4 噬菌体 DNA 连接酶，最早从 T4 噬菌体感染的大肠埃希菌中发现并分离出来，由 T4 噬菌体基因 30 编码，分子量为 68kDa，能催化不同 DNA 分子的 5′-P 端与 3′-OH 之间形成磷酸二酯键，反应需要 Mg^{2+} 作为辅因子并由 ATP 供能。T4 DNA 连接酶连接的底物可以是两个双链 DNA 分子的互补黏性末端或平末端，而且该酶比较容易制备，因此在重组 DNA 技术及分子生物学研究中有广泛的用途。

（2）DNA 连接酶的应用及影响连接酶作用的因素

1）DNA 连接酶的应用：①催化两个具有黏性末端或平末端的 DNA 片段形成磷酸二酯键，组成新的重组 DNA；②在 DNA 复制中发挥接合缺口的作用，这种单链缺口是由复制叉上的不连续复制所产生；③在 DNA 损伤修复、遗传重组及 DNA 链的剪接过程中起缝合缺口的作用。

2）影响 DNA 连接酶作用的因素：① DNA 连接酶对黏性末端的连接效率远高于平末端的连接效率；②温度是影响连接效率的重要参数之一，连接黏性末端的温度一般在 4～15℃；③连接酶的用量也影响连接效率，在平末端连接反应中的酶量高于黏末端所需的酶量；④ ATP 的浓度一般为 0.1～1mmol/L；⑤构建重组载体时，为提高重组效率，载体分子与外源插入片段的摩尔数比值以（1:10）～（1:3）为宜。

2. DNA 聚合酶（DNA polymerase）　催化以 DNA 为模板合成 DNA 的反应，此类酶的作用特点是能够把脱氧核糖核苷酸连续地添加到双链 DNA 分子引物链的 3′-OH 末端，催化核苷酸的聚合作用。DNA 聚合酶 Ⅰ（DNA pol Ⅰ）、克列诺片段、Taq DNA 聚合酶是 DNA 重组中主要使用的三种酶。

DNA pol Ⅰ是由大肠埃希菌 polA 基因编码的一种单链多肽，具有 5′→3′ 聚合酶活性、5′→3′ 和 3′→5′ 核酸外切酶活性，其中 5′→3′ 聚合酶活性和 5′→3′ 核酸外切酶活性协同作用，可催化 DNA 链发生缺口平移反应，制备 DNA 探针。DNA pol Ⅰ主要参与 DNA 修复过程，而体内参与 DNA 复制过程的主要聚合酶是 DNA pol Ⅲ。

克列诺片段是 DNA pol Ⅰ经枯草杆菌蛋白酶水解得到的较大片段，具有完整的 5′→3′ 聚合酶活性和 3′→5′ 核酸外切酶活性。该酶的主要用途有：①填补 DNA 双链的 3′ 凹端；②合成 cDNA 第二链；③ DNA 序列分析；④随机引物标记 DNA 链的 3′ 末端，制备探针。

Taq DNA 聚合酶是第一个被发现的耐热的依赖 DNA 的 DNA 聚合酶，分子量为 65kDa，最佳反应温度为 70～75℃。Taq DNA 聚合酶具有 5′→3′ 聚合酶活性和 5′→3′ 核酸外切酶活性，Mg^{2+} 浓度对于酶活性的发挥非常重要，主要用于 PCR 和 DNA 测序反应。

3. 逆转录酶（reverse transcriptase）　又称反转录酶，全称是依赖于 RNA 的 DNA 聚合酶，已从多种 RNA 肿瘤病毒中分离得到这类酶，但普遍使用的是源于 AMV 及 M-MLV 的逆转录酶，具有 5′→3′ 聚合酶活性和 3′→5′ RNA 外切酶活性（RNase H 活性）或 5′→3′ 外切酶活性。逆转录酶的最主要用途是以 mRNA 为模板合成 cDNA，合成时需要 4 种脱氧核苷三磷酸底物及引物，合成方向为 5′→3′，广泛用于 cDNA 的合成过程。此外，逆转录酶还可补齐和标记 DNA 的 3′ 凹端，以单链 DNA 或 RNA 为模板制备探针。

4. 其他修饰酶

（1）末端脱氧核苷酸转移酶（terminal deoxynucleotidyl transferase）：简称末端转移酶，催化脱氧核苷酸逐个掺入到 DNA 的 3′-OH 末端的单链 DNA，或是具有 3′-OH 突出末端的双链 DNA，在某些条件下也可以是具有 3′ 平端或 3′ 凹端的双链 DNA。该酶的主要作用是在外源 DNA 片段及载体分子的 3′-OH 加上互补的同聚物尾巴，形成人工黏性末端，便于 DNA 重组。也可以用于 DNA 片段 3′-末端标记。

（2）碱性磷酸酶（alkaline phosphatase）：能特异地切除 DNA、RNA 和 dNTP 上 5′-磷酸基团。在重组 DNA 技术中，用碱性磷酸酶去除载体分子或 DNA 片段的 5′-磷酸基团，以防止在连接反应中载体或 DNA 片段的自身连接。同时，也可先用此酶去除 5′-磷酸基团，再用多核苷酸激酶对 5′-末端进行标记。

（3）多核苷酸激酶（polynucleotide kinase）：又称 T4 多核苷酸激酶，催化 ATP 的 γ-磷酸转移到 DNA 或 RNA 的 5′-OH 末端。在重组 DNA 技术中，多核苷酸激酶可用于标记 DNA 的 5′-末端，也可使缺失 5′-P 末端的 DNA 发生磷酸化作用。

二、重组 DNA 技术中常用的载体

在基因克隆中会使用到载体作为一个运载工具，将外源 DNA 分子携带进入受体细胞进行扩增和表达。作为基因克隆技术的载体应具备以下条件：①具有自主复制能力，以保证携带的外源 DNA 可以在受体细胞内扩增。②有多个单一限制酶的酶切位点，即多克隆位点（multiple cloning site，MCS），以利于外源 DNA 与载体重组。③至少具有一个选择性遗传标记（如抗生素的抗性、营养缺陷型或显色表型反应标记等），以便于重组体的筛选和鉴定。④分子量相对较小，以容纳较大的外源 DNA。⑤拷贝数较多，易与受体细胞的染色体 DNA 分开，便于分离提纯。⑥具有较高的遗传稳定性。

目前可满足上述要求的多种载体均为人工构建，主要有质粒载体、噬菌体载体、人工染色体载体和病毒载体等多种类型。根据用途不同分为克隆载体（cloning vector）和表达载体（expression vector）两类，前者主要用于扩增或保存插入的外源 DNA 片段，后者是为了转录插入的外源 DNA 序列，进而翻译成多肽链。表达载体是在克隆载体的基础上衍生而来的，主要增添了与宿主细胞相适应的强启动子和表达元件，以及有利于表达产物分泌、分离或纯化的元件。根据所对应的受体细胞不同可将载体分为原核细胞载体和真核细胞载体。

（一）克隆载体

常用的克隆载体主要有质粒、噬菌体载体等。

1. 质粒载体　质粒（plasmid）是天然存在于细菌染色体外的、具有自我复制能力的核酸分子，小的为 2～3kb，大的可达数百 kb。基因工程中常用的质粒为闭合环状双链 DNA，质粒的分子结构如图 21-10。质粒具有以下特点：①具有独立的复制起点（*ori*），能利用细菌的酶系统独立进行复制，并在细胞分裂时恒定地传给子代细胞；②分子量小，拷贝数高，能在宿主细胞内稳定存在；③具有一定数量的限制酶识别位点（多克隆位点）；④带有一定的遗传学标志，如质粒携带的氨苄青霉素抗性基因（*Amp*^r）可使宿主细胞在含有氨苄青霉素的培养基中存活，作为筛

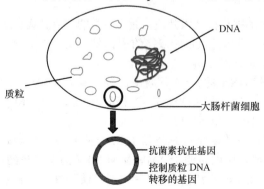

图 21-10　大肠埃希菌内的质粒 DNA 分子结构

选标志。

根据细菌染色体对质粒复制的控制程度，可将质粒分为严紧型质粒（stringent plasmid）和松弛型质粒（relaxed plasmid）。严紧型质粒多为大型质粒，拷贝数少（1～2 个/细胞），具自身传递能力，其 DNA 复制与宿主细胞染色体 DNA 的复制相偶联，故复制受宿主细胞的严格控制。松弛型质粒多为小型质粒，拷贝数多（10～200 个/细胞），其 DNA 复制是在宿主细胞松弛控制下进行的，与染色体复制不同步，适用于 DNA 重组中作为质粒载体。

由于质粒带有某些特殊的不同于宿主细胞的遗传信息，所以质粒在细菌体内的存在会赋予细胞一些新的遗传性状，如对某些抗生素的抗性、显色表型反应等。根据宿主菌的表型即可识别质粒的存在，这一性质被用于筛选和鉴定重组质粒。

质粒载体大多是在天然松弛型质粒的基础上经人工改造构建而成，一般只能接受 15kb 以下的外源 DNA 分子插入，可用于细菌、酵母、哺乳动物细胞和昆虫细胞等。质粒载体可用于对外源目的基因进行克隆和表达，常用的质粒克隆载体有 pBR322 和 pUC 系列等多种。

（1）pBR322 质粒载体：该载体由三种天然质粒 pSC101、ColE1 和 pSF2124 重组而成，全长 4361bp。pBR322 质粒是按照标准的质粒载体命名规则命名的，"p" 表示它是一种质粒；"BR" 分别取自该质粒的两位构建者 Bolivar 和 Rodriguez 姓氏的第一个字母；"322" 系指实验编号。pBR322 质粒具有以下的结构（图 21-11）与功能：①带有一个复制起始点 ori，保证质粒在大肠埃希菌中高拷贝自我复制。②含有 Amp^r 和 Tet^r（四环素抗性）基因标记，便于筛选阳性克隆。缺失抗药性基因的大肠埃希菌是不能在含有这些抗生素的培养基中生长的，而一旦被 pBR322 质粒所转化，即从中获得了对抗生素的抗性。③有数个单一限制酶切位点，可用于插入外源 DNA 片段。如酶切位点 BamHI、SalI 位于 Tet^r 基因内。当外源 DNA 片段插入这些抗性位点时，则导致 Amp 敏感（Amp^s）或 Tet 敏感（Tet^s），即插入失活。质粒 DNA 编码的抗生素抗性基因的插入失活是非常有用的检测重组质粒的方法。④具有较小的分子量，不仅易于自身 DNA 纯化，而且能有效克隆 6kb 大小的外源 DNA 片段。⑤具有较高的拷贝数，这为重组 DNA 的制备提供了极大的方便。

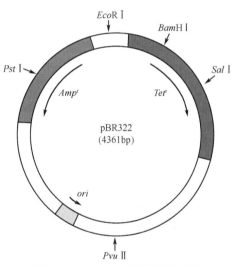

图 21-11 pBR322 质粒载体图谱

（2）pUC 质粒载体系列：pUC 系列载体是在 pBR322 质粒载体基础上，插入了一个来自 M13 噬菌体并带有一段 MCS 的 $LacZ'$ 带基因，形成具有双重检测特性的质粒载体（UC 是 University of California 的缩写）。以 pUC19 质粒载体为例（图 21-12），典型的 pUC 系列载体包含如下组分：

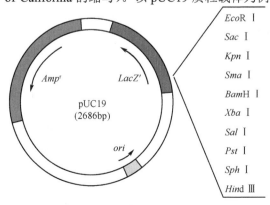

图 21-12 pUC19 质粒载体图谱

①复制起始点 ori，来自 pBR322 质粒。② Amp^r 基因，来自 pBR322 质粒，其 DNA 序列已不再含有原来的限制酶切位点。③ $LacZ'$ 基因，来自大肠埃希菌 β-半乳糖苷酶基因（$LacZ'$）的启动子及其编码 α-肽链的 DNA 序列。④ MCS 区段，来自 M13 噬菌体，位于 $LacZ'$ 基因中靠近 5′-末端，但并不破坏该基因的功能。

pUC 载体系列大多是成对的，如 pUC8/9、pUC12/13、pUC18/19 等。成对载体的其他特性完全相同，只是 MCS 的排列方向相反，这就提供了更多的克隆载体策略选择机会。pUC 载体系列已成为 pBR322 的替代载体，是基因重组中应用较普遍的质粒载体。

pUC 质粒载体的优点：①具有更小的分子量和更高的拷贝数。②适用于化学方法检测重组体。pUC 载体中含有 *LacZ'* 基因，可编码 β-半乳糖苷酶氨基端的 146 个氨基酸残基形成的 α-肽链。该 α-肽链与宿主细胞中 F′ 因子上的 *LacZ'ΔM15* 基因（α 因肽链缺陷型）的产物互补，产生完整的、有活性的 β-半乳糖苷酶，此酶可分解底物 X-gal（5-溴-4 氯-3-3 吲哚-β-D-半乳糖苷）形成蓝色菌落。当外源基因插入 MCS 后，LacZ' α-肽链基因的可读框被破坏，不能合成完整的 β-半乳糖苷酶分解底物 X-gal，菌落呈白色。用这种方法可筛选阳性重组体，称为"蓝白斑"筛选。③pUC 载体系列的 MCS 与 M13mp 系列对应，因此克隆的外源 DNA 片段可以在两类载体系列之间"来回穿梭"，使得克隆序列的测序极为方便。

（3）其他质粒载体

1）能在体外转录克隆基因的质粒载体：此类载体由 pUC 系列质粒载体派生而来，携带有噬菌体 T7、SP6 的启动子。这些启动子为 RNA 聚合酶的附着提供了特异性识别位点，使载体能在体外转录插入的外源 DNA。如 pGEM-3Z/4Z 是由 pUC18/19 改造而来，大小为 2.74kb，序列结构几乎与 pUC18/19 完全一样，其不同之处是 pGEM-3Z/4Z 在 MCS 两端添加了 SP6 和 T7 噬菌体的启动子，而 pGEM-3Z/4Z 之间的差别仅在于 SP6 和 T7 两个启动子的位置互换、取向相反而已。

2）穿梭质粒载体（shuttle plasmid vector）：是一类人工构建的具有两种不同复制起点和选择标记，可在两种不同的宿主细胞中存活和复制的质粒载体。这类质粒载体可携带外源 DNA 序列在不同物种的细胞之间，特别是在原核和真核细胞之间往返穿梭，因此在基因工程研究中非常有用。

（4）TA 克隆载体：是专为克隆 PCR 产物而设计的，它们的共同点是在其 MCS 两侧的 3′-末端携带有未配对的 T 碱基。许多耐热的 DNA 聚合酶（如 *Taq*、*Tth* 等）扩增时都在 PCR 产物 3′-末端加上 A 碱基，因此在连接酶的作用下可直接将 PCR 产物插入到 TA 载体中。TA 克隆载体的突出优点是能直接克隆 PCR 产物，获取、连接外源 DNA 不受酶切位点的限制，近年来得到非常广泛的应用，已有不同公司推出具有各自特点的 TA 克隆载体系列。

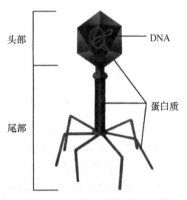

图 21-13　λ 噬菌体的基本结构

（头部　DNA　蛋白质　尾部）

2. 噬菌体载体　噬菌体（phage）是能特异感染细菌的病毒，其结构十分简单，基因组外包被着蛋白质衣壳，如图 21-13 所示为 λ 噬菌体。噬菌体基因组可用于克隆和扩增特定的 DNA 片段，是广泛使用的基因克隆载体。常用噬菌体载体有 λ 和 M13 噬菌体载体。

（1）λ 噬菌体载体：野生型 λ 噬菌体基因组大小为 48502bp，是线状双链 DNA，共含有 66 个基因，线性 DNA 的两端为 12bp 互补的 5′-单链突出黏性末端，称为 *cos* 位点。进入宿主细胞的线性 DNA 会借助 *cos* 位点互补连接形成环状双链结构，按 θ 方式及滚环方式进行复制。噬菌体感染细菌后，可进入溶菌生命周期及溶原生命周期。

λ 噬菌体在大肠埃希菌中繁殖所必需的序列位于左右两臂，基因组中约 1/3 的序列不是病毒生活所必需的成分，可以被切除而被大小相当的外源 DNA 片段取代。重组后的 λDNA 其大小在原来长度的 75%～105%，才能在体外包装成有感染性的噬菌体颗粒，感染细菌后在细菌体内繁殖（图 21-14）。

λ 噬菌体是最早发展和使用的基因工程载体，以溶菌方式生长。与质粒载体相比，其突出优点是可插入较大外源 DNA 片段，并且其感染效率远高于质粒载体的转化效率。在野生型 λDNA 基础上构建的载体可分为两类：一类具有两个或两组酶切位点，经酶切除去基因组中噬菌体正常生长非必需的序列，由外源基因片段取代之，这种载体称为置换型载体（replacement vector 或 substitution vector），如 Charon 系列、EMBL 系列等。另一类具有供外源基因片段插入的单一限制酶位点，这种载体称为插入型载体（insertion vector），如 λgt10/11、λZAP。

EMBL3/4λ 克隆载体中非必需序列两端各有一个含多个单一限制酶位点的接头，但方向相反。若用两种不同的限制酶切割 EMBL 载体后，即可直接与具有相同切口的外源 DNA 片段连接，重组效率很高，可容纳 9～23kb 的外源片段，常用于构建基因组 DNA 文库。

λgt10/11 载体能克隆 7kb 以下的外源 DNA，适用于构建 cDNA 文库。在 λgt10 载体的阻遏物（repressor）*λCI* 基因中有外源 DNA 的插入位点，DNA 插入后使 *CI* 基因失活，重组噬菌体可使大肠埃希菌形成透明斑点。在 λgt11 载体的 *LacZ'* 基因中有外源 DNA 的插入位点，当插入 cDNA 的可读框与 *LacZ'* 基因相一致时，能产生融合蛋白，可用免疫学方法进行检测。此外，重组的 λgt11 因 *LacZ'* 基因失活，故在含 X-gal 的培养基中形成白斑，而未重组的 λgt11 则形成蓝斑，便于区分筛选。

（2）黏粒载体：虽然 λ 噬菌体载体可容纳 23kb 的外源 DNA 片段，但有些基因可达 35～

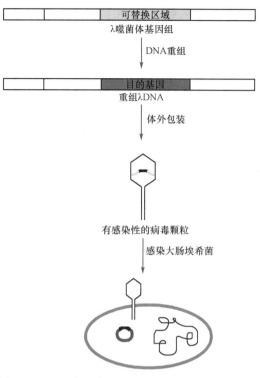

图 21-14 λ 噬菌体作为载体用于基因克隆的示意图

40kb 或更大；同时在分析基因组结构时，还需要了解相连锁的基因及基因的排列顺序，这要求克隆更大的 DNA 片段。黏粒可作为克隆大片段 DNA 的一种载体，如图 21-15 所示。

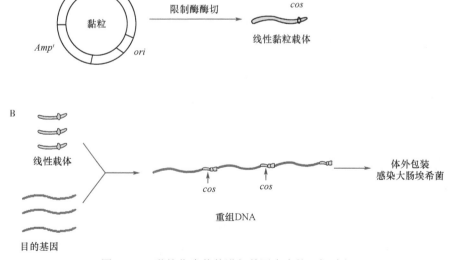

图 21-15 黏粒作为载体进行基因克隆的一般过程

黏粒（cosmid）又称柯斯质粒（cos site-carrying plasmid），是由 λ 噬菌体的 *cos* 黏性末端和质粒构建而成。目前已发展出许多不同类型的黏粒载体，具有以下结构与特点：①含有 λDNA 的 *cos* 黏性末端与噬菌体包装有关的短序列。通过 *cos* 位点的突出单链相互补，可将多个 λDNA 串联在一起，若两个 *cos* 位点相距 35～45kb，则能被包装酶系识别并切断而包装成病毒颗粒。②含有质粒的自主复制元件和抗药性标记（如 *Amp*^{r} 基因）。当体外重组的黏粒分子包装成病毒颗粒感染细菌后，可按质粒方式在细菌中进行复制、扩增。黏粒载体所携带的抗药性基因，可作为重组体的筛选标记。③含有一段带有一个或多个单一限制酶位点的多位点人工接头（polylinker）。④黏粒分子小，如 pJB8 为 5400bp，可插入大片段的外源 DNA（可达 45kb）。⑤某些黏粒若接上能在真核细胞中生活的元件（如 SV40 复制区及启动子）和选择标记，便可作为穿梭载体在真核细胞中生存及表达。

（3）M13 噬菌体载体：M13 是一种丝状噬菌体，基因组全长 6407bp，为闭环单链 DNA。M13 只感染雄性大肠埃希菌，在细菌内复制时形成双链 DNA，这种复制型（replication form，RF）M13 相当于质粒，可用于基因克隆载体。当 RF 的 M13 在细菌内达到 100～200 个拷贝后，M13 只合成单链 DNA，使其在细菌内产生单链 DNA，以进行 DNA 序列分析、体外定点突变和核酸杂交等。通过 M13 噬菌体进行改造，已成功构建了 M13mp 系列载体，这些载体大多是成对的，如 M13mp8/9、M13mp10/11 及 M13mp18/19 等，它们都含有携带 MCS 序列的 *LacZ'* 基因。

M13 噬菌体载体克隆的外源 DNA 不宜大于 1500bp，这就限制了其在基因克隆中的应用。为解决这一问题，已发展出一类由质粒和单链噬菌体组合而成的新型载体系列，称为噬粒（phagemid），如 pUC118/119 噬菌粒载体。

3. 人工染色体载体 该类载体是为了克隆更大的 DNA 片段以及建立真核生物染色体物理图和进行序列分析等而发展起来的一类新型载体。酵母人工染色体（yeast artificial chromosome，YAC）载体是第一个成功构建的人工染色体载体，用于在酵母细胞中克隆大片段外源 DNA。YAC载体由酵母染色体、酵母 2μm 质粒 DNA 的复制起始序列等元件衍生而成，可插入 100～2000kb 的外源 DNA 片段，是人类基因组计划中物理图谱绘制采用的主要载体。细菌人工染色体（bacterial artificial chromosome，BAC）载体是继 YAC 载体之后的又一人工染色体载体，是以细菌的 F 因子（一种特殊质粒）为基础构建而成，可插入 100～300kb 的外源 DNA 片段。与 YAC载体相比，BAC 载体具有克隆稳定、易与宿主 DNA 分离等优点，是人类基因组计划中基因序列分析所用的主要载体。此外，噬菌体 P1 衍生的人工染色体（PAC）载体和哺乳动物人工染色体（MAC）载体也在不断发展中。

4. 病毒载体 前述的质粒载体、噬菌体载体都是以原核细胞（如大肠埃希菌）作为宿主细胞。近年来，为适应真核细胞重组 DNA 技术的需要，特别是为实现真核基因表达或基因治疗的需要，已发展出用动物病毒（如 SV40、牛乳头瘤病毒、腺病毒及逆转录病毒等）改造的病毒载体及用于昆虫细胞表达的杆状病毒载体等。

目前常用病毒载体有整合型和游离型两类。整合型载体可整合到宿主细胞的染色体上，随染色体一起复制，可持续表达外源基因，但存在插入诱变的风险。游离型载体并不整合到宿主细胞染色体 DNA 上，而是游离于染色体外瞬时表达外源基因，有较好的安全性。逆转录病毒载体和腺病毒载体是两种常用于哺乳动物细胞的病毒载体。

◢ （二）表达载体

表达载体是指能在宿主中表达克隆基因的载体，除了应具有克隆载体的特征外，还应在要表达的基因上游具有转录启动子、核糖体结合位点，下游有转录终止子。根据宿主细胞的不同可分为原核表达载体（prokaryotic expression vector）和真核表达载体（eukaryotic expression vector）。

1. 原核表达载体 由克隆载体发展而来，用于在原核细胞中表达外源基因，除了具有克隆载体的一般特征外，还具有调节外源基因进行有效转录和翻译的序列，如启动子、核糖体结合位点，即 SD 序列（Shine-Dalagarno sequence）、转录终止序列等，如图 21-16 所示。SD 序列富含嘌呤核苷酸，刚好与 16S rRNA 3′端的富含嘧啶的序列互补，可促进 mRNA 与核糖体结合，提高翻译效率。原核表达载体常用的启动子有 *Lac* 启动子、色氨酸（Trp）启动子、T7 噬菌体启动子或其他启动子序列。原核表达的蛋白质包括非融合型表达蛋白、融合型表达蛋白和分泌型表达蛋白。目前应用最广泛的原核表达载体是大肠埃希菌表达载体。

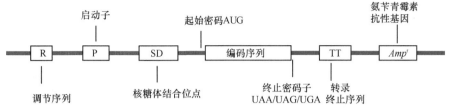

图 21-16　原核表达载体的基本组成

2. 真核表达载体　也是由克隆载体发展而来，用于在真核细胞中表达外源基因。该表达载体含有必不可少的原核序列，包括在大肠埃希菌中起复制作用的复制起点、抗生素抗性基因、MCS等，这些原核序列便于真核表达载体在细菌中复制及阳性克隆的筛选。同时，真核表达载体还具有自身特点，主要是含有：①真核表达调控元件，包括启动子、增强子、转录终止序列、polyA信号等；②真核细胞复制起始序列；③真核细胞药物抗性基因，用于转入真核细胞后进行阳性克隆的筛选。图 21-17 显示了真核表达载体的基本组成。根据真核宿主细胞的不同，真核表达载体主要分为酵母表达载体、昆虫细胞表达载体和哺乳细胞表达载体等。

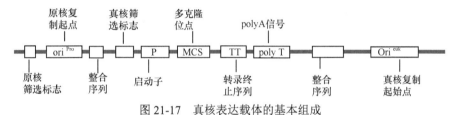

图 21-17　真核表达载体的基本组成

三、基因克隆的一般过程

基因克隆主要包括以下步骤（图 21-18）：①"分"：目的基因的分离获取和基因载体的分离；②"切"：限制酶对目的基因和载体的切割；③"接"：在体外将带有目的基因的外源 DNA 片段连接到能够自我复制并具有选择标记的载体分子上，形成重组 DNA 分子；④"转"：将重组 DNA 分子导入受体细胞（即宿主细胞），并与之一起增殖；⑤"筛"：从细胞繁殖群体中，筛选出含重组 DNA 分子的受体细胞。此外，如果构建重组 DNA 分子的目的是表达目的基因所编码的蛋白，则可将重组 DNA 分子转入受体细胞（工程菌、真核细胞等）中表达目的蛋白，并进一步完成目的蛋白的分离、纯化和鉴定。因此基因克隆技术的第一步是获得目的基因并将其插入合适的

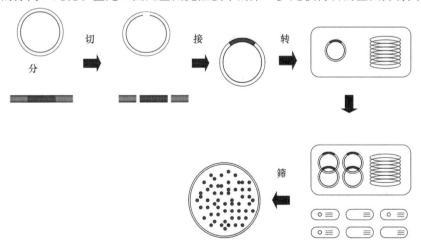

图 21-18　基因工程技术的基本步骤

载体中。目的基因是指待研究或应用的特定基因，亦即待克隆或表达的基因，又称为外源基因。获得目的基因后必须将其插入合适的载体中才能够在宿主细胞内扩增或表达。将目的基因插入载体的过程即为 DNA 重组。

案例 21-1

　　宫颈癌是严重威胁女性健康的恶性肿瘤。有研究发现，激活的蛋白质激酶 C 受体 1（receptor for activated C-kinase 1，RACK1）在血管新生过程中表达上调，而在肿瘤病灶中新生血管增多，以供应肿瘤细胞快速增殖所需的营养。目前已知 RACK1 在多种恶性肿瘤中异常高表达，但在宫颈癌发展中的作用还有诸多不明之处。因此，某知名大学一分子生物学实验室的研究人员想在宫颈癌细胞中过表达 *RACK1* 基因，探讨该基因过表达对宫颈癌细胞增殖的影响及其意义。

　　问题：

　　1. 如何选择 RACK1 表达载体？如何才能将 RACK1 重组体导入宫颈癌细胞中？

　　2. 如何确定 *RACK1* 基因在宫颈癌细胞中过表达成功？

（一）目的基因的获取

　　根据研究目的和基因来源的不同，可选用不同的方法获取目的基因。

　　1. 化学合成法　通过查阅数据库获得目的基因的核苷酸序列，或根据蛋白质/肽的氨基酸序列推导出核苷酸序列，进而用化学合成法获得目的基因。化学合成对短片段的合成效率极高，对于较长的基因，可以将其划分为较短的片段进行分段合成，然后再拼接成一个完整的基因。化学合成法可以改变原始的基因序列，甚至可以合成自然界不存在的基因序列。在合成过程中可根据需要改变核苷酸密码子，如将真核基因序列中不易被大肠埃希菌利用的稀有密码子改变为其偏爱的密码子，以实现真核基因在原核细胞中的高效表达。

　　化学合成基因具有快速、有效、不需考虑基因来源的优点，特别是对于获取小片段目的基因、设置某种生物偏爱密码子、消除基因内部的特定酶切位点以及获取天然基因的衍生物等具有其他方法不可比拟的优点。采用化学合成法已得到百余种基因，如生长抑素基因、胰岛素基因、生长激素基因和干扰素基因等。

　　2. PCR 或 RT-PCR 法　对完全序列或两侧序列已知的目的基因可采用 PCR 或者 RT-PCR 从组织或细胞中获取。对于已知基因序列相似的未知基因，也可利用此法进行扩增。PCR 或 RT-PCR 方法是目前实验室最常用的获取目的基因的方法，它具有简便、快速、特异等优点。此法能在很短时间内，用特异性的引物将仅有几个拷贝的基因扩增为数百万拷贝的特异 DNA 序列；还可以根据实验需要在引物序列上设计适当的酶切位点、起始密码子或终止密码子等，或通过错配改变某些碱基序列，对基因片段进行有限的修饰。

　　3. 从基因文库中筛选　基因文库是指包含某一生物体全部基因信息的克隆化集合，包括基因组 DNA 文库（genomic DNA library）和 cDNA 文库（cDNA library）。

　　基因组 DNA 文库是指包含某一生物体全部基因组 DNA 序列的克隆群体，其储存着一个细胞或生物体的全部基因组 DNA 的编码区和非编码区的 DNA 片段，含有基因组的全部遗传信息。其构建过程是分离纯化细胞基因组 DNA，用适当的限制性内切酶将纯化的细胞基因组 DNA 切割成一定大小的片段，再将这些片段与适当的克隆载体（如 λ 噬菌体载体、黏粒、酵母人工染色体等）连接，获得一群含有不同 DNA 片段的重组体，继而将重组体转入受体菌中，使每个受体菌内携带一种重组体。在一群受体菌中，每个细菌所包含的重组体内可能存在不同的基因组 DNA 片段，这些细菌中所携带的各种大小不同的 DNA 片段就代表一个细胞或生物体的基因组。从基因组 DNA 文库中获取目的基因的方法如图 21-19。

　　互补 DNA 文库是指某一组织在一定条件下所表达的全部 mRNA 经逆转录而合成的全部

cDNA 的克隆群体，它将细胞的基因表达信息以互补 DNA 的形式储存于受体菌中。其构建过程除了逆转录外，其他步骤基本上与基因组 DNA 文库的构建相同。从互补 DNA 文库中获取目的基因的方法如图 21-20。

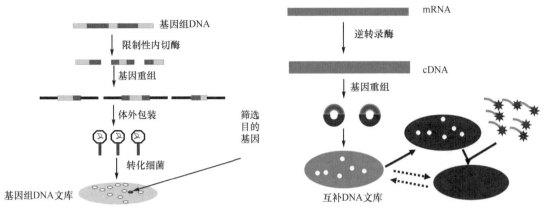

图 21-19　从基因组 DNA 文库中获取目的基因示意图　　图 21-20　从互补 DNA 文库中获取目的基因示意图

　　大部分未知基因的获得，需要先构建基因组 DNA 文库或者 cDNA 文库。基因文库构建成功后，可采用适当的方法（如特异性探针杂交筛选法、PCR 法等）从中筛选出含有目的基因的克隆，再进行扩增、分离、回收，最后获取目的基因。

　　除通过构建文库的方法筛选未知的目的基因外，近年来 mRNA 差异显示技术和差异蛋白质谱表达技术也被用来筛选差异表达基因和功能基因。

（二）选择与制备合适的基因载体

　　DNA 载体对于 DNA 克隆成功与否是一个非常关键的因素。载体选择主要取决于重组 DNA 分子构建的目的。选择和构建合适 DNA 载体的依据以下：① DNA 克隆的目的：DNA 克隆的目的主要是为了获得目的基因片段和获得目的基因编码的蛋白质。如果要克隆 DNA 片段，就该选择克隆载体。如果要表达一个基因，则应根据宿主来选择一个适合该宿主的表达载体，如细菌表达载体、酵母表达载体、哺乳动物细胞表达载体等。②受体细胞：不同类型的细胞对 DNA 载体的组成和结构均有要求，因此根据受体细胞的特点对载体加以选择或改造。③目的基因片段的类型与大小：DNA 载体的组成、结构及容纳量应与目的基因的类型和片段长度相适应。④其他：如 DNA 克隆规模、实验室条件等。

（三）目的基因与载体的连接

　　DNA 体外重组本质上是一个酶促反应过程，在 DNA 连接酶的催化下，将外源 DNA 分子（目的基因）与载体分子连接成一个重组 DNA 分子。不同性质、来源的外源 DNA 片段与载体分子之间的连接方式各不相同。目的基因与载体的连接至少应注意两点：①目的基因的插入位点：目的基因插入载体 DNA 后，应不影响重组 DNA 的复制和扩增，故通常选择在载体的 MCS 位点上插入；同时，目的基因与启动子的距离应恰当，使其能有效表达基因编码产物。②目的基因与载体 DNA 连接端点的结构：将目的基因和载体 DNA 的连接端进行适当切割或修饰形成特定连接端点结构，然后经 DNA 连接酶催化连接形成重组 DNA 分子。目的基因与载体 DNA 的连接方式主要有黏性末端连接法、平末端连接法、人工接头连接法和同聚物加尾连接法。

　　1. 黏性末端连接　目的基因与载体分子经同一限制酶切割成具有相同黏性末端的 DNA 片段后，在 DNA 连接酶的作用下形成重组 DNA 分子。例如，外源 DNA 和载体分子被 *Eco*R I 切割后，产生带有相同单链突出的黏性末端 AATT ［图 21-21（A）］。二者在退火时碱基配对相互连接，仅在双链 DNA 上留下缺口，DNA 连接酶可催化缺口上游离的 5'-P 与相邻的 3'-OH 之间生成磷酸二酯键而封闭缺口。

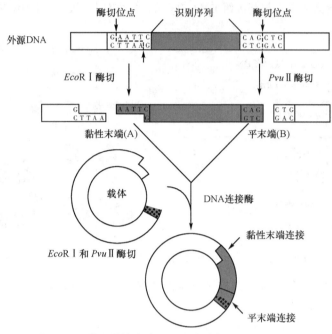

图 21-21　利用黏性末端和平末端连接重组 DNA 分子

当用同一种限制酶切割载体分子或目的基因时，由于 DNA 分子两端带有相同的黏性末端，所以除了载体与目的基因连接外，还会出现载体自身连接或目的基因自身连接的情况，而且目的基因可以两个方向插入载体中。为解决这些问题，可选用两种不同的限制酶切割 DNA，在目的基因和载体分子两端形成不同的黏性末端或一端是黏性末端、另一端是平末端。如图 21-21 所示，用 EcoRI 和 PvuII 切割目的基因和载体，产生的 DNA 分子末端是不相互补的，这样目的基因只能以一个方向插入到载体分子中，这种克隆方案即为定向克隆。

具有不同黏性末端的载体与目的基因，连接形成重组体的概率很高。需注意的是，不同的限制酶如同尾酶，虽然识别的序列不同，但切割后所产生的 DNA 片段具有相同的黏性末端，因此可通过其末端之间的互补作用而彼此连接起来。

2. 平末端连接　某些限制酶对 DNA 分子切出平齐的末端，可利用 DNA 连接酶将其连接，这就是平末端连接法。例如，外源 DNA 和载体分子被限制酶 PvuII 切割后产生平末端［图 21-21（B）］，在 DNA 连接酶的催化作用下二者连接形成重组 DNA 分子。

如果目的基因和载体没有相同的限制酶位点，那么用不同的限制酶切割后产生的黏性末端不能互补结合，此时可选用适当的酶将 DNA 突出的黏性末端消化平齐（如 S1 核酸酶）或补齐（如克列诺酶），再用 DNA 连接酶连接。

平末端连接要求 DNA 的浓度较高，而且连接酶的用量也比黏性末端连接大 20~100 倍，因此其连接效率比黏性末端连接低很多。平末端连接时，载体自连的概率较高，而且往往在重组体中有目的基因的多聚体及双向插入等。

3. 人工接头连接　该连接法是在待连接的载体分子或目的基因两端，接上一段人工合成的含有限制酶识别序列的 DNA 片段，称为多位点人工接头（polylinker）。借此可用限制酶将其切开，产生黏性末端，将外源基因与载体 DNA 连接。如图 21-22 所示，先合成一段含有几种限制酶位点的接头，然后在 DNA 连接酶催化下，将人工合成的多聚物接头连接入经 EcoRI 酶切的载体中，产生新的 DNA 序列。最后用合适的限制酶切割载体，产生黏性末端，再与具有相同黏性末端的目的基因连接，形成重组 DNA 分子。

4. 同聚物加尾连接 如果待连接的载体和目的基因片段均为平末端，或二者的连接端不是互补的黏性末端，则可通过同聚物加尾法在其末端引入互补黏性末端，即利用末端转移酶把互补的多聚核苷酸（Poly A 与 Poly T 或 Poly G 与 Poly C）分别连接到载体和目的基因的末端，然后利用 DNA 连接酶将其连接。如图 21-23 所示，在末端转移酶催化下，在目的基因的 3′-OH 端连接上 Poly A，在载体 DNA 分子的 3′-OH 端连接上 Poly T。这样就在目的基因与载体两端产生可以互补的多聚物黏性末端，二者退火后由 DNA 连接酶封闭缺口形成重组 DNA 分子。

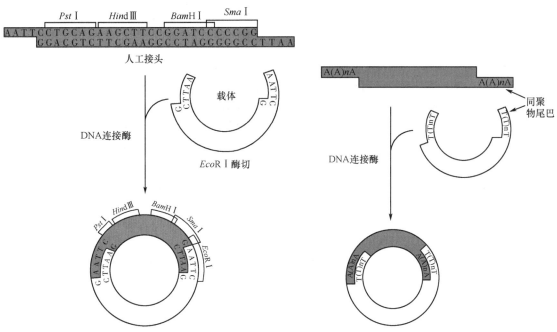

图 21-22　利用人工合成的接头连接重组 DNA 分子　　图 21-23　同聚物加尾法连接重组 DNA 分子

5. T-A 克隆 是一种直接将 PCR 产物插入到载体中的方法。前已述及 TA 克隆载体两侧的 3′隆末端带有突出的 T 碱基，而 PCR 扩增后产物两侧的 3′ 增末端会加上突出的 A 碱基。这样载体与产物之间通过 T-A 互补配对，再在 DNA 连接酶的作用下封闭缺口形成重组 DNA 分子。

6. Gateway 克隆 是一种基于 λ 噬菌体位点特异重组系统构建重组 DNA 的方法。其第一步是使用噬菌体整合酶（Int）和大肠埃希菌整合宿主因子（IHF）介导两端含有 *attB* 位点的目的基因与含有 *attP* 位点的载体之间发生重组反应，构建目的基因两端具有 *attL* 位点的入门克隆（entry clone）。第二步是使用 Int、IHF 和切除酶（excisionase，Xis），通过切割入门克隆载体的 *attL* 位点与目的载体的 *attR* 位点进行体外重组，产生含有目的基因的表达克隆。

（四）重组 DNA 导入宿主细胞

体外构建的重组 DNA 分子需要导入合适的受体细胞才能进行复制、扩增和表达。重组 DNA 分子导入宿主细胞是 DNA 分子进行无性繁殖的先决条件。因此，选定的受体细胞应具备以下条件：易于接纳重组 DNA 分子的导入；对载体的复制、扩增和表达无严格限制；不存在特异性降解外源 DNA 的酶系统；不对外源 DNA 进行修饰；能表达由导入的重组体分子所携带的某种表型特征。受体细胞包括原核细胞和真核细胞，不同的重组 DNA 分子需要在适当的受体细胞中扩增、表达，因此选择不同的导入方法。

1. 转化 是指将质粒 DNA 分子直接导入细菌或真菌，并使其获得新表型的过程。最常用的细菌是大肠埃希菌 K12 突变株。该菌株在人的肠道几乎不存活或者存活率极低，而且由于丧失了限制修饰系统，故不会使导入的外源 DNA 发生降解或被修饰。

利用一定的方法处理宿主细胞，并使之处于容易接受外源DNA分子的状态，此时的细胞称为感受态细胞（competent cell）。最常用的转化方法是：用低渗CaCl₂溶液在冰浴条件下处理对数生长期的细菌，使细菌细胞壁和膜的通透性增加，处于感受态；然后加入重组DNA或质粒DNA，通过42℃短时间热激作用促使DNA分子进入细胞内（图21-24）。

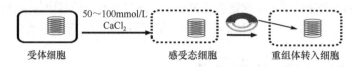

受体细胞　　　　　感受态细胞　　　　重组体转入细胞

图21-24　CaCl₂法将重组体导入细胞示意图

此外，还可用电穿孔（electroporation）法进行转化。除需特殊仪器外，该法比CaCl₂法操作简单，无须制备感受态细胞，适用于任何菌株，转化效率较高。

2. 转染（transfection） 是指将质粒DNA直接导入除酵母外的真核细胞或将噬菌体DNA直接导入受体细菌的过程。已接受外源DNA分子的细胞称为转染子（transfectant）。导入细胞内的DNA分子可以被整合至真核细胞染色体，经筛选可获得稳定转染（stable transfection）克隆；也可以游离在宿主细胞染色体外短暂地复制表达，不加选择压力，这种转染称为瞬时转染（transient transfection）。常用的转染方法有以下几种：

（1）磷酸钙转染法：将被转染的DNA和磷酸钙混合形成磷酸钙-DNA共沉淀物后，使其附着在培养细胞的表面，外源DNA通过内吞作用被细胞捕获。

（2）二乙氨乙基（DEAE）-葡聚糖转染法：DEAE-葡聚糖是一种高分子阳离子多聚物，能促进哺乳动物细胞捕获外源DNA，其机制可能是DEAE-葡聚糖与DNA结合成复合体，可保护DNA免受核酸酶的降解，或DEAE-葡聚糖与细胞膜发生作用，促进细胞对DNA的内吞作用。此法比磷酸钙转染法重复性好，但最适宜于瞬时转染。

（3）电穿孔转染法：对于磷酸钙转染法等不能导入的受体细胞，可利用很短促的高压电脉冲，在受体细胞的质膜上形成暂时性微孔，外源DNA可通过这些微孔进入细胞。该方法操作简单且转染效率高，几乎可以转染任何细胞用于瞬时或稳定表达。但是该法需要专门仪器，而且导入前需要进行预实验，以确定最佳实验条件。

（4）脂质体（liposome）转染法：用阳离子脂质体包裹DNA，通过与细胞膜融合将外源DNA导入细胞。脂质体转染法可用于瞬时或稳定表达，操作简单，转染效率高，重复性好。

（5）显微注射法：通过显微注射装置将外源DNA直接注入受体细胞并进行表达。该法虽然转染效率高，但需要一定的仪器和操作技巧，主要用于进行稳定表达的细胞转染。

3. 感染（infection） 是指以人工改造的噬菌体或病毒为载体构建的重组DNA，经体外包装成具有感染性的噬菌体颗粒或病毒颗粒，继而感染受体细菌或真核细胞，经脱衣壳后将重组DNA注入细菌或真核细胞，使目的基因得以复制或表达。感染的效率较高，但重组DNA需经过较为复杂的体外包装过程。

（五）重组体的筛选与鉴定

在重组DNA转入过程中，能转入重组DNA分子的受体细胞只占很少一部分，因此需采用适当方法将含目的基因的重组克隆筛选鉴定出来。根据不同的载体系统、相应的宿主细胞特性及外源DNA的性质，选用不同的筛选和鉴定方法。

1. 根据重组载体的遗传表型进行筛选

（1）根据载体的耐药性标记筛选：大多数克隆载体都带有抗生素抗性基因，如 *Amp*ʳ、*Tet*ʳ等。当带有完整耐药性基因的载体转化至无耐药性细胞后，理论上讲，凡转入载体的细胞都获得了耐药性，能在含相应抗生素的培养板上生长成菌落，而未被转化的细胞不能生长。但是在培养板上生长的菌落，除含有重组体分子外，可能也含有自身环化的载体、未被酶切完全的载体以及非目的基因插入的载体等，因此还需要进一步筛选鉴定。原理示意图如图 21-25。

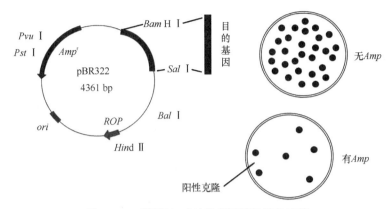

图 21-25 利用 *Amp'* 抗性基因筛选阳性克隆

注：*ROP* 编码的 ROP 蛋白是一种复制调控蛋白，可维持较高的质粒拷贝数

（2）根据载体的耐药性标记插入失活选择：在含有两个耐药性基因的载体中，将外源 DNA 插入其中一个基因，并导致其失活，可用两个不同抗生素的平板相互对照筛选含重组体的阳性菌落。如携带完整 pBR322 质粒的细菌，能在含 Amp 和 Tet 的培养基中生长；若质粒 *Tet'* 基因被外源基因插入后失活，细菌则失去对 Tet 的抗性，只能在含 Amp 的培养基中生长，而不能在含 Tet 的培养基中生长。用此原理即可筛选出含重组质粒的阳性菌落。

（3）根据 β-半乳糖苷酶显色反应筛选：pUC 系列载体及其他一些载体中含有 *LacZ'* 基因，可通过"蓝白斑"标记进行筛选。含重组 DNA 分子的菌落在有 IPTG/X-gal（IPTG 是 β-半乳糖苷酶产生的诱导剂）的培养基上呈白色，而仅含野生型载体的菌落则呈现蓝色。

（4）根据插入的外源基因性状进行筛选：如果克隆的外源基因能够在宿主菌中表达，且表达产物与宿主菌的营养缺陷性状互补，则可以利用营养突变菌株进行筛选。如把酵母基因组 DNA 随机切割后插入质粒载体中，将重组质粒转化到组氨酸缺陷型大肠埃希菌中，并在无组氨酸的培养基中培养。这样只有含酵母组氨酸基因并获得表达的转化菌才能在无组氨酸的培养基中生长。

2. 限制酶酶切鉴定 对于初步筛选确定含有重组体的菌落，扩增培养后提取重组 DNA 分子，用插入位点的限制酶切割，继而行琼脂糖凝胶电泳分析，即可判断目的基因是否存在。若目的基因已成功插入到载体分子中，那么电泳结果应显示出预期大小的插入片段，这是简单而常用的鉴定方法。

3. 核酸分子杂交法 为进一步确定插入片段的正确性，在限制酶消化重组 DNA 分子并进行电泳分析后，利用标记的核酸探针进行分子杂交（如 Southern blotting），对重组体插入的片段进行鉴定。

菌落或噬菌斑原位杂交也是常用的筛选方法，先将转化菌直接影印到硝酸纤维素膜上，碱裂解后将菌落释放的 DNA 原位吸附在膜上，继而用标记的特异性探针进行分子杂交，挑选阳性菌落。该方法适用于大规模操作，是从基因文库中挑选含目的基因的阳性克隆的常用方法。

4. PCR 法 某些载体的 MCS 两侧存在保守序列，如 pGEM 系列载体的 MCS 两侧是 T7 及 SP6 启动子序列。可根据此序列设计引物，对提取的重组载体进行 PCR 扩增，不但可快速扩增插入的目的片段，而且可以直接进行 DNA 序列分析。

如果已知目的基因的全序列或其两端的序列，可设计合成一对引物，以转化菌落提取的重组载体为模板进行 PCR 扩增。若 PCR 产物与目的基因的预期长度一致，即可初步筛选出含重组载体的阳性菌落。

5. 免疫化学检测法 此法不是直接筛选目的基因，而是利用标记的特异性抗体与目的基因的表达产物相互作用来筛选含重组 DNA 分子的转化菌，因而要求进入细胞的目的基因能表达蛋白质产物。通过放射免疫、化学发光或显色反应进行筛选。

第三节 克隆基因的表达

将外源目的基因连接到表达载体上，导入受体细胞，实现外源基因的表达也是基因克隆技术操作的重要内容。根据受体细胞的不同，分为原核生物表达系统和真核生物表达系统。

一、原核生物表达系统

原核生物表达系统就是将外源基因导入原核细胞（如大肠埃希菌、芽孢杆菌及链霉菌等），使其在细胞内表达。大肠埃希菌是最常采用的原核表达细胞，其培养简单、生长迅速、成本较低，适合大规模生产。人胰岛素、生长激素、人干扰素等基因在大肠埃希菌中的表达便是一系列成功的例子。

要实现外源基因在原核表达细胞中的高效表达，需考虑外源基因的性质、表达载体的特点以及原核细胞的启动子和 SD 序列、可读框、宿主菌调控系统等诸多因素。

（一）对外源目的基因的要求

克隆基因要在原核细胞中获得有效表达，需满足以下基本条件：①外源真核基因不能带有 5′端非翻译区和内含子结构，因此必须用 cDNA 或化学合成基因。②外源基因必须置于原核细胞的强启动子和 SD 序列等元件控制下，以调控其表达。③外源基因与表达载体重组后，必须形成正确的可读框，利于外源基因正确表达。④外源基因转录生成的 mRNA 必须相对稳定并能够被有效翻译，所表达的蛋白质产物不能对宿主菌有毒害作用，且不易被宿主的蛋白酶水解。

（二）原核表达载体

要利用大肠埃希菌表达外源基因，必须使用合适的表达载体。目前已构建出多种原核表达载体，具有以下的调控元件与功能：①具有强启动子及两侧的调控序列，能调控基因的转录，产生大量的 mRNA。②含有 SD 序列。SD 序列提供核糖体 16S rRNA 3′ 端的识别与结合位点，并与其密码子之间有合适的距离，以启动正确、高效的翻译过程。③带有转录终止序列。一般在外源基因下游加入不依赖 ρ 因子的转录终止区，避免 RNA 过度转录。④含 MCS，确保外源基因按正确方向插入载体，且可读框保持不变。另外，带有原核的复制起始点 *ori*、大肠埃希菌适宜的筛选标记等。

（三）外源基因在原核细胞中的表达

当选用适当的方法通过原核表达载体的介导，将外源基因导入宿主细胞后，在细胞调节元件控制下即可表达出融合型、非融合型或分泌型蛋白质。在实际工作中，可根据目的蛋白的性质与用途及所用载体的特点，选择不同的表达方式。

融合型表达是指将外源目的基因与另一基因（可以是原核 DNA 或其他 DNA 序列）相拼接构建成融合基因进行表达，这种由外源目的蛋白与原核生物多肽或具有其他功能的多肽结合在一起的蛋白，即为融合蛋白（fusion protein）。可通过酶解法或化学降解法切除融合蛋白中的其他多肽成分而获得外源目的蛋白。采用融合型方式表达时，需选用融合表达载体。目前已构建出多种融合表达载体，如 pET 系列载体、pGEX 系列载体等。融合型表达的特点是：融合蛋白表达效率高；融合蛋白较稳定，可抵御细菌蛋白酶的水解；融合蛋白能形成良好的构象，且大多具有水溶性；融合蛋白常带有特殊标记，易于进行亲和纯化。

非融合型表达是指外源目的基因不与其他基因融合，直接从起始密码 AUG 开始在原核调控元件下表达蛋白质。非融合型表达载体也应包含强启动子及其调控序列、SD 序列、转录终止序列以及筛选标记等元件。非融合型表达的蛋白质具有类似天然蛋白质的结构，其生物学功能与天然蛋白质更为接近，但其缺点是更容易被细菌蛋白酶水解。

分泌型表达是利用分泌型表达载体将表达的蛋白质由细胞质跨膜分泌出胞质，需要在信号肽的帮助下进行。分泌型表达载体除含有强启动子及其调控序列、SD 序列等元件外，必须在 SD 序列下游携带有一段信号肽序列。分泌型蛋白可以是融合蛋白或非融合蛋白。分泌型表达可防止宿主蛋白酶对外源蛋白的水解，减轻大肠埃希菌代谢负担，便于蛋白质的正确折叠和提纯。但分泌型蛋白的表达量往往较低，且有时信号肽不能被切除或在错误的位置上被切除。

当大肠埃希菌高效表达外源基因时，所表达的蛋白质致密地聚集在细胞内，或被膜包裹或形成无膜裸露结构，这种水不溶性的结构称为包涵体（inclusion body）。包涵体的形成有利于表达产物的分离纯化，可在一定程度上保持表达产物的稳定，也能使对宿主细胞有毒或有致死效应的目的蛋白丧失其毒性或致死效应，因此必须通过有效的变性复性操作以恢复其生物学活性。

（四）原核表达系统的不足

原核表达系统主要存在以下不足：由于缺乏转录加工机制，原核系统只适合表达克隆的 cDNA，不宜表达真核基因组 DNA；由于缺乏适当的翻译后加工机制，原核系统表达的真核蛋白不能形成正确的折叠和进行糖基化、磷酸化、乙酰化等修饰；原核表达的真核蛋白常以包涵体形式存在，且表达的真核蛋白易受细菌蛋白酶水解；原核细胞常含有内毒素，易污染表达产物，影响产品纯度。

二、真核生物表达系统

真核生物表达系统是指在真核细胞中表达外源基因的体系，主要有酵母、哺乳动物细胞、昆虫细胞（杆状病毒）系统和高等植物系统等。这些表达系统在重组 DNA 药物、疫苗生产及其他生物制剂生产上都获得了一些成功。另外，真核表达系统在研究蛋白质分子功能、了解真核基因表达调控机制等方面也有广泛应用。

（一）真核表达系统的优点

相对于原核表达系统，真核表达系统具有更多的优越性：具有转录后加工系统，因而真核系统可表达克隆的 cDNA 或真核基因组 DNA；具有翻译后加工系统，故可进行糖基化、磷酸化、乙酰化等修饰；某些真核细胞可将外源基因表达产物直接分泌至细胞培养基中，简化了分离纯化的操作。

（二）真核表达载体

真核表达载体大多是穿梭载体，既含有原核克隆载体的复制起点、抗性筛选基因和 MCS 等序列，利于在原核细胞中进行目的基因重组和载体扩增；又含有真核细胞的启动子、增强子、剪接信号、转录终止信号和 PolyA 信号及遗传选择标记等元件，便于在真核细胞中高效、正确表达目的基因。

哺乳动物细胞表达载体通常包括以下元件：①强启动子：位于基因上游，决定转录的起始及速度，启动子的转录效率因细胞而异。②增强子：能提高启动子转录效率的 DNA 序列，发挥作用时与所处的位置和方向无关，应根据宿主细胞来选择增强子。③剪接信号：真核基因的初级转录物通常需要剪接去除内含子，一般选择在哺乳动物基因转录单位中带有剪接信号的载体。④终止信号和 PolyA 信号：真核表达载体中必须含有转录终止信号和 PolyA 信号，以使生成的 mRNA 能有效进行切割和 PolyA 化。⑤遗传选择标记：表达载体需带有可供筛选的遗传标记，以便筛选出含重组体的转染子。常用的标记基因有：胸苷激酶基因（*tk*）、二氢叶酸还原酶基因（*dhfr*）、氯霉素乙酰转移酶基因（*cat*）和新霉素抗性基因（*neo*^r）等。

（三）外源基因的导入和转染子的筛选

将外源基因导入真核细胞的方法有两大类：病毒感染和载体转染。病毒感染是一种将外源基因导入细胞的天然方法，而转染则是利用化学或物理等方法将外源基因导入真核细胞的方法。

可利用表达载体中带有的标记基因对转染子进行筛选，常用的筛选系统有胸苷激酶基因-HAT选择系统、二氢叶酸还原酶基因选择系统及新霉素抗性选择系统等。

（四）外源基因在真核细胞中的表达

采用真核系统表达外源蛋白时，由于所用载体、转染方法以及选用宿主细胞的不同，其表达方式也不同，主要有瞬时表达和稳定表达两大类。在实际工作中，应根据实验目的选用不同的表达方式。

瞬时表达时，外源基因不整合于宿主细胞染色体，基因表达和对细胞的影响只能维持较短的时间。常用于瞬时表达的宿主细胞是源自非洲绿猴肾细胞系 CV-1 的 COS-1 细胞。稳定表达时，外源基因整合于宿主细胞染色体，其可长时间在宿主细胞中进行表达。稳定表达细胞株通常需经药物筛选获得，其耗时较长，且有时不易获得成功。常用于稳定表达的宿主细胞是中国仓鼠卵巢（CHO）细胞等。

第四节　基因工程的下游技术

基因工程的下游技术主要包括基因工程菌的发酵、目的蛋白的分离纯化和目的蛋白的分析鉴定等内容。

一、基因工程菌的发酵

从广义上讲，基因工程菌泛指经遗传改造的、能表达外源基因编码产物的工程化宿主细胞（包括原核细胞和真核细胞），本节所讲的基因工程菌特指基因工程化细菌。基因工程菌更适合工业生产应用、产量更高、产物更纯、成本更低。基因工程菌生产的产品主要有两类：蛋白质类和非蛋白质类，其中，蛋白质类是现代基因工程的重点。

（一）基因工程菌的获得

作为工程菌，需具备以下条件：①发酵产品是高浓度、高转化率和高产率的菌株；②菌株能利用常用的碳源，并可进行连续发酵；③菌株不是致病株；④代谢容易控制；⑤能进行适当的DNA 重组，并且稳定，重组的 DNA 不易丢失。

构建基因工程菌，必须要选择合适的宿主细胞和表达系统。最常用的基因工程菌是大肠埃希菌，其具有遗传背景和代谢途径及表达调控机制清楚，基因工程操作方便，载体系统完备，易培养，成本低，培养周期短，表达效率高，表达产物分离纯化相对简单，抗污染能力强等优点。然而，大肠埃希菌作为基因工程菌也存在一些问题，如蛋白质翻译后加工机制缺乏，易形成包涵体，其表达的蛋白质通常不能分泌入培养基，表达产物中混有的热源性物质（如内毒素）难以去除等。

（二）基因工程菌发酵的不稳定性

基因工程菌带有外源基因，而外源基因可能重组到质粒中也可能整合到染色体上，这些基因可能不稳定，丢失外源基因的菌往往比未丢失的菌生长快得多，这样就会大大降低产物的表达。为了抑制基因丢失菌的生长，一般在培养基中选择加入抗生素。此外，基因工程菌发酵的目的是获得最大量的外源蛋白，但是大量外源蛋白的形成对宿主细胞是有害的，通常是致死的。失去制造外源蛋白的细菌生长快的多，从而替代有生产能力的菌株，导致了基因的不稳定性。因此，基因工程菌的发酵过程最大的特点就是基因的不稳定性。导致基因不稳定性的主要原因如下：①分离丢失，在工程菌的分裂时出现了一定比例不含质粒的子代菌。质粒的分离丢失受很多因素的影响，如溶氧、温度、培养基组成和恒化器中的稀释速率等。②质粒结构的不稳定性，指外源基因从质粒中丢失或碱基重排、缺失导致工程菌性能的改变。如果质粒发生突变，仍保留了抗生素抗性基因，但不合成外源蛋白，那么这些突变株仍能在含有抗生素的培养基中生长，而且由于不合成外源蛋白，其生长速度比原来的工程菌更快，使得在这些培养物中带有突变质粒的菌占优势地位，这种培养情况就是结构不稳定性。另外，表达产物不稳定也是一个很重要的问题，如人干扰素工程菌在表达干扰素时，随着培养时间的延长，干扰素活性反而下降。

提高基因工程菌生产的稳定性是实现外源基因产物高水平生产的基本条件，而基因工程菌生产的稳定性主要在于质粒的稳定性，提高质粒稳定性的方法主要有：①选择合适的宿主菌。宿主菌的遗传特征对质粒的稳定性有很大影响。宿主菌的生长速率、基因重组系统的特征、染色体上是否有与质粒和外源基因同源的序列等，都会影响质粒的稳定性。②选择合适的载体。低拷贝质粒工程菌产生不含质粒子代菌的频率高，高拷贝质粒工程菌产生不含质粒子代菌的频率低，所以控制质粒的拷贝数对于提高质粒的稳定性很重要，可以通过对同一工程菌控制不同的比生长速率改变质粒的拷贝数。③选择压力。在培养基中加选择性压力抗生素，可以抑制质粒丢失菌的生长，但是添加选择性压力抗生素对于质粒结构不稳定性无效，大规模生产时不可选。④分阶段控制培养。基因工程菌的培养方式有多种，但是分批培养能够提高质粒的稳定性。第一阶段先使菌体生长至一定的密度，使质粒稳定地遗传；第二阶段诱导外源基因的表达。由于第一阶段外源基因未表达，减小了重组菌与质粒丢失菌的生长速率的差别，增加了质粒的稳定性。⑤控制培养条件。基因工程菌的发酵对于环境有一定的要求，可以通过调控环境参数（如温度、pH、培养基组分和溶解氧浓度、限制性营养物质等）来控制比生长速率。

（三）基因工程菌的培养方式

在制备大量菌体或其代谢产物时，可采用不同的发酵方式。从本质上来说，基因工程菌的发酵与普通菌的好氧培养并无两样，但是由于细菌生长和异源基因表达之间有着较大差异，各培养参数在全过程必须分段控制。从生物学的角度要求考虑质粒的稳定性、质粒拷贝数的控制、转录效率的提高与控制、翻译效率的提高及向菌体外的分泌等主要因素。从培养工程菌的角度，要考虑营养源（如碳源、氨基酸、氮源、溶氧等）浓度的控制，减少抑制生长的代谢产物。基因工程菌的发酵方式可分为分批发酵、补料分批发酵和连续发酵。为获得大量的基因工程产品，基因工程菌通常采用高密度培养技术（high cell-density culture，HCDC），又称高密度发酵技术（high cell-density fermentation），即提高菌体的发酵密度，最终提高产物的比生产率（单位体积单位时间内产物的量）的一种培养技术，也就是补料分批发酵技术。

1. 补料分批发酵　即高密度发酵，是指将种子菌接种至发酵反应器中进行培养，经过一段时间后，间歇或连续地补加新鲜培养基，使菌体进一步生长。所补材料可为全料（基础培养基）或简单的碳源、氮源及前体等。补料分批发酵以微生物生长、各种基质消耗和代谢产物合成都处于瞬变之中为特征，整个发酵过程处于不稳定状态。为了保持基因工程菌生产的良好微环境，延长其对数生长期，获得高密度菌体，在分批培养中，通常把溶氧控制和添加补料措施结合起来，根据基因工程菌生长规律来调节补料的流加速率。

重组大肠埃希菌高密度发酵成功需要从基因工程菌的特点及产物的表达方式采用合理的营养流加方案。大肠埃希菌在葡萄糖过量或者缺氧条件下会引起"葡萄糖效应"，积累大量的有机酸，主要是乙酸，从而影响重组大肠埃希菌的生长和外源蛋白的有效表达。在重组大肠埃希菌的发酵过程中，通过合理流加碳源降低"葡萄糖效应"，而常用的流加技术有恒速流加、变速流加、指数流加和反馈流加等。

2. 连续发酵　是指将种子菌接入发酵反应容器中，搅拌培养基至一定菌体浓度后，开动进料和出料的蠕动泵，以控制一定稀释率进行不间断的培养，发酵反应器中的菌体总数和总体积均保持不变，发酵体系处于平衡状态，发酵中的各个变量都能达到恒定值而区别于瞬间状态的分批发酵。连续发酵可为微生物生长提供稳定的生活环境，控制其比生长速率，为研究基因工程菌的发酵动力学、生理生化特性、环境因素等对基因表达的影响创造了良好的条件。连续发酵所用的生物反应器比分批发酵所用的生物反应器要小，发酵时细菌的生理状态更一致，容易实现生产过程的仪表化和自动化。

由于基因工程菌的不稳定性，连续培养比较困难。为了解决这一难题，人们将工程菌的生长阶段和表达阶段分开，进行两阶段的分批培养。两阶段分批培养关键在于控制诱导水平、稀释率和比细胞生长速率，这样可以保证第一阶段培养时质粒的稳定，菌体在进行第二阶段培养时可获得最高表达水平或最大产率。

3. 固定化培养　基因工程菌培养的一大困难在于如何维持质粒的稳定性。有人将固定化技术应用到这一领域里，发现基因工程菌经过固定以后，质粒的稳定性大大提高，便于进行连续培养，特别是对于分泌型菌更加有利。常用的微生物固定化培养反应器有填充床、流化床、转盘式、空心纤维等类型。目前，基因工程菌的固定化培养研究已经得到了迅速发展。

4. 透析培养　就是利用膜的半透性原理使培养菌和培养基分离，其主要目的是通过除去培养液中的代谢产物来解除其对生产菌的不利影响。采用透析装置，在发酵过程中，用蠕动泵将发酵液抽出泵入罐外的膜透析器的一侧循环，其另一侧通过透析液循环，在补料分批培养中，大量乙酸在透析器中透过半透膜，降低培养基中的乙酸浓度，并可通过在透析液中补充养分而维持较合适的基质浓度，从而获得高密度菌体。透析膜的种类、孔径、面积，发酵液和透析液的比例，透析液的组成，循环流速，开始透析的时间和透析培养的持续时间段都对产物的产率有影响。

（四）基因工程菌的安全问题

基因工程菌的发酵能够为人类提供所需的药物、疫苗等，但另外一方面应该注意到基因工程菌的潜在危险。基因工程菌含有外源 DNA 片段，其遗传结构与自然界中的 DNA 相比有着较大的差别，进入自然界可能对自然物种形成威胁。另外，基因工程菌一般还有抗生素抗性基因，一旦基因工程菌进入工业化生产就有可能进入自然界，这些菌体会间接地危害人类健康，使抗生素失效，造成环境污染等。因此，对于基因工程菌的安全关注及采取措施防患于未然是非常重要的。

二、目的蛋白的分离纯化

目的蛋白分离和纯化的一般流程包括蛋白样品的前期处理、重组蛋白与表达细胞的分离、根据目的蛋白的性质选择适当的分离纯化方法等步骤。在蛋白质分离纯化的操作中应注意保持蛋白质的完整性与活性，防止因酸、碱、高温以及剧烈机械力导致蛋白质生物活性丧失。目的蛋白的分离纯化以及鉴定流程见图 21-26。

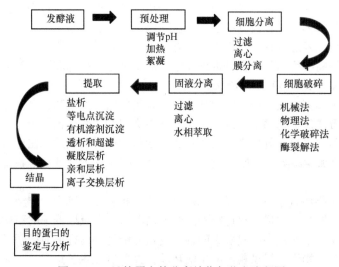

图 21-26　目的蛋白的分离纯化与鉴定流程图

（一）蛋白样品的前期处理

1. 预处理　前期处理过程涉及细胞或菌体的分离或富集，一般采用离心和过滤的方法，因此对发酵液和培养液的状态有要求，要有利于提高固液分离的速度。基因工程菌株和细胞的发酵液或培养液的预处理就是在保证蛋白质生物活性稳定的前提下，通过调节 pH、加热等处理来降低溶液的黏度，改变溶液的性质，使其状态更有利于后续操作。

2. 细胞破碎 基因工程菌株和细胞表达的产物，有的可以分泌到细胞外，但大部分存在于细胞内，因此需通过离心收集、细胞洗涤，然后进行细胞破碎才可使胞内目的产物最大程度地释放到液相中，以便进一步提取。细胞破碎的方法和原理见表 21-2。

表 21-2 细胞破碎方法与原理

名称	原理	方法
机械法	通过机械力的作用使细胞破碎	捣碎法、匀浆法、超声法、淹没法
物理法	通过各种物理因素使细胞的外层结构破坏导致细胞破碎	反复冻融法、急热骤冷法、压力差破碎法
化学破碎法	通过各种化学试剂对细胞膜的作用，使细胞破碎	有机溶剂、表面活性剂、酸碱
酶裂解法	通过细胞本身的酶系或外加酶制剂的催化作用，使细胞外层结构受到破坏，而达到细胞破碎目的	自溶法、酶溶法、外加酶制剂法

3. 固液分离 细胞破碎后的匀浆中含有大量的细胞碎片，必须将其分离除去后才能进一步提取分离，目前主要是过滤、离心、水相萃取等方法。

（二）蛋白分离纯化的主要方法

蛋白分离纯化的总目标是增加蛋白制品的纯度或比活，具体方法包括粗提纯和精提纯。粗提纯是指用合适的方法将目的蛋白与其他杂蛋白分离开来，常用的方法有盐析法、等电点沉淀法、有机溶剂沉淀法等，它们的主要原理都是利用蛋白质在溶液中的溶解度不同来进行分离的。蛋白质的精提纯是指联合几种方法来获得较高纯度的蛋白质样品。对于重组蛋白的分离纯化使用的方法主要是层析技术。依据分离原理的差异，常用的有亲和层析、凝胶过滤层析、离子交换层析、反向层析等（见第一章）。目前，纯化蛋白质最常用的方法是高效液相层析法（high-performance liquid chromatography，HPLC），其具有分析速度快、分离效能高、检测灵敏度高、样品适用范围广等优点。

HPLC 由进样系统、输液系统、层析柱、检测系统和数据处理系统几部分组成，其基本原理是输液泵将流动相以稳定的流速（或压力）输送至分析系统，在进入层析柱之前通过进样器将样品导入，流动相将样品带入层析柱，在层析柱中各组分依照分配系数、吸附力大小、带电性质、分子量大小的差异依次被分离，并随流动相流至检测器，将检测到的信号送至数据系统记录、处理或保存。

根据固定相的性质，可将 HPLC 分为高效凝胶层析、高效疏水层析、反向高效液相层析、高效离子交换层析、高效亲和层析以及高效聚焦液相层析等类型。根据蛋白质的大小、形状、电荷、疏水性等特性以及蛋白质的来源、实验要求，可选择不同的分离模式来分离蛋白质。HPLC 的工作原理与普通的液相层析原理相似，不同点就在于 HPLC 灵敏、快速、分辨率高、重复性好，且需在层析仪中进行。

1. 反向高效液相层析（reverse-phase high-performance liquid chromatography，RP-HPLC） 其固定相是非极性的，常用硅烷化基质为固相填料；而流动相是极性的溶剂系统，常采用水-有机溶剂为流动相，其中有机溶剂常用乙腈或异丙醇，三氟乙酸（TFA）也是反向层析中常用的离子对试剂。用 RP-HPLC 分离蛋白质是根据蛋白质分子疏水性的不同在两相中的分配不同而得到分离，因其高分辨力、快速、重复性好等优点被广泛应用于蛋白质的分离分析，是所有 HPLC 中应用最广泛的。但是由于天然三维结构的蛋白质对溶剂化作用的微环境改变是非常敏感的，另外，盐类物质解离引起的离子强度增大及环境 pH 的不适会导致蛋白质失去生物活性，因此用 RP-HPLC 分离纯化蛋白质有一些具体要求：①如果被分离的物质需要保留其生物活性时，要特别注意固定相的特性和流动相的组成对其活性的影响，需要在分离实验前研究流动相组成对被分离物质生物活性的影响，以选择最佳流动相组成。②选择的固定相填料要合适，硅胶的孔径要能适合蛋白质在此固定相上产生多方位的吸附，特别是分离大分子蛋白质时，如果硅胶孔径不合适，蛋白质分子不能自由扩散通过硅胶细孔，则会造成柱效率和回收率的下降；此外还要考虑蛋白质分子与硅胶的相互作用也可能导致其对流动相组成变化的敏感性增高。③必须在确定所需分离的蛋白质分子在层析柱上的保留行为，只由洗脱剂中的一种成分来调节时，才能进行分离，否则如果该蛋白质的保留行为受多种物质的影响则会出现不正常的洗脱峰及发生分子排阻现象。

2. 高效亲和层析（high-performance affinity chromatography，HPAFC）　其基本原理是分子间的非共价结合反应，包括抗原-抗体反应、受体-配体反应、酶-底物反应、生物素-亲和素反应、组氨酸标签肽-镍离子反应等。HPAFC 可以从复杂的混合物中直接分离得到目标蛋白质，对于疫苗、糖蛋白和抗体的分离，此法是最适合的。同时，HPAFC 也可分离变性蛋白、化学改性蛋白等。

3. 高效离子交换层析（high-performance ion exchange chromatography，HPIEC）　是一种根据不同蛋白质分子在一定的 pH 和离子强度条件下所带电荷的差异而进行分离的方法，分为阴离子交换层析和阳离子交换层析。这种方法已成功应用于大多数水溶性蛋白质的分离，包括水解以后的多肽甚至氨基酸的分离，并且在选择合适的流动相 pH 时能维持蛋白质的生物学活性。HPIEC 是一种吸附性的梯度洗脱过程，具有很好的负载力。

4. 高效排阻层析（high-performance size exclusion chromatography，HPSEC）　又称高效凝胶过滤层析，是根据分子相对大小进行分离的一种层析技术。目前常用的凝胶有葡聚糖凝胶、聚丙烯酰胺凝胶、琼脂糖凝胶等，其中葡聚糖凝胶最为常用。SEC 的固定相具有分子筛的作用，流动相为样品溶液，当不同分子大小的样品同时流经凝胶层析柱时，比凝胶孔穴孔径大的分子不能进入到凝胶内部，被排阻在孔外，随流动相流动，最先流出柱子；而较小的分子渗透进入凝胶孔内部，流动速度慢，路程长，最后流出；而分子大小介于两者之间的样品在流动相中部分渗透，渗透的程度取决于它们的分子大小，流出时间介于两者之间，分子越大的组分越先流出，分子越小的组分越后流出。相对于吸附性液相层析技术而言，SEC 的分辨力和负载力都较低，但其是一种温和的技术，对流动相的要求不高，适用范围广。然而在用 SEC 进行分离时，出峰的峰宽通常比较大，对于分子量差异较小的组分，分离度不高。

5. 高效疏水层析（high-performance hydrophobic intercation chromatography，HPHIC）　疏水层析是用来分离构象不稳定蛋白质的技术之一，其分离机制类似于反向液相层析，只是用水性溶液代替了有机溶剂，以含氟化合物作固定相，在用 SDS 或 CTAB 作为流动相的 HPHIC 中，因为溶质存在疏水、亲水并存的非均相环境中，蛋白质在分离过程会重新发生折叠，因而在变性乳蛋白的检测中表现出劣势。

三、目的蛋白的分析鉴定

经过分离纯化得到的目的蛋白，需要对其做分析鉴定，包括目的蛋白含量的测定、分子量的测定、纯度的测定及生物学活性分析等。

（一）蛋白含量测定

目前蛋白质的直接定量分析技术只能测定样品的总蛋白量，不能直接分析样品中某一特定蛋白质成分的含量。常用的方法包括紫外吸收法、Braford 法、BCA 法等。测定蛋白含量常用的几种方法及原理见表 21-3。

表 21-3　常用蛋白定量方法的比较

方法	灵敏度	时间	原理	干扰物质	说明
紫外吸收法	较灵敏	快速，5～10 分钟	蛋白质中的酪氨酸和色氨酸残基在 280nm 处的光吸收	各种嘌呤；嘧啶；核苷酸	用于层析柱流出液的检测，若掺杂有核酸，需要进行校正
Lowry-Folin-酚试剂法	灵敏度高	慢速，40～60 分钟	双缩脲反应，磷钼酸-磷钨酸试剂被 Tyr 还原成蓝色	硫酸铵；Tris 缓冲液；甘氨酸；各种硫醇	检测时间较长，而且操作要求严格计时，且最终颜色深浅随不同蛋白质变化
Bradford 法	灵敏度最高	快速，5～15 分钟	考马斯亮蓝染料与蛋白质结合时，其最大光吸收由 488nm 变为 595nm	强碱溶液；TritonX-100	最好的蛋白质含量检测法，可检测微量蛋白质；干扰物质少；颜色稳定；颜色深浅随不同蛋白质变化
BCA 法	灵敏度较 Lowry 法高	中速，20～30 分钟	二价铜离子被蛋白质还原为一价铜离子，一价铜离子与 BCA 形成紫色络合物	尿素；β-巯基乙醇	近年来使用最广泛的蛋白定量法，操作简单，颜色稳定，干扰物质少，不受去垢剂的影响

（二）蛋白分子量的测定

目前常用的蛋白分子量测定法有 SDS-PAGE 法、凝胶过滤层析法、质谱法等。在这几种方法中，质谱法测定蛋白分子量是最准确的，对样品的消耗少，而且能够与多种分离技术联用，是解决非挥发性、热不稳定性、极性强的复杂复合体的定性定量的高灵敏度检测方法。

1. SDS-PAGE 法测定蛋白分子量　SDS-PAGE 是在聚丙烯酰胺凝胶中加入 SDS 后进行电泳。溶液中大量的 SDS 作为阴离子去垢剂，会覆盖蛋白质本身的电荷，就像蛋白质穿上了带负电的"外衣"，从而消除了蛋白质分子之间自身的电荷差异。同时 SDS 将蛋白质的氢键和疏水键打开，消除了蛋白质分子形状对电泳迁移速率的影响。因此，可使用 SDS-PAGE 法分离大小不同的蛋白质分子，测定它们的分子量，其具有快速、灵敏、分辨率高、重复性好等优点。

2. 凝胶过滤层析法测定蛋白分子量　凝胶层析的原理如前所述。将不同分子量的标准蛋白样品过柱，得到每种蛋白的洗脱体积 Ve，然后以蛋白质分子量的对数（lg M）为横坐标，Ve 为纵坐标可绘制出分子量对应洗脱体积的标准曲线，最后根据待测蛋白的洗脱体积可查得其对应的分子量。

3. 质谱法测定蛋白分子量　质谱法分析蛋白的原理是通过电离源将蛋白质分子转化为离子，然后利用质谱分析仪的电场、磁场将具有特定质量与电荷比值（M/Z）的蛋白质离子分离开来，经过离子检测器收集分离的离子，确定离子的 M/Z 值，分析鉴定蛋白质。质谱技术具有较好的灵敏度、准确度，能准确测定蛋白质。目前质谱主要测定蛋白质一级结构包括分子量、肽链氨基酸排序及多肽或二硫键数目和位置，在对蛋白质结构分析的研究中占据了重要地位。质谱由进样器、离子源、质量分析器、离子检测器、控制电脑及数据分析系统等组成。传统的质谱仅用于小分子挥发性物质的分析，但随着新的离子化技术的出现［如基质辅助激光解析电离飞行时间质谱（MALDI-TOF-MS）和电喷雾电离质谱（ESI-MS）等］，质谱技术的应用范围不断扩大。目前，酶解、液相层析分离、串联质谱及计算机算法的联合应用已成为鉴定蛋白质的发展趋势。

（三）蛋白纯度的测定

常用的测定蛋白质纯度的方法有以下几种：

1. 电泳法　是测定蛋白质纯度最常用的方法。如果样品在凝胶电泳上显示一条区带，说明样品在其荷质方面是均一的，可作为纯度鉴定的一个指标。

2. 通过层析性质检测　当样品用线性梯度离子交换层析或分子筛层析分离时，若得到的组分是均一的，则表明相应蛋白质是比较纯的。

3. 免疫化学法　免疫扩散、免疫电泳、双向免疫电泳、放射免疫电泳、放射免疫分析等都是鉴定蛋白质纯度的有效方法，特别是放射免疫分析法发展迅速、应用广泛，几乎普及于生物体内各种微量成分的测定，灵敏度高，但是需要一定的设备。此外，近年来发展了以无害标记物取代放射性同位素的免疫法，如两标免疫分析、发光免疫分析等。

4. 蛋白质化学结构分析法　随着蛋白质分析技术的改进，末端基团的测定方法等也逐渐用于蛋白质纯度的鉴定。对于一个纯蛋白质来说，通过 N 端的定量分析可以发现，每摩尔蛋白质应当有整数摩尔的 N 端氨基酸残基。少量其他末端基团的存在，常常表示存在杂质。此外，水解法分析氨基酸残基组成也是检验蛋白质纯度的一个方法，对于一个纯蛋白质来说，所有氨基酸残基的比例应为整数比，但此方法较少用于鉴定蛋白质纯度。

5. 超速离心沉降分析法　在相同离心力作用下，不同蛋白质的沉降速率不同，据此原理既可分离蛋白质，也可鉴定蛋白质的纯度。

（四）目的蛋白生物学活性的测定

　　根据目的蛋白应该具有的功能，选取适当的方法测定其生物学活性。例如，某目的蛋白可影响细胞的存活能力，那么就可利用 CCK-8 等实验来检测该目的蛋白是否具有相应生物学活性；如果目的蛋白是胰岛素，那么就可通过观察其注射到动物体内后的降血糖作用，来判断其生物学活性如何等。

第五节　基因工程技术在医学中的应用

　　基因工程技术在医学中的应用非常广泛，包括开发和生产医用药物和疫苗、研究蛋白质结构和功能与疾病发生发展的关系、建立转基因或基因敲除动物模型来研究人类疾病发生发展机制、进行基因诊断与基因治疗等。

> **案例 21-2**
>
> 　　我国大约有 10% 的人口受到乙型肝炎病毒（HBV）的感染，HBV 的感染还与肝癌的发病有着密切的关系，全世界每年有 60 万～100 万人死于 HBV 的感染。HBV 具有高度宿主专一性，只能感染人类和黑猩猩，意味着只能从乙肝患者身上才能获得有限数量的病毒用来制作疫苗。传统的乙肝疫苗主要运用乙肝病毒携带者血清中提纯出来的 HBV 表面抗原，先后经过减毒处理和添加佐剂后注入体内预防接种。从患者血清中提取制备的乙肝疫苗还有导致其他传染病的可能，而且血源价格昂贵，供应量有限，采集困难。因此，利用基因工程技术来生产乙肝疫苗非常重要。
>
> 　　**问题：** 如何通过基因工程技术来生产制备乙肝疫苗？

一、基因工程技术与药物和疫苗的生产

　　自 20 世纪 80 年代初第一个基因工程药物——人胰岛素投放市场以来，以基因工程药物为主导的基因工程产业就已经成为全球发展最快的产业之一。目前，利用基因工程技术已成功生产出了多种类型的药物（如细胞因子、抗体、激素、寡核苷酸类药物等）和疫苗（如 HBV 疫苗、HPV 疫苗等），它们在人类许多疾病的防治中发挥了重要作用。

（一）基因工程激素类药物

　　表 21-4 列出了基因工程生产的常见激素类药物。

表 21-4 基因工程生产的常见激素类药物

激素	主要作用
降钙素	调节钙、磷代谢，维持内环境稳定；治疗以骨量减少、骨更新功能障碍为特征的疾病：骨质疏松、Paget病、高钙血症等
人心房钠尿肽	治疗高血压、肾功能不全、充血性心力衰竭等疾病
胰高血糖素	治疗糖尿病患者因胰岛素引起的严重低血糖反应和新生儿低血糖
甲状旁腺素	维持血钙浓度平衡
促卵泡素	治疗不孕症
人绒毛膜促性腺激素	治疗不孕症
人胰岛素	降低血糖，用于治疗糖尿病，尤其是 1 型糖尿病
生长激素	治疗生长激素缺乏症、慢性肾功能不全导致的生长缓慢、垂体性侏儒症等，能够促进骨和软骨的生长，影响蛋白质、糖、脂类的代谢，最终影响机体的生长与发育

（二）基因工程细胞因子类药物

1957 年英国病毒生物学家艾萨克斯（Isaacs）和瑞士研究人员林登曼（Lindenmann）首次发现，利用灭活的流感病毒作用于鸡胚绒毛尿囊膜后，可使细胞产生一种干扰病毒复制的可溶性物质，称为干扰素。此后已有数百种细胞因子被发现，其中数十种基因重组的细胞因子处于临床研究阶段，用于治疗肿瘤、感染、造血功能障碍等疾病，10 多种已被批准上市，主要包括干扰素、白细胞介素、集落刺激因子、干细胞因子、血小板生成素、肿瘤坏死因子、促红细胞生成素、表皮生长因子、碱性成纤维细胞生长因子、角质细胞生长因子等。

（三）基因工程抗体

抗体的生产经历了 3 个阶段，分别是经典免疫方法生产的异源多克隆抗体、细胞工程生产的鼠源单克隆抗体和基因工程生产的人源单克隆抗体。基因工程抗体属于第三代抗体，主要包括嵌合抗体、人源化抗体和全人源抗体。随着人源化技术、抗体库技术及抗体体外亲和力成熟技术的日趋完善，基因工程抗体已成为治疗性抗体研发的主体，其优点主要有：①通过基因工程技术的改造，可以最大程度降低抗体的鼠源性，免疫原性大大消除甚至消失；②基因工程抗体的分子量一般较小，更易穿透进入病灶核心部位；③可以根据治疗的需要，对抗体分子进行改造，设计出不同的抗体片段和类型，以提高抗体的治疗效果；④基因工程抗体的成本大大降低，可以采用真核细胞、原核细胞等多种表达系统大量生产抗体分子。

（四）基因工程疫苗

基因工程疫苗是指将病原微生物的保护性抗原的编码基因片段克隆入表达载体，用以转染宿主细胞后得到的产物，或者将病毒的毒力相关基因删除，使之成为不带毒力相关基因的疫苗。利用基因工程技术能制备出不含感染性物质的亚单位疫苗、稳定的减毒疫苗和能预防多种疾病的多价疫苗。

（五）核酸疫苗

核酸疫苗（nucleic acid vaccine）又称基因疫苗（gene vaccine），是指一类将抗原基因重组到表达载体上的重组质粒疫苗，经肌内注射或其他方法导入宿主体内，通过宿主细胞表达抗原蛋白，诱导宿主产生针对该抗原蛋白的免疫应答，以达到预防或治疗疾病的目的。核酸疫苗是结合现代免疫学、生物技术、生物化学、分子生物学等发展研制而来的，分为 DNA 疫苗和 RNA 疫苗两种，目前研究最多的是 DNA 疫苗。DNA 疫苗因其不需要任何化学载体，故又称为裸疫苗。疫苗的发展经历了三个阶段，第一代疫苗是多种灭活或减毒疫苗，第二代疫苗是利用基因工程方法研制的亚单位疫苗，第三代疫苗即为核酸疫苗。对核酸疫苗的研究具有深远意义，其可用于感染性疾病、肿瘤等的防治，具有制备简单、省时省力、能够产生较长久的免疫应答等优点。

二、基因工程技术在医学中的其他应用

基因工程技术在医学上的其他应用还有基因诊断与基因治疗（见第二十二章）、致病基因（或疾病相关基因）的定位与克隆等。此外，利用基因工程技术可获得转基因动物或利用基因打靶技术实现在体特异靶基因失活或置换。再者，基因工程技术对于人类基因组计划（human genome project，HGP）的快速发展和完善起到了很大的促进作用，主要包括大片段 DNA 克隆、DNA 的大尺度分析、全自动 DNA 测序等。当然，HGP 的完成需要弄清人类基因的全部功能、各基因间的关系、基因的表达调控以及人类遗传信息的多样性，这需要科学家持续的努力和科学技术的不断进步。

（杨 霞 田 寒）

思 考 题

1. 同源重组是自然界最基本的 DNA 重组方式，请阐述其特点。利用同源重组原理可以进行哪些研究？

2. 简述基因工程技术的基本过程。为什么说基因工程是生物学和遗传学发展的必然产物？

3. 限制性核酸内切酶可分为哪几类，各有何特点？为什么只有Ⅱ型限制性核酸内切酶常用于基因工程技术？

4. 自 20 世纪 70 年代初基因工程问世以来，基因工程药物的研发一直是发展最快和最活跃的领域。如何以大肠埃希菌质粒 DNA 为载体克隆一个编码人类某种蛋白质激素的基因，并使之在大肠埃希菌中进行表达？简要说明实验中可能遇到的问题及可能的解决办法。

5. 根据你所学的基因工程方面的知识，谈谈你对转基因食品安全性的看法。

第二十二章 基因诊断与基因治疗

现代医学认为，人类大多数疾病的发生发展都与基因的改变密不可分，或是基因结构的异常，或是基因表达水平的变化。遗传因素导致的各种遗传性疾病、遗传因素和环境因素共同作用导致的复杂性疾病、外源致病微生物的致病基因在人体的异常表达，都与基因息息相关。从基因水平对疾病进行诊断和治疗，可以克服传统医学根据临床症状进行诊治而存在的非特异性、滞后性等缺点，能够早期诊断、明确诊断，是实现精准化医疗、个性化医疗以及预防性医疗的重要途径。随着现代医学技术的发展，基因诊断（gene diagnosis）和基因治疗（gene therapy）在临床上的应用也日益广泛，表现出巨大的医疗应用价值和发展潜力，已成为医学发展的重点方向。

第一节 基因诊断

20 世纪 70 年代，华裔科学家简悦威首次应用 DNA 片段多态性分析——一种常用的基因诊断方法——对镰状细胞贫血进行产前诊断，由此开创了基因诊断技术临床应用的新时代。基因诊断技术是继细胞学诊断技术、生物化学诊断技术和免疫学诊断技术之后出现的第四代诊断技术，突破了前三代诊断技术以疾病表型为主要诊断依据的局限，通过对患者基因的结构、表达或者功能进行直接检测，从而对疾病做出精确诊断。基因诊断已被公认为是遗传性疾病最准确、最可靠的诊断技术，此外，在肿瘤和感染性疾病（含传染性疾病）的诊断中，基因诊断也发挥着越来越重要的作用。

一、基因诊断的概念与特点

从广义上说，凡是采用分子生物学和遗传学的技术方法，对生物体的 DNA 序列或其表达产物（RNA 或蛋白质）进行的定性、定量分析，都可以称为分子诊断（molecular diagnosis）。基因诊断通常特指针对 DNA 和 RNA 的分子诊断。

临床对疾病的传统诊断，主要是根据患者的临床症状和体征，以及基于表型改变的实验室检查和影像学检查为依据，但大部分疾病的表型改变缺乏特异性，导致鉴别诊断存在很大难度，且有些疾病在中晚期才出现表型改变，使得及时、准确地诊断疾病非常困难。相较传统诊断方法，基因诊断具有如下特点：①针对性强：直接以疾病相关基因（DNA）、基因表达产物（RNA），或外源致病微生物的 DNA 或 RNA 作为检测目标，属于病因诊断；②特异性高：基因诊断采用的很多检测技术，如核酸分子杂交、PCR 以及基因芯片技术等，都是利用碱基互补配对的原理检测样品中的目的序列，检测的特异性非常高；③灵敏度高：分子杂交和 PCR 等检测技术具有放大效应，故检测所需的样本量非常少，可以达到微量甚至痕量水平，使得临床取样流程大为简化；④诊断时间早：表型改变源自基因型改变，针对基因的诊断方法可以在患者尚未出现表型时进行诊断，实现疾病的早期诊断，为治疗和更好的预后争取了时间；⑤适用范围广：由于基因诊断检测目标可以为任意一段 DNA 或 RNA 序列，因此，疾病诊断范围已从原先的遗传性疾病逐步扩大到肿瘤、心血管疾病等复杂疾病和感染性疾病等多种疾病类型，此外在疾病预防、疗效评估与用药指导、法医学等领域也有广泛应用。

二、基因诊断的基本策略

目前，基因诊断在临床上主要用于各种遗传性疾病、感染性疾病以及肿瘤等复杂性疾病的诊断。由于这些疾病的致病机制多样，对其进行基因诊断所采取的检测策略和要求也各不相同。一般而言，如果某种疾病的致病机制已经阐释清楚，致病基因的序列和结构也已阐明，且致病基因较单一，则可以采用直接诊断策略，直接针对致病基因进行检测；如果某种疾病的致病基因尚未阐明，或者该疾病的基因突变种类多且分布广泛，则可以采用间接诊断策略，即通过基因多态性连锁分析进行诊断。

（一）直接诊断

直接诊断的前提是疾病的致病基因已知并已被克隆，此时可以通过直接检测基因的点突变、缺失、插入等遗传缺陷来诊断疾病。直接诊断方法简单，结果可靠，并且不需要相关家系资料，因此在临床上的应用较为广泛。但由于直接诊断的使用前提是对致病基因的阐明，一般不用于复杂疾病的诊断。

1. 点突变的检测 点突变即 DNA 分子单个碱基的改变，对于突变位点已被阐明的一些疾病，如 β 地中海贫血、镰状细胞贫血等，可以采用等位基因特异性寡核苷酸（allele specific oligonucleotide，ASO）分子杂交、PCR 联合限制性片段长度多态性（restriction fragment length polymorphism，RFLP）分析等方法进行检测。而对于点突变具体机制尚不明确的疾病，则可以先采用单链构象多态性分析（single strand conformation polymorphism，SSCP）、变性高效液相层析（denaturing high performance liquid chromatography，DHPLC）等方法检测是否存在突变，然后进一步采用 DNA 测序明确突变的类型和位置。

2. 片段性突变的检测 片段性突变是 DNA 分子中的一段碱基序列发生了改变，如碱基序列的缺失、插入、重排或扩增等。一般较短碱基序列的缺失或插入可以用 Southern 印迹、PCR 等方法进行诊断；而对于较大碱基序列的缺失或插入，或者基因中存在多个位置缺失或插入的情况下，就需要采用多重 PCR，该法目前已经用于进行性假肥大性肌营养不良（Duchenne muscular dystrophy，DMD）等疾病的临床诊断。PCR 法也常用于机制明确的基因重排的检测。另外，临床上也采用荧光原位杂交技术（fluorescence in situ hybridization，FISH）直接观察单个细胞内染色体基因的易位、缺失和扩增等突变情况。

3. 病原微生物基因的检测 感染性疾病是由于病毒、细菌、真菌等病原微生物侵袭人体而发生的。部分病原微生物还可由已感染的个体排出，在同一物种或不同物种间相互传播并广泛流行导致疾病的发生，称为传染性疾病。对于感染性疾病（含传染性疾病）的诊断一般采用两类方法：一是使用特异性寡核苷酸分子杂交方法，这类方法不需要扩增反应，因此，稳定性和重复性高；二是基于靶序列扩增技术的方法，如 PCR 及其衍生的一系列方法，此类方法简便快速、灵敏度高。

（二）基因多态性连锁分析

目前，临床上有许多疾病的致病基因尚未被阐明，或者疾病的遗传机制过于复杂，此类疾病只能采用间接诊断策略，即通过基因多态性连锁分析进行诊断。基因多态性连锁分析的原理如下：一条染色体上所有的基因构成一个连锁群，基因之间距离越近，连锁就越紧密，由于染色体重组而分开的概率就越小；此时利用与致病基因相邻的某些 DNA 序列作为遗传标志，就可通过鉴定遗传标志的存在来判断个体是否带有致病基因。

间接诊断并不直接检测致病基因，所以无需了解致病基因的结构及分子机制。但是由于基因多态性连锁分析需要在家系中进行，会受到家系资料的完整性、遗传标志的数量和杂合性等因素的影响。目前，临床上用于间接诊断的遗传标志有 RFLP、短串联重复序列（short tandem repeat，STR）和单核苷酸多态性（single nucleotide polymorphism，SNP）等。

三、基因诊断的基本步骤

在基因诊断中通常采用分子杂交和 PCR 等技术对目的基因序列进行检测，这些方法虽然具有很高的特异性和灵敏度，但同时也存在易污染和假阳性等问题。因此，基因诊断的使用需要建立严格的操作流程和诊断标准，确保操作过程中样本基因不被污染，同时设置阳性和阴性对照，以便对结果进行准确判断。另外还需要遵守伦理学要求，如隐私保密、知情同意等。目前，临床上针对不同疾病已经建立了各自的诊断技术流程，但就总体而言，基因诊断的基本步骤包括：临床样本的采集 → 核酸提取 → 靶序列扩增/分子杂交 → 信号检测和结果分析。

（一）临床样本的采集

临床样本的采集和预处理过程是否合理对基因诊断极为重要。临床样本的采集一方面要考虑病理机制特点，另一方面也要注重采集的便利性和通用性。目前临床上常用的样本包括血液、各种组织或细胞、组织液或分泌物等。同时，采集过程还需依据诊断的对象和要求做出调整，如RNA 非常不稳定，需要新鲜样本并注意低温保存。值得注意的是，血浆 DNA 在肿瘤等复杂性疾病的临床诊断和治疗方法的选择中发挥了越来越重要的作用。

（二）核酸提取

核酸提取的方法依诊断对象和诊断内容的不同而异。如 Southern 印迹法等都是先从组织或细胞中提取 DNA 或 RNA，然后对其进行检测，而原位杂交法等是直接将组织或细胞样品固定在支持物上进行检测；DNA 提取后通常可直接作为靶分子进行检测，而 RNA 提取后有时还需要进一步反转录生成 cDNA 再行检测；基于 PCR 法等扩增反应的检测技术只需采集微量样品就可以进行检测，但是非扩增的检测方法则需要获得足够量的 DNA 或 RNA 样品。

（三）靶序列扩增/分子杂交

获得 DNA 或 RNA 样本后，即可采取不同的方法进行检测。具体检测方法详见下一节内容"四、基因诊断常用的技术方法"。

（四）信号检测和结果分析

基因诊断一般容易存在假阴性和假阳性结果。假阴性结果与样本采集保存不规范、样本量不足、扩增效率降低、存在干扰性物质等多种因素有关，而假阳性结果一般是样本或检测环节的污染及非特异性反应造成的。因此，基因诊断需要有规范化、标准化的操作流程，并建立严格的诊断质量控制体系，尤其要重视诊断结果的可重复性和可比性。

四、基因诊断常用的技术方法

基因诊断的基本方法是以核酸分子杂交、PCR 以及 DNA 测序技术为核心发展起来的，随着现代分子生物学、材料学、信息工程技术等学科的发展，新的发现和技术不断应用于基因诊断，使基因诊断得到了突飞猛进的发展。

（一）直接诊断技术

1. 点突变的诊断

（1）ASO 分子杂交：如果点突变的确切位置及其基因序列都已经明确，可以采用 ASO 分子杂交对点突变进行检测。根据突变位点的核苷酸序列，设计包含突变位点在内的一对寡核苷酸探针（N 和 M），分别针对正常基因和突变基因。将两个探针标记后分别与待检 DNA 样品进行杂交，正常人的 DNA 样品只能与正常（N）探针杂交，突变纯合子的 DNA 样品只能与突变（M）探针杂交，突变杂合子的 DNA 样品能同时与两个探针杂交（图 22-1）。如果被检 DNA 样品与两个探针都不杂交，则表明缺陷基因可能是新的突变类型。由此可见，ASO 法不仅可以检测已知突变，还可为发现新的突变提供线索，但是，当某种基因存在多种突变类型且其频率又较分散时，采用 ASO 法就有些烦琐。目前，ASO 法已经用于一些遗传性疾病如地中海贫血、苯丙酮尿症的基因诊断，以及癌基因如 *H-ras* 和抑癌基因如 *p53* 等的点突变分析。

（2）反向斑点杂交（reverse dot blot, RDB）：是在 ASO 的基础上改进而来的，其与 ASO 的操作刚好相反。在 ASO 杂交体系中，待检 DNA 样品固定在杂交膜上，ASO 探针作为流动相与扩增产物进行杂交；而在 RDB 杂交体系中，ASO 探针固定在杂交膜上，而将待检 DNA 样品作为液相进行杂交，这样一次可以同时筛查多种突变，大大提高了诊断效率。目前，RDB 法也已经用于一些遗传性疾病如 β 地中海贫血、囊性纤维化的基因诊断。

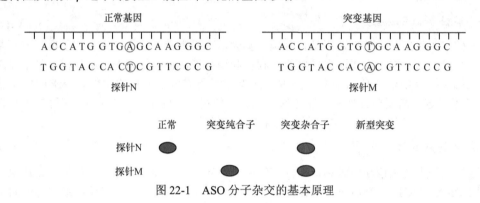

图 22-1　ASO 分子杂交的基本原理

（3）SSCP 分析：可用于 DNA 或 RNA 分子中单个碱基的突变以及微小碱基缺失的检测。其原理为单链 DNA 或 RNA 分子在中性条件下会形成空间构象，这种空间构象依赖于其碱基组成，即使一个碱基的不同，也会形成不同的空间构象而出现不同的电泳迁移率（图 22-2）。在 SSCP 分析的基础上发展起来的 PCR-SSCP 法具有快速、灵敏的特点，通常在有可能突变的 DNA 片段附近设计一对引物进行 PCR 扩增，然后将扩增物用甲酰胺等变性，接下来在聚丙烯酰胺凝胶中电泳，突变所引起的 DNA 构象差异将表现为电泳带位置的不同。PCR-SSCP 法既可用于检测已知基因点突变，也能够用于基因多态性或基因未知突变的检测。

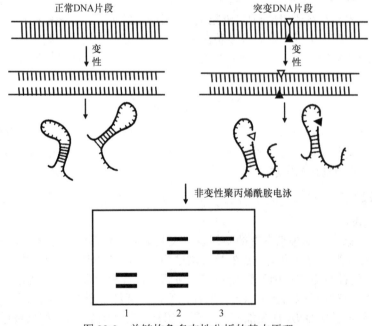

图 22-2　单链构象多态性分析的基本原理

（4）DHPLC 技术：是一种可以检测基因未知突变的常用方法。其原理是 PCR 扩增的单链 DNA 产物，可随机与互补链结合形成双链，如果样品 DNA 中不存在点突变，所有 PCR 产物的序列都会是相同的，最终只产生一种同源双链；如果样品 DNA 中存在点突变，PCR 产物中就会存在 4 种不同的 DNA 双链分子，2 种异源双链分子和 2 种同源双链分子。在给定的部分变性洗脱条件下，异源双链分子的变性程度将有别于同源双链分子，可以在液相色谱柱中呈现出不同的滞留时间。因此，可将含不同点突变的片段分离成不同特征性洗脱峰而达到检测基因变异的目的。将洗脱的样品进一步进行 DNA 序列分析，就可以确定样品 DNA 的突变位点和突变类型。

2. 片段性突变的诊断

（1）DNA 印迹法：也称 Southern 印迹，其可显示 50bp～20kb 的 DNA 片段，是检测基因缺失或插入的常用方法；但其操作相对烦琐，而且会带来放射性污染，所以很难作为一种常规的临床诊断方法加以推广。

（2）RNA 印迹法：即 Northern 印迹，RNA 印迹可以检测目的基因是否表达以及表达产物 mRNA 的大小，为疾病诊断提供依据。

（3）PCR：是体外扩增目的基因的重要技术。在检测基因缺失或插入时，可以根据待测基因两端的 DNA 序列设计一组引物，然后对待测基因进行 PCR 扩增和琼脂糖凝胶电泳，从扩增片段的大小判断基因缺失或插入情况。目前，大多数基因突变诊断技术都是建立在 PCR 技术的基础上，PCR 技术与其他方法联合应用，具有自动化程度高、分析时间短、结果准确可靠等优点，因此，在基因诊断中已广泛应用，如 PCR-ASO 探针法、PCR-RFLP 法、PCR-SSCP 法等。

（4）RT-PCR：即逆转录 PCR（reverse transcription PCR，RT-PCR），是一种常用的 mRNA 检测方法，在实际应用时一般与实时荧光定量 PCR 技术（real-time fluorescence quantitative PCR）相结合，可以直接测定 mRNA 的表达量，目前已广泛用于临床疾病的诊断和疗效评价。

3. 其他诊断技术

（1）基因芯片（gene chip）技术：又称 DNA 芯片技术、DNA 阵列等，是近年来发展起来的基因分析和检测技术，具有高通量、快速、灵敏、自动化等特点。在临床诊断中主要应用于核酸序列分析、基因表达分析、基因扫描、突变体分析、基因多态性检测等。

（2）基因测序：分离相关致病基因并直接进行序列测定，是检测基因突变位点和突变类型的最直接、最准确的方法。DNA 测序技术已经由 20 世纪 70 年代的一代测序发展为如今的三代测序技术，但是，人类基因组数量庞大，测序成本相对较高，因此，DNA 序列测定目前多用于分子机制已经明确的遗传性疾病的诊断及产前诊断。

（二）基因多态性连锁分析

1. RFLP 连锁分析　在人类基因组中，平均约 200 个核苷酸即可发生一次变异，这种变异一般不引起生理功能的改变，但是会导致个体之间的核苷酸序列差异，也称为 DNA 多态性。有些 DNA 多态性恰好发生在限制性核酸内切酶的识别位点上，因此用该限制性核酸内切酶切割 DNA 时就会产生不同长度的片段，即为 RFLP。目前，在人类基因组中已发现有 10 万多个 RFLP 位点。PCR-RFLP 多用于已明确突变会导致酶切位点改变的基因诊断。此外，在携带某种遗传性疾病的家族中，如果致病基因与特异的多态性片段紧密连锁，就可用这一多态性片段作为一种"遗传标记"来判断家族成员或胎儿的基因组中是否携带致病基因（图 22-3）。但是，应用 RFLP 连锁分析时需要有足够数量的家系成员资料，并且选择杂合率较高的限制性位点。而且，染色体中的基因重组会降低诊断的准确性。目前，RFLP 连锁分析主要用于一些基因较大且突变类型不清楚的单基因遗传病的基因诊断，如进行性假肥大性肌营养不良、血友病 A 和苯丙酮尿症等。

2. STR 连锁分析　短串联重复序列

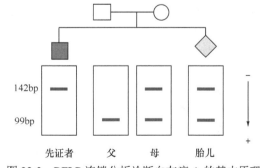

图 22-3　RFLP 连锁分析诊断血友病 A 的基本原理

□代表男性，○代表女性，■先证者，◇胎儿绒毛样品。142bp 为血友病 A 基因连锁片段，99bp 为正常片段，诊断结果证明该胎儿仅是基因携带者，可以继续妊娠

（short tandem repeat，STR）是广泛存在于人类基因组中的一类具有长度多态性的 DNA 序列，也称微卫星 DNA（microsatellite DNA）。STR 总数有 5 万～10 万个，一般由 2～6 对核苷酸构成，最常见的是二核苷酸重复，其次是三、四核苷酸重复，如 (CA)*n*、(GT)*n*、(GC)*n*、(TC)*n*、(AGC)*n*、(CAG)*n* 等。不同个体基因组中的 STR 拷贝数相差悬殊，具有高度的遗传多态性，因此 STR 可以作为一种有效的遗传标志。近年来，STR 连锁分析与 PCR 技术相结合，产生了一种更为简便灵敏的检测方法，即扩增片段长度多态性（amplified fragment length polymorphism，AFLP）连锁分析，只需要利用 PCR 扩增致病基因内部或两侧的 STR，经电泳检测扩增片段长度的多态性，即可快速做出诊断。目前，STR 分析技术已经广泛用于遗传性疾病的基因连锁分析、法医学的亲子鉴定和个体识别等方面，成为继 RFLP 之后的第二代 DNA 连锁分析技术。

3. SNP 连锁分析　单核苷酸多态性（single nucleotide polymorphism，SNP）是指单个核苷酸的变异所引起的 DNA 序列多态性。目前已知 SNP 总数至少有 300 万个，是人类最常见的遗传标志物，几乎在所有基因附近都能找到 SNP 位点。同时，SNP 变异类型简单，易于进行自动化检测，更适合在大规模连锁分析中发挥作用。SNP 连锁分析不同于上述两类分析方法，其实质是检测基因序列的点突变，所以点突变检测技术也可用于 SNP 分析。但是单个 SNP 位点所能提供的信息极为有限，因此，SNP 连锁分析通常采用多个基因位点的 SNP 进行"单体型"分析。即根据同一条染色体上的一组或者全部 SNP 位点的随机组合类型来进行分析，称为基于 SNP 的单体型分析（SNP-based haplotyping）。以 SNP 的单体型为遗传标志，可以避免因染色体重组等偶然现象所造成的误差，从而提高遗传连锁分析和基因诊断的准确性。目前，SNP 已成为公认的第三代 DNA 连锁分析技术。

五、基因诊断的应用

基因诊断在临床上主要用于各种疾病的预测和诊断，如遗传筛查、产前基因诊断、早期诊断、鉴别诊断和预后判断等。另外，基因诊断还可以用于临床药物的疗效评价和指导用药，以及法医学中的亲子鉴定和个体识别等。

（一）遗传性疾病的预测和诊断

1. 遗传性疾病的预测　对遗传性疾病进行提前预测和症状前诊断是基因诊断的主要应用领域之一，也是群体预防性医疗的基础，主要包括遗传筛查和产前基因诊断等。

（1）遗传筛查：一般在婚前或孕前开展，可以确定个体是否携带特定疾病的基因，并对其子女的患病风险进行分析，从而为遗传性疾病高风险家庭提供遗传咨询和婚育指导。遗传筛查主要针对一些常见或会导致严重后果的遗传性疾病，如镰状细胞贫血、地中海贫血等。遗传筛查显示为遗传性疾病高风险的家庭，在孕期需要进一步开展产前基因诊断。

（2）产前基因诊断：是通过对胎儿羊水、绒毛、脐带血或孕妇外周血等来源的 DNA 进行基因或染色体的检测，以分析胎儿是否携带某种遗传性疾病的基因诊断方法。由于目前临床上对大多数遗传性疾病都缺乏有效的治疗方法，因此，对高危孕妇进行产前基因诊断，预防遗传性疾病患儿出生，是降低遗传性疾病发生率的主要途径。产前基因诊断一般在早、中孕期进行，如诊断出胎儿携带某种严重遗传性疾病，可以建议受试者终止妊娠。否则，也可提前采取相应的预防和治疗措施，延缓疾病的发生或减轻疾病的危害。目前，产前基因诊断已广泛用于常见染色体病和单基因遗传性疾病的检测，如 13/18/21 三体综合征、镰状细胞贫血、α/β 地中海贫血、苯丙酮尿症、血友病 A/B、肌营养不良症和脆性 X 综合征等。此外，产前基因诊断也可用于植入前遗传学诊断（preimplantation genetic diagnosis，PGD）、致出生缺陷的感染性疾病病原微生物的检测以及围产期监测等。

案例 22-1

患者，女性，15 岁。因"双侧大腿疼痛 1 天，且进行性加重，口服布洛芬无缓解"而就诊。患者否认外伤和剧烈运动史。

体格检查：体温 36.8℃，睑结膜和口腔黏膜显得苍白，双侧大腿外观正常。

实验室检查主要阳性发现（括号内为参考区间）：血红蛋白（Hb）70g/L（110～150g/L），网织红细胞 14%（0.8%～2%）；红细胞大小不均，呈多染性，嗜碱性点彩红细胞增多，可见有核红细胞、靶形红细胞、异形红细胞及豪-乔氏（Howell-Jolly）小体，部分细胞呈镰刀形，体外亚硫酸钠镰变试验阳性。血红蛋白电泳：HbS 82%，HbF 17%（0.2%～2%），HbA2 1%（1%～2%），HbA 缺如（95% 以上）。骨髓检查：红系显著增生。红细胞半衰期测定：红细胞生存时间 13 天（25～40 天）。

初步诊断：镰状细胞贫血，建议进一步采用基因诊断技术进行确诊。

问题：

1. 本病例属于哪一种类型的遗传性疾病？发病原因是什么？初步诊断的依据又是什么？
2. 基因诊断技术在本病例的诊断中有何优势？

---

2. 遗传性疾病的基因诊断 基因诊断已应用于多种单基因遗传性疾病的临床诊断（表 22-1），如 α/β 地中海贫血、血友病 A/B、肌营养不良症等的基因诊断。

染色体病是另一类具有严重危害的遗传性疾病，目前在临床上采用 PCR 技术或 FISH 技术，可以快速诊断三体综合征等多种染色体病，极大提高了染色体病诊断的敏感性和效率。

表 22-1 一些常见单基因遗传病及其缺陷基因

遗传病	病变基因
常染色体显性遗传病	
家族性高胆固醇血症	低密度脂蛋白受体（LDLR）突变
亨廷顿病	Huntington 基因发生变异（注：已有诊断用探针）
马方综合征	赖氨酰氧化酶缺陷
肝豆状核变性（威尔逊病）	P 型铜转运 ATP 酶缺陷
家族性腺瘤性息肉病	APC 基因突变
遗传性球形红细胞增多症	红细胞膜蛋白先天缺陷
软骨发育不全症	成纤维细胞生长因子受体-3 基因突变
成人型多囊肾病	PKD 基因突变
常染色体隐性遗传病	
重症联合型免疫缺陷病（SCID）	腺苷脱氨酶缺陷（ADA）
囊性纤维化病（CF）	囊性纤维化跨膜转运调节蛋白（CFTR）突变
苯丙酮尿症（PKU）	苯丙氨酸羟化酶（PHA）突变
镰状细胞贫血	血红蛋白 β 链第六位 Glu→Val
β 地中海贫血	β-珠蛋白链突变
白化病	酪氨酸酶基因突变
着色性干皮病	DNA 损伤修复基因缺陷
尿黑酸尿症	尿黑酸氧化酶基因缺陷
肝糖原贮积病 II 型	α-糖苷酶缺陷
戈谢病（Gaucher's disease）	葡萄糖神经酰胺酶基因缺陷

续表

遗传病	病变基因
染色体 X-连锁（X 伴性显性遗传病）	
奥尔波特综合征（AS）	胶原Ⅳα 链亚单位 α3、4（COL4A3 及 COL4A4）
进行性假肥大性肌营养不良（DMD）	抗肌萎缩蛋白基因
色盲症	红或绿色盲基因
染色体 X-连锁（X 伴性隐性遗传病）	
血友病 A/B	凝血因子Ⅷ/Ⅸ缺陷
蚕豆病	葡萄糖 6-磷酸脱氢酶缺失
无汗性外胚层发育不良症（EDA）	EDA 致病基因突变

（二）感染性疾病的基因诊断

感染性疾病是因人体感染了某种病原微生物而引发的疾病。基因诊断可以通过分子杂交技术和 PCR 技术等方法，直接检测人体组织中是否存在病原微生物的基因或基因表达产物，从而诊断出人体是否感染了某种病原微生物。与传统诊断方法相比，基因诊断具有以下优势：①能够检测非活跃、潜伏的病原微生物，实现症状前检测，有利于疾病的早期诊断和预防；②对于不易体外培养或不能在实验室安全培养的病原微生物也能进行检测；③对病原微生物进行分型及耐药性快速检测；④无需分离培养病原微生物，简便、快速、经济、安全。但是，基因诊断也有不足之处，如只能检测病原微生物的有无及拷贝数的多少，难以诊断出人体感染病原微生物后的反应及变化情况等。因此，基因诊断还需要和其他诊断方法相互补充，才能对这些疾病做出正确的诊断。目前，基因诊断已被广泛应用于感染性疾病的预测、监控以及病情发展的危险性评估和预后等各个领域。

> **案例 22-2**
>
> 患者，男性，20 岁，因"皮肤黄染 1 周，恶心、腹胀伴乏力 3 天"入院。两年前体检有乙肝大三阳，否认其他病史。
>
> 体格检查主要阳性发现：全身皮肤中度黄染，巩膜重度黄染，右上腹轻压痛。
>
> 实验室检查主要阳性发现（括号内为参考区间）：ALT 845.2U/L（0～40U/L），AST 756.3U/L（0～40U/L）；HBsAg 阳性，HBeAg 阳性，抗-HBs 阳性；HBV-DNA 定量：$7.56×10^8$ 拷贝/ml。
>
> 腹部 B 超：肝脏弥漫性病变。
>
> 诊断：乙型病毒性肝炎。
>
> 患者入院后完善检查，积极治疗。两个月后复查，结果显示：HBsAg 阳性，抗-HBe 阳性，抗-HBs 阳性，HBV-DNA 定量：$3.45×10^3$ 拷贝/ml。
>
> **问题：**
>
> 1. 本病例属于哪一种类型的疾病？
>
> 2. 基因诊断技术在本病例的诊断与治疗中有何作用？较传统诊断方法有何优势？

1. 病毒性疾病的基因诊断 随着现代社会全球化进程的不断加快，病毒传播的范围越来越广，危害也越来越大。本世纪人类社会已爆发了几次全球性的病毒感染事件，给人类的健康安全敲响了警钟。由于基因诊断方法无需病毒培养，具有安全、快速、敏感等优点，因此在病毒性疾病的临床诊断中得到了广泛运用。目前，基因诊断已能检测多种常见的病毒性感染，如甲型肝炎病毒（hepatitis A virus，HAV）、乙型肝炎病毒（HBV）、丙型肝炎病毒（HCV）、人类免疫缺陷病毒（human immunodeficiency virus，HIV）、巨细胞病毒（cytomegalovirus，CMV）、人乳头瘤病毒（human papilloma virus，HPV）、单纯疱疹病毒（herpes simplex virus，HSV）等。此外，基因诊断也能用于一些爆发性病毒感染的诊断和病情发展的监控，如 SARS 冠状病毒、埃博拉病毒、寨卡病毒、新型冠状病毒（SARS-CoV-2）等。

2. 细菌性疾病的基因诊断 细菌是临床感染性疾病的主要病原微生物，由于抗生素药物的滥用，耐药性细菌感染已成为危害人类健康的重要因素。基因诊断在细菌分型、耐药性基因检测以及流行性爆发监测等方面都显示出巨大的优势，因此在细菌性疾病的临床诊断中也得到了广泛应用。目前，许多致病性细菌都能采用基因诊断进行检测，如结核分枝杆菌、金黄色葡萄球菌、幽门螺杆菌、淋病奈瑟球菌、绿脓假单胞菌、沙门菌、志贺菌等。

3. 其他病原微生物感染性疾病的基因诊断 除了病毒和细菌外，临床上能够导致人体感染的病原微生物还有衣原体、支原体、螺旋体、立克次体以及寄生虫等。目前，临床对于这些病原微生物感染性疾病都已建立相应的基因诊断方法。基因诊断还可以检测这些病原微生物感染性疾病是现行还是既往感染，以及是否存在混合感染等。

（三）肿瘤的基因诊断

肿瘤的发病机制非常复杂，由于缺乏有效的早期诊断技术，临床上确诊的肿瘤往往已到病程的中后期，此时临床治疗效果和预后均不佳。但是，随着现代医学和分子生物学的发展，人们已经认识到在肿瘤发生的早期，甚至在还未发生肿瘤病变时，人体细胞已有基因结构或表达的异常，因此可以通过基因诊断对肿瘤进行易感性预测以及早期诊断等。

1. 肿瘤易感性的预测 癌基因或抑癌基因结构和表达的异常是肿瘤发生的重要因素，因此基于这类基因的预测性诊断，可以为受试者提供相关肿瘤发生风险的评估意见。目前，一些恶性肿瘤易感性的预测性诊断，已在临床上采用，诊断的结果可以为遗传咨询提供依据，这也是预防性治疗的基础。随着人们对肿瘤发生机制认识的不断深入，肿瘤易感性的预测将得到更为广泛的应用，成为未来肿瘤诊断的重要领域。

2. 肿瘤的诊断 基因结构和表达的异常贯穿了肿瘤发生发展的整个过程，因此在肿瘤的早期诊断、分期分型、病情检测以及评估预后中，这些基因或基因表达产物都能作为诊断的标志物。目前，作为肿瘤诊断标志物的基因或基因表达产物主要有以下类型：

（1）癌基因或抑癌基因：癌基因、抑癌基因及其表达产物是临床上使用最为广泛的肿瘤标志物，如 *K-ras*、*c-myc*、*p53* 等目前已经用于结肠癌等恶性肿瘤的临床早期诊断（表 22-2）。

表 22-2 部分常见恶性肿瘤的基因诊断

疾病	致病基因	诊断方法
肝癌	*K-ras*、*SAMS*	ASO 杂交、RT-PCR、Northern 印迹
小细胞肺癌	*K-ras*、*H-ras*、*p53*	ASO 杂交、SSCP
乳腺癌	*BRCA1*、*BRCA2*	SSCP、直接测序
结肠癌	*APC*、*K-ras*	SSCP、PCR
前列腺癌	*KAI1* 等	RT-PCR
胰腺癌	*K-ras*、*CCK-A*	PCR-酶切分析

（2）肿瘤相关病毒：现代流行病学调查和分子生物学研究，揭示病毒感染可以引起肿瘤。目前国际上已经确定一些病毒与特定的肿瘤有关：如 EB 病毒与鼻咽癌、人乳头瘤病毒与宫颈癌、肝炎病毒与肝癌、人类嗜 T 细胞病毒与白血病等。因此，通过检测这些病毒基因可以为相关肿瘤的预防和诊断提供依据。

（3）其他肿瘤标志：现代肿瘤病学研究发现肿瘤的发生与细胞微卫星不稳定性、基因异常扩增以及染色体异常等均有密切联系，对这些遗传变异的检测也可用于肿瘤的早期诊断和治疗指导。如肺鳞癌通常可见 *c-erB-B1* 基因的扩增，并与临床化疗的耐药性有关，可用于肺鳞癌的诊断和治疗指导。

（四）疗效评价和用药指导

基因诊断可用于临床治疗的疗效评价并提供指导用药的信息。微量残留病（minimal residual disease，MRD）的概念指出，即使肿瘤原发病灶已被去除，但是患者体内仍存在单个或微小集落形式的肿瘤细胞，这些细胞是肿瘤复发的主要原因，但是依靠常规诊断技术难以诊断。而 PCR 技术由于其灵敏度高、简单快速等特点，现已成为临床上检测微量残留病的常规方法，可以为临床医生在肿瘤治疗过程中制定治疗方案、判断治疗效果以及疾病预后等提供重要依据。

人体基因组的多态性会导致个体之间药物代谢酶类的不同，这是造成个体之间药效差异的主要原因之一。因此，通过提前检测个体的相关基因，并针对不同个体的基因型制订相应的药物治疗方案，就可以达到提高药效、减少药物不良反应的目的。例如，某些儿童存在线粒体 12S rRNA 的 A1 555G 点突变，这些儿童在使用氨基糖苷类抗生素时有可能发生药物中毒性耳聋。可见，通过遗传筛查对存在突变的儿童避免使用氨基糖苷类抗生素，就可以有效防止此类儿童的药物中毒性耳聋。目前，人们正在深入研究药物代谢酶类或相关蛋白的基因多态性，并进一步开发检测这些基因的诊断方法，这些工作将为临床治疗的个体化用药提供依据。

（五）亲子鉴定和个体识别

亲子鉴定和个体识别都需要对个体的身份进行鉴定。传统的鉴定方法有血型鉴定、外貌特征比对等，但是这些方法的鉴定准确率较低。由于除了同卵双胞胎或多胞胎外，个体之间的 DNA 序列都不相同，并且有些 DNA 差异具有高度的个体特异性和终生稳定性。因此，这类具有个体特征的遗传标记就可以用于亲子鉴定和个体识别，如 DNA 指纹分析（DNA fingerprinting）、STR-PCR 技术等。目前，采用 STR 作为遗传标记，其鉴定肯定概率高达 99.99% 以上，已经成为法医实验室进行亲子鉴定和个体识别的主要技术。

第二节　基因治疗

自 20 世纪 90 年代，Anderson WF 等对两例重度联合免疫缺陷病（severe combined immunodeficiency disease，SCID）患儿进行基因治疗并取得成功，至 2014 年，全世界已经有约 2000 余项基因治疗方案正在进行临床研究或已被批准用于临床治疗，自 2016 年以来，已经有六种基因治疗产品获得批准用于几种严重遗传性疾病的治疗。

一、基因治疗概述与分类

基因治疗（gene therapy）是指将外源基因经一定方式导入患者靶细胞，通过改变患者细胞的基因表达情况从而实现治疗目的的新型治疗方法。从广义上说，凡是采用分子生物学技术在核酸水平上对疾病进行治疗都属于基因治疗范畴。由于基因治疗直接针对导致疾病发生的异常基因，可以从根本上治愈常规方法无法治疗的疾病，因此在许多严重威胁人类健康的疾病，如遗传性疾病、肿瘤、心血管疾病、感染性疾病等的治疗上都具有极大的优势和发展潜力。目前已发展出多种类型的治疗方法。

（一）依据治疗靶细胞分类

1. 体细胞基因治疗　是指将外源基因转入患者体细胞的基因治疗方法。这种治疗方法主要应用于单基因遗传性疾病的治疗，如免疫缺陷、地中海贫血、血友病等。目前正在进行的体细胞基因治疗研究项目已有数百项，但是其中只有少数已经进入临床应用。由于体细胞基因治疗仅限于患者个体，不会造成遗传扩散等伦理风险，因此目前体细胞基因治疗已被批准用于人类疾病的治疗。

2. 生殖细胞基因治疗　是将外源基因转入患者的生殖细胞（精子、卵子）或早中期胚胎的基因治疗方法。生殖细胞基因治疗的优势在于，不仅当代可以得到根治，而且其治疗效果可以延续给子代。但是这一方法具有潜在的风险和伦理学问题，因此，目前尚未批准用于人类疾病的治疗。

（二）依据基因导入方式分类

1. 间接体内疗法（ex vivo）　通过分离并在体外培养人体靶细胞，然后将外源基因导入靶细胞，经过筛选后再将靶细胞回输患者体内，使带有外源基因的细胞在体内表达相应产物，达到治疗的目的。间接体内疗法的基本过程类似于自体组织细胞移植，是目前研究和应用较多的基因治疗方法。

2. 直接体内疗法（in vivo）　即将外源基因直接导入体内器官组织的相应细胞内，以治疗疾病的方法，如肌内注射、静脉注射、器官内灌输、皮下包埋等。这种方法简便易行，但是基因转染效率较低。

（三）依据治疗方法分类

依据治疗靶点、治疗目的以及所采取技术的不同，基因治疗包括以下几种方法，如基因置换、基因矫正、基因增补、基因失活、基因沉默、活化前体药物性基因治疗、免疫性基因治疗等（详见"二、基因治疗的总体策略"）。针对不同的疾病，可以采用不同的治疗方法来制定基因治疗策略。

二、基因治疗的总体策略

导致疾病发生发展的基因的异常形式不同，有的是基因结构异常，有的是基因表达过低，有的是基因表达异常增强，因此，针对基因的治疗，也要根据疾病的具体分子机制采取不同的策略。

（一）替换性基因治疗

替换性基因治疗主要包括基因置换和基因矫正两种方式。基因置换（gene replacement）是用正常的基因通过细胞内基因同源重组，原位替换缺陷基因，从而实现对缺陷基因精确修复的治疗方法。基因修正（gene correction）也属于此范畴，它是对突变基因的异常碱基进行纠正。基因置换或基因矫正是最为理想的基因治疗方法，不会破坏整个基因组的结构，但目前基因定向同源重组技术尚不成熟，限制了其临床应用。

（二）补偿性基因治疗

补偿性基因治疗主要有基因增补技术。基因增补（gene augmentation）又称基因替代或基因添加，是在不去除异常基因的情况下，将正常基因导入宿主细胞并表达功能正常的蛋白质，从而达到治疗疾病的目的。基因增补实际上是基因的异位替代，能替代异常基因的功能或使原有的某些功能得以加强。该方法也是目前基因治疗采用最多的策略，如国际上第一例对 SCID 患儿的基因治疗，以及国内第一例对血友病 B 的基因治疗都是采用这一方法。

（三）调控性基因治疗

调控性基因治疗主要包括基因失活或基因沉默技术。基因失活（gene inactivation）或基因沉默（gene silencing）是指向宿主细胞内导入具有抑制基因表达作用的核酸分子，通过抑制或封闭相应基因的 mRNA，从而阻断该基因的表达。基因失活一般用于基因过度表达所引起的疾病，如很多肿瘤都存在癌基因的过度活化，此时可以向肿瘤细胞内导入肿瘤抑制基因（如 p53）来抑制癌基因的表达，也可以利用反义 RNA、核酶、肽核酸以及 siRNA 等直接抑制或阻断癌基因的表达，从而达到抑制肿瘤细胞增殖的目的。另外，基因失活技术还可用于封闭肿瘤细胞耐药基因的表达，从而增加临床化疗的效果。

（四）自杀基因治疗

自杀基因治疗（suicide gene therapy）是将某些病毒或细菌的酶基因导入肿瘤细胞，其表达产生的酶可将无细胞毒性或低毒性的药物前体转化为细胞毒性产物，从而导致肿瘤细胞死亡。而正常细胞因为不含这种外源基因，故不受影响。此类酶基因也称为自杀基因，常见的有单纯疱疹病毒胸苷激酶（HSV-tk）基因和大肠埃希菌胞嘧啶脱氨酶（EC-CD）基因等。

（五）免疫基因治疗

免疫基因治疗（immunogene therapy）是将抗体、抗原或细胞因子的基因导入患者体内，通过激活或增强患者的免疫功能，达到预防和治疗疾病的目的。其中，抗原基因也称 DNA 疫苗，其在宿主细胞中可以持续表达抗原蛋白，不断刺激机体产生免疫应答反应。细胞因子一般包括肿瘤坏死因子、干扰素等，如白细胞介素-2（IL-2）可以激活体内免疫系统的抗肿瘤活性，目前已应用于多种恶性肿瘤的临床试验。

三、基因治疗的基本程序

基因治疗的基本程序可分为 6 个步骤：①选择治疗基因；②选择基因载体；③选择靶细胞；④基因转移；⑤治疗基因及其表达产物的筛检；⑥回输体内。其中选择基因载体、基因转移和治疗基因及其表达产物的筛检等环节采用了基因工程的原理和方法。

（一）选择治疗基因

基因治疗的首要问题是选择对疾病有治疗作用的目的基因。因此，需要首先明确疾病的致病机制和拟采用的治疗策略，然后有针对性地选择治疗基因。治疗基因可以是个体细胞、细菌或病毒内存在的基因，也可以是人工合成的核酸分子。对于单基因缺陷引起的遗传性疾病，就可选择相应的野生型基因作为治疗基因，如选用腺苷脱氨酶（ADA）基因治疗 ADA 缺陷导致的 SCID。而对于肿瘤，则可以选择反义 RNA、核酶以及 siRNA 等抑制癌基因的表达，从而发挥治疗作用。

（二）选择基因载体

要有效地将治疗基因导入人体细胞内，需要借助合适的基因工程载体。目前使用的基因载体有病毒载体和非病毒载体两大类，临床治疗一般多选择病毒载体。常用的病毒载体有逆转录病毒（retro-virus，RV）、腺病毒（adeno-virus，AV）、腺相关病毒（adeno-associated virus，AAV）等。几种常用病毒载体的特点见表 22-3。

表 22-3　几种常用病毒载体的主要特点比较

	逆转录病毒载体	腺病毒载体	腺相关病毒载体
基因组大小	8.5kb	36kb	5kb
核酸类型	RNA	DNA	DNA
外源基因容量	<9kb	2～7kb	<3.5kb
重组病毒滴度	中	高	较低
靶细胞状态	分裂细胞表面有特异受体	分裂细胞或非分裂细胞	分裂细胞或非分裂细胞
基因整合	随机整合	不整合	优先整合于染色体 19q 位点
外源基因表达情况	短暂表达/稳定表达	短暂表达	稳定表达
基因转移效率	高	高	不明
生物学特性	清楚	清楚	尚未研究清楚
安全性	不明	病毒蛋白可引起炎症及免疫反应	无病原性

（三）选择靶细胞

由于安全因素和伦理学问题的限制，目前基因治疗禁止采用生殖细胞，而仅限于体细胞。人类的体细胞有 200 多种，但是大多数体细胞还不能进行体外培养，因此能用于基因治疗的体细胞十分有限。目前能成功用于基因治疗的靶细胞主要有：造血干细胞、上皮细胞、内皮细胞、成纤维细胞、肝细胞和肌细胞等。

1. 造血干细胞（hematopoietic stem cell）　是骨髓中具有高度自我更新能力的细胞。造血干细胞在体外经过扩增后，已成为基因治疗最有前途的靶细胞之一。但造血干细胞在骨髓中含量很低，难以满足基因治疗的需要，因此人脐带血细胞是造血干细胞的主要来源，它在体外增殖能力强，移植物抗宿主反应发生率低，是替代骨髓造血干细胞的理想靶细胞。

2. 皮肤成纤维细胞　用于基因治疗的优点是：皮肤面积大、易采集、可在体外扩增培养、易于移植等，是基因治疗很有发展前途的靶细胞来源。带有治疗基因的逆转录病毒载体能高效感染原代培养的成纤维细胞，将它再移植回受体时，治疗基因可以稳定表达一段时间，并通过血液循环将表达的蛋白质送到其他组织。

3. 肌细胞　肌细胞的 T 管系统与细胞外直接相通，将质粒 DNA 直接注射入肌组织，质粒 DNA 可内吞进入细胞内，而且肌细胞内的溶酶体和 DNA 酶含量很低，质粒 DNA 以环状形式在胞质中存在，不整合入细胞基因组 DNA，能在肌细胞内长时间保留并持续表达，因此肌细胞也是基因治疗的理想靶细胞之一。

（四）基因转移

将外源治疗基因准确高效地转入靶细胞，并使之安全可控的在体内表达，是基因治疗成败的关键。目前，将治疗基因导入靶细胞的方法有两类：一类是非病毒介导的基因转移，包括物理方法（如显微注射、电穿孔、DNA 直接注射法和基因枪法等）和化学方法（如磷酸钙沉淀法、DEAE-葡聚糖法、脂质体介导的基因转移等）。另一类是病毒介导的基因转移，这是目前基因治疗采用最多的方法。

（五）治疗基因及其表达产物的筛检

在间接体内疗法中，基因转染效率很难达到 100%，因此首先需要利用载体中的筛选标记对靶细胞进行筛选，然后再对靶细胞中治疗基因的表达状况进行进一步检测，只有稳定表达外源治疗基因的靶细胞，才能回输患者体内发挥治疗作用。而在直接体内疗法中，也需要对导入体内的外源基因的表达情况进行检测。目前常采用生物化学与分子生物学、免疫学等方法进行筛检，如 PCR 技术、核酸分子杂交技术、ELISA 技术等。

（六）回输体内

在间接体内疗法中，经过严格筛检的含有治疗基因的靶细胞，还需要回输体内才能发挥治疗作用。一般不同类型的细胞以不同的方式回输体内：如淋巴细胞可经静脉回输入血；造血细胞可采用自体骨髓移植的方法；皮肤成纤维细胞经胶原包裹后可埋入皮下组织中等。

四、基因治疗的应用

基因治疗最初主要用于单基因遗传性疾病，因为此类疾病的发生机制简单明确，设计治疗方案相对容易。但是随着现代医学的发展，许多复杂性疾病的分子机制也逐渐被阐明，基因治疗范围也因此得以扩展，由最初只用于单基因遗传性疾病，逐步扩展到对肿瘤、心血管疾病和感染性疾病等复杂性疾病的治疗上。

案例 22-3

　　患者，男性，2 岁，因"面色苍白且进行性加重 1 年余，发热、咳嗽 3 天"入院。

　　体格检查：体重 10kg，体温 38.8℃，脉搏 140 次/分，呼吸 30 次/分。一般情况差，全身皮肤黏膜苍白。双肺呼吸音清晰，心律齐，无杂音。肝脏未触及。

　　实验室检查主要阳性发现（括号内为参考区间）：红细胞 2.07×10^{12}/L（$4.0 \times 10^{12} \sim$

$5.5×10^{12}$/L），白细胞 $16.5×10^9$/L（$4×10^9$～$10×10^9$/L），血红蛋白（Hb）43g/L（120～160g/L），红细胞压积 0.147L/L（0.42～0.49L/L），平均红细胞体积 69.8fl（80～100fl），平均红细胞血红蛋白含量 20pg（27～33pg），平均红细胞血红蛋白浓度 301g/L（320～360g/L），网织红细胞 4.0%（0.8%～2%）。血红蛋白电泳：Hb 58.5%（95%），HbA2 36.2%（1.6%～3.5%），HbF 46.2%（0.2%～2.0%）。

初步诊断：重型 β 地中海贫血。

问题：

1. 本病例发病原因是什么？临床传统治疗有何不足？

2. 本病例的基因治疗应采用哪一策略？如何进行？

3. 基因治疗在本病例的临床治疗中有何优缺点？

（一）单基因遗传性疾病的基因治疗

单基因遗传性疾病是由单个基因缺陷所引起的一类疾病。这类疾病的发生机制较为简单，治疗也相对容易。一般只需要将正常基因导入人体内，能够表达出有功能的正常蛋白，即可实现治疗目的。单基因遗传性疾病的种类很多，迄今已发现了 6000 多种，如腺苷脱氨酶（ADA）缺陷引起的严重联合免疫缺陷综合征、苯丙酮尿症（PKU）、进行性假肥大性肌营养不良、囊性纤维化、镰状细胞贫血、地中海贫血、血友病等。

世界上第一例成功的基因治疗病例是对腺苷脱氨酶（ADA）缺陷引起的严重联合免疫缺陷综合征的治疗。该病的分子机制是由于 *Ada* 基因缺陷，导致人体 T、B 淋巴细胞发育受阻，进而引起的重症联合免疫缺陷。1990 年，美国批准了 ADA 缺陷的基因治疗方案。首先分离患儿血细胞中的单个核细胞，体外培养并刺激 T 淋巴细胞增殖，以携带 *Ada* 基因的逆转录病毒转染增殖细胞，数日后将细胞回输患者体内。该患儿在随后的 10 个半月中，共接受了 7 次上述的自体细胞回输，PCR 分析表明，治疗后患儿血液中约有相当于正常人 25% 的 *Ada* 基因转染子，患儿免疫功能明显增强，临床症状得到改善。

我国首例基因治疗的成功病例是对血友病 B 的治疗。血友病 B 是由于凝血因子Ⅸ缺失所引起的凝血功能障碍性疾病。研究者将人Ⅸ因子基因与反转录病毒重组后，转移到患者的皮肤成纤维细胞中，经过克隆筛选出高表达Ⅸ因子的细胞株，再与胶原混合后直接注射到患者腹部皮下，结果患者血中Ⅸ因子浓度升高，出血症状及出血次数都明显减少，有的患者 8 年随访仍安全有效。

（二）肿瘤的基因治疗

目前已被阐明和克隆的肿瘤致病基因已有很多，因此对肿瘤基因治疗的研究也日趋活跃，世界各国已经批准的基因治疗方案中，70% 以上是针对肿瘤的。肿瘤产生的分子机制主要有以下几方面：①细胞中原癌基因和抑癌基因的表达失衡，导致正常细胞的恶性转化；②肿瘤细胞可能通过某些作用机制，逃脱机体免疫系统的监视或破坏机体的免疫系统；③细胞信号转导网络出现异常，如生长因子、生长因子受体、蛋白质激酶和转录因子等重要信号分子和信号转导分子的结构与功能异常，导致细胞的异常增生或凋亡不足。目前，肿瘤的基因治疗方案也正是基于对上述分子机制的干预，如肿瘤的病因性基因治疗、免疫基因治疗等。

1. 肿瘤的病因性基因治疗　肿瘤的病因性基因治疗主要针对细胞中的抑癌基因和原癌基因。

（1）导入抑癌基因或恢复其活性：抑癌基因可以调控细胞的增殖与分化，具有潜在的抑癌作用。目前已知的抑癌基因近 20 种，如 *p53*、*Rb* 等。人类大多数肿瘤中都存在抑癌基因失活现象，因此，将抑癌基因导入肿瘤细胞中表达，替代或补偿有缺陷的抑癌基因是肿瘤基因治疗的常用方案。例如，许多肿瘤中都有 *p53* 基因突变。将野生型 *p53* 基因通过逆转录病毒、腺病毒等导入肿瘤细胞内，不仅可以诱导肿瘤细胞的凋亡，还能抑制肿瘤血管生成相关基因的表达。目前，我国自行研制的重组人 *p53* 腺病毒注射液，对中、晚期喉癌、头颈部鳞癌都有很好的治疗效果。

（2）封闭癌基因的过度表达：许多肿瘤的发生和发展，与某些癌基因的过度表达有关。因此，封闭这些癌基因或者抑制其过表达，也是肿瘤基因治疗的常用手段。常用的基因治疗技术主要有以下两种：①反义 RNA：反义 RNA 一般含 15～30 个碱基，是与癌基因靶序列互补的寡核苷酸序列，目前已被广泛用于抑制多种癌基因的过表达，如 *c-ras*、*c-myc*、*c-myb*、*bcl-2* 等；② RNA 干扰：RNA 干扰（RNA interference，RNAi）技术能特异高效地沉默靶基因的表达，通过将靶基因特异的 siRNA 导入肿瘤细胞，可以抑制癌基因的表达，从而达到治疗肿瘤的目的。

2. 肿瘤的免疫基因治疗 　正常机体经常有细胞发生突变，但一般并不会引起肿瘤，这是因为机体免疫系统能识别并特异地杀伤突变的细胞。但是，如果突变细胞逃避了免疫系统的监视，就会形成肿瘤。因此，可以通过重新激活或增强机体的免疫机制来发挥抗肿瘤作用。

（1）细胞因子基因治疗：许多细胞因子在细胞免疫中显示了抗肿瘤的活力。将细胞因子的基因与载体重组后导入受体细胞内，使其在细胞内持续产生细胞因子，可以达到激活和增强机体特异性抗肿瘤免疫反应的作用。近年有人用成纤维细胞作为受体细胞，将不同的细胞因子基因，如 IL-2、IL-4、IL-6、TNF-α 等，分别转染成纤维细胞，筛选分泌细胞因子最多的细胞株，经体外胶原包裹后分别移植到带瘤小鼠体内，对白血病、肾癌、肝癌等模型小鼠都有很好的疗效。

（2）主动免疫基因治疗：CAR-T（chimeric antigen receptor T-cell immunotherapy），即嵌合抗原受体 T 细胞免疫疗法，是一种全新的免疫基因治疗方法。CAR 是一种蛋白质受体，可使 T 细胞识别肿瘤细胞表面的特定抗原，因此表达 CAR 的 T 细胞可识别并结合肿瘤细胞，进而攻击肿瘤细胞，这种表达 CAR 的 T 细胞被称为 CAR-T。通过提取患者体内 T 淋巴细胞，将肿瘤细胞表面的特定抗原受体基因整合到正常 T 细胞基因序列中，形成嵌合抗原受体 T 细胞（CAR-T），就能获得特异性识别和攻击杀伤肿瘤细胞的能力。目前我国已有 CAR-T 治疗技术和相关药物获批上市。

（三）心脑血管系统疾病的基因治疗

心脑血管系统疾病包括单基因遗传和多基因遗传两类。单基因遗传性心脑血管疾病，如家族性高胆固醇血症、遗传性扩张型心肌病、肥厚型心肌病等，其发生的分子机制已明确，采用基因治疗相对容易，其治疗策略与其他单基因遗传性疾病类似。

但是大多数常见的心脑血管系统疾病，如高血压、动脉粥样硬化、心肌肥厚等，是遗传因素和环境因素共同作用引起的，涉及多种基因的改变，其分子机制尚未阐明，目前基因治疗的疗效也不明确。对这类疾病进行基因治疗，一般可选择的治疗基因有：调节细胞增殖、分化和凋亡的相关基因；调节血管收缩和舒张，促进和抑制血管生长的基因；调控水、盐代谢以及脂代谢的基因等。而靶细胞则多采用血管平滑肌细胞。

（四）艾滋病的基因治疗

艾滋病（acquired immunodeficiency syndrome，AIDS）即获得性免疫缺陷综合征，是由于感染了人类免疫缺陷病毒（HIV）而引起的免疫系统缺陷性疾病。

目前，人们已经发展出了多种针对 AIDS 的基因治疗策略。例如，用反义核酸技术封闭 HIV *env* mRNA 的表达；设计针对 *nef* 基因和 *env* 基因序列的核酶，能有效地切割靶序列；采用结构类似物（RNA decoy）的策略与 *tat* 基因和 *rev* 基因结合，阻止调节蛋白与病毒 mRNA 上的茎环结构结合，从而抑制 HIV mRNA 的合成和运输；利用细胞内抗体清除 HIV 外壳蛋白，即将 HIV 外膜糖蛋白 gp120 蛋白的单链抗体基因导入 HIV 感染的细胞，表达后滞留在内质网中，它们与 gp120 蛋白结合，从而阻止成熟病毒颗粒的形成等。但是，AIDS 的各种基因治疗方案还处于试验阶段，有一些方案显示出良好的治疗前景，并已进入临床试验阶段，但还远未达到满意的疗效，有待进一步研究。

五、基因治疗面临的问题与展望

（一）基因治疗面临的问题

1. 基因治疗的理论和技术问题　虽然基因治疗已经部分应用于临床，并获得了一些成功，但大多还处在理论研究和动物试验阶段，依然存在一些亟须解决的问题。例如：①对于许多疾病，尤其是复杂性疾病的分子机制尚未阐释清楚，故难以制定安全、有效的基因治疗策略；②缺乏高效、安全和靶向性的基因载体和导入系统；③尚未完全阐明真核生物基因表达调控的机制，对基因治疗的过程还不能做到精确掌控，治疗过程具有较高的安全性风险；④缺乏准确、有效的疗效评价，尚无法对基因治疗的效果做客观、公正的评价。

2. 基因治疗的伦理学问题　由于体细胞基因治疗引发的伦理争议较少，因此目前的基因治疗主要采用体细胞作为靶细胞。但是体细胞基因治疗只限于当代，其下一代仍可能产生同样的疾病。而生殖细胞基因治疗的效果能够延续给子代，可以从根本上治疗遗传性疾病。由于目前基因治疗的理论和技术尚不成熟，生殖细胞基因治疗具有引发新的疾病及其他潜在风险的可能性，带来严重的社会伦理学问题，故各国政府都严令禁止在临床上开展生殖细胞基因治疗。

（二）基因治疗的展望

从 1990 年第一例成功的基因治疗病例开始，对基因治疗的研究和应用已有三十余年。作为一种全新的治疗手段，基因治疗目前仍处于研究探索阶段，还有许多理论和技术性问题有待深入研究，其潜在的风险也需要时间来检验。但是基因治疗带给临床诊疗的革命性变化已初显峥嵘，其在肿瘤、遗传性疾病等重大疾病治疗中的作用和潜在价值也已为全世界所重视，已经成为近年来发展最为迅猛的医疗领域之一。我们有理由相信随着人类科学技术的发展，基因治疗的研究和应用也将不断取得突破性进展，为实现人类未来的个性化治疗、精准化治疗和预防性治疗奠定坚实的基础。

（陈园园　吴俏珺）

思 考 题

1. 针对涉及酶切位点改变的点突变，可选择哪些基因诊断的方法？
2. 基因诊断在临床上有何应用？请举例说明。
3. 基因治疗的策略有哪些？可以分为哪几类？
4. 以动脉粥样硬化为例，开拓思路，从疾病发生发展等多角度设计基因治疗方案。

参 考 文 献

陈娟, 孙军. 2016. 生物化学与分子生物学. 3 版. 北京: 科学出版社.

第二届生物化学与分子生物学名词审定委员会审定. 2024. 生物化学与分子生物学名词. 2 版. 北京: 科学出版社.

方定志, 焦炳华. 2023. 生物化学与分子生物学. 4 版. 北京: 人民卫生出版社.

冯作化, 药立波. 2015. 生物化学与分子生物学. 3 版. 北京: 人民卫生出版社.

高国全, 汤其群. 2024. 生物化学与分子生物学. 10 版. 北京: 人民卫生出版社.

韩骅, 高国全. 2020. 医学分子生物学实验技术. 4 版. 北京: 人民卫生出版社.

何凤田, 李荷. 2017. 生物化学与分子生物学 (案例版). 北京: 科学出版社.

孔英. 2018. 生物化学. 4 版. 北京: 人民卫生出版社.

李刚, 贺俊崎. 2018. 生物化学. 4 版. 北京: 北京大学医学出版社.

林德馨. 2011. Lippincott's Illustrated Reviews Biochemistry 图解生物化学 (原书第 5 版). 北京: 科学出版社.

刘新光, 罗德生. 2021. 生物化学与分子生物学 (案例版). 3 版. 北京: 科学出版社.

吕社民, 边惠洁, 左伋. 2021. 人体分子与细胞. 2 版. 北京: 人民卫生出版社.

马文丽, 德伟, 王杰. 2018. 生物化学与分子生物学. 2 版. 北京: 科学出版社.

钱晖, 侯筱宇. 2017. 生物化学与分子生物学. 4 版. 北京: 科学出版社.

钱晖, 侯筱宇, 何凤田. 2023. 生物化学与分子生物学. 5 版. 北京: 科学出版社.

泰勒 ME, 德里卡默 K. 2013. 糖生物学概述. 3 版. 马毓甲译. 北京: 科学出版社.

田余祥. 2020. 生物化学. 4 版. 北京: 高等教育出版社.

王凤山, 邹全明. 2016. 生物技术制药. 3 版. 北京: 人民卫生出版社.

王艺萌, 戴珊, 王晓宇, 等. 2017. 老年着色性干皮病继发恶性肿瘤 1 例. 中国皮肤性病学杂志, 31(4): 429-430.

王玉明. 2016. 生物化学与分子生物学. 北京: 科学出版社.

魏文祥, 王明华, 何凤田. 2017. 医学生物化学与分子生物学. 4 版. 北京: 科学出版社.

杨荣武. 2013. 生物化学. 北京: 科学出版社.

杨荣武. 2017. 分子生物学. 2 版. 南京: 南京大学出版社.

姚文兵. 2022. 生物化学. 8 版. 北京: 人民卫生出版社.

姚文兵. 2022. 生物化学. 9 版. 北京: 人民卫生出版社.

张树政. 2002. 糖生物学与糖生物工程. 北京: 清华大学出版社.

张晓伟, 史岸冰. 2020. 医学分子生物学. 3 版. 北京: 人民卫生出版社.

周春燕, 药立波. 2018. 生物化学与分子生物学. 9 版. 北京: 人民卫生出版社.

周克元, 罗德生. 2010. 生物化学 (案例版). 2 版. 北京: 科学出版社.

Ausubel F M, Brent R, Kingston R E, et al. 2002. *Short protocols in molecular biology*. 5th Ed. Hoboken, New Jersey: John Wiley & Sons Inc.

Craig N L, Green R, Greider C, et al. 2021. *Molecular biology: principles of genome function*. 3rd Ed. New York: Oxford University Press.

David L N, Michael M C. Aaron A H. 2021. *Lehninger principles of biochemistry*. 8th Ed. New York: W. H. Freeman and Company.

Eugene C T, William E S, Henry W S, et al. 2015. *Case files biochemistry*. New York: McGraw-Hill Book Company.

Green M R, Sambrook J. 2012. *Molecular cloning: a laboratory manual*. 4th Ed. New York: Cold Spring Harbor Laboratory Press.

High K A, Roncarolo M G. 2019. Gene therapy. N Engl J Med, 381(5): 455-464.

Kang Y, Liu R, Wu J X. et al. 2019. Structural insights into the mechanism of human soluble guanylate cyclase. Nature, 574 (7777): 206-210.

Kapranov P, Ozsolak F, Kim S W, et al. 2010. New class of gene-termini-associated human RNAs suggests a novell RNA copying mechanism. Nature, 466(7306): 642-646.

Maida Y, Yasukawa M, Furuuchi M, et al. 2009. An RNA-dependent RNA polymerase formed by TERT and the *RMRP* RNA. Nature, 461(7261): 230-235.

Milligan G, Kostenis E. 2006. Heterotrimeric G-proteins: a short history. Br J Pharmacol, 147 Suppl 1(Suppl 1): S46-55.

Nelson D L, Cox M M, Hoskins A A. 2021. *Lehninger principles of biochemistry*. 8th Ed. New York: W. H. Freeman and Company.

Rodwell V W, Bender D A, Botham K M, et al. 2018. *Harper's illustrated biochemistry*. 31st Ed. New York: McGraw Hill Education Lange.

Sharma R K. 2010. Membrane guanylate cyclase is a beautiful signal transduction machine: overview. Mol Cell Biochem, 334(1-2): 3-36.

Toy E C, Strobel H W, Seifert Jr W E, et al. 2014. *Case files biochemistry*. 3rd ed. New York: McGraw Hill Education Lange.

Victor W R, David A B, Kathleen M B, et al. 2018. *Harper's illustrated biochemistry*. 31st Ed. New York: McGraw Hill Education Lange.

中英文名词对照

A

癌基因　oncogene

艾滋病　acquired immunodeficiency syndrome，AIDS

氨基末端　amino terminal

氨基酸　amino acid

氨基酸臂　amino acid arm

氨基酸代谢库　amino acid metabolic pool

氨基转移酶　aminotransferase

氨酰位　aminoacyl site

ATP 合酶　ATP synthase

B

巴斯德效应　Pasteur effect

靶向治疗　targeted therapy

半保留复制　semi-conservative replication

半不连续复制　semi-discontinuous replication

包涵体　inclusion body

饱和脂肪酸　saturated fatty acid

保守的位点特异性重组　conservative site-specific recombination，CSSR

苯丙酮尿症　phenylketonuria，PKU

比活性　specific activity

必需氨基酸　essential amino acid

必需基团　essential group

必需脂肪酸　essential fatty acid

编码链　coding strand

编码三联体　coding triplet

变性　denaturation

变性高效液相层析　denaturing high performance liquid chromatography，DHPLC

表达载体　expression vector

表观米氏常数　apparent K_m

表观最大反应速度　apparent V_{max}

表面等离子体共振技术　surface plasmon resonance，SPR

别构部位　allosteric site

别构激活剂　allosteric activator

别构酶　allosteric enzyme

别构调节　allosteric regulation

别构效应　allosteric effect

别构效应物　allosteric effector

别构抑制剂　allosteric inhibitor

丙氨酸-葡萄糖循环　alanine-glucose cycle

丙酮酸羧化支路　pyruvate carboxylation shunt

病毒癌基因　viral oncogene，*v-onc*

C

卟啉病　porphyria

补救合成途径　salvage pathway

不饱和脂肪酸　unsaturated fatty acid

不对称转录　asymmetrical transcription

不可逆性抑制　irreversible inhibition

不可逆抑制剂　irreversible inhibitor

C

蚕豆病　favism

操纵子　operon

侧链　side chain

层粘连蛋白　laminin，LN

层析　chromatography

插入序列　insertion sequence，IS

长链非编码 RNA　long non-coding RNA，lncRNA

超二级结构　supersecondary structure

超螺旋结构　superhelix 或 supercoil

超滤法　ultrafiltration

超氧化物歧化酶　superoxide dismutase，SOD

沉降系数　sedimentation coefficient，S

沉默子　silencer

成纤维细胞生长因子　fibroblast growth factor，FGF

重组修复　recombination repair

初级胆汁酸　primary bile acid

串联酶　tandem enzyme

次级胆汁酸　secondary bile acid

从头合成　de novo synthesis

催化常数　K_{cat}

Ca^{2+}/钙调蛋白的依赖性蛋白质激酶　Ca^{2+}/calmodulin-dependent protein kinases，CaM-PK

cDNA 文库　cDNA library

ChIP-on-chip　chromatin immunoprecipitation based on microarray

D

代谢稳态　metabolic homeostasis

代谢相关脂肪性肝病　metabolic associated fatty liver disease，MAFLD

代谢综合征　metabolic syndrome，MS

代谢组　metabolome

代谢组学　metabolomics

单不饱和脂肪酸　monounsaturated fatty acid

单纯酶　simple enzyme

单核苷酸多态性　single nucleotide polymorphism，SNP

单链构象多态性分析　single strand conformation polymorphism，SSCP

单糖　monosaccharide

单体酶　monomeric enzyme

胆固醇　cholesterol，Ch

胆固醇逆向转运　reverse cholesterol transport，RCT

胆固醇酯　cholesteryl ester，CE

胆色素　bile pigment

胆素原　bilinogen

胆素原的肠肝循环　bilinogen enterohepatic cycle

胆盐　bile salt

胆汁酸　bile acid

胆汁酸的肠肝循环　enterohepatic circulation of bile acid

蛋白聚糖　proteoglycan，PG

蛋白质　protein

蛋白质的生物合成　protein biosynthesis

蛋白质的营养价值　nutrition value

蛋白质构象病　protein conformational disease

蛋白质互补作用　protein complementary action

蛋白质酪氨酸激酶　protein tyrosine kinase，PTK

蛋白质酪氨酸磷酸酶　protein tyrosine phosphatase，PTP

蛋白质丝氨酸/苏氨酸激酶　protein serine/threonine kinase，PSTK

蛋白质相互作用结构域　protein interaction domain

蛋白质芯片　protein chip

氮平衡　nitrogen balance

等电点　isoelectric point，pI

等电聚焦电泳　isoelectric focusing electrophoresis，IFE

等位基因特异性寡核苷酸　allele specific oligonucleotide，ASO

低密度脂蛋白　low density lipoprotein，LDL

低血糖　hypoglycemia

底物循环　substrate cycle

第二信使　second messenger

第一信使　first messenger

颠换　transversion

电穿孔　electroporation

电泳　electrophoresis

电泳迁移率变动分析　electrophoretic mobility shift assay，EMSA

电子传递链　electron transfer chain

定量 PCR　quantitative PCR

端粒　telomere

端粒酶　telomerase

短串联重复序列　short tandem repeat，STR

短链非编码 RNA　small non-coding RNA，sncRNA

断裂基因　split gene

多胺　polyamine

多不饱和脂肪酸　polyunsaturated fatty acid

多功能酶　multifunctional enzyme

多核苷酸　polynucleotide

多核苷酸激酶　polynucleotide kinase

多聚核糖体　polyribosome 或 polysome

多克隆位点　multiple cloning site，MCS

多酶复合物　multienzyme complex

多顺反子　polycistron

多肽链　polypeptide chain

多糖　polysaccharide

多位点人工接头　polylinker

DNA 重组　DNA recombination

DNA 复制　DNA replication

DNA 聚合酶　DNA polymerase

DNA 连接酶　DNA ligase

DNA 损伤　DNA damage

DNA 拓扑异构酶　DNA topoisomerase

DNA 修复　DNA repair

DNA 指纹分析　DNA fingerprinting

E

二级结构　secondary structure

二氢尿嘧啶环　dihydrouracil loop，DHU loop

F

发夹　hairpin

翻译　translation

翻译后修饰　post-translational modification

翻译起始复合物　translational initiation complex

反竞争性抑制作用　uncompetitive inhibition

反密码子环　anticodon loop

反向斑点杂交　reverse dot blot，RDB

反义寡核苷酸　antisense oligonucleotide，AS-ON

泛素　ubiquitin

泛酸　pantothenic acid

非必需氨基酸　non-essential amino acid

非编码 RNA　non-coding RNA，ncRNA

非蛋白质氮　non-protein nitrogen，NPN

非竞争性抑制　non-competitive inhibition

非酒精性脂肪性肝病　non-alcoholic fatty liver disease，NAFLD

非同源末端连接重组修复　non-homologous end joining recombination repair

分子伴侣　molecular chaperone

分子病　molecular disease

分子生物学　molecular biology

分子诊断　molecular diagnosis

辅基　prosthetic group

辅酶　coenzyme

辅因子　cofactor

腐败作用　putrefaction

负超螺旋　negative supercoil

复性　renaturation

复制叉　replication fork

G

钙调蛋白　calmodulin，CaM

干扰小 RNA small interfering RNA，siRNA

甘油磷脂 glycerophosphatide

甘油三酯 triglyceride

肝细胞性黄疸 hepatocellular jaundice

肝性脑病 hepatic encephalopathy，HE

感染 infection

感受态细胞 competent cell

冈崎片段 Okazaki fragment

高氨血症 hyperammonemia

高胆红素血症 hyperbilirubinemia

高密度脂蛋白 high density lipoprotein，HDL

高效液相层析 high-performance liquid chromatography，HPLC

高血糖 hyperglycemia

高脂血症 hyperlipemia

梗阻性黄疸 obstructive jaundice

共价修饰 covalent modification

谷胱甘肽 glutathione，GSH

谷胱甘肽过氧化物酶 glutathione peroxidase，GPx

固定化酶 immobilized enzyme

寡聚酶 oligomeric enzyme

寡肽 oligopeptide

寡糖 oligosaccharide

管家基因 house-keeping gene

光复活修复 light repair

滚环复制 rolling circle replication

果糖不耐症 fructose intolerance

G 蛋白 G protein

H

核不均一 RNA heterogeneous nuclear RNA，hnRNA

核定位序列 nuclear localization sequence，NLS

核苷 nucleoside

核苷酸 nucleotide

核苷酸切除修复 nucleotide excision repair，NER

核酶 ribozyme

核受体 nuclear receptor，NR

核酸分子杂交 nucleic acid hybridization

核酸疫苗 nucleic acid vaccine

核糖核苷酸还原酶 ribonucleotide reductase

核糖核酸 ribonucleic acid，RNA

核糖体 ribosome

核糖体 RNA ribosomal RNA，rRNA

核糖体循环 ribosome cycle

后随链 lagging strand

呼吸链 respiratory chain

化学降解法 chemical degradation method

化学渗透假说 chemiosmotic hypothesis

环状 RNA circular RNA，circRNA

黄疸 jaundice

回补反应 anaplerotic reaction

回文序列 palindrome

混合功能氧化酶 mixed functional oxidase，MFO

活性部位 active center，active site

活性氧类 reactive oxygen species，ROS

J

基础转录因子 basal transcription factor

激活剂 activator

基因 gene

基因沉默 gene silencing

基因工程 genetic engineering

基因克隆 gene cloning

基因扩增 gene amplification

基因敲除 gene knockout

基因失活 gene inactivation

基因芯片 gene chip

基因修正 gene correction

基因疫苗 gene vaccine

基因印记 genetic imprinting

基因增补 gene augmentation

基因诊断 gene diagnosis

基因治疗 gene therapy

基因置换 gene replacement

基因转移 gene transfer

基因组 genome

基因组编辑技术 genome-editing technique

基因组 DNA 文库 genomic DNA library

基于 SNP 的单体型分析 SNP-based haplotyping

激素敏感性脂肪酶 hormone sensitive lipase，HSL

极低密度脂蛋白 very low density lipoprotein，VLDL

己糖磷酸支路 hexose monophosphate shunt，HMS

甲硫氨酸循环 methionine cycle

假神经递质 false neurotransmitter

间接胆红素 indirect bilirubin

间接体内疗法 *ex vivo*

简并性 degeneracy

碱基互补 complementary base pair

碱性磷酸酶 alkaline phosphatase

碱性螺旋-环-螺旋 basic helix-loop-helix，bHLH

碱基切除修复 base excision repair，BER

酵母单杂交 yeast one hybrid

酵母人工染色体 yeast artificial chromosome，YAC

酵母双杂交系统 yeast two-hybrid system

接合作用 conjugation

结构域 domain

结合胆红素 conjugated bilirubin

结合胆汁酸 conjugated fatty acid

结合酶（或缀合酶） conjugated enzyme

解链温度　melting temperature，T_m
解偶联蛋白 1　uncoupling protein 1，UCP1
解偶联剂　uncoupler
解旋酶　helicase
进位　entrance
茎环　stem loop
竞争性内源 RNA　competing endogenous RNA，ceRNA
竞争性抑制　competitive inhibition
聚丙烯酰胺凝胶电泳　polyacrylamide gel electrophoresis，PAGE
聚合酶链反应　polymerase chain reaction，PCR
绝缘子　insulator

K

抗代谢物　antimetabolite
抗凝剂　anticoagulant
抗体酶　abzyme
抗脂解激素　antilipolytic hormone
可变环　variable loop
可读框　open reading frame，ORF
可逆性抑制作用　reversible inhibition
克隆载体　cloning vector
空间构象　conformation
空间结构　spatial structure
空间特异性　spatial specificity
扩增片段长度多态性　amplified fragment length polymorphism，AFLP

L

莱施-奈恩综合征　Lesch-Nyhan syndrome，自毁性综合征
类核　nucleoid
类脂　lipoid
离心　centrifugation
离子交换层析　ion exchange chromatography
离子通道型受体　ionotropic receptor
亮氨酸拉链　leucine zipper
邻近效应　proximity
磷脂　phospholipid，PL
磷脂酶　phospholipase
磷脂酰肌醇激酶　PI kinase，PI-K
磷脂酰肌醇 3-激酶　phosphatidylinositol 3-kinase，PI3K
磷脂酰肌醇-4,5-二磷酸　phosphatidylinositol-4,5-bisphosphate，PI-4,5-P_2 或 PIP_2
L-谷氨酸脱氢酶　L-glutamate dehydrogenase

M

帽结合蛋白质　cap binding protein，CBP
酶　enzyme
酶活性　enzyme activity
酶偶联受体　enzyme linked receptor
酶原激活　zymogen activation
米氏常数　Michaelis-constant

米氏方程　Michaelis-Menten equation
密码子　codon
免疫共沉淀　co-immunoprecipitation，Co-IP
免疫基因治疗　immunogene therapy
免疫球蛋白　immunoglobulin，Ig
免疫印迹　immunoblotting
模板链　template strand
模体　motif
末端脱氧核苷酸转移酶　terminal deoxynucleotidyl transferase
膜受体　cell membrane receptor
MAPK 级联激活　Cascade activation of MAPK

N

内含子　intron
内源性凝血途径　intrinsic coagulation pathway
逆转录酶　reverse transcriptase
逆转录 PCR　reverse transcription PCR，RT-PCR
黏粒　cosmid
黏性末端　sticky end
鸟氨酸循环　ornithine cycle
鸟苷酸环化酶　guanylate cyclase，GC
尿黑酸尿症　alkaptonuria
尿素循环　urea cycle
柠檬酸-丙酮酸循环　citrate-pyruvate cycle
凝固作用　coagulation
凝胶过滤层析　gel filtration chromatography
凝血因子　coagulation factor
Northern 印迹　Northern blotting

P

排出位　exit site
配体　ligand
平末端或钝末端　blunt end
苹果酸-天冬氨酸穿梭　malate-aspartate shuttle
葡萄糖耐量　glucose tolerance
葡萄糖转运蛋白　glucose transporter，GLUT
P/O 比值　phosphate/oxygen ratio
piRNA　piwi interacting RNA
polyA 结合蛋白质　polyA binding protein，PABP

Q

启动子　promoter
起始密码子　initiation codon
起始因子　initiation factor，IF
前导链　leading strand
羟化酶　hydroxylase
鞘磷脂　sphingomyelin
鞘糖脂　glycosphingolipid
鞘脂　sphingolipid，SL
切除修复　excision repair
去磷酸化　dephosphorylation

全酶　holoenzyme

Southern 印迹　Southern blotting

R

染色体易位　chromosome translocation

染色质免疫沉淀　chromatin immunoprecipitation，ChIP

溶血性黄疸　hemolytic jaundice

融合蛋白　fusion protein

乳糜微粒　chylomicron，CM

乳清酸尿症　orotic aciduria

乳酸循环　lactate cycle

朊病毒　prion

朊病毒蛋白　prion protein，PrP

RNA 编辑　RNA editing

RNA 复制　RNA replication

RNA 复制酶　RNA replicase

RNA 干扰　RNA interference，RNAi

RNA 结合蛋白质　RNA binding protein，RBP

RNA 诱导的沉默复合物　RNA-induced silencing complex，RISC

S

三级结构　tertiary structure

三联体密码　triplet code

三羧酸循环　tricarboxylic acid cycle，TCA cycle

色氨酸操纵子　tryptophane operon

神经肽　neuropeptide

生化遗传学　biochemical genetics

生命的化学　life chemistry

生物化学　biochemistry

生物素　biotin

生物芯片　biochip

生物氧化　biological oxidation

生物转化　biotransformation

时间特异性　temporal specificity

实时 PCR　real-time PCR

释放因子　release factor，RF

噬菌体　phage

噬菌体展示　phage display

双缩脲反应　biuret reaction

双脱氧测序法　dideoxy sequencing method

双向电泳　two-dimensional electrophoresis，2DE

双向复制　bidirectional replication

水溶性维生素　water-soluble vitamin

瞬时转染　transient transfection

四级结构　quaternary structure

酸性鞘糖脂　acidic glycosphingolipid

羧基末端　carboxyl terminal

SD 序列　Shine-Dalagarno sequence

SDS-聚丙烯酰胺凝胶电泳　SDS-polyacrylamide gel electrophoresis，SDS-PAGE

Shine-Dalgarno 序列　SD 序列

SOS 修复　SOS repair

T

肽单元　peptide unit

肽键　peptide bond

肽酰位　peptidyl site

碳水化合物　carbohydrate

糖胺聚糖　glycosaminoglycan，GAG

糖蛋白　glycoprotein

糖复合物　glycoconjugate

糖苷键　glycosidic bond

糖酵解　glycolysis

糖酵解途径　glycolytic pathway

糖尿病　diabetes mellitus，DM

糖皮质激素　glucocorticoid

糖醛酸途径　glucuronate pathway

糖异生　gluconeogenesis

糖异生途径　gluconeogenic pathway

糖原　glycogen

糖原分解　glycogenolysis

糖原生成　glycogenesis

糖原引物　glycogen primer

糖原贮积病　glycogen storage disease

糖脂　glycolipid

替代环　displacement loop，D 环

通用转录因子　general transcription factor

同工酶　isoenzyme

同切点酶　isoschizomer

同尾酶　isocaudarner

同源重组　homologous recombination，HR

酮尿症　ketonuria

酮体　ketone body

痛风　gout

透析　dialysis

退火　annealing

脱氧核苷　deoxynucleoside

脱氧核酶　deoxyribozyme

脱氧核糖核酸　deoxyribonucleic acid，DNA

唾液酸　sialic acid，SA

W

瓦尔堡效应　Warburg effect

外显子　exon

外源性凝血途径　extrinsic coagulation pathway

微量残留病　minimal residual disease，MRD

微 RNA　microRNA，miRNA

微卫星 DNA　microsatellite DNA

维生素　vitamin，Vit

维生素 A　vitamin A，VitA

维生素 B_1　vitamin B_1，VitB_1

维生素 B_{12}　vitamin B_{12}，VitB_{12}

维生素 B$_2$ vitamin B$_2$，Vit B$_2$

维生素 B$_6$ vitamin B$_6$，VitB$_6$

维生素 C vitamin C，VitC

维生素 D vitamin D，VitD

维生素 E vitamin E，VitE

维生素 K vitamin K，VitK

维生素 PP vitamin PP，VitPP

位点特异性重组 site-specific recombination

稳定转染 stable transfection

无氧分解 anaerobic degradation

无氧氧化 anaerobic oxidation

戊糖磷酸旁路 pentose phosphate shunt

戊糖磷酸途径 pentose phosphate pathway

Western 印迹 Western blotting

X

稀有碱基 unusual base

细胞癌基因 cellular oncogene，*c-onc*

细胞内受体 intracellular receptor

细胞色素 cytochrome，Cyt

细胞色素 P450 cytochrome P450，Cyt P450

细胞通信 cell communication

细胞外基质 extracellular matrix，ECM

细菌人工染色体 bacterial artificial chromosome，BAC

纤连蛋白 fibronectin，FN

衔接蛋白 adaptin

限制性核酸内切酶 restriction endonuclease，RE

限制性片段长度多态性 restriction fragment length polymorphism，RFLP

腺苷酸环化酶 adenylyl cyclase，AC

小 G 蛋白 small G protein

协同效应 cooperative effect

锌指 zinc finger

信号分子 signal molecule

信号肽 signal peptide

信号序列 signal sequence

信号转导 signal transduction

信号转导蛋白 signal transduction protein

信号转导分子 signal transduction molecule

信号转导复合物 signalling complex

信号转导及转录激活蛋白 signal transducer and activator of transcription，STAT

信号转导途径 signal transduction pathway

信使 RNA messenger RNA，mRNA

血浆 plasma

血清 serum

血糖 blood glucose

血液 blood

血液凝固 blood coagulation

血脂 blood lipid

Y

亚基 subunit

延伸因子 elongation factor，EF

盐析法 salt precipitation

氧化磷酸化 oxidative phosphorylation

叶酸 folic acid，FA

一级结构 primary structure

一碳单位 one carbon unit

抑制剂 inhibitor

依赖于 DNA 的 DNA 聚合酶 DNA-dependent DNA polymerase，DNA pol

依赖于 RNA 的 RNA 聚合酶 RNA-dependent RNA polymerase，RdRP

胰岛素 insulin

胰岛素样生长因子 insulin-like growth factor，IGF

胰高血糖素 glucagon

移码 frame shift

移码突变 frameshift mutation

遗传密码 genetic code

异三聚体 G 蛋白 heterotrimeric G protein

异源物 xenobiotics

抑癌基因 tumor suppressor gene

荧光共振能量转移 fluorescence resonance energy transfer，FRET

荧光原位杂交 fluorescence in situ hybridization，FISH

游离胆固醇 free cholesterol，FC

游离胆汁酸 free fatty acid

有氧氧化 aerobic oxidation

诱导表达 induced expression

原癌基因 proto-oncogene

原癌基因的活化 proto-oncogene activation

原核表达载体 prokaryotic expression vector

原位 PCR in situ PCR

原位杂交 in situ hybridization

Z

杂合性丢失 loss of heterozygosity，LOH

载脂蛋白 apolipoprotein，apo

造血干细胞 hematopoietic stem cell

增强子 enhancer

增色效应 hyperchromic effect

真核表达载体 eukaryotic expression vector

正超螺旋 positive supercoil

支架蛋白 scaffolding protein

脂蛋白 lipoprotein

脂多糖 lipopolysaccharide

脂肪 fat

脂肪动员 fat mobilization

脂肪肝 fatty liver

脂肪酸　fatty acid，FA

脂肪组织甘油三酯脂肪酶　adipose triglyceride lipase，ATGL

脂解激素　lipolytic hormone

脂溶性维生素　lipid-soluble vitamin

脂质　lipid

脂质体　liposome

直接体内疗法　*in vivo*

质粒　plasmid

植入前遗传学诊断　preimplantation genetic diagnosis，PGD

止血　hemostasis

中间密度脂蛋白　intermediate density lipoprotein，IDL

中心体　centrosome

中性鞘糖脂　neutral glycosphingolipid

终止密码子　termination codon

终止因子　termination factor

主链骨架　backbone

注册　registration

转氨基作用　transamination

转导作用　transduction

转化作用　transformation

转换　transition

转换数　turnover number

转录　transcription

转录泡　transcription bubble

转录前起始复合物　preinitiation complex，PIC

转录因子　transcription factor，TF

转染　transfection

转脱氨作用　transdeamination

转运 RNA　transfer RNA，tRNA

转座　transposition

转座子　transposon，Tn

自催化　autocatalysis

自磷酸化　autophosphorylation

自杀基因治疗　suicide gene therapy

其　他

α-磷酸甘油穿梭　α-glycerophosphate shuttle

α 螺旋　α helix

α 氧化　α oxidation

β 片层　β pleated sheet

β 氧化　β oxidation

β 转角　β turn

γ-谷氨酰循环　γ-glutamyl cycle

Ω 环　Ω loop

ω 氧化　ω oxidation

3′ 非翻译区　3′ untranslated region，3′-UTR

5′ 非翻译区　5′ untranslated region，5′-UTR